热点专利技术分析与运用

（第3辑）

国家知识产权局专利局专利审查协作江苏中心◎主编

知识产权出版社
全国百佳图书出版单位

图书在版编目（CIP）数据

热点专利技术分析与运用. 第3辑 / 国家知识产权局专利局专利审查协作江苏中心主编. —北京：知识产权出版社，2017.9
ISBN 978-7-5130-5053-1

Ⅰ. ①热… Ⅱ. ①国… Ⅲ. ①专利—研究—世界 Ⅳ. ①G306.71

中国版本图书馆CIP数据核字（2017）第184660号

内容提要

为了深入实施创新驱动发展战略，加强地方知识产权服务，助力创新发展，特编写本书。

本书按照《国民经济行业分类》（GB/T 4754—2011）中的行业进行分类，通过对国内外专利数据库的检索和分析，对相关领域内的热点技术的专利申请状态、国内外申请人、技术演进路线等方面进行了细致的梳理与研究，对于相关领域的科研机构与企业具有一定的参考价值。

本书适合专利实务工作者、高校及科研院所相关专业研究人士、企业技术管理与研发人员阅读参考。

责任编辑：杨晓红　李　瑾　　**责任出版**：孙婷婷
封面设计：李志伟

热点专利技术分析与运用（第3辑）
国家知识产权局专利局专利审查协作江苏中心　主编

出版发行：	知识产权出版社有限责任公司	**网　　址**：	http://www.ipph.cn
社　　址：	北京市海淀区气象路50号院	**邮　　编**：	100081
责编电话：	010-82000860转8114	**责编邮箱**：	1152436274@qq.com
发行电话：	010-82000860转8101/8102	**发行传真**：	010-82000893/82005070/82000270
印　　刷：	北京中献拓方科技发展有限公司	**经　　销**：	各大网上书店、新华书店及相关专业书店
开　　本：	787mm×1092mm　1/16	**印　　张**：	43.5
版　　次：	2017年9月第1版	**印　　次**：	2017年9月第1次印刷
字　　数：	950千字	**定　　价**：	98.00元

ISBN 978-7-5130-5053-1

序 言

为了深入实施创新驱动发展战略，加强地方知识产权服务，助力创新发展，专利审查协作江苏中心开展了专利技术分析与专利技术综述撰写工作。

专利技术分析与专利技术综述撰写有助于本领域技术人员了解现有技术水平，对专利申请的技术方案作出准确理解和客观评判，同时有助于企业技术研发人员了解专利技术的发展脉络和重点技术。

本书按照《国民经济行业分类》（GB/T 4754－2011）中的行业进行分类，通过对国内外专利数据库的检索和分析，对相关领域内的热点技术的专利申请状态、国内外申请人、技术演进路线等方面进行了细致的梳理与研究，对于相关领域的科研机构与企业具有一定的参考价值。

本书的研究和撰写，得到了中心各部门的大力支持，感谢全体人员为书稿的形成所付出的辛勤努力，再次表示最诚挚的感谢。

希望《热点专利技术分析与运用》的出版能为促进地方知识产权服务起到积极作用。由于时间仓促、水平有限，本书中的内容难免存在偏颇和不足之处，希望读者批评指正，提出宝贵的意见和建议。

国家知识产权局专利局专利审查协作江苏中心
2017 年 8 月 8 日

CONTENTS

目录

化学原料和化学制品制造业

小分子铱配合物磷光材料专利技术综述

梁清刚　姜平元　解肖鹏*

第一章　概述

有机电致发光器件（OLED）是一种高亮度、宽视角、全固态的电致发光器件，其具有功耗低、相应速度快、结构简单、驱动电压低、成本低以及可制备出超薄、质轻、易携带的显示器产品等诸多优势，因而其在新一代平板现实技术和固态照明领域具有广阔的应用前景，引起了国内外学者们的广泛关注与研究。

OLED器件的工作原理主要是来自阴极的电子和来自阳极的空穴在有机层中传输，相遇后复合产生激子，随后激子发生跃迁，辐射发光。图1即展示了典型的“三明治”型OLED器件结构以及发光原理示意图。发光层是OLED器件的核心结构，其主要由主体材料和掺杂剂组成，掺杂剂的用量虽少但其对器件的发光颜色、发光效率和亮度等都起到至关重要的作用。

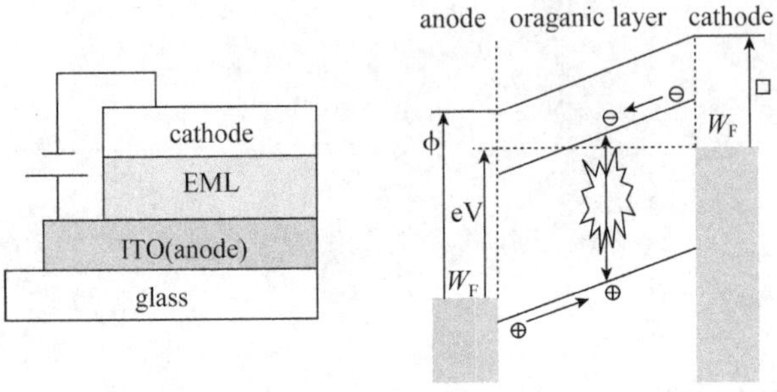

(a)　　　　(b)

图1　典型的OLED结构和发光原理

对于掺杂剂来说，传统的荧光掺杂材料的内量子效率极限值为25%，并且激子寿命短，这些缺陷成为限制OLED器件发展的瓶颈。直到1998年，美国的科学家Thompson和Forrest将铂配合物掺杂在OLED器件中，将内外量子效率分别提高至4%和23%，从而开辟了磷光电致发光的新领域。相比之下，磷光金属配合物材料为三线态激子参与的发

* 三人均为第一作者。技术部分3.1节、3.2节、3.3节分别由姜平元、解肖鹏、梁清刚撰写，其余部分为共同合写。

光，理论内量子效率可达 100%；激子寿命较荧光长；整个可见光范围内光色可调。这使得磷光金属配合物材料成为 OLED 领域的研究热点之一。常见的磷光金属配合物包括 Pt、Ir、Os 等，其中，由于 Ir 的原子序数大、d 轨道分裂大、性质稳定等，铱配合物磷光材料是研究最多、最详尽，也是最有潜力的掺杂剂。

按照结构分，磷光铱配合物分为同配配合物 [Ir (C^N)$_3$] 和异配配合物 [(C^N)$_2$Ir (L^X)]，其结构如图 2 所示。从发光原理上讲，两者也存在差别，如图 3 所示。对于同配配合物，三线态发射源于^{3}MLCT 或^{3}MLCT 与^{3}LC 的混合跃迁辐射，LUMO 位于 C^N 配体上，发光性质由 C^N 配体决定。对于异配配合物，整个配合物的发光性能取决于 C^N 主配体和 L^X 辅配体两者的三线态能级高低，可分别调节主辅配体结构以及主辅配体的相互配合来调控发光性能，这也为设计新的磷光材料提供更多途径。

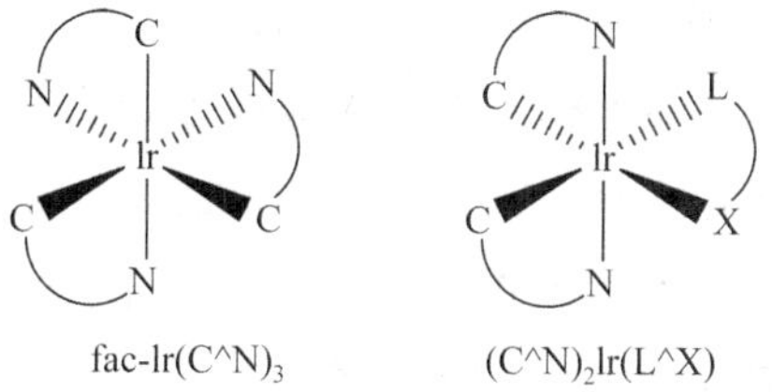

图 2　不同种类的铱配合物结构示意图

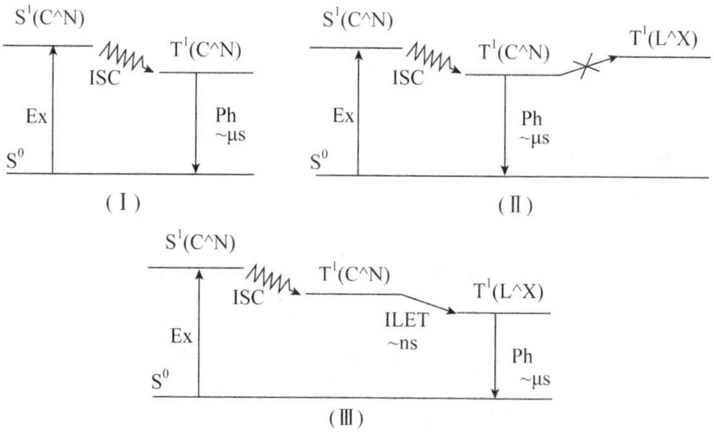

图 3　磷光铱配合物发光原理示意图

从时间顺序上，1998 年最早发现了苯基吡啶（缩写为 ppy）为环金属配体的铱配合物材料，光物理数据显示其发射绿色磷光。为了完善 RGB 三基色的磷光，1999 年开发出了苯基喹啉配体的红色磷光材料。由于蓝光的能量高、效率和稳定性没有绿光和红光材料好，蓝光材料的开发难度最大，发展也最晚，2000 年才研发出 F 取代苯基吡啶的第一个蓝光材料。而每种光色的磷光材料中都包含同配配合物和异配配合物。

本文从绿、红和蓝光三种光色出发，以配合物的结构改造手段为线，就国内外对铱配合物磷光材料的技术发展进行分析和梳理。选择代表性的专利文献作为节点，按时间顺序来阐述磷光铱配合物领域的研发思路以及研究成果。

第二章　专利分析

本文就近年来关于小分子磷光铱配合物的专利申请情况进行综述，以中国专利文摘数据库 CNABS、两个外文数据库 SIPOABS 和 DWPI 中检索获得的专利文献，作为统计分析的样本。检索关键词主要包括：铱、配合/复合/络合物、蓝光、红光、绿光、iridium、Ir、complex、coordinate、chelate、blue、red、green、light emitting、phosphorescent、electroluminescent、OLED 等。检索涉及的分类号为：C07F15/00（含周期表第Ⅷ族元素的化合物），并结合 C 部的分类号 C09K 11/06（含有机发光材料）、H 部的分类号 H01L 51/50（专门适用于光发射的，如有机发光二极管或聚合物发光器件）进行补充检索，其中也采用了有细分的 CPC 分类号 H01L51/0087（以铱配合物作为发光材料）。本文检索日期截至 2016 年 5 月 31 日，经过数据整理，得到相关专利文献近 1695 篇（包括同族申请），由于部分发明专利申请自申请日起满 18 个月才公布，故检索到的专利申请（申请日在 2015 年之后）可能存在不完整的情况。

2.1　专利申请量趋势分析

截至 2016 年 5 月 31 日，十几年来小分子铱配合物磷光材料相关专利年度申请量变化趋势如图 4 所示。

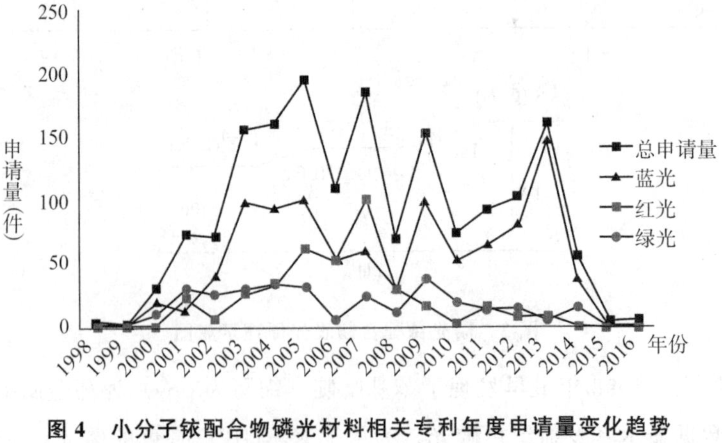

图 4　小分子铱配合物磷光材料相关专利年度申请量变化趋势

从图 4 可以看出，小分子磷光铱配合物材料的发展情况并非一帆风顺，在发展过程中也经历了一些瓶颈期，反映出来的就是专利申请量的急剧下降，攻克技术难题后又出现了技术创新的高潮期，这种专利申请量的起起落落也体现了技术创新的发展规律。

以金属铱为中心金属的磷光配合物材料的研究始于 1998 年，起步阶段申请量很少，但随着研究的开展以及对构效关系认识的深入，尤其是起初开发的几种铱配合物材料相对于其他金属配合物无论是在色纯度还是在量子产率方面都表现出独特的优势，这也引起了各大 OLED 公司的关注和投入，所以专利申请量出现了迅速增长，到 2004 年为止的 6 年期间的年申请量就由 3 件激增至约 200 件。但这段时间的申请多是从 Pt、Os 等其他金属的磷光材料中借鉴的改进手段，改造的手段比较多、规律性较差，并没有较大突破。在 2005 年申请量出现了急剧下跌，后面随着一些新的结构改造构思的出现，各公司又开始了新一轮的研发，2005—2010 年基本呈现的都是这样起伏发展的趋势。2010 年后的申请量相对平稳，近些年来出现慢慢回落，该领域的研发热度开始降低。其中，值得一提的是，2013 年专利申请量的增加是由于国内的海洋王照明公司提交了 137 件涉及蓝光材料的系列申请，这些案件归类后实际仅涉及少数几个发明构思，这使得整体发展趋势出现异常。

对于各种光色的铱配合物材料的研发，遵循了从绿光到红光再到蓝光的发展趋势，如 1998 年最早研发出来的是绿光材料，在绿光材料的基础上增加配体的共轭程度，于 1999 年获得了红光材料，最晚发展起来的是 2000 年的蓝光材料。但在后续的技术发展上，绿光的改造最少，蓝光材料的研究热度最高，这主要是因为白色发光的发展要求并且蓝光材料可实现红、绿光的转化。

2.2 专利申请产出国分析

专利申请产出国一般是指一项技术的原创技术国，一般而言，一个国家拥有的原创技术越多，说明其在该技术领域的研发能力和技术实力越强。

通过对所检索到的专利文献产出国进行统计分析，日本、韩国、中国、美国、德国的申请量比例依次为：26％、20％、18％、17％、14％。但如上一节的分析，中国申请中由于海洋王公司的系列申请导致申请量异常，且这些案件的技术方案相近，为了更好地体现各国在该领域的研发能力和实力，所以这部分案件排除后重新进行统计。

如图 5 所示，该领域实力和能力较强的研究实体主要分布在五大局国家，欧洲以德国为主。申请量最多的是日本，占总申请量的 28％，其次为韩国 23％，美国为 20％，德国为 16％，中国 8％（包括港澳台地区）。这些国家申请量较大的原因之一是他们多是该领域大公司的分布国，如日本的富士胶片公司、半导体能源公司、出光兴产公司和佳能公司等，韩国的三星公司、LG 公司等，美国的通用显示公司，德国的巴斯夫公司和默克公司，中国的“国立”清华大学等。在研发实力上，虽然美国和德国的申请量较少，但他们掌握的多是原研性专利，而韩国的申请虽然数量多但多侧重对外围技术的拓展（如取代基的修饰等）。日本由于大公司分布多，所以不管是在原研性专利还是在外围专利方面都有涉及，中国的申请量还是相对较少，研究方向也以外围专利为主。例如，原始的铱配合物蓝光材料 Firpic 是由日本的富士胶片公司和美国的通用显示公司几乎同时研发出来的，第一个绿光材料也是通用显示公司研发的。

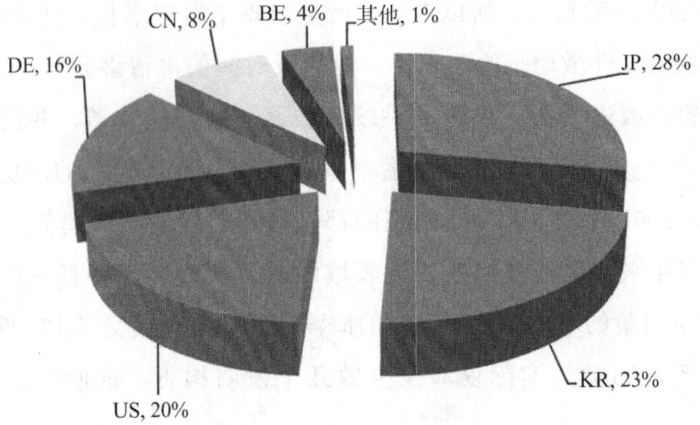

图5　专利申请产出国分布

其中，DE、US、KR、JP、BE、CN 分别是德国、美国、韩国、日本、比利时和中国的简称。

2.3　多边申请和国外申请在华专利布局分析

多边申请（同族数为2以上的专利申请）量是反映高质量专利的一个重要指标，而从该角度进行分析（图6），发现其顺序与申请量分布类似，我国的多边申请主要集中在台湾地区，而大陆基本上没有多边申请，这也体现了我国不仅要重视创新实力的提高，而且要重视专利的质量以及增强专利布局意识。

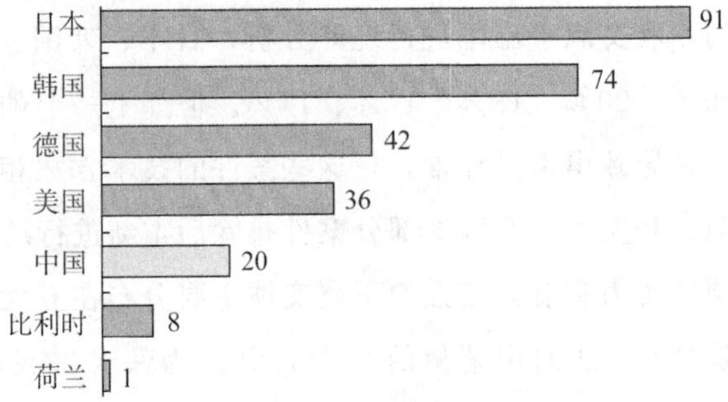

图6　多边申请来源国分布

各国在华专利布局方面，该领域的这些主要专利申请国都比较重视在华的专利布局，尤其是韩国相对于申请量最高的日本在华申请量更高，其在该领域更加重视中国市场。这也说明我国更需要加大研发投入，开发出更多有自主知识产权的产品，这样才有利于降低国外技术在中国的垄断，才能不断提高我国的创新实力。

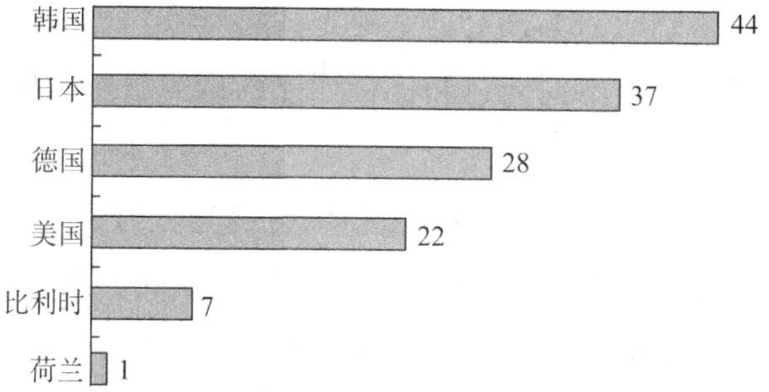

图 7　国外申请在华申请情况

2.4　申请人分析

进一步对主要申请人进行统计分析发现（图 8），国外申请的主要申请人主要是通用显示、三星、半导体能源、LG、默克等大型跨国企业，我国台湾地区的“国立”清华大学排在第五位，显示其在该领域的研究实力较强。值得一提的是，通用显示公司的申请基本是多个申请人的共同申请，统计数据时均以通用显示公司为代表进行合并；而该公司主要是与普林斯顿大学和加利福尼亚大学合作，形成了企业与研究机构的良好沟通，利于将研发与市场需求结合起来，这一点上也是国内企业值得借鉴和尝试的地方。

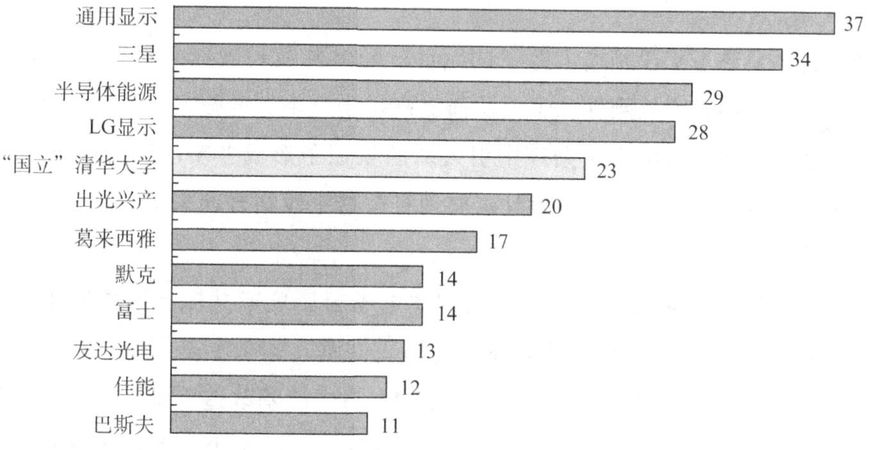

图 8　主要申请人分布

对本国申请人类型进行分析发现，学校/科研单位申请量占到了 74%，企业申请仅占到了 18%，故国内的研究仍以学校/科研单位为主，企业尚处于起步阶段，未能有效转化为生产力，还需加强研发力度。

第三章　技术发展路线

自 1998 年普林斯顿大学、南加利福尼亚大学、通用显示公司共同申请的专利

US2002034656A1、US2003017361A1 公开了磷光铱配合物 Ir（ppy）$_3$ 可作为发光层中的掺杂剂来制备 OLED 器件，针对不同光色和优良性能的磷光材料的结构改造研究一直延续至今。

起初发现的 Ir（ppy）$_3$ 制备的发光器件发射绿色磷光，为了满足不同发光颜色以及白光发射的需要，1999 年专利申请 US2005003233A 通过将 ppy 的吡啶环修饰为共轭程度更大的异喹啉环而获得了红色磷光材料。2000 年专利申请 JP2002117978A、WO0215645A1 通过在 ppy 的吡啶环上引入吸电子基团，增加了能隙而使发光波长蓝移，从而获得了蓝光材料。

接下来针对每类光色的材料都进行了后续的改造。

绿光材料方面，2000 年 WO2004016711A1 通过对主配体的氘代，提高配合物的稳定性、发光寿命，而 2001 年 WO02081488A1 通过引入三苯基胺等具有电子传输、空穴传输性质的官能基团可以使同一配合物实现多种功能。2003 年 WO2005019373A2 中发现经常作为催化剂使用的卡宾配合物也可以作为绿色磷光材料，并且通过取代的调整还可以获得性能优良的蓝光材料。2005 年 JP2007137872A 中将吡啶修饰为含 O、N 的五元唑环，2009 年 WO2010111175A1 还在苯环上稠合了苯并五元环，相应形成了二苯并五元环的结构。

红光材料主要改造手段是增大分子的刚性、配体共轭长度或共轭平面，主要体现在：增加芳香环的稠合度、引入刚性分子，从而提高量子产率、增强发光效率；而降低电子云密度主要体现在：在原有的含氮杂环中引入新的氮原子形成多嗪，从而达到红移的目的。并且随着研究的深入，越来越多的设计者将两种改造手段结合起来应用，从而达到设计者所期望的特性。

蓝光材料的结构修饰主要遵循了降低配体电子云密度或共轭程度的原则。2002 年专利申请 JP2004155709A 在苯环和吡啶环之间插入烷基，这似乎是一种打破二者共轭的最直接的方式。2003 年专利申请 WO2004085450A1 将吡啶基改造为吡唑、咪唑，2005 年专利申请 JP2007137872A 将吡啶修饰为三唑，杂环环原子的减少也可以破坏或分离共轭环等。如上所述，2003 年发现的氮杂环卡宾配体不仅具有良好的稳定性，而且显示出良好的发光性能，结构改造的灵活性也很高。2004 年专利申请 KR20050078472A 对苯环进行 N 杂修饰时需配合 F 取代来调节电荷。2006 年专利申请 WO2008156879A 也惊讶地发现高度共轭配体并不是蓝光材料的禁区，相反，某些高度共轭结构恰恰是蓝光材料的优良候选者，如咪唑并［1，2—f］菲啶配体。后续的研究也都是在这些主要修饰手段的基础上改进。

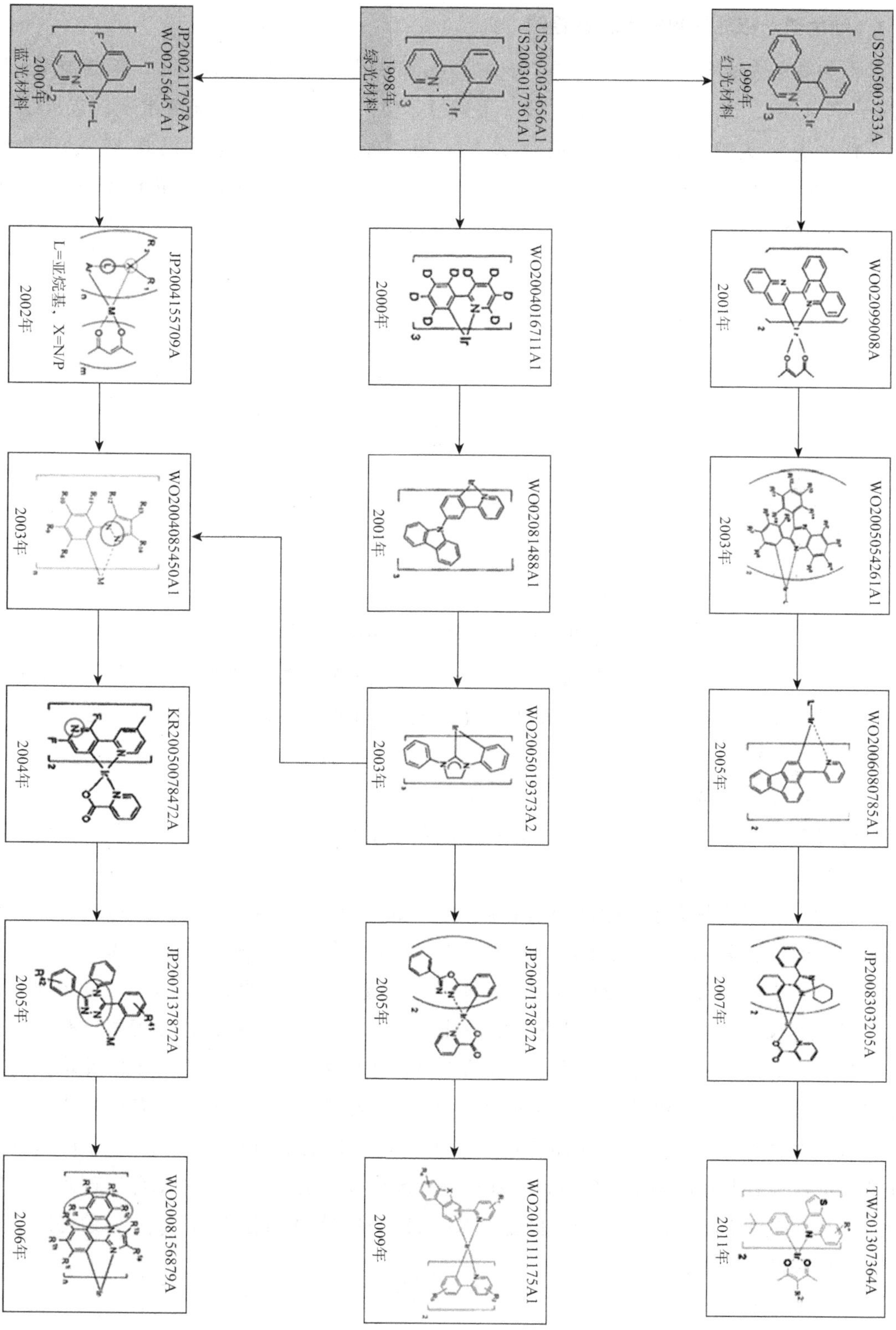
JP2002117978A
WO0215645 A1
2000年
蓝光材料
US2002034656A1
US2003017361A1
1998年
绿光材料
US2005003233A
1999年
红光材料
JP2004155709A
L=亚烷基，X=N/P
2002年
WO2004016711A1
2000年
WO02099008A
2001年
WO2004085450A1
2003年
WO02081488A1
2001年
WO2005054261A1
2003年
KR20050078472A
2004年
WO2005019373A2
2003年
WO2006080785A1
2005年
JP2007137872A
2005年
JP2007137872A
2005年
JP2008303205A
2007年
WO2008156879A
2006年
WO2010111175A1
2009年
TW201307364A
2011年

图 9　小分子磷光铱配合物发光材料的总体技术发展路线

3.1 绿色磷光铱配合物技术发展路线

作为磷光铱配合物的先导物 Ir（ppy）$_3$（ppy 为苯基吡啶）早在 1985 年就被 R. J. Watts 等人在 J. Am. Chem. Soc. 公开报道过，但一直停留在理论研究水平。直至 1998 年，普林斯顿大学、南加利福尼亚大学、通用显示公司作为共同申请人的专利 US2002034656A1、US2003017361A1 要求保护 OLED 器件，其首次使用 Ir（ppy）$_3$ 作为发光层中的掺杂剂，由此揭开了磷光铱配合物材料研究的序幕。绿光铱配合物的整体技术发展路线如下：

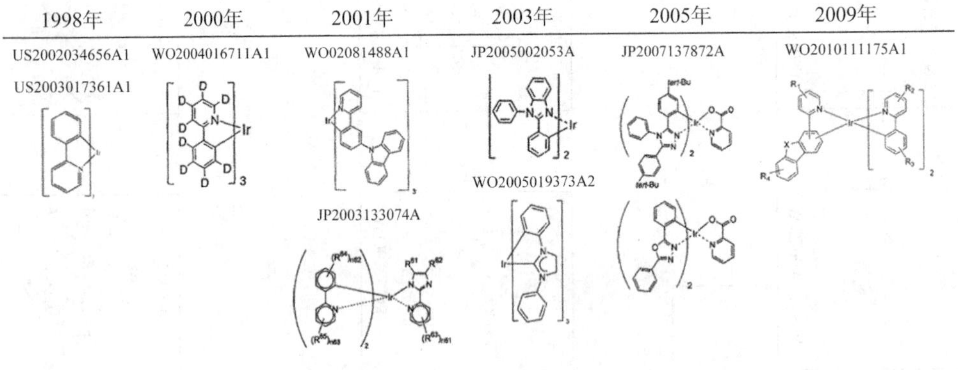

图 10 绿光铱配合物的技术发展路线

一般认为发光波长由主配体决定，通过改变主配体的种类和结构可以调节磷光铱配合物的发射波长，故众多申请人在主配体上做了改造。主配体的改造手段又可分为主配体取代基修饰、母核结构改造两方面。下面针对每类进行详细介绍。

3.1.1 主配体取代基修饰

通过在主配体上引入不同的基团对铱配合物的发光波长、亮度、效率等进行调整。

3.1.1.1 常见基团修饰

2000 年普林斯顿大学、南加利福尼亚大学、通用显示公司共同申请的 WO0215645A1 在 Ir（ppy）$_3$ 的基础上对其进行了修饰，例如，在苯基的 2，4 位使用 F 进行取代得到配合物；2000 年佳能公司的 WO0247440A1 公开了由于键伸展势能的非谐性，C—D 键比 C—H 键短，意味着 C—D 键比 C—H 化学键更强、更稳定、反应更缓慢，因而氘代有机体系在光电装置中具有更好的热稳定性、更长的寿命，并具体公开了具有氘原子的发磷光的掺杂剂金属铱络合物，经测试其与 Ir（ppy）$_3$ 相比具有更高的量子效率，具有更高的发光效率；2009 年通用显示公司 WO2010129323A1 在上述基础上使用 CD_3 取代，CD_3 可以增强体系的共轭性，其在前期研究的基础上在多种铱配合物上引入 CD_3；2003 年韩国东友精细化工 KR20050070301A、2012 年三星公司 KR20140048797A 分别在 Ir（ppy）$_3$ 的特定位置上使用烷基进行修饰。

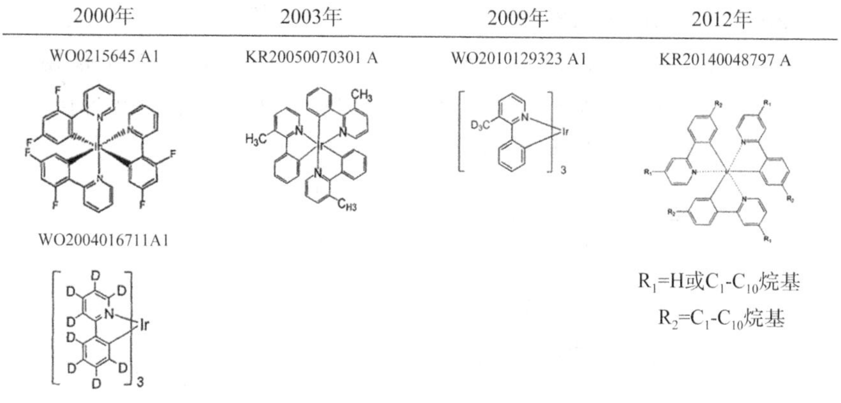

图 11　常见基团修饰的绿光铱配合物的技术发展路线

3.1.1.2　功能性基团修饰

2001 年 COVION 有机半导体公司的 WO02081488A1 使用咔唑进行取代；2005 年德国 CYNORA 公司的 WO2011064335A1 使用三苯基胺进行修饰；2009 年佳能公司 WO2011070990A1 在苯基吡啶配体上使用三嗪进行取代得到铱配合物，其具有高的量子效率；2012 年南京大学的 CN102659773A 公开了含噁二唑基团的铱配合物，在苯基吡啶中引入具有较好电子传输性能的噁二唑基团，并对噁二唑基团进行修饰，在分子内部对配合物的光电性能进行调控，使其与 Ir 能级相匹配；2014 年华星光电的 WO2015172405A1 公开了绿光配合物中引入具有电子传输性能的氟苯基团，提高了载流子的迁移能力，促进了激子的平衡传输，利于激子更好地复合，从而提高了有机电致发光器件的性能。

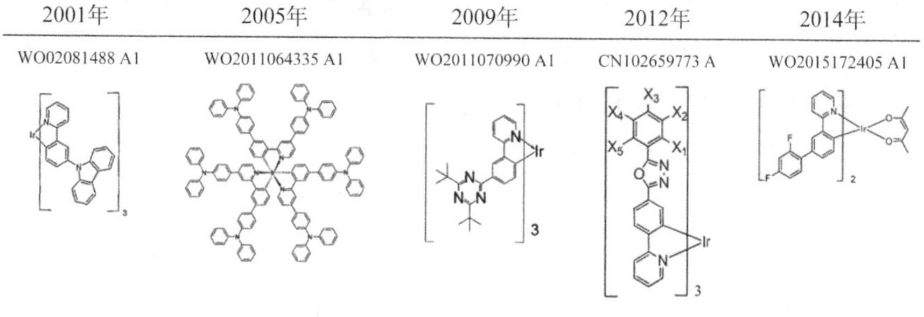

图 12　功能性基团修饰的绿光铱配合物的技术发展路线

3.1.1.3　小结

通过常规的烷基、卤素等修饰主配体，可以提高配合物的稳定性、发光寿命，而通过引入三苯基胺等具有电子传输、空穴传输性质的官能基团可以使配合物在器件中具有更好的复合性，尤为重要的是基于 Ir（ppy)$_3$ 的主配体取代修饰，最大限度地保持了 Ir（ppy)$_3$ 的发光性能。

3.1.2　母核结构改造

3.1.2.1　杂芳环-吡啶/苯配体

用其他杂环替换 ppy 中吡啶也是常见的改造手段，半导体能源公司的多篇申请均使用该改造手段：2005年的JP2007137872A使用3，5-二苯基-1，2，4-三唑或2，5-二苯基-1，3，4-噁二唑作为主配体，结合辅配体pic可得到绿光铱配合物；2007年的WO2008149828A1使用苯基吡嗪作为主配体；2010年的JP2011190242 A使用苯基三唑作为主配体；2012年的US2015073144 A1使用吡啶嘧啶作为主配体。

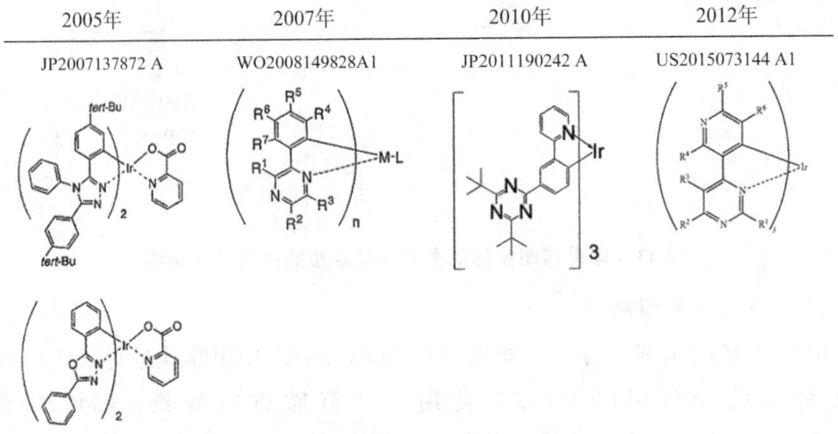

图13　杂芳环-吡啶配体技术发展路线

2003年索尼公司的JP2005002053A使用苯基苯并咪唑作为主配体，随后2004年友达光电的TW200611958A也将主配体苯基苯并咪唑与其他辅配体组合使用，2008年通用显示公司的WO2010056669A1将苯基苯并咪唑与苯基吡啶组合成杂配位铱化合物，该杂配位化合物提供高度可调的磷光发射材料，含有苯基苯并咪唑配体和苯并吡啶配体两者的杂配位配合物可以提供较低的升华温度，同时保持苯基苯并咪唑配体的长寿命和高稳定性，其比Ir（ppy）$_3$具有更窄的半峰全宽、更低的升华温度，可用于磷光有机发光器件中，该器件产生高效率、高稳定性、长操作寿命和改善的色彩等。

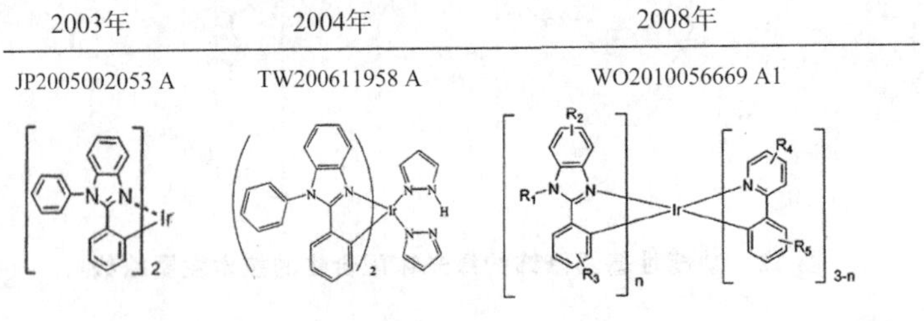

图14　苯基苯并咪唑配体技术发展路线

此外，2014年宁波大学的CN104402937A公开了绿色磷光嘧啶铱配合物；2014年西安交通大学的CN104004509A使用苯基噻唑作为主配体。

3.1.2.2　卡宾配体

2003年巴斯夫的专利申请WO2005019373 A2将ppy配体中的吡啶替换为卡宾配体，巴斯夫公司在随后的申请WO2006067074A1、WO2015172405A1中对卡宾配体进行了进一步改造；2007年台湾“国立”清华大学的US2011313162 A1、US2011313161 A1使用苯基甲基苯并咪唑作为主配体，苯基吡唑作为辅配体得到绿光铱配合物。

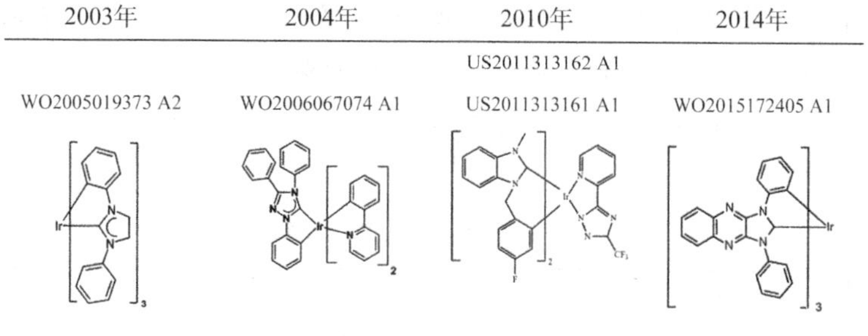

图 15　卡宾配体技术发展路线

3.1.2.3　稠合改造

2009 年通用显示公司的 WO2010111175A1 公开了包含单个的吡啶基二苯并取代配体的杂配位铱配合物，其具有较低的升华温度，可以改善器件制造，2014 年通用显示公司的 US20160049599A1 公开了包含被烷基取代的苯基吡啶配体和氮杂-二苯并呋喃（氮杂-DBF）配体的铱配合物，且发现含有 ppy 和氮杂-DBF 配体的混配铱络合物上的被二取代的烷基（总计至少四个碳原子）出乎预料地显著降低了升华温度并且改善颜色 CIE。2009 年台湾“国立”清华大学的 TW201100517A、US2010327736A1 使用二苯并喹啉作为主配体涉及合成了铱配合物。此外，2005 年巴斯夫的 WO2007028822A1 也使用了萘并噻唑作为主配体，2009 年西安瑞联近代电子材料公司 CN101717412A 结合使用其他杂环替换 ppy 中吡啶以及稠合两种手段得到取代咔唑联嘧啶类铱配合物，其引入刚性的咔唑基可以实现趋于饱和的绿色磷光。

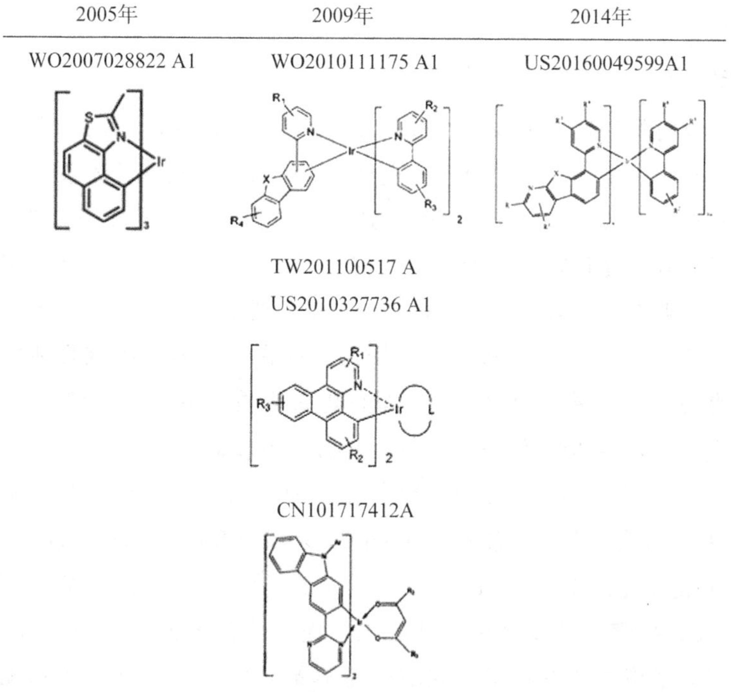

2005年
2009年
2014年
WO2007028822 A1
WO2010111175 A1
US20160049599A1
TW201100517 A
US2010327736 A1
CN101717412A

图 16　稠合改造技术发展路线

3.1.2.4　其他改造

2000 年富士胶片公司的 US2001015432A1 在传统的主配体 C—N（苯基吡啶）的基础上使用 N—N 作为主配体，合成了一系列离子型的铱配合物；2004 年通用显示公司的 WO2005076380A2 通过将 Ir（ppy）$_3$ 中主配体连接形成多齿配体的配合物，以增加稳定性和效率。

表 1　主配体其他改造示意

文献号	示例结构
US2001015432A1	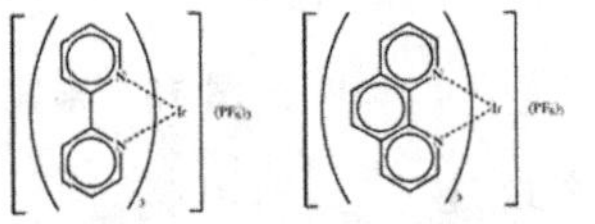
WO2005076380A2	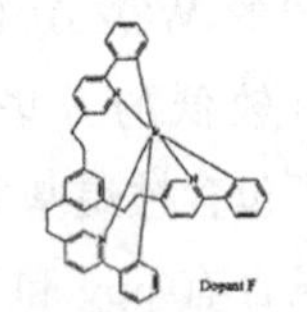

3.1.2.5　小结

基于母核结构的改造中常用的手段为：杂芳环-吡啶/苯配体替代苯基吡啶；引入卡宾配体替代苯基吡啶中的吡啶；在上述基础上使用芳环进行稠合。基于母核结构的改造属于此类发光铱配合物中较复杂的改造，其突破了先导配合物 Ir（ppy）$_3$ 的环系束缚，有望取得更好的发光性能，但同时也存在较高的不确定性等问题，至今仍未出现成系列的具有优异性能的配合物。

3.2　红色磷光铱配合物技术发展路线

红光铱配合物材料的发展不如绿光材料发展得迅速和成熟，其主要原因为：(1) 红光材料分子的能隙较小，增加了红光分子的设计困难；(2) 红光分子体系中常存在强的 $\pi-\pi$ 键分子间的相互作用，或强的电荷转移性，这些不同程度加剧了分子的堆积，易导致磷光淬灭。因此为了得到红光材料，一般方法为降低 Eg，即降低跃迁需要的能量，使其发生红移。降低能隙一般有以下方法：通过增加分子的刚性、增大配体共轭长度、增大共轭平面、降低电子云密度等。1999 年富士胶片株式会社在绿光苯基吡啶配体的基础上通过增加共轭程度获得的二（1-苯基喹啉）铱乙酰丙酮配合物，其发射峰值为 599 nm，掺杂在 4，4’—N，N’-二咔唑基联苯（CBP）中制备的 OLED 最大亮度可达 252 cd · m^{-2}，色坐标（0.60，0.39）。几乎同时，通用公司和南加利福尼亚大学在绿光苯基吡啶配体的基础上获得了三（1-苯基异喹啉）合铱 Ir（piq）$_3$，其发射峰值为 620 nm，掺杂在 CBP 中制备的 OLED 最大亮度可达 11000 cd · m^{-2}，最大功率效率 8.0 lm · W^{-1}，色坐标（0.68，0.32），由于其发光亮度高以及更接近纯红光，使其成为经典的红色磷光材料。接下来，各研发公司主要基于该配体进行了一些取代基修饰，由此拉开了红光铱配合物研究的序幕。下面重点介绍红光铱配合物的主配体改造。

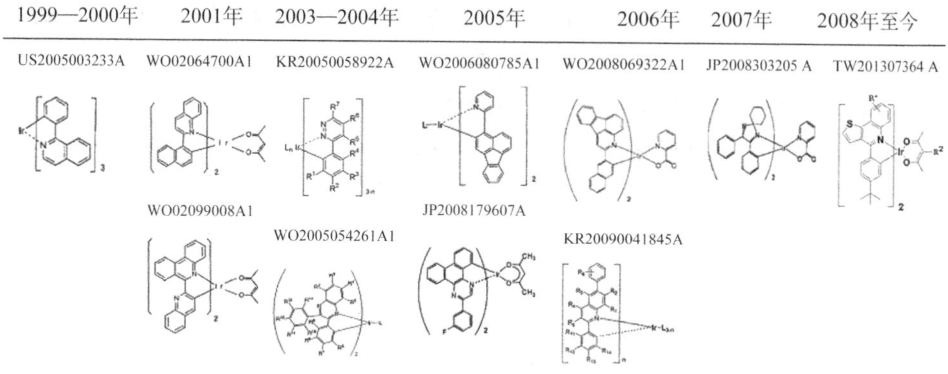

图 17　红光铱配合物磷光材料的主要技术发展路线

与绿光材料类似，红光铱配合物磷光材料的改进也主要在主配体上，主配体的改造手段又可分为母核结构改造、主配体取代基修饰两方面。

3.2.1　母核结构改造

（1）增大分子的刚性、配体共轭长度或共轭平面

富士胶片株式会社 US2005003233A1 进一步将苯基喹啉修饰成萘/蒽/菲基喹啉配体，从而增加了共轭平面，使其红移；三洋电机株式会社 WO02064700A1、WO02099008 A1 将苯基喹啉修饰成苯并喹啉异喹啉；科文半导体有限公司 WO2005033244A1 将苯环 6 位上的氢原子和异喹啉 8 位上的氢原子，通过包含 2～20 个烷基桥接碳原子的桥连基使得芳基环状体系结合，大大增加了其结构的刚性，使其具有了更大的发光效率；“国立”清华大学 US2005227109A1 在苯基和喹啉基之间增加了烯键，从而增加了配体的共轭长度，使其具有更高的量子效率，具有更高的发光效率；佳能公司 WO2006059758A1 将苯基修饰成芴基，从而增大了共轭平面，使得光色纯度得到了很大的提高；独立行政法人产业技术综合研究所 WO2008069322A1 将喹啉进一步稠合形成茚［1，2，3］喹啉，从而增大了共轭平面，使得光色纯度得到了很大的提高；其主要化合物以及文献参见图 18：

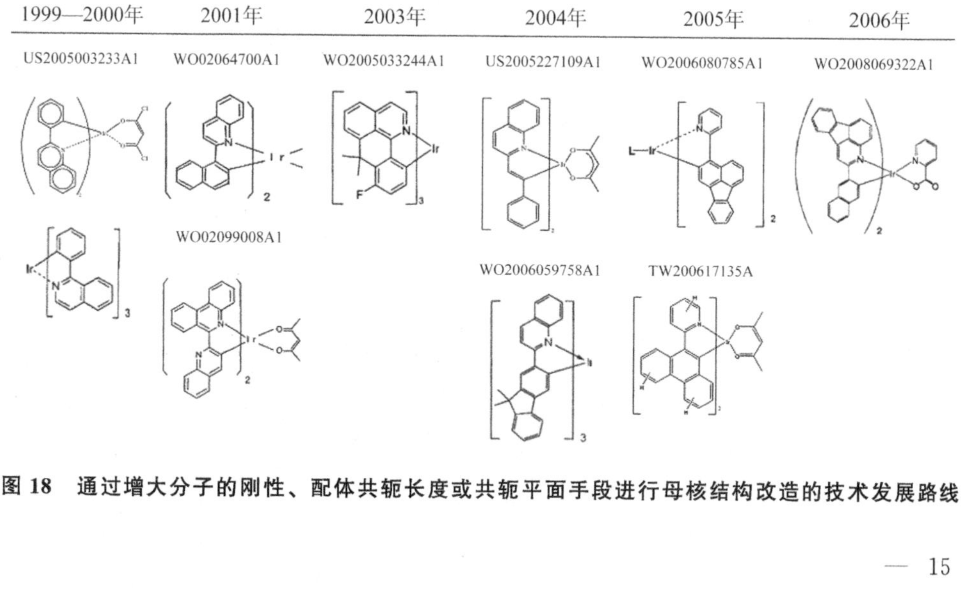

图 18　通过增大分子的刚性、配体共轭长度或共轭平面手段进行母核结构改造的技术发展路线

葛来西雅帝史派有限公司对红光材料的研究比较深入，且申请量名列前茅，通过使用喹啉和苯衍生物作为主配体，得到新颖的铱配合物，达到有优异发光效率和寿命显著提高的 OLED 器件的目的，其主要化合物以及文献参见图 19：

KR20090041845A　KR20090050391A　KR20090052095A　KR20090093688A

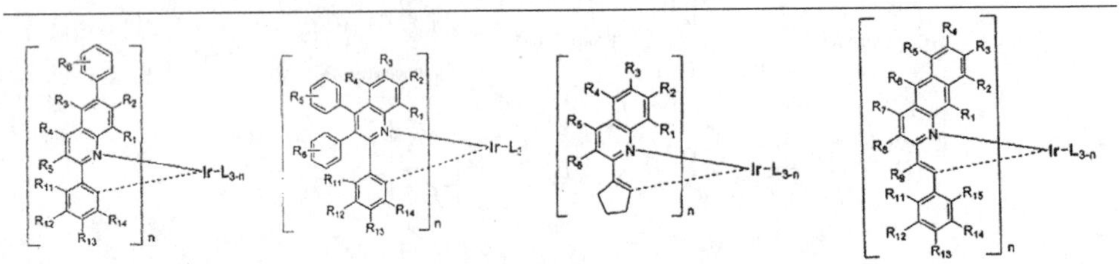

图 19　葛来西雅帝史派公司的代表文献以及结构

(2) 降低电子云密度，增加环上的 N 原子形成二嗪

葛来西雅帝史派有限公司在 2003 年将绿光的苯基吡啶配体改造成苯基哒嗪配体，通过降低电子云密度，从而达到红移的目的。株式会社半导体能源研究所 WO2005054261A1 研发了喹喔啉－苯基配体，在二嗪配体的基础上通过稠合增加共轭平面，从而达到量子效率高、耐热优良的铱配合物，在此基础上于 2006 又开发了二苯并［f，h］喹喔啉衍生物配体，使得配体发光颜色呈现良好的红色，并且发光元件寿命长，2008 年又开发出了二苯并［f，h］喹喔啉配体；财团法人工业研究院 TW200621934A 研发了噻吩并［3，2－d］吡啶-苯基配体，从而能够获得更加纯的红光；香港科技大学 US2006261730 A1 研发了苯并曾啉－苯基配体，并且取代基为苯基，同时增加共轭平面以及增加分子刚性，达到提高量子效率和发光效率的目的；昭和电工株式会社 JP2007161859A 研发了吡嗪－萘配体，并在吡嗪的 2 位有萘基取代形成了新的铱配合物；独立行政法人产业技术综合研究院 JP2008303205A 研发了环己烷螺咪唑-苯基配体，并且咪唑的 2 位增加了苯基取代基，同时增加共轭平面和分子刚性，其主要化合物参见图 20：

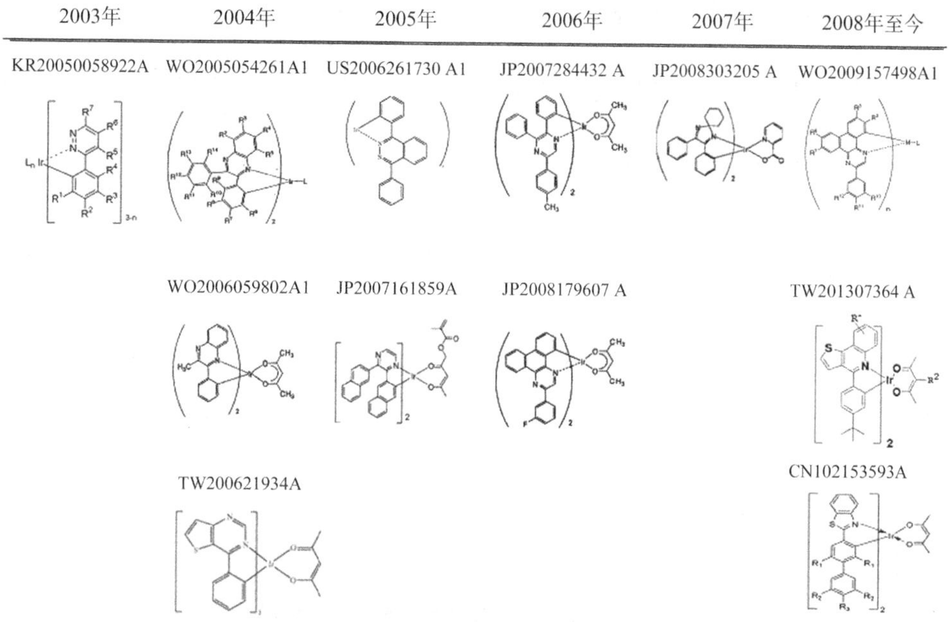

2003年
2004年
2005年
2006年
2007年
2008年至今
KR20050058922A
WO2005054261A1
US2006261730 A1
JP2007284432 A
JP2008303205 A
WO2009157498A1
WO2006059802A1
JP2007161859A
JP2008179607 A
TW201307364 A
TW200621934A
CN102153593A

图 20　通过降低电子云密度手段得到的母核结构改造的技术发展路线

3.2.2　小结

基于母核结构的改造手段中增大分子的刚性、配体共轭长度或共轭平面主要体现在：增加芳香环的稠和度、引入刚性分子，从而提高量子产率、增强发光效率；而降低电子云密度主要体现在：在原有的含氮杂环中引入新的氮原子形成多嗪，从而达到红移的目的。并且随着研究的深入，越来越多的设计者将两种改造手段结合起来应用，从而达到设计者所期望的特性。

3.2.3　主配体取代基修饰

通过在主配体上引入不同的基团对铱配合物的发光波长、亮度、效率等进行调整。常见基团修饰：SKC 株式会社 KR20060034841A 在 $Ir(piq)_3$ 的基础上对其进行了修饰，例如，在苯基的 3，4 位使用叔丁基或二甲氨基进行取代得到配合物；LG 株式会社（WO2006095942A1、WO2006095943A1、KR20070097138A、KR20070105080A、US2007104979A1、JP2007161859A）在多篇文献中对苯基喹啉-苯基配体进行修饰，例如，在芳香环上引入多个甲基、甲氧基，使得铱配合物色度更纯、发光效率和耐久性更高；通用公司（WO2012148511A1、WO2012116243A1、US2013299795 A1）在 2010—2011 年对苯基喹啉-苯基配体进行修饰时，使用 CD_3 取代，CD_3 可以增强体系的共轭性，其在前期研究的基础上在多种铱配合物上引入 CD_3，其主要化合物参见图 21：

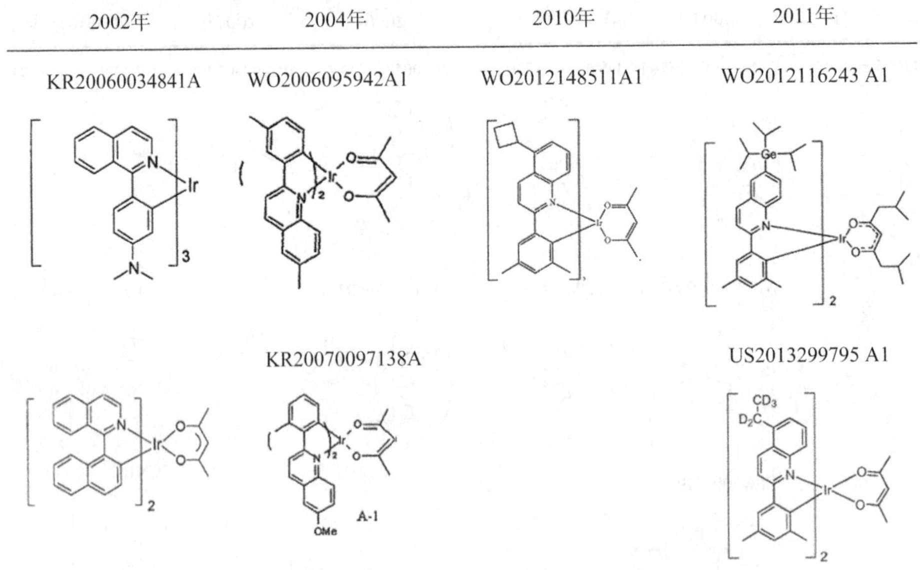

2002年
2004年
2010年
2011年
KR20060034841A
WO2006095942A1
WO2012148511A1
WO2012116243 A1
KR20070097138A
US2013299795 A1
A-1

图21　主配体取代基修饰的技术发展路线

3.2.4　小结

通过常规的烷基、烷氧基、卤素修饰主配体的邻、对、间位，可以提高配合物的稳定性、发光寿命，尤为重要的是，基于 Ir（piq)$_3$ 的主配体取代修饰，最大限度地保持了 Ir（piq)$_3$的发光性能。但是由于红光本身的缺陷，商业化价值无法体现，因此研究重点慢慢转向了蓝光。

3.3　蓝色磷光铱配合物技术发展路线

要实现彩色显示或白光照明，蓝光材料是必不可少的。由于蓝光的能量高、效率和稳定性相对较低、选择合适的主体材料较为困难等原因，以致蓝光材料发展较晚，但其高使用价值使得该方面的研究成为磷光铱配合物领域的热点。

已知苯基吡啶配体（ppy）的铱配合物是绿光材料，共轭程度增加的苯基（异）喹啉配体的铱配合物显示出明显的红移而获得了较好的红光材料。打破配体的共轭、降低配体的电子云密度等，被认为可增加三重激发态中 HOMO 和 LUMO 之间的能隙，从而促使向高能量蓝光波长的移动。

从整体改造路线来看，该技术分支以经典的 FirPic 为起点，科研人员尝试通过各种不同的构思、从不同角度来改造主配体的结构，以改善整个配合物的发光性能，如蓝光饱和度、量子效率等。其主要遵循了降低配体电子云密度或共轭程度的原则。图 22 即展示了蓝光铱配合物磷光材料的主要技术发展路线。

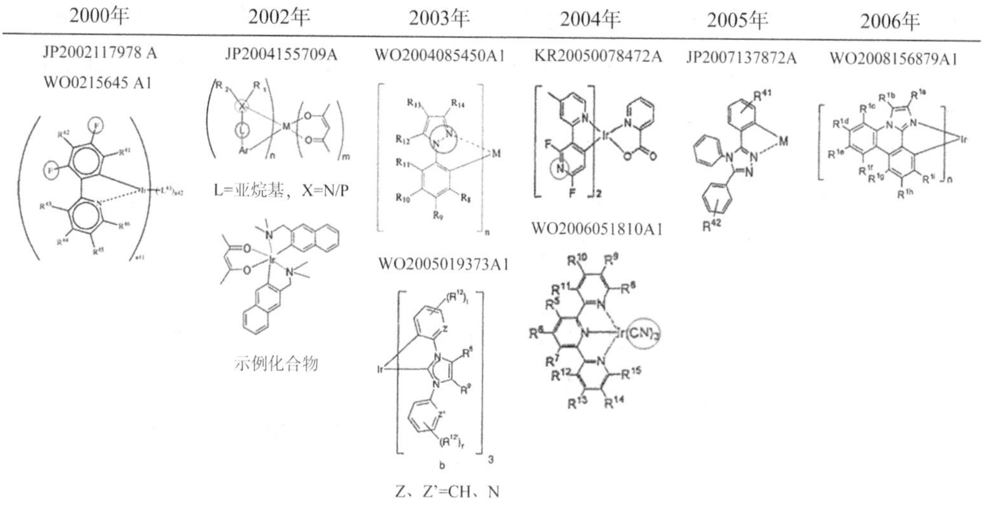

图 22 蓝光铱配合物磷光材料的主要技术发展路线

起先的开发主要延续了 FirPic 的研发思路，即以吸电子基来降低苯基吡啶配体的电子云密度，主要是选择了一些与 F 类似的 CF_3、CN 等类似的吸电子基，也尝试了对吸电子基的个数和取代位置进行调整。但也并不是一味引入吸电子基，如吡啶环上引入特定的供电子基（如烷基硅基）有利于调节整个主配体的电荷平衡，可以改善发光性能。还意外地发现，两个 F 原子之间引入基团替代 H 可以大大提高配合物的稳定性，该基团以 CN 为最优选择。

接下来，开始尝试从降低主配体的共轭程度的角度进行改造，这时不再需要引入 F 原子，从而避免了 F 原子取代所带来的配合物稳定性差的缺陷，同时也简化了制备工艺。具体方式主要包括将苯基修饰为杂芳基，将吡啶基改造为吡唑、咪唑、三唑、卡宾等五元含氮杂环，破坏或分离共轭环等；从效果来看，后者更具有潜力、研究也最多。苯环修饰方面主要以 N 杂修饰为主，但仍需配合 F 取代来调节电荷；若在氮杂的同时引入 B 原子可进一步降低共轭程度，B—N 杂环特别适合作为蓝光材料。

吡啶环修饰方面，单独的吡唑或咪唑环的效果并不十分理想，仅与苯环在特定的连接位置才能获得蓝光发射；进一步稠合杂环如噁唑环可使发光波长明显蓝移；进一步在苯环特定位置引入嘧啶环或三嗪环可明显改善半峰宽和色饱和度；进一步引入大位阻的基团可增大苯环与五元杂环之间的扭曲程度，有效降低了共轭，同时降低了化合物堆叠而提高了量子产率。芳基一三唑配体的修饰也经历了较长的时间，涵盖了各种取代基种类和取代位置、芳基的选择、三唑环连接位置等的尝试，从中也获得了极高色纯度和发光效率的蓝光材料。氮杂环卡宾配体是该方面最受关注的技术，该类配体不仅具有良好的稳定性，而且显示出良好的发光性能，结构改造的灵活性也很高，如多氮卡宾环、稠合卡宾环、卡宾与芳环之间桥联、卡宾环的硼杂化等修饰方式均能取得较好的效果；并且，由于卡宾配体本身具有深蓝色的发光，这给予了保持蓝光发射的同时改善其他发光性能的空间。

苯环和吡啶环之间插入烷基，这似乎是一种打破二者共轭的最直接的方式，科研人员也尝试了这样的思路，也获得了一些不错的蓝光材料，但该类配体在制备方面相对困难，所以研发较少。

再后来，科研人员惊讶地发现高度共轭配体并不是蓝光材料的禁区，相反地某些高度共轭结构恰恰是蓝光材料的优良候选者。例如，咪唑并［1，2－f］菲啶由于其特殊的电子排布，具有很低的能隙，以其为配体的蓝光材料不仅色度好，而且具有高寿命、低启动电压等优势。

图 22 中每个结构都代表了一类材料，下面则针对每类依次进行详细介绍。

3.3.1 吸电子基的苯基－吡啶配体

2000 年富士胶片株式会社（FUJI FILM CO LTD）和通用显示公司（UNIVERSAL DISPLAY CORP）同时在 ppy 的苯环 4，6 -位同时引入强吸电子的 F 原子，有效降低了苯环区域内电子云密度，降低了能隙，波长蓝移了 40～60 nm，尤其是获得了发光波长约为 465 nm 的蓝色磷光材料：FIrpic，CIE 坐标为（0.17，0.32），这也是迄今为止唯一商业化的蓝色磷光材料。这是蓝色磷光材料领域的突破性成果，蓝光材料的研究由此开始。

但是，FIrpic 与纯蓝光［CIE 坐标为（0.16，0.07），436 nm］还有些差距，并且在量子效率和发光寿命等方面还有待改善。

接下来，各研发公司主要基于该配体进行了一些取代基修饰，从时间顺序上来看，2000—2004 年仅是对苯环上吸电子基的取代位置和种类进行了调整，2005—2010 年进一步对未取代的吡啶环进行了取代基修饰。

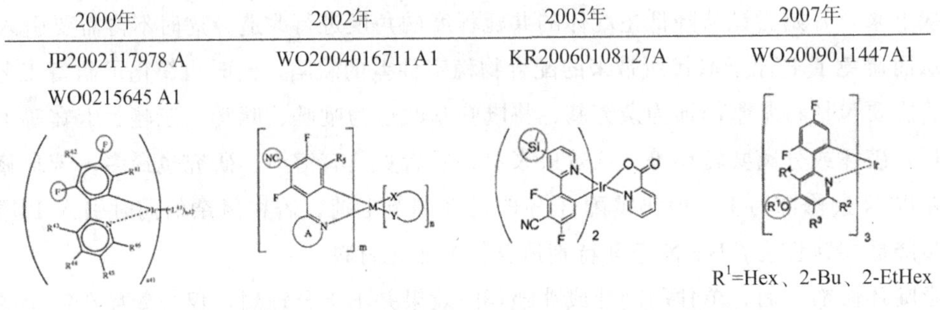

2000年
2002年
2005年
2007年
JP2002117978 A
WO0215645 A1
WO2004016711A1
KR20060108127A
WO2009011447A1
R¹=Hex、2-Bu、2-EtHex

图 23 吸电子基的 ppy 配体的蓝光铱配合物的技术发展路线

首先，在苯环吸电子基修饰方面，研究发现双取代较单取代蓝移（JP2005154396A），取代位置对发光波长影响较大，吸电子基还可选择 CF_3、CN 等（US2003040627A1、WO2005003095A1、KR20050080288A）；但这些修饰对发光波长和发光效率并不一定都是同向的，如 F 相对于 CF_3 蓝移但发光效率有所降低，再如 CN 与 F 的波长类似但发光效率提高、器件的启动电压也降低。在这方面更值得一提的是，通用显示公司在 4，6 -位的 F 之间的 5 -位引入 CN 等以提高 FIrpic 稳定性的研究，他们发现 FIrpic 的两个 F 之间的 H 易酸化而降低了配合物的稳定性，当该位置的 H 为易除去的基团取代时，稳定性问题得以减轻；该易离去取代基的选择依据为：①可与苯环的 π 体系共轭或部分共轭，②吸电子以避免波长红移。杜邦、三星、富士胶片和索尔维公司等还考察了 5 -位引入 CF_3、CF_3SO_2、COOMe、C_2F_5、氟苯基、CF_3CO、酰胺、二芳基硼基等吸电子基对发光性能的影响（US7816016B1、KR20050121865A、JP2006100393A、WO2010089394A1、CN103896990A、CN103205251A）。

接下来的研究也发现，适当供电子基团的引入也并不一定是不利的，配体上吸电子和供电子的平衡对材料的整体性能更有利，并非一味引入吸电子基（JP2005002053A）。但其取代的位置很关键，在吡啶环 N 原子对位引入供电性基团最为合适。甲氧基、二甲氨基等可使发光波长产生一定的蓝移（TW200641089A），已氧基可使发光更为均匀且量子效率提高、支化的 2 -丁氧基、2 -乙基已氧基可进一步提高量子效率并使器件的寿命延长 1 倍，三甲基硅基可在保持波长不变的情况下增加配合物的热稳定性并大大提高器件的效率，还尝试了以咔唑基、芳氧/硫基取代或相邻取代基成环。

3.3.2 杂芳环-吡啶配体

借鉴了上述两个 F 之间易酸化的 H 进行取代以及调整电荷分布的经验，科研人员还将苯环修饰为杂芳环，杂原子位于两个吸电子基之间。其中，代表性的是三星公司于 2004 年，将 FIrpic 的苯环改造为吡啶环，并保留了原 4，6 -位 F 以及原有的配位方式，这有效降低了 CIE 坐标的 y 值至 0.12，获得了 438 nm 的深蓝色发光的磷光材料。该申请还将通式范围概括至嘧啶环。后续，国内的海洋王照明公司和“国立”清华大学对取代基进行了修饰，对吡啶环的 N 原子位置进行了调整，也具体研究了嘧啶环配体的材料的性能。

除了在苯环上引入吸电子基团外，还可通过打破共轭来为配合物提供高的三线态能量，通用显示公司即通过引入 N 和/或 B 的杂原子打破了苯环的共轭，提供了一种全新的环金属配体。他们发现，B—N 键和 C═C 键之间是相似的，具有 B—N 键的化合物与 ppy 相比具有等价的电子和结构，B—N 杂环特别适合作为蓝光材料。包含 1，4 -氮杂烃基硼或 1，2 -氮杂烃基硼的配体对于蓝光器件是尤其可取的。

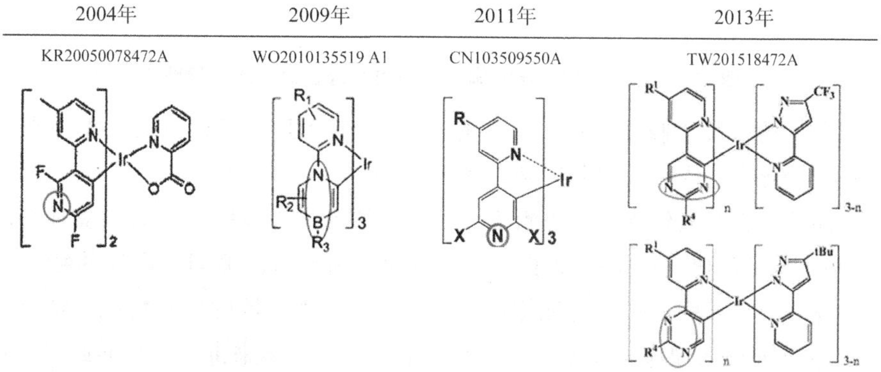

图 24　杂芳环-吡啶配体的蓝光铱配合物的技术发展路线

3.3.3 苯基-五元唑类配体

后续的研究中人们尝试将配体中的六元吡啶环修饰为共轭程度低的五元唑环来获得深

蓝光的材料，例如，苯基-咪唑/吡唑/三唑配体。

1）苯基咪唑/吡唑配体

研发人员首先尝试了含2个氮原子的吡唑环和咪唑环，它们具有较短的对位共轭长度和较大的能隙，在苯环未被F取代时也能使发光波长蓝移；当然，F取代之后可进一步增加三重态能量。研究也发现，五元杂环与苯环的连接位置对发光性能影响很大，只有特定位置的连接才能获得蓝光发射，如咪唑2-位C与苯环连接时的材料λ_{max}可达453 nm。吡唑或咪唑环上相邻取代基形成骈合苯环通常是不利的，这时多需要苯环上引入F来平衡电荷。苯环上取代基的种类和位置也会改变发光波长，如苯基吡唑配体的4-位苯基取代较3-位可发生多达46 nm的蓝移；苯环扩展为多稠合环系时也可提高色纯度，如二苯并呋喃或二苯并噻吩，可获得454 nm的蓝光发射，并可提高量子效率。

在五元杂环的稠合方面，佳能公司还将现有的噁唑并咪唑化合物作为蓝光材料的配体，研究了其发光性能。经DFT分析，噁唑稠合的配合物较苯环稠合的配合物发生了76 nm的蓝移，通过器件的测试也证明其具有良好的发光性能（456 nm）。

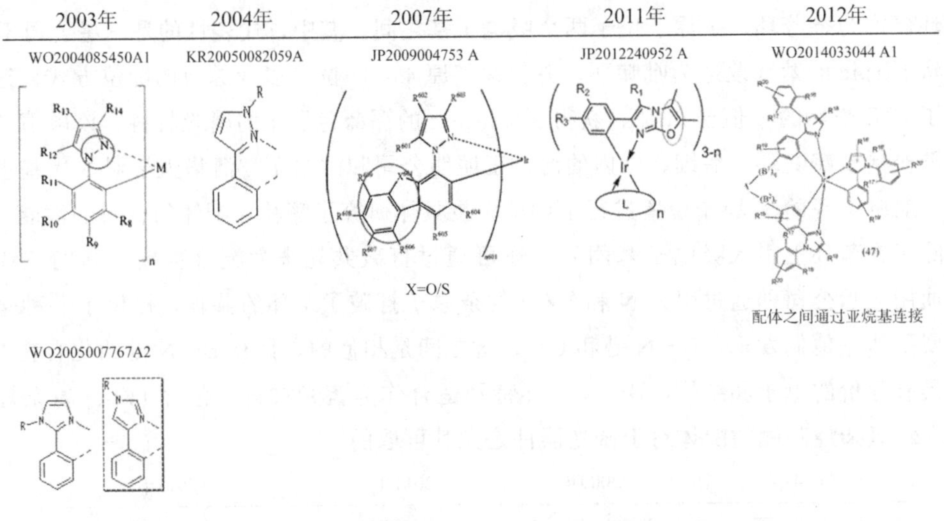

图25　苯基咪唑/吡唑配体的蓝光铱配合物的技术发展路线

在该类配体的取代基修饰方面，主要包括在苯环上引入嘧啶环或三嗪环来增强配位场，或是在咪唑环上引入大位阻基团来增大扭曲等。

日本佳能公司在蓝光铱配合物材料方面的研究主要集中在嘧啶环或三嗪环的取代，并在2009年基于他们的研究成果提交了一系列国际专利申请。他们在配体的特定位置引入嘧啶环或三嗪环，形成强配位场的配体，以获得优异蓝光区域的发光特性。特定位置的取代保证了中心金属Ir向配体给予电子，以增加配位场。具体来讲，嘧啶环或三嗪环取代在苯环，处于相对于Ir的对位；其两侧的取代位置为H，使得嘧啶环或三嗪环与苯环彼此共平面。这样获得的配合物具有明显变窄的半峰宽和色饱和度。代表性结构如下：

WO201107098A2	WO2011070990A1	WO2011070991A1	WO2011070992A1

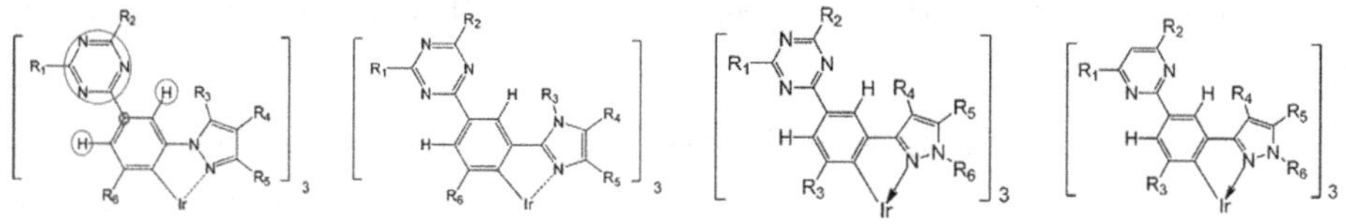

在环金属配体上引入大位阻的取代基可增加苯环与五元杂环之间的扭曲程度，从而降低共轭，有利于短波发光特性。例如，通用显示公司将二苯并稠合五元环取代基修饰于咪唑N原子上，其相对于配体的环金属化结构部分扭曲到平面之外，再结合邻位大体积取代基可进一步增加扭曲程度，降低其与环金属配体之间的共轭，甚至完全打破；邻位取代基也可保护咪唑环免于氧的攻击，提高化合物的稳定性；也可降低化合物的堆叠，以提高量子产率。这方面的例子还包括，柯尼卡公司（KONICA CORP）在相同位置引入的大位阻基团取代的联苯基，以及LG公司在苯环上引入的大位阻基团取代的苯基等。具体化学结构如下：

2010年	2011年	2012年
WO2011106344 A1	JP2015188090A	KR20140078405A

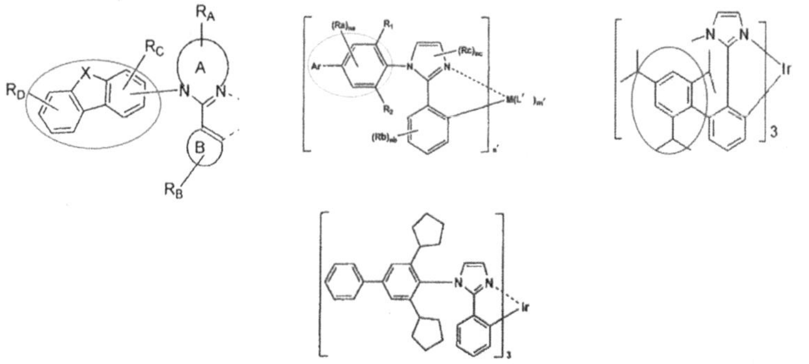

图26　大位阻基团取代苯基咪唑配体的蓝光铱配合物的技术发展路线

2）苯基三唑配体

在二氮杂环配合物的基础上，科研人员也尝试使用了含更多杂原子的配体，具有代表性的是半导体能源株式会社（SEMICONDUCTOR ENERGY LAB）在苯基三氮唑配位体材料的工作，他们从取代基修饰、苯环杂原子化以及三唑环N原子排列顺序调整等方面对构效方面做了较为全面的研究。

如图27所示，2005年以3，5-二苯基-1，2，4-三唑的邻位金属配合物为基础化合物，这类化合物，具有绿光到蓝光的磷光波带，选择合适的辅配体可获得蓝光材料，如pic时为绿光、bpz时为蓝光，但效果并不理想。

接下来的10年中不断对取代基进行了修饰，例如，将5-位苯基替换为烷基可降低升华温度，支化烷基还可降低器件的启动电压；5-位为吸电子的卤代烷基可以使波长蓝移；4，5-位形成分子内桥联结构的材料易合成、成本低，且发光性能得以保持；4，5-位苯基上引入烷基，可促进3-位未取代苯基与Ir配位，且取代苯基形成的扭曲促进了短波漂移。此外，还可通过引入特定基团来实现特定目的，如引入具有空穴传输性能的咔唑基，可降低启动电压和能耗。

其间，对苯环和三唑环的母体结构进行改造时，苯基到吡啶基的改变并没有对发光性能产生多大影响；1，2，4-三唑到1，3，4-三唑的调整已经出现了蓝移的迹象，进一步结合取代基位置的移动，JP2013010752A中获得了极高色纯度和发光效率的蓝光材料，其发光波长可达435 nm。

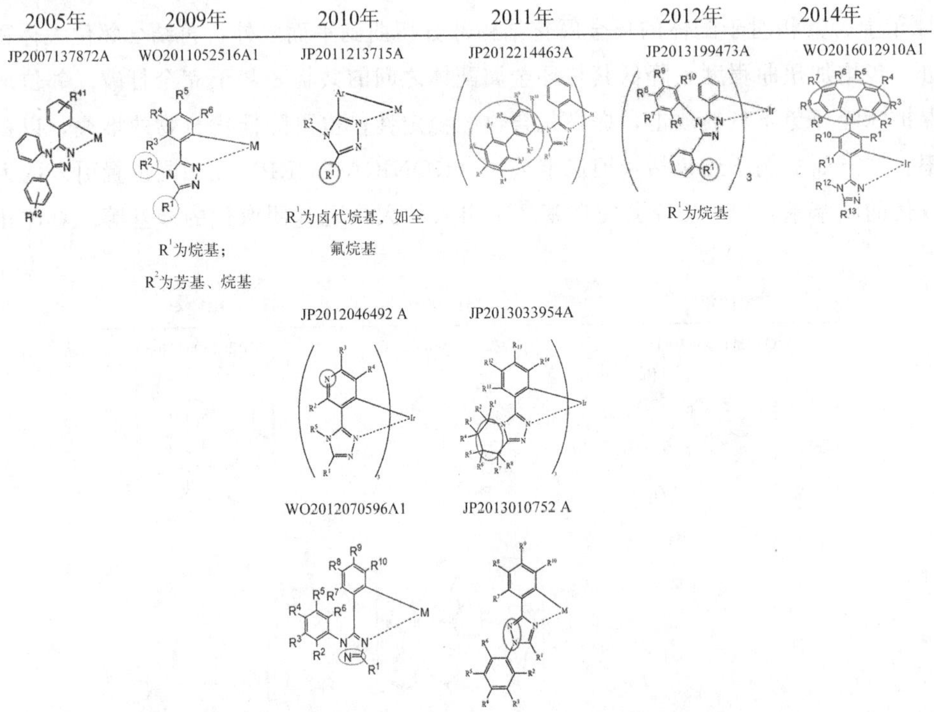

图27 苯基三唑配体的蓝光铱配合物的技术发展路线

3.3.4 氮杂环卡宾配体

氮杂环卡宾作为一类具有特殊空间和电子分布的结构，包含该结构的过渡金属配合物具有独特的化学稳定性，该类配合物被广泛用于催化剂领域。直到2003年，巴斯夫公司（WO2005019373A1）的研发人员才首次证实了该类氮杂环卡宾铱配合物作为OLED的发光物质的适合性。其主要考察了与已知类似的配合物，其实施例中选用的都是1，3-位对称取代的N，N’-二苯基咪唑卡宾配体，证明其为深蓝色发射（最大发射峰在453 nm），并且量子效率高、稳定性高，是一类很好的蓝光材料。

与此同时，研究卡宾配合物发光材料的还有通用显示公司（WO2005113704A1），与前者不同的是，卡宾配体为非对称结构，配合物的结构更为多样化。该国际申请中，以N－苯基－N’－甲基咪唑配体为基础，涉及多种母核结构的卡宾配合物，如卡宾环中N原子数的增加、卡宾与芳环或杂芳环的稠合、卡宾环与苯环的桥联、苯环到二苯并环的扩展、苯环至五元杂环（其中包括双卡宾配体）、六元卡宾等，代表性结构如下所示：

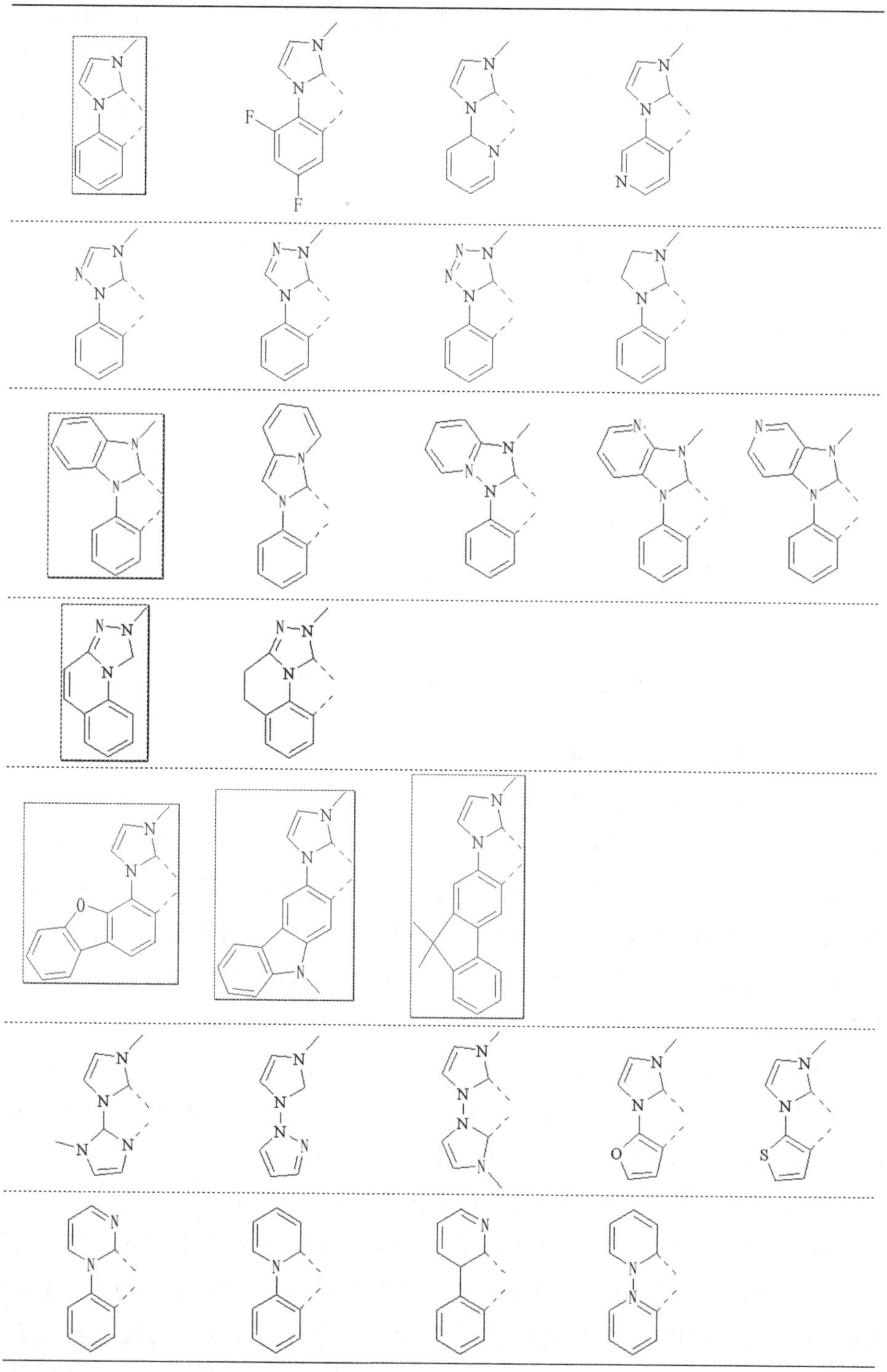

上述两个国际申请可以说是卡宾配合物磷光材料方面的原研专利，他们也确实都要求了范围极大的专利保护，通用显示公司后续还通过多个申请对各个技术方案分别进行保

护，这些也体现了国外原研性大公司的专利保护策略。

在上述原研化合物基础上，巴斯夫公司继续对桥联基团进行改进，为苯基时可在保持深蓝色发光的情况下提高外量子效率；默克专利公司和夏普株式会社对含 B 原子的卡宾配合物材料进行了研究，具体来讲，可将卡宾 C 原子修饰为缺电子的 B，也可用与 C＝C 键类似但电荷局部化更大的 B－N 键替换，这样电子更易移动，从而使 MLCT 作用占主导，这可改善发光效率。

氮杂环卡宾配合物材料中的重要技术发展路线如图 28 所示。

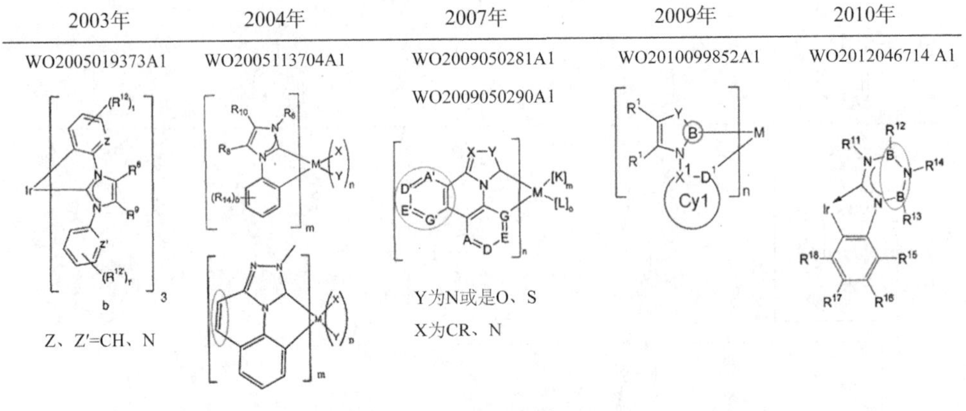

图 28　氮杂环卡宾配体的蓝光铱配合物的技术发展路线

3.3.5　咪唑/吡唑并菲啶配体

在蓝光铱配合物方面，通常的思路是降低主配体的共轭，以提高三线态能量，所以普遍认为像咪唑并［1，2－f］菲啶这类高度共轭的分子不能被用于蓝光发射。但通过密度泛函理论（DFT）计算，通用显示公司的研发人员意外地发现，该类分子具有很高的三线态能量，相应配合物的能隙低于 0.25 eV，适于蓝光发射。发明人认为，18π 电子与稠合环的特定排列的结合，可降低化合物的能隙，并有利于发射光谱的峰行以及器件寿命，也有助于降低启动电压，从而降低 OLED 器件的能耗。该专利中也概括了大量类似结构的咪唑、吡咯、吡唑、三唑等五元杂环并菲啶配体的配合物材料。杜邦公司（WO2013163022A1）和 LG 公司（KR20140052500A）对吡唑并菲啶配合物的发光性能也进行了具体的研究。

通用显示公司进一步的研究发现，咪唑并［1，2－f］菲啶的 1－位为大体积烷基取代的扭曲芳基时，该基团不仅可以抑制咪唑环堆叠带来的自淬灭，而且可以为咪唑提供空间保护，这些都可改善量子产率并提供高效率。多环苯并咪唑菲啶配位体中，特定位置的 N 可产生深远的蓝移效应，但未配位的 N 容易质子化而出现稳定性问题，可通过芳基取代基空间遮蔽未配位氮，芳基取代位置要能够扭转出配体平面，以减少对配合物三重态的影响。针对该类配合物制备的器件寿命受限的问题，在配体内部增加连接键，这提供了一种提高稳定性的策略。

图 29 具体展示了该类配合物的技术发展情况。

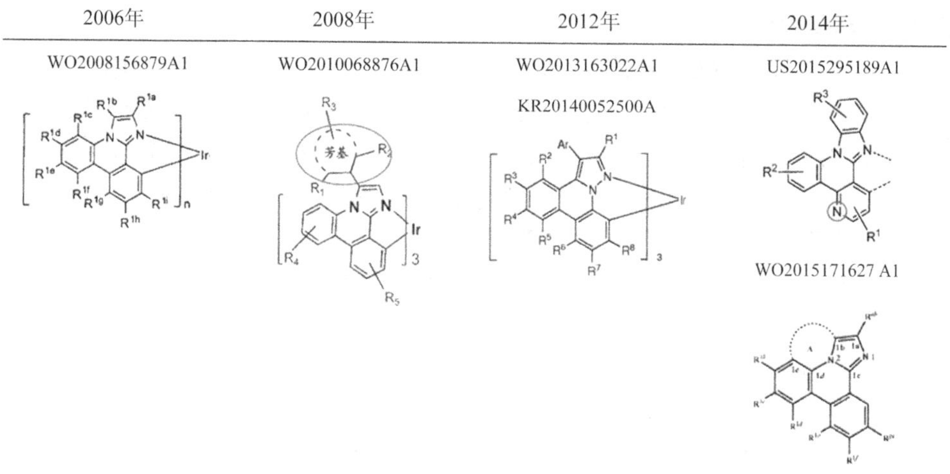

图 29 咪唑/吡唑并菲啶配体的蓝光铱配合物的技术发展路线

3.3.6 亚烷基桥联配体

通过打破共轭可以为配合物提供高的三线态能量，打破共轭的方式可以有多种，如上几节中提到的通过环内杂原子来打破环内共轭，科学家们还通过在环金属配体中插入亚烷基以更大程度地打破主配体的共轭。图 30 通过几篇代表性专利文献展示了亚烷基桥联配体的蓝光铱配合物的技术发展路线。其可以在 ppy 的苯环和吡啶环之间以亚烷基桥联，这可以起到与在苯环上引入吸电子基类似的效果。也可以是将吡啶环的完全打破，仅保留配位 N 原子的芳基烷基胺，这样能够提供很好的色纯度和耐受性的蓝光材料。通过在苯基咪唑或苯基卡宾配体中间插入亚甲基，可以提高主配体的能隙，结合更低能隙的辅配体，可有效抑制 LLCT（即配体到配体的电荷转移）过程，从而提高材料的量子效率。欧司朗公司还发现，具有亚烷基（或亚胺）连接的二芳基配体可发生互变异构，一方面，芳环与 CH（或 NH）互变后可使芳环的电子离域而减少共轭，另一方面，稳定的互变异构体失去质子后与 M 配位形成稳定六元金属环。

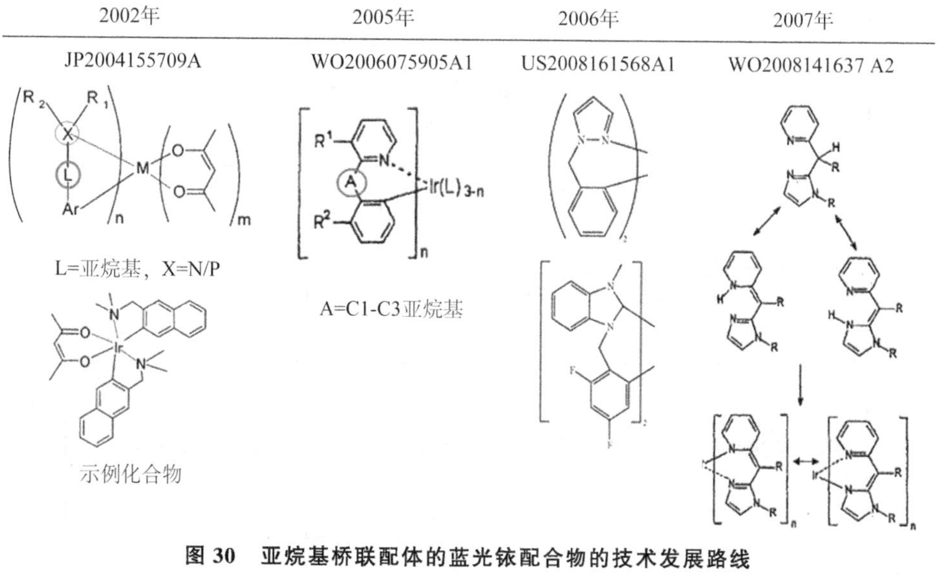

图 30 亚烷基桥联配体的蓝光铱配合物的技术发展路线

3.3.7 三齿配体

以上介绍的主要是双齿配位体的磷光材料，而出光兴产株式会社（IDEMITSU KOSAN CO LTD）主要对三齿配体的铱配合物材料做了较为全面的研究，他们从已知的三齿红光铱配合物出发进行结构改造，获得了一系列三齿配体的蓝光材料，如表2所示。

表2 三齿配体的铱配合物蓝色磷光材料的技术发展路线

文献号	代表性结构	注释
WO2006051810A1	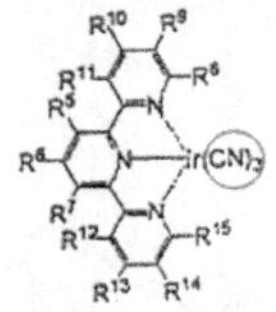	将红光材料中的Cl替换为CN而获得了蓝光材料
WO2006051806A1	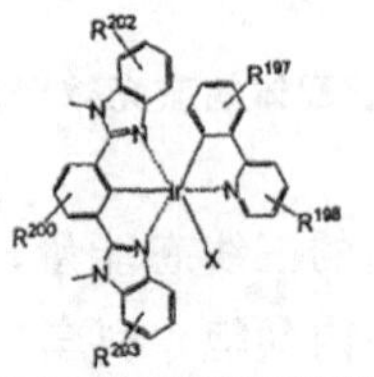	咪唑环还可为吡啶等
WO2007069533A1	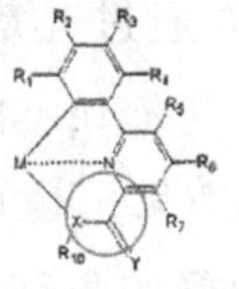 X、Y为氧族元素	在WO2006051806A1基础上，将辅配体也选择为三齿配体
WO2007069537A1	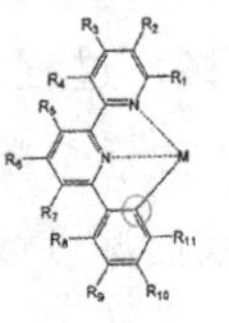	辅配体同WO2006051806A1
WO2007102543 A1	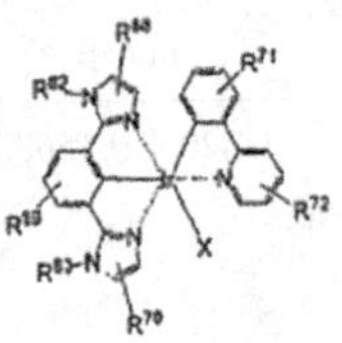 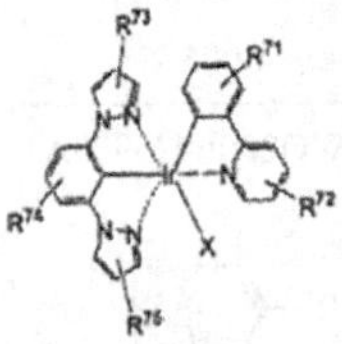	配体中五元环的改变
WO2007069542 A1	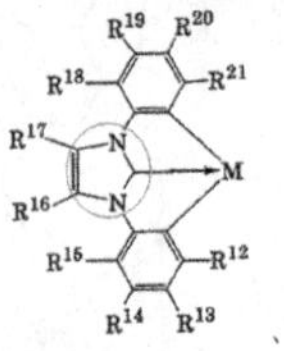 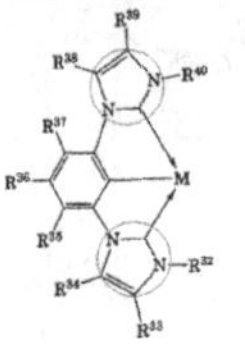	配体中引入卡宾结构
JP2008266163 A	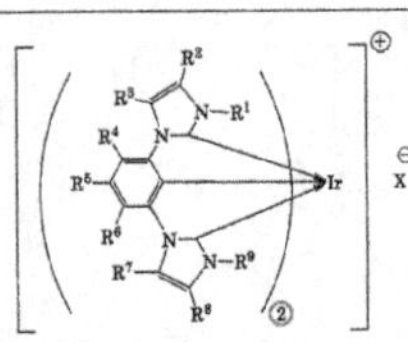	双含卡宾三齿配体

起先，意外地通过简单的辅配体从 Cl 到 CN 的替换，使得配合物的发光波长发生了极大的短波向移动，获得了蓝光材料；配合物的 CIE 值可达（0.17，0.28），优于 Firpic，发光效率可达 13.5 cd/A。

接下来的研究中，主要针对三齿配体的结构进行修饰，但这种改造方式获得蓝光材料相对困难，如对于二含氮杂环＋苯环的三齿配体，采用三齿＋二齿＋单齿配体的模式获得的材料多为绿色磷光，相比之下五元氮杂环更利于波长蓝移。只有当使用含卡宾的三齿配体时才获得了较好的蓝光材料，尤其是双三齿卡宾配体的配合物。在这一点上，与通用显示公司的研究不谋而合，因为先前的 WO2005113704A1 中关于卡宾配合物的研究就已经涉及这样的三齿配合物。

三齿配体的结构改造也基本延续了与二齿配体类似的思路，如吡咪—唑/吡唑—卡宾，以及 F 等吸电子基团取代来促进蓝移。

3.3.8 小结

通过上述对近年来蓝光铱配合物技术领域就主配体结构改造方面的专利申请进行的梳理和分析，可以看出，该技术分支以经典的 FirPic 为起点，科研人员尝试通过各种不同的构思、从不同角度来改造主配体的结构，以改善整个配合物的发光性能，如蓝光饱和度、量子效率等。

理想的蓝光材料是研发人员不断努力的目标，从已知的研发思路中汲取的经验对新配合物的设计更有价值。从目前看，主配体的研发中卡宾配体和咪唑并［1，2－f］菲啶是比较有潜力的，后续的研发可以借鉴其他配体的修饰手段来筛选优异的蓝光材料，也可以借鉴这些配体的研发思路从已知其他领域的配合物中选择可能的配体。

从申请人的角度来看，蓝光领域的各国主要研发单位均具有各自的核心技术，并围绕核心技术开展了系列研究，如美国通用显示公司主要针对苯基咪唑配体上引入大位阻取代基来改变配体的扭曲程度，该公司还首先发现了高度共轭的咪唑并［1，2－f］菲啶配体也是很适合蓝光发射，其在卡宾配体方面也做了较为翔实的研究工作；日本半导体能源株式会社主要就芳基－三唑配体进行研究并发现了一定的构效关系；日本佳能公司主要围绕在各种苯基唑类配体上引入嘧啶环或三嗪环等。这也启示我国的相关研发单位和企业，要在 OLED 领域占有自己的一席之地还需要拥有自主知识产权的核心技术。

第四章　产业应用前景

在 OLED 领域中，成品的有机电致发光器件的生产包括众多环节，如各种发光材料的上游技术、器件封装等下游技术。而目前国内企业多侧重下游技术的开发，新发光材料的开发方面投入的精力很少，尤其是金属配合物掺杂剂方面，该领域在国内基本被国外专利所垄断。在这方面，国内企业可以借鉴国外一些跨国公司的经验，选择与国内科研院所合作，实现科研与产业的有效衔接，这有利于技术的转化，进而成为推动创新的驱动力。

由于 Ir（ppy)$_3$ 作为绿光材料具有良好的稳定性和发光效率等，且在 OLED 器件产业中有着广泛的应用，对于绿光铱配合物开发需求没有蓝光、红光铱配合物那么急迫，故近几年其研究的热度稍低于蓝光、红光铱配合物。但是绿光材料在发光效率、亮度、寿命和稳定性等方面仍有很大的提高空间，仍然值得进一步开发研究。

通过对绿色磷光铱配合物技术发展路线的梳理，我们总结出如下几种研发的思路：1）在 Ir（ppy)$_3$ 的苯基吡啶母核上使用功能性基团（如电子传输性能的基团、具有空穴传输的基团等）进行修饰，调节配合物的电子、载流子等的迁移能力，从而提高有机电致发光器件的性能；2）虽然铱配合物中辅助配体是惰性的，不参与发光过程，但通过调节辅配体的结构可以实现对发射波长的调控，故可以设计新的辅配体对铱配合物的性能进行调控；3）对于绿光铱配合物大部分是基于 Ir（ppy)$_3$ 进行的取代基修饰或辅配体修饰，其均属于相对较传统的改造手段，传统的改造手段的好处在于：这种基于 Ir（ppy)$_3$ 改造获得的新配合物在发光性能上与 Ir（ppy)$_3$ 差距不大，研究的风险较低；但缺点在于：其很难突破 Ir（ppy)$_3$ 的理论束缚真正实现发光性能方面质的提高；故设计新的主配体替代传统的苯基吡啶成为其主要的研究重点，卡宾配体、杂环-吡啶等均属于这类设计。

红色铱配合物磷光材料相对于高性能的绿光材料发展明显落后，红光材料研发方面面对的难题主要是：该类材料能隙较小，能够满足要求的配体较难设计；该类材料通常具有大的共轭结构，这导致强的 $\pi-\pi$ 作用，进而加剧了分子堆积，易发生磷光淬灭。通过对国内外发展技术的梳理可以发现，目前仍主要通过降低 Eg，从而降低跃迁需要的能量，来实现发光红移。具体降低能隙的方法为：通过增加分子的刚性，如增大配体共轭长度，使三线态能量降低。此外，材料中构建分子间 D－A 结构也有助于提高三线态能级高度，使配合物的发射波长红移，从而获得饱和红光。因此，目前红光器件主要面临的问题之一是高电流下磷光自淬灭严重现象，导致了较差的器件效率和性能，如何解决此问题将是红色电致磷光器件面临的巨大挑战。

蓝光铱配合物材料方面，目前国内外主要科研团队进行研发的代表性思路包括：1）可根据已知的构效关系来尝试新的改造方式，如在主配体的修饰方面，现有技术中基于降低杂环共轭程度有利于蓝光发射的理论基础开发了吡唑、咪唑等五元杂环基苯配体的配合物，甚至是完全打破杂环共轭的配合物。2）可以从已知发射某种光色磷光的配合物出发进行结构修饰，以获得发射其他光的配合物，如出光兴产株式会社从红光的三齿配体的配合物出发通过对主配体或辅配体的修饰获得了绿光材料，甚至是蓝光材料。3）从已知的其他领域的配合物（这里指的是非 OLED 用途的配合物）中寻找可以解决磷光材料中面对的瓶颈问题的途径，如卡宾配体的磷光配合物即是将催化剂领域中稳定性较好的卡宾配合物借鉴到 OLED 领域，从而解决了掺杂剂材料稳定性差的技术问题。4）可以跳出现有理论的束缚，从不被关注的范畴内筛选出具有潜在价值的材料，如通用显示公司发现的高度共轭的咪唑并［1，2－f］菲啶配体通常不被认为可以发射蓝光，但经过筛选和测试发现其是一类性能优异的蓝光材料，并成为一类重要的材料。

未来磷光铱配合物材料的研发重点仍会在蓝光材料领域，主要解决的问题是提高配合物的外量子效率、延长器件的寿命等，同时要保证材料的经济性，即性能提高与成本的平衡。在结构方面，卡宾配合物因其优异的稳定性和发光性能，以及易得性，仍会是研究的热点；通过在主配体的 N 杂环中引入像硼这样的杂原子，形成与 C=C 键类似但电子更易移动的环体系，从而筛选良好的磷光材料，这或许会成为未来研究的一个方向。

参考文献

[1] 黄春辉，李富友，黄维. 有机电致发光材料与器件导论 [M]. 上海：复旦大学出版社，2005.

[2] 廖章金，朱彤珺，密保秀，等. 小分子铱配合物及其电致发光 [J]. 化学进展，2011，1627—1643.

[3] 王传明，范曲立，霍岩丽，等. 有机电致磷光材料的分子设计：从主体材料到客体材料 [J]. 化学进展，2006，519—525.

[4] Yoshiyuki Suzuri，Tomohiro Oshiyama，Hiroto Ito，etal. Phosphorescent cyclometalated complexes for efficient blue organic light-emitting diodes [J]. Science and Technology of Advanced Materials，2014，1—13.

[5] Jaesang Lee，Hsiao-Fan Chen，Thilini Batagoda，etal. Deep blue phosphorescent organic light-emitting diodes with very high brightness and efficiency [J]. Nature Materials，2016，92—98.

电致发光器件用蓝光材料专利技术综述

陈雅清

第一章　前言

1.1　OLED 发光材料

1.1.1　荧光发光机制

荧光发射机制为由单重激发态直接以辐射方式钝化回到基态得到，发光的波长取决于发光能量，即能隙，参见图 1 所示的 Jablonshki 图解。

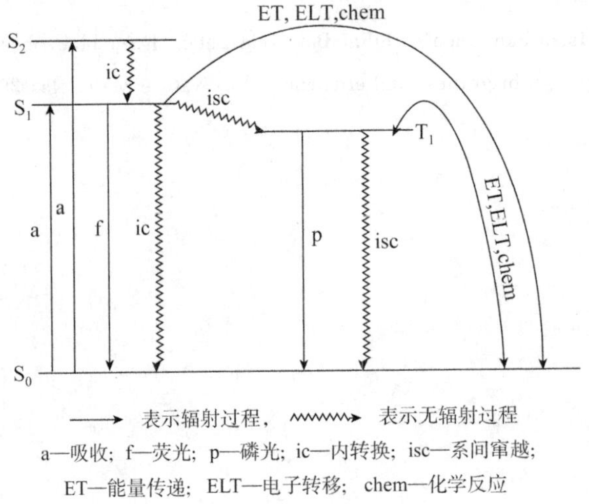

图 1　Jablonshki 图解

延迟荧光（Delayed Fluorescence）也被称为缓发荧光，单重态的寿命一般为 10^{-8} s，最长可达 10^{-6} s，但有时却可能观察到单重态的辐射寿命长达 10^{-3} s，这种长寿命的延迟发射的荧光一般有着不同寻常的瞬时荧光的光谱特征，但也有些延迟发射的荧光光谱与瞬时荧光光谱完全相同的情况，这时它们的区别只在于辐射寿命不同。这种长寿命的荧光被称为延迟荧光。它来源于第一激发三重态（T_1）重新生成的 S_1 态的辐射跃迁，即延迟荧光产生的过程为 $S_1 \rightarrow T_1 \rightarrow S_1 \rightarrow S_0 + hv_f$，$hv_f$ 为延迟荧光。

OLED 发光层可为单一发光材料，还可为具有高效的主客掺杂发光体系。多掺杂组分系统还涉及能量转移，主客掺杂发光中含有较高能态的主发光体，可将能量转移到客发光体（掺杂物）。因此，只需要加入少量的客体发光体就可以改变电激发光的颜色，并且掺杂物可提高 OLED 器件的发光效率，因为它可将能量转移给荧光效率更高的客发光体，甚至可以延长组件的寿命。

1.1.2　OLED 发光材料

OLED 的发光属于电致发光（Electro Luminescence，EL），电致发光是指电能到光能的非热转换。1953 年 Bernanose 和他的同事第一次发现了有机物中的电致发光现象。但是，有机材料电致发光的应用却因为过高的驱动电压、过低的效率和不稳定的性质所限制。一直到 1987 年，美国柯达公司的邓青云博士及 Steve Van Slyke 发布以真空蒸渡法制成多层式结构的 OLED 器件，大幅提高了器件的性能，首次发布了具有实用潜力的 OLED 器件，吸引了全球的目光，开启了 OLED 时代。电致发光器件采用夹层式三明治结构，空穴和电子分别从阳极和阴极注入，并在有机层中传输，相遇之后形成激子，激子复合发光。结构分为单层器件以及多层器件，参见图 2，不同作用的功能层优化和平衡了器件的各项性能，发光层和阴极之间的各层需要良好的电子传输性能，发光层和阳极之间的各层需要良好的空穴传输性能。各功能层起到不同的作用主要由其本身能级结构及载流子传输性质所决定。

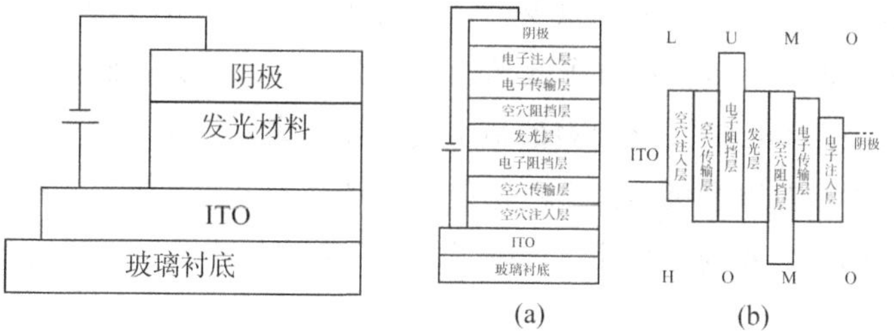

图 2　单层及其多层器件示意图

OLED 发光层使用的发光材料包括了荧光和磷光材料，荧光材料还可根据相对分子质量大小分为小分子发光材料和高分子发光材料，因此，OLED 根据发光材料可分为磷光电致发光器件，荧光电致发光器件以及高分子电致发光器件。小分子材料发明较早，最早被应用到 OLED 平面显示器上。

OLED 中发光材料是最重要的材料，需要满足条件：(1) 高量子效率，光谱分布在可见光区域；(2) 良好的半导体特性，即具有高的导电率；(3) 良好的成膜性，在几十纳米厚度的薄层中不产生针孔；(4) 良好的热稳定性以及光稳定性。由于大多数有机荧光材料在固态时存在浓度淬灭等问题，导致发射峰变宽、光谱红移、荧光量子效率下降等，因此将它们以低浓度方式掺杂在主体材料中，掺杂时要能够实现能量的有效传递。有机小分子荧光材料的修饰性强，选择范围广，易于提纯、荧光量子效率高，以及产生红、绿、蓝等。但是有机小分子荧光材料仍然存在问题，例如，稳定性差、寿命短、发光效率低和亮度低及成膜性不好等，开发新的小分子有机发光材料，进一步提高发光亮度和效率具有重要的意义。

1.2 蓝光荧光材料

在OLED中，蓝光发光材料是必不可少的，其为三基色之一的蓝光OLED，或者还可以通过能量传递将蓝光转化为红光和绿光。对于OLED显示而言，有机小分子蓝色发光材料的CIE色坐标x应在0.14～0.16之间，y应在0.11～0.15范围内。目前蓝光材料具有相对较宽的能隙，电荷难以注入发光材料中，因而很难获得低电压、高效率和高稳定性的深蓝光器件，对材料设计和器件结构设计均提出了更高的要求，难以兼顾高效率和高色纯度。蓝色发光材料在分子设计上要求材料的化学结构具有一定程度的共轭结构，但偶极矩不能太大，否则，发光光谱容易红移至绿光区。时至今日，与现有的红色和绿色有机电致发光材料和器件相比，具有优越综合性能的蓝色有机电致发光材料和器件却始终匮乏。因此，研发出具有优越综合性能的蓝光材料对有机电致发光器件的推广及应用十分关键。对于蓝光器件，需要改进的性能包含：效率、色纯度、电压、热稳定性、寿命、可溶液加工性。

1.3 本文内容简介

蓝光磷光材料存在色纯度不纯、稳定性不佳和高工作电压下器件效率衰减等问题，蓝光荧光材料在材料种类、成本、色纯度以及稳定性等方面具有相对的优势。研发具有高效率、色纯度高以及长寿命的优异有机小分子蓝光器件具有重要的意义，而蓝光发光材料是重要的材料，同时专利发明是OLED发光材料的最主要公开方式，特别是对于商业化潜力及商业化产品领域。因此，本文对以有机小分子蓝光荧光材料以及主客体体系中的有机小分子蓝光掺杂剂作为发明内容的发明专利进行综述，以了解各国对有机小分子蓝光材料的研发情况。

第二章　有机小分子蓝光发光材料的专利申请情况

2.1 全球专利申请情况简介

本文检索以国家知识产权局专利检索与服务系统的CNABS数据库作为中国专利检索的数据库以及DWPI和SIPOABS数据库作为全球专利的检索数据库。本文检索截至时间为2016年6月，检索使用分类号C09K11/06，H01L51，C07，结合关键词“蓝”或“blue”，筛选出以小分子蓝色发光材料以及有机小分子蓝色发光掺杂剂作为发明点的专利申请。

全球以有机小分子蓝色发光材料以及有机小分子蓝色发光掺杂剂作为发明点的专利申请为506件，其中，中国专利申请351件，未在中国申请的国外专利申请155件。可见，在中国申请专利的比重占大部分，中国是受关注程度大的区域，是全球主要的目标市场国之一。

从图3可以看出小分子蓝色发光材料的专利申请萌芽于20世纪90年代，1991—1999年发展较缓慢，自2000年开始快速发展，2013年达到了峰值。相比较之下，在中国的专利申请发展较晚，萌芽期在1999年，之后快速增长，在2004年后中国申请量超过了全球申请量的一半，之后中国申请量占全球申请量的比例也逐渐提高，这是由于2004年后中国对知识产权制度的不断深入推进，以及科研部门和企业的创新和专利保护意识的提高。同时，这也是推动全球申请量快速增长的主要原因。

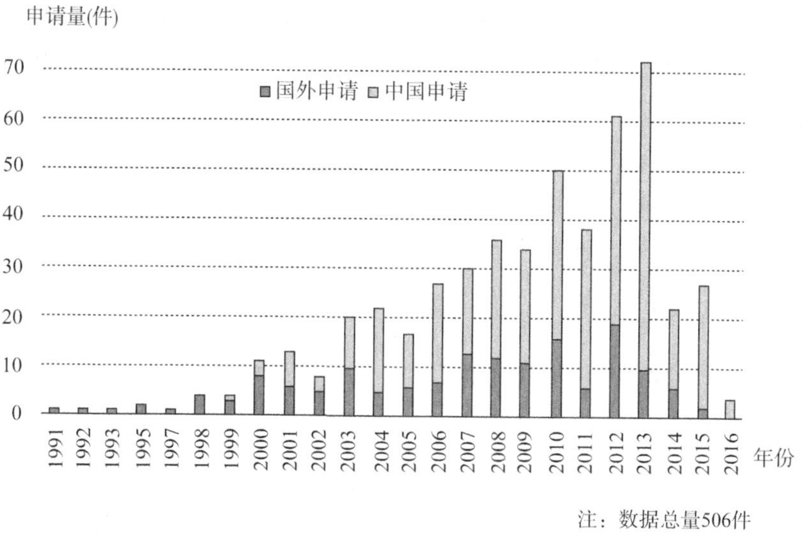

图3　全球专利申请量趋势图

专利技术来源国是以专利申请人所属国家进行划分统计，其中子公司国别按其母公司所属国别划分。从图4可以看出来自中国大陆的申请量最多，日本和韩国依次为第二和第三。专利技术来源国专利申请量在一定程度上能反映该国家和地区在该领域的技术创新能力和活跃程度，但是根据大家所知道的，中国在OLED材料领域的发展较晚且中国创新能力还是相对较薄弱的，其是在后期才发展的，大量的申请集中在2010年以后，而且，来自中国的申请中存在相同的主题分开为多项专利申请。因此，为了更进一步了解，下面分别对中国、美国、欧洲、日本以及韩国五个国家和地区专利申请的分布情况进行分析。

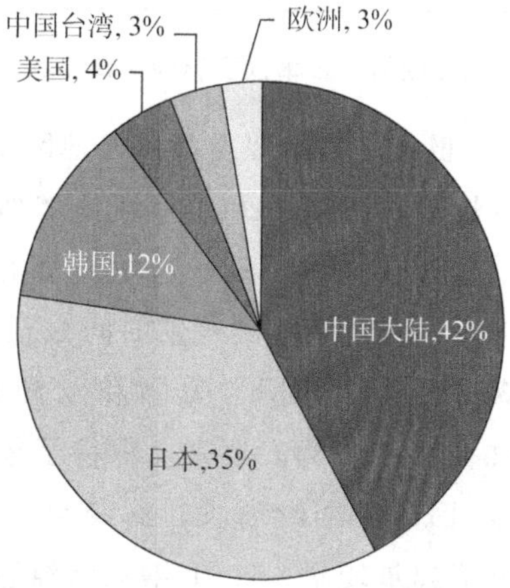

图4　全球申请的技术来源国家和地区分布图

中国、美国、欧洲、日本以及韩国是全球 OLED 的主要市场以及研发地区。从图 5 可以看出，中国申请人基本上仅在中国申请专利，在美国、欧洲、日本以及韩国地区的申请量很低。除了在中国外，日本申请人在其他地区的申请量均遥遥领先，韩国位居第二，其次是美国和欧洲。日本和韩国申请人在各区域的申请量均较大，中国申请人在其他地区基本上没有专利布局，中国专利申请的质量和价值，海外申请能力以及专利意识相对于其他国家还是远远落后的。

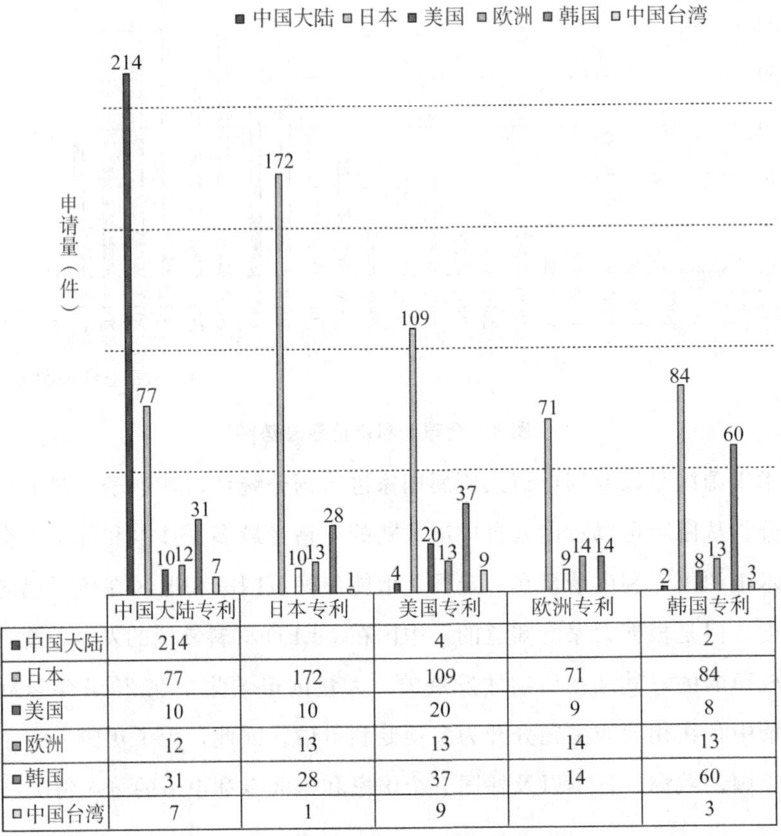

	中国大陆专利	日本专利	美国专利	欧洲专利	韩国专利
■中国大陆	214		4		2
□日本	77	172	109	71	84
■美国	10	10	20	9	8
□欧洲	12	13	13	14	13
■韩国	31	28	37	14	60
□中国台湾	7	1	9		3

图 5　在中国、美国、欧洲、日本以及韩国申请专利的申请人地区分布

图 6 示出了在中国、美国、欧洲、日本以及韩国各地区专利申请的年度分布情况，在中国申请的专利中，起始阶段较晚，1999—2004 年缓慢增加，而且专利申请基本上都是来自于其他国家，2005—2013 年为快速增长期，这主要是由于中国逐渐增多的高校和企业进入 OLED 领域进行研究并申请专利。本文检索时间截至 2016 年 6 月，由于公开导致了 2014—2016 年申请量下降。日本、韩国、美国和欧洲地区的年度分布趋势相似，1991—1999 年为萌芽期，1999—2010 年为发展期，保持了较高的申请量，在此期间 2002 年、2005 年、2007 年出现了小回落后继续增长，2010 年后出现了下滑趋势。日本、美国、韩国和欧洲研发和专利申请起步较早，2001 年就已经达到较高申请量，而中国起步较晚，2002 年才开始加速发展，申请量开始增加。2002—2010 年是各国研发热潮时期，

此后研究热度有所下降，这可能由于OLED研发在此期间遭遇了研究的瓶颈期。

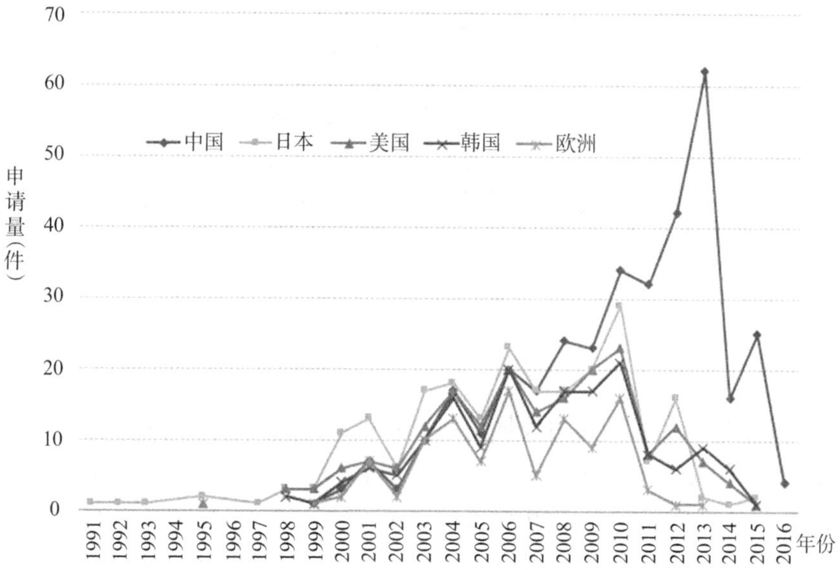

图6　各地区的专利申请年度分布情况图

经统计，主要的申请人有海洋王、出光兴产、半导体能源、吉林奥来德、佳能、LG、上海大学、三星、索尼、杜邦、富士、西巴特殊化学品、南京邮电大学，可参见图7。其中，图中列出的前10名申请总量占全球申请总量的53%，前3名中国海洋王以及日本出光兴产和半导体能源研究所的申请量均较大，三者申请总量占全球申请总量的27%。

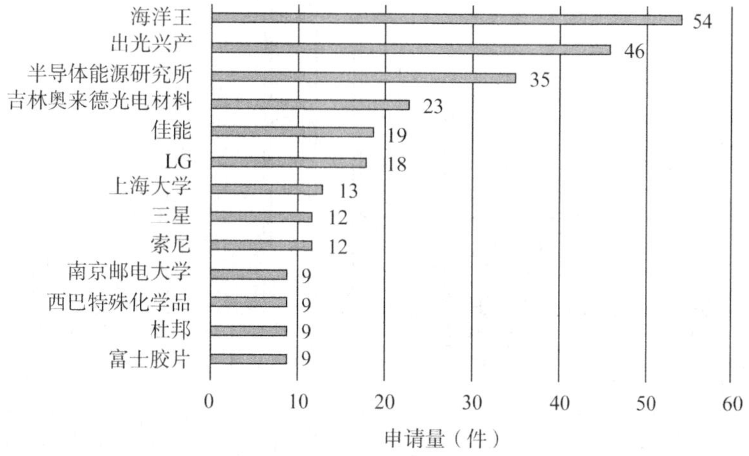

图7　专利申请主要申请人分布图

根据有机小分子蓝光发光材料的结构可以将技术主题分为空穴传输型、电子传输型和双极性以及TADF，基于图8可以看出，空穴传输型所占比例高达73%，是应用最为广泛的类型，其次是电子传输和双极性，而TADF为近几年才开始开发的材料，其所占的比例最小。

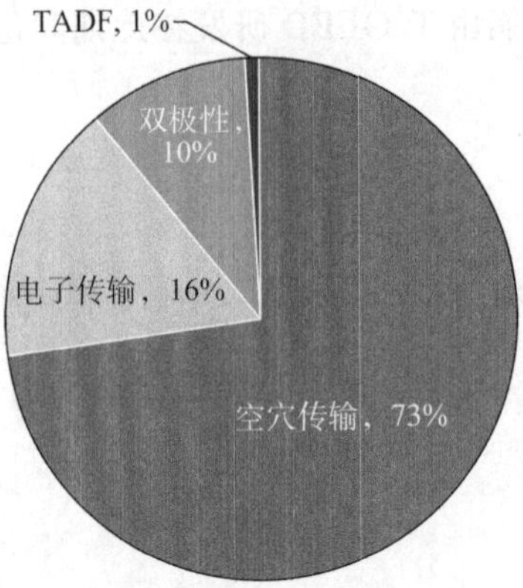

图8　技术主题分布图

从图9可以看出，空穴传输型较早受到研究而且历年来均是研究的主要技术主题，占大部分比例，其申请量在2001—2013年呈上升趋势。电子传输型也较早受到研究，但是其申请量远低于空穴传输型。双极性较晚受到研究，主要申请集中在2011—2013年。TADF是近几年开始受到研究的主题，2015年才出现相关蓝光申请，现在处于萌芽期，由于其理论IQE可达到100%，是目前最受关注的主题。

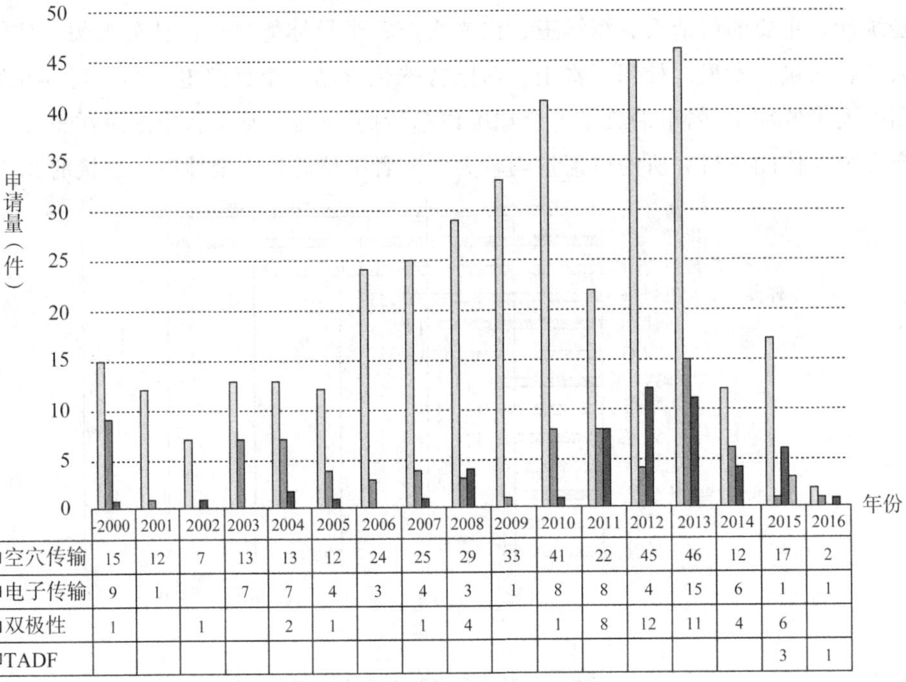

	2000	2001	2002	2003	2004	2005	2006	2007	2008	2009	2010	2011	2012	2013	2014	2015	2016
□空穴传输	15	12	7	13	13	12	24	25	29	33	41	22	45	46	12	17	2
■电子传输	9	1		7	7	4	3	4	3	1	8	8	4	15	6	1	1
■双极性	1		1		2	1		1	4		1	8	12	11	4	6	
□TADF																3	1

图9　技术主题趋势图

2.2　中国专利申请情况简介

据统计，如图10所示，在中国申请的主要申请人为海洋王、出光兴产、吉林奥来德、半导体能源研究所、LG、上海大学、佳能、西巴特殊化学品、南京邮电大学、杜邦、三星等。而且，在中国申请排名靠前的其他国家企业与全球申请大致相同，都包含了日本出光兴产、半导体能源研究所和佳能，韩国 LG 和三星，欧洲西巴特殊化学品以及美国杜邦，可见其他国家大企业的专利大部分会在中国进行申请，对中国市场关注程度大。从图 10 可以看出，授权专利量排名为出光兴产、半导体能源研究所、海洋王、LG、吉林奥来德光电材料、佳能、三星、烟台万润精细化工……外国大企业申请专利的授权率大于中国企业，海洋王虽然申请量大，但是授权率较低。

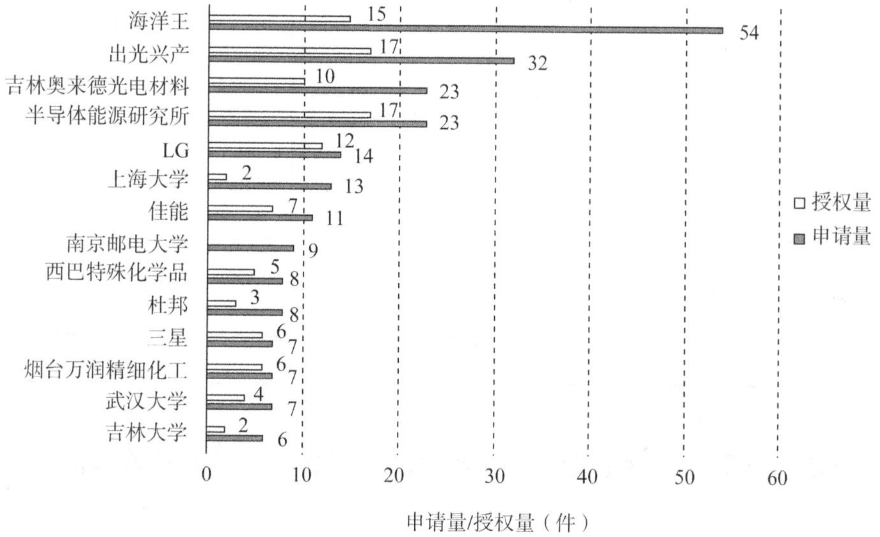

图 10　在中国申请的主要申请人分布

而且，从表 1 可以看出中国企业海洋王和吉林奥来德光电材料的申请全部集中在 2011—2013 年，出光兴产的申请则主要分布在 1999—2011 年，半导体能源研究所的申请主要分布在 2004－2011 年，他国企业在 2011 年以后申请量均较少。可见，我国企业起步相对晚，2011 年以后才进入研究热潮，而日本、韩国、美国和欧洲企业发展较早，并较早进入中国申请专利，已经较早在该领域进行了专利布局。在 2011 年以后研究热度降低，这可能是由于 OLED 研发在此期间遭遇了研究的瓶颈期。

表 1　在中国申请的主要企业的申请年度分布

年份	海洋王	出光兴产	半导体能源研究所	吉林奥来德光电材料	LG	佳能	上海大学	南京邮电大学	杜邦	西巴特殊化学品
1999		1								
2000		2								
2001		5			1					
2002					1					
2003		3			2					3
2004		6	1							3

续表

年份	海洋王	出光兴产	半导体能源研究所	吉林奥来德光电材料	LG	佳能	上海大学	南京邮电大学	杜邦	西巴特殊化学品
2005		3	1		1					1
2006		4	4		2					1
2007		1	2		1	2		1		
2008		1	5		1			2	3	
2009			4		3	4			2	
2010	1	4	4		1	4	6	2	2	
2011	14	1	1			1	4			
2012	13			14				2		
2013	26			7	1			1		
2014			1				3		1	
2015		1		2				1		

第三章　有机小分子蓝光发光材料的技术综述

选择高荧光性的发光材料，特别是主客掺杂体系，选择一个高荧光性的掺杂物调节合适的蓝光颜色，以及进一步提高发光效率与稳定性。除了天蓝色掺杂物外，深蓝色组件也非常重要，因为在全彩显示器时，深蓝色组件可以降低显示器的功率消耗，并应用到色转换技术上，CIE 色度坐标 y 值小于 0.15，可有效降低功率消耗。有机小分子蓝光发光材料主要有具有空穴传输性质、电子传输性质以及双极性和延迟荧光的发光材料。

3.1　空穴传输型

3.1.1　芳香型

（1）苝衍生物

苝是最早被 Kodak 公司作为蓝色发光材料（US5151629A），TBP 是最稳定的蓝色掺杂剂之一，其是第一种被柯达作为蓝光掺杂剂的化合物。但是由于坚硬和平面结构，容易产生浓度淬灭现象，而将 TBP 掺杂在主体材料中可提高效能，AND 作为主体材料，发光效率为 3 到 3.4 cd/A，色度（0.154，0.232），初始亮度 636 cd/m^2，半衰期 4 000 小时（例如，CN1340865A，2001，Appl. Phys. Lett. 第 80 卷，第 17 期，第 3201－3203 页）。智索（JP200541804A）公开了图 11 中式（1）苝化合物，X^1、X^2 至少一个选自式（2），相比 TBP 改善了发光效率、亮度、色纯度以及玻璃化温度。但是由于苝上缺乏官能团，难以随意改变发光体调整颜色，之后很少对其进行研究。

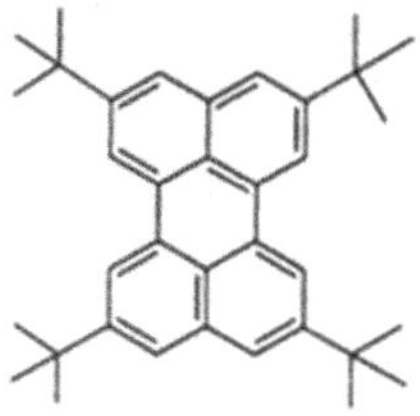

TBP

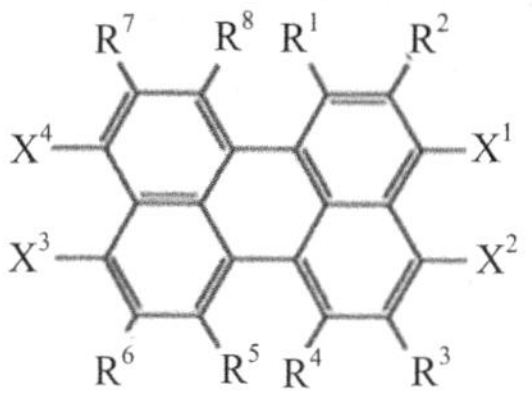

式(1)

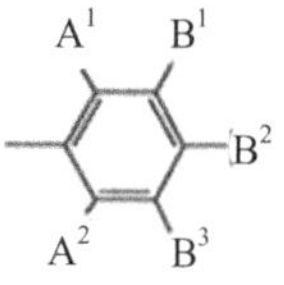

式(2)

图 11　结构示意图

(2) 二苯乙烯衍生物（distyrylarylene，DSA）

二苯乙烯衍生物 DSA 是受到关注的蓝光材料及蓝光掺杂剂，DPVBi 是典型的 DSA 类蓝光材料，其结构上很容易调整发光颜色，例如，改良得到更深蓝色掺杂剂可通过缩小共轭，二苯乙烯缩减为单苯乙烯。出光兴产（JPH05140145A）公开了环状二苯乙烯化合物，得到作为发光层发光材料时器件直流电压 7.5 V 下，电流密度 2.1 mA/cm^2，波长 475 nm，发光亮度为 88 cd/m^2。出光兴产（US5389444A）在二苯乙烯芳基上引入具有空穴传输性能的芳胺基，二苯乙烯胺衍生物 DSA－amine，也是本领域受关注的蓝光材料。出光兴产（CN1322232A）公开 WO9406157A 中二苯乙烯基作为发光材料并附加使用苯乙烯基胺的 EL 装置半衰期约 1000 小时仍需进一步改进，其限定了至少一种选自含胺的单苯乙烯基衍生物、含胺的二苯乙烯衍生物、含胺的三苯乙烯衍生物和含胺的四苯乙烯衍生物的化合物和至少一种选自式（I）表示的蒽衍生物与式（Ⅱ）的蒽衍生物的特定组合提高耐热性、寿命以及效率，电压 6 V 时电流密度可达到亮度 810 cd/m^2，发光效率 10.8 cd/A，10 mA/cm^2 恒定电流下半衰期 2 200 小时。

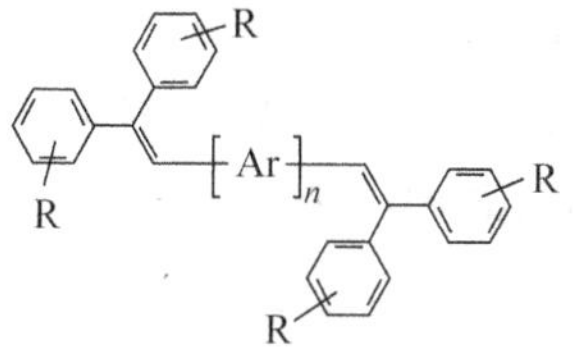

DSA

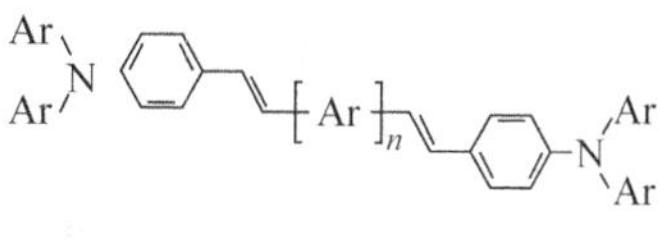

DSA-amine

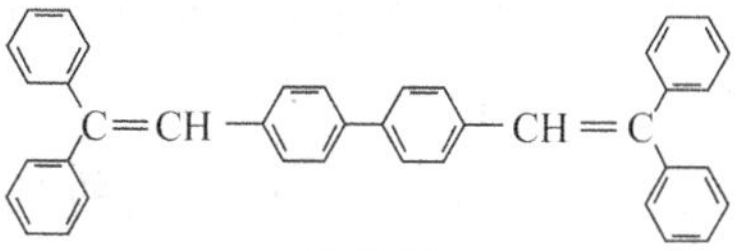

DPVBi

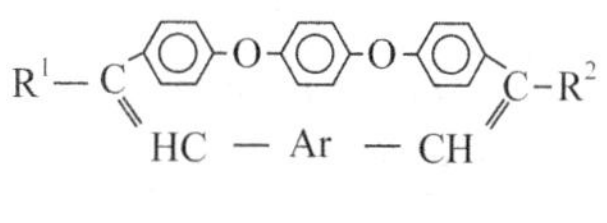

JPH05140145A

图 12　结构示意图

三星（KR20000032066A；US6338909B1）公开了芴基为乙烯基上取代基的二苯乙烯衍生物，Ar2 和 Ar4 为如图 13 所示芴基，改善了发光效率，驱动电压 4 V，发光效率 3.7 cd/A，功率效率 1.77 lm/W（6.5 V，238 cd/cm^2），波长 454 nm；以及 US6338909B1 公开了芴基、四苯基硅或者四苯基为乙烯基上取代基的二苯乙烯衍生物，M 选自如下所示的基团，驱动电压 3 V，发光亮度达 25 000 cd/m²，波长 460 nm。

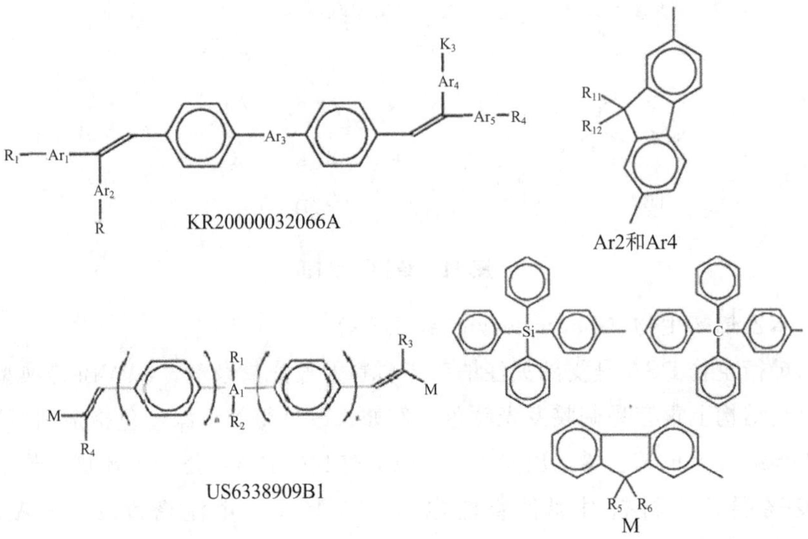

图 13　结构示意图

出光兴产（CN1388800A）公开了单苯乙烯化合物，A 和 C 排除表示联苯基以及 B 和 D 表示苯基的情况，A’和 C’各自表示具有 2～5 个环的取代或者未取代的稠合烃基，以 DPVBI 为主体材料，将施加 6 V 的直流电压时，亮度可达到 343 cd/m²，发光效率可达 4.5 cd/A，具有（0.15，0.16）高色纯度，在 100 cd/m² 初始亮度下在恒定电流下启动，半衰期可长达 18 000 小时。索尼株式会社（JP2006273737A）公开了单苯乙烯胺一般式（1），施加 6 V 电压时器件的性能可达到发光波长为 463 nm，色度（0.137，0.101），发光色度接近 NTSC 标准蓝色（0.14，0.08），亮度达到 2 000 cd/m²，半衰期 2 000 小时（300 cd/m² 初始亮度）。索尼株式会社（CN1827732A）单萘乙烯胺衍生物，AND 作为主体材料时，发光亮度可高于 2 000 cd/m²，性能优于 BCzVi，例如，化合物 C4，发光亮度 2 010 cd/m²，高色纯度（0.135，0.230），波长 469 nm，驱动电压 6.2 V，发光效率 8.05 cd/A，功率效率 2.79 lm/W，半衰期 2 270 小时。半导体能源（WO2007043371A1；US2011147729A1；CN101153019A；US2012168741A1）公开了一系列含咔唑的单苯乙烯胺，如化合物（h—1），电压 6.4 V，电流密度 37.3 mA/cm²，亮度 1 090 cd/cm²，发光效率 2.93 cd/A，发光波长 444 nm，CIE（0.16，0.17），具有卓越的长寿命，半衰期 2 800 小时（500 cd/cm²）。

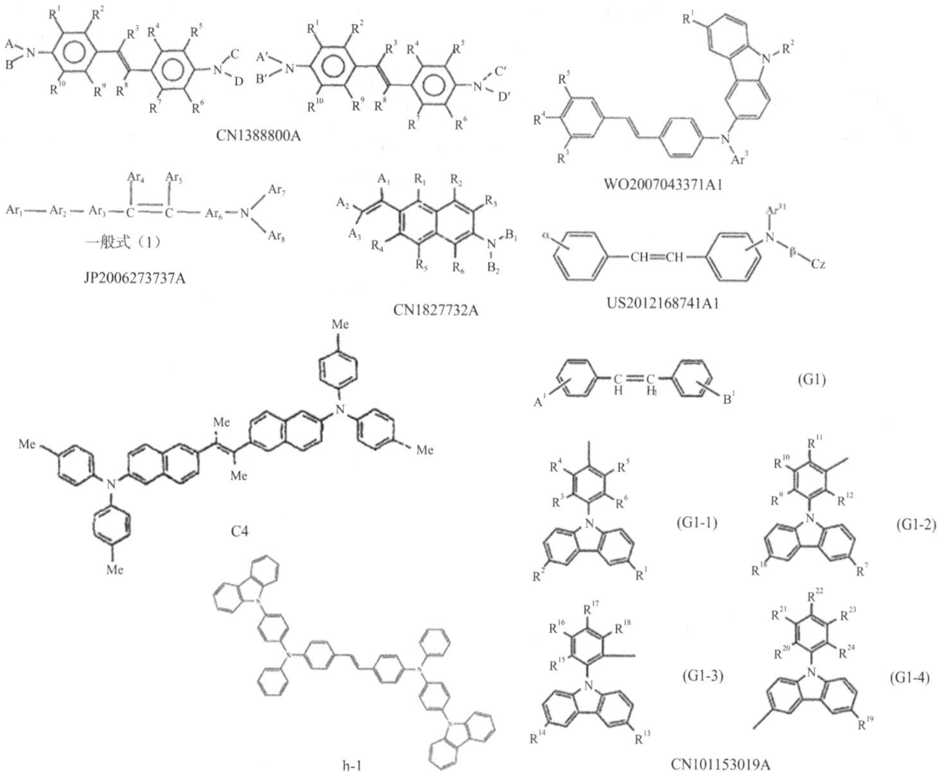

图 14　结构示意图

默克（CN101326260A）公开了三苯乙烯胺，改进热稳定和深蓝色发光颜色，虽然与现有技术三氏胺衍生物相比，效率大约 4.9 cd/A，寿命 1 000 小时（1 000 cd/m^2 初始亮度），没有改进但是具有深蓝色发光（0.15，0.11～0.17）。

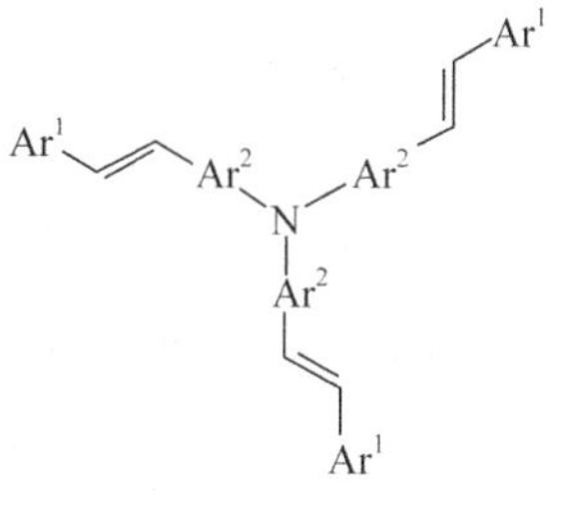

图 15　结构示意图

葛来西雅帝史派有限公司（CN101405365A）公开芴基乙烯芳胺，其中 Ar1 为化学键或者茚并芴、芴和螺环芴，Ar2 选自茚并芴、芴和螺环芴，器件可达到亮度 2 000 cd/m^2，发光效率可达 12.2 cd/A，色坐标（0.166，0.217）。葛来西雅帝史派有限公司（CN102203213A）公开了芴基乙烯芳胺，特别是含芴、三联苯的苯乙烯，三联苯基中间苯基引入位阻基团具有缩短苯基之间共轭长度的效果，在维持器件发光效率下，电致发光颜色向更为纯蓝的方向偏移。NEO VIEW CO LTD（KR20090087155A）公开了含硅烷基以及芴基的苯乙烯胺，具有优越热稳定性和发光效率，亮度 1 000 cd/m²，色度（0.15，0.16），发光效率 4.82 cd/A。出光兴产株式会社（CN102639490A）公开了苯乙烯胺衍生物，在芳香族衍生物中，通过同时被取代甲硅烷基、烷基或环烷基与氰基取代，用作主体掺杂体系的掺杂材料时，可大幅改善载体注入性，使用本发明的芳香族衍生物的有机 EL 元件可以实现低电压化，实现低消耗电力，元件寿命延长，例如 D−1，电压为 3.1 V，色度（0.149，0.094），寿命 600 h。

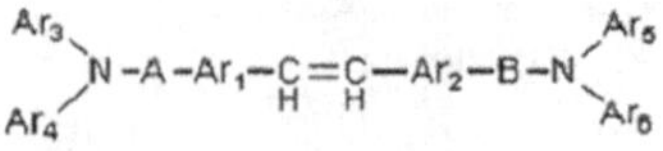

CN101405365A

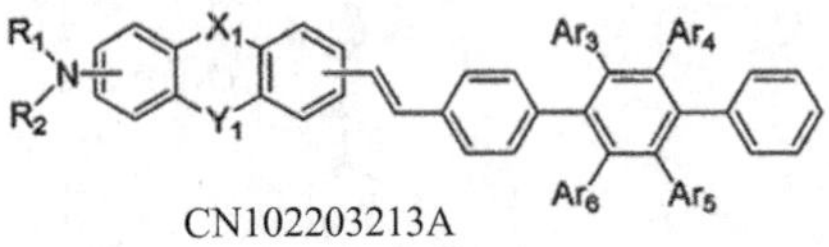

CN102203213A

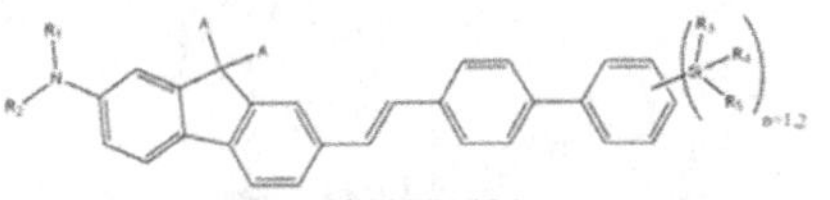

KR20090087155A

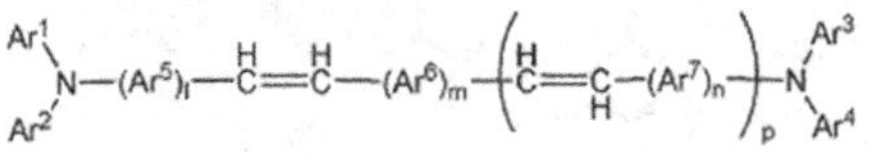

CN102639490A

KR20090087155A

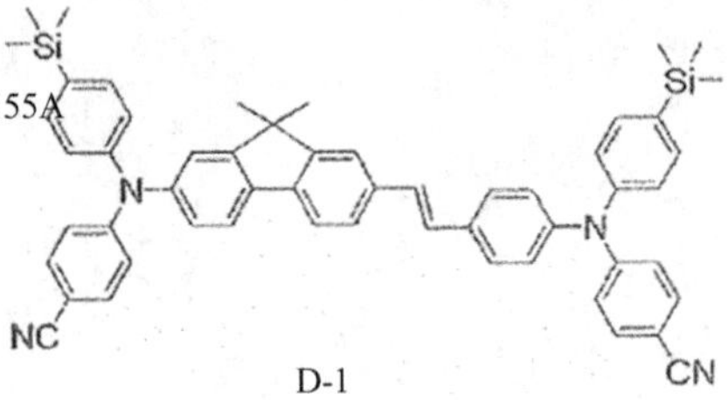

D-1

图 16　结构示意图

京东方科技集团股份有限公司、北京阿格蕾雅科技发展有限公司（CN103450883A）公开了含蒽单苯乙烯类化合物，例如化合物 110，在 7 V 工作电压下的亮度为 980 cd/m²，电流效率达到 4.3 cd/A，功率效率为 2.1 lm/W，发射蓝光。台湾郑建鸿（CN102850177A）公开了含联三伸苯的苯乙烯胺衍生物，器件在发光效率、电流效率、最大亮度、半高宽及其光色和寿命具有良好性能，例如，外部量子效率 9.4%（电压 9.5 V），发光效率 11.1 cd/A，功率效率 5.9 lm/W，驱动电压 3.5 V，波长 458 nm，半高宽 58 nm，CIE（0.14，0.14），寿命为 230 小时。北京大学（CN101219921A）通过树枝状结构，调节纯蓝光以及成膜性。

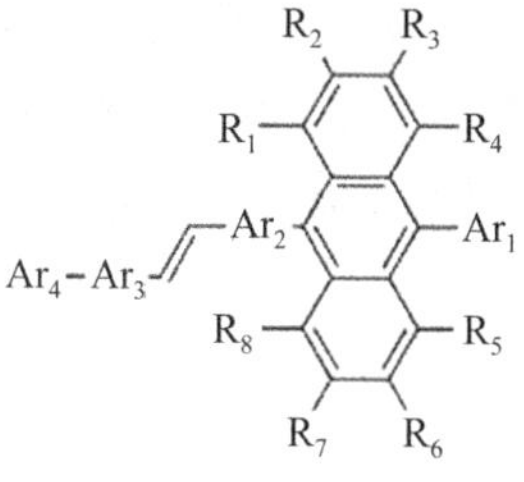

(Ⅰ)

CN103450883A

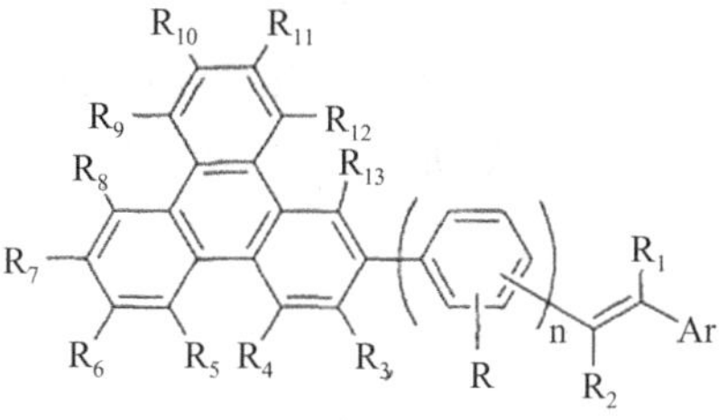

CN102850177A

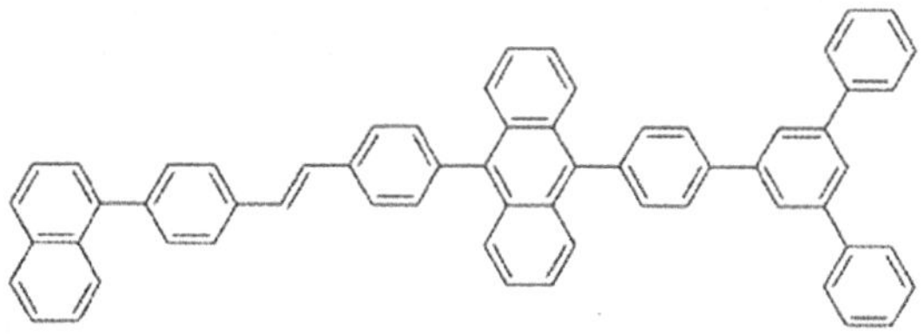

化合物110

图 17　结构示意图

(3) 蒽、芘、荧蒽、屈衍生物

a) 蒽衍生物

蒽是较早用于电致发光的蓝光材料，柯达（US5935721A）将 AND [9，10－二（2－萘基）蒽] 作为电致发光器件发光材料，电流密度 20 mA/m² 下，亮度 333 cd/m²，CIE（0.187，0.218）。出光兴产（CN1365347A，CN1754877A）公开了联蒽衍生物，具有 140 ℃以上的玻璃转化温度、高发光效率、低亮度降低率和高耐热性以及好的色纯度，例如，化合物 E7 得到的器件施加 6 V 电压时，最大亮度 161 nit，效率 3.7 cd/A。较多专利通过修饰二苯基蒽基上苯基的取代基，以调节蒽衍生物的光电性能。出光兴产 CN1394195A 公开了取代二苯基蒽衍生物，位于中心的二苯基蒽结构和在末端部分被芳基取代的特定结构，例如，化合物具有优异的耐热性，在 6 V 直流电压施加下，发光亮度可达 120 cd/m²，发光效率 4.3 cd/A。出光兴产 CN1646456A 公开了改进蒽上芳基取代基（例如，A1－A3）以具有高的玻璃化转换温度和不对称分子结构作为有机薄膜层解决结晶问题。索尼（JP2005008600 A）改进 9－10－二苯基蒽上的苯基的取代基为稠合环己基。三星 SDI 株式会社（CN1526689A）公开在二苯基蒽的苯基 2 位和 5 位引入烷氧基及取代或未取代的氨基以易于利用可溶性溶剂形成薄膜，及其改善热稳定和晶体稳定性，友达光电股份有限公司（CN1587268A）公开了硅烷基取代二苯基蒽的苯基，改善载流子传输性。二苯乙基蒽、四苯基丁二烯和二苯乙烯衍生物薄膜的稳定性差而存在易于结晶的趋势，三星（CN1407053A）认为 EP388768（1990）通过分支的苯基抑制二苯基联苯乙烯衍生物的结晶，以及已经有二苯乙烯基蒽通过具有吸电子和供电子基团提高薄膜稳定性，二苯乙烯亚芳基衍生物可延长寿命，虽然提高膜的稳定性，但是化合物相比发光效率低，需要进一步提高薄膜稳定性，提出了苯乙烯取代的二苯基蒽衍生物，器件色度优良（0.15，0.10～0.15）。出光兴产株式会社（CN1768029A）公开芳香族胺衍生物，显示高发光性能，以及优异载流子传输性。LG. 菲利浦 LCD 株式会社（CN1821341A）公开了二苯甲基连接二蒽衍生物，发光色坐标（0.183，0.257），光输出 415 cd/cm²。株式会社半导体能源研究所

（CN101090887A，CN101253150A，CN101270075A）公开了含有咔唑基芳胺取代基的蒽衍生物，例如，CN101090887A 公开了对于氧化反应的重复具有高耐受作用并且能够用作发光元件的材料。而且，株式会社半导体能源研究所（CN101184732A）公开了含有咔唑取代任一苯基的二苯基蒽衍生物，实现优异蓝色色纯度。

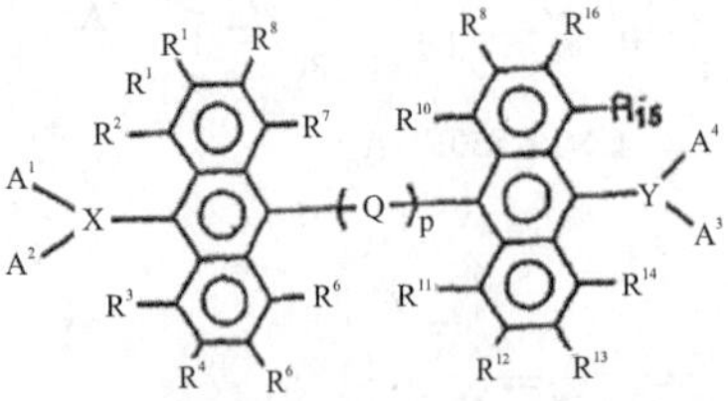
CN1365347A

E7
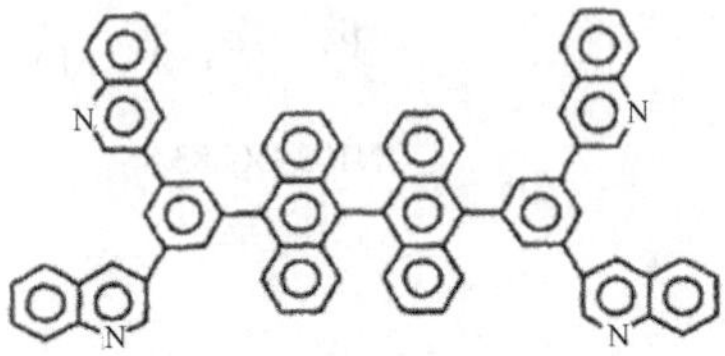

(A1)
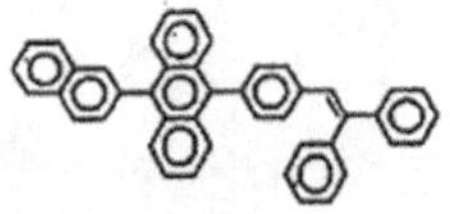

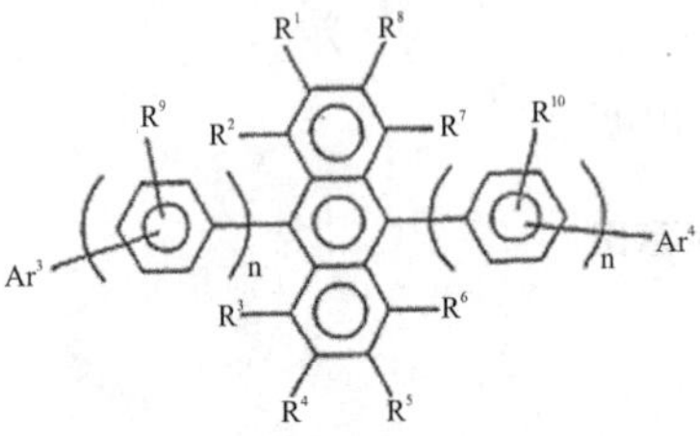
CN1394195A

(A2)
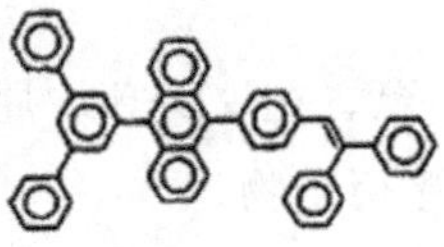

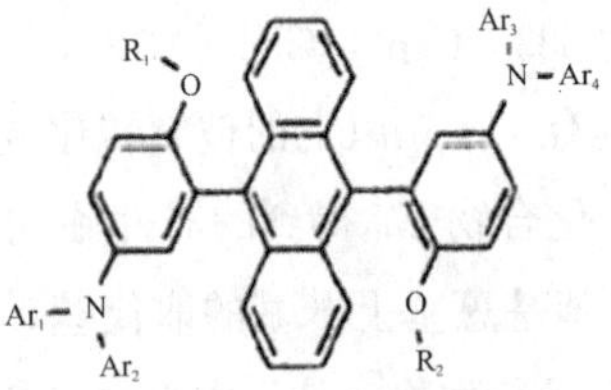
CN1526689A

(A3)
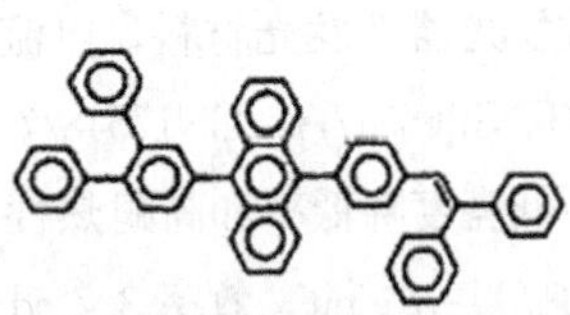
CN1646456A

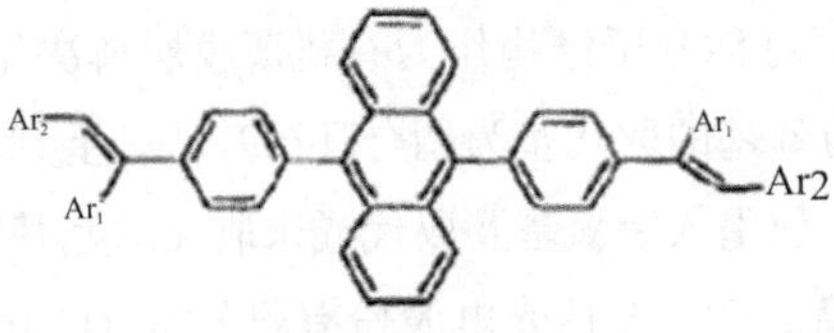
CN1407053A

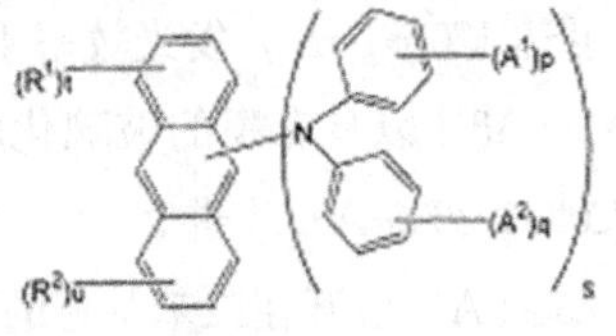
CN1768029A

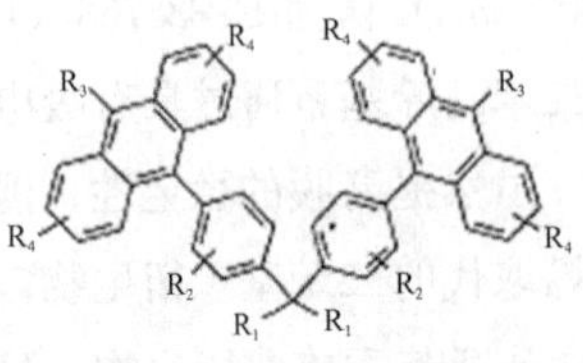
CN1821341A

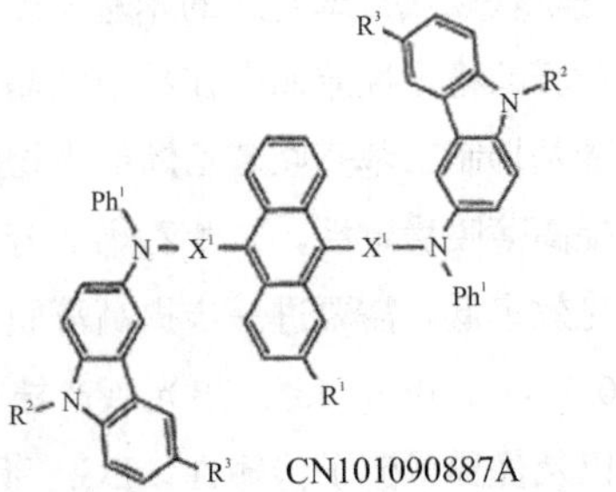
CN101090887A

图 18　结构示意图

调节蒽环上的取代基可调节化合物的性能。索尼株式会社（CN1807396A）公开了具有高发光效率、长寿命、高色纯度的蓝色发光材料 2，6 -二取代蒽衍生物，例如，化合物（45），5 mA/cm^2 的电流密度用直流驱动，驱动电压 5.7 V，发光亮度 1 610 cd/m^2，半寿命 1800 小时，功率效率 3.5 lm/W。株式会社半导体能源研究所（CN101219959A，CN102070584A）公开了二苯基蒽上蒽为取代基取代，例如，CN101219959A 公开了二苯基蒽上蒽为芳胺基或者咔唑基芳胺取代的衍生物，对于较高蒽衍生物浓度时保持高的发光亮度和半寿命。乐金显示有限公司（CN101747256A）公开了 2，6 -二咔唑取代蒽衍生物。LG 化学株式会社（CN101238194A）2，6，9 和/或 10 茚取代蒽衍生物提高效率、降低电压好提高稳定性，Q1 至 Q4 中至少一个为式（2）。华南理工大学（CN101200634A）公开了接入可溶型树枝基团 Dendron 以及刚性基团 Ar1。昱镭光电科技股份有限公司（CN102001908A）公开了 2，9，10 -三取代不对称蒽衍生物。

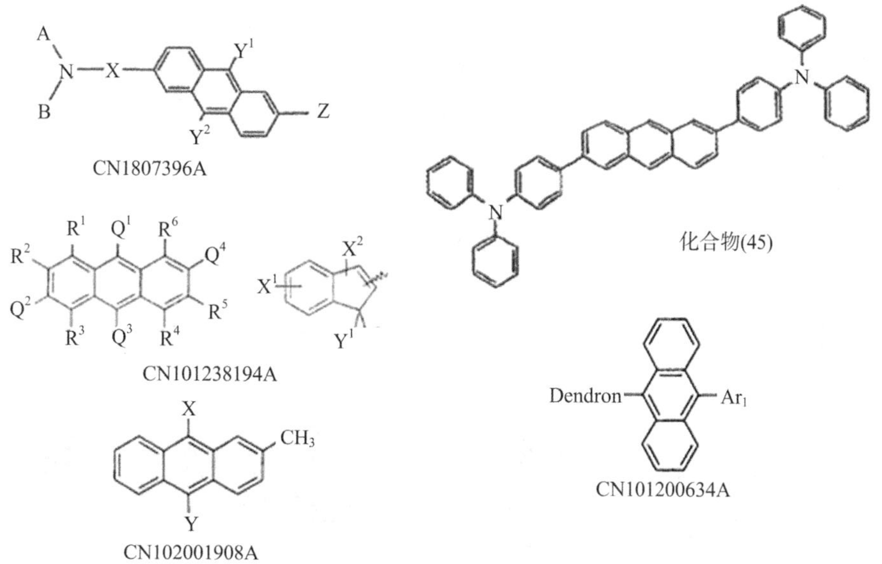

图 19　结构示意图

b）其他芳香衍生物

LG 电子株式会社（CN1535089A）公开了芳胺取代芘化合物作为掺杂物蓝色发射材料，约 1 mA 电流流过时，亮度 3.6 cd/A，CIE（0.15，0.196）。出光兴产（CN1784376A，CN101018760A，CN1953960A，WO2009102054A1，JP2013087090A，WO2013039184A1）公开了芳香胺衍生物，如 CN1784376A 公开了芳胺取代芘衍生物，6.9 V 的电压和 10 mA/cm^2 的电流密度时发射亮度 970 cd/m^2，峰波长 477 nm，3 000 cd/m^2，初始亮度半衰期 2 100 小时。SFC CO LTD（KR20100024894A，US2010052526A）公开芳胺取代芘衍生物，衍生物具有至少一个氘原子和一个卤素原子，卤素原子优选为 F，相比未氘代和 F 取代的化合物，发光效率和寿命、色纯度以及驱动电压均得到了改善。CHEMIPRO KASEI KK（JP2013189426A）公开了含氰基取代基的芘芳胺衍生物。富士通（WO2004096743A1）

以及 LG（CN101768436A）公开了 1，3，6，8 - 四取代芘衍生物，例如 WO2004096743A1 公开四取代芘衍生物，10 V 电压驱动下，发光亮度可达 8900 cd/m²，150 cd/m² 初始亮度半衰期可达 670 小时。友达光电（CN1673312A），L 选自式子［2］所示的基团，不同联结环串联两个芘，增加整体立体性质，不仅降低 π-重叠对光色的影响，还可避免传统上具有取代基的芘的有机电致发光器件面临的光色下降和发光效率差的问题。东丽株式会社（CN101128561A）公开受电子吡咯五元杂环式（2）取代芘衍生物，发光效率高，耐久性优良，X 为 — O —，— S —，— N（R15）—。武汉大学（CN104293350A）公开基于聚集诱导发光分子，四苯乙烯通过间位相连或者在芘和四苯乙烯之间加入甲基，增加它们之间的扭转角度，减小共轭，使其光谱蓝移。

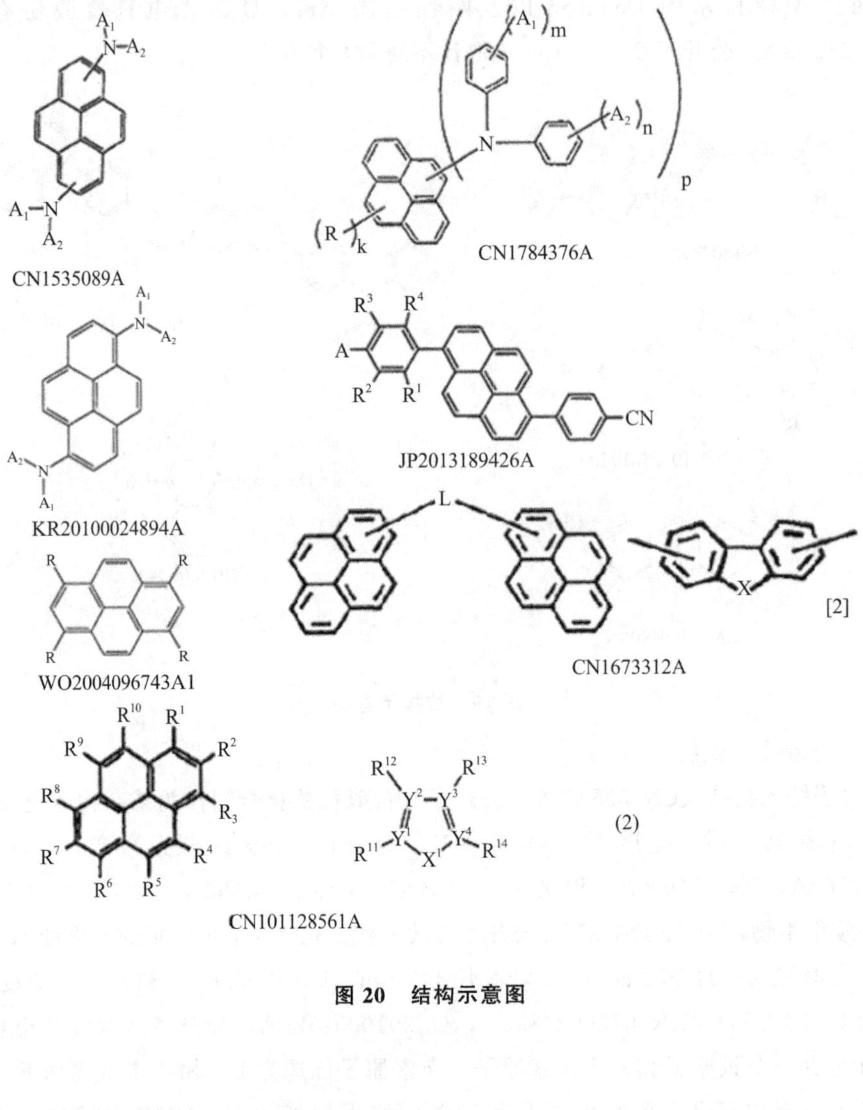

图 20　结构示意图

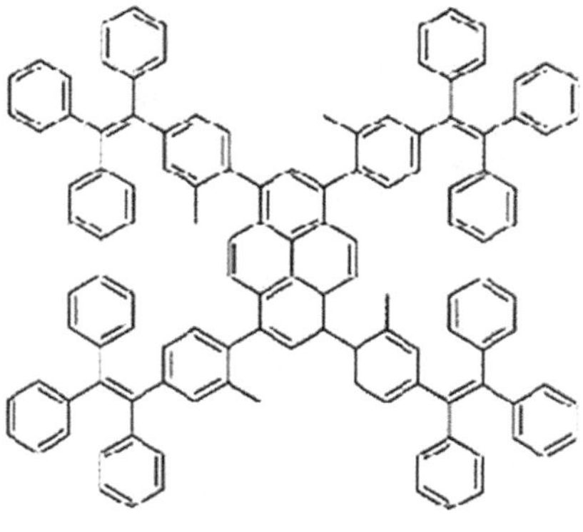

式Ⅰ

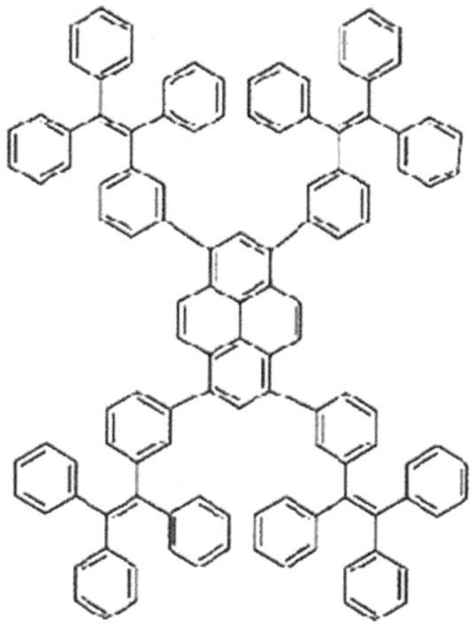

式Ⅱ

CN104293350A

图 21 结构示意图

中国科学院化学研究所（CN101225298A，CN101575260A，CN102030619A）公开了芴及螺芴衍生物，例如，CN101225298A 公开了空穴型芴类蓝光材料，CIE（0.15，0.16），峰位 457 nm。佳能株式会社（CN101432251A）公开了 4－芳基芴衍生物，具有良好的成膜性，并具有优异色纯度的蓝光。TOYO INK MFG CO LTD（JP2009073803A）公开了咔唑取代螺二芴衍生物，A 为式［2］，具有高玻璃转化温度以及良好的发光性质。TOYO INK MFG CO LTD（JP2012044010A）螺芴衍生物，在以芘的二芳胺衍生物为主体材料下，初始亮度 600 cd/m^2，半衰期大于 1 000 小时，10 mA/cm^2 电流密度下，发光效率可达 6.9 cd/A。株式会社半导体能源研究所（CN102040528A）公开了新型芴衍生物，Ar1 为稠合芳烃，如菲、芘、苯并菲、屈、蒽等。蒽衍生物可发射短波长光，提供高纯度蓝光，以及具有高发射性和高可靠性。北京大学（CN102167971A）菲取代螺二芴衍生物，以螺二芴为中心，连接两个菲基，形成扭曲非平面结构，有效避免分子间的聚集，具有较高的荧光量子效率。CS ELSOLAR CO LTD（KR20140055925A）以及 E. I. 内穆尔杜邦公司（CN105658626A）公开了苯并芴芳胺衍生物。一系列茚并芴衍生物及其类似结构化合物被公开（US2007141389A1，CN101313047A，KR20140122613A），US2007141389A1 公开了含硅或硼作为桥联基团的化合物，CN101313047A 公开了茚并基团的芳胺化合物，相比芘作为掺杂剂，改善了发光效率以及色坐标。

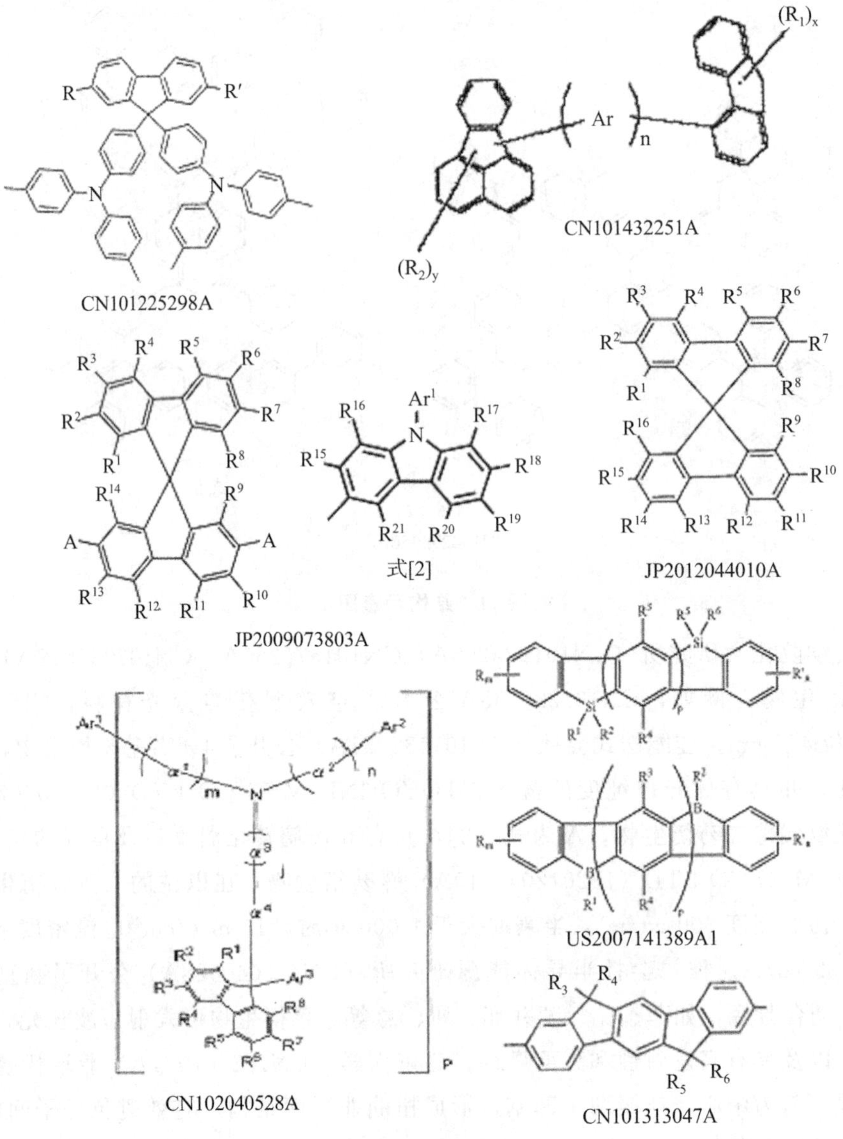

图 22　结构示意图

其他芳香化合物也被广泛研究，如荧蒽衍生物、苯并荧蒽，咔唑以及其他稠多环化合物（CN1874979A，CN102394273A，CN102216416A，CN102459136，CN102131753，US9227892 B2，CN102869636A，WO2011040631A1），屈衍生物（CN1711334A，CN101057348，CN101115708，CN101679209A，WO2013077385A1，CN102216417）。

3.1.2　芳胺型

芳胺类也是一类重要的蓝光材料，其通常具有电子传输和（或）空穴传输能力，芳胺基为电子给体 D，芳胺类蓝光材料可分为电子给体—共轭体系（D－π）、电子给体—共轭桥—电子给体（D－π－D）以及电子给体—共轭体系—电子受体（D－π－A）等几种类型。

上述已经提到的蒽、芘、芴、屈、茚并芴等芳香基团的芳胺或二芳胺衍生物以及苯乙烯芳胺衍生物，其可视为 D−π 或者 D−π−D 体系，它们是本领域研究最为广泛的芳胺型蓝光材料。其他芳胺化合物也被研究，IND TECHNOLOGY RES INST（US6387545B1）公开了三芳胺化合物。出光兴产株式会社（CN1906153A）公开了萘为 π 部分的二芳胺 D−π−D 体系，在低施加电压，实际亮度足够高，发光效率提高，耐变劣，寿命长，7.5 V 电压，10 mA /cm² 电流密度下，亮度 700 cd/m²，波长 480 nm，CIE（0.173，0.305），电流效率 7 cd/A，2 000 cd/m² 初始亮度下，半衰期大于 2 000 小时。LG 化学株式会社（CN101668730A，2008）也公开了相应的萘二芳胺衍生物。株式会社半导体能源研究所（CN101223138A）公开了蒽的芳胺衍生物，具有耐重复氧化反应性质。MITSUBISHI CHEM CORP（JP2009292760A）公开了菲二芳胺衍生物，其他基团的芳胺也被公开，如联二苯芳胺（JP2002356462A）。

调节芳胺衍生物的芳环上的取代基可调节芳胺的相应性质，LG 化学株式会社（CN101405255A）公开了二胺衍生物，A1 和 A2 为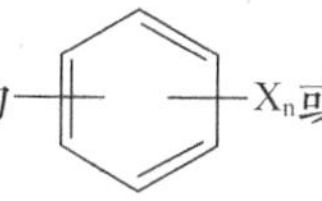或者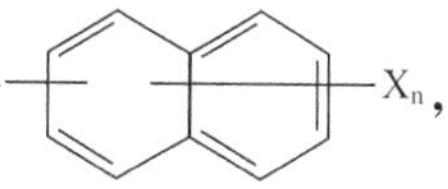，X 至少一个选自−GeRR’R”、−SiRR’R” 和氘（D），7.8 V 电压，100 mA 电流密度下发光效率可达 4.9 cd/A，且蓝色 CIE（0.17，0.15）。E.I. 内穆尔杜邦公司（CN101679209A，2008；CN101679207，2008；CN102216417A，2011；CN102428159A，2012；CN102471677A，2012）公开了调节屈二胺衍生物上，中心共轭结构屈环上为吸电子，或者支链烷基或形成五元或六元脂环取代，以及调节芳胺基团上苯环为吸电子基或者为联苯基取代以调节芳胺的光电性质。出光兴产（CN102224614A，CN102239141A，CN102232106A）公开芳胺取代芘衍生物，芳胺上芳基为吸电子基取代，G 为吸电子基，掺杂剂具有吸电子基，具有补充捕获过剩电子的效果，抑制电子进入空穴传输材料，实现长寿命，并且实现纯蓝色化。宁波大学公开了在芳胺苯基团上引入氟取代，适当降低三芳胺的空穴迁移，提高电子迁移，使得空穴/电子传输速率更加匹配，提高器件发光效率，且可以改善热和化学稳定性，提高材料的溶解性和成膜性。SFC CO LTD（KR20100024894A，US2010052526A）公开芳胺取代芘衍生物，衍生物具有至少一个氘原子和一个卤素原子，卤素原子优选为 F，相比未氘代和 F 取代的化合物，发光效率和寿命、色纯度以及驱动电压均得到了改善。东友精细化工有限公司（CN102257097A）和 SFC 株式会社（CN105085334A）调节萘二胺衍生物或者芘二胺衍生物的取代位置以及芳胺取代基的芳环不同，形成不具有对称轴和对称面的非对称结构，提高成膜加工性、耐热性，以及实现提高发光效率和长寿命，色纯度也更优异。WITHEI MATERIALS CO LTD（KR20120005708A）也公开了通过调节芳胺基与芳香基通过苯环间位连接形成不对称结构以调节化合物的发光性质。

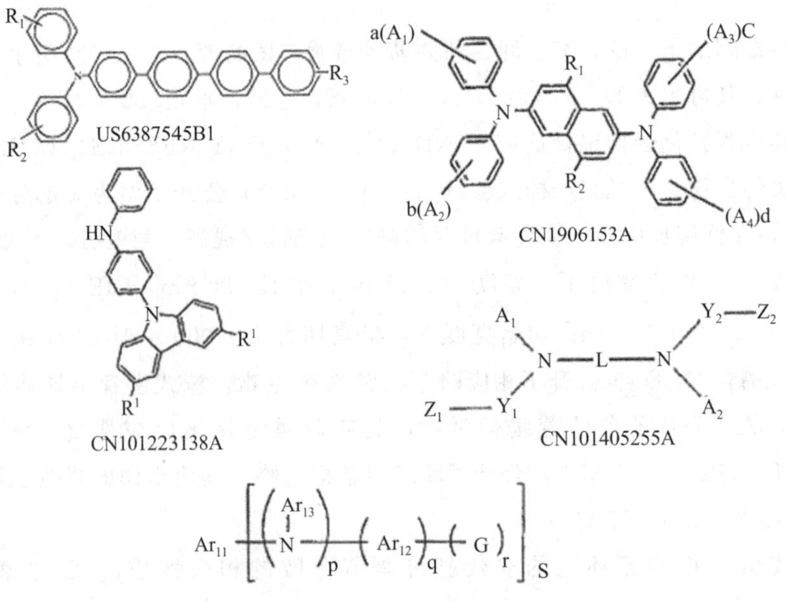

US6387545B1　CN1906153A　CN101223138A　CN101405255A

CN102224614A

图 23　结构示意图

3.2　电子传输型

对于蓝色荧光发光材料，相比空穴传输型，电子传输型报道的较少。而由于蓝光材料具有较宽能隙和较低的电子亲和势，造成器件的电子注入效率低，因此，设计高电子亲和势、利于电子注入和传输的蓝光荧光材料是非常必要的。咪唑、吡嗪、嘧啶、三嗪、恶二唑等基团是常见的电子传输功能基团。

电子传输基团为硅基的化合物被公开，富士胶片（JP2000021575A）公开了具有电子传输性硅烯化合物，器件 16 V 电压下，亮度 7 640 cd/m²，CIE（0.19，0.31）。富士胶片（JP2011032487A）公开了苯并咪唑衍生物，10 V 电压下，发光亮度可达 4 040 cd/m²，CIE（0.15，0.14）。LG 电子株式会社（CN1625552A）公开了苯并咪唑取代苯基蒽衍生物，可用于电子传输和发射层，4.63 V 电压下，电流密度 10 mA/cm² 观察到亮度 226 nit 蓝光，CIE（0.16，0.19）。

财团法人工业技术研究院（CN102924384A），含乙烯基类的咪唑衍生物，菲引入到分子结构提升热稳定性，PPIE 玻璃化转变温度 Tg 为 190 ℃，器件最大外部量子效率 8.2%，电流效率 11.2 cd/A，发光功率效率 5.5 lm/W，驱动电压 3.5 V，最大亮度可达 50 979 cd/m²，CIE（0.15，0.16）饱和蓝光。其他咪唑衍生物也被研究，例如，NISSAN CHEM IND LTD（WO2005085208A1）公开了多三联苯取代吡唑衍生物，日东电工株式会社（CN102648186A）公开了取代苯并咪唑衍生物。

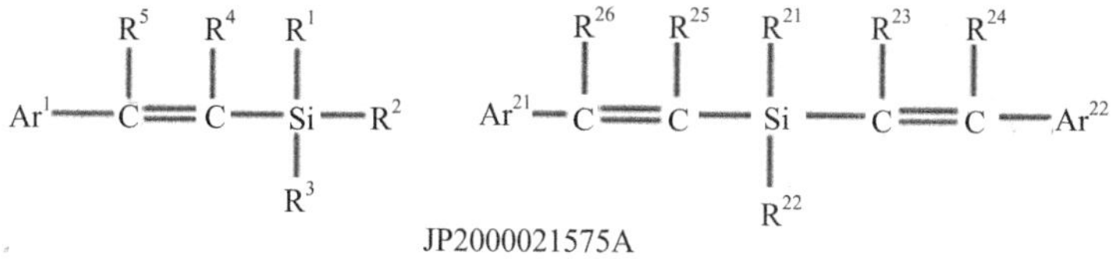

JP2000021575A

图 24　结构示意图

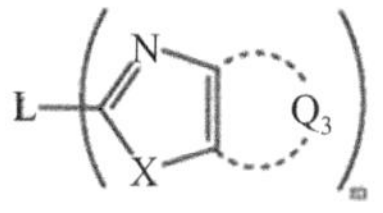

JP2011032487A

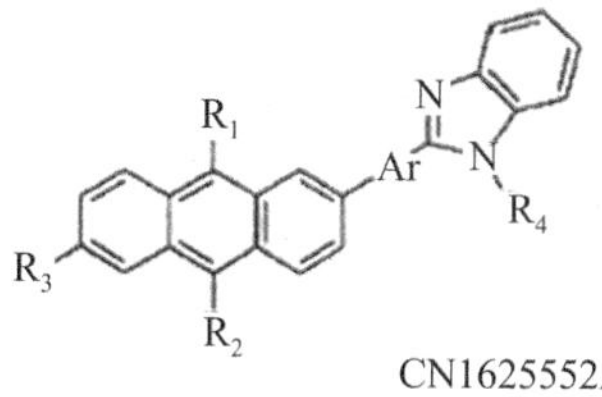

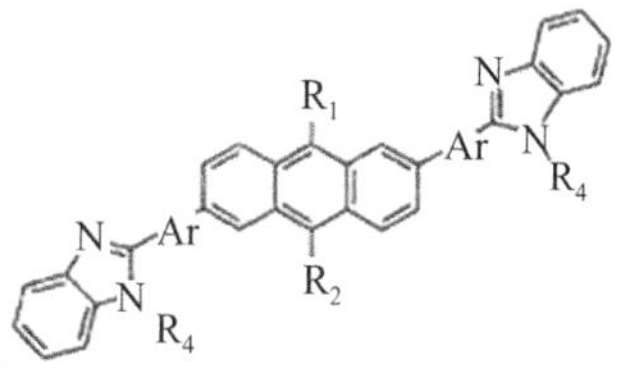

CN1625552A

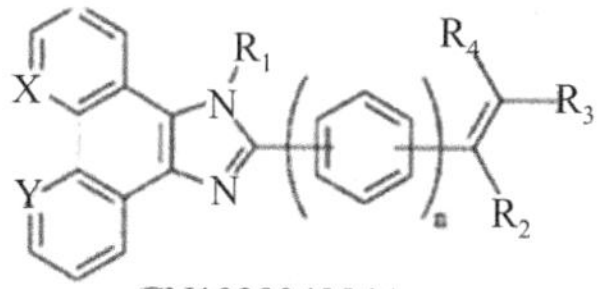

CN102924384A

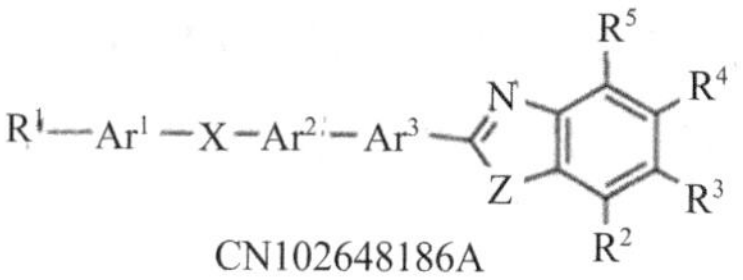

CN102648186A

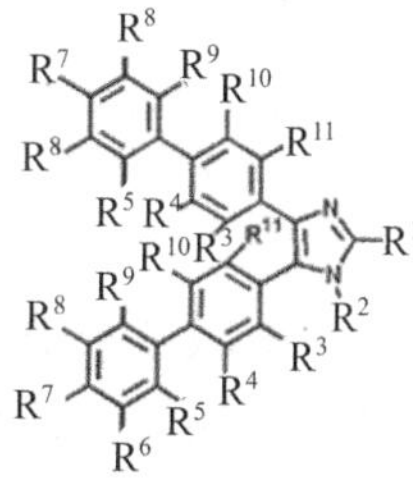

WO2005085208 A1

图 25　结构示意图

西巴特殊化学品控股有限公司（CN1886843A）公开吡嗪化合物（I），在 11 V 电压下，最大亮度 106 cd/m²，效率 0.39 cd/A，波长 450 nm。西巴特殊化学品控股有限公司（CN1867646A，CN1950479A）公开嘧啶或者三嗪衍生物。施乐公司（CN1482691A）三嗪衍生物与蒽衍生物为主体材料形成发光层。中国科学院上海有机化学研究所（CN1789252A）三嗪环的电子传输性能可以提高来自阴极的载流子的传输速度，平衡器件的空穴好电子的相向传递速度，进而提高器件的发光效率。在 6 V 操作电压下，发射 480 nm 的蓝光，亮度为 5 000 cd/m²。XEROX CORP（US6229012B1）公开了三嗪环衍生物，具有电子传输性、物理和光电稳定性，以及强蓝光发射。ZH RIKOGAKU SHINKOKAI（JP2004217549A）公开了苯并噻二唑，出光兴产（JP2008162921A）公开了苯并噻二唑，财团法人工业技术研究院（CN103811644A）公开苯并恶唑衍生物。

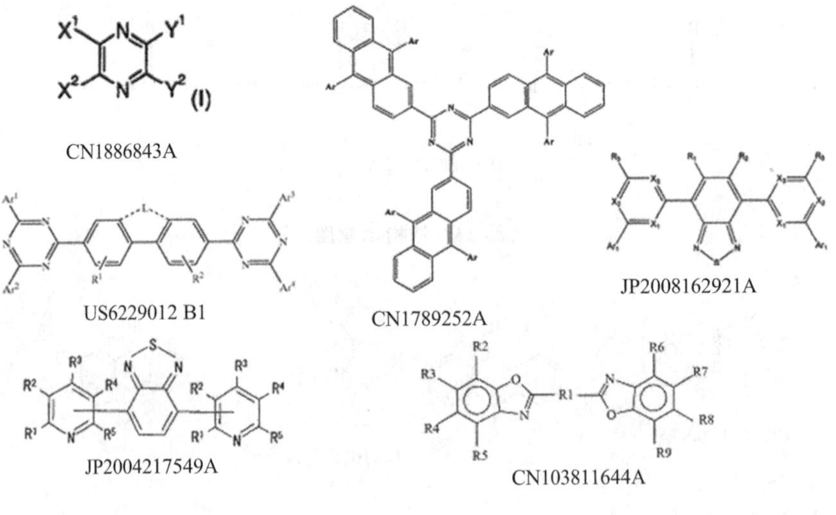

图 26　结构示意图

3.3　双极性

蓝光荧光材料具有较宽的带隙，即具有较低的 HOMO 以及较高的 LUMO，难以与电荷传输材料能级匹配，因此设计电子和空穴注入传输平衡的双极性蓝光材料可避免掺杂体系相分离以及多层结构界面效应的不利影响。

3.3.1　芳胺衍生物

双极性化合物主要有 D—π—A 芳胺衍生物，D—π—A 比 D—π—D 红移，因此 π 共轭体系不能太大且电子受体基团不能太强。芳胺基团为电子给体部分即空穴传输基团，富士胶片（JP2002193952A）公开了三嗪为电子受体，苯基等为 π 部分，具有较好的蓝色发光。株式会社半导体能源研究所（CN102386330A），公开喹喔啉为电子受体，苯基为 π 部分，D 部分芳胺基也可替换为咔唑基团等，该有机化合物降低绝缘破坏等元件不良或提高发光性，具有蓝绿色发光。索尼（JP2008311480A）公开了噁二唑为电子受体，萘基为 π 部分，高纯度蓝光可为（0.148，0.075），接近 NTSC 青色色度（0.14，0.08），并具有较高的电流效率及寿命。武汉大学（CN101274916A）公开了类似的结构，以联苯基为 π 部分，作为双极载流子传输材料应用于蓝光电致荧光光器件中制作的电致发光器件，具有高效率、高亮度的电致发光性能。KOREA INST SCI & TECHNOLOG（KR20100028992A）公开了以嘧啶为电子受体，萘基为 π 部分，发射蓝到蓝绿色光。

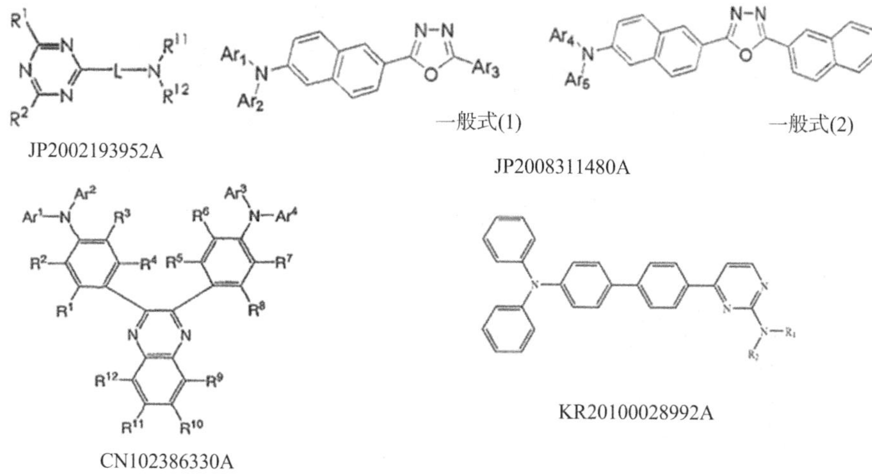

图 27　结构示意图

3.3.2　其他化合物

其他非芳胺类化合物也被公开，“国立”中兴大学（TW201009039A）公开了含有机硼基团与咔唑基团的化合物。黑龙江大学（CN102924516A）公开了以间接连接构建的芳香双膦氧苯基芴为核，以具有载流子传输性能的基团进行外围修饰，形成具有双极性载流子传输性能的芴基芳香膦氧光电材料。海洋王公开了（CN103772364A，CN103772370A，CN103288812A，CN104592980A）一系列双极性化合物，例如，咔唑为空穴传输基团，苯并咪唑、二苯并噻吩、二苯并呋喃、咪唑、噻吩以及吡啶环等为电子传输基团。

3.3.3　具有热活化延迟荧光特性（TADF）的双极性蓝光荧光材料

传统荧光器件发光过程仅利用了25%的单线态激子，而TADF过程中，只要反系间窜越所率足够大，即荧光发光材料的激发单重态与激发三重态状态的能级差减小，三线态激子理论上可以全部转化为单线态激子，激子利用率达到100%，可见TADF的出现有望提高荧光器件性能。TADF材料中有机分子相比配合物具有更高的稳定，因此成为研究的焦点。

TADF材料一般设计为双极性材料，HOMO电子云分布在电子给体上，LUMO电子云分布在电子受体上。东南大学成贤学院（CN104610958A）公开了热活化延迟荧光蓝光材料，空穴传输能力的咔唑或者三咔唑，电子传输能力的二苯基砜基通过苯环连接，单线态-三线态能级差小于0.3 eV，能作为热激活延迟荧光蓝光材料。华南理工（CN105694855A）公开了非共轭环状，左右两边是给体单元，中间是受体单元，具有一定的扭转角，具有大的能隙，易于实现TADF，且蓝光发射峰小于474 nm，相比传统的天蓝色TADF材料具有更深的蓝光发射。出光兴产株式会社（CN105556696A）公开了发光层包含第一化合物为TADF延迟荧光性化合物的有机电致发光元件，其还包含了第二化合物以及第三化合物，第一化合物的77 K时能隙大于第二化合物，第三化合物的77K时能隙大于第二化合物。器件具有高发光效率以及高色纯度蓝色发光，半高宽可为46 nm。

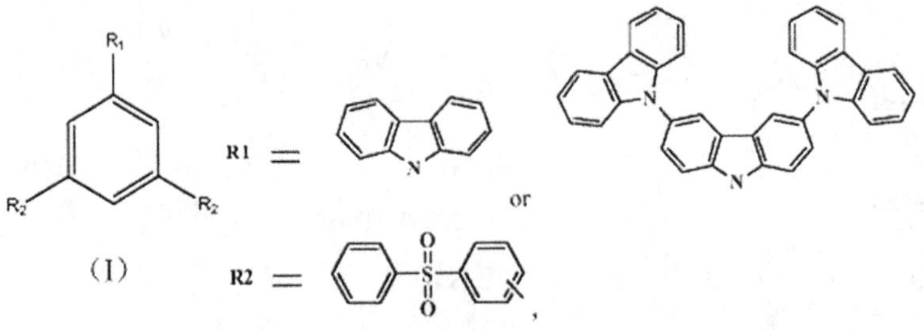

CN104610958A

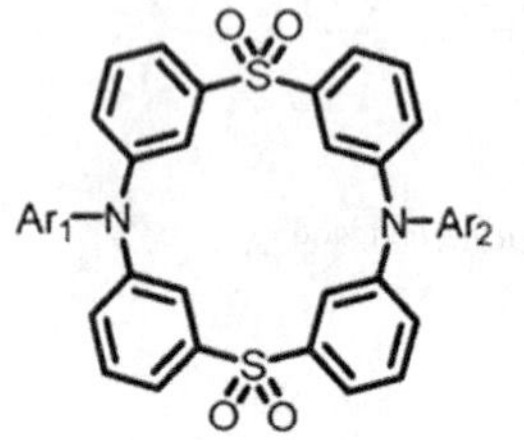

CN105694855A

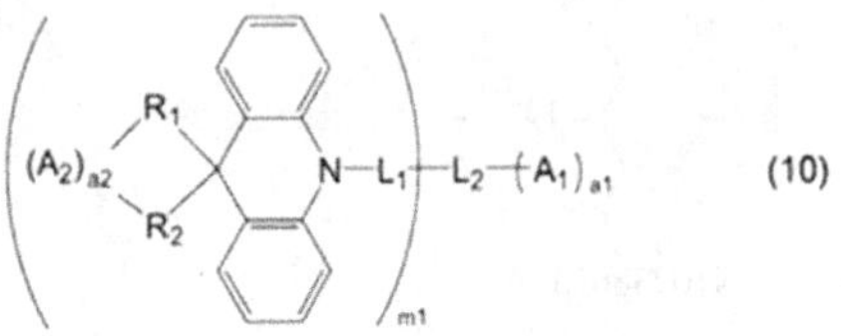

CN105556696A

图 28　结构示意图

第四章　总结

自 1987 年以来，有机电致发光器件 OLED 吸引了全球的目光，历经将近 30 年的研究，目前已经取得了重大的成果，实现了商品化。发光材料作为上游材料，对于竞争优势具有重要的意义。蓝光作为必不可少的发光材料，其从 20 世纪 90 年代就受到了广泛的关注，但是相比红光和绿光器件，蓝光器件综合性能较差，目前急需新型的蓝光发光材料。蓝光荧光材料在材料种类、成本、色纯度以及稳定性等方面具有相对的优势，研发具有高效率、色纯度高以及长寿命的优异有机小分子蓝光器件具有重要的意义。全球已经对各种类型的小分子蓝光材料进行大量的研究，其中对于空穴传输和双极性类型研究较多。我国对于小分子蓝光发光材料的研发远远晚于其他国家，特别是在韩国和日本已经达到研发高峰期以后才开始快速增加，日本和韩国是起步早且具有较强研发实力的国家，其拥有较多的关键专利，而我国基本未拥有任何关键专利，可见在该领域我国起步晚，目前技术还远远落后，在竞争中面临了巨大的挑战。但是，我国目前已经具有很高的专利申请量，可见我国投入了大量研究。目前全球在领域的研究遭遇了瓶颈期，这对于我国又是个难得的机遇，如果突破该研究瓶颈将拥有巨大的竞争优势。

参考文献

[1] 樊美公，等. 光化学基本原理与光子学材料科学［M］. 北京：科学出版社，2001.

[2] 陈金鑫，等. OLED 梦幻显示器——材料与器件［M］. 北京：人民邮电出版社，2011.

[3] 黄春辉，等. 有机电致发光材料与器件导论［M］. 上海：复旦大学出版社，2005.

农药种衣剂专利技术分析

王廷廷

第一章 概 述

1.1 种子处理剂的概况

种子处理是在种子加工过程中或临近播种前，对种子进行各种药剂处理、物理机械处理或生物处理，旨在增加种子的生物学质量和商品质量，防治作物苗期病虫害，促进生长发育或给予有利的刺激和生长环境，提高作物产量和品质。种子处理具有用药少、效果高、对人畜和环境影响小、持效期长，对土传及种传病害有效防治等优点，是植物病虫害防治中最经济、最有效的方法。用处理种子来防治病虫害的方法历史悠久，早在古埃及、古希腊和古罗马帝国时代，人们就开始用橄榄树的残留物、灰以及洋葱和柏树的汁液来对种子表面进行消毒。温汤浸种催芽和药剂浸种的方法可能要追溯到古老的年代，早在西汉年间的农书《农胜之书》中就有记载。在北魏的时候中国人就已经开始创造性地使用砒霜作为拌种剂。在中世纪时，用液肥和氯盐处理来替代。从 1660 年后，用盐水、铜或热水来处理成为当时的风潮。1750 年罗马帝国时代 Mathicu Tillet 用盐和石灰处理小麦种子防治黑穗病。19 世纪，开始出现种子包衣在蔬菜、花卉和牧草上的应用。19 世纪末，人们发现汞化合物可以杀死引起谷类病害的真菌病原菌，并研制出了商品化的液体种子处理剂，种子处理时代才正式到来。20 世纪，种子处理剂中尤其是种衣剂（种子包衣）技术迅速发展，在实际应用中凸显优势，在农药剂型加工和应用技术融合中形成研究和应用热潮。进入 21 世纪，随着种子价值的不断提升（更好的遗传资源、杂交种和基因改良的作物），对种子处理的需求进一步提高。种植者对种子处理的认识逐渐提升，种植者看到包衣的种子能够带来的切实益处：其用于包衣的杀菌剂、杀虫剂和杀线虫剂使用剂量只有传统喷施使用量的 1/400，并且对种植者和环境都是安全的，已成为当前较为流行的一种作物保护方式。

1.2 种子处理剂的市场份额

2010 年，全球种子处理剂市值为 22.5 亿美元；2012 年全球种子处理剂的市场产值 23 亿美元。根据 Phillips McDougall 的分析数据，2016 年全球种衣剂的市场规模约为 28 亿美元。主要作物是谷物、玉米和大豆，最大的市场是美国和巴西，其次是加拿大、法国和中国（数据来源于先正达公司全球种衣剂总监 Ioana Tudor 女士）。我国每年农业用种量近

150亿公斤，如此巨大的种子市场必然成为国际竞争的热点，欧美的农药跨国公司巨头，纷纷加大对种子处理剂的研发投入，加速对我国种子处理剂市场的渗透和抢占。据统计，目前，美国种子处理剂的市场份额占植保销售额的比例为20%，欧盟市场份额占到15%，而中国市场份额仅占到5%。近几年，我国种子处理技术在国内发展迅速，市场快速成熟，从具体类型分析，相比浸种剂、拌种剂等类型，种衣剂的市场份额迅速增长，最具发展潜力。

1.3 种子处理剂的技术分支

作为种子标准化、商品化的主要环节，种子处理目前最常用的方法有化学方法、物理方法和生物方法三大类，种子处理技术分支参见图1。物理处理是使用热力、冷冻、辐射和微波的方式来达到杀菌的目的，生物方法是利用生物技术控制作物育种和性状表达，化学方法则通过浸种、拌种、包衣等方法利用各种化学有效成分实现杀菌避害的效果。

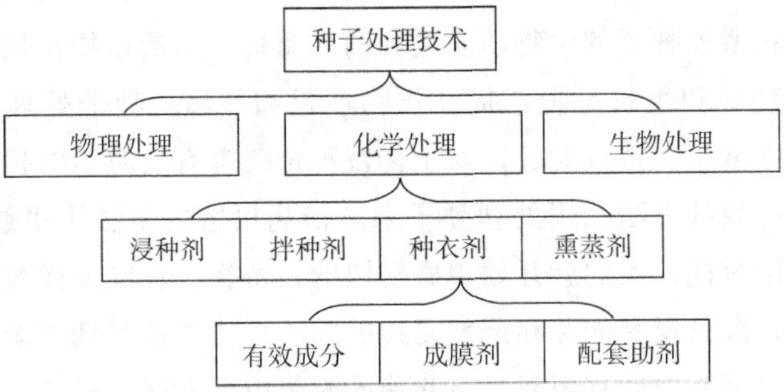

图1 种子处理技术技术分支

种子处理剂是拌种剂、浸种剂和种子包衣剂（简称种衣剂）的总称，它们均不属农药，而是在原有农药剂型（如SC、EW、DF、WP、CS、SL）的基础上，对施药方法的引申发展而得名。浸种法是将种子浸渍在一定浓度的药液中，从而消灭种子表面和内部所带病原菌或害虫。拌种法是将种子装入干净的容器内，再按一定比例加入药剂，使药剂均匀地粘附在种子表面。但是拌种剂在种皮外形成不牢固的吸附层，对种子和土壤中病虫有效，容易脱落，时限短暂。

1.4 种衣剂定义

种衣剂（Seed Coating Formulation或者Seed Dressing）是一种用于作物或其他植物种子处理、具有成膜特性的农药制剂，显著特点是包衣后在种子外形成较牢固的具有一定强度和通透性薄膜或壳层，有较持久的药效和较高的环境安全性。种衣剂是伴随着农作物种子包衣技术的发展而逐渐形成的一类特殊的农药制剂类型，将有效成分（杀虫剂、杀菌剂、复合肥料、微量元素、植物生长调节剂等）由缓释剂和成膜剂等经过先进工艺加工制成，紧密地包衣在种子表面，在土中遇水吸胀透气而不被溶解，从而使种子正常发芽，使农药和种肥等物质缓慢释放，具有杀灭地下害虫、防治种子带菌和苗期病害、促进种苗健康生长发育、改进作物品质、提高种子发芽率、提高产量等功效，达到防病防虫保苗壮苗的目的。作物种子包衣技术是作物物化栽培技术的重要组成部分，是实现作物良种标准化、加工机械化、播种精量化、栽培管理轻型化，以及农业生产增收节支的重要途径。对于种子包衣技术的重要性，日本科学家把这种技术称为“是农业丰收的奠基石”。从整体意义上看，推广种子包衣技术是植保领域中使用农药方式的一次革命，由于种子包衣所耗用农药大幅度减少，防治和增产效果明显，因此属世界公认的要积极推广的对环境友好的农药制剂。

1.5 种衣剂专利文献检索

检索数据库：CNABS、VEN。

检索关键词：种衣剂、种子包衣剂、包覆 s 种子、种子 s 包被、种子包裹剂、种子粉衣剂、种子 s 包衣剂、种子 s 粉衣剂、种子 s 包裹剂、seed、Seed coating、Seed coated、Seed Dressing。

IPC 分类号：A01C1/06（种子的包衣或拌种）。

检索截至日期：2016 年 6 月 21 日。

利用随机抽样调查的方式对检索结果的查准率进行抽样调查，随机抽取了 100 件，查准率为 88%。利用主要申请人以及关键词对检索结果查全率进行抽样调查，查全率为 95%，符合专利分析的要求。

第二章 种衣剂专利数据统计分析

2.1 专利申请总体态势分析

专利申请/公开量能够直观反映技术研发的动态，从图 2 中可以看出，全球种衣剂专利技术的发展分为五个阶段：

摸索阶段（1900—1950 年），种衣剂专利公开量平均每年少于 2 件，种子包衣技术还没有引起研究人员的关注。

起步阶段（1950—1970 年），种衣剂专利公开量平均每年 5 件左右，这主要与种衣剂成膜技术的发展有关，成膜剂的发展使众多研究人员开始重视种衣剂的研发，但是基本上都属于技术的前期基础研究阶段。

第一次发展阶段（1970—1985 年），种衣剂专利公开量由近 40 件/年逐渐递升至 70 件/年，这可能与农药的环境危害有关，农药制剂的使用导致环境污染加剧的报道屡屡发生，为了提高农药使用效率和降低环境污染，种衣剂专利公开量呈现出小幅快速增长的态势。

第二次发展阶段（1985—2010 年），种衣剂专利公开量超过 200 件/年，随着种衣剂中成膜剂发展的逐渐完善，以及活性成分的更新换代，种衣剂的技术研发处于快速发展时期。

第三次发展阶段（2010 年至今），种衣剂专利公开量超过 400 件/年，受种衣剂市场份额逐年增加，农药减量化以及环境污染加剧的影响，种衣剂技术研发进入高速发展的时期。由于专利公开的滞后性，近两年的申请量并不能完全地呈现出来。

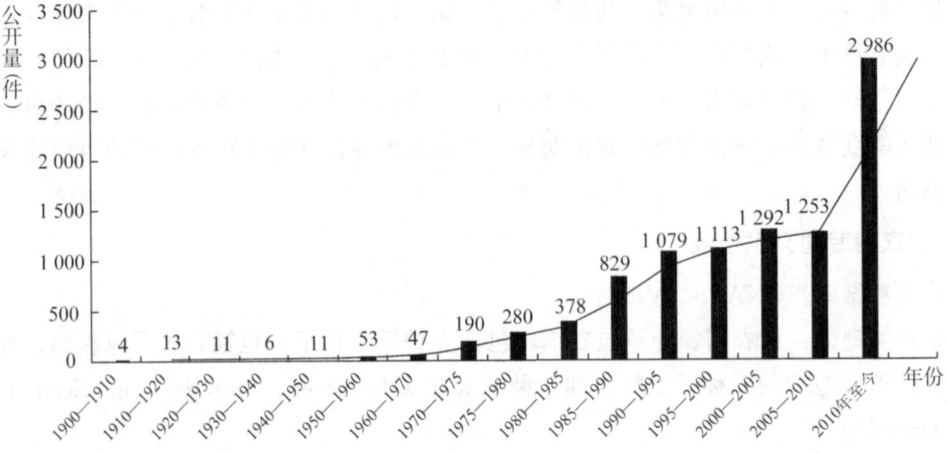

图2　种衣剂专利申请公开趋势图

2.2　专利技术来源地域分布

从图3中可以看出，全球种衣剂优先权专利数量前5名依次为美国、中国、日本、欧洲专利局、法国，占据总量的84%。美国是种衣剂专利技术产出最多、竞争力最强的国家，优先权专利达2 719件，是全球的引领者。中国、日本、欧洲专利局、法国分别为1 526件，1 348件，844件，816件。上述五国为第一集团，既表明这五个国家对种衣剂的研发实力较强，又与种衣剂的应用市场基本吻合。欧盟其他国家的申请人，分布比较广泛，德国550件，英国392件，瑞士182件，显示出这一地区的综合研发实力较强。另外，加拿大170件，韩国105件，研发实力同样值得关注。

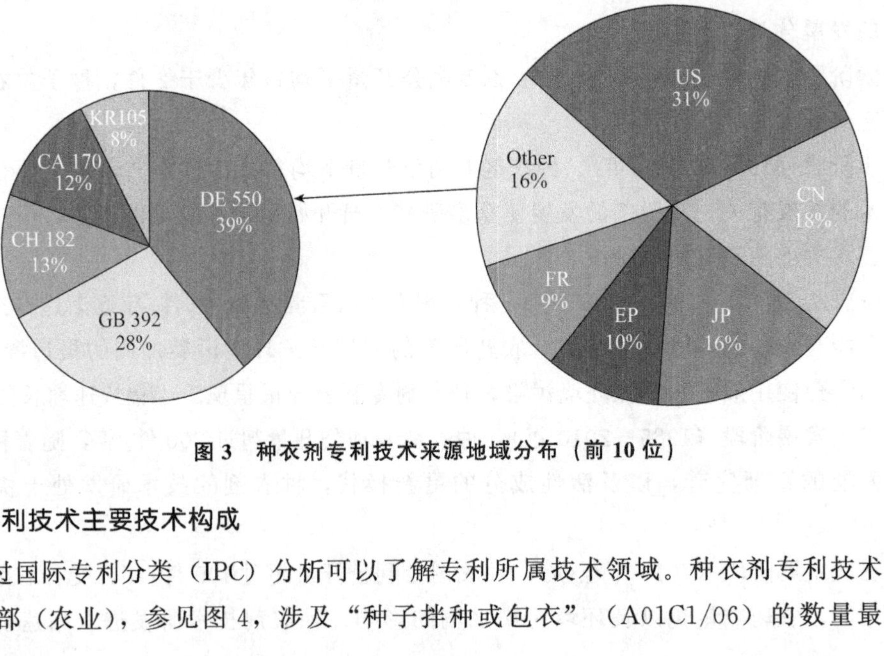

图3　种衣剂专利技术来源地域分布（前10位）

2.3　专利技术主要技术构成

通过国际专利分类（IPC）分析可以了解专利所属技术领域。种衣剂专利技术主要分布在A部（农业），参见图4，涉及“种子拌种或包衣”（A01C1/06）的数量最多，达

7 658件，其次是“在播种前或种植前测试或处理种子、根茎或类似物的设备或方法”（A01C1/00），达 1 119 件。位于前 10 位的还有“杀菌剂”（A01P3/00）529 件、“含有微生物、病毒、微生物真菌、动物（如线虫类）或者由微生物、病毒、微生物真菌或动物制造或获得的物质（如酶或发酵物）的杀生剂、害虫驱避剂或引诱剂，或植物生长调节剂”（A01N 63/00）407 件，“种子免疫”（A01C 1/08）404 件，“通过组织培养技术的植物再生”（A01H 4/00）372 件，“以其形态，以其非有效成分或以其使用方法为特征的杀生剂、害虫驱避剂或引诱剂，或植物生长调节剂”（A01N 25/00）342 件，“1，2，4 三唑；氢化 1，2，4 三唑”（A01N 43/653）296 件，“一种或多种肥料与无特殊肥效组分的混合物”（C05G3/00），“园艺；蔬菜的栽培”（A01G 1/00）267 件。

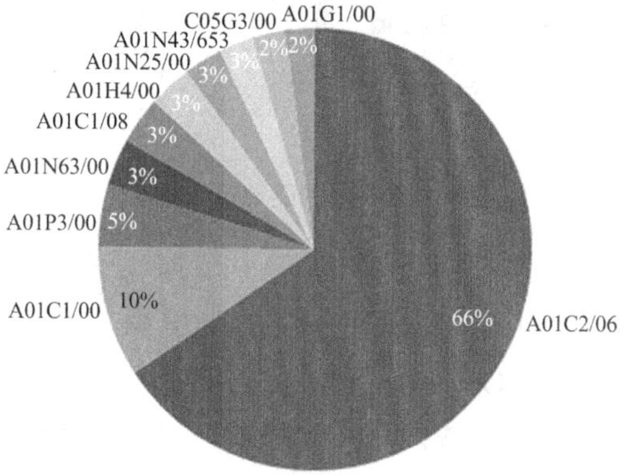

图 4　种衣剂主要技术领域（前 10 类）

2.4　专利技术主要申请机构

专利申请主要申请人代表了技术研发的引领，图 5 列出了排名前 17 位的种衣剂专利权人情况。先正达作为种子剂的行业引领者，专利申请量傲视群雄，一方面与其主营业务中涉及种子的业务有关，另一方面也显示了其对种衣剂技术研发的布局深厚。巴斯夫、拜耳和日本住友公司作为传统的农化企业，在种衣剂领域也有较多的专利布局。韦尔豪泽 NR 公司作为一家研发聚合物的公司，对于种衣剂中的助剂有较深入的研究。杜邦由于收购了先锋种业，壮大了其在种衣剂领域的专利数量。孟山都公司从九十年代开始深入研究转基因种子，所以之前对种衣剂也有较多的专利布局，但是从 2000 年以后，其将专利（申请）权逐渐转让给其他公司，例如拜耳和先正达，近年来几乎鲜有关于种衣剂的专利申请。

美国、日本、德国和瑞士的研发主体以企业为主，而中国、韩国的研发主体以科研院所为主，表明中、韩两国在种衣剂技术商品化上还有待加强。特别是中国，虽然专利申请总量位居世界第二，但在专利申请数量前 17 位机构排名中仅有联保作物公司、浙江大学、江苏龙灯公司、上海市农科院、中国农业大学、广东中迅公司，并且专利申请总量较少，这表明中国关于种衣剂的研发机构非常多，每个研发机构的研发实力较弱，总体研发能力较为分散，集中度有待加强。

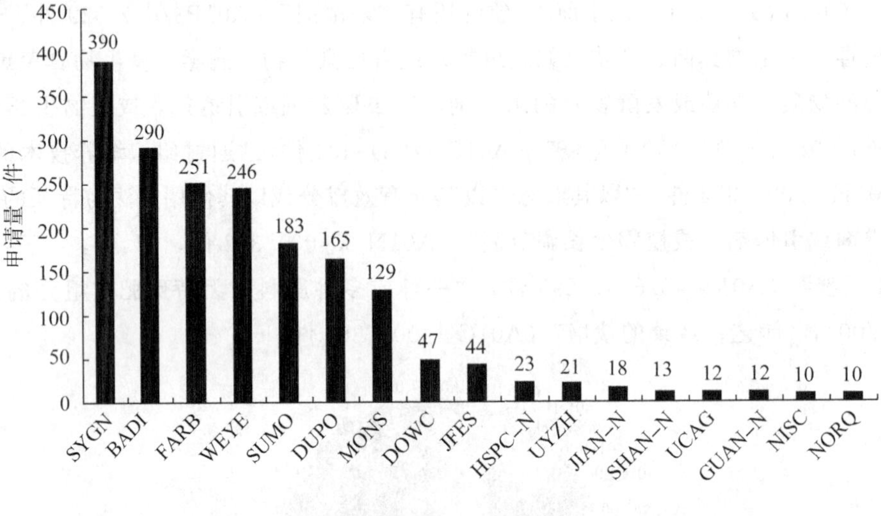

图5 种衣剂主要申请人排名

注释：SYGN——先正达公司；BADI——巴斯夫公司；FARB——拜耳公司；WEYE——韦尔豪泽 NR 公司；SUMO——住友化学株式会社；DUPO——杜邦公司；MONS——孟山都公司；DOWC——陶氏益农公司；JFES——杰富意钢铁株式会社；HSPC-N——联保作物公司；UYZH——浙江大学；JIAN-N——江苏龙灯公司；SHAN-N——上海市农科院；UCAG——中国农业大学；GUAN-N——广东中迅公司；NISC——尼桑化学株式会社；NORQ——农林水产省农业研究中心所长。

2.5 小结

种衣剂专利技术目前正处于高速发展的时期，年平均申请量高于400件，根据目前种衣剂市场逐渐增长的态势，预期未来5～10年种衣剂专利数量仍将维持高位增长的态势。种衣剂的技术来源地域主要部分在美国、中国、日本和欧洲，技术分支主要涉及种子拌种和包衣技术。先正达公司是种衣剂行业的引领者，巴斯夫、拜耳和日本住友公司对种衣剂领域也有较多的专利布局，我国关于种衣剂专利申请的主体主要是高校和科研院所，专利权离产品产业化仍有较大的差距，需要加强专利权的转化和实施。

第三章 种衣剂专利技术分析

种子包衣是一项把防病、治虫、消毒、促生长融为一体的种子处理技术，主要通过将种衣剂包覆在种子表面形成一层牢固种衣，在此过程中，为了保证种子的漂亮外观及抗磨损性，使包衣更均匀，通常还会在包衣过程中加入成膜剂。成膜性是种衣剂的关键特性。良好的成膜性能使种衣剂均匀地包在种子表面，并迅速固化成膜，不脱落、不粘结。牢固性指种衣剂应附着牢固，不易脱落，脱落率（脱落药剂/药剂用量）直接反映包衣牢固程度。稳定性指种衣剂的性能、成分、药效的贮存稳定性。一般要求种衣剂可贮存两年，有效成分分解率不超过25%，夏季不分解，冬季不冻结。安全性指在有效用量内，包衣后不能降低种子发芽率，不致幼苗产生药害或畸形，保证苗全、苗壮。缓释性是指成膜剂对活性成分应有一定的亲和性，在土壤中种衣剂的有效成分可缓慢释放，加之不受日晒雨淋和高温影响，药剂持效期长。高生物活性是指种衣剂的活性组分应具有内吸传导作用，有效成分的含量及纯度应达到标准，从而达到较高的防治效果且不易发生药害。我国要求种衣剂粒径的标准范围为1～5 μm。种衣剂的黏度一般为200～800 ppa. s，pH值为3.8～7.2。另外，丸化种衣剂包衣后还应具有以下特性：单粒抗压强度≥150 g，水分≤8%，裂解度≥98%（丸化种子在水中1 min内的崩裂能力）。

3.1 种衣剂的包衣技术

种子是一个有生命力的活体，一般种子都有防止干裂和腐败的种皮，在贮存休眠中，通过种皮进行微弱的呼吸。发芽萌动时，吸收大量水分，呼吸加强，具有对水分、空气透过量急剧变化的调节能力。种皮本身已是一个巧妙的天然囊。若要在种皮外再覆盖其他物质，必须要在保持原有生存特性和栽培条件的前提下，来弥补和增添新的性能。

3.1.1 丸粒化

种子包衣最初的目的是便于播种和保苗，美国农民在播种棉花时，觉得籽粒小且不均匀，难以掌握播种量，1868年Blessing提出了用面糊给棉花种子包衣，用面粉处理棉种使之大粒化、均匀化。这种含有大量填充材料及黏合剂等，但不含化学活性成分，主要用于油菜、烟草等小颗粒种子丸粒化包衣，使种子体积、质量大幅增加、粒型规整，便于机播、匀播；同时对种子也可起到物理屏蔽作用，早期剂型多属此类。种子包衣制剂的关键是如何既能保持和发挥原有的吸水、通气和调温功能，又确保种子良好的发芽率，否则将造成危害。BOULT ALFRED JULIUS公司在专利GB190403688DA（申请日1904年2月13日）中公开了给种子包衣的器械，并公开了促发芽和生长的物质，包含硅石、黏土、氨、石灰、草碱、苏打、过磷酸盐、磷肥、胶、硫酸铜。包裹种子以形成球形、卵形或椭圆形的形状。FINKLER DITTMAR在GB190722195DA（申请日1907年10月8日）中公开了涂抹种子的材料，使用水、食盐、石灰水直到糊粉层粘合，然后在装有砂浆的球型粉碎机中反复研磨。直到20世纪30年代英国Ger-mains（GERMAINS UK LTD）种子公司才首次研制出旱作物丸化种衣剂，并使之迅速商品化，但包衣目的仍然是使小颗粒种子体积、质量增加，粒型规整，便于机播、匀播。之后种子包衣技术不断改进，由一开始的棉花、莴苣发展到大豆、玉米、麦类等作物，由规范播种发展到防病治虫或调控生长。PHELPS VOGELSANG公开了一种种子丸剂（GB3108048A，申请日1948年11月30日），(a) 使用水溶性塑料溶液例如甲基纤维素、聚乙烯醇、海藻酸钠喷雾，(b) 涂抹经过充分研磨的矿物例如粉煤灰、长石、酸活化的土，然后不断地翻滚。孟山都公司公开了一种丸粒化种子（GB1777453A，申请日1953年6月26日），包覆种子的组合物，包含一种水溶性的聚合电解质，所述聚合电解质来源于不饱和烯醇聚合或使单体与其他的不饱和烯醇共聚。SHELL RES LTD 在专利 GB833180A（申请日 1958 年 7 月 29 日）中记载了干种衣剂的载体选自凹凸棒土、陶土、合成钙、硅酸镁。FLORIDA CELERY EXCHANGE 在专利 US19750538246A（申请日 1975 年 1 月 3 日）中公开了一种无机包覆材料，包含至少 50%的无定形二氧化硅，至少 5%的蒙脱石和至少 10%的凹凸棒土。美国于 1962 年用泥浆法（slurry）包衣，1963 年，在精耕细作的日本，出现了用红土包覆牧草种子的技术。七十年代中期 olin 公司又用氯唑灵和五氯硝基苯加工成 Terra coat 若干产品处理脱绒棉种，防治苗期病害。WESTVACO CORP 在 US19850757170A（申请日 1985 年 7 月 22 日）公开了使用碱木素加入泥浆中制成种衣剂。PLANETARY DESIGN CORP 在 WO1999US01302（申请日 1999 年 1 月 21 日）公开了泥浆中使用赤霉素。丸粒化种衣剂主要由黏和剂和填料组成，经过多年的发展，黏和剂包括：阿拉伯胶、动物胶、淀粉、甲基纤维素、膨润土、聚乙烯醇、聚乙二醇、羧甲基纤维素；填料包括：碳酸钙、石膏、滑石粉、蛭石、硅藻土、高岭土、皂土、泡沸石和泥炭土等。

3.1.2 薄膜化

1946 年 Burgesser F. W. 等研究了薄膜种衣剂技术，Stanard R. Funsten 和 Frederick W. Burgesser 将专利转让给了 Filtrol Corporation 公司，在专利 US19460698384A（申请日 1946 年 9 月 20 日）中，公开了使用 Sub-bentonite clay（膨润土）处于自然状态的膨润土，例如天然的膨润土而不是酸活化后的黏土用于包覆种子能够达到理想的效果。Sub-bentonite 是一系列的蒙脱石、高岭石，载有大量钙离子、镁离子、钠离子，被定义为碱性的膨润土。它们能够被酸处理生成活性吸附剂和石油裂解催化。US19470760180A（申请日 1947 年 7 月 3 日）公开了使用 Sub-bentonite clay 和酸活化的 Sub-bentonite clay 的混合物。酸活化的 Sub-bentonite clay 是指用酸处理天然的 Sub-bentonite clay，通常使用硫酸。US19490116124A（申请日 1949 年 9 月 16 日）公开了内层使用天然 Sub-bentonite clay，外层使用一个混合物，天然 Sub-bentonite clay 和天然纤维素材料。US19490116123A（申请日 1949 年 9 月 16 日）公开了使用天然 Sub-bentonite clay 和脱落蛭石作为黏合剂。GB3099249A（申请日 1949 年 12 月 2 日）公开了一种组合物包括 sub-bentonite clay 和不超过 50%的惰性材料，例如砂质冲积土或硅藻土。GB3099149A（申请日 1949 年 12 月 2 日）公开了一种组合物，包括细碎的天然 sub-bentonite clay 和一种纤维素材料，例如木粉、稻草、棉溶花、麻布等。GB3099049A（申请日 1949 年 12 月 2 日）公开了使用天然 Sub-bentonite clay 和脱落蛭石作为黏合剂。稀释剂使用岩石灰、冲积土、砂土、木粉或其他纤维素材料、酸活性膨润土或肥料添加。

1978 年，美国 Texas 实验站科学家首先研制成功旱作物薄膜种衣剂（US19780907834A，申请日 1978 年 5 月 19 日），用三梨糖和醋酸纤维对棉种进行包衣处理，有效地防治立枯病。1981 年，苏联科学家研究开发了能在种子表面形成薄膜的种衣剂，在处理棉种、向日葵、玉米、甜菜及豆类种子时不仅起到了杀死病菌和提高田间种子发芽率的作用，而且能适当地提早播种期，从而延长了作物营养生长期，提高作物产量。1982 年，美国农业部研究中心用高分子聚合农药复合配方研制成大豆种衣剂，大大改善了大豆发芽状况，极大地改善和发展了种子包衣技术。随后欧美等国家相继开发出了各自的旱作物种衣剂，并在生产上得到了广泛应用。

种子包衣后形成不同厚度的外壳或外膜。有的壳膜交替形成多层种衣，如不相容的两种药物，先包一种，中间加隔离层，以免相互接触反应，或者需要药物不同的释放顺序等原因，而制成多层种衣。有的用高分子化合物把种子以一定间隔连接起来，制成种衣带直接埋植条穴中，以确保等距离的壮苗，如藻酸钠凝胶湿法就是如此。还有，有机溶液型种衣剂，常是以丙酮、二氯甲烷、二氯乙烷、乙醇等做溶剂，加入农药和黏结剂，包衣后无须干燥，自然成膜。

3.2 种衣剂的组成

种衣剂一般由活性成分和非活性成分组成，活性成分包括有效成分（杀菌剂、杀虫剂、除草剂）和辅助成分（微肥、植物生长调节剂、微量元素、供氧剂等）；非活性成分包括配套助剂，粘结/成膜剂、分散剂、渗透剂、流变添加剂、防冻剂、消泡剂、填料、警戒色等。对于种衣剂的研制主要有三个方面，包括有效成分、组分比例的筛选，性能良好的成膜剂的选择和稳定的配套助剂种类和含量的确定。

3.2.1 活性成分

有效成分是种衣剂的主配方，是病虫害防治功能中起主要作用的部分，主要包括杀菌剂、杀虫剂、杀线虫剂、植物生长调节剂、激素、肥料或有益微生物等，其种类、组成及含量直接反映种衣剂的功效。作物种子受害，多为病、虫、鼠害等同时发生，因而有效成分常是复配品种。其具体品种的选择应按混剂相同的原则来进行，同时兼顾复合肥料，微量元素，植物生长调节剂等，有时还需考虑吸水引发，温度和气体调节及打破休眠等因素。最好有效成分本身具有吸收性，通常根据作物种类及病虫害防治对象加以选择。但种衣剂配方所选用的农药活性物质有着特殊的要求，如：不能影响种子的活性，在土壤中必须稳定，原药的酸碱度必须保持基本是中性，对环境和土壤不产生严重的污染，残效期适中等。

国际上种衣剂的开发和使用在20世纪60年代左右，开始阶段所选用的活性物质种类与拌种剂接轨，主要使用的药物有多菌灵、福美双、萎锈灵、苯菌灵、甲霜灵等，杀虫剂主要有克百威、甲拌灵等，随着高效和超高效农药的问世，上述传统农药从90年代起正在逐步从种衣剂配方中被淘汰。而代之以三唑醇、烯唑醇、戊唑醇、咯菌腈、灭菌唑、吡虫啉、七氟菊酯、氟虫腈、噻虫嗪等。从近30年国内外的研究情况看，杀虫剂、杀菌剂正由原来的单一组分向多组分发展，以达到互补增效、减少病虫害抗药性的目的。

3.2.1.1 杀菌剂

防治各种作物种传和土传病菌及苗期病虫害是种衣剂的首要目标，如水稻的恶苗病、干线虫病、稻瘟病、纹枯病、白叶枯病和胡麻斑病等，其他作物有自身常发的病害，应选用针对性的且在土壤中较稳定的某些安全的杀菌剂，同时应兼顾土壤镰刀菌、丝核菌、种腐病、腐霉病、拟茎点霉菌、立枯病、青枯病、枯萎病、茎枯病、根腐病、根肿病、猝倒病防治。

表1 各时期作为种衣剂的杀菌剂类别、代表品种及特点

时期	类别及代表品种	特点
20世纪30年代前	有机汞类/醋酸苯汞	价格低、广谱，因毒性极高，20世纪70年代被禁用
20世纪30年代	二硫代氨基甲酸酯类/福美双；芳烃类/五氯硝基苯	广谱种子保护剂，对皮肤有刺激
20世纪50年代	酞酰亚胺类/克菌丹	广谱种子保护剂，药害，起粉尘
20世纪60年代	酰胺类、苯并咪唑类/萎锈灵、多菌灵、甲基硫菌灵	第一代内吸杀菌剂，需与克菌丹、福美双等混用，对子囊菌、担子菌无效
20世纪70年代	三唑类/三唑醇	第一个防治气传病害种子处理剂，白粉病易产生抗性
20世纪80年代	苯酰胺类/甲霜灵 三唑类/戊唑醇	对双卵菌纲及霜霉病高效，易产生抗性，广谱，对腥黑穗病特效
20世纪90年代	苯基吡咯类/咯菌腈 三唑类/苯醚甲环唑	广谱、高效、残效长，对光不稳定，对腥黑穗病特效
21世纪前10年	甲氧基丙烯酸酯类/嘧菌酯	广谱，对丝核菌属和镰刀菌属有效，对一些腐霉属有效
21世纪第二个十年	琥珀酸脱氢酶抑制剂类/氟唑环菌胺	对丝核菌属有效，在防种子腐烂方面有优异活性，须关注抗性

目前用于种衣剂的杀菌剂品种包括咯菌腈、噻呋酰胺、硅噻菌胺、啶酰菌胺、氟啶胺、嘧菌酯、三氮唑核苷、灭锈胺、克菌丹、多菌灵、甲基立枯磷、噁霉灵、戊唑醇、噻菌灵、己唑醇、嘧菌环胺、福美双、腈苯唑、腈菌唑、灭菌唑、咪鲜胺、萎锈灵、异菌脲、苯醚甲环唑、种菌唑、土菌灵、粉唑醇、精甲霜灵、拌种灵、三唑醇、烯唑醇、抑霉唑、多抗霉素、武夷菌素、春雷霉素、荧光假单胞杆菌、几丁聚糖、氨基寡糖素、葡聚烯糖、寡雄腐霉、腐植酸、木霉菌、甲哌鎓、三乙膦酸铝、五氯硝基苯、氧化亚铜、乙蒜素、浸种灵等，以及其他低毒性杀菌剂。

3.2.1.2 杀虫/驱虫剂

杀虫剂或驱虫剂主要防治地下害虫、线虫（病）、小麦吸浆虫及苗期蚜螨，小麦、玉米、大豆、花生及蔬菜等旱田作物种衣剂中，根据地域情况酌情添加。由于杀虫剂、杀鼠剂容易造成虫鼠和种子的两败俱伤，应选择兼备触杀、熏蒸和胃毒或驱避、拒食作用、性能稳定的广谱农药品种。内吸性杀虫剂对苗期病虫害也有效。

由表2可见，全球杀虫用种子处理剂在近40年来发生很大变化，一些高毒、不安全的杀虫剂被逐步替代，尤其是近几年新开发的杀虫剂，如新烟碱类、苯基吡咯类和双酰胺类则正成为杀虫种子处理剂的主流。

表2　近40年来用于种衣剂中杀虫剂的变化情况

上市年份	类别和代表品种	防治害虫
1948年	有机氯类/林丹	虫蛆、叩头虫
1954年	有机磷类/二嗪磷	虫蛆、金刚钻、蝼蛄等
1958年	有机磷类/乙拌磷	虫蛆、叩头虫、蓟马、蝼蛄等
1965年	有机磷类/毒死蜱	虫蛆、叩头虫、蝼蛄等
1966年	氨基甲酸酯类/灭多威	虫蛆、蝼蛄、叩头虫等
1967年	氨基甲酸酯类/克百威	虫蛆、蝼蛄、叩头虫等
1971年	有机磷类/乙酰甲胺磷	虫蛆、金刚钻、蓟马、跳甲、瘿蚊、火蚁
1984年	有机磷类/甲基嘧啶磷	虫蛆等
1994年	新烟碱类/吡虫啉	虫蛆、金刚钻、蓟马、火蚁、跳甲等
1996年	拟除虫菊酯类/氯氰菊酯	虫蛆、叩头虫等
1998年	苯基吡咯类/氟虫腈	稻水象甲等
1999年	拟除虫菊酯类/氯菊酯	虫蛆、蝼蛄、叩头虫等
2000年	新烟碱类/噻虫嗪	虫蛆、蝼蛄、金刚钻等
2003年	新烟碱类/噻虫胺	虫蛆、蝼蛄、金刚钻等
2008年	双酰胺类/氯虫苯甲酰胺	金龟子、虫蛆、稻象甲等

目前用于种衣剂中的杀虫剂品种包括林丹、杀螟丹、烯啶虫胺、阿维菌素、多杀霉素、印楝素、吡蚜酮、克百威、丁硫克百威、丙硫克百威、硫双灭多威、苏云金杆菌、毒死蜱、辛硫磷、乙拌磷、氟虫腈、乙虫腈、丁虫腈、七氟菊酯、吡虫啉、噻虫啉、氯噻林、啶虫脒、噻虫胺、呋虫胺、噻虫嗪、氟苯虫酰胺、氯虫苯甲酰胺、溴氰虫酰胺。有明显驱鼠效果的品种为放线菌酮、福美双、稻瘟灵、萘酚、噻酚、薄荷等，部分农药对老鼠也有一定兼治效果。

3.2.1.3　除草剂

除草剂在种衣剂中的应用较少，仅有先正达公司申请了部分关于除草剂和安全剂用于种衣剂的专利。苄嘧磺隆可用于水稻种衣剂中。对于转基因的作物种子可在相应种衣剂中试用草甘膦、草铵膦、2，4-滴、麦草畏等除草剂，其他除草剂均要加入安全剂或某些除草剂混合，在充分试验后方可选用，绝不可贸然或勉强而为之。种衣剂中的安全剂也可使种子免受残留于土壤中的除草剂危害。

3.2.1.4　植物生长调节剂

种子萌发所需的营养及能量是靠自身贮存物的生化反应代谢物来提供的，而这些生化反应又要硼、锌、锰、钼、铜、铁、镁、钴等微量元素（<0.05%）参与催化。各种作物对微量元素的需求量和承受量不等，如禾本科作物对锰的需求量大于豆科、茄科、十字花科作物，而双子叶作物对硼的需求量大于单子叶作物，水稻对硅的需求量大于番茄，北方易缺锌、锰、铁，南方易缺硼、钼、钒，必须因作物和土壤而异，应以易被吸收利用的络合态或螯合态等形式，在安全量范围内添加。氮、磷、钾、钙、镁、铁等大中量肥源，已在土壤基肥中，只有地上部生长需用时补给，稀土元素、氨基酸肥、固氮菌等亦可选用添加。

植物生长调节剂及诱抗剂，可促进根系和幼苗早生快发，提高光合作用效率和抗逆性，加速营养生长和生殖生长，对提高作物产量和品质具有重要作用，与肥料配合一般可产生协同效应。可供选用的植物生长调节剂包括生长素、芸苔素内酯、缩节胺、多效唑、矮壮素、赤霉素、苄氨基嘌呤、硅丰环、吲哚丁酸、复硝酚、烯效唑、萘乙酸、胺鲜酯、水杨酸、脱落酸、茉莉酸、壳聚糖、海藻糖等。

在有效成分组成上，国外研制应用的主要是单一成分的单元型，如农药型、激素型、肥料型、除草型等，针对性强，不易发生药害，但功效单一。也有含有两种杀菌或杀虫的种衣剂，但药肥复合型种衣剂配方则较少。而我国目前研制的多为两种以上农药组分多元复合型，又根据作物需肥规律及当地土壤营养状况加入不同的微肥构成的药肥复合型种衣剂，使种衣剂具有防病、治虫、防缺素症及化学调节作物生长等多种功效，但针对性较差，相对较易发生药害。

3.2.2 非活性成分

非活性成分指种衣剂中的粘结/成膜剂及相应配套助剂，是维持种衣剂的物理及化学性状，控制衣膜内活性成分缓释的重要成分。其中配套助剂包括悬浮剂、乳化剂、渗透剂、增稠剂、润湿分散剂、防冻剂、防腐剂、稳定剂、警戒色等，但是这些助剂的种类基本是农药剂型加工领域常规使用的助剂种类。例如润湿分散剂为壬基酚聚氧乙烯醚、辛基酚聚氧乙烯醚、苯乙基酚聚氧乙烯醚、十二烷基苯磺酸盐、脂肪醇聚氧乙烯醚或烷基苯酚聚氧乙烯醚；增稠剂为黄原胶、羧甲基纤维素、羧乙基纤维素、聚丙烯酰胺、硅酸铝镁或聚乙烯醇；防冻剂为乙二醇、丙二醇、尿素或丙三醇；警戒色为大红、玫瑰红或品红等。在粉体种衣剂中，选用高分子吸水剂和比表面积大的白炭黑、硅藻土、凹凸棒土、珍珠岩粉、轻质碳酸钙、膨润土、泥炭、钙镁磷肥、硼泥、磷石膏等作为保水剂及赋形剂。人工合成的高分子吸水剂多为聚丙烯酸类和聚淀粉衍生物类，性能优异，用量小，价格较昂贵，不常选用。非活性成分的组成直接影响种衣剂的质量及包衣效果，其中粘结/成膜剂是最关键的功能性组分，它是保证种衣剂具有一定的黏度、良好的成膜性、适宜的衣膜牢度及均匀度，特别是衣膜内活性成分缓释的关键成分。

粘结/成膜剂

适于成膜的材料很多，但要适宜于做种衣剂的成膜剂有一些特殊要求，主要有以下几个方面：①具有一定的延展性，经过拌种后，种衣剂在作物种子表面能够自动流延成膜。

②成膜后具有一定的透水、透气性能，保证作物种子萌发时吸水和对于氧气的需要。③与种衣剂制剂体系具有良好的配方兼容性和配方通用性。根据种衣剂用途的不同，负载的农药有效成分各不相同，因此加工的农药制剂所选用的农药助剂也各不相同，但种衣剂均需要加入成膜剂组分，因此要求种衣剂的成膜剂具有良好的配方兼容性和配方通用性。④种衣剂在种子表面固化后不易脱落，包衣较为牢固，能够适应机械播种的需要。⑤具有可靠的生物安全性。对农作物种子萌发和农作物整个生育期生长无不良影响。⑥环境兼容性好。无环境残留和农作物残留。

一种性能优异的成膜材料还必须满足：①化学性质要稳定，不能与农药发生化学反应，不能含有毒物质氟、砷和铅等，也不能含有对作物有危害的组分；②要有支撑作用，能制成所需要的形状，如粒状、粉状等，而且破碎率要低；③有分散药剂的作用，而且吸药值要高；④在水中润湿性好，崩解快；⑤吸油率高，悬浮率高，吸湿率低；⑥有微孔结构，孔容大，比表面积大，有良好的吸附作用，能充分吸附配入的农药，并且贮存在微孔中缓慢释放。可选用的粘结/成膜剂有天然、半合成和全合成的高分子有机化合物和无机物。常用的粘结/成膜剂有如下几类：

（1）高分子多糖类化合物及其衍生物

可溶性淀粉、羟甲基淀粉钠、磷酸化淀粉—氧化淀粉醋酸酯等衍生物、聚丙烯接枝淀粉共聚物、淀粉酯、淀粉酯—脂族聚酯共混物、改性玉米淀粉、淀粉—PCL 共混物、聚乳酸（PLA）—淀粉共混物。这一类应用最早，主要用于丸化种衣剂，具有成本低、黏结性较强、生物降解性能好、属可再生资源等特点，其最大缺点是单独使用的成膜性和耐水性较差，包衣后易溶解流失而导致活性成分持效期短，不适合于水稻浸种用种衣剂和玉米催芽用种衣剂配方加工使用。日本住友公司在 DE2631032A（申请日 1976 年 7 月 9 日）中提出使用淀粉或改性淀粉作为黏合剂，乙烯基对淀粉进行改性。

（2）纤维素及其衍生物

羟甲基纤维素钠、羟甲基丙基纤维素、羟丙基纤维素、乙基纤维素、羧甲基纤维素、甲基纤维素、微晶纤维素、乙酸纤维素、纤维素酯、乙酸丁酸纤维素等。这一类黏度中等，成膜性较好，且具有乳化、稳定等作用，目前主要用于丸化种衣剂及薄膜种衣剂中。由于此类成膜剂具有吸湿性，用于旱作物上具有一定的保水抗旱作用。1993 年，KOISTINEN 公司公开的多糖的水解产物羧甲基纤维素或羧甲基淀粉被用作黏合剂。

（3）人工合成高分子聚合物

丙烯腈-丁二烯-苯乙烯三元共聚物（ABS）；ABS 改性的聚氯乙烯；ABS -聚碳酸酯共混物；丙烯酸树脂及共聚物：聚丙烯酰胺、聚（丙烯酸酯）、聚（甲基丙烯酸酯）、聚（甲基丙烯酸乙酯）、聚（甲基丙烯酸甲酯）、甲基丙烯酸甲酯或甲基丙烯酸乙酯与其他不饱和单体的共聚物；酪蛋白；乙烯乙酸乙烯酯聚合物和共聚物；聚乙烯醇或共聚物；聚（乙二醇）；聚（乙烯吡咯烷酮）；乙酰化单、二和三甘油酯；聚（磷腈）；氯化天然橡胶；聚氯丁二烯、聚丁二烯；聚氨基甲酸酯；1，1 -二氯乙烯聚合物和共聚物；苯乙烯-丁二烯共聚物；苯乙烯-丙烯酸共聚物；烷基乙烯基醚聚合物和共聚物；乙酸邻苯二甲酸纤维素；环氧聚合物；乙烯共聚物：乙烯-乙酸乙烯酯-甲基丙烯酸，乙烯-丙烯酸共聚物；甲基戊烯聚合物；改性的聚苯醚；聚酰胺；三聚氰胺-甲醛树脂；苯酚甲醛树脂；酚醛树脂；聚（原酸酯）；聚（氰基丙烯酸酯）、聚二烷酮；聚碳酸酯；聚酯；聚苯乙烯；聚苯乙烯共聚物：聚（苯乙烯-马来酸酐）；脲-甲醛树脂；聚氨基甲酸酯；乙烯基树脂：氯乙烯-乙酸乙烯酯共聚物，聚醋酸乙烯酯，聚乙烯/醋酸共聚物，偏二氯乙烯，偏二氯乙烯共聚物，聚氯乙烯及上述两种或多种的混合物。聚合物是可生物降解的，可生物降解的聚酯；淀粉-聚酯聚合物合金；聚乳酸；聚（乳酸-羟基乙酸）共聚物；PCL；聚己内酯；聚（甲基丙烯酸正戊酯）；木松香；聚酐；聚乙烯醇（PVOH）；聚羟基丁酸酯-戊酸酯（PHBV）；可生物降解的脂族聚酯；聚羟基丁酸酯（PHB）和可生物降解的脂族聚酯。这一类成膜剂黏度高，成膜性、透水性和溶涨性都较好，牢度较高，是目前常用成膜材料，已广泛用于丸化种衣剂和薄膜种衣剂中，选用这类物质时，如果相对分子质量较低（如聚乙二醇等），在浸种时易溶解于水，造成包衣的农药、植物生长调节剂、营养元素等溶解流失，不能较好地达到包衣效果；如果相对分子质量过高，使有效成分无法释放，又阻止了种子与外界土壤的物质交换，阻碍了种子的生长；同时该类成膜剂最大的弊端就是使用的高分子物质很难自然降解，长期使用可能毒害土壤，最终造成土壤板结。同时，这些物质属于不可再生资源，且生产成本高，目前正不断向新型人工合成和天然高聚物发展。高分子聚合物包括水溶性和油溶性两类。水溶性高分子材料经水解制成具有一定黏度的液体。这种材料一般成膜时间较长，所成的膜在水中容易脱落，缓释控制能力较差。油溶性的高分子聚合物需要使用有机溶剂且存在透气性差、种子发芽率低等不足。高分子聚合物本身的性质决定了它们黏结性能较高的品种成膜强度一般都较低，用于制剂的流动性差，成膜不均匀，膜的耐磨性能差，容易成粉状脱落；反之，成膜强度高的品种黏结性差，膜与种子亲和力差，容易成片脱落。这类成膜剂有些如聚乙烯醇等溶于水，成膜后可以在水中溶胀；有些如聚醋酸乙烯酯等，成膜后在水中不溶解，耐水性能好，但透气性能差，对作物不安全，抑制种子萌发。近年来，为了兼顾黏度与强度的要求，研究中往往采用两种以上不同性能的聚合物进行水解后的再聚合、缩合、共混、共聚等反应，得到理想的成膜剂。采用旋转黏度计考察样品黏度，采用测定膜的耐折性考察成膜强度，最终以包衣种子脱落率的方法来综合考察成膜剂的性能。UPJOHN 公司（IL3782671A，申请日 1971 年 9 月 30 日）发明的种衣剂包括内外两层，内层使用多孔粉而不使用黏合剂，外层使用的多孔粉包括聚乙酸乙烯酯和聚乙烯醇。巴斯夫公司于 US19830555141A（申请日 1983 年 11 月 25 日）中使用聚乙二醇和聚氧化丁烯嵌段共聚物作为成膜剂包覆种子，后申请水溶性聚合物用于种衣剂（DE3712317A，申请日 1987 年 4 月 11 日；DE3713347A，申请日 1987 年 4 月 21 日），采用可以生物降解的聚合物。Levy 在专利 US4985251A（申请日 1988 年 6 月 24 日）中披露了一种杀虫剂组合物，该组合物含有至少一种超吸附的固体有机聚合物和一种液体载体。莫门蒂夫性能材料股份有限公司提供一种含硅的线性共聚物（CN201380067455A，申请日 2013 年 10 月 22 日），其能够成膜并维持活性成分的释放，具有可控的亲水程度，具有高抗转移性、光泽性、舒适性、增湿性。

（4）天然高分子聚合物

海藻酸钠、海萝、洋菜等海藻类、甲壳素、壳聚糖、壳寡糖、脱乙酰几丁质、松香、石蜡、蜂蜡、棕榈蜡、硬脂酸、明胶、糊精、麦芽糖糊精、多糖、脂肪、油、蛋白质、虫胶、阿拉伯胶、果胶、玉米醇溶蛋白、糖浆、沥青等天然品。这类黏度高，利用其天然可降解性，减轻对土壤的毒害，是成膜材料选择应用的主要方向之一。FISCHER ALBERT C 公司在专利 US19350012245A（申请日 1935 年 3 月 21 日）中公开了使用胶体涂覆种子，并与胶体相适宜的细菌混合使用，胶体在自然环境下是非黏性的。后陆续申请了 US19360098350A（申请日 1936 年 8 月 28 日）种子发芽薄板，用于支撑种子在水面；US19370119210A（申请日 1937 年 1 月 6 日）种子胶体带；US19390288428A（申请日 1939 年 8 月 4 日）胶体材料的种子壳；US19400341060A（申请日 1940 年 6 月 17 日）胶体化的种子线。RODDIS LUMBER AND VENEER COMPA 在专利 US2006770A（申请日 1935 年 7 月 2 日）中公开了硅酸钠和胶乳作为黏结剂。JOHNS MANVILLE 在专利 US2040818A（申请日 1936 年 5 月 19 日）中公开了硅藻土作为成膜剂。PHILADELPHIA QUARTZ CO 在专利 US2649388A（申请日 1953 年 8 月 18 日）中公开了硅溶胶作为成膜剂。ALBERT AG CHEM WERKE 公司在 1960 年 GB2898360A（申请日 1960 年 8 月 22 日）中公开了使用松香以及改性松香作为树脂材料，作为包衣的黏合剂。HILDEGARD TRAUMANN GEB SCHMIDT 在专利 NL6714903A（申请日 1967 年 11 月 2 日）中公开了种衣剂使用涂覆材料和液体材料制成，使用甘露醇或山梨醇提高渗透压来排除进入细胞的水分。Barke 等在专利 US4272417A（申请日 1981 年 6 月 9 日）中描述了含有一种稳定剂多元醇的种子包衣组合物。Kouno 在专利 US4808430A（申请日 1988 年 2 月 11 日）中介绍了一种向种子施用含水凝胶的碱金属盐溶液包衣的方法。拜耳农作物科学有限公司于 2007 年申请一种种衣剂（CN200780007215A，申请日 2007 年 2 月 27 日），包括：a. 一种黏合剂；b. 一种蜡；c. 一种颜料；d. 一种或多种具有使悬浮液稳定的有效量的稳定剂。所述黏合剂选自聚烯烃的聚合物和共聚物。所述黏合剂为一种选自醋酸乙烯酯-乙烯共聚物、醋酸乙烯酯均聚物、醋酸乙烯酯-丙烯酸共聚物、乙烯丙烯酸、丙烯酸、乙烯-氯乙烯、乙烯醚马来酸酐或丁二烯苯乙烯的聚合物。所述黏合剂为羧基化的苯乙烯-丁二烯分散体。所述蜡选自天然蜡、植物蜡、矿物蜡、合成蜡或其他润滑剂。所述天然蜡选自蜂蜡或羊毛脂。所述矿物蜡选自褐煤蜡或石蜡。所述植物蜡为巴西棕榈蜡。所述合成蜡选自聚乙烯（极性）、聚乙烯（非极性）、聚丙烯、费-托合成过程中得到的蜡或聚丁烯。所述颜料为一种涂覆有二氧化钛的云母。所述助悬浮剂选自凹凸棒黏土、膨润土、蒙脱石黏土、锂蒙脱石黏土、纤维素、黄多糖胶或瓜尔胶。埃克索塞克特有限公司的申请 CN201280030540A（申请日 2012 年 4 月 19 日）中，包衣组合物包含至少一种颗粒形式的有机载体物质和具有对抗至少蔬菜植物的一种或多种病原体的活性的一种或多种生物试剂，其中载体物质选自具有≥50 ℃熔点的蜡。有机载体物质选自巴西棕榈蜡、蜂蜡、褐煤蜡、白蜡、紫胶蜡、鲸蜡、十六酸蜂花酯、鲸蜡醇十六酸酯、小烛树蜡、蓖麻蜡、小冠巴西棕蜡、羊毛蜡、甘蔗蜡、retamo 蜡和米糠蜡，或其两种或多种的混合物。FMC 有限公司申请用于种子处理的藻酸盐涂层（CN201480059470A，申请日 2014 年 10 月 29 日），包括：(a) 施涂藻酸盐的涂层，所述涂层任选地含有一种或多种作物保护剂以及/或一种或多种营养素；(b) 使藻酸盐和二价金属离子交联。

(5) 无机黏合剂

如石膏、水泥、黏土、硅酸铝镁、凹凸棒土、水玻璃等。这类黏度中等，主要是早期用于丸粒种衣剂。

无机黏结剂与水或有机溶剂混溶后，具有粘结成膜或固化成型的特点，主要靠它们把种衣剂包在种子上。它们在成膜、成型过程中，形成毛细管型或膨胀型、裂缝型的孔道。同时把农药等其他添加物网结一起，把种子包裹起来。而以裂缝型的种衣剂有效成分释放速度最快，而毛细管型、膨胀型次之。与国外相比，中国在成膜材料、成膜技术、包衣技术等方面仍然比较落后，主要表现在成膜时间长、包衣覆盖率较低、种衣易脱落（特别是干粉型）、衣膜易溶于水、活性成分易淋失。包衣种子发芽慢、发芽率低；包衣种子难以安全贮存；缺乏针对性、药种质量比低、成本高；有的包衣后虽可提高秧苗素质，但不能提高出苗率，有的成苗率甚至下降，不能增产。

3.3 种衣剂的分类

3.3.1 按适用作物分类

(1) 旱地作物种衣剂，适用于旱地作物，包括旱作物种衣剂及水稻旱育秧种衣剂。目前，国内外研究的绝大多数均属此类。包衣种子适宜于干籽直播，一般不宜浸种。适合使用种衣剂的主要作物：棉花、大豆、花生、小麦、玉米、水稻、谷子、高粱、蔬菜（黄瓜、番茄、芹菜、茄子等）、甜菜、油菜、向日葵、芝麻、西瓜、当归、西洋参、麻类、烟草、牧草、苗木和观赏植物等。

(2) 水田作物种衣剂，适用于水田作物，如水稻。包衣种子能浸种或直播于水中，种衣不易崩解和脱落，活性成分在水中稳定，能按适宜速度缓释。水稻种衣剂特别是浸种型及水下直播型水稻种衣剂，2000 年以前一直是令国内外研制者头痛的事情。主要原因在于水稻因其不同于旱作物的浸种、育秧及大田栽培方式。水稻种衣剂对成膜材料及相应成膜技术的要求远远高于旱作物种衣剂。既要保证衣膜不溶于水，衣膜活性成分不易流失、持效长，又要保证衣膜透气、透水性好，种子能正常萌发。日本、美国分别于 20 世纪 80 年代初、中期研制出了水下直播用水稻种衣剂，但这两种种衣剂均要求先浸种再包衣，包衣种子难安全贮存，且难以实现种子处理的工业化。根据 US6121193A（申请日 1997 年 9 月 26 日），处理水稻种子是特别具有挑战性的，这是因为在播种之前用水淋洒稻种子 24～48 小时。所述用水淋洒显示将粘附于种子的农业化合物活性材料浸出的缺点。为了处理该问题，提出使用超支化聚乙烯亚胺以改善活性成分对稻种子的粘合。20 世纪 90 年代，我国沈阳化工研究院周本新研发成功并取得专利权的水稻直播用种衣粉剂（CN93115927，申请日 1993 年 11 月 24 日），是日本保土谷公司配方的综合优化型，它用复合微量元素平衡原理，由 CaO_2 原粉加矿质元素化合物，微量元素化合物，工矿废渣、保水剂、杀菌剂多菌灵、苯菌灵、托布津之一种或几种，植物生长调节剂吲哚丁酸、环烷酸、腐植酸、多效唑、烟酰胺、比久、增产灵、三十烷醇、复硝钾之一种或几种所组成。克服碳酸钙的单盐毒害而造成的出苗率下降和早衰，增添了保水剂及植物生长调节剂，从而取得快速生根发育和结实的良好效果。即稻种浸种催芽后，用过氧化钙主成分包衣的种衣粉剂，形成如花生衣形状的外壳，可直接成株成行地播入湿润稻田土中，在两个月之内缓慢放氧，满足稻种快速发芽和根系发育的需求，节省了育苗、移植插秧等花费的人力、物力、财力和时间，结果比育苗插秧省工 30%～40%，省种、省水、省肥各约 10%，综合成本降低 20%～30%,另可平均增产 10%以上（5%～35%）或持平，比以往直播法增产 20%～40%，稻谷出米率高，味美可口。

由表 3 可见，从 2001 年至 2012 年，玉米、大豆、棉花、水稻、油菜等作物的种子处理剂的市场占有率有所增长，特别是玉米、大豆增长甚快，而谷物、甜菜、马铃薯及其他类作物则有所下降。种衣剂的市场组成为：玉米占 48%，小麦占 24%，大豆占 10%，棉花占 8%，水稻占 5%，其他占 5%。

表 3　全球主要作物种子处理剂市场变化

作物	2001 年市场占有率（%）	2012 年市场占有率（%）
谷物	40.0	29.0
玉米	15.0	25.0
马铃薯	7.0	5.0
甜菜	6.0	—
棉花	5.0	9.0
油菜	5.0	7.0
大豆	5.0	18.0
水稻	—	5.0
其他	7.0	2.0

3.3.2　按种衣形态分类

种衣剂是在多种剂型，如悬浮体（FS、SES、CSS、PAS 浆糊剂）、固体（DS、SPS、DFS、WS、WGS、CGS）及液体（ASS、MES、EWS、SLS）等剂型的理化性能和全面植保功能的基础上，增添成膜（成丸）及作物营养、保健、抗逆功能来制作的。种衣剂各种剂型样品如图 6 所示。根据作物种苗期多发病、虫、草、鼠、鸟害等情况，选择相应的农药品种，再根据作物种子物理性状和农药理化性质，选择上述三种物态分散体系中最佳剂型，以保证包衣效果、质量稳定和充分显效。上述三种物态分散体各有自身优势和用场，液态剂型包衣层为透明或半透明的薄膜，制作和应用简易，但容纳技术元素有限。粉体剂型包衣层为一定厚度的不透明外壳，易加入较多和较高含量的作用成分及生物制剂或使小种子变大，且易形成水气通透的空隙，易于出苗，还可根据作物不同生育阶段的综合需求或避免各种衣层的相互作用，选用浸种或成膜液体和粉体交替包衣的多层种衣，尽力实现一次用药全程生效，粉体剂等固体剂型更有助于上述目标的实现。

图6　种衣剂各种剂型样品图示

悬浮种衣剂（FS），将活性成分及部分非活性成分经湿法研磨后与其余成分混合超微粉碎成小于4微米颗粒而成的悬浮分散体系，一般采用雾化等方式包衣。制剂生产加工工艺方便，种子包衣效果好，适合农药有效成分多元复配，是目前种子包衣处理中应用最为广泛的种衣剂剂型。占总商品量90%以上的是悬浮型种衣剂。缺点是活性成分含量低，药种质量比小，一般在1∶50左右，生产、运输、贮存成本较高，且产品贮存时活性成分易沉淀、变性。

胶悬型种衣剂（DFS），是将活性成分用适当溶剂及助剂溶解后与非活性成分混匀而成的胶悬分散体系。活性成分在体系及衣膜上分布比悬浮型更均匀，包衣效果更好且更牢固，是种衣剂发展主要方向之一。所有的活性物质等固体颗粒必须严格按照水悬浮型种衣剂的要求平均粒径小于4微米。

水乳型种衣剂（EWS），是根据某些特殊作物的种子的防治需要而研制出的一种新的种衣剂剂型。它是把农药以液体形式以一个微米左右的颗粒均匀地悬浮在种衣剂中，同时配以特殊的成膜材料和渗透剂。它的特点是活性物质的渗透性极强，能迅速穿过质地较为坚硬的种皮而被种子吸收，同时，特殊材料制成的衣膜保证了活性物质的单向渗透，具有特殊的效果。

悬乳型种衣剂（SES），是水悬浮型种衣剂和水乳型种衣剂的复配剂型。干胶悬型种衣剂是以农药干胶悬剂为基础再配以成膜材料而研制出的一种种衣剂新剂型。所有的活性物质等固体颗粒必须严格按照水悬浮型种衣剂的要求平均粒径小于4微米。

微胶囊型种衣剂（CS），这种剂型的特点是把农药以5～20微米或者更小直径的高分子小球包裹起来，形成一个一个的微胶囊，然后再按种衣剂的要求加工成水悬浮型的或干胶悬型的种衣剂，它具有控制释放的功能，从而可以延长药效，更可靠地确保种子的安全。目前，全球正处在研制开发阶段。

微粉型种衣剂，将活性成分及非活性成分经气流法粉碎、混合，采用拌种式包衣。或者在包衣前加适量水调节成悬浮液后再进行雾化等方式包衣，此类种衣剂生产、运输、贮存成本较低，工艺简单，且产品安全贮存期长，但生产技术及设备密封性要求较高。此类种衣剂正向超微粉型发展，超微粉型活性成分含量高，药种质量比可高达 1∶300 以上，是种衣剂的主要发展方向之一。

水分散性粒剂剂型种衣剂是在干胶悬型种衣剂的基础上进一步开发而形成的，更有利于包装、运输和使用。

3.3.3 按使用时间分类

（1）预结合型种衣剂，指种子与药物先包衣成型，经历较长的贮存期，播前产后一包到底，种衣剂的作用发挥较为充分，但配方制作技术复杂，药物和种子能长期共存而又无害的机遇较少。

（2）现制现用型种衣剂，只在播种前几小时到几天，用种衣剂包覆种子，起种子消毒杀菌和保护种苗健壮出土或幼苗期防虫治病作用，贮存中的病虫害防治采用其他方法解决。该类种衣剂所涉及问题相对较少，目前这类种衣剂在我国居多。

3.3.4 按包衣用途分类

根据作物品种、病虫害种类、土壤和植物营养的不同需求，可分为如下五大类型：

（1）物理型，又称泥浆型，整形型，含有大量填充材料及黏合剂等，但不含化学活性成分，主要用于油菜、烟草等小颗粒种子丸粒化包衣，使种子体积、质量大幅增加，粒型规整，便于机播、匀播；具成膜性，崩解速度慢，有控制释放作用；同时对种子也可起到物理屏蔽作用。早期剂型多属此类。

（2）化学型，又称植保型，含有农药、肥料以及激素等化学活性物质，功效较全面。此类种衣剂是目前种衣剂的主流，也是今后薄膜种衣剂主要发展方向之一。

（3）生物型，含有对作物有益的微生物或其分泌物，如木霉菌、根瘤菌、固氮菌等。此类种衣剂安全性高，不易发生药害，符合环保要求，是种衣剂发展方向之一，但因其不含农药，对虫害无防效。

（4）特异型，又称衣胞型，包括蓄水抗旱、逸氧、除草、pH 调节等具有特殊用途的种衣剂。

（5）综合型，指上述四类种衣剂有效成分的综合应用型。如物理型与化学型、物理型与生物型、化学型与特异型，以及物理型与化学型、特异型的综合。此类种衣剂是目前国内外丸化种衣剂主要发展方向。

3.4 种衣剂的生物学效应

3.4.1 促使良种标准化

包衣前种子预先进行了精选，且含警戒色料，既保证了良种的标准化，又有效防止了伪劣种子流通，从而加速了种子产业化的进程。

3.4.2 有效防控病虫害

种衣剂中的活性成分与控制释放技术结合，通过种子多层包衣，实现定时、定向、定量地释放农药，达到农药施用的真正环保化和作物生命期的全程综合护养。种衣剂是在作物源头部位和病虫草生命力最薄弱的时机，集中用药，把种传和土传及初生代的病虫草等有害生物消灭在萌发状态，可减少用药次数及用量，大大减轻了中后期的植保压力。能在作物苗期缓慢释放，在种子周围形成保护屏障，且可通过内吸传导至植株上部，从而可有效防控苗期病虫害，多数种衣剂对苗期病、虫防治效果可达70%～95%，药效期长达30～50 d。而一般常规药剂处理效果约为50%～80%。

3.4.3 便于机播、精确施药

种子包衣可使难于机播的轻小种子加大成丸粒，用填充剂等惰性物质包裹小粒种子，经丸粒化包衣后，可使种子体积、质量增加，形状、大小均匀一致，从而有利于机械化播种，均匀播种。容易使机械播种与精确施药紧密配合，处理对非靶标生物的影响小并且不易漂移，不受天气条件的影响。能很好适应集约化、精细化、种肥药械一体化和优质、高产、高效大农业的发展趋势。

3.4.4 促控生长、提高产量

种衣膜内的激素、肥料等活性成分在作物苗期缓慢释放，可促控幼苗生长、增强抗逆性、培育健壮苗，最终提高作物产量。一般油菜增产3%～18%，棉花增产6%～20%，花生增产12%～18%，粮食作物增产5%～10%。

3.4.5 省种省药、降低成本

种子是农作物生长发育和高产的基础，保种保苗特别关键。种衣膜内活性成分的存在与作用，可有效减少种子播种后烂种死苗率，提高成苗率，促进苗全、苗齐、苗壮，同时包衣种子质量高，可精量播种，从而减少用种量，一般节种5%～25%。还可通过种子处理剂，提供营养、氧气以及保水、抗寒、抗盐碱和诱抗等抗逆助长元素和生物药肥制剂，制成多功能多用途的种衣剂，保证幼苗的齐全健壮，为农作物优质、高产奠定坚实基础。

3.4.6 减少污染、保护天敌

种子包衣使苗期用药方式由开放式改为隐蔽式，高、中毒农药被包于种子内，使之低毒、微毒化，农药不易流失和受大气、日照、高温等影响，残效期延长，而对大气环境、天敌和有益生物和地上农产品无不良影响。且减少了用药次数与剂量，因而减少了人畜和害虫天敌中毒机会，降低了环境污染程度。种子包衣早期预防的成功可以为日后减少农药使用次数打下基础，从而助力中国农业的可持续发展。

3.5 具有特殊功效的其他种衣剂类型

3.5.1 促进/延缓种子发芽的包衣

通过种子包衣控制种子发芽的时间，以适应不同的环境需要。专利GB1141796DA（申请日1965年5月11日）公开了一种改变植物种子萌芽速度的方法，在种子的外表面上施以有机硅化合物或含有机硅化合物的混合物的涂层，所述有机硅化合物选自有机卤代硅烷、有机聚硅氧烷和定义的蒸馏副产的有机硅化合物的混合物。William J. H. 提出US2553577A（申请日 1946 年 11 月 14 日）提高种子的发芽率并帮助种子固氮，通过使用一种载体材料包括卟啉金属化合物和一种脂肪酸。AMERICAN HYDROCARBON CORP在专利 US19640390546A（申请日 1964 年 8 月 19 日）中公开了一种组合物，包括腐植酸盐、沥青、一种乳化剂和黑炭，可以作为种子包衣剂，缩短种子发芽的时间，提高种子周围的温度。日本住友公司在 JP293678A（申请日 1978 年 1 月 13 日）中公开了使用 400－1 000 g/mol和在 20 ℃下 100～500 厘泊黏度的聚丁二烯作为黏合剂，通过控制播种时间来提高水稻种子的发芽速率。专利 US4753035A（申请日 1987 年 2 月 4 日）公开了交联的硅氧烷材料用于涂覆植物种子、秧苗、分裂组织和植物胚芽以保护它们并促进萌芽的用途，硅氧烷涂层提供了抗真菌保护，可用于将捕集的植物助剂携带至萌芽位点，可以渗透水蒸气和氧，并允许阳光穿过正在萌芽的种子。天津市蔬菜研究所提供了一种专用于处理蔬菜种子以防治或减轻苗期病害并提高其发芽势和发芽率的种子包衣剂（CN92100596A，申请日 1992 年 1 月 31 日），该种衣剂的原料配方中除包括可促使种皮中的半纤维素水解的 X 型有机染料外，还包括兼作种肥和促溶剂的尿素、兼作杀菌剂和促染剂的 NaCl 以及造成碱性条件并兼有发芽促进作用和杀菌作用的 Na_3PO_4 或 Na_2CO_3 或 $NaHCO_3$。经处理的蔬菜种子可增强其抗逆性，提高其发芽势和发芽率，使小苗齐壮并防治或减轻苗期病害。国际上涉及延迟发芽的种子包衣技术很少，已有的类似技术如：US4493162A（申请日 1982 年 12 月 27 日）涉及一种种子包衣技术，利用该技术可使秋天播种的种子延迟到春天发芽，延迟时间为 30～180 天。但是，由于该技术的目的只为提高越冬种子的存活率，因此无法预先确定种子的发芽延迟时间，此外种子的出苗整齐度也较差。US4779376A（1983 年 10 月 25 日）涉及的种子包衣技术加强了对出苗整齐度的控制，同时也可以使包衣种子在密闭容器中储存至少一个月不发芽。但该技术的缺陷是在种子播种后只能提高出苗整齐度，无法根据需要控制调节延迟种子发芽的时间。BE9501057A（申请日 1995 年 12 月 21 日）公开了一种处理种子的方法保证延迟发芽，包括使用一层不透水的塑料材质，当温度升高到一定时可以自行降解。CN1177436A（申请日 1996 年 9 月 20 日）公开了一种延迟发芽的种子包衣技术，该技术可有效地控制种子的延迟发芽时间，达到机械化套种的目的。但是，由于该技术采用的包衣材料以及高温浸渍的方法导致其对种子的活力有一定的影响，并使得包衣种子的出苗率不高（一般为 70%～80%），而且由于采用非常规的种子加工设备，限制了该技术的大规模推广。CN99126661A（申请日 1999 年 12 月 23 日）公开了一种延迟种子发芽的包衣材料及制备包衣种子的方法，种子包衣材料包括基础材料和助剂，其中所述的基础材料包括虫胶、松香、纤维素类、聚乙烯醇类、醋酸乙烯共聚物类、聚醋酸乙烯酯、酚醛树脂、醇酸树脂、过氯乙烯树脂、环氧树脂、聚氨酯树脂、聚酯树脂等材料中的一种或数种的混合物。为便于加工，还要加入适当的助剂，使得该材料可以在种子表面快速成膜。所述的助剂包括溶剂、增塑剂、隔离剂、憎水剂、催干剂中的一种或数种的混合物。

3.5.2 供氧包衣

种衣剂供氧包衣主要作用于水淹条件下发芽生长的水稻种子或涝洼地播种用的种子。1951年日本作物学会记事报道了过氧化钙作为植物氧源的实验，1972年日本农业技术研究所太田等人发现过氧化钙在水中缓慢放出的氧气能促进稻种生根、发芽和出苗。继而用聚乙烯醇、阿拉伯胶等支撑过氧化钙糊剂使用，但效果不佳。1978年日本石川县农业短期大学教授中村喜彰用熟石膏、重质碳酸钙做包衣助剂，制成了过氧化钙种衣粉剂，于1980年由保上谷化学工业登记注册，商品名为caroinm pcroxide。INTEROX A E在专利EP80101682A（申请日1980年3月27日）中公开了使用1－90wt%过氧化钙，1%～98%填料，0～10%添加剂和0.1%～30%一种亲水性聚合物（Ⅱ），亲水性聚合物为丙烯腈淀粉接枝共聚物，聚乙烯吡咯烷酮，特别的是，水解聚乙烯酯或者聚阿尔法羟基丙烯酸。SCHEIDLER WILHELM在专利DE3031485A（申请日1980年8月21日）中公开了种衣剂遇水释放氧气。1980年日本Kamura研制出了由石膏、过氧化氢、氢氧化钙制成的水稻旱直播用丸化种衣剂，之后Inayoshi等加以改进，研制出了用过氧化镁和硅酸钠配制而成的水稻水直播用丸化种衣剂。1980年，日本保土谷化学工业株式会社等三家公司联合开发出含量为35%的粉剂型过氧化钙种衣剂，用于水稻直播栽培。1987年、1990年先后出现了用于飞机撒播的含11%和16%过氧化钙的水稻种衣剂，其目的是便于进行播种飞机播种。美国Amadou于1985年研制出了用过氧化钙为主成分配制成的水稻水直播用丸化种衣剂。在专利JP220583A（申请日1983年1月12日）中公开了使用过氧化钙包覆种子，同时使用二价金属离子化合物，Mg－，Ca－，Ba－，Cu－或Sn氢氧化物。YAZAKI CORP在专利JP5365691A（申请日1991年2月27日）中公开了一种凝胶种衣剂，以增加种衣剂氧气的供应，将含有凝胶种衣剂的种子浸泡在设定浓度的过氧化氢溶液中，经过水冲洗后播种。为解决现有烟草包衣丸化种子存在种子萌发和幼苗生长时无法得到充足的氧气，会出现种子活力低、发芽时间长、出苗整齐度差、出苗率低等问题，CN200910094636A（申请日2009年6月23日）制备增氧型烟草包衣丸化种子的方法：①增氧引发处理：将种子、过氧化钙和水按照质量比1.0－5.0∶0.5－1.0∶99.5－99.0的比例均匀混合，不断搅拌，在25℃光照条件下引发24～36 h；引发结束后，用清水将种子洗净，在室温下回干至含水量4.0%～7.0%，备用。②包衣丸化加工处理：在种衣剂中添加10.0%～20.0%的过氧化钙，混合均匀，将增氧引发处理后的烟草种子按常规丸化加工工艺，即包衣、成核、丸化、定型、抛光、染色及干燥后，得到所需的增氧型烟草包衣丸化种子。CN201010104200A（申请日2010年2月2日）提供利用含氧土壤对沉水植物种芽包衣的方法，能为沉水植物种芽萌发提供良好的生境条件，且洁净、安全、无二次污染。

3.5.3 耐寒包衣

提高种子抗寒的能力有助于提高种子的发芽率。JP24493794A（申请日1994年9月14日）公开了一种环氧环己烷衍生物作为植物生长调节剂，具有抗冷增强剂，能够被用于种衣剂中。为解决春播时种子抗病力弱，易浸染霉菌，致使种子霉烂的问题，CN200610010004A（申请日 2006 年 4 月 30 日）提供超强吸水剂，其由丙烯酸、丙烯酰胺、尿素和膨润土按照重量比为 0.5—1.5：0.5—1.5：0.5—1.0：1.0—2.5 的比例组成。其具有吸水、保水、促芽、促根、抗寒、增硒等作用。用于超甜玉米种子的种子包衣剂（CN200610155114A，申请日 2006 年 12 月 8 日），包括抗寒活性成分：二甲基亚砜为 0.5%～5%、脯氨酸为 0.005%～1%、营养成分、植物生长调节剂、杀虫剂、杀菌剂、成膜剂、渗透剂和警戒色。CN201010557294A（申请日 2010 年 11 月 24 日）提供一种防治玉米地下害虫和抗苗期冷害的种衣剂，其含有：丙硫克百威，芸台素内酯，福美双，戊唑醇。其可降低玉米茎基裂矮化苗的发生率，提高某些不耐低温和戊唑醇药害的玉米种子的出苗率，降低了杀虫剂的毒性，保障农业生产的安全。WO2010US47770（申请日 2010 年 9 月 3 日）提供种子组合物，包括种子和第一组分，其包含可溶有机材料的农业可接受的复杂混合物，可溶有机材料通过部分腐殖化的天然有机质进行表征。其中，第一组分可通过含有缩合烃、木质素和单宁和/或缩合单宁的混合物表征，组合物中化合物的总百分含量的至少 10%可为单宁和/或缩合单宁。该组合物用于整体改善种子和植株健康，用于降低种子或植株对胁迫和/或病害的易感性或改善植株产量。CN201010172419（申请日 2010 年 5 月 14 日）提供抗冷湿逆境烟草包衣种子，包衣种子的种衣剂中含有 10.0%～20.0% 的过氧化钙；并且，在进行包衣加工前，先使用过氧化尿素和赤霉素的混合溶液进行引发。种子活力高、发芽时间短、田间出苗率高、出苗整齐一致、对低温胁迫和低氧胁迫的耐抗力强。解决现有烟草漂浮育苗用包衣丸化种子存在遇低温后发芽率低、出苗缓慢且不整齐、长势弱甚至不出苗的问题。CN201010104989（申请日 2010 年 2 月 3 日）提供提高烟草包衣丸化种子抗寒性的方法，将烟草种子用硫酸铜浸泡消毒后用清水冲洗干净，然后用多胺溶液引发 24～48 h，再采用常规包衣丸化工艺制成烟草包衣丸化种子。包衣丸化种子的活力高，烟草幼苗内的保护酶活性高，丙二醛含量低。CN201110178634（申请日 2011 年 6 月 21 日）提供一种抗低温棉花种衣剂，可以防治棉花在低温高湿环境条件下易发的苗期病害，萘乙酸的主要作用是诱导形成不定根，调节植物生长，增强植物的抗旱、抗寒、抗病、抗盐碱能力，赤霉素可诱导糊粉层中各种水解酶的活性，特别是诱导 α-淀粉酶的活性，并解除细胞核中 α-淀粉酶密码基因的抑制剂，这些酶从糊粉层向胚乳分泌，促进胚中核糖核酸的形成，最后促成种子萌发，以上的组分构成，不仅具有预防苗期病害、促进种子萌发和生根、促进幼苗生长的功效，而且具有悬浮率高、成膜性好、包衣均匀、脱落率低、低毒等特点。CN201110390123（申请日 2011 年 11 月 30 日）提供温控缓释抗寒型种衣剂，其温控缓释抗寒剂由温控缓释材料和水杨酸组成，温控缓释材料为 N-异丙基丙烯酰胺与甲基丙烯酸丁酯的无规共聚物。其能够最大限度地发挥温控缓释材料的温控作用，使温控缓释材料控制抗寒剂在特定的温度下释放，保证抗寒剂的有效作用充分发挥，提高种衣剂的抗寒作用效果，延长作用时间，且用量少，减少对环境的污染。KR20130162005A（申请日 2013 年 12 月 24 日）公开了 vallismortis BS07M 芽孢杆菌

KCTC11991B菌属能够提供抗寒的效果，可以被用于种衣剂中。CN201410370376A（申请日2014年7月31日）提供提高玉米种子抗寒性的种衣剂，由抗寒活性成分、黏着剂、警戒色、防冻剂、分散剂、悬浮剂、乳化剂和水组成，抗寒活性成分是由甜菜碱和氯化胆碱组成，其能提高幼苗的苗高、根长、茎粗和单株干重，使幼苗生长健壮；提高幼苗叶片的叶绿素含量，提高幼苗可溶性糖含量和降低脯氨酸含量，有利于调节细胞渗透平衡，能降低幼苗丙二醛含量和幼叶片苗的相对电导率，降低膜脂过氧化的程度；能够提高种子田间出苗率，增加玉米产量。CN201410373405（申请日2014年7月31日）提供了含二甲基亚砜、脯氨酸、吡虫啉水分散粒剂、阿拉伯树胶的抗寒型玉米种子包衣剂。CN201510714876（申请日2015年10月29日）提供水稻抗寒剂，包含抗寒成分、黏合剂、乳化剂、防腐剂和溶剂；抗寒成分为防风的根提取物，黏合剂为羟乙基甲壳素，乳化剂为乳化剂OP－10，防腐剂为山梨酸钾，溶剂为水。其原料易得，持效期长，拌种的持效期长达18～22 d，叶面喷施的持效期达7～9 d，天然成分、环境友好。

3.5.4 抗旱包衣

炎热干旱是种子萌发最大的阻力，CN92106646A（申请日1992年7月29日）提供一种用于农作物良种处理的抗旱型种子复合包衣剂，包含有农药、微肥、微量元素、植物生长激素、胶体分散剂和水，还含有3%～4.5%（重量百分比）的高吸水性树脂，其中农药可为百菌清、多菌灵、呋喃丹、三唑酮、甲基异柳磷中的某两种，微肥可为磷酸氢二铵，微量元素可为硫酸锌、硫酸钾、磷酸二氢钾、硼砂、钼酸铵中的至少两种，植物生长激素可为萘乙酸钠或吲哚乙酸，胶体分散剂可为聚醋酸乙烯酯与聚乙烯醇的聚合物或丙烯酸乙酯与醋酸乙烯的聚合物。该包衣剂不仅能防治病虫害，促进作物生长，还可防旱抗旱，从而提高作物产量。克服现有技术中高吸水性树脂的用量偏高，从而对种子的透气性有一定的影响的问题。CN94114270A（申请日1994年12月29日）提供包含高吸水性树脂的含量为1.8%～2.8%（重量百分比）的抗旱型种子复合包衣剂及制备方法，含有定比例农药、微量元素、植物生长激素、胶体分散剂、高吸水性树脂和水，高吸水性树脂的含量为1.8%～2.8%（重量百分比）。其减少了设备投资，简化了操作步骤，使成品的加工成本下降，进一步提高增产效果，提高了出苗率，避免了造粒、烘烤等物理加工过程对高吸水性树脂吸水倍率的降低，提高了质量。CN98114512A（申请日1998年6月3日）提供一种植物抗旱剂，包括尿素，磷酸二氢钾，硝酸钾，硫酸镁，硫酸亚铁，硼砂，硫酸锰，硫酸锌，硫酸铜，钼酸钠，乙二胺四乙酸二钠，高锰酸钾，黄腐酸钠，萘乙酸钠，PAM或SPA的抗旱剂。具有较强吸水保水能力，在植物根系周围形成土壤水库，提高植物抗旱能力，能在墒情较差或风干土上播种出苗，根系发达，苗齐苗壮，达到无水保苗、有水壮苗。CN98114292A（申请日1998年9月2日）提供一种抗旱型复合种衣剂，含有高分子超强吸水剂6.0－8.8和黄腐酸1.5－2.2的抗旱型复合种衣剂。其提高了防旱抗旱效果和增产效果，且对药肥有缓释作用，增进药肥的持续效果，提高了药肥的利用率，同时生产的粉剂产品便于运输和贮存。CN01108564A（申请日2001年6月19日）提供水稻包衣剂及其制备方法，由以下重量百分比的原料组成：多效唑 0.15%～1.6%，施保克 0.3%～2.66%，由羧甲基纤维素钠组成的高吸水树脂 3%～35%，其余为辅料。该包衣剂能够简化育秧环节，提高秧苗素质，有效地防治苗期恶苗病等病害，增加产量，降低农药用量，节肥省水，减少对环境的污染和对人畜的危害，具有抗旱作用。CN200610010004A（申请日 2006 年 4 月 30 日）提供超强吸水剂，其由丙烯酸、丙烯酰胺、尿素和膨润土按照重量比为 0.5—1.5∶0.5—1.5∶0.5—1.0∶1.0—2.5 的比例组成。其具有吸水、保水、促芽、促根、抗寒、增硒等作用。CN201010139616A（申请日 2010 年 4 月 1 日）提供林木种子抗旱包衣组合物，其促进种子快速出芽成苗，提高种子发芽率和幼苗的成活率，保证直播幼苗的健壮，在种子吸水萌发的同时使种衣剂物质崩解，为幼苗前期的生长发育提供良好的微环境。CN201110294164A（申请日 2011 年 9 月 30 日）、CN201110298386A（申请日 2011 年 9 月 30 日）提供一种种衣剂，该种衣剂含有保水剂和包衣辅料，保水剂由水杨酸和聚 2-丙烯酰胺基-2-甲基丙磺酸组成。CN201210122482A（申请日 2012 年 4 月 24 日）提供一种抗旱种子包衣剂，包括农药、助剂和水，还包括 2～10wt%的菌丝体，其中菌丝体由发酵工业废弃物经过滤、高温灭活、干燥、冷却、粉碎、过筛制得，粒径小于等于 10 目，发酵工业废弃物包括井冈霉素发酵废渣、酒糟、药渣和造纸工业废弃物，优选井冈霉素发酵废渣，农药为氟虫腈和戊唑醇中的一种或两种，农药的含量为 5～10wt%，助剂包括润湿分散剂、成膜剂、增稠剂和防冻剂，水的含量为 62～89wt%。能够为种子提供充足的微量元素和微肥，有效促进种子发芽，增强幼苗活力，提高作物产量，能够为种子萌发和生长提供充足的水分，能够显著防治病虫害，长时间均一稳定，能够充分利用大量廉价的发酵废弃物，彻底解决企业发酵生产废弃物污染问题。

3.5.5 耐盐碱包衣

土壤盐碱环境经常导致种子难以萌发，降低出苗率。SU2998561A（申请日 1980 年 10 月 24 日）提供了一种棉花种子包衣剂用于碱性土壤，包括硫酸铜和杀虫剂，还有甲醛树脂等。CN90104722A（申请日 1990 年 7 月 26 日）提供适用于含盐量在 0.1%～1%范围的盐碱地和非盐碱地的种子包衣剂，种子包衣剂除含有棉花、玉米、小麦或大豆的种子外，还含有营养剂、保水剂和脱盐剂。以硝酸镧、硝酸铈的混合物作为作物生长的营养剂，其混合物之比为 1∶100—100∶1。所指的保水剂是腐植酸或腐植酸盐（特别是铵盐）。所指的脱盐剂为斜发沸石或钙基膨润土。使用种子包衣剂出苗早，出苗齐，出苗率高，保住了苗子，减少人工补苗。WO1999US01302（申请日 1999 年 1 月 21 日）提供一种种衣剂用于碱性环境，包括使用活性成分，惰性物质和泥土，包括赤霉酸和硅藻土。CN200610016253A（申请日 2006 年 10 月 24 日）提供一种植物抗盐剂，含有山梨醇和甘露醇及其配伍制剂的植物抗盐剂。其能使非盐生植物在含盐量为 0.6%以下（以 NaCl 为主）的土壤中正常生长或发育。CN200810139291A（申请日 2008 年 8 月 26 日）提供一种促进盐碱地成苗的种衣剂，组分包括：多菌灵或恶霉灵、福美双、赤霉素、维生素 B6、十水四硼酸钠、α-萘乙酸钠、硫酸锰、复硝酚钠、硫酸锌、腐殖酸钾、尿素、磷酸二氢钾、二甲基亚砜、成膜剂、警戒色。其性能稳定、长期放置无沉淀，包衣附着力强、不易脱落，可提高棉种的耐盐、抗旱、抗冷和抗病性，促进盐碱地棉花出全苗且苗壮。CN200610172198A（申请日2006年12月29日）提供种衣剂，包含拌种灵、福美双、乙酰甲胺磷、黄腐酸、乙二醇的棉花种衣剂。该产品低毒环保、悬浮率高、成膜性好、包衣均匀、脱落率低、适应地膜植棉模式、抗旱耐盐碱。抗旱耐盐碱玉米种衣剂（CN200810072884A，申请日2008年5月22日），组分及其重量比构成为：拌种灵3.4%～4.0%，福美双3.3%～4.0%，乙酰甲胺磷11.0%～12.0%，壳梭孢菌素（Fc）0.3%～0.5%，黄腐酸3%～8%，木质素磺酸钠0.2%～0.3%，明胶0.05%～0.15%，消泡剂0.3%～4.0%，警戒色0.5%～2.0%。其悬浮率高、成膜性好、包衣均匀、脱落率低、低毒环保。CN201210174701A（申请日2012年5月30日）提供一种盐碱土绿化草种丸粒化的配方，由基质填料、改良填料、黏结剂、杀虫剂四部分组成。改良填料的重量占总重量的2%～30%，其主要组分有脱硫石膏、泥炭、粉煤灰、硫酸铝、水解聚马来酸酐、高岭土、磷酸钙、保水剂中的几种。基质填料主要成分可为黄壤、红壤、棕壤、褐土、潮土。黏结剂为羧甲基纤维素钠、阿拉伯胶、聚丙烯酰胺。栽培基质中添有植物生长调节剂。在播种的同时对土壤进行改良，利于种子的萌发，提高种子发芽率。CN201410714235A（申请日2014年11月28日）提供一种适于盐碱地的玉米种子包衣剂，包括聚天冬氨酸、稀释的废弃古龙酸母液、文冠果果壳粉、交联剂。不但可以抵抗碱胁迫，保证玉米种子的发芽率，并提供植株营养，同时还实现废弃物资源化，具有较大的吸水能力和较好的保水功能，具有壮苗壮根效果，提高植株叶片的叶绿素含量，并提高植株多酚氧化酶和过氧化氢酶活性，增加植株抗逆性，提高土壤酶活性，改善土壤生态环境，增产效益显著。

3.5.6 含微生物、真菌、孢子的包衣

将微生物、细菌、真菌或孢子等加入种衣剂中通过发挥微生物等的生物活性来增强种衣剂的功能。Vesely等人在专利US4259317（申请日1979年7月5日）中描述了一种用于甜菜种子的粉状制剂，其活性成分是高浓度的Pythium oligandrum卵孢子，在Vesely的专利中，精细的粉状制剂吸附在种子表面。这种制剂含有磨碎的发酵底物干粉，在利于孢子形成的条件下，特别是在含有氯化钙的液体养分存在，并同时照射和发酵基质的条件下，Pythium oligandrum在该发酵底物上繁殖。此外，还需要采用照射工序和液体养分。Jung等人在专利Fr2501229（申请日1981年3月6日）中提出一种工艺，利用该工艺将微生物包埋到一种聚合物凝胶基质中，这种基质是通过使用金属盐，如铁盐，铝盐，或与另一种多糖协同处理而得到的一种交联多糖。Jung等人的发明也采用了诸如合成硅石，硅铝酸盐和纤维素之类的吸附剂。Lewis等人在专利US4668512（申请日1985年6月28日）中提出一种制备含活性真菌、磨碎的麦麸和藻朊酸的细小药丸的方法。CN1276973A（申请日2000年7月7日）公开的含有益微生物或次生代谢产物的生物种衣剂，CN1799361A（申请日2006年1月13日）公开的带有激活蛋白和腐植酸的生物种衣剂等，

都有保护种子的作用。拜耳作物科学有限公司申请一种黏度为低至中度的稳定的含有孢子的含水化学制剂（CN200980112468A，申请日 2009 年 3 月 31 日），所述制剂包括在水和至少一种水溶性溶剂混合物中的至少一种孢子、至少一种表面活性剂、至少一种稳定剂如金属盐、至少一种杀生物剂、至少一种缓冲液和可选择地，至少一种化学杀虫剂或杀真菌剂或其组合。所述制剂特别适合用于种子包埋或叶片喷施。至少一种孢子选自细菌、真菌及其组合。细菌孢子至少一种选自：Bacillus aizawai、蜡状芽孢杆菌、坚强芽孢杆菌、Bacillus kurstaki、缓病芽孢杆菌、地衣芽孢杆菌，巨大芽孢杆菌、波林芽孢杆菌，短小芽孢杆菌、球形芽孢杆菌、枯草芽孢杆菌、和/或苏云金芽孢杆菌，优选为坚强芽孢杆菌 CNCM I－1582 株。真菌至少一种选自：多孢节丛孢（Arthrobotrys superb）、Arthrobotrys irregular、球孢白僵菌、镰刀菌（Fusarium spp.）、洛斯里被毛孢（Hirsutella rhossiliensis）、汤普森被毛孢（Hirsutella thompsonii）、大链壶菌（Lagenidium giganteum）、漆斑菌（Myrothecium）、莱氏野村菌（Nomuraea rileyi）、淡紫拟青霉（Paecilomyces lilacinus）、木马木霉菌（Trichoderma）、Vericillium lecanii 和/或蜡蚧轮枝菌（Verticillium lecanii）。CN201180035024A（申请日 2011 年 7 月 15 日）提供种子组合物，包含种子；还包含农业上可接受的溶解的有机材料复杂混合物的第一组分，溶解的有机材料是部分润湿的天然有机物质；还包含至少一种农业上可接受的微生物。第一组分包含缩合的烃、木质素和丹宁酸和/或缩合的丹宁酸的混合物。农业上可接受的微生物是接种体、预接种体或者转接种体。

3.5.7 驱鸟和驱鼠的包衣

种衣剂中添加驱鸟剂或驱鼠剂对防治鸟和鼠取食种子具有非常好的效果。KULTURA LANDW SGMBH 公开了 DE1582513A（申请日 1967 年 7 月 21 日）使用中性缓释材料包覆驱鸟剂作为种衣剂。专利 JP10037572A（申请日 1972 年 10 月 6 日）中公开了薄荷油和 1-香芹酮作为水稻种衣剂中的驱鸟剂。CELAMERCK GMBH & CO KG 公开了（DE2457527A，申请日 1974 年 12 月 5 日）使用 1，4-dithiaantraquinone－2，3-二腈作为玉米种衣剂的驱鸟剂，用于防治山鸡的攻击。杜邦公司在专利 US19970918800A（申请日 1997 年 8 月 26 日）中公开了含有多环醌或者其前体，非离子材料和碱性溶液。通过改变光的波长来改变种子的视觉性，使鸟不攻击种子。上海市农药研究所提供一种以放线酮为有效成分的新型种子包衣剂（CN200610025542A，申请日 2006 年 4 月 7 日），其具有好的驱避鼠类的效果。通过先从先灰色链霉菌 SPRI-201（Streptomyces genius）CGMCC No. 1317 的微生物培养物中分离、提取有效成分，再与载体和助剂混和均匀而制得。该种子包衣剂，具有很好的驱避鼠类的效果。成膜剂为聚乙烯醇、聚乙二醇、聚乙烯吡咯烷酮中的一种或几种的复配。浙江新安化工集团股份有限公司申请对老鼠或鸟类有驱避作用的一种种子处理剂组合物及其应用方法（CN201510762784A，申请日 2015 年 11 月 5 日），具体而言是一种悬浮种衣剂和缓释驱避剂的组合物，通过分层包衣最大限度地减少种子与化学成分的接触，达到杀虫杀菌促进植物生长的同时又能达到驱赶老鼠或鸟类的目的，加入缓释剂的目的是减少驱避剂对农药活性成分的影响，避免产生药害，同时能延长驱避剂对老鼠和鸟类的驱避持效期。

3.5.8 含壳聚糖的包衣

壳聚糖经过多年的发展，既可以作为杀菌剂、植物生长调节剂，也可以作为成膜剂，并且易于降解，是种衣剂的常用材料。CHEVRON RES CO在专利US4534965A（申请日1983年9月26日）中公开了壳聚糖作为种子消毒杀菌剂。KATOKICHI KK在专利JP28493086A（申请日1986年11月28日）中公开了使用液态的或胶体的壳聚糖覆盖种子，有助于促进种子发芽和生长。KATAKURA CHIKKARIN CO LTD在专利JP12986287A（申请日1987年5月28日）中公开了低聚壳聚糖作为种衣剂的活性成分。GLAND HILL KK在专利JP32285188A（申请日1988年12月21日）中公开了壳聚糖作为保水剂。美国华盛顿州立大学的Hadwiger等人在专利中曾报道用壳聚糖醋酸溶液进行小麦种子（US4886541，申请日1988年5月25日）、荞麦（US4978381，申请日1989年4月4日）和燕麦等作物（US5104437，申请日1990年10月31日）处理以增加产量。专利US4812159A（申请日1987年3月13日）公开了壳聚糖作为植物生长调节剂。1991年，NIPPON SODA公司公开羟基丙基壳聚糖单独或者与羧甲基纤维素、聚乙烯醇、淀粉等组合使用作为种衣剂的成膜剂。沈阳化工研究院有限公司（CN201510772636A，申请日2015年11月12日）公开了一种壳寡糖在缓解种衣剂低温药害上的应用，所述壳寡糖的相对分子质量小于等于10 000Da，壳寡糖不仅可以有效减轻戊唑醇种衣剂包衣玉米所带来的低温药害问题，减轻药害引起的玉米种子发芽率低、根长和芽长生长受抑制的状况，而且可以提高包衣玉米种子的发芽率，促进根生长。

第四章　先正达公司对种衣剂专利申请的分析

4.1 先正达公司对种衣剂专利申请趋势及国家分布

先正达为种植者提供创新的、可持续的以及满足种植者需求的解决方案。种衣剂是先正达业务的重要组成部分。先正达作为种衣剂行业的领袖企业，其专利申请趋势参见图7，从1985年至1993年，作为技术研发蓄积期，专利申请量较低；从1993年起，技术研发过渡到发展期，专利申请量进入了逐渐增长的通道，表明对种衣剂的研发投入进入到长期发展的规划阶段，专利申请量虽然偶有小幅波动，但是整体的专利申请累积量在逐年增加；到2008年，技术研发进入平稳期，专利申请量进入了高速增长期，每年的专利申请量都在80件上下。由于专利公开的滞后性，2014年以后申请的专利可能尚未公开，所以2014年、2015年的数据是不完全统计。根据先正达对种衣剂的市场规划，预期未来一段时间内，先正达对种衣剂的专利申请量仍将维持较高的数量。

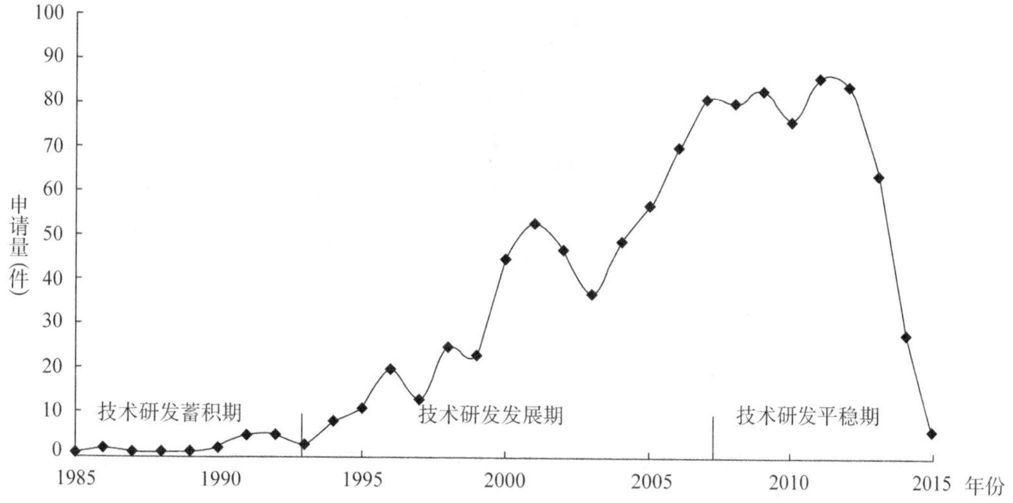

图 7　先正达公司关于种衣剂专利申请趋势图

表 4 显示，先正达申请专利最多的是向世界知识产权组织，表明其申请的专利技术价值较高，通过专利合作条约的方式，进入不同的国家和地区。在欧洲，专利申请量达到 432 件，紧随其后的是美国、中国（不含台湾）、澳大利亚、日本、印度、巴西和加拿大，申请量分别为 413 件、339 件、324 件、281 件、258 件、243 件和 222 件，这些地方都是种衣剂的主要市场，表明先正达已经牢牢地占据了全球种衣剂的主要市场。

表 4　先正达公司关于种衣剂专利申请国家分布

国家或地区	申请量/（件）	国家或地区	申请量/（件）
世界知识产权组织	535	巴西	243
欧洲	432	加拿大	222
美国	413	墨西哥	196
中国（不含台湾）	339	韩国	182
澳大利亚	324	中国台湾	157
日本	281	德国	125
印度	258	意大利	71

4.2　先正达公司对种衣剂专利申请技术分析

先正达公司关于种衣剂的专利申请以活性成分的研发为主，以制剂配方的研发为辅。在活性成分研发方面主要涉及新化合物、复配组合物处理种子，根据活性成分的用途分类见图 8，其中杀菌剂的最多，杀昆虫剂和除草剂其次，杀线虫剂最少。图 9 中列举了先正达公司关于种衣剂活性成分的专利技术发展路线图，以下各小节分别对杀菌剂、杀虫剂、除草剂、杀线虫剂和植物生长调节剂的专利技术发展进行详细的介绍。

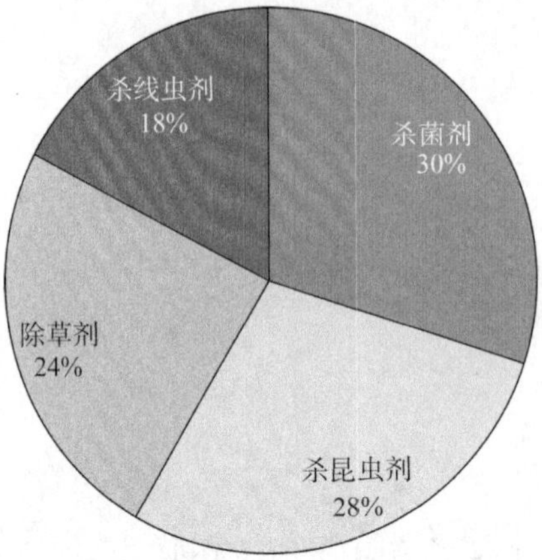

图8　先正达关于种衣剂专利申请中活性成分种类

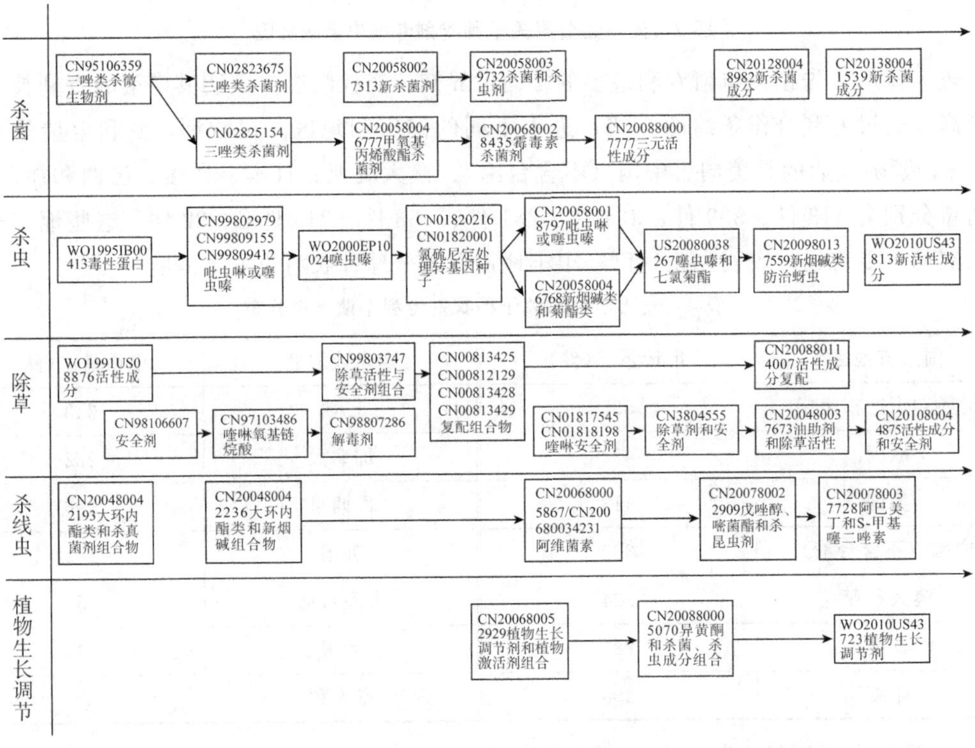

图9　先正达关于种衣剂专利申请中活性成分技术发展路线图

4.2.1　以杀菌剂作为种衣剂的活性成分

土壤中的土传病害和种传病害一直是对种子威胁最大的，专利申请CN95106359（申请日1995年5月19日）中植物用增效杀微生物组合物，对环境无害且植物耐受性特别好，可用于防治或阻止在植物上出现真菌，包括用于处理植物繁殖材料，特别是种子，该专利奠定了三唑类杀菌剂处理种子的基础。含有协同增效作用量的至少两个有效组分和一个合适的载体，其中组分Ⅰ为选自：(IA) 1-[3-(2-氯代苯基)-2-(4-氟代苯基）环氧乙烷-2-基甲基]-1H-1，2，4三唑；(IB) 4-(4-氯代苯基)-2-苯基-2-(1，2，4-三唑-1-基甲基)-丁腈；(IC) 5-(4-氯代苄基)-2，2-二甲基-1-(1H-1，2，4-三唑-1-基甲基)-环戊醇；(ID) 2-(2，4-二氯代苯基)-3-(1H-1，2，4-三唑-1-基)丙基-1，1，2，2-四氟代乙基醚；(IE) α-[2-(4-氯代苯基)乙基]-α-(1，1，-二甲基乙基)-1H-1，2，4-三唑-1-乙醇；(IF) 1-[4-溴代-2-(2，4-二氯代苯基)四氢呋喃]-1H-1，2，4-三唑，包括其盐和其属络合物。组分Ⅱ为1，2，4-三唑类活性化合物(ⅡA) 1-[2-(2，4-二氯代苯基)-4-丙基-1，3-二噁茂烷-2-基甲基]-1H-1，2，4-三唑和/或嘧啶胺类活性化合物(ⅡB) 4-环丙基-6-甲基-N-苯基-2-嘧啶胺，包括其盐和其属络合物。

处理植物繁殖材料用的农业化学组合物，含有两种活性成分苯醚甲环唑和嘧菌酯、醚菌酯或啶氧菌酯(CN02823675，申请日2002年11月25日)；含有至少两种活性成分结合适宜的载体，Ⅰ是Ⅰ) 咯菌腈，Ⅱ是ⅡA) 嘧菌酯、ⅡB) 啶氧菌酯或ⅡC) 醚菌酯. CN02825154(申请日2002年11月25日)，可减少病害的侵染，降低用量，延长作用期，提高作物产量。

防治有益植物或其植物繁殖材料上的植物致病性病害的方法，特别适用于增加有益植物的产量和/或质量，如作物的作物产量。使用式(Ⅰ) 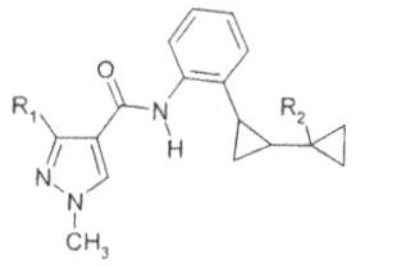

(I)化合物或其互变异构体，其中 R_1 是三氟甲基或二氟甲基，R_2 是氢或甲基，该方法能特别有效地控制或预防作物的真菌病害(CN200580027313，申请日2005年8月11日)。在该专利基础上进一步提出杀真菌组合物，其作用谱增加、施用量降低、储藏稳定性增强、毒性和/或环境毒性改善。成分A) 是式Ⅰ化合物或其互变异构体，成分B) 选自已知具有杀真菌和/或杀虫活性的化合物(CN200580039732，申请日2005年10月6日)。

CN200580046777(申请日2005年12月7日)提供提高种批质量或增加种子保存期的方法，种子发芽率提高到80%～85%，玉米的保存期达到约48个月，包括向所述种批内的种子施用有效量的单独的甲氧基丙烯酸酯杀真菌剂或其与至少一种另外的杀真菌剂的组合物。在优选的实施方案中，另外的杀真菌剂是至少一种苯基吡咯型杀真菌剂和/或至少一种苯基酰胺型杀真菌剂。甲氧基丙烯酸酯型杀真菌剂可选自嘧菌酯、氟嘧菌酯、啶氧菌酯、醚菌酯和肟菌酯。苯基吡咯型杀真菌剂选自咯菌腈和拌种咯。苯基酰胺型杀真菌剂是苯霜灵、腈苯霜灵、甲霜灵、精甲霜灵。

CN200680028435(申请日2006年6月28日)提供减少植物和/或收获植物材料的霉毒素污染的方法，所述方法包括用一种或多种杀真菌剂处理植物繁殖材料，让该植物繁殖材料发芽或生长成植物，并从该植物收获所述植物材料。所述霉毒素是由真菌如一种或多种镰孢菌属侵染所述植物染指材料所致，所述霉毒素是伏马菌素和单端孢菌烯中的一种，所述霉毒素是脱氧瓜蒌镰孢菌醇和/或玉米烯酮。优选的技术方案为组合包含噻菌灵、精甲霜灵和咯菌腈和嘧菌酯的情况下，种子处理尤其是谷物处理的常规施用比率为15～25g噻菌灵、1～4g精甲霜灵、1～5g咯菌腈和0.5～2g嘧菌酯/100kg种子。

CN200880007777（申请日2008年3月1日）提供在植物繁殖材料、植物、植物部分和/或在之后的时间生长的植物器官中防治或预防病原菌损害和/或病虫害损害的方法，该方法使用的组合物显示增效活性，具有非常有利的植物保护特性，较低的施用率或者较长的作用持续时间。包括向植物、植物部分、植物器官、植物繁殖材料或其周围区域以任意希望的顺序或同时施用包含（Ⅰ）一种或多种经定义甲氧丙烯酸酯化合物，选自嘧菌酯、肟菌酯和氟嘧菌酯、（Ⅱ）一种或多种经定义DMI，所述DMI为选自苯醚甲环唑、丙硫菌唑、戊唑醇和灭菌唑的三唑化合物，和（Ⅲ）一种或多种其他经定义杀真菌剂，选自咯菌腈、噻菌灵和种菌唑，条件是所述组合实质上不由嘧菌酯、戊唑醇和咯菌腈组成。

专利CN201280048982（申请日2012年10月8日）用式（Ⅰ）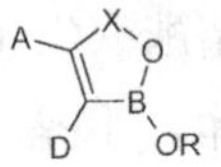

(I)的氧杂硼杂环戊烯衍生物控制或者预防易受微生物侵袭的植物或者植物繁殖材料和/或收获的粮食作物的侵染的方法。专利CN201380041539（申请日2013年7月31日）用式Ⅰ

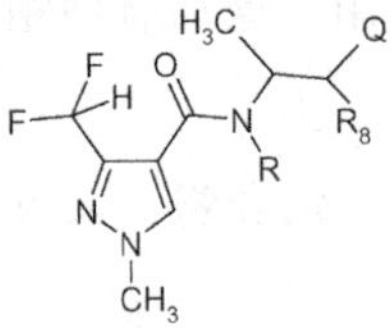

(I)

的吡唑基-甲酰胺衍生物减少植物（例如小麦、大麦、黑麦或燕麦）中选自北美大豆猝死综合症病菌、巴西大豆猝死综合症病菌新种、加拿大大豆猝死综合症病菌新种、南美大豆猝死综合症病菌的病原真菌的发生的方法。

4.2.2 以杀虫剂作为种衣剂的活性成分

防治种子被害虫取食是种衣剂中的杀虫剂的主要功效，WO1995IB00413（申请日1995年5月30日）提供毒性蛋白能够处理种子，CN99802979（申请日1999年1月14日）使用杀虫活性成分噻甲杀或吡虫啉处理转基因种子；CN99809155（申请日1999年7月28日）使用吡虫啉和噻虫嗪增效处理种子；CN99809412（申请日1999年8月10日）提到杀虫活性成分可以处理种子，具有很优越的保护植物免受由真菌以及细菌和病毒引起的疾病危害的广谱活性，具有活性优良，用量低，植物耐受性好；WO2000EP10024（申请日2000年10月11日）使用含有噻虫嗪的组合物处理种子。通过专利转让协议获得孟山都转让的CN01820216（申请日2001年10月2日）使用硫甲沙姆处理具有定向抗至少一种害虫的转基因事件的玉米种子；CN01820001（申请日2001年10月2日）含有氯硫尼定和至少一种除虫菊酯或合成的拟除虫菊酯的联合的组合物处理长成植株的种子，所述种子是带有至少一种编码具有抗第一种害虫的杀虫活性的蛋白质表达的异源基因的转基因种子，并且所述组合物具有抗至少一种第二种害虫的活性。

CN200580018797（申请日2005年6月9日）公开农药处理保护发芽种子的方法，包括在一个农药处理过的种子附近放置一个或多个含农药颗粒，其中农药的剂量是农药处理过的种子和含农药颗粒一起包含所述农药的有效剂量，并且包含在农药处理过的种子中的农药剂量小于或等于所述农药的最大无植物毒性剂量，所述农药是吡虫啉或噻虫嗪。US20080038267A（申请日 2008 年 2 月 27 日）公开保护转基因玉米种子的种衣剂，活性成分为噻虫嗪或七氟菊酯。CN200580046768（申请日 2005 年 12 月 8 日）提供提高从产种植物收获的种子的质量的方法，该方法包括用种子处理杀虫剂，处理产种植物的播种前的种子和用叶面杀虫剂叶面施用处理所得到的植物；或用种子处理杀虫剂处理产种植物的播种前的种子；或用叶面杀虫剂叶面施用处理产种植物，所述杀虫剂选自新烟碱类和拟除虫菊酯类。CN200980137559（申请日 2009 年 9 月 24 日）公开增加对蚜虫病害的农药活性的方法，包括用杀昆虫剂处理表达蚜虫抗性的植物繁殖材料，其中杀昆虫剂是新烟碱类化合物，植物繁殖材料是种子，种子是大豆种子，杀昆虫剂优选是新烟碱类比如噻虫嗪、吡虫啉、噻虫胺或啶虫脒，降低蚜虫病害对表达蚜虫抗性的大豆植物和农药的农药活性获得耐受的速率的方法。WO2010US43813（申请日 2010 年 7 月 30 日）使用 tetra（2-hydroxypropyl）ethylene-diamine 作为种子处理活性成分的组合物，组合物提高了植物繁殖材料的流动性和黏附性。

4.2.3 以除草剂作为种衣剂的活性成分

高选择性除草剂的开发和除草剂安全剂的研究为具有除草功能的种子处理剂的开发提供了基础。WO1991US08876（申请日 1991 年 11 月 27 日）使用式（Ⅰ）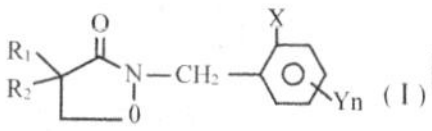的除草活性成分处理种子。随后申请了大量的安全剂用于种衣剂的专利，CN95106607（申请日 1995 年 6 月 1 日）中公开了式Ⅱ化合物作为安全剂用于处理种子，CN97103486（申请日 1997 年 3 月 3 日）中使用喹啉氧基链烷酸衍生物处理种子，降低麦草畏对作物的植物毒性。CN97192887（申请日 1997 年 3 月 3 日）中使用安全剂解草酮拌种，与增效除草组合物使用，包衣颗粒剂。CN98807286（申请日 1998 年 6 月 19 日）中使用除草解毒剂处理种子，减轻四唑啉酮除草剂对作物特别是玉米和大豆的药害或伤害。CN99803747（申请日 1999 年 3 月 11 日）中使用安全剂与除草活性成分一起处理种子。CN01817545（申请日 2001 年 10 月 22 日）中公开了喹啉安全剂作为除草剂的组合物；CN01818198（申请日 2001 年 10 月 29 日）中申请了一种胶悬剂拌种，使用表面活性剂和喹啉安全剂。CN03804555（申请日 2003 年 3 月 20 日）中公开了除草剂和安全剂处理种子。CN200480037673（申请日 2004 年 11 月 16 日）中公开了含有油助剂和至少一种选自除草活性的 2－［4（5－氯－3－氟吡啶－2－基氧基）－苯氧基］－丙酸衍生物以及喹啉衍生物安全剂的稳定乳油。CN200880114007（申请日 2008 年 10 月 31 日）公开了保护直接播种的稻作物对抗除草剂的植物毒性作用的方法，包括将稻种材料用选自 N－（2－甲氧基－苯甲酰基）－4－（3－甲基－脲基）－苯磺酰胺（Ⅰ）和 3－（5，7－二甲基－（1，2，4）三唑并（1，5－a）嘧啶－2－磺酰氨基）－噻吩－2－甲酸甲酯（Ⅱ）的安全剂包衣，再将种子材料播种，然后施用选自喔草酯、喹禾灵、氟吡禾灵、吡氟禾草灵、禾草灵、噁唑禾草灵、炔草酯和/或唑啉草酯的除草剂。US19990235348A（申请日 1999 年 1 月 21 日）公开了一种选择性除草组合物作为种子消毒剂。CN01804089A（申请日 2001 年 1 月 23 日）中公开了协同增效除草活性成分组合物用于种衣剂，施用量小，作用谱广，选择性高。WO2002EP04645（申请日 2002 年 4 月 26 日）中公开了一种除草活性成分可以用于种衣剂。CN02811788（申请日 2002 年 6 月 12 日）、CN02818970（申请日 2002 年 9 月 26 日）、CN02819663（申请日 2002 年 10 月 4 日）中公开了除草活性成分用于种衣剂，拓宽了杀草谱，增加了对有益植物的选择性，对后茬作物有较大的适应性。CN00813428（申请日 2000 年 9 月 5 日）、CN00813429（申请日 2000 年 9 月 5 日）、CN00813425（申请日 2000 年 9 月 5 日）、CN00812129（申请日 2000 年 9 月 5 日）中公开了除草种衣剂，含有 a）活性成分式 I 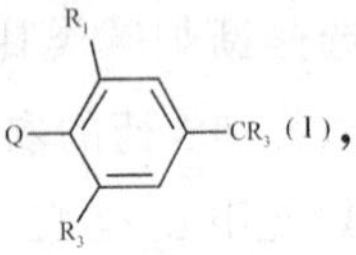，b）除草增效量的至少一种选自下列类的除草剂：苯氧基-苯氧基丙酸类，羟胺类，磺酰脲类，咪唑啉酮类，嘧啶类，三嗪类，脲类，二苯基噁唑类（PPO），氯乙酰苯胺类，苯氧基乙酸类，三嗪酮类，二硝基苯胺类，嗪酮类，氨基甲酸酯类，氧乙酰胺类，硫羟氨基甲酸酯类，唑-脲类，苯甲酸类，N-酰苯胺类，腈类，三酮类和磺酰胺类，以及下列除草剂：杀草强，呋草黄，灭草松，环庚草醚，异恶草酮，二氯吡啶酸，野燕枯，氟硫草定，乙氧呋草黄，氟咯草酮，茚草酮，异恶草胺，噁嗪草酮，哒草特，pyridafol，二氯喹啉酸，喹草酸，灭草环和麦草伏；以及可选择的 c）拮抗除草剂的、解毒有效量的安全剂，该安全剂选自解草酸，解草酸的碱金属、碱土金属、锍或铵盐，解草酯，吡唑解草酸，吡唑解草酸的碱金属、碱土金属、锍或铵盐和吡唑解草酯；和/或 d）含有植物或动物来源的油、矿物油，其烷基酯或这些油的混合物以及油的衍生物的添加剂，能够非常有效地选择性防除杂草，而且不会损伤栽培植物。CN201080044875（申请日 2010 年 10 月 7 日）中公开了一种适用于种子处理的农药组合物，其包含可在土壤中侧向移动的除草剂以及黏合剂聚合物，组合物还包含安全剂，处理种子的方法可应用于任何生理状态中的种子，如从田间收集、自植物移除且自任何梗、外壳及包围的果肉或其他非种子植物材料分离的种子，该组合物在播种后提供除草活性，引起的环境问题较少，可允许在困难的生长条件（如土壤类型，土壤湿度等）下增强药效，还能有针对性地控制杂草。

4.2.4 以杀线剂作为种衣剂的活性成分

CN200480042193（申请日 2004 年 6 月 7 日）提供一种至少二元的组合物，用于防治线虫和微生物（如植物致病性真菌），该组合物具有增效作用，扩展了化合物的杀虫活性范围。该组合物含有：（A）杀线虫有效量的至少一种大环内酯，选自阿维菌素、甲胺基阿维菌素苯甲酸盐和多杀菌素；和（B）杀真菌有效量的至少一种杀真菌剂，所述杀真菌剂选自：（B1）至少一种苯基酰胺（酰基丙氨酸型），优选甲霜灵（B2）至少一种苯基吡咯，优选咯菌腈，和（B3）至少一种甲氧基丙烯酸酯，选自嘧菌酯、醚菌胺、氟嘧菌酯、醚菌酯、苯氧菌胺、肟醚菌胺、啶氧菌酯、唑菌胺酯和肟菌酯。CN200480042236（申请日2004年6月7日）提供一种至少二元的组合物，用于防治线虫和昆虫或蜱螨目的典型代表，该组合物含有：（A）杀线虫有效量的至少一种大环内酯，选自齐墩螨素、甲胺基齐墩螨素苯甲酸盐和多杀菌素和（B）杀虫有效量的至少一种选自新烟碱类的杀虫剂。选自吡虫啉、噻虫胺和噻虫嗪。其还含有杀真菌剂有效量的（C）化合物，选自嘧菌酯、咯菌腈、精甲霜灵和腈菌唑。CN200680005867（申请日2006年2月22日）提供了一种改进线虫耐性或抗性植物生长的方法，可以提高产量和/或植物长势，提高产品质量，还能提供高温下对抗线虫的保护。处理过的种子可以与任何其他农药处理过的种子相同的方式进行储藏、处理、播种和耕种，优选的活性成分为阿维菌素。CN200680034231（申请日2006年9月18日）提供防治土壤栖息害虫和/或土壤传播病害的方法，包括用有效量的农药组合物处理植物繁殖材料和/或将有效量的农药组合物施用至所需防治的地点，条件是该农药组合物包括作为活性成分的，于25 ℃下，于中性pH下具有至多100 μg/L的水溶解度的一种或多种农药（A），以及至少一种配制助剂，其中所述组合物的粒度以ISO13320－1所定义的x90范围为3.60 μm至0.70 μm，发现阿维菌素防治线虫损害尤其有效。CN200780022909（申请日2007年6月18日）提供在植物繁殖材料、植物、植物的部分和/或在较迟时间点长成的植物器官中防治或预防病原体伤害或虫害的方法，包括在植物、植物的部分、植物器官、植物繁殖材料或其周围同时应用包含（Ⅰ）戊唑醇、（Ⅱ）嘧菌酯和（Ⅲ）一种或多种杀昆虫剂和/或咯菌腈，以及任选（Ⅳ）一种或多种常规制剂助剂的组合，条件是如果其中存在七氟菊酯和噻虫嗪二者，那么所述组合包含超过五种活性成分。CN200780037728（申请日2007年10月4日）提供一种用于控制或防治植物繁殖材料、植物和/或其后生长的植物器官的线虫和/或病原损害的方法，将一种杀虫复配剂，具有良好的活性；植物对它们具有较好的耐受力，并对环境无害。例如以特定次序或同时包含了至少两种活性组分以及可选的一种或更多种常用助剂的杀虫复配剂，其中组分（Ⅰ）是一种或更多种杀线虫剂，组分（Ⅱ）是一种或更多种植物活化剂；该杀虫复配剂施于植物、植物的一部分或其周边区域。组分（Ⅰ）可为阿巴美丁，组分（Ⅱ）是S-甲基噻二唑素。

4.2.5 以植物生长调节剂/植物激活剂作为种衣剂的活性成分

CN200680052929（申请日2006年12月14日）公开用于生长工程及病害控制的方法和组合物，涉及抑制细菌病害，控制植物出苗和生长，增强移栽植物的健康，和使植物安全抵抗出苗后农药应用的组合物和方法，所述方法使用包含至少一种植物生长调节剂与至少一种植物激活剂和其他任选活性成分的组合物处理植物繁殖材料。植物生长调节剂选自抗植物生长素、植物生长素、激活素类、脱叶剂、乙烯抑制剂、赤霉素、生长抑制剂、形态素、生长阻滞剂/改性剂和生长刺激物。CN200880005070（申请日2008年1月3日）提供在植物繁殖材料、植物、植物部分和/或晚期生长的植物器官中控制生长和/或防治或预防病原性和/或病虫害损害的方法，其包含将农药组合施用至植物、植物部分或其环境，农药组合以任意顺序或者同时包含，例如至少两种活性成分组分和任选的一种或一种以上常规制剂辅剂，其中组分（Ⅰ）包含至少一种化合物或者其盐或酯，选自嘧菌酯，苯醚甲环唑，氟嘧菌酯，戊唑醇，噻菌灵，肟菌酯，式Ⅱ-ⅡⅤ的邻-环丙基-N-碳酰苯胺，

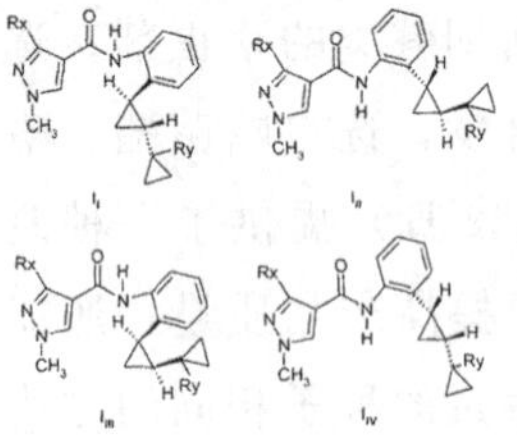

，其中Rx是三氟甲基或二氟甲基，Ry是氢或甲基；或这种化合物的互变异构体；式（CC）化合物

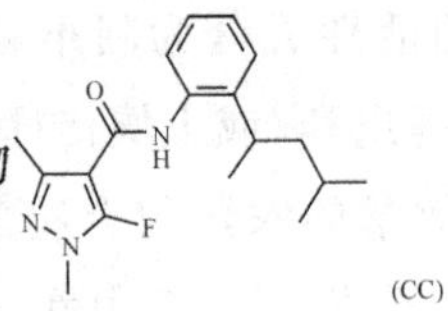

(CC)

，唑菌胺酯，福美双，灭菌唑，丙硫菌唑，阿维菌素，噻虫胺，Bt产品，氟虫腈，λ-氯氟氰菊酯，多杀菌素，噻虫啉，噻虫嗪，硫双威，七氟菊酯，多效唑，环丙唑醇，抗倒酯，烯效唑，赤霉酸，GA3，GA4+GA7，活化酯，过敏致病性蛋白；且组分（Ⅱ）是异黄酮（芒柄花黄素、染料木素或其混合）。WO2010US43723（申请日2010年7月29日）公开使用植物生长调节剂提高转基因种子的健康方法，具有价格低廉，保护植物免受机器损伤，温度波动和其他环境条件的影响。

4.2.6 种衣剂制剂配方

根据种衣剂制剂配方的研究，种衣剂制剂中最主要的助剂在于成膜黏结剂，先正达公司对于种衣剂制剂助剂的研究和成膜黏结剂的技术发展路线参见图10，由图10可见，先正达公司关于助剂的研究主要集中在表面活性剂和聚合物上，其中也有关于水乳剂、悬浮剂和微胶囊的配方研究。以下各小节根据制剂所要解决的技术问题以及达到的技术效果对专利进行详细的介绍。

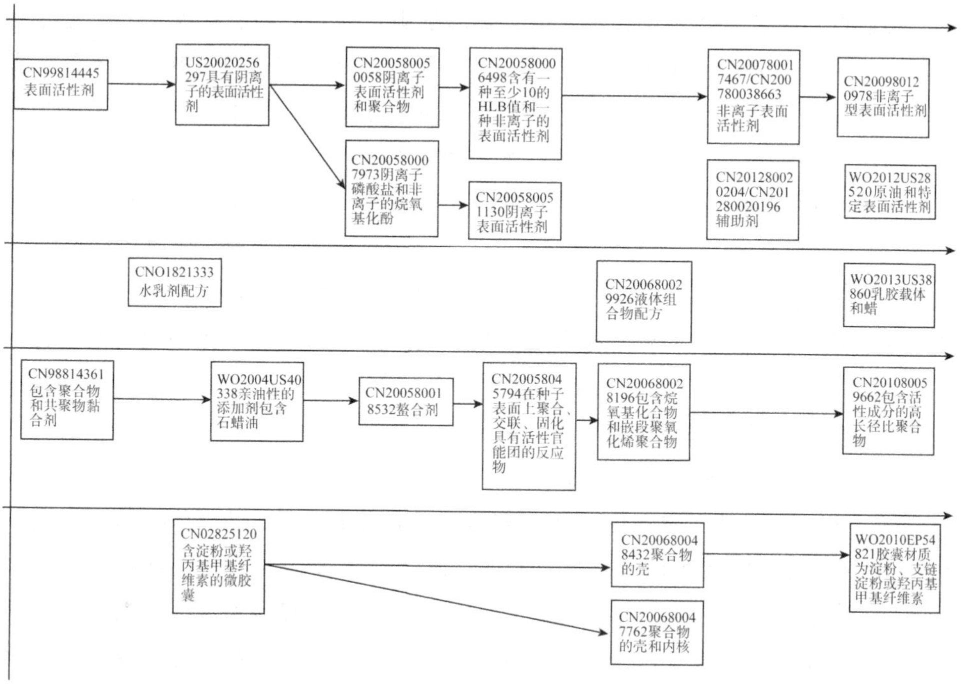

图 10　先正达关于种衣剂专利申请中助剂及其制剂技术发展路线图

4.2.6.1　保护植物繁殖材料

保护作物幼苗免于一种或多种在种子生长土壤环境中的昆虫伤害的方法，CN98814361（申请日 1998 年 12 月 14 日）、IL14355698A（申请日 1998 年 12 月 14 日）、NZ1998000512193（申请日 1998 年 12 月 14 日）提供包含聚合物和共聚物黏合剂、填料的杀虫种衣剂，基本上无植物毒性。包括 a）一种或多种黏合剂，选自聚乙酸乙烯酯、甲基纤维素、聚乙烯醇、偏二氯乙烯、丙烯酸类、纤维素、聚乙烯吡咯烷酮和多糖的聚合物和共聚物；b）一种杀虫有效量的防治叶甲属或其幼虫的杀虫剂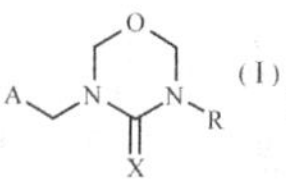（I）；和 c）一种或多种填料，填料包含硅藻土和无定形二氧化硅的混合物。其中的黏合剂形成杀虫剂和填料的基质并且其含量能有效防止或降低杀虫剂引起的对种子的植物毒性作用。CN200580018532（申请日 2005 年 6 月 6 日）提供降低线虫纲的典型生物对植物繁殖材料和稍后生长的植物器官的损害的方法，可使螯合剂的作用得到改善并且适应于给定的环境，包括（Ⅰ）在该材料播种或种植前，用（A）螯合剂和任选的（B）大环内酯化合物或另一种农药处理繁殖材料，或（ⅱ）在种植前、和/或种植时和/或生长期间，将（A）螯合剂和任选的（B）大环内酯化合物或另一种农药施用到该材料或（Ⅰ）中定义的处理过的材料的所在地。螯合剂选自氨基聚羧酸、脂族羧酸和羟基羧酸。螯合剂粘附到种子上。上述方法或组合物用于防治土栖害虫，例如用于防治昆虫、蜱螨、线虫等。CN200980120978（申请日 2009 年 5 月 25 日）提供一种适于在植物中防治或预防病原性损害的经配制的组合物，可不具植物毒性，显示耐雨水冲刷性和展示改善UV稳定性，在其施用场所中可展示最佳可获得性。包含（A）至少一种在25℃于中性pH下具有至多100μg/升的水溶解度的固体活性成分，其量为至少1重量%，基于所述经配制的组合物的总重量，（B）至少一种具有10至18的亲水－亲油平衡值（HLB）的非离子型表面活性化合物，一种或多种常规配制辅剂，和水；其中活性成分（A）悬浮或分散在水中，表面活性化合物（B）与活性成分（A）的重量比为1.5至15.0，条件是表面活性化合物（B）的最小量为至少6重量%，基于所述经配制的组合物的总重量。此含水组合物在蔬菜上可用于防治叶螨属成虫，马铃薯的科罗拉多马铃薯甲虫，菊花的三叶草斑潜蝇的蛹；桶混组合物可用于处理禾谷类、果实、柑橘类等，如小麦、燕麦等。1～100克活性成分每公顷，可经浸渍、喷雾、撒播、包衣等施用。

4.2.6.2 提高黏附性、改进流动性

为了提高储藏稳定性，流动性，具有在植物繁殖材料上良好的黏附性和低的粉尘性，CN200580051130（申请日2005年6月24日）提供了一种适于将杀虫剂或杀蜱螨剂施用至植物繁殖材料的含水组合物，包含水、杀虫或杀蜱螨有效量的至少一种游离或农化上可用的盐形式的硝基亚氨基或硝基胍基化合物，选自噻虫嗪、吡虫啉、噻虫啉、烯啶虫胺和啶虫脒，和以重量计的下述成分的混合物：a）2%～10%至少一种表面活性剂，包含a1）至少一种阴离子表面活性剂；b）4%～20%至少一种无机固体载体；和c）3%～25%至少一种防冻剂。为了降低包衣材料的毒性，避免飞尘/剥落，CN200580045794（申请日2005年11月23日）提供了一种用于包衣繁殖材料的方法和组合物，包括：a）提供一种欲包衣的繁殖材料如种子；b）向该繁殖材料涂覆含有至少一种具有活性官能团的反应物和任选的至少一种活性成分的组合物；和c）在植物繁殖材料表面上聚合、交联、固化或其他反应具有活性官能团的反应物，在其上形成可包含有效成分（如果存在）的包衣。反应物选自（a）含有单烯属和/或多烯属不饱和官能团的单体或低聚物和/或（b）含有一个或多个可供反应的环氧基的环氧官能化的单体或低聚物。光引发剂选自下组：二苯甲酮，4-苯基二苯酮和4-氯二苯酮，米蚩酮，1-苯甲酰基环己-1-醇，2-羟基-2，2-二甲基苯乙酮，和2，2-二甲氧基-2-苯基苯乙酮，甲基、乙基和丁基苯偶姻醚苯甲基二甲基酮缩醇，2-甲基-1-［4-（甲硫基）苯基］-2-吗啉代丙-1-酮，蒽醌，甲基蒽醌和叔丁基蒽醌，2，4，6-三甲基苯甲酰基二苯基氧化膦，2，4，6-三甲基苯甲酰基苯基亚膦酸乙酯，2，4，6-三甲基苯甲酰基苯基亚膦酸甲酯和双酰基氧化膦。包衣植物繁殖材料，也可用含有基本上等摩尔量的至少一种多官能胺和至少一种多官能的烯属不饱和单体的形成包衣组合物接触植物繁殖材料，还可用含有氨基树脂预聚物与含有催化剂的酸性水相的形成包衣组合物接触植物繁殖材料。为了改善对繁殖材料的粘附以及低剥脱，CN201080059662（申请日2010年11月12日）提供了一种或多种活性成分的聚合物颗粒的方法，具有对植物生产包含活性成分的高长径比聚合物颗粒的方法：1. 产生溶液（1），其包括将聚合物和/或可聚合的或可交联的单体和溶解和/或分散的活性成分溶解于第一溶剂中；2. 将溶液加入另一溶剂或溶剂混合物（2），其中聚合物、单体和活性成分基本上不溶于另一溶剂或溶剂混合物；3. 自溶液沉淀聚合物或单体，其中活性成分基本上限制于沉淀中，然后如果单体存在则将其聚合。将高长径比聚合物颗粒施用至植物种子。高长径比聚合物颗粒意指基本上扁平的或基本上棒状的颗粒，其最短尺度约为 0.05 至 10 微米，而最长尺度约为 1 至1 000微米，并且最短尺度与最长尺度的长径比至少约 1：10。本发明的聚合物颗粒可以这样构成：例如，环氧树脂；聚丙烯酸或衍生物；聚乙烯（vinyl）；聚酯；聚氨酯；聚脲；聚乙烯；聚丙烯或本领域技术人员会考虑适宜的任意其他聚合物。聚合物颗粒可以是聚合物类、单体类或非结晶类。为了解决干燥制剂需要量大、具有危险性、液体制剂储存时不均匀、干燥时间长、种子处理器中材料堵塞、种子流动性低、种植前活性成分易从种子上脱落等问题，且同时覆盖良好、均匀，CN200680029926（申请日 2006 年 6 月 28 日）提供处理植物繁殖材料的液体组合物，组合物包含水、有效量的含有至少一种杀真菌剂和至少一种杀虫剂的活性成分，以及如下组分的混合物，以重量计：a. 约 0.05%～20%的至少一种湿润剂；b. 约 0.05%～10%的至少一种分散剂；c. 约 0.05%～5%的至少一种干燥剂；d. 约 0.01%～20%的至少一种栓化剂；以及视需要的 e. 约 0～20%的防冻剂和视需要的 f. 约 0～20%的溶剂，其中该组合物在施用至植物繁殖材料 90 分钟内干燥。用于预防害物侵染有用作物，促进植物繁殖材料栓化，减少施用至植物繁殖材料的液体农药的干燥时间，将施用至切割块茎的液体农药选择性负载至块茎表皮部分等。为了改进处理后的种子的流动性、去尘特性和每批种子所负载农药的均匀性，CN200680028196（申请日 2006 年 6 月 28 日）提供一种用于大量种子的种子处理方法，包括用一种或多种农药和一种或多种选自（a）一种或多种烷氧基化合物和（b）一种或多种嵌段聚氧化烯聚合物的助剂处理大量种子，其中（a）和（b）的总负载至少为 10 克/100 千克种子，农药的负载至多为 100 克/100 千克种子；当苯醚甲环唑的负载为 3.6 克/100 千克或当咯菌腈的负载为 3.75 或 5 克/100 千克种子时，少负载 18～24 克/100 千克种子的（a）和（b）。

4.2.6.3 悬浮剂

CN200580006498（申请日 2005 年 3 月 15 日）公开种子处理含水悬浮液形式的杀虫和/或杀线虫组合物，其使对环境的破坏最小化，还可将较高浓度的固体（如活性物质）掺混入该组合物。含有：（A）基于组合物重量的至少 3wt%的至少一种杀虫剂和/或杀线虫剂，和任选的至少一种熔点超过 30 ℃的其他物质；和（B）至少两种表面活性化合物，其中（ⅰ）至少一种表面活性化合物具有小于 2 200 的相对分子质量和至少 10 的亲水一亲油平衡值（HLB）和（ⅱ）至少一种表面活性化合物是非离子的，具有至少 2 200 的相对分子质量，其中该化合物相对分子质量的 10%～60%由该化合物的亲水部分提供，该化合物的疏水部分的相对分子质量是 2 000—10 000；条件是（B）：（A）的重量比在 0.08～0.5 范围内，（ⅱ）与（ⅰ）的重量比至少是 0.5。所述组合物当施用到植物繁殖材料如种子时，证明改善了飞尘（dust off）性能。适宜的聚合物选自 d1）乙烯乙酸乙烯酯共聚物，d2）乙酸乙烯酯/乙烯基吡咯烷酮共聚物，d3）烷基化乙烯基吡咯烷酮共聚物，d4）聚乙烯吡咯烷酮，d5）聚亚烷基二醇，包括聚丙二醇和聚乙二醇。CN200580007973（申请日2005年3月15日）提供含至少两种表面活性化合物的悬浮液形式的种子处理杀虫和/或杀线虫组合物和至少两种表面活性化合物在改善农药的飞尘性或农药组合物间的相容性中的用途，含有：（A）至少一种杀虫剂和/或杀线虫剂，其量为基于组合物总重量的至少3wt%，和（B）至少两种表面活性化合物，其中（ⅰ）至少一种是阴离子磷酸盐型化合物和（ⅱ）至少一种表面活性化合物是非离子的烷氧基化酚。其中，（B）（ⅰ）、（B）（ⅱ）表面活性化合物的相对分子质量可选择低于2 200；（A）可为齐墩螨素。所述组合物当施用到植物繁殖材料如种子时，证明改善了飞尘性能。

4.2.6.4 水乳剂

为了解决疏水农用化学品，有些无法配制干制剂，乳油制剂使用大量高挥发性有机溶剂，有毒，污染环境的问题。CN01821333（申请日2001年12月3日）提供了疏水性农用化学品的可微乳化浓缩物（MEC），包含至少一种疏水性农用化学品，或其他农药活性化合物；一种溶剂系统，含选自链烷酸烷基酯的第一溶剂，选自多羟基醇、多羟基醇缩合物及其混合物的第二溶剂，和至少一种表面活性剂，特别是亲水表面活性剂。该浓缩物加水制成含水微乳剂，进一步制成可喷雾形式的微乳剂浓缩物或即用微乳剂。US20020256297A（申请日2002年9月27日）公开含水溶液组合物用于植物繁殖材料，包括杀菌剂，水和具有阴离子的表面活性剂，聚合物，无机固体载体和抗冻剂。CN02805540（申请日2002年2月25日）提供一种包括有机相和水相的水乳剂形式的除草剂组合物，含2-（4-（3-氯-5-氟-2-吡啶氧基）苯氧基）-丙酸炔丙酯（炔草酸）的水乳剂形式的除草剂组合物，其除草活性增加。有机相为除草有效量的化合物2-（4-（3-氯-5-氟-2-吡啶氧基））-苯氧基丙酸炔丙酯在疏水溶剂中的溶液和一种实质上不溶于水的、对水解稳定的油相稳定剂，水相是一种pH缓冲剂和至少一种表面活性化合物和/或分散剂的水溶液。WO2004US40338（申请日2004年12月2日）中公开了除草组合物包含惰性的赋形剂，至少一种用于土壤的除草剂和亲油性的添加剂，包含石蜡油。CN200580050058（申请日2005年4月25日）公开含水组合物，该组合物是储藏稳定的、即用的（RTA）、生态和毒理学有利的且具有良好的杀真菌有效性，其还具有流动性提高、在植物繁殖材料上黏附性良好和可去尘性低的效果，用于处理种子性能好，可以用大的可重复填充的容器发散，还具有不影响发芽但保护种子抵抗种子传播性病原体的优点。包含水和以重量计的下述组分的混合物：a）2%～10%的表面活性剂包含a1）至少一种阴离子型表面活性剂；b）0～10%的至少一种聚合物选自水可分散的聚合物和水溶的成膜聚合物；c）4%～20%的至少一种无机固态载体；和d）3%～20%的至少一种防冻剂。CN200780017467（申请日2007年3月28日）提供一种包含嘧菌酯和丙环唑的微乳化性浓缩物和微乳剂，储存稳定，在生态学和毒理学上有利，对靶标施用具有良好的生物学效力并且当在水中稀释时表现出延长的物理稳定性。有效量的当在水中稀释时能够形成嘧菌酯和丙环唑的微乳液的乳化剂系统，和有效量的至少一种能够溶解或增溶嘧菌酯的溶剂。其中乳化剂系统包含至少一种非离子表面活性剂。其中溶剂包含四氢糠醇。其中当所述浓缩物以足量水稀释时，自发形成稳定的水包油微乳剂，其具有平均粒度在 0.01 和 0.1 微米之间的乳状液滴，用于防治草坪和植物的真菌病害。CN200780038663（申请日 2007 年 8 月 30 日）提供包含至少一种胶体颗粒和含有至少一种基本上不溶于水的农药活性成分的分散乳化相的液相农药浓缩物，具有以下优点：延长周期的存储稳定性；使得用户的处理步骤更为简单，使用水或其他液体载体稀释即可制备施用的混合物；在存储或稀释期间在乳状液滴大小方面的变化较少；组合物可以用较少的搅拌量简单地再悬浮或再分散，和/或当使用肥料溶液进行稀释以制备施用的混合物时，乳液不易聚集。所述农药活性成分或者自身是包含油相的油状液体，或者是固体但溶于存在于油相中的油状液体，或者是固体并且分散在油相内，或者作为胶体颗粒存在并被吸附到连续的水相和分散的油相之间的液－液界面。WO2012US28520（申请日 2013 年 11 月 19 日）提供一种稳定的油溶于水的种子处理制剂，具有优越的管控性质，包含 5～35%的未经过处理的原油，0.5～50%的水溶性活性成分，0.5～50%的水不溶性活性成分，2.5～15%的至少一种具有式（Ⅰ）（R1－O－（AO）x－（H））（Ⅰ）的表面活性剂，5～25%的抗冻剂和 20～50%的水。GB201308608A（申请日 2013 年 5 月 14 日）公开一种可乳化的浓缩物，包括 5%的 haloalkylsulfonanilide，6%的十二烷基苯磺酸钙，4%的蓖麻油聚乙二醇醚和 85%的 9～12 个碳原子数芳香烃混合物。浓缩物溶于水制成乳液。WO2013US38860（申请日 2013 年 4 月 30 日）中公开一种水溶性种子处理组合物包括农业活性成分和黏合剂。黏合剂包括 5～50%的乳胶载体和 1～40%的蜡，任意添加无机颗粒填料。乳胶载体包含苯乙烯丙烯酸共聚物。CN201080006634（申请日 2010 年 1 月 7 日）提供非水液体分散液浓缩物组合物，其在相对大微滴的情况下稳定，为对水敏感的农业化学品提供有用的长的保护时间段，在贮藏、运送和使用方面具有实际效用，并且还提供控制农业化学品自配制剂进入靶标位点的释放率的能力。包含：①连续的基本可与水混溶的非水液相；②分散的不与水混溶的非水液相；③分布在分散相与连续相之间的界面处的胶状固体。其中对水敏感的农业化学活性成分能够包埋、悬浮或溶解于分散相中，而其他活性成分可以任选地溶解或悬浮在连续相中。

4.2.6.5 微胶囊

为了解决用农药涂覆种子容易引起出芽或发芽延迟并且不得不考虑农药可能的植物毒性，而且包衣针对的仅是早期侵袭的问题。CN02825120（申请日 2002 年 11 月 22 日）提供一种用于农业或园艺的产品，包含在水分存在下溶解或崩解的材料为淀粉或羟丙基甲基纤维素的胶囊，胶囊长 10～20 mm，直径是 3～8 mm，胶囊中有至少一粒蔬菜或花卉种子和含 0.1～50%重量农药的控释系统，农药选自活化酯、咯菌腈、咯喹酮、噻虫嗪、杀虫环、吡蚜酮、丙草胺和醚黄隆，胶囊中还可添加固体、黏稠的或液体成分的如营养素、肥料等物或其他农药化合物等。CN200680048432（申请日 2006 年 12 月 22 日）提供一种包含微胶囊的产品，其中生物学活性化合物可以非常缓慢的速度释放入含水介质中，释放速度可以在极宽的范围内变化。该微胶囊自身包含（a）聚合物壳；和（b）含有熔点大于或等于 25 ℃的农用化学品的核心，其特征在于所述农用化学品作为固体被分散在熔点大于或等于 25 ℃但是未表现出玻璃化转变温度的疏水物质中。在 20 ℃时农用化学品的水溶解度在 0.1～100 g/L 的范围内。用化学品为啶虫脒、噻虫胺、吡虫啉、噻虫啉或者噻虫嗪。微胶囊被分散在水相中。一种制备微胶囊的产品的方法，包括步骤（ⅰ）熔化疏水性物质，从而形成疏水性液体；（ⅱ）将农用化学品分散在疏水性液体中；（ⅲ）将疏水性液体乳化在水相中；（ⅳ）任选地冷却所得的乳状液；（ⅴ）使界面聚合反应在疏水性液体和水相之间的界面处发生，从而形成胶囊悬浮液；和（ⅵ）任选地允许或者引起胶囊悬浮液冷却。包括将乳状液迅速冷却至低于疏水性物质的熔点的步骤。其中通过水相引入异氰酸酯。CN200680047762（申请日 2006 年 12 月 22 日）提供一种包含微胶囊的产品，可以减少被强降雨或灌溉浸出从而产生较低土壤水平的水溶性产品的量。所述微胶囊本身包含(a) 聚合物外壳；和 (b) 内核，其包含（ⅰ）分散在基质中的固体农用化学品和（ⅱ）与水不互溶的液体，其特征在于所述基质不连续地分布在整个与水不互溶的液体中。该微胶囊包含聚合物壳和含农用化学品的核心，该农用化学品作为固体被分散在熔点大于或等于25℃但是未显示玻璃化转变温度的疏水物质中。该农用化学品可为啶虫脒、噻虫胺、吡虫啉、噻虫啉或者噻虫嗪。WO2010EP54821（申请日 2010 年 4 月 3 日）提供一种微胶囊遇到水汽溶解或分解，使用微胶囊包裹种子，并且使用农药，胶囊材质选自淀粉、支链淀粉、羟丙基甲基纤维素。

4.2.6.6 其他制剂及辅助剂

WO2002GB01146（申请日 2002 年 3 月 13 日）中公开一种固体农业化学制剂，含有至少一种热塑性黏合剂的熔点或玻璃化温度超过 35 DEG C。CN200480036625（申请日 2004 年 11 月 26 日）中公开了一种农业化学组合物，包含水溶性农业化学活性成分和助剂的含水农业化学组合物；其减少皮肤危险性。农业化学活性成分选自百草枯、敌草快、草甘膦、氟磺胺草醚、噻虫嗪、甲基磺草酮、三氟啶磺隆或其混合物。所述助剂优选具有至少一个叔胺基团或叔氮的环胺或环酰胺，胺或酰胺优选选自下组的胺或酰胺：奎宁环或其盐、N-（氨基丙基）吗啉或其盐、1-（2-羟乙基-2-咪唑啉酮）和氨乙基哌嗪或其盐。CN01815356（申请日 2001 年 9 月 4 日）中公开一种除草制剂防治不期望植物在需要植物(可为玉米）生长区域内生长的方法，包括（A）Mesotrione（2-［4-甲基磺酰基-2-硝基苯甲酰基］-1，3-环己烷二酮)，(B) 以体积比计，约占总量的 0.3%～2.5%的作物油浓缩物或约 0.3%～2.5%的甲基化种子油，(C) 以体积比计，约占总量的 0.5%～5%的尿素硝酸铵，或以干重计，约占总重量的 0.5%～5%的硫酸铵肥料，以及 (D) 稀释剂。为了给繁殖材料提供氧，WO2015EP58036（申请日 2015 年 4 月 14 日）提供了一种含有氧发生的组合物，组合物包含 30%～50%的氧发生物，50%～70%的种子重量增长剂，3%～7%的水溶性黏合剂，1%～8%的水不溶性黏合剂。氧发生物选自 MgO_2，SrO_2，ZnO_2 和 CaO_2；种子重量增长剂选自铁，石英砂，硫酸钡，碳酸钙，氧化锌和氧化铁；水不溶性黏合剂是一种聚合物，选自聚丙烯酸黏合剂，乙二醇二乙酸酯，聚氨酯，聚乙烯乙酸酯，和醋酸乙烯酯，一种具有支链烷烃的乙烯酯；水溶性黏合剂选自聚乙烯醇，羟甲基纤维素，羟丙基甲基纤维素和聚乙烯吡咯烷酮。CN99814445（申请日 1999 年 12 月 13 日）提供烷氧基化的胺中和的烷氧基化三苯乙烯基苯酚半硫酸酯，其三苯乙烯基苯酚基的空间位阻构型保护不发生现有阴离子型硫酸酯盐表面活性剂体系中观察到的水解性裂解，同时提供含有该化合物的应用及其表面活性剂组合物和农药组合物。式（H－B）＋A－的化合物，其中：A－结构如下：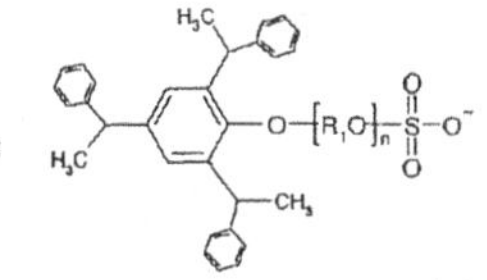（H－B）＋是下式的阳离子：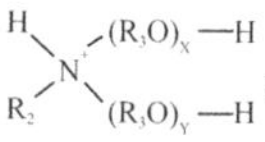；该化合物可通过式（3）的烷氧基化的胺碱中和式（2）的芳族酸而制备：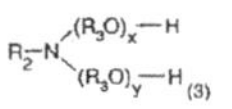 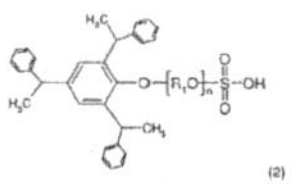。该化合物作为表面活性剂，可用于除草剂、杀真菌剂、杀虫剂等农药组合物。为了增强农用化学品活性成分的生物活性，CN201280020204（申请日 2012 年 4 月 13 日）和 CN201280020196（申请日 2012 年 4 月 13 日）提供了农用化学品配制品浓缩物组合物，其含有芳香族酯作为组合物中的辅助剂的用途，合于进一步稀释的农用化学品配制品浓缩物组合物，其中组合物是浓乳剂、水乳剂、微胶囊配制品、在水中的颗粒悬浮液、分散体浓缩物、在乳液中的颗粒悬浮液或在油中的颗粒悬浮液。

4.2.7 小结

先正达公司在种子处理市场提供三大支柱的解决方案：产品、包衣加工、服务，这是确保其能够实现“别样呵护，不止于种子”的价值创造，成功的关键因素。通过上述专利分析，先正达公司对于种衣剂产品中的活性成分以及制剂配方进行了全方位的专利布局，使其为客户提供行业领先的产品解决方案提供保障，同时加上其给予客户深入的包衣加工指导，依托全球的种子保护学院网络为客户提供技术服务支持。还通过广泛的商业服务，比如作物巡展和销售培训等，帮助客户创造及满足对其包衣种子的需求。

第五章　我国种衣剂专利申请分析

20 世纪 50 年代，我国就有土法药剂浸种、拌种、毒土、毒谷、毒饵、稻种包黄泥后撒播的用药习惯。我国种衣剂的研制在 80 年代初起步，1981 年中国研制成功适用于我国牧草种子飞播的种子包衣技术。1983 年，成功地研制了克百威和多菌灵组成的国内第一个种衣剂产品，主要用于玉米、小麦、棉花、水稻、大豆、蔬菜等作物上，并开始在我国北方生产中推广应用，成为我国大面积推广包衣技术的基础产品。1996 年我国农业部提出实施“种子工程”，将种衣剂技术列为一期重点工程，提出包衣率每年要以 20%的速度递增，才使该项技术得到发展。到 1998 年登记的厂家有 40 多家，品种有 51 种，年产量 2

万吨以上，推广应用面积达2 500万公顷，占全国农作物总播种面积的14.3%。尽管每年的种衣剂面积以较快的速度持续增长，但仍离农业部“种子工程”总体规划中要求到20世纪末实现50%商品种子包衣化的指标相距甚远。农业部在“十五”期间继续实施“种子工程”，国家计委和科技部也已将种子包衣处理示范工程列入当时优先发展的高技术产业化重点领域。但是1997年之后，良种包衣面积一度徘徊不前，国产种衣剂的市场萎缩，制约了我国良种包衣技术的发展。“十一五”期间，农业发展面临着确保国家粮食安全、稳步推进农业结构调整和持续增加农民收入三大课题，客观要求新时期的种子工程必须与时俱进。但是“十五”至“十一五”期间，中国种衣剂的应用面积却呈下降趋势。随着“十二五”期间，每年的中央一号文件聚焦农业生产，以及2020年农药使用量零增长行动方案的出台，我国种衣剂迎来了进一步的发展良机。

通过表5可以发现，我国种衣剂研发的主体以科研院所为主，表明我国关于种衣剂研发应用从实验室到商品还有较长的一段路要走，一方面需要加强产学研的结合，另一方面要加大力气进行专利权的实施转化，将新技术尽快转变成生产力。查阅这些申请人的申请文件，发现每个研发机构的研发重点也存在较大的差异，研发的连续性较差。例如，联保作物科技有限公司所申请的二十几件专利和广东中迅农科股份有限公司申请的十几件专利的发明点几乎全部是涉及种衣剂的制剂配方筛选，权利要求中涉及的技术特征较多，保护范围较窄。而沈阳化工研究院有3件专利是涉及种衣剂的成膜剂，涉及高分子化合物的结构，虽然技术创新难度大，但保护范围和应用前景均较广。

表5　我国种衣剂专利申请主要申请人

申请人	申请量（件）
联保作物科技有限公司	23
浙江大学	21
江苏龙灯化学有限公司	18
上海市农业科学院	13
中国农业大学	12
广东中迅农科股份有限公司	12
西北农林科技大学	9
河南省农业科学院	8
湖南农业大学	7
云南省烟草农业科学研究院、玉溪中烟种子有限责任公司	7
沈阳化工研究院	6
中国农业科学院植物保护研究所	5
甘肃省农业科学院植物保护研究所	5
黑龙江省新兴农药有限责任公司	4

5.1 我国薄膜化种衣剂专利技术发展

在国外，由于成膜剂价格高而应用缓慢，进而导致低价格的成膜剂不断被开发出来。薄膜包衣在我国经历了比较艰难的发展历程。我国种子薄膜包衣技术的研究起步是1986年，首先由北京农业大学开始的，从1986年至2000年，由于技术发展的局限性，几乎完全利用现有技术中已知的成膜剂（一种或几种组合）进行包衣，很难对成膜剂进行系统研究；从2001年起，逐渐开始对成膜剂的种类进行试探研究，例如对已有的成膜剂进行改性和复配组合，但是仍然主要是利用已知的成膜剂；直到2011年，以沈阳化工研究院为代表的农药创制中心成功研发出高分子成膜剂，表明我国薄膜种衣剂中的成膜剂研发进入了崭新的阶段。图11显示我国薄膜种衣剂研发过程中主要解决的六大技术问题以及重要专利申请，接下来对每一个技术问题中的专利进行重点阐述。

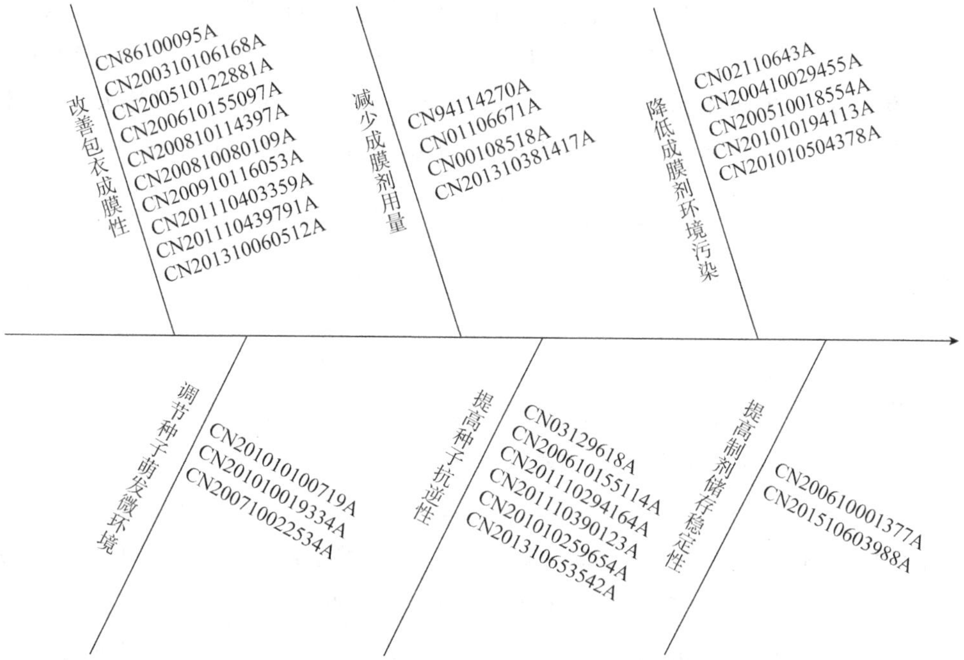

图11 我国薄膜种衣剂主要解决的六大技术问题

5.1.1 改善包衣成膜性

为了克服现有种子处理剂病虫防治谱窄及在土中遇水易溶解流失，药效期短等缺点，CN86100095A（申请日1986年1月9日）提供种衣剂系列产品配方，该种衣剂可保证种子正常发芽生长和药肥缓释，节省药肥；还可提高种子播种质量，节省用种，兼治侵染性病害和生理性病害，还能促进生长发育，增加产量，改善品质。使用的成膜剂包括：聚乙烯醋酸酯，聚乙烯树脂，聚甲基丙烯酸乙二醇酯，聚乙烯乙二醇。胶体保护剂可为25%的硫酸或糊精。CN200310106168A（申请日2003年10月28日）中成膜物由动物血液成分和高分子成膜物组成。CN200510122881A（申请日2005年12月3日）选择具有网状结构速溶树脂为成膜剂，将吸附性强、体轻、多孔、具有崩解性能的材料作为农药载体填料，经混合，并加入界面剂、表面处理剂进行粉碎、粉散、检测为成品，用于小麦、大麦、玉米、棉花、水稻及林木草类种子的包衣。CN200610155097A（申请日2006年12月8日）提供一种丙烯酸－丙烯酰胺共聚物种衣剂的制备方法，该方法制备的共聚物涂于种子后，可得到成膜性，粘牢度，溶胀率均较好的种衣剂，且对种子无毒害作用。CN200810114397A（申请日2008年6月4日）是将双丙酮丙烯酰胺与不饱和单体化合物进行共聚反应，将得到的聚合物与二酰肼类化合物反应，得到用于种子包衣的成膜材料；双丙酮丙烯酰胺与不饱和单体化合物共聚反应的体系中还加有催化剂、引发剂、表面活性剂。CN200810080109A（申请日2008年12月12日）提供一种含聚乙烯醇和氧化淀粉－丙烯酰胺共聚物的种衣剂成膜剂，其改善氧化淀粉的耐水性和成膜性，在成膜时间相近的前提下粘接牢固和均匀度均得到了提高，播种后易降解，对环境危害小。CN200910116053A（申请日2009年1月13日）提供一种用于种衣剂的成膜剂，其成膜性能好，生物相容性与活性成分的配伍性好、对种子安全，可使种衣剂均匀地包在种子表面迅速固化成膜。CN201110403359A（申请日2011年12月7日）用于种子包衣时具有良好的透水、透气性能，从而带来更好的种子发芽率。当该成膜剂应用于水田作物种子时，具有良好的耐水浸泡性。

该成膜剂具有以下结构通式：

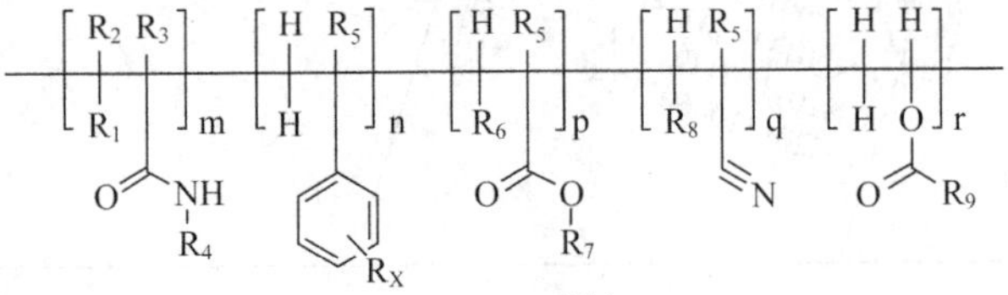

（Ⅰ）

。R_1、R_2、R_3选自H、C_1—C_4烷基或卤素；R_4选自H、C_1—C_4烷基、卤代C_1—C_4烷基、OH取代的C_1—C_4烷基、SH取代的C_1—C_4烷基或NH_2取代的C_1—C_4烷基；R_5、R_8选自H或C_1—C4烷基；R_6选自H、C_1—C_4烷基、CO_2H、CO_2CH_3或$CO_2CH_2CH_3$；R_7选自H、C_1—C_{10}烷基、卤代C_1—C_{10}烷基、OH取代的C_1—C_{10}烷基或NH_2取代的C_1—C_{10}烷基；R_9选自H、C_1—C_4烷基或苯基；R选自CH_3、F、Cl、Br，x选自0－2；m、n、p、q、r为整数，m＝1－2500；n、p、q、r分别等于0－2500，但n、p、q、r不同时为零。制备通式（Ⅰ）所示成膜剂的聚合单体除了必备的丙烯酰胺类单体，还有苯乙烯类单体、丙烯酸类单体、丙烯腈类单体和/或乙烯醇酯类单体中的一种或几种；各单体的加料量为丙烯酰胺类单体0.01～50%，苯乙烯类单体0～80%，丙烯酸类单体0～80%，丙烯腈类单体0～50%，乙烯醇酯类单体0～80%。采用乳液聚合法制备通式（Ⅰ）所示的成膜剂。所公开的种子包衣成膜剂相比传统的合成成膜剂具有更好的成膜性能，较短的成膜时间，更低的包衣脱落率，更好的包衣均匀度。同时因其具有良好的透水、透气性能，从而带来更好的种子发芽率。该成膜剂适用于玉米、小麦、大豆、花生、棉花、葵花、马铃薯或蔬菜等旱田作物的种子包衣，也适用于水稻等水田作物的种子包衣。该成膜剂可用于制备悬浮种衣剂、水乳种衣剂、微乳种衣剂、干粉种衣剂、可湿粉种衣剂或油基种衣剂等。CN201110439791A（申请日2011年12月23日）提供一种有机硅改性高分子化合物作为种子包衣成膜剂的用途，该高分子化合物具有如通式（Ⅰ）所示的分子结构片段：

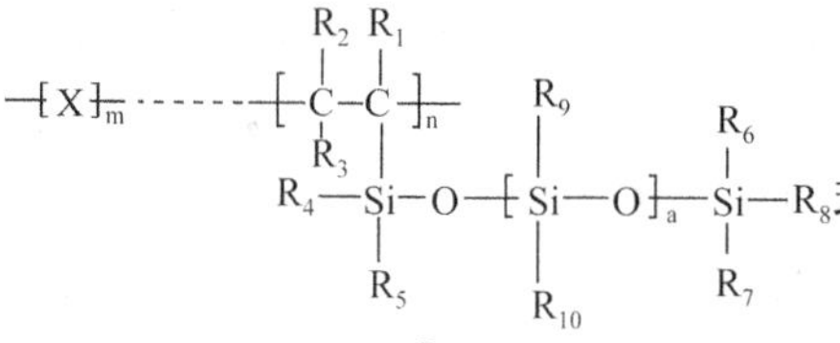

式中各基团定义见说明书。通式（Ⅰ）的分子结构片

（Ⅰ）

段与含羟基、氨基、羧基、烷氧基、酰胺基的可溶性成膜物交联反应，形成具有网状结构的成膜剂。式中：m、n 分别选自 100～10 000 的整数；X 选自以下所示基团之一或多个；

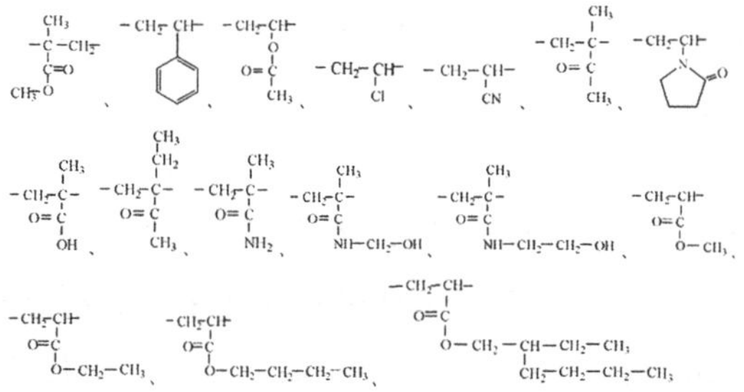

R_1、R_2、R_3 选自氢、C_1—C_{10} 烷基、C_1—C_{10} 烷氧基或卤素；R_4、R_5、R_6、R_7、R_8 选自 C_1—C_{10} 烷基、C_1—C_{10} 烷氧基、C_2—C_{10} 烯基、C_1—C_{10} 炔烃基，且 R_4、R_5、R_6、R_7、R_8 中至少有一个为 C_1—C_{10} 烷氧基；R_9、R_{10} 选自甲基或乙烯基。该成膜剂具有良好的耐水性和透水性，可同时满足旱田和水田的不同要求。采用该成膜物制备的种衣剂兼顾了黏性和强度的要求，脱落率、黏度和流动性均有明显改善，同时具有较高的光亮度和鲜艳度。CN201310060512A（申请日 2013 年 2 月 26 日）提供一种有机硅改性高分子化合物作为种子包衣用成膜剂的应用，具有如通式（Ⅰ）所示的高分子化合物作为种子包衣用成膜剂的应用。

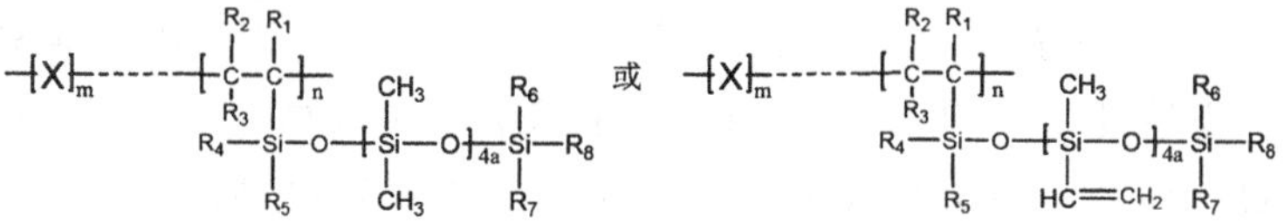

m、n 分别选自110 000的整

（Ⅰ）。

数；X 选自以下所示基团之一或多个：

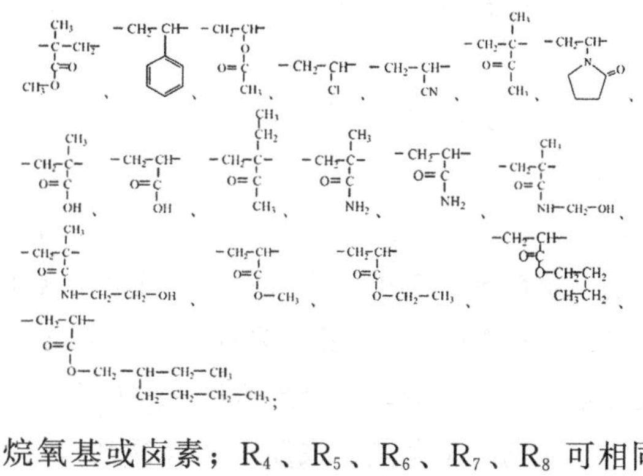

。R_1、R_2、R_3 选自氢、C_1—C_{10} 烷基、C_1—C_{10} 烷氧基或卤素；R_4、R_5、R_6、R_7、R_8 可相同或不同，分别选自 C_1—C_{10} 烷基、C_1—C_{10} 烷氧基、C_2—C_{10} 烯烃基、C_2—C_{10} 炔烃基，且 R_4、

R_5、R_6、R_7、R_8 中至少有一个为 C_1—C_{10} 烷氧基；a 选自 0～500 的整数。式（Ⅰ）由不饱和单体和有机硅单体进行交联共聚反应得到。有机硅单体可是六甲基二硅氧烷、四甲氧基硅烷、四乙氧基硅烷、四甲基二乙烯基二硅氧烷、乙烯基三甲氧基硅烷、乙烯基三乙氧基硅烷中的一种或多种；不饱和单体可是甲基丙烯酸甲酯、苯乙烯、醋酸乙烯、氯乙烯、丙烯腈、甲基乙烯基酮、乙烯基吡咯烷酮、丙烯酸、丙烯酰胺中的一种或多种。该成膜剂具有良好的耐水性和透水性，可同时满足旱田和水田的不同要求。采用该成膜物制备的种衣剂兼顾了黏性和强度的要求，脱落率、黏度和流动性均有明显改善，同时具有较高的光亮度和鲜艳度。CN201410840420A（申请日 2014 年 12 月 30 日）具有良好的成膜和缓释功能，有较高的成膜强度和吸水耐水性及化学稳定性，与植物特别是与农作物有良好的生物相容性，不会影响种子的正常呼吸，不会影响种子的发芽率。

5.1.2 减少成膜剂用量

为了克服现有技术中高吸水性树脂的用量偏高，从而对种子的透气性有一定的影响的问题，CN94114270A（申请日 1994 年 12 月 29 日）提供包含高吸水性树脂的含量为 1.8%～2.8%（重量百分比）的抗旱型种子复合包衣剂及制备方法，其减少了设备投资，简化了操作步骤，使成品的加工成本下降，进一步提高增产效果，提高了出苗率，避免了造粒、烘烤等物理加工过程对高吸水性树脂吸水倍率的降低，提高了质量。CN01106671A（申请日 2001 年 4 月 28 日）中的魔芋精粉的化学改性产物为魔芋精粉与顺丁烯二酸酐的反应产物，或魔芋精粉与没食子酸的反应产物，或魔芋精粉与磷酸盐的反应产物，该种衣成膜剂量少、无污染，经化学改性后，改善了黏度和溶解性，使成膜性质和加工性能更好。CN00108518A（申请日 2000 年 4 月 29 日）的包衣组分为：纤维素醚占 40～55%、无机填料、颜料占 25～35%、其他添加剂为 0.2～1%、增塑剂占 20～30%，乳化剂含量为0.2～1%；其中纤维素醚是黏度为 20～75 厘泊的水溶性纤维素醚，乳化剂是可食用的水包油型乳化剂。CN201310381417A（申请日 2013 年 8 月 28 日）是按质量百分比由 9%～11%的克百威、9%～11%的福美双、14%～16%的多菌灵、9%～11%是羧甲基纤维素钠、1.8%～2.2%的碱性大红 G、7%～9%的十二烷基苯磺酸钠、1.8%～2.2%的聚乙二醇、16%～20%的滑石粉和 17.6%～32.4%的二氧化硅粉混合而成的超微粉体，超微粉体中占质量 95%以上的粉体的粒径≤5 μm。

5.1.3 提高种子抗逆性

CN03129618A（申请日 2003 年 6 月 28 日）用于处理油菜种子以防治或减轻油菜苗期病虫害，培育壮苗，调控油菜生长，可提高其幼苗抗逆性，并增加产量的种子包衣剂，采用杀虫剂、杀菌剂、植物生长调节剂、微量元素和助剂组成。CN200610155114A（申请日 2006 年 12 月 8 日）用于超甜玉米种子的种子包衣剂，可明显提高低温逆境下的种子发芽率、发芽指数、活力指数、壮苗率和幼苗素质，包括抗寒活性成分、营养成分、植物生长调节剂、杀虫剂、杀菌剂、成膜剂、渗透剂和警戒色。CN201110294164A（申请日 2011 年 9 月 30 日）、CN201110299586A（申请日 2011 年 9 月 30 日）、CN201110298386A（申请日 2011 年 9 月 30 日）具有双重抗旱功能的丸化种子与普通丸化种子在外观上无差异，但可以显著提高种子的抗旱功能，包括水杨酸和聚 2 -丙烯酰胺基- 2 -甲基丙磺酸。CN201110390123A（申请日 2011 年 11 月 30 日）由温控缓释抗寒剂和包衣辅料组成，所述的温控缓释抗寒剂由温控缓释材料和水杨酸组成，所述的温控缓释材料为 N -异丙基丙烯酰胺与甲基丙烯酸丁酯的无规共聚物，保证抗寒剂的有效作用充分发挥，提高种衣剂的抗寒作用效果，延长作用时间，且用量少，减少对环境的污染。CN201010259654A（申请日 2010 年 8 月 23 日）能增强抗逆性，能显著提高根瘤菌的存活及与土著微生物的竞争力，可减少化肥及农药的使用量，又保护了环境，能改善产品品质。CN201310653542A（申请日 2013 年 12 月 6 日）在低温条件下具有较好的流动性、延展性，可在－24.5 ℃室外低温条件下与种衣剂混合使用，包衣均匀度为 98.22%，包衣脱落率为 2.46%，不会影响包衣颜色，防冻油选自植物油和甲酯化植物油。CN201310279411A（申请日 2013 年 7 月 4 日）可以改变聚合乳液胶体粒子结构，增加了丙烯酸共聚物的透气性和生物安全性，具有水不溶解性能，包衣膜浸种不会被溶毁，成膜时间短，包衣脱落率低，透气性良好，对作物安全，不影响种子萌发，能够增强苗期作物对酰胺类除草剂的耐药性，且安全剂可以缓慢释放，延长安全剂作用的持效期。

5.1.4 降低成膜剂环境污染

CN02110643A（申请日 2002 年 1 月 25 日）解决了现有蔬菜种子的包衣剂造成环境污染问题，提供含天然活性物质壳聚糖的蔬菜种子包衣剂，经壳聚糖包衣剂处理的辣椒种子，出苗株数与根长好，各项生理指标明显提高。CN200410029455A（申请日 2004 年 3 月 19 日）提供一种抗旱保水种衣剂，基本组分为植物纤维，吸水率高，透气性好，不会板结，易于降解，对环境无污染，可以提高种子的发芽速度。保水剂是高吸水树脂，包括聚丙烯酸、聚丙烯酸盐、丙烯酸—丙烯酰胺的共聚物或丙烯酸—顺酐的共聚物；成膜剂是将 10～20 重量份的丙烯酸、2～4 重量份的顺丁烯二酸酐及 30～40 重量份的水混合，使用 NaOH 中和至反应液呈中性；依次加入引发剂和助引发剂，在 60～70 ℃聚合 3～4 小时；所述的引发剂为过硫酸氨或过氧化二苯甲酰，助引发剂为亚硫酸氢钠、亚硫酸氢胺或亚铁—双氧水。CN200510018554A（申请日 2005 年 4 月 15 日）提供农业种子包衣剂，在防治病虫害、增产作物的同时不对人畜和环境产生危害和污染，对大豆、玉米等农作物的增产防虫效果明显。采用浓度为 1wt%的营养微量元素盐的水溶液：1－5（质量百分含量）；红龙虾壳中提取的浓度为 5wt%的高分子多糖溶液：70－80；浓度为 0.5wt%的赤霉素乳液生物制剂：15－25；浓度为 0.001wt%的天然着色剂：0.5－2。红龙虾壳中提取的高分子多糖溶液的制备方法：用红龙虾壳作基本原料，加入工业盐酸反应，再加入氢氧化钠以及氯乙酸可制备天然高分子多糖溶液。CN201010194113A（申请日 2010 年 6 月 8 日）提供一种棉花悬浮种衣剂，具有增效作用，能有效提高棉花苗期立枯病等病虫害的防治率和种子发芽率，对棉花出苗无副作用，药物持续时间延长，保护期延长，环境污染减少。包括五氯硝基苯、福美双、克百威、胶体分散剂、成膜剂、渗透剂、乳化湿润悬浮剂和水；

胶体分散剂为聚醋酸乙烯酯与聚乙烯醇的聚合物或丙烯酸乙酯与醋酸乙烯的聚合物；成膜剂由聚乙烯醋酸酯和聚乙烯树脂组成；渗透剂为异辛基琥珀酸磺酸钠；乳化湿润悬浮剂为苯乙基酚聚氧乙基醚。CN201010504378A（申请日 2010 年 9 月 29 日）采用了生物技术和涂膜技术，将具有抗真菌作用的拮抗酵母与具有成膜效果的多糖相结合，制备出含有拮抗酵母菌的生物活性多糖种衣剂，用于包被种子，提高种子自身抗性，包覆稳定，提高种子发芽率及成苗率；多糖成膜性能优良，在自然界中可被生物降解，不会产生环境污染问题，稳定耐用。

5.1.5 调节种子萌发微环境

CN201010100719A（申请日 2010 年 1 月 25 日）提供种衣成膜剂，其可与土壤全方位共存，不会引起土壤板结，用量大，被吸附的农药能渗入到成膜剂的微孔中，缓慢释放，分解率低，药效期长，化学性质稳定，能保持农药固有特性，对细菌吸附作用强，抑制细菌繁殖，自身的抗菌性能增强。成膜剂由改性凹凸棒土 0.1%～1.8%、成膜助剂 0.005%～0.01%、乳化润湿悬浮剂 0.5%～6%、渗透剂 0.6%～4%、防腐剂 0.02%～0.08%、防冻剂 2.0%～6.0%、黏度稳定剂 0.05%～0.6%、警戒色 0.1%～0.7%和水 80.81%～96.625%%组成。CN201010019334A（申请日 2010 年 1 月 12 日）种衣剂能有效防控苗期病虫害，不易受日晒雨淋及高温的影响，低毒化，减少环境污染，促控幼苗生长，保证苗齐、壮，分蘖多，成秧率明显提高，有效防治缺素症。成膜剂为非水溶性甲壳素衍生物，或者为非水溶性甲壳衍生物与聚醋酸乙烯酯、醋酸纤维素酯中的一种或两种的混合。CN200710022534A（申请日 2007 年 5 月 11 日）提供一种用于处理种子和植物根茎的环保型涂覆组合物，其可以改善种子和植物根茎生长的微环境、提高种子抗病菌的能力及发芽率和插栽存活率，包含成膜剂、着色剂和富集氧气的多孔无机材料。

5.1.6 提高制剂储存稳定性

CN200610001377A（申请日 2006 年 1 月 19 日）所形成的悬浮种衣剂在长时间静置中处于絮凝状态，体系的零切黏度≥1×10^4 mPa·S，体系的流动性很差或根本不能流动，但体系絮凝强度比较弱，很容易打破絮凝，打破絮凝后体系的黏度可以降低至1×10^3 mPa·S以下，流动性很好，但打破絮凝后，整个分散体系在静置过程中能逐渐恢复絮凝状态。CN201510603988A（申请日 2015 年 9 月 21 日）可以提高包衣剂在作物种子上的附着能力，减少包衣剂有效成分在存在或播种后的流失，提高作物种子的保水性能。CN201310521650A（申请日 2013 年 10 月 29 日）在种子表面形成的包衣具有一定厚度，可以减缓种子间的碰撞和损伤，成膜率高，脱落率和表皮损伤率低，可以有效降低病害，种子的出苗率高，产量高，在土壤中无残留，成膜剂由以下原料制成：梭梭根提取物、羧甲基纤维素钠、聚乙烯醇、玉米粉、卡拉胶。

5.2 我国丸粒化种衣剂专利技术发展

种子丸粒化不仅可以提高种子的质量，而且还可以减少农民的劳动量，是现代化农业发展的必由之路。虽然我国丸粒化技术没有大面积推广，但很多单位已经取得了一些研究进展或正在进行这些方面的研究。1993 年由原化工部沈阳化工研究院开始，使用的保水剂的种类是当时现有技术中已知的淀粉衍生物、膨润土等，但用于水稻直播田的种衣剂，对我国水稻种衣剂的研发具有重要的影响。后来陆续开发了种子包衣粉剂，利用的保水剂的种类也逐渐丰富起来，其中复配助剂占据了绝大多数，但是黏结剂或保水剂的种类却鲜有新的种类出现。图 12 显示我国丸粒化种衣剂研发过程中主要解决的六大技术问题以及重要专利申请，接下来对每一个技术问题中的专利进行重点阐述。

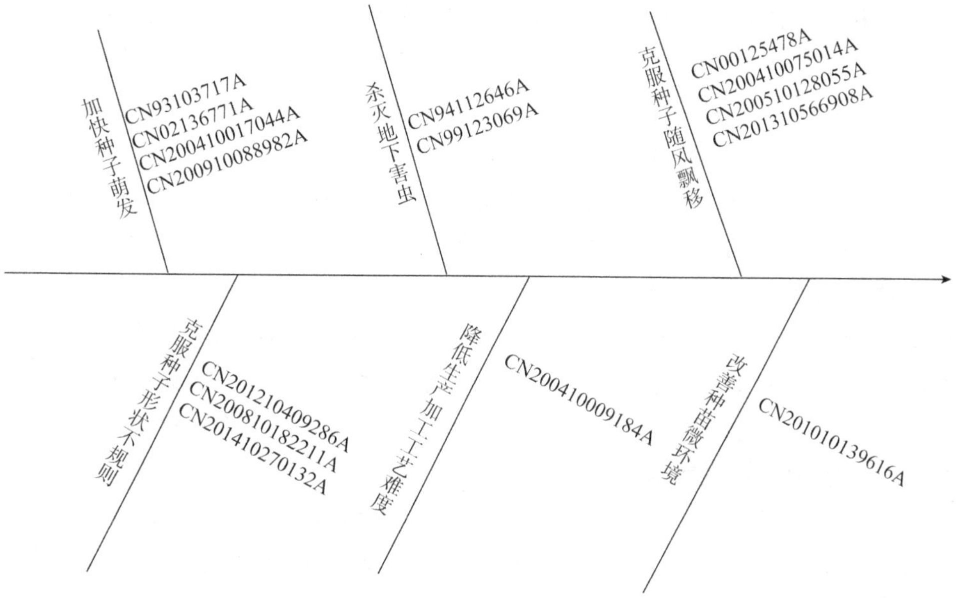

图 12　我国丸粒化种衣剂主要解决的六大技术问题

5.2.1　加快种子萌发

CN93103717A（申请日 1993 年 3 月 26 日）提供一种烤烟种子包衣剂，以滑石粉和土为基本原料，加黏合剂，并配以微量元素、复合肥料、生长激素及防治病虫害的相关农药为辅料，包衣烟种颗粒大，包衣固着力强，表面光滑，成球性好，遇水 2 分钟内裂解，生根发芽快，抗病虫害能力强。CN02136771A（申请日 2002 年 9 月 3 日）含有粉料和黏合剂，可使丸化种子的硬度增大，丸衣在水中的崩裂速度加快并且大幅度减少种子生产时间，有利于种子的发芽。CN200910088982A（申请日 2009 年 7 月 15 日）打破了丸粒剂在耕层土壤吸水的传统观念，建立播前吸水催芽后播种的理论，通过在丸粒剂组分中增加富有吸水膨胀性的作物秸秆粉或腐熟有机物，实现丸粒剂包衣后可以播前吸水，吸水后不撒，具有良好膨胀性，使种子在丸粒剂中萌发，能够采用机械化播种的目的。

5.2.2　杀灭地下害虫

CN94112646A（申请日 1994 年 11 月 28 日）用于杀灭大田作物的地下害虫、苗期害虫、大豆食心虫、芽虫等害虫，由河砂、甲拌磷原药、硅藻土、石膏、水氧化配制成。CN99123069A（申请日 1999 年 11 月 19 日）提供一种微粉型种子包衣剂，由杀虫剂、杀菌剂、成膜剂、乳化剂、分散剂、湿润剂、植物生长调节剂和高岭土微粉组成，具有价格低廉、杀虫效果稳定、用量少、使用方便、黏度和 pH 值适中、稳定性较好、成膜时间短、不需日晒、种子脱落率较低、包衣厚度适中等优点。

5.2.3 改善种苗微环境

CN201010139616A（申请日 2010 年 4 月 1 日）提供种子抗旱包衣组合物，包括固态物质和液态物质，固态物质由 5～7 重量%的羧甲基壳聚糖、植物生长调节剂、2～4 重量%保水剂和余量的膨润土构成，植物生长调节剂由 0.4～0.6 重量%硝酸镧、0.01～0.02 重量%生根粉和 0.001～0.002 重量%阿司匹林组成，以上均以固态物质的总量为基准计，且固态物质的总量与种子的重量比为 1∶1；液态物质是双氧水与羧甲基纤维素钠的混合溶液，双氧水的浓度为 3 体积%，羧甲基纤维素钠为 2 重量%，以液态物质的量为基准计。其促进种子快速出芽成苗，提高种子发芽率和幼苗的成活率，保证直播幼苗的健壮，在种子吸水萌发的同时使种衣剂物质崩解，为幼苗前期的生长发育提供良好的微环境。

5.2.4 降低生产工艺难度

CN200410009184A（申请日 2004 年 6 月 8 日）解决已有种衣剂使用高吸水树脂导致生产工艺复杂化，产量低的问题。按重量份重，其含有：腐植酸土 15～25 份，硫酸钾粉 10～15 份，磷酸二氢钾粉 1～5 份，过磷酸钙粉 25～30 份，麦饭石粉 10%～15%和膨润土 20～30 份。

5.2.5 克服种子随风飘移

CN00125478A（申请日 2000 年 9 月 28 日）使用吸水树脂作为牧草种子丸衣，所述的吸水树脂主要有高支链淀粉、丙烯酸、丙烯酰胺接枝聚合而成的吸水成分构成。还可含有植物生长激素及种子萌发所需养分。不仅克服了牧草种子随风飘移的问题，还可改善牧草种子的发芽状况。CN200410075014A（申请日 2004 年 8 月 27 日）提供一种飞播用种子大粒化包衣剂，由淀粉 0.1%～3%、凹凸棒土 5%～30%、植物纤维素 5%～10%、高吸水性树脂 0.5%～5%以及余量的细沙土组成，有效地解决了目前飞播种子包衣与破损和包衣与发芽的矛盾，在 10 mm 降雨条件下，种子发芽率高，后期生长效果好。飞播后种子能在风蚀作用下埋入沙土，解决了沙丘迎风坡面上种子随风飘移的问题，为困难立地条件下的大面积飞播提供了技术支撑。CN200510128055A（申请日 2005 年 11 月 24 日）包括以重量份数计的下述成分：可吸水性树脂 0.5～5 份，崩解剂 1～6 份，膨润土 20～50 份，滑石粉 30～70 份，籽蒿胶 2～15 份，羧甲基纤维素 1～10 份。其中，可吸水性树脂为 SAP 保水剂——聚丙烯酰胺，聚丙烯酸酯或聚乙烯醇的一种或几种；崩解剂选自羧甲基淀粉钠和羧甲基纤维素钠中的一种或两种；膨润土选自钙基膨润土和钠基膨润土中的一种或两种。该生物胶种衣剂还可包括以重量份数计的沸石粉 1～8 份。可解决飞播过程中种子的飘移和位移问题，同时使飞播种子在包衣丸化后具有驱避作用、胶化作用和遇到适量水分崩解作用。CN201310566908A（申请日 2013 年 11 月 14 日）提供一种柠条种子丸粒化配方，由填充料和保水剂经施用黏着剂复合而成，填充料为黏土和滑石粉的任意比例混合物，保水剂为丙烯酰胺—丙烯酸盐共聚交联物类保水剂，黏着剂为羧甲基纤维素钠或聚乙烯醇。

5.2.6 克服种子形状不规则

CN201210409286A（申请日2012年10月24日）解决肉苁蓉种子小、播种困难、播种量大、播种不均匀的难题，并可实现肉苁蓉种子的机械化精量播种。CN200810182211A（申请日2008年11月22日）黏结强度高、崩解速度快，能解决不规则大粒化种子的强度与发芽的矛盾；可完全降解，不会对环境造成二次污染，可实现有机、无机的纳米复合；大粒化种子的质量增加，可在高大陡坡上站立。CN201410270132A（申请日2014年6月17日）解决了禾本科牧草种子形状不规则，容易在加工过程中遭到破坏的技术问题，能有效降低种子的飘移性，增加种子落地的稳定性，提高播种的准确性和种子发芽率，适于机械作业，在北方干旱草原地区尤为适用。

5.3 我国种衣剂产品登记及市场重点产品

种衣剂的最大风险是药害造成的缺苗、毁苗，而药害的主要根源是配方组成、原料质量及杂质和加工制作质量。一定要经过周密反复的物理、化学实验和生物试验鉴定，保证绝对安全后方可上市应用。通过在中国农药信息网上查询涉及种衣剂的产品登记（截至2016年7月15日），共计226家企业申请了704份农药登记。其中登记数量超过5件的38家生产企业列于表6，这些企业申请登记的总量共计355份，占总数的一半，表明我国种衣剂市场主要被这些企业占据，其中超过10份登记的有8家生产企业，先正达公司登记的数量最多，紧随其后的分别是北农（海利）涿州种衣剂有限公司，沈阳化工研究院（南通）化工科技发展有限公司，安徽丰乐农化有限责任公司，天津科润北方种衣剂有限公司，吉林省八达农药有限公司，河南中州种子科技发展有限公司，江苏天禾宝农化有限责任公司。北农（海利）之所以有较多的登记数量，与其和中国农业大学的合作有重要的关系，从前面的分析可知，中国农业大学申请了多项关于种衣剂的专利。而沈阳化工研究院本身就是科研院所，能够为生产公司提供强有力的技术支持。而其他的登记企业则主要靠自身的技术研发来申请农药产品的登记。

表6 农药生产企业申请种衣剂登记的数量

生产企业	登记数量	生产企业	登记数量
先正达公司	38	内蒙古华星生物科技有限公司	6
北农（海利）涿州种衣剂有限公司	36	山西省临汾海兰实业有限公司	6
沈阳化工研究院（南通）化工科技发展有限公司	23	山东省联合农药工业有限公司	6
安徽丰乐农化有限责任公司	17	吉林省瑞野农药有限公司	6
天津科润北方种衣剂有限公司	16	吉林市吉九农科农药有限公司	6
吉林省八达农药有限公司	16	新疆锦华农药有限公司	6
河南中州种子科技发展有限公司	11	江苏省南通南沈植保科技开发有限公司	6
江苏天禾宝农化有限责任公司	11	安徽禾丰农药厂	6

续表

生产企业	登记数量	生产企业	登记数量
江阴苏利化学股份有限公司	9	江苏省南京高正农用化工有限公司	5
辽宁三征化学有限公司	9	深圳诺普信农化股份有限公司	5
山东省招远市金虹精细化工有限公司	9	江苏省南通派斯第农药化工有限公司	5
山东华阳农药化工集团有限公司	8	山东罗邦生物农药有限公司	5
安徽省六安市种子公司安丰种衣剂厂	8	齐齐哈尔盛泽农药有限公司	5
四川红种子高新农业有限责任公司	8	重庆种衣剂厂	5
江苏嘉隆化工有限公司	7	江苏龙灯化学有限公司	5
安徽天恒农化科技发展有限公司	7	陕西美邦农药有限公司	5
巴斯夫公司	7	黑龙江省新兴农药有限责任公司	5
陕西上格之路生物科学有限公司	6	黑龙江省牡丹江农垦朝阳化工有限公司	5
河北成悦化工有限公司	6	吉林吉农高新技术发展股份有限公司农药二公司	5

我国目前种衣剂市场上的重点产品参见表7，先正达公司在我国已经上市了十四个种衣剂商品，其中既有单一活性成分的产品，也有二元、三元混配的产品，有效成分主要涉及咯菌腈、精甲霜灵、苯醚甲环唑、噻虫嗪、溴氰虫酰胺、高效氯氟氰菊酯、氟唑环菌胺，登记的作物主要是大田作物。作为科聚亚的中国代理生产企业中农立华（天津）农用化学品有限公司上市了五个产品，既有单一活性成分，也有二元复配活性成分。世科姆公司通过优化配方、精炼工艺、精选设备以及严格的质量管控体系不断提高种衣剂制剂水平，已经上市了七个产品，拜耳的种衣剂和巴斯夫的种衣剂都具有非常良好的用户口碑，分别上市了四个产品。富美时在种衣剂发展阶段就上市了两个产品，杜邦公司根据其优秀的杀虫剂氯虫苯甲酰胺，开发出来一个上市产品。我国生产企业经过长年的积累，推广上市的产品也有不错的市场表现。

表7　我国目前种衣剂市场上的重点产品

商标	有效成分	剂型	登记作物	防治对象	生产企业
适乐时©	咯菌腈	25 g/L 悬浮种衣剂	大豆、花生、棉花、水稻、西瓜、向日葵、小麦	根腐病、立枯病、恶苗病、枯萎病、菌核病	先正达（南通）作物保护有限公司
金阿普隆©	精甲霜灵	350 g/L 种子处理乳剂	大豆、花生、棉花、水稻、向日葵	根腐病、霜霉病、猝倒病、烂秧病	先正达（苏州）作物保护有限公司

续表

商标	有效成分	剂型	登记作物	防治对象	生产企业
满适金©	咯菌腈＋精甲霜灵	35 g/L 悬浮种衣剂	玉米	茎基腐病	先正达（苏州）作物保护有限公司
亮盾©	咯菌腈＋精甲霜灵	62.5 g/L 悬浮种衣剂	大豆、水稻	根腐病、恶苗病	先正达（苏州）作物保护有限公司
宝路©	精甲霜灵＋咯菌腈＋嘧菌酯	11％ 悬浮种衣剂	棉花、玉米	立枯病、猝倒病、茎基腐病	先正达（苏州）作物保护有限公司
敌委丹©	苯醚甲环唑	30 g/L 悬浮种衣剂	小麦	全蚀病、散黑穗病、纹枯病	瑞士先正达作物保护有限公司
适麦丹©	苯醚甲环唑＋咯菌晴	4.8％水悬浮剂	小麦	散黑穗病	瑞士先正达作物保护有限公司
锐胜©	噻虫嗪	70％ 可分散粉剂	马铃薯、棉花、人参、油菜、玉米	蚜虫、苗期蚜虫、金针虫、黄条跳甲、灰飞虱	先正达（苏州）作物保护有限公司
快胜©	噻虫嗪	70％干种衣剂	玉米	蚜虫	先正达（苏州）作物保护有限公司
迈舒平©	噻虫嗪＋咯菌腈＋精甲霜灵	28.7％悬浮剂	棉花	蚜虫、立枯病、猝倒病	先正达（苏州）作物保护有限公司
艾科顿©	噻虫嗪＋咯菌腈＋精甲霜灵	29％悬浮剂	玉米	灰飞虱、茎基腐病	先正达（苏州）作物保护有限公司
福亮©	噻虫嗪＋溴氰虫酰胺	40％悬浮剂	玉米	蓟马、蛴螬	瑞士先正达作物保护有限公司
锐勇©	高效氯氟氰菊酯	100 g/L 微囊悬浮剂	大豆、小麦、玉米	蛴螬	先正达（苏州）作物保护有限公司
根穗宝©	氟唑环菌胺	44％ 悬浮种衣剂	玉米	丝黑穗病	瑞士先正达作物保护有限公司

续表

商标	有效成分	剂型	登记作物	防治对象	生产企业
卫福©	萎锈灵＋福美双	40％胶悬剂	大豆、大麦、棉花、水稻、小麦、玉米	根腐病、黑穗病、条纹病、立枯病、恶苗病、立枯病、散黑穗病、苗期茎基腐病、丝黑穗病	科聚亚（上海）贸易有限公司、中农立华（天津）农用化学品有限公司
武将©	克菌丹	450 g/L 悬浮种衣剂	玉米	苗期茎基腐病	科聚亚（上海）贸易有限公司、中农立华（天津）农用化学品有限公司
顶苗新©	甲霜灵＋种菌唑	4.23％微乳剂	棉花、玉米	立枯病、茎基腐病、丝黑穗病	科聚亚（上海）贸易有限公司、中农立华（天津）农用化学品有限公司
帅苗©	氯氰菊酯	30％悬浮种衣剂	玉米	地下害虫	科聚亚（上海）贸易有限公司、中农立华（天津）农用化学品有限公司
劲苗©	顺式氯氰菊酯	200 g/L 悬浮种衣剂	玉米	地下害虫	科聚亚（上海）贸易有限公司、中农立华（天津）农用化学品有限公司
扑力猛©	灭菌唑	25 g/L 悬浮种衣剂	小麦	散黑穗病、腥黑穗病	巴斯夫欧洲公司
齐跃©	吡唑醚菌酯	18％悬浮种衣剂	棉花、玉米	立枯病、猝倒病、茎基腐病	巴斯夫欧洲公司
爱丽欧©	灭菌唑	28％悬浮种衣剂	玉米	丝黑穗病	巴斯夫欧洲公司
鑫尊©	吡唑醚菌酯＋甲霜灵	41％悬浮种衣剂	花生、棉花	根腐病、立枯病	巴斯夫欧洲公司
高巧©	吡虫啉	60％悬浮种衣剂	花生、马铃薯、棉花、水稻、小麦、玉米	蛴螬、蚜虫、蓟马	拜耳作物科学（中国）有限公司

续表

商标	有效成分	剂型	登记作物	防治对象	生产企业
速拿妥©	吡虫啉+氟虫腈	44%悬浮种衣剂	玉米	蛴螬	拜耳作物科学（中国）有限公司
奥拜瑞©	吡虫啉+戊唑醇	31.9%悬浮种衣剂	水稻、小麦	恶苗病、蓟马、散黑穗病、纹枯病、蚜虫	拜耳作物科学（中国）有限公司
立克秀©	戊唑醇	6%湿拌种剂	高粱、小麦、玉米	丝黑穗病、散黑穗病、纹枯病	拜耳作物科学（中国）有限公司
禾佑©	咯菌腈+苯醚+吡虫啉	23%悬浮种衣剂	小麦	蚜虫、纹枯病、全蚀病	世科姆作物科技（无锡）有限公司
玉势©	甲霜灵+戊唑醇+嘧菌酯	10%FS	玉米	茎基腐病、丝黑穗病	世科姆作物科技（无锡）有限公司
禾姆©	甲霜灵+嘧菌酯+甲基硫菌灵	12%FS	水稻、花生	水稻恶苗病、花生立枯病	世科姆作物科技（无锡）有限公司
苗势©	吡虫啉	600 g/L FS	玉米、花生	玉米金针虫、花生金针虫	世科姆作物科技（无锡）有限公司
禾势©	噻虫嗪	30%FS	水稻	蓟马	世科姆作物科技（无锡）有限公司
种翼©	咯菌腈	25 g/L FS	水稻、玉米、花生	水稻恶苗病、玉米茎基腐病、花生根腐病	世科姆作物科技（无锡）有限公司
致秀©	嘧菌酯	10%FS	玉米	丝黑穗病	世科姆作物科技（无锡）有限公司
呋喃丹©	克百威	35%悬浮剂	棉花、甜菜、玉米	蚜虫、地下害虫	美国富美实公司
好年冬©	丁硫克百威	350 g/L 干粉衣剂	水稻	稻蓟马	美国富美实公司
全蚀净©	硅噻菌胺	12.5%悬浮剂	冬小麦	全蚀病	孟山都公司
路明卫©	氯虫苯甲酰胺	50%悬浮种衣剂	玉米	小地老虎	杜邦公司
铜农©	克百威+多菌灵	15%悬浮种衣剂	玉米	地下害虫	江苏嘉隆化工有限公司

续表

商标	有效成分	剂型	登记作物	防治对象	生产企业
北农及图©	多菌灵＋克百威＋福美双	35％悬浮种衣剂	大豆	根腐病、蓟马、蚜虫	北农（海利）涿州种衣剂有限公司
帅将©	克百威＋福美双	20％悬浮种衣剂	玉米	地下害虫、苗期茎基腐病	安徽丰乐农化有限责任公司
华阳及图©	克百威＋三唑酮＋福美双	15％悬浮种衣剂	玉米	地老虎、金针虫、茎基腐病、蛴螬、蝼蛄	山东华阳农药化工集团有限公司
颖苗©	咯菌腈	25 g/L悬浮种衣剂	棉花、水稻	立枯病、恶苗病	北京颖泰嘉和生物科技有限公司
苗博士©	咪鲜胺＋吡虫啉	1.3％悬浮种衣剂	水稻	稻蓟马、恶苗病	湖南农大海特农化有限公司
好衣服©	吡虫啉	600 g/L悬浮剂	棉花	蚜虫	济南科赛基农化工有限公司

5.4 我国种衣剂技术发展趋势

尽管种衣剂行业发展很快，但在发展中存在的一些问题必须引起注意，一是用于各类作物的产品数量不匀，有的作物有充足的产品，有的没有或很少。在推广应用中，药企和种企各自为政，缺乏合作。二是在使用中缺少相应的技术服务，以致药害事故屡有发生。尤其是产品加工质量不稳定时，遇到气候变化更易发生事故，故必须加强管理，做好配套技术服务。而造成药害的缘由则与配方组成、原料质量及杂质和加工工艺密切相关。三是由于种衣剂盈利诱人，导致产品优劣参差不齐，并多为仿效国外品种，缺乏自身技术含量，使产品良莠不齐，缺少特色，并在研究中缺乏深入调研，技术含量不足，造成产品存在各种缺陷。基于上述种衣剂行业发展中遇到的问题，我国种衣剂未来发展可以从以下几点出发：

（1）活性成分

开发更广谱、长持效、全新作用机理的活性成分来控制抗性问题。基于对种衣剂深层次的理解，由治到防的理念改变，除了常规的防虫、病、鸟、鼠外，还可以提供抗除草剂的产品。活性成分配方的创新研究思路是根据高毒农药替代等生产实际需要，以不同作物种苗期病虫害发生发展特点及其防治为关键点，筛选高效、低毒、安全的新原药进行二元或三元的药剂复配研究，将生物防治剂引入到种衣剂中，完成复合型种衣剂配方创新研制。在有效使用浓度内，种子包衣后田间试验对靶标生物有良好防效，对幼苗生长安全。

（2）制剂性能

种衣剂制剂的研发趋势是对于种子安全，降低种子的生物学反应，减少包衣水分，提高种子储藏安全性，包衣后种子美观，减少衣膜脱落和粉尘，增强与种子的附着力，药剂易于计量和检测，改善和包衣机的适用性，增加包衣均匀度，增加种子流动性，降低加工和使用后的环境污染，对使用者安全，便于与使用者的沟通和培训。

（3）逆境管理

由于环境的影响以及土壤微环境的改变，对种衣剂的要求更加严苛，因此用于特定或特殊目的的特异性种衣剂将逐渐细分，特异型种衣剂如：提高种子抗旱能力，提高种子耐寒能力，提高种子抗盐碱能力，为种子发芽提供氧分，提高作物自身免疫功能，增强作物根系，增产等。

（4）成膜剂

种衣剂的关键技术一直都是成膜剂的发展，创制新型高分子成膜剂，增强包衣牢固度，提高成膜的色泽，降低种衣在水中的溶解性，对种子发芽出芽安全，提高抗药剂脱落和溶解能力，缩短成膜时间，易于降解，改善与环境的交互都将是成膜剂发展的方向。

5.5 小结

通过对我国种衣剂研发过程中技术演进的分析，可以得知，第一，我国主要申请人是高校和科研院所占主导，生产企业较少，表明我国种衣剂技术商品化的道路还很长，需要加强对高校和科研院所的专利技术的实施转化。第二，真正研发种衣剂中的关键技术成膜剂的专利申请较少，主要还是对现有技术中已知的成膜剂种类进一步应用，并且专利申请中大多是以种衣剂制剂配方作为专利申请的技术主题，导致权利要求技术特征较多，保护范围较小，但是沈阳化工研究院一枝独秀，申请了多件高分子成膜剂，对我国高分子成膜剂发展意义重大。第三，某些申请人在同一时间申请了多件专利，而之后却鲜有专利申请，一方面说明专利申请的集中度较高，另一方面表明技术研发的延续性较差，没有一个申请人是连续多年对该技术领域进行持续的研究，虽然浙江大学和中国农业大学在一段时间内申请了多件专利，但是这些专利彼此之间的延续性较差，需要加强我国主要申请人对该技术的连续性研究。第四，中国农科院植保所成功研发出了微囊悬浮种衣剂，对我国种衣剂制剂的开发具有非常大的激励创新的影响。第五，国外公司已经在我国登记、上市了非常多的种衣剂新产品，而我国目前自主生产销售的种衣剂产品较老，需要进一步加强我国种衣剂产品的研发，加快产品更新换代的速度。第六，我国种衣剂研发主体在开展种衣剂的研究时，需要紧跟种衣剂发展趋势，应从活性成分筛选、成膜剂研发、制剂稳定性和抗逆性方向寻求突破。

致　谢

本文在收集资料和撰写过程中，得到了沈阳化工研究院丑靖宇博士、中华立农张小军博士的亲切指导帮助，在此表示诚挚的谢意，感谢两位师长给予的悉心指点。

参考文献

［1］周可金．种衣技术的应用与发展［J］．中国农学通报，1993，9（6）：35－39.

［2］高仁君，李金玉．种子处理研究进展及其前景．中国化工学会农药专业委员会第九届年会，上海，1998.

［3］李金玉，沈其益，刘桂英，等．中国种衣剂技术进展与展望［J］．农药，1999，38（4）：1－5.

［4］张红辉，石伟勇．种衣剂研究的新进展［J］．种子，2002（2）：39－40.

［5］熊远福，文祝友，江巨鳌，等．农作物种衣剂研究进展［J］．湖南农业大学学报（自然科学版），2004，30（2）：187－192.

［6］雷斌，张云生，许肪，等．种衣剂专利信息分析［J］．安徽农学通报，2006，12（8）：169－171.

［7］张繁，张海清．种子包衣技术研究现状及展望［J］．作物研究，2007，21（5）：531－535.

［8］华乃震．悬浮种衣剂的进展、加工和应用［J］．世界农药，2011，33（1）：50－57.

［9］丑靖宇，李洋，鞠光秀，等．种衣剂用成膜剂分析方法．第三届环境友好型农药制剂加工技术及生产设备研讨会，昆山，2012.

［10］刘西莉．种衣剂的研究与进展．第三届环境友好型农药制剂加工技术及生产设备研讨会，昆山，2012.

［11］翟丽丽，张波，雷斌，等．世界及中国种衣剂专利发展现状分析与思考［J］．中国农学通报，2013，29（26）：213－216.

［12］朱莉莉．种衣剂的分类、生物学效应及存在的问题［J］．农家科技旬刊，2015，（2）：123、155.

反应堆核燃料包壳材料专利技术综述

卑晓峰

第一章　概述

1.1　核材料特点介绍

核反应堆是一种能实现可控自持裂变链式反应的装置（聚变堆还处于理论研究阶段，核反应堆一般指裂变堆），一般主要由核燃料、慢化剂、冷却剂、控制棒组件及其驱动机构、反射层、屏蔽、堆内构件与反应堆压力容器等组成。核反应堆中，核燃料发生裂变链式反应释放的热量被反应堆冷却剂带出堆芯用来产生蒸汽，蒸汽推动汽轮机发电。核反应堆最普遍的是压水堆，压水堆核电厂具有功率密度高、结构紧凑、安全易控、技术成熟、造价和发电成本相对较低等特点，因此它是目前国际上最广泛采用的商用核电厂堆型，占轻水堆核电机组总数的3/4，图1表示压水堆核电厂的工作原理，其中核燃料就处于图中的燃料元件，可以发生裂变放热的材料被包裹在包壳中进行放热，在反应堆工作压力下（约15.5 MPa）保持液态的高温（温度在300～400℃）轻水，作为冷却剂由主泵驱动流经反应堆堆芯的燃料元件时与包壳材料接触，吸收裂变材料产生的热量而升温。当其流经蒸汽发生器传热管的一次侧时，将热量传给传热管另一侧（二次侧）的二回路水，使之转变为蒸汽，驱动汽轮机，带动发电机发电。温度下降了的冷却剂再被送回堆芯，构成一回路循环。

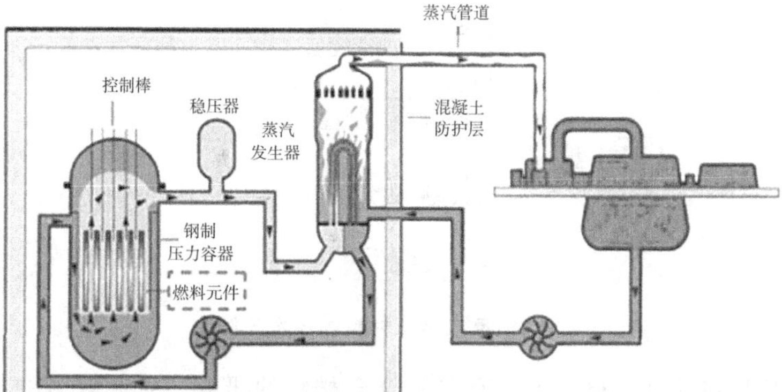

图1　压水堆核电厂的工作原理

反应堆的环境条件具有高温、高压、强辐照、强腐蚀等特点，这导致对反应堆堆内核材料的性能要求极为苛刻，而包壳材料作为高温高压的冷却剂与强辐射源的核燃料的分界面，对其性能的需求更加严苛，同时核电反应堆的发展方向是提高卸料燃耗和运行功率，延长换料周期，以降低核电成本。这就要求增加燃料的燃耗，提高冷却剂的温度并调整冷却剂的 pH 值，使得燃料包壳的工况变得更为苛刻，包壳材料也就随着核电的发展，存在需要提高抗腐蚀、抗拉伸、抗辐射蠕变、抗吸氢脆化性能等问题，包壳材料是堆芯的关键结构材料。

在“十三五”规划中，在“能源发展重大工程”规划核电装机容量要达到 5 800 万千瓦的大背景下，核燃料相关的项目成为重点，“核动力堆用锆合金关键基础研究”是 973 项目，上海大学曾因此获得过“国防科学技术进步一等奖”，其中最主要的锆合金材料就涉及被称为核电的“第 1 道安全屏障”包壳材料，包壳材料的技术发展是提高反应堆运行功率的关键制约技术之一，本文主要对国内外专利文献中的包壳材料相关技术进行分析，梳理专利分布和技术发展脉络。

1.2 包壳材料技术分解

反应堆核材料通常从结构和功能上加以区分，可以分为结构材料和功能材料，功能材料指在核反应过程中起到冷却、载热、控制反应性等具有特定功能的材料，而结构材料则指对反应堆各部件具有支撑或隔离等结构上的材料，具体参见图 2：

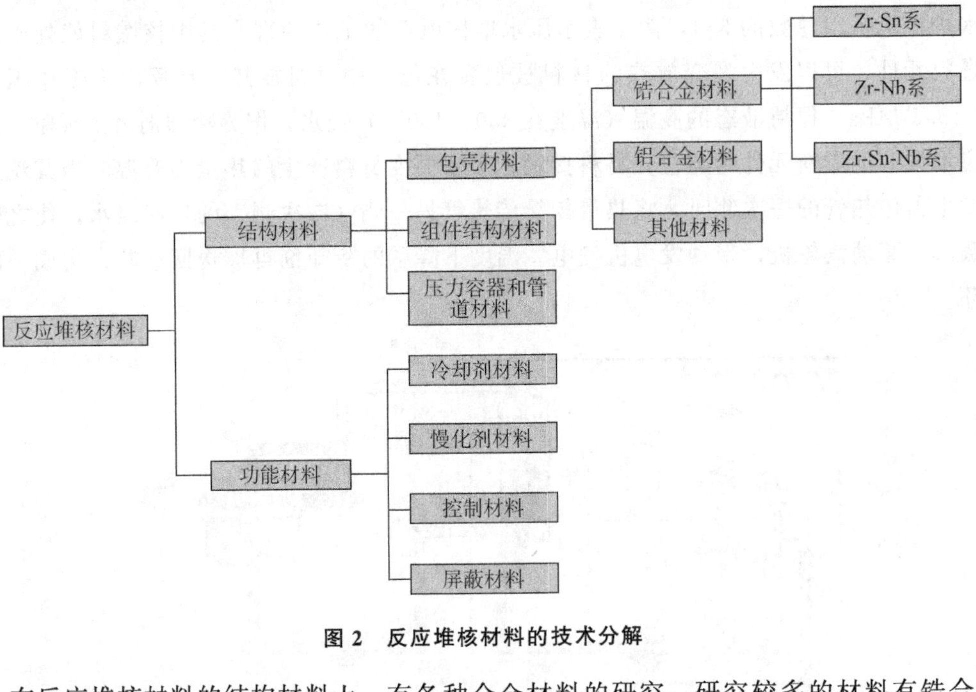

图 2 反应堆核材料的技术分解

在反应堆核材料的结构材料上，有各种合金材料的研究，研究较多的材料有锆合金、不锈钢、铝合金、钒合金、碳化硅及金属复合型等材料，分析专利文献中包壳材料的分布状况如图 3，锆合金相关的专利技术占到了一半以上，另外较集中的材料为不锈钢材料，其他材料中包含早期研究的铝合金、钒合金、镁合金以及近年来研究的碳化硅材料、碳化硅复合材料、锆基非晶态合金以及陶瓷材料等，核反应是通过核燃料的核裂变释放中子，中子轰击周围的核燃料原子核引起新的裂变从而产生自持链式核裂变反应释放能量，所以需要有足够的中子才能够保持核裂变的持续反应，作为包裹核燃料的包壳材料，需要具有热中子吸收界面小的优点，而锆合金具有加工性能好、耐腐蚀性高、机械强度适中等优点，同时锆对 2 200 m/s 的热中子俘获界面只有 $0.18\times10^{-28}\,m^2$，具有热中子吸收截面小的突出优点，能够保证核反应堆中有足够的热中子数量维持反应堆正常运行，是目前实际应用中被世界各国广泛采用的包壳材料，合金总类主要分为 Zr－Sn 系、Zr－Nb 系以及 Zr－Sn－Nb 系，本文主要针对目前商用范围最广的锆合金包壳材料进行分析。

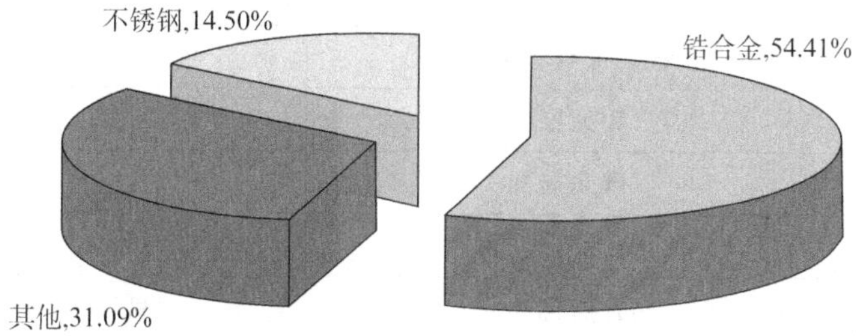

图 3　包壳材料的申请数量分布

第二章　核燃料元件包壳材料的专利情况分析

本文的专利数据统计采用的数据库为 VEN（全球专利）数据库。英文关键词“reactor，core，fuel，canister?，clad＋，cover＋，cas＋，sheath＋，can＋，tube?，putamina＋，shell＋，shuck＋，Zr＋，zirconium，zircalloy，alloy＋，balance?，remainder?，ZIRLO，aluminium，Al，iron＋，steel＋”等进行组合检索，分类号 G21C3/06（燃料元件的结构零部件的壳体或外套）和 G21C 3/07（以它们的材料为特征，如合金）作为分类检索。检索时间截至 2016 年 5 月 20 日。经过上述检索后在 VEN 库一共得出壳体材料相关专利文献 1639 篇，对其进行进一步的文献筛选，得出壳体材料直接相关的总体技术的分析样本 952 篇，锆材料技术分析样本 518 篇，具体分布状况如表 1 所示，本文的分析重点为锆合金，针对发明点涉及锆合金的合金元素配比的专利文献进行了详细标引。

表 1　包壳材料专利文献主要涉及的材料申请占比

主要材料	申请量占比
锆合金	54.41%
其他（钒钡合金等在下面单独列出）	26.79%
不锈钢	14.50%
钒钡合金	1.26%

续表

主要材料	申请量占比
铝合金	0.84%
铍合金	0.42%
镁合金	0.32%
锆基非晶态合金	0.21%
陶瓷	0.21%
氧化铝	0.21%
锆铌合金套层	0.11%
钼夹层	0.11%
碳化硅	0.11%
碳化硅复合材料	0.11%
陶瓷碳化硅	0.11%

本文还特别针对在中国的申请进行针对性分析，采用的数据库为CNABS（中国专利摘要）数据库，检索主要选择中文关键词“反应堆，燃料，组件，元件，壳，管，吸氢，脆化，腐蚀，蠕变，肿胀，合金，锆，碳化硅，不锈钢”等进行组合检索，分类号G21C3/06（燃料元件的结构零部件的壳体或外套）和G21C 3/07（以它们的材料为特征，例如合金）作为分类检索，检索时间截止至2016年5月20日。经过上述检索后在CNABS库一共得出壳体材料相关专利文献219篇，对其进行进一步的文献筛选，得出壳体材料直接相关的技术分析样本181篇，经过对比分析，这部分主要的专利文献已经涵盖在VEN的中文数据当中，本文主要的数据分析是按照VEN的数据结果进行的。

2.1 专利申请趋势分析

图4为核燃料包壳材料的申请趋势分布，核燃料包壳的第一份专利申请是早在1952年由美国原子能委员会（1946—1974年存在的一个美国机构，负责核能的开发和利用，1974年改组废除）提出，其包壳材料采用锆锡系（Zr－Sn）合金，限定的锡含量比重上限为15%，在锆中加入锡可以抵消锆中有害杂质对其耐腐蚀性能的劣化，这也是早期研发的锆合金的特点，后续的申请量逐渐增长，但在两次核事故（三里岛核事故以及切尔诺贝利核事故）附近申请量都有一定回落，这些事件动摇了很多国家发展核技术的信心，但另一方面也在一定程度上推动了对核安全材料的思考和改进，总体而言，包壳材料的申请趋势是随着核电技术的发展，呈现了波浪形态的增长趋势，进入21世纪后，随着新一代核电的研发热情，近10年基本保持稳定数量的申请量。

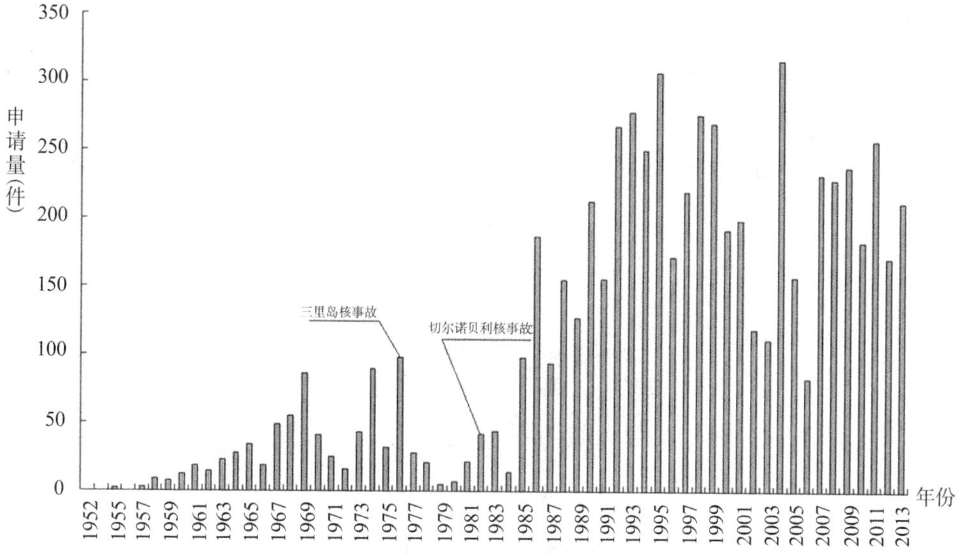

图4 核燃料包壳材料的申请趋势分布

从图5可以看出国内的申请起步较晚，但从2007年开始，申请量开始快速增长，国内申请量占总申请量的百分比呈现持续增长，并且进一步分析国内申请量与总申请量的相关性系数（图中的correlation值）相关性并不强，说明近年来国内对包壳材料的关注热情明显高于世界平均水平，这应当与近年来国内“加强核燃料保障体系建设”的重点项目相关。

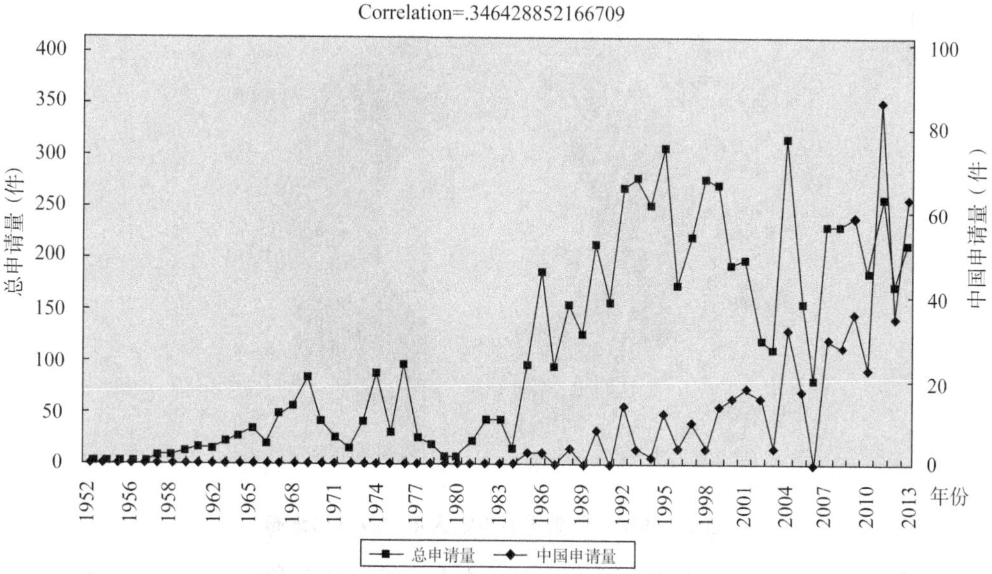

图5 国内的申请量与总申请量趋势分布及相关性

2.2 专利申请国别分布及主要申请人分析

2.2.1 专利申请国别分布

在对国内外申请量的趋势进行分析后，现针对具体的专利申请国别进行分析，图6为核燃料包壳的国别分布分析，可见日本申请量最多，其次为美国、韩国、德国、法国和中国。

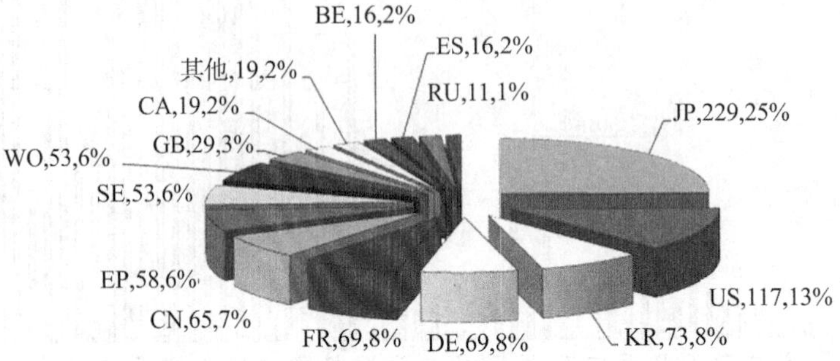

图6 核燃料包壳各国申请量占比分布

2.2.2 全球主要申请人分析

从申请数量上分析，如图7，美国的西屋、法国的原子能委员会和法玛通等这些传统巨头在申请数量上理所应当地保持着数量优势，而日本虽然总体申请量很多，但具体到日立、核燃料循环开发机构、住友、三菱以及东芝等各公司，每个公司在数量上并没优势。

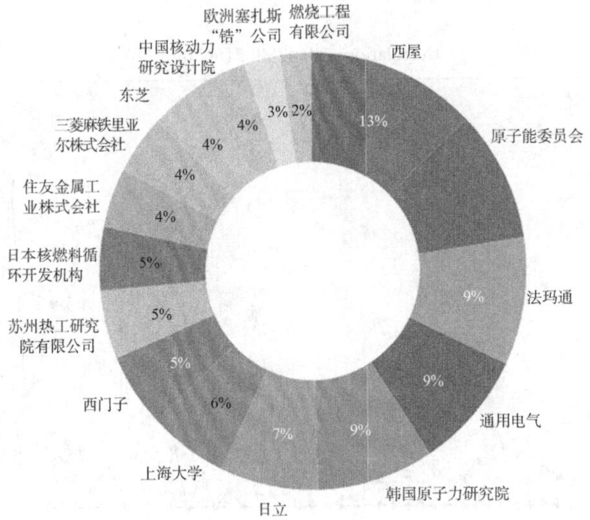

图7 核燃料包壳主要申请人申请量占比分布

进一步分析这些国家的主要申请人（考虑法人或组织类专利权人，不考虑自然人）如表2，主要申请人分布一方面可以反映主要国家的重点机构的专利保护范围，另一方面也可以反映世界各国对该国家/地区市场的重视程度。从表2中可以看出，中国的申请机构在数量上已经具有了优势，法国和美国是核技术大国，其重点核能企业均在全球进行了专利布局，尤其是法国的法玛通和美国的西屋公司，在核能大国基本都能看到他们的专利身影，而实际上目前的燃料元件和组件的技术也基本上被这两个公司所垄断，而在国内虽然国内单位的申请有数量优势，但完全没有国外布局。

表 2 主要申请人在各国家的布局分析

受理国	申请机构	申请数量（VEN 库）	所属国家
中国	上海大学	18	中国
	中国核动力研究设计院	17	中国
	苏州热工研究院有限公司	15	中国
	西屋	13	美国
	法玛通	12	法国
德国	通用电气	15	美国
	法玛通公司	7	法国
	西门子	5	德国
	西屋电气	4	美国
	原子能委员会	3	法国
法国	原子能委员会	14	法国
	法玛通公司	9	法国
	欧洲塞扎斯“锆”公司	8	法国
	西屋电气	2	美国
	通用公司	2	美国
日本	日立	22	日本
	日本核燃料循环开发机构	14	日本
	三菱麻铁里亚尔株式会社	13	日本
	住友金属工业株式会社	13	日本
	东芝	12	日本
韩国	韩国原子力研究院	21	韩国
	原子能委员会	12	法国
	西屋	10	美国
美国	西门子	11	德国
	通用电气	9	美国
	西屋电气	9	美国
	燃烧工程有限公司	7	美国
	韩国原子力研究院	5	韩国

2.2.3 国内主要申请人分析

针对国内申请人进行针对性分析，参见图8，可见西屋公司最早在1985年就在中国申请了锆合金包壳材料的专利，并且到目前为止也一直有稳定的申请数量，另外，法玛通公司在2006年之前在我国进行了专利布局，但在2006年之后则未见继续申请，可能是因为国内的燃料组件技术主要从西屋公司引进有关，而国内申请量主要是2007年以后开始猛增，主要以上海大学，苏州热工研究院以及中国核动力研究设计院为代表，这种数量上的异军突起应该是与国内发起的“堆用锆合金关键基础研究”项目有关，中国核动力研究设计院为该项目责任单位，而上海大学和苏州热工研究院可能是主要的参加单位，后续在技术发展脉络梳理中，会进一步对国内的技术脉络进行分析。

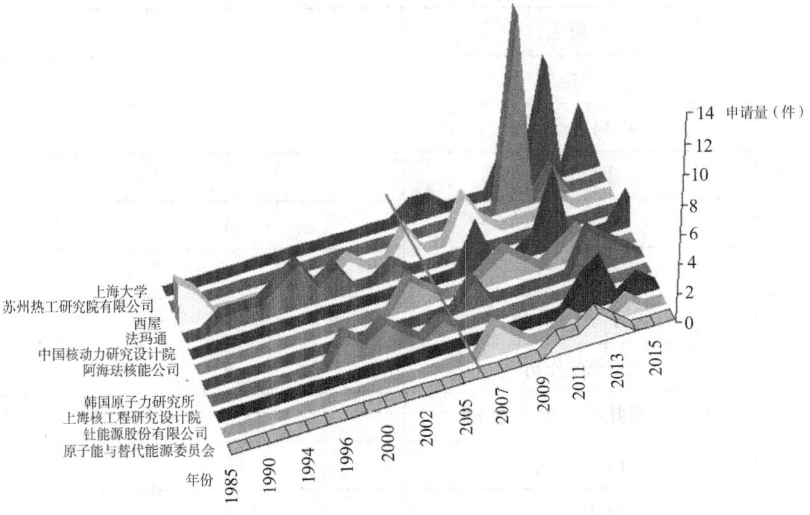

图8 国内申请人分析

第三章 锆合金包壳材料的技术分支及发展脉络分析

3.1 锆合金包壳材料的技术分支及技术要素分析

3.1.1 Zr－Sn系锆合金包壳材料

锆合金是目前应用最广泛的包壳材料，需要对抗腐蚀、抗拉伸、抗辐射蠕变、抗吸氢脆化等性能进行不断改进。纯锆本身就具有良好的机械性能和耐腐蚀性能，但在冶炼和后续的加工过程中难免会引入C，N，Hf，Al，Si等杂质元素，导致其耐腐蚀性能下降。20世纪40年代初，科研工作者发现，Sn的添加可以抵消C，N等杂质元素对锆的腐蚀性能造成的不利影响，同时Sn的添加还可以稳定a－Zr，扩大金属锆的使用温度范围。基于此，美国成功开发了第一代锆合金，即Zr－1合金，Zr－1合金耐腐蚀性能虽优于工业纯锆，但实际在反应堆中使用时，腐蚀性能仍达不到工程应用要求，所以Zr－1合金并未得到广泛的应用，而Sn的含量也成为锆合金包壳材料中重要的技术要素；如上文中提到的最早的关于锆合金包壳材料的专利申请就仅对 Sn 的含量做出了限定。20 世纪 40 年代中期，美国人在熔炼 Zr－1 合金时，由于使用的坩埚材质为不锈钢，不慎在 Zr－1 合金中引入了 Fe、Cr、Ni 杂质，但没有料到这一偶然的失误却得到了一种具有良好腐蚀性能的新型锆合金 Zr－2，Fe、Cr、Ni 的引入对锆有强化作用，Zr－2 合金也成为当时被广泛应用的包壳材料。Sn 元素虽然可以提高锆的强度、抗蠕变性能和抵消杂质元素 N 的有害作用，但 Sn 含量过高反而会使合金的腐蚀性能下降，后来研究人员在 Zr－2 合金的成分上大大降低了 Sn 的含量，发展了 Zr－3 合金，该合金的耐腐蚀性能和强度却因为未知原因均不如 Zr－2 合金，所以未被实际应用。Fe、Cr、Ni 的偶然引入虽然起到了预料不到的技术效果，得到了性能良好的 Zr－2 合金包壳材料，但在实际应用过程中发现 Zr－2 合金在高温下腐蚀时容易吸氢，造成合金的脆化（称为“氢脆”），如美国萨凡纳河反应堆中的 Zr－2 合金包壳管就因“氢脆”的原因而造成了早期破损事故，随后又有多起因“氢脆”而导致的反应堆燃料元件破损事故的报道，研究发现 Ni 元素会造成锆合金吸氢，所以改进方向为降低 Ni 元素，但其对锆强化作用的性能也随之受到影响，于是通过适当增加 Fe 含量以补偿降低 Ni 元素造成的锆合金力学性能丧失，由此也开发出目前最为广泛应用的 Zr－4 合金包壳材料，所以 Fe 和 Ni 的含量也成为锆合金包壳材料中重要的技术要素；随着锆冶金技术的不断提高，杂质元素的含量越来越低，作为抵消杂质元素不利影响的合金化元素 Sn 的作用越来越不明显，并且过高的 Sn 含量直接导致锆合金的腐蚀性能急剧下降。后续又研究降低 Zr－4 合金中的 Sn 含量，同时提高 Fe、Cr 元素含量，得到了改进型的 Zr－4，称为低锡 Zr－4，因此 Sn 含量和 Fe 含量的相对配比也成为锆合金包壳材料中重要的技术要素。以上技术路线均是在 Zr 中加入 Sn 发展而来，通常归类为 Zr－Sn 系分支，在该线路中，Sn、Fe、Ni 元素的含量是关键的技术要素。

3.1.2 Zr－Nb 系锆合金包壳材料

在锆合金的研发过程中，西方国家侧重于发展 Zr－Sn 系合金，而苏联则发展了另一系列锆合金线路，发现 Nb 元素的热中子吸收截面较小，不仅可减少合金的吸氢量，而且可消除 Ti、C、Al 等杂质元素对锆合金耐腐蚀性能的危害，此外，Nb 元素还具有强化合金的作用，由此通过不在 Zr 合金中添加 Sn 元素，而添加 Nb 元素形成了 Zr－Nb 系合金，典型的代表是目前已经商用的法国开发的 M5 合金，因此，在该技术线路中，Nb 元素的含量也成为锆合金包壳材料中关键的技术要素。

3.1.3 Zr－Sn－Nb 系锆合金包壳材料

随着核电事业的迅速发展，出于经济、环境等多种因素的考虑，“高燃耗”被提上了日程。“高燃耗”要求提高核燃料的使用周期，减少核废料对环境造成的污染，这就对作为包壳材料的锆合金提出了更高的性能要求。例如，燃耗在 30 GWd/tU 以下时，常规 Zr－4 合金作为包壳材料可以达到要求，燃耗在 40～50GWd/tU，低锡 Zr－4 可以满足要求，但是当燃耗提高到 60GWd/tU 时，低锡 Zr－4 也已不能达到要求，由此在改进上述两条技术路线的同时，开始把原先作为辅助元素的 Nb 提到与 Sn 相似的地位，研究融合 Zr－Sn 系和Zr—Nb锡合金优点的Zr—Sn—Nb系锆合金包壳材料，最具代表性的是美国西屋公司于20世纪70年代中后期开发的ZIRLO合金，同时添加了Sn元素和Nb元素，并取得了非常良好的性能，因此在该技术线路中，Sn和Nb元素的含量是关键的技术要素。

综上，技术分支、技术要素及各自特点整理如表3。

表3 技术要素及各自特点汇总

技术分支	技术要素	元素优点	元素缺点
Zr—Sn系	Sn元素含量	提高锆强度、抗辐射蠕变和抵消杂质元素N的有害作用	降低耐腐蚀性能
	Fe元素含量	强化合金强度，改善抗辐射蠕变能力	降低塑性
	Ni元素含量	强化合金强度，改善抗辐射蠕变能力	吸氢
Zr—Nb系	Nb元素含量	强化作用较高，可消除C、Ti、Al等杂质的有害作用，减少吸氢	含量在一定范围内会降低腐蚀性增加吸氢
Zr—Sn—Nb系	Sn元素含量	提高锆强度、抗辐射蠕变和抵消元素N的有害作用	降低耐腐蚀性能
	Nb元素含量	强化作用较高，可消除C、Ti、Al等杂质的有害作用，减少吸氢	含量在一定范围内会降低腐蚀性增加吸氢

3.2 锆合金包壳材料主要技术改进方式及改进热点分析

在专利标引中发现，目前锆合金的技术改进点大多是在上述的三大技术分支中采用已经研发出的锆合金的基础上进行，主要包括：(1) 配比上的改进：合金成分含量的调整及优化设计；在现有锆合金的基础上添加新的合金元素，提出新的合金成分；(2) 制造方法上的改进，即通过控制和调整热加工工艺制度，调整锆合金基体内相的大小和分布，从而在现行的工艺制度基础上进一步提高锆合金的耐腐蚀性能；(3) 结构上的改进：通过涂层技术在现有包壳上进行表面改进，或者通过套层结构（包括夹层）以针对面对燃料的合金面和面对冷却剂的合金面发挥各自不同性能的合金优势。

分析锆合金作为包壳材料相关申请技术方案的分布如图9，涉及元素配比的申请占到56%，制造方法类的申请占到29%，其余为涉及结构上的改进。

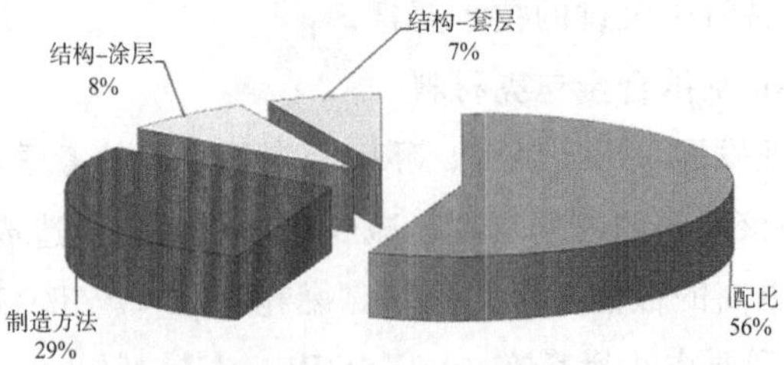

图9 锆合金包壳材料主要技术方案申请量占比分布

在此基础上筛选出元素配比相关的专利文献，并通过进一步分支路线标引，得到能够直接从配比确定技术分支路线的锆合金包壳相关专利文献 260 篇，针对以上三个路线分支的申请量和申请趋势进行分析如图 10 和图 11，从整体数量上看，Zr－Sn－Nb 系的专利文献数量占到 47%，而 Zr－Sn 系的数量稍少，占到 38%，Zr－Nb 系的数量仅为 15%，这可能与大量使用过的典型锆合金包壳材料的 Zr－4（Zr－Sn 系）和 ZIRLO（Zr－Sn－Nb 系）合金包壳有关。

而从时间与申请量的趋势图上看，Zr－Nb 系路线起步稍晚，但后续一直保持相对稳定数量的申请量，而 Zr－Sn 系和 Zr－Sn－Nb 系在初期就保持了伯仲之间的申请量，但在 20 世纪 80 年代中后期 Zr－Sn 系路线占据绝对优势，这可能与 Zr－4 合金的大范围商用有关，而随着时间的推移，“高燃耗”的核电需求导致了预期融合 Zr－Sn 系和 Zr－Nb 系优点的 Zr－Sn－Nb 系相关技术路线在近年来开始占据数量优势。

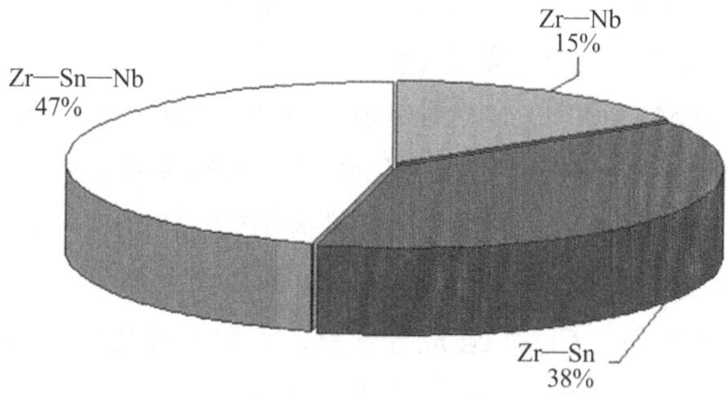

图 10　三个主要分支申请量占比分布

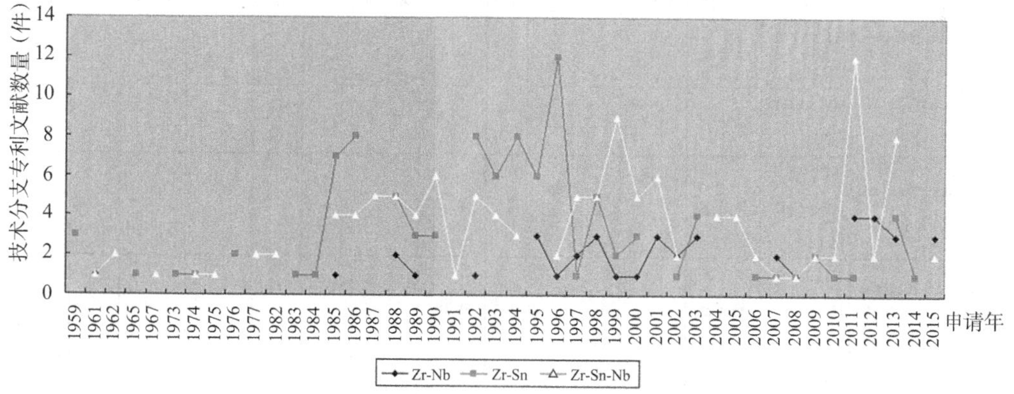

图 11　三个主要分支申请量趋势分布

3.3　锆合金包壳材料各技术分支技术发展脉络分析

用上述标引得到的专利文献中发明点为元素配比直接相关的专利文献进行技术脉络的梳理，因为元素含量在上限值限定上能够体现发明点，因此在分析中均取技术方案中限定的元素含量的质量百分比上限值（以下图表中的数值均为元素含量质量百分比上限值），分析发现元素含量在整体上并没有绝对大小方向上的改进（Zr－Sn－Nb 系在分析后发现最近具有向低 Sn 方向的发展趋势），这里主要通过分析申请量具有绝对优势的并且具有代表性的国际巨头公司/机构的专利申请配比方案来梳理锆合金包壳材料在三大技术分支上的技术发展脉络。

3.3.1 Zr－Sn 系锆合金包壳材料

通过标引得到发明点为元素配比的 Zr－Sn 系锆合金包壳材料相关专利文献共 94 篇，统计申请人的申请数量，发现日立、法玛通、西屋、通用、上海大学的申请数量最多，除了上海大学以外，其他公司均为行业内锆合金包壳技术处于引导地位的大公司，技术方案具有一定代表性，用以上申请量最多的公司或单位的专利进行技术脉络分析。

统计日立公司的专利申请如表 4（下述表中都是按照申请日期的先后从上到下依次排列），可以看出其申请的时间跨度从 1983 年到 2014 年，正如整体数据分析上没有某元素明显地朝某方向发展的趋势一样，其 Sn 含量的上限值也并没有向某一个方向持续改进，其技术方案中的 2%和 1.7%上限设置是 Zr－Sn 系锆合金包壳材料典型的上限设定，值得注意的是在公开号为 JP5430993B2 的专利申请中将 Sn 含量上限降到 0.16%，但上文也分析过，如果 Sn 含量降低则会使得杂质的劣化作用得不到抑制，所以在该方案中进一步限定了氮、碳以及铪这些杂质的上限，而在公开号为 JP2001074872 的专利申请中将 Sn 含量上限提高到 3%，同时通过添加钒元素来提高抗腐蚀性能，除以上较特殊的两个技术方案以外，整体而言都是通过 Fe、Cr 和 Ni 成分含量的调整来优化性能或者在现有锆合金的基础上添加新的合金元素（铈和钒）来提出新的合金成分。

表 4 Zr－Sn 系包壳材料日立公司主要技术方案分析

年代	公开号	申请日	申请人	主要材料	锡（Sn）	铌（Nb）	铁（Fe）	铬（Cr）	镍（Ni）	氧	硅	铈（Ce）	钒（V）	氮	碳	铪
1980	JPS6043450	1983.08.16	HITACHI LTD	锆合金	2		0.3	0.2	0.1							
	JPS6196048	1984.10.17	HITACHI LTD	锆合金	1.7		0.2	0.15	0.08	0.14						
	CA1230805	1985.02.06	(HITA) HITACHI LTD	锆合金	2		0.2	0.2	0.1							
	JPH0625389B2	1986.12.09	(HITA) HITACHI LTD	锆合金	2		0.35	0.15	0.16							
1990	EP0533186	1992.09.21	(HITA) HITACHI LTD	锆合金	2		0.35		0.16							
	JPH09113682	1993.02.22	(HITA) HITACHI LTD	锆合金	1.7		0.2	0.15	0.38			0.3				
	JP2001074872	1999.08.31	(HITA) HITACHI LTD	锆合金	3		0.3	0.15	0.2				0.5			

续表

年代	公开号	申请日	申请人	主要材料	锡 (Sn)	铌 (Nb)	铁 (Fe)	铬 (Cr)	镍 (Ni)	氧	硅	铈 (Ce)	钒 (V)	氮	碳	铪
2000	JP2005146381	2003.11.18	(HITA) HITACHI LTD	锆合金	1.7		0.2	0.15	0.08							
	JP5430993B2	2009.03.27	(HITA) HITACHI LTD	锆合金	0.16		0.3		0.3	0.16				0.008	0.025	0.01
2010	MX2010012817	2010.11.24	(GENE) GEHITACHI NUCLEAR ENERGY AMERICAS LLC	锆合金	1.3		0.25	0.65		0.2	0.02				0.02	
	JP2015134946	2014.01.17	(GENE) HITACHIGE NUCLEAR ENERGY LTD	锆合金	2		0.55	0.15	0.16							

横向比较上述代表性公司最早和最晚的专利申请中的典型技术方案如表5，可以看到，Zr—Sn系合金配比技术方案中曾预期调低Sn的含量，但与Zr—3的研究路线类似，性能上并没有特别明显的优势，所以在近年来又回到主流的Sn含量，值得注意的是，作为“堆用锆合金关键基础研究”项目（2012年国家科技进步二等奖）的主要参加单位上海大学，在主流的配比方案上提出Ge元素的加入，他们认为热中子吸收截面是选择添加合金元素时要考虑的一个重要性能指标，Ge的热中子吸收截面小，同时Ge在α—Zr中的固溶度比较大，并且对耐腐蚀性能有益，是合适添加的元素。

表5　Zr—Sn系包壳材料各主要公司典型技术方案分析

年代	公开号	申请日	申请人	主要材料	辅助手段	技术分支	锡	铌	铁	铬	镍	氧	硫	硅	碳	锗
1980	CA1080513	1976.11.13	通用	锆合金	制造方法—配比	Zr—Sn	1.5		0.2	0.1		0.1				
	JPS6043450	1983.08.16	日立	锆合金	配比—结构—涂层(铌)	Zr—Sn	2		0.3	0.2	0.1					
	ES546854D0	1985.09.10	西屋	锆合金	配比和结构—内外表面	Zr—Sn	0.6		0.3		0.3	0.07				

续表

年代	公开号	申请日	申请人	主要材料	辅助手段	技术分支	锡	铌	铁	铬	镍	氧	硫	硅	碳	锗
1990	FR2686445B1	1992.01.17	法玛通	锆合金	配比	Zr—Sn	0.65		0.25	0.13		0.23				
	DE69521322T	1995.09.07	西屋	锆合金	配比	Zr—Sn	0.95		0.5							
	ES2206480T	1995.11.03	通用	锆合金	配比—结构—内外表面	Zr—Sn	1.7		0.09	0.05	0.04	0.15				
	EP0908897	1998.08.19	法玛通	锆合金	配比	Zr—Sn	1.8		0.65			0.22		0.015	0.02	
2000	CN102766778B	2011.05.04	上海大学	锆合金	配比	Zr—Sn	1.5		0.4	0.3						0.8
	CN103451476	2013.09.05	上海大学	锆合金	配比	Zr—Sn	1.5		0.5	0.2			0.1			
	JP2015134946	2014.01.17	日立	锆合金	配比	Zr—Sn	2		0.55	0.15	0.16					

通过上述分析可以发现，Zr—Sn系锆合金包壳材料的发展似乎经历了调低Sn含量的尝试，与Zr—3一样，这种技术方案并未得到成功，近年来又回归到主流的Sn元素比例甚至有进一步提高的趋势，同时还会通过添加其他元素（在标引中发现的已经公开的可用于添加的元素包括钒、锗、铋、铈、碲、镓等）来提高Zr—Sn系锆合金包壳材料的性能，在方法上一般通过控制和调整热加工工艺制度来调整锆合金基体内相的大小和分布，从而在现行的工艺制度基础上进一步提高锆合金的耐腐蚀性能。

3.3.2 Zr—Nb系锆合金包壳材料

Zr—Nb系的申请量在三个技术分支中最少，属于偏冷门的研究方向，通过标引得到发明点相关的专利文献40篇，统计申请人的申请数量，发现上海大学、韩国原子能委员会、日本的住友金属工业株式会社以及法玛通公司的申请数量最多，与Zr—Sn系一样，除了上海大学以外，其他公司均为行业内锆合金包壳技术处于引导地位的大公司，技术方案具有一定代表性，由于该分支的专利申请相对较少，则采用横向比较上述代表性公司和单位最早和最晚的专利申请中的典型技术方案进行专利技术脉络分析，如表6所示。

表 6　Zr—Nb 系包壳材料各主要公司典型技术方案分析

年代	公开号	申请日	申请人	技术分支	锡	铌	铁	铬	镍	氧	铜	铋	锗	钼
1980↓	JPH09227973	1961.02.02	(SUMQ) SUMITOMO METAL IND LTD	Zr—Nb		1	0.35	0.14	0.1	0.16				
	KR20130098622	1985.01.22	(KAER) KOREA ATOMIC ENERGY RES INST	Zr—Nb		1.6	0.6	0.15		0.15	0.3			
1990↓	OE69502081T	1995.12.26	FRAMATOME SA	Zr—Nb		1.3	0.025			0.16				
	JP3389018B2	1996.08.02	(SUMQ) SUMITOMO METAL IND LTD	Zr—Nb		1.5			0.2					
	US6319339	1998.04.03	(FRAM-N) FRAMATOME ANP INC	Zr—Nb		3				0.09				1.5
2000↓	SE0203198D0	2002.10.30	WESTINGHOUSE ATOM AB	Zr—Nb		2.4	0.2							
	SE525808	2008.11.04	(WESE) WESTINGHOUSE ATOM AB	Zr—Nb		1.2	0.06			0.17				
2010↓	CN102925750B	2012.10.25	(USHN) UNIV SHANGHAI	Zr—Nb		1.2							0.2	
	US9111650	2013.01.24	(KAER) KOREA ATOMIC ENERGY RES INST	Zr—Nb		2	0.4	0.2		0.15	0.2			
	CN105400997	2015.12.09	(USHN) UNIV SHANGHAI	Zr—Nb		1.1						0.6	0.08	

可以发现，日本的住友金属工业株式会社在1961年最早申请的公开号为JPH09227973的合金配比就是后来该系列分支典型合金M5合金的原型，其后各公司也对Nb含量的提升进行了尝试，西屋和法玛通两巨头分别尝试过将Nb含量提升到3%和2.4%，但在业内没有成为主流方向，后续还是回归到2%以下的主流研究范围，值得注意的是，该分支下在1985年韩国原子能委员会提出的配比方案中就有铜元素的添加，实际上铜元素对提高Zr－Nb系锆合金的强度非常有益，在2013年韩国原子能委员会也再次提出基于添加铜元素的Zr－Nb系锆合金包壳配比方案，而上海大学也坚持自己热中子吸收截面是选择添加合金元素时重要性能指标的原则，与Zr－Sn系一样，在Zr－Nb系中也提出了添加锗和铋的配比方案，而铋和Ge一样对热中子吸收截面小，同时也在α－Zr中的固溶度比较大，对耐腐蚀性能有益。

3.3.3 Zr－Sn－Nb系锆合金包壳材料

Zr－Sn－Nb系的申请量在三个技术分支中最多，属于近年来最热门的研究方向，通过标引得到发明点相关的专利文献126篇，其元素配比更加复杂，在对Sn、Nb元素含量进行分析后发现，Sn元素含量有向降低方向发展的趋势（如图12，横坐标中相同年份按申请日先后排序，图13中相同），而Nb元素含量也稍有向增大的方向发展（如图13），这种趋势可能意味着目前的研究趋势与适当降低Sn元素的含量有关，同时Zr－Sn－Nb系锆合金包壳材料中的Sn+Nb总量又不能太低，否则会影响耐腐蚀性能。

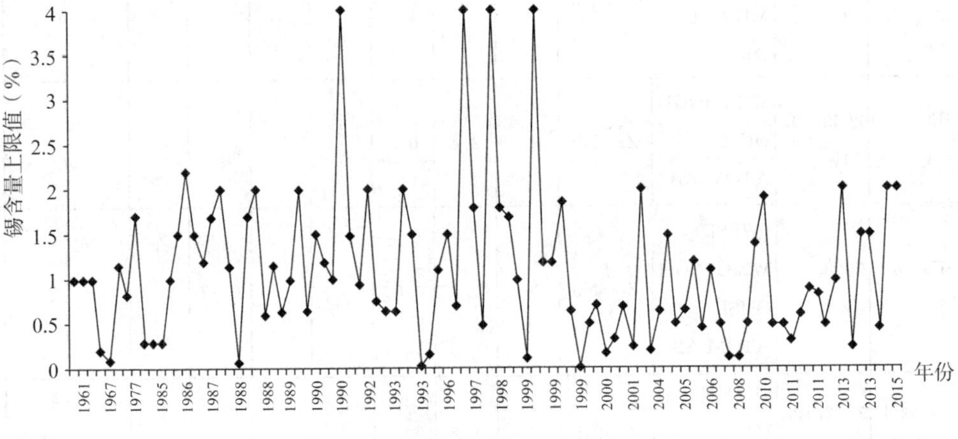

图12 锡元素含量趋势

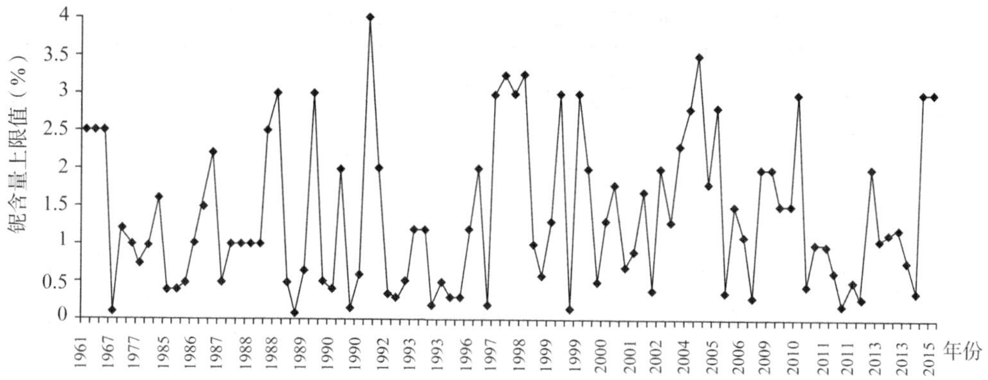

图 13　铌元素含量趋势

再从主要申请人的角度出发，统计申请人的申请数量，发现西屋公司在申请量上占有绝对的优势，而西屋公司也正是目前使用最广泛的 Zr－Sn－Nb 系合金 ZIRLO 合金的技术发明人，因此其技术方案应当是最具有代表性的，分析其技术方案如表 7，可以看出其申请的时间跨度从 1989 年到 2006 年，正如上述分析，其 Sn 含量有向低限值的方向改进的趋势，而 Nb 含量也有与 Sn 相配合的趋势，并且在公开号为 JPH0390527 以及 US5266131 中有限定 C 的含量，而在最新申请的 JP2006265725 以及 TW200641149 中均加入了铜元素和钒元素，这两种元素可能会成为该技术分支的改进点。另外值得注意的是，西屋公司的申请大多为国际申请，其中公开号为 SE0202478D0 的专利申请在我国、欧洲各国、日本、澳大利亚、俄罗斯均进行了布局，并且该专利正是目前第三代核电中最广泛使用的 ZIRLO 合金，在分析中发现，我国虽然起步较晚，但中广核集团在近年来也申请了 12 篇有关的 Zr－Sn－Nb 系合金的专利申请，在 ZIRLO 的配比上进行了铜含量和氧含量的优化，在个别技术方案上参照上海大学加入了铋和锗元素，该分支从整体技术发展上而言，也与上述两个分支一样，均通过合金成分含量的调整及优化设计或者在现有锆合金的基础上添加新的合金元素，提出新的合金成分，但总体而言并没有集中性的或者创造性的技术脉络关键点出现。

表7　Zr－Sn－Nb系包壳材料西屋公司主要技术方案分析

	公开号	公开日	申请日	技术分支	锡(Sn)	铌(Nb)	铁(Fe)	铬(Cr)	镍(Ni)	氧	铜	钒(V)	碳	是否为国际申请
1980↓	CN1005663B	19891101	1985.09.10	Zr－Nb－Sn	0.3	0.4	0.2	0.05	0.05	0.12				否
	US4814136	19890321	1987.10.28	Zr－Nb－Sn	2	1		1						是
	JPS63284490	19881121	1988.03.31	Zr－Nb－Sn	1.7	2.5	0.2	0.15	0.8					是
	EP0195154B1	19891227	1988.08.10	Zr－Nb－Sn	0.6	0.5								是
1990↓	JPH0390527	19910416	1990.08.06	Zr－Nb－Sn	1.5	2	0.14	0.07	0.07				0.022	是
	US526613	19931130	1992.03.06	Zr－Nb－Sn	1.5	2	0.028						0.02	是
2000↓	CN1152146C	20040602	2001.01.19	Zr－Nb－Sn	0.4	0.94	0.4							是
	SE0202478D0	20020819	2002.08.19	Zr－Nb－Sn	0.25	2	0.5							是
	JP2006265725	20061005	2006.02.21	Zr－Nb－Sn	0.45	1.5	0.45	0.5	0.1		0.3	0.3		是
2010↓	TW200641149	20061201	2011.06.16	Zr－Nb－Sb	0.3	0.97	0.05	0.2			0.12	0.18		是

3.3.4　国内锆合金包壳材料的专利技术脉络分析

上文中已经分析过，上海大学、苏州热工研究院以及中国核动力研究设计院是国内对锆合金包壳材料的主要研究单位，均参加了同一个锆合金国产化项目，苏州热工研究院有限公司主要在现有的锆合金基础上进行成分调整及优化来提高锆合金的综合性能，而上海大学和中国核动力研究设计院的申请中都涉及新合金元素的添加和制备工艺上的改进，下面以申请量最大的上海大学作为分析对象，其主要专利申请涉及的技术方案如表8。可见在2013年之前，其技术方案大部分还是在现有的锆合金基础上进行成分调整及优化来提高锆合金的综合性能，并通过在目前国内普遍采用传统工艺即电子束熔炼法或自耗真空电弧熔炼法的现有制备工艺的条件下通过控制和调整热加工工艺，调整锆合金基体内相的大小和分布，从而在现行的工艺基础上进一步提高锆合金的耐腐蚀性能，但在2013年之后申请的专利技术中，均是通过添加新的合金元素并同时通过其他元素的优化来提出新的合金成分，尤其是最近集中在Bi、Ge、Cu元素的添加上，这与上述分析的国际主流趋势也是寻找新合金元素来提出更高性能的锆合金包壳材料是一致的，但是国内单位具体添加的元素与上述分析的西屋公司的技术发展脉络并不重合。

表 8　上海大学包壳材料主要技术方案分析

时间段	公开号	申请日	发明点	新元素
2010年之前	CN1827813A	2006.3.30	Zr—Nb 系，添加 Cu，退火方法	Cu
	CN101117677A	2007.9.13	Zr—Sn—Nb 系	
2013年之前	CN102605213A	2011.12.20	Zr—Sn—Nb 系，添加 Ge	Ge
	CN102766778A	2011.5.4	Zr—Sn—Nb 系	
	CN102230110A	2011.7.7	Zr—Sn—Nb 系	
	CN102925750A	2012.10.25	Zr—Nb 系，添加 Ge	Ge
Now	CN103074521A	2013.1.16	Zr—Sn 系，添加钯	Pd
	CN103451473A	2013.9.2	Zr—Sn—Nb 系，添加 Cu 和 Ge	Cu，Ge
	CN103643083A	2013.9.2	Zr—Sn 系，添加 Cu 和 Ge	Cu，Ge
	CN103469010A	2013.9.5	Zr—Sn—Nb 系，添加 S	S
	CN103589910A	2013.9.5	Zr—Nb 系，添加 S	S
	CN103451475A	2013.9.5	Zr—Sn—Nb 系，添加 S	S
	CN103451474A	2013.9.5	Zr—Nb 系，添加 Bi 和 Si	Bi，Si
	CN103451476A	2013.9.5	Zr—Sn 系，添加 S	S
	CN105483444A	2015.12.9	Zr—Nb 系，添加 Bi 和 Ge	Bi，Ge
	CN105400997A	2015.12.9	Zr—Nb 系，添加 Bi 和 Ge	Bi，Ge
	CN105483443A	2015.12.9	Zr—Nb 系，添加 Cu 和 Ge	Cu，Ge
	CN105018794A	2015.7.9	Zr—Nb 系，添加 Cu 和 Bi	Cu，Bi

第四章　结论与启示

专利布局方面：从总申请量来看，日本、美国、韩国、德国、法国依次排在前 5 位，国内申请虽然起步较晚，但在近年来由于包壳材料国产化的需求，国内也进行了一定数量的申请，排在法国之后的第 6 位，但与各巨头的全球布局相比，并无国际布局，这对我国“一带一路”背景下核电“走出去”会有影响，应当引起重视。

技术发展方面：①长期的改进方向还是集中在元素配比的优化上，各公司/机构都针对 Zr—Sn 系、Zr—Nb 系和 Zr—Sn—Nb 系锆合金进行了元素配比的优化和生产工艺的持续优化，目前全球的热点是 Zr—Sn—Nb 系，同时基于合金材料性能的偶然性，Zr—Sn 系，Zr—Nb 系并没有明显的优化方向，而 Zr—Sn—Nb 系呈现降低 Sn 元素的含量和提高 Nb 元素含量；②近期来看，添加新的合金元素来提出新的合金成分在目前三个分支上都有呈现，目前处于 Zr－Sn－Nb 系锆合金技术垄断地位的西屋公司在最新的技术方案中均加入了铜元素和钒元素，而国内因为国产化的需求也提出了添加 Bi、Ge、Cu 等新合金元素的技术方案，可以预期，在今后的专利申请中，新合金元素的引入将突破目前的合金性能瓶颈，成为热点，对新元素主要考虑的因素可能包括热中子吸收截面，在锆金相中的固溶度以及是否能够强化合金强度等方面，国内的上海大学等主要研究单位已经展开了引进 Bi 和 Ge 的新合金方案，这与西屋公司的技术并不重合，可以进一步深入研究，对摆脱核用锆合金包壳材料完全依赖进口，保持我国核体系的独立性具有重要的意义。

参考文献

[1] 周军，李中奎. 轻水反应堆（LWR）用包壳材料研究进展 [J]. 中国材料进展，2014，33（9－10）.

[2] 吴苡婷. 核电站用锆合金要实现“中国造” [J]. 上海科技报，2013－03－06（A03）.

[3] 王旭峰，李中奎，周军，等. 锆合金在核工业中的应用及研究进展 [J]. 热加工工艺，2012，41（2）.

[4] 李娇，曹旭，王芳，等. 核工业用锆合金专利申请现状分析 [J]. 吉林工程技术师范学院学报，2014，30（5）.

[5] 潘金生，范毓殿. 核材料物理基础 [M]. 北京：化学工业出版社，2007.

[6] 王峰，王快社，马林生，等. 核级锆及锆合金研究状况及发展前景 [J]. 兵器材料科学与工程，2012，35（1）.

甲醇制烯烃 SAPO－34 基分子筛催化剂技术综述

叶金胜

第一章　绪论

乙烯和丙烯等低碳烯烃可用于生产塑料和其他化工产品，是重要的有机化工原料，随着现代社会的进步和发展，其需求量越来越大。目前世界上98％以上的乙烯产自石油裂解技术，在石油资源日益缺乏的今天，石油资源的短缺正成为制约经济社会发展的一个重要因素，因此寻找一种替代的工艺路线以解决石油危机而导致低碳烯烃成本升高的问题已成为我国乃至世界其他国家备受关注的课题。

我国能源结构的特点是少油多气多煤炭，而天然气或煤经合成气生产甲醇已实现工业化，规模不断扩大，技术日臻完善。因而根据我国的情况，由甲醇制乙烯、丙烯等低碳烯烃（Methanol-to-olefins，简称 MTO）是最有希望替代石油路线制烯烃的工艺。

第二章　MTO 反应催化剂的发展技术路线

催化剂是 MTO 反应的核心，一直以来都是研究人员的重点研究领域，其发展主要分为几个阶段，具体如图 1：

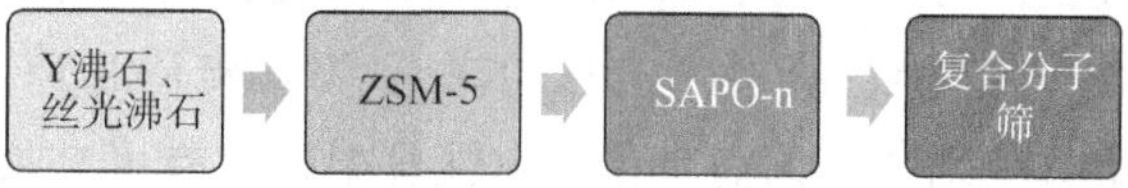

图 1　MTO 反应催化剂发展阶段

20 世纪 80 年代末期，人们开始使用多种沸石作为 MTO 反应的催化剂。Salvador 利用改性 Y 沸石用于 MTO 反应在 250℃得到丙烯。Schwartz 等用稀土和 Zn 离子交换 X 沸石作为 MTO 反应催化剂，稀土交换沸石在 330～390 ℃的温度范围内低碳烯烃选择性达到 43.3％～51％。Sawa M. 和 Kljueva N. V. 均使用丝光沸石用于甲醇转化烯烃反应，发现脱铝可以延长其寿命和提高对低碳烯烃的选择性。

美国 Mobil 公司的 Chang 于 1977 年首次采用 ZSM－5 沸石作为 MTO 反应的催化剂。ZSM－5 沸石是具有交叉孔道结构的微孔沸石，其有独特的孔道结构和酸性质，在 MTO 反应中具有良好反应活性和稳定性，但其酸性太强，导致低碳烯烃选择性较低。在此基础上，Kaeding W W、Mcintosh R J 和 Inui T 均使用金属杂原子对 ZSM－5 沸石进行改性，以调变表面酸性，提高低碳烯烃选择性。

1984年，美国联合碳化物公司（UCC）Lok等在$AlPO_4$系列分子筛中引入Si元素，研发出了一系列磷酸硅铝分子筛（SAPO-n，n为型号），这种微孔型催化剂的骨架呈负电性，具有可交换的中等质子酸性和阳离子，广泛应用于石油化工领域。SAPO分子筛的组成能在很宽的范围内改变，产物含硅的量随合成条件不同而变化。在磷酸硅铝系列分子筛中，最为人们所瞩目的是SAPO-34分子筛，SAPO-34分子筛具有较好的抗积碳性能力，并且其小孔结构在空间上限制了大分子烃化物的生成，因而成为催化MTO反应优异的催化剂。同年，美国联合碳化物公司曾采用昂贵的四乙基氢氧化铵为模板剂合成了SAPO-34分子筛，其MTO催化性能为：甲醇转化率接近100%，乙烯选择性>50%，低碳烯烃C_2—C_4总选择性能达到85%以上。

近年来，由于发现复合分子筛孔径的梯度分布和酸性的合理搭配能够产生有益的协同效应，因此，复合分子筛逐渐成为人们研究的热点。NorskHydro公司的wendelbo等从延长催化剂寿命的角度考虑合成出了多批AEI/CHA-混合相分子筛催化剂，其中将SAPO-18和SAPO-34按照一定比例合成的RUW-19型催化剂，与该纯催化剂以及其他比例的两混合相催化剂相比，在保证较高的选择性基础上，显著延长了催化剂寿命。中国科学院大连化学物理研究所的刘光宇以乙二胺为模板剂，控制乙二胺与磷源的比例制备得到SAPO-11和SAPO-34的共生混合物，它们具有良好的低碳烯烃选择性和寿命。

第三章 MTO反应SAPO-34基催化剂技术研发分析

目前，用于MTO反应的分子筛催化剂主要有MCM-41和SAPO-34两种，其中，SAPO-34分子筛由Si、P、Al和O四种元素组成，其元素组成可在适当范围内变化，一般m（Si）/m(Al）<1、m(P）/m(Al）<1，其分子筛骨架是由PO_4、AlO_4和SiO_4四面体相互连接构成的三维骨架结构，因而可得负电性骨架，含有可交换的阳离子，且具有质子酸性，具有氧八元环构成的椭球形笼结构和三维孔道结构。由于其具有小孔结构，能够限制气态产物只有低碳烯烃，并且中等的酸性强度能够提高乙烯、丙烯的选择性，因此，选择最有可能实现工业应用并且研究最为活跃的SAPO-34基催化剂作为分析对象。

3.1 主要申请人和全球申请地区分布分析

表1 MTO反应SAPO-34基催化剂主要申请人分析

排名	公司名称	申请量
1	中国石油化工股份有限公司	288
2	埃克森美孚公司	93
3	中国科学院大连化学物理研究所	53

续表

排名	公司名称	申请量
4	环球油品公司	33
5	神华集团有限责任公司	29
6	清华大学	23
7	北京低碳清洁能源研究所	19
8	天津众智科技有限公司	17

从表 1 中分析可知，MTO 反应 SAPO－34 基催化剂的专利申请主要集中在煤化工企业、石油公司及研究所等，仅有清华大学一所高校在该领域发明申请量进入前八；其中，中国石油化工股份有限公司的申请量在该领域占据绝对领先地位，申请量达到惊人的 288 件，其中主要研究这方面的是上海石油化工研究院、北京化工研究院。国外的主要申请人是埃克森美孚公司及环球油品公司。并且，从总申请量分析发现，中国在这方面的研究并不弱于国外，表明中国比较重视该领域的研究，这与中国煤多油少的现状相符，因为 MTO 反应可以将煤基甲醇转化为轻质烯烃，是最有潜力化解石油危机的技术。

图 2 和图 3 反映了全球专利申请的地区及时间分布。从图中可以看出，中国甲醇制烯烃 SAPO－34 基催化剂的申请量位居全球第一，其次分别是美国、欧洲、韩国、日本等国家。从历史发展历程来看，1998 年之前对于 SAPO－34 基催化剂的研究较少，1998—2011 年之间专利申请整体上处于逐年上升的趋势；在 2008—2009 年出现明显波动，这可能是世界各国受到全球经济危机的冲击所致，致使申请量大幅降低；2011 年之后出现逐渐下降的趋势，这可能由于世界石油价格低迷，对于替代石油能源的动力不足，因此减少了对 MTO 反应 SAPO－34 基催化剂的研究。

进一步可以看出，我国 MTO 反应 SAPO－34 基催化剂的研究起步较晚，但是我国石油能源紧缺，并且煤资源丰富，对研究提高 MTO 反应性能进而化解石油危机具有极大的需求。因此，从 2004 年开始，我国专利申请量高速增长，使我国 SAPO－34 基催化剂的专利申请量迅速跃居世界第一大申请国，这也与国家发改委提出的《高新技术发展“十一五”规划》以及《国家知识产权事业发展“十二五”规划》，推动我国知识产权创造与运用，强化知识产权保护和管理的政策大有关系。

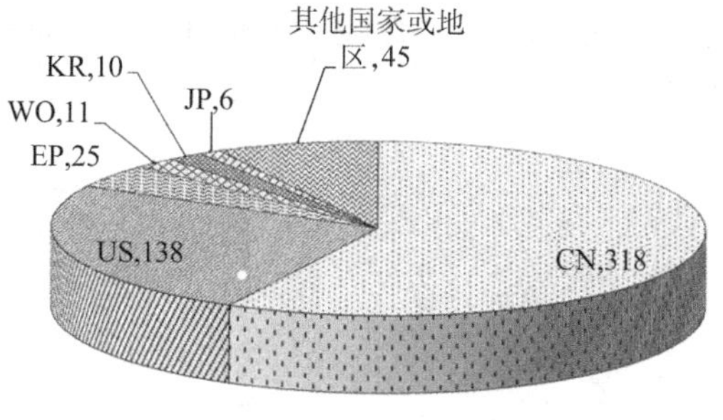

图 2　全球申请的地区分布

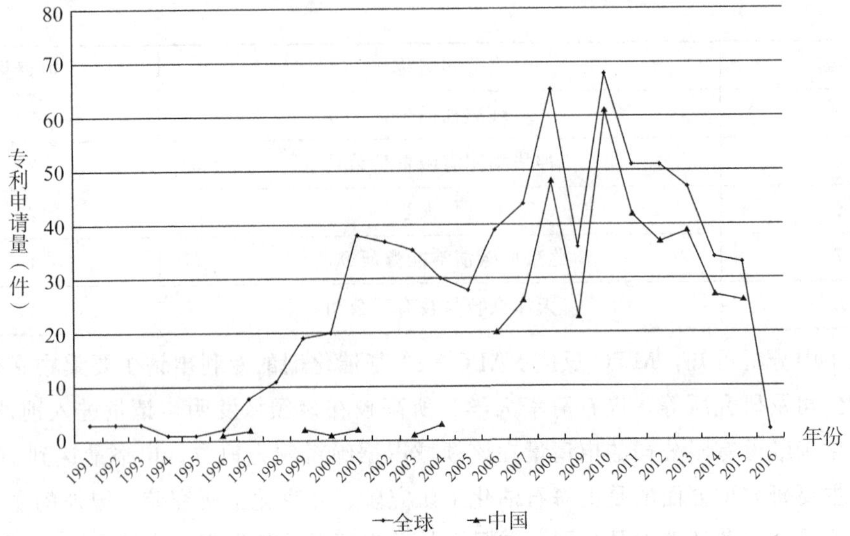

图3 全球申请的时间分布

3.2 SAPO-34分子筛的结构及MTO反应机理

3.2.1 SAPO-34分子筛的结构

SAPO-34分子筛由Si、P、Al和O四种元素组成，其元素组成可在适当范围内变化，一般m(Si)/m(Al)<1、m(P)/m(Al)<1，其分子筛骨架是由PO_4、AlO_4和SiO_4四面体相互连接构成的三维骨架结构，因而可得负电性骨架，含有可交换的阳离子，且具有质子酸性，具有氧八元环构成的椭球形笼结构和三维孔道结构（如图4(a)所示）；分子筛孔口的大小随着氧八元环的形状变化而变化，孔口有效直径保持在0.43～0.50 nm，孔体积为0.42 cm^3/g，其空间对称群为R3m，属三方晶系。SAPO-34分子筛与菱沸石具有类似的结构，由XRD图谱可以测定分子筛的晶体结构和结晶度（如图4(b)所示）。

SAPO-34具有均一的孔隙率、小孔结构，可以利用的比表面积大、中等酸性，酸性位和酸强度具有可控性，NH_3-TPD测出总酸位为0.79 mmol/g，其中强酸位为0.37 mmol/g，其酸强度介于$AlPO_4$和ZSM-5分子筛之间。小孔径限制了甲醇转化的气态产物只有C_1、C_2、C_3烃类，酸性太强的酸中心倾向于相对分子质量较大的烃类的生成，而SAPO-34所具有的中等强度的酸中心限制了乙烯和丙烯的进一步反应，有利于提高乙烯、丙烯等低碳烯烃的选择性。

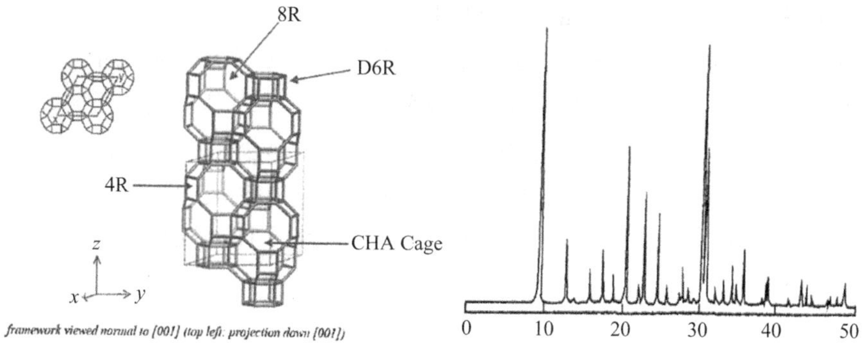

（a）SAPO－34 分子筛的骨架拓扑结构图　　（b）SAPO－34 分子筛的典型 XRD 谱图

图 4

3.2.2　SAPO－34 基催化剂用于 MTO 反应机理研究

MTO 反应过程的本质是甲醇与催化剂接触形成以乙烯、丙烯等低碳烯烃为主的物质，其大致过程如图 5 所示。目前，甲醇制低碳烯烃反应概括起来可以分为以下三步（见图 6），首先甲醇脱水生成二甲醚，形成甲醇、水和二甲醚的平衡混合物——甲氧基的形成；然后平衡混合物进一步转化成低碳烯烃；最后低碳烯烃通过氢转移、烷基化反应、缩聚反应生成石蜡、芳香烃、环烷烃和高碳烯烃。但事实上甲醇转化为烃类的反应是一个十分复杂的反应系统，包括许多平行和顺序反应，人们在这方面花费了大量的时间和精力进行研究，其中对最核心的第二个步骤的机理研究最为广泛，比较具有代表性的机理为氧鎓内鎓机理、碳烯离子机理、串联型机理、平行型机理和自由基机理，自由基机理和碳烯离子机理由于不合理或者没有数据证明受质疑较多，现只对受认可度较高的平行型机理和氧鎓内鎓机理进行阐述。

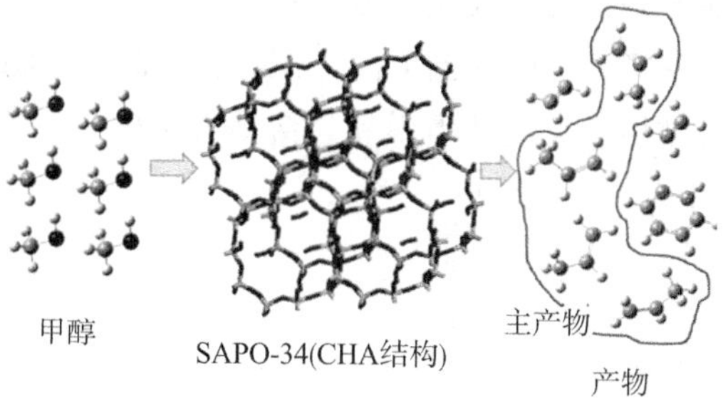

图 5　反应示意图

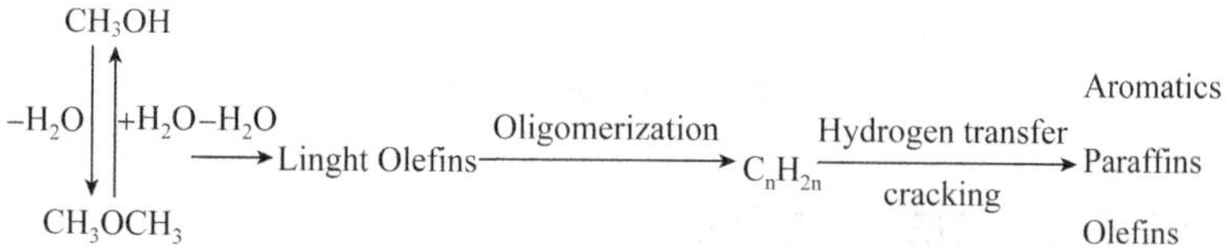

图 6　MTO 反应机理示意图

（1）氧鎓内鎓机理（Oxonium ylide 机理）

Van den Ber 认为二甲醚与固体酸催化剂上的 B 酸位点作用形成二甲醚氧鎓离子，二甲醚氧鎓离子进一步与二甲醚反应生成三甲基氧鎓离子，三甲基氧鎓离子失去一个质子形成二甲醚氧鎓—亚甲基内鎓盐。二甲基氧鎓—亚甲基内鎓盐在接下来的反应中有两种途径：一种是发生在分子内的 Stevens 重排形成甲乙醚；另一种是发生分子间的甲基化，形成二甲基乙基氧正离子。以上两种情况所得产物均通过 β—H 消除反应生成乙烯，具体机理如图 7 所示。

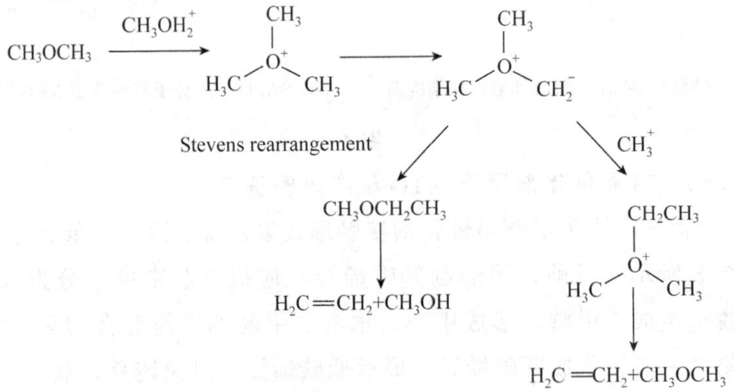

图 7　氧鎓内鎓机理示意图

（2）平行反应机理（碳池机理）

Dahl 和 Kolboe 等以 SAPO－34 为催化剂对甲醇制烯烃反应进行了研究，认为甲醇首先生成相对分子质量较大的烃类物质，用 $(CH_2)_n$ 表示，$(CH_2)_n$ 可以继续跟甲醇分子反应生成，也可以直接发生脱烷基反应生成低碳稀烃。通过同位素跟踪实验证实丙烯主要是由甲醇直接反应生成，而不是由乙烯反应生成，具体机理如图 8 所示。该种机理表达了一种平行反应的思想，从第一个 C—C 键到 C_3、C_4 甚至积碳都来源于碳池的中间产物，避免了复杂的中间产物，可被用于反应动力学和失活动力学研究当中。

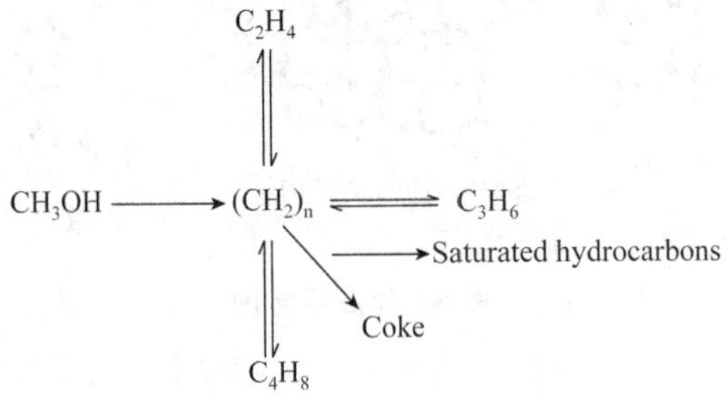

图 8　烃池反应机理

3.3　SAPO－34 分子筛的合成方法发展路线

近三十年的合成方法发展过程中，主要出现三种 SAPO－34 分子筛的合成方法，具体如图 9 所示，水热合成最早出现，技术也最为成熟，至目前为止，仍然是使用最为广泛的方法，但其本身存在过程不易控制等难以克服的问题，因此，研究人员先后发明气相晶化、液相晶化两种方法，它们均是为了解决水热合成方法的技术缺陷，具有一定优势，但技术成熟度不高，下面对上述三种方法的现状和优劣势作简要分析。

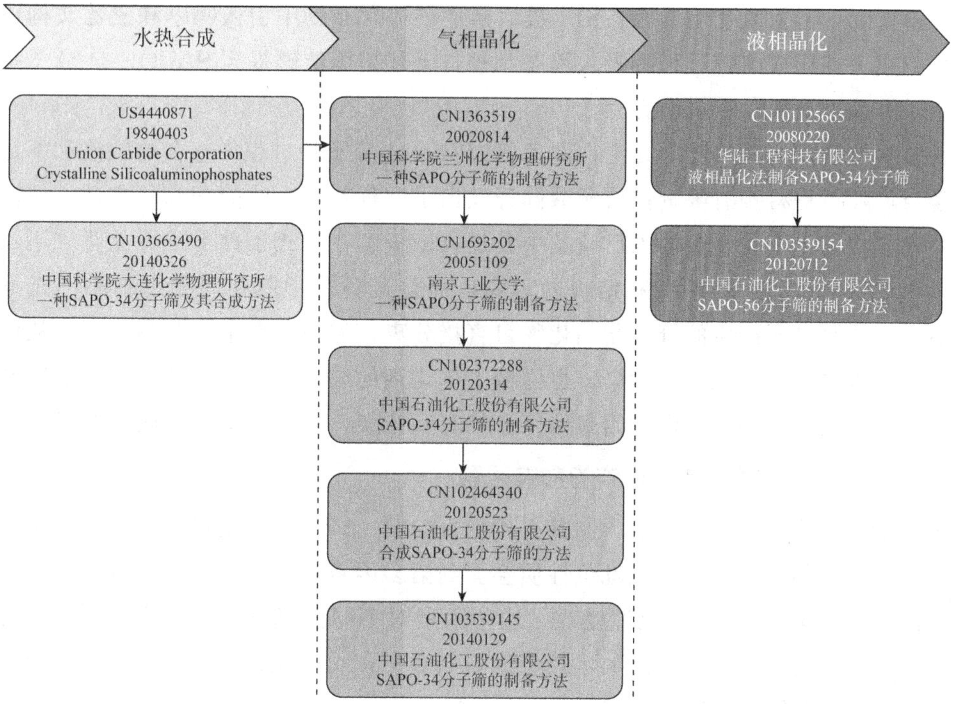

图 9 SAPO-34 分子筛合成方法发展路线

制备 SAPO-34 分子筛通常采用水热合成法，具体制备步骤概括如下：(1) 制备晶化混合物。按照一定的配比称取铝源、磷源、硅源、模板剂及去离子水，逐步将各物料混合加入反应器中并充分搅拌；铝源可采用拟薄水铝石、异丙醇铝或三氧化二铝；所用磷源为正磷酸；硅源有硅溶胶、二氧化硅或正硅酸脂；模板剂一般采用吗啡琳（Morphohne）、四乙基氢氧化按（TEAOH）、三乙胺、二乙胺等。(2) 老化。将晶化混合物封入内衬聚四氟乙烯套的晶化釜或水热合成罐中，在室温下老化一定时间。(3) 晶化。将高压釜缓慢升温至 180 ℃，恒温晶化 24～36 小时，晶化产物经分离后水洗至中性，在 120 ℃下烘干 4 小时。(4) 焙烧。最后将分子筛原粉置于马弗炉 550 ℃温度下焙烧以完全除去模板剂。

采用水热合成法所需的晶化时间虽然较短，但是晶化过程不易控制，物料容易粘壁和结块，有机模板剂污染严重。为了解决上述问题，出现了一种较新的方法——气相晶化法，此法已开始用于 SAPO-34 分子筛的制备。气相晶化法与水热合成法的工艺不同之处在于晶化过程。气相晶化法（VPT）需要在高压釜反应器内加入一个不锈钢丝网支架，将所得干胶研细成粉末后放入丝网的上部，反应器底部则加入水与模板剂的混合溶液，干胶与蒸汽接触进行充分的气相晶化；与传统的水热合成法相比，这种方法所得的分子筛样品与母液是直接分离的，不需要繁杂的分离过程，并且容易回收和重复利用有机模板剂。但是采用气相晶化法分子筛结晶度相对较低，制备的分子筛硅铝比与磷铝比的合成范围较小，而且这种方法对设备要求复杂，工艺放大困难。为了克服气相法制备 SAPO－34 分子筛结晶度低的困难，中国石油化工股份有限公司的王伟等分别在铝、硅、磷的前体化合物与有机模板剂中引入氟化物或者在铝、硅、磷的前体化合物中引入吗啉和三乙胺构成的复合模板剂或者在形成干胶过程中投入固态晶种，上述措施能够提高 SAPO－34 分子筛催化剂的相对结晶度和 MTO 催化活性。

针对水热合成法及气相晶化法在制备 SAPO－34 分子筛过程中存在的缺陷和不足，西北大学与华陆工程科技有限责任公司共同开发出了一种新的合成分子筛的方法——液相晶化法。该方法是将干胶直接放入反应釜中并加入模板剂在液相条件下进行晶化，不仅避免了传统水热合成过程中易粘壁和结块的现象，而且避免了干胶在气相中结晶不充分的缺点，更重要的是，所产生的母液与晶化物可直接分离，省去了繁杂的分离过程，从而可以重复利用有机模板剂，减少了污染，也降低了催化剂的成本。另外，从工艺角度来看，采用这种方法不需要在高压釜内衬附聚四氟乙烯套和支架，有利于工业化规模生产。

3.4 SAPO－34 分子筛合成过程中的影响因素

分子筛的合成过程相当复杂，制备得到的 SAPO－34 分子筛的结构类型、骨架硅原子的分布、分子筛的粒径分布及酸性位性质会受到诸多因素影响，包括模板剂、晶化混合物组成、pH 值、晶化时间和晶化温度等，这些因素对不同合成方法可能影响不同，为了便于阐述，现只针对应用最为广泛的水热合成 SAPO－34 分子筛的影响因素进行讨论。

3.4.1 表面酸性调变

分子筛的催化性能主要来自其结构和表面酸性。一般认为 SAPO 类分子筛是由 Si 通过取代方式进入磷酸铝分子筛骨架形成的。当磷酸铝骨架中引进 Si 原子形成 SAPO－n 分子筛后，骨架由 AlO_2^-、PO_2^+ 和 SiO_2 三种四面体连接而成，骨架负净电荷存在于 Si—O—Al 区间，使分子筛具备质子酸性。

SAPO 分子筛中 Si 存在两种成键方式，一种是 Si—O—Al 形式，另一种是 Si—O—Si 形式。从分子筛的形成原理和骨架结构分析，Si—O—Al 结构在骨架中有多种存在形式，Si 原子可以通过氧与 0 至 4 个铝原子相连，形成多样的 Si 配位结构，可以分别表示为 Si(0Al)、Si(1Al)、Si(2Al)、Si(3Al)、Si(4Al)。理论上，不同硅铝结构形成的酸中心强度按 Si(0Al)、Si(1Al)、Si(2Al)、Si(3Al)、Si(4Al) 的顺序依次增强，因此，分子筛骨架中酸中心的强度和数目与骨架硅原子的结构和数目密切相关，即 SAPO 分子筛的骨架硅含量及配位环境对其酸性具有强烈影响。而 SAPO－34 分子筛催化剂的酸性中心强度和数目直接影响其 MTO 催化性能。酸性调变的技术手段发展过程如图 10 所示：

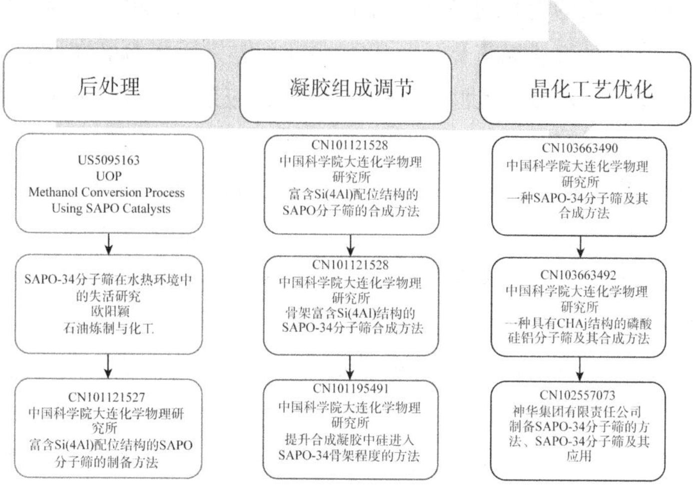

图 10　酸性调变技术发展路线

Barger P T 发现将 SAPO－34 分子筛在温度大于 700 ℃条件下进行水热处理可以破坏其大部分的强酸中心，从而改善目的烯烃产品的选择性。在 775 ℃下处理 10 h 以上，强酸中心可减少 60％，而微孔体积仅下降 10％，烯烃选择性显著提高，催化剂使用寿命延长 1 倍。欧阳颖等的研究发现，用 100％水蒸气对 SAPO－34 分子筛在 800 ℃下处理 4 h，并没有破坏 SAPO－34 分子筛的晶体结构，而是使分子筛中的 Si 进行了重新分布，导致分子筛强酸中心减少，弱酸中心增加。

为了减少后处理调变表面硅含量带来的工艺复杂、破坏分子筛结构等缺点，中国科学院大连化学物理研究所的许磊等通过在初始凝胶中加入添加物提高配位环境为 Si(4Al) 的相对含量提高产物乙烯的选择性。采取的措施分别是✍采用氟化物将 SAPO－34 分子筛骨架上的 Si 选择性脱除；✍在合成初始凝胶中加入氟化物，促进 Si 以 Si(4Al) 的配位形式进入分子筛骨架；✍调变合成初始凝胶中硅的加入比例，控制分子筛骨架中 Si 配位环境的形态和数量；✍以二乙胺为模板剂同时在合成凝胶中加入特定的硅量调节剂（氨水、三乙胺、四乙基氢氧化铵、三丙胺、异丙胺或正丙胺），提升 SAPO－34 分子筛骨架中硅含量。

神华集团有限责任公司的邢爱华等通过优化原料的混合顺序、初始凝胶的状态、采取两段升温和控制升温速率的方法也能够形成较多的中等强度酸中心，进而有效控制 SAPO－34 分子筛的酸强度和酸密度。樊栋和田鹏等以二异丙胺或具有 $(CH_3)_2NRN(CH_3)_2$ 结构的有机胺作为模板剂并控制有机胺与水的摩尔比，制备得到晶粒表面轻微富硅的 SAPO－34 分子筛，解决了富硅合成体系中需要添加氟离子带来的腐蚀问题。

3.4.2　模板剂

在 SAPO－34 分子筛的形成过程中，模板剂主要起结构导向、空间填充、平衡骨架电荷三个方面作用。最开始 SAPO－34 分子筛是以 TEAOH、异丙胺或 TEAOH 和二正丙胺的混合物等作为模板剂，但是这些模板剂昂贵且不易得，难以进行工业应用，后来又采用廉价的吗啡琳合成了 SAPO－34 分子筛。

在SAPO-34分子筛的合成过程中，不同模板剂对晶核形成、晶粒生长的影响表现为不同的晶化速度。采用四乙基氢氧化铵（TEAOH）作为模板剂，加入反应体系时无剧烈反应，晶化速度较慢；而采用三乙胺（TEA）作为模板剂时，能与磷酸等混合体系剧烈反应，并放出大量热。

除了影响晶化速度，模板剂还能影响SAPO分子筛表面的酸性及酸中心。以四乙基氢氧化铵（TEAOH）和三乙胺（TEA）模板剂为例，四乙基氢氧化铵比三乙胺使得Si元素容易进入骨架；而三乙胺与四乙基氢氧化铵相比，能促使分子筛骨架强酸中心形成；若混合使用TEAOH和TEA模板剂则有利于减少强酸中心的形成，增加弱酸中心数量。

模板剂对SAPO-34分子筛的晶粒大小也产生不同影响，采用三乙胺（TEA）为模板剂合成的SAPO-34分子筛晶粒较大；而利用四乙基氢氧化铵（TEAOH）合成的SAPO-34分子筛晶粒较小。混合使用TEAOH和TEA模板剂，通过改变TEAOH和TEA的比例，能够制得所需要的晶粒大小的SAPO-34分子筛。

3.4.3 不同原料

合成SAPO-34分子筛的主要原料有硅源、铝源和磷源。其中硅源对分子筛的酸性有显著影响，适宜的表面酸密度和强度能够提高分子筛的催化性能。付晔等以水铝石或者有机铝作为铝源，碱性硅溶胶或硅酸乙酯作为硅源原料，来制备SAPO-34分子筛，结果发现，不同铝源和硅源所制得的SAPO-34的结晶度存在明显不同；采用无机铝源以及无机硅源制得SAPO-34分子筛，其结晶度最高；采用有机硅源以及有机铝源所制得的SAPO-34分子筛，其结晶度小。因此，选用不同的硅源与铝源，以及原料之间的配比不同，所合成出来的SAPO-34分子筛结晶度明显不同。

3.4.4 晶化条件

晶化条件对合成分子筛的过程有着至关重要的影响。晶化温度高，合成反应持续的诱导期短，晶核生成的速度快。在SAPO-34分子筛的晶化过程中，除温度外，搅拌、预晶化、晶种等也对晶型的生长产生影响。在合成过程中，进行搅拌或使体系呈动态，能够明显提高SAPO-34分子筛结构的结晶度；采用将反应混合物溶胶体系预晶化，也能促进分子筛结晶度的提高；在反应混合物溶胶体系中，预先加入一些SAPO-34分子筛的晶种，对提高分子筛结晶度的作用较小。

Inui等发现了一种制备SAPO-34分子筛样品的方法。这种方法是：先将凝胶加热到160℃后，再按照程序升温的方法，以1.5℃/分的速率直接升温到200℃，再在该温度下恒温4 h，可以得到SAPO-34分子筛。

Jhung S. H. 等和YoonJ. W. 等报道了采用微波加热的方法可以加速分子筛的合成，因为微波加热是均匀加热，瞬间功率可达到很大的阈值。

3.5 影响SAPO-34基催化剂催化效率的因素及相关技术发展路线

合成方法及各影响因素能够决定SAPO-34分子筛的表面酸性、比表面积、孔径等参数，这些参数最终影响其应用于MTO反应的催化性能，除此之外，还有其他几种技术手段同样能够改善其催化效率，现对影响 SAPO－34 基催化剂催化效率的因素及相关技术手段从以下几个方面做具体分析。

3.5.1　金属离子引入

金属元素的引入可以引起 SAPO－34 分子筛酸性及孔口大小的变化，孔口变小限制了大分子的扩散，有利于小分子烯烃选择性提高，金属离子对分子筛酸性强度的调变形成中等强度的酸中心，有利于烯烃的生成。目前将金属引入分子筛主要有两种方法：一种是分子筛合成中在原料中加入相应的金属离子；另一种是在分子筛合成后通过离子交换或浸渍法将金属离子引入。

Kang 等通过快速水热合成法合成出各种金属元素改性的 SAPO－34 分子筛催化剂，并将其用于 MTO 反应的催化性能测试，研究发现这些金属改性的分子筛的乙烯选择性顺序为：NIASPO－34＞CoAPSO－34＞FeAPSO－34＞SAPO－34。蔡光宇等以金属元素 Cu、Co、Ni、Ca、Ba、Sr 通过后浸渍方法对 SAPO－34 分子筛催化剂改性，转化率接近 100%，且乙烯选择性较高。Xiangning Sun 在 SAPO－34 分子筛中引入碱土金属元素，其中引入 Sr 后甲醇转化制烯烃反应中 C_2 和 C_3 总收率高达 89.5%，乙烯和丙烯比高达 2.3，缺点在于价格昂贵。刘红星等采用 Zn－SAPO－34 分子筛作为甲醇制烯烃的催化剂，乙烯和丙烯的收率可达 91%以上，催化性能得到明显提高。埃克森美孚化学公司公开镍、钴等过渡金属离子在分子筛合成后加入 SAPO－34 分子筛，乙烯和丙烯的总产率得到大幅提高，另一方面通过热浸渍的方法使作为金属前体的热分解产物的金属化合物沉积在所述分子筛表面或孔内，所述金属为 Fe、Co、Cu、Zn 等及其混合物，能够提高乙烯和/或丙烯的选择性。北京化工研究院的刘学武在原料中加入锆盐以四乙基氢氧化铵和氟化物为复合模板剂形成含锆离子的 SAPO－34 分子筛，质量含量为 0.002%～0.18%，提高催化活性，尤其是乙烯和丙烯选择性高。上海兖矿能源科技研发有限公司的孙启文通过原料中加金属盐形成含金属离子的 SAPO－34 分子筛，金属离子为 Co、Ni、Mn、La 中的一种或几种，分子式为 (0.2—5.0) R：$(Si_{0.01-0.3}Al_{0.01-1}P_{0.01-0.9})$：(10—400) H_2O：(0.01—0.5) Me，乙烯和丙烯收率高达 93.4%，寿命长达 566 min。邢爱华在晶化胶体溶液中加入有机钛酸酯，制备得到 Ti 改性 SAPO－34 分子筛催化剂，具有良好的催化活性和低碳烯烃选择性，且由于母液中不含硝酸盐类物质，减少了氮氧化物等气体污染物的排放量。

如果直接采用分子筛原粉浸渍金属改性，分子筛原粉内部的模板剂会占据孔道体积，使金属盐无法顺利进入其中，并且通常金属改性 SAPO－34 分子筛骨架金属含量较低。上海石油化工研究院的刘红星先将分子筛进行高温焙烧处理脱除部分或全部模板剂，使金属盐可较容易地进入分子筛内部，提高金属改性的效果。但高温焙烧需要耗费大量能量，且可能使分子筛微观结构发生变化，于是中国天辰工程有限公司的徐俊青公开以络合铁为铁源直接将大量铁原子引入分子筛骨架，骨架铁原子含量等于或高于 15%，既保持了 SAPO－34 分子筛规则的孔道结构，较高的比表面积的特点又具有高的金属含量，充分发挥了杂原子本身所具有的金属特性，铁含量高使孔径相应增大，增加了分子筛的 B 酸及 L 酸中心的同时，也使分子筛的酸性中心分散性更好。

3.5.2 多级孔分子筛

SAPO－34分子筛属于常规的微孔分子筛中的一种，其孔道狭窄抗积炭能力较差，造成催化剂寿命较短，所以UOP公司及大连化学物理研究所都采用流化床作为工业应用工艺流程的原因。随着分子筛领域的不断发展，研究者们尝试采用合成一种新型的具有常规微孔沸石分子筛和有序介孔材料的优点的分子筛—多级孔道SAPO－34分子筛，解决催化剂寿命短的问题。

中国科学院大连化学物理研究所的许磊采用三乙胺为模板剂，同时在合成凝胶中加入孔道调节剂制备得到具有微孔和中孔结构的SAPO－34分子筛，所述孔道调节剂为氨水、四甲基氢氧化铵、二乙胺、三丙胺、二正丙胺、正丙胺、环几胺中的一种或几种，中孔孔径为2～10 nm，中孔容积为0.03～0.3 cm^3/g，两级孔道结构大大降低或消除扩散传质影响，减少二次反应发生，能够延长催化剂寿命并提高双烯选择性。杨贺勤采用气相法通过在凝胶中加入相分离诱导剂（乙二醇、聚氧乙烯或环氧乙烯中的至少一种）、凝胶促进剂（环氧丙烷、环氧丙烷衍生物或缩水甘油醚类化合物中的至少一种）和有机溶剂（碳链小于7的短链醇、丙酮或四氢呋喃中的至少一种）合成了具有多级孔道的SAPO分子筛，也具有较高的低碳烯烃选择性，但引入大量有机物，工艺复杂。

为了减少额外加入其他原料从而引入杂质并给后续分离处理带来麻烦，赵昱发现采用适合两种物相生长的四乙基氢氧化铵为有机模板剂，有效控制适合生长的晶化液中的原料配比，调节所涉及物相生长的晶化温度，生成了SAPO－18和SAPO－34共生分子筛，同样能够产生多级孔道，用于甲醇制烯烃反应中，乙烯和丙烯收率达80%以上，寿命可达120 min。与此同时，后处理法形成多级孔结构成为人们探索的方向，这种方法同样能够克服在水热过程中引入其他原料带来的不利影响。上海华谊集团的邢海军将SAPO基分子筛和酸溶液混合，控制两者质量比，在20～200 ℃下交换0.1～150小时，经固液分离、洗涤、干燥得到同时具有微孔、介孔和大孔的多级孔结构的SAPO－分子筛，相比前述方法工艺简单、成本低、污染少。孙予罕将铝、硅、磷、三乙胺和水配成混合液，事先加入破碎的SAPO－34分子筛为晶种，晶化、分离、洗涤、干燥、焙烧，并对焙烧后的产物进行碱处理，制备得到多级孔SAPO－34分子筛。

后处理得到多级孔结构具有的合成时间长、工艺复杂、成本较高的缺陷，很大程度上限制多级孔结构的工业化进程。吉林大学的于吉红法制备多级孔结构，以有机胺为模板剂，与磷、铝、硅混合，通过加入特定的溶剂氟化氢，调节体系的酸碱度，以传统水热和一步造孔的方式得到，催化反应时间延长了2～3倍，且制备方法简单；另外采用传统的水热或溶剂热合成方法，以水或醇类作为溶剂，通过原位富铝的方法，添加价格低廉的聚乙二醇聚合物，调变凝胶组成及浓度，在高压反应釜内通过自生压力得到具有大比表面积、中空富铝多级孔结构的SAPO－34分子筛。

3.5.3 分子筛晶粒

目前所合成的普通SAPO－34分子筛的晶粒一般大于3 μm。由于晶粒较大，催化剂强度较差，而且孔道相对较长，扩散阻力大，使催化剂失活较快。分子筛粒径减小时，孔道缩短，内扩散行程短，有利于反应物和产物的扩散，可以有效抑制深度反应，减少积炭。

通过改善工艺条件（搅拌、低温成胶及微波方法），其合成的粒径大约在 500 nm。南开大学的李伟在超声波老化条件下快速合成小晶粒 SAPO－34 分子筛，晶粒大小是传统水热法所制备 SAPO－34 分子筛粒径的二分之一左右，并能降低水热法合成分子筛的晶化温度和压力。袁忠勇等在形成过程中加有结构导向剂和氟化物，同时胶体混合物在先经过一个老化过程后，再进行晶化过程，制备得到的 SAPO－34 分子筛粒径约为 1.5～2.1 μm，比表面积大，结晶度高。

宋守强将 SAPO 基分子筛与一种有机酸的水溶液接触处理后，洗涤、过滤、干燥，再与有机胺和水混合，混合产物在密闭反应釜中、120～200 ℃和自生压力下反应至少0.5 h，采用二次合成方式使 SAPO－34 分子筛晶粒细化，粒径大小<1.5 μm。徐华胜将拟薄水铝石、硅溶胶、磷酸和模板剂在可转动反应罐中混合，可转动反应罐绕水平中心轴转动，在 100～160 ℃成核，然后加入耐磨载体和水，在 150～180 ℃微波加热晶化 40～80 min，由于采用两步晶化方法，成核、晶化独立控制，得到的 SAPO－34 分子筛晶粒小于 100 nm。常云峰等将基氢氧化铵和异丙胺作为双模板剂或者晶化前在 1～14 ℃及 40～90 ℃下老化 30～50 min 制备晶粒尺寸较小、分散均匀且具有较高比表面积的 SAPO－34 分子筛。管洪波在一定数量缺陷较多的大晶体生成阶段，通过程序降温打破体系晶化平衡，终止晶化进程，再次程序升温过程中，缺陷较多的新生大颗粒晶体在溶解平衡的作用下，以大量细小碎片的形式溶解，并作为第二阶段晶化的晶核，使得最终产物的平均粒径可减小至 1.3 μm。

在晶化前加入晶体生长阻止剂是制备小晶粒 SAPO－34 分子筛的重要途径。如图 11 所示，晶体生长阻止剂首先与铝磷物种相互作用，缩短成核时间，增加成核数量，并可以在晶核表面形成一层保护层，避免小晶核聚集长大，以降低分子筛晶粒尺寸和提高比表面积，进而减小扩散阻力，提高催化性能，其中常用的晶体生长阻止剂为聚乙二醇、月桂醇聚氧乙烯醚和亚甲基蓝。

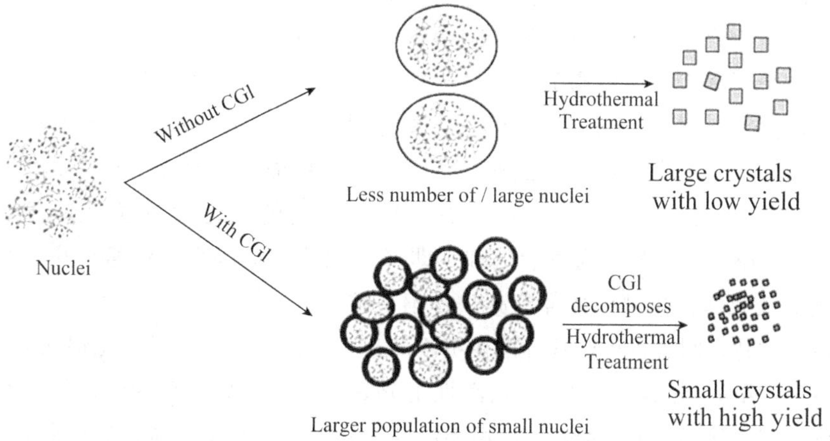

图 11 SAPO－34 晶粒在晶体生长阻止剂中的形成路线

杨森等将作为原料的 SAPO－34 分子筛预处理成粒度为 10～800 nm 的颗粒，得到低结晶度的晶化前驱体，将有机胺模板剂 R 和水以及可选的硅源、铝源和磷源混合制得晶化液或者在制备过程中将分离产物后的母液作为晶化液；以及将上述晶化前驱体与晶化液混合并进行水热晶化制备小晶粒 SAPO 分子筛，对甲醇制烯烃反应的催化剂寿命延长，选择性明显提高。

目前分子筛制备过程使用的过滤技术对于小于 5 μm 的颗粒，存在漏料严重的问题，固液分离困难，并且小晶粒 SAPO－34 分子筛存在水热稳定性较差的问题。田树勋等通过成胶罐配料、高压晶化釜配料、搅拌成胶、两段晶化以及最后的分离、洗涤和干燥等步骤得到粒径为 10～15 μm 的 SAPO－34 分子筛。

3.5.4 耐磨强度

在 MTO 工艺中使用的催化剂需要不断地在反应器和再生器中循环，由于气流线速比较高，加上催化剂冷却器、旋风分离器、汽提器、原料分配器等内构件设备，容易造成催化剂磨损，因此要求分子筛催化剂有比较好的粒径分布、形状和耐磨强度，以减少使用过程中催化剂的自然损耗。

常云峯将液体介质中的含铝无机氧化物母体的溶液或悬浮液与分子筛和任选的其他复配试剂结合形成於浆，陈化增加所述铝原子的比例或产生一定百分比的 62～63 ppm 处具有尖的 AlNMR 峰的低聚物形式的含铝母体的铝原子，制备得到耐磨耗性能更好的分子筛组合物催化剂。

环球油品公司的 P. T. 巴格尔控制由 SAPO－34、无机氧化物粘合剂、填料组成的催化剂中 SAPO－34 分子筛含量保持在 40 重量％或更低，磨耗的量以每小时计可以控制在小于 1 重量％。田鹏通过喷雾干燥制备硅磷铝氧化物微球，焙烧后，再与计量的模板剂和水混合，密闭加热晶化，使分子筛原位生长在微球的表面和体内，原位合成得到耐磨的 SAPO 分子筛微球催化剂。刘红星等通过配制分子筛、粘结剂、基体材料、催化剂细粉、液体介质形成的悬浮液，高速剪切至 90％颗粒尺寸小于 8 微米，干燥、焙烧制备微球催化剂；分别通过优化分子筛种类、悬浮液 pH 值范围、焙烧及活化条件、加料顺序、酸性处理粘结剂、干燥条件等手段制备得到磨损指数最高可达 0.03 重量％每小时的微球催化剂。李晓峰以合成分子筛母液中的磷酸铝溶胶为粘结剂制备得到磨耗指数在 0.5％h^{-1}以下。

J. A. 卡奇公开催化剂含有从含有铝、磷、金属、水以及有机模板的反应混合物中被结晶出来的分子筛，结晶完成后，洗涤分子筛，然后将洗涤过的分子筛与硅酸钠和酸性明矾一起混合，形成催化剂浆料、喷雾干燥，形成硬化的催化剂颗粒，其磨损指数达到 0.025 重量％每小时。袁学民通过后处理，即将焙烧的微球浸泡于酸溶液中，再进行二次焙烧，得到的流化床催化剂耐磨强度高，且不易破碎。

为了简化催化剂制备过程，狄春雨在不添加基质的情况下，通过氧化铝和氧化磷的组合物作为粘结剂将甲醇制烯烃微球催化剂活性组分 SAPO－34 分子筛的含量保持在 80％或更高，不仅可以使催化剂耐磨性增强，还可使活性组分利用率大大提高。宋环昌通过加入焦磷酸铵或六偏磷酸铵分散剂，使得团聚的分子筛处于较好的分散状态，有利于通过浆液的胶磨或砂磨将粒径缩小至 D50≤5 μm，粒径较小的 SAPO-34 分子筛浆液能与载体和粘结剂结合得更加紧密，从而使所得 MTO 内部结构更加紧密，耐磨 MTO 催化剂耐压力更强。

3.5.5 残液回收、储存、保护及再生

田鹏将分子筛晶化后的浆液不进行分离，而是直接加入粘结剂、基质组分，经胶磨后进行喷雾干燥，得到成型分子筛催化剂，实现充分利用浆液中未反应组分，并简化成型工艺。神华集团在这方面做了大量工作，其中可以向合成 SAPO-34 分子筛过程中产生的晶化残液加入适量的铝源、磷源、硅源、模板剂等物料制备成凝胶混合物，经过老化、水热晶化、洗涤、焙烧得到 SAPO-34 分子筛，再利用晶化残液减少了污染排放；另一方面提供含模板剂、硅源、铝源、磷源和基体材料的混合液，采用水热晶化法晶化，将晶化后的混合液与胶溶剂混合形成均匀浆液，将晶化液与上述均匀浆液进行成型处理、焙烧，节省了洗涤过滤步骤，减少废液带来的污染。吴宗斌采用直接配料法或间接配料法。直接方法：用母液或母液干燥成的微粉与硅、铝为主体的黏土、铝源、SAPO-34分子筛按一定比例混合，再胶磨、脱气、喷雾、焙烧；间接方法：将水合氧化铝用盐酸酸化并陈化，然后以酸化的料浆代替铝源，以下步骤同直接法，减少了制备甲醇烯烃催化剂过程中原料的加入量，降低了成本。

埃克森美孚在 SAPO-34 分子筛的储存及保护方面进行深入研究。F. 米尔斯使氨与金属铝磷酸盐分子筛化学吸附的条件下用氨源处理，吸附达至少 24 小时，减少储存及处理过程中洁净度和孔隙率损失，保留分子筛催化和物理性能。M. J. G. 詹森等提供一种“保护屏”掩蔽该分子筛的催化部位，所述保护屏可以是模板材料、含碳物料及非水环境，保护分子筛催化剂长时间不降低活性，便于保存；进一步，提供一种微孔结构内含模板剂的分子筛，将分子筛在有效脱除微孔结构内的部分模板剂的条件下加热，然后将加热的分子筛冷却使模板剂保留一部分，以便有效地覆盖微孔结构内的催化活性中心，防止分子筛与潮气接触发生破损。UOP 公司的 Paul T. Barger 在超过700 ℃的温度下进行处理，以便破坏大量的酸部位，同时保持大部分的初始结晶度，缺点在于处理温度过高，能耗较大。

现有技术当中，SAPO-34 分子筛催化剂通常通过高温焙烧再生，但容易造成永久失活，这是限制 SAPO-34 催化剂应用于工业装置的最大障碍。北京化工大学的张静畅等采用有机溶剂甲醇、乙醚、丙酮和汽油配制的清洗剂，在超声的条件下浸泡失活后的催化剂，可以有效去除催化剂表面和孔道里的积炭，并能有效避免烧炭过程中催化剂的过热烧结造成的永久失活。张堃将失活催化剂在含氧再生介质中（480～550 ℃）煅烧 4～12 小时，将煅烧后的催化剂用酸溶液浸泡，过滤，优化升温程序，减少煅烧中非骨架铝的形成，彻底去除积炭，减少非骨架铝的形成，保留催化剂算中性，寿命高、活性好。

3.5.6 SAPO-34 分子筛形貌

晶体形貌对甲醇制烯烃反应活性、选择性和寿命等都有重要影响，因此，近年来，研究人员尝试制备不同形貌的 SAPO-34 分子筛。从目前的研究成果来看，关于改变 SAPO-34 分子筛形貌和提高 SAPO-34 分子筛比表面积的研究工作较多。改变 SAPO-34 分子筛形貌的工作主要集中在通过引入有机溶剂、表面活性剂、复合模板剂、微波合成等方法

改变产物形貌，能够形成的形貌主要有球形、片状、层状、立方体、纺锤状等，具体发展阶段如图 12 所示。

Karl G. Strohmaier 利用最大尺寸等于或小于 5 纳米的金属颗粒与铝源、水、模板剂、溶剂形成混合物通过水热晶化制备得到颗粒直径为 0.5～30 μm 的等晶态球形颗粒。吉林大学的于吉红通过以四乙基氢氧化铵为模板剂，与铝源、硅源、磷源混合，通过加入特定量的溶剂控制凝胶浓度，以传统水热或微波加热的方式快速得到，合成由纳米颗粒聚集而成的球形 SAPO－34 分子筛，尺寸范围为 0.5～10 μm。张文使用廉价的有机胺为主要模板剂，并添加少量辅助模板剂 R′，R′为氢氧化 N，N，N－三甲基-外氨基降冰片烷铵（TMAmOH）、卤化 N，N，N－三甲基-外氨基降冰片烷铵（TMAmX，X＝Cl 或 Br）、氢氧化 N，N，N－三甲基金刚烷铵（TMAdOH）、卤化 N，N，N－三甲基金刚烷铵（TMAdX，X＝Cl 或 Br）、氢氧化 N－甲基－3－喹核醇中的一种或任意几种的混合物，通过简单传统水热晶化法制备得到由平均厚度为 10～100 nm 的纳米片自组装成颗粒形状为球状、类球状、立方体、类立方体或纺锤形的 SAPO－34 分子筛。张利雄在 180～200 ℃高温下处理油菜花粉、茶叶或茶叶提取物等生物质，形成生物质溶液，再加入磷、铝、硅、模板剂水热晶化，通过简单控制反应条件可以有效调节组成花状 SAPO－34 纳米片的厚度及数量，并制备得到具有微球状、半球状、纺锤体状等不同花形的 SAPO－34，克服了需要添加昂贵有机添加剂的技术问题。

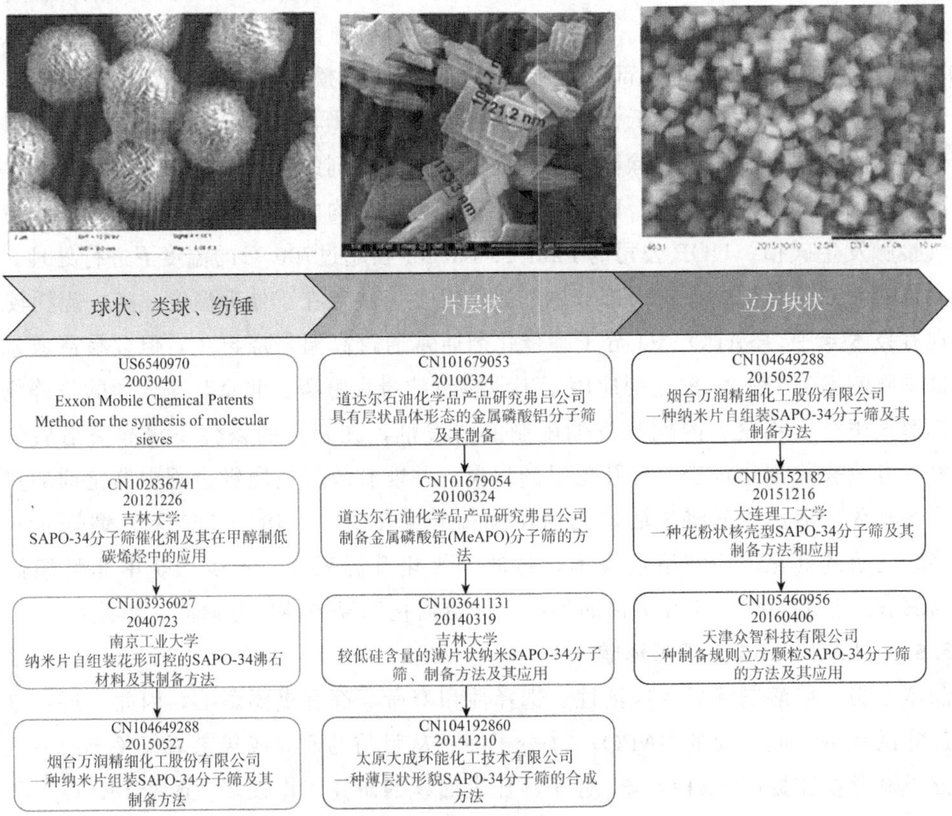

图 12　SAPO－34 分子筛形貌的发展路线

道达尔公司形成含有结构影响剂 TIA、有机模板剂 TEMP、至少一种基本上不溶于所述 TIA 的反应性无机 MeO_2 源、反应性 Al_2O_3 源和反应性 P_2O_5 源的反应混合物，反应物摩尔比表示 $EMP/Al_2O_3=0.3\sim5$，$MeO_2/Al_2O_3=0.005\sim2.0$，$P_2O_5/A_2O_3=0.5\sim2$，$TIA/Al_2O_3=3\sim30$，结晶直至形成具有层状晶体形态的金属磷酸铝的晶体。于吉红等以水为溶剂通过调变凝胶组成及浓度得到尺寸更小、形貌更加均一的片状层纳米 SAPO－34 分子筛，有效减少积炭的生成，显著延长催化剂的催化寿命，同时具有较高的低碳烯烃选择性。李晓峰通过在水热合成体系中添加双头胺阳离子表面活性剂制备薄层状形貌的 SAPO－34 分子筛，分离更加简单，且低碳烯烃选择性更高。

大连理工大学的任素贞以间苯二酚甲醛树脂微球（RF）为模板剂与磷源、铝源、硅源通过溶剂热反应得到花粉状核壳型的 SAPO－34 分子筛，其中立方体结构的 SAPO－34 小颗粒均匀包裹在 RF 碳球的外面，形貌均一。常云峰通过对 SAPO－34 分子筛凝胶进行真空陈化处理，再引入稀有气体，通过控制引入的稀有气体的量控制反应釜初始压力，准确控制晶化过程釜内反应压力，改变 SAPO－34 分子筛的形貌，使合成出的 SAPO－34 分子筛呈规则的立方颗粒状，且颗粒较大，易于实现工业化过程中分子筛和母液的分离，降低了工艺成本，且提高了 SAPO－34 分子筛的比表面积，提高了 SAPO－34 分子筛作为 MTO 催化剂的催化活性。

第四章　结语

SAPO－34 基催化剂用于 MTO 反应从 20 世纪 90 年代出现至今有 30 年左右的时间，源于美国，但在中国得到了蓬勃发展，大量研发人员分别从制备方法、产品结构及形貌、工艺条件优化、反应器改进等角度进行研究，取得了大量进展。但仍然存在一些阻碍其工业应用的因素，如寿命较短、选择性和转化率不足等。

参考文献

[1] Salvador P.，et al，Surface reactivity of zeolites type hydrogen-Y and sodium-Y with methanol [J]. J Chem Soc，Faraday Trans，1977，73（8）：1153－1168.

[2] Froment G F，et al. Zeolite catalysis in the conversion of methanol into olefins [J]. Catal，1992，9：1－64.

[3] Sawa M，et al，Development of longlife dealuminated mordenite for methanol conversion to hydrocarbons [J]. Chem Lett，1987，(8)：1637－1640.

[4] Kljueva N V，et al，Synthesis and olefins from methanol on erionite and mordenite with isomorphous substitution of Si^{4+} cations by B^{3+}，Ga^{3+} or Fe^{3+} [J]. Acta Phys Chem，1985，31（1－2）：525－534.

[5] Chang C D，et al，The Conversion of methanol and other o-compounds over zeolite catalysts [J]. J Catal，1977，47（2）：249－259.

[6] Kaeding W W，et al，Production of chemicals from methanol：1. Low molecular weight olefins

[J] J. Catal.，1980，61：155－164.

[7] Mcintosh R J，et al，The properties of magnesium and zinc oxide treated ZSM-5 catalysts for conversion of methanol into olefin-rich Products [J]. APPI. Catal.，1983，6：307－314.

[8] Inui T，et al，Highly selective synthesis of light olefins from methanol on a novel Fe-silicate [J]. J. Catal.，1986，98：491－501.

[9] Lok B M，et al，Crystalline slicoaluminophosphates [P]. US：4440871，1984－04－03.

[10] Union Carbide Corporation. Production of lightolefins [P]. US：4499327，1982－08－04.

[11] WelldelboR，et al，MicroPorous crystalline silico-alumino-PhosPhate composition，catalytic material Comprising said composition and use of thesof or Production of olefins from Methanol [P]. US6334994，2002.

[12] 刘光宇，田鹏，刘中民，等. 以二乙胺为模板剂合成 SAPO－11 和 SAPO－34 分子筛的方法 [P]. CN101195491A，2008－06－11.

[13] LiangJ，et al.，Characteristics and performance of SAPO－34 catalyst for methanol-to-olefin conversion [J]. Applied Catalysis，1990，64：31－40.

[14] Miehael W. Anderson，et al.，In Situ Solid-state NMR Studies of the Catalytic Conversion of Methanol on the Molecular sieve SAPO－34 [J]. Journal of Physical Chemistry B，1990，94：2130－2134.

[15] James F. haw，et al，The Mechanism of Methanol to Hydrocarbon Catalysis [J]. Acc. Chem. Res.，2003，36：317－326.

[16] Bosacek V.，et al，Formation of surface-bonded methoxy groups in the sorption of methanol and methyl iodide on zeolites studied by13C MAS NMR spectroscopy [J]. J. Phys. Chem.，1993，97 (41)：10732－10737.

[17] Olah G O，et al. Bifunctional acid-base catalyzed conversion of hetero substituted methanes into ethylene and derived hydrocarbons [J]. J. Am. Chem. Soc. 1984，106：2143－2151.

[18] Chang C D，et al，The conversion of methanol and other O-compounds to hydrocarbons over zeolite catalysts [J]. J. Catal. 1977，47 (2)：249－259.

[19] Dahl I M，et al，On the reaction mechanism for hydrocarbon formation from methanol over SAPO－34：l. Isotopic labeling studies of the co-reaction of ethene and methanol [J]. J. Catal.，1994，149 (2)：458－464.

[20] Dahl I M，et al，On the reaction mechanism for propene formation in the MTO reaction over SAPO－34 [J]. Catal. Lett.，1993，20：329－336.

[21] 刘红星，谢在库，张成芳，等. 用氟化氢-三乙胺复合模板剂合成 SAPO－34 分子筛 [J]. 催化学报，2003，24 (4)：279－283.

[22] 刘红星，谢在库，张成芳，等. 硅源量和晶化时间对 SAPO－34 分子筛结构和性能的影响 [J]. 无机化学学报，2003，19 (3)：240－24.

[23] 张小明，赵培庆，索继栓. 一种 SAPO 分子筛的制备方法 [P]. CN：01135910，2002－08－14.

[24] 张利雄，姚建峰，曾昌凤，等. 一种 SAPO－34 分子筛的制备方法 [P]. CN：200510038863，2005－11－09.

[25] 王伟，刘红星，陆贤，等. SAPO－34 分子筛的制备方法 [P]. CN：201010261851，2012－03

—14.

[26] 王伟，刘红星，陆贤，等. 合成 SAPO-34 分子筛的方法 [P]. CN：2010105518409，2012—05—23.

[27] 王伟，刘红星，陆贤，等. SAPO-34 分子筛的制备方法 [P]. CN：2012102400122，2014—01—29.

[28] 张毅航，张秀成，程惠亭，等. 液相晶化法制备 SAPO-34 分子筛的方法 [P]. CN：200710018433，2008—02—10.

[29] 何长青，刘中民，杨立新，等. 三乙胺法合成磷硅铝分子筛 SAPO-34 的研究 [J]. 天然气化工，1993，18 (5)：14—18.

[30] German Sastre，et al，Modeling of silicon substitution in SAPO-5 and SAPO-34 Molecular Sieves [J]. J. Phys. Chem. B，1997，101 (27)，5249—5262.

[31] R. Vomscheid，et al，The role of the template in directing the Si distribution in SAPO zeolites [J]. 1994，98 (38)，9614—9618.

[32] Barger P T，et al，Methanol conversion processing using SAPO catalysts [P]. US：5095163，1992—03—10.

[33] 欧阳颖，罗一斌，舒兴田. SAPO-34 分子筛在水热环境中的失活研究 [J]. 石油炼制与化工，2009，40 (4)：22—25.

[34] 许磊，刘中民，田鹏，等. 富含 Si (4Al) 配位结构的 SAPO 分子筛的制备方法 [P]. CN：200610127870，2008—02—13.

[35] 许磊，刘中民，田鹏，等. 骨架富含 Si (4Al) 配位结构的 SAPO-34 分子筛合成方法 [P]. CN：200610127871，2008—02—13.

[36] 许磊，刘中民，田鹏，等. 骨架富含 Si (4Al) 配位结构的 SAPO-34 分子筛合成方法 [P]. CN：200610153083，2008—02—13.

[37] 刘广宇，田鹏，刘中民，等. 提升合成凝胶中硅进入 SAPO-34 分子筛骨架程度的方法 [P]. CN：200610144349，2008—06—11.

[38] 樊栋，田鹏，刘中民，等. 一种 SAPO-34 分子筛及其合成方法 [P]. CN：2012103639910，2014—03—26.

[39] 田鹏，刘中民，樊栋，等. 一种具有 CHA 结构的磷酸硅铝分子筛及其合成方法 [P]. CN：2012103667732，2014—04—09.

[40] 邢爱华，朱伟平，岳国. 制备 SAPO-34 分子筛的方法、SAPO-34 分子筛及其应用 [P]. CN：201110421465，2012—07—11.

[41] Briend M，et al.，Influence of the choice of the template on the short-and long-term stability of SAPO—34 zeolite [J]. J Phys Chem，1995；99：8270—8276.

[42] 郑燕英，杨廷录，周小虹，等. 制备条件对 SAPO-34 分子筛结构及 MTO 活性的影响 [J]. 燃料化学学报，1999，2，140—144.

[43] 付晔，王乐夫，谭宇新. 晶化条件对 SAPO-34 结晶度及催化活性的影响 [J]. 华南理工大学学报（自然科学版），2001，29 (4)：30—32.

[44] Inui T.，et al，High potential of novel zeolitic materials as catalysts for solving energy and environmental problems [J]. Stud Surf Sci Catal 1997，105：1441—1467.

［45］Jhung S. H.，et al. Selective formation of SAPO - 5and SAPO - 34 molecular sieves with microwave irradiation and hydrothermal heating［J］. MicroPorous and MesoPorous Materials，2003，64（1－3）：33－39.

［46］YoonJ. W.，et al，ChangJ. 5. Selective crystallization of SAPO - 5 and SAPO - 34 molecular sieves in alkaline condition：Effect of heating method［J］. Bulletin of the Korean Chemical Soeiety，2005，6（4）：558－562.

［47］KangM.，et al，Methanol conversion metal-incorporated SAPO - 34s（MeAPO - 34s）［J］. J. Mole. Catal. A.，2000，160（2）：437－444.

［48］蔡光宇，刘中民，何长青，等. 金属改性小孔磷硅铝分子筛催化剂及其制备方法和应用［P］. CN：961153628，1997－12－17.

［49］Hsiang-Ning Sun，et al，Exxon Chemical Patents Inc，Use of alkaline earth metal containing small pore non-zeolitic molecular sieve catalysts in oxygenate conversion［P］. US：6040264A，2000－03－21.

［50］刘红星，谢在库，陈庆龄，等. 用于甲醇制烯烃反应的催化剂［P］. CN：2004100177154，2005－10－19.

［51］H. 孙等. 含过渡金属的小孔分子筛催化剂在含氧化合物转化中的应用［P］. CN：961996412，1999－02－10.

［52］Z. 刘等. 用于含氧化合物转化的含金属的小孔分子筛催化剂［P］. CN：01812626X，2003－09－10.

［53］刘学武，张明森，柯丽，等. 含锆离子的 SAPO - 34 型分子筛及其制备方法和应用［P］. CN：2007100990798，2008－11－12.

［54］孙启文，王义君，张宗森，等. 一种金属改型磷酸硅铝分子筛及其制备方法以及在 MTO 中的应用［P］. CN：2008100407614，2008－12－10.

［55］邢爱华，李艺，蒋立翔，等. 钛改性 SAPO - 34 分子筛及其制备方法和应用［P］. CN：2010102180227，2010－12－01.

［56］刘红星，谢在库，王伟，等. SAPO 分子筛的改性方法［P］. CN：2008100434787，2008－12－10.

［57］徐俊青，陈涛. 一种高骨架铁含量 Fe—SAPO - 34 分子筛及其制备方法［P］. CN：201410013026.X，2014－04－09.

［58］许磊，田鹏，刘中民，等. 具有微孔、中孔结构的 SAPO - 34 分子筛合成方法［P］. CN：2006101610734，2008－02－13.

［59］杨贺勤，谢在库，刘志成，等. 多级孔结构 SAPO 分子筛整体材料及其制备方法［P］. CN：2010101469329，2011－10－19.

［60］杨贺勤，谢在库，刘志成，等. 多级孔结构 SAPO 分子筛材料的制备方法［P］. CN2010101469339，2011－10－19.

［61］赵昱，刘红星，钱坤，等. SAPO - 18/SAPO - 34 共生分子筛的制备方法［P］. CN：2010102619361，2012－03－14.

［62］邢海军，宁春利，付朋，等. 一种多级孔结构的硅铝磷酸盐分子筛及其制备方法和应用［P］. CN：201210445490.7，2013－02－13.

［63］孙予罕，刘休，刘子玉，等. 多级孔结构的 SAPO - 34 分子筛催化剂及其制备和应用［P］.

CN：2015100115512，2015－04－22.

［64］于吉红，喜冬阳，孙启明. 大孔微孔复合型结构的 SAPO-34 分子筛、制备方法及其应用［P］. CN：201310489100. 0，2014－01－22.

［65］于吉红，王宁，孙启明，等. 较大比表面积、中孔富铝多级孔结构的 SAPO-34 分子筛及其应用［P］. CN：201510334437. 3，2015－10－14.

［66］Junji Arika，et al，Toya Soda Manufacturing Co.，Ltd.，Process for preparation of high-silica faujasite type zeolite［P］. US：4587115A，1986－05－06.

［67］Pochen Chu，et al，Mobil Oil Corporation，Cystallization method employing microwave radiation［P］. US：4778666A，1998－10－18.

［68］李伟，关庆鑫，王小野，等. 一种制备小晶粒 SAPO-34 分子筛的方法［P］. CN：2007100602970，2008－07－09.

［69］袁忠勇，顾建峰. 一种小晶粒 SAPO-34 分子筛的制备方法［P］. CN：2009100676916，2009－06－24.

［70］袁忠勇，顾建峰，王震宇，等. 一种小粒径 SAPO-34 分子筛的制备方法［P］. CN：2009100676691，2009－07－08.

［71］宋守强，方文秀，张凤美，等. 一种磷酸硅铝分子筛的改性方法［P］. CN：2008101170979，2010－01－27.

［72］徐华胜，胡杰，王鹏飞. 一种纳米分子筛微球催化剂的制备方法［P］. CN：2012105079877，2013－03－13.

［73］常云峰，丁月. 使用双模板剂制备 SAPO-34 分子筛的高温水热合成方法［P］. CN：2013101647298，2013－09－04.

［74］常云峰，丁月. 一种小晶粒 SAPO-34 分子筛的制备方法［P］. CN：2013102515987，2013－10－02.

［75］常云峰，丁月. 平均粒径小的 SAPO-34 分子筛的制备方法［P］. CN：2013102515347，2013－11－27.

［76］管洪波，刘红星，张玉贤，等. 小晶粒 SAPO-34 分子筛的制备方法［P］. CN：2012101502896，2013－12－04.

［77］吉向飞，赵娇娇，李竞. 一种小晶粒 SAPO-18/SAPO-34 共晶分子筛的合成方法［P］. CN：2014100288752，2014－06－25.

［78］Surendar R. Venna，et al，Synthesis of SAPO-34 crystals in the presence of crystal growth inhibitors［J］. 2008，112：16261－16265.

［79］杨淼，田鹏，刘中民，等. 制备小晶粒 SAPO－分子筛的方法及其产品和用途［P］. CN：2013103260186，2013－07－30.

［80］杨淼，田鹏，刘中民，等. 制备小晶粒 SAPO-34 分子筛的方法及其产品和用途［P］. CN：2013103260769，2013－07－30.

［81］田树勋，朱伟平，刑爱华，等. 制备大晶粒 SAPO-34 分子筛的方法、通过其获得的产物及其应用［P］. CN：2011104217926，2012－07－04.

［82］常云峯，S. M. 沃恩，K. R. 克莱姆，等. 分子筛催化剂组合物、其制备和在转化方法中的应用［P］. CN：2004800287788，2007－12－12.

[83] P. T. 巴格尔，T. L. 马克，J. A. 卡奇. 用于轻烯烃生产的耐磨耗催化剂 [P]. CN: 01132533X，2002－03－27.

[84] 田鹏，刘中民，许磊，等. 一种原位合成含氧化合物转化制烯烃微球催化剂的方法 [P]. CN: 200610161072X，2008－04－09.

[85] 刘红星，谢在库，陆贤，等. 制备高耐磨强度流化床催化剂的方法 [P]. CN: 2008100432921，2008－09－10.

[86] 刘红星，谢在库，陆贤，等. 制备高耐磨强度流化床催化剂的方法 [P]. CN: 2008100432936，2008－09－10.

[87] 刘红星，谢在库，管洪波，等. 制备高耐磨强度分子筛流化床催化剂的方法 [P]. CN: 2008100432940，2008－09－10.

[88] 刘红星，谢在库，管洪波，等. 非沸石分子筛催化剂的制备方法 [P]. CN: 2008100432902，2008－09－10.

[89] 刘红星，谢在库，王伟，等. 含氧化合物制烯烃催化剂的制备方法 [P]. CN: 2008100432480，2008－10－01.

[90] 刘红星，谢在库，陆贤，等. 制备分子筛流化床催化剂的方法 [P]. CN: 2008100432495，2008－10－01.

[91] 刘红星，谢在库，陆贤，等. 制备分子筛流化床催化剂的方法 [P]. CN: 2008100434791，2008－12－10.

[92] 刘红星，王伟，赵昱，等. 高耐磨流化床催化剂的制备方法 [P]. CN: 2012101502909，2012－05－16.

[93] 李晓峰，狄春雨，梁光华，等. 一种用于生产低碳烯烃的耐磨催化剂微球制备方法 [P]. CN: 2013107191768，2014－04－09.

[94] J. A. 卡奇，T. M. 雷诺茨. 耐磨 MTO 催化剂 [P]. CN: 2006800294206，2008－08－13.

[95] 袁学民，孙世谦，钱震，等. 一种流化床催化剂及制备方法 [P]. CN: 2011100724870，2011－09－21.

[96] 袁学民，孙世谦，王志文，等. 一种流化床催化剂及其制备方法 [P]. CN: 2011101915767，2012－02－01.

[97] 狄春雨，李晓峰，梁光华，等. 一种用于生产低碳烯烃的微球催化剂及其制备方法 [P]. 2014104449077，2014－11－26.

[98] 宋环昌，明日信，陈文勇，等. 一种耐磨 MTO 催化剂的制备方法 [P]. CN: 2015104749729，2015－11－11.

[99] 田鹏，许磊，刘中民，等. 一种含分子筛的流化反应催化剂直接成型方法 [P]. CN: 2006101385083，2008－02－13.

[100] 岳国，朱伟平，蒋立翔，等. 一种利用 SAPO-34 分子筛的晶化残液制备 SAPO-34 分子筛的方法 [P]. CN: 2009100829150，2009－10－14.

[101] 朱伟平，岳国，薛云鹏，等. 一种磷酸硅铝分子筛催化剂、其制备方法、用途 [P]. CN: 2011101739905，2011－12－28.

[102] 吴宗斌，王凤，韩光荣，等. SAPO-34 分子筛合成液体用于生产甲醇制烯烃催化剂的方法 [P]. 2011104404053，2013－06－26.

［103］F. 米斯，等. 酸催化剂的稳定方法［P］. CN：02827681.7，2005－05－18.

［104］M. J. G. 詹森，等. 硅铝磷酸盐分子筛催化活性的保护［P］. CN：008086141，2002－06－19.

［105］M. J. G. 詹森，等. 热处理分子筛和催化剂［P］. CN：008086443，2002－06－09.

［106］Paul T. Barger, et al, UOP, SAPO catalysts and use thereof in methanol conversion processes［P］. US5248647A，1993－09－28.

［107］张静畅，张海滨，曹维良. 一种甲醇制低碳烯烃过程用催化剂的再生方法［P］. CN：2009100881978，2009－11－25

［108］张静畅，张海滨，佟春梅，等. 一种去除催化剂积炭的再生方法［P］. CN：2009100881959，2009－11－25.

［109］张堃. 一种甲醇或二甲醚制丙烯催化剂的再生方法［P］. CN：2012105114993，2013－03－13.

［110］Karl G. Strohmaier, et al, Exxon Mobil Chemical Patents, Method for the synthesis of molecular sieves［P］. US6540970B1，2003－04－01.

［111］于吉红，杨国炬，徐如人. SAPO－34 分子筛催化剂及其在甲醇制低碳烯烃中的应用［P］. 2012103216795，2012－12－26.

［112］张文，于成龙，周振垒，等. 一种纳米片自组装 SAPO－34 分子筛及其制备方法［P］. CN：2015100615547，2015－05－27.

［113］张利雄，汞洁，曾昌凤，等. 纳米片组装的花形可控的 SAPO－34 沸石材料及其制备方法［P］. CN：2014101361774，2014－07－23.

［114］沃尔特·弗梅伦，尼古莱·内斯特伦科，卡罗莱娜·佩蒂托，等. 具有层状晶体形态的金属磷酸铝分子筛及其制备［P］. CN：2008800152276，2010－03－24.

［115］沃尔特·弗梅伦，尼古莱·内斯特伦科，卡罗莱娜·佩蒂托，等. 制备金属磷酸铝分子筛（MEAPO）的方法［P］. CN：2008800153349，2010－03－24.

［116］于吉红，孙启明，王宇，等. 较低硅含量的薄片状纳米 SAPO－34 分子筛、制备方法及其应用［P］. CN：2013106702785，2014－03－19.

［117］李晓峰，狄春雨，梁光华，等. 一种薄层状形貌 SAPO－34 分子筛的合成方法［P］. CN：201410444908.1，2014－12－10.

［118］任素贞，马少博，郝策，等. 一种花粉状核壳型 SAPO－34 分子筛及其制备方法和应用［P］. CN：2015105478160，2015－12－16.

［119］常云峰，黄小东，周杰，等. 一种制备规则立方颗粒 SAPO－34 分子筛的方法及其应用［P］. CN：2015109712881，2016－04－06.

过渡金属氧化物纳米材料的制备方法专利技术综述

吴　晗

第一章　概述

纳米材料是指三维空间中至少有一维处于纳米尺度范围（1～100 nm）或由它们作为基本单元构成的材料，相当于10～100个原子紧密排列在一起的尺度。自从1959年理查德·费曼提出“从单个的分子甚至原子开始进行组装、根据人类的意愿，逐个地排列原子，制造产品的设想”以来，人们在这个领域充分地发挥了自己的想象来组装，制造，使得纳米材料在50多年中取得了蓬勃发展。当物质尺寸处于纳米量级时，电、光、磁、力、生物性能不同于物质在整体状态所表现出的特性，因此赋予了其广泛的应用范围。

过渡金属具有未填满的d轨道，原子轨道最外层仅有1个或2个电子，从而过渡金属氧化物表现出丰富的价态和价电子构型，尤其是第四周期过渡金属氧化物（锌、钛、钒、铬、锰、铁、钴、镍、铜），被广泛应用在半导体、催化、传感器、磁存储、发光材料、光电转化、太阳能、燃料电池、锂离子电池、超级电容器、生物传感、无机颜料、气敏、热电等领域，过渡金属氧化物作为一类典型的无机功能材料具有巨大的技术应用背景，对过渡金属氧化物的研究将影响众多关键技术领域的发展。

过渡金属氧化物纳米材料的制备方法横跨了液相、固相、气相三种相态，甚至出现了等离子态，其制备方法繁杂众多，如常用的按照原料相态进行分类，而本综述尝试按照新的分类体系进行分类综述，在过渡金属氧化物纳米材料制备方法领域中，其初衷就是按照人类的意愿去控制原子的排列，而实现这种意愿的手段无非通过将宏观的变为微观的纳米材料或者将更微观的原子等变为纳米材料，所以本综述将过渡金属氧化物纳米材料的制备方法分为两大类，一为“自上而下（Top-Down）”，二为“自下而上（Bottom-up）”。“自上而下”是指将较大尺寸（从微米级到厘米级）的物质通过各种技术变小来制备所需的纳米结构，一般涉及物理反应。而“自下而上”是将原子、分子、纳米粒子等为基础单元构建纳米结构的方法，一般涉及化学反应。自上而下和自下而上的制备方法示意图如图1所示。

从图2中可以看出，“自上而下”法往往包括：机械粉碎、高能球磨、固相煅烧、激光刻蚀、电化学等。“自下而上”法往往包括液相和气相法，如：化学沉淀前驱体煅烧、水热溶剂热、溶胶凝胶、微乳液、模板法、自蔓延燃烧法、静电纺丝法、化学气相沉积等。

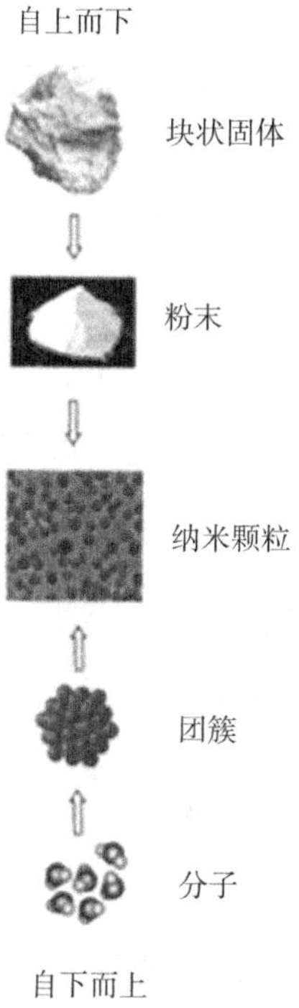

图 1　自上而下和自下而上方法示意图

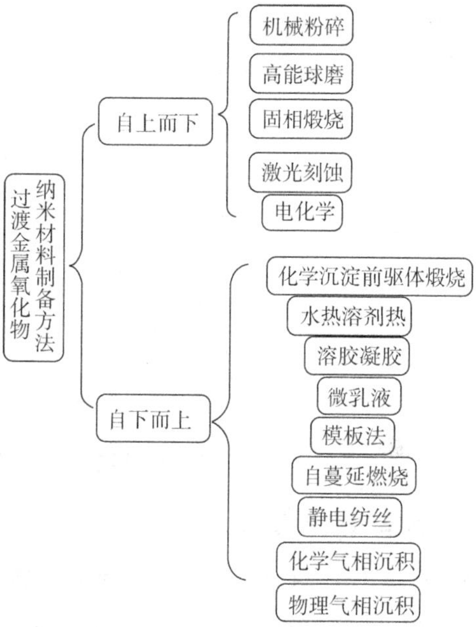

图 2　“自上而下”和“自下而上”具体方法

过渡金属氧化物制备方法的具体技术发展路线如图 3 所示，经历了最初的简单化学沉淀法发展到气相沉积、水热溶剂热，直到近年的离子液体辅助方法，而且方法制备的产品维度也经历了粉体、一维、二维、三维、分级多级结构的发展。

从图 3 可以看出，德国柏林自由大学和中国西北大学分别在 1991 年和 1997 年申请了涉及化学前驱体热分解方法的专利：DE4117782A、CN97108438.6；CN99100221 是首件关于溶胶凝胶的制备方法；KR20010023136A 是关于燃烧法的首件申请。随着纳米材料在应用方面的复杂程度增加，自然要求其形貌与结构亦趋向于复杂化，复杂化的过渡金属纳米氧化物材料是上述方法无法制备的，因而出现了水热/溶剂热制备方法，CN00129459.8 为国内较早申请的水热/溶剂热方法。国际上较早对气相沉积法进行研究的是 UC Berkeley 的杨培东小组，其于 2002 年发表了气相沉积生长 ZnO 一维纳米线阵列，CN200310113384.X 为我国早期关于气相沉积法的专利。CN200410073222.2 是关于模板法的较早申请。随着近年来环保问题越来越引起关注，而过渡金属在冶金以及延伸产品中存在大量的含有过渡金属的废液，如铜废液、钛白粉废液、钢铁酸洗废液等，若能将这些废液制备成纳米氧化物，在技术上是一个巨大的进步和突破，KR20090032384A 是首件关于废弃物制备过渡金属氧化物纳米材料的申请。CN201010101822.0 是我国首件申请的关于运用离子液体的制备方法。

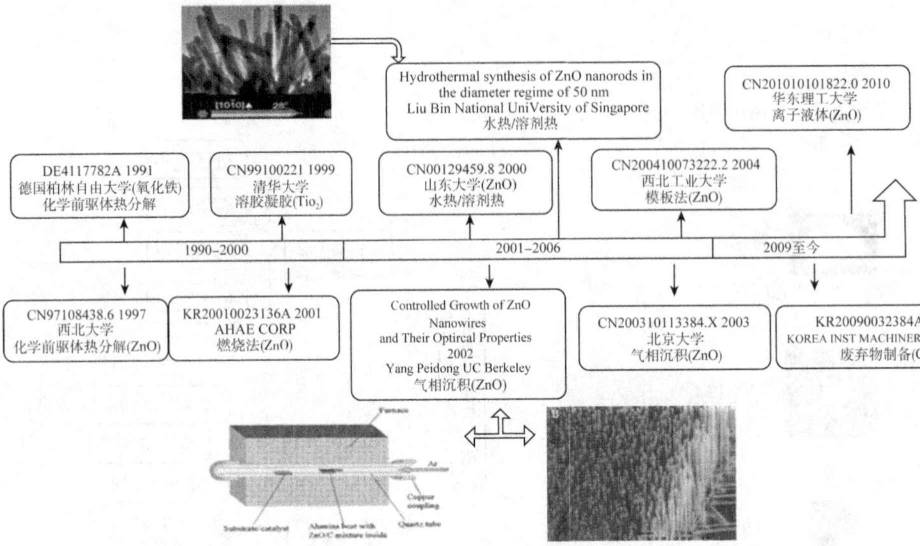

图 3　过渡金属氧化物纳米材料制备方法技术发展脉络

1.1　专利申请变化趋势

从图 4、图 5 可以看出过渡金属氧化物制备方法 2000 年以前申请较少，仅涉及化学沉淀法；2001 年之后各方法专利申请较之前均有了明显的增长，但 2001—2005 年主要研究还集中在化学沉淀法，其所占的比例超过 50%，之后气相沉积法和水热法出现爆发式的增长，2006 年气相沉积法占比达到 50%，2009 年水热法占比达到 18.20%，而模板法在 2013 年左右达到顶峰，占比为 38.1%。

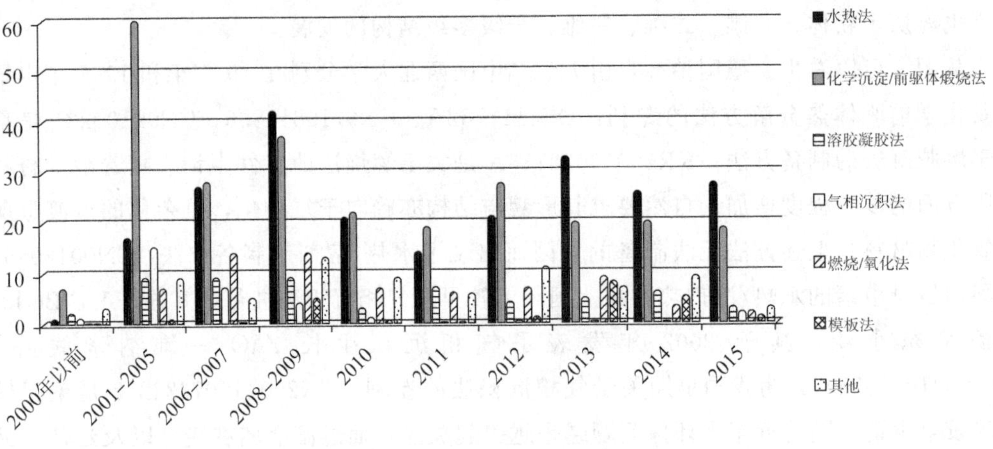

图 4　各类制备方法理念申请量变化趋势（本文中所有统计日截止到 2015 年 12 月 31 日）

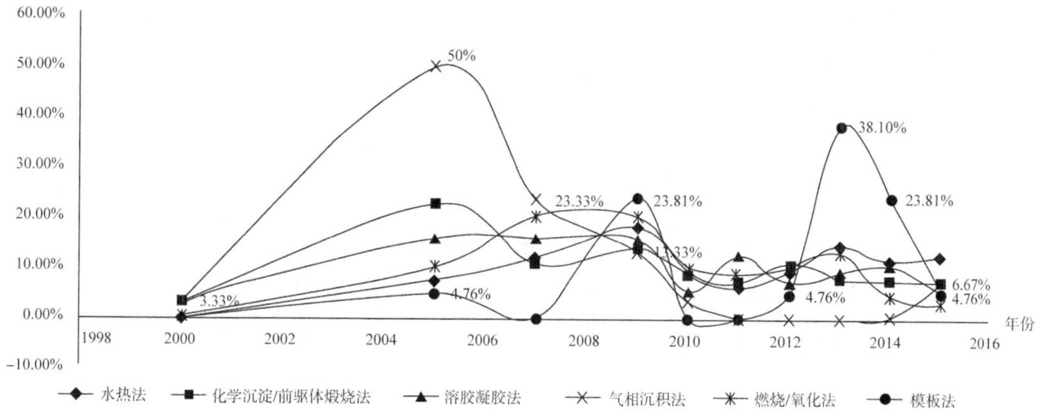

图 5　各方法历年专利比重变化趋势

从图 6 可以看出过渡金属氧化物的申请人主要为科研机构、高校，且申请人分布分散。无论哪种制备方法，国内申请都占据了大部分，具体而言，水热法国内申请量为 217 件，国外仅有 13 件，化学沉淀法国内申请量为 228 件，申请量排在第一位，而国外仅有 37 件。科研机构和高校的申请量占据压倒性优势，总量分别为 535 件和 212 件。

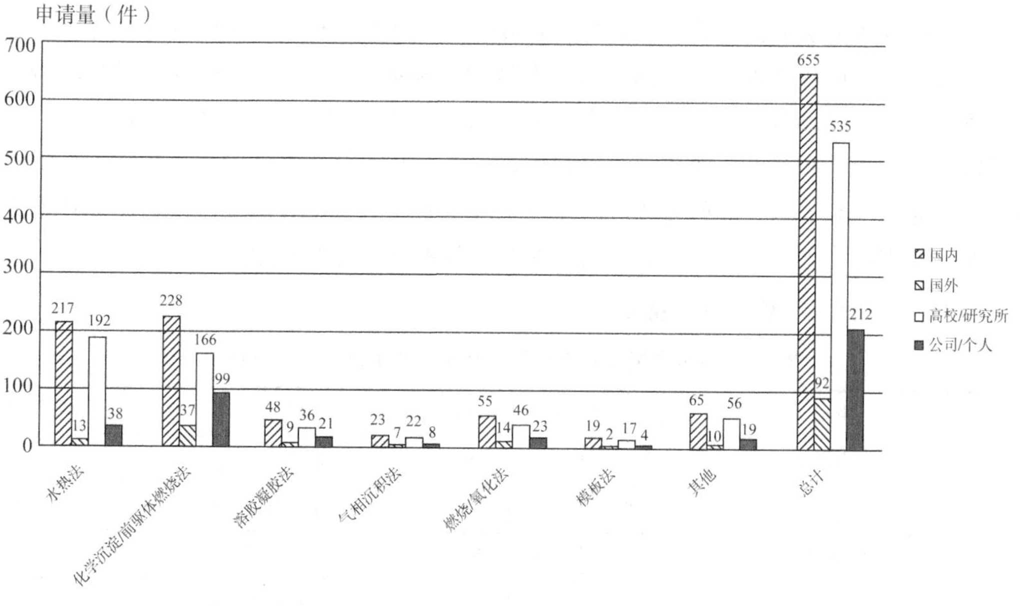

图 6　过渡金属氧化物各制备方法各国申请人专利申请数量分布

1.2　分析方法和文献样本选择

过渡金属氧化物制备方法领域具有特殊性：主要申请人为科研机构和高校，因此就整体技术发展的文献样本来说，非专利文献是远远多于专利文献的，本综述文献样本进行了统计分析，如图 7 所示。

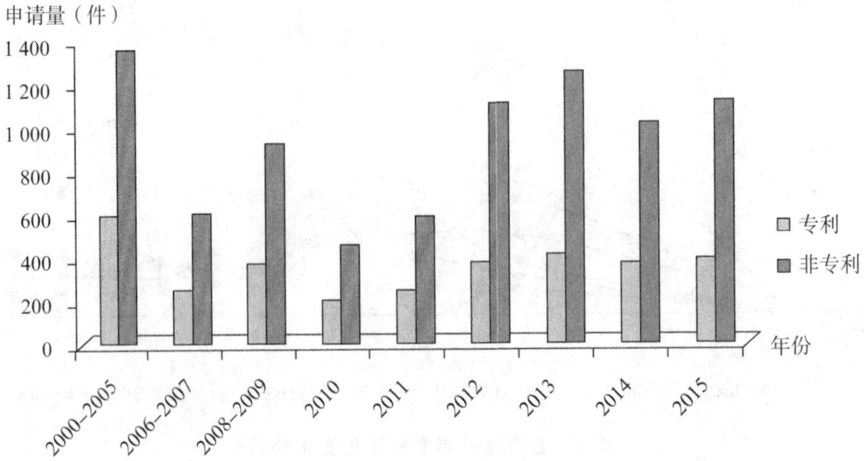

图7　过渡金属氧化物纳米材料制备方法文献样本数据图

专利文献的发展必然脱离不了整体技术路线的发展，专利的申请必然也是依托整体技术的发展，并且各个技术要点的突破会引发专利申请的突破，所以本综述在分析专利技术发展的同时，探寻了引发其发展的背后原因——专利技术发展与整体技术脉络发展的关系。具体的分析方法为：先分析专利技术演进路线和重点专利，将专利技术演进分为重要的技术分支，按照各技术分支具体分析其发展历程和演进路线。在分析各个技术要点时，根据本领域的文献分布特点，在文献样本选择时，选择了较多比例的非专利文献，以期望能够较为准确地、客观地反映技术脉络发展，从而为专利发展提供客观的数据。期望本综述能够探寻出专利技术发展脉络背后的技术发展推力，为本领域审查员以及其他技术人员提供清晰的现有技术脉络，为专利申请的客观评判提供有力的参考。

1.3　“重要申请人”统计分析及取舍

表1　过渡金属氧化物纳米材料制备方法主要申请人统计表

排名	申请人	申请量	国家	排名	申请人	申请量	国家
1	中科院	49	CN	18	北京化工大学	6	CN
2	浙江大学	25	CN	19	华南理工大学	6	CN
3	江苏大学	20	CN	20	吉林大学	6	CN
4	华东师范大学	15	CN	21	上海纳米技术及应用国家工程研究中心有限公司	6	CN
5	北京科技大学	14	CN	22	同济大学	6	CN
6	上海交通大学	12	CN	23	武汉大学	6	CN
7	天津大学	12	CN	24	西北大学	6	CN
8	南京大学	10	CN	25	厦门大学	6	CN
9	清华大学	10	CN	26	韩国全北大学	6	KR

续表

排名	申请人	申请量	国家	排名	申请人	申请量	国家
10	独立行政法人经济产业研究所	10	JP	27	安徽师范大学	5	CN
11	苏州大学	8	CN	28	哈工大	5	CN
12	东华大学	7	CN	29	攀枝花钢铁	5	CN
13	哈尔滨工程大学	7	CN	30	武汉理工大学	5	CN
14	华东理工大学	7	CN	31	西北工业大学	5	CN
15	济南大学	7	CN	32	西北师范大学	5	CN
16	上海大学	7	CN	33	浙江理工大学	5	CN
17	北京航空航天大学	6	CN	34	KOREA INST SCI & TECHNOLOGY	5	KR

本综述对过渡金属氧化物纳米材料制备方法的主要申请人进行了统计，从表 1 中可以看出，主要申请人几乎全部为高校和研究院，这与本领域的专利申请人特点比较吻合。而高校申请有其特殊性，如以某个高校作为整体样本，则过渡金属氧化物纳米材料制备方法技术点分散，技术脉络无规律，因为高校申请往往是由具体的课题组进行申请。若以具体课题组为样本分析，则面临样本量太少，无分析价值的情况。

此外，从表 1 中可以看出，排名前五位的为中科院、浙江大学、江苏大学、华东师范大学、北京科技大学。中科院由于在全国范围都具有院所分布，因此难以厘清技术发展脉络。排名前五位的还存在异常情况，如华东师范大学，分析其专利发现，其专利申请量多而质低，相似情况还有第 12 位东华大学，第 27 位安徽师范大学，第 32 位西北师范大学。而纳米材料研究较先进的清华大学才位列第 9 位，这也与其技术主要发表在非专利文献上有关。因此，对重要申请人的技术脉络进行分析，可参考性不大。

其次，从表 1 中还可以看出，各高校申请量相差不大，分布较为均匀，因此所谓的“重要申请人”，在技术上并不能够凸显出其重要地位。这与本领域专利文献分布特点也比较相符：与重要技术关联性较大，而与重要申请人关联性不大。

因此，综上所述，结合本领域文献分布特点（非专利文献数量远多于专利文献）以及重要申请人的分析情况，本综述放弃了对重要申请人的技术分析，转而回归到专利技术发展脉络的本身。着重分析整体领域的专利样本，梳理了专利技术发展脉络以及其重要技术分支的发展，剖析了专利技术发展脉络背后的整体技术脉络（包括非专利文献）。

下文分别阐述了“自上而下”法和“自下而上”法的技术路线演进情况。

国家“十三五”规划中，布局新材料作为重点发展产业，苏州市“十三五规划”中也将纳米材料作为重点规划产业。苏州市的纳米产业自 2007 年苏州纳米产业园成立以来，取得较大的发展，本综述的另一目的是期望提供国内外关于过渡金属氧化物纳米材料制备方法的专利分析，可以给苏州相关企业提供相应的参考。

第二章　自上而下法技术路线演进

本综述通过对“自上而下”法的专利文献进行了分析归类，发现专利技术的演进经历了机械粉碎、高能球磨、固相煅烧、激光烧蚀和电化学法的发展，制备的过渡金属氧化物也从粉体向多维材料发展。

2.1　“自上而下”法专利技术演进分析

在过渡金属氧化物制备方法的相关专利申请中，我们按照技术演进的路线，筛选处理重点专利，图8中列出了专利技术演进路线以及各技术分支的代表性专利。

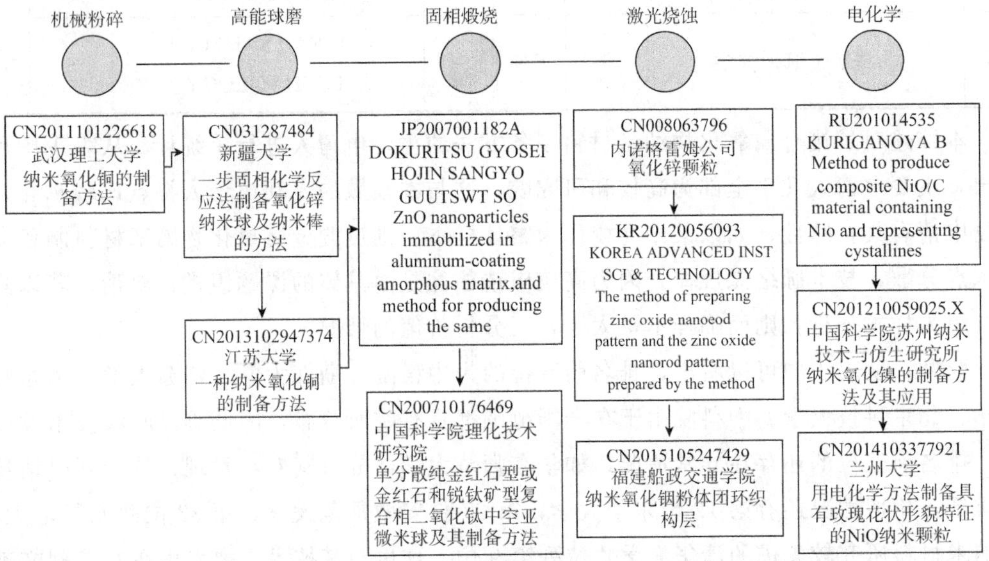

图8　“自上而下”法专利技术路线演进及重点专利

“自上而下”法较早采用的是机械粉碎方法。代表性专利有CN2011101226618，其制备方法为借助纳米机等设备来实现纳米尺寸，这代表了目前本领域的主要技术。高能球磨中往往借助于球磨助剂实现纳米尺寸过渡金属氧化物的快速、均匀制备，甚至还可以进一步加入表面活性剂（如聚乙二醇，木质磺酸盐）来制备纳米棒，代表性专利有CN031287484，CN2013102947374。JP2007001182A首次披露了使用固相煅烧法制备铝掺杂的氧化锌纳米材料，而CN200710176469则通过控制煅烧工艺实现二氧化钛晶型的可控调节。值得注意的是，韩国ADVANCED公司申请的专利KR20120056093利用激光烧蚀法制备了氧化锌纳米棒阵列，这在元器件制备中起到非常重大的作用，CN2015105247429则利用激光烧蚀制备出特殊的团环织构层结构。RU201014535、CN201210059025X、CN2014103377921是电化学制备氧化镍的代表性专利。

上述是对专利技术路线演进的分析，本领域中专利的技术脉络往往与整体技术（包括非专利）的发展脉络同步，因此按照专利技术演进的技术分支，对各个技术分支的技术要点以及技术路线演进进行分析（包括专利和非专利）。

2.2 机械粉碎

机械粉碎利用机械力将固体粉碎成纳米材料，一般是将过渡金属氧化物颗粒或者大块固体进行破碎。如将 Fe_3O_4 微粒加入表面活性剂，进入纳米机进行机械破碎，制备纳米 Fe_3O_4。虽然机械破碎法原理比较简单，但是仅通过机械力将其破碎成纳米尺寸是比较艰难的，因此该方法研究偏向于粉碎设备的研究，如胶体磨、纳米微粉机或称为纳米机，但即使这些设备也很难理想化地制备纳米尺寸的产品，而且这种方法只能制备单一的粉体形貌，较难制备复杂形貌的纳米产品，难以满足现今纳米产业对产品复杂形貌的结构的要求，因此该技术的研究已经很少。

2.3 高能球磨

高能球磨是利用球磨的高强度机械能使得固相产物发生反应，生成过渡金属氧化物纳米材料。一般分为三种，一是过渡金属单质自身高能球磨氧化，基本采用较纯的过渡金属单质放入球磨罐进行高能球磨氧化，制备出过渡金属氧化物纳米材料。二是过渡金属氢氧化物或氧化物不添加球磨助剂进行干磨。三是过渡金属氧化物球磨助剂混合进行高能球磨，随着球磨时间的增加，过渡金属氧化物的粒径迅速减小到纳米量级。使用的球磨助剂包括聚苯胺，聚氯乙烯，表面活性剂，还可以进一步加入表面活性剂（如聚乙二醇，木质磺酸盐）来制备纳米棒。还可以在高能球磨法中添加掺杂元素制备掺杂过渡金属氧化物，如 Fe 掺杂 ZnO。而进一步的研究表明，在高能球磨过程中，随着时间的推进，过渡金属氧化物的相会发生变化，如 TiO_2 的相会发生从锐钛矿相向 Srilankite 相向金红石相的转变，而 Fe_2O_3 则会发生 α 相-γ 相-α 相的转变。

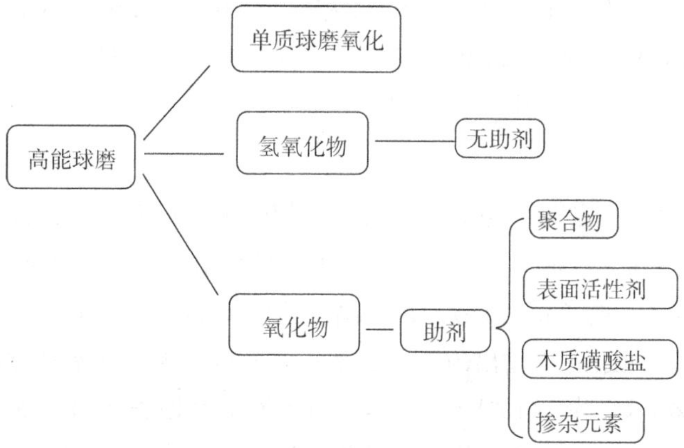

图 9 高能球磨法技术脉络示意图

2.4 固相煅烧

固相煅烧法按照是否发生化学反应可以分为固相直接煅烧法和固相化学反应法。固相直接煅烧法直接将盐（如柠檬酸铁，草酸铁）进行灼烧，得到过渡金属氧化物纳米粒子。

固相化学反应法通常是将过渡金属盐与反应试剂混合，进行球磨、研磨或者混合加热的方法产生化学反应得到前驱体，再进行煅烧分解得到过渡金属氧化物纳米材料。本领域常采用的反应试剂有氢氧化钠、氢氧化钾、草酸、碳酸钠、草酸钠、酒石酸、乙二胺四乙酸、草酸氨、碳酸氢铵。也可以在过渡金属盐中加入掺杂元素的盐进行固相化学反应制备掺杂过渡金属氧化物。曹亚丽甚至研究了将聚乙二醇加入固相原料中进行固相研磨以控制产物形貌，制备出纳米棒，纳米空心球，纳米空心球组装的长链状结构。

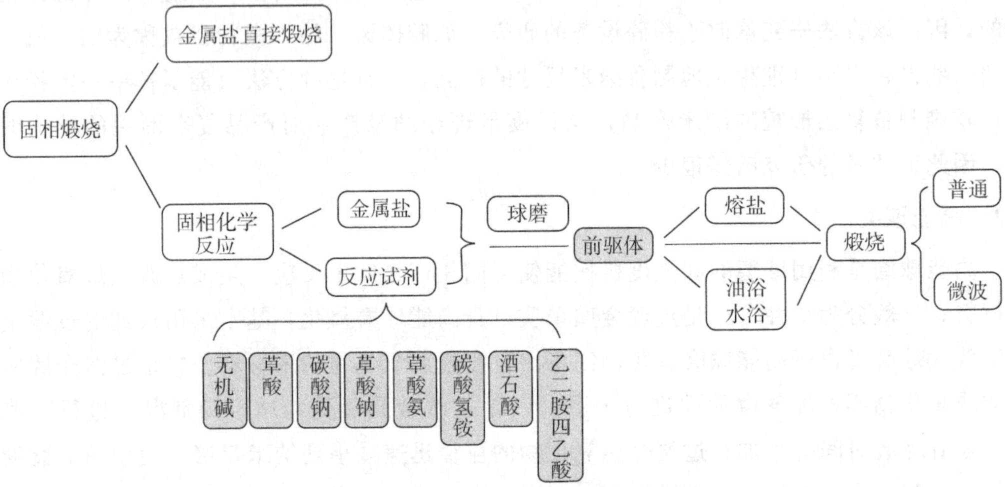

图10　固相煅烧法技术脉络示意图

而采用微波加热的方式煅烧可以提高产品的纯度，甚至可以获得纳米棒状的产品。对于球磨或研磨反应，为了保证固相反应充分也可以采取将得到的前驱体在油浴或者水浴中继续反应。

由于普通固相反应传质比较困难，研究人员还采用了熔盐促进固相之间的传质，即盐辅助固相反应（SSGM），使用的盐一般为 NaCl、KCl、KNO_3，二元混合盐如 LiCl－KCl，多元混合熔盐如 NaCl－KCl－$AgCl_3$。

2.5　激光烧蚀法

激光烧蚀法一般分为激光脉冲沉积和激光液相烧蚀法以及激光刻蚀法。

激光脉冲沉积（Pulsed-Laser Deposition，PLD）是利用激光消融靶材，产生等离子体（也可以称之为由靶材原子、离子和原子簇组成的蒸汽羽），经过空间运输（羽辉），沉积在基片上，形成过渡金属氧化物。根据激光输出的脉冲宽度不同又可分为纳秒紫外脉冲激光沉淀法（0.1 ns－100 ns），皮秒激光烧蚀法（10^{-11}～10^{-12} s），飞秒激光烧蚀法（fs）。在过渡金属氧化物的激光脉冲沉积法中使用的靶材一般为过渡金属氧化物靶材或者过渡金属靶材，对于过渡金属氧化物靶材，大都在真空气氛下沉积，但也有用一定压力的氧气氛，而对于过渡金属靶材，则需充入氧气氛，反应沉积得到过渡金属氧化物。沉积衬底一般有硅衬底，玻璃衬底。

激光液相烧蚀法是指在液相介质中，利用激光对浸入介质中的金属靶材轰击，产生等离子体然后与液相物质发生反应，进而生产过渡金属氧化物纳米材料。而采用的液相介质有水、PVP溶液、十二烷基磺酸钠（SDS）溶液。除了靶材之外，直接分散在溶液中的颗粒也可以作为靶材，近年的研究还将氧化物颗粒直接分散到液相中，然后进行激光烧蚀，制备出分散性更好、颗粒尺寸更小更均匀的球形氧化物颗粒。

而更为直接的激光刻蚀法是利用激光直接在靶材表面刻画或者说书写得到想要的结构或图案，直接生成相应的氧化物结构，而后也可以在双氧水中或退火加强氧化。

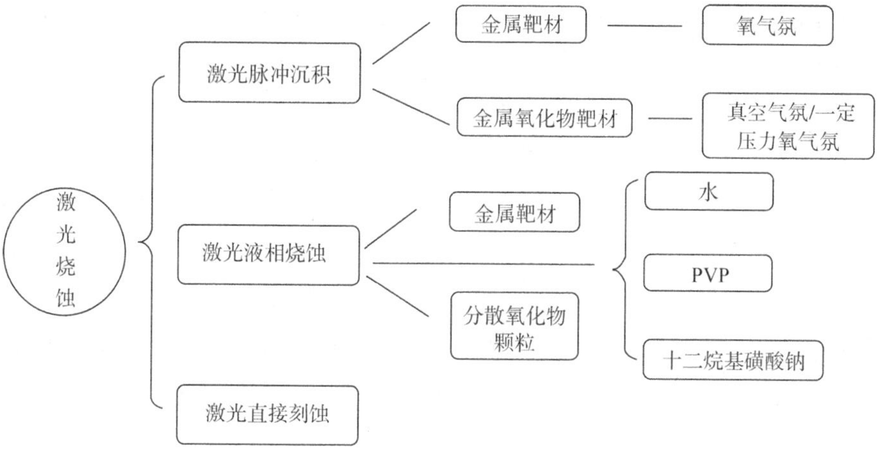

图11　激光烧蚀法技术脉络示意图

2.6　电化学

电化学制备法是利用电化学反应将过渡金属由上而下氧化为纳米尺寸，采用的方法分为阳极氧化法和电化学沉积法。

阳极氧化法将过渡金属单质作为阳极，采用常用的除表面杂质方法（打磨，酸浸，超声等）获得纯净的单质，然后以石墨等惰性电极（石墨，不锈钢片）作为阴极，以碱溶液或者氯化钠溶液或碱溶液与过渡金属盐混合溶液，极性介质——非水介质作为电解液，进行电解反应，即可在过渡金属阳极上析出前驱体或氧化物，若析出前驱体则需要进一步煅烧。而在处理钛片时则需要进行活化，一般采用无水乙醇和氢氟酸的混合液作为活化剂，而且电解液往往也会采用HF溶液，四丁基溴化铵乙醇。

电化学沉积法也可称为阴极还原法，往往采用三电极体系，包括：工作电极（过渡金属），辅助电极（铂片等），参比电极（饱和甘汞电极），以过渡金属盐为电解液，沉积制备过渡金属氧化物薄膜。所用衬底有ITO，FTO，铜片。根据沉积电流不同，又有脉冲电沉积、直流电沉积、喷射电沉积和复合电沉积。

近年来，离子液体作为电解液的电沉积方法得到兴起，主要是因为离子液体作电解液时可以带来很多优点，包括：离子液体可以电沉积一些在水溶液中无法电沉积得到的材料，如钛、锗等；离子液体中离子扩散比较慢，容易得到纳米级的粒子；离子液体在电沉积过程中，由于处于无水环境，可以避免阴极气体的析出对材料性能的影响。离子液体中模板（氧化铝模板）—电沉积法制备CuO一维材料。

第三章 自下而上法技术路线演进

3.1 “自下而上”法专利技术演进分析

在过渡金属氧化物“自下而上”制备方法的相关专利申请中，我们按照技术演进的路线，筛选处理重点专利，图 12 中列出了专利技术演进路线以及各技术分支的代表性专利。

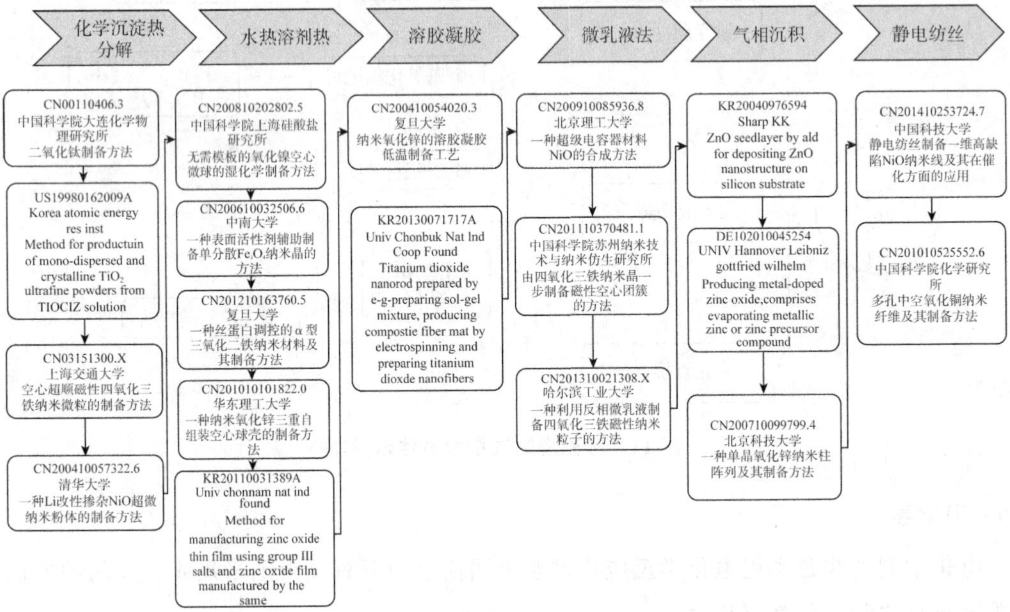

图 12 “自下而上”法专利技术路线演进及重点专利

从“自下而上”法梳理的技术脉络可以看出，化学沉淀热分解法因其制备方法简单易操作，生产成本也较低，因此成为最早采用的制备方法。重点专利有 CN00110406.3，其制备方法为碱溶液作为沉淀剂，与 $TiCl_4$ 反应，生成纳米 TiO_2 粉体，这是本领域典型的直接化学沉淀法。US19980162009A 公开了用均相沉淀控制沉淀的进程，制备了高分散性的超细 TiO_2 粉体，属于对直接化学沉淀法的改进。清华大学的专利 CN200410057322.6 也是属于对化学沉淀法的改进，利用缓冲溶液控制沉淀，从而制备超细 NiO 粉体。随着技术进步，水热溶剂热法出现，该方法能够克服化学沉淀法制备产物多为粉体的局限性，能够制备出多种维度和形貌的过渡金属氧化物纳米材料。重点专利有 CN200810202802.5，其公开了在不借助模板剂的情况下，水热法制备了空心球状的氧化镍。CN201010101822.0 公开了以离子液体为反应溶剂，溶剂热法制备三维自组装结构的氧化锌。而 KR20110031389A 则公开了水热法制备氧化锌纳米柱阵列薄膜这种特殊结构的薄膜，其在太阳能电池、催化剂、气敏材料等领域带来了突破进展。水热溶剂热法同样存在自身的局限性，即其需要高温、高压的反应条件，对反应设备要求比较严格，因此制备方法复杂，不易实现工业化生产。故而发展了溶胶凝胶法，其能够制备纳米薄膜、纳米棒、超细粉体、球形粉体、多孔材料等，重点专利有 KR20130071717A，其公开了溶胶凝胶法制备二氧化钛纳米棒薄膜。与溶胶凝胶类似的方法还有微乳液法，其主要是制备具有超高分散度的粉体。重点专利有 CN200910085936.8，利用微乳液体系制备了氧化镍纳米材料。CN201310021308.X 利用反相微乳液体系制备了四氧化三铁磁性纳米粒子。随着纳米技术发展，一维纳米结构组成的薄膜越来越受到重视，而气相沉积是制备该特殊结构的有效手段。重点专利有 KR20040976594，其公开了在二氧化硅玻璃上沉积氧化锌纳米棒薄膜，CN200710099799.4 公开了气相沉积法制备单晶氧化锌纳米柱阵列。静电纺丝法为制备纤维材料的特有技术，重点专利有 CN201410253724.7，其为利用静电纺丝法制备一维高缺陷的 NiO 纳米线。CN201010525552.6 公开了静电纺丝法制备多孔并且是中空的氧化铜纳米纤维。

上文是对专利技术路线演进的分析，本领域中专利的技术脉络发展的背后，往往是整体技术（包括非专利）脉络的发展起到了助推作用，因此下文按照专利技术演进的技术分支，对各个技术分支的技术要点以及技术路线演进进行了分析（包括专利和非专利）。

3.2 化学沉淀前驱体热分解技术综述

化学沉淀前驱体热分解一般是利用过渡金属盐与沉淀剂（如 OH^-，CO_3^{2-}，S^{2-} 等）反应后，形成不溶的前驱体沉淀，分解后即成为对应的过渡金属氧化物。本综述主要根据沉淀剂和沉淀原理的不同，将化学沉淀前驱体热分解法分为直接沉淀法、水解沉淀法、共沉淀法以及均匀沉淀法。

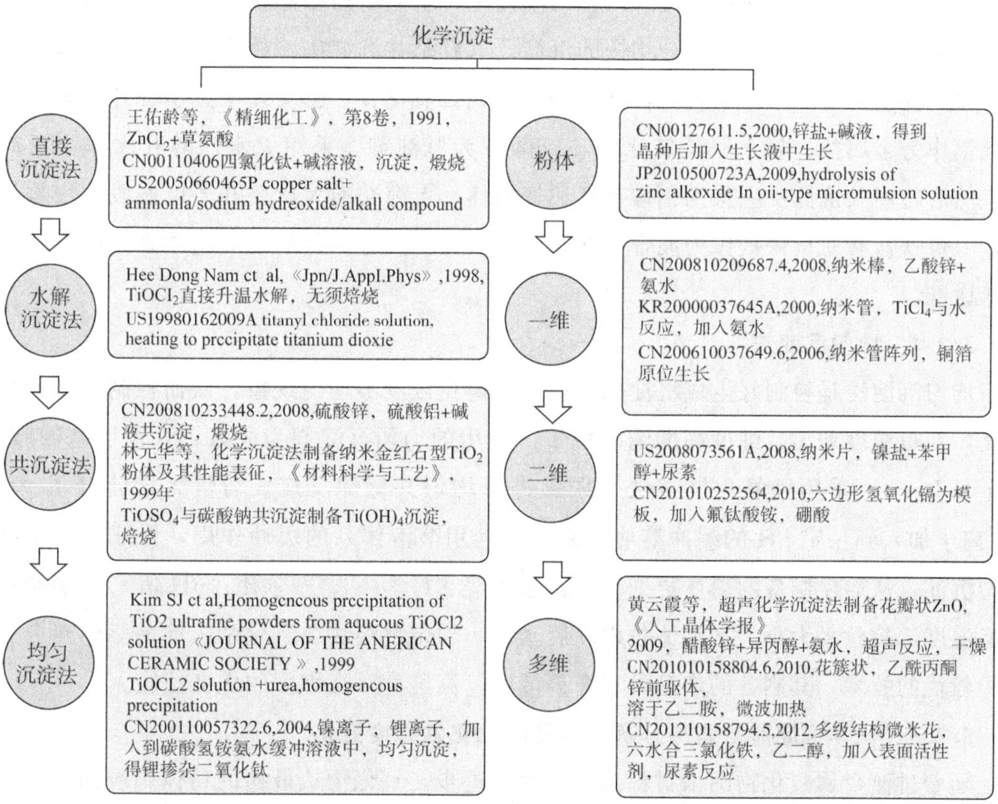

图 13 化学沉淀技术发展示意图

3.2.1 直接沉淀法

直接沉淀法是使溶液中的金属阳离子直接与沉淀剂发生化学反应而形成沉淀物，该方法发展较早，常用的沉淀剂有草酸铵，碳铵，碱溶液，氢氧化钠或氨水，碳酸钠，碳酸铵等，而中国科学院半导体研究所采用了比较特殊的沉淀剂——硫化钠，与锌盐反应，生成硫化锌沉淀，煅烧氧化得到一维纳米氧化锌。直接沉淀法操作简单易行，成本较低。但制备的粒子粒径分布较宽，分散性较差，洗除阴离子较难。

3.2.2 水解沉淀法

水解沉淀法是利用一些金属盐溶液在较高温度下可以发生水解反应，会生成氢氧化物或水合氧化物，再经加热分解后即可得到氧化物粉末的方法，该方法无须额外添加沉淀剂。水解沉淀法主要用于制备二氧化钛。刘宝春将四氯化钛在盐酸环境下进行水解，得到沉淀后进行煅烧，煅烧温度仅为200℃，煅烧得到较大幅度的降低。Technol Inst 于 1986 年发表了锌的醇盐水解制备氧化钛纳米材料。氧氯化钛（$TiOCl_2$）也是常用的水解钛源。虽然一些文献中姜承志等亦提到氧化锌的水解法制备，但分析其内容，实际属于加入沉淀剂的直接沉淀法。

3.2.3 共沉淀法

如果原料溶液中有两种或两种以上的阳离子，它们以均相存在于溶液中，加入沉淀剂进行沉淀反应后，就可得到成分均一的沉淀，这就是共沉淀法。林元华等以硫酸氧钛与碳酸钠共沉淀制备 $Ti(OH)_4$ 沉淀，然后焙烧得到二氧化钛。昆明理工大学公开了硫酸锌和硫酸铝作为金属盐，氨水、氢氧化钠和碳酸铵为沉淀剂，采用无水乙醇和水作为反应介质，然后超声共沉淀反应得到铝掺杂氧化锌粉体。上海交通大学公开了以嵌段共聚物为模板，二价铁盐和三价铁盐作为混合铁盐，进行共沉淀反应，得到空心超顺磁性四氧化三铁纳米微粒。

3.2.4 均匀沉淀法

均匀沉淀法是控制好生成沉淀剂的速度，避免浓度不均匀现象，从而控制粒子的生长速度，获得粒度均匀、纯度高的纳米粒子。常用的均匀沉淀剂为尿素，六亚甲基四胺等。Kim S. J et al. 采用氧氯化钛溶液与尿素进行均匀共沉淀反应。清华大学公开了 Ni^{2+}、Li^{+} 离子加入到一定 pH 的缓冲溶液体系中，利用溶液体系的缓冲作用，保证阳离子能够均匀沉淀，从而使制备的粉体更细小。通过改变 NH^{4+}/Ni^{2+} 摩尔比、pH 值、Li 掺杂量和预烧温度调控粒径大小。从整体技术发展来看，均匀沉淀法属于化学沉淀前驱体热分解方法中较优的技术，其制备的产品具有高分散度，高纯度，超细度的优良性能。

3.2.5 化学沉淀前驱体热分解法制备的氧化物维度变化

随着过渡金属氧化物纳米材料制备技术的进步，氧化物从最初的粉体颗粒向着一维的纳米棒、线、管，二维的纳米片、带，多维的花状、多级结构，分级发展。化学沉淀前驱体热解法也经历了类似的发展，本综述首次对该方法制备的氧化物维度进行了分析和总结。由于化学沉淀前驱体热解法往往只加入沉淀剂，生产沉淀物后，煅烧得到氧化物，很难控制氧化物的形貌，因此，仍以制备分散度较好的氧化物粉体为主。随着技术的发展，一维的过渡金属氧化物的制备取得长足进步，主要技术有：通过氨水控制化学沉淀的进程，制备纳米棒和纳米管。南京理工大学通过控制氢氧化钠沉淀剂加入温度，制备出纳米棒，纳米丝状的氧化铜。二维的过渡金属氧化物主要为纳米片，纳米带形式，有的使用苯甲醇制备纳米片，有的加入形貌导向剂柠檬酸钠制备氧化镍纳米片，有的加入六边形的氢氧化镉为模板制备纳米片。三维的多级结构，分级结构纳米材料由于其较大的比表面积会带来一些性能上的突破，成为近年来研究的热点，黄云霞等主要通过异丙醇作为反应介质，结合超声反应条件来制备；江苏大学公开了以氟化铵为形貌导向剂，制备的纳米片自组装的纳米氧化锌多级结构，其作为光催化剂对亚甲基蓝的降解率明显优于低维度的 ZnO 纳米颗粒，且强于著名的光催化剂 P25 TiO_2。中北大学通过表面活性剂聚乙烯吡咯烷酮，十六烷基三甲基溴化铵，四丁基氯化铵的作用制备出多级结构的 $\alpha-Fe_2O_3$ 微米花。可见，多维结构的过渡金属氧化物纳米材料主要通过特殊的反应介质以及形貌导向剂（如模板，表面活性剂）的作用来制备。

总体来说，化学沉淀前驱体热分解法仍然是以制备粉体为主，伴随着的是制备粉体的方法专利较多，较广，形成了大量的专利壁垒，相反地纳米阵列以及多维结构的化学沉淀法专利申请较少，存在很大的专利突破空间和方向，而且由于化学沉淀前驱体热分解法的生产成本低，操作简便，对设备要求不高，适宜工业化大规模生产，因此，在纳米阵列以及多维结构方向的研究和专利申请是值得期待的。

3.3 水热溶剂热法技术综述

水热法中，由于处于高温高压状态，溶剂水处于临界或超临界状态，反应活性提高，水在合成反应中起到两个方面的作用，压力的传媒剂和化学反应的介质。高压下，绝大多数反应物均能完全（或部分）溶解于水，可使反应在接近均相中进行，从而加快反应的进行。可以制备纳米粉体、无机功能薄膜、单晶、特殊形貌等各种形态的材料，而且原料相对价廉易得、产率高、物相均匀、纯度高、分散性良好。

溶剂热是以有机溶剂为反应介质。在过渡金属氧化物纳米材料的制备中，往往选择具有下列特性的溶剂：(1) 溶剂应该有着较低的临界温度（Tc）；(2) 有较低的吉布斯溶剂化能；(3) 溶剂不会和反应物反应；(4) 还应该考虑溶剂的还原能力以至于共结晶析出的可能性。

本文对众多水热溶剂热方法的现有技术进行了总结分析，主要从下面两个方面进行分析，①从使用的模板发展的脉络，②产业上需求较多的阵列，薄膜和多级结构进行总结分析。

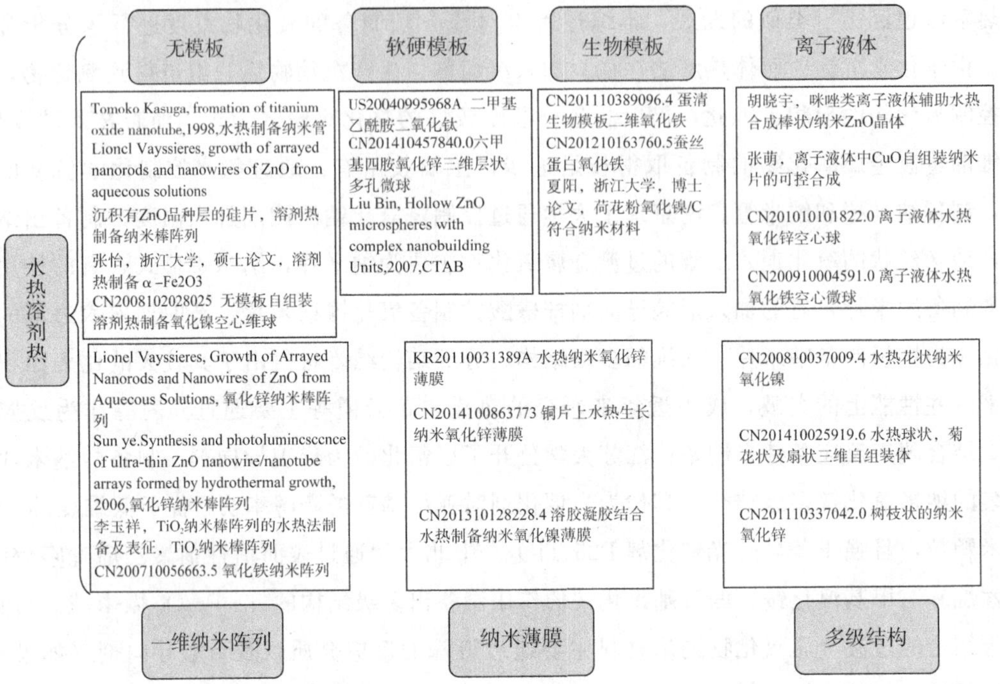

图14　过渡金属氧化物纳米材料水热溶剂热技术发展脉络图

3.3.1　无模板

模板的使用贯穿着水热溶剂热领域的发展进程，经历了最初的无模板到软硬模板，再到生物模板以及离子液体的使用。早期的水热溶剂热是不使用模板剂进行合成的，Tomoko Kasuga 将二氧化钛晶体与氢氧化钠溶液进行水热反应制备 TiO_2 纳米管。Cheng bin 用溶剂热反应制备出不同长径比的氧化锌纳米棒。Lionel Vayssieres 发表了关于无模板制备氧化锌纳米棒阵列的溶剂热法，以沉积有氧化锌晶种层的硅片作为基底，然后放入六亚甲基四胺反应介质中，以硝酸锌为原料，进行溶剂热生长制备纳米棒阵列。张怡公开了溶剂热制备 $\alpha-Fe_2O_3$ 粉体。

早期水热溶剂热的无模板制备方法更像是一种无意识的无模板使用，随着后期模板剂的使用出现后，有的现有技术发现可以不添加模板或表面活性剂，仅通过控制反应条件亦可以制备出某些需要添加模板剂制备的特殊结构或形貌的过渡金属氧化物纳米材料，本文将其称之为有意识的无模板水热溶剂热法，上海硅酸盐研究所公开了以镍的无机盐为镍源，以多元醇为溶剂，以醋酸钠作为碱源，通过一步溶剂热法制备出由 $\alpha-Ni(OH)_2$ 纳米片组成的 $a-Ni(OH)_2$ 空心微球，经过煅烧后得到氧化镍纳米片组装而成的空心微球。杨合情直接通过醋酸锌在水和乙二醇的混合溶剂中制备出了由 ZnO 纳米片自组装的空心微球。

3.3.2　软硬模板

水热溶剂热反应中借助模板对形貌的强导向作用，来根据自己的意愿制备可控形貌的过渡金属氧化物纳米材料。使用的模板大约为硬模板和软模板两大类，硬模板往往是聚合物类、碳球、氧化铝 AlO、嵌段共聚物、聚苯乙烯微球、二氧化硅、MCM－41 分子筛等。而软模板包括表面活性剂、有机溶剂、分散剂等。中南大学公开了以聚乙二醇和十二烷基磺酸钠为双模板，溶剂热反应制备四氧化三铁纳米晶。Liu bin 发表了借助软模板 CTAB 的导向作用，水热法制备 ZnO 纳米花构成的空心微球。

3.3.3 生物模板

近年来，不少学者借助了生物模板为导向，以使得金属氧化物能够获得较完美的纳米结构，如硅藻、棉纤维、病毒、细菌、蝴蝶翅膀、海胆骨架、花粉、硅藻、氨基酸、蛋白质、DNA 等，其中如牛血清蛋白所带的—OH，—NH 基团，胶原质纤维所带的—OH，—COOH，$—NH_2$ 等，易与 Cr^{3+}、Al^{3+}、Zr^{4+}、Ti^{4+}、Ag^{+} 等无机离子相结合，可以得到相应生物分子结构的无机金属材料或者无机金属与生物分子相结合的材料。

安徽师范大学公开了以蛋清作为生物模板，水热反应制得尺度分布非常均匀的二维氧化铁纳米材料。复旦大学公开了以蚕丝蛋白为生物模板，水热法制备立方形、球形或橄榄形的氧化铁纳米材料。中国林业科学院林产化学工业研究所公开了以天然纤维素为生物模板，制备纳米棒状氧化铁。夏阳在其博士论文中公开了以荷花粉为生物模板，制备多级多孔氧化镍/C 复合纳米材料。生物模板水热法是将仿生学思想和传统材料合成方法相结合，可为设计和合成新型多功能材料提供新的研究思路和方法。

3.3.4 离子液体

离子液体是完全由离子组成的液体，是低温（<100 ℃）下呈液态的盐。离子液体与固态物质相比较，它是液态的；与传统的液态物质相比较，它是离子型的。因而具有常规溶剂所不能比拟的优点。

离子液体在过渡金属氧化物纳米材料的合成中取得了较大的进展和突破，在水热溶剂热中主要用作溶剂和模板。常用的离子液体有［C_4MIM］BF_4，咪唑类氯盐离子液体，张萌以［BMIM］BF_4 离子液体为反应介质，离子液体发挥模板剂的作用，实现了 CuO 自组装合成，能够有效组织纳米片的团聚。杜记民以离子液体 1－丁基－3－甲基四氟硼酸咪唑盐为模板剂，结果表明添加离子液体的 TiO_2 产品，其光催化活性明显优于未添加离子液体的产品。华东理工大学公开了以咪唑啉离子液体与锌粉水热反应制备三重自组装空心球壳结构的氧化锌纳米材料。南阳师范大学公开了以离子液体为模板制备氧化铜纳米片。

通过对离子液体制备方法分析，发现离子液体在合成纳米材料方面所具有的功能和特点如下：(1) 离子液体具有很低的表面张力，与其他相可以很好地融合，使得无机材料的成核率提高，可得到尺寸很小的粒子；(2) 离子液体低的表面能增强了其溶解能力，使得物质在其中具有很好的稳定性；(3) 极性反应物质在离子液体的辅助下，有利于无机材料的合成；(4) 离子液体在液态下形成了“延长”的氢键，此种结构体系是分子识别和自组装过程的基础，其可作为熵驱动来自发地形成组织良好、长程有序的纳米结构。可以说，离子液体为过渡金属氧化物纳米材料的合成开拓了一条崭新的途径。

3.3.5 纳米棒阵列

上文主要从模板剂的使用对水热/溶剂热法进行了总结和分析，而在过渡金属氧化物纳米材料的产业化中，一些特殊结构的水热/溶剂热法是值得关注的，如一维纳米阵列（纳米棒/线/管/柱），纳米薄膜，以及多级结构。

一维纳米阵列具有长径比高、比表面积大及电子注入效率高等优点，在发光二极管、纳米发电机、染料敏华太阳能电池、紫外探测器和气体传感器等领域具有重要应用，高质量的一维纳米阵列是提高器件性能的决定因素，水热/溶剂热法可以大规模高质量地生产一维纳米阵列。Lionel Vayssieres 以沉积有氧化锌晶种层的硅片作为基底，然后放入六亚甲基四胺反应介质中，以硝酸锌为原料，进行溶剂热生长制备纳米棒阵列。Sun ye 以硝酸锌和 HMT 水溶液水热反应制备直径为 10～20 nm 的纳米棒和直径为 30 nm 的纳米管阵列，长度达到几微米。上述制备 ZnO 纳米棒阵列的过程中，都需要在衬底上制备 ZnO 晶种层，而 Tang qun 用含有 NaOH 和 H_2O_2 的水溶液与锌片在 160～200℃水热反应后，直接在锌片上生长了 ZnO 纳米棒阵列。李玉祥采用水热法在玻璃基片上制备沿［001］方向上生长的纳米棒阵列。李纲在 $(NH_4)_2TiF_6$ 的水溶液中，以铝基阳极氧化膜为模板，采用水热法制备了 TiO_2 纳米管阵列。河北工业大学公开了以十二烷基磺酸钠为模板剂，水热制备有序纳米阵列结构的氧化铁。东南大学公开了以锌片作为自源自衬底的水热法，合成氧化锌纳米棒阵列。

3.3.6 纳米薄膜

水热法制备过渡金属氧化物纳米薄膜也取得了长足的进步。韩国全南国立大学公开了水热法制备纳米氧化锌薄膜，该薄膜中掺杂有氧化锌纳米棒。杭州电子科技大学公开了以铜片作为衬底，硝酸锌和氨水为反应原料，水热法制备氧化锌纳米柱薄膜。北京科技大学公开了溶胶凝胶和水热结合的制备方法，预先在基底上通过溶胶凝胶制备氧化锌晶种，然后水热反应，得到氧化锌纳米棒薄膜。东华大学同样使用溶胶凝胶结合水热的方法制备纳米氧化镍薄膜。

3.3.7 多级结构

随着纳米技术的发展，人们已经不满足于一种材料提供一种性能，而是希望一种材料提供多种性能，多级结构纳米材料具有上述性质，典型的多级结构纳米材料包括树枝状、花状结构、核壳结构、中空结构等。

华东理工大学公开了以六亚甲基四胺、六水合硝酸镍为原料，水热反应得到花状的氧化镍纳米材料。北京航空航天大学公开了含镍无机盐中加入表面活性剂和氨水，水热反应得到莲藕状纳米片组成的氧化镍微球。中国计量学院公开了以无水氯化铜和氢氧化铜为原料，水热反应得到球状、菊花状及扇状三维自组装体。南京大学公开了导电基底，锌盐与聚乙烯亚胺和六次甲基四胺，以氨水为碱源，水热反应制备得到树枝状的纳米氧化锌。

3.4 溶胶凝胶法

图 15 是溶胶凝胶法制备流程，基本流程为：将金属有机醇盐或无机盐进行水解、聚合，形成金属盐溶液或溶胶，然后用提拉法、旋涂法或喷涂法等将溶胶均匀涂覆于基板上形成干凝胶膜，最后进行干燥、固化及热处理即可得到产品。

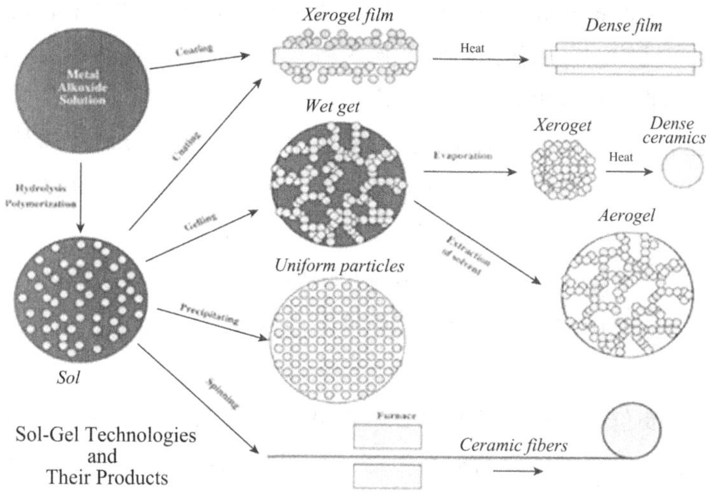

图 15　溶胶凝胶法的制备流程

牛新书以硝酸铁在乙二醇甲醚溶液中溶胶凝胶合成了纳米三氧化二铁，并加入钛酸丁酯进行凝胶，制备钛掺杂氧化铁。李海泉以钛酸丁酯、冰醋酸、去离子水和无水乙醇、含水硝酸铁为原料，采用溶胶凝胶法，得到掺铁二氧化钛纳米薄膜。李谦采用钛酸四丁酯，和油酸，加入水制备溶胶，采取提拉法旋涂凝胶，热处理后得到有机酸修饰的二氧化钛纳米薄膜。周杰在 ITO 导电玻璃上旋涂制备纳米氧化镍薄膜。吉林大学的谭兴臣在其硕士论文上发表了溶胶凝胶法制备纳米氧化锌薄膜。复旦大学公开了以锌盐、络合剂、分散剂为原料，在水溶液中获得纳米氧化锌先体凝胶，经干燥得干凝胶，然后通过热处理，得到氧化锌纳米粉体。中国科学院理化技术研究所公开了溶胶凝胶法制备掺杂的氧化锌双晶纳米带。韩国 KOREA ELECTRONICS TECHNOLOGY INST 申请的专利公开了溶胶凝胶法制备高纯度、超细的纳米氧化锌粉体。中国科学院化学研究所公开了将硫磺的醇类溶剂与铁盐水溶液混合，溶胶凝胶法制备海胆状三维自组装分级纳米结构。韩国全南国立大学公开了溶胶凝胶法制备氧化锌纳米棒。

总体来说，溶胶凝胶法可以用于制备纳米薄膜、超细或球形粉体、多微孔无机膜、多孔气凝胶材料、复合功能材料等。

3.5　微乳液法

微乳液法是利用两种不互溶的溶剂（一般为油和水），通过添加表面活性剂形成均匀的微乳液滴，每一个微小的液滴就是一个微型反应器，纳米颗粒的成核—生长过程都仅发生在微小的液滴内，从而避免团聚，制得的纳米粒子分散性比较好、粒径小。一般是将油相分布在水相中，形成水包油（O/W）微乳液。

根据使用的表面活性剂与水相和油相的总数，又称为三元、四元微乳液体系。常用的油相为醇类，非极性的烷烃，甲基丙烯酸甲酯，甲苯，在后来的研究中还采用了助表面活性剂——正辛醇，丙烯酸，来提高产品分散性。

反相微乳液是指水相分散在油相中，形成油包水（W/O）微乳液，反相微乳液更利于控制产物的形貌和尺寸，合成的纳米材料形貌由水核形状决定，而水核形状由油水相体积比决定，通过调节油水相体积比可以调节产品形貌。

在制备氧化锌，氧化钛，氧化镍的微乳液法中，还出现通过制备两种微乳液，一种含有盐离子的微乳液，另一种含有沉淀剂的微乳液，然后将二者混合在一起反应，得到纳米氧化锌。

微波辐射—微乳液法，将微乳液体系放在微波环境中辐射制备过渡金属氧化物纳米产品，结合了微波辐射的作用，制得的产品分散度更高。

3.6 气相沉积法

气相沉积法主要包括：物理气相沉积法和化学气相沉积法。物理气相沉积法（PVD）是利用高频、电弧或等离子体等高温热源将反应物加热，使反应物气化或形成等离子体，然后骤冷使其凝聚生成纳米颗粒材料。化学气相沉积法（CVD）又可分为气相合成法、气相热解法和火焰气相沉积法（FCVD），主要利用挥发性金属化合物的蒸气通过化学反应生成所需要的化合物。通过化学气相沉积法制备的纳米颗粒材料粒径小，球形度好，化学活性高、单分散性好。

UC Berkeley 的杨培东是国际上较早进行气相沉积制备方法研究的，该方法为金纳米颗粒催化气相沉积生长 ZnO 一维纳米线阵列。胡俊涛用 Zn 粉、$Zn/In_2O_3/C$ 粉作为不同锌源，通过气相沉积法在空气或 N_2/O_2 混合气氛下生长出多种形貌的 ZnO 纳米线（如四脚状、多脚状、梳子状、绒棒状，以及纳米棒、纳米丝、纳米带等多种形貌）。太原理工大学公开了物理气相沉积法，采用固态氧化钛粉体为基本原料，在富氧的高频等离子态射流气氛中完成分解和氧化反应，经骤冷，制得平均粒径范围为 20～50 nm 的纳米二氧化钛微晶。韩国夏普公司公开了化学气相沉积法，以及等离子体加强化学气相沉积法，和原子沉积法制备氧化锌纳米线。德国专利公开了化学气相沉积法制备金属掺杂纳米氧化锌。北京科技大学公开了在硅片上蒸镀一层金催化剂薄膜；高纯 Zn 粉作为蒸发源，气相沉积制备 ZnO 纳米柱阵列。姚允贺利用气相沉积的方法于铜基片表面可控生长形成氧化铜纳米阵列。大连理工大学的孙雪在其博士论文上发表了，采用 C_3H_8/Air 火焰化学气相沉积系统制备纳米 TiO_2 复合粉体。在过渡金属氧化物纳米材料的气相沉积法中，主要还是用于制备氧化锌纳米材料，这与锌源容易气态化存在直接关系。

3.7 燃烧氧化法

以有机物为反应物的燃烧合成可以合成许多用常规物理方法难以得到的超细粉体，该方法利用有机盐凝胶或有机盐与金属硝酸盐的凝胶在加热时会发生强烈的氧化还原反应，燃烧产生大量的气体，可自我维持，并生成氧化物粉末。

常用的燃料有甘氨酸、柠檬酸、尿素。刘桂香以硝酸锌、尿素和掺杂元素的硝酸盐为原料，通过自蔓延燃烧法一次性合成掺杂纳米氧化锌粉体。周忠诚以尿素或三（羟甲基）氨基甲烷（THAM）为燃料，以硝酸锌为锌源和氧化剂，采用燃烧合成的方法制备了纳米氧化锌，其发现燃料过剩是自蔓延高温合成的必备条件。曹渊以硝酸锌和尿素为反应原料，通过微波诱导燃烧技术可控合成了 ZnO 纳米晶体。

3.8 静电纺丝法

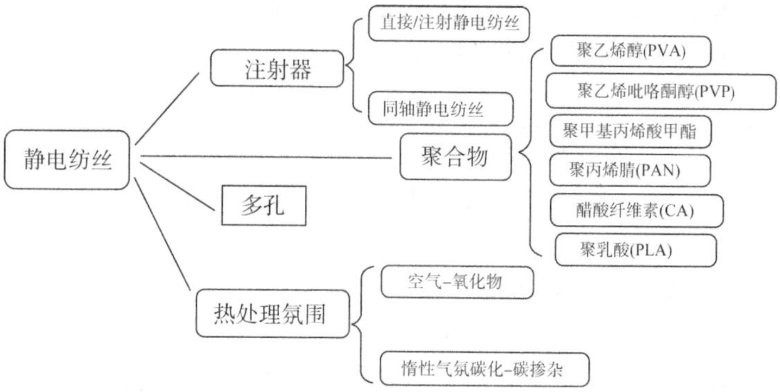

图 16 静电纺丝法技术示意图

静电纺丝法是利用聚合物溶液或熔体与过渡金属盐混合，静电纺丝成纤维后，经热处理得到过渡金属氧化物，且比较适宜制备一维纳米结构。常用的聚合物有聚乙烯醇（PVA）、聚乙烯吡咯烷酮（PVP）、聚甲基丙烯酸甲酯、聚丙烯腈（PAN）、醋酸纤维素（CA）、聚乳酸（PLA）等。聚合物自身特殊的结构能够直接影响制备得到的氧化物的结构，如刘梦竹使用聚乳酸—聚己内酯二元醇共聚物（PCLA）为聚合物，制备出纳米褶皱和纳米棒。还可以通过在惰性气氛中热处理纺丝纤维使其碳化，得到过渡金属与碳的复合纳米纤维。有的学者将溶胶凝胶法与静电纺丝结合起来制备三维电极。还可以通过将液体供给装置做成两个套在一起的注射器，同时注射两种高分子溶液，制备壳—芯结构或中空纳米纤维，本领域将其称之为同轴静电纺丝法。同时可以在聚合物溶液中加入掺杂元素盐，获得掺杂的金属氧化物，甚至可以将两种过渡金属盐同时与聚合物溶液混合，制备复合的过渡金属氧化物。中国科技大学以乙酸镍，N－N 二甲基甲酰胺和聚乙烯吡咯烷酮作为前驱体，通过简单的静电纺丝的方法，在铝箔上合成许多一维的复合纳米线。

3.9 过渡金属纳米氧化物材料其他制备方法

过渡金属纳米氧化物材料的制备方法多种多样，除了上面叙述的几种主要制备方法外，还存在着其他方法，下文对其进行简要的叙述。

浙江工业大学公开了生物矿化法，将氧化亚铁硫杆菌菌种放到 9k 培养基中放入摇床培养，然后从摇床中取出培养液后静置沉降，收集不溶物，洗涤，煅烧后得到海胆状的纳米 $\alpha-Fe_2O_3$，韩国专利 KR20090032384A 公开了以电路板废水为原料，经过碱沉淀，中和，煅烧后得到纳米氧化铜粉体。江西新金叶实业有限公司以铜废料为铜源，经过除杂，与氢氧化钠反应，然后洗涤，分解，得到氧化铜纳米粉体。天津大学以钢铁酸洗废液为原料，经过系列处理，得到四氧化三铁纳米颗粒。哈尔滨市富盛科技开发有限公司申请的专利以盐酸酸洗废液为原料，通入空气氧化后，加入尿素，氨水，得到沉淀，经煅烧后得到氧化铁纳米颗粒。常州市麦登橡塑化工有限公司以电炉灰为原料，经酸浸，净化除杂，沉淀得到碳酸锌，最后焙烧得到氧化锌纳米粉体。

在上述方法中，以工业上的废料，如钢铁酸洗废液为原料经过除杂处理，反应后得到纳米粉体，是变废为宝的新兴方法，比较符合近年来环保产业的发展，并且适合产业化生产。而且国内相关专利较多，在国际上除了韩国有少数专利外，其他国家几乎没有相关申请，因此，该方法有利于国内企业的研发和专利申请。

第四章　苏州地区关于过渡金属氧化物纳米材料制备方法专利分析

苏州市从2006年起开始发展纳米技术及其相关产业，在2007年成立了纳米产业园，之后纳米产业获得了飞速的发展，现今苏州市的十三五规划亦将此作为重点规划产业，今后纳米产业必然会获得更大的发展，下文对苏州地区关于过渡金属氧化物纳米材料的专利申请进行分析总结。

从图17中可以看出，在过渡金属氧化物纳米材料中，申请较多的是氧化锌和氧化钛，二者所占比例之和达到70%以上，而在过渡金属氧化物纳米材料制备方法中各申请方法比例如图（b）所示，其中化学沉淀前驱体热分解法和溶胶凝胶法制备方法简单，易于产业化。从图（c）中可以看出，申请量居于前几位的申请人是苏州大学、苏州宇希新材料科技股份有限公司、中科院苏州纳米与技术生物仿生研究所、昆山智集材料科技有限公司、苏州苏钠科技有限公司，从其中可以看出，有两个高校研究所，三个公司个人申请，公司个人申请已出现超过高校研究所申请的趋势，而这点从图（d）中更加容易体现，苏州地区公司和个人申请比例为55%，高校研究所申请比例为45%，这在国内是不常见的，国内的纳米材料专利申请的总体情况是高校研究所的申请量远远大于公司和个人的申请量。这说明苏州地区的纳米材料产业化得到较好的发展。

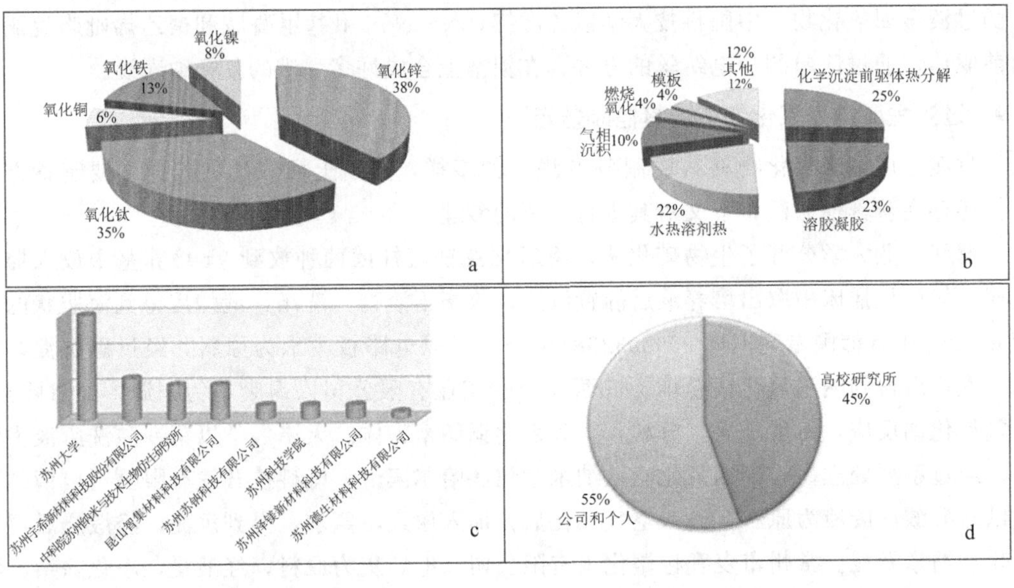

图17　苏州市过渡金属氧化物纳米材料专利申请分析图

而结合前文对过渡金属氧化物纳米材料的制备方法技术发展的分析，可以为苏州地区的发展提供一些建议，化学沉淀前驱体热分解法制备纳米阵列或多维结构的专利申请相对较少，且该方法适合产业化，因此值得去研究和申请专利；水热溶剂热法较适宜高校研究所去探究新型结构和组成的纳米材料制备；利用工业上金属废弃物来制备过渡金属氧化物纳米材料适宜研究和申请相关专利；另外可以加强除较成熟的氧化锌和氧化钛之外的过渡金属氧化物纳米材料的研究和专利申请。

第五章　总结

本综述对过渡金属氧化物纳米材料的制备方法进行了总结分析，对专利技术发展脉络进行了梳理分析，主要从“自上而下”和“自下而上”的方法进行了分析，“自上而下”法主要包括机械粉碎、高能球磨、固相煅烧、激光烧蚀法和电化学法，“自下而上”法包括化学前驱体热分解、水热/溶剂热、溶胶凝胶法、微乳液法、气相沉积法、燃烧氧化法、静电纺丝法。其中化学沉淀前驱体热分解法是应用较广泛的，制备产物也由最初的粉体逐步发展到一维，二维甚至多维产品上，应用该方法生产纳米阵列是值得研究和进行专利申请的。水热溶剂热法经历了较长时间的发展，现在仍然方兴未艾，笔者认为水热溶剂热法还是较适宜去探究制备新型结构和组成的纳米材料制备。而气相沉积法仍然较适宜制备纳米阵列产品，纳米阵列产品在发光二极管、纳米发电机、染料敏华太阳能电池、紫外探测器和气体传感器等领域具有重要应用，高质量的一维纳米阵列是提高器件性能的决定因素。溶胶凝胶法较适宜制备薄膜类产品，燃烧氧化法较适宜制备粉体类产品。以工业上的废料，如钢铁酸洗废液为原料经过除杂处理，反应后得到纳米粉体，是变废为宝的新兴方法，比较符合近年来环保产业的发展，并且适合产业化生产。而且国内相关专利较多，在国际上除了韩国有少数专利外，其他国家几乎没有相关申请，因此，该方法有利于国内企业的研发和专利申请。随着纳米材料的发展，单一的方法势必不能满足其越来越多元化的要求，这就出现了多种方法复合使用的制备方法，而这种趋势必然是以后的过渡金属氧化物纳米材料制备方法的发展趋势，相信随着研究的不断深入，必将研制出性能更加优越的过渡金属氧化物纳米材料，更好地发挥其在众多领域的独特作用，并充分实现工业化大规模的生产与应用。

参考文献

[1] 霍子杨. 过渡金属氧化物纳米结构的调控合成、组装及其性能研究 [D]. 北京：清华大学，2009.

[2] 吕派. 第四周期过渡金属氧化物的结构控制合成研究 [D]. 大连：大连理工大学，2012.

[3] 王训. 过渡金属氧化物一维纳米结构液相合成、表征与性能研究 [D]. 北京：清华大学，2004.

[4] 李晓伟. 过渡金属氧化物微纳结构的构筑及电化学性能研究 [D]. 济南：山东大学，2013.

[5] Peidong Yang et al., Controlled Growth of ZnO Nanowires and Their Optical Properties [J]. Ad-

vanced Functional Materials，2002，12（5）：323－331.

［6］Caruso F et al.，Nanoengineering of Inorganic and Hybrid Hollow Spheres by Collodial Templating ［J］. Science，1998，282（5391）：1111－1114.

［7］武汉理工大学．一种高比饱和磁化强度 Fe_3O_4 微粒及其制备方法［P］．中国专利：03125260.5，2004－02－11.

［8］刘彬彬．超微米氧化亚铜材料的制备方法［P］．中国专利：201110122661.8，2011－12－14.

［9］刘澧浦．高能球磨法制备氢氧化镍［C］．纳米材料和技术应用进展全国第二届纳米材料和技术应用会议论文集（上卷），2001－06－30，B15－18.

［10］王丽丽．纳米氧化铁半导体量子点及其复合粒子的制备与性能研究［D］．上海：华东师范大学，2011.

［11］新疆大学．一种近室温条件下一步固相化学反应制备氧化锌纳米球及纳米棒的方法［P］．中国专利：03128748.4，2004－11－24.

［12］江苏大学．一种纳米氧化铜的制备方法［P］．中国专利：201310294737.4，2013－12－04.

［13］魏白光．高能球磨法制备纳米 ZnO 掺 Fe 稀磁半导体材料［J］．吉林化工学院学报，2014，31（3）：81－84.

［14］潘晓燕．机械驱动下纳米二氧化钛的结构与相变［D］．上海：上海大学，2003.

［15］刘建本．气—固相化学反应制备纳米氧化锌［J］．精细化工中间体，2002，32（5）：26－28.

［16］周立群．纳米氧化镍的固相合成［J］．应用化学，2006，23（6）：682－684.

［17］章金兵．固相法合成纳米二氧化钛［J］．有色金属（冶炼部分），2005，（6）：42－45.

［18］沈茹娟．纳米氧化镍的固相合成及其气敏性能［J］．无机化学学报，2000，16（6）：906－910.

［19］袁志庆．低热固相反应合成纳米氧化镍［J］．无机盐工业，2006，34（6）：34－36.

［20］李东升．室温固相合成前体法制备纳米 CuO 粉体［J］．功能材料，2006，38（3）：723－727.

［21］刘桂香．室温固相化学法制备掺杂纳米氧化锌［J］．电子元件与材料，2006，25（10）：37－40.

［22］曹亚丽．特殊形貌纳米材料的低热固相化学合成及其表征［M］．乌鲁木齐：新疆大学，2004.

［23］刘劲松．微波固相合成氧化锌纳米棒［J］．化学学报，2007，65（15）：1476－1480.

［24］汪洋．二氧化钛光催化材料的固相化学合成及性能［M］．乌鲁木齐：新疆大学，2014.

［25］孙金全．盐辅助固相合成一维纳米材料的研究［M］．青岛：山东科技大学，2004.

［26］龚良玉．熔盐辅助固相反应合成 NiO 纳米片［J］．应用化工，2008，37（6）：648－651.

［27］刘炳龙．脉冲激光沉积制备氧化锌纳米棒及其性质的研究［M］．合肥：合肥工业大学，2007.

［28］赵胜利．氧化镍薄膜的制备及电化学性质［J］．化学通报，2006，1：63－65.

［29］何国庆．激光液相烧蚀制备纳米颗粒的研究［M］．聊城：聊城大学，2014.

［30］郭浩．氧化铜纳米粒子的制备及其 SERS 特性［J］．光散射学报，2011，23（2）：120－124.

［31］胡夕伦．基于激光烧蚀技术的氧化锌粉体材料的制备与物性研究［M］．济南：济南大学，2012.

［32］谭德志．液相脉冲激光烧蚀法制备功能纳米材料［D］．杭州：浙江大学，2014.

［33］福建船政交通职业学院．纳米氧化铟粉体团环织构层［P］．中国专利：201510524742.9，2015－11－18.

［34］卢金龙．微纳米二氧化钛飞秒激光化学复合制备及其光催化性能研究［J］．中国激光，2016，

43 (07)：37—49.

［35］芦硼曾．电化学法沉积氧化锌晶须［J］．电化学，2011，17 (01)：92—96.

［36］张彰．非水介质中电解氧化法合成制备纳米 Fe_2O_3 的研究［D］．上海：上海大学，2006.

［37］KURIGANOVA A B Method to produce composite nio/c material containing NiO and representing crystallites［P］．俄罗斯专利：2010140535，2012—04—27.

［38］中国科学院苏州纳米技术与纳米仿生研究所．纳米氧化镍的制备方法及其应用［P］．中国专利：201210059025. X，2012—07—25.

［39］兰州大学．用电化学方法制备具有玫瑰花状形貌特征的 NiO 纳米颗粒［P］．中国专利：201410337792. 1，2014—10—15.

［40］华东师范大学．一种 CuO 棒状纳米结构及其制备方法［P］．中国专利：200810036448. 3，2008—11—19.

［41］华东师范大学．一种蜂窝状 CuO 纳米材料及其制备方法［P］．中国专利：200910046752. 0，2009—07—22.

［42］韩丽坤．电化学法制备纳米二氧化钛光触媒材料的研究［J］．实验科学与技术，2003，3：67—68.

［43］张加友．电化学沉积氧化镍薄膜的制备及其电致变色［J］．电子显微学报，1997，16 (4)：451—452.

［44］李志芳．电化学沉积法制备 ZnO 纳米棒薄膜和 Cu_2O 纳米薄膜［M］．北京：北京交通大学，2015.

［45］芦鹏曾．电化学法制备 CuO 和 ZnO 一维材料及第一性原理研究［M］．太原：太原理工大学，2011.

［46］李昊坤．均匀沉淀法制备纳米氧化锌的工艺研究［M］．西安：西安科技大学，2006.

［47］方佑龄，等．超细粉末氧化锌的制备［J］．精细化工，1991，8：42—45.

［48］王唯林．碳酸铵做沉淀剂制备氧化钛［J］．无机盐工业，1995，7：13—16.

［49］河南黄河旋风股份有限公司．纳米级氧化铁黄德制备方法［P］．中国专利：200510017551. X，2005—11—23.

［50］PHILIP MORRIS USA INC Method for forming activated copper oxide catalyst［P］．美国专利 20050660465P，2007—01—18.

［51］中国科学院半导体研究所．氧化锌一维纳米材料的制备方法［P］．中国专利：200510076326. 3，2006—12—20.

［52］刘宝春，等．水解法制备纳米级 TiO_2［J］．南京化工大学学报，1997，19，4：76—79.

［53］Hee Dong Nam et al.，Preparation of ultrafine crystalline TiO_2 powders from aqueous $TiCl_4$ solution by precipitation［J］．Jpn. J. Appl. Phys，1998，37：4603—4608.

［54］KOREA ATOMIC ENERGY RES INST Method for prodn. of mono—dispersed and crystalline TiO_2 ultrafine powders from aqueous TiOCl2 solution using homogeneous precipitation［P］．美国专利 19980162009，1999—12—14.

［55］武汉大学．一种纳米二氧化钛及其制备方法和用途［P］．中国专利：02147872，2003—05—21.

［56］姜承志，等．水解沉淀法制备纳米 ZnO 及其光催化性能研究［J］．有色矿冶，2007，23 (3)：46—47.

[57] 林元华，等. 化学沉淀法制备纳米金红石型 TiO_2 粉体及其性能表征 [J]. 材料科学与工艺，1999，7 (2)：60—64.

[58] 昆明理工大学. 一种制备锌铝氧化物纳米粉体的方法 [P]. 中国专利：200810233448.2，2009—04—15.

[59] 上海交通大学. 空心超顺磁性四氧化三铁纳米微粒的制备方法 [P]. 中国专利：03151300.X，2004—09—15.

[60] 雷闫盈，等. 均匀沉淀法制备纳米二氧化钛工艺条件研究 [J]. 无机盐工业，2001，33 (2)：3—6.

[61] 胡晓力，等. 用均匀沉淀法制备纳米 TiO_2 粉体 [J]. 中国陶瓷，1997，33 (4)：5—9.

[62] Kim S. J et al., Photocatalytic characteristics of nanometer-sized titania powders fabricated by a homogeneous-precipitation process [J]. 2002，85 (2)：341—345.

[63] 清华大学. 一种 Li 改性掺杂 NiO 超微米纳米粉体的制备方法 [P]. 中国专利：200410057322.6，2005—03—02.

[64] 上海博纳科技发展有限公司. 一种纳米氧化锌的制备方法 [P]. 中国专利：00127611.5，2001—05—23.

[65] MURATA MFG CO LTD METHOD FOR MANUFACTURING THE SAME, AND ZINC OXIDE MEMBRANE [P]. 日本专利：2010500723，2009—09—03.

[66] 武汉大学. 一种锐钛矿相纳米 TiO_2 的制备方法 [P]. 中国专利：02115507，2002—10—09.

[67] 哈尔滨工业大学. 一种大规模制 ZnO 纳米棒及微米棒的方法 [P]. 中国专利：200810209687.4，2010—02—10.

[68] LEE J KPreparation of nanotube type titania powder for photocatalysts [P]. 韩国专利：20000037645，2002—01—16.

[69] 南京理工大学. 微结构可控纳米氧化铜的制备方法 [P]. 中国专利：200510094631.5，2006—05—31.

[70] UNIV BREMEN GMBH JACOBS Preparing nickel oxide nanosheet structure with hexagonal holes, comprises preparing methanol solution of nickel salt [P]. 美国专利：2008073561，2009—09—17.

[71] 新疆维吾尔自治区产品质量监督检验研究院. 一种氧化镍纳米片的制备方法及其应用 [P]. 中国专利：201510924207.2，2016—02—10.

[72] 华东理工大学. 一种分层结构的锐钛矿相氧化钛空心六边形纳米片及其制备方法 [P]. 中国专利：201010252564，2011—01—19.

[73] 黄云霞，等. 超声化学沉淀法制备花瓣状 ZnO 及其微波吸收性能 [J]. 人工晶体学报，2009，38：207—210.

[74] 江苏大学. 一种纳米氧化锌介晶的室温快速制备方法 [P]. 中国专利：201210462185.9，2013—02—20.

[75] 中北大学. 一种具有多级结构的磁性三氧化二铁微米花材料及其制备方法 [P]. 中国专利：201210158794.5，2012—09—12.

[76] 张怡. 氧化铁纳米结构的水热/溶剂热合成及其催化性能的表征 [M]. 杭州：浙江大学，2008.

[77] 张建交. 纳米氧化锌的水热合成及其气敏性能 [D]. 哈尔滨：哈尔滨理工大学，2014.

[78] Tomoko Kasuga et al., Formation of Titanium Oxide Nanotube [J]. Langmuir，1998，14：

3160－3163.

[79] Bin Cheng et al.，Hydrothermal synthesis of one-dimensional ZnO nanostructures with different aspect ratios [J]，ChemComm，2004：986－987.

[80] Lionel Vayssieres. Growth of arrayed nanorods and nanowires of ZnO from aqueous solutions [J]，Advanced Materials，2003，15 (5)：464－466.

[81] 中国科学院上海硅酸盐研究所. 无须模板的氧化镍空心微球的湿化学制备方法 [P]. 中国专利：200810202802.5，2009－04－29.

[82] 杨合情. ZnO 纳米片自组装空心微球的无模板水热法制备与发光性质 [J]. 中国科学 B 辑，2007，37 (5)：417－425.

[83] 王殿平. 纳米 TiO_2 中空微球的酸催化水解水热法制备 [J]. 功能材料，2012，43 (23)：3222－3231.

[84] 中南大学 . 一种表面活性剂辅助制备单分散 Fe_3O_4 纳米晶的方法 [P]. 中国专利：200610032506.6，2008－05－07.

[85] Bin liu et al.，Hollow ZnO microspheres with comoplex nanobuilding units [J]. Chem Mater，2007，19：5284－5826.

[86] 安徽师范大学. 一种制备四氧化三铁二维纳米材料的方法 [P]. 中国专利：201110389096.4，2011－11－30.

[87] 复旦大学. 一种丝蛋白调控的 a 型三氧化二铁纳米材料及其制备方法 [P]. 中国专利：201210163760.5，2012－08－29.

[88] 中国林业科学院林产化学工业研究所. 一种棒状纳米氧化铁及其制备方法 [P]. 中国专利：201210167339.1，2012－09－19.

[89] 夏阳. 生物模板法构筑多级多孔结构电极材料及其储锂性能研究 [D]. 杭州：浙江工业大学 2013.

[90] 王凯. pH 对离子液体辅助水热制备介孔二氧化钛结构的影响 [J]. 无机材料学报，2014，29 (2)：131－136.

[91] 胡晓宇. 咪唑类离子液体辅助水热法合成棒状微纳米 ZnO 晶体 [J]. 高等化学学报，2013，34 (2)：324－330.

[92] 张萌，等. 离子液体中 CuO 自组装纳米片的可控合成 [J]. 武汉理工大学学报，2008，30 (2)：10－13.

[93] 杜记民，等. 离子液体调控溶剂热合成 TiO_2 纳米颗粒及紫外可见光催化降解性能 [J]. 盐湖研究，2012，20 (4)：30－35.

[94] 华东理工大学. 一种纳米氧化锌三重自组装空心球壳的制备方法 [P]. 中国专利：201010101822.0，2010－07－14.

[95] 南阳师范学院. 一种 (200) 晶面暴露单分散 CuO 纳米片的合成方法 [P]. 中国专利：201510496264.5，2015－11－25.

[96] 郝锐，等. ZnO 纳米线/棒阵列的水热法制备及应用研究进展 [J]. 化学学报，2014，72：1199－1208.

[97] Sun ye et al.，Synthesis and photoluminescence of ultra-thin ZnO nanowire/nanotube arrays formed by hydrothermal growth [J]. Chemical Physics Letters，2006，431：352－357.

[98] Qun Tang et al.，A template-free aqueous route to ZnO nanorod arrays with high optical property [J]. ChemComm，2004：712－713.

[99] 李玉祥，等. TiO_2 纳米棒阵列的水热法制备及表征 [J]. 稀有金属材料与工程，2009，38 (2)：1060－1063.

[100] 李纲. 水热法制备 TiO_2 纳米管阵列 [J]. 催化学报，2009，30 (1)：37－42.

[101] 河北工业大学. 具有有序纳米阵列结构的 Fe_3O_4 粉体的制备方法 [P]. 中国专利：200710056663.5，2007－08－29.

[102] 东南大学. 自源自衬底水热反应生长氧化锌纳米棒的方法 [P]. 中国专利：200710019913.8，2007－09－19.

[103] UNIV CHONNAM NAT IND FOUND METHOD FOR MANUFACTURING ZINC OXIDE THIN FILM USING GROUP III SALTS AND ZINC OXIDE THIN FILM MANUFACTURED BY THE SAME [P]. 韩国专利：201110031389，2012－10－15.

[104] 杭州电子科技大学. 一种氧化锌纳米柱薄膜及其制备方法 [P]. 中国专利：201410086377.3，2014－06－25.

[105] 北京科技大学. 一种制备浸润性可控的氧化锌纳米棒阵列薄膜的方法 [P]. 中国专利：200810056547.8，2008－07－16.

[106] 东华大学. 一种水热法制备氧化镍电致变色薄膜的方法 [P]. 中国专利：201310128228.4，2013－06－26.

[107] 华东理工大学. 一种花形氧化镍的制备方法 [P]. 中国专利：200810037009.4，2008－09－24.

[108] 北京航空航天大学. 莲藕状纳米片组成的氧化镍微球的制备方法 [P]. 中国专利：201010237201.5，2010－12－08.

[109] 中国计量学院. 一种氧化铜三维纳米自组装体的可控制备方法 [P]. 中国专利：201410025919.6，2014－05－07.

[110] 南京大学. 一种树枝结构氧化锌纳米线阵列膜的制备方法 [P]. 中国专利：201110337042.0，2012－06－20.

[111] 牛新书，等. 溶胶凝胶法纳米 α－Fe_2O_3 材料的合成、结构及气敏性能 [J]. 功能材料，2001，32，6：649－652.

[112] 李海泉，等. 溶胶凝胶法制备铁掺杂纳米 TiO_2 薄膜与其性能研究 [J]. 信息记录材料，2013，14，2：20－28.

[113] 李谦，等. 有机酸修饰溶胶凝胶法制备的二氧化钛纳米薄膜的表征 [J]. 河南大学学报，2001，31，2：56－58.

[114] 周杰，等. PEO 掺杂氧化镍薄膜的溶胶凝胶法制备及电致变色性能研究 [J]. 化学学报，2006，64，10：1004－1010.

[115] 复旦大学. 纳米氧化锌的溶胶凝胶低温制备工艺 [P]. 中国专利：200410054020.3，2005－03－02.

[116] 中国科学院理化技术研究所. 溶胶凝胶制备掺杂的氧化锌双晶纳米带的方法 [P]. 中国专利：200510011921.9，2006－01－04.

[117] 中国科学院化学研究所. 铁羟基氧化物和铁氧化物分级纳米结构材料及其制备方法与应用

[P]. 中国专利：201210012511.6，2013－07－17.

[118] UNIV CHONBUK NAT IND COOP FOUND Titanium dioxide nanorod prepared by e.g. preparing sol-gel mixture，producing composite fiber mat by electrospinning and preparing titanium dioxide nanofibers，useful in photocatalytic，wastewater treating agent and antimicrobial agent [P]. 韩国专利：20130071717，2013－06－21.

[119] 徐瑞. 过渡金属氧化物纳米材料的构筑和性能与应用研究 [M]. 长春：东北师范大学，2010.

[120] 赵艳凝. 几种微乳液体系的研究 [J]. 华中师范大学学报（自然科学版），2009，43（3）：436－439.

[121] 谢湖. 基于反相微乳液的改性纳米二氧化钛溶胶的制备与结构 [J]. 化学与黏合，2014，36（4）：240－243.

[122] 苏运来. 微乳液法制备超细氧化铁的 TPR 研究 [J]. 应用技术研究，2007，20（1）：57－61.

[123] 赵艳凝. 微乳液法合成纳米氧化锌及表征 [J]. 江西师范大学学报（自然科学版），2009，33（1）：113－118.

[124] 高嵩. 微乳液制备纳米 TiO2 及其结构表征 [J]. 沈阳化工大学学报，2010，24（4）：294－298.

[125] 冯德荣. 微乳液法制备掺杂铁的纳米二氧化钛及其表征 [J]. 粉体纳米技术，2005，4：17－19.

[126] 徐瑞芬. 反相微乳液法制备 TiO_2/ZrO_2 复合陶瓷膜 [J]. 化工进展，2006，25（1）：82－84.

[127] 韩冬云. 热处理对微乳液法制备纳米氧化镍的影响 [J]. 无机盐工业，2006，38（12）：32－33.

[128] 徐羽翰. 纳米氧化锌微乳液制备方法研究进展 [J]. 无机盐工业，2009，41（6）：7－9.

[129] 李和平. 微乳液—微波辐射法制备 α－Fe_2O_3 纳米粒子 [J]. 精细化工中间体，2002，32（5）：28－30.

[130] 胡俊涛，等. 气相沉积法生长不同结构 ZnO 纳米线及其发光性能 [J]. 发光学报，2005，26，6，：781－784.

[131] 太原理工大学. 一种固态进料纳米二氧化钛微晶的制备方法 [P]. 中国专利：201410671061.0，2015－03－11.

[132] SHARP KK ZnO SEED LAYER BY ALD FOR DEPOSITING ZnO NANOSTRUCTURE ON SILICON SUBSTRATE [P]. 韩国专利：20040976594，2004－10－29.

[133] UNIV HANNOVER LEIBNIZ GOTTFRIED WILHELMProducing metal－doped zinc oxide，comprises evaporating metallic zinc or zinc precursor compound，evaporating doping agent in the form of an organometallic compound containing doping metal and merging resultant gaseous starting materials [P]. 德国专利：102010045254，2012－03－15.

[134] 北京科技大学. 一种单晶氧化锌纳米柱阵列及其制备方法 [P]. 中国专利：200710099799.4，2007－11－14.

[135] 姚允贺，等. 气相沉积法一步可控合成氧化铜纳米阵列 [J]. 哈尔滨师范大学自然科学学报，2016，32（1）：111－114.

[136] 米远祝，等. 燃烧还原法制备镍纳米微粒 [J]. 化学与生物工程，2004，4：23－24.

［137］刘建华，等. 溶胶凝胶燃烧合成制备NiO纳米颗粒的研究［J］. 材料工程，2006，1：110－113.

［138］陈易明，等. 燃烧法合成氧化铁催化剂制备碳纳米管［J］. 新技术新工艺，2006，4：115－118.

［139］陈淑敏，等. 自燃烧法合成氮、铁共掺杂 TiO_2 及其可见光光催化活性［J］. 硅酸盐通报，2011，30，3：694－698.

［140］张晓顺，等. 燃烧合成法制备纳米氧化锌［J］. 分子科学学报，2005，21，1：12－15.

［141］刘桂香，等. 自蔓延燃烧法合成ZnO粉体及其压敏电阻的制备［J］. 硅酸盐学报，2006，34，9：1055－1059.

［142］周忠诚，等. 用燃烧合成法制备纳米氧化锌［J］. 粉末冶金材料科学与工程，2006，11，4：229－233.

［143］曹渊，等. 微波诱导燃烧法合成类花状ZnO纳米材料及其晶体结构、荧光性质研究［J］. 无机化学学报，2013，29，1：190－198.

［144］罗巍. 基于静电纺丝技术构筑一维纳米过渡金属氧化物及其储锂性能研究［D］. 合肥：华中科技大学，2012.

［145］郭杰. 静电纺丝制备二氧化钛复合纳米纤维的研究进展［J］. 高分子通报，4，45－51.

［146］刘梦竹. 静电纺丝法制备微纳米过渡金属氧化物及其性能研究［D］. 长春：吉林大学，2015.

［147］陆海纬. 静电纺丝法制备过渡金属氧化物纳米丝三维电极及其电化学性能研究［D］. 上海：复旦大学，2008.

［148］魏少红. 静电纺丝可控制备氧化锌基纳米纤维及其气敏特性研究［D］. 上海：东华大学，2012.

［149］张威. 静电纺丝 Ag-TiO_2 复合纳米纤维的制备和表征［J］. 稀有金属材料与工程：40（1），128－130.

［150］张培培. 氧化锌—四氧化三铁复合纳米纤维的制备及表征［J］. 纺织学报，31（11），1－5.

［151］中国科技大学. 静电纺丝制备一维高缺陷NiO纳米线及其在催化方面的应用［P］. 中国专利：201410253724.7，2014－08－20.

［152］浙江工业大学. 一种生物矿化法制备海胆状 α－Fe_2O_3 的方法［P］. 中国专利：201410043490.3，2014－06－11.

［153］江西新金叶实业有限公司. 纳米氧化铜的制备工艺［P］. 中国专利：201310409148.3，2013－11－20.

［154］天津大学. 一种用钢铁酸洗废液制备纳米四氧化三铁颗粒的方法［P］. 中国专利：201510678931.1，2016－01－27.

［155］常州市麦登像素化工有限公司. 一种纳米氧化锌的制备方法［P］. 中国专利：200910212782.4，2010－05－05.

［156］赵康，等. 苏州市发展纳米技术及其相关产业经验解读［J］. 徐州工程学院学报，2014，29，5：43－48.

光刻蚀工艺底部抗反射涂层技术综述

张 浩

第一章 序言

自 1946 年世界上第一台电子计算机“ENIAC”在美国宾夕法尼亚大学问世，计算机技术的发展以爆炸的态势席卷了过去的 70 年。1970 年起，随着第 4 代计算机技术，即大规模、超大规模集成电路的发展，半导体芯片的使用带来了计算机技术的革命。根据摩尔定律，每隔 18 个月，集成电路的集成度即会增加一倍。微电子工业如此惊人的发展速度所依赖的核心技术即光刻胶（Photoresist）和光刻技术（Photolithography）。

光刻胶又称光致刻蚀剂，是用于光刻技术中的一种图形印刷介质。光刻技术是利用紫外光通过掩膜版照射到一层附有光刻胶薄膜的基片表面，引起曝光区域的光刻胶发生化学反应；再通过显影技术溶解去除曝光区域或未曝光区域的光刻胶，其中前者为正性光刻胶，后者为负性光刻胶。如此掩膜版上的图形便被复制到光刻胶薄膜上，最后利用刻蚀技术将图形转移到基片上。其具体工艺如图 1 所示。

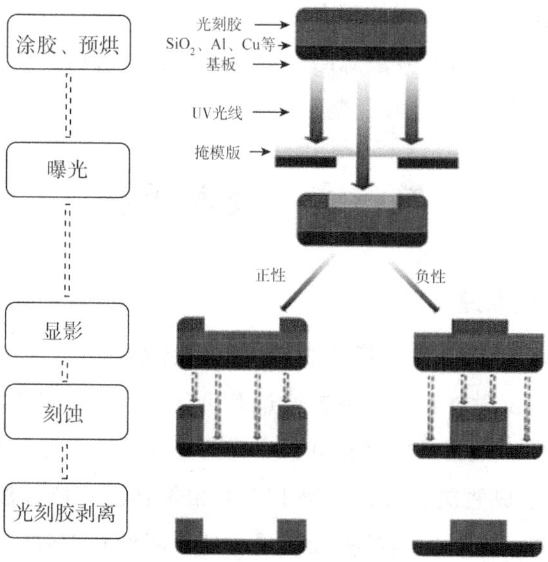

图 1 光刻工艺原理图解

在光刻技术中最重要的指标是刻蚀图形的关键尺寸和分辨率。然而，在曝光光波进入光刻胶层面之后，如果没有被完全吸收，就会有一部分光波穿过光刻胶膜到达衬底表面。这一部分光波在衬底表面反射之后，又会回到光刻胶之中。这样，反射光波与光刻胶中的入射光波发生干涉，形成驻波。由于驻波的存在，光刻胶中的光强出现周期性的变化，从而引起光刻胶层光能吸收的不均匀，导致线宽发生变化，最终降低分辨率，减少了关键尺寸的均一性。由于对更小特征尺寸的需求，在目前追求更小波长、更高能量的曝光光线的技术趋势下，光刻工艺中存在的驻波效应，基板锐边引起反射光的散射而造成图形缺口的凹缺效应，以及由于基板构型导致光刻胶厚度不同引起的摆动效应，都变得更加明显，严重影响了半导体设备产业的发展。

为了克服上述问题，自上世纪末至今，中外企业陆续推出了一系列能够有效缓解入射光反射，从而提高关键尺寸均一性的产品，即光刻蚀用抗反射涂层（ARC，Anti-Reflective Coatings，ARC）。抗反射涂层（ARC）通过降低入射曝光光波的反射率，可以有效改善驻波效应、摆动效应和凹缺效应，提高图案关键尺寸的均一性，从而改善图案的清晰度和分辨率。

根据光刻蚀过程的具体工艺以及涂层和光刻胶的叠加顺序，可以将抗反射涂层（ARC）分为两大类：顶部抗反射涂层（TARC，Top Anti-Reflective Coatings）和底部抗反射涂层（BARC，Bottom Anti-Reflective Coatings）。虽然两者都可以实现曝光光波反射率的降低，但是相比顶部抗反射涂层，底部抗反射涂层对于入射光波的凹缺效应和摆动效应有更良好的抑制。由于底部抗反射涂层更加出色的技术效果，以及相对简单的工艺，在光刻胶和基材之间增加底部抗反射涂层，从而改善光刻蚀工艺中的关键尺寸的均一性，也成为行业中的主流选择。本文旨在梳理自20世纪90年代起至今中外有关底部抗反射涂层的研究成果与专利技术，分析其发展脉络，对相应的技术进行了分类归纳，并且整理了美韩中三国技术发展的特点。

第二章 技术背景

2.1 底部抗反射涂层的原理

底部抗反射涂层（BARC），是指在光刻胶和基体材料之间加入一层能有效消除光反射，形成干涉驻波的抗反射材料。其主要通过有机分子对紫外光的吸收而实现，因此通常由高消光率的材料组成。根据投射到光刻胶底部的光波长，调整BARC层膜厚，使光线投射穿过BARC过程中形成两次反射，产生180°的相位移。相位移波会与BARC/光刻胶界面反射的光波发生干涉，形成减弱的叠加效果，从而降低驻波效应。同时其具体原理如图2所示。

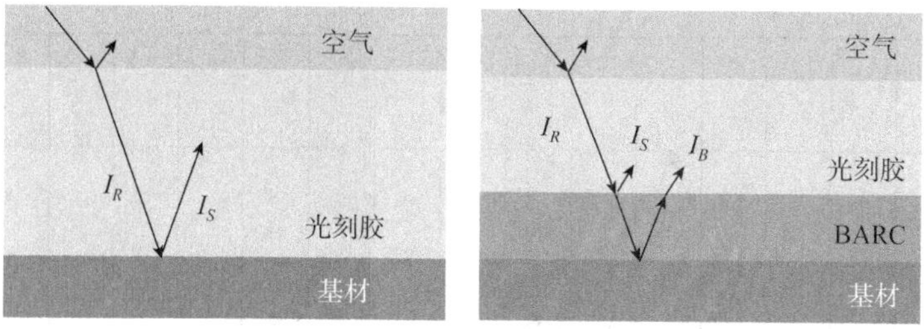

图 2　BARC 抗反射涂层光波干涉抗反射原理

由图 2 可见，涂覆 BARC 可以显著降低反射光 I_S，有效减少光反射，消除驻波效应。

目前，BARC 材料已经在集成电路实际制造过程中广泛应用，对于一种性能优异的 BARC 材料，有如下的性能要求：(1) 在预烘过程中不会溶于光刻胶；(2) 材料本身具有良好的抗反射效率和分解温度；(3) 具有良好的去除功能，如等离子法；(4) 良好的生态循环，满足绿色化学。

综上所述，当今的 BARC 材料研究主要围绕在其本身的抗反射效率与良好的去除功能之间。

2.2　各国技术发展情况

正因为 BARC 在工艺和性能上兼具的优越性，关于底部抗反射涂层的专利技术如恒河沙数。通过以“bottom and (anti reflective coating or anti-reflective coating or antireflective coating)”为关键词，以“半导体光刻蚀工艺相关”进行领域的限定，通过专利的检索，共得到了 984 个结果，其中合并同族后为 489 个专利族。

以下是对所得到专利技术进行的统计：

自 20 世纪 90 年代起，各国在底部抗反射涂层领域的技术发展日新月异，涌现了大量的专利申请，这也反映了随着 21 世纪计算机技术的飞跃，智能设备，如智能手机、平板电脑的大量普及，工业和企业对于抗反射涂层的应用更加重视。

图 3 所示是自 1997 年以来历年专利的申请数量。可以发现，2003 年前后的专利申请数量达到了顶峰，而近年来的申请数量则呈现逐年下降的趋势。2003 年起，苹果公司开始研发苹果 iphone 手机，并且于 2007 年推出第一代 iPhone，重新定义了智能手机的使用，属于划时代的科技产品。半导体芯片作为智能设备最重要的技术环节，也在 2003 年前后的申请达到了顶峰。由于技术研发与至产品上市之间存在时间上的滞后性，可以认为 2003 年前后的专利申请高峰，是与 2007 年之后全球智能设备产业的革命相匹配的。

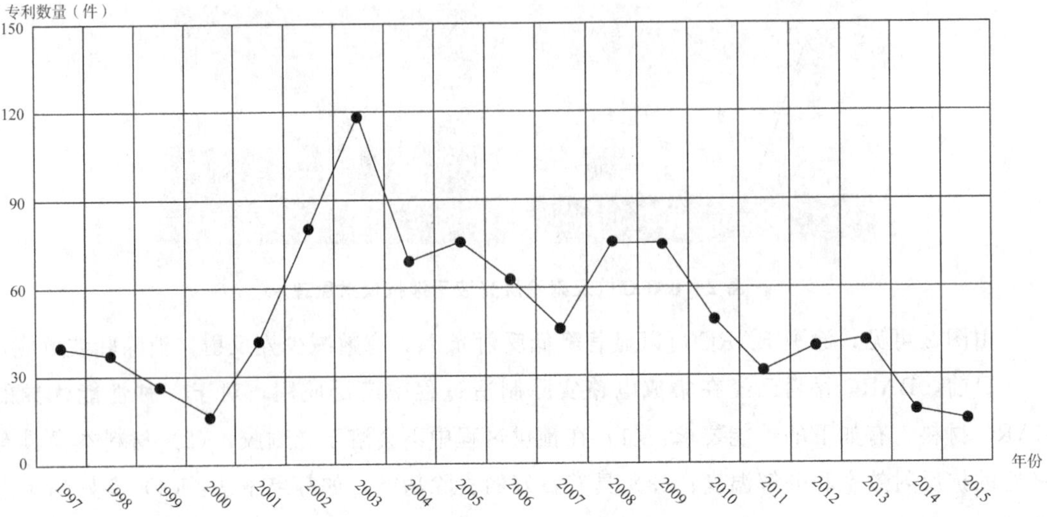

图3　全球BARC专利技术申请趋势

各国家或地区对于底部抗反射涂层材料都给予了相应的重视，而具体各国家或地区技术发展存在的差别是由本国或地区的科技水平、经济发展程度等决定的，可以从各国家或地区的专利申请数量上做出比较。

从图4可以看出，美国作为科技和经济等综合国力顶尖的超级大国，在BARC专利技术的申请量上独占鳌头。韩国以及欧洲等国的申请量与美国差距巨大，构成了第二梯队；而中国（不含台湾地区）和日本等申请量比较相近。

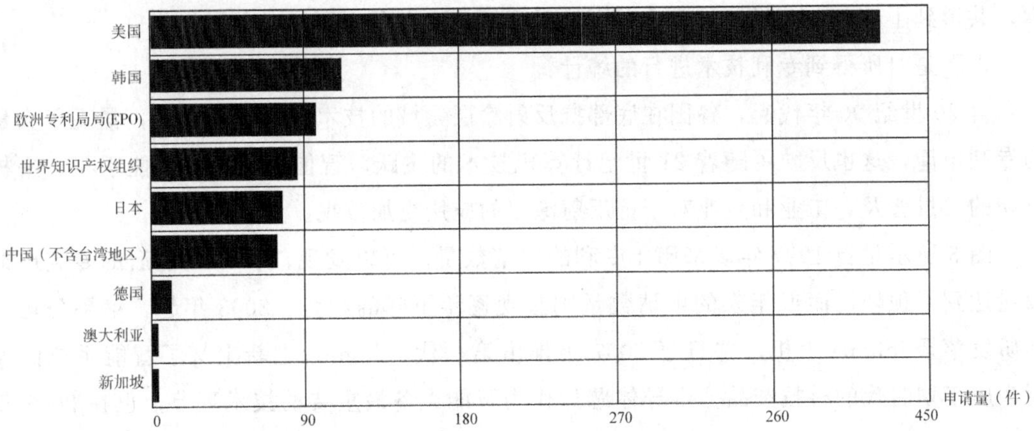

图4　各国家或地区BARC专利技术申请数量

在此应当注意，尽管该申请量数据涵盖了所有的相关专利，但是对于同族专利，即同一发明在不同国家的申请，可能会存在重复计算的嫌疑。

根据图4的数据进行进一步的分析，分化到每一年各个国家具体的申请量，也可以得出一些相关信息。

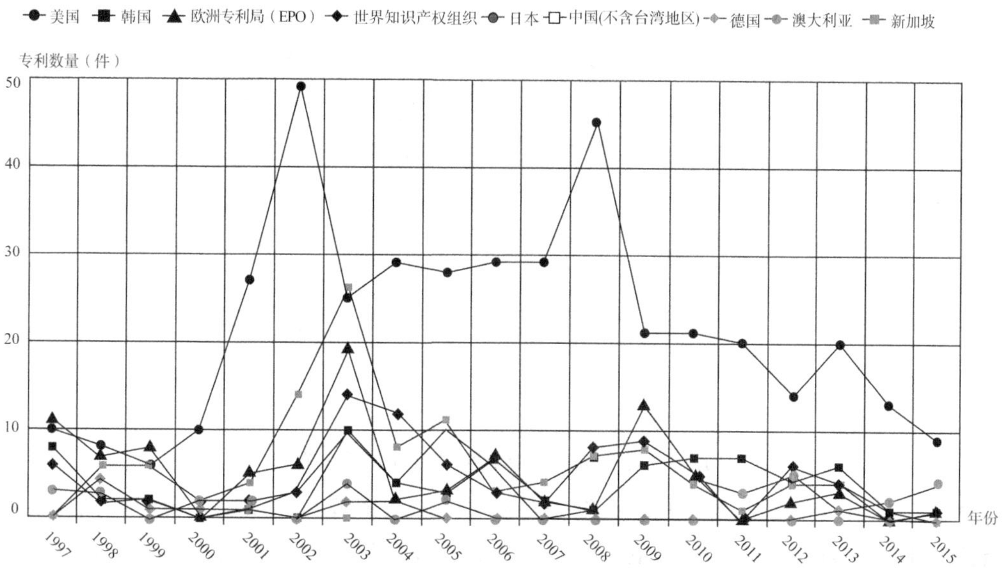

图 5 各国家或地区 BARC 专利技术申请趋势

图 5 给出了各国家或地区 BARC 专利技术的申请趋势。美国申请量巨大，因此相比其他国家的历年申请均呈现压倒性优势。美国申请量的高峰出现在 2002 年和 2008 年两年前后。正如前文所述，该项技术在 21 世纪的进一步应用主要依赖于便携式智能设备的普及。2007 年的苹果智能手机是一个标志性的产品，而 2002 年美国的大量申请则是该产品的技术铺垫；同时 2008 年进一步提高的申请量则可以看作是智能手机市场开启后，企业为了占据市场对自身技术能力的进一步跟进。

相比美国，其他各国的专利技术发展较为平缓。各国申请的高峰均出现在了 2003 年附近。产生这样的结果，一方面是因为大量美国专利进入各国进行了同族申请，另一方面可以认为，便携式智能设备的发展是顺应科学技术的脉络的。随着锂离子电池，智能芯片等技术的发展，自 2003 年起，全球的 IT 技术领域都对半导体芯片的进一步应用提出了新的思路。这样的假设反映在数据中就是呈现在，自 2003 年起，各个国家都涌现了一批对于半导体光刻蚀技术中核心技术之一的底部抗反射涂层的专利申请，足以显现各大 IT 企业对于智能设备市场的预期和谋划。

根据专利申请的情况，对各国有关底部抗反射涂层材料专利技术的授权情况进行进一步分析。

如图 6 所示，美国由于申请量巨大，其授权量也相应较为突出。然而有趣的是，排名第二和第三的分别是申请量并不突出的中国和日本。分析产生这种现象的原因，中日的审查效率相对其他国家较快可能是一种不那么让人信服的解释。由于 BARC 涂层属于比较新颖的技术，存在大量进审而未授权的案件也不无可能。当然，还有种解释就是其他国家对于 BARC 涂层专利技术的审查标准与中、日两国不同。中国高新技术起步较晚，日本对于小型家电工业一度是世界第一，也许在这样的前提下，两个国家对于半导体技术领域的审查存在其他的考量要素。

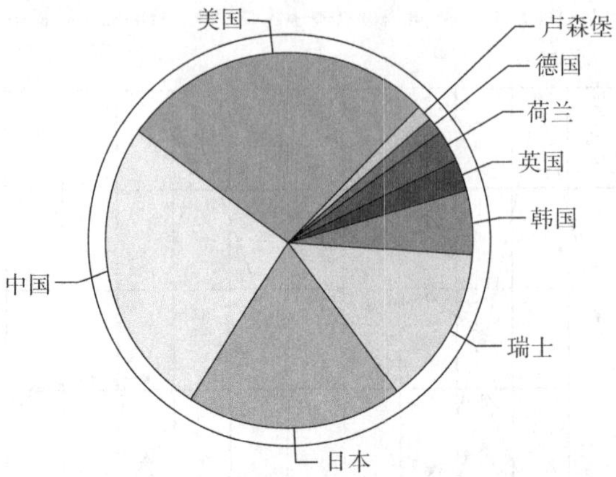

图6　全球BARC专利技术授权情况分布

BARC材料与传统意义上的涂料组合物或清漆、油墨等，存在比较大的区别。虽然其制备工艺上往往以涂覆的形式为主，然而其并非一般意义上的涂料类型。同时，作为一种光致抗蚀剂的相关材料，其相关的工艺容易涉及与光刻工艺和光刻技术相关的领域，均是BARC相关的技术领域。

2.3　中美韩底部抗反射涂层技术分析

由于美国、韩国在该技术领域中处于主导地位，而中国则与我们自身密切相关，因此将三国的底部抗反射涂层技术情况进行单独的对比分析。

使用“bottom and (anti reflective coating or anti-reflective coating or antireflective coating)”关键词进行检索，根据光刻蚀工艺相关的技术领域限定，共得到了608件专利申请，其中，美国专利422件，韩国专利113件，中国专利73件。经合并同族后共411个专利族。

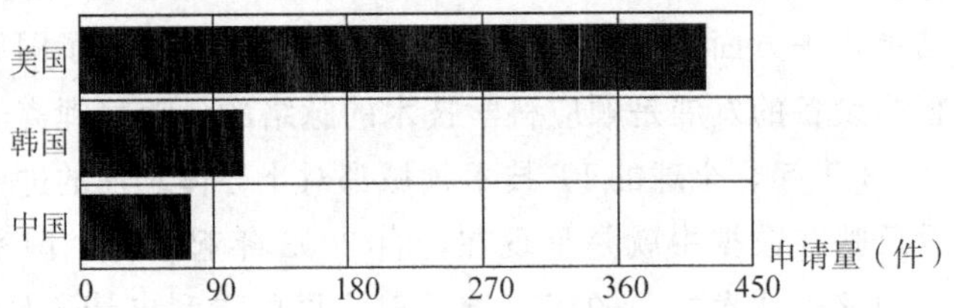

图7　美、韩、中三国专利申请对比

由图7数据可以看出，美国对于韩、中两国在本领域技术数量上处于明显的领先。正如前文所述，美国是科技大国，半导体相关技术起步较早，加上良好的科研激励制度，使得美国对于该领域的科学技术各个方面都有所涉及，也产生了较多的成果。

根据美、韩、中三国历年的专利申请比例也可以得到三国对于该领域技术的关注程度。美国在1997年相比其他两国就出现了数量较多的申请，然而在2001—2003年期间，美国在该领域的申请出现了一个巨大的跳跃，而韩、中两国则处于一个谷底。在随后的2004年起，韩、中两国才逐渐地重视该领域技术，出现了专利申请量的提升。

在中国，知识产权事业才刚刚起步，需要很长一段时间人们才能对其产生足够的重视。对中国申请所在的相应地理位置进行统计，可以发现，中国的BARC相关申请大多处于长江三角带，即上海、江苏等地，这主要是因为东部沿海地区在改革开放进程中一直走在比较靠前的位置，对于国外的技术和相关企业的商业行为更加敏感。

值得一提的是祖国的宝岛台湾也拥有相当一部分申请。

综上所述，虽然中国目前在本领域技术上落后于美、韩两国，但随着中国世界工厂身份的稳定，中国的各大企业必然会开始对半导体材料在 IT 领域的使用进行进一步的研究和重视。在此过程中，BARC 技术会成为企业、研究者们共同关注的焦点。相信在不久的将来，我国的底部抗反射涂层材料能够在技术上领先全球。

对于专利技术在数量和类型上的整体分析到此为止。由于样本容量有限，难免存在未收录的相关技术专利。在此仅仅对目前所能收集到的相关专利文献进行汇总分析。

第三章　技术脉络

3.1　底部抗反射涂层的种类

底部抗反射涂层（BARC）通常被认为是上位的技术概念，由此可以衍生出一系列技术细节，均属于本领域中常见的研究方向。根据时间的推移，底部抗反射涂层（BARC）技术领域中人们的研究重点和方向也在不断地改变，其具体可以用如图 8 所示的科技树进行表示。

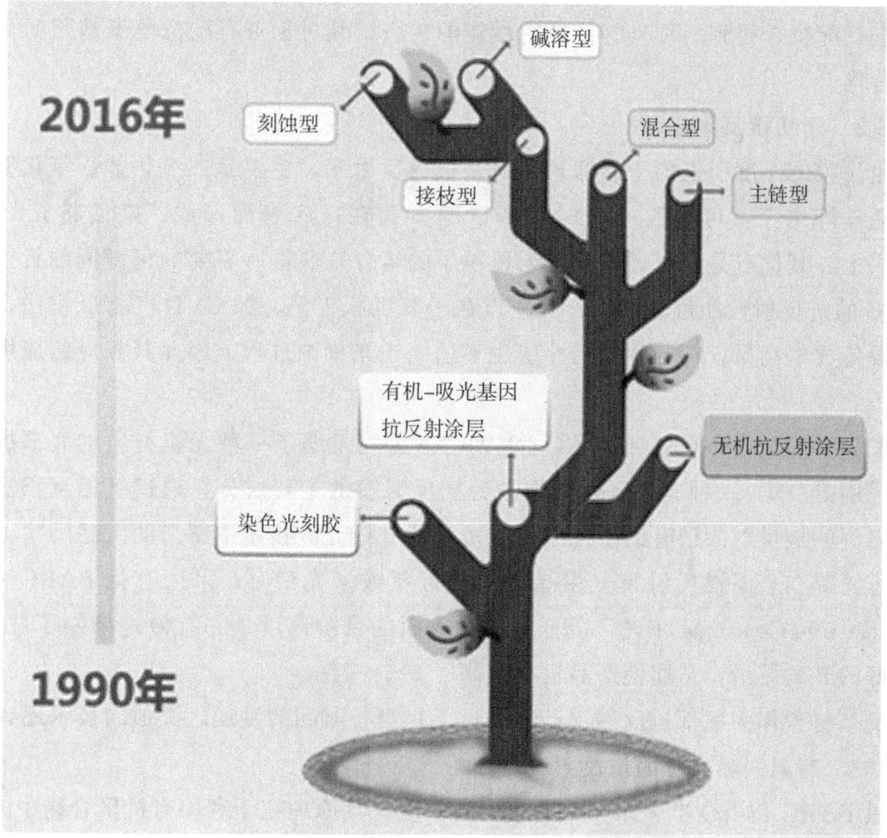

图 8　光刻用底部抗反射涂层专利技术树

根据BARC化学组成可以将底部抗反射涂层分为染色光刻胶、无机抗反射层、有机—吸光基团抗反射层。

3.1.1 染色光刻胶

在光刻胶中加入吸光基团物质以减少光反射。然而，在光刻胶中主动加入额外成分，势必会对光刻胶本身性能产生较大影响，因此在越来越苛刻的光刻工艺中，这种方法逐渐被舍弃。

含有染色吸光基团的光刻胶，如专利US4491628 A等多种正性和负性的彩色光刻胶，使用了更短的波长进行光复印工艺，而一定程度上能够减少光波的反射，降低驻波效应。

孟泉等利用丙烯酸羟乙酯与六氢苯酐反应合成了具有碱溶性、可紫外光固化的预聚物HHPAHEA，并且选取HHPAHEA作为主体树脂，加入光引发剂、填料、颜料及其他助剂，通过三辊机研磨制备了碱溶性负型光致抗蚀剂。该光致抗蚀剂具有良好的分辨率，且具有极高的印刷性能。

HOECHST CELANESE公司申请了属于较早的一批有关底部抗反射涂层材料的专利技术，其中之一公开了一种通过离子交换树脂制备含有低金属离子的树脂组合物，作为底部抗反射涂层，用于光刻技术制造半导体设备。

FUJI PHOTO FILM公司申请的日本专利涉及一种利用配位电子基团与含苯环的成膜物质进行配位，得到一种具有抗反射性能的树脂，其对于带有配位电子基团的化合物选择非常苛刻。

3.1.2 无机抗反射层

利用涂膜的厚度引发的干涉原理降低基板的反射率，主要是二氧化钛、氮化钛、氧化铬、非晶硅等离子，可采取CVD或PVD的方式在衬底表面形成，随后将光刻胶甩在BARC层上。其优点是：可通过改变无机粒子的组分来获得所需要的可微调的折射率，使得BARC的抗反射性能可以定制；其缺点在于其沉积工艺，如CVD气相沉积法，过于复杂，而设备成本高昂，部分物质的涂层也不适用于光刻蚀过程，因此其相应的应用也遭到了限制。

（ADMI）ADVANCED MICRO DEVICES公司发明了一种无机材质的底部抗反射涂层，其采用SiON，一种硅的氮氧化物作为抗反射膜的主要成分，通过气相沉积法进行制备，所得到的抗反射涂层有助于控制高能短波紫外线光刻技术中图形的关键尺寸。

顾志光等在表面强反射膜－多晶硅上进行亚微米光刻时，采用有机BARC（Bottom Anti-Reflective Coating）工艺，降低了晶片表面的台阶高度，并有效地抑制了驻波效应，获得良好的光刻图形，从而使产品良率提高了6%～7%。

无机基材料作为底部抗反射层已经经过了相当长时间的发展，类似的技术还有若干。

3.1.3 有机—吸光基团抗反射涂层

有机BARC是当今半导体光刻工艺中的主流，其原理在于利用有机聚合物中的吸光染色基团吸收曝光光波中的紫外线，降低基体反射率，犹如对冲过的光线形成一道刹车，有效减少驻波效应，进一步提高光刻图形的关键尺寸精确性，提高分辨率。

CLARIANT FINANCE BVI 公司发明了一种以环氧或丙烯酸为主链，包含氧、硫等杂原子的发色团为支链的底部抗反射涂层，如图 9。

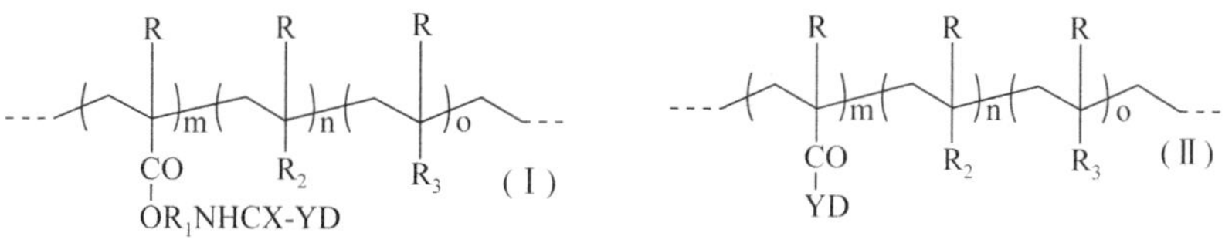

图 9　CLARIANT FINANCE BVI 公司专利中涉及的有机 BARC 化合物

（FUJF）FUJI PHOTO FILM 公司公开了一种底部抗反射涂层材料组合物，其以聚乙烯醇为聚合物重复单元，而其部分醇基上连接了发色团，使得整体组合物对于 365 nm、248 nm 以及 193 nm 波长的紫外线具有 10 000 以上的摩尔吸光系数。同时，其公司申请的日本专利 JPH10120939 A，公开日 1998 年 5 月 12 日，涉及一种包括多种吸光基团的底部抗反射涂层，其包含一种特殊的吸光剂组分，其吸光基团包括 1～6 个碳的烷基、羟基、巯基、苯基等。此外 US4575480 A、US4882260 A、US6034771 A 也分别公开了具有不同吸光基团的底部抗反射涂层材料。

由于有机 BARC 通常可以使用多种聚合物通过旋涂的方式得到薄厚一致的有机聚合物 BARC 膜，具有较简单的工艺，效率较高，因此也成为光刻技术中 BARC 涂层的首选。

3.2　有机—吸光基团抗反射涂层的种类

有机聚合物—吸光基团型的底部抗反射涂层的种类可以根据高分子聚合物与其吸光基团的结合方式进行分类，可将常用的高分子 BARC 材料分为以下几种：

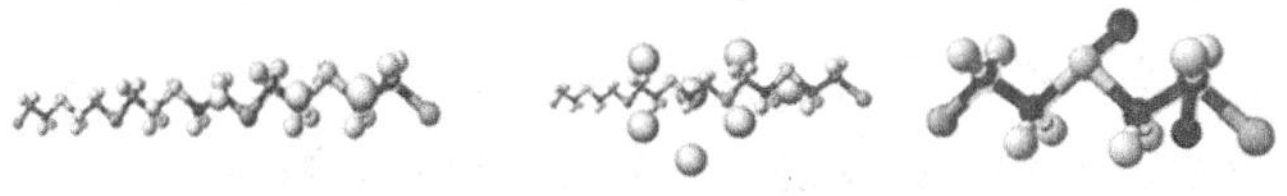

Ⅰ 主链型　　Ⅱ 混合型　　Ⅲ 支链型

图 10　常用的高分子 BARC 材料

3.2.1　主链型

主链型高分子 BARC 材料的聚合物主链中含有吸光基团，其具有良好的均一性和吸光效果。然而，这样的天然材料几乎不存在，需要通过含有染色吸光基团的单体化合物进行合成，因此存在一定的局限性。

主链型 BARC 高分子材料的种类并不多：

CLARIANT INT 公司合成了一种形如图 11(a) 的含染料基团聚合物作为抗反射涂层的材料。

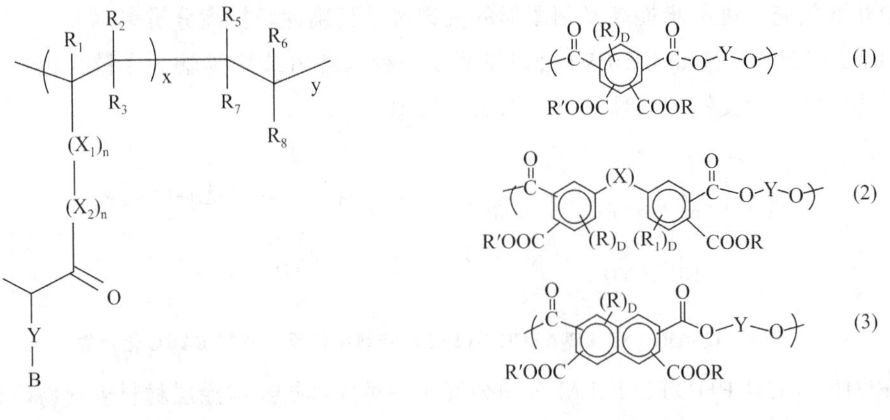

(a)　　　　　　(b)

图 11　不同的主链型 BARC 材料

AZ 电子材料美国公司使用了含有如图 11(b) 所示组成的聚合物作为抗反射涂层。

倍半硅氧烷树脂是一类常用的底部抗反射涂层用树脂。道康宁公司的多项专利技术，均涉及了多种使用倍半硅氧烷树脂，例如使用形如 $(PhSiO_{(3-x)/2}(OH)_x)_m HSiO_{(3-x)/2}(OH_x)_n$ 的树脂成分，进行聚合得到主链型抗反射涂层树脂的方法。

美国专利公开了一种聚砜和聚脲树脂，在特定的远紫外线波长下具有吸光的固有特性。这些缩合产品在带图形的晶片上的成膜性较差，具有较弱的覆盖度，而且由于聚合物链段的刚性结构，还有可能形成裂缝。

3.2.2　混合型

混合型高分子 BARC 材料是指将高分子聚合物与含有染色吸光基团的化合物进行简单的物理混合，其工艺简单，操作方便。然而，由于简单的物理混合通常会发生微相的分离，混合型高分子 BARC 涂层的抗反射效率会受到较大的影响。

CIBA SC HOLDING 公司公开了一种染料，以及将这种染料与高分子聚合物共混，作为光刻胶抗反射涂层的方法，其染料与高分子聚合物结构参见图 14。

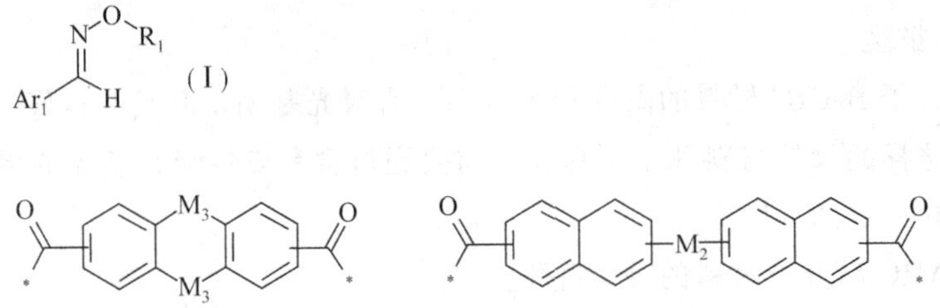

(a)　　　　　　(b)

图 12　染料干混光刻胶抗反射涂层

3.2.3　接枝型

通过将染色吸光基团接枝到高分子主链之上，可以改变高分子的主链侧基，赋予其吸光性能，其性能稳定，而制备方法也相比主链型高分子BARC材料较为简单，因此是现在设计抗反射涂层的主流做法，广为研究者们所重视。

BREWER SCIENCE INC公开了一种以丙烯酸聚合物、胺类交联剂、质子酸催化剂以及溶剂组成的抗反射涂层组合物，其中发色团选择接枝到丙烯酸聚合物的乙烯基之上，其发色团是通过选择吸光染料的反应得到的，较佳的有苯甲酸、芳基乙酸等，结构参见图13。

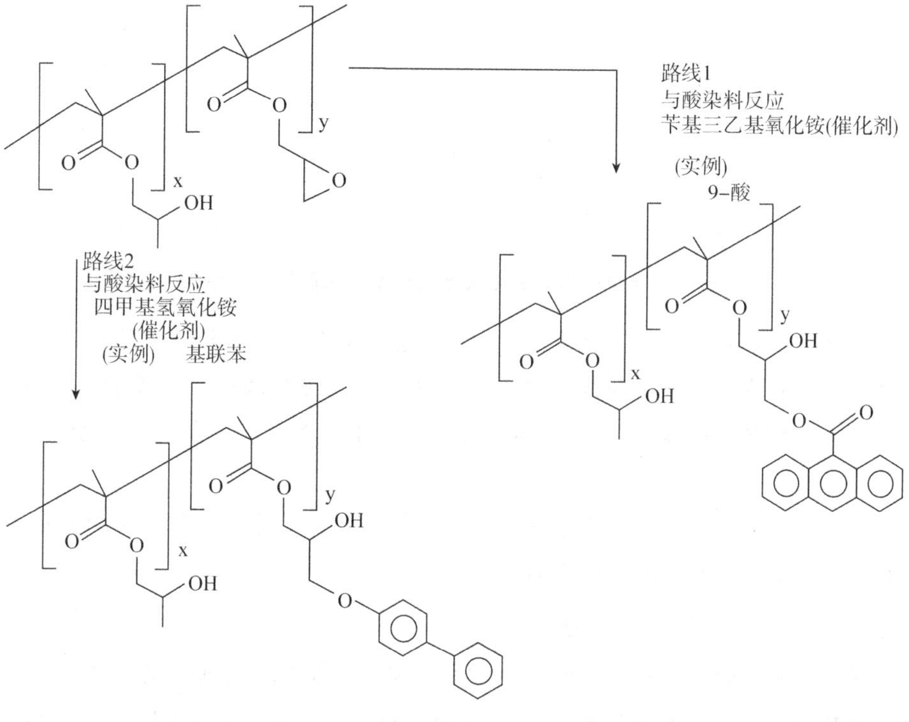

图13　丙烯酸聚合物侧基发色团抗反射涂层

Deshpande S V将不同的吸光基团接枝到环氧甲酚酚醛树脂聚合物主体中，如图14所示，成功制备了非自交联（a）和自交联（b）两种刻蚀型底部抗反射涂层。聚合物（a）通过加入乙烯基醚类交联剂与羟基发生交联反应，制得BARC。而聚合物（b）则无须额外加入交联剂，仅通过自身环氧基团开环产生的羟基与酸酐反应，即可得到BARC。

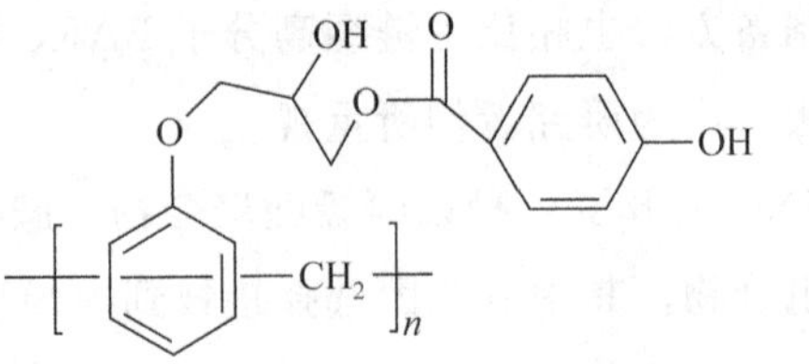

(a)

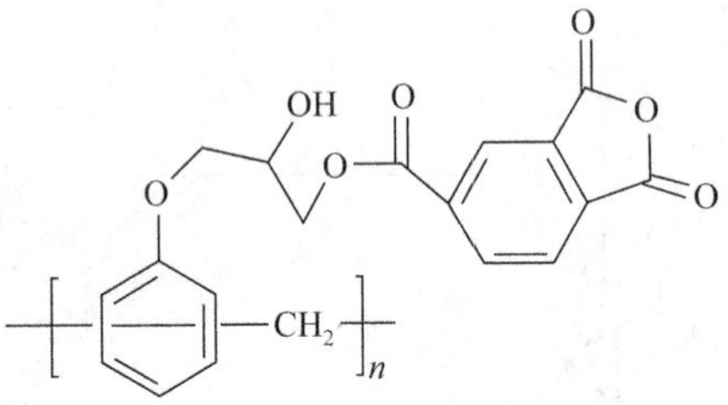

(b)

图 14　非交联和交联型聚合物抗反射涂层的化学结构

AZ ELECTRONICS MATERIALS JAPAN 公司提供了一种没有沉淀和掺混，并且具有显著的贮藏稳定性和覆盖度的抗反射涂层，其采用丙烯酸或甲基丙烯酸共聚物的主链，键合到碳原子上的羧基，以及反应连接到羧基上的发色团，该发色团能够吸收波长为100～450 nm 的光线。

接枝型高分子聚合物抗反射涂层具有相对简单的制备工艺，以及卓越的稳定性和较好的抗反射效率，是当今研究的主要方向。

3.3　高分子 BARC 材料刻蚀方法分类

在光刻蚀完成之后，通常需要将 BARC 材料从半导体基材表面去除。当前的工业生产中，通用的 BARC 涂层根据去除的方法可以分为刻蚀型底部抗反射涂层和碱溶型底部抗反射涂层。

3.3.1　刻蚀型底部抗反射涂层

目前工业生产中所用的 BARC 材料主要是通过等离子法刻蚀去除的。在光刻胶显影之后，将 BARC 材料暴露于氯基，或氟基刻蚀剂等离子体下去除材料，其原理如图 15 所示。

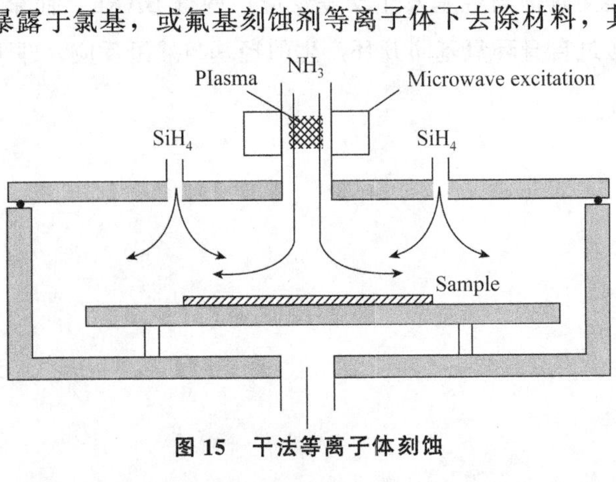

图 15　干法等离子体刻蚀

Takei S 等利用含有糖苷键的葡聚糖类多糖经过酯化反应合成了一种新型的用于 BARC 和缝隙填充材料的葡聚糖酯聚合物，结构如图 16 所示。以该聚合物、交联剂、催化剂制备的 BARC，表现出较好的刻蚀速率和良好的抗反射性能，在 45 nm 节点以下的集成电路中具有良好的应用前景。

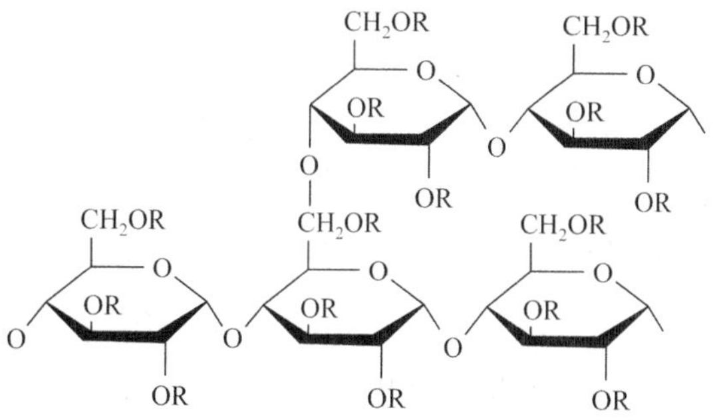

图 16　含有糖苷键的葡聚糖酯聚合物化学结构

LAM RES CORP 公司为了解决透镜与光刻胶表面之间通常带有空气间隙的问题，在进行等离子体蚀刻之前选择充入有机 ARC 打开气体，从而增加了光刻分辨率。

(TSMC) TAIWAN SEMICONDUCTOR MFG 公司公开了一种应用多层抗反射涂层到光刻基材上的方法，其包含一层底部抗反射涂层，一层中层抗反射涂层，随后是常规的光刻胶层；在刻蚀过程中同样采用等离子体法进行抗反射涂层的去除。同样类型的技术还有 WO90/03598 A、EP0639941 A1，US4910122 A1，US4370405 A，US4362809 A、US5939236 A、EP0903777 A4 等。

同时，通过设计具有不同主链结构的 BARC 材料，还能够得到不同的抗反射效率和刻蚀速度。

AZ ELECTRONIC MATERIALS 公司公开了将第一树脂和第二树脂制成混合物，使得其抗反射涂层组合物形成的薄膜处于客户要求的或由模拟确定的折射率范围以及吸光系数范围。

(VANG-N) VANGUARD INT SEMICONDUCTOR 公司公开了一种利用底部抗反射涂层材料改善光刻蚀过程中图形线宽的工艺，其有机抗反射涂层材料最终是通过等离子体刻蚀的方法去除的。

选用不同的吸光基团，则可以得到不同曝光波长下的 BARC 材料。

HYNIX SEMICONDUCTOR INC 公司公开了一种具有不同发色基团对应不同曝光光线的抗反射涂料聚合物，有效降低了驻波效应和反射刻痕。

BARC 材料常选用多种吸光基团，使其在不同的曝光波长下均能提高抗反射效率。常见的发色基团对应的激光波长如表 1 所示：

表1　吸光基团种类和对应的光线波长

波长	BARC 发色基团
248 nm	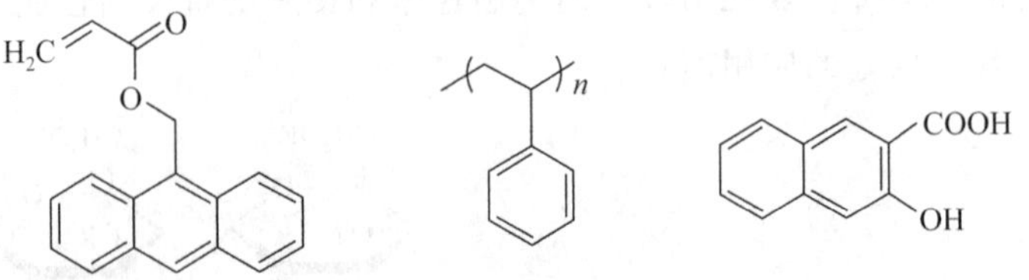
193 nm	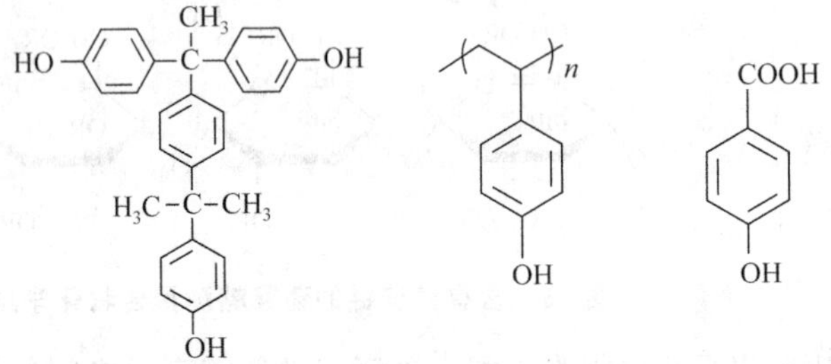
200～400 nm	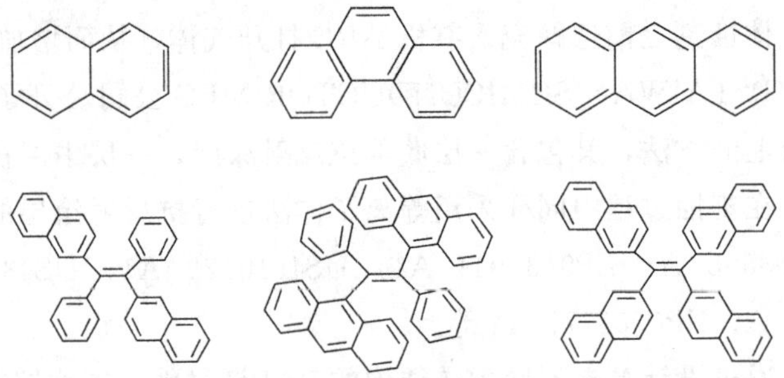
100～400 nm	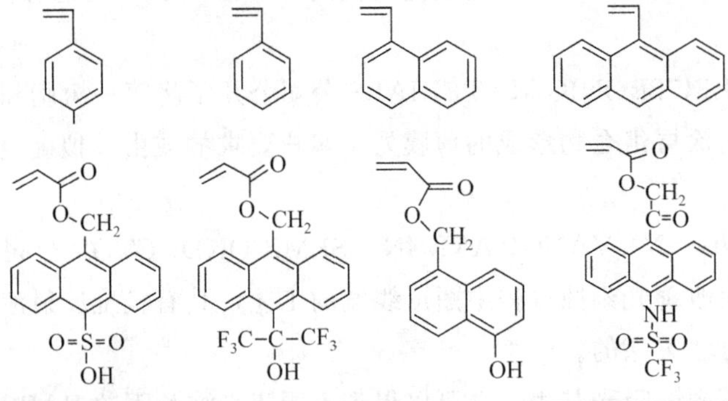

3.3.2　碱溶型底部抗反射涂层

近年来，由于刻蚀型底部抗反射涂层存在工艺复杂、成本昂贵，而且有可能在刻蚀的过程中对基体产生损坏，如图 17 所示，因此现有的研究者大多致力于开发一种不需要刻蚀工艺的碱溶型底部抗反射涂层（Developable Bottom Anti-Reflective Coatings，DBARC）。

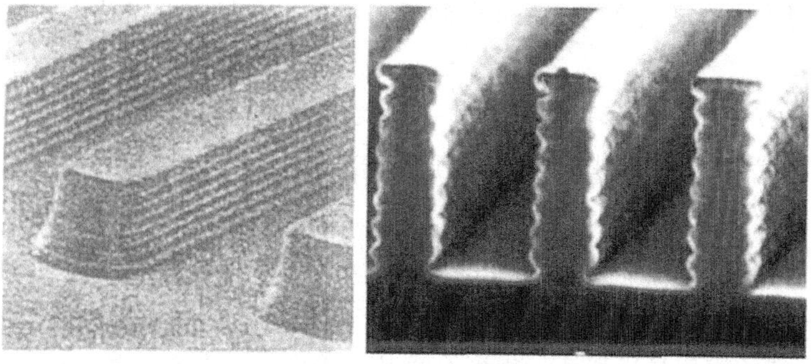

图 17　曝光以及刻蚀过程对基体的损坏

这种抗反射涂层材料不但具有较强的抗反射能力，而且在光刻胶显影之后，溶于显影液中，得到与光刻胶相同的图案，省略了特定去除 BARC 层的步骤。

碱溶型底部抗反射涂层材料的发展十分迅速，当前的研究方向也较为复杂。

美国专利报道了解决使用等离子体蚀刻剂时所出现问题的尝试。

CHARTERED SEMICONDUCTOR 公司公开了一种以 PPS，即聚亚苯基硫化物，用物理气相沉积法形成的抗反射涂膜。该涂膜抗反射性能优良，且无须等离子刻蚀法即可去除；但是其工艺复杂，成本较为昂贵。

CLARIANT FINANCE 公司公开了一种与吸收辐射的染料以化学键相连的吸收辐射聚合物对于预定波长的辐射具有高度的吸收，它对基底显示良好的粘结性能，和良好的形成薄膜的性能，它对光刻胶没有依存性，它溶解于光刻胶溶剂，但在烘烤以后变为不溶。

Chatterjee S 等通过多功能基团的乙烯基醚和含有羧基的芳香族化合物制备了一种超支化聚合物。以该支化聚合物、光产酸剂（PAG）等制备的光敏性 DBARC 在高温条件下可以自交联成不溶于显影液的网状结构，经过紫外光和 PAG 的作用，能够解交联成显影液可溶的小分子化合物。该涂层中引入了自交联/解交联机理，简化了工艺步骤；同时利用支化聚合物的特性大大降低了图案的线边缘粗糙度（LER）和线宽粗糙度（LWR），使分辨率提高到 120 nm。

此外 US5635333 A 等相关专利均能够避免额外的处理步骤，以及与底部抗反射涂层的等离子体蚀刻剂相关的缺陷。

碱溶型底部抗反射涂层可以省略去除 BARC 层的步骤，相比刻蚀型底部抗反射涂层在工艺上更加先进，其成为现今主要的研究和探索方向。

此外，针对不同的光刻胶，存在着正性光刻胶和负性光刻胶用的碱溶性底部抗反射涂层的区别。

正性光刻胶具有更高的分辨率，可用于微小精细电路的加工。

CLARIANT INT 公司公开了一种正性、底部、可光成像的抗反射涂料组合物，能够在含水碱性显影剂中显影，且用于正性光刻胶的下方。其中包括光酸产生及聚合物，具有酸不稳定基团和一种具有吸收性发色团的单元。

而负性光刻胶因为灵敏度高、胶膜收缩低等特点，在集成电路技术领域依然有一定的市场需求。

同样是由CLARIANT INT公司公开一种负性、底部、可光成像的抗反射涂料组合物，能够在含水碱性显影剂中显影，且用于负性光刻胶的下方。其中包括光酸产生剂、交联剂和碱溶型聚合物。

Nakasugi S等合成了一种能够防止显影残渣从底部抗反射涂层形成的交联剂。该交联剂中含有至少一个乙烯氧基或N－甲氧基甲酰胺基团的含氮芳香族化合物，以该交联剂制备的DBARC，能够避免显影残渣，得到垂直基板表面的横截面的光刻胶图案。

在使用正性或负性光刻胶对应的碱溶性底部抗反射涂料领域，专利WO2011039560 A1，WO2007121456 A2等均涉及相关的技术。

第四章　结语

核能技术、生物工程技术，以及计算机技术，是支撑21世纪社会发展的三项最重要的技术。由于光刻技术与计算机技术密切相关，作为关键技术之一的底部抗反射涂层材料也就显得尤为重要。从专利技术的申请趋势上可以看出，各国对于底部抗反射涂层材料研究的热度也非常高，相关的产品层出不穷。我国由于在高新技术领域起步较晚，同时知识产权意识相对薄弱，所以相关的专利技术比较稀少。然而，随着光刻技术的进一步发展，随着我国科技、工业水平，乃至经济规模不断变大、变强，相信在不久的将来，对于底部抗反射涂层的相关技术也会在我国大量显现，从而对我国科技的进步、社会的繁荣，做出更大的贡献。

参考文献

[1] Guo L X，Guan J，Zhao X F，Lin B P，Yang H. Design，systhesis，and photosensitive performance of polymethacrylate-positive photoresist-bearing o-nitrobenzyl group [J]. Journal of Applied Polymer Science，2015，132（13）：41733－41740.

[2] Henderson CL. Photoresists and advanced patterning [C]. Polymer Science：A Comprehensive Reference. 2012，8：37－73.

[3] 袁锋. 对光刻工艺中在光阻底部增加抗反射涂层的研究 [D]. 天津：天津大学，2009.

[4] Hwang S H，Lee K K，Jung J C，A novel organic bottom anti-reflective coating material for 193nm excimer laser lithography [J]. Polymer，2000，41（17）：6691－6694.

[5] 张军. 基于等效介质近似模型抗反射涂层的研究 [D]. 成都：电子科技大学，2013.

[6] 戴猷元，张瑾. 集成电路工艺中的化学品 [M]. 北京：化学工业出版社，2007.

[7] 孟泉. 碱溶性光敏预聚物的合成及在抗蚀剂中的应用 [D]. 武汉：武汉理工大学，2012.

[8] HOECHST CELANESE CORP. Metal ion reduction in bottom anti-reflective coatings for use in semiconductor device formation [P]. 德国专利：69313132，1998－06－30.

[9] FUJI PHOTO FILM CO LTD. Composition for bottom anti-reflective coating material-used for forming resist pattern, which is high in dry etching rate and in resolution [P]. 日本专利：H10239837，1998－09－11.

[10] Kim S Y, Kim Y S. Reflectivity contol at substrate/photoresist interface by inorganic bottom anti-reflection coating for nanometer-scaled device [J]. Transactions on Electrical and Electronic Materials, 2014, 15 (3): 159－163.

[11] ADVANCED MICRO DEVICES INC. Formation of gate on semiconductor substrate consists of using thin film as both a bottom anti-reflective coating and a hard mask to control the critical dimension of the gate [P]. 美国专利：6121123，2000－09－19.

[12] 顾志光. BARC工艺在亚微米光刻中的应用 [J]. 固体电子学研究与进展，2005，25 (4)：545－558页.

[13] IBM. Manufacture of bi-layer anti－reflective coating for minimizing pattern distortion in photolithography in forming magnetic head of storage device comprises forming absorption layer and dielectric layer conformal to surface [P]. 美国专利：2003203645，2003－10－30.

[14] DU PONT PHOTOMASKS INC. Dust cover for use during photolithography includes a frame attached to a film comprising a fluoropolymer substrate with an inorganic anti-reflective coating [P]. 国际专利：0111427，2001－10－11.

[15] Devadoss C. Gap fill materials and bottom anti-reflective coatings comprisinghypebrancher polymers [P]. 美国专利：7754818，2010－07－13.

[16] 丘志春. 湿度对应用有机BARC光刻工艺产品良率的影响及其工艺改进策略 [D]. 上海：上海交通大学，2013.

[17] AZ ELECTRONIC MATERIAL. Antireflection or light-absorbing coating composition for integrated circuits [P]. 欧洲专利：0942331 A1，1999－09－15.

[18] (FUJF) FUJI PHOTO FILM CO LTD. Bottom anti-reflective coating material composition-contains polymer compound containing vinyl alcohol as repeat unit in main chain in which at least some of the alcohol groups are linked with chromophore having specific molar absorption coefficient [P]. 日本专利：H10221855，1998－08－21.

[19] CLARIANT INT. Anti-reflective coating composition, useful in fabricating semiconductor device e. g. computer chips, comprises specific polymer and solvent [P]. 国际专利：0111429，2001－02－15.

[20] (AZEL－N) AZ ELECTRONIC MATERIALS USA CORP. Antireflective photoresist coating composition for use in fabricating semiconductor devices by photolithography, comprises polymer including ester repeating units, crosslinking agent, and acid and/or acid generator [P]. 国际专利：2004046828，2004－06－03.

[21] (DOWO) DOW CORNING CORP. Silsesquioxane resin, useful e. g. in antireflective coatings for photolithography, comprises substituted siloxane units [P]. 美国专利：2011233489，2011－09－29.

[22] BREWER SCIENCE INC. Polymers with intrinsic light-absorbing properties for anti-reflective coating applications in deep ultraviolet microlithography [P]. 美国专利：5234990A，1993－09－01.

[23] CIBA SPECIALTY CHEM CORP. Thermally stable alkali-developable photosensitive composition containing oxime ester as photosensitizer, especially useful in production of color filters [P]. 美国专

利：2002020832，2002－02－21.

［24］BREWER SCIENCE INC. Improved thermosetting anti-reflective coatings［P］. 台湾专利：47796，2014－05－11.

［25］Deshpande S V. Polymer（eg，epoxy cresol novolac resins）bonded with a chromophore such as 4-hydroxybenzoic acid trimellitic anhydride［P］. 美国专利：6846612，2005－01－25.

［26］AZ ELECTRONICS MATERIALS JAPAN. Antireflection or light-absorbing coating composition for integrated circuits［P］. 日本专利：H11109640，1999－04－23.

［27］Takei S，Shinjo T，Sakaida Y. Study of high etch rate bottom antireflective coating and gap fill materials using dextrin derivatives inArF lithograghy［J］. Japanese Journal of Applied Physics，2007，46（11R）：7279－7284.

［28］LAM RES CORP. Formation of etch features in etch layer by placing substrate with etch layer，organic anti－reflective coating layer and immersion lithography photoresist mask into processing chamber，and opening organic anti-reflective coating layer［P］. 美国专利：2009311871，2009－12－17.

［29］TAIWAN SEMICONDUCTOR MFG. Forming a submicron photoresist pattern for e. g. gate formation-using bottom and middle anti-reflective coatings and selective silylation of the latent image in an upper photoresist layer to form an oxygen plasma etch mask［P］. 美国专利：5858621，1999－01－12.

［30］（AZEL－N）AZ ELECTRONIC MATERIALS. Antireflective coating composition，useful for forming film，coating over substrate and photo resist relief image，comprises resin mixture comprising first resin and second resin［P］. 国际专利：2008139320，2008－11－20.

［31］（VANG－N）VANGUARD INT SEMICONDUCTOR CORP. Method for forming patterned layer within integrated circuit-where line width is controlled by etching bottom anti-reflective coating［P］. 美国专利：5773199，1998－06－30.

［32］（HYNX）HYUNDAI ELECTRONICS IND CO LTD. Anti-reflective coating useful in submicro-lithographic process comprises new poly（acetal）polymer［P］. 韩国专利：20010057924，2001－07－05.

［33］Kudo T. Latest developments in photosensitive developable bottom anti-reflective coating（DBARC）［C］. International Society for Optics and Photonics，2009. 75200N－75200N－11.

［34］（OKID）OKI ELECTRIC IND CO LTD. Removal of portions of bottom antireflective coating not covered by etching mask，by etching process in plasma etching unit using etching gas，including ethyl alcohol，supplied at addition ratio determined based on obtained alcohol［P］. 美国专利：2003032298，2003－02－13.

［35］（CSEM）CHARTERED SEMICONDUCTOR MFG LTD PTE. Method of etching patterns on layers of semiconductor devices，involves forming first layer，poly-p-phenylene sulfide layer，photoresist layer on substrate and etching first layer and removing photoresist layer［P］. 美国专利：6063547，2000－05－16.

［36］（CLRN）CLARIANT FINANCE BVI CO LTD. Light-absorbing polymer for anti-reflection films-comprises light-absorbing organic chromophore chemically bonded to copolymer main chain［P］. 日本专利：H10330432，1998－12－15.

［37］Chatterjee S，Ramakrishnan S. A novel photodegradable hyperbranched polymeric photoresist［J］. Chemical Communications，2013，49（94）：11041－11043.

[38] (SHIL) SHIPLEY CO LLC. Reducing reflection from substrate during photoresist imaging-by forming an antireflective, radiation-absorbing coating on substrate and applying a radiation-sensitive photoresist layer over the coating [P]. 美国专利：5635333，1997—06—03.

[39] (CLRN) CLARIANT FINANCE BVI LTD. Positive bottom photoimageable antireflective coating composition useful in image processing and in fabricating semiconductor devices, contains photoacid generator and polymer [P]. 欧洲专利：1465877，2004—10—13.

[40] (CLRN) CLARIANT FINANCE BVI LTD. Negative bottom photoimageable antireflective coating composition for use in forming positive and negative images, comprises photoacid generator, crosslinking agent, and alkali soluble polymer [P]. 欧洲专利：1466214，2004—10—13.

[41] Nakasugi S. Developable bottom anti-reflective coating [P]. 美国专利：8900797，2014—12—02.

医药和食品制造业

小柴胡汤行业专利分析

薛　姣

第一章　小柴胡汤简介

小柴胡汤出自东汉张仲景《伤寒杂病论》（又名《伤寒论》以及《金匮要略》），由柴胡、黄芩、半夏、生姜、人参、甘草、大枣共7味药组成，小柴胡汤主治的少阳病证表现为寒热往来，胸胁苦满，口苦咽干，头晕目眩，心烦喜呕，舌红苔黄，脉弦数等，具有和解退热，益气健脾，和胃止呕等功用，是中医和解少阳的著名代表方剂。小柴胡汤现代临床多用于各种发热、急慢性支气管炎、胸膜炎、急慢性肝炎、肝硬化、胃炎、肿瘤等疾病。

日本在20世纪70年代就已经针对包括小柴胡汤在内的经典方剂展开相关制剂改进研究，并申请了一系列专利。1994年日本厚生省对小柴胡制剂改善肝病患者肝功能之功效予以认可，该方作为肝病用药被正式收入药典，成为日本现代国家药典中首位被认可的中药汉方制剂，国民健康保险将其纳入报销范围，1995年小柴胡制剂在日本的年销售额，超过了当时日本147种汉方制剂总销售额的1/4。

但到了1996年3月，日本舆论界却争相报出1994年以来的2年间，有8名慢性肝炎患者因干扰素和小柴胡汤制剂并用而出现间质性肺炎，其中更有10例死亡的消息，事件发生之后，举世哗然，小柴胡制剂的销量大幅降低，但在日本汉方市场仍处于一线地位。

我国近年来也掀起了一股对经典方剂再开发的热潮，小柴胡复方的相关专利申请数量激增，但是在中药经典方剂的二次研发方向以及专利布局方面存在诸多困难。

本文旨在通过收集、整理、比较和分析小柴胡复方的国内外专利申请数据，总结其专利技术的特点、现状、专利布局情况和发展趋势，探讨研发侧重点和申请趋势，以期对审查实践工作和后续国内申请人在研发方向、专利布局等方面提供参考。

第二章　数据库的选择和检索

根据数据库文献收集和分布特点选择中文和外文专利数据库进行检索，其中中文专利数据选用CNABS（中国专利文摘数据库）、CNTXT（中国专利全文文本代码化数据库）、中国药物专利数据库，外文专利数据库选择DWPI（德温特世界专利索引数据库）、SIPO-ABS（世界专利文摘数据库）以及JPTXT（日本全文文本数据库）。

主要采用关键词进行检索，检索要素有：小柴胡、柴胡、黄芩、半夏、大枣、人参、甘草、生姜的正名、异名，以及相应的英文和日文表达。另外，有研究认为：《伤寒论》中人参指的是桔梗科党参，现代许多文献将党参代替人参作为小柴胡汤的组分之一。故笔者将党参及其异名，以及相应的英文和日文表达亦作为检索关键词，以保证检索结果的完整性。

将上述关键词组合检索，针对小柴胡原方以及以小柴胡原方为基础，进行药味的增加或者1～2味药味的减少的报道作为检索统计范围，检索日期截至2016年5月21日。

另外，本文中出现的专利文献均以其申请号予以表示。

第三章　小柴胡复方的专利技术分析

3.1　小柴胡复方专利申请数量趋势分析

对小柴胡复方的申请量变化趋势进行统计分析，如图1所示，国内外专利申请呈现出完全不同的态势，国外专利申请起步较早，在20世纪80—90年代达到高峰，90年代中期受“小柴胡事件”的影响，申请量大幅降低，近年来申请量维持在平均2件/年。相反，国内申请起步较晚，经过10年的探索期后，2008年之后急速猛进，2014年以年申请量18件达到历史最高。

另外，由于2015—2016年部分专利申请尚未公开，这两年专利申请数量存在被低估的可能，仅作为参考。

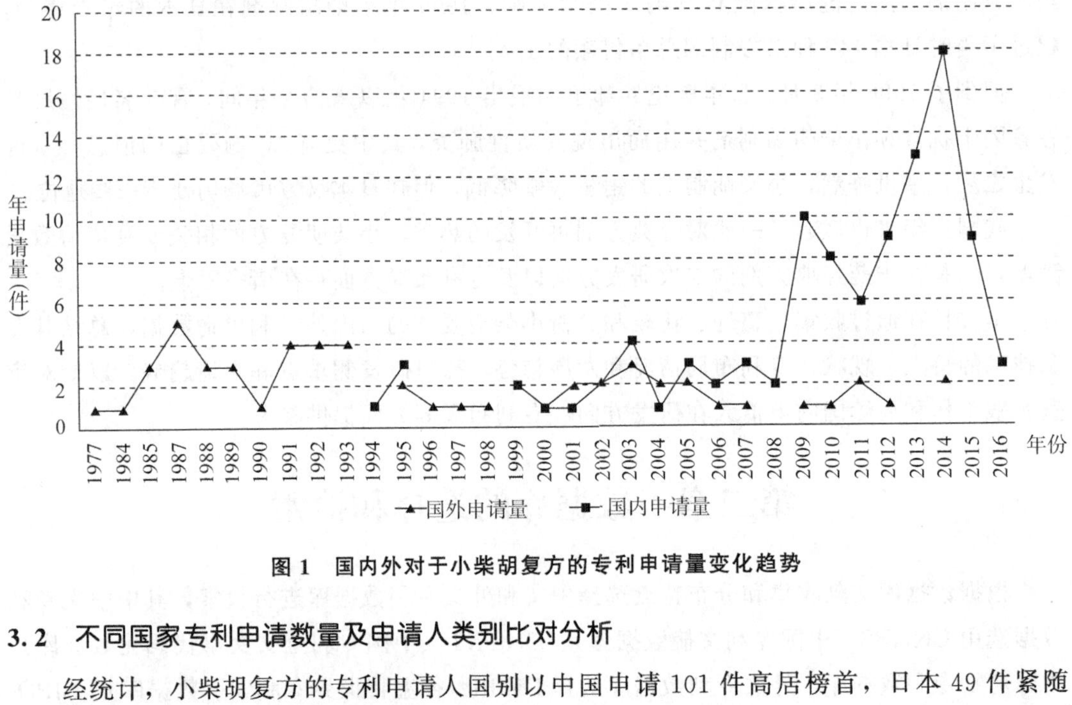

图1　国内外对于小柴胡复方的专利申请量变化趋势

3.2　不同国家专利申请数量及申请人类别比对分析

经统计，小柴胡复方的专利申请人国别以中国申请101件高居榜首，日本49件紧随其后。而分别对国内外专利申请人类型进行分析发现，国外专利申请以公司为主，申请比例高达 91％，而国内企业和个人申请则平分秋色，分别占据 44％和 45％。

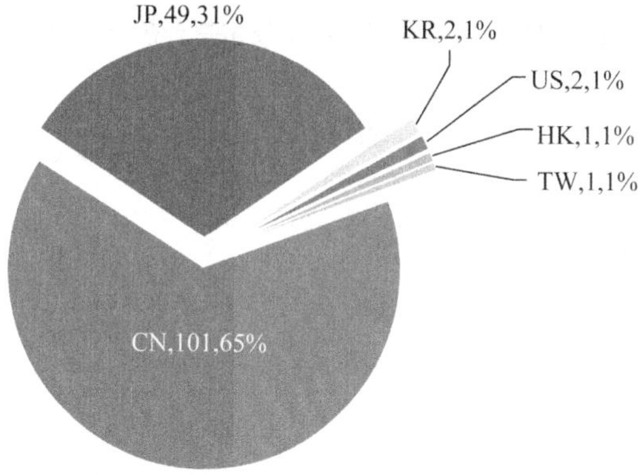

图 2　专利申请人国家分布

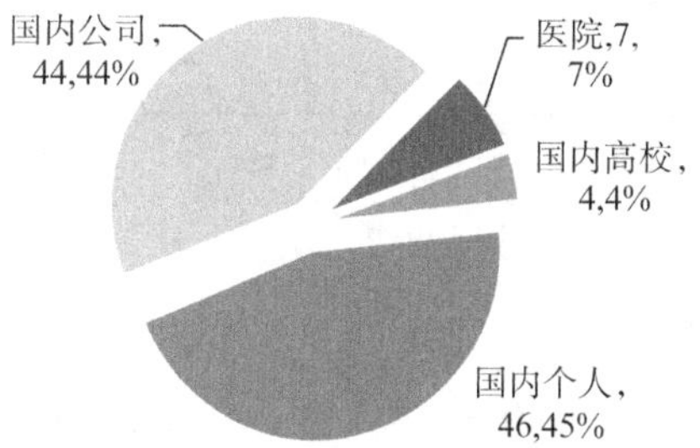

图 3　国内申请人类型

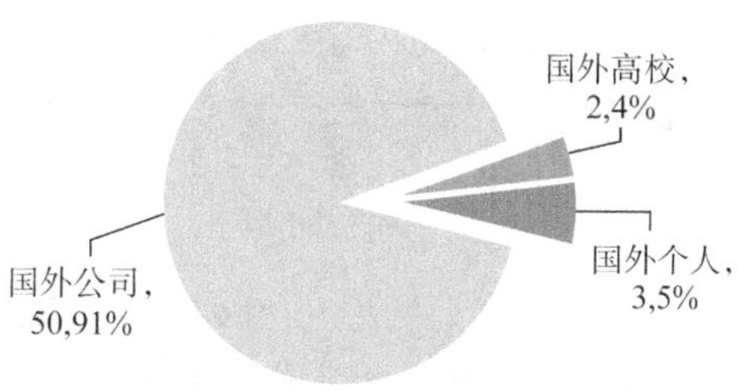

图 4　国外申请人类型

3.3　小柴胡复方专利技术主题分析

中药复方的现代研究，主要集中在组方化裁、制剂改进、制备方法优化、新用途拓展、物质基础研究、质量标准探索 6 个方面，通过对小柴胡制剂的专利进行分析发现，小柴胡方剂的研究主要集中在组方化裁，其次为制剂改进、新用途研究等（参见图 5）。

中医理论认为小柴胡汤是和解少阳的基础方，许多方剂都可在其基础上进行改进，这也是以组方化裁作为其主要研究方向的重要原因之一。

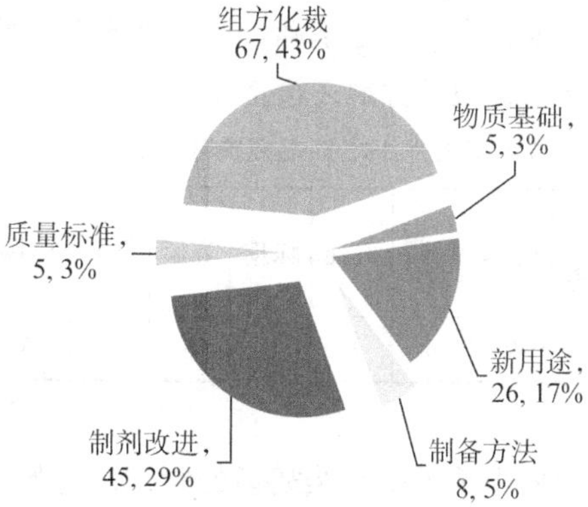

图 5　小柴胡汤技术主题分析

3.4 主要技术主题研究状况分析

基于不同技术主题，对小柴胡汤现代研究状况进行统计分析，结果如图6所示。

3.4.1 组方化裁

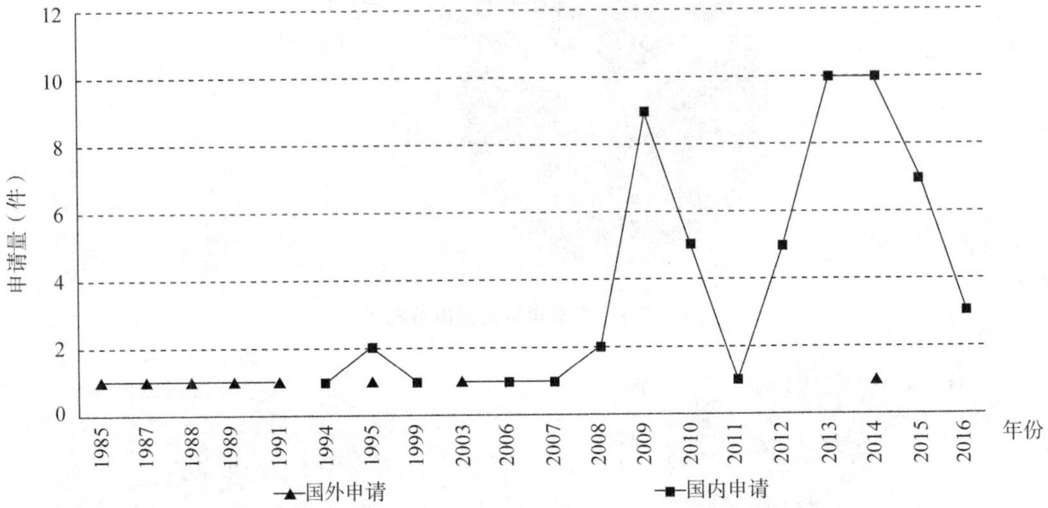

图6 小柴胡组方化裁研究趋势

如图6所示，国外对于小柴胡复方结构改变的研究始于1985年，但后续报道甚少，而国内申请人则对小柴胡复方结构的研究寄予厚望。

经分析，1985—1989年间4件涉及组方改变的申请的申请人均是日本津村株式会社，专利涉及将小柴胡汤和桂枝芍药汤合用，治疗癫痫、脑水肿、老年痴呆等脑神经相关疾病。

而近年来，国内申请人对组方结构的改变则多体现在基于中医药理论，根据病症加减、替换药味，对其新加入的药味频率进行统计，发现目前在小柴胡汤基础上进行组方改变时，添加药物最频繁的是白芍、桂枝、茯苓，具体参见表1。而上述药味也是经典方剂：桂枝茯苓丸（桂枝、茯苓、白芍）的组成药物。可见国内申请人对于组方结构的研究，采取了和日本相似的组方思路，均是将小柴胡汤和其他经典方剂组合，尤其是与含有桂枝、白芍等药物组合，然而国内申请人凭借深厚的中医理论基础，对于经典方剂的组合、加减等应用更为娴熟。除了桂枝茯苓丸之外，涉及化裁的方剂还包括龙骨牡蛎汤、当归芍药汤等。

表1 国内申请人用于小柴胡复方结构改变的主要药材

药材	桂枝 桂皮	白芍	茯苓	枳实 枳壳	白术	当归	黄连	陈皮	防风	荆芥	泽泻	赤芍	辛夷花	牡蛎	龙骨	羌活
使用频次	19	18	17	11	9	6	6	6	6	6	5	4	4	3	3	3

3.4.2 制剂改进

结合图7和表2可知，国外申请关于小柴胡汤的制剂改进始于20世纪60—70年代，研究思路是通过规范提取方法、提高制剂溶出性和崩解性、改善口感以促进中药汉方制剂的产业化。制剂类型主要集中在常规剂型，诸如粉针剂、颗粒、胶囊、锭剂等，例如，专利申请

JP12255285 由日本津村顺天堂于 1985 年申请，公开了一种汉方制剂的制备方法，并在实施例 1 中公开了小柴胡复方加水煎煮，过滤后，加入淀粉至一定浓度，低温浓缩，冷冻干燥再和蔗糖、淀粉、糊精等辅料混合，制备锭剂。该锭剂崩解时间可由 50.4 分减少至 9.2 分。

90 年代末，国外开始注重对制剂的临床适应性等进行改进，研发方向主要集中在改善中药苦味和制剂性能方面，2000 年之后国外关于小柴胡制剂改进的专利申请数量寥寥无几，仅有的几件专利申请均涉及通过添加不同辅料以改善小柴胡制剂的苦味。上述情况一方面是由于受 1996 年“小柴胡事件”的影响，各企业对于小柴胡制剂的研发狂热退去，另一方面则可能是由于已有的常规制剂形式已经能够满足临床对于药物在药效、安全性、服用适应性等方面的要求。

而中国对于小柴胡制剂的研究开始于 90 年代，2000 年之后数量激增，且不同于国外注重适应于工业生产的简单制剂类型，而是重点研究新型制剂，如滴丸、口服液、分散片和缓释片等。

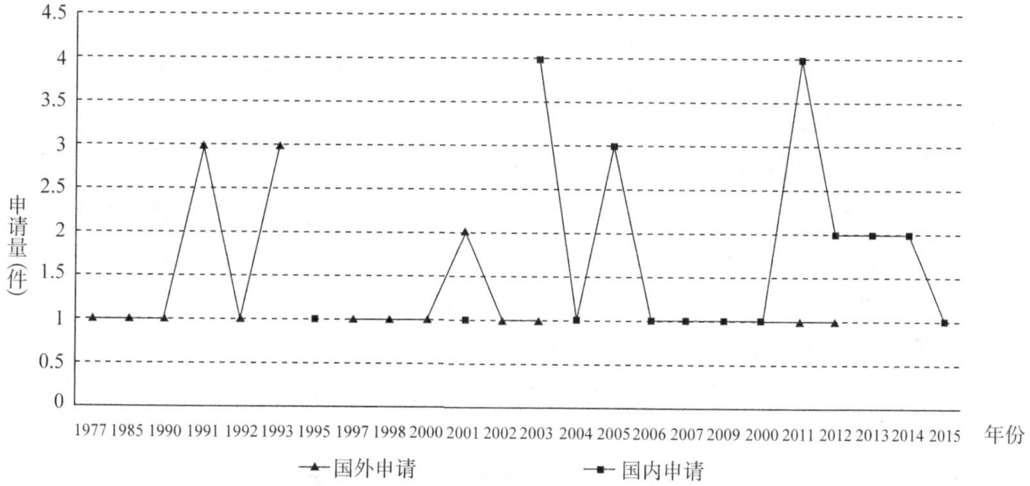

图 7　国内外对于小柴胡制剂的工艺研究

表 2　国内外涉及小柴胡制剂改进的主要专利

年份	国外申请	国内申请
1977	JP1668877（提取物制备干粉，可用于注射剂）	
1985	JP12255285（锭剂）	
1991	JP27658691（优化后锭剂）	
	JP1158491 等（加入明胶制备半固体制剂，降低苦味）	
1992	JP25540692（胶囊）	
1993	JP21270693（软胶囊）	
	JP27885893（胶囊）	
	JP17736193（气雾剂）	

续表

年份	国外申请	国内申请
1997	JP13176897（改善苦味）	
1998	JP123336698（改善分散性和苦味的颗粒剂、片剂）	
2000	JP2000113387（片剂）	
2001	JP2001132476（咀嚼片）	CN01100748（纳米制剂）
2002	JP2002220191（改善苦味）	CN02125805（无糖型颗粒）
2003	JP2003430460（改善苦味）	CN03137028（泡腾片）
		CN03130435（滴丸）
		CN200310107218（滴丸）
2004		CN200420041220（口服液）
2005	JP2005217116（改善苦味）	
2010		CN201010222321（分散片）
2015		CN201510621233（缓释片）

3.4.3 新用途拓展

涉及小柴胡制剂用途研发的专利参见表3，经具体分析，发现国内外申请人围绕小柴胡汤的用途拓展思路有所不同。国外申请研发思路是针对小柴胡原方开发新用途，而国内申请人则是基于中医理论通过对小柴胡制剂进行组方加减以适应不同的疾病，以扩展其应用领域。具体而言，2000年之前，国外重点开发小柴胡原方涉及抗肿瘤、提高免疫力、抗病毒、糖尿病、胆结石、清除自由基、抗艾滋等方面的作用。国内申请起步晚，通过对小柴胡复方加减将其制药用途扩展到肝纤维化、失眠、胆囊炎、胃炎、荨麻疹、胰腺炎、更年期综合征等。

表3 国内外涉及小柴胡复方用途的主要专利

年份	国外申请	国内申请
1984	JP23114984（抗肿瘤）	
1985	JP10380785（抑制白细胞介素）	
1987	JP7370587（提高免疫力，抗肿瘤）	
	JP7370787（治疗早熟）	
1988	WO1988JP00919（抗病毒）	
	JP2872288（治疗糖尿病）	
1989	JP11857189（抗肿瘤）	
1992	JP20698892（胆结石）	
1993	JP7076093（神经胶质瘤）	
1995	JP3940795（艾滋病）	

续表

年份	国外申请	国内申请
2009		CN200910192147（组方化裁，肝纤维化）
2010		CN201010276237（组方化裁，失眠）
		CN201010531346（组方化裁，肺纤维化）
2012		CN2012103229491（兽药）
		CN201210018669（组方化裁，胆囊炎）
2013		CN201310601380（组方化裁，扁桃体炎、咽炎）
		CN201310714370（组方化裁，胃炎）
2014		CN201410012176（组方化裁，荨麻疹）

3.4.4 物质基础和质量检测

中药物质基础不明确，药效稳定性和安全性难以把握是影响其走向国际的主要障碍。挖掘结构明确的活性物质，并对其进行质量控制既是提高产品质量的重要方面，也是新药研发的基础。

日本津村株式会社以黄芩苷为活性成分衡量标准，开发出具有一定含量黄芩苷的小柴胡提取物用于抗病毒（JP32151887）、诱导细胞凋亡（JP16331292），表明其对于小柴胡制剂活性物质的研究。

而在小柴胡制剂的质量检测方面，由于中药，尤其是复方成分复杂，按照传统选择少数几种化学成分进行含量检测的方式难以保证其质量的稳定性，不能体现复方的药效和安全性。对此，国外申请 US2002/034121 率先提出采用指纹图谱的方式，将化学及生物指纹图谱的完整模式结合入单个复矩阵，并将该矩阵转换为少量值来进行定量比较和评估。通过将草本植物组合物标准化；确定草药组合物中哪种特定成分是造成特定的生物活性的原因；预测草药组合物的生物活性；开发改进的草药治疗方法；调整或修改草药组合物；测定不同草药组合物的相关性；识别保留所需生物活性的一批草药组合物中的特定分子；确定已知草药组合物中哪种草药成分可以从已知草药组合物中除去而保留或改善已知草药组合物的所需生物活性；识别一批草药组合物的新用途和以前未知的生物活性；并且使用一批草药组合物的预测生物活性来帮助设计包含草药组分和合成化学药物的治疗剂。

国内申请 CN201510975885 也提供了一种小柴胡颗粒复方制剂的指纹图谱检测方法，通过高效液相色谱法建立了较完整的指纹图谱检测方法。

其他涉及质量检测方法的专利申请则还是在现有的质量检测方法基础上进行的改进，如 CN201410476780 以大枣、甘草和黄芩中有效成分环磷酸腺苷、甘草酸和黄芩苷作为对照品进行液相检测。专利 CN201410174576 通过对原药材进行定性鉴别和定量检测，让几种药材有了明确的质量指标，确保了小柴胡颗粒中各药材的使用，从而保证了药品的疗效。

3.5 重点企业专利技术分析

全球专利申请以日本津村株式会社（简称津村）为主，其次为钟纺药业株式会社（简称钟纺），国内申请人中，太仓市第一人民医院以5件占据榜首，其他公司申请均低于3件，大多数公司申请仅1件。

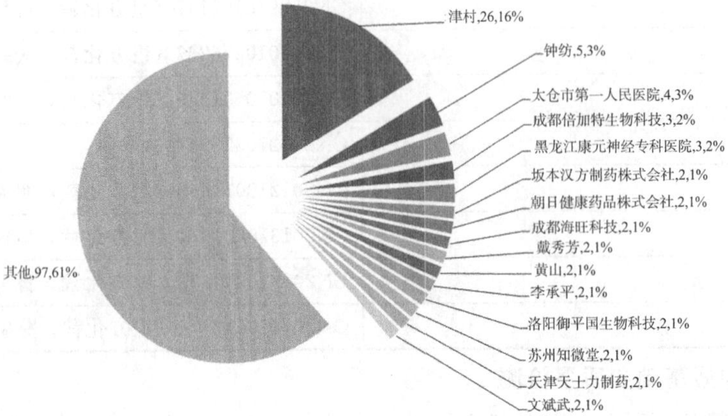

图8 全球主要申请人分布

3.5.1 国外主要申请人

结合专利申请数量以及小柴胡制剂市场的影响力，选择津村和钟纺作为主要分析对象。首先，对日本历年来不同时期涉及小柴胡复方的主要专利进行专利技术分析，如图9所示。

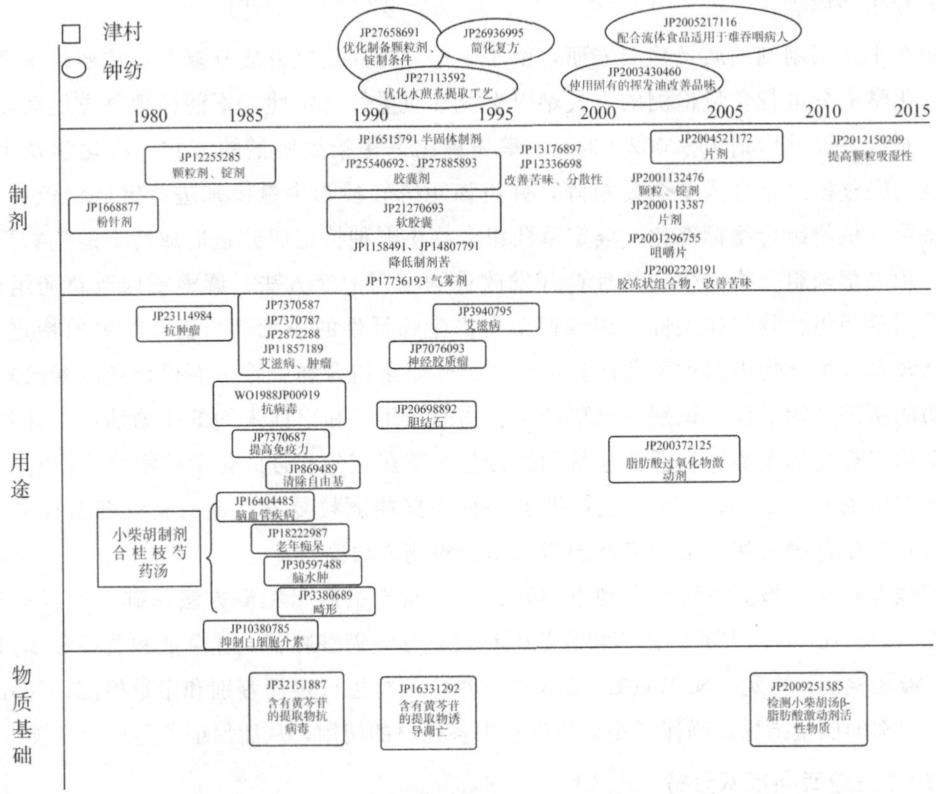

图9 不同时期日本企业专利技术分析

3.5.1.1 日本津村株式会社

日本津村株式会社始创于1893年，1980年公司上市，是日本乃至世界最大的汉方药制药企业，医疗用汉方药占日本国内市场份额的84.5%，有129种汉方药被列入日本医疗保险覆盖范围。该企业生产的汉方药除供应本国应用外，在世界各地均有很高的信誉，其产品出口到美国、英国、韩国、新加坡等国家以及我国的香港、台湾地区。该公司出口的部分汉方药已通过美国认证，在美国可以以药品的形式在药店进行销售。津村在国际上奠定了极其稳固的市场地位，是我国中成药国际化最大的竞争对手。

津村株式会社目前在售的中成药有129种之多，均从《金匮要略》中筛选得到，通过对其提取方法、制剂制备方法的规范化、产业化；对于药材和制剂质量标准的严格要求，对经典方剂进行二次开发，推出一批质量稳定、适应症明确的汉方制剂，而小柴胡制剂是其中典型代表。

津村对于汉方制剂开发出一整套完善的涉及颗粒、锭剂、胶囊等制备核心工艺，在此基础上，针对具体单方进行辅料的选择和用量的调整。以小柴胡制剂为例，其在研发思路和专利布局策略上主要有以下特点：

（1）制剂研发和新用途开发间递进行。

从图9可以看出，津村在1985年之前，研发完成小柴胡制剂的常规剂型（JP1668877、JP12255285）。1985－1995年，则开始集中对小柴胡制剂新用途的开发。通过一系列专利（JP7370587、JP32151887、JP7370687等）说明小柴胡制剂在抗肿瘤、艾滋病、提高免疫力、治疗脑血管疾病、治疗胆结石等方面的应用。在1985—1990年间无对于小柴胡制剂进行改进的相关专利问世。而在公布了小柴胡制剂的一系列新用途，市场对于小柴胡制剂的临床预期值提升之后，在1990—1995年，津村又开始对其进行新一轮的制剂优化研究，先后开发出溶出性和崩解性能得到提高的硬胶囊以及更为先进的软胶囊。

上述方式以市场为导向，通过用途研发拓展小柴胡制剂的适用范围，扩大了产品的市场影响力，再依据市场反馈确定后续研发方向，可有效减少产品被市场接受的时间，缩短市场初创期。

（2）以小柴胡汤为原点，开发其周边复方产品，拓宽研究领域。

围绕小柴胡汤，开发多个经典方剂联合使用的大组方，挖掘其新的治疗用途。例如，将小柴胡制剂和桂枝芍药汤合用，开发出一系列用于治疗脑水肿、老年痴呆、癫痫所致畸形等疾病的药物（JP16404485、JP18222987、JP30597488、JP3380689）。

此种方剂联合式产品研发思路，有效利用了经典方剂前期已有的深厚理论研究基础，可大大降低研究成本、缩短研究周期，且一定程度上保证了目标产品的质量可预期性。这也与津村一贯以来秉持的以低研发成本达到高市场回报的宗旨相符。

（3）挖掘活性物质基础，开发复方提取物。

汉方国际化一直是津村的重要研究方向。而中药中活性物质结构不明确是影响其走向世界的最大障碍。津村以黄芩苷为活性成分衡量标准，开发出具有一定含量黄芩苷的小柴胡提取物用于抗病毒（JP32151887）、诱导细胞凋亡（JP16331292）等。

（4）统一进行汉方制剂的规范化制备工艺研究。

与国内企业局限于单个产品制剂的研发不同，津村的研发思路是，探索出适合不同汉方的统一规范化制剂制备流程。以可工业机械化生产、步骤简明、适于服用为目标，从水煎煮等传统制剂制备方法出发，兼顾低温、超滤、冷冻干燥等现代制剂手段，开发出一套基本统一的制剂操作方法（具体到不同汉方药物再根据其差异性进行略微的含量调整）。

对其相关专利进行分析，发现津村对于汉方制剂的研发起始于20世纪60年代，而涉及小柴胡的专利文献主要起始于70年代，根据制剂形式，主要分为4个阶段。

第1阶段：1970—1980年，津村完成了可用于粉针剂的汉方提取物粉末制备工艺研究。

具体体现在专利申请JP1668877，该专利申请日为1977年，公开了将汉方制剂水煎煮液使用超滤膜过滤，再和蔗糖等混合，冷冻干燥得到符合注射剂要求的提取物粉末，该工艺可将药物日服用剂量100～440ml/天降低至3～15ml/天。

第2阶段：1980—1985年，完成锭剂、颗粒剂的工艺研究。

专利JP12255285于1985年申请，公开了一种汉方制剂的制备方法，并在实施例1中公开了小柴胡复方加水煎煮，过滤后，加入淀粉至一定浓度，低温浓缩，冷冻干燥再和蔗糖、淀粉、糊精等辅料混合，制备锭剂。该锭剂崩解时间可由50.4分减少至9.2分。

粉末和锭剂、颗粒制剂外表美观，生物利用度高，简化了制剂工艺流程，降低了生产成本，减少中药处方的服用量。上述剂型的应用利于实现中药生产的规范化，同时也保持了汤剂的综合疗效高、易吸收、显效快的优点，是津村进行汉方制剂产业化的核心技术。

第3阶段：1990—1995年，开发胶囊剂和软胶囊制剂（JP25540692、JP27885893、JP21270693）。参见图9，该阶段国外对于制剂的研究均集中在改善制剂苦味方面，而津村将药物制备成胶囊剂，不仅在技术上容易实现，而且在保证药效稳定性的同时改善了颗粒剂、锭剂等存在的口感差，苦味明显等缺点。

第4阶段：2000—2005年，随着锭剂和颗粒剂专利即将到期，为维持其行业地位，津村在前期锭剂技术基础上开发出溶出速率更好的片剂（JP2004521172）。

在2004年之后，津村调整了研发方针，终止了需要大量投入的新药开发，集中公司的人才和资金重点进行汉方和药材饮片的特性化研究。具体为以下5个方面：汉方药抚育推广、原药材栽培研究、原药材品质研究、汉方制剂的质量控制和生产技术、汉方药国际化。此后津村鲜有小柴胡制剂的相关专利问世，主要原因还有待探究。

（5）在传统中医病症的基础上开发新的与现代医学疾病相关的制药用途，即以“以病代证”的方式申请专利。

传统中医药的治疗疾病多以症候作为治疗依据，而病因病机的判断需要专业的中医基础，日本先天缺乏传统中医药人才，导致其难以从中医角度对药物的适用症状做出合理判断，而将诊断标准明确的西医疾病与中药相关联是解决上述难题的有效途径。因此，日本对于经典方剂的用途开发均是以现代西医疾病为出发点（如 JP7370587、JP869489 等），这使得毫无中医基础的西医医师也可合理利用该中药进行疾病诊治。

另外，在专利撰写方面也注重合理范围内追求权益最大化。津村对于汉方产业化的核心技术在于其制剂工艺，而基于该发明点，为了追求最大的保护范围，津村相关技术的专利申请独立权利要求中，均以汉方提取物和辅料或者工艺流程为技术特征，并未写明具体汉方提取物的名称或组成，仅在说明书实施例中记载不同汉方提取物的具体制剂制备方法。例如申请号：JP25540692 的专利，涉及提高汉方片剂的崩解速率和溶出度，其权利要求为：一种含有中药提取物的胶囊组合物，其特征在于：将汉方提取物粉末和硬脂酸镁混合制得。从权分别限定了组分的重量份数，以及汉方提取物选择小柴胡汤等几十种汉方制剂，且实施例中针对不同的汉方，均给出了相关实验数据。可见，在权利要求中仅写明体现发明点的必要技术特征，并在说明书中记载不同的具体实施例对其保护范围的合理性加以证实是获得较大专利保护范围的可行方式。

3.5.1.2　日本钟纺株式会社

日本钟纺株式会社也是日本少数几个生产汉方制剂的厂家之一，其进入汉方市场的时间晚于津村，但通过其独有的产品发展思路，以及对于海外市场的重视，在日本汉方制剂的世界版图中占据一席之地。

钟纺对于小柴胡制剂的专利申请始于 1990 年，并且面向中国在内的多个国家均申请了专利。从专利内容分析，发现其产品研发具有以下特点：

（1）跟随行业领导者的研究方向，在其产品基础上进行工艺优化。

1985 年之前，津村已经完成汉方制剂颗粒剂、锭剂的工艺研究，而钟纺在此基础上针对湿法制粒过程中提取物吸湿性强，不易制粒以及颗粒崩解速度较慢等缺点，于 1990 年对小柴胡颗粒的制备工艺进行优化，通过控制物料含水率和喷雾方式、参数得到了崩解速度优异的小柴胡颗粒制剂（JP27658691），并面向其他国家进行专利申请，有效扩张了产品的目标市场。

随后，钟纺又在 1992 年对小柴胡制剂的水煎煮方法进行改进，加入超滤等现代手段，有效地去除了非活性高分子化合物，相对提高了提取物中有效成分的含量（JP27113592）。

在 20 世纪 90 年代至 2000 年之间，日本企业对于汉方制剂的研发绝大部分集中在开发出掩盖其苦味的制剂或者适用于不同给药群体的药物制剂类型，对此，津村相继开发出胶囊和软胶囊制剂。而钟纺在 2003 年、2005 年以上述出发点申请了专利 JP2003430460：通过将汉方制剂和其固有组分的挥发油进行混合，掩盖其苦味。JP2005217116 则公开了汉方制剂通过配合流体食品服用以适用于难吞咽的病人。

钟纺药业作为汉方制剂再开发领域的后来者，追随开拓者津村的研发方向，对其产品进行优化进而推出自身品牌产品不失为一种以低风险、低成本争取市场的聪明策略，对于在小柴胡制剂研发领域介入较晚的中国企业来说具有一定借鉴意义。

（2）大复方向小复方转化。

钟纺药业推动小柴胡制剂发展的另一个主要方面是其率先开始小柴胡复方的减方研究。

钟纺于1995年申请的专利JP26936995公开了生姜或半夏和柴胡配伍在治疗肾炎方面优于小柴胡汤。借鉴上述思路，国内外申请后续从小柴胡复方的配伍结构出发，利用现代实验手段，对小柴胡汤中组分相互组合进行药效研究，发现其中柴胡和黄芩组合在保肝、诱导肿瘤细胞凋亡等方面作用甚至好于小柴胡汤。由此从小柴胡汤中发展出来的柴黄制剂，仅由柴胡和黄芪组成。近年来关于小柴胡汤的研究很大一部分转向柴黄制剂，目前柴黄制剂相关专利共33件，以国内申请人为主，内容涉及柴黄制剂的制剂研究、质量标准等各方面。

由于小复方相比大复方而言，在药效统计、机制研究、质量控制等方面都具有一定优势，可以预期柴黄制剂等小复方也是小柴胡复方研究的一大趋势。

3.5.2 国内主要申请人

小柴胡复方的国内申请人较为分散，且个人申请比例较高，国内企业申请人研究方向多集中在对小柴胡制剂形式进行改进，但并未体现出系统化的研发思路和专利布局，目前具有行业影响力的典型企业申请人有天津天士力，江苏康缘以及广东白云山光华药业。

3.5.2.1 天士力制药与江苏康缘药业

天士力集团拥有符合国际标准的滴丸生产线，滴丸技术是其核心技术，近年来，天士力基于不同的生药和方剂均开发出相应滴丸制剂。而天士力对于小柴胡复方滴丸的研发（CN03130423、CN200310107281）则是基于前期柴胡滴丸的基础上进行的相关专利布局，目前市场上尚无小柴胡复方滴丸问世，并且天士力针对小柴胡汤的减方柴黄制剂也制备了柴黄滴丸（CN200510013607）。

江苏康缘另辟蹊径，针对辅料为蔗糖的小柴胡颗粒不适用于具有糖尿病、高血压等并发症的病人服用的缺点，开发出无糖型小柴胡颗粒，并且制定了相应的质量标准（CN02125805.8）。

3.5.2.2 广东白云山光华药业

20世纪80年代，白云山光华制药厂以小柴胡汤为基础，全国首家研发出小柴胡颗粒（冲剂），并成为国家标准的起草者。2011年11月在第十届中国“仲景医药节”上，国家中医药管理局、中医药专家和医圣祠确认了广药白云山光华制药原创的小柴胡颗粒制作工艺，传承了东汉医圣张仲景濒临失传的“去滓再煎”工艺，从而使小柴胡功效得以再现。同时，“去滓再煎”工艺被列入广东省非物质文化遗产名录。2012年，光华制药厂关于小柴胡颗粒的新制法的专利申请CN201110315091得到授权，该发明在原有小柴胡汤以及小柴胡颗粒制剂的制备工艺的基础之上，对于相关工艺技术进行了调整和改进，从而使得到的新的小柴胡颗粒制剂治疗效果显著提高。

第四章　小柴胡复方后续研究展望

中药起源于中国，其中以中药复方最为常见，但是国际市场上中药复方发展最好的国家是日本，日本中成药出口占据全球市场（除中国）的70%，且日本注重中药知识产权，日韩在国际市场拥有专利权的中药占70%以上，我国仅占0.3%。

小柴胡汤相关专利申请人主要以中国和日本为主，且国内外专利申请情况呈现出几乎完全不同的态势。

本文基于专利申请和本领域相关技术对小柴胡复方专利技术进行了国内外的专利申请趋势，以及主要申请人分析，进一步梳理出不同技术主题的发展路线，结合国内外重点申请人对其研发思路、专利布局和撰写特点进行分析，通过比对，对我国小柴胡复方的现代研发方向，国内企业的专利布局策略提供借鉴参考。同时也可以为相关领域的审查员了解技术实质并为提高检索效率提供一些帮助。

综合小柴胡复方的各方现代研究特点，给出以下建议措施：

（1）日本对于汉方制剂小柴胡制剂的研发大部分集中在少数几个厂家，研发方向较统一，质量容易控制。而我国申请人多而分散，且均未形成系统化的专利布局。

对此，国内申请人应基于彼此不同的产业优势，强强联合，整合资源，减少重复研发，降低成本，提高市场竞争力。

（2）日本对于经典方剂的再研发通常是通过开发新剂型，将西医疾病与中药相挂钩（以病代证）的方式进行，这种摒弃中医药理论的做法主要是由于日本受制于语言和缺乏系统培训的中医人才，虽然并不是全然可取，但其采用现代思维模式研究中医药，利用现代化语言表达中药的方式来推动中药走向世界的思路值得我们借鉴。

（3）以津村为首的日本企业重视中药制剂生产的批量化、产业化和标准化，体现出以市场为导向、制剂和用途研发间递进行的研发方式，其在经典方剂再开发领域起步较早，在专利布局和专利撰写方面都具有一定可取之处。

而钟纺药业作为该领域的后来者，其专利布局给我国企业做出了专利布局的启示，即在充分利用先进企业的研究成果的基础上，在技术细节上进行更深入的开发研究，在专利布局上进行更加精细化的布局，以低风险、低投入打破专利壁垒。

（4）我国在利用中医药理论知识对经典方剂进行加减方方面具有一定优势，但我国申请人对于小柴胡复方的化裁，大多是通过增加药味以适应不同病症，这些十几味、二十几味甚至几十味药的大复方一般提取、制备工艺简陋、有效成分分析不清，产业化的价值很低。而柴黄制剂等小复方相比大复方而言，在药效统计、机制研究、质量控制等方面都具有一定优势，大复方向小复方转化是复方研究的一大趋势。

（5）中药物质基础不明确，药效稳定性和安全性难以把握是影响其走向国际的主要障碍。“小柴胡事件”更是验证了上述弊端，虽然后续调查结果认为间质性肺炎主要是由于小柴胡制剂和干扰素合用引起，但导致其毒副作用产生的具体物质仍旧未见报道，而通过挖掘结构明确的活性物质和产生毒副作用的物质，并使其以标准化形式体现，既是提高产品质量的重要方面，也是新药研发的基础。

目前常见的以个别活性成分作为内控指标难以对复方质量进行全面检测，指纹图谱能够提供更为丰富的鉴别信息，是一种有效的中药质量控制方法，在此基础上如果进一步开展谱效学研究，可使中药质量与其药效真正结合起来，有助于阐明中药作用机理。对于提高中药质量，促进中药现代化具有重要意义。

参考文献

[1] 孙明瑜. 小柴胡汤配伍与药理作用相关性的研究 [D]. 北京：北京中医药大学，2003.

[2] 孙宪民，等. 从日本津村株式会社的发展看我国中药产业面临的挑战 [J]. 世界科学技术—中药现代化，2001，3 (4)：73—75.

[3] 郭德海，等. 日本在华中药领域专利分析 [J]. 中国中医药信息杂志，2008，15 (8)：1—3.

白酒陈酿方法专利技术综述

戴易兴

第一章　白酒陈酿技术概述

白酒是中国的传统酒种，也是享誉世界的蒸馏酒，为世界七大蒸馏酒之一。刚发酵蒸馏后得到的酒，味道辛辣、刺激，有强烈的新酒味、糟味和其他异杂味。陈酿是白酒生产的重要工序，顾名思义，陈是指多年，陈酿是指将新蒸馏后的酒经过长时间的贮存，在这个过程中，酒中各类物质完成了复杂的物理和化学变化，减少了新酒味，产生了呈香呈味物质，这个过程也称为老熟。我国规定国家名优白酒贮存期为 3 年，优质白酒为 1 年，普通白酒至少 3～5 个月。贮存时间越长，呈香呈味物质越多，白酒的香气成分越复杂丰富，味感越协调柔和，感官质量明显提高。传统的陈酿方法，一般为自然老熟。自然老熟虽然能够保证酒的质量，但也存在占用库房面积大、资金积压、投资大、损耗大等一系列劣势。因此，为了设法缩短陈酿期，降低白酒的生产成本，采用各种人为的方法，来促进老熟的过程，这就是所谓的人工催陈。

酒在老熟过程中，氢键缔合作用、氧化反应以及酯化反应对白酒酒品影响较大。大部分的白酒催陈技术都是以这些反应的发生为出发点，其作用主要表现在以下 3 个方面：1）促进缔合作用；2）增强各类物质的分子活化能，提高分子间的有效碰撞率，使酯化、缩合、氧化还原等反应加速进行；3）加速低沸点成分的挥发。目前用于白酒人工催陈的方法主要可分为三类：物理法、化学法和生物法。物理法是借助各种场、波、光对白酒进行催陈。化学法主要着眼于加快白酒中各种成分间的化学变化，分为氧化法、催化法。生物法主要是利用较多有益微生物或酶类，其显著特点是具有特殊的选择性。

为了进一步缩小人工催陈和自然老熟之间的酒品差距，国内外的研究者一直在开展多方面的研究。本文通过专利信息的分析，对白酒陈酿技术进行梳理和展望。

第二章　数据库的选择

根据数据库收集的文献量及分布特点对中文和外文数据库进行选择，其中中文数据库选择中国专利文摘数据库（CNABS），外文数据库选择德温特世界专利库（DWPI）数据库。

白酒是我国的传统酒品，预期中文专利申请量会较大。DWPI 数据库收集了最早为

1960年约45个国家和组织的专利文献，其中专利文献的标题和文献信息都由德温特（Derwent）文献工作人员重新改写过，所以用词比较规范，而且能够充分全面地体现出发明的信息，从技术方案、发明点、用途等多个角度进行阐述，便于关键词的检索和后期的阅读标引。

考虑到本文所分析主题的特点，采用了以分类号结合关键词的检索方式，检索关键词（1）白酒：spirit?❶；（2）陈酿：陈化，催陈，催熟，促熟，老熟，后熟，熟化，老化，加速老熟，age，aged，aging，ageing，matur+❷，ripen???。IPC分类号：C12H 1/22，C12H1/00，C12G3/00，C12L9/00，C12L11/00。检索时间截至2016年4月18日。

第三章　白酒陈酿专利技术的整体情况

3.1　专利申请量趋势分析

图1为白酒陈酿技术国内外专利申请量趋势图。由图可见，国内的申请量在1985至2010年，基本趋于平稳，但近年来增长态势迅猛，自2010年以后，申请量几乎呈直线式上升。而国外的技术起步早于国内几十年，但多年来的申请量始终比较稳定。这种申请趋势，和国内外的整体专利趋势保持一致，国外专利法立法早，知识产权保护意识强，而我国立法晚，但近年来国家不断推进知识产权创新，专利申请量大幅上升。

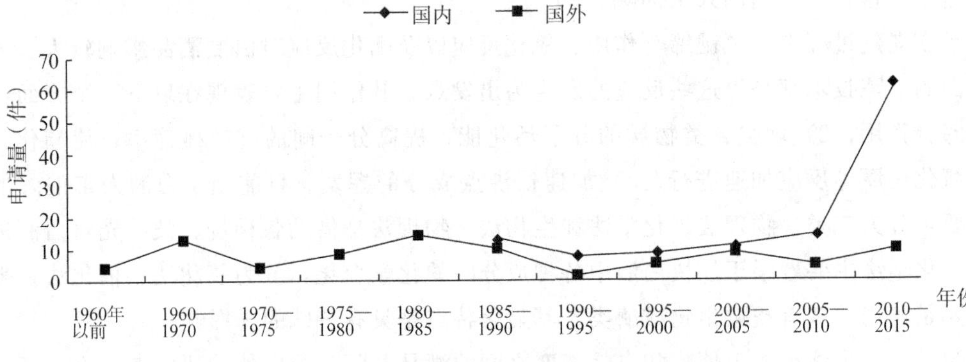

图1　白酒陈酿技术全球专利申请趋势

该领域的第一份专利申请源自国外，时间能追溯到1910年，申请人HENRI VICTOR分别在同年的5月27日和5月30日申请了两篇专利，其一（GB191012948A）是用于处理白酒类液体的紫外装置，其二（GB191013129A）是催陈白酒的方法，将酒液铺成薄薄的一层，暴露在紫外线下。而国内的首个申请则整整晚了75年，CN85102852A公开了一

❶ 截词符之一，代表0～1个字符。

❷ 截词符之一，代表任意个字符。

种利用微生物快速催熟白酒的方法及其装置，其发明构思是从优质酒成熟的酒醅中采样，经过培养、多次驯养等，得到产酯高、产酒精多，耐酒精能力强的酵母菌株，分别用透析袋形式的透析法和包埋剂形式的包埋法，借助生化反应装置对新酒进行催熟。

3.2 专利申请产出国和申请人分布

图2和图3分别显示了国内外申请人的分布情况，一致的是，国内外都以个人申请占据了主要地位，国内申请中，科研院校的申请人次之，企业类申请人最少，仅占总申请量的14.53%；国外申请中，科研院校的申请人最少，占比仅为1.19%，而企业申请量则高达32.14%。上述趋势表明，在白酒陈酿领域中，国外的企业较国内企业更重视技术研发工作，而国内的科研院校则投入了更大的精力进行相关技术的开发和创新。企业作为真正的技术需求方，应当更加重视技术研发，加大对于专业技术人才的引进，可以考虑与科研院所的产学研联合，加速对科研成果的转化。国内外的主要申请人均以个人为主，可见白酒陈酿领域并非企业专利布局的重点和热点领域，这可能是由于虽然人工催陈的方法能够缩短生产周期，降低成本，但是其产品在香气风味等方面仍然与自然老熟的产品存在一定差距，尤其是名优酒品，依旧采用传统的自然陈酿出品陈年老酒这类高档酒品。

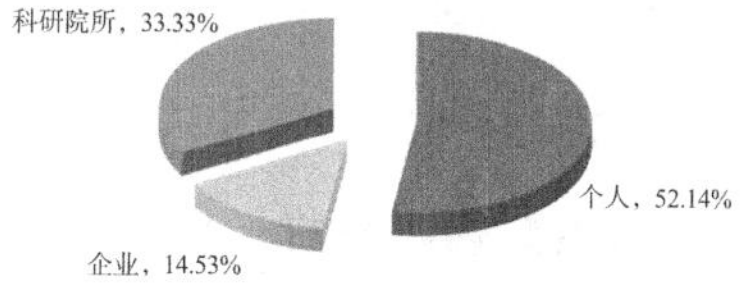

图2 国内申请人类型分布

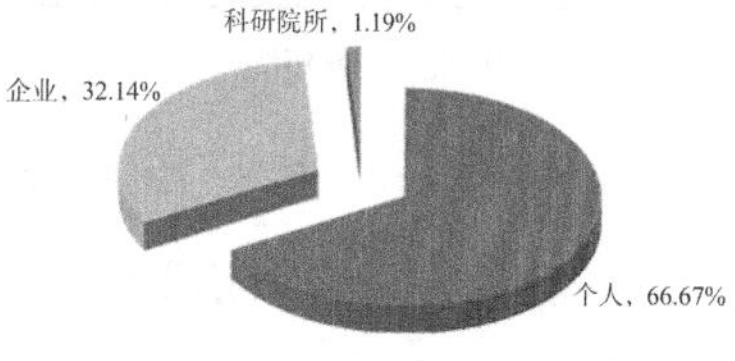

图3 国外申请人类型分布

对国外申请的产出国进行统计分析，结果如图4所示，其中排名前五位的申请国家分别为俄罗斯、美国、英国、日本和法国。俄罗斯作为第一大专利产出国，自1970年苏联时期，直至2010年，持续申请本领域的相关专利，申请量几乎占据了国外申请总量的1/3，而众所周知，俄罗斯民族素有饮用高度烈酒的习惯，可见专利申请量与白酒的消费量具有一致性。

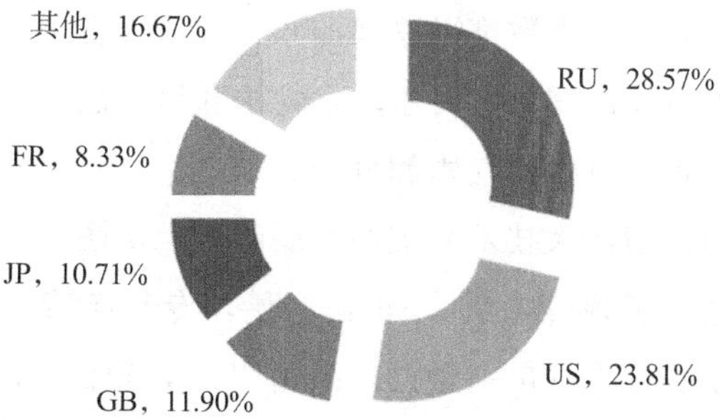

图4 国外申请产出国分布

第四章　白酒陈酿工艺专利技术分析

4.1　白酒陈酿工艺技术分支总体趋势

白酒陈酿技术目前主要有三类：物理法、化学法和生物法，近期又涌现了一批两种及两种以上方法联用的组合法。以上述几类方法作为白酒陈酿技术的四大分支进行梳理，结果如图5所示。

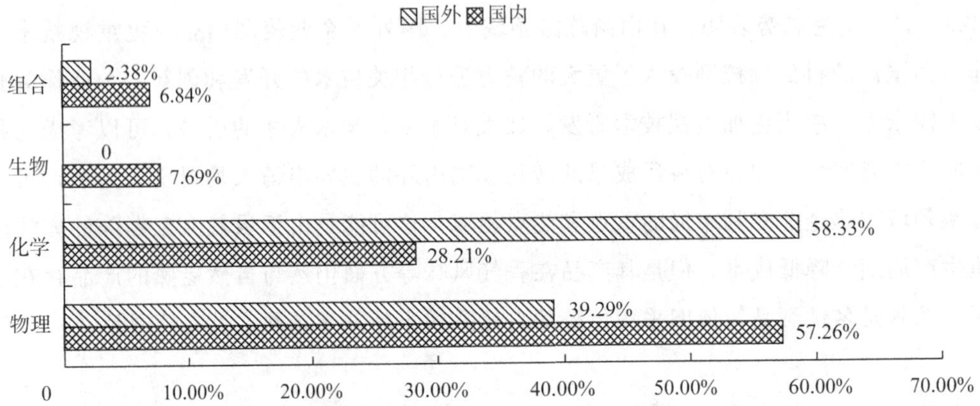

图5　白酒陈酿技术分支申请分布图

从全球范围来看，物理法和化学法是专利申请的主要热门分支。国内外在四大技术分支的分布情况有所不同，我国的专利申请超过一半都是物理法，化学法次之，生物法分支和组合法分支的申请量基本相当，这可能是由于物理法的研发难度较低，只要将现有的光、磁场、高压等设备应用于不同的白酒品种，对具体的条件进行优化即可，而研发出一种新型的化学催化剂，工作量较大，未知性高，技术预见性差，研发难度相对偏高。而国外申请则以化学法分支的申请量为最，达到了58.33%，物理法次之，组合法鲜有涉猎，生物法则为空白。生物法是较为新型的方法，在查阅相关非专利背景技术时也发现，对于生物法分支的研究较少。化学法分支和物理法分支历经几十年逐渐发展成熟，组合法用于人工催陈的技术随之兴起，绝大多数都以物理法和化学法组合进行陈酿。可见，国内申请人如果有国际申请或国外申请的需求，可主攻生物法和组合法分支；在化学法分支方面若想创新，应当注重对国外现有技术的检索和分析。

从时间脉络来看国内申请四大技术分支的发展趋势，从图6可以看出，物理陈酿法申请量在20世纪90年代达到了顶峰，从21世纪开始，专利申请的重点逐渐从物理法向化学法过度。近五年来化学法分支的申请量已经高达35%，较低谷时提高了近20个百分点，而物理法则从巅峰时76%的申请量，一路下滑至45%。这可能是由于物理法总体来说就是场、波、光这几类方法，研发的局限性比较大，而化学法仍然有很多未知的方法可以开拓创新。组合法从2000年之后出现，近五年来申请量有所增加，可以预见，今后组合法也会是申请的主要方向之一。

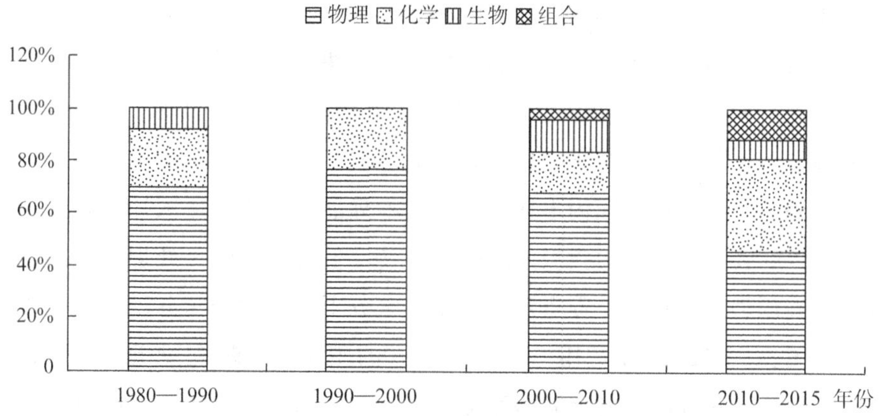

图6　国内白酒陈酿技术分支发展趋势

同样，国外白酒陈酿技术随着时间发展也呈现出了一个比较明朗的发展态势。和国内技术分支的趋势类似，其总体也呈现出了先物理后化学的走势。早在1970年以前，申请均为物理法分支，1970年以后，物理法分支的申请量呈现一个显著的下降，瞬间如雨后春笋般凸现了一大批化学法分支的申请，这种趋势一直延续到2000年，在2000—2010年之间，化学法分支达到巅峰，国外申请全部围绕这一分支展开，2010年之后，这两个分支的分布情况又趋向平衡，物理法也占据了三成之多。国外申请完全不涉及生物法分支，且组合法分支也仅仅在1980—1990年间昙花一现，可见这两大分支都可以作为今后专利申请和布局的重点领域。

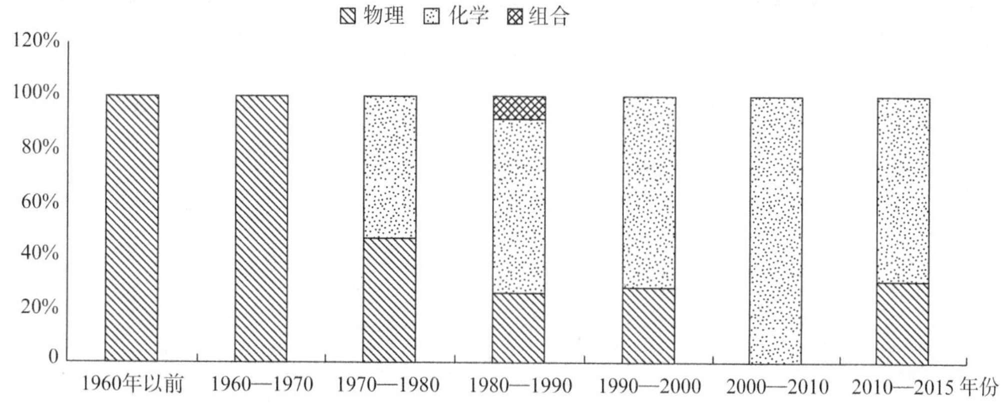

图7　国外白酒陈酿技术分支发展趋势

4.2　白酒陈酿工艺技术分支发展路线

物理法分支国外自1910年就起步了，第一份专利申请GB191012948A公开了一种采用紫外线处理酒液用于催陈的设备。在1970年以前，催陈的物理方法主要集中在紫外线、γ射线（GB1083066A）、光化光（CA954054A）等光、波领域，随着科技的发展，自1977年起，超声波逐渐兴起，成为一种主流的物理陈酿技术，相关专利有DD130048A、SU700543A、JPH01317382A等，其他新兴的物理方法，还包括GB2518147A公开了将酒液密封在容器中，向其环境中提供远红外光源，以促进其成熟，US2016040106A公开了一种人工催陈设备，其中包括若干电磁石，从而形成了一个磁场区域用于加速老熟。国内申请虽然较国外起步晚，但是国内申请所涉及的物理催陈方法远比国外专利更加丰富，例如，CN2051227U公开了一种酒类快速陈酿仪，其由电源发生器、处理器等构成，为处理器内造成一个高压强电场环境，促进乙醇分子、水分子、多种香味分子互相碰撞，快速缔合成大分子团。CN1092810A用2－60MHz的高频电磁波处理白酒加速陈化。CN2727181Y公开了一种高效复合酒催熟陈化机，其采用高频电场、高压脉冲和磁化三种物理方法结合进行催陈。CN101250474A基于酒体中各种成分在自然陈酿过程中的转化行为，模拟白酒自然陈酿过程及环境，利用超重力旋转床高效传质技术对白酒进行催陈。CN201433203Y公开了将白酒流经压力参数为100 MPa、流量为2～5 L/min的超高压水射流装置，通过超高压及瞬态卸压过程，加速白酒催陈。CN103205354A通过次声波对酒类实现陈化，利用升压强度为120 dB至140 dB以上次声波，频率为1～20 Hz的次声波施加于酒中，作用25～100小时，使酒中分子发生缓慢持续共振，促进陈化反应。在2015年，有多篇专利都发现，采用冻融法（CN104560589A、CN104862204A），或冷处理辅助微波（CN104651159A、CN104862184A）的方法，能够起到很好的老熟效果。可见，国内申请人在物理分支方面拥有较高的创新能力，技术方法丰富。但同时并未发现重要申请人，也没有申请人针对某一具体的技术方法进行纵向研究，表明国内申请人纵向深度研究较差。

	物理法	化学法	生物法	组合法
1970年之前	紫外线 GB191012948A γ射线 GB1083066A 光化光 CA954054A			
1970—1985	超声波 DD119614A、 DD130048A、 SU700543A、 SU966114A、 CN85108490A	氧气 SU334245A 橡木 AU5851380A、 SU1198114A、 SU1214752A、 US4576824A	采用酵母菌株，分别用透析袋形式的透析法和包埋剂形式的包埋法，借助生化反应装置 CN85102852A	
1985—1990	高压 CN85101600A、 CN2051227U 磁化 CN87205356U、 CN1040390A 静压 JPH03297374A	沸石催化剂 CN86107014A、 CN86107576A 美酒玉 CN1134457A 臭氧 CN86108421A		橡木棒、真空和快电子处理相结合 SU1664834A 橡木和减压处理相结合 SU1663022A
1995—2005	超高压 CN1241629A 直流高压电 CN1322812A 高压脉冲 CN2727181Y	由硅酸盐、镁络合物、碳酸盐和钙石粉组成的催化剂 CN1696273A	绿色植物 CN1333334A 酒糟泥 CN1651562A	
2005—2010	旋转床高效传质 CN101250474A 超高压水射流 CN201433203Y	纳米催化粒子 CN2905795Y 美酒玉 CN1134457A 臭氧 CN86108421A 酸碱溶液催化剂 JP2004337080A 氙气 KR20100137688A	用水加热溶化的琼脂包埋酶液得凝胶酶液，将稻壳作载体，30~40℃下干燥使酶固化于载体上，再将稻壳置于管柱或容器内，使白酒与固定化酶接触 CN101544944A	
2010年之后	微波 CN202558850U CN103525675A 次声波 CN203144380U 冷处理辅助微波 CN104651159A、 CN104862184A	麦饭石 CN102212455A 凹凸棒 CN102229880A CN104479978A CN105039116A 负离子 CN203174080U CN204529825U	窖泥 CN203602601U CN204385176U	酶处理、微生物，与蒸馏通气处理、微氧处理和超声波处理相结合 CN103409298A 高频电子震荡仪、臭氧氧化、酒用高分子材料的复合型分子筛相结合 CN105176725A 超声波、臭氧结合 CN104531495A 负氧离子和远红外线相结合 CN104496439A

图8　白酒陈酿方法专利技术发展脉络图

化学法分支，国内从1986年起步，首批申请是南开大学的两篇系列申请（CN86107014A、

CN86107576A），其将经过离子交换后的沸石催化剂，制成吸附柱，使白酒流经这种吸附柱达到催化老熟的目的。化学法分支的研究主要集中在两大类方法，一是氧化法，二是催化法。前者的代表专利有 CN86108421A，将臭氧加入酒液中达到催熟的目的。CN202272863U，利用鼓风机定时鼓入空气，使酒液与空气接触效果提高，CN103627615A，向酒液中持续通入纯氧作为氧源产生洁净的臭氧，臭氧经储酒罐中的气体分布器均匀分布于酒液中。目前最先进的技术，是 CN204529825U，其公开了一种白酒的负离子氧化装置，该装置本体内设有两个分隔槽，分隔槽内设过滤芯，两个过滤芯之间设有若干块由负离子陶瓷粉与电气石粉高温烧制而成的负离子氧化颗粒，通过酒液与负离子氧化颗粒的接触，达到氧化老化的目的。在催化法方面，大部分专利都致力于研究各种新型的催化剂，例如 CN1236812A，以多种功能材料混合后加入高岭土、聚酯中成型，经煅烧制成甲组块，以脂类功能材料混合后熔化，注入容器成型冷却制成乙组块，使用时分别采用甲、乙组块陆续处理，或同时加入两种组块，从而达到经几年陈化处理的效果。CN1696273A，公开了一种由硅酸盐、镁络合物、碳酸盐和钙石粉组成的催化剂。2006 年 CN2905795Y 采用最新的纳米催化粒子作为催化剂，公开了一种蜂窝组合结构纳米功能酒品催化装置，在装置内设有蜂窝结构纳米催化床，充分利用了催化床中纳米催化粒子的高比表面积效应、小尺寸效应、量子效应等性质对酒中的物质进行催化作用。近五年来，发展出了新的催化剂类型——凹凸棒，其中有申请将负载铁的凹土基催陈助剂与凹土煅烧成颗粒催陈剂（CN104479978A、CN104479979A），也有申请通过高温烧制（CN105039116A、CN105255665A）的方法对凹凸棒加热改性，使其晶格状结构塌陷，具有催化作用的离子和基团催化酯和醇酯化作用加强，起到催陈老熟作用。国外化学法分支的专利申请，绝大多数集中在采用橡木、糖枫木为基础原料，将其制成木棒（FR2864965A 等）、木桶（GB2490954A 等）或木头粉（US2012164300A1 等）等多种形式，与酒液进行接触，利用天然橡木中的成分达到催熟的目的。另有部分专利与国内专利申请类似，采用通入氧气的方法（SU1472489A 等）达到氧化的目的，KR20100137688A 显示，向酒液中注入氙气，也能够达到催陈的效果。另外，国外申请还表明，可用于人工催陈的催化剂，还有无机酸溶液、碱液（JP2004337080A）、糖浆（US2005042343A1）等。

生物法分支方面，利用微生物是一种有效的催陈方法，我国的相关第一篇专利申请（CN85102852A）就是直接采用从优质酒成熟的酒醅中采样，经过培养、多次驯养等得到的产酯高、产酒精多，耐酒精能力强的酵母菌株，分别用透析袋形式的透析法和包埋剂形式的包埋法，借助生化反应装置对新酒进行催熟。还有多篇专利申请，采用我国白酒生产中的传统技术窖泥，利用其中的微生物进行催陈处理，例如 CN203602601U、CN204385176U，或者将窖泥、酒糟、酒曲、稻壳按重量比例配制，植培成酒糟泥，包覆在贮酒坛外，对白酒自然氧化还原（CN1651562A）。但是上述方法，体系的标准化程度比较低，且难以对微生物的生长情况进行及时有效的控制。值得推荐的是 2008 年的一篇专利申请 CN101544944A，其以固定化酶作为生物催化剂，具体的方法为将白酒发酵种曲，溶于水中直接过滤，滤液中加入三倍95%酒精静置，去上清液，得沉淀液，用加水加热溶化的琼脂包埋酶液得凝胶酶液，将稻壳作载体，30～40℃下干燥使酶固化于载体上，再将稻壳置于管柱或容器内，使白酒与固定化酶接触，而达到白酒老熟的目的。

组合法是随着物理、化学方法逐渐发展成熟后才兴起的新的分支技术，国外涉及组合法的专利，主要是将橡木处理，与其他物理方法相结合，例如SU1664834A，是采用橡木棒、真空和快电子处理相结合，SU1663022A是采用橡木和减压处理相结合。国内的组合法分支从2006年才开始起步，鉴于国内物理法分支的多样性，其组合法也呈现了多样性，将物理法和化学法两种方法相组合的专利有CN105176725A，公开了用高频电子震荡仪、臭氧氧化、酒用高分子材料的复合型分子筛等相结合的方法对新酒进行催熟，惠州学院申请了两篇专利依次经过超声波、臭氧处理，唐山立雄峰汇材料科技有限公司申请了两篇专利，同时放射负氧离子和远红外线加速老熟。将三种技术组合的专利有广东省九江酒厂有限公司申请的CN103409298A、CN103409299A，分别公开了将酶处理、微生物处理的两种生物方法，与蒸馏通气处理、微氧处理和超声波处理相结合加速陈酿。

第五章　结　语

本文主要分析了白酒陈酿技术的发展情况，通过对国内外专利的申请趋势、申请人分布和专利产出国的分析，了解了白酒陈酿技术的总体情况，重点分析了国内外几大白酒陈酿技术分支的整体分布情况和发展趋势，明显看出，在酒企林立的市场中，企业自身对于技术创新和知识产权保护意识仍待加强，国内的科研院校拥有一部分专利申请，应当加强技术转移。通过对各分支具体技术内容和手段进行梳理，可以看出，对于生物法和组合法分支，国外申请量较少，而国内申请量虽然庞大、技术手段众多，但是精深的技术方法不多。因此，今后专利技术的研究方向应以纵向为主，加强生物法和组合法分支的创新，鉴于国外专利的布局情况，增加国际和国外申请也是今后的专利申请方向。

参考文献

[1] 崔德宝，徐军，罗惠波. 论白酒人工催熟 [J]. 酿酒，2008，31 (2)：12－14.

[2] 陈立生. 白酒的催陈与回生 [J]. 山地农业生物学报，1999，18 (2)：120－124.

[3] 孙孟嘉，黄茂全，苗德嘉. 白酒的光催陈 [J]. 山西大学学报，1985，4：3－9.

[4] 任飞，邱声强. 白酒的人工催陈 [J]. 酿酒科技，2011，6：80－82.

[5] 白雪，刘有智，袁志国. 白酒催陈技术的发展与应用现状 [J]. 中国酿造，2009，11：1－5.

喜树碱类抗肿瘤药物专利技术综述

孙 静

第一章 引言

自屠呦呦因青蒿素及其抗疟疗效的发现，荣获2015年诺贝尔医学奖轰动全国，天然神药再一次引起了社会广泛关注。其中喜树碱作为中国特有的珙桐科植物喜树的天然提取物，从20世纪60年代开始已经成为抗肿瘤药物的研究热点，并被世界卫生组织定为抗癌药物研究和开发的主攻方向之一。

喜树碱（Camptothecin）是广泛分布在我国南方的珙桐科旱莲属落叶乔木喜树（Camptotheca acuminate Decne.）的根、茎、皮以及种子中的生物碱。于1966年由美国化学家Wall ME博士和Wani MC博士首次提取并确定其化学结构如下：

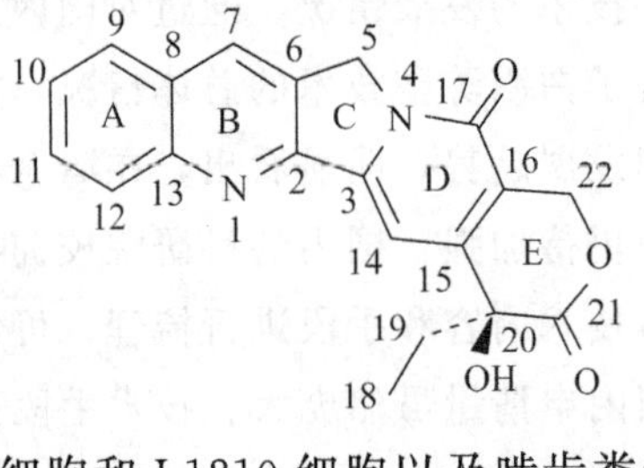

该生物碱在体外对HeLa细胞和L1210细胞以及啮齿类动物显示了较强的抗癌活性，引起了人们极大的关注。但由于其水溶性差以及难以预计的严重毒性，限制了其进一步的应用。直到1985年，分子生物学的进展才阐明了喜树碱的作用机制和特殊靶点DNA拓扑异构酶I（Topoisomerase I），其晶体结构以及活性位点如图1所示。

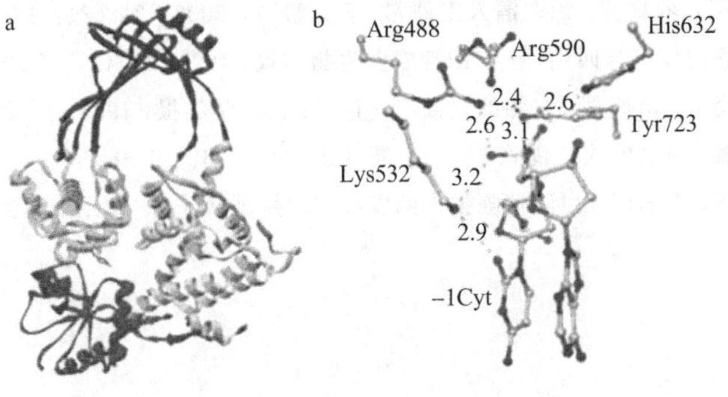

（a）Topo I晶体结构　（b）Topo I活性位点

图1

Topo I 能使双链 DNA 产生短暂的单链断裂，DNA 5’磷酸基与 Topo I 的酪氨基羟基酯化键合，形成 Topo I －DNA 共价二元复合物，使超螺旋 DNA 松弛化，然后再将切断的单链 DNA 连接起来，此时超螺旋 DNA 解旋，Topo I 从 DNA 上分离开来，解旋后的 DNA 更容易进入转录装置，然后进一步进行复制，具体过程如图 2 所示。

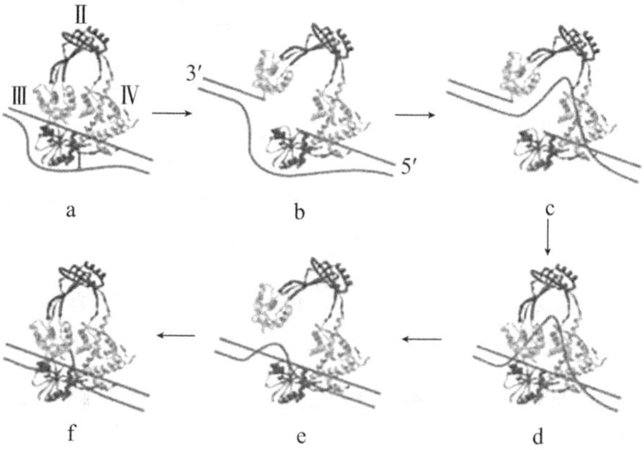

图 2　Topo I 作用机理

Topo I 是目前抗肿瘤药物的一个重要作用靶点。与正常细胞不同，Topo I 在肿瘤细胞中表现出不受其他因素影响的高水平表达，如在结肠癌、卵巢癌和食管癌细胞中，Topo I 的过度表达是邻近正常细胞的 5 倍。这种现象为 Topo I 抑制剂选择性抑制肿瘤细胞的生长提供了理想的理论基础。也就是说，抑制肿瘤细胞 Topo I 的活性就能起到遏制肿瘤细胞快速增殖，进而杀死肿瘤细胞的作用。因此，作为 Topo I 的特异性抑制剂的喜树碱及其衍生物便再次成为抗癌药物的研究热点，重新走上蓬勃发展的道路。除伊立替康外，近年来陆续上市了一些其他喜树碱类抗肿瘤药物，如拓扑替康、贝洛替康，具体如表 1 所示。这使得喜树碱类抗肿瘤药物持续成为一个研究热点。2010 年最畅销抗肿瘤药物销售额数据显示，喜树碱类药物销售额已超过 10 亿美元。

表 1　代表性喜树碱类抗肿瘤药物

品种	结构式	国别	原研公司	上市时间
伊立替康	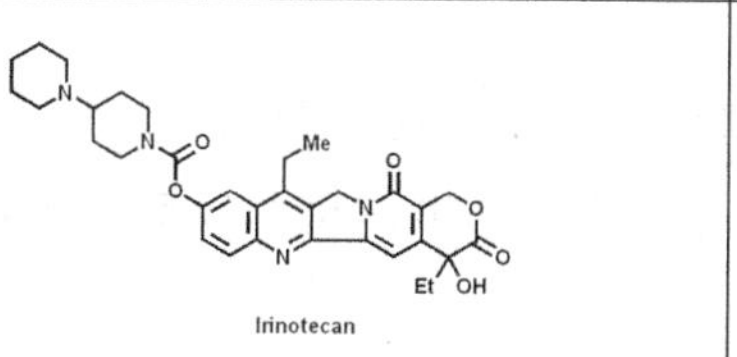	日本	第一制药	1994
拓扑替康	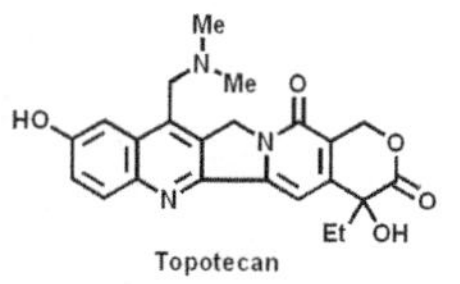	美国	葛兰素史克	1996

续表

品种	结构式	国别	原研公司	上市时间
贝洛替康	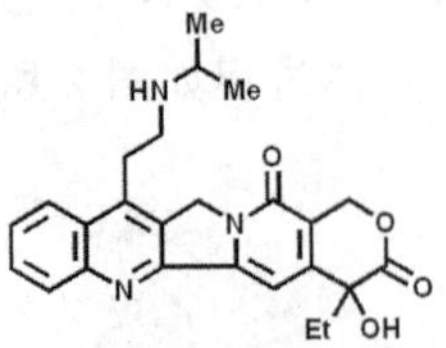 Belotecan	韩国	钟根堂	2004

尽管喜树碱类衍生物具有高效、广谱选择性好等诸多优点，但仍然存在一些不可忽视的缺点，如体内代谢不稳定、水溶性差、毒性大、种族差异大等，这些在临床上也有一定的体现，如已有关于伊立替康和拓扑替康骨髓抑制、中性粒细胞和血小板减少、腹泻等不良反应的报道。为了开发出高效低毒、水溶性好的喜树碱类抗肿瘤新药，人们对 CPT 的结构等方面开展了大量的研究工作，本文拟就近些年关于喜树碱类抗肿瘤药的专利申请做技术综述。

第二章　数据库的选择和检索

为了解喜树碱类衍生物相关技术专利申请状况，笔者通过检索中国专利文摘数据库（CNABS）、中国专利全文数据库（CNTXT）和外文虚拟库（VEN）来获得进行统计分析的专利样本。检索的关键词主要包括：喜树碱、替康、癌、瘤、拓扑异构酶、Camptothecin、tecan、topo、cancer、tumour，检索涉及的主要分类号为 C07D 491/22。由于 2016 年 5 月 31 日之后申请的专利多数还未公开，因而本文仅分析 2016 年 5 月 31 日以前的数据。经过数据整理，得到专利文献三百余篇。

第三章　专利分析

3.1　专利申请量趋势分析

截至 2016 年 5 月 31 日，我国关于喜树碱类衍生物的专利申请量为 136 件，国外申请量达到 211 余件。自 1981 年以来，国内外相关专利申请年度分布情况如图 3 所示。

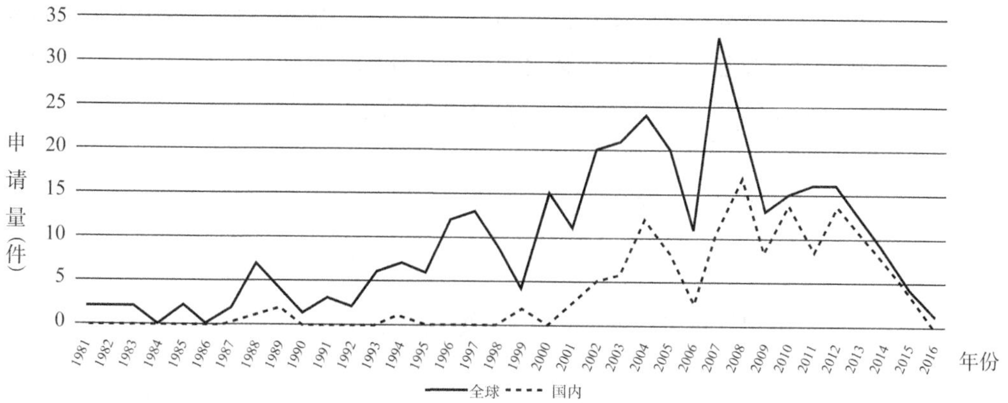

图 3 国内外相关专利年度分布情况

从图 3 中可以看出，全球相关专利申请量于 1985 年 Topo I 靶点阐明后迎来了第一次小高潮，此后平稳上涨，于 20 世纪末迎来第二次高潮，再经历飞速发展，于 2004 年、2008 年迎来第三次大高潮，可谓一波三折。而我国相关专利申请量在 2000 年之前几乎为零，2000—2003 年专利申请量较少，增长缓慢，并没有跟上全球发展的步伐。但是 2004 年以后，我国相关专利申请量增长较多，增长速率也同步于全球发展水平，甚至成为相关专利申请的主力之一。这表明国外对于喜树碱类衍生物的研究较早，而国内起步较晚，但近些年国内相关研究的热度要比国外高。

3.2 专利申请人分析

喜树碱类衍生物的专利申请以中国、美国、日本居多，约占总申请量的 90%，图 4 是相关专利申请国家分布图，从该图中可以看出，中国虽是后起之秀，但申请量后来居上，约占总申请量的 40%，美国主力地位仍然明显，申请量约占 32%，除此之外，日本、欧洲、韩国、印度对该领域均有所涉及。

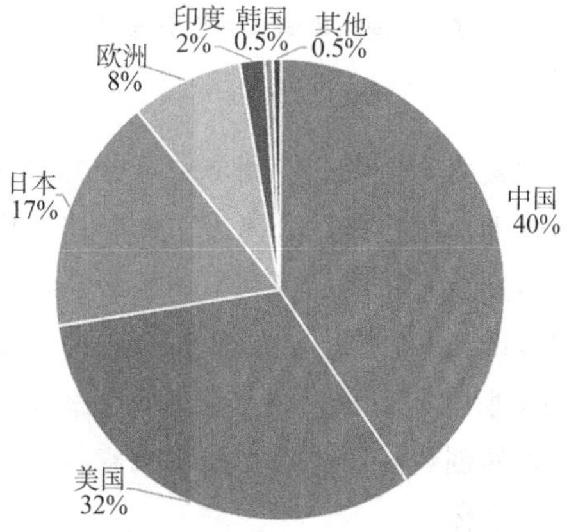

图 4 相关专利申请国家分布图

在该领域中，申请人相对比较集中，国外以伊立替康的原研公司株式会社雅库路特本社（日本第一制药）申请量最多，国内以中国科学院上海药物研究所、中国人民解放军第二军医大学、浙江大学和复旦大学的申请量居多，具体如图5所示。

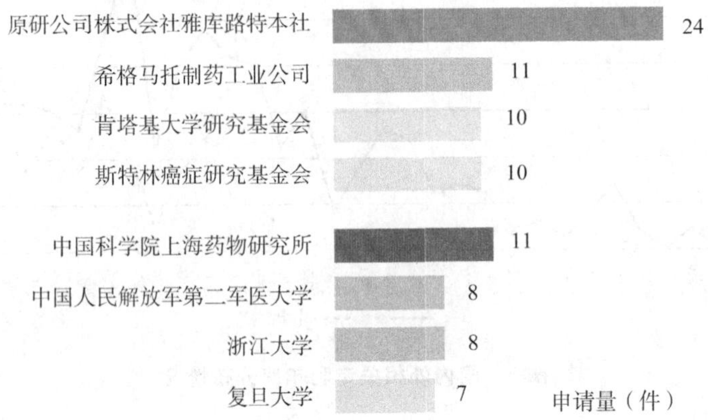

图5　主要申请人排序图

图6是国内申请人类型的分布图，如图所示，国内与国外申请人大多为制药企业明显不同，高校研究院所的申请量居多，占比60%以上，公司和个人的申请量所占比例相对较少，但是已经有“大学+公司”这样的组合出现。这说明我国的该项研究要进入产业化还有较长远的路要走，但仍然存在着发展的潜力。

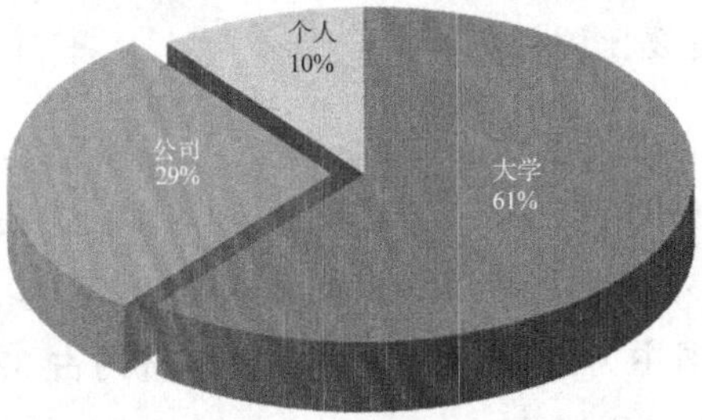

图6　国内申请人类型分布图

3.3　专利申请的内容分析

根据技术主题内容，喜树碱类衍生物的专利申请可分为结构修饰后得到的喜树碱类新分子实体、化学合成方法的改进、植物提取分离方法的条件优化以及药物制剂如组合物改性等方面。经统计后发现，涉及结构修饰的专利申请量最多，占比50%以上，且授权率达到76%以上。而其他方面申请量有所逊色，授权率仅达到60%左右，尤其是提取方法，授权率仅为54%，具体如图7所示。可见，结构修饰后得到的喜树碱类新分子实体是该领域的研究重点，并且具有较高的创新点，对现有技术贡献较大。因此，接下来我们将重点介绍喜树碱类衍生物的新分子实体。

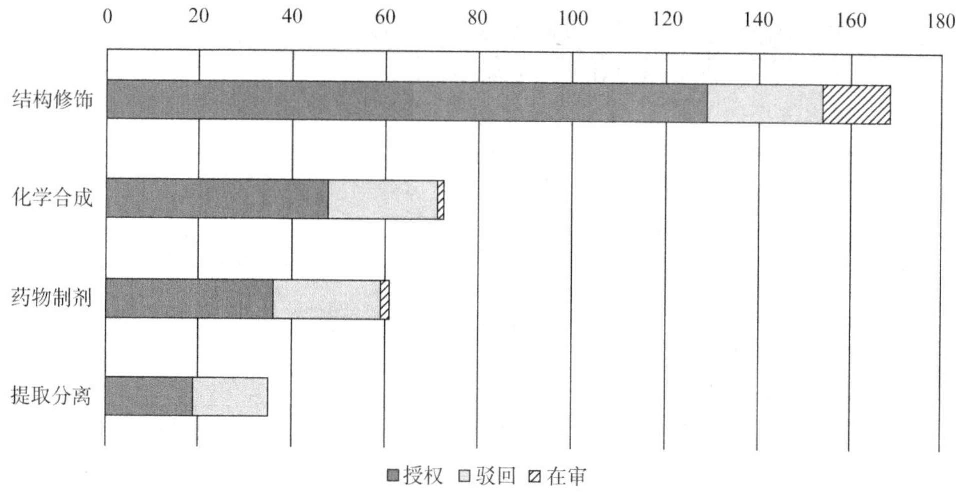

图 7　专利申请内容分布图

3.4　专利申请的技术分析

3.4.1　喜树碱类药物简介

了解喜树碱类抗肿瘤药物的专利研究动态，有必要先了解一下已上市和进入临床研究的相关药物，这有助于我们更清晰地理解相关专利技术，探索专利技术的研究趋势。截至目前，喜树碱类上市药物共有三个，分别是 1994 年经 FDA 批准上市的伊立替康、1996 年上市的拓扑替康和 2004 年上市的贝洛替康，另外一批具有高溶解性、高活性的喜树碱衍生物也已经进入临床试验，具体如图 8 所示。

伊立替康（Irinotecan）是由日本第一制药公司研制，水溶性好，对于结肠癌、小细胞肺癌及白血病疗效显著。该药于 1994 年由日本厚生省批准上市，主要用于晚期直肠癌、结肠癌的治疗。

拓扑替康（Topotecan）是美国 Smithkline Beecham 公司开发的半合成衍生物，在动物模型实验上显示了高抗肿瘤活性和宽抗癌谱，活性与给药途径无关。1996 年获 FDA 批准用于小细胞肺癌（SCLC）的二线治疗药。

贝洛替康（Belotecan），是水溶性喜树碱类化合物，由韩国钟根堂制药公司研制，2004 年 10 月在韩国首次上市，商品名称 Camtobell，在韩国被批准用于卵巢癌和小细胞肺癌的治疗。

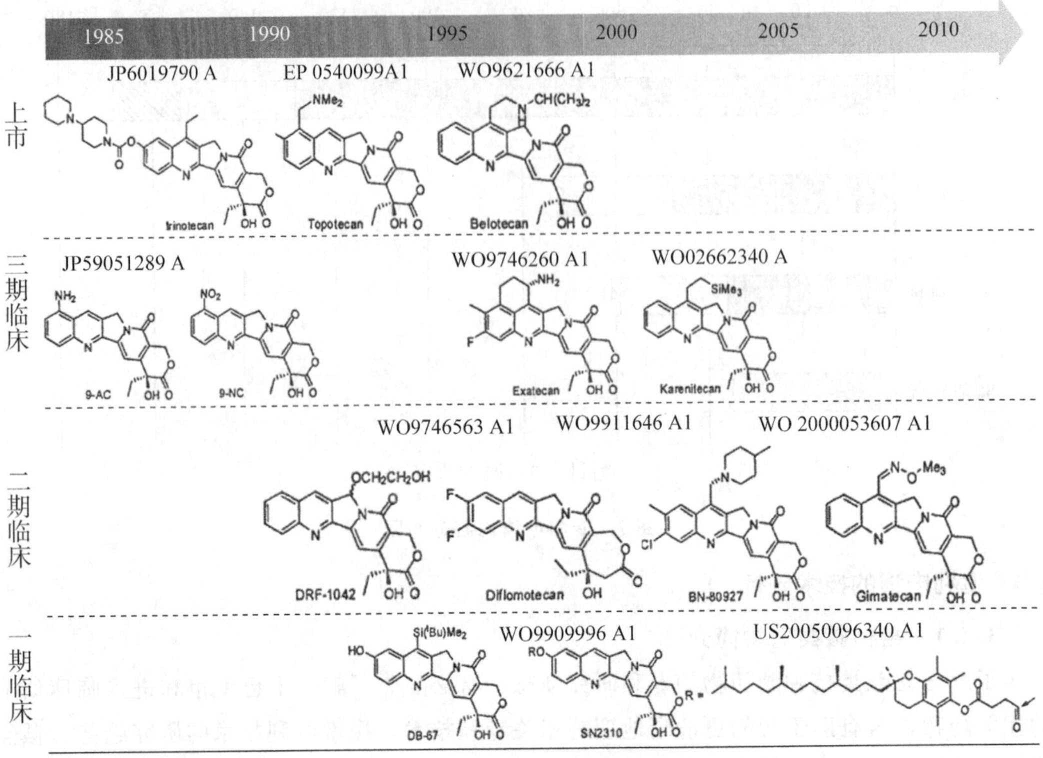

图 8　喜树碱类药物研发进展图

9 -氨基-喜树碱（9 - AC）由美国 IDEC 公司开发，9 -硝基-喜树碱（9 - NC，Rubitecan）由美国 Super Gen 公司开发，9 - AC 是 9 - NC 的体内代谢物。这两种 9 位取代的喜树碱衍生物都因为在体内的内酯含量太低导致毒性较大。在二期临床试验中，28 位卵巢癌患者中，18 位对药物 9 - AC 没有反应，9 - AC 因此终止于Ⅱ期临床研究。而 9 - NC 引起不良反应主要在消化道毒性和血液学毒性，表现为食欲减退、恶心、呕吐、乏力、骨髓抑制。Super Gen 于 2005 年 1 月宣布撤回 Rubitecan 在美国的新药申请，一年后在欧盟的申请又被撤回。

Exatecan 进行到Ⅲ期临床实验，但 2004 年后就没出现在 Daiichi-Sankyo 公司的计划里。

Katenitecin 是美国 BioNumerik 公司开发的 7 位端基硅烷基取代的非水溶性喜树碱衍生物，目前处于Ⅲ期临床实验中。

E 环扩环为β-羟基内酯的衍生物高喜树碱（Homocamptothecin）提高了内酯环的稳定性，活性和毒性都得到了相应的改善。其中 10，11 -二氟衍生物 Diflomotecan 由法国 Biomeasure公司全合成开发，体内抗肿瘤活性均优于伊立替康和拓扑替康，目前正处于Ⅱ期临床研究。

Gimatecan 是瑞士诺华（Novartis）公司从 Sigma-Tau 获得开发和经营权的衍生物，目前处于Ⅱ期临床研究。

DRF－1042 是 Dr. Reddy 和 Clin Tec Intemational 联合开发的进入临床研究的唯一一个 C 环修饰的喜树碱衍生物，对其的研究目前进行到临床Ⅱ期。

Elomotecan（BN－80927）是 IPSEN 和 Roche 联合开发的全合成衍生物，目前正在临床Ⅱ期研究阶段。

7-硅烷基-10-羟基-喜树碱（Siletecan，DB－67）是极度脂溶性的化合物，改善了内酯环的稳定性，目前处于Ⅰ期临床实验。

此外 SN－2310 是喜树碱与其他抗癌片断连接的一个代表，由 Sonus 公司开发，目前也处于Ⅰ期临床研究中。

从上述上市或临床实验的药物结构可以看出，喜树碱分子为五环结构，有吡咯喹啉环、共轭吡啶环和六元羟基内酯环，其中 20（S）-羟基、E 环的 A-羟基内酯和 D 环的氢化吡啶酮结构是活性必需结构。喜树碱类衍生物是在保持这些必需活性结构的前提下，进行基团修饰而得，且大多在 A 环的 C9、C10、B 环的 C7 以及 E 环 C20 位进行，以增加内酯环的稳定性及改善喜树碱的溶解性。

3.4.2　主要解决的技术问题

喜树碱由于其特异性的 Topo Ⅰ抗癌机制受到了人们的广泛关注，但是其严重的毒副作用，使得它不能直接用于临床。喜树碱的毒性主要是来自其开环羧酸盐形式。在体内环境中，喜树碱存在着内酯环形式与开环羧酸盐形式的平衡，人血清蛋白（HSA）会优先与喜树碱的开环形式结合，该结合能力是 HSA 与内酯环的结合能力的 100 倍以上，这样使得水解平衡向开环形式方向移动，从而导致喜树碱内酯环形式（活性形式）的浓度降低，抗肿瘤活性下降，毒性大增。因此，内酯环的稳定性是喜树碱保持活性的重要指标。

此外，喜树碱溶解性极差，不溶于水及一般的有机溶剂，制约了喜树碱类衍生物的临床应用。因此，提高喜树碱类药物的水溶性或脂溶性也成为研究者亟须解决的技术问题。

因此，寻找一种高效低毒、溶解性优良的喜树碱类药物一直是研究者的奋斗目标。关于研究高效的替代化合物、提高水溶性和增加内酯稳定性方面的专利数量分布情况如图 9 所示。从该图中可以看出，有半数专利申请中，申请人是为了得到更多更高效的化合物（即替代化合物）来进行研究的，为了提高内酯稳定性降低毒性的申请量也占据 1/4，提高水溶性以及脂溶性方面同样有所涉及。

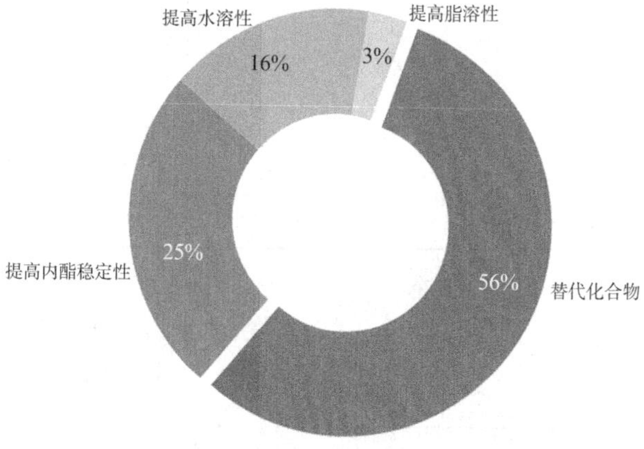

图 9　专利改进点分布比例图

3.4.3 结构修饰的技术手段

由图 10 可知，20 世纪 90 年代研究者对于喜树碱类衍生物的关注点在于 A、B 环的修饰，对于其他环并没有作过多探索，可能基于当时化学合成水平有限，对于新化合物的获得往往依靠提取。随着 Topo I 靶点的发现，研究者将更多的热情投入了喜树碱的结构改造，并探索了 C、D、E 环上多位点的改造。通过逐年上升的申请量可知，研究者在 A、B、E 环的结构修饰中获得了数量可观的活性化合物，确定了 A、B、E 环是结构修饰的主要位置，C、D 环结构修饰相关专利申请量明显少于前者，但也有所收获。以下将从 A、B、C、D、E 环五个区域结合所解决的技术问题分别介绍专利中的相关技术。

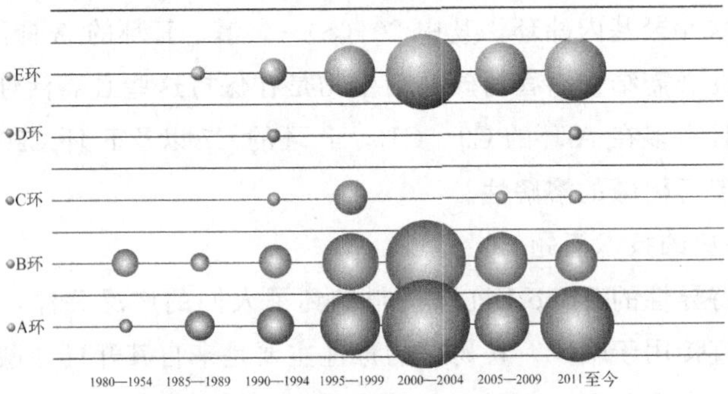

图 10 喜树碱类药物结构修饰位点分布图

1）A 环——9，10，11，12 位的改造

作为结构改造的热门，研究者对 A 环四个可取代位点均进行了大量的工作，具体如表 2 所示。

表 2 A 环结构改造化合物示例

专利公开号	化合物结构	效果
US5004758A	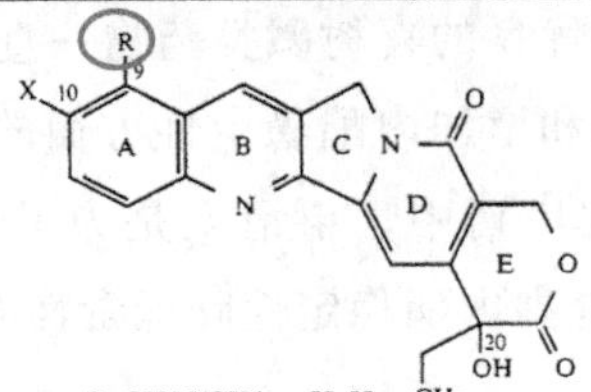 R=$CH_2N(CH_3)_2$；X=H	对包括白血病、各种组织实体肿瘤在内的大多数小鼠肿瘤模型具有高度活性和广谱性
WO9637496 A1	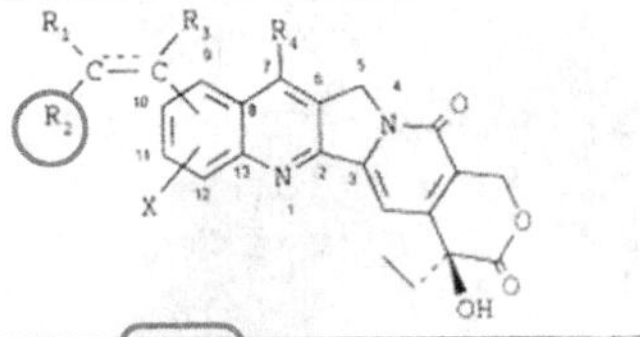 化合物 | 9-取代基 | R_1 | R_6 | R_8 | R_9 | R_4 | X 2 | -CH=CH-COOR | - | - | CH_3 | - | H | H 2′ | -$(CH_2)_2$-COCR | - | - | CH_3 | - | H | H	以L1210鼠白血病细胞实验测定细胞毒性，2、2′ 化合物IC50值分别为 3.3 ng/mL、2.7 ng/mL, 低毒
WO02056885 A1	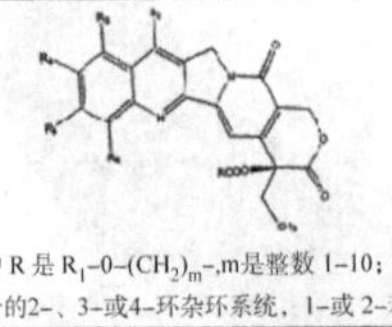 其中 R 是 R_1–0–$(CH_2)_m$–,m是整数 1–10；R_1 是苯基，稠合的2–、3–或4–环杂环系统，1–或 2–苯基，含有一或两个氮原子的 5 或 6 元杂环，R1–5 是氢、卤代、低级烷基、低级烷氧基、羟基、RC(O)O,	对比CPT、紫杉醇、实施例化合物具有相当或较好的体内毒性、体内活性表现

续表

专利公开号	化合物结构	效果
WO2004012661 A2	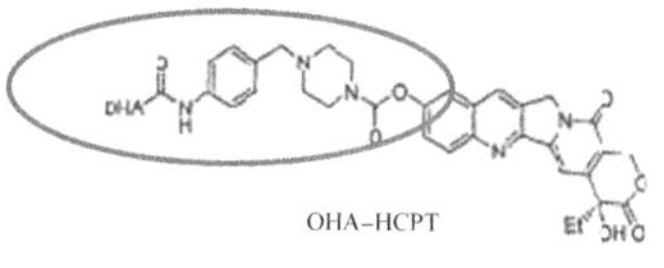	对包括L1210白血病、刘易斯肺癌、38结肠癌在内的大多数小鼠肿瘤模型具有高度活性
CN101475574 A	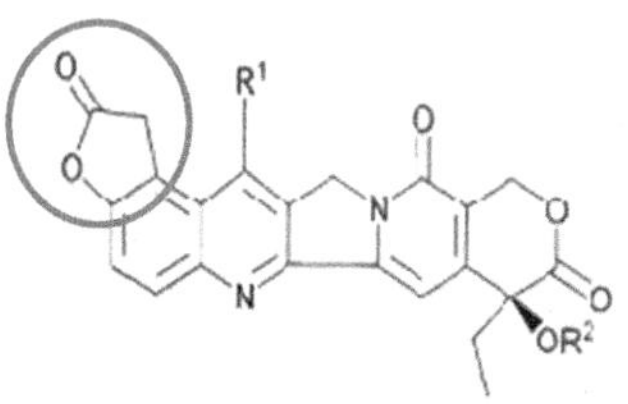	对比CPT、TPT，在A549、A2780、Be17402、HT-29、KB细胞株实验中具有较优表现，具体为：
WO2013094581 A1	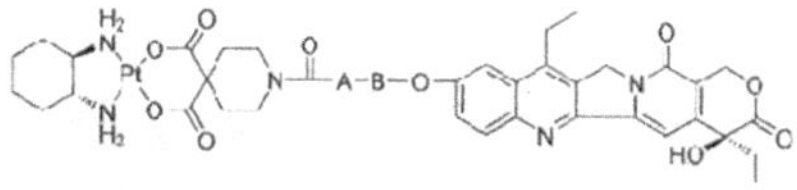 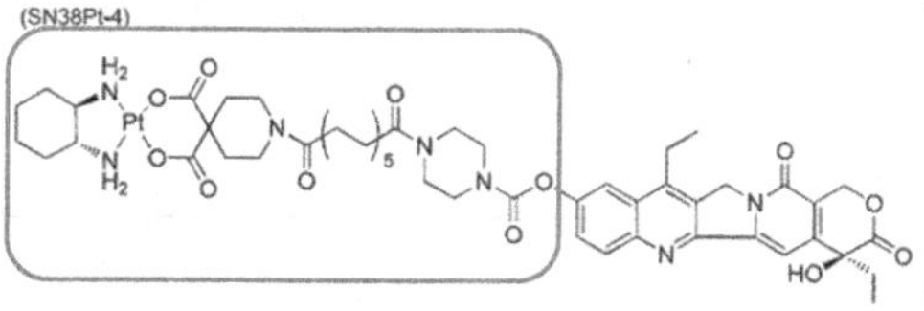	在包括HT-29在内的多种肿瘤细胞株实验中具有比SN-38更好的抗癌活性，抑制率达到81.8%（20 mg/kg）

2）B 环——7 位的改造

B 环的 7 位也是最具有潜力的修饰位点之一，研究者同样进行了大量的工作，具体如表 3 所示。

表 3　B 环结构改造化合物示例

专利公开号	化合物结构	效果
WO9731003 A1	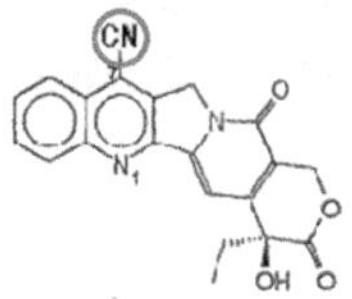	对比托泊替堪、阿霉素，如式化合物具有对H460、GBM细胞系更优的抗肿瘤活性以及耐受性，对细胞靶点特异性强
WO0061146 A1	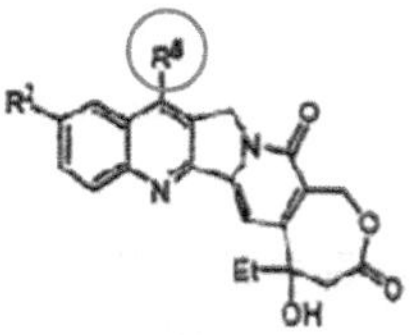 R^2=NH_2；R^b=$SiMe_3$	人血液稳定性、抗癌活性表现突出，其中DB-38的IC50值为20 nM
CN1580057 A	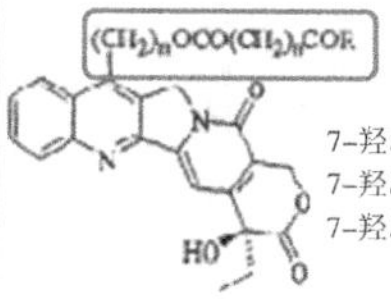 7-羟乙基喜树碱琥珀酸酯；7-羟乙基喜树碱丙二酸酯；7-羟乙基喜树碱戊二酸酯。	对包括MCF-7、HCT-116、SGC-7901、A549、MCF-7/Adr在内的大多数小鼠肿瘤模型具有高度活性，对小鼠S180肉瘤抑制率为51.2%，肝癌H22抑制率为50.3（20 mg/kg），优于阿霉素以及HCPT

续表

专利公开号	化合物结构	效果
WO2004083214 A1	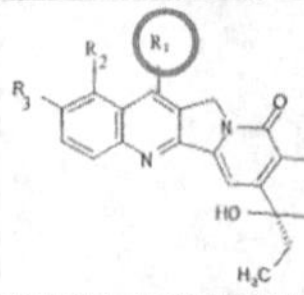 7-2-(2-氨基苯联硫基）苯基亚氨基甲基喜树碱(ST1737)	ST-1737具有水溶性，并且对比托泊替康具有显著效果（TVI>80%）
CN101007809 A	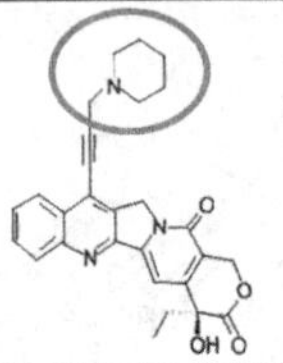	CTP-21或SG C7901胃部移植瘤具有较好的抗肿瘤作用，抑制率为75.1%(10mg/kg)
WO0240040 A1	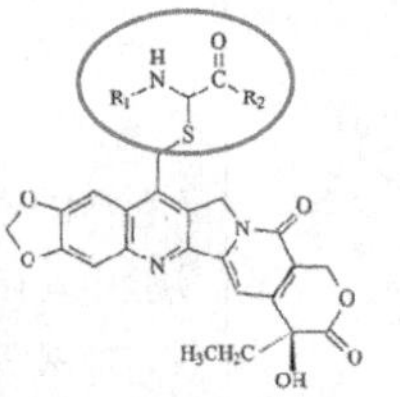 R_1=CE_5-CO;R_2=-OH R_1-H;R_2-glycinc R_1-aunino acid;R_2-aunino acid	如式化合物在抗癌活性方面具有较优表现，提高了Topo I-DAN复合物的稳定性

3）C环——5位的改造

C环的可修饰位点只有5位，一般认为5位取代的衍生物活性会降低，因此，研究者对5位修饰的兴趣远远不及A或B环，但是Dr. Reedy实验室突破常规，同样找到了5位修饰的强活性化合物，具体如表4所示。

表4　C环结构改造化合物示例

专利公开号	化合物结构	效果
US5004758 A	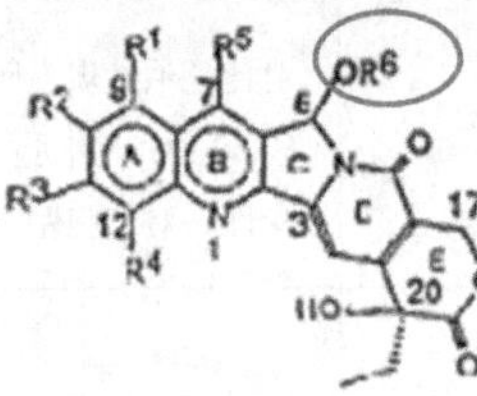 R^6=C1-4烷基	实施例化合物对包括白血病、各种组织实体肿瘤在内的大多数小鼠肿瘤模型具有高度活性和广谱性

4）D环——14位的改造

D环在分子与生物大分子的结合中具有重要的作用，因此，研究者往往保留D环结构不做任何修饰，但美国施瑞修德制药公司还是进行了一些尝试，获得了一系列活性化合物，具体如表5所示。

表 5　D 环结构改造化合物示例

专利公开号	化合物结构	效果
WO2010148138 A2	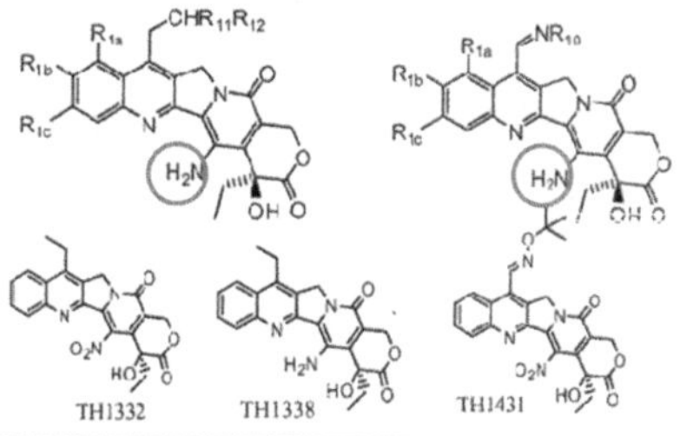	实施例化合物在包括HT-29、PC-3在内的多种黑色素癌、卵巢癌活性实验中具有与SN-38/拓扑替康类似的IC50值，同时具有较好的客服外排泵介导的耐受性以及较低的骨髓毒性；此外，TH-1332、TH-1431在常氧条件下为稳定的前药，TH-1338生物利用度高

5）E 环——20 位的改造

基于内酯结构在保持活性、降低毒性方面的重要性，对 E 环的结构改造往往出于提高内酯稳定性的考虑。随着内酯环稳定性的提高，抗癌活性也显著提高。同时为了改善喜树碱类衍生物的溶解性，20 位羟基酯化也是研究者常用的技术手段。因此，E 环的结构修饰越来越受到研究者的重视，具体如表 6 所示。

表 6　E 环结构改造化合物示例

专利公开号	化合物结构	效果
EP0471358 A1	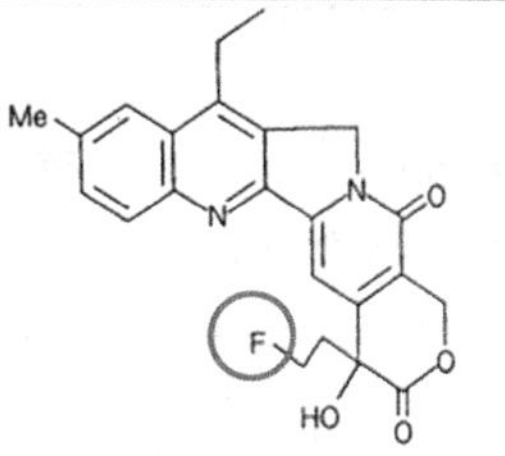	在P388白血病大鼠体内兼具抗溃疡效果
JPH0873461 A	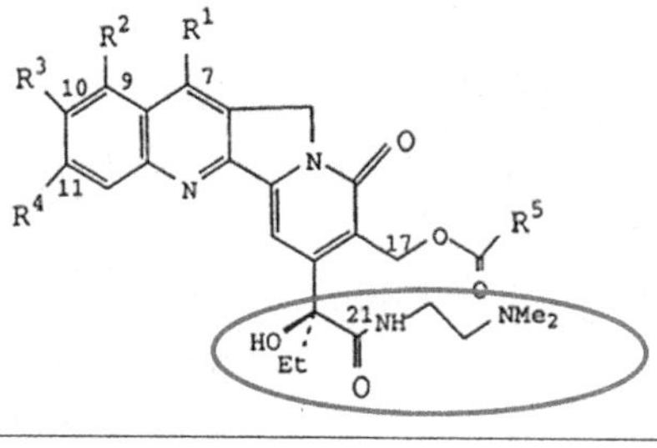	实施例化合物在水中溶解度、抗肿瘤活性、急性毒性实验中均有较好的表现
WO9728165 A1	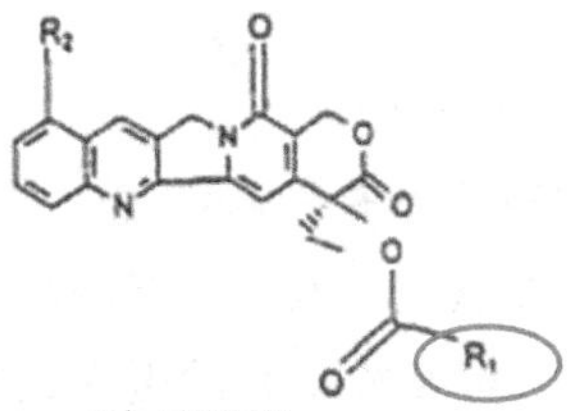 R^1=烷基等	实施例化合物在抗肿瘤活性、毒性实验中均有较好的表现，提高了内酯环的稳定性，延长了药物半衰期

续表

专利公开号	化合物结构	效果
WO9814459 A1	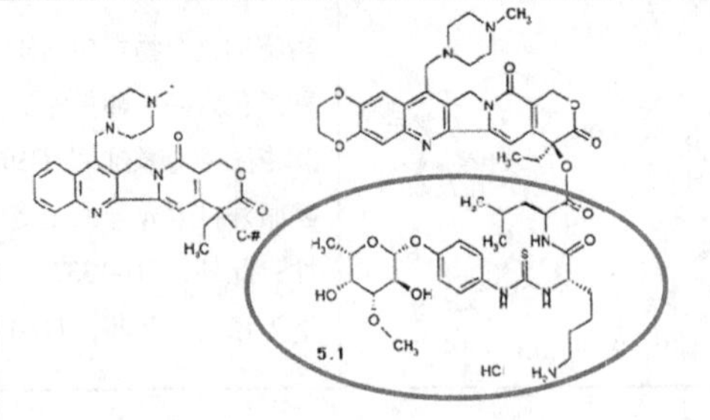	化合物5.1在SW480、HT-29、B15F10细胞株实验中IC50值分别为70 ng/mL、40 ng/mL、200 ng/mL
CN102609759 A	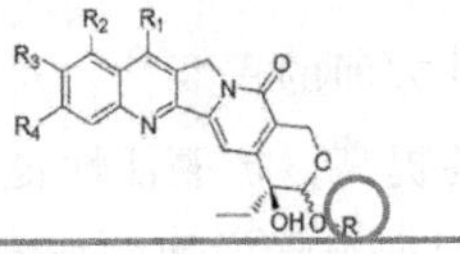 R：表示氢、低级烷基、$(CH_2)_mR_5$、$(CH_2)_mOR_8$、$(CH_2)_mC(O)R_9$、低级卤代烷基； R_1、R_2、R_3、R_4 独立地表示下列基团：氢、低级烷基、硝基、$(CH_2)_mOR_{12}$； R_5 表示氢、低级烷基、低级卤代烷基； R_8 表示低级烷基； R_9 表示丙酸基； R_{12} 表示低级烷基； m 是 0 至 6 之间的整数；	实施例化合物在A549、MDA-MB-435、HCT116细胞株实验中表现出较优抗肿瘤活性

3.4.4 构效关系小结

通过上述喜树碱类抗癌药物的专利分析可以看出，研究者对于喜树碱类衍生物进行多方位的结构修饰，为了寻找到可以上市使用的高效低毒活性化合物进行了不懈的努力，为我们积累了宝贵的经验，现将构效关系总结如下，具体如图 11 所示。

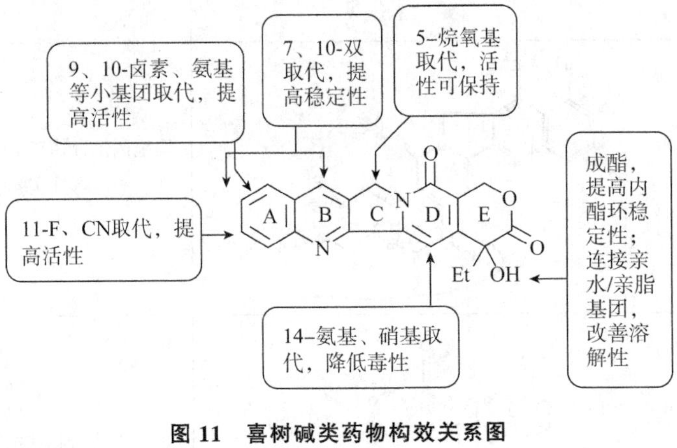

图 11 喜树碱类药物构效关系图

1）对于 A、B 环来说，羟基或氨基在 A 环 9 位、10 位和 11 位的单取代都有利于提高抗癌活性；9 位和 10 位取代基团如卤素、羟基或氨基的引入通常能提高对 DNA Topo I 的抑制；除了亚甲基二氧基，亚乙基二氧基 10，11 -二取代的喜树碱衍生物有较高活性外，10 位和 11 位双取代基一般对提高活性没有帮助；10 -小基团的取代基经常可以提高抗肿瘤活性；11 - F 或 CN 取代的衍生物有很高的 DNA-topo I 的抑制率。7 -乙基或引入硅烷基、炔基在稳定喜树碱衍生物与 DNA-topo I 复合物的相互反应中有重要的作用；7 和 10

双取代可以提高内酯环的稳定性，从而提高生物活性；此外，7 位引入羟基有机酸酯或氨基酸均具有较好的活性和较低的毒性。

2）对于 C、D 环来说，结构修饰只有两个位置，即 5 位跟 14 位。因此 C、D 环的衍生物远没 A、B 环衍生物那么多。一般认为 5 位的取代会降低活性，只有当在 5-烷氧基取代的衍生物才有活性；D 环在分子与生物大分子的结合中具有重要的作用，吡啶酮的羰基是其中一个结合位点。吡咯酮若被芳香环取代则失活，但是将 14 位进行氨基或硝基取代，可以得到低毒高效化合物。

3）对于 E 环来说，内酯环的稳定性是其活性和毒性综合评价的重要指标。手性构型必须为 20（S）—OH，引入高分子载体等与之成酯，可以有效阻止分子内氢键的形成，从而抑制内酯环水解，提高其稳定性和水溶性。此外，还可以连接亲水性或亲脂性基团，改善溶解性。

第四章　结语

喜树碱类抗肿瘤药物被誉为“20 世纪 90 年代抗癌药物的三大发现之一”，虽然开发药物的路途历经波折，但仍然收获丰硕，有多种活性喜树碱类衍生物正在临床研究中，并有望上市造福人类。我国虽然起步晚，但近几年投入不断加大，已有数种喜树碱类复方药物进入临床研究，可谓潜力无限。本文对于涉及喜树碱类抗肿瘤药物的专利进行了梳理，揭露该类化合物结构改造的技术手段，总结构效关系，供研究者更进一步地挖掘喜树碱类抗肿瘤药物的潜力，也为其他类似结构的抗肿瘤药物的研发提供了可借鉴的研究思路。

参考文献

[1] 中国科学院中国植物志编辑委员会. 中国植物志 [M]. 北京：北京科学出版社，1982：144—145.

[2] CHENG L，ZHOUX J. Review on anticancermechanism ofsome plant alkaloids [J]. Chin TraditHerb Drugs，2004，35 (2)：216—221.

[3] YVES Pommier. Topoisomerase I inhibitors：camptothecins and beyond [J]. NATURE REVIEWS CANCER，2006，6：789—802.

[4] LIU L F，DESAI S D，LI T K，et al. Mechanism of action of camptothecin [J]. Ann N Y Acad Sci，2000，922 (1)：1—10.

[5] LI Qing—yong，ZU Yuan—gang，SHI Rong—zhen，et al. Review camptothecin：current perspectives [J]. Curr Med Chem，2006，13 (17)：2021—2039.

[6] DALLAVALLE S，GIANNINI G，ALLOATTI D，etal. Synthesis and cytotoxic activity of polyamine analogues of camptothecin [J]. J Med Chem，2006，49 (17)：5177—5186.

[7] LIN Song，BEVINS R，ANDERSON B D. Kineticsand mechanisms of activation ofA—amino acid esterprodrugs of camptothecins [J]. J Med Chem，2006，49 (14)：4344—4355.

[8] TANGIRALA R S，ANTONY S，AGAMA K，et al. Synthesis and biological assays of E—ring analogs of camptothecin and homocamptothecin [J]. Bioorg Med Chem，2006，14 (18)：6202—6212.

通用设备制造业

电梯安全紧急制动促动方式综述

王　珊

第一章　概述

1.1　引言

随着电梯在人们日常生活中应用得越来越普遍，以及近期电梯安全问题频发，电梯安全问题也越来越引起人们的关注。本文基于直升降式电梯进行研究，直升降式电梯由井道、井道设备、轿厢、提升设备以及制动设备等组成，在电梯正常运行时通过电梯控制器控制制动设备进行正常制动使轿厢正常运行停止，在紧急状况下启动紧急停止的安全装置。在电梯系统的安全装置中常使用的两种装置是电梯安全防坠器与缓冲器，其中电梯安全防坠器作为主动防坠方式成为电梯防坠安全的重要部件。

1.2　电梯安全防坠器

目前的电梯安全防坠器主要有：棘齿安全装置、带缓冲阻尼的棘齿装置、螺母丝杠结构、带齿凸轮机构以及安全钳。

1.2.1　棘齿安全装置

棘齿安全装置是19世纪中期由美国人奥蒂斯发明的，其原理为：在竖井壁上装设棘齿，将升绳连接在上横梁的板簧上，板簧通过杠杆与棘爪连接，当绳索断开时，棘爪在板簧作用下卡在棘齿中起安全保护作用，适用于低速运行的电梯。其结构如图1所示。

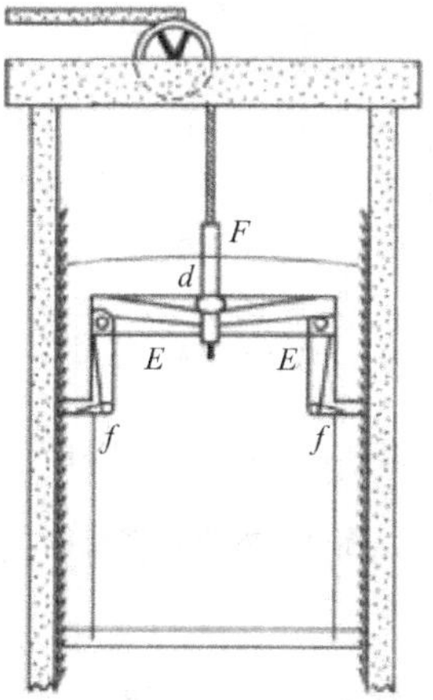

图1　棘齿安全装置

1.2.2 带缓冲阻尼的棘齿装置

其作为棘齿安全装置的改进型，是奥蒂斯基于棘齿装置冲击大的缺陷进行的改进，在升降机侧棘爪上连接了一个起缓冲作用的液压阻尼器。其结构如图 2 所示。

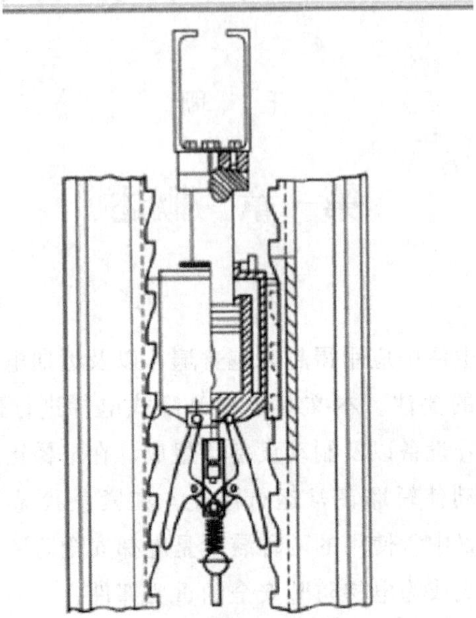

图 2 带缓冲阻尼的棘齿装置

1.2.3 螺母丝杠结构

德国在 20 世纪 30 年代用于升船机的安全装置，所涉及的提升采用齿轮齿条结构，安全装置为丝杠螺母机构，螺母安装在升降台上，丝杠与螺母配合间隙较大，平时丝杠空转，其转速与升降台一致，当故障时，螺母落到丝杠上，防止坠落，常用于重载低速情况。其结构如图 3 所示。

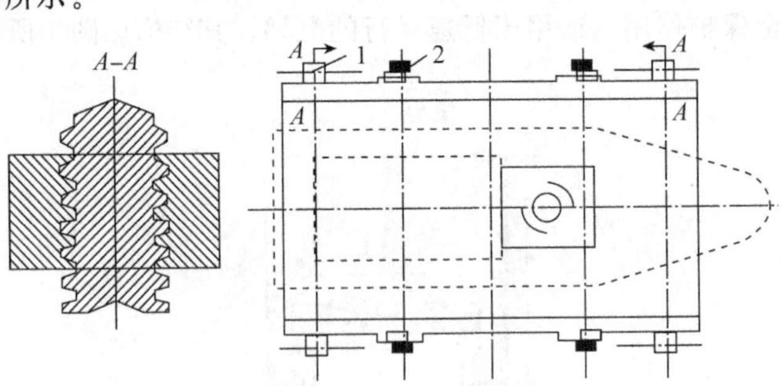

1—丝杠螺母　2—齿轮齿条升降机构

图 3 螺母丝杠结构

1.2.4 带齿凸轮机构

制动导轨侧是带齿的凸轮，当绳索重力失衡时，弹力使凸轮嵌入导轨抱紧，使轿厢制动。其结构如图 4 所示。

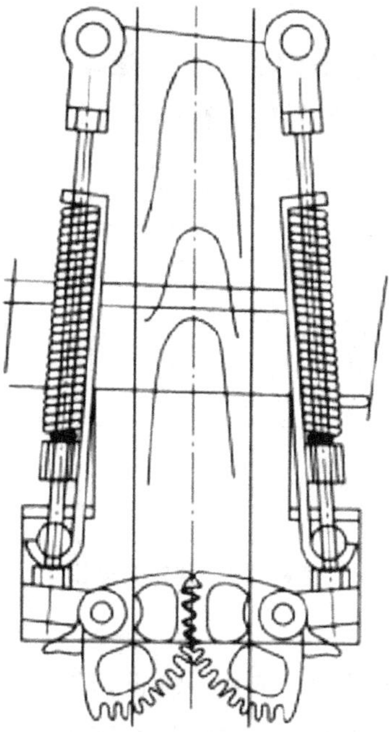

图4　带齿凸轮机构

1.2.5　安全钳

安全钳分为瞬时和渐进两种：瞬时安全钳制动距离短，轿厢冲击载荷大；渐进安全钳相对制动距离长，冲击小。

（1）楔形块式瞬时安全钳。

每根导轨分别由两个楔形块夹持，楔形块与导轨接触，由于斜面的作用，导轨会被越夹越紧。其结构如图5所示。

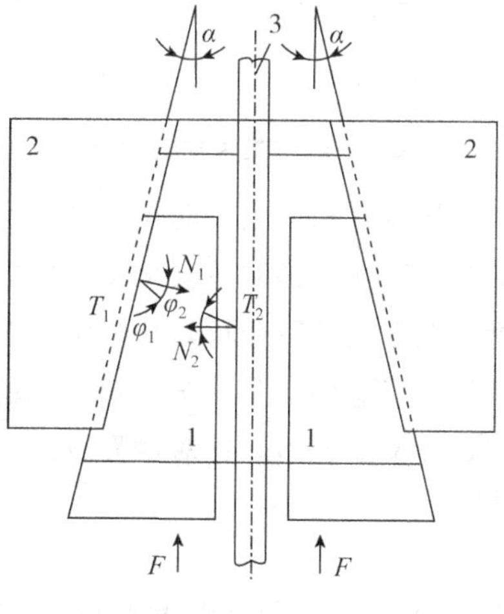

1—楔块　2—钳体　3—导轨

图5　楔形块式瞬时安全钳

（2）滚柱瞬时安全钳。

当提拉杆提起时，滚柱在钳体楔形槽内上下滚动，当滚柱贴近导轨时，钳座水平移动，消除了与导轨间的一侧间隙，对导轨进行抱紧。其结构如图6所示。

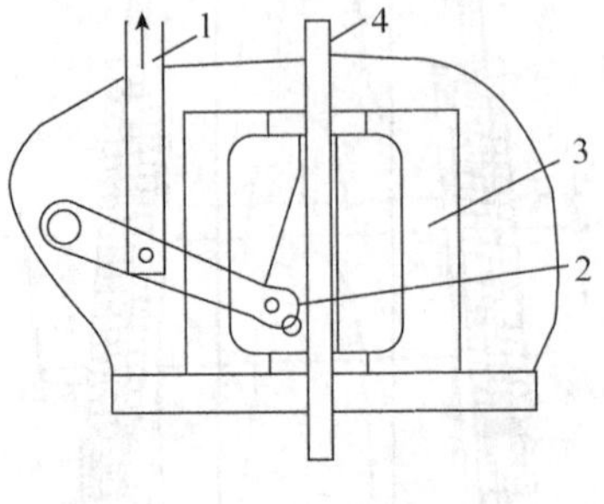

1—提拉杆 2—钢制滚柱 3—钳体 4—导轨

图6 滚柱瞬时安全钳

（3）渐进式滚柱安全钳。

钳体的斜面由两个扁平弹簧替代，形成一辊道，供滚柱在上滚动，拉杆提起，滚柱上升并与轨道接触，楔入导轨与弹簧之间。其结构如图7所示。

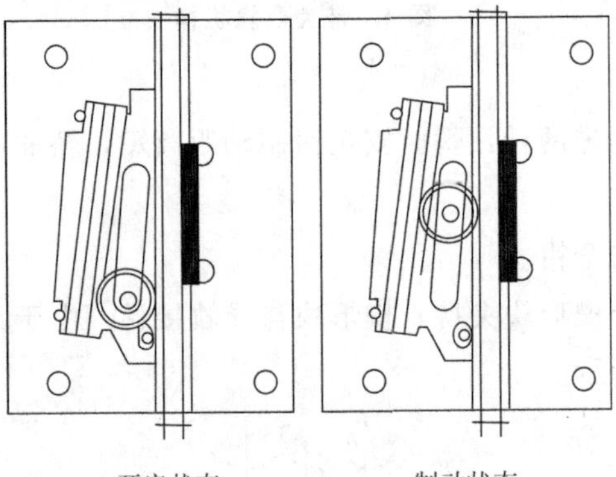

开启状态　　制动状态

图7 渐进式滚柱安全钳

电梯安全防坠装置是在电梯故障状态下主动动作，从而实施电梯安全保护的装置，因此，如何有效且及时地触发安全装置在电梯防坠安全中有着举足轻重的地位，本文对电梯安全防坠领域中安全防坠装置触发方式进行分析，从中国、全球的专利申请量、申请人的分布等多方面进行统计分析，阐述了电梯防坠安全技术领域的专利申请发展趋势，追踪了安全防坠装置技术领域触发方式的发展脉络，针对触发方式的不同，对其技术方向和技术手段的发展脉络进行了梳理。

第二章 专利状况分析

为了研究电梯安全防坠装置触发专利技术的发展情况，笔者将非常准确的EC分类号

CPC和FT分类号、文献量较大的IPC分类号与比较准确的关键词、转库检索等检索策略相结合，获取初步结果后对检索文献中的明显噪声进行清理，采用不同的检索方式以及各种算符命令有效确保“检准”和“检全”，并利用S系统的统计命令和Excel对该领域的中国专利申请数据和全球专利申请数据进行统计分析，本次专利分析的检索数据截至2016年5月。

2.1 中国专利性分析

2.1.1 中国历年专利申请量情况

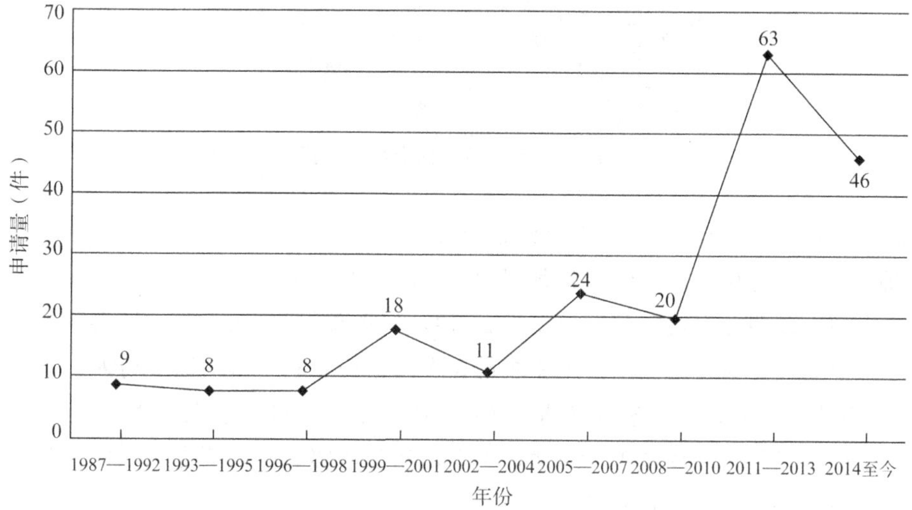

图8 触发电梯紧急制动在中国历年专利申请量情况分析

图8为触发电梯紧急制动在中国历年专利申请量情况分析，从曲线的分布情况可以看出电梯紧急制动触发方式在中国的申请量重点分布在2001年以后，1987—1998年期间，专利申请量不大且无明显增长势头，此时触发电梯紧急制动技术刚刚进入起步阶段，市场需求还不大；1999—2010年期间，增长幅度较之前有所提高，技术增长呈曲折稳步上升趋势，属于技术初期发展阶段，中国市场需求逐步打开；2011—2013年的申请量呈直线上升，由于2015年的部分申请还未公开，因此2014年至今的数量下降，而实际上也远多于2010年之前的申请量，这说明了该项技术达到了急速发展的阶段，同时也反映了近年市场对电梯安全的迫切需求。

2.1.2 申请人在中国专利申请排名情况

图9分别示出了以中国作为目标市场的专利申请人的专利申请量及其百分比，从中可以看出，在该领域的申请多为个人或个别企业的单独申请，有78%的申请量为个人或个别企业的单独申请，申请量不超过4件，而申请量排名在前两位的分别是芬兰的因温特奥、日本的三菱，其中因温特奥的申请量为13件，占总数的6%，由此在中国的该项技术领域中各方申请人都积极地参与到其中，并没占主导地位的申请人出现，在电梯领域中的重要申请人因温特奥、三菱、奥蒂斯、东芝等在该领域中国的申请数量并不多，有可能是该领域在国外的发展已步入成熟稳定阶段。

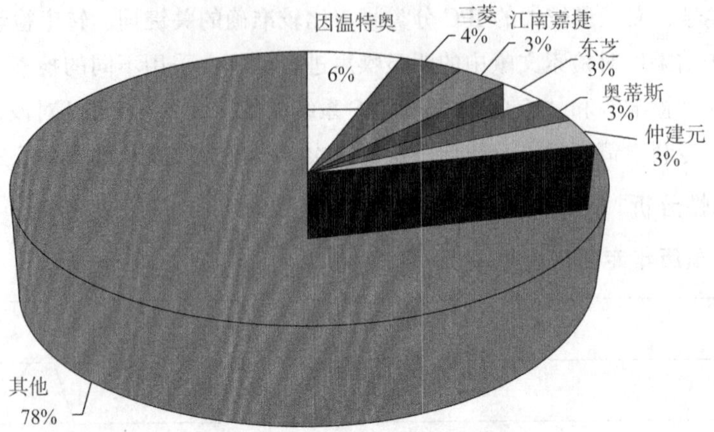

图9　专利申请人的专利申请量

2.1.3　实用新型专利与发明专利分布情况

由图10和11可见，触发电梯紧急制动在中国的专利申请中，有过半数是以实用新型专利方式申请，发明专利授权的案件仅为21件，仅占总数的10.14%，而各国在专利上的布局为中国申请人在该领域的申请主要布局在实用新型专利，占中国申请人申请量总数的66.47%，而外国申请人的专利主要是发明专利，其中日本申请人的发明授权率最高为44.4%。由此可见尽管该领域中的申请量不少，然而能够获得发明专利权的比例很小，很有可能该项技术已经步入成熟阶段。

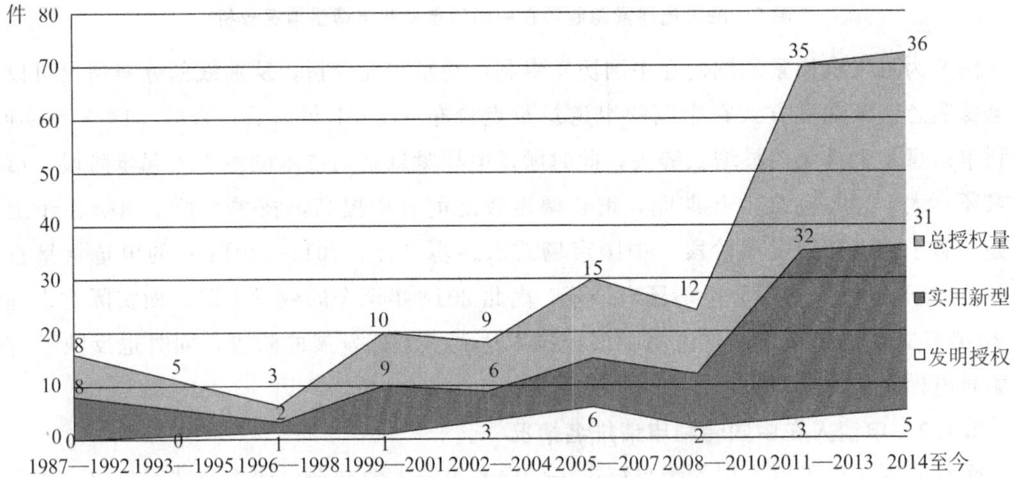

图10　实用新型专利与发明专利分布

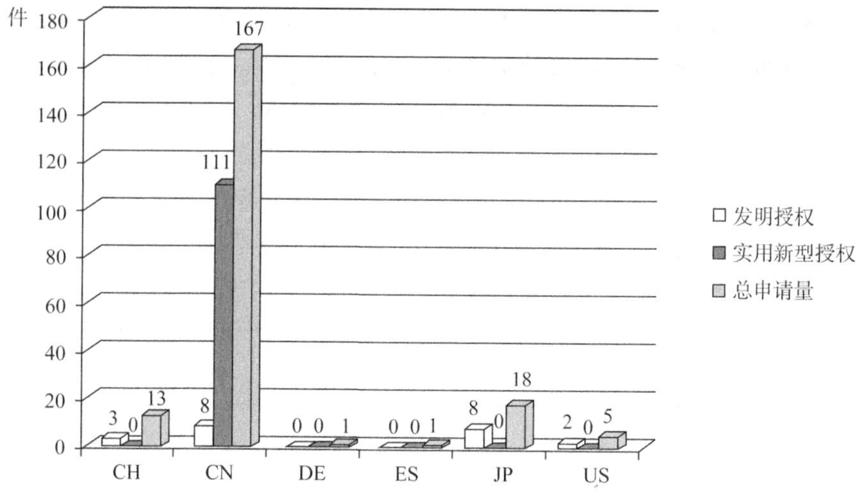

图 11　各国申请人发明授权情况分布

2.1.4　发明专利历年授权情况分析

授权率是体现发明质量的一个重要指标，图 12 中统计了电梯紧急制动触发领域历年发明专利的公开量和授权量的比较以及授权率情况分析，从图 12 中可以看出该领域的授权率并不高，在申请量日益增多的趋势下，较低的授权率说明技术方面有可能陷入一定的改进瓶颈。

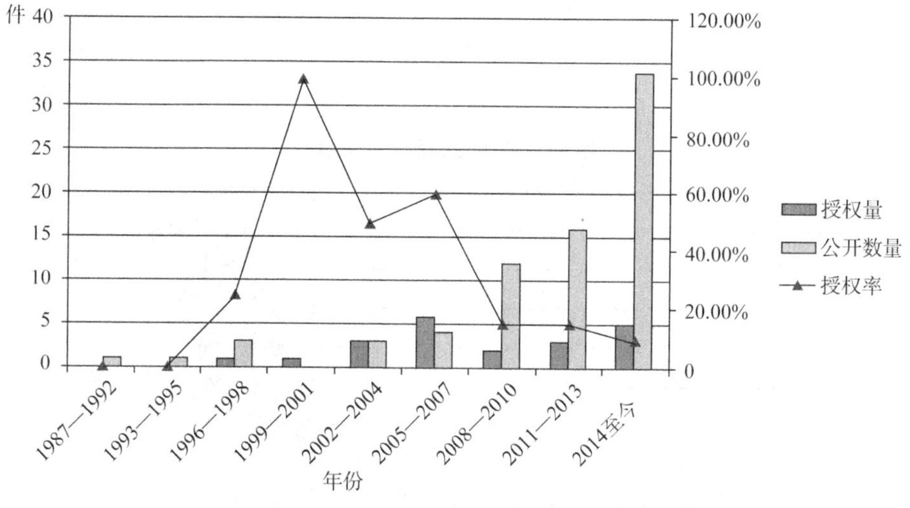

图 12　历年发明专利的公开量和授权量的比较以及授权率情况分析

2.2　外国专利性分析

2.2.1　全球历年专利年代分布情况

由图 13 和图 14 可以看出国外在该领域的研究起步较早，早在 1910 年就开始起步，从 1910 年开始一直到 1970 年均处在初步阶段，在很长一段时间内电梯的防坠安全一直采用液压阀方式控制，以满足基本的电梯防坠安全，这说明这段时间电梯在市场上的普及度不高，对电梯安全的需求也不高，1971—1990年较之前的申请量有明显提高，电梯安全技术开始进一步发展，从1991年开始申请量直线上升，2001—2010年尽管数量有所回落，仍保持强有力的发展势头，2011年之后尽管数据尚不完整，但仍可以看出其持续发展的趋势。

从图14可见，该项技术于1987年才在我国刚刚起步，明显晚于全球水平，在之后中国市场需求逐步打开，结合之前的数据可知，近年来中国申请增长量较多，多集中于实用新型专利的申请。

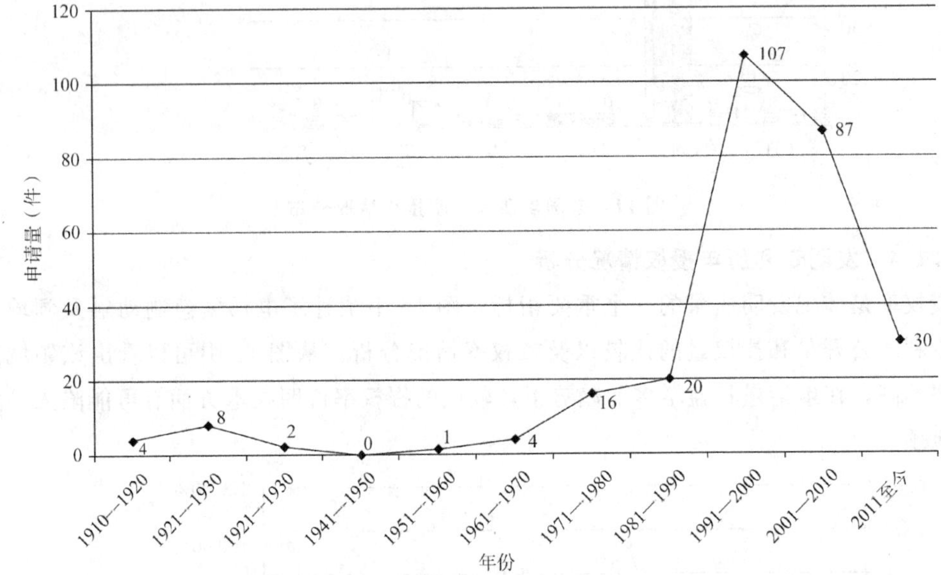

图13　外国专利历年分布图

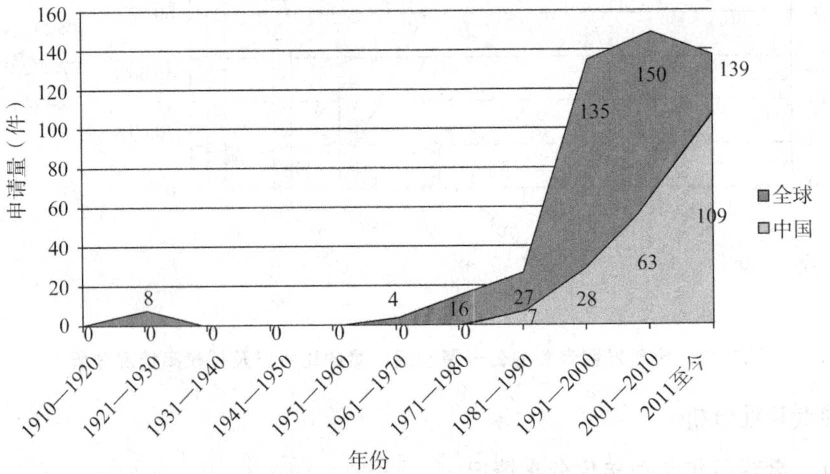

图14　全球历年专利年代分布图

2.2.2　外国实用新型专利与发明专利分布情况

通过图15可以看出，外国专利申请授权类型大多为发明专利，实用新型数量较少，国外在该领域的专利布局主要为发明专利，而从图 16 可以看出，自 1971 年开始，外国发明专利的授权率就达到了 50%，且在后续增长的专利申请中，仍能保证相对较高的权利取得率，说明外国该领域的发明专利的质量是比较高的，该领域的技术正处于不断发展创新的阶段。

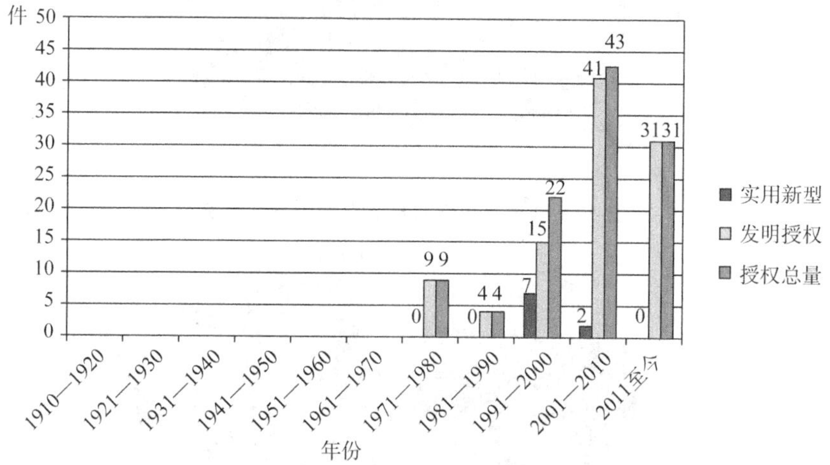

图 15　外国实用新型专利与发明专利分布

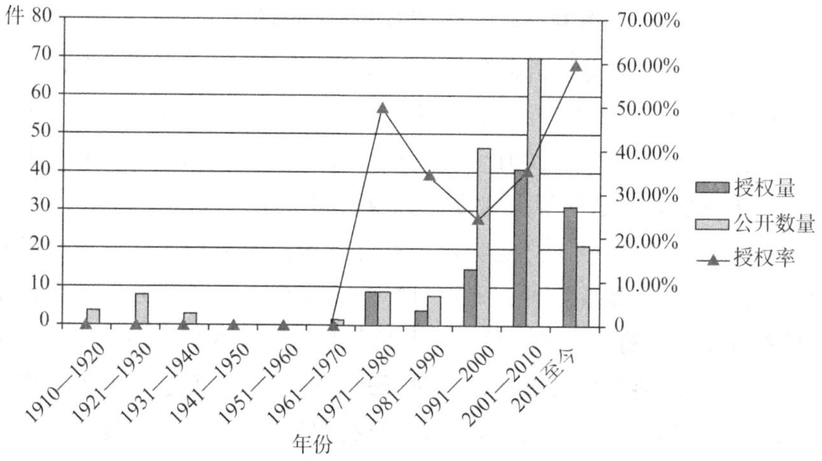

图 16　外国发明专利授权情况

2.2.3　全球发明专利申请人、权利人的分布情况分析

图 17 中示出了全球发明专利申请申请人分布情况，可以看出三菱、东芝、因温特奥、日立和奥蒂斯五个申请人的申请量占申请总量的 60%，说明五大申请人在该领域中占据主导地位。图 18 中示出了全球发明专利权利人的分布情况，可以看出三菱、东芝、因温特奥、日立和奥蒂斯五个权利人的发明专利权利数量占总量的 71%，占绝对优势，说明在该领域中五大申请人的发明申请具有很高质量，技术相较其他申请人也更为成熟。

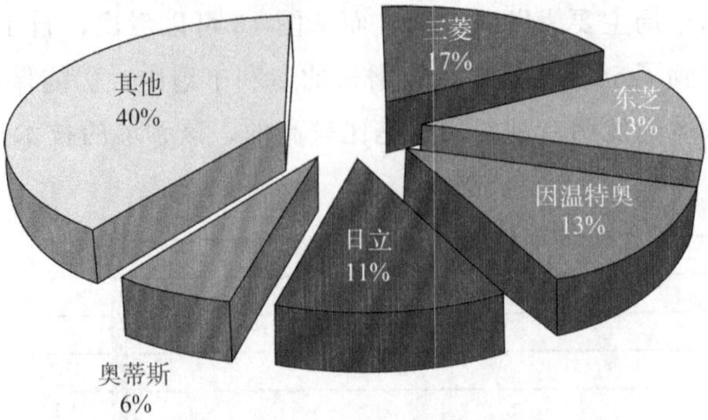

图17　全球发明专利申请申请人分布情况

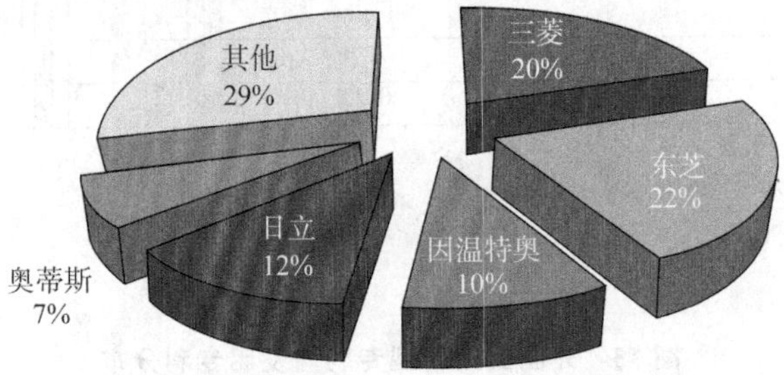

图18　全球发明专利权利人分布情况

图19中示出了三菱、东芝、因温特奥、日立和奥蒂斯五个主要申请人历年申请情况，可以看出日立起步最早，在1974年就开始投入研究，并持续投入，稳步发展，紧随其后进行研究投入的三菱在1981年、2001年呈跳跃式发展，并从2001年开始其投入量远超其他申请人，其技术发展处于迅速发展时期，因温特奥、东芝和奥蒂斯在1991—2000年的投入较大，而在2001年以后呈下降趋势，很有可能是技术相对成熟而减少了投入量。图20中示出了三菱、东芝、因温特奥、日立和奥蒂斯五个主要权利人历年申请情况，最早起步的日立的授权量一直稳中有升，仅次于其后起步的三菱的授权量，一直保持强有力的上升趋势，东芝从1991年开始其授权量呈跳跃式上升，很有可能是因为克服了某个技术难题，从2001年起因温特奥、东芝和奥蒂斯授权量呈下降趋势，与其较少的申请投入量相一致。

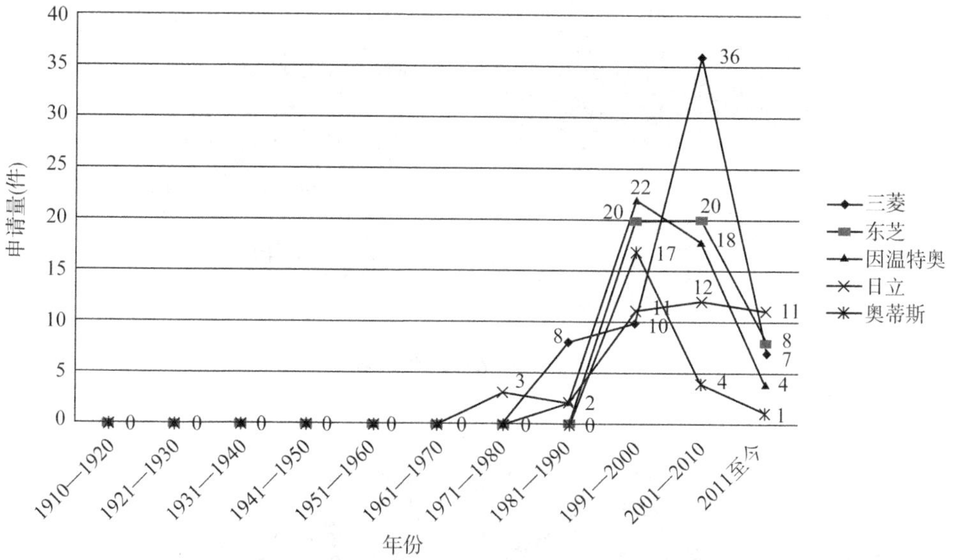

图 19 主要申请人历年申请状况

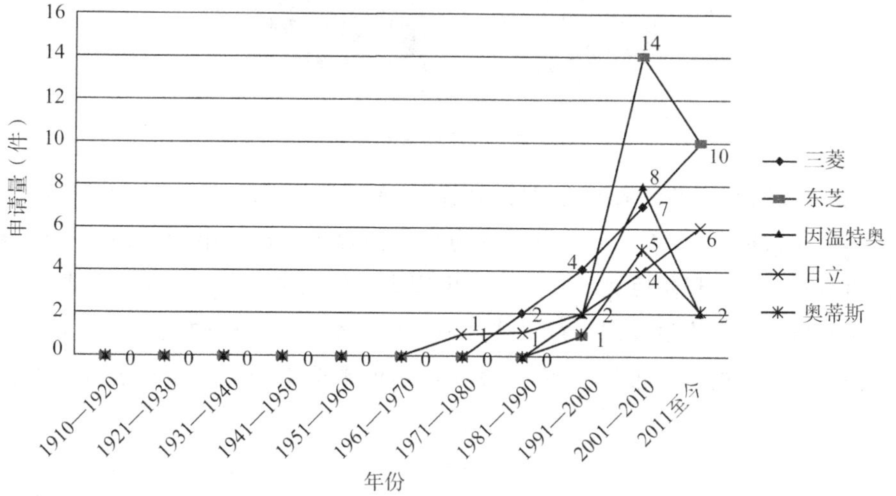

图 20 主要权利人历年申请状况

2.2.4 申请国与目标国分析

图 21 和图 22 分别表示了发明专利申请国与授权国的分布情况（图中 JP 表示日本，CN 表示中国，EP 表示欧专局，US 表示美国，GB 表示英国，KR 表示韩国），从中可以看出日本和中国在发明申请的目标国和权利享有国中均占主要地位，这说明在这两个国家的市场需求巨大，且有大量的申请人投入该领域，因此权利人分布也较多。

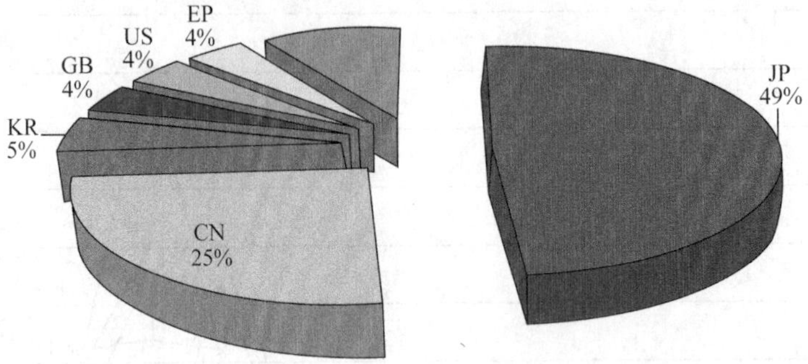

图 21　申请国分布情况

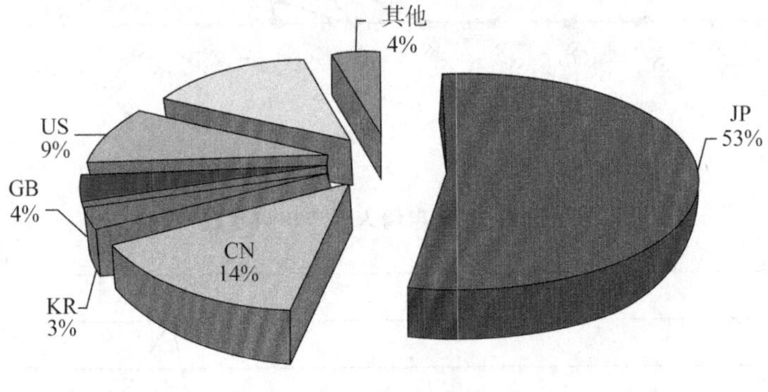

图 22　授权国分布情况

图 23 表示发明专利申请来源国与目标国的分布情况，从图中可以看出在 1991 年以前（不包含 1991 年数据），日本、英国以本国为目标国提出大量的申请，1991—2010 年，日本以本国为目标国投入仍然巨大，并开始以中国为目标国进行申请，同一时期，芬兰、美国均开始以中国和日本为目标国进行申请，中国也以本国为目标国进行了申请，说明了电梯领域在中国和日本的巨大市场。而 2010 年以后的数据由于部分还未公开，不在此进行分析。

2.3　小结

通过对全球以及中国的专利性分析可知：从专利类型分布来看，中国国内的申请主要以实用新型专利为主，发明专利的授权量并不高，有可能国内申请人对该项技术的发展现状不了解，导致了重复的投入；而从国外的申请来看，国外主要以发明为主，且授权率趋于稳定水平，从国外的申请人来看，申请与专利集中在几个重要发明人手中，说明这几个重要发明人对该领域的技术发展现状有较深的了解，且对技术的继承与发展积累了相当的经验，对技术的发展趋势有较清楚的认识。从申请国与目标国的分布来看，在早期（1990 年以前）英国、日本在电梯领域的该项技术中起步较早，且注重将申请布置在本国领域内，而从 1991 年开始至今，逐渐形成以中国、日本为目标国的主要申请分布，芬兰、美国等申请国纷纷加入申请，并以日本和中国市场为主进行申请。日本为目标国和申请国的数量占绝大多数，一方面因为市场需求，另一方面则是因为五大申请人中的三大申请人为日本企业，该三大申请人的申请量占总量的43%，授权量占总量的54%，在日本形成了强大的工业体系，并以日本为核心，开始向全球市场发散。

	1991年以前								1991—2010年								2010年以后							
	CH	CN	DE	ES	GB	JP	KR	US	CH	CN	DE	ES	GB	JP	KR	US	CH	CN	DE	ES	GB	JP	KR	US
WO	0	0	0	0	0	0	0	0	1	0	0	0	0	1	0	4	0	0	0	0	0	1	0	0
US	0	0	0	0	1	0	0	2	5	0	1	0	0	0	1	5	0	0	0	0	0	0	0	0
KR	0	0	0	0	0	0	0	0	1	0	0	1	0	5	6	2	0	0	0	0	0	0	0	0
JP	3	0	0	0	1	29	0	0	5	0	0	0	0	106	1	5	0	0	0	0	0	25	0	1
GB	0	0	2	0	13	0	0	0	0	0	0	0	0	0	0	1	0	0	0	0	0	0	0	0
ES	0	0	0	0	0	0	0	0	1	0	0	1	0	0	0	1	0	0	0	1	0	0	0	0
EP	0	0	0	0	0	0	0	0	8	0	1	0	0	1	0	2	0	0	0	0	0	0	0	0
DE	0	0	2	0	0	0	0	0	0	0	1	0	0	2	0	0	0	0	0	0	0	0	0	0
CN	0	1	0	0	0	0	0	0	8	9	1	1	0	16	0	5	4	42	0	0	0	2	0	0
CA	0	0	0	0	0	0	0	0	5	0	0	0	0	0	0	1	0	0	0	0	0	0	0	0
AU	0	0	0	0	0	0	0	0	3	0	0	0	0	0	1	0	0	0	0	0	0	0	0	0

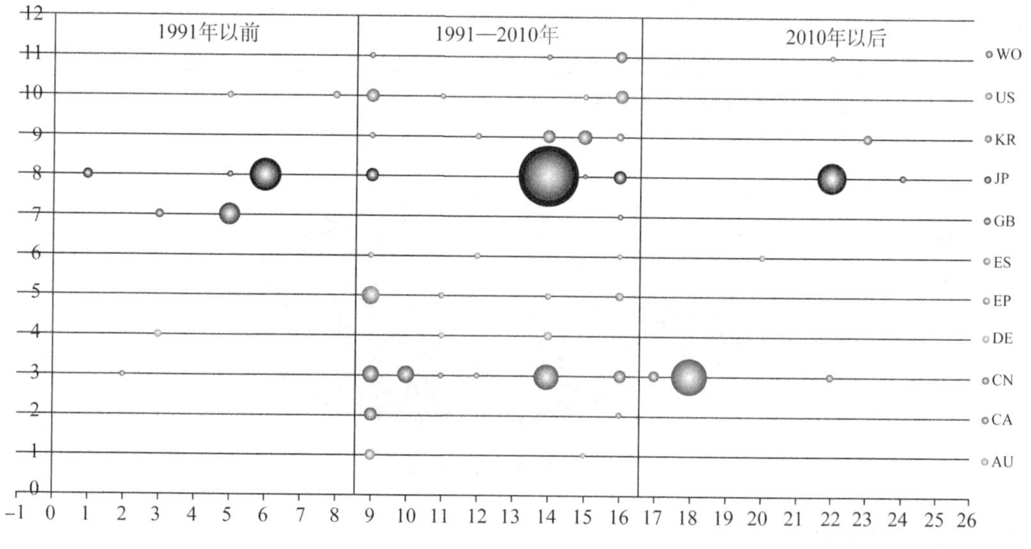

图23　发明专利申请来源国与目标国的分布情况

第三章　电梯紧急制动触发方式技术发展与分布

3.1　技术分解

浏览专利申请文件表明，在紧急状况下触发制动装置的方式主要有以下几种：机械式触发、电子式触发、手动触发。表1为各个技术分支的分解。

表1　电梯紧急制动触发方式技术分解

机械式	通过限速器方式	
	断绳或松绳	在绳轮上设置检测机构
		断绳后弹性构件的回复力驱动
		重力作用驱动
		在绳索上设置张力检测机构
	利用惯性力自行触发	离心力驱动
		辅助绳的惯性拉动
	与井道或导轨配合	
	形成气流的结构	
	被动式制动	
电子式	与联动开关相关的	
	电子开关促发液压/电磁方式驱动	
	电子解除对制动件的锁定	
手动		

各个技术分支的专利申请比例如图24所示。

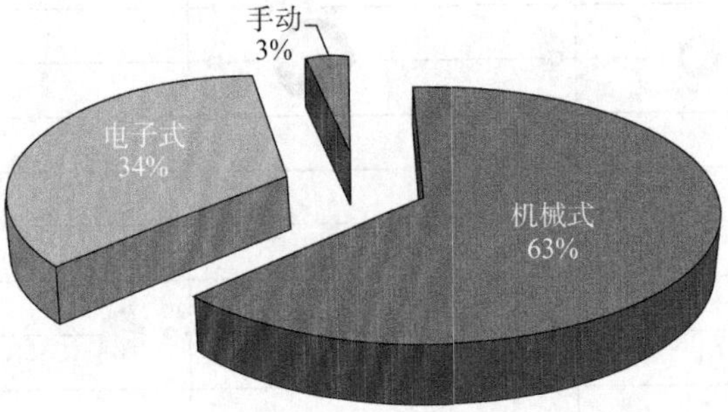

图24　技术分布示意图

3.2　各技术分支分析

3.2.1　机械式触发方式

机械式触发又进一步分为通过限速器方式、断绳或松绳触发方式、利用惯性力自行触发方式、与井道或导轨配合触发方式、形成气流的结构方式、被动式制动触发方式，专利申请比例如图25所示。

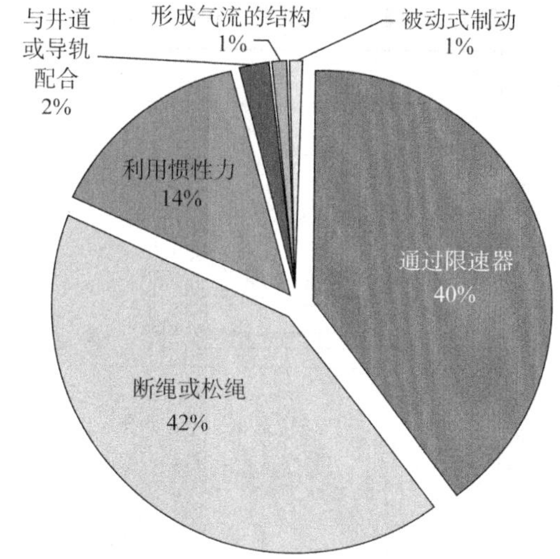

图 25　机械式触发方式分布示意图

（1）断绳或松绳触发方式。

申请人 HUTH FERDINAND 于 1911 年提出了一种电梯安全制动装置（公开号：GB191112289A），当绳索断裂时，电梯绳索连接处的弹簧在回复力作用下驱动连杆转动，从而制动。1932 年 GIOVANNI MICHELUTTI 提出一种电梯安全制动装置（公开号：GB408201A），当绳索断裂时，连接绳索的机构在重力作用下下压，从而使制动装置突出。1936 年 FRANZ OTTO JAECKEL 提出一种电梯安全制动装置（公开号：GB478220A），当绳索断裂时，电梯绳索连接处的弹簧在回复力作用下驱动两侧连杆转动，从而驱动制动装置。1977 年 TOKYO SHIBAURA ELECTRIC CO 提出一种电梯非常停止装置（公开号：JPS5453451A），当绳索断裂时，绳头板在弹簧回复力作用下驱动拉绳拉动楔形块制动。1992 年 FUJITA CORP 提出一种垂直升降机防坠装置（公告号：JP3156737B2），在绳索一侧设置张力检测滚子，绳索断裂时，滚子在重力作用下转动，从而带动制动装置制动。1997 年东芝提出一种升降装置（公开号：JPH10218523A），在轿厢承接轮设置断绳检测装置，当绳索断裂时，检测装置在重力作用下转动，从而带动制动装置制动。2009 年三菱提出了一种电梯安全装置（公开号：JP2010254386A），在绳头板设置压力检测传感器，当绳索断裂时，传感器检测到信号发送给控制装置，从而使控制器控制制动。表 2 为断绳或松绳触发方式技术分析表。

表2　断绳或松绳触发方式技术分析表

技术分支	公开/公告号	图示	技术要点
断绳后弹性构件的回复力驱动	GB191112289A APD：19110522	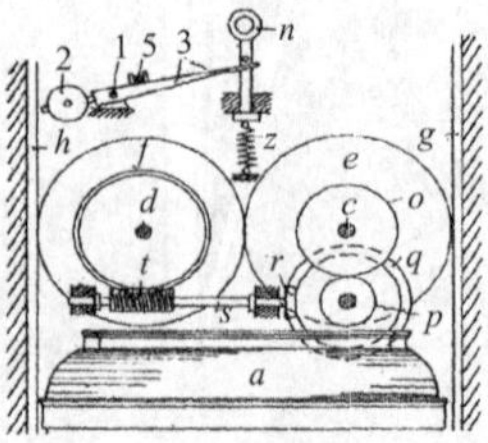	电梯绳索连接处的弹簧在回复力作用下驱动连杆转动制动
重力作用驱动	GB408201A APD：19320701	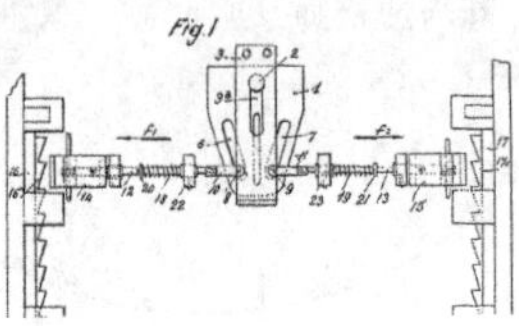	连接绳索的机构在重力作用下下压，从而使制动装置突出
断绳后弹性构件的回复力驱动	GB478220A APD：19360810	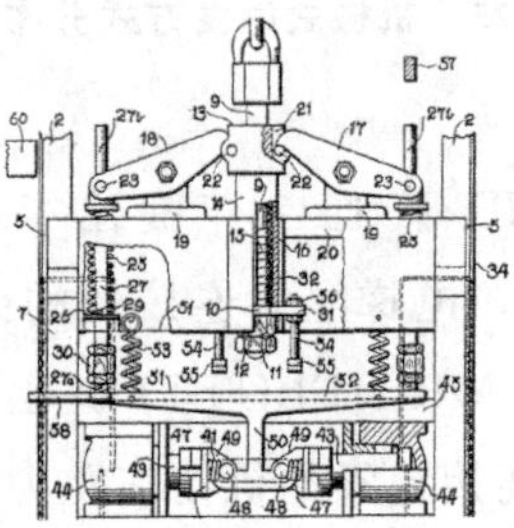	电梯绳索连接处的弹簧在回复力作用下驱动两侧连杆转动，从而驱动制动装置
断绳后弹性构件的回复力驱动	JPS5453451A APD：19771006	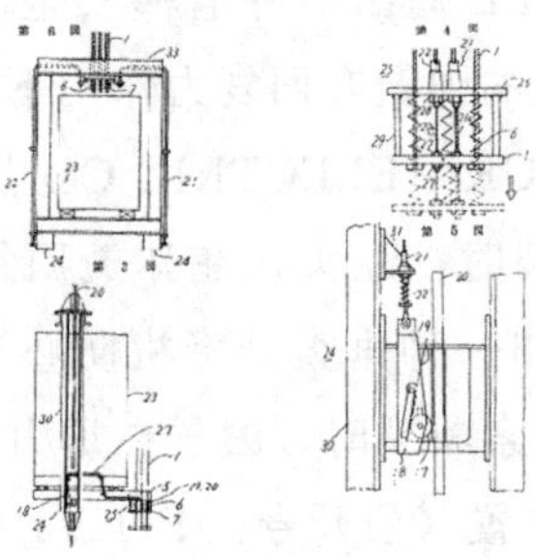	绳头板在弹簧回复力作用下驱动拉绳拉动楔形块制动
在绳索上设置张力检测机构	JP3156737B2 APD：19920930	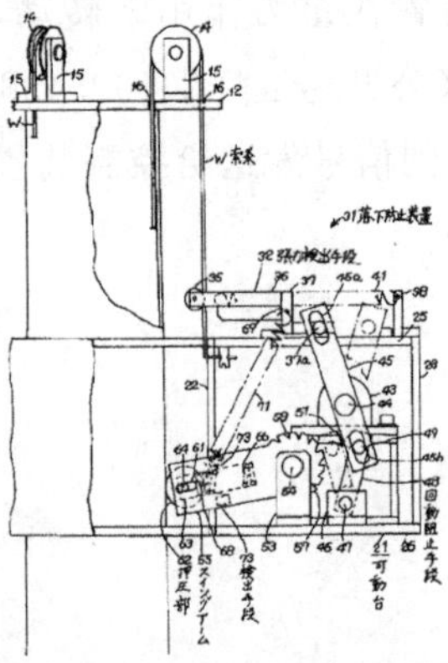	在绳索一侧设置张力检测滚子

续表

技术分支	公开/公告号	图示	技术要点
在绳轮上设置检测机构	JPH10218523A APD：19970210	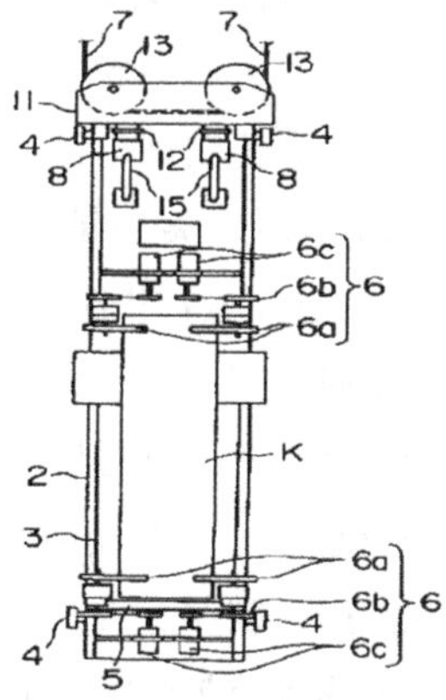	在轿厢承接轮设置断绳检测装置，当绳索断裂时，检测装置在重力作用下转动，从而带动制动装置制动
在绳索上设置张力检测机构	JP2010254386A APD：20090421	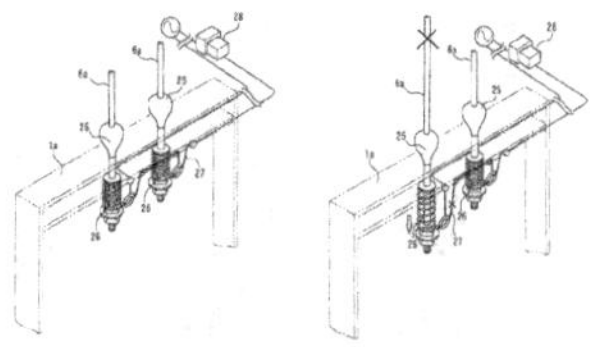	在绳头板设置压力检测传感器

（2）通过限速器方式。

在电梯井道中设置限速器和限速绳与电梯连接，当电梯超速时，由于限速绳首先被制动，相对于电梯形成相对运动而带动电梯上的制动装置进行制动，图 26 是典型的限速器触发方式的结构示意图。

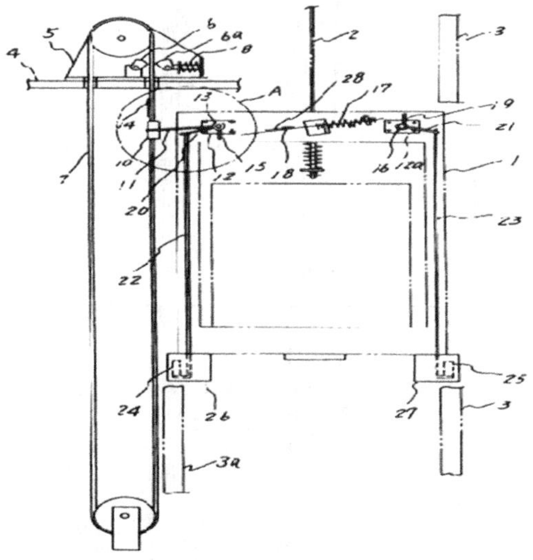

图 26　限速器触发方式典型结构示意图

早在 1927 年 WAYGOOD OTIS LTD 提出了一种电梯安全系统（公开号：GB191118261A），

通过浮动机构检测电梯超速，通过连杆驱动凸轮结构抱紧限速绳，产生相对运动后带动制动楔形块上提制动。1974 年日立提出了一种电梯非常停止装置（公告号：JPS5146936B2），其通过限速轮自身的离心力制动限速绳，并在轿厢两侧都设置制动楔块，并通过连杆机构联动两侧制动楔块进行平稳制动。1996 年因温特奥提出了一种电梯安全装置（公开号：EP0787676A1），其通过对楔形块结构的改进实现对电梯的双向限速制动。2000 年奥蒂斯提出了一种电梯非常停止装置（公告号：JP4566351B2），通过对限速器的离心结构的改进实现对电梯的双向限速制动。2007 年三菱提出了一种电梯安全装置（公开号：JP2009102153A），通过在限速绳上设置节点，对在同一井道中运行的电梯进行防止碰撞的制动。2011 年东芝提出了一种停止装置和具备该停止装置的电梯（公开号：JP2013060291A），其通过对楔形块结构的改进，使得不需要很大的驱动力就能够驱动电梯制动。2014 年东芝提出了一种电梯限速器（公告号：JP5744291B2），通过一台限速器对上下不同限速要求的电梯进行制动。表 3 为限速器方式技术分析表。

表 3　限速器方式技术分析表

技术分支	公开/公告号	图示	技术要点
通过限速器方式	GB191118261A APD：19270301	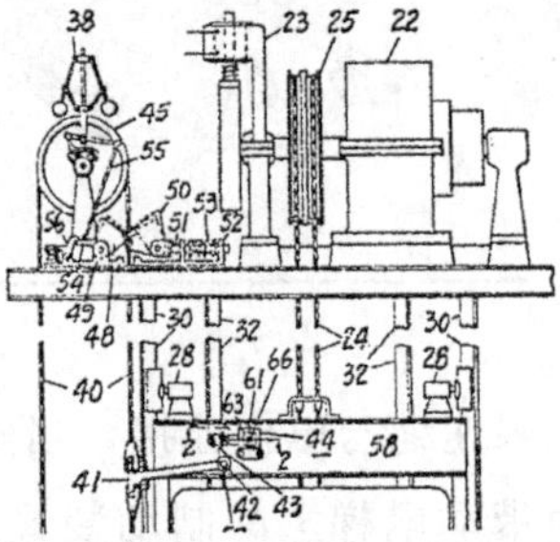	限速装置制动
	JPS5146936B2 APD：19740208	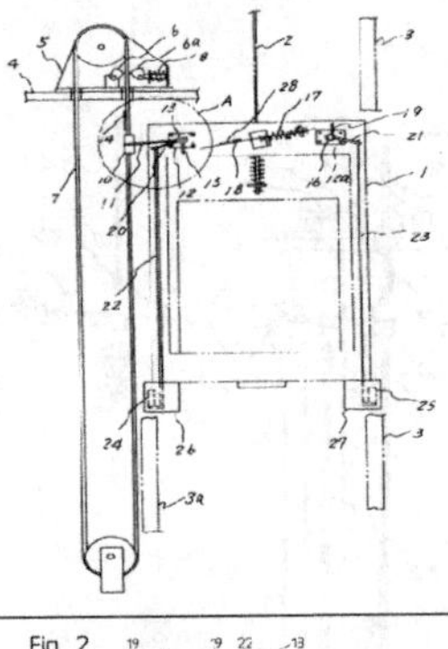	两侧稳定制动
	EP0787676A1 APD：19960131	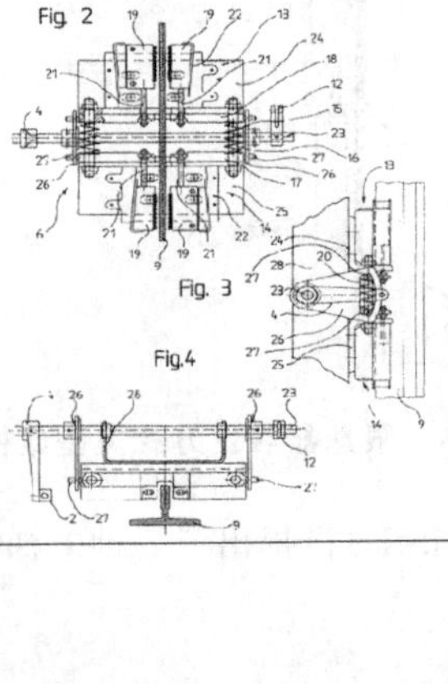	双向超速制动

续表

技术分支	公开/公告号	图示	技术要点
通过限速器方式	JP4566351B2 APD：20000713	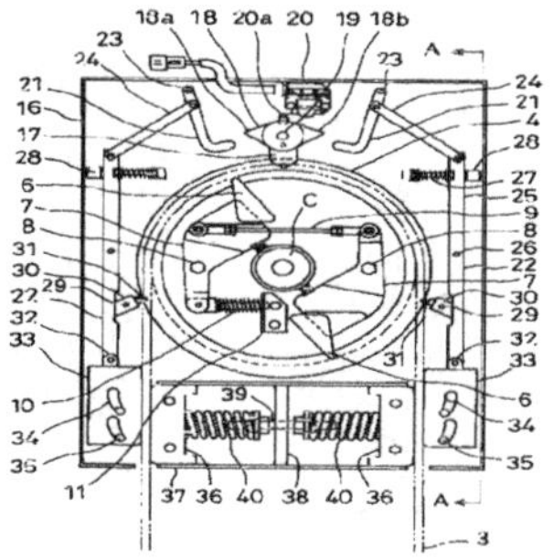	限速器实现双向超速制动
	JP2009102153A APD：20071025	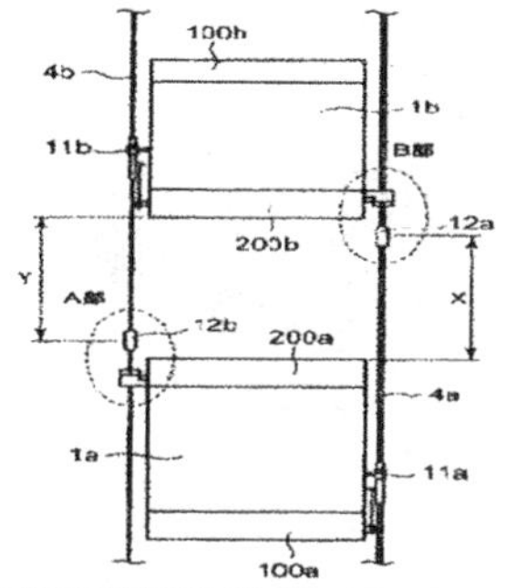	同一井道防撞
	JP2013060291A APD：20110914	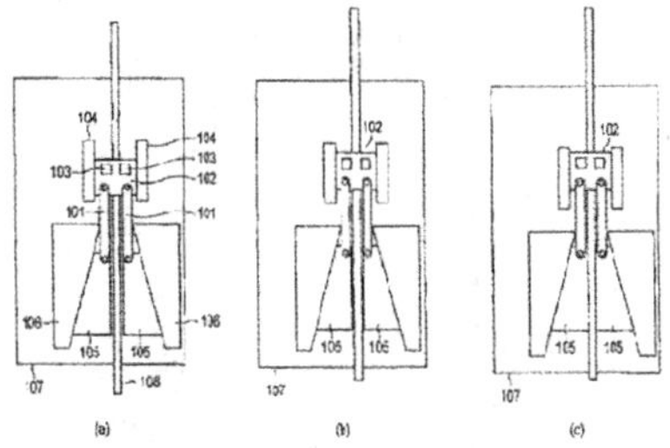	减小驱动力的结构改进
	JP5744291B2 APD：20140626	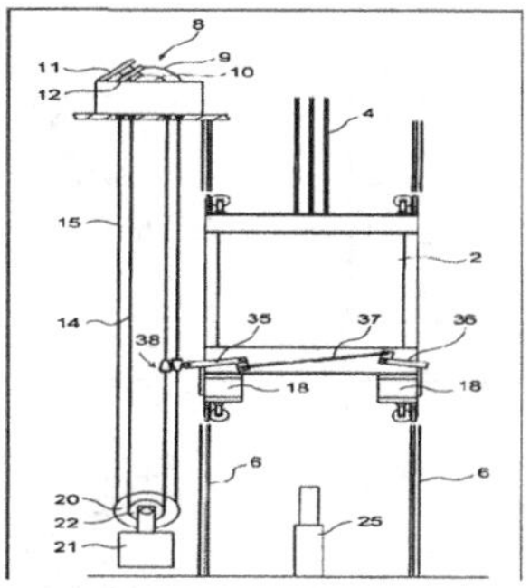	上下方向不同限速要求

（3）利用惯性力自行触发方式。

利用惯性力自行触发的制动方式还可以分为：利用离心力驱动和辅助绳惯性拉动。各子分支的代表性专利见表4。

表4　利用惯性力自行触发的制动技术分析表

技术分支	公开/公告号	图示	技术要点
利用离心力驱动	JPS6212150B2 APD：19811222	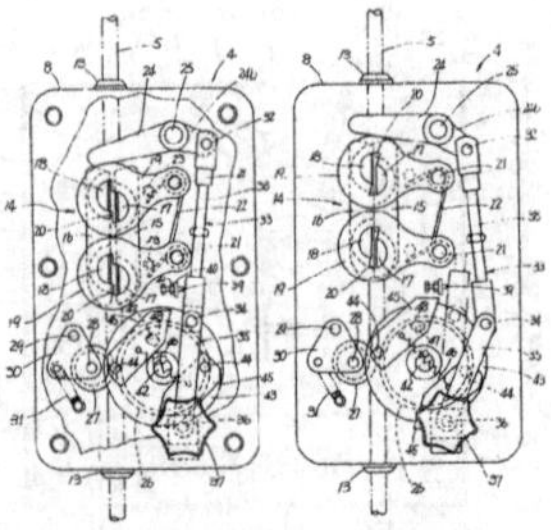	通过离心轮检测超速，离心结构在离心力作用下驱动制动装置制动
	JPS6422788A APD：19870720	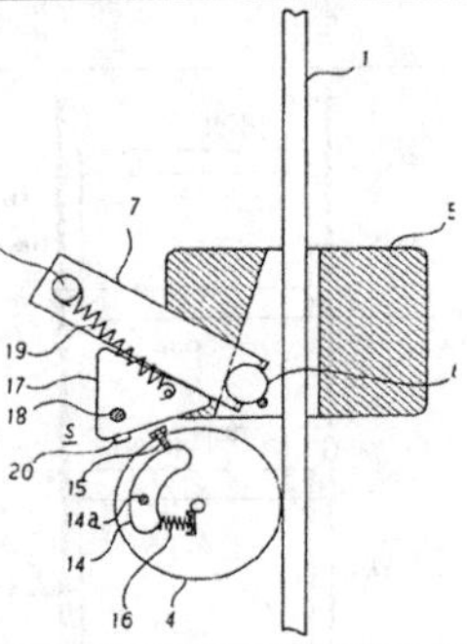	测速滚子测到超速时，离心结构凸出带动制动装置制动
	KR20020060916A APD：20010113	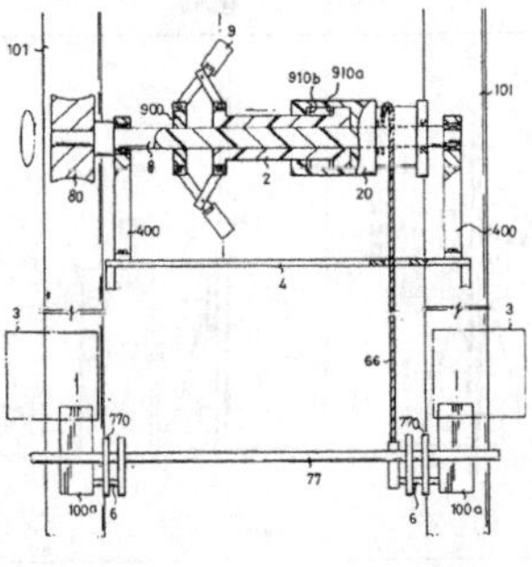	通过浮动测速机构测超速，超速时，浮动机构在离心力作用下浮动，并驱动制动器制动
	JP4807163B2 APD：20060630	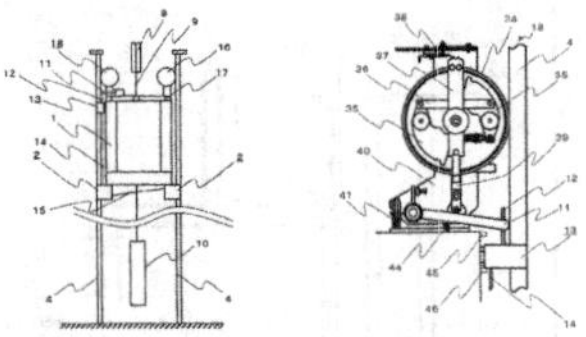	在测速轮中设置离心机构，离心机构在超速的情况下驱动制动器制动
辅助绳惯性拉动	JP3584345B2 APD：19960508	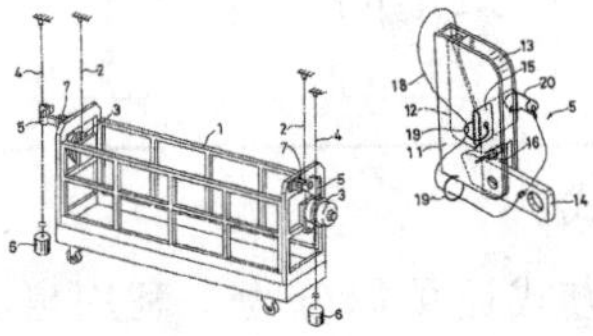	设置辅助绳，轿厢下坠时，相对运动带动制动器制动

（4）其他触发方式。

与井道或导轨配合触发方式、形成气流的结构方式、被动式制动触发方式的代表性专利见表 5。

表 5　其他触发方式技术分析表

技术分支	公开/公告号	图示	技术要点
与井道或导轨配合触发方式	EP2769952A3 APD：20130226	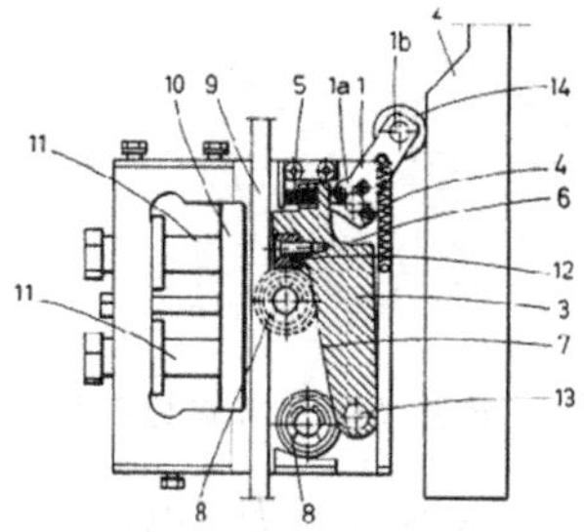	导轨侧的凸出结构，使得接触滚子枢转，从而驱动制动装置制动
形成气流的结构方式	CN201240735Y APD：20080627	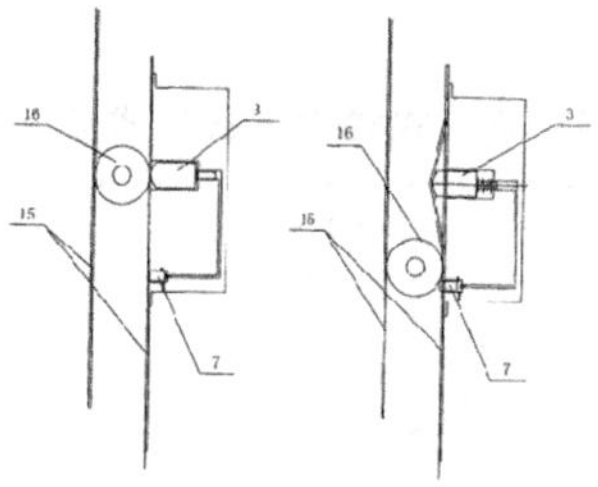	电梯下坠时产生的气流从流道 7 进入，并推动凸出件 3 凸出，从而制动电梯
被动式制动触发方式	JPH11171420A APD：19971208	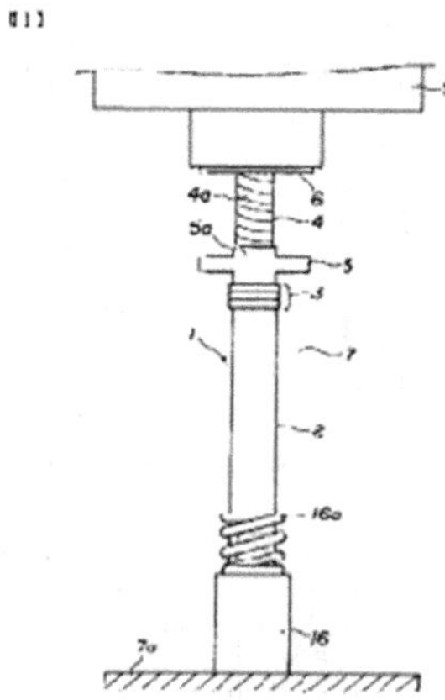	螺杆驱动电梯，在坠落时，通过螺牙防止进一步下坠

3.2.2　电子式触发方式

电子式触发又进一步分为与联动开关相关的方式、电子开关促发液压/电磁方式驱动、电子解除对制动件的锁定，专利申请比例如图 27 所示。

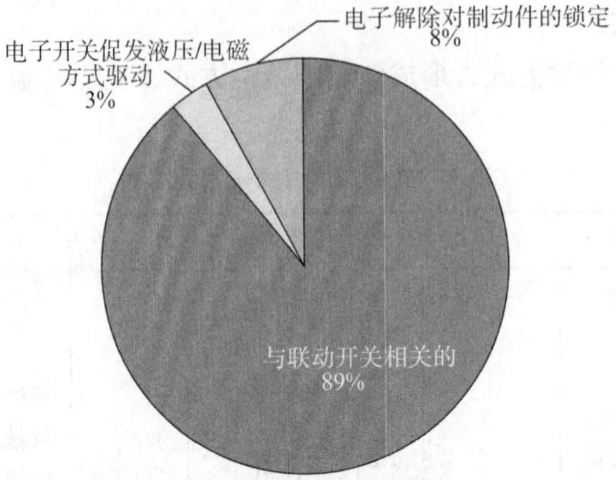

图 27　电子式触发方式分布示意图

与联动开关相关的方式、电子开关促发液压/电磁方式驱动、电子解除对制动件的锁定方式代表性专利见表 6。

表 6　电子式触发方式技术分析表

技术分支	公开/公告号	图示	技术要点
与联动开关相关的方式	JPH09151048A APD：19951130	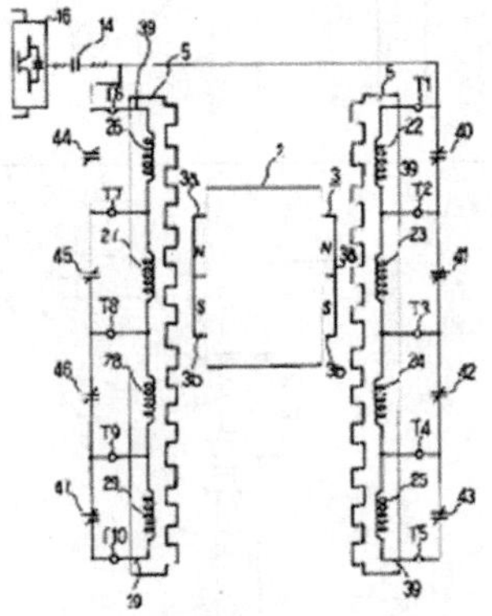	检测到异常时，短路相应的线圈形成磁力，与轿厢侧的磁铁产生力的作用，使轿厢回复安全速度
	JP2005178972A APD：20031218	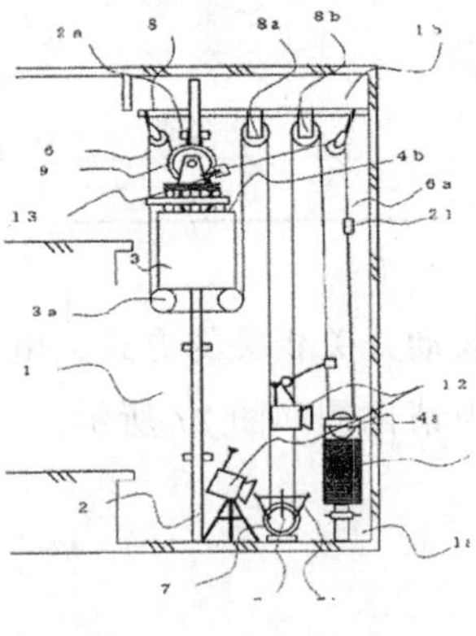	采用摄像设备检测绳索，控制装置在拍摄到绳索有异常时，发出控制信号

续表

技术分支	公开/公告号	图示	技术要点
与联动开关相关的方式	CN102815585A APD：20110606	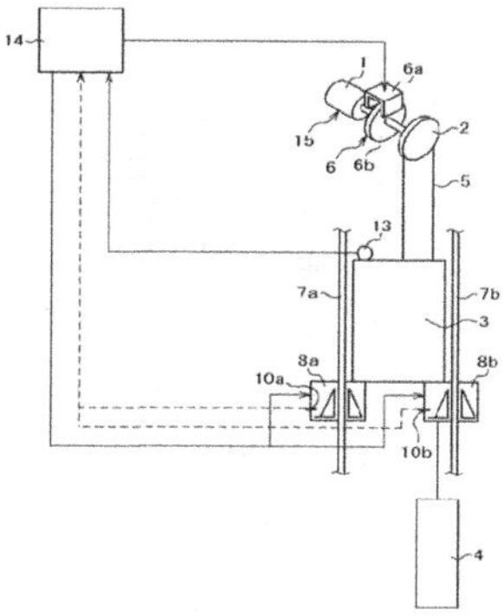	编码器检测到轿厢超速，发出异常信号，控制装置基于该异常信号控制制动
	CN103517864A APD：20111209	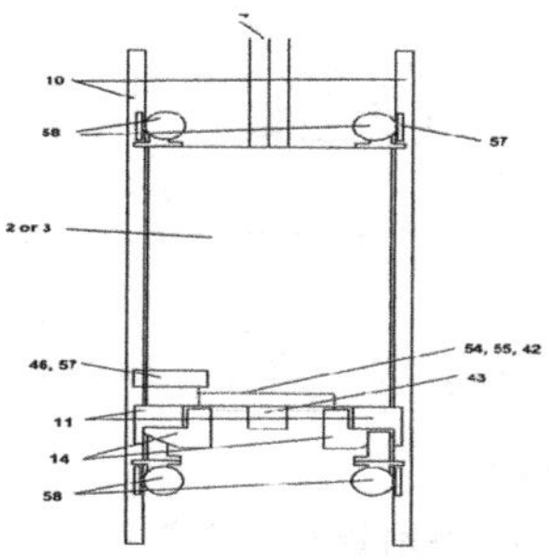	测速滚子测出超速，控制装置基于超速信号控制制动
电子开关促发液压/电磁方式驱动	CN1428287A APD：20021224	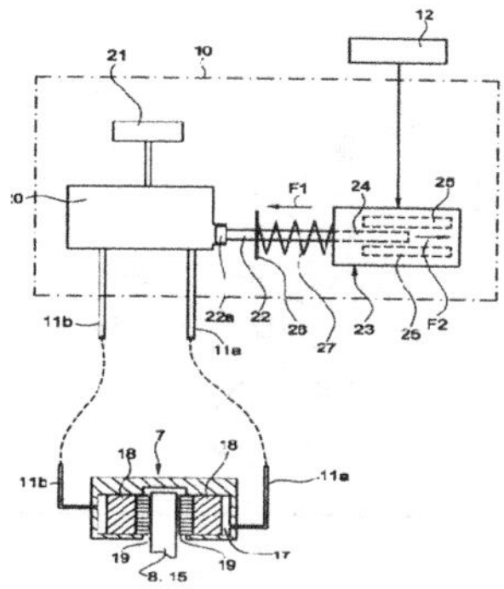	在检测到电梯异常信号时，通过控制装置控制液压促动制动装置制动
电子解除对制动件的锁定断电后回复力驱动制动	CN2895356Y APD：20060510	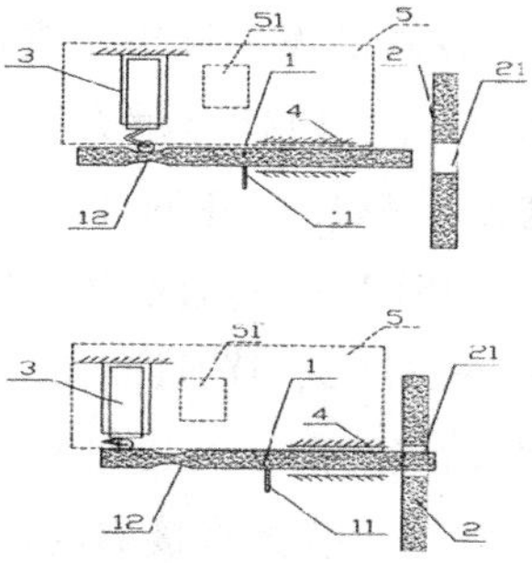	通过控制接通电磁铁，解除对止挡件的锁定，使止挡件凸出制动

续表

技术分支	公开/公告号	图示	技术要点
电子解除对制动件的锁定断电后回复力驱动制动	CN104203791A APD：20130308	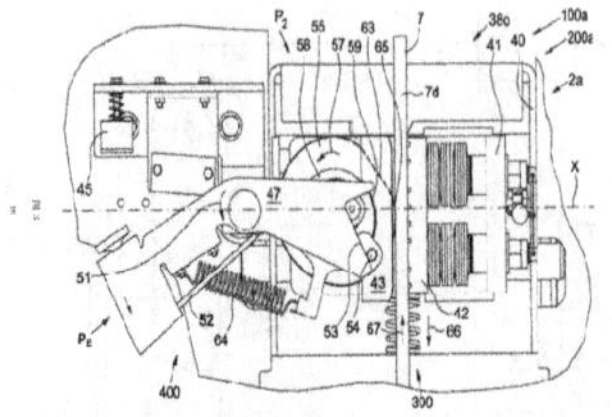	发生异常，电磁铁失电，转臂在重力和弹簧的回复力作用下驱动制动凸轮转动制动
	CN104936882A APD：20131115	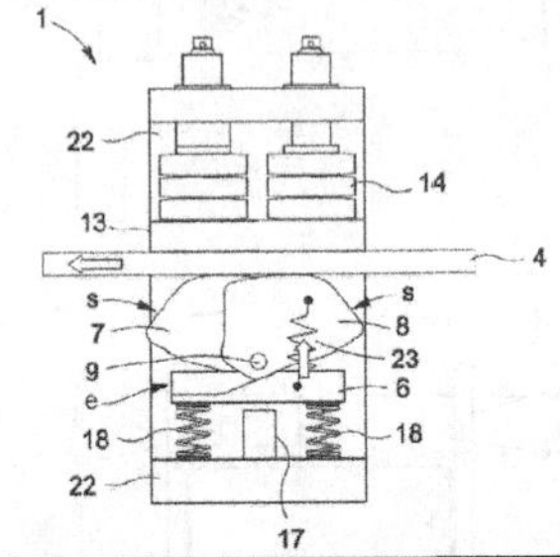	发生异常，电磁铁失电，弹簧在回复力作用下带动制动凸轮凸出制动

3.2.3 手动触发方式

手动触发方式是指通过设置操作装置，乘客在异常时操作操作装置，操作装置带动制动，手动触发方式代表性专利见表7。

表7 手动触发方式技术分析表

技术分支	公开/公告号	图示	技术要点
手动触发方式	CN201280368Y APD：20080826	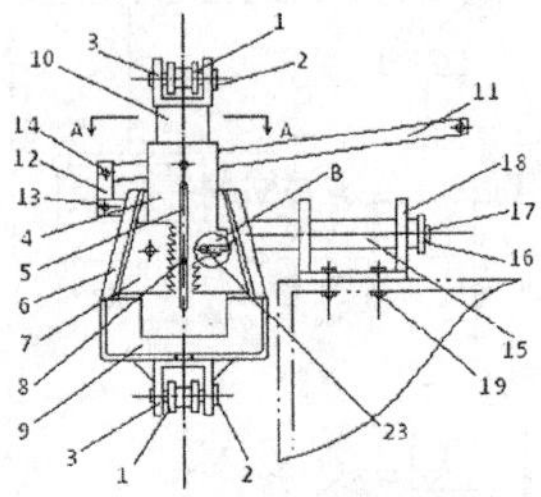	通过手动操作手柄11驱动制动装置制动

3.3 技术发展脉络

图28所示为电梯紧急制动触发方式的发展脉络，机械式的断绳或松绳触发、利用惯性力自行触发、通过限速器方式在1911—1927年就开始出现了，断绳或松绳触发从一开始出现的通过断绳时绳头板的重力或弹性元件回复力直接驱动制动（GB191112289A、GB408201A、GB478220A、JPS5453451A），到通过断绳时在绳索或绳轮侧设置的张力检测结构的机械运动驱动制动（JP3156737B2、JPH10218523A），发展到设置断绳检测传感器结合控制装置对制动装置进行制动（JP2010254386A）；利用惯性力自行触发方式一开始在制动器侧设置离心装置，超速时离心装置直接驱动制动（JPS6212150B2），在后续的发展中主要对离心装置的结构进行改进，在2006年以后此分支方向基本无申请，说明该分支的发展已步入成熟；通过限速器方式尽管出现晚于前两者，但限速器方式从一开始出现就

得到了大量的应用（GB191118261A），在对限速器的进一步简化发展后，限速器的整个基本构成已趋于稳定（JPS5146936B2），后续的发展主要针对实际应用中的不同需要对结构进行改进，如双向制动（JP4566351B2）、防撞（JP2009102153A）、减小触发力（JP2013060291A）和不同限速标准（JP5744291B2），使得限速器方式的发展能够适应新型电梯的需求，发展势头强劲；其他触动方式开始于1997年，作为机械式触动方式的补充继续发展。

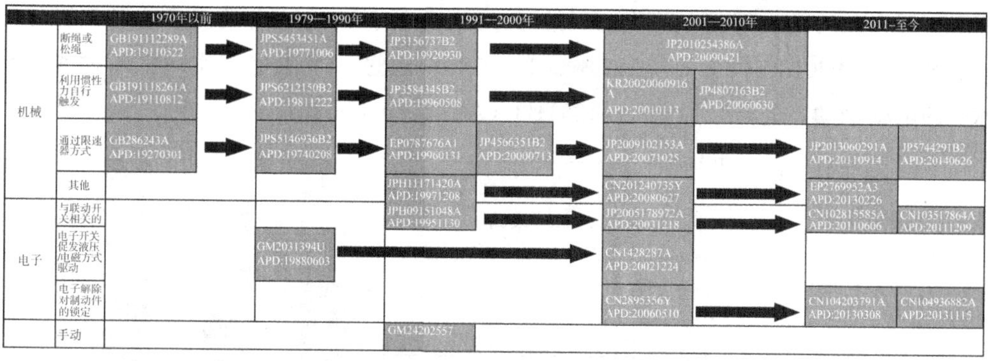

图28　技术发展脉络示意图

电子式触发方式的起始时间比机械式触发方式晚，电子开关促发液压/电磁方式驱动方式从一开始的通电断电控制电磁机构直接驱动制动装置制动（CN2031394U），后续的发展多为对液压/电磁结构的改进；与联动开关相关的方式从一开始出现的检测开关控制，发展成为检测控制的安全控制系统，并在后续的发展中集中对异常检测方式做出改进；电子解除对制动件的锁定断电后回复力驱动制动，从一开始的简单解锁制动（CN2895356Y），发展为以较小触动力触发制动的结构。手动方式作为上述两者的补充，已形成较为固定的结构。

3.4　重要发明人专利技术分布

下面针对重要申请人的技术分布做出分析。

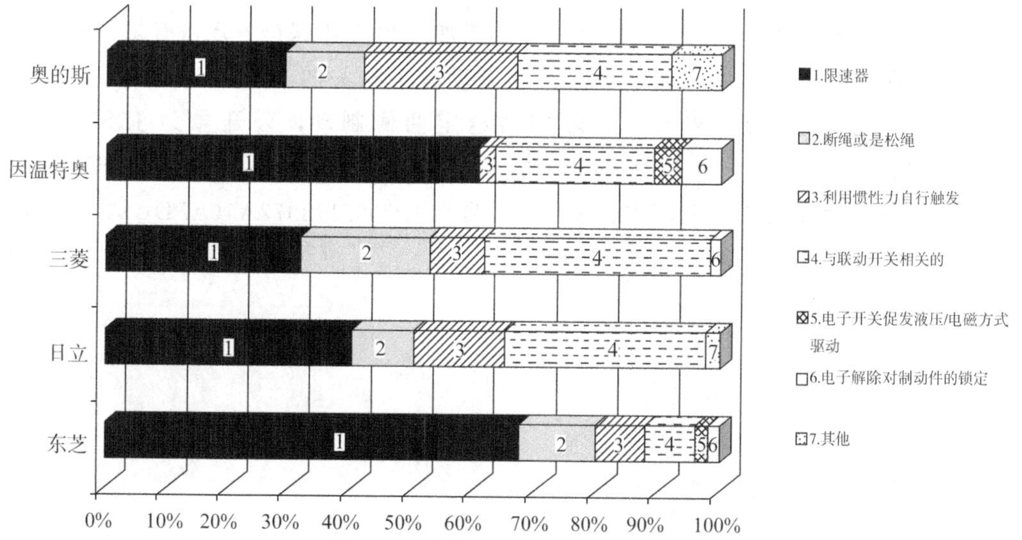

图29　重要申请人的技术分布状况

由图29可以看出，各个申请人在与联动开关相关的触发和通过限速器方式触发占该领域申请的主导地位，即各个申请人针对与联动开关相关的触发和通过限速器方式触发的研究投入较大。

由图30可以看出东芝在2001年以前投入重点在限速器方式和断绳/松绳方式，自2011年以来断绳/松绳方式的占比在逐渐减小，与联动开关相关的触发方式的投入逐渐增大，限速器方式的投入保持很大的投入量。代表专利有：通过改进楔形块结构减小触发力，公开号为JP2013060291A（APD：20110914）；通过一个限速器实现上下两种不同限速标准的电梯制动，公开号为JP5744291B2（APD：20140626）。

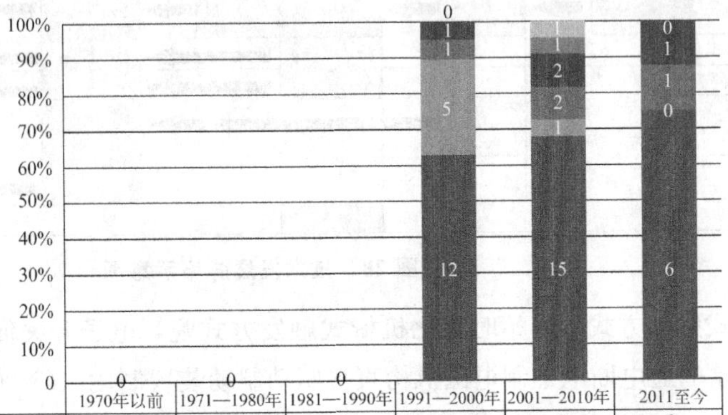

	1970年以前	1971—1980年	1981—1990年	1991—2000年	2001—2010年	2011至今
其他	0	0	0	0	0	0
电子解除对制动件的锁定	0	0	0	0	1	0
电子开关促发液压/电磁方式驱动	0	0	0	0	1	0
与联动开关相关的	0	0	0	1	2	1
利用惯性力	0	0	0	1	2	1
断绳或松绳	0	0	0	5	1	0
限速器	0	0	0	12	15	6

图30　东芝历年的专利技术分布状况

由图31可以看出日立在1980年以前投入的重点在断绳/松绳方式，1981年后该项分支的投入不断减少；限速器方式自1981年开始增加，2001年保持一定占有量，2010年以后集中投入在该项分支；1991年开始投入与联动开关相关的触发方式，并且在2001—2010年间增长较大。代表专利有：限速器稳定两侧制动，公开号为JPS5146936B2（APD：19740208）；在测速轮中设置离心机构，公开号为JP4807163B2（APD：20060630）；通过视频设备检测绳索状况，公开号为JP2005178972A（APD：20031218）。

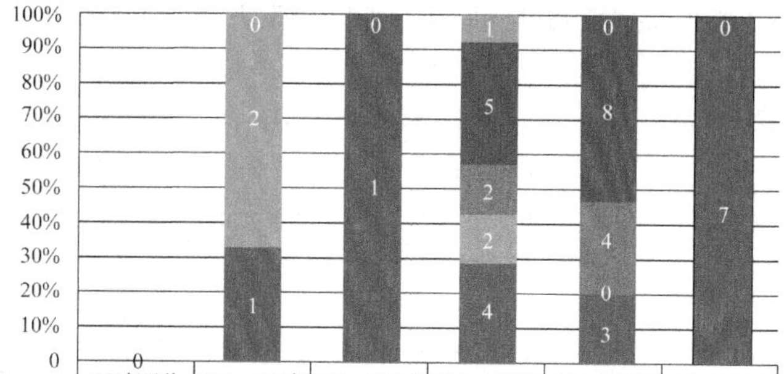

	1970年以前	1971—1980年	1981—1990年	1991—2000年	2001—2010年	2011年至今
其他	0	0	0	1	0	0
电子解除对制动件的锁定	0	0	0	0	0	0
电子开关促发液压/电磁方式驱动	0	0	0	0	0	0
与联动开关相关的	0	0	0	5	8	0
利用惯性力	0	0	0	2	4	0
断绳或松绳	0	2	0	2	0	0
限速器	0	1	1	4	3	7

图 31　日立历年的专利技术分布状况

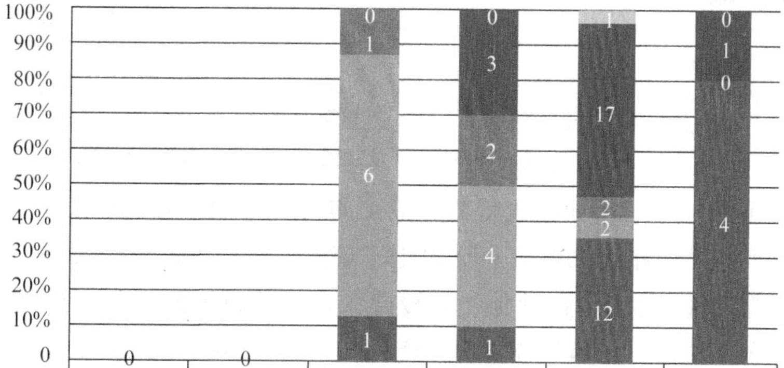

	1970年以前	1971—1980年	1981—1990年	1991—2000年	2001—2010年	2011年至今
其他	0	0	0	0	0	0
电子解除对制动件的锁定	0	0	0	0	1	0
电子开关促发液压/电磁方式驱动	0	0	0	0	0	0
与联动开关相关的	0	0	0	3	17	1
利用惯性力	0	0	1	2	2	0
断绳或松绳	0	0	6	4	2	0
限速器	0	0	1	1	12	4

图 32　三菱历年的专利技术分布状况

由图 32 可以看出三菱在 1990 年以前投入的重点在断绳/松绳方式，1991 年后该项分支的投入不断减少；限速器方式自 1981 年开始至 2000 年保持一定占有量，2001 年以后投入逐渐增大；1991 年开始投入与联动开关相关的触发方式，并在 2001—2010 年间增长较大。代表专利有：通过限速器上设置的节点防止同一井道轿厢的碰撞，公开号为 JP2009102153A（APD：20071025）；离心机构直接驱动制动的，公开号为 JPS6422788A（APD：19870720）；在绳头板设置压力检测传感器检测断绳的，公开号为 JP2010254386A

（APD：20090421）；通过与轨道之间电磁力方式减速的，公开号为 JPH09151048A（APD：19951130）。

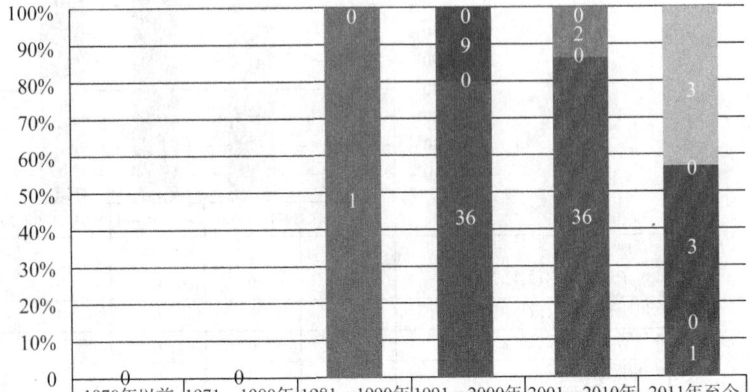

	1970年以前	1971—1980年	1981—1990年	1991—2000年	2001—2010年	2011年至今
其他	0	0	0	0	0	0
电子解除对制动件的锁定	0	0	0	0	0	3
电子开关促发液压/电磁方式驱动	0	0	0	0	2	0
与联动开关相关的	0	0	0	9	0	3
利用惯性力	0	0	1	0	0	0
断绳或松绳	0	0	0	0	0	0
限速器	0	0	0	36	13	1

图 33　因温特奥历年的专利技术分布状况

由图 33 可以看出因温特奥自 1991 年以来就集中投入到限速器方式和与联动开关相关的触发方式，并从 2011 年开始对电子解除对制动件的锁定方式进行研究投入。代表专利有：电磁铁失电解除制动保持，转臂在重力和弹簧的回复力作用下驱动制动凸轮转动制动，公开号为 CN104203791A（APD：20130308）；电磁铁失电解除制动保持，弹簧在回复力作用下带动制动凸轮凸出制动，公开号为 CN104936882 A（APD：20131115）。

由图 34 可以看出奥蒂斯从 1981 年就开始大量投入与联动开关相关的触发方式，1991—2000 年对多项领域都有一定的投入，2001—2010 年集中投入到限速器方式和与联动开关相关的触发方式。代表专利有：对调速器结构改进实现双向限速制动，公开号为 JP4566351B2（APD：20000713）。

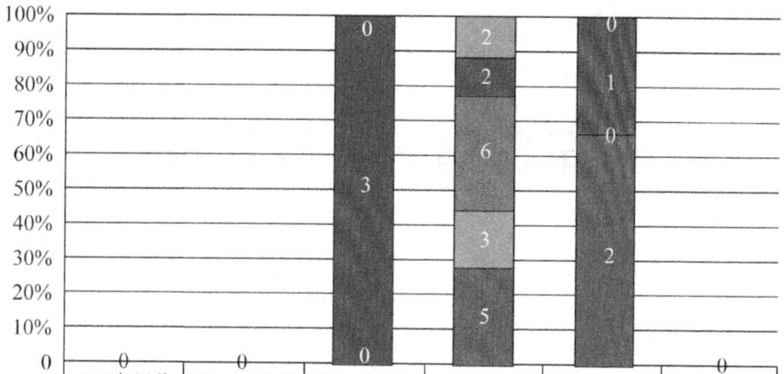

	1970年以前	1971—1980年	1981—1990年	1991—2000年	2001—2010年	2011年至今
■其他	0	0	0	2	0	0
■电子解除对制动件的锁定	0	0	0	0	0	0
■电子开关促发液压/电磁方式驱动	0	0	0	0	0	0
■与联动开关相关的	0	0	3	2	1	0
■利用惯性力	0	0	0	6	0	0
■断绳松绳	0	0	0	3	0	0
■限速器	0	0	0	5	2	0

图 34 奥蒂斯历年的专利技术分布状况

3.5 小结

通过对电梯紧急制动触发方式的发展脉络分析可知：机械式的触发方式（如限速器、断绳/松绳、惯性触发）的触发结构已经相对成熟和稳定，更多地作为成熟技术加以应用，而逐渐将重心转移到机械—电子式的结构中来，各申请人的大量投入在限速器式和与联动开关相关的触发方式上，以及二者结合而成的系统，并且将主要的改进方向集中在减小触发力和限速器多元一体化方面。

第四章 结语

本文针对电梯紧急制动触发方式这一角度对现有技术进行了梳理，阐述了这方面专利申请的全球发展趋势以及在各国的分布情况，针对这一领域各级技术分支的发展情况进行说明，对各个技术分支进行分析。分析表明：电梯紧急制动触发方式的主要结构已经比较成熟了，进一步改进的方向集中在减小触发力和提高限速器的使用效能方面，中国作为重要的目标国，各国在专利布置上越来越重视中国市场，随着电梯技术的不断发展，通过对电梯紧急制动触发方式的专利技术综述，技术人员了解到了电梯紧急制动触发方式的发展路线，从而有利于更好地把握该领域的技术实质，为做出更好的创新发明打下基础。

参考文献

[1] 朱照红. 电梯安全和应用 [M]. 北京：机械工业出版社，2006.
[2] 姜伟，赖异，蓝娟，等. 专利分析工作在S系统下的实现，专利审查协作北京中心课题成果，2011.
[3] 魏孔平，朱蓉. 电梯技术 [M]. 北京：化学工业出版社，2006.
[4] 苏铭华. 电梯防坠技术的发明及推广应用的思考 [J]. 中国设备工程，2007 (1)：8−9.

煤粉锅炉富氧燃烧技术综述

谢德娟

第一章　概述

1.1　富氧燃烧技术发展背景

CO_2 的捕集与封存是减缓温室效应的最可行技术之一。目前 CO_2 的捕集技术分为燃烧前捕集、燃烧中捕集和燃烧后捕集。燃烧前捕集的典型技术为整体煤气化联合循环（IGCC），是一种洁净高效的燃煤发电技术。燃烧后捕集即将燃烧产生的烟气进行分离提取 CO_2，在常规煤粉炉燃烧方式下，由于烟气中的 CO_2 含量较低，使得分离过程复杂、成本较高。燃烧中捕集即富氧燃烧技术，该技术的研究从20世纪80年代开始，经历了实验室研究、中等规模试验研究到示范项目广泛开展的历程。富氧燃烧技术用纯氧或富氧烟气代替空气作为燃料燃烧的介质，可获得80%以上体积浓度的 CO_2 烟气，从而以较小的代价冷凝压缩后实现 CO_2 的永久封存，该技术被认为是最具潜力和应用前景的 CO_2 捕捉技术。我国国家能源局已将富氧燃烧技术列入《能源技术革命创新行动计划（2016—2030年）》中。

1.2　富氧燃烧锅炉技术特点

富氧燃烧技术最早由 Abraham 于1982年提出，经历了实验室研究到商业应用的历程。典型的富氧燃烧（又称 O_2/CO_2 燃烧）锅炉是在常规煤粉锅炉的基础上增加了空气分离系统、烟气压缩处理系统，其主要生产流程如图1所示。

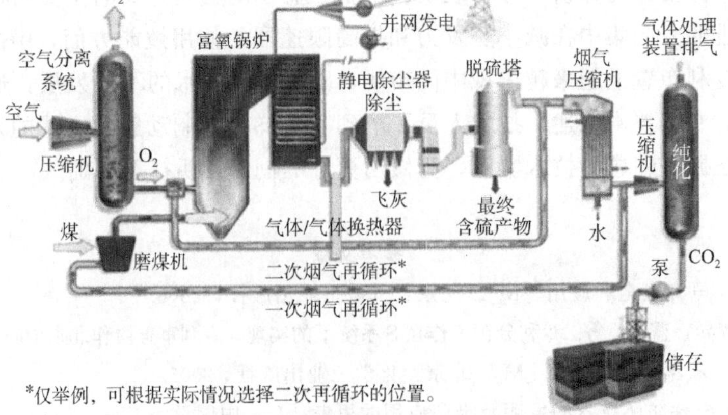

*仅举例，可根据实际情况选择二次再循环的位置。

图1　典型富氧燃烧煤粉锅炉系统

这类富氧燃烧锅炉系统主要分为三个阶段，第一阶段是空气分离阶段，通过空气分离装置制取的高纯度氧气供燃烧使用。第二阶段是燃烧阶段，高纯度的氧气按一定比例与再循环的锅炉尾部烟气混合后，与煤粉在锅炉炉膛中以类似空气燃烧方式进行燃烧。第三阶段是烟气处理阶段，燃烧产生的具有高浓度 CO_2 的烟气经烟气净化装置处理后进入压缩纯化设备，得到高纯度的液态 CO_2，最终储存利用。

除提高 CO_2 捕集效率之外，富氧燃烧技术还具有以下几个方面的优点：(1) 减少过量空气系数，大幅降低烟气排放量，减少排烟热损失，提高锅炉热效率；(2) 理论燃烧温度上升、炉膛出口温度下降，有利于煤粉的着火和结渣防治；(3) 加快燃烧速度，有利于燃烧的反应完全；(4) 降低氮氧化物排放，主要原因是：①烟气循环进入炉膛的 NO_x 被还原。②由于将 N_2 分离后采用烟气循环，使得烟气排放量降低，因此排放指标相应降低。③没有热力型 NO_x。④高浓度 CO_2 气氛下，有较多的 CO 生成，在焦表面还原 NO_x。

1.3 富氧燃烧锅炉技术关键性问题

富氧燃烧技术作为一种新兴的高效洁净燃烧技术，其在具备诸多优势的同时，由于燃烧方式的改变，也面临着一系列的挑战，主要包括以下几个方面：

(1) 制氧的挑战。由于富氧燃烧需要大规模使用氧气，氧气的来源及制造成本是一个重要的问题。目前常用的制氧方法分两类，一类是分离法，即将空气中的氧与氮通过物理的方法进行分离，获得不同浓度的氧气，如深冷法、变压吸附法和膜分离法；另一类为制取法，即采用化学试剂，通过氧化还原反应，从无到有地产生氧气，如超氧化物制氧、氯酸盐分解、电解水和陶瓷制氧等。目前，低温空气分离是一项比较可行的大规模制氧技术，而且是比较成熟的技术，相比较能够节约25%的能量消耗，但对于商业化运行，能耗仍然较大。

(2) 富氧燃烧的燃烧器开发。燃烧器的设计对电站锅炉的燃烧、污染物排放以及热效率等至关重要，是保障锅炉安全、经济、可靠运行的重要设备之一。煤粉在富氧条件下的点火特性、燃烧特性均不同于常规空气燃烧，氧气浓度的不同也对燃烧特性产生影响，如何优化富氧燃烧器设计，更好地实现燃烧的组织、提高燃烧稳定性以及降低污染物排放是行业内面临的一项重要问题。

(3) 烟气再循环量的确定。在总氧量不变的情况下，富氧燃烧的循环烟气量对燃烧温度的影响很大，随着烟气量的增加，燃烧的绝热理论温度会逐渐下降，通过调节循环倍率可以改变氧分压和绝热火焰温度，因此，循环倍率是富氧燃烧技术设计和运行控制的关键参数。

(4) 需要锅炉全尺寸运行经验。目前很多研究机构已经积累了大量的实验室运行经验，但锅炉是一个庞大复杂的系统，获得丰富的全尺寸运行经验，达到更好的设计和性能优化以适用于商业运行，仍需要进一步研发。

(5) 尾气的处理。富氧燃烧锅炉排放的废气中，除了 CO_2 之外，还存在 NO_x、SO_x、汞等杂质，虽然富氧燃烧锅炉较常规空气燃烧锅炉能够降低污染物的生成，但由于烟气再

循环的使用会使得 NO_x 和 SO_x 不断富集，并且 NO_x 大部分以一氧化氮（NO）的形式存在，其不溶于水，用喷雾等手段无法去除，这些杂质留在烟气中会降低 CO_2 的纯度，影响后续 CO_2 的压缩—冷却问题，因此，在富氧燃烧锅炉中，必须具备废气处理系统来去除杂质。

总的来说，富氧燃烧锅炉系统在制氧阶段、燃烧阶段、烟气处理阶段均面临许多技术问题需要解决。

第二章　专利申请概况

本章以 VEN 专利数据库中的检索结果为分析基础，从专利文献的视角对煤粉锅炉富氧燃烧技术的发展状况进行统计分析，总结与煤粉锅炉富氧燃烧技术相关的国内和国外专利的申请趋势、申请人分布以及相关技术分支。

2.1　专利申请量

图 2 示出了煤粉锅炉富氧燃烧技术全球专利申请趋势，从申请量的分布和增长情况可知，该项技术专利申请量的发展经历了萌芽期、缓慢增长期和快速增长期三个阶段。

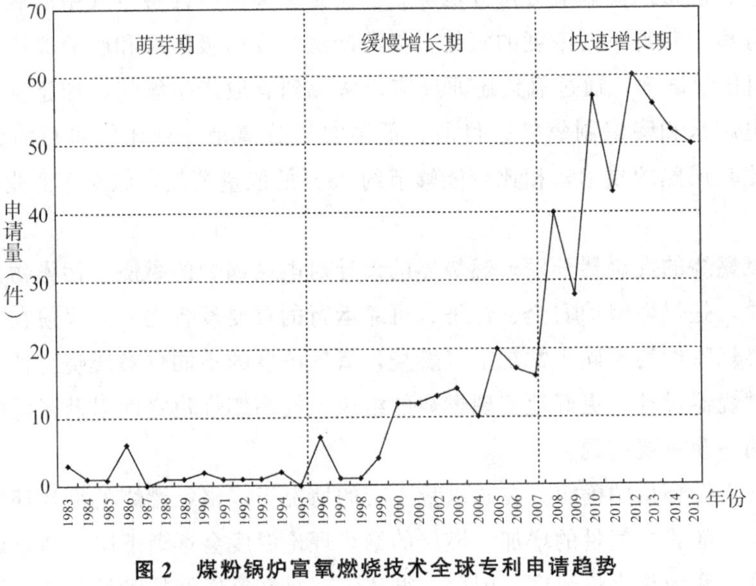

图 2　煤粉锅炉富氧燃烧技术全球专利申请趋势

在萌芽期内，全球专利年申请量均维持在个位数，并且基本为 5 件以下。这一阶段的专利申请大多是在锅炉的燃烧阶段简单地引入富氧燃烧的概念，并不涉及富氧燃烧关键性技术问题的研究。从 20 世纪 90 年代中期开始，专利申请量进入缓慢增长阶段，申请量呈波动上升趋势，年申请量最高达到 20 件，这一阶段的煤粉锅炉富氧燃烧技术处于研究试验到示范应用的过渡阶段，相关申请已经初步涉及富氧燃烧锅炉相关技术问题的攻克。从 2007 年开始，专利年申请量迅速增长并很快突破 40 件，之后虽偶有回落，但整体增长速度较快，这一阶段的煤粉锅炉富氧燃烧技术已经在产业上具有一定的应用规模，相关技术涉及制氧阶段、燃烧阶段、烟气处理阶段。

图 3 示出了煤粉锅炉富氧燃烧技术国内和国外申请趋势的对比。从图中可以看出，国内和国外相关技术的专利申请量均经历了萌芽期、缓慢增长期和快速增长期三个阶段。不同的是，国内相关专利申请的缓慢增长期经历的时间较长，并且申请总量远低于国外。从 21 世纪初开始，国外相关专利申请量已出现较为明显的增长幅度，而同时期国内的专利申请量仅在 2～3 件的范围内波动，这说明国外对煤粉锅炉富氧燃烧技术的研究起步较早。从 2009 年开始，国内外相关申请趋势呈现出新的对比，国内专利申请量直线上升，而国外申请量在经历了一个阶段的波动增长后连续下滑。这可能是由于国外煤粉锅炉富氧燃烧技术研究在经历了一个阶段的活跃期后，相关技术到达了发展瓶颈。而国内的锅炉大多引用国外的锅炉技术，因而相关研究起步较晚，但近些年，随着国家对环境要求的日益提高，富氧燃烧技术作为一项洁净的高效燃烧技术，在国内引起了较高的重视，国内的能源企业以及高校纷纷开始在这项锅炉燃烧技术中投入大量的研发精力。

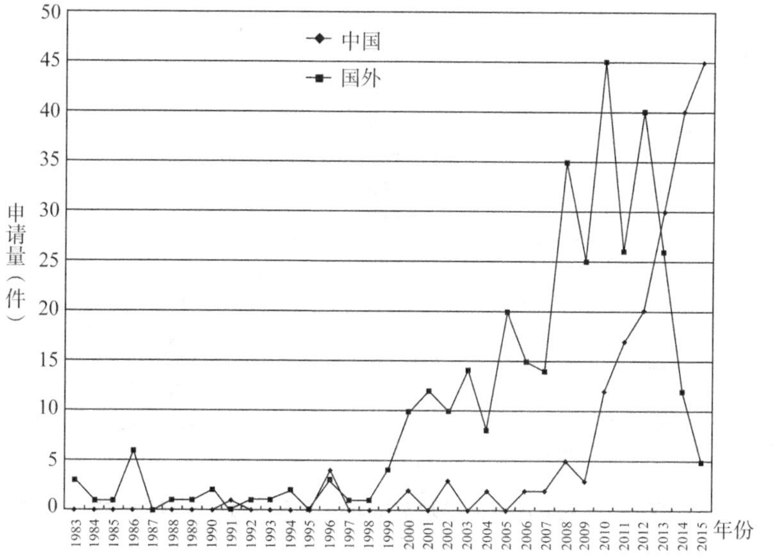

图 3　煤粉锅炉富氧燃烧技术国内和国外专利申请趋势

2.2　专利申请国别

图 4 示出了煤粉锅炉富氧燃烧技术的国别分布状况。该分布为按相关专利申请的原始国进行的统计结果。从图中可以看出，在煤粉锅炉富氧燃烧技术中，美国、日本、中国为相关专利申请大国，分别占总申请量的 25%、21%、36%。而从图 5 示出的不同时期专利申请的国别分布状况可知，在技术发展早期，主要以日本和美国的专利申请为主，并且日本的专利申请量高于美国，而中国的专利申请量则远远落后。到 21 世纪初的十年内，美国的相关专利申请最为活跃，其次为日本和中国。而近五年，中国的专利申请量以迅猛的增长态势，成为同时期煤粉锅炉富氧燃烧技术的专利申请大国，并且申请量远远超过美

国、日本和欧洲其他国家。

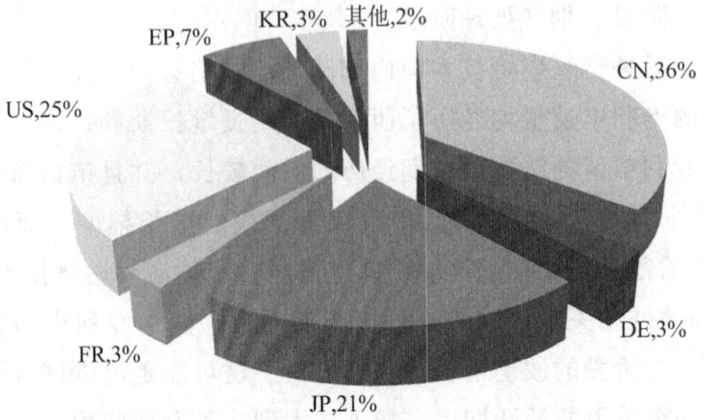

图4　煤粉锅炉富氧燃烧技术专利申请国别分布

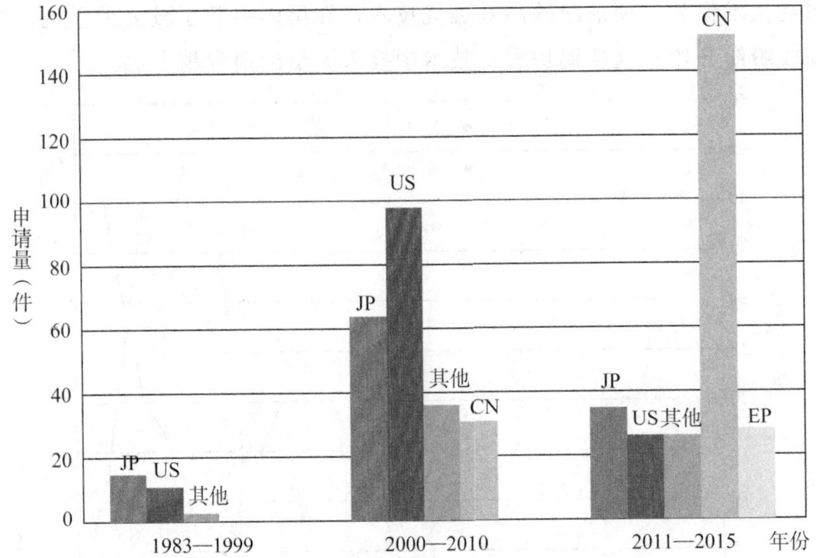

图5　不同时期煤粉锅炉富氧燃烧技术专利申请国别分布

2.3　专利申请人

图6分别示出了煤粉锅炉富氧燃烧技术国内外专利申请人分布状况。从图（a）可以看出，国外申请人排名第一位的为ALSTOM公司，其次为IHI公司和AIR LIQUIDE公司，而图中的其他公司均为国外煤粉锅炉行业的龙头企业，这些企业在煤粉锅炉富氧燃烧技术的研发中占据主要地位。从图（b）可以看出国内煤粉锅炉富氧燃烧技术的专利技术研究主要集中在大学，其中华中科技大学占据主要地位，其次为华北电力大学。而申请量仅次于华中科技大学的为神华集团，包括中国神华能源股份有限公司、神华国华（北京）电力研究院有限公司，而该集团很多的专利申请为与华中科技大学、北京国华电力有限责任公司合作完成。另外，国内的三大锅炉厂中的上海锅炉厂和东方锅炉厂也占据一定的申请份额，其中部分申请为与神华集团合作完成。

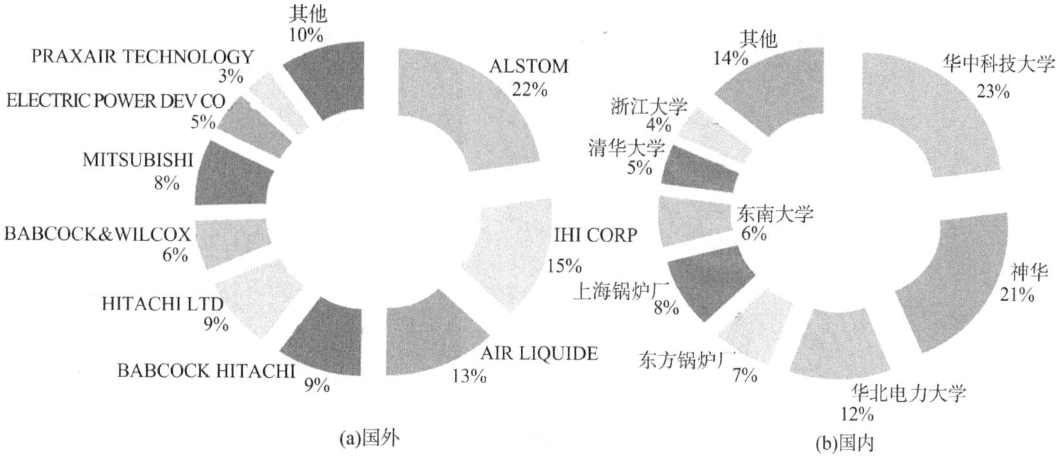

图 6　国内外煤粉锅炉富氧燃烧技术专利申请人分布

2.4　专利申请技术分支

通过对 VEN 中数据样本的标引，将煤粉锅炉富氧燃烧技术相关专利申请进行技术主题的拆解，得到相关的主要技术分支如图 7 所示。

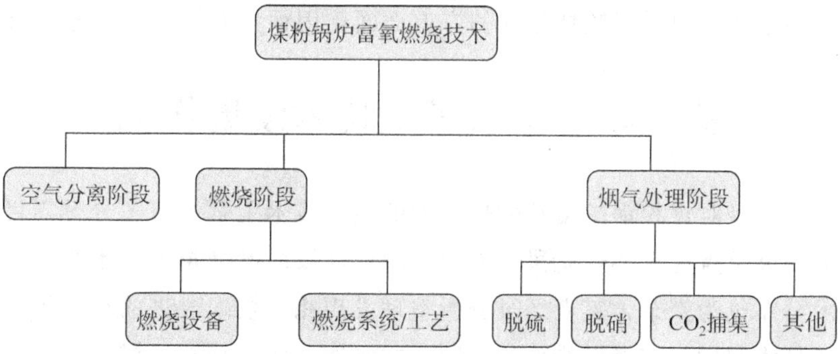

图 7　煤粉锅炉富氧燃烧主要技术分支

从图 7 中可以看出目前国内外对煤粉锅炉富氧燃烧技术的研究主要分为空气分离、燃烧、烟气处理三个技术分支，其中空气分离主要涉及空分技术领域，旨在获得高效节能的空气分离方式。燃烧技术主要涉及燃烧设备（主要为燃烧器），以及燃烧系统/工艺（包括燃料和氧气气流组织、燃烧控制等），其中大量专利申请涉及不同于常规空气燃烧的燃烧设备改进以及燃烧过程的技术问题克服。而烟气处理技术又包括脱硫、脱硝、CO_2 捕集以及其他如脱汞、除尘等，主要是根据富氧燃烧后的烟气成分特点进行新的烟气处理技术研究。

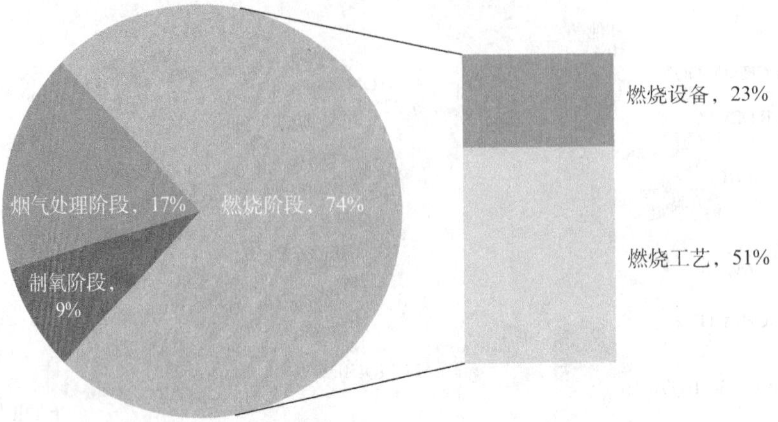

图8　煤粉锅炉富氧燃烧各技术分支比例

图8示出了各技术分支的分布状况。从图中可以看出，煤粉锅炉富氧燃烧技术的研究重点为燃烧技术，其占据整个专利申请量的74%，其次为烟气处理技术，而制氧技术只占据较小的一部分比例。笔者认为这是由于煤粉锅炉富氧燃烧技术的重点在于采用了一种新型的燃烧方式，这种燃烧方式是业内的研究热点和重点。在燃烧技术的专利申请中，燃烧工艺的相关技术占据主要地位，燃烧设备的专利申请量相对薄弱，这可能是因为燃烧工艺涉及的技术较为繁杂，包括了燃烧过程的方方面面，因而具有较大的改进空间。

第三章　富氧燃烧技术发展状况

在第二章中已经对煤粉锅炉富氧燃烧技术的相关技术主题进行了分类，目前业内对富氧燃烧锅炉的研究重点在于燃烧阶段，而燃烧阶段涉及的燃烧相关技术改进涉及燃烧的方方面面，技术分布较为繁杂，笔者经过分析整理发现相关技术改进的重点集中在解决燃烧阶段所面临的技术问题。富氧燃烧作为不同于空气燃烧的一种新型燃烧方式，其在带来诸如洁净、燃烧充分等优势的同时，也产生了一系列的负面影响，例如设备高温烧损、部分污染物的富集等。富氧燃烧技术燃烧阶段所面临的主要技术问题是如何获得稳定高效的燃烧并降低污染物如NO_x的产生。而燃烧设备的设计，燃烧系统的设计对富氧燃烧的燃烧效率、污染物排放等具有至关重要的影响。以下内容则以技术问题为主线，针对燃烧阶段为解决其技术问题的相关研究进行技术分析梳理。

3.1　燃烧设备

在富氧燃烧锅炉中，最关键的燃烧设备是富氧燃烧器。富氧燃烧技术由于燃烧温度高、着火特性及火焰稳定性好等优点广受青睐。然而，随着氧气浓度的升高，富氧燃烧温度增加，热力型NO_x升高，可能会烧毁燃烧设备，并且富氧燃烧的燃烧火焰段，能量集中，炉内气体流量减少，会造成炉内温度不均匀地增加，在实际应用中具有一定的局限。因此，合理的富氧燃烧器设计一方面需要很好地利用富氧燃烧所带来的优点，另一方面需要尽量减弱其所带来的上述问题。

目前较为典型的富氧燃烧器设计中，解决富氧燃烧所带来的不利影响的主要方式有以下几种：

3.1.1 利用冷却装置

这种设计方式是指在燃烧器中设置冷却装置，利用外部冷却介质的强制冷却作用降低燃烧设备的烧损可能性。如 Charles E B. 等设计了一种带水冷的纯氧燃烧器结构，其在氧气和燃料的喷嘴内部设置冷却水通道，氧气从中间喷入，燃料从周围环形喷口喷入，促进燃料和氧气的混合，利用冷却水对燃烧器喷嘴端部进行强制冷却。这种燃烧器通过冷却水带走大量热量，冷却方式简单，但同时降低了热效率，并且存在挥发物或腐蚀物的冷凝沉积以及冷却水泄漏等缺陷。

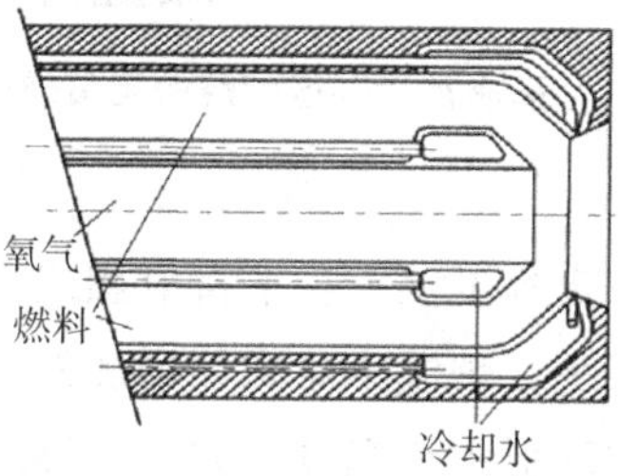

图 9 带水冷的纯氧燃烧器

3.1.2 高温火焰分离

日本 IHI 公司设计了一种带有独立供氧通道的富氧燃烧器，这种燃烧器是将氧气通过单独的供氧通道 13 和喷嘴 12 送入燃烧区域，氧气喷出位置不接触燃烧器外筒的前端，从而避免高温火焰接触燃烧器喷嘴而造成喷嘴的损坏。这种设计方式能够避免水冷方式带来的腐蚀物冷凝沉积和冷却水泄漏等问题，但这种方式只能保护喷嘴前端，燃烧火焰温度依然较高，容易导致热力型氮氧化物增加。

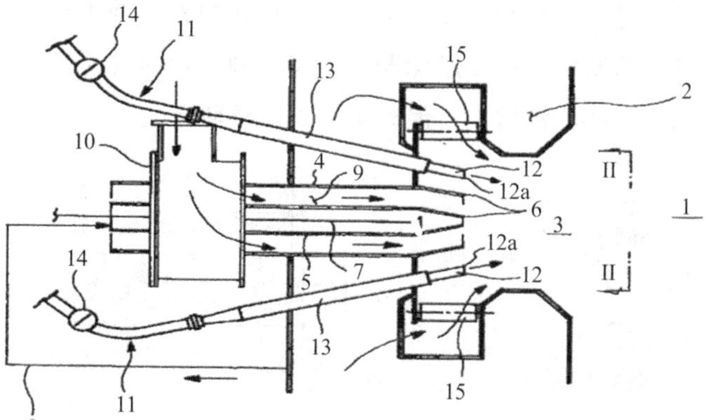

图 10 设置独立供氧通道的富氧燃烧器

3.1.3 形成富燃料区燃烧

这一技术手段主要是指通过合理的燃烧器设计在燃料喷嘴处形成富燃料区燃烧。典型的设计为 Air Liquide 公司设计的 Pyretron 型燃烧器，该燃烧器设置成三层套管结构，在中心套管内通入氧气，最外层套管内通入空气，中间套管内通入燃料，该设计在火焰内部形成了富燃料区，该区域内燃料发生热解生成大量的大分子烃类化合物，在增加火焰光亮度的同时降低了火焰温度，不仅大大减少 NO_x 的生成，而且强化了火焰与加热物体之间的辐射对流。

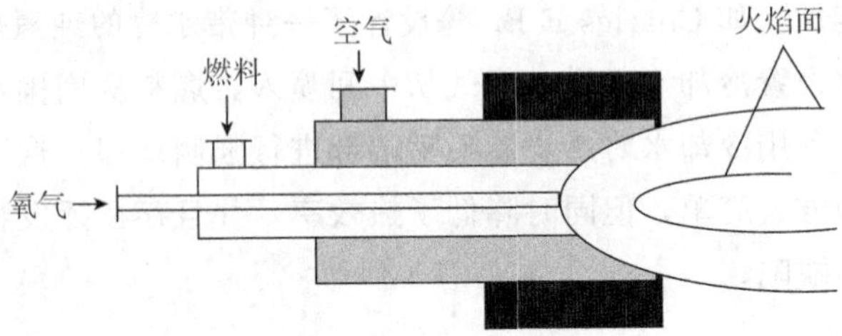

图 11　形成富燃料区燃烧的富氧燃烧器

3.1.4　利用烟气回流

以上三种富氧燃烧器均在一定程度上解决了富氧燃烧火焰温度高的技术问题，但是对采用富氧燃烧后炉内气体流量减少，炉温不均匀性增加的问题没有相应的解决措施。利用烟气回流的富氧燃烧器不仅能够降低火焰温度，并且能够增加燃烧后的炉内气体流量。这种设计方式是指利用助燃剂分级、高速射流、加装旋流器等方法实现炉内烟气回流或引入外部烟气回流至炉内进行组织燃烧。具体介绍如下：

3.1.4.1　内部烟气回流

夏宏德等设计的内部烟气回流富氧燃烧器是利用类似文丘里管的结构喷射氧气，在文丘里管的喉部形成负压区域，从而使得炉内的气体回流至该负压区域与氧气进行混合。法液空公司则设计了一种高速射流的非对称富氧燃烧器，在该燃烧器设计中，燃料由中间的喷口喷入，氧气从下面较小的喷口高速喷入，由于氧气喷射速度非常高，将燃料向下卷吸后与氧气进行一次燃烧反应。同时，大量炉内烟气从两侧卷吸到火焰中，从而增加了火焰的体积并降低了燃烧火焰温度。这类燃烧器结构能够利用炉内较冷烟气与氧气的混合降低火焰温度，同时燃烧后气体流量增大，但火焰的稳定性较差。

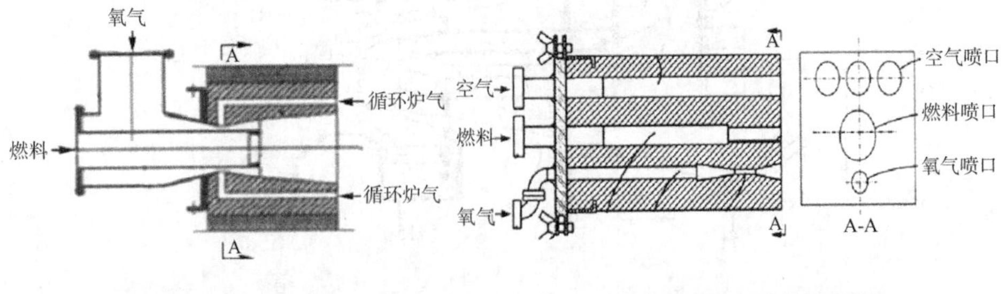

(a) 在喉部形成负压卷吸　　(b) 在氧气喷口出口形成高速卷吸

图 12　利用高速射流形成内部烟气回流的富氧燃烧器

在上述利用内部烟气回流的富氧燃烧器的基础上，Edward F K 等设计了 Praxair "A"

型纯氧燃烧器（图 13（a）），该燃烧器将氧气分为两部分，一次氧气从燃料喷口周围的环缝供入，以形成连续稳定的火焰前沿，二次氧气从周围较小的喷嘴高速喷入，卷吸了大量的炉气后与燃料在离喷口一定距离处混合燃烧。而 SALTIN 等设计的富氧燃烧器与上述 Praxair“A”型燃烧器类似，也是将二次氧气通过喷嘴 20 高速喷出卷吸炉气，而一次氧气则在燃烧器中心通道 15 供入，不同的是其燃烧通道设置在一次氧气通道的外围，能够进一步强化燃料与一次和二次氧气的混合。这类燃烧器结构将烟气内部回流和分级供氧相结合，能够在降低火焰温度的基础上提高火焰的稳定性。

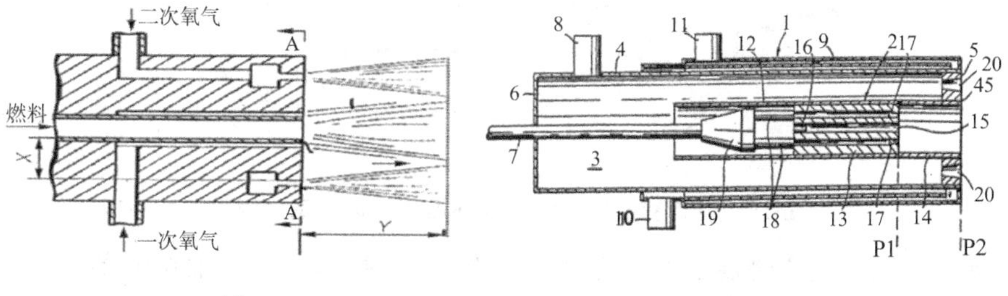

(a) (b)

图 13　利用内部烟气回流和分级供氧的富氧燃烧器

3.1.4.2　外部烟气回流

利用内部烟气回流的燃烧器大多依靠燃烧器本身的结构设计来卷吸炉内的烟气，这种设计方式存在一个弊端，即回流炉气量难以精确控制，从而造成燃烧温度波动较大。在此基础上，业内设计了一种利用外部烟气回流的富氧燃烧器。这种方式是将燃烧产生的高温烟气从炉外引回燃烧器进行燃烧组织，最典型的外部烟气回流富氧燃烧器的结构如下：

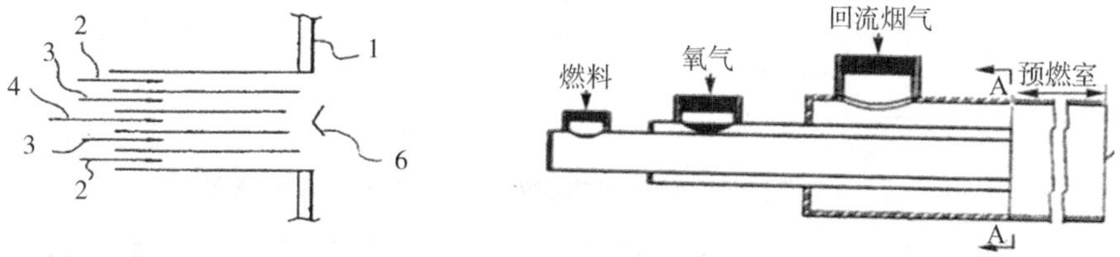

(a)不带预燃室　　(b)带预燃室

图 14　利用外部烟气回流的富氧燃烧器

最早的外部烟气回流富氧燃烧器是日立公司设计的这种不带预燃室的富氧燃烧器，燃烧器中心通道 4 为煤粉通道，中间通道 3 为富氧气体通道，而最外层通道为引入的锅炉尾部燃烧排气通道，结构较为简单。Mark D. 等则在此基础上进一步增加了预燃室以提高燃烧稳定性，外部回流烟气从最外层的管道进入预燃室，在预燃室中与燃料和氧气充分混合后进入主燃烧室进行燃烧。

采用外部烟气回流的方式可以方便现有的普通空气燃烧系统向富氧燃烧系统的切换，避免对设备进行大范围改造，并且方便后续 CO_2 的捕集，外部烟气回流燃烧器是目前电站煤粉锅炉应用最为普遍的一种富氧燃烧器，也一直是业内的研究重点。由于采用锅炉排除的烟气进行再循环，并注入一定比例的纯氧作为燃煤的助燃剂，虽然可以降低火焰燃烧温度，但由于烟气中80%的N_2被80%CO_2所取代，而CO_2具有明显的灭火特性，使得煤粉的火焰稳定性和燃尽性能在富氧条件下比常规空气燃烧条件下变得困难，因而外部烟气回流燃烧器的设计需要重点考虑煤粉的燃烧稳定性和燃尽性。目前解决该技术问题的主要技术手段有加装稳燃装置、提高氧化剂温度以及合理组织燃料流、氧气流、再循环流的供给等方式。

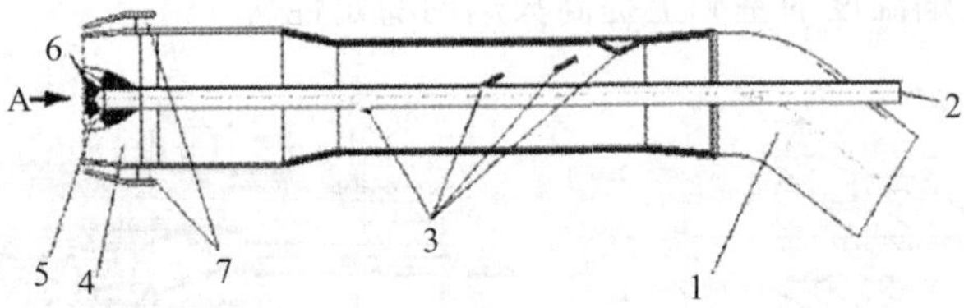

图15　设置稳燃体结构的外部烟气回流富氧燃烧器

东方锅炉厂在富氧燃烧器中设置稳燃体结构5，稳燃体与燃烧器中心的氧气注入管末端连接，氧气注入管的氧气喷射孔设置在稳燃体内部，在稳燃体的作用下形成回流区，从而在一次风中心区域形成稳定的高温燃烧火焰，改善火焰稳定性和燃尽特性。

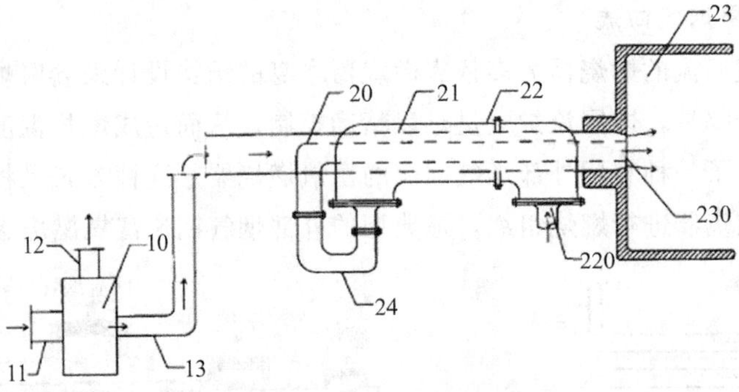

图16　带有氧气预热结构的外部烟气回流富氧燃烧器

西安建筑科技大学设计了一种利用循环烟气预热燃料和氧气的富氧燃烧器，循环烟气在外套管中流动时与中套管中的富氧气体、煤粉混合气流进行一次逆流换热，热交换后的循环烟气进入内套管中与中套管中的混合气流进行第二次顺流换热，经过两次热交换提高富氧气体与煤粉混合物的温度，进一步强化火焰稳定性。

上述两种均是通过增加额外的燃烧器元件来增强火焰的稳定性，这类燃烧器结构适用范围窄，灵活性较差。

Honeywell公司设计了一种氧气分级供入的燃烧器，在该燃烧器中，煤粉经过燃烧器的中心管道进行输送，在燃料导管的中部区域，来自一次氧供应管的一次氧气流通过第一组氧喷射口和第二组氧喷射口，从燃料导管的外层套管中以与燃料导管相切的方式进入燃料管与燃料充分混合，并排入火焰腔进行点燃产生火焰，在固体燃料导管的氧－燃料出口供入来自最外层套管的二次氧气以补充氧给氧燃料流进行燃烧，在这种燃烧器中，再循环烟气用于输送煤粉或者与二次氧气混合后送入炉内燃烧，通过两次供氧分别强化燃料与氧的混合以及补充氧燃料流燃烧所需的氧气以维持火焰稳定性。

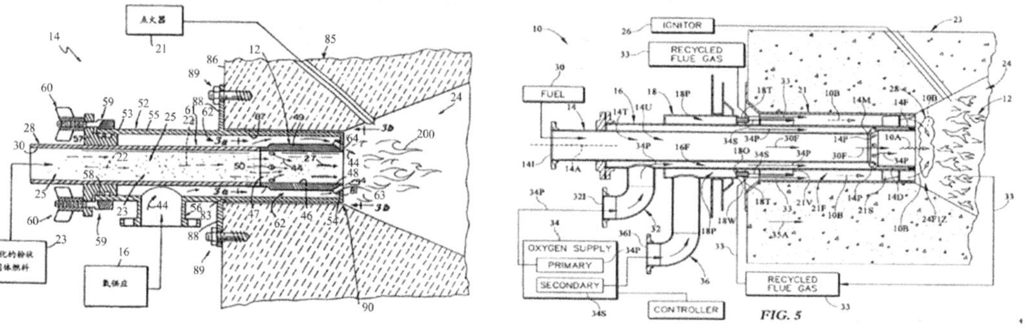

图 17　Honeywell 公司外部烟气回流富氧燃烧器

Chendhil 设计的两级供氧燃烧器则是将一次氧气和二次氧气分别从中心管以及最外层套管供入，而燃料则在中心管与最外层管之间的中间夹套内供入，并且在二次氧气中混入比例可调的再循环烟气，通过设计合理的一次氧比例以及二次氧与再循环烟气比例获得低 NO_x 排放以及好的燃尽特性。

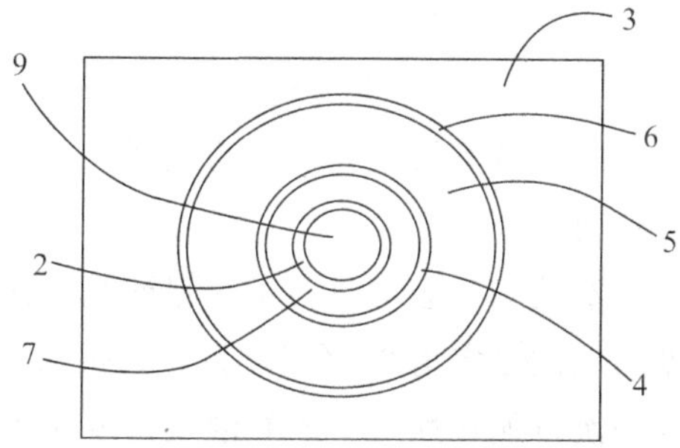

图 18　Chendhil 设计的外部烟气回流富氧燃烧器

Babcock-Hitachi 公司设计的两级供氧燃烧器在 Honeywell 公司的上述燃烧器基础上又在燃烧器喷口的最外层增加了一股三次循环烟气供给口，并且利用喷嘴将二次氧气和三次循环烟气以旋流方式供入，从而在径向进行扩散并形成一股与煤粉射流方向相反的回流，燃料燃烧产生的高温烟气流入该回流中产生停滞使得喷射的煤粉与该高温烟气混合，从而提高点火稳定性，这种在燃烧器的最外层增加一层设置了旋流器的三次循环烟气供给管的设置方式在 DOOSAN 公司设计的燃烧器中也有所涉及。这类富氧燃烧器通过氧气流、燃料流以及循环烟气的合理组织，辅助以旋流器等扰流手段，强化燃烧稳定性，降低 NO_x 排放，是目前业内主流的一种富氧燃烧器设计思路。

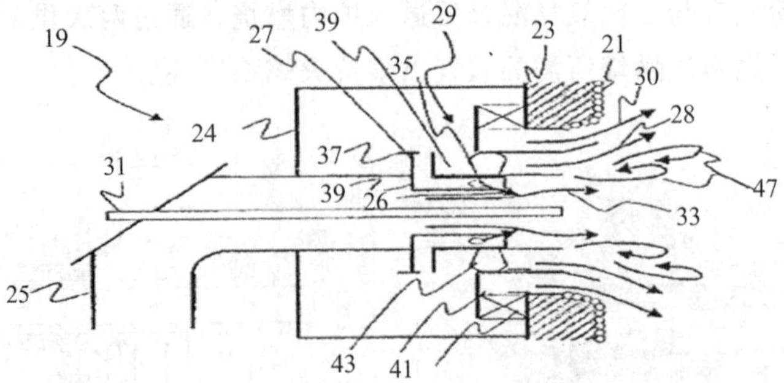

图19 Babcock-Hitachi公司的外部烟气回流富氧燃烧器

3.2 燃烧系统/工艺

锅炉燃烧系统设计的主要目的是获得稳定、均匀、传热效率高、污染物排放量低的燃烧工况。燃料与助燃剂的合理组织是锅炉燃烧系统设计的关键。电站富氧燃烧锅炉普遍采用循环烟气与氧气混合作为助燃剂，这是富氧燃烧锅炉与传统空气燃烧锅炉的主要区别，也是影响其燃烧效果的两个关键因素，因此，在设计富氧燃烧锅炉的燃烧系统时必须合理设计氧的供给以及再循环烟气的供给，这也是目前业内富氧燃烧系统设计的研究重点。

3.2.1 氧的供给设计

对于富氧燃烧系统中氧的供给的研究主要包括三个方面，一是氧量/氧浓度的控制，二是对氧的供给方式的设计，三是对所供氧气温度的控制。

3.2.1.1 氧量/氧浓度控制

在供氧量的调节方面，日本的IHI公司进行了大量研究。该公司设计的一种富氧燃烧系统将引入锅炉的氧气浓度的范围设定为25％～30％，通过氧浓度计测量向燃煤锅炉导入的氧浓度、向磨煤机导入的一次再循环烟气中的氧浓度以及向锅炉导入的二次再循环烟气中的氧浓度，通过流量计测量向锅炉导入的一次再循环烟气和二次再循环烟气的总量，根据氧浓度计测量的引入锅炉的总氧气浓度调节再循环烟气的总流量，从而将引入锅炉的总氧浓度限定在规定范围内。这种氧浓度控制方式是较为简单方便的一种控制方法，氧浓度控制在一个目标范围内，煤种适应性和负荷适应性较差。在此基础上，IHI公司设计了一种能够适应煤种变化的氧浓度调节方法，使由燃料测算设备测算了燃料比的煤在锅炉中进行富氧燃烧而获得稳定的燃烧状况，求出此时进入锅炉的氧浓度，由此得出煤的燃料比与进入锅炉的氧浓度的关系并输入到控制器中，在煤种改变时调节总气体量调节器以控制再循环烟气的总量以使得进入锅炉的氧浓度与预先测算的燃料比相对应，从而保证在煤种发生变化时仍然能够稳定炉内的燃烧。而IHI公司的另一富氧燃烧锅炉系统中，在锅炉负荷指令从起始值在目标时间内达到目标值进行变化时，配合负荷的增减对来自氧制造装置的氧供给量进行调节，以使锅炉入口的氧浓度，从基准值在前述目标时间，在入口氧浓度调整范围内，达到入口氧浓度目标值的达到点，进行调节的控制，并使得起始值的强制风扇风量，以比在前述目标时间达到风量目标值时的变化率小的变化率达到风量目标值，可以在负荷变化时以较小的变化率控制强制风扇风量，减少强制风扇风量达到目标风量时产生的超调量或负超调量。以上几种氧浓度控制方式较多关注供入炉内的总的氧浓度，华中科技大学设计的富氧燃烧系统，则对一次风、二次风及三次风的氧浓度分别进行了设计，通过调节一次风、二次风中氧气配比，保证一次风的氧浓度高于二次风的氧浓度，一次风含氧量约为30%～50%，二次风含氧量为10%～25%，而三次风采用纯氧，同时控制一二次风体积流量比，从而提高燃烧稳定性，改善温度分布，降低 NO_x 生成量。

3.2.1.2　供氧方式

在氧的供给方式方面，典型的氧供给方式为在炉膛不同区域分级供给。

HITACHI公司将再循环烟气送入磨煤机，制氧装置制取的氧气分两级送入炉膛，其中一部分从炉膛中燃烧器上部的位置与循环烟气混合后送入炉膛，另一部分与循环烟气混合后送入燃烧器，控制前者的量小于后者，在炉膛内形成还原性气氛，降低 NO_x 的产生。

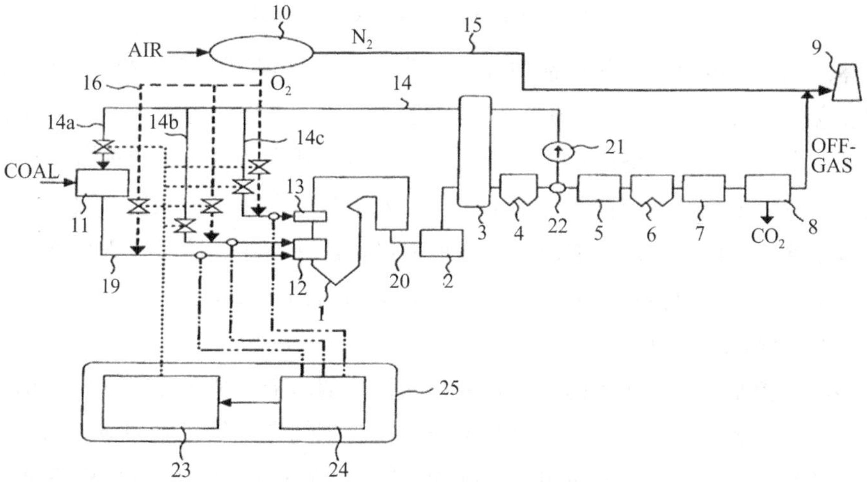

图20　HITACHI公司的供氧方式设计

ALSTOM公司将锅炉划分为三个燃烧区域，将分离得到的氧气的第一部分与第一循环烟气混合得到第一氧化剂流，氧气的第二部分与第二烟道气混合形成第二氧化剂流，氧气的第三部分送入锅炉内的第一、第二和第三区域，以燃烧燃料，第一氧化剂流送入锅炉的第一燃烧区域，第二氧化剂流送入锅炉的第一、第二和第三燃烧区域，在这种氧气供入方式的基础上，基于燃烧区域的化学计量学控制接收所需的氧气量，以确保各个区域的燃料燃烧稳定。

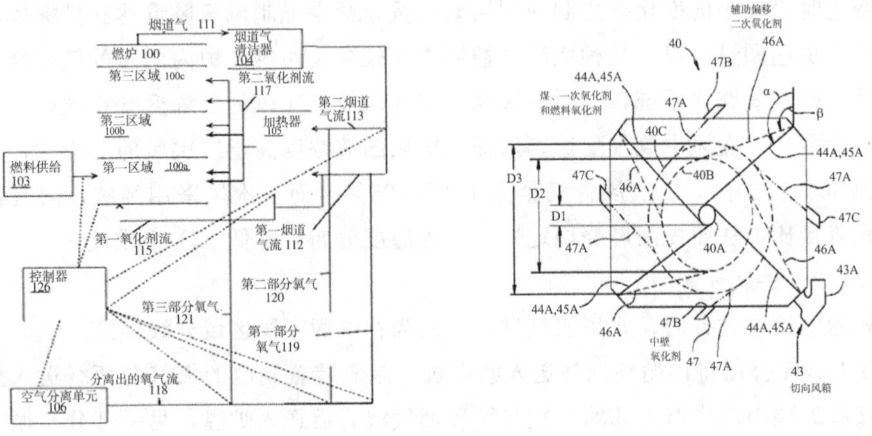

(a)竖向　　　　(b)横向

图 21　ALSTOM 公司的供氧方式设计

这一类供氧方式给出了氧气在锅炉竖向方位上的氧化剂流的组织情况，而 ALSTOM 的另一富氧燃烧系统包括安装在锅炉上且具有至少一个主燃烧位置的至少一个风箱，至少一个一次入口定位在主要燃烧位置，用于将燃料和第一氧化剂运送到炉内，至少一个二次入口定位在至少一个主要燃烧位置，用于将第二氧化剂送入炉内，上述二次入口与一次入口有角度地偏移，从而在炉内形成旋转的圆形火焰，这种方式设计了在锅炉横向方位上的供氧气流组织方式，炉内传热效果好，并能够减少 NO_x 的排放量。

3.2.1.3　供氧温度控制

在氧的温度控制方面，典型的方式是利用锅炉排烟的余热来预热供入锅炉的氧气，而在氧气预热过程中需要解决的一个重要技术问题是，烟气侧与氧气侧的泄漏问题，由于富氧燃烧锅炉的烟气最终需要进行液化压缩获得 CO_2 并储存利用，氧气向烟气侧的泄漏一方面增加了额外的供氧，另一方面提高烟气中的氧浓度，影响后续 CO_2 的捕集。

一种常见的预热方式类似于传统空气燃烧锅炉中的空气预热器，B&W 公司设计了一种用于全氧煤粉燃烧的三扇区再生式氧化剂预热器，是在传统的再生式热交换器基础上为减少烟气渗漏而做出的设计，该预热器分为烟气扇区、两个一次氧化剂扇区和插入两个一次氧化剂扇区之间的二次氧化剂扇区，两个一次氧化剂扇区与烟气扇区几乎处于相同的负压，由此氧化剂与烟气之间只有很有限的渗漏，而二次氧化剂扇区的环境是正压，到所述一次氧化剂扇区的负压环境的渗漏将是二次氧化剂到一次氧化剂的渗漏，而不存在二次氧化剂到预热器气体侧的渗漏。而 ALSTOM 公司设计的一种富氧燃烧系统氧的预热方式，通过在锅炉排烟口与除尘器之间设置第一热交换器，在供氧源出口管路设置氧预热器即第二热交换器，第一热交换器与第二热交换器串联，使至少一部分来自第一热交换器的经再加热的富二氧化碳的烟道气作为加热介质来预热氧气，不仅能够减少氧气向烟气中的渗漏，还能够提高热量利用效率。

以上分别通过氧浓度、氧的供给方式以及氧温度的控制三个方面介绍了现有技术中的一些典型设计方式，在实际富氧燃烧锅炉系统设计时，通常需要综合考虑以上三个方面进行一个整体的优化设计，以获得好的燃烧状况，避免产生火焰不稳定、燃尽性能差以及污染物排放量高等方面的技术问题。

3.2.2 烟气再循环设计

在富氧燃烧锅炉系统中，为了降低火焰燃烧温度，通常引入燃烧后的锅炉尾部烟气至燃烧区域参与炉膛内的燃烧，而最普遍使用的一种设计是采用一部分一次再循环烟气作为煤粉输送的一次风，一部分二次再循环烟气与氧气混合作为助燃的二次风，烟气再循环的合理设计是保证高效优质燃烧的重要前提。烟气再循环的设计以及再循环烟气量的控制在很多方面与前述的氧的供给方式以及氧量控制密切相关，这一部分内容此处不再赘述。现有技术中对于烟气再循环的设计，一方面集中在再循环烟气抽取位置的研究，另一方面集中在烟气再循环量的控制研究。

3.2.2.1 再循环烟气抽取位置

对于再循环烟气的抽取位置，一次再循环烟气用于干燥和输送煤粉，因此经过除尘后还必须进行脱水除去其中的大部分水分，而二次再循环烟气则有两种不同的选择方式，如果二次循环烟气从除尘器出口抽取直接送入锅炉系统不进行脱水烟气的温度较高，称为暖烟气循环或湿烟气循环，如果二次循环烟气经过脱水后从引风机出口抽取称为干烟气循环，分别如图 22 所示的①位置和②位置。

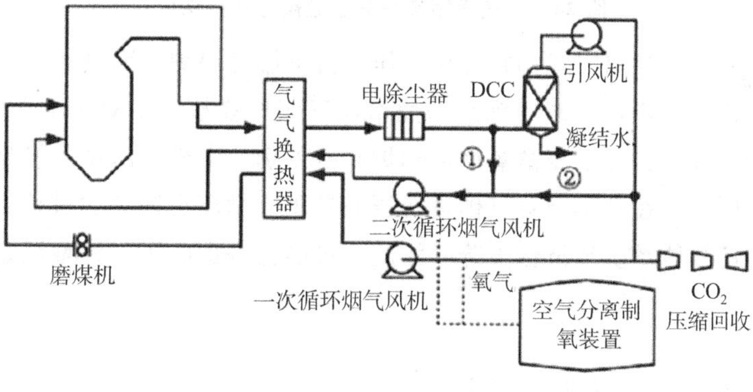

图 22 干烟气循环与湿烟气循环方式

Hu Yu-kun 等则介绍了三种湿烟气循环的抽取方式，如图 23 所示的 A、B、C 三种选择：

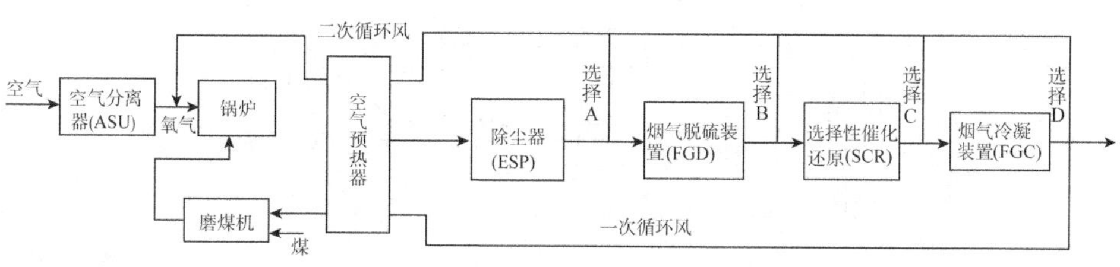

图 23 湿烟气循环的三种抽取方式

夏璐等针对上述不同的烟气循环抽取方式重点分析了其对漏风系数、锅炉循环烟气体积以及锅炉出口燃烧产物组分的影响。董静兰等分析了上述不同烟气再循环方式下富氧燃煤锅炉的经济性问题，认为对于单独采用DCC进行烟气脱水的系统，湿烟气循环方式下的排烟热损失比干烟气循环方式下的排烟热损失低，但是湿烟气循环方式下锅炉机组辅机功耗比干烟气循环方式高。对于FGD与DCC串联布置的系统，二次循环烟气不脱硫不脱水下排烟热损失最低，机组辅机功耗最高，二次循环烟气脱硫但不DCC深度脱水下锅炉机组的排烟热损失次之，机组辅机功耗最高，二次循环烟气脱硫且DCC深度脱水下锅炉的排烟热损失最高机组，辅机功耗居中。

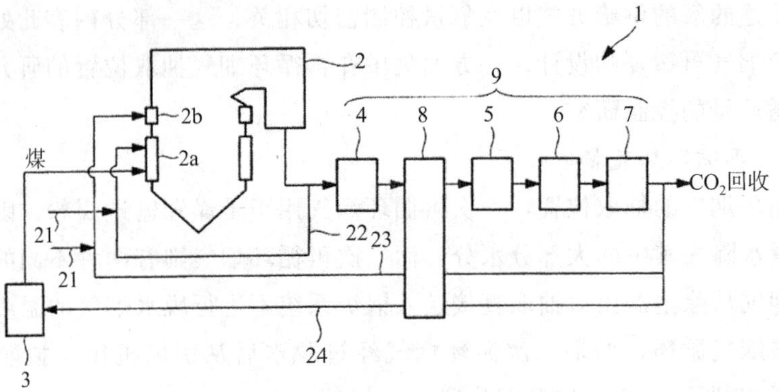

图24　烟气再循环与分级燃烧方式相结合

以上烟气再循环的抽取方式均是针对常压的富氧燃烧锅炉，而现有技术中为了降低二氧化碳压缩所消耗的能量，一部分锅炉采用增压富氧燃烧技术，对于增压富氧燃烧锅炉，其烟气再循环的位置与普通常压富氧燃烧锅炉有所差别。由于增压富氧燃烧锅炉的再循环烟气具有一定的压力，在高压下对气体进行压缩升压并循环至锅炉的过程中，再循环压缩机的电耗较大，使整体系统经济性下降。为此，董静兰等提出了一种增压富氧燃烧锅炉的烟气再循环方式：

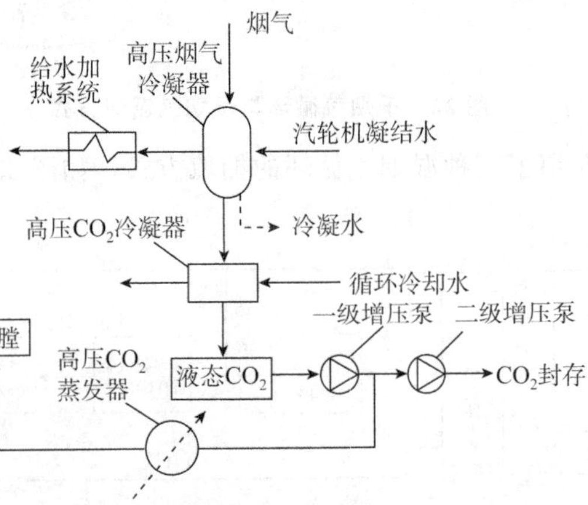

图25　增压富氧燃烧锅炉的烟气再循环方式

这种烟气再循环方式先将 CO_2 液化升压再汽化蒸发为气态 CO_2 后循环回燃烧室，对液态 CO_2 进行压缩升压的增压泵的电耗远小于对气态 CO_2 进行压缩升压的压缩机的电耗，故采用此种将 CO_2 先液化再蒸发的新型烟气再循环系统可使整体发电系统的经济性提高。

3.2.2.2　再循环烟气抽取量

对于烟气再循环量的控制，通常烟气再循环量的控制目的是维持氧浓度在一定范围内，因而在前述氧浓度的控制设计介绍中也涉及了部分烟气再循环量的控制方式。烟气再循环抽取量的控制还需要在保证燃烧稳定的基础上尽量降低烟气循环辅助设备的能耗。为此，HITACHI 公司通过计算炉膛出口燃烧烟气的温度控制再循环风扇的运行，将再循环烟气量降低到最少。ELECTRIC POWER 公司将对应于锅炉负荷指令的设定量的氧供给锅炉本体，且由供给锅炉本体的给水的入口温度和蒸汽的出口温度来测量锅炉吸热量，以使锅炉本体的吸热量为目标吸热量，这样来控制燃烧废气的再循环流量。DENGEN KAIHATSU KK 公司则将一次再循环废气流量与来自碾磨机的煤粉量之间的重量比定义为 G/C，通过精确控制一次再循环废气流量，以将该 G/C 限定在规定范围内，从而提高燃烧的稳定性并降低循环功耗。

3.2.2.3　再循环烟气的替代

在普通烟气再循环系统中，由于将燃烧后的烟气重新引入炉膛参与燃烧，存在着氮氧化物、硫氧化物等污染物的不断循环富集、漏风导致 N_2 含量的增加以及运行切换烦琐，辅助设备能耗高等技术问题。目前业内已经提出一种第三代氧燃烧系统，利用蒸汽的循环替代烟气送入炉膛燃烧。

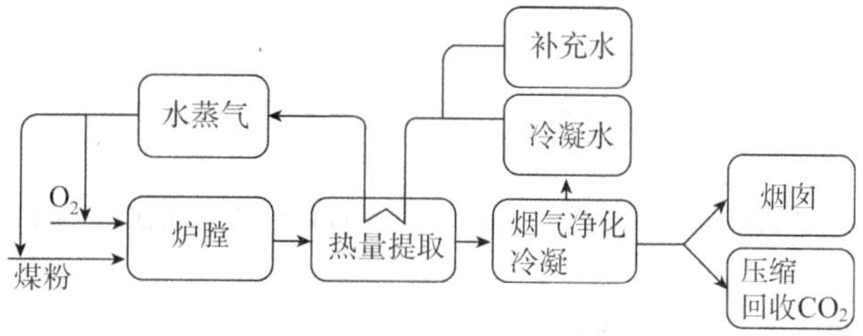

图 26　水蒸气循环调节式富氧燃烧方法

华中科技大学提出一种新型的水蒸气循环调节式富氧燃烧方法，利用补充水和冷凝水吸收炉膛排放烟气的热量生成水蒸气，将水蒸气与氧气混合后作为二次风送入炉膛，通过水蒸气循环调节炉膛中火焰的温度和锅炉换热状态，可完全或部分避免循环烟气的使用，减少空气泄漏的影响，并且进一步降低氮氧化物和硫氧化物的浓度。

第四章　总结与展望

富氧燃烧技术作为一种新兴的燃烧技术，以其诸多方面的优点在能源与环境领域备受瞩目。本文首先对煤粉锅炉富氧燃烧技术的研究意义以及富氧燃烧锅炉的典型富氧燃烧方式、富氧燃烧的优点以及所面临的相关技术问题进行了介绍。接下来，在VEN数据库中对相关专利申请进行统计，从专利申请量发展状况、专利国别分布、专利申请人排名以及该项技术涉及的主要技术分支几个方面进行专利文献的分析。在此基础上，综合相关专利技术和非专利技术对煤粉锅炉富氧燃烧技术的核心技术分支即燃烧阶段的技术发展现状进行梳理，主要以富氧燃烧方式存在的技术问题为线索，从影响燃烧阶段的燃烧稳定性、污染物生成等问题的关键因素富氧燃烧器、氧气的供给以及烟气再循环方式的设计这几个方面进行整体分析。通过对现有技术的相关梳理可知，目前业内已经在富氧燃烧锅炉燃烧阶段的关键性技术问题解决方面做出了大量的设计改进，也在一定程度上获得了良好的技术效果。但现有的大部分富氧燃烧锅炉系统为降低富氧燃烧温度引入了烟气再循环，实际上是削弱了富氧燃烧的优势，并且增加了额外的再循环能量消耗。如何获得优化的烟气再循环替代方式或者开发新的锅炉设备材料以提高锅炉耐热温度仍然是未来需要努力研究的方向。另外，现有的富氧燃烧锅炉在燃烧阶段的综合性设计以及整体性能评估方面的工作还存在不足，如何进行更优化的燃烧系统综合性设计以及提供全尺寸运行控制方法以使得庞大、复杂的整个锅炉系统获得良好的运行状况将是未来富氧燃烧锅炉进行大规模商业应用所需要面临的重要问题。

参考文献

[1] 郑楚光，赵永椿，郭欣. 中国富氧燃烧技术研发进展［J］. 中国电机工程学报，2014，34（23）：3856—3864.

[2] 殷亚宁. 燃煤电站富氧燃烧及二氧化碳捕集技术研究现状及发展［J］. 锅炉制造，（6）2010：41—44.

[3] 凌荣华，谢建文，李英，等. 电站锅炉富氧燃烧技术研究和应用现状综述［J］. 神华科技，2011，9（5）：49—53.

[4] 周慧，周耀来，李云鹏，等. 富氧燃烧技术及其对环境的影响研究综述［J］. 华东电力，2008，36（9）：49—53.

[5] 中国科学技术大学. 一种富氧燃烧器：CN，2013102904171.［P］. 2013—11—20.

[6] Charles E B. Industrial Burners Handbook［M］. Boca Raton：CRC Press，2004.

[7] 株式会社IHI. 氧燃烧锅炉的煤粉燃烧器：CN，2008801278445.［P］. 2008—03—06.

[8] 美国空气液化公司. PYRETRON staged high radiative burner technology［Z］. http：//www.us.airliquide.com，2008.

[9] 夏德宏，薛根山，尚迎春. 烟气自循环式低氧燃烧器燃烧过程的数值模拟［J］. 北京科技大学学报，2006，31（12）：1616—1619.

[10] Harley A. Oxygen-fuel burner with adjustable flame characteristics：US，6659762B2.［P］. 2003—12—09.

[11] Edward F K. Burner and method for metallurgical heating and melting：US，5145361.［P］. 1992—12—08.

[12] AGA AKTIEBOLAG. A METHOD OF REDUCING THE FLAME TEMPETATURE OF A

BURNER AND A BURNER INTENDED THEREFOR：PCT/SE87/00515. [P]. 1987—11—04.

[13] 日立株式会社. 微粉炭燃焼装置：JPH，61—108683. [P]. 1986—05—14.

[14] Mark D. Combustion system with precombustor for recycled flue gas：US，2010/0081098. [P]. 2010—04—01.

[15] 东方电气集团东方锅炉股份有限公司. 锅炉用燃烧器的稳燃体结构：CN，2014202475161. [P]. 2014—10—01.

[16] 西安建筑科技大学. 富氧燃烧器：CN，200910022531X. [P]. 2009—10—14.

[17] TAYLOR CURTIS L. Apparatus for burning pulverized solid fuels with oxygen：US，20030407489. [P]. 2004—10—07.

[18] HONEYWELL INT INC. Apparatus for combining recycled flue gas and oxygen for producing ignitable fluid，has flue-gas recycling unit to combine oxygen-enriched flue gas stream and combustible oxygen-fuel mixture to produce ignitable fluid in flame chamber：US，201113303198. [P]. 2013—05—23.

[19] TOYOTA JIDOSHA KK. Opening for connecting interior of combustion chamber of internal combustion engine with outer side of combustion chamber，has groove portion，which comprises section of truncated cone shape：US，201213483217. [P]. 2012—12—06.

[20] BABCOCK-HITACHI KK. Combustion system such as oxygen-burning-type combustion system for boiler plant，has combustion-gas nozzles which supply additional combustion gases to inner and outer sides of fuel nozzle respectively：WO，2011JP05559. [P]. 2012—04—05.

[21] DOOSAN POWER SYSTEMS LTD. Oxyfuel burner for combustion apparatus，has combustion gas supply unit comprising outlet portion delivering amount of oxygen rich gas in injection direction at angle relative to oxygen injection lances elongate direction：WO，2010GB51216. [P]. 2011—01—27.

[22] IHI CORP. METHOD AND APPARATUS OF CONTROLLING COMBUSTION IN OXYFUEL COMBUSTION BOILER：JP，2010501687. [P]. 2012—12—26.

[23] IHI CORP. METHOD AND APPARATUS OF CONTROLLING OXYGEN SUPPLY IN OXY-FUEL COMBUSTION BOILER：JP，2010501688A. [P]. 2013—02—06.

[24] IHI CORP. METHOD AND APPARATUS FOR CONTROLLING OPERATION OF OXYFUEL COMBUSTION BOILER：JP，2012553602A. [P]. 2014—05—21.

[25] 华中科技大学. 一种煤粉富氧燃烧方法及系统：CN，2014101708898. [P]. 2014—08—06.

[26] HITACHI LTD. OXYFUEL BOILER SYSTEM AND METHOD OF CONTROLLING THE SAME：JP，2008280675A. [P]. 2010—05—13.

[27] ALSTOM TECHNOLOGY LTD. OXY-FIRED BOILER UNIT WITH THREE COMBUSTION ZONES，AND METHOD OF OPERATING THE SAME：WO，2014EP69738. [P]. 2015—03—26.

[28] ALSTOM TECHNOLOGY LTD. Combustion system for tangentially fired oxy-combustion furnace in oxy-combustion coupled firing and recirculation system，has secondary inlet positioned in main firing location for conveying oxidant into oxy-combustion furnace：US，2013000751591. [P]. 2014—07—31.

[29] BABCOCK & WILCOX POWER GENERATION GROUP. Tri-sector rotary regenerative oxidant preheater for oxy-fired pulverized coal combustion system，has flue gas sector and primary oxidant sectors with negative pressure and secondary oxidant sector with positive pressure：EP，08160135A. [P]. 2009—01—14.

［30］ALSTOM TECHNOLOGY LTD. Method for operating oxyfuel combustion system for combusting e. g. coal, involves preheating oxygen gas in gas heat exchanger using portion of reheated carbon dioxide rich flue gas stream before oxygen gas reaches boiler：EP，11185409A.［P］. 2013－04－24.

［31］董静兰，阎维平，马凯．不同烟气再循环方式下富氧燃煤锅炉的经济性分析［J］．动力工程学报，2012，32（3）：177－186

［32］Hu Yu-kun，Yan Jin-yue. Characterization of flue gas in oxy-coal combustion processes for CO_2 capture［J］. Applied Energy，2012，90：113－121.

［33］夏璐，王恩禄，汪丽芬，等．富氧燃烧下不同烟气再循环方式对烟气特性影响研究［J］．中国动力工程学会锅炉专业委员会2012年论文集，2012：51－59.

［34］三菱重工株式会社．燃烧系统：CN，2011800266531.［P］. 2011－01－17.

［35］董静兰．增压富氧燃煤发电与CO_2捕集系统的集成研究［D］．北京：华北电力大学，2013.

［36］HITACHI LTD. Oxyfuel boiler for use in coal thermal power plant，has control apparatus controlling operating condition of recirculation fan so that calculated temperature of combustion flue gas at furnace outlet becomes desired preset gas temperature：JP，2008275034A.［P］. 2010－05－06.

［37］ELECTRIC POWER DEV CO. METHOD AND APPARATUS FOR CONTROLLING COMBUSTION IN OXYGEN FIRED BOILER：EP，06833456A.［P］. 2009－09－02.

［38］DENGEN KAIHATSU KK. Method of controlling flow rate of primary recirculating exhaust gas in oxygen combustion boiler，involves determining weight ratio of flow rate of primary recirculating exhaust gas to amount of pulverized coal from mill：EP，08720358A.［P］. 2010－11－17.

［39］华中科技大学．一种用于煤粉锅炉的水蒸气循环调节式富氧燃烧方法：CN，2012105496926.［P］. 2012－12－17.

3D 打印技术综述

徐　宁

第一章　概述

1.1　3D 打印技术概念与基本原理

3D 打印技术起源于 20 世纪 80 年代的美国，其具有狭义和广义两种概念。狭义上的 3D 打印特指 20 世纪 80 年代由美国麻省理工学院（MIT）的伊曼纽尔·萨尔斯（Emanuel M. Sachs）和保罗·威廉姆斯（Paul Williams）发明的一种先铺设粉末，而后利用打印机选择性喷射黏合剂，反复操作得到产品的工艺，也称之为 3DP 工艺。广义的 3D 打印囊括这一类基于离散—堆积原理，由三维数据驱动直接制造零件的科学技术体系，在国内外的文献中也称之为增材制造（Additive Manufacturing，AM）或者添加制造（Material increase Manufacturing，MIM）。除非有特别说明，本文所讲的 3D 打印技术特指广义概念的 3D 打印技术，也称为增材制造技术。

美国材料与试验协会（ASTM）于 2009 年成立了 ASTM F42 增材制造技术委员会，对增材制造和 3D 打印有明确的概念定义，即：增材制造是依据三维 CAD 数据将材料连接制作物体的过程，相对于减材制造，它通常是逐层累加的过程。通俗地讲，增材制造是相对传统制造业采用的减材制造而言的。减材制造就是通过模具、车铣等机械加工方式对原材料进行定型、切削、去除，从而最终生产出产品。与减材制造方法正相反，增材制造是采用材料逐渐累加的方法制造实体零件的技术，它将三维平面变为若干个二维平面，通过对材料处理并逐层叠加进行生产，最终得到物件。这种数字化制造模式不需要复杂的工艺、庞大的机床、众多的人力，直接从计算机图形数据中便可生成任何形状的零件，使得生产制造得以向更广大的生产人群范围延伸。增材制造技术的核心是数字化、智能化制造与材料科学的结合。如图 1 所示，它是以计算机三维设计为蓝本，通过软件分层离散（得到 STL 文件）和数控成型系统，利用激光束、热熔喷嘴等方式将金属粉末、陶瓷粉末、塑料、细胞组织等特殊材料进行逐层堆积粘结，最终叠加成型，制造出实体产品。

原始文件，如CAD图像 → 将原始文件转换为STL文件 → 3D打印机读取STL文件并进行打印 → 后处理，如打磨、清洗

图 1　3D 打印流程

1.2　3D 打印技术发展脉络

3D 打印技术被称为“19 世纪的思想，20 世纪的技术，21 世纪的市场”，自从 20 世纪

80年代以来，随着计算机技术的蓬勃发展，涌现出了一大批各具特色的3D打印技术。

从图2可以看出3D打印技术主要包括熔融沉积成型（Fused Deposition Modeling，FDM）、立体光刻成型（Stereolithography，SLA）、激光选择性烧结（Selective Laser Sintering，SLS），3DP（Three Dimensional Printing）、电子束选择性熔化（Selective Electron Beam Melting，SEBM或EBM）。

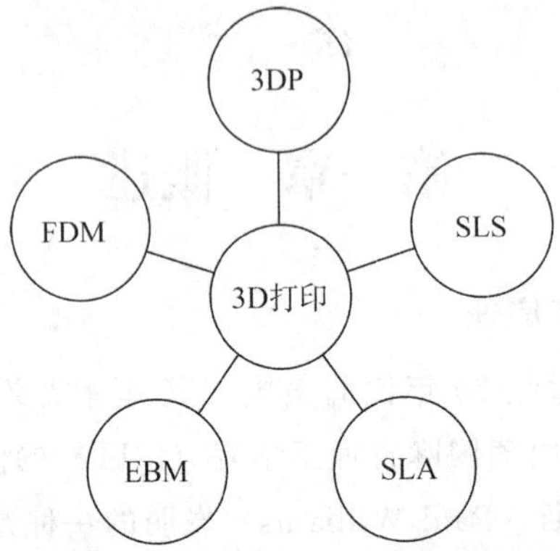

图2　3D打印主要技术分支

从图3可以看出，美国德克萨斯州立大学于1986年率先提出了利用选择性激光烧结（Selective Laser Sintering，SLS）塑料、金属或陶瓷颗粒从而得到制品。US4863538A为首件涉及SLS技术的专利申请，由于当时激光器功率较小，因此对于金属材料而言技术上只能实现烧结（Sinter），不能实现完全熔融，造成金属制品的孔隙率较高，机械强度较低。随着大功率激光器的发展与普及，目前已经能够实现高能激光完全熔融金属（Melt），即对于金属材料而言SLS技术已经发展成为SLM，当然对于塑料和陶瓷材料而言，SLS仍然具有一定的技术优势。

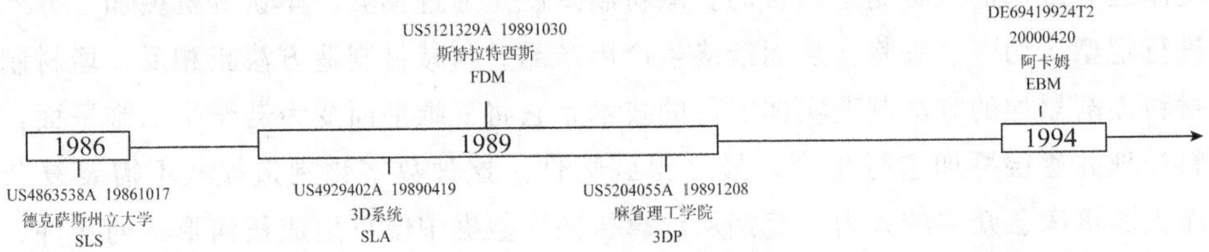

图3　3D打印技术的技术发展脉络[1]

1989年美国加州3D系统公司的联合创始人Charles W. Hull首次提出立体光刻概念，更为重要的是Hull首次提出了分层软件或STL文件这一关键手段，这一技术沿用至今，成为普遍使用的3D打印工序，因此Charles W. Hull被公认为3D打印技术历史上里程碑意义的发明人。相比于传统的光刻技术，立体光刻技术利用光敏树脂制造出了三维的制品，US4929402A为首件涉及SLA技术的专利申请。

同样在1989年，美国斯特拉特西斯公司率先提出了熔融沉积成型技术，US5121329A

[1] 图中的日期为申请日

为首件涉及 FDM 技术的专利申请。时至今日，3D 系统公司和斯特拉特西斯公司已经发展壮大成为全球最具实力的 3D 打印设备供应商之一，而 FDM 也由于家用或办公用 3D 打印机的普及而成为最为流行和普遍的 3D 打印技术。

自 1986 年美国德克萨斯州立大学于专利 US4863538A 中首次提出选择性激光烧结技术以来，不断有申请人提出用电子束代替激光进行选择性烧结，如西屋电气（Westing House Electric，Pa）在专利申请 US4818562A 中提出用电子束或激光进行烧结，然而由于可能存在的技术难题，在申请文件或实施例中未能详细描述电子束烧结的细节。直到 1994 年左右，瑞典阿卡姆公司才最终提供了完整技术方案，申报了完整的专利，其中 DE69419924T2 为首次提出 EBM 技术的专利申请。时至今日，EBM 已逐渐成为号称 3D 打印金字塔顶端的金属 3D 打印领域的明星技术，而阿卡姆公司已经成长为全球 EBM 设备的龙头企业。

1.3 3D 打印专利申请概况

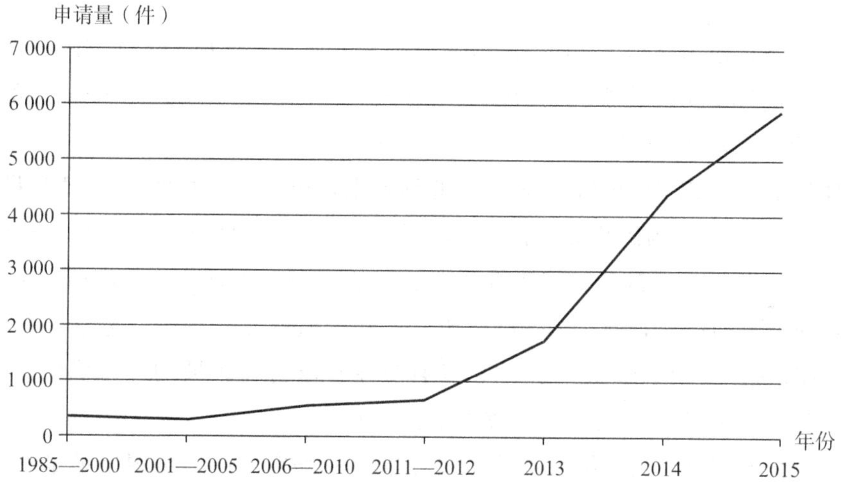

图 4　3D 打印专利申请量（本文中所有数据统计截止到 2016 年 4 月 30 日）

图 4 显示了全球范围内 3D 打印专利的申请数量，从图中可以看出专利申请量正在大幅增加。1985—2000 年十五年间的申请量与 2001—2005 年这五年间的申请量持平，而从 2012 年开始申请量则开始逐年飞跃，呈倍数级别的增长。由此可以看出，3D 打印技术正受到广泛的关注，呈现出了巨大的影响力。

图 5 列出了 3D 打印行业内技术或市场占主导地位的创新主体的专利申请量。美国的 3D 系统公司和斯特拉特西斯公司的申请量遥遥领先，而事实上 3D 系统公司于 2011 年收购了 Z 公司（Corp Z），斯特拉特西斯公司分别于 2012 年和 2013 年宣布与以色列的奥布杰特（Object Geometries）和美国的 Makerbot 合并，因此事实上 3D 系统公司、斯特拉特西斯公司在专利申请量的领先地位比统计出来的要大得多。

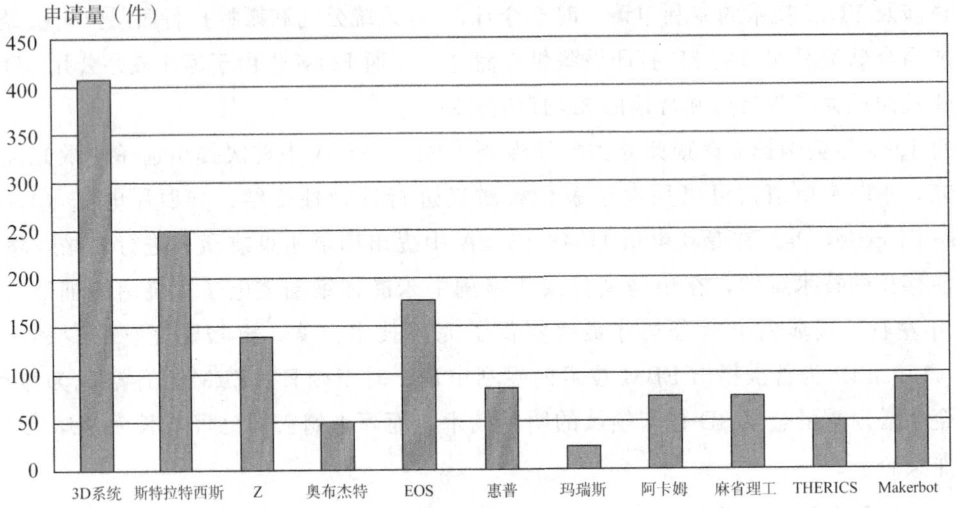

图5　主要申请人专利申请量

EOS公司来自德国，其自20世纪90年代中期开始大量申报SLS或SLA的专利申请，EOS公司目前属于金属激光熔融成型领域的领导者。如前文所述，阿卡姆公司（Arcam）属于金属材料电子束熔融成型领域的领导者。

麻省理工学院（MIT）作为3DP技术的创始人，申报了大量的涉及3DP设备、应用的专利申请。Therics作为医疗器械公司，较早注意到了3D打印技术在个性化医疗器械制造领域的前景，申报了大量的3D打印医疗器械的专利。玛瑞斯（Materialise，比利时）较早开始快速成型的研究，目前在3D打印医疗器械领域非常活跃。惠普公司（Hewlett Packard，HP）基于对市场的良好预测以及自身在喷墨打印领域的技术优势，于2000年开始申报大量3DP技术的专利，已经成为重要的申请人。

从图5和图6可以看出，绝大部分重要的申请人来自美国，美国申请量在2010年占绝大多数。近五年来由于低成本3D打印设备社会化应用和金属零件直接制造技术在工业界的应用使得美国的增材制造技术取得快速发展，2010年以后专利申请量也依然占据重要份额。美国是3D打印技术的发源地和根据地，这一现象产生的原因一方面固然是因为美国的科技创新实力超强，人才济济，另一不可忽视的原因在于完善的科技创新金融体制，如3D打印巨头Stratasys公司成立之初，创始人便向风险资本出售35%的公司股权，获得120万美元的风险投资，这笔资金对初创企业至关重要。除此之外，全美制造工程师学会在20世纪80年代中期创立了快速成型技术和增材制造团体，开始积极推动美国3D打印技术的应用和产业化。最后的关键一点在于，美国前总统奥巴马在2012年3月9日提出发展美国振兴制造业的计划，为此政府启动首个项目“增材制造”，初期政府投资3 000万美元，企业配套4 000万美元，由国防部牵头，制造企业、大学院校以及非盈利组织参加，研发新的增材制造技术与产品，使美国成为全球优秀的增材制造的中心，架起“基础研究与产品研发”之间的纽带。美国政府已经将增材制造技术作为国家制造业发展的首要战略任务给予支持。

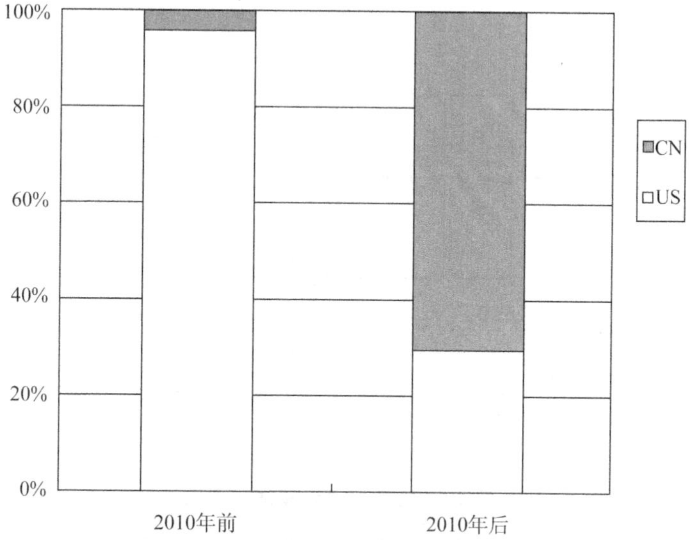

图 6　中美两国专利申请量对比

从图 6 可以看出，我国专利申请量在 2010 年之前份额很少，数量只有约个位数，但是在 2010 年之后数量有了巨大的飞跃，占据了超过半数的全球份额。其实，我国 3D 打印的研究起步并不晚，从相关文献记载可以看出 20 世纪 90 年代初清华大学的颜永年教授团队（清华大学激光快速成型中心）、西安交通大学的卢秉恒院士团队（快速制造国家工程研究中心）、华中科技大学的黄树槐团队（材料成型与模具技术国家重点实验室）、南京航空航天大学的唐亚新等就开始研究利用 3D 打印技术进行产品的快速成型，利用进口的设备或自制设备进行一系列的理论化及应用化研究，产生了如北京隆源等产业化企业，在典型成型设备、软件、材料等方面获得重大进展，但是增材制造市场发展不大，只局限于工业领域应用，没有在消费品领域形成快速发展的市场，另一方面在于科技创新模式的缺陷使得研发投入不足，在产业化技术和应用方面落后于美国和欧洲。近年来，由于国家的重视以及经济转型压力加重，越来越多的传统企业和新创新主体投入到 3D 打印领域，涌现出了天威飞马、磐纹科技、华曙高科、江南嘉捷、太尔时代、金达雷等各具规模、技术特色的行业佼佼者，推动了我国 3D 打印的产业化和应用化进程。

下面分别阐述 FDM、3DP、SLA、SLS、EBM 的技术路线演进情况。

第二章　FDM 技术及其发展路线演进

2.1　FDM 技术基本工作原理与发展

FDM 是将热塑性材料加热熔融，然后从移动的具有极小孔径的喷嘴中挤出（或射出），以极细的材料丝（或极小的材料滴）逐步堆积，并靠材料熔融态的粘性粘结成型。

典型的 FDM 技术如图 7 所示：

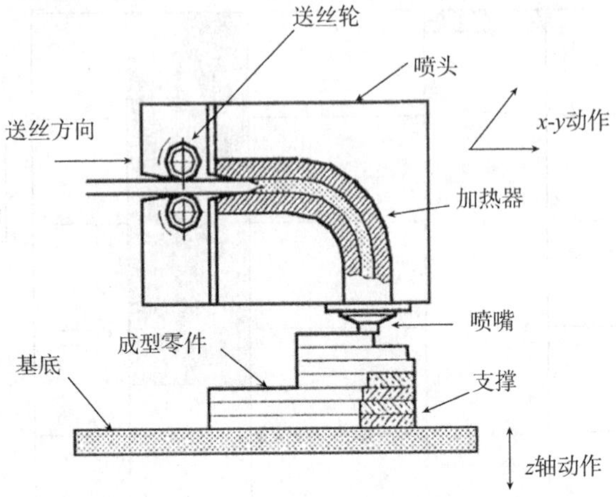

图 7　典型的 FDM 技术示意图

在图 7 所述的典型 FDM 技术中，材料丝经送丝轮进入打印头（Print Head），打印头内具有加热器，在加热器内熔融为液态，经过喷嘴（Nozzle）喷射至基底（Tray）上，通过喷头的 x—y 方向运动打印完一层材料后，基底沿着 z 轴降低一个高度，打印头继续打印下一层，不断重复，直至完成打印。

FDM 技术属于选择性沉积，FDM 区别其他技术的一个突出特征在于所用的材料为线材，通常为 ABS、蜡、PA、PC、PLA 等廉价材料，使用的设备结构简单，加工环境绿色环保无害，已经成为家用和办公用低成本 3D 打印机首选，FDM 也是我国绝大部分或最活跃的产业化应用的 3D 打印技术。FDM 另一个突出的特征如图 7 所示，是在产品的悬空部分需要支撑材料（Support Material）进行结构支撑，避免悬空部分塌陷，在打印结束后将支撑材料去除。

图 8 借助专利申请数量显示了 FDM 技术创建至今的简要发展历程，可以看出 FDM 技术出现的头十年一直缓慢地进行发展，这一时期属于 FDM 技术起源期。而 2000 年开始得到较快的发展，其中 20 世纪的头十年间得益于自动化、信息化技术的发展，FDM 技术商业可行性大为提高，FDM 技术的专利申请数量增加了超过一倍，这一时期属于快速发展期，斯特拉特西斯公司主导了这两段时期的发展过程。2011 年至今的这六年，FDM 技术的专利数量相比过去的十年增长了将近 2 倍，这一时期为爆炸期，这一现象突出的原因在于斯特拉特西斯公司的 FDM 原始专利到期，FDM 技术得到广泛应用和深入开发。

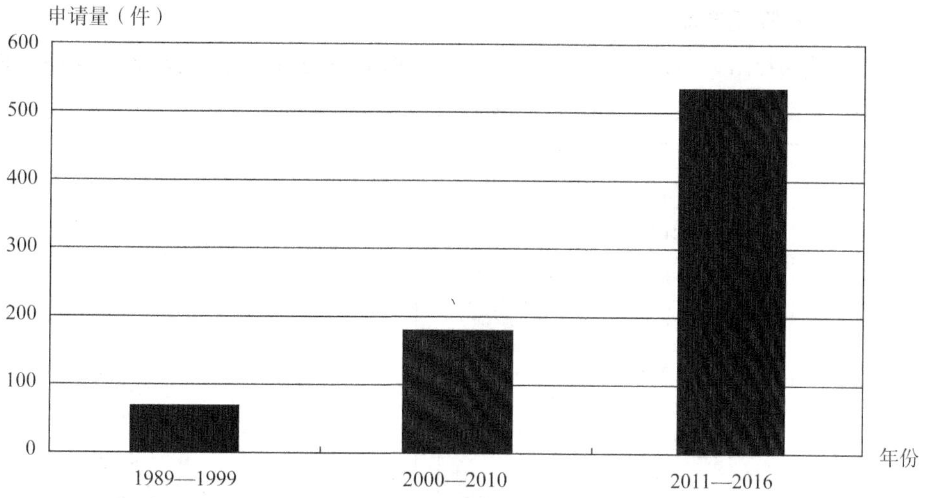

图 8　FDM 技术发展历程

可以预见的是，由于 FDM 技术具有设备简单、成本低廉、环境友好的特点，其广泛用于生产、生活、设计的各个方面，是现阶段最为普及应用的 3D 打印技术，FDM 技术在未来仍然会有非常快速的发展。

2.2　FDM 技术发展路线演进

从图 9 可以看出，1989 年斯特拉特西斯公司提出 FDM 技术开始，首先面对的问题就是如何处理支撑材料，因为支撑材料关系到能否无缺陷地打印出产品的悬空部分，最初的想法是利用低熔点的材料打印支撑部，后处理时通过加热实现支撑部的分离，然而界面间会存在一些瑕疵。从 1992—1998 年起该公司提出了在界面间打印隔离材料❶、控制界面形态❷、使用水溶材料❸等方案。而德州仪器则利用每个层通常需要水平化（Level）工序，直接喷涂而非打印水溶材料而后水平化的方法❹，因此简化了工艺。目前，普遍使用的技术是使用低熔点材料或水溶性材料，以及在 BM 与 SM 之间打印脱离层。

几乎与此同时，研究的热点聚集在设备各个构件的改进上，斯特拉特西斯公司提出了诸多的构件优化方案❺，特别是液化器（Liquefier）、挤出速度控制系统、线轴（Spool）、丝料盒（Filament Cassette）、托盘（Platform/Tray）、丝料规格（Filament），这些改进的目的在于稳定地或者更好地实现熔融沉积。此外，研究热点聚集在打印产品的稳定性上，即尽可能少地降低由于热胀冷缩等加工过程导致的尺寸变化，斯特拉特西斯公司提出

❶ US5503785A

❷ EP0655317A1

❸ US6070107A

❹ US5260009A

❺ 分别是 US5764521A、US6054077A、WO9937454A、US2001030383A1、US2005173855A1、US2005129941A1

了控制冷却温度来降低产品变形❶。

从图9中可以看出，FDM开发的前十年间，相关设备和工艺的优化一直是由斯特拉特西斯公司引领着进行，该公司在FDM整体设备和工艺的研究领域起到奠基人的角色。

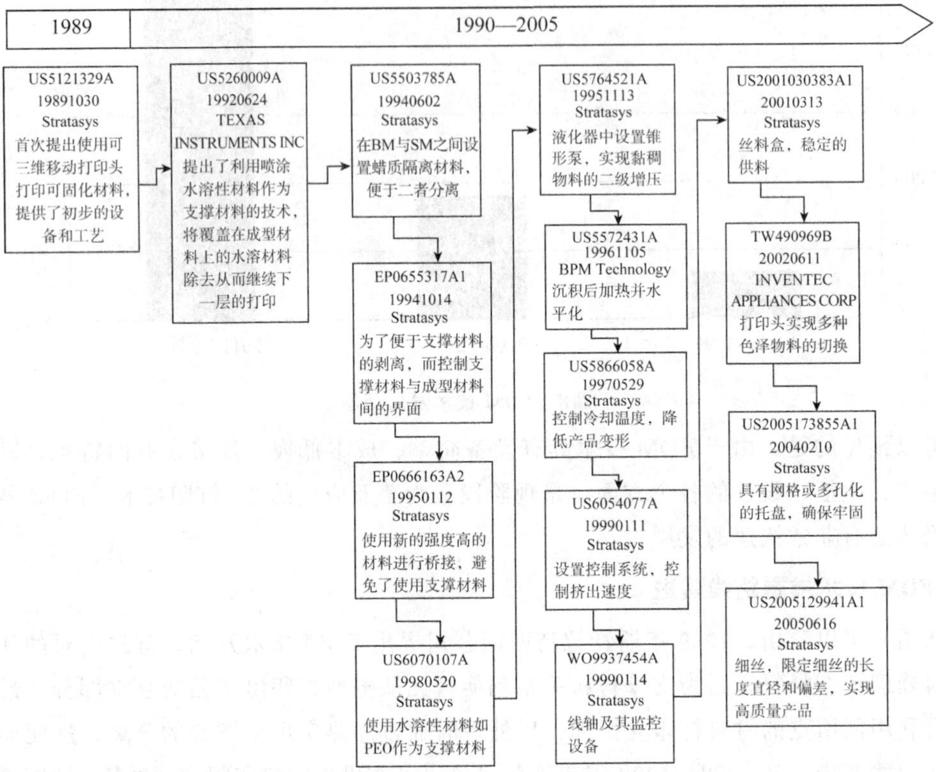
1989
1990—2005
US5121329A 19891030 Stratasys 首次提出使用可三维移动打印头打印可固化材料，提供了初步的设备和工艺
US5260009A 19920624 TEXAS INSTRUMENTS INC 提出了利用喷涂水溶性材料作为支撑材料的技术，将覆盖在成型材料上的水溶材料除去从而继续下一层的打印
US5503785A 19940602 Stratasys 在BM与SM之间设置蜡质隔离材料，便于二者分离
EP0655317A1 19941014 Stratasys 为了便于支撑材料的剥离，而控制支撑材料与成型材料间的界面
EP0666163A2 19950112 Stratasys 使用新的强度高的材料进行桥接，避免了使用支撑材料
US6070107A 19980520 Stratasys 使用水溶性材料如PEO作为支撑材料
US5764521A 19951113 Stratasys 液化器中设置锥形泵，实现黏稠物料的二级增压
US5572431A 19961105 BPM Technology 沉积后加热并水平化
US5866058A 19970529 Stratasys 控制冷却温度，降低产品变形
US6054077A 19990111 Stratasys 设置控制系统，控制挤出速度
WO9937454A 19990114 Stratasys 线轴及其监控设备
US2001030383A1 20010313 Stratasys 丝料盒，稳定的供料
TW490969B 20020611 INVENTEC APPLIANCES CORP 打印头实现多种色泽物料的切换
US2005173855A1 20040210 Stratasys 具有网格或多孔化的托盘，确保牢固
US2005129941A1 20050616 Stratasys 细丝，限定细丝的长度直径和偏差，实现高质量产品

图9 1989—2005年FDM技术路线演进

从图10可以看出，20世纪初期开始有人挖掘FDM在特殊产品的应用潜力❷，比如牙齿修复产品、耳机配件产品，FDM技术在耳机领域已经在产业界引起了巨大反响。与此同时，斯特拉特西斯公司继续优化设备的自动化程度❸，如端部的自动校准、端口的清洁、液化器的温度控制、液化器内部结构、产品成型后处理、防变形丝材，还有其他企业研究了支撑材料的处理方法❹，如清洗用流体与设备。从2012年开始，为了实现连续化生产，Makerbot公司开发了一系列的FDM连续加工技术❺，提高了加工效率；Makerbot还开发了互联网远程控制的FDM系统❻，适应了现代化的加工方式。

❶ US5866058A

❷ 分别是US6821462B2、DE102004051231A1

❸ 分别是US2007228592A1、US2008317894A1、US2012018924A1、US2013241102A1、US2008169585A1、US2012070619A1

❹ DE102009047237A1、JP2011005666A

❺ US2012059504A1

❻ US2012113473A1

耐克公司研究了将 FDM 技术用于打印鞋材，特别是鞋部件上的个性化饰品❶。这说明，FDM 技术不仅应用于家用和办公用的塑料产品原型设计，也开始往日用等专业用途深入发展，拓宽了 FDM 技术的应用范围。

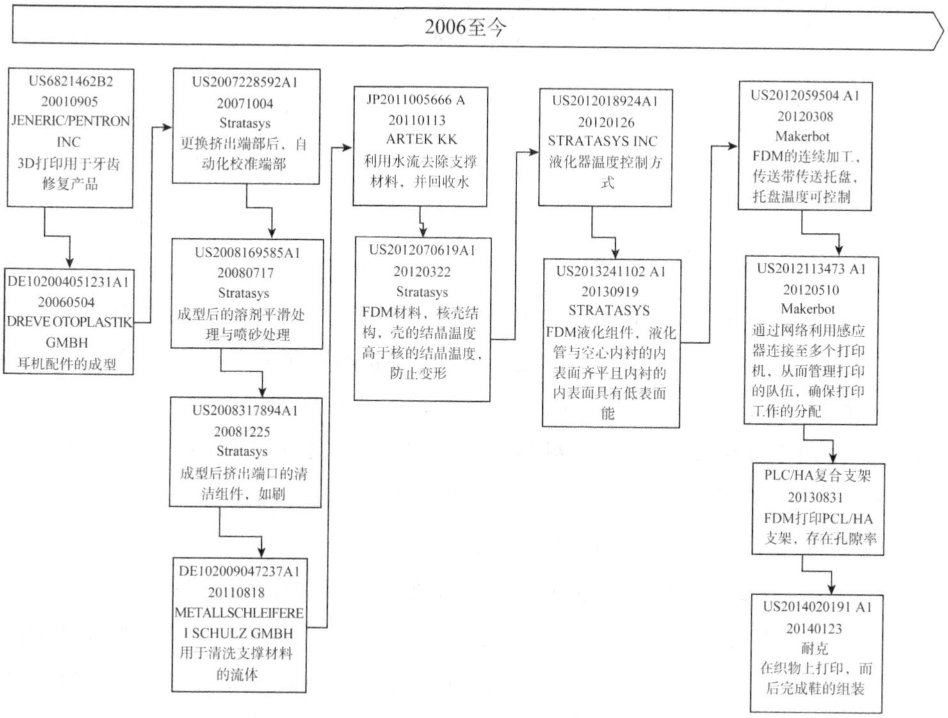

图 10　2006 年至今 FDM 技术路线演进

第三章　3DP 技术及其发展路线演进

3.1　3DP 技术基本工作原理与特点

3DP 技术，或称三维印刷技术借鉴了传统打印中的打印头喷射出黏合物，实现对固态粉末床（Powder Bed）的选择性固化，也称之为固体自由制造（Solid Freedom Fabrication，SFF）。

图 11 中显示典型的 3DP 技术示意图，首先利用粉末铺设设备铺设一层粉末，而后利用打印头喷射黏合剂，对特定区域的粉末进行黏合，在固化后的材料上再铺设一层粉末，反复进行直至得到所需的产品。

❶　US2014020191A1

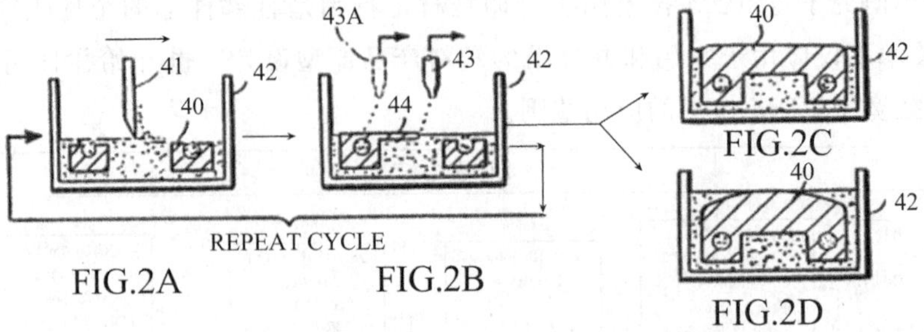

图 11　典型的 3DP 技术示意图

3DP 区别于其他技术的一个突出特征在于使用了粉末床或颗粒床，其次在于使用了技术上成熟的或者原理与喷墨打印技术类似的打印头（Print Head），另一个重要特征在于利用该打印头喷射出黏合剂（Binder），最后一个重要的特征在于打印过程中由于有未固化粉末的支撑，所以不需要打印额外的支撑部件，这一点区别于 FDM。

3DP 技术的上述特征使得其打印材料不再局限于 FDM 中的热塑性材料，3DP 可以用于塑料、陶瓷、金属等有机/无机材料，可以制造出用于各种用途的产品。

图 12 借助专利申请数量显示了 3DP 技术的发展历程，从 1989 年 MIT 建立 3DP 技术起的头十年，专利数量不足百件，这一阶段为 3DP 技术起始阶段，在这一阶段 MIT 迅速布局 3DP 设备及工艺方面的专利技术，强生等公司布局 3DP 技术制造医疗器械的专利技术。而到了 20 世纪的头十年，专利数量则比过去翻了一番，Z 公司等开始布局 3DP 的深度开发工艺，这一阶段为快速发展阶段，这一阶段使得 3DP 技术更为成熟，向产业应用迈出了一大步。而从 2011 年起至今的头六年，由于原始专利的到期，大批创新主体开始积极进入 3DP 领域并深入开发，专利申请量比过去的十年增长了近 2 倍，这是迅猛发展期，3DP 技术得到了更大的普及和深入的开发应用。

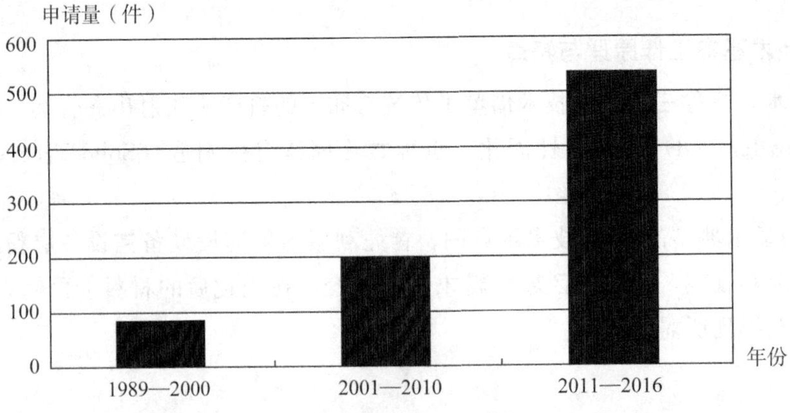

图 12　3DP 技术发展历程

可以预见的是，由于 3DP 技术对于打印材料的广泛选择性宽且打印精度高，必然会在产业界零件直接打印成型等方面获得更大的应用，取得更大的进步，具有更大的发展前景。

3.2　3DP 技术发展路线演进

从图 13 可以看出，1994 年公开了 MIT 提交的首件 MIT 专利，1995 年 MIT 就提出了完整的设备方案❶，特别是粉末供应设备、铺设设备、驱动设备，1996 年 MIT 提出了 3DP 加工后处理工艺❷，如通过打磨、开水沸腾法去除产品内部颗粒以及表面修饰方案。至此，MIT 提出完整的涉及原理、设备、后处理的全套方案。

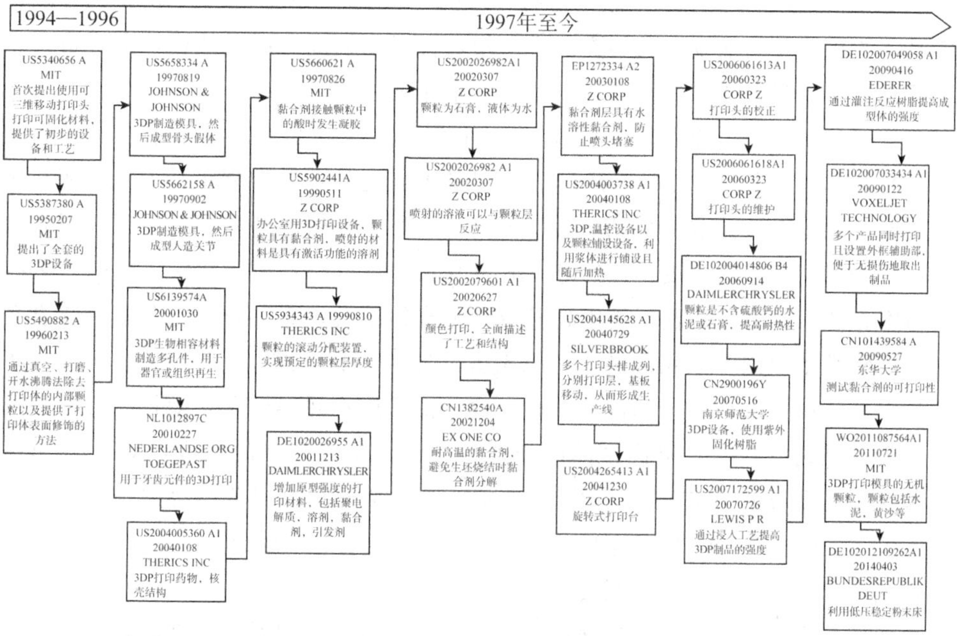

图 13　1994 年至今 3DP 技术路线演进

MIT 发明 3DP 时一个主要的设想在于提供一种快速制造（RP）原型模具的方法，从而实现高效率低成本的制造原型，减低产品的制造周期和成本。几乎与此同时，一个特别显著的现象在于，医疗器械公司敏锐察觉到了 3DP 打印技术在个性化、定制化医疗器械中的应用前景，很早就研究 3DP 在医疗器械领域的应用研究。3DP 医疗器械区别于 3DP 常规产品，一方面在于信息获取方式很特殊，如通过 CT，另一方面在于所需的材料特殊，如需要生物相容性好。1997 年，强生公司❸就开发了 3DP 骨头假体以及人造关节，MIT 自身开发了用于组织或器官再生的多孔支架❹。2001 年，3DP 牙齿元件❺技术被开发出来，2004 年药物❻的 3DP 打印被 Theric 开发出来。

---

❶ US5387380A

❷ US5490882A

❸ 分别是 US5658334A、US5662158A

❹ US6139574A

❺ NL1012897C

❻ US2004005360A1

3DP技术被开发出来后，首先要面对的问题在于喷头的堵塞问题，这一问题是由黏合剂常温下易固化的特性造成的，传统的油墨打印由于打印的是油墨，几乎不存在这一问题。1997年开始，很多发明人从打印材料角度入手解决喷头堵塞问题❶，MIT提出了使用当与颗粒中的酸接触才开始凝胶的黏合剂；Z公司提出颗粒本身具有黏合剂，喷射的物质为具有激活黏合功能的溶剂。此外，需要面对的问题在于粉末或颗粒的铺设问题，因此铺设的厚度和状态影响产品的制造质量❷，Theric提出了一种滚动分配装置且可以精确实现预定厚度的颗粒层的铺设，其还提出了使用具有颗粒的浆体进行铺设，实现精确颗粒层铺设；还有德国发明人提出低压环境下稳定粉末床的技术。

对于打印材料，除了克服堵塞喷嘴外，问题还在于3DP产品孔隙率相对较高，需要努力提高产品的强度❸，使其尽可能满足使用需求，此外还需要降低材料成本❹，满足低成本制造设计原型等的需求。戴勒姆公司提出了一种具有聚电解质、黏合剂、引发剂等的打印材料，增加了产品的强度；Z公司提出喷射的溶液可与颗粒层化学反应的工艺，提高了产品强度；Exone公司开发了用于高温模具制造的不会在高温环境下分解的黏合剂；南京师范大学研发了使用UV树脂的工艺和设备，提高产品强度和品质。Z公司提出了使用石膏作为颗粒，使用水作为打印液体，极大地降低了成本并得到了普及推广；戴勒姆公司提出了不含硫酸钙的石膏，提高产品的耐热性。为了提高产品的强度，MIT提出了使用水泥、黄沙作为颗粒的3DP方案，原料成本低廉。除了使用特殊黏合剂等材料外，还可以通过渗入（Infiltration）工艺实现。Ederer和Lewis分别❺提出了对3DP产品浸入树脂的方案，提高了产品的机械力学强度。

除此之外，发明人还提出了诸多的自动化、连续化、辅助性技术❻，如Z公司的打印头校正和维护技术、Z公司的旋转式打印台、Silverbrook的连续化流水线生产设计、东华大学的黏合剂可打印性测试方案、Voxeljet的通过打印外部辅助件从而无损伤取出产品技术。

第四章　SLS技术及其发展路线演进

4.1　SLS技术基本原理与特点

SLS是以激光为热源对粉末层进行烧结的技术，其利用激光的光束集中性和高能量性，对高分子、金属、陶瓷等粉末进行精密的层层加工。

---

❶ 分别是US5660621A、US5902441A

❷ 分别是US5934343A、US2004003738A1、DE102012109262A1

❸ 分别是DE1020026955A1、US2002026982A1、CN1382540A、CN2900196Y

❹ 分别是US2002026982A1、DE102004014806B4、WO2011087564A1

❺ 分别是US2007172599A1、DE102007049058A1

❻ 分别是US2006061613A1、US2004265413A1、US2004145628A1、CN101439584A、DE102007033434A1

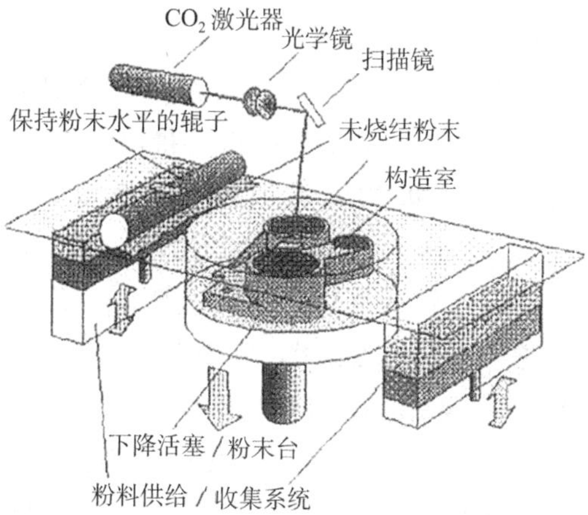

图 14　典型的 SLS 技术示意图

从图 14 可以看出，SLS 加工过程是由铺料辊将粉末状的材料均匀铺设在已成型零件的上表面；由高强度的激光器，如 CO_2 激光器在刚铺设的新层上扫描出零件界面，粉末材料在高强度的激光照射下被烧结在一起，并与已成形的部分粘结；当一层截面烧结结束后，工作台即下降一个层的厚度的距离，此时铺料辊又在已成形的上表面铺上一层均匀密实的粉末，烧结新一层截面，直至完成整个造型。

SLS 属于选择性固化，跟 3DP 一样由于未烧结粉末的支撑作用，SLS 也不需要单独的支撑材料。SLS 的材料范围很宽，任何受热粘结的粉末材料都有被用作 SLS 的可能性，早期的 SLS 主要使用塑料粉末，由于市场前景和技术前景两方面显而易见的原因，科技工作者近几年对金属和陶瓷粉末的烧结工艺投入了很大的研究精力。

图 15 以专利申请数量的形式展示了 SLS 技术的发展历程，SLS 技术由于对设备要求较高，因此技术门槛也相应较高，自 1989 年出现 SLS 技术以来，专利申请一直较为平稳，申请人局限于具有雄厚实力的大公司或研发机构，但是必须看见 SLS 技术在工件直接成型等方面具有广阔的应用前景，随着大功率激光器成本的降低，SLS 技术必然能够得到更加广阔的开发和应用。

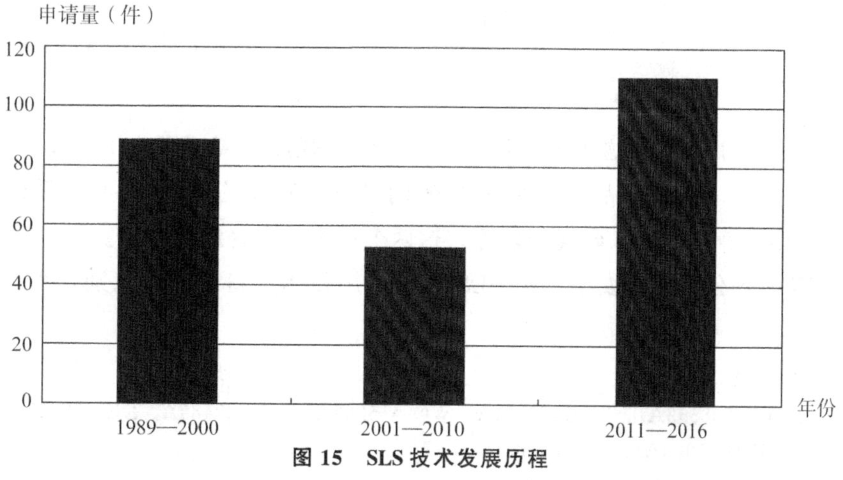

图 15　SLS 技术发展历程

4.2 SLS 技术发展路线演进

SLS 工艺最初由美国德克萨斯大学奥斯汀分校的 Carl Deckard 于 1989 年在其硕士论文中提出，并申报了专利。美国 DTM 公司于 1992 年推出了该工艺的商业化生产设备 SinterStation。几十年来，奥斯汀分校和 DTM 公司在 SLS 领域取得了丰硕成果。德国 EOS 公司在这一领域也做了很多研究工作，并开发了相应的系列成型设备。

从图 16 可以看出，自 1989 年德州大学受此提出 SLS 之后，1991 年德州大学就提出了使用混合材料或包覆材料进行烧结的方案❶，其中一种材料在激光下发生粘合作用，提高了扫描的效率和产品致密度，这一方案得到极大的推广。在提出这两个基础性的方案后，DTM 等公司开发了很多优化方案❷，这些方案针对防止成型过程中变形、未烧结颗粒的回收、自动化技术控制技术等方面，如使用环形辐射件均匀加热防止变形、提高激光的聚焦性减少温差、稀有气体吹扫回收粉末、自动扫描校正、烧结点自动控制、定量给料等。

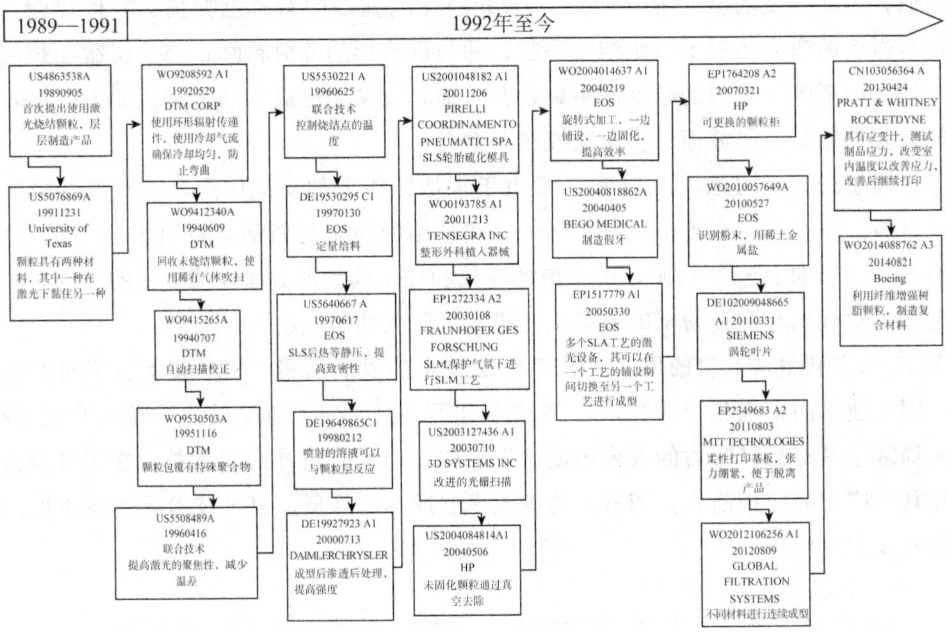

图 16 SLS 技术演进路线

SLS 技术的一个突出问题在于孔隙率过高，使得强度不高，影响了金属产品的使用，为了提高产品强度，克服产品孔隙率过高的问题，EOS 等公司开发了一系列后处理技术❸，特别是热等静压、渗入金属处理等，这两个技术得到普遍的使用。

此外，EOS 等公司还开发了多个 SLS 设备联用技术、粉末材质识别技术、可更换的

---

❶ US5076869A

❷ 分别是 WO9208592A1、WO9412340A、WO9415265A、US5508489A、DE19530295C1

❸ 分别是 DE19927923A1、US5640667A

颗粒柜等❶，实现产品加工效率的提高。

由于金属件等在产业上的巨大前景❷，发明人积极开发了特殊用途的 SLS 技术，如 SLS 制造轮胎硫化模具、涡轮叶片。对于塑料件，波音等公司开发了纤维增强颗粒用于制造复合材料。

第五章　EBM 技术及其发展路线演进

5.1　EBM 技术基本原理与特点

EBM 是一种新兴的先进金属快速成型制造技术，其类似于 SLS，是利用电子束在真空室中逐层熔化金属粉末，制造出金属零件。典型结构如图 17 所示：

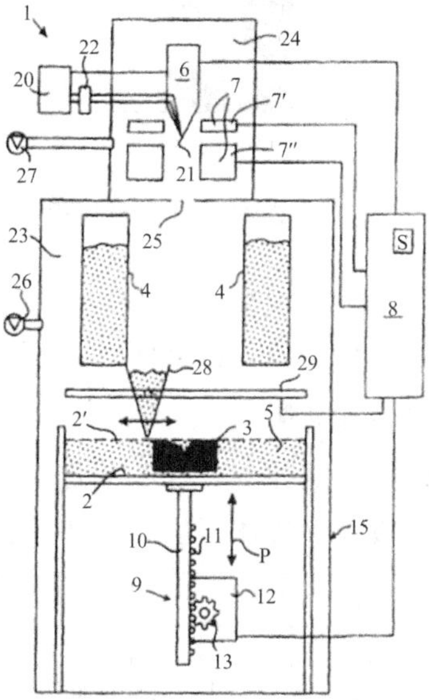

图 17　典型的 EBM 技术示意图

如图 17，当 EBM 操作时活塞下降一个层厚的距离，在底板或已成型零件的上表面铺一层粉末，然后电子束选择性扫描并熔化截面内的粉末，完成一层的成型；重复以上过程，直到零件分层成型全部完成。

相对于激光，电子束能量密度高，材料对电子束能量几乎全部吸收、没有反射，成型件完全致密，无须提高致密度的后处理，目前 EBM 对 316L 不锈钢、钛合金、镍基高温合金等难成型金属研究很深入，这在航空航天、医学植入体方面有很好的应用前景。由于成型在真空环境下进行，EBM 技术在成型钛合金等氧敏感材料方面有很大的优势。

图 18 以专利申请量的方式显示了 EBM 技术的发展历程，可以看出自从 2000 年阿卡

❶　分别是 EP1517779A1、WO2010057649A、EP1764208A2

❷　分别是 US2001048182A1、DE102009048665A1、WO2014088762A3

姆公司提出了 EBM 技术以来，截至 2010 年，EBM 技术的申请量一直保持稳定，但是自从 2011 年至今申请量实现了巨大的飞跃，这一飞跃的原因在于 EBM 技术对于工件直接成型的价值越来越被清晰地认识，EBM 技术得到越来越深入的开发和广泛的应用。

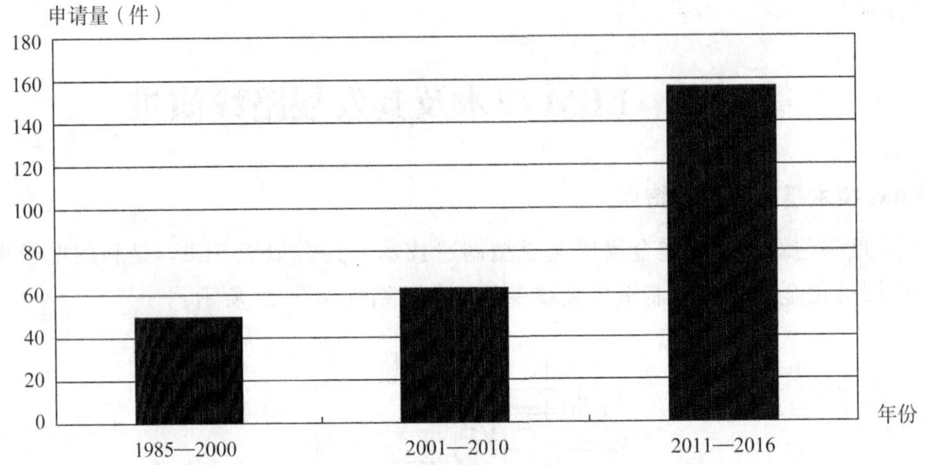

图 18　EBM 技术发展历程

5.2　EBM 技术发展路线演进

从图 19 可以看出，Arcam 公司在 2000 年提供了完整的设备和工艺方案后，在设备构件升级和自动化控制方面做了很多改进❶，比如粉末床的温度控制避免产品变形，真空室的供料、扫描方法、活塞提升机构的监控等，这些改进目的都是基于提高设备操作性能。除此之外，Arcam 还提出了导入反应性气体，从而提高产品结构强度的方案❷。

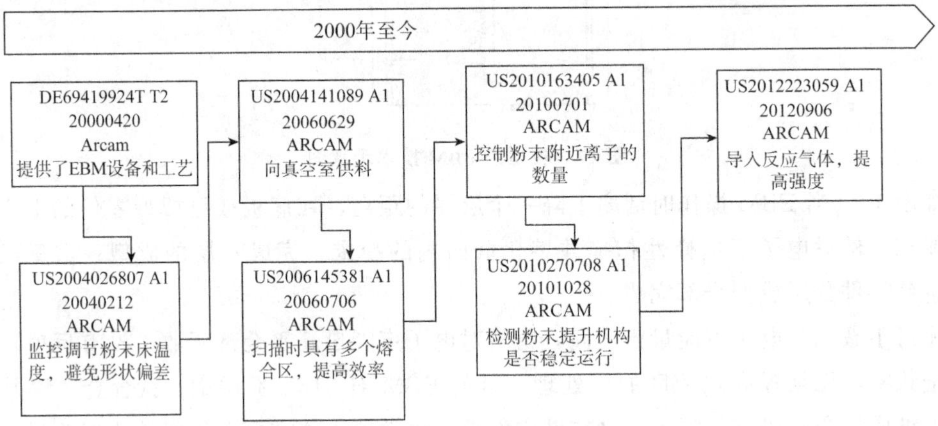

图 19　EBM 技术路线演进

EBM 的加工设备由 Arcam 公司占主导地位，来源很单一，其他发明人主要是对工艺和

❶ 分别是 US2004026807A1、US2006141089A1、US2006145381A1、US2010163405A1、US2010270708A1

❷ US2012223059A1

用途做出一定创新，相信随着技术的发展会有更多的创新主体投入到 EBM 设备和工艺上来。

第六章　SLA 技术及其发展路线演进

6.1　传统 SLA 技术基本原理与特点

传统的 SLA 是一种选择性固化技术，其利用紫外光选择性固化每一层 UV 树脂。

从图 20 可以看出，传统的 SLA 技术中将打印平台浸入液态 UV 树脂一定厚度，用 UV 光选择性固化一区域，而后降低平台高度，使得新的液态 UV 树脂层覆盖在固化区域上，继续进行固化，反复进行直到得到整个产品。

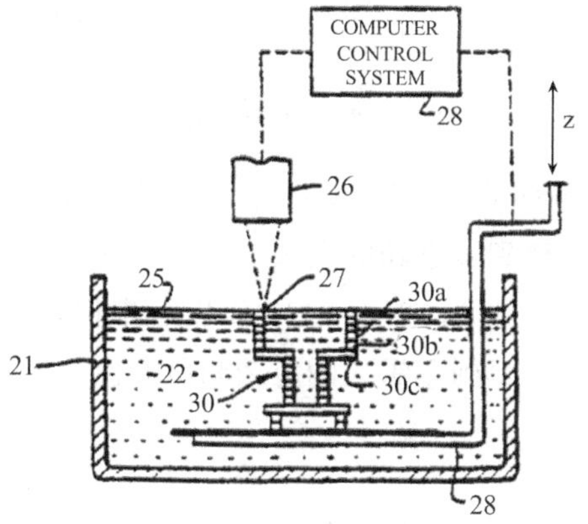

图 20　传统 SLA 技术示意图

由于 SLA 技术中使用的是 UV 树脂，因此 SLA 技术也称为立体光刻技术。

6.2　传统 SLA 技术发展路线演进

从图 21 可以看出，自从 3D Systems 于 1990 年第一次提出 SLA 技术以来，接下来的十年间，该公司主导了 SLA 技术的演进。由于 UV 树脂普遍存在固化后形变现象，该公司提出在液态介质❶，如水中进行后固化防止变形。同时，该公司提出了一系列的自动化控制技术、构件的改进技术❷，如液面高度的自动测量与控制、产品的清洗、设备的校正与取准等。然而，2000 年后由于立体光刻技术相比其他成型工艺存在材料昂贵、变形性大的问题，因此 2000 年后很少出现改进的技术方案。近几年出现了零星的改进❸，如打印平台的改进、光源以及树脂添加剂的改进等。

---

❶　EP0355944A1

❷　分别是 US5258146A、US5248456A、US5495328A

❸　分别是 US2011313560A1、US2013292862A1、WO2013167448A1

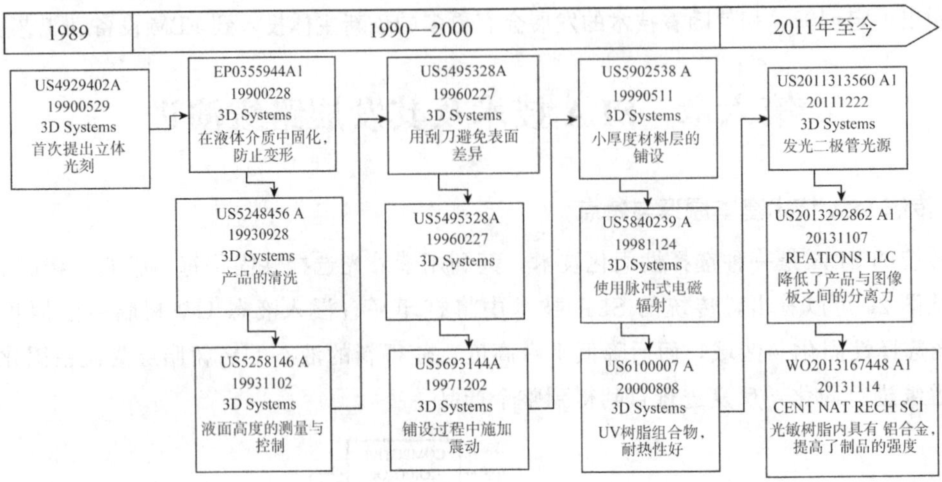

图21　传统SLA技术路线演进

图22以历年专利申请数据的方式展示了SLA的技术发展历程，可以看出自1985年SLA技术出现以来，该技术得到了蓬勃的发展，其中1985—2005这20年间专利申请量较为平稳，未出现较大的申请量起伏，然而2010年以后申请量猛烈增加，这一现象的原因在于原始专利到期，SLA技术得到了深入的应用和研究。

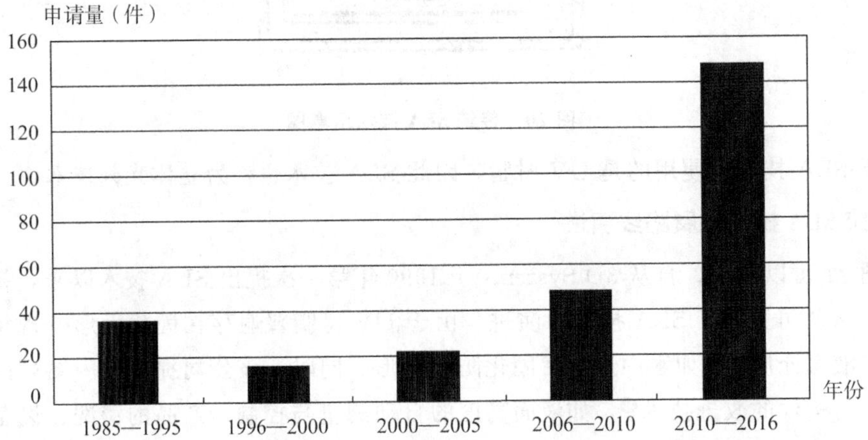

图22　SLA技术发展历程

此外，根据前文分析，传统的SLA技术在2000年后并未出现很多的申请量，然而从图22可以看出2000年后SLA技术的专利申请量开始增长，这一现象的突出原因在于Polyjet工艺的出现，以下对Polyjet工艺进行介绍。

6.3　Polyjet技术基本原理与特点

在传统SLA缺席的十多年间，出现了另一种使用UV树脂的打印工艺，也称为Polyjet工艺，该工艺具有较好的打印精度，在产业界得到很大的推广。

从图23可以看出，Polyjet工艺中利用打印头选择性沉积各个截面的图案，随后用

UV 光进行固化，反复进行直到形成最终产品。Polyjet 技术同 FDM 一样，需要打印支撑材料支撑悬空部。

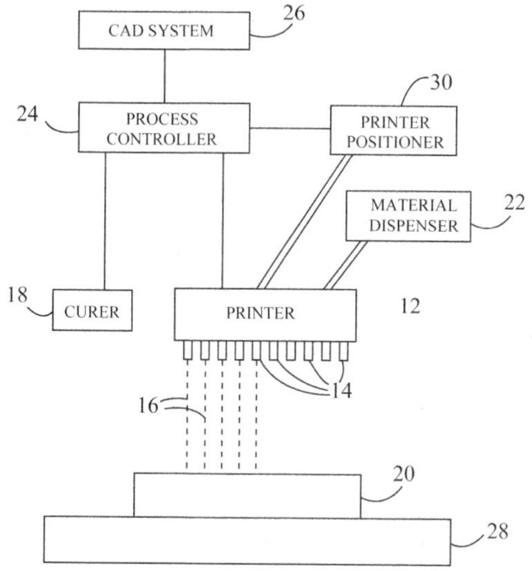

图 23　典型 Polyjet 技术示意图

Polyjet 工艺属于选择性沉积，自从 2000 年以色列的奥布杰特首次提出该方案以来，得到了包括 3D Systems 在内的广泛关注，获得巨大的发展。

6.4　Polyjet 技术发展路线演进

从图 24 可以看出，奥布杰特于 2000 年率先提出 Polyjet 技术，随后开发了多喷头材料混合成型技术❶，根据产品各个部位的需要选择混合的比例，这极大拓展了设备及其制造产品的功能性。此外，为了提高产品尺寸的精确性，提出了❷材料层的水平化处理方案以及层厚控制方案。

跟其他打印技术相似，大量的改进集中于原材料与自动化控制技术。其中 3D System 提出了 UV 可相变材料❸，即沉积后发生凝固的 UV 树脂，提高了产品的精确性。亨斯曼（Huntsman）则改进了可打印及可完全固化的阳离子固化树脂组合物❹，扩展了 UV 树脂的类型。奥布杰特还开发了打印头校正、产品参数错误纠正等自动化控制技术，并对托盘对产品形变的影响进行了研究❺。

可以看出，Object Geometries 在 Polyjet 技术设备和工艺开发上占据主导，而 3D Systems 通过收购亨斯曼的光敏树脂业务在 Polyjet 的原料领域占据了很大的影响力。

❶ WO0126023A1

❷ 分别是 WO0153105A2、US2010121476A1

❸ WO03029366A1

❹ WO03099947A1

❺ 分别是 WO2004024447A3、US2006206227A1、US2008110395A1

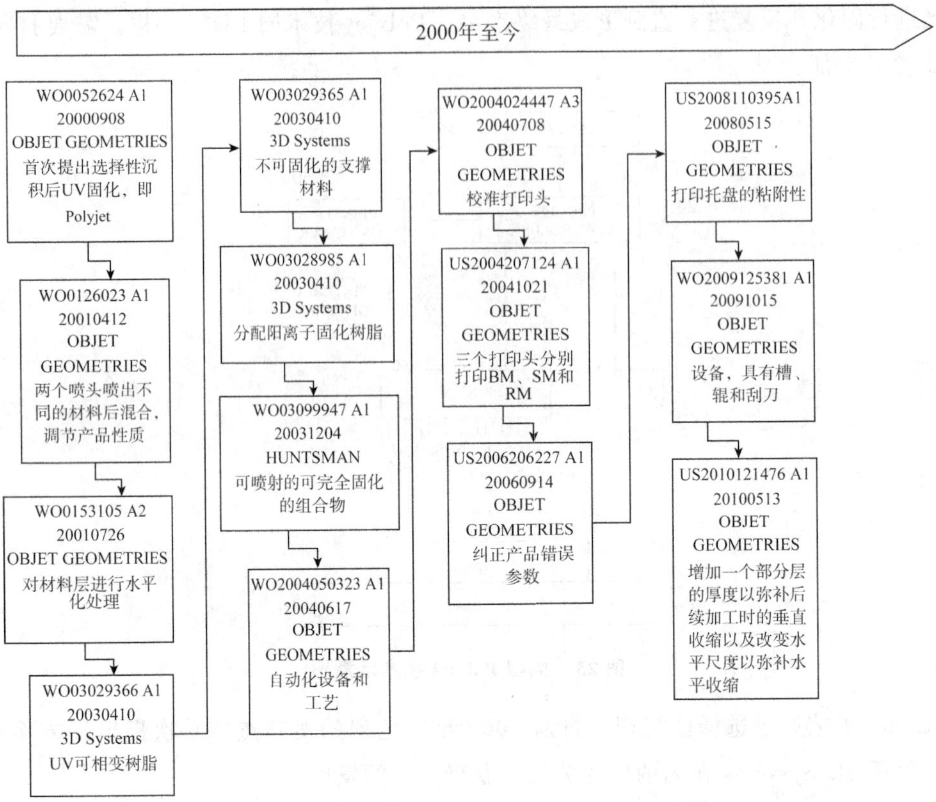

图24 Polyjet技术路线演进

第七章 结论

3D打印技术相比传统制造技术极大地降低了原料成本、设备成本和时间消耗，由于3D打印，头脑中的创意可以轻松地转变为产品，因此能够极大地改变产业界以及整个社会的格局。3D打印技术主要包括FDM、3DP、SLS、EBM、SLA，这些技术各有特点，几乎可以替代目前绝大多数的传统制造技术。相信随着智能制造的进一步发展成熟，新的信息技术、控制技术、材料技术等不断被广泛应用到制造业领域，3D打印技术也将被推向更高的层面。

参考文献

[1] 李晓丽，马剑雄，李萍. 3D打印技术及应用趋势［J］. 自动化仪表，2014，35（1）：1－5.

[2] 张学军，唐思熠，肇恒跃. 3D打印技术研究现状和关键技术［J］. 材料工程，2016，44（2）：122－128.

[3] 王雪莹. 3D打印技术与产业的发展及前景分析［J］. 中国高新技术企业，2012，（9）：3－5.

[4] 肖承翔，李海斌. 国内外增材制造技术标准现状分析及发展建议［J］. 中国标准，2015，（3）：74－75.

［5］赵剑峰，马智勇，谢德巧．金属增材制造技术［J］．南京航空航天大学学报，2014，46（5）：676－683．

［6］黄因慧，田宗军，高雪松．难加工材料激光快速成型的研究现状与展望［J］．航空航天技术，2010，（21）：26－29．

［7］王锦阳，黄文华．生物 3D 打印的研究进展［J］．分子影像学杂志，2016，39（1）：44－62．

［8］林山，严庆水，张余．数字化珊瑚羟基磷灰石人工骨的制备及性能研究［J］．中国矫形外科杂志，2010，18（24）：2082－2086．

［9］阚文斌，林均品．增材制造技术制备钛合金的研究进展［J］．中国材料进展，2015，34（2）：112－119．

［10］王忠宏，李扬帆，张曼茵．中国 3D 打印产业的现状及发展思路［J］．经济纵横，2013，（1）：90－93．

［11］陈从平，王小云，黄杰光．增材制造制备骨组织工程支架研究进展［J］．机械设计与制造，2016，（2）：270－272．

［12］王文涛，刘燕华．3D 打印制造技术发展趋势及对我国结构转型的影响［J］．科技管理研究，2014，（6）：22－30．

专用设备制造业

救援机器人专利发展技术综述

严冬明

第一章　引言

救援机器人，即为救援而采取先进科学技术研制的机器人，是机器人领域的一个重要应用分支。近年来多发的自然灾害，如地震、火灾，人为的恐怖活动，SARS、禽流感等生化病毒和有毒物质、辐射性物质带来的恐怖，威胁着人类的安全。虽然人类面对各种灾难的警觉和反应能力有所提高，但在处理破坏性灾难事件时，还是准备不够充分，很多人依然死于不专业、不及时的救援活动。在 20 世纪 80 年代以前就有人开始从事将机器人应用于灾害搜救工作的理论研究。1995 年发生在日本神户、大阪的大地震及之后发生在美国俄克拉荷马州的阿尔弗德联邦大楼爆炸案揭开了救援机器人技术研究的序幕。机器人在“9・11”事件中的成功应用，引起了人们对救援机器人的研究热潮。近年来，世界各国从安全战略的角度在研究救援机器人系统上投入大量精力，救援机器人也从理论和实验研究阶段向实用化方向发展，在突发事件的救援任务中发挥越来越重要的作用。将机器人技术、营救行动技术、灾难学等多学科知识有机融合，研制与开发用于搜寻和营救的救援机器人是机器人学研究中一个重要且具有挑战性的新领域。图 1 示出了常见的救援机器人。

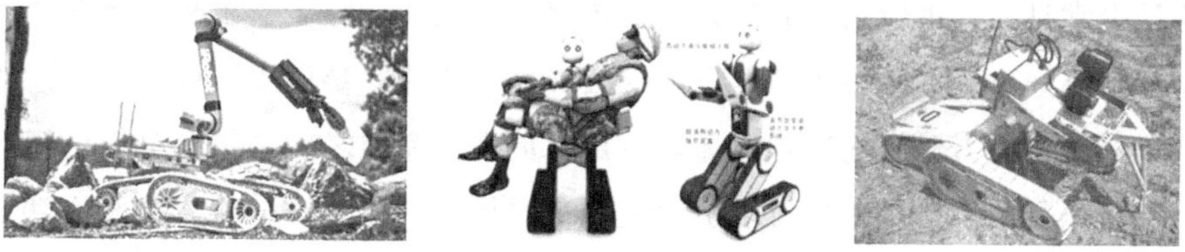

图 1　常见的救援机器人类型

根据灾难发生的时间，灾难救援可以分为灾前救援、灾时救援与灾后救援三个阶段。每个阶段救援工作都面临着两个问题：环境的复杂性和环境的危险性，如随时会引发爆炸的火灾现场，有易燃、易爆或剧毒气体存在的现场，地震后存在易二次倒塌的建筑物的现场。施救人员无法深入进行侦察或施救，人们急于探知灾难现场的内部险情，但又不敢或无法接近或进入灾难现场。此时，救援机器人的参与，可以有效地提高救援的效率和减少施救人员的伤亡，它们不但能够帮助工作人员执行救援工作，而且能够代替工作人员执行搜救任务，在灾难救援中起着越来越重要的作用。

第二章　救援机器人技术概述

灾难环境具有不确定、不可预知的特点，灾难救援机器人系统的自主性、灵活性、冗余性、容错性、可靠性、实用性和耐用性是救援机器人应用时的关键问题。灾难救援机器人在使用过程中，不可避免地利用遥控和监控技术、人机交互、多传感器技术、导航定位技术、机器智能、网络技术、多智能体协调控制技术，以及针对灾难现场特殊环境的相关技术等。

由于实际生产生活中，救援机器人所面对的救援环境千差万别，因此，运行在不同环境的救援机器人的尺寸、结构、驱动形式等也各有不同。救援机器人不仅能够用于城市救援、消防、公安、采矿和环保等领域，同时在国防、军事和星球探测等方面也有着良好的应用前景。救援机器人主要应用场合分布如图2所示。

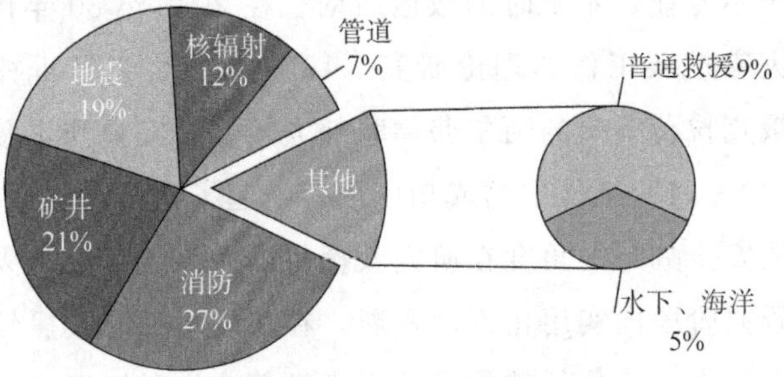

图2　救援机器人应用场合分布

从图2可以看出，救援机器人主要用于消防、矿井和地震的实际场合中，这些环境也是现实生活中常见的灾难情景。如矿井中主要存在着瓦斯、煤尘、顶板、火和水等五大灾害，其中瓦斯爆炸事故危害最大，约占煤矿灾害性事故的一半以上。同时，在发生地震自然灾害后，建筑物的力学结构遭到破坏，救援人员进入废墟之中必须时刻提防随时可能落下的碎块，在进行救援工作时也可能引起废墟二次坍塌，给救援人员自身和废墟下被困的幸存者造成伤害。

对于救援机器人整体结构设计的研究，从救援机器人被提出的伊始就成为研究的焦点，通过对救援机器人技术的专利文献收集、标引和梳理，对涉及救援机器人结构形式领域的专利文献样本的分析可知，救援机器人的研究重点包括五个主要方面：控制系统、运动机构、路径规划、环境建模以及感知功能，具体参见图3。

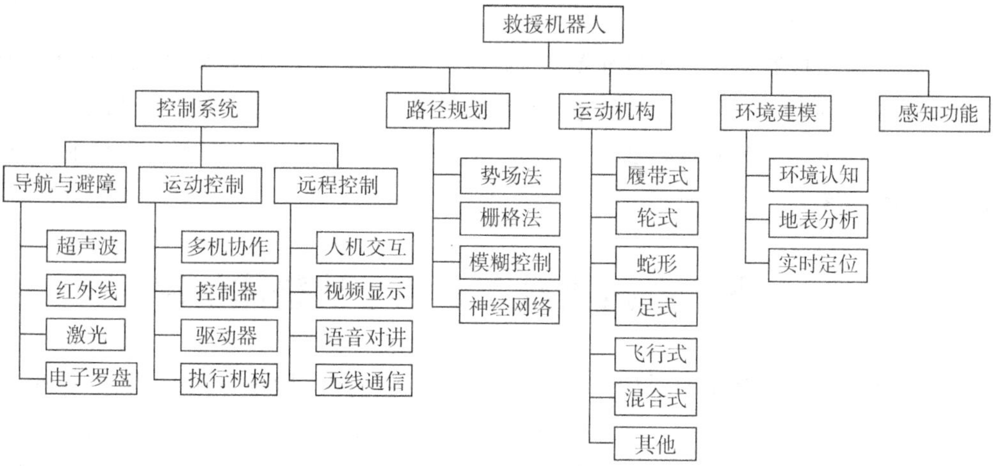

图 3　救援机器人技术分解

（1）控制系统。

机器人的控制系统是机器人的大脑，是决定机器人功能和性能的主要因素。机器人控制系统的主要任务就是控制机器人在工作空间中的运动位置、姿态和轨迹及动作的时间等，具有编程简单、软件菜单操作、人机交互界面、在线操作等特点。

（2）路径规划。

路径规划根据机器人所感知到的工作环境信息，按照某种优化指标，在起始点和目标点规划出一条与环境障碍无碰撞的路径。按机器人获取环境信息的方式不同，主要有应用于结构化环境的基于模型的路径规划，规划方法有栅格法、可视图法、拓扑法等；以及用于非结构化环境的基于传感器信息的路径规划，方法有人工势场法、确定栅格法和模糊逻辑算法等。

（3）运动机构。

灾难现场一般地形复杂、环境恶劣，尤其是爆炸火灾现场，各种设备错乱翻倒，致使环境更加复杂，形成了空间受限的复杂的非结构环境。救援机器人必须具有较强的适应复杂地形和高越障性能的运动机构，具有高越障性能运动机构是救援机器人关键技术之一。

（4）环境建模。

三维场景识别与建模对机器人人机交互系统和机器人的自主运动非常重要。对于结构化和准结构化环境，机器人通过三维场景识别与建模来实现机器人定位和运动规划；对于非结构环境或者动态环境，机器人需要学会正确的描述场景以适应环境和在环境中移动。因此，救援机器人只有解决自身定位、环境建模和地图构建等问题，才能在复杂的救援现场通过自主或半自主导航，完成运动和救援任务。通常机器人通过将各类传感器对环境的感知转化为机器人对环境的认知，并从中获取位置和环境信息，以服务于机器人的运动导航。

（5）感知功能。

传感器是救援机器人感知外部世界的直接手段。救援机器人的探测感知系统主要是通过传感器采集各种信息，并对这些信息进行融合处理，将通过不同传感器获取的信息统一到机器人平台，形成机器人对外部环境完整、统一的感知和认识，完成自主导航、避障、避险、救援的任务。

第三章　救援机器人专利申请整体情况

本文中所有专利数据是通过中国专利文摘数据库（CNABS）、世界专利文摘库（SIPOABS），采用分类号（B25J、B62D 等）与关键词（救援、搜救、救灾、抢险等）相结合的方式检索得到的样本，并通过 CNTXT 数据库、德温特世界专利索引数据库（DWPI）查漏补缺，检索截至 2016 年 5 月 13 日公开的救援机器人的专利申请。

3.1　全球主要国家专利申请分布情况

在具体分析国内救援机器人专利申请状况以及相关技术发展状况时，需要先了解全球主要国家专利申请的情况。

图 4 示出了 1980—2016 年救援机器人的全球主要国家专利申请分布。分析图 4 可以得出救援机器人在全球的专利申请分为三个阶段。

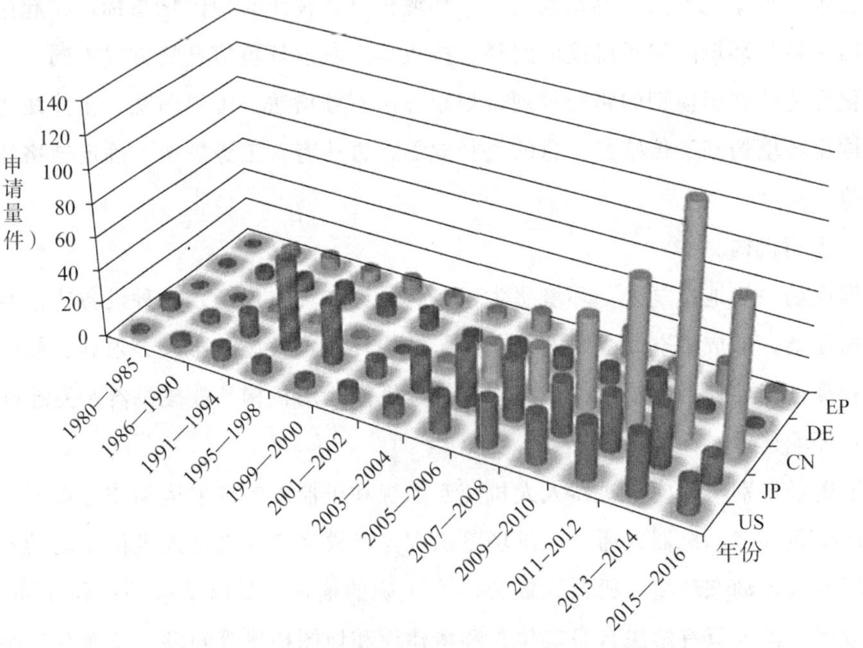

图 4　主要国家专利申请分布情况

（1）1995 年以前（初步发展阶段）：国外申请量较少，处于起步阶段，国外研究人员开始从理论上对机器人应用于灾害搜救工作进行相关研究，而中国在这方面没有相关研究。

（2）1995—2005 年（平稳增长阶段）：在这一阶段，申请量稳步上升，救援机器人的早期申请主要集中在日本，这与日本多自然灾害有关，这方面的基础研究较多，日本在 20 世纪 90 年代至 21 世纪初，申请量呈抛物线式的发展趋势，这与日本经历的一场近十年的经济危机有关，虽然对相关救援机器人的基础技术研究还是有一定投入，但随着整体经济增长持续低迷，相关的基础研发也出现了停滞现象；2000—2005 年，中国逐渐出现有关该技术的申请，但增长势头不大，处于起步阶段，国外的申请量呈现逐年递增的趋势。

（3）2006 年至今（成熟阶段）：2006 年后，世界各国出于安全战略的角度考虑在研究救援机器人系统上投入大量精力，救援机器人也从理论和实验研究阶段向实用化方向发展，在突发事件的救援任务中发挥越来越重要的作用。其中，2009—2016 年，中国在这方面的申请量高于国外，增长幅度较大，属于技术发展期，中国市场逐步打开，另外也能体现国内在这一领域的重视程度在上升，国外的申请量浮动不大，处于稳定阶段。其中 2016 年的申请量出现下降趋势，这是由于部分申请尚未公开。

3.2 国外专利申请重要申请人分析

国外关于救援机器人专利申请最多的前三名分别是日本、美国、德国，这些国家的专利申请都比较活跃，是救援机器人的主要研发和竞争区域。同时由图 5 可知，国外关于救援机器人的申请人主要集中在公司，占 52%，由于该领域研究需要较久的研究周期，公司企业在技术、人力和财力上有充足的保障，因此申请量居高不下；但是个人申请也占据了较大的比例，这说明虽然救援机器人技术的专利申请量较多，但将救援机器人实际运用到现实中的还是相对较少。

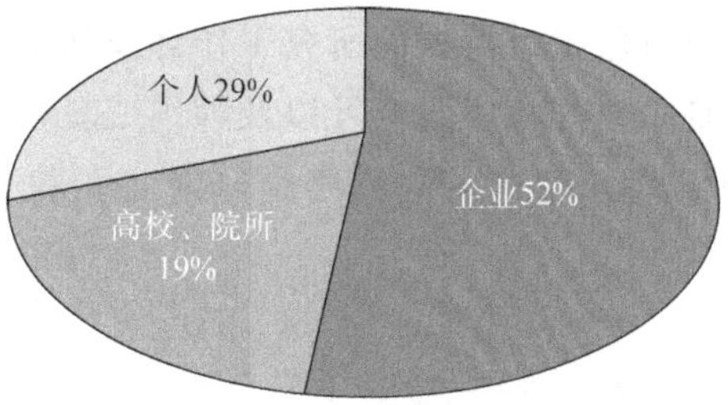

图 5　国外申请人分布

对国外救援机器人主要申请人的相关专利申请按照申请人的申请总量做进一步分析，按照申请总量进行排名，取前十位申请人进行分析，如图 6 所示。

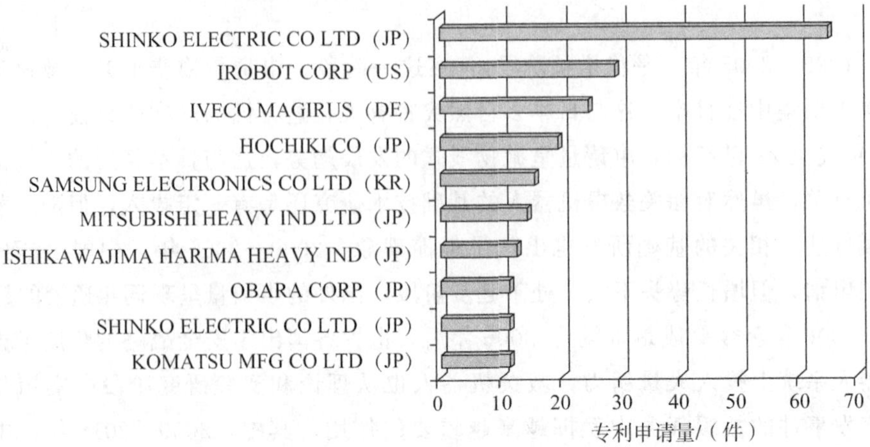

图6　国外专利申请量排名前十位的申请人

由图6分析可以得出，排名前十位的申请人分别是：（1）日本能美消防设备有限公司；（2）美国IROBOT公司；（3）德国马基路斯公司；（4）日本报知机株式会社；（5）韩国三星电子公司；（6）日本三菱重工；（7）日本石川岛播磨重工业公司；（8）日本小原机电株式会社；（9）日本神钢电机株式会社；（10）日本小松制造株式会社。

由此可以看出，申请人主要集中在日本、美国和德国的一些大型公司，这也表明日本、美国和德国在救援机器人市场领域占据着领导地位，发展水平较为先进，其中日本的能美消防设备有限公司和美国IROBOT公司申请专利量最多，其次是德国的马基路斯公司，能美消防设备有限公司和马基路斯公司都是行业内的消防设备产品的龙头企业，而美国IROBOT公司是一家机器人产品和技术专业研发公司，发明各型军用、警用、救难、侦测机器人，这些公司对救援机器人的研究工作都投入了大量的人力和物力，并取得了一定的成绩。另外，日本报知机株式会社以及韩国三星电子公司也紧随其后，由于三星在机器人领域和电子传感方面有一定的研究，因此在救援机器人领域也有一定的涉及。

3.3　国内申请人分析

图7示出了国内申请人分布情况。从图中可以看出，高校申请占有明显优势，这和国家关于机器人发展规划的政策有关。《国家中长期科学和技术发展规划纲要（2006—2020年）》把智能服务机器人列为未来15年重点发展的前沿技术，并于2012年制定了《服务机器人科技发展“十二五”专项规划》支持行业发展，为救援机器人在中国的发展提供了良好平台。

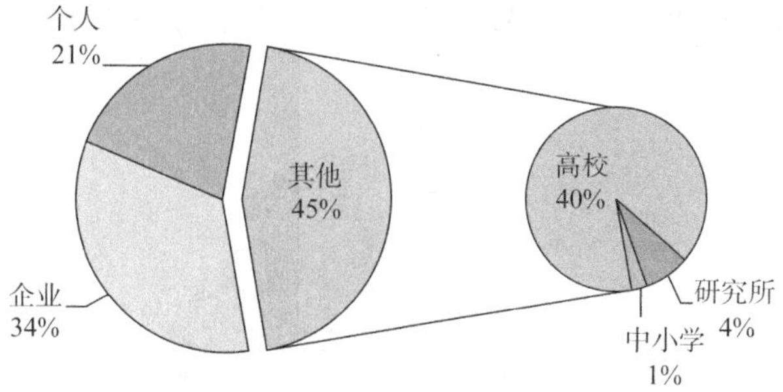

图 7　国内申请人分布

对国内救援机器人主要申请人的相关专利申请按照申请人的申请总量做进一步分析，按照申请总量进行排名，取前十六位进行分析，如图 8 所示。

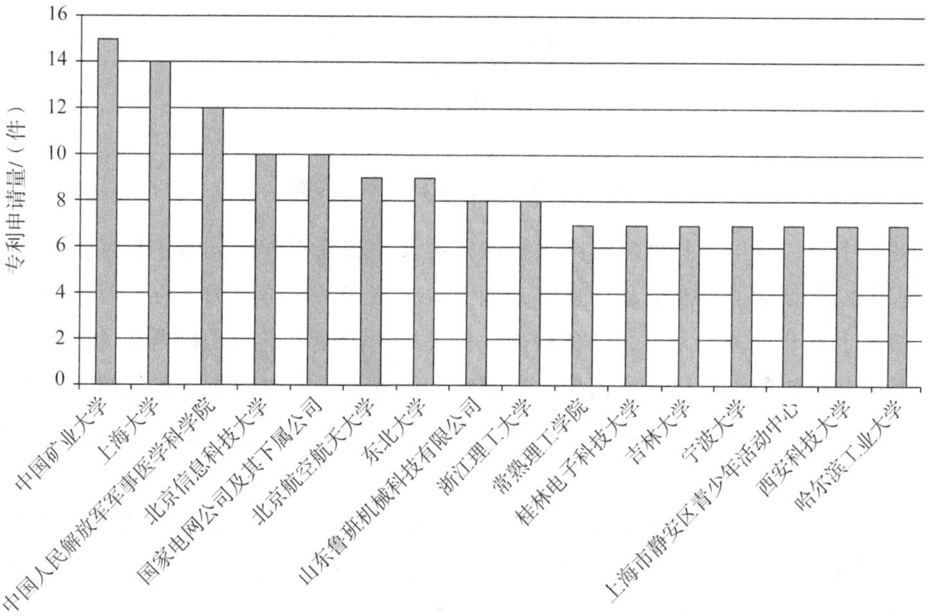

图 8　国内专利申请量排名前十六位的申请人

由图 8 分析可以得出，国内专利申请量排名前十六位的申请人中，高校占了绝大多数，其中中国矿业大学和上海大学的申请量较多，对于企业来说，国家电网及其下属公司和山东鲁班机械科技有限公司在救援机器人技术领域申请量也较多，在进行申请人的申请量统计分析时，虽然国内的企业和个人总体申请量较多，但都比较分散，说明国内的救援机器人处于实验研发阶段，并未形成系统的研发思路，尚未大量投入到市场中应用。

第四章　救援机器人重要技术分支发展路线

由于救援机器人除了机械结构设计外，还存在众多关键技术，如定位和导航及多传感器融合，还涉及控制系统的设计、信号的采集和反馈等，救援机器人关键技术的分布如图9所示。

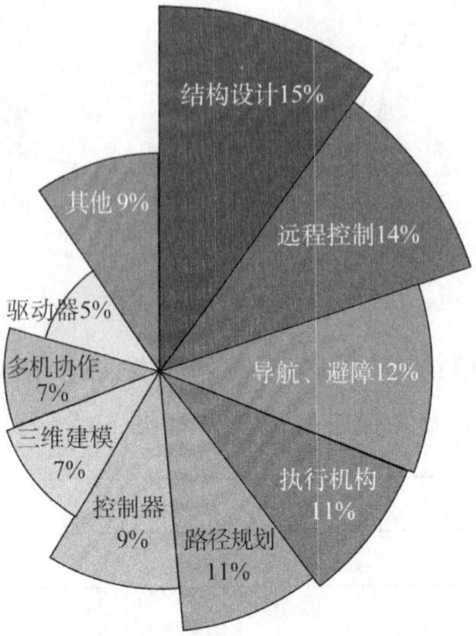

图9 救援机器人关键技术分布图

从图9中可以看出，救援机器人的机械结构设计和控制方面技术占比最大；救援机器人的机械结构设计除了具有机动性良好、地面适应性高、自调整能力强的移动机构外，还包括以机械手臂和机械手为主的任务载荷执行机构；而控制系统是机器人的大脑，是决定机器人功能和性能的主要因素，而导航、避障是机器人的基本功能，救援机器人只有解决了自身的定位、环境建模和避障，才能在复杂的救援现场通过自主或半自主导航，来完成运动和救援任务。

由此可见，上述几个方面是救援机器人发展的最为重要的技术，当然传感器是救援机器人感知外部世界的直接手段。机器人的探测感知系统主要是通过传感器采集各种信息，并对这些信息进行融合处理，最终实现导航决策。下面针对救援机器人的关键技术做进一步分析。

4.1 救援机器人的控制系统分析

救援机器人控制方面的关键技术分布较多，控制系统一般分为机器人控制系统、操作端控制系统和通信系统。机器人控制系统负责机器人的运动控制、环境信息采集、视音频采集及导航与路径规划等功能，并采用CAN、RS485总线方式将各个模块连接起来。操作端控制系统负责将机器人传送上来的数据进行分析显示，采集操作员指令，并将其发送给机器人。通信系统采用有线或无线方式为机器人控制系统和操作端控制系统提供数据链路，以可靠、准确地传输数据。以矿井救援机器人的控制体系为例，常规的控制体系结构如下。

（1）基于工控机的闭式控制体系。

该体系以功能较强、结构紧凑、可靠性高的工控机为核心，采用集中控制方式，通过采集卡采集各种数据，并通过 I/O 控制机器人驱动器。工控机的功耗一般很高，热量释放较多。机器人为了防爆、防水，多采用密封设计，因此散热困难。采用闭式结构，专用性很强，扩展性不高。改变功能时，需要重新设计控制体系结构。

（2）基于 PLC 的分布式控制体系。

该体系具有较好的开放性和扩展性，是实现智能机器人控制体系结构理想的途径，可以满足对非结构环境进行建模与规划，并运用反应式行为来克服执行过程中动态变化的不确定性，具有较强的功能与应用灵活性。但 PLC 的实时性不高，不能进行多任务的处理，难以实现智能控制。PLC 的体积也较大，不便于布置。

（3）基于工控机的分布式控制体系。

该体系以工控机为主控制器，各个模块之间采用总线方式通信。这种控制体系结构集成能力强、可扩展性好。由于仍采用工控机，存在与基于工控机的闭式控制体系结构的功耗问题。

（4）基于嵌入式系统的分布式控制体系。

由于嵌入式系统可以根据应用需求对软硬件进行裁剪，功耗低，满足机器人的功能、可靠性、成本、体积等要求，所以被用于替代工控机作为主控制器。同样需要注意的是：由于一些特殊环境，如在矿井下进行救援工作时，无线信号衰减较大、干扰较多，使用无线传感网络作为分布式系统的网络稳定性和可靠性较低。

机器人的控制系统设计根据应用场景及控制精度要求来相应选择与设计，控制系统技术总体的发展路线如图 10 所示。

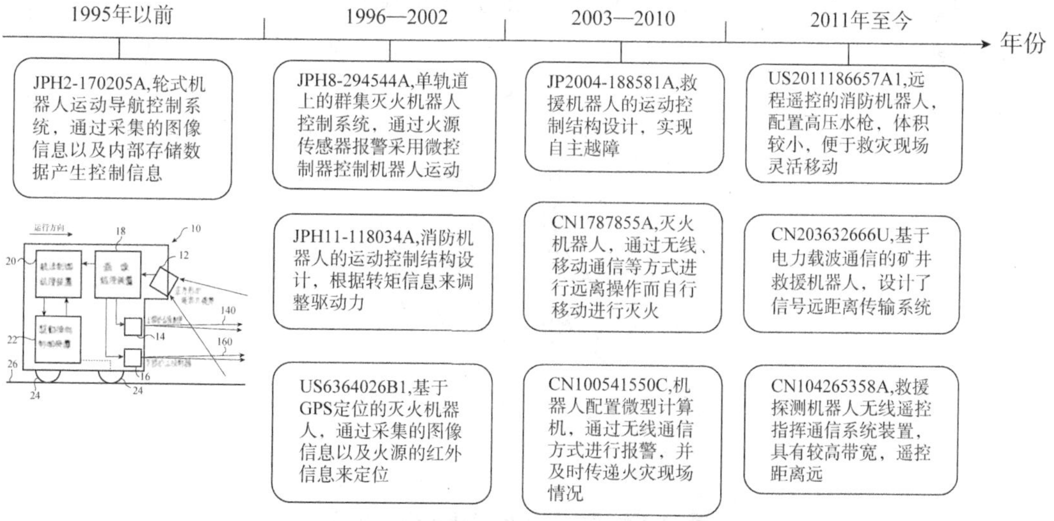

图 10　救援机器人的控制系统技术发展路线

其中，救援机器人的运动控制系统从早期的采用运算放大器等分立元件以硬接线方式组成的模拟控制系统，发展到 20 世纪 90 年代的以微控制器为核心的运动控制系统，由于微控制器具有更强的逻辑功能，运算速度快、精度高，具有大容量的存储器，因此有能力实现较为复杂的算法，因此救援机器人能够完成比较大型的救援作业，但是还不能满足实时信号处理。2000年后，利用专用芯片构成运动控制系统，如TI公司的UCC3626、UCC2626等，这些芯片具有速度快、系统集成度高、使用元器件少、可靠性好等优点，相应的救援机器人的结构开始小型化设计，传感探测功能得到增加；2005年前后，以可编程逻辑器件为核心的运动控制系统的使用，系统的主要功能在单片FPGA/CPLD中实现，减少了元器件个数，缩小了系统体积；具有良好的扩展性和可维护性，通过修改软件并重新下载到目标板上的相关器件中，就可以对系统进行升级；系统以硬件实现，响应速度快，可实现并行处理，机器人的远程控制、信息反馈、人机交互等功能得到进一步优化；同时在2010年前后，在通用计算机上，利用高级语言编制相关的控制软件，配合驱动电路板、信号交换接口，就可以构成一个运动控制系统。这种实现方法利用计算机的高速度、强大的运算能力和方便的编程环境，可以实现高性能、高精度、复杂的控制算法，而且软件的修改也很方便。

随着机器人技术的发展，机器人应用领域的不断扩大，对机器人的性能提出了更高的要求。因此，如何有效地将其他领域（如图像处理、声音识别、最优控制、人工智能等）的研究成果应用到机器人控制系统的实时操作中，以及开发“具有开放式结构的标准化、模块化机器人控制器”是当前机器人控制器的发展方向。

4.2 救援机器人的运动机构分析

根据非结构环境中移动机器人与环境的交互作用特点，把救援机器人的运动机构分为两类：即与环境连续接触的运动机构和与环境离散接触的运动机构，其中连续接触的运动机构主要为轮式、履带式和蛇形，而离散接触的运动机构主要代表是足式，运动机构分布情况如图11所示。

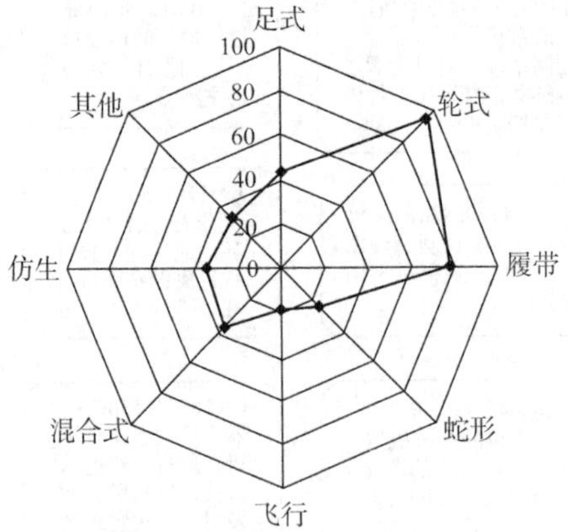

图11　救援机器人的运动机构分布图

从图11中可看出，救援机器人运动机构的轮式和履带式机器人结构申请量相对较大，而常见的足式机器人相比上述两种机器人，具有地形适应能力更强，能够适应各种非结构化环境，但是它的移动速度慢、控制难度大且机械结构复杂，这方面的研究更多处于理论阶段，同时注意到，混合式的运动机构以及仿生机构（如壁虎、跳蚤、青蛙等）的研究也相对较多。

除了上面的几种机器人类型以外，还有其他一些如飞行机器人、管道机器人、机器鼠以及混合式机器人系统，在特定的场合也都有非常良好的表现。图 12 为救援机器人常见运动机构在应用场合的分布图。

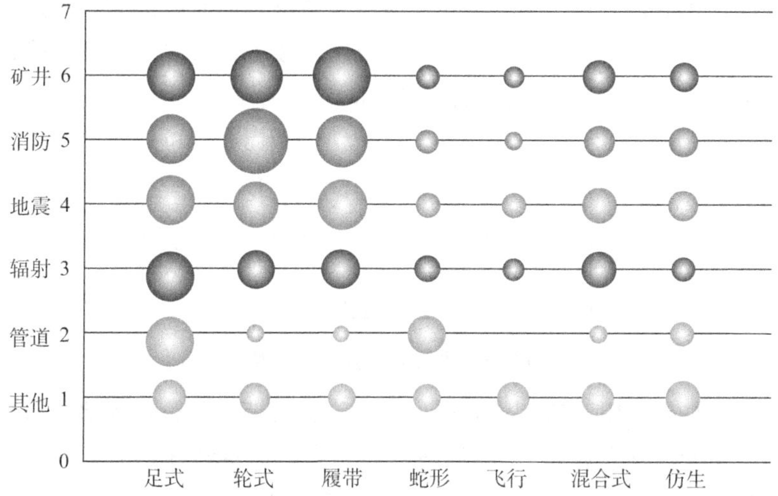

图 12　救援机器人运动机构应用场合分布图

从图 12 中可看出，轮式、履带式机器人在矿井、消防、地震领域中占比很大。轮式机器人具有结构设计简单、重量轻、移动平稳且机械效率高等特点；履带式机器人在碎石堆上可以快速前进，遇到小的坡度和凹凸地时也可以轻松翻越，在遇到不能通过的障碍时还可以在很狭小的范围内完成转弯等动作；同时轮式和履带式两种运动机构技术发展较成熟，并具有驱动和控制方便、行动速度快、承载大等特点，从而被广泛应用。

常见运动机构的性能比较如表 1 所示：

表 1　运动机构性能比较

类型		优点	缺点
连续接触地面	轮式	适应地形多；车轮可以主从动切换，提高工作效率；能够预报滑转，结构较简单；由于没有不受保护的摩擦工作面而具有很高的寿命	不能适应特别崎岖的地形
	履带式	对土地的单位压力较低，在弱承载土地上牵引力储备指标较高，具有良好的越障性能，适合在崎岖的路面移动，效率高；机动性好	履带容易被卡住或快速磨损甚至磨断
	蛇形	具有良好的稳定性、很小的横截面、较高的柔性；适应粗糙、陡峭、崎岖的地形，能够攀爬障碍物	控制系统复杂，移动速度慢，续航时间短
离散接触地面	足式	可以越过更高的障碍，穿过更崎岖的地形，能够自主隔振，具有良好的机动性和能耗	结构和控制系统复杂，移动速度慢

针对常见的救援机器人运动机构，选取具有代表性的履带式和足式运动机构进行相关分析。

4.2.1 履带式运动机构

履带式运动机构具有良好的适应不平整路面的能力，有较好的越障性能，较强的适应性，适用范围广，尤其是面对矿井、火灾、地震等情况，地面行走条件较差，带有子履带的机器人还可以像足式机器人一样实现行走，所以救援机器人多选择履带式运动机构。常见的履带式运动机构为方形履带，其结构简图如图 13 所示。

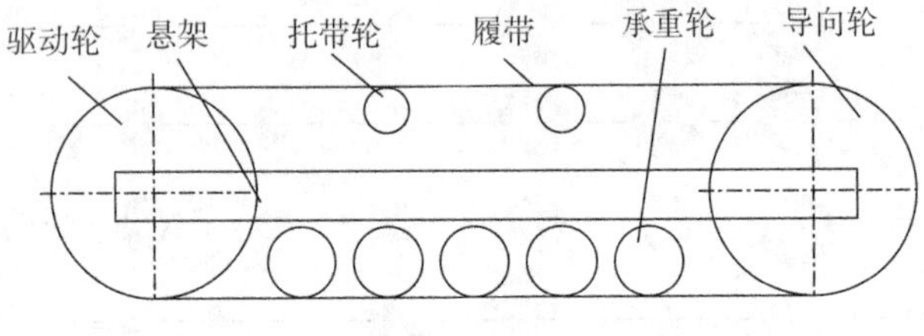

图 13　方形履带式运动机构

该运动机构由悬架、驱动轮、导向轮、承重轮、托带轮与履带等部分组成，其驱动轮及导向轮兼作支承轮（承重轮），支承地面的面积大，稳定性好。由于救援的特殊环境以及对机器人外形尺寸的要求，履带式运动机构存在多种结构设计，主要结构如图 14 所示。

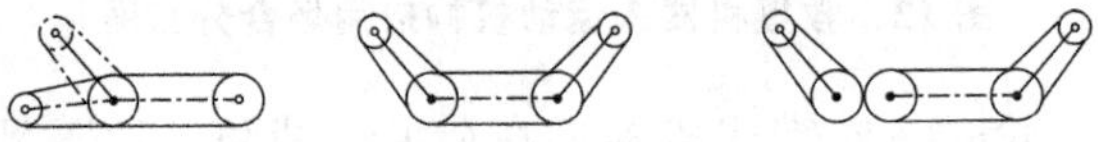

(a) 关节履带式运动机构

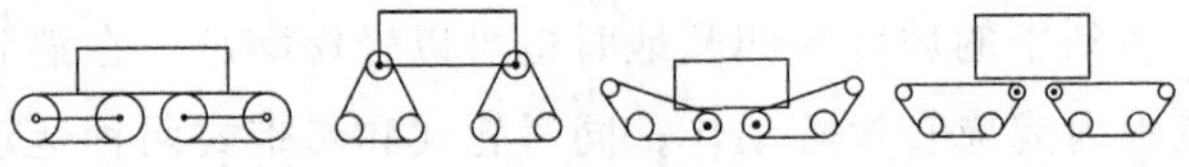

(b) 对称组合履带式运动机构

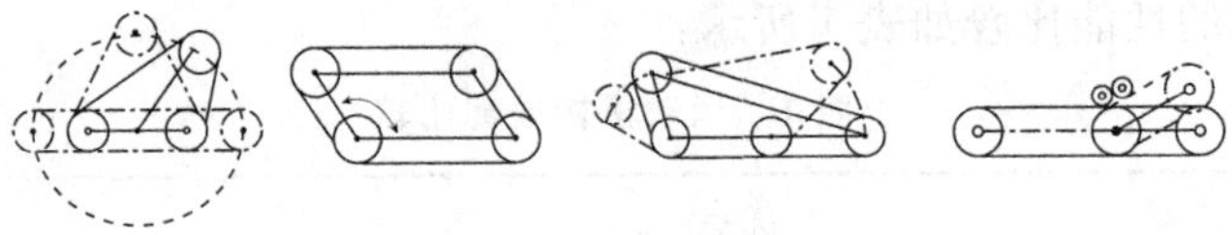

(c) 可变形履带式运动机构

图 14　常见履带式运动机构

为了获得越障性能与地形适应性能更佳的履带式运动机构，以方形履带为基础，采用增加摆臂履带、固定关节角、组合履带等方法，可推衍出履带式运动机构的基本构型。机构构型推衍如图 15 所示。

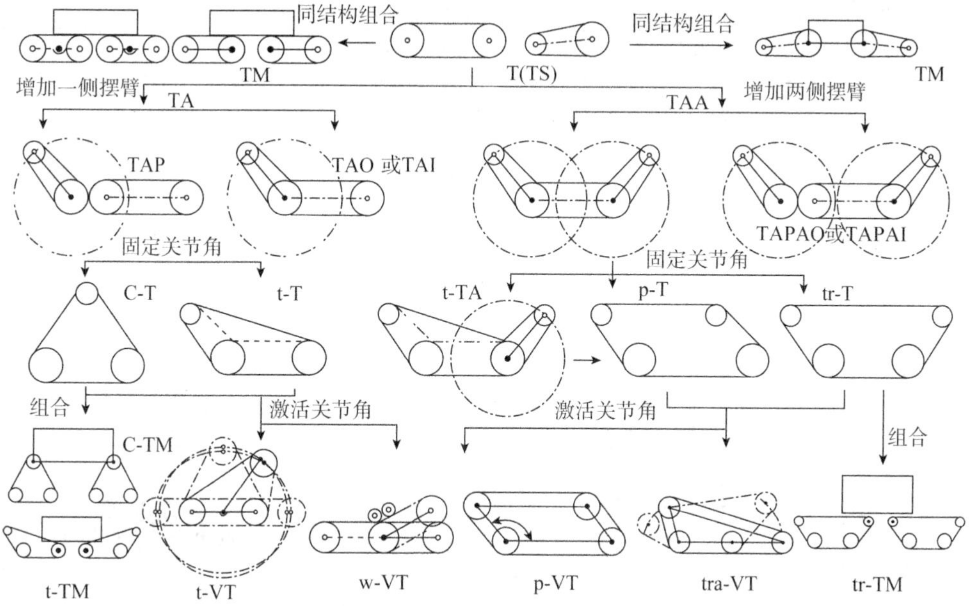

图 15 履带式运动机构的构型

为了能够形象地表达出履带式运动机构的形式与特点，在该领域具有履带式运动机构编制机构代号，其中主要命名规则如下：

（1）大写字母 T 表示主履带（Track），若主履带为其他形式，用“形状代号—T”表示，形状代号采用小写，为形状英文单词的第一个字母或前两个、前三个字母，如三角形（Triangle）、梯形（Trapezia）、平行四边形（Parallelogram）、不等边四边形（Trapeziform）履带，则分别以 t—T、tr—T、p—T、tra—T 表示；特殊的公知的履带形式的名称将被沿用，如卡特彼勒（Caterpillar）高架履带机构为非等边三角形构型，此构型采用 C—T 表示；有些构型采用相同的履带进行组合而获得，一般呈对称布置，犹如镜像（Mirror）获得一般，因此可在履带代号 T 后面加大写字母 M 表示。

（2）若两履带单元非刚性连接的履带机构，履带单元间采用铰接，在复杂地面上行驶时，两侧履带可根据地形被动地摆动（Swing），在字母 T 后加大写字母 S 表示。

（3）用大写字母 A 表示关节履带或摆臂履带（Articulated Track or Arm Track），字母 A 放在字母 T 之后；在字母 A 后面分别加字母 O、I、P 表示摆臂履带处于外侧（Outboard）、内侧（Inboard）、平行（Parallel）；用大写字母 J 表示履带活动关节（Joint），在 J 之前添加阿拉伯数字表示活动关节的数量，并放在字母 A 的后面。

通过对专利文献的分析，可以大致梳理出履带式救援机器人的发展过程，随着年代向前，梳理出在一些时间段上比较重要和有代表性的专利文献，其发展路线如图 16 所示。

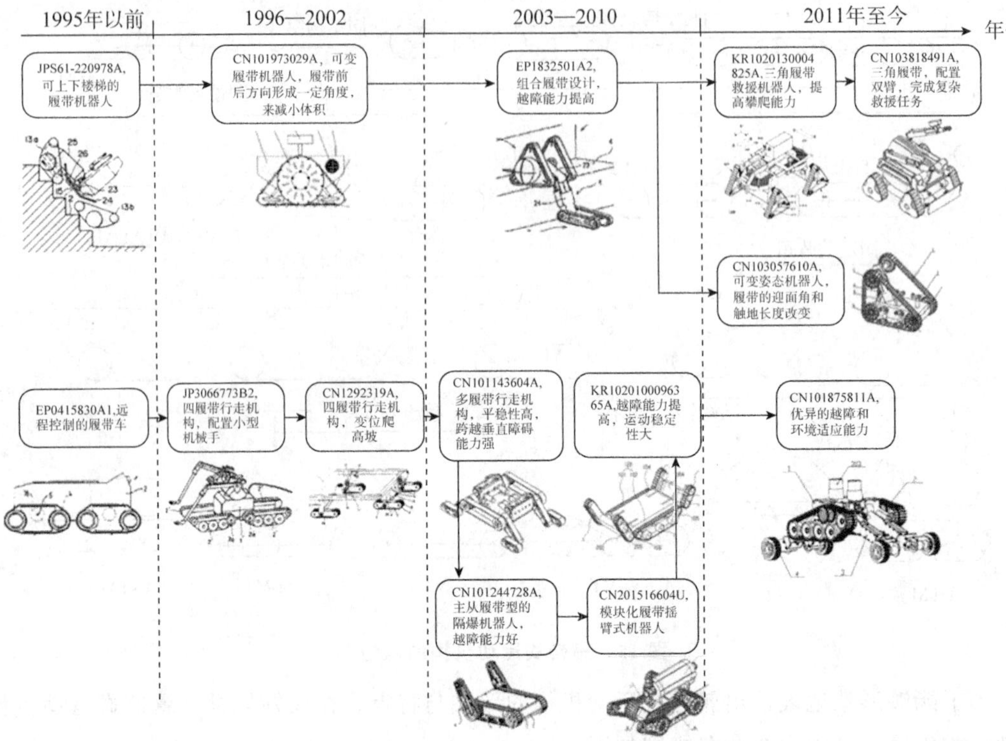

图16　履带式救援机器人的技术发展路线图

20世纪70、80年代就已经出现履带式机器人，而在80年代中后期，履带式机器人用于救援作业中，如日本的专利申请JPS61—220978A提出了一种可上下楼梯的履带机器人，来实现机器人的越障作业；1991年的EP0415830A1提出了远程控制的履带车，直接对工作现场的机器人进行操控，从而提高救援效果。

20世纪90年代中后期，由于机器人技术的迅速发展，履带式救援机器人的专利文献数量也有明显增长，尤其是日本，出现了大量专利，涉及机器人的小型化，越障功能提高，传感探测功能改进等多方面。在1995年，我国的救援机器人技术才起步，一直到2000年前后，自主研发的实际救援机器人才面世，如中国矿业大学研制的CUMT-Ⅰ型矿井搜救机器人，是我国第一台用于煤矿救援的机器人，该机器人装备有低照度摄像机、气体传感器和温度传感器等设备。

2000年之后，计算机技术、网络技术、传感技术的成熟，使得救援机器人的功能更加强大，履带的构型可以根据地形条件和作业要求进行适当变化。如CN101244728A采用隔爆外壳设计，在隔爆腔与外界相通的零部件间安装的密封圈可以有效地防止隔爆壳外部的水、气进入，从而保证了隔爆壳内的电气设备的正常工作，并对左右两履带的转向和速度进行独立控制，从而实现了机器人的正向、反向运动以及灵活的转向运动。两摆臂可以绕轴进行360°的独立旋转，越障能力较强。

2011年至今，日本、美国以及中国专利对履带式救援机器人的研究趋于远程监控系统、传感器合理的设计与布局等，而对救援机器人结构方面的研究文献数量有所下降。

4.2.2 足式运动机构

足式运动机构主要分为单腿式、双腿式和多腿式，该类型运动机构可以越过更高的障碍，穿过更崎岖的地形，能够自主隔振，具有良好的机动性和能耗，尤其仿生腿式机器人（双腿式）比轮式和履带式机器人适应复杂地形的能力更强，但其控制比较复杂。

由于足式机器人相比轮式机器人和履带式机器人的地形适应能力更强，崎岖地形中往往含有岩石、泥土、沙子甚至峭壁和陡坡等障碍物，可以稳定支撑机器人的连续路径十分有限，这意味着轮式和履带式机器人在这种地形中已经不适用。而足式机器人运动时只需要离散地点接触地面，对这种地形的适应性较强，足式机器人对环境的破坏程度也较小。足式机器人的腿部具有多个自由度，使运动的灵活性大大增强。它可以通过调节腿的长度保持身体水平，也可以通过调节腿的伸展程度调整重心的位置，因此不易翻倒，稳定性更高。由于足式机器人具有以上优点，该机器人研究一直稳定上升，其发展路线如图 17 所示。

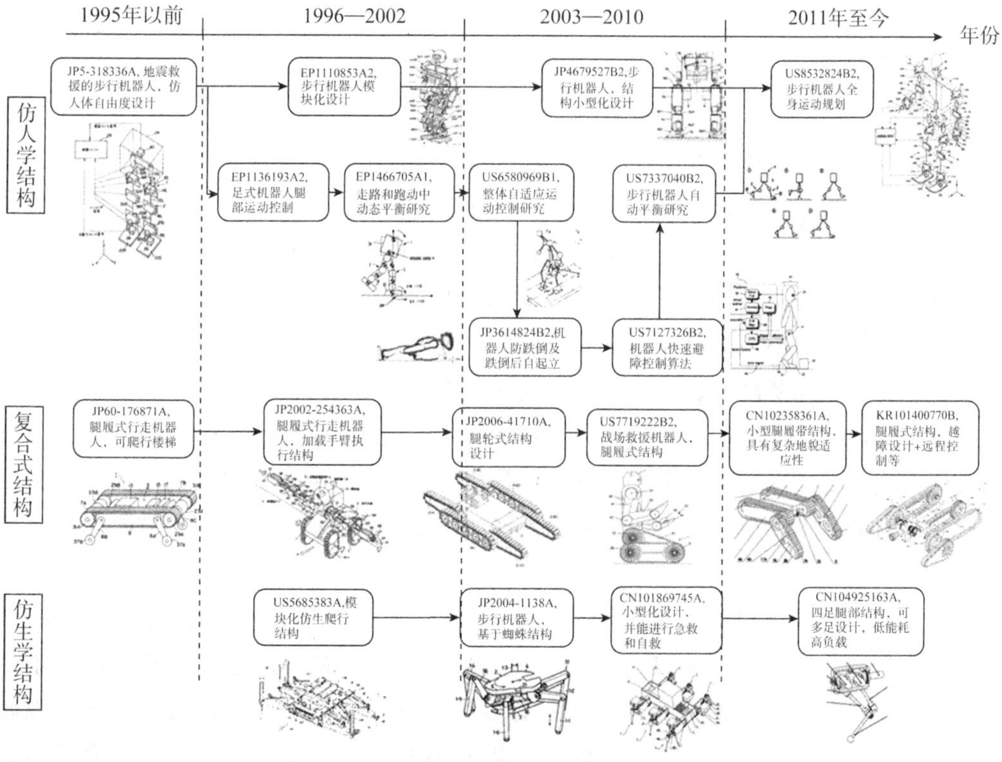

图 17 足式救援机器人的技术发展路线图

足式机器人经过多年的发展，已经取得长足进步，归纳起来主要经历了以下几个阶段。

第一阶段，以机械和液压控制实现运动的机器人（20 世纪 80—90 年代中期）。

第二阶段，以电子计算机技术控制的机器人（1995—2002 年）。

第三阶段，多功能性和自主性的要求使得机器人技术进入新的发展阶段（2003 年至今）。

由于足式救援机器人相对于其他领域足式机器人而言，对于越障、环境适应性有更高的要求，如早期的 JP5—318336A 提出了地震救援的步行机器人，如图 18 所示。

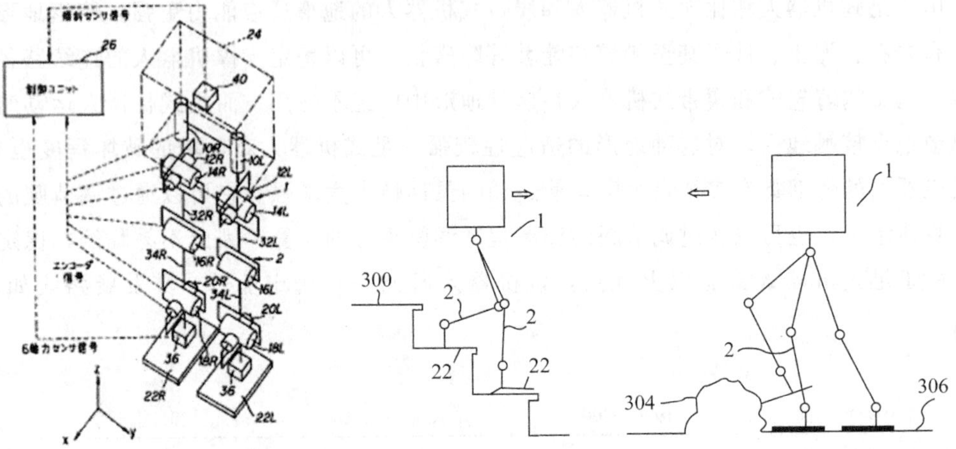

图 18　说明书的部分附图

该机器人基于仿人体自由设计而成，具有基本越障、爬楼梯等功能，但尺寸以及行走速度等受到当时技术发展的限制。这种仿人型机器人后期研究分为两个主要部分：一是结构上的优化改进，这与控制系统的优化、电子技术的进步以及材料的改进都密切相关，如 EP1110853A2 将足式机器人进行模块化设计，便于机器人后期模块替换以及局部维修，同时机器人结构上的小型化设计也是重点研究方向；二是机器人的步行模式、全身运动模式、行走稳定性（如防跌倒、自起立、动态平衡等）的研究发展，如 EP1466705A1 针对足式机器人的走路和跑动中动态平衡进行研究，提高机器人的移动速度和稳定性。JP3614824B2 对足式机器人防跌倒及跌倒后自起立进行了研究。在上述两个主要部分的研究基础上，足式机器人也越来越能自主仿人运动，并且通过搭载的探测系统来提高机器人功能。

由于足式机器人的腿部具有多个自由度，使运动的灵活性大大增强。它可以通过调节腿的长度保持身体水平，也可以通过调节腿的伸展程度来调整重心的位置，因此不易翻倒，稳定性更高。针对机器人腿部结构也有多种设计，如 JP60—176871A 设计了腿履式行走机器人，可爬楼梯；JP2002—254363A 设计的腿履式行走机器人，通过加载手臂执行结构来提高机器人的工作范围；而 CN102358361A 采用小型腿履带结构，具有复杂地貌适应性，能够进入更狭小的空间完成救援任务。上述是复合式的机器人，主要结合了履带式机器人和足式机器人的优点，但是其结构设计与控制也提出了较高要求。还有一种常见足式机器人结构，即仿生学设计，如 US5685383A 提出了模块化仿生爬行结构，

CN101869745A 设计了小型化爬行机器人，能进行急救和自救等，这系列机器人通过仿蜘蛛、壁虎等动物进行结构设计。

足式机器人在移动过程中身体与地面是分离的，机器人的身体可以平稳地运动而不必考虑地面的粗糙程度和腿的放置位置。当机器人需要携带科学仪器和工具工作时，首先将腿部固定，然后精确控制身体在三维空间中的运动，就可以达到对对象进行操作的目的。正是由于上述优点，即使结构以及控制系统设计比较复杂，但该领域的研究一直稳定发展。

4.3 救援机器人的定位、导航、避障以及路径规划技术分析

导航的基本任务包括基于环境理解的全局定位，目标识别和障碍物检测以及安全保护；自主避障是机器人的一项基本功能，同时自主避障是移动机器人路径规划技术研究的一个重要环节和课题，而路径规划根据机器人所感知到的工作环境信息，按照某种优化指标，在起始点和目标点规划出一条与环境障碍无碰撞的路径。因此，定位、导航、避障与路径规划虽然分属不同技术领域，但在实际应用中又是彼此联系的，救援机器人只有解决自身定位和环境建模问题，才能在复杂的救援现场通过自主或半自主导航，进而规划实际路径，完成具体运动和救援任务，总体的发展路线如图 19 所示。

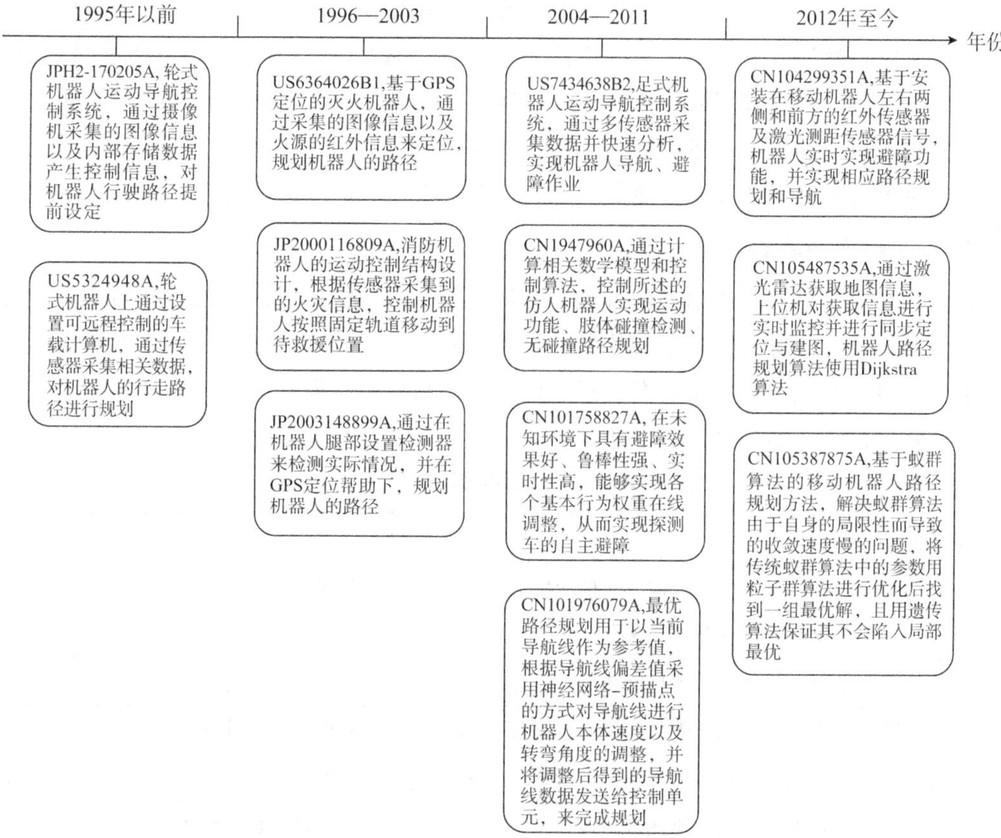

图 19　定位、导航、避障以及路径规划的技术发展路线图

定位、导航、避障以及路径规划是机器人出现后就不得不面对和解决的问题，尤其是用于救援救灾的机器人，在非结构化环境中，对于这方面技术也提出了更高的要求。机器人的导航基础是定位和建图，定位是机器人通过内外传感器确定自身在工作环境中的位置，以标记在地图中的形式呈现。建图是机器人将工作环境模型转化为自身认知模型的过程，并以地图的形式呈现。通常机器人通过设置各类传感器对环境的感知转化为机器人对环境的认知，并从中获取位置和环境信息，以服务于机器人的运动导航。

早期的专利申请，多为采用摄像机采集图像、超声波传感器采集距离等信息，来构建机器人的行走路径，如JPH2—170205A，轮式机器人运动导航控制系统，通过摄像机采集的图像信息以及内部存储数据产生控制信息，对机器人行驶路径提前设定。1996—2003年，由于GPS定位技术的成熟，救援机器人通过自身采集的实际数据并在GPS协助下完成路径规划作业；伴随着计算机技术、网络技术、传感技术的成熟发展，救援机器人导航、避障以及路径规划能力进一步提高，如CN101758827A在未知环境下具有避障效果好、鲁棒性强、实时性高、学习能力强，能够实现各个基本行为权重在线调整，从而实现探测车的自主避障功能，不同于以往的远程控制；由于救援机器人面对的是复杂非结构化环境，救援现场还存在各种突发情况，救援机器人的定位、导航、避障以及路径规划会存在一定延时，因此，目前研究重点是移动机器人算法改进，如CN105387875A提供了一种移动机器人路径规划方法，解决蚁群算法由于自身的局限性而导致的收敛速度慢的问题，将传统蚁群算法中的参数用粒子群算法进行优化后找到一组最优解，且用遗传算法保证其不会陷入局部最优，再将上述参数中的其他参数保持不变，对信息素浓度进行成倍放大，使不同路径上的信息素浓度差异更加明显，从而提高算法的收敛速度。

4.4 救援机器人的感知功能

传感器是救援机器人感知外部世界的直接手段。救援机器人的探测感知系统主要是通过传感器采集各种信息，并对这些信息进行融合处理，最终实现导航决策。救援机器人应具备的传感器主要包括视觉传感器、听觉传感器、超声传感器、气体传感器、生命探测仪等，这些常规的传感器用途如表2所示。

表2 常规传感器及其用途

传感器类型	用途
视觉传感器	获取现场的视频信息，使救援人员在第一时间了解灾害事故现场的有关情况，实时跟踪机器人的最新动态
听觉传感器	用于检测灾害现场的声音
超声传感器	主要用于探测距离，实现探测障碍物信息以及机器人的实时避障
气体传感器	检测救援现场有毒气体的含量及人体释放的气体含量
生命探测仪	探测被倒塌建筑掩埋的难以搜寻到的生命迹象，及时发现幸存者等

除了表2中所述的传感器外，还包括采用重力传感器和三轴陀螺仪获取机器人自身姿

态信息，利用激光测距仪感知地形，通过触觉或嗅觉传感器获取救援目标具体信息等。但是，单一传感器只能获取特定的信息片段，而只有采用上述多种传感器才能完整准确地反映环境特征。因而综合考虑工作场合、安装尺寸、成本及有效地利用多种传感器提供的信息，就需要对传感器进行合理的设计与布局。又由于各个传感器所提供的信息存在着互补和冗余，因此，还需要进行多传感器融合，从而更准确、更全面地反映出外界环境的特征，为决策提供正确的依据。常用的多传感器数据融合的方法有：贝叶斯算法、D—S 理论、卡尔曼滤波、神经网络方法、小波变换、支持向量机、遗传算法以及一些简单的推理方法等。在救援机器人中，常见的传感器融合有激光数据间的匹配和融合、激光数据和图像数据的融合等。

4.5 救援机器人国内主要研究单位分析

通过前文对国内专利申请的分析可知，国内大学专利申请量占比较大，由于国内的救援机器人处于实验研发阶段，同时很多技术并未申请专利，本部分内容对中国知网数据库（CNKI）中关于救援机器人的相关期刊论文做进一步分析。其中，国内主要高校论文发表情况的占比如图 20 所示。

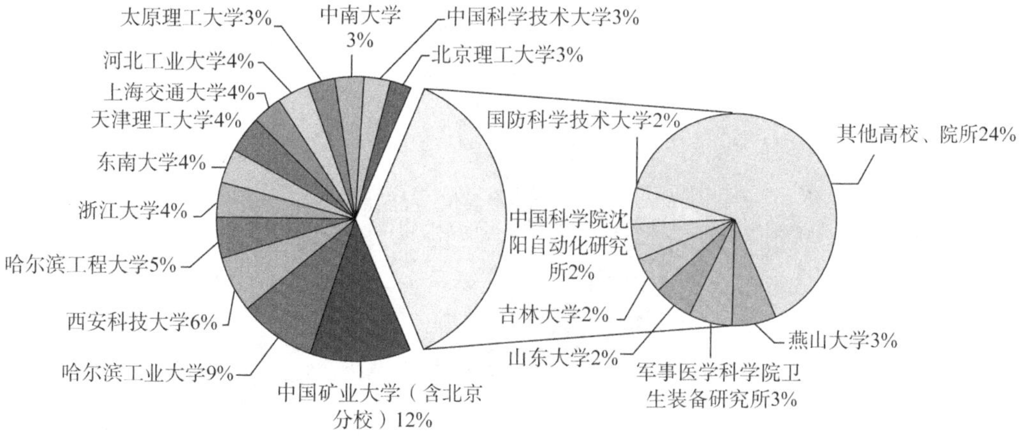

图 20 国内高校救援机器人论文发表的占比

从图 20 中可以看出，关于救援机器人的研究分布较广，多数国内高校都有相关研究，论文发表数量较多的是中国矿业大学以及哈尔滨工业大学。江苏以 112 篇论文排名第一，黑龙江以 92 篇论文排名第二，江浙沪、东三省、京津冀的论文发表量相对较多，这与多年来的高校发展以及当前经济发展趋势较为吻合。前面专利的申请统计和论文的发表统计结果都显示：现阶段，我国关于救援机器人的研究主体是高校，通过在高校开展科学研究，尤其是基础研究，有利于动态地了解和跟踪本学科的发展状况，提高自身的研究探索能力，从而有助于促进科学技术的进步，又有助于高校的人才培养，但是国内的现阶段研究成果偏理论化，实际应用偏少，此外国内高校论文发表量虽较多，但还是比较分散，很多课题存在重复研究的情形。

4.5.1 中国矿业大学

中国矿业大学是一所办学历史悠久、特色鲜明的多科性研究型高水平大学，其在煤炭能源的勘探、开发、利用，资源、环境和生产相关的矿建、安全、测绘、机械、信息技术、生态恢复、管理工程等领域形成了优势品牌和鲜明特色。

2006年，该校的葛世荣教授展示了由其领导的课题组研制的煤矿搜救机器人，是我国首台研制成功的煤矿搜救机器人，这台搜救机器人采用自主避障和遥控引导相结合的行走控制方式，能够深入事故矿井，探测前方的火灾温度、瓦斯浓度、灾害现场、呼救声讯等信息，并实时回传这些信息和图像，为救灾指挥人员提供重要的现场灾害信息。除此以外，搜救机器人配备有急救药品、食物、生命维持液和简易自救工具，以协助被困人员实施自救和逃生。

图21为中国矿业大学发表的期刊论文的主要技术分布图，从图中可清晰地看出，论文的研究重点也围绕着救援机器人的运动控制、定位、导航、避障、路径规划、结构设计等方面，这与救援机器人在专利库的技术分支基本一致，但是期刊论文中多了一项针对救援机器人基础理论的研究——救援机器人的运动学与动力学的研究，且占有一定比重，这也说明了高校院所是理论研究的坚实基础。

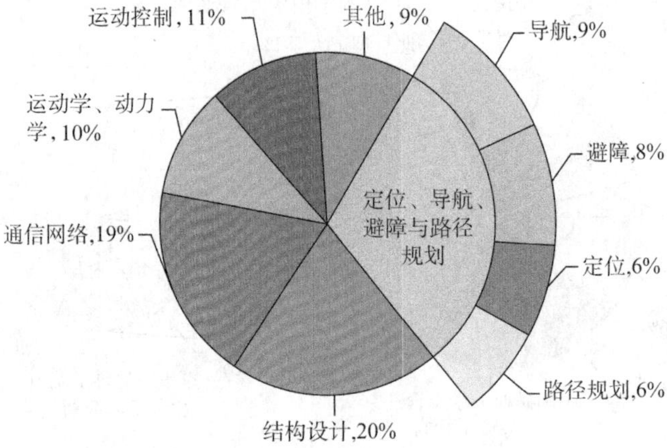

图21 主要技术分布图

图22为中国矿业大学2008—2015年主要技术的年度分布图，从图中可以看出救援机器人的运动学与动力学、结构设计、定位、导航等技术论文成果相对较多，同时从图中可以直观地看出各个技术的论文量整体呈上升趋势，这说明救援机器人各项研究都在稳定发展。

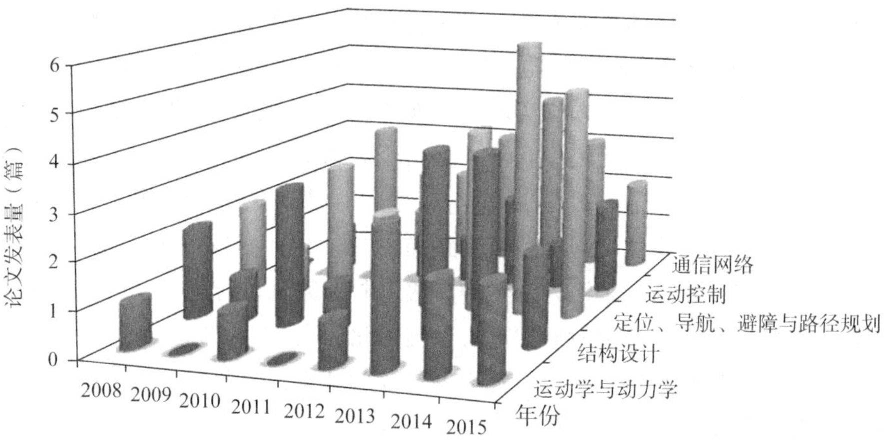

图 22　主要技术年度分布图

由于救援机器人的定位、导航、避障与路径规划在实际应用中是彼此联系的，救援机器人只有解决自身定位和环境建图问题，才能在复杂的救援现场通过自主或半自主导航，进而规划实际路径，完成具体运动和救援任务，因此在统计年度分布图时，这几项技术是统一统计的。定位、导航、避障以及路径规划是机器人完成救援作业的基础，中国矿业大学自 2008 年主要的论文技术发展路线如图 23 所示。

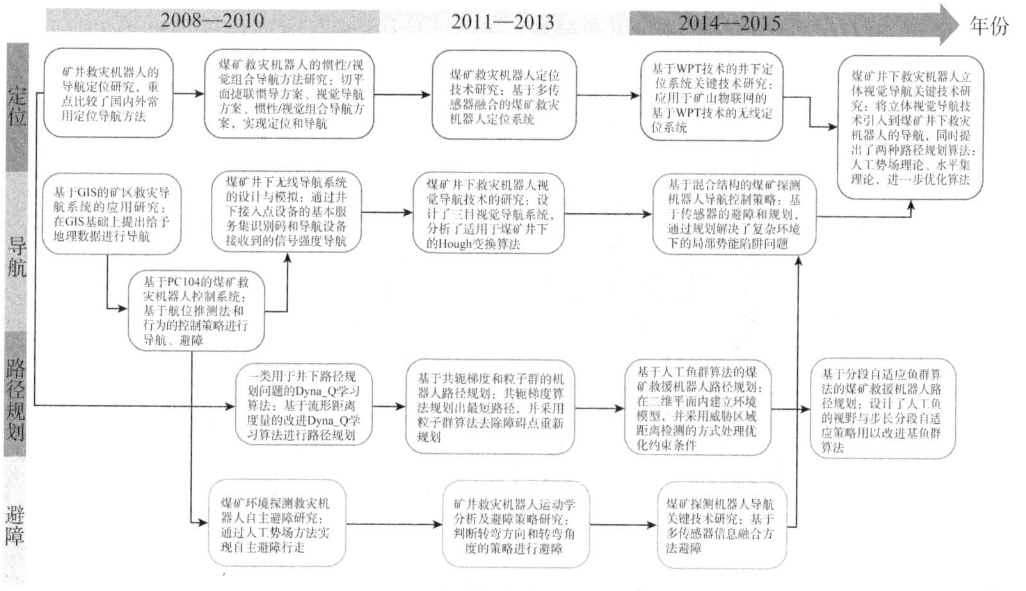

图 23　定位、导航、避障以及路径规划的技术发展路线图

中国矿业大学较早的论文主要针对救援机器人的导航定位算法进行研究，由于煤矿井下救灾机器人无法采用常规的 GPS 技术进行导航，《基于 GIS 的矿区救灾导航系统的应用研究》提出基于 GIS 地理数据进行导航，《基于 PC104 的煤矿救灾机器人控制系统》设计了一种导航与避障算法，基于融合陀螺仪、加速度计、电子罗盘和履带轴编码器等传感信息的航位推测法和基于行为的机器人半自主控制策略进行救援机器人的导航与避障作业。

2010年，《煤矿环境探测救灾机器人自主避障研究》通过机器人对障碍物进行坐标计算和记录存储，并通过人工势场方法实现机器人的自主避障行走，提高了机器人的自主能动性；而针对路径规划的算法研究中，《一类用于井下路径规划问题的Dyna _ Q学习算法》提出了基于流形距离度量的改进Dyna _ Q学习算法，优化了算法。由于人工鱼群算法能在较短的迭代时间内成功规划得到最优路径，2014年4月发表的《基于人工鱼群算法的煤矿救援机器人路径规划》采用人工鱼群算法对救援路径进行规划，在二维平面内建立环境模型，并采用威胁区域距离检测的方式处理优化约束条件；同年6月发表的《基于分段自适应鱼群算法的煤矿救援机器人路径规划》针对基本人工鱼群算法全局最优解精度不高，后期收敛效率降低等问题，设计了人工鱼的视野与步长分段自适应策略用以改进基鱼群算法，从而提高算法的收敛速度。

4.5.2 哈尔滨工业大学

哈尔滨工业大学同样是一所办学历史悠久、特色鲜明的多科性研究型高水平大学，并始终保持着航天特色，同时在机器人、小卫星、装备制造、新能源、新材料等领域也取得了一批重大标志性成果。

哈尔滨工业大学的机器人技术与系统国家重点实验室成立于2007年，是我国最早开展机器人技术研究的单位之一，其前身主体是1986年成立的哈尔滨工业大学机器人研究所。早在20世纪80年代，即研制出我国第一台弧焊机器人和第一台点焊机器人。

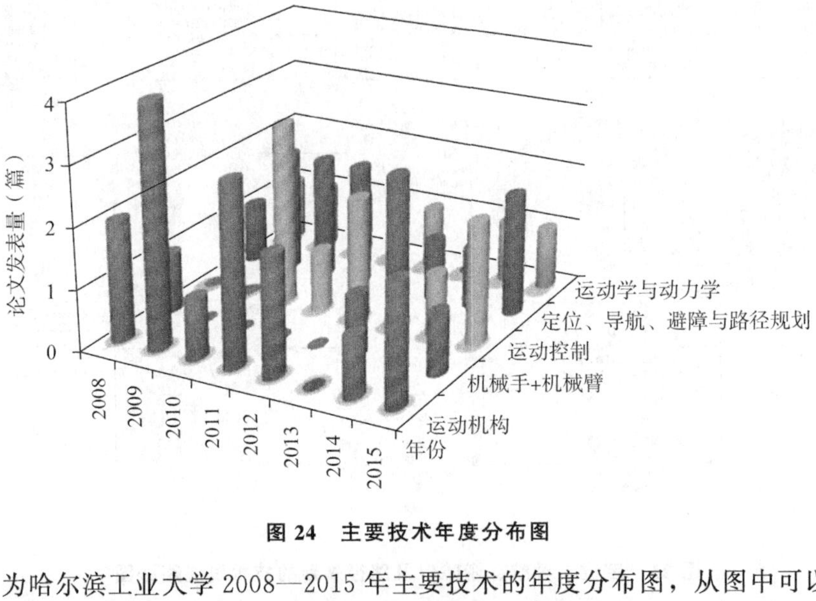

图24 主要技术年度分布图

图24为哈尔滨工业大学2008—2015年主要技术的年度分布图，从图中可以看出该校在救援机器人的运动机构、定位、导航以及运动控制等技术的论文成果相对较多，从图中还可以直观地看出各个技术的论文量虽然存在一定的起伏，但是整体研究数量还是呈上升趋势。

哈尔滨工业大学关于定位、导航、避障以及路径规划技术的发展路线如图25所示。

哈尔滨工业大学早期的论文主要针对机器人定位以及多传感器信息融合方面进行研究。

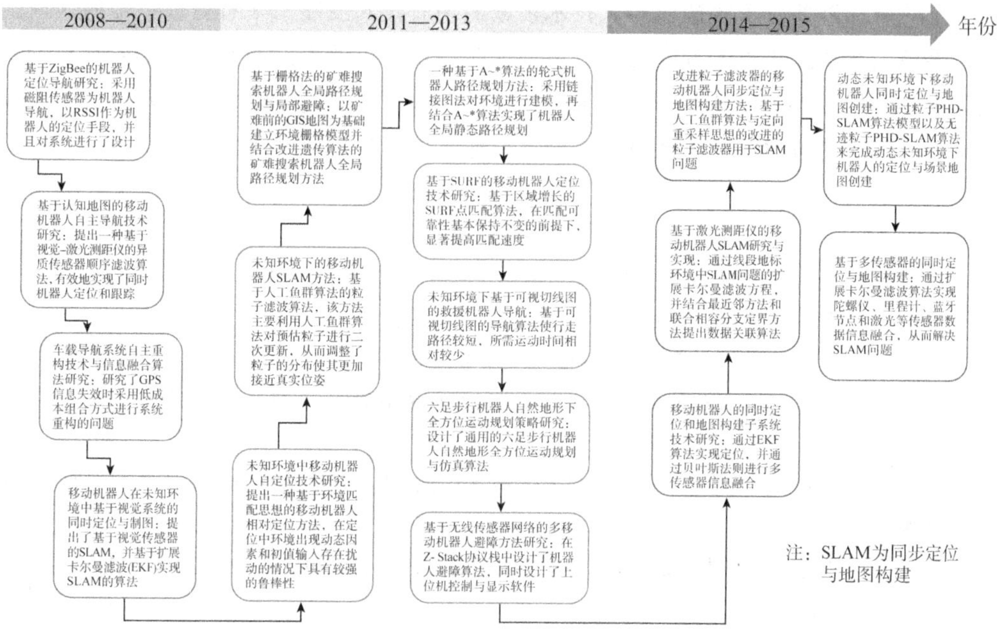

图 25　定位、导航、避障以及路径规划的技术发展路线图

2008—2009 年，《基于认知地图的移动机器人自主导航技术研究》提出一种基于视觉—激光测距仪的异质传感器顺序滤波算法，有效地实现了同时机器人定位和跟踪。在这段时期，该校开始针对机器人的同步定位与地图构建问题（SLAM）进行相关研究，《移动机器人在未知环境中基于视觉系统的同时定位与制图》提出了基于视觉传感器的 SLAM，并基于扩展卡尔曼滤波实现 SLAM 的算法；《未知环境下的移动机器人 SLAM 方法》提出基于人工鱼群算法的粒子滤波算法，该方法主要利用人工鱼群算法对预估粒子进行二次更新，从而调整了粒子的分布使其更加接近真实位姿；《改进粒子滤波器的移动机器人同步定位与地图构建方法》提出基于人工鱼群算法与定向重采样思想的改进的粒子滤波器用于 SLAM 问题；除了 SLAM 算法的研究外，针对定位这个基础问题，《未知环境中移动机器人自定位技术研究》提出一种基于环境匹配思想的移动机器人相对定位方法，在定位中环境出现动态因素和初值输入存在扰动的情况下具有较强的鲁棒性；2014 年，《移动机器人的同时定位和地图构建子系统技术研究》通过 EKF 算法实现定位，并通过贝叶斯法则进行多传感器信息融合。

第五章　总结

本文主要以世界专利文摘库（SIPOABS）以及中国专利文摘数据库（CNABS）收录的专利为样本，重点分析了国内外救援机器人的专利申请趋势、主要申请人以及主要申请人的专利战略布局，并进一步分析了重要技术分支的发展趋势。最后，通过中国知网数据库（CNKI）对救援机器人相关期刊论文做进一步分析，并对其中论文发表量较高的两所高校进行分析，以期对于救援机器人技术领域的现有技术发展水平有更进一步的认识。

世界各国在救援机器人方面的研究结果表明，救援机器人的研究正逐步从试验阶段转向实际应用，机器人的结构优化、智能化、群体化将成为今后救援机器人研究的发展方向。救援机器人的研发对国民经济和安全有着非常深远的影响和现实意义。

参考文献

[1] 田丰．煤矿探测机器人导航关键技术研究［D］．中国矿业大学，2014.

[2] 刘建．矿用救援机器人关键技术研究［D］．中国矿业大学，2014.

[3] 李允旺．矿井救灾机器人行走机构研究［D］．中国矿业大学，2010.

[4] 董晓坡，王绪本．救援机器人的发展及其在灾害救援中的应用［J］．防灾减灾工程学报，2007，27（3）：112－117.

[5] 于振中，蔡楷倜，刘伟，等．救援机器人技术综述［J］．江南大学学报（自然科学版），2015，14（4）：498－504.

[6] 刘金国，王越超，李斌，等．灾难救援机器人研究现状、关键性能及展望［J］．机械工程学报，2006，42（12）：1－12.

[7] 钱善华，葛世荣，王永胜，等．救灾机器人的研究现状与煤矿救灾的应用［J］．机器人，2006，28（3）：350－354.

[8] 王伟东，孔民秀，杜志江，等．腿履复合机器人自主越障分析与动作规划［J］．哈尔滨工业大学学报，2009，41（5）：30－33.

[9] 田浩．煤矿救援机器人运动控制系统研究［D］．西安科技大学，2009.

卷钢类物体储运装置专利技术综述

朱新新

第一章　引言

卷钢，又称钢卷，是由钢材热轧或冷轧成型为卷状的，以便于储存、运输及后加工（如加工为钢板、钢带等）。随着我国经济的不断发展，卷钢的需求量日益增加，卷钢的规格品种也越来越多。而卷钢重量大且易滚动，在运输过程中如果固定不当，容易造成货物受损甚至翻车，因此卷钢类物体储运的安全性越来越受到人们的重视。

卷钢的装载方式分为两种：①立装方式，在承载体底板面与卷钢底面之间衬垫稻草垫防滑，再用盘条（或钢丝绳）捆扎加固；②卧装方式，采用凹形草支垫、三角挡或钢制底座等加固。

不同的装载方式如图 1 所示。

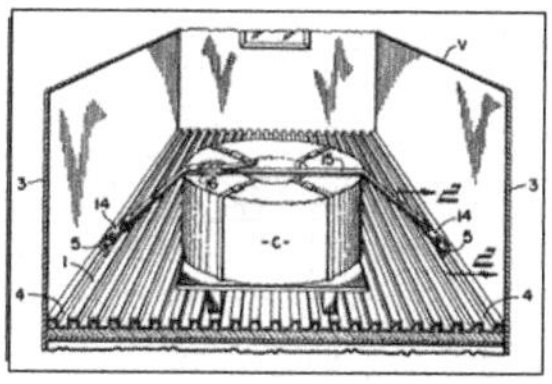

立装-捆扎

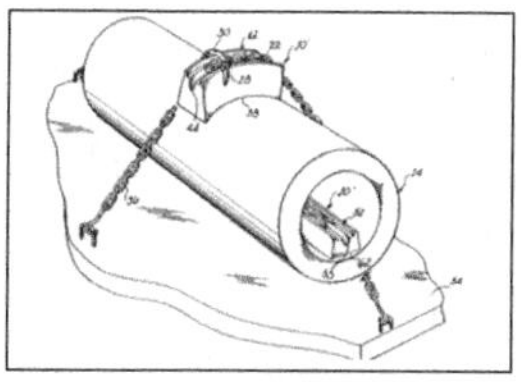

卧装-捆扎

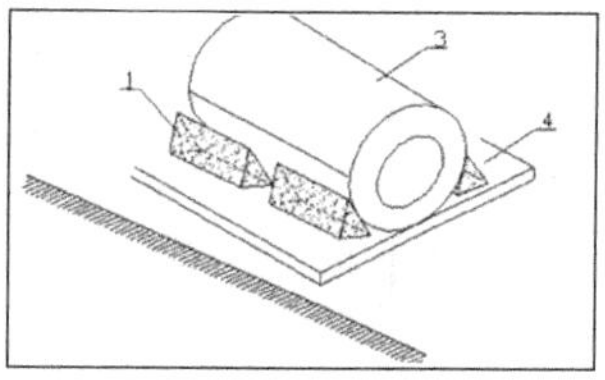

卧装-挡块

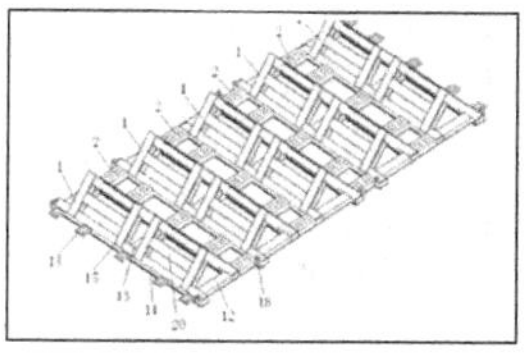

卧装-架体

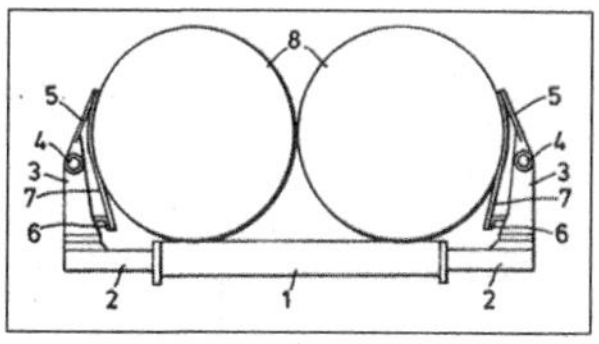

卧装-夹紧

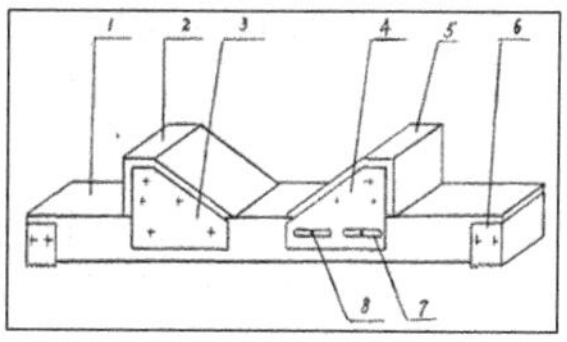

卧装-可横向调节

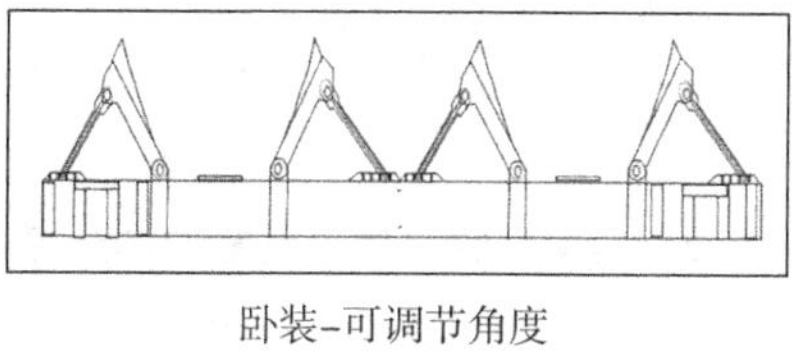

卧装-可调节角度

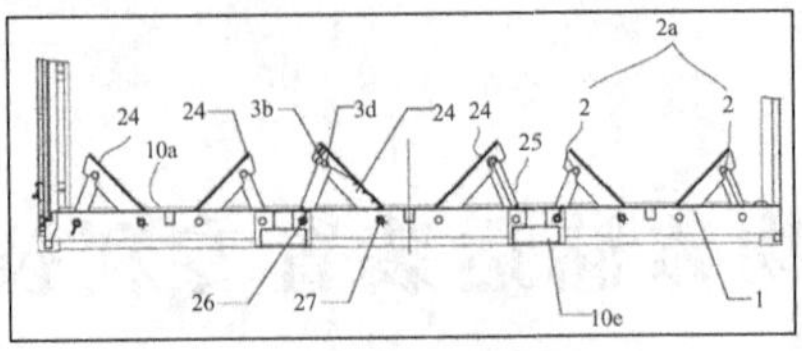

卧装-可折叠

图1　不同装载方式示意图

由图1可知，采用立装方式装载的比较少，形式也较为单一，主要为捆扎式。由于卷钢从钢厂生产线下线时为卧式放置，此种装载方式需要将卷钢翻转90°以便装载，会增加翻转设备的投入，并且容易损伤卷钢表面，也不便于用户卸载。

相较而言，卧装装载的形式很多，可以捆扎，也可以置于底座上；可以单个运载，也可以多个一起运载；可以调节底座以适应不同尺寸的卷钢，也可以折叠底座以适应不同物体的装载。各种装载形式各具优劣，在实际使用中需从成本、稳定性、安全度、功能性等多个方面综合选择。

卷钢类物体的储运装置按承载体类型可分为车载式、集装箱式和框架式，按连接方式可分为可拆卸、固定式和折叠式三类；按固定方式可分为底座式、捆扎式、夹（压）紧式和联合式；按功能主要涉及适应不同尺寸物体和适应不同类型物品两种。卷钢类物体储运装置技术分解如图2所示。

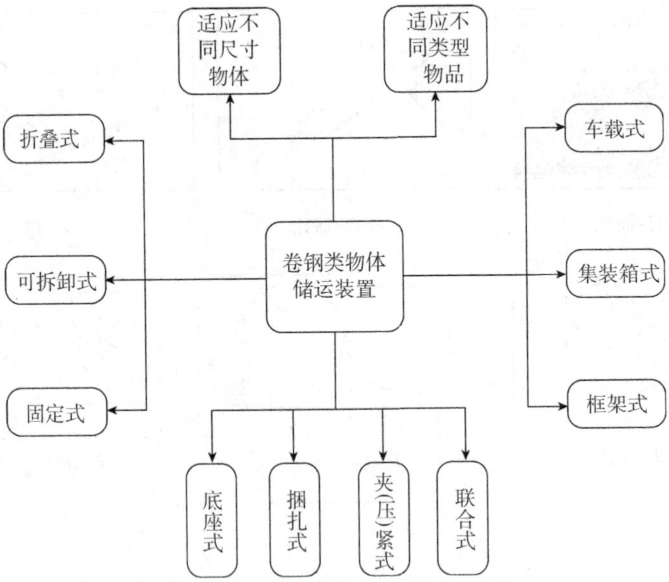

图2　卷钢类物体储运装置技术分解

第二章 卷钢类物体储运装置专利技术分析

2.1 检索策略

对卷钢类物体储运装置的检索主要依赖于分类号，在 CNABS（中国专利文摘数据库）、DWPI（德温特世界专利索引数据库）和 SIPOABS（世界专利文摘数据库）中，主要通过分类号结合关键词“卷钢、钢卷、卷板、板卷、筒体、筒形、柱状、圆柱、柱形”进行检索，最终确定中外文专利文献共 493 件进行分析。最后的检索完成日期为 2016 年 5 月 18 日。由于专利申请延迟公开的特点，有部分 2015 年的申请和大量 2016 年的申请目前还没有公开。因此，涉及卷钢类物体储运装置专利的实际数据要多于检索得到的数据。

2.2 中国专利申请分析

2.2.1 专利申请趋势

图 3 为卷钢类物体储运装置中文专利申请量及申请人量发展趋势图。从图中可以看出，我国卷钢类物体储运装置的专利申请起始于 20 世纪 80 年代末，直至 2005 年其发展都较为缓慢，专利申请处于萌芽期，申请量和申请人量均很少；2005 年至 2010 年为阶段性起伏平稳增长期，说明该阶段对该技术领域的研究力度有所加大，相关的申请人量也在增加；2011 年至 2012 年，该技术领域的专利申请量整体呈现快速增长趋势，申请人量也大幅增加，可见该阶段处于卷钢类物体储运技术研究的快速发展时期，无论对研究的投入还是对研究成果的保护均处于力度加大阶段。2013 年后申请量有较大幅度的下降，申请人量也呈下降趋势，一方面是由于该领域技术渐趋成熟，另一方面则是因为 2015 年的部分专利申请还未公布，因此 2015 年的申请量在整体趋势分析中不再阐述。

另外，该图还显示了国内外申请人所占比例，可以看出，我国专利申请主要还是来源于国内申请人，而国外申请人仅占 10%，这表明中国并非国外同领域申请人的重要目标市场。

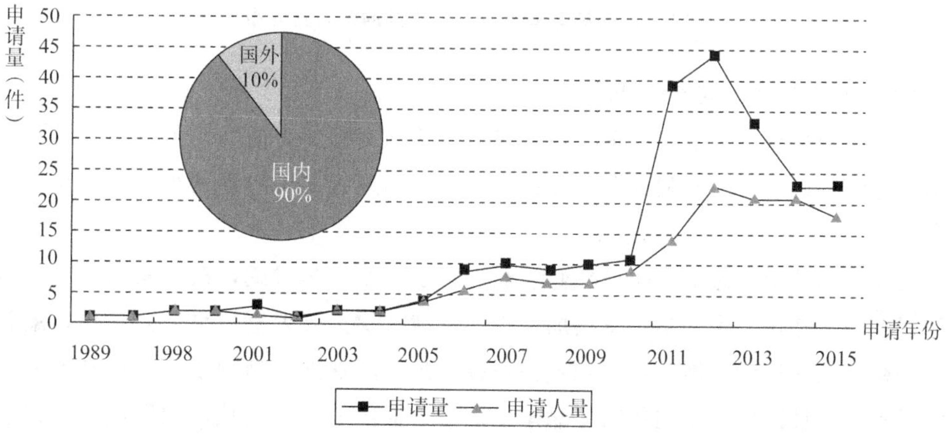

图 3 卷钢类物体储运装置中文专利申请量及申请人量发展趋势图

2.2.2 申请人类型分析

图 4 为卷钢类物体储运装置技术领域的申请人类型分布图，图 5 为卷钢类物体储运装置技术领域中不同类型申请人在各阶段的申请量分布图。由该两图可以明显地看出，企业申请占总申请量比例最大，高达 74%；其次是个人申请，占 22%；而高校及研究院的申请量仅占 4%。同时还可以发现，企业申请量从 2006 年开始激增，个人申请量则自 2011 年起大幅增加，由此可以看出，该技术领域不仅越来越受到企业的重视，同时民间发明家对技术保护也越来越重视，虽然高校和研究院的申请量不多，但总体也呈增长的趋势，由此可见，社会各界在该方面的研究力度均在不断加大。

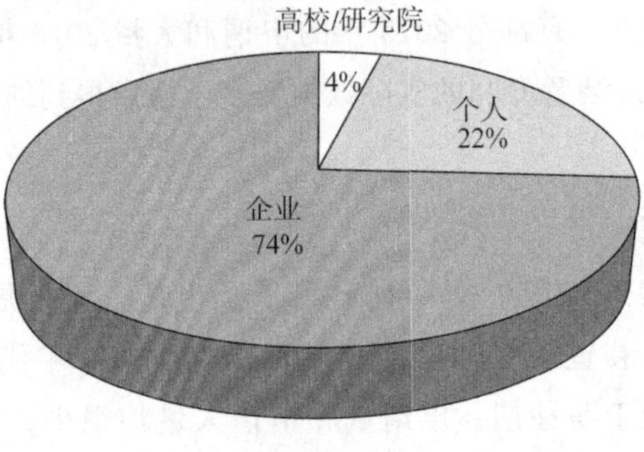

图 4 申请人类型分布

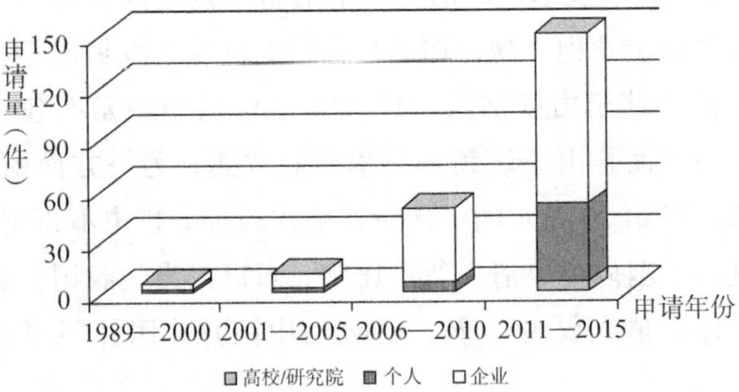

图 5 不同类型申请人在各阶段的申请量分布

2.2.3 不同技术分支申请情况分析

图 6 为不同承载体类型的卷钢类物体储运装置的专利分布情况；图 7 为不同固定方式的卷钢类物体储运装置的专利分布情况；图 8 为不同连接方式的卷钢类物体储运装置的专利分布情况。

由图 6 可以看出，近 80% 的卷钢类物体储运装置为车载式，载于集装箱式占 15%，其余为框架式。在该技术的整个发展周期中，车载式储运装置整体呈上升趋势，集装箱式则是先平稳发展后波动性增长，框架式在该技术进入成熟期后渐趋于零。这是因为卷钢类物体大且重的特性决定了其主要需要靠车辆运输，而随着集装箱技术的发展，其在卷钢类物体的储运方面也发挥了重要作用，越来越受到重视，申请量也逐步增加。

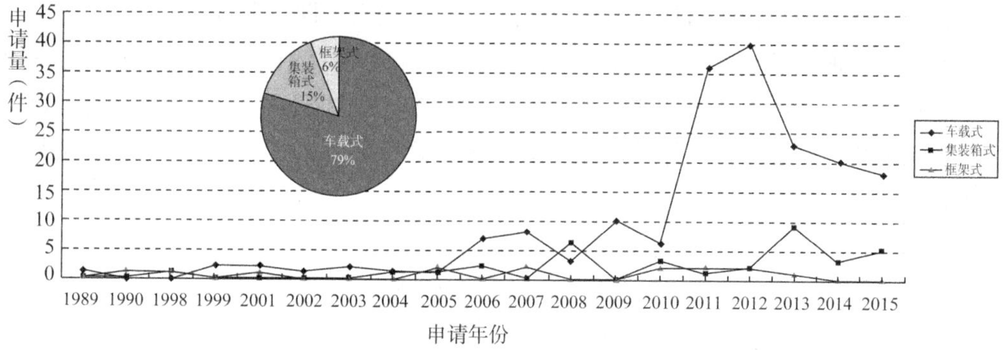

图 6　不同承载体类型的卷钢类物体储运装置的专利分布情况

图 7 显示出底座作为最常规的固定方式，在卷钢类物体储运装置中占绝对主导地位，单独采用底座固定的装置占比高达 85%，其次占比 12%的为底座与捆扎联合式，由此可见，几乎所有的固定方式中均涉及底座，其为该技术领域中的首选方式，甚至是必选方式。

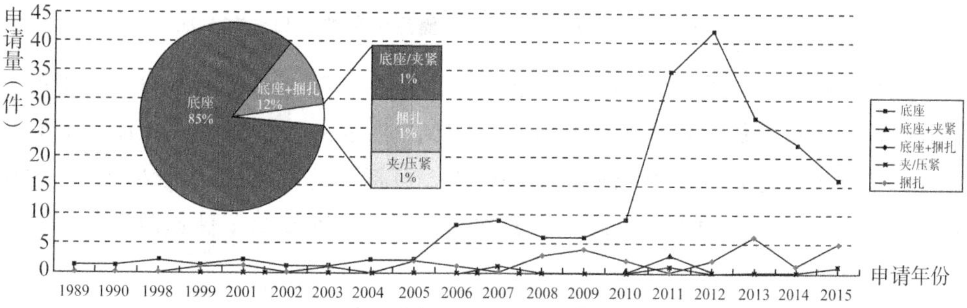

图 7　不同固定方式的卷钢类物体储运装置的专利分布情况

由图 8 可以看出，在车载式和集装箱式卷钢类物体储运装置中，可拆卸式占绝大多数，并且在各个发展时期，其申请量均高于其他连接方式，一直是该领域中的研究热点。固定式占 12%，2009 年之后基本稳步增长。相较而言，申请量最少的折叠式储运装置虽出现于 2004 年，但一直不受关注，直到 2012 年其申请量才呈现增长趋势，这也是由于其便于承载体多用的功能而受到重视。

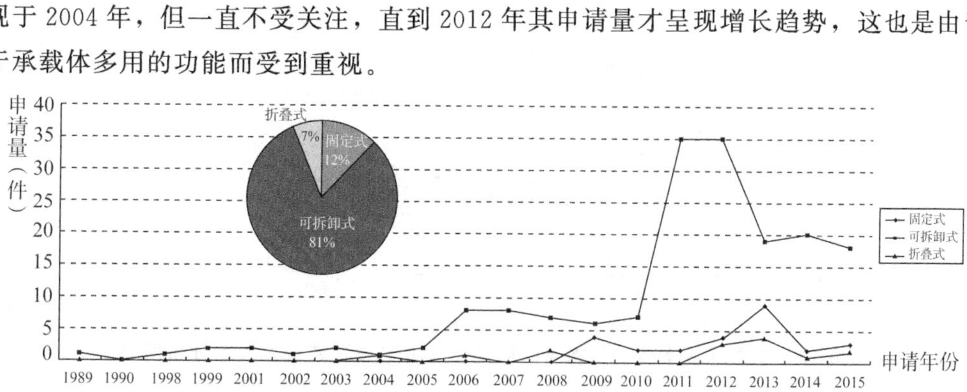

图 8　不同连接方式的卷钢类物体储运装置的专利分布情况

在前述各类卷钢类物体储运装置的发展中，为了适应不同直径或宽度的卷钢类物体，技术人员对底座进行了改进，设计了不同的调节方式，如图9所示。近一半的专利通过横向调节底座的支承件，来增减两侧支承件之间的距离以适应不同直径的物体；通过调节支承面角度以适应不同直径的物体的占25%；其余为采用其他方式（如在支承面上增加活动垫块等）。

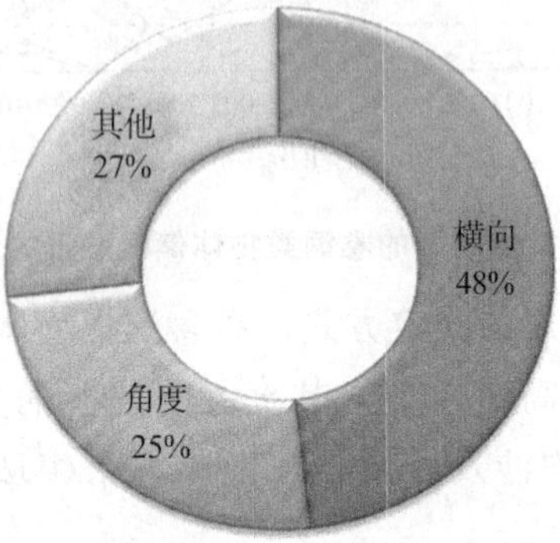

图9　不同调节方式的卷钢类物体储运装置的专利分布情况

图10示出了不同承载体类型卷钢类物体储运装置中各种连接方式的分布情况。在车载式储运装置中，可拆卸的占据绝大部分，仅有约2%的采用折叠方式；而在集装箱式储运装置中，三种连接方式的比例相近。这是因为，可拆卸的车载式储运装置，一方面便于支承装置（如支承底座）的空载堆垛，节省空间；另一方面卸掉了储运装置的车辆可以根据需要方便地运输其他物体。

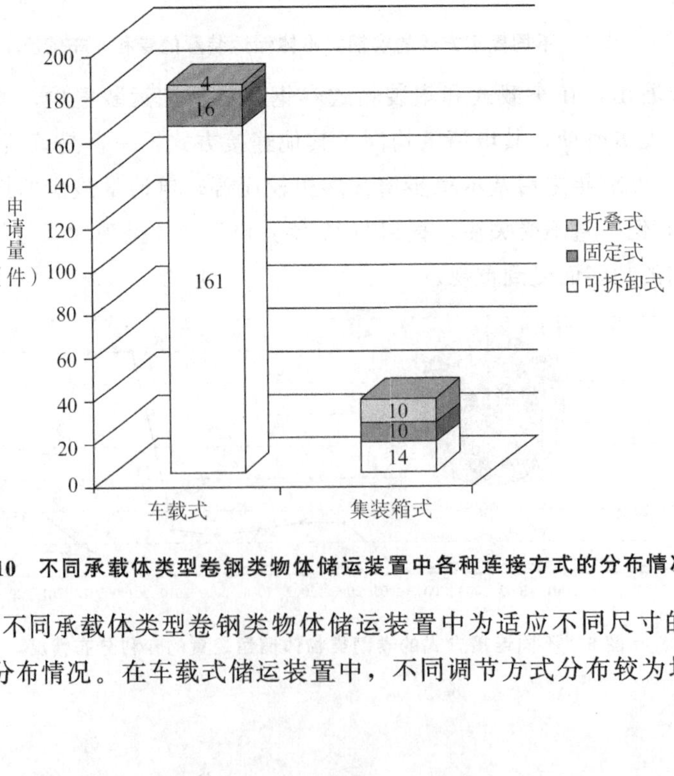

图10　不同承载体类型卷钢类物体储运装置中各种连接方式的分布情况

图11示出了不同承载体类型卷钢类物体储运装置中为适应不同尺寸的物体而采用的不同调节方式的分布情况。在车载式储运装置中，不同调节方式分布较为均匀，其中以横

向调节方式略为偏多，占 43.4%；角度调节和其他方式分别占 32.1%和 24.5%；集装箱式和框架式储运装置中，则较少涉及调节方式，其中集装箱式储运装置中，分别涉及横向调节 3 件和角度调节 1 件，而框架式储运装置中仅有 3 件涉及横向调节，不存在其他调节方式。

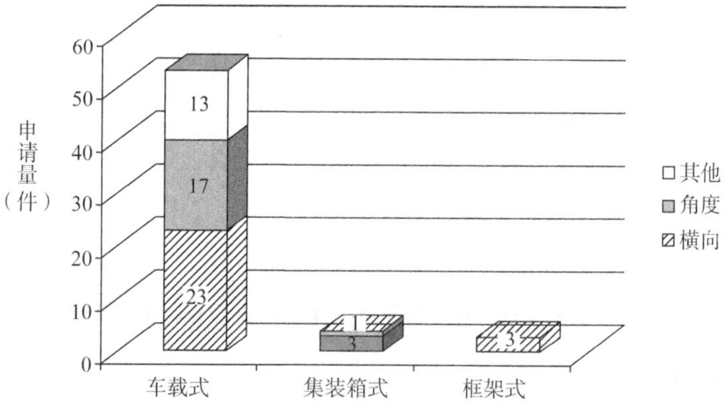

图 11　不同承载体类型卷钢类物体储运装置中不同调节方式的分布情况

2.2.4　主要申请人及其在不同承载体类型分支的申请情况

图 12 和图 13 分别示出了国内主要专利申请人及其专利申请量的情况和各主要申请人在不同承载体类型分支的专利申请情况。从图 12 中可以看出，申请量排名前十位的申请人依次为南车集团、睿力恒一、陈晓艳、蒋恩泉、中集集团、攀钢集团、朗船舶公司、林艳、鞍钢、天新利。其中以企业为主，但并无高校或研究院。此外，多数申请人的研究仅涉及一种承载体的储运装置，研究方向集中，并且排名前十的申请人中的三位个人申请人的研究均集中在车载式储运装置上；仅有朗船舶公司、中集集团和睿力恒一的研究涉及集装箱作为承载体的技术分支；而鞍钢、攀钢集团的研究涉及框架式储运装置。

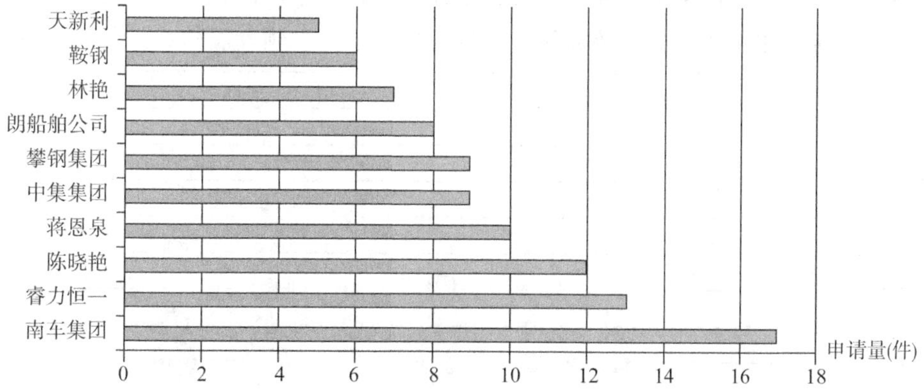

图 12　主要申请人及其专利申请量情况

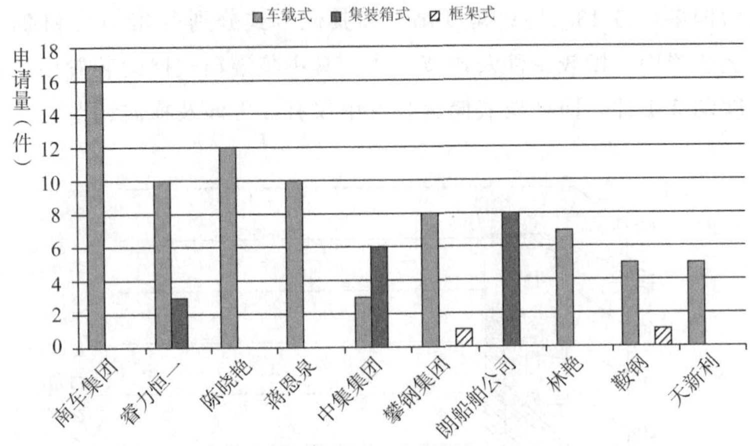

图 13　主要申请人在不同承载体类型分支的专利申请量情况

2.3　国外专利申请分析

2.3.1　专利申请趋势

图 14 示出了卷钢类物体储运装置技术领域国外申请量前 8 位的国家的历年申请量趋势，从图中可以看出，美国的技术发展得最早，从 20 世纪 30 年代至今在该领域的研究始终没有中断，并且申请量整体呈不断上升趋势，在 20 世纪 90 年代申请量急速增长，直至 21 世纪进入发展成熟期；在德国，该技术自 20 世纪 60 年代出现至今，申请量一直稳步增长，说明德国在该技术领域的研究投入越来越多，保护力度不断加强；日本和法国的技术起始于同一时期，但相较法国的基本稳定增长而言，日本在其技术兴起的 20 世纪 70 年代申请量最大，而在其发展周期中呈现较大幅度的起落，并且该两国在进入 21 世纪后申请量都有所下降；英国和澳大利亚起步较晚，始于 20 世纪末；韩国则是在 21 世纪才兴起该技术。从各国同一时期的申请量来看，美国不仅发展得最早，而且在各个时期内的申请量基本上远超其他各申请国，处于该领域技术发展的前沿，引领发展潮流。

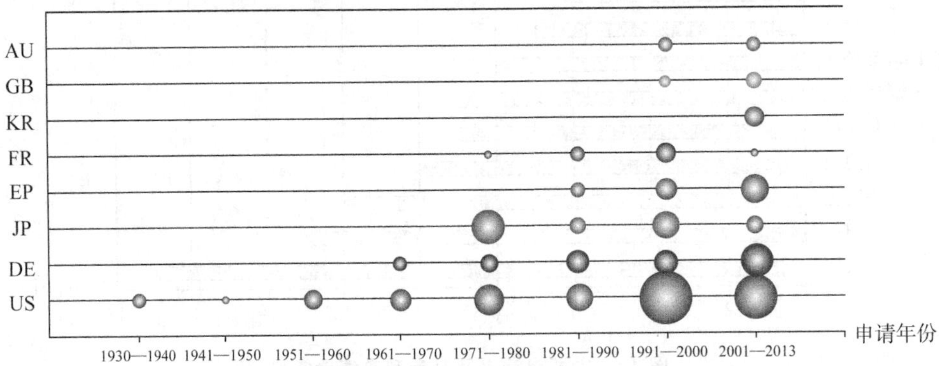

图 14　申请量前 8 位的国家的历年申请量趋势

2.3.2　原创国申请量分布

图 15 为卷钢类物体储运装置技术领域中各原创国的申请量分布情况，由图可知，美

国的原创实力要远远高于其他国家，其申请量占总申请量的比例达 34.7%；德国和日本分别位居第二、第三，也都具备一定的原创实力；这三个国家的申请量就占据了总申请量的 66.3%，说明其在卷钢类物体储运技术领域的领先及核心地位。

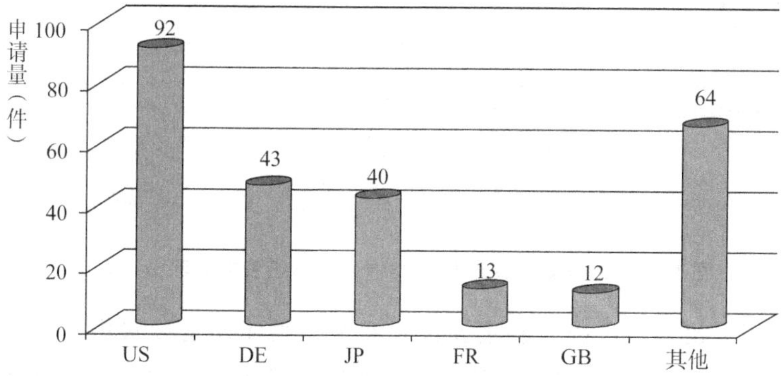

图 15　原创国申请量分布

2.3.3　不同技术分支申请情况分析

图 16 为不同承载体类型的卷钢类物体储运装置的专利分布情况，图 17 为不同固定方式的卷钢类物体储运装置的专利分布情况，图 18 为不同连接方式的卷钢类物体储运装置的专利分布情况。

由图 16 可以看出，85%的卷钢类物体储运装置为车载式，框架式占 9%，其余为集装箱式。在该技术的整个发展周期中，车载式储运装置在 20 世纪 70 年代末出现第一个高峰，在 20 世纪末再次达到高峰；框架式则主要集中在 20 世纪 90 年代；发展最晚的集装箱式始于 20 世纪 70 年代初，一直保持稳定发展的态势。

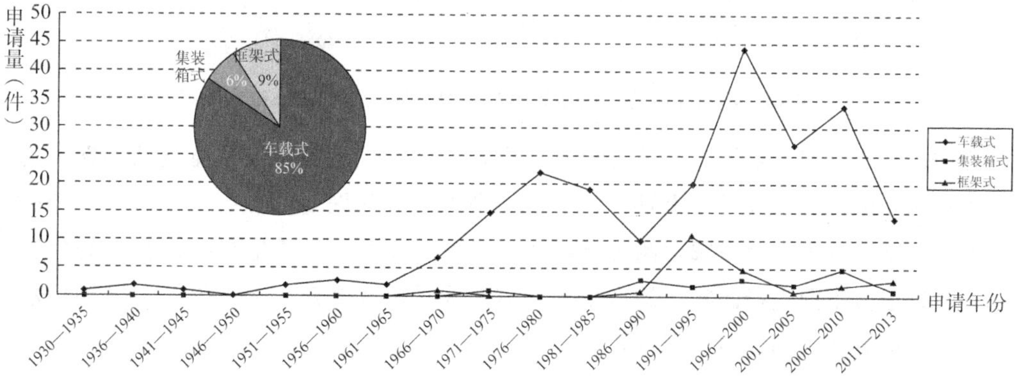

图 16　不同承载体类型的卷钢类物体储运装置的专利分布情况

由图 17 可以看出，与我国专利申请中的固定方式比重类似，单独采用底座固定的装置比例最高，为 73%，其次的占 19%的为底座与捆扎联合式，由此更加证明，底座作为最常规的固定方式的重要性。

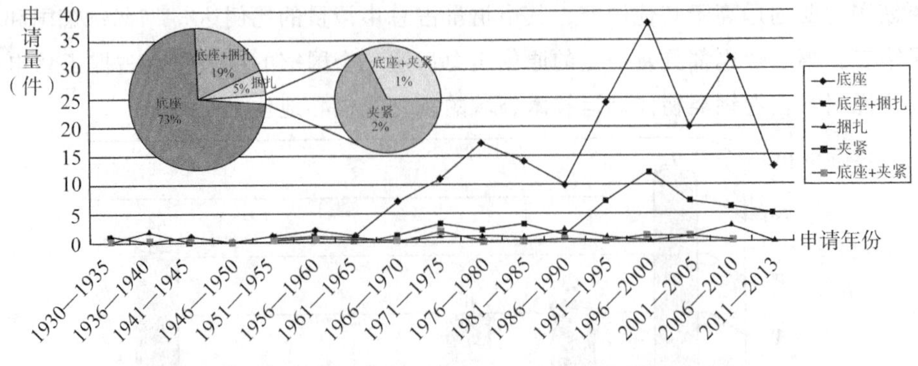

图17　不同固定方式的卷钢类物体储运装置的专利分布情况

由图18可以看出，在车载式和集装箱式卷钢类物体储运装置中，可拆卸式占62%，在整个发展过程中基本上呈逐步增长的趋势，并且除了20世纪70年代期间，其申请量均高于其他连接方式，一直是该领域中的研究热点。固定式占比30%，在20世纪70年代和90年代分别出现发展高峰。相较而言，折叠式储运装置的申请量最少。

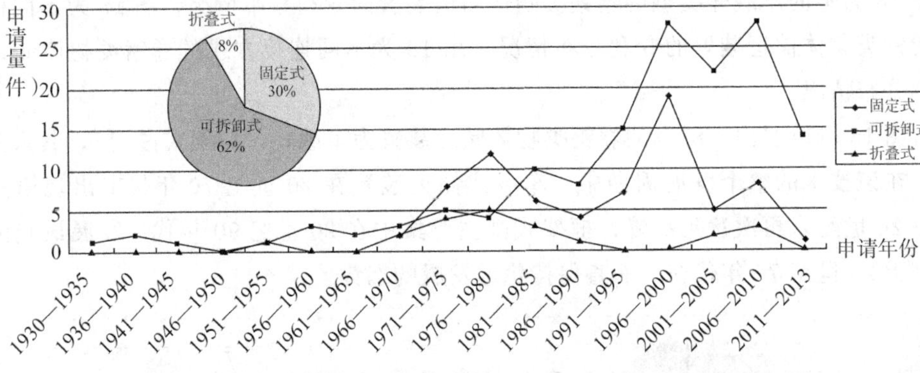

图18　不同连接方式的卷钢类物体储运装置的专利分布情况

在前述各类卷钢类物体储运装置的发展中，为了适应不同直径或宽度的卷钢类物体，技术人员对底座进行了改进，设计了不同的调节方式，如图19所示。一大半的专利通过横向调节底座的支承件，增减两侧支承件之间的距离以适应不同直径的物体；通过调整支承面角度以适应不同直径的物体的占26%；其余为采用其他方式（如在支承面上增设折叠板、支承斜面具有不同倾斜角度等）。

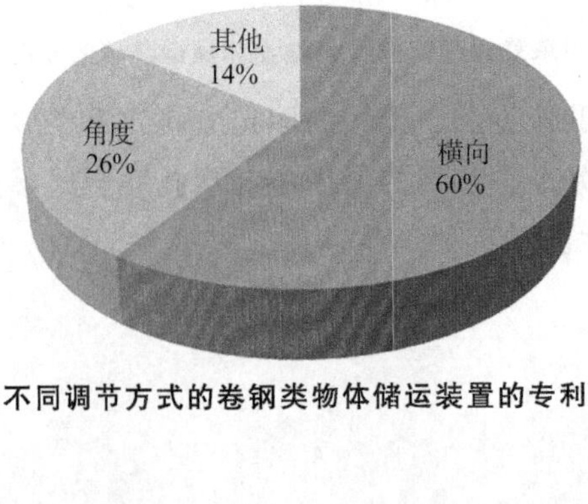

图19　不同调节方式的卷钢类物体储运装置的专利分布情况

图 20 示出了不同承载体类型卷钢类物体储运装置中各种连接方式的分布情况。在车载式储运装置中，可拆卸连接的占 62.3%，固定式占 29.6%，仅有约 8%的采用折叠方式；而在集装箱式储运装置中，可拆卸和固定连接方式比例相近，折叠式占 11.8%。与我国专利申请中的相应分布相比，国外申请中，车载式储运装置中固定连接方式也占较大的比例，远大于国内申请中的 8.8%。

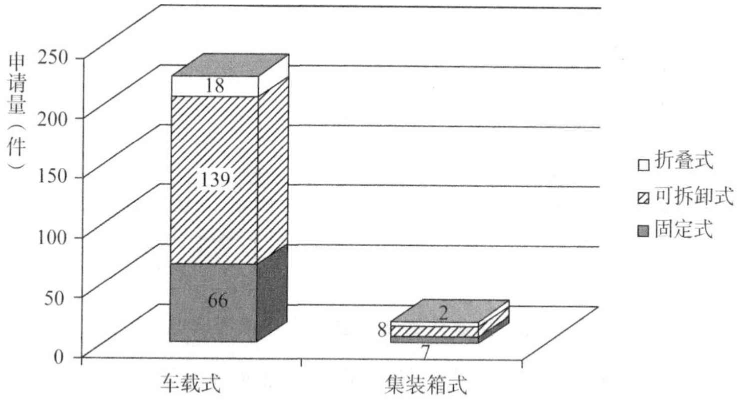

图 20　不同承载体类型卷钢类物体储运装置中各种连接方式的分布情况

图 21 示出了不同承载体类型卷钢类物体储运装置中为适应不同尺寸的物体而采用的不同调节方式的分布情况。在车载式储运装置中，横向调节方式居多，超过一半；角度调节和其他方式分别占 24.3%和 16.2%；与国内申请类似，集装箱式和框架式储运装置中，也较少涉及调节方式，其中集装箱式储运装置中，分别涉及横向调节和角度调节各 2 件，而框架式储运装置中仅有 1 件涉及横向调节，而不存在其他调节方式。

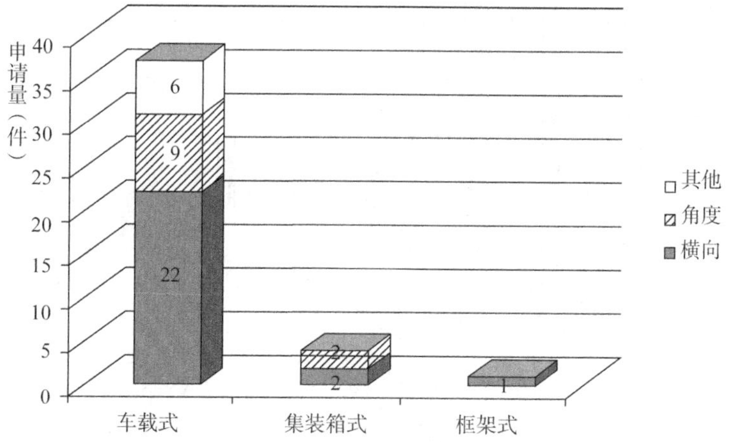

图 21　不同承载体类型卷钢类物体储运装置中不同调节方式的分布情况

2.3.4　申请人排名及重要申请人在各技术分支的专利情况分析

图 22 示出了国外卷钢类物体储运技术相关专利申请量排名前 9 位的申请人及其在各技术分支的专利申请量情况。其中，申请人东急车辆制造株式会社和 NAT STEEL CAR

LTD的申请量相同，高居榜首，KASTALON INC紧随其后，位居第三，为该技术领域中的重要申请人；LANGH SHIP（朗船舶公司）、FRANCE WAGONS、STANDARD CAR TRUCK CO、BLACKROCK ENGINEERING LIMITED、DEUTSCHE BAHN AG、FURUKAWA SHIGENOBU也具备一定的竞争实力，这几家企业的专利申请量比较接近，技术实力相对均衡。

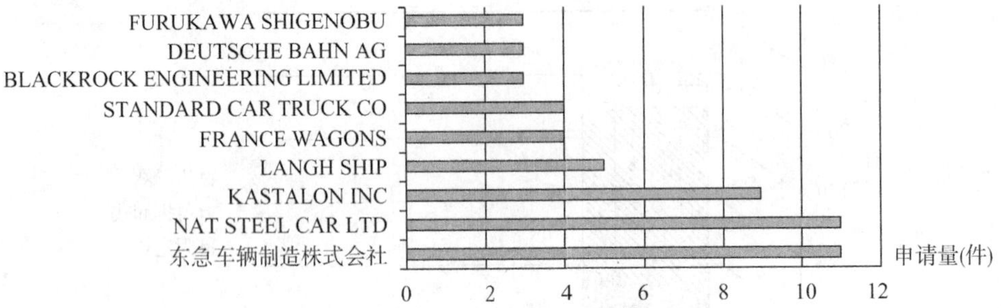

图22 主要申请人及其专利申请量情况

图23示出了各主要申请人在不同承载体类型分支的专利申请情况。由图可知，多数申请人的研究仅涉及一类储运装置，研究方向集中，且这些申请人均是单涉及车载式储运装置；LANGH SHIP（朗船舶公司）、BLACKROCK ENGINEERING LIMITED和FURUKAWA SHIGENOBU三家公司均以集装箱式卷钢类物体储运装置的技术分支为主，同时还涉及车载式或框架式储运装置。

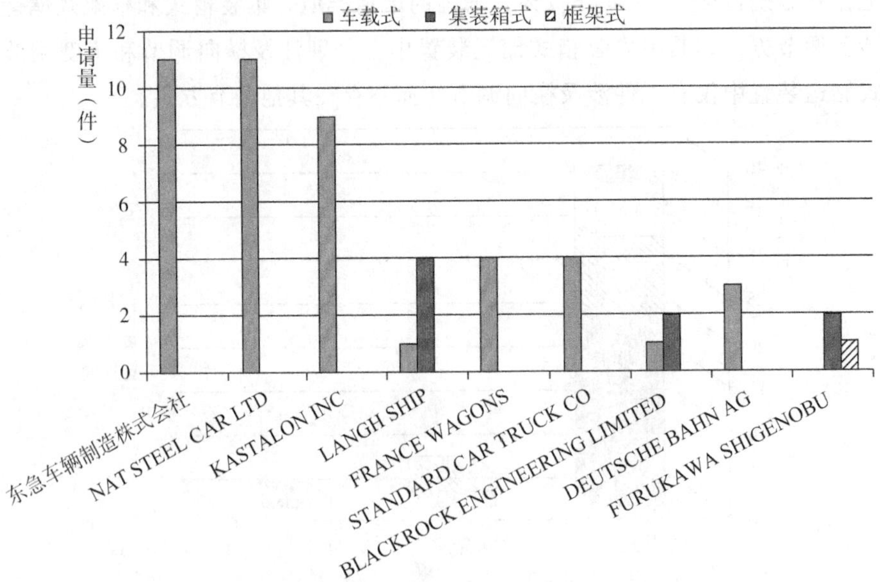

图23 主要申请人在不同承载体类型分支的专利申请量情况

第三章　卷钢类物体储运装置技术发展路线

为了解卷钢类物体储运装置领域的技术内容，下面主要针对技术分解的三类承载体中的适应不同尺寸和适应不同物体的卷钢类储运装置进行专利分析。

3.1　车载式卷钢类物体储运装置（图 24）

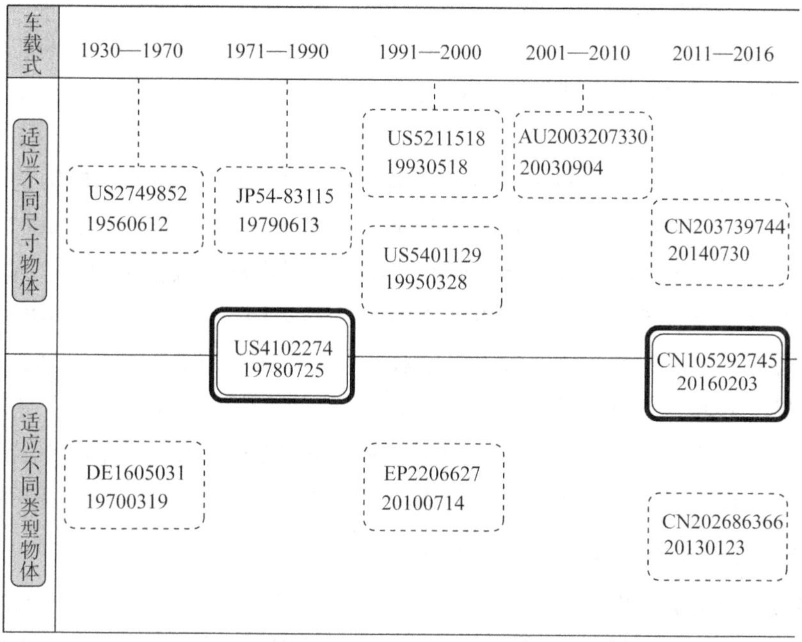

图 24　车载式卷钢类物体储运装置的发展路线图

车载式储运装置作为研究最多的一类储运装置，最早起源于 20 世纪 30 年代，并且在整个发展周期中从未间断，除了在不同的连接方式和固定方式上有所改进，还始终在如何适应不同尺寸的卷钢类物体及如何适用于不同类型物体的运输方面不断地进行技术更新。1956 年，ALBEMARLE PAPER MFG COMPANY 通过设置可调节的抵顶卷材和车厢体的端部件，实现了对不同宽度卷材的固定装载（公开号 US2749852）；而能够适应不同类型物体的储运装置早在 1970 年已经见于 TALBOT WAGGONFAB 的专利申请中，其公开了一种可以通过不同方式支承/折叠支承架的结构（公开号 DE1605031）；随后，CARRIERS SECUREMENT 于 1978 年公开了一种储运装置，包括带捆扎体的座体，它不仅可以整体翻转到车底板底部，从而能够在适用于卷钢类物体和适用于其他类型物体之间转换，还可以沿轨道调节相邻的座体之间的距离，从而适应于不同宽度的卷钢，并且可以通过设置中间调节块，该调节块上具有不同大小的扎圈，来适应不同直径的卷钢（公开号 US4102274）；在 20 世纪 70 年代，兴起了多种为适应不同尺寸卷钢类物体的不同调节方式，如摆臂式、滑动式、插设于不同位置、螺杆调节式、增设部件等，值得注意的是，70

年代末期，东急车辆制造株式会社提出了多件车载式卷钢储运装置，其中典型的为JP54－83115，其公开了通过支承件横向滑动或改变支承件角度的方式使得其适用于不同直径的卷钢的技术方案；1993年，QCX PARTNERS INC公开的技术中，支承座本身设置了不同倾斜度的支承面，从而可以依靠不同的面来支承不同直径的卷钢体（公开号US5211518）；而1995年AREA TRANSPORTATION CO公开的方案中，在能够适应不同尺寸卷钢的前提下，考虑了车体的平衡问题，通过在车体前后分别设置固定架体来实现（公开号US5401129）；2003年，TORROS LTD提供了一种可以适应直径范围更广的储运装置，其不仅可以将支承件折叠或收起；在折叠时还可以横向滑动不同距离，并且还可以通过选择不同的插槽进行固定，从而使能够适用的范围更为广泛（公开号AU2003207330）；SCHLOBOHM W于2010年公开了一种带折叠式支承结构的储运装置，与以往的折叠结构不同，该可折叠的支承结构的承载件和支承件的旋转轴均设置在车体上，而两者的顶端插接在一起，从而能够增强支承稳定性（公开号EP2206627）；南车二七车辆有限公司公开了一种运输卷钢—矿石的铁路专用货车，包括中间的车厢体和车厢体两侧的卷钢加固定位装置，能够适应不同类型物体的运输（公开号CN202686366）；2014年，李开峰公开了一种车载圆柱形货物固定器，它通过带有挡板的左、右伸缩杆在套筒内伸缩实现对尺寸的调节（公开号CN203739744）；北京德达物流股份有限公司于2016年公开的专利（公开号CN105292745）中，提出了一种可以折叠收纳入车体内的支承结构，并且可以改变支承面的厚度，从而能够同时适用于不同直径和不同类型的柱状货物。

3.2 集装箱式卷钢类物体储运装置（图25）

在集装箱式储运装置中，最早出现的是1978年REYNOLDS BOUGHTON LTD的发明，其在集装箱内设置可折叠的支承架，可以支承卷钢类物体，而在支承架折叠收起后，可以用于其他物体的运输（公开号IE38422）；在进入21世纪后，在适应不同类型物体的分支上，发展出了许多新的技术，其基本上均是通过设置不同的可折叠机构来实现上述目的；在该类承载体的储运装置中，适应不同尺寸卷钢类物体的发明较少，FURUKAWA S在1990年提出的在集装箱内设置可沿横向滑动或可以调节角度的支承结构，从而能够适应不同直径的卷钢运输的技术方案（公开号US4901855），直至2014年才又出现新的研究高峰，且以设置可横向调节的机构为主要研究方向。在20世纪90年代，该类储运装置的研究则主要集中在各种不同结构的承载结构的改进上，而不涉及适应不同尺寸或用于不同类型物体的技术改进。值得注意的是，北京睿力恒一物流技术股份公司于2016年公开了一种带有滑动装置的集装箱，其不仅能够通过支承结构的横向滑动调节来适应不同直径的物体，还通过增加可折叠收起的覆盖板，使得其既能够适用于圆柱形货物又能够适用于干散货的运输，是一种集多种功能于一体的新型集装箱（公开号CN105292810）。

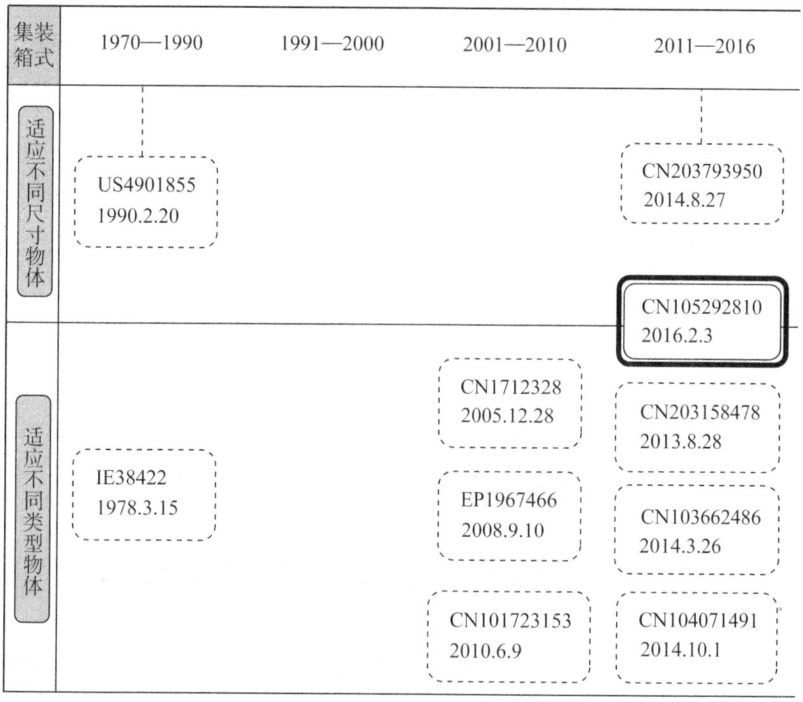

图 25　集装箱式卷钢类物体储运装置的发展路线图

3.3　框架式卷钢类物体储运装置（图 26）

框架式卷钢类物体储运装置最早见于 20 世纪 70 年代，NISSIN ENG CO LTD 和 TRADE OCEAN LINE 公司提出了一种运输金属卷材的容器，其能够适应雨天储运卷材，无须专用货车运输（公开号 US4805794）；1995 年，HERGETH W 提出了一种圆柱形物体的运输架体，其具有可以拆卸的调整块，通过调整其位置，可以适应不同直径尺寸的物体（公开号 DE4417857）；进入 21 世纪后，ECOLOGY DEV CORP 公司提出了一种纸板制的支承座，降低了成本（公开号 US6170789）；兰克霍斯特特色模具有限公司公开了一种支承物体的系统，通过支承部件在与导轨上不同的齿/槽的配合，能够适应不同直径的卷钢（公开号 CN101432171）；而后，湖南晟通科技集团有限公司和安徽理工大学也分别公开了不同的能够适应不同直径的卷钢的技术方案（公开号 CN201923402 和 CN202464408）；而 SONOCO DEV INC 公司提出了一种能够便于卷材堆叠存放的承撑单元（公开号 US2011318131），苏州优霹耐磨复合材料有限公司于 2013 年公开了一种能够堆叠的框架式储运装置，以便于卷钢的储运（公开号 CN203332641）。

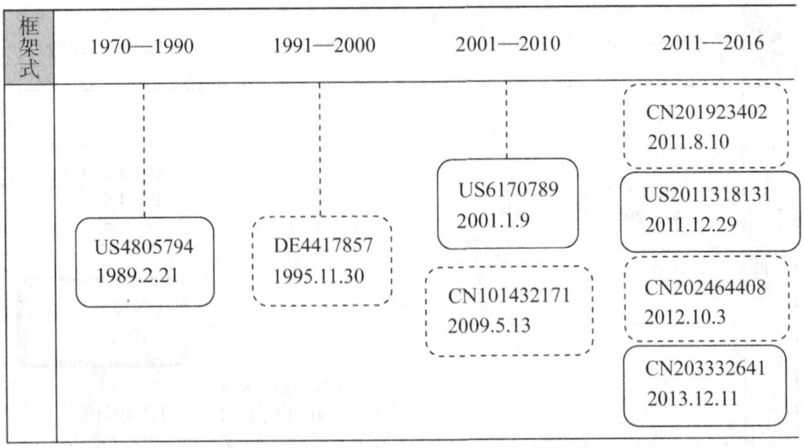

图 26　框架式卷钢类物体储运装置的发展路线图

第四章　重要申请人专利技术分析

通过对国内外申请人的分析可知，南车集团是卷钢类物体储运装置领域的重要申请人之一，其申请量最多，因此对该公司在卷钢类物体储运装置领域的主要代表性专利技术进行分析。如表 1 所示，该公司在卷钢类物体储运装置领域做出了非常多的研发和技术改进。

表 1　南车集团在卷钢类物体储运装置领域的主要代表性专利

公开号及公开日	技术分支	图解	技术要点
CN101264764A 20080917	车载式/可拆卸/底座	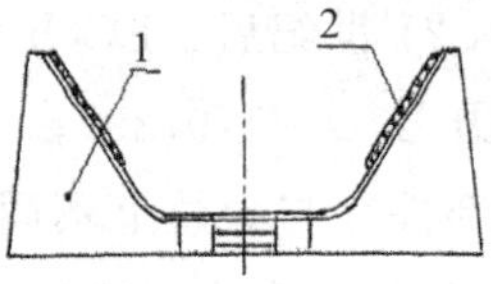	由钢制鞍座、橡胶板和固定臂组成马鞍形槽式空心结构的装载加固装置；能实现纵向、横向定位和防止倾翻；可重复使用；可相互嵌入套装，节省回送使用车辆的数量
CN201721763U 20110126	车载式/可拆卸/底座 适应不同宽度卷钢	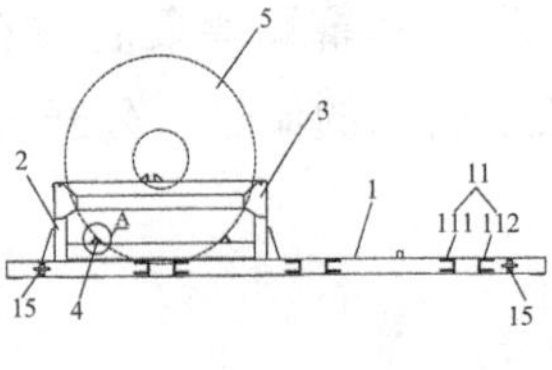	包括底盘架和供卷钢横向卧装的围挡支架，围挡支架的两对边上固定支承有用于阻碍卷钢沿其轴向移动的一对侧挡件；能够适应不同宽度；能搭载于不同车体

续表

公开号及公开日	技术分支	图解	技术要点
CN102673578A 20120919	车载式/固定/底座 适应不同直径和不同宽度卷钢 适应不同类型物体	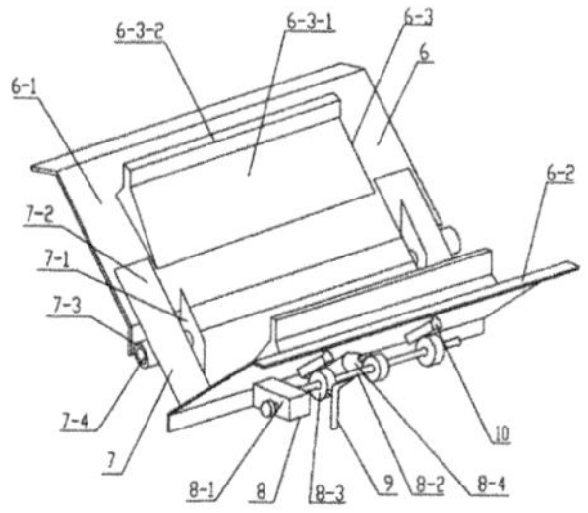	包括固定在货车底架上的横向卷钢固定单元，其包括左右加固机构和前后止挡机构；通过加固机构的滑动块在挡板上的滑动适应不同直径的卷钢；通过止挡机构适应不同宽度的卷钢，并且能在不拆卸卷钢固定单元的前提下运输粉状货物
CN202608644U 20121219	车载式/可拆卸/底座 适应不同直径和不同宽度卷钢 适应不同类型物体	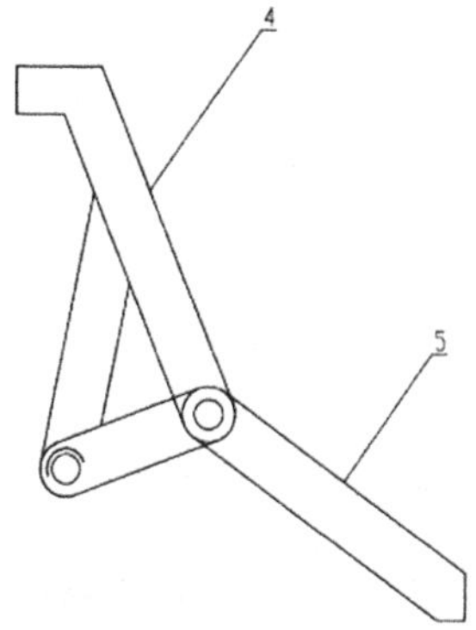	横向卷钢加固机构包括铰接的转动挡和固定挡，通过两者调整角度适应不同直径的卷钢；同时设置止挡装置以便适应不同宽度的卷钢
CN202686366U 20130123	车载式/固定/底座 适应不同类型物体	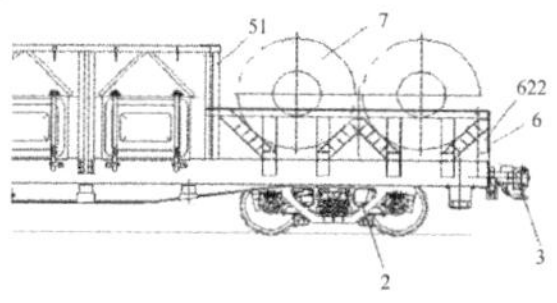	包括中间的车厢体和车厢体两侧的卷钢加固定位装置，能够适应不同类型物体的运输
CN202753953U 20130227	车载式/可拆卸/底座 适应不同宽度卷钢	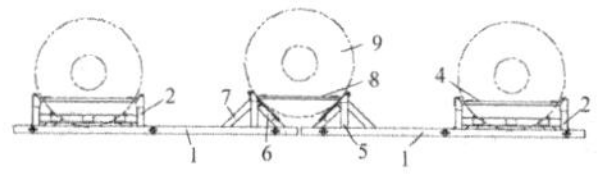	两个座架的连接处也可以装载一个卷钢，使座架底盘与车底板衔接紧密，增强稳定性和安全性；同时设置端部止挡件以便适应不同宽度的卷钢
CN202754273U 20130227	车载式/可拆卸/底座 适应不同宽度卷钢	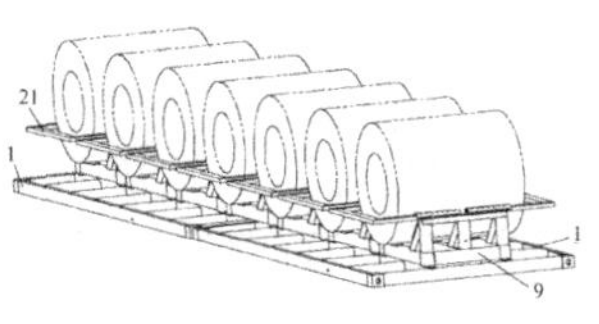	底盘上设置有用于装载卷钢的托架，可通过侧挡的折边在滑槽内伸缩定位以适应不同宽度的卷钢；同时底盘和托架均可拆卸，便于灵活装载和减少回收座架的占用空间

续表

公开号及公开日	技术分支	图解	技术要点
CN203372248U 20140101	车载式/可拆卸/底座适应不同直径和不同宽度卷钢	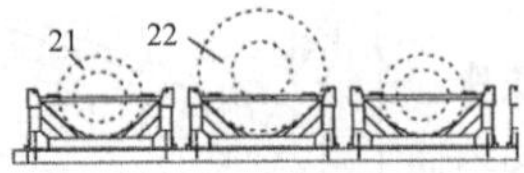	采用了双V形设计，不同直径的卷钢可以承载在不同的支承斜面和相应的支承梁上；同时可通过侧挡的折边在滑槽内伸缩定位以适应不同宽度的卷钢
CN203439046U 20140219	车载式/可拆卸/底座	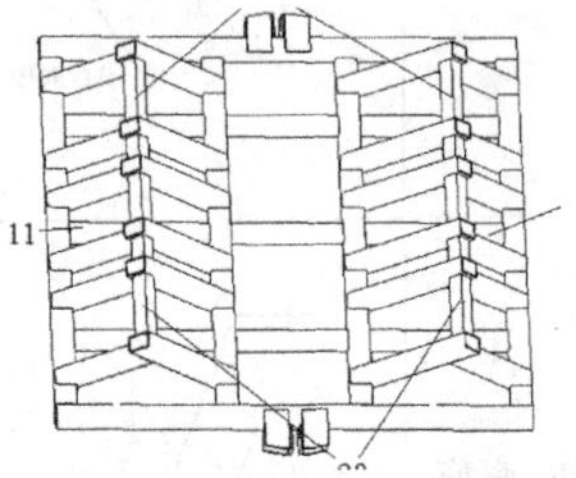	可以堆叠存放，节省回送成本；增设横向梁加强板，提高牢固程度
CN103661441A 20140326	车载式/固定/底座适应不同宽度卷钢适应不同类型物体	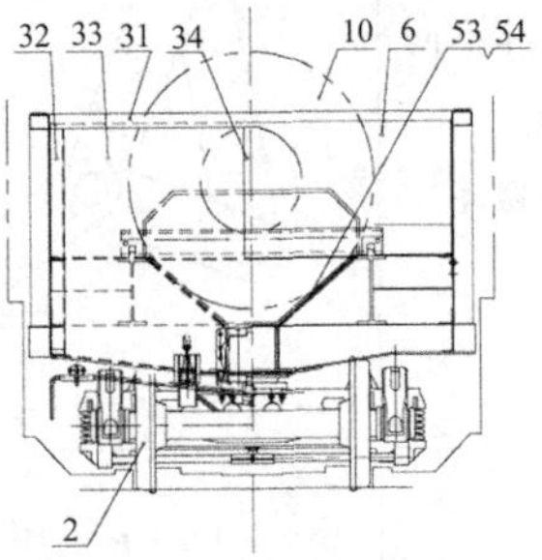	设置纵向V形通槽，不仅可以适应于卷钢装载，还可以用于装载铁矿粉，可以实现往返重车运输，提高货运效率；设置有纵向加固装置，能根据卷钢宽度进行步进调整
CN105253461A 20160120	车载式/固定/底座适应不同直径和不同宽度卷钢	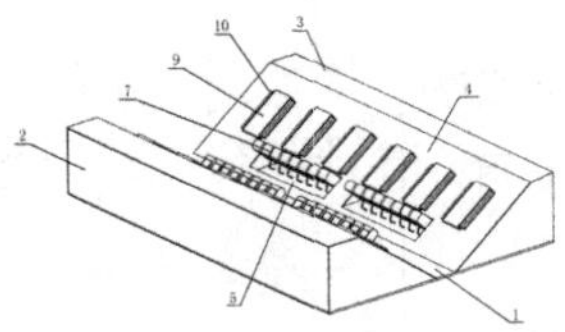	支撑斜面上设置有凹槽，在凹槽内设置有横向定位止挡组成，横向定位止挡组成包括转轴以及设置在转轴上且沿转轴轴向排列的若干挡块，在装载横卧卷钢后，横卧卷钢两端未被压入凹槽内的挡块对横卧卷钢形成横向限位，可满足各种宽度规格的卷钢的横向定位；左、右支架在底板上可相对移动，可放置各种直径规格的横卧卷钢

第五章　结语

由上述专利分析可知，卷钢类物体储运装置领域的技术从承载体类型上看，呈现以车载式储运装置为主，集装箱式和框架式储运装置并行的发展特点；从连接方式上看，则是以可拆卸式为主，固定式和折叠式并行；而从固定方式上看，底座式占绝对主导地位，其他方式均较少。专利文献在早期基本都是国外申请，而进入21世纪后，中文专利数量逐渐增多，并开始占主要部分。

在国内，南车集团、睿力恒一、中集集团等公司的研究较多，引领技术发展；而在国外，美国、德国、日本的技术发展需要重点关注，并且芬兰的朗船舶公司也需要重点关注，其在国内外的申请量也是名列前茅。

为了提高储运装置的适应性，各重要申请人针对各自的研究重点，从结构、材质、调节方式、折叠方式等多方面不断进行改进，以保证其在全球范围内的竞争力。从国内外的发展情况来看，调节方式的改进研究贯穿始终，形式多样，而折叠方式的起步相对较晚，为间断性发展。

从国内外的发展来看，国内在该技术领域的水平已经渐渐追赶上了国外，今后的研究方向应重点为从各种调节方式、折叠方式以及卷钢类物体在承载体上的布置形式等方面提高对安全稳定程度的提高和改进，在这些方面的研究力度应进一步加大。

参考文献

[1] 厉劲松. 铁路使用钢座架运输卷钢的实践与思考 [J]. 铁道货运，2012 (4)：34—38.

[2] 贾志刚，任永杰. 卷钢运输中的安全问题及改进措施 [C]. 中国铁道学会编. 第三届铁路安全风险管理及技术装备研讨会论文集（下册）. 四川：铁路安全风险管理及技术装备研讨会，2012：435—438.

[3] 王明强，岑斌魁. 铁路运输卷钢装载加固方式的研究 [J]. 包钢科技，2002，28 (1)：92—95.

[4] 岳森根. 钢座架卧装卷钢运输方式的运用与建议 [J]. 上海铁道科技，2014 (1)：20—21，38.

[5] 张绍光. 铁路卷钢运输集装箱的研制 [J]. 铁道车辆，2016，54 (1)：20—23.

[6] 徐海涛，侯文江，辛海琳. 卷钢座架在铁路平车上的应用 [J]. 铁道货运，2015 (4)：57—60.

基于车联网的交通安全专利技术综述

吕 鑫

第一章 相关技术概述

1.1 车联网的起源及概念

物联网（Internet of Things，IOT）自1999年被首次提出后，在世界范围内得到迅猛发展，被称为继计算机、互联网之后世界信息产业发展的第三次浪潮，而2005年提出的车联网（Internet of Vehicles，IOV）是其非常重要的应用领域与发展方向。

车联网是指由车辆位置、行驶速度、行驶路线等构成的信息交互网络，是一种向信息通信、环保、节能、安全等方向发展的车-网联合技术。通过射频识别（RFID）、摄像头、传感器、全球定位系统（GPS）及图像处理等电子设备，实现对车辆、道路、交通环境等信息的采集；按照一定的通信协议和标准，在车-路-人-网-环境-基础设施之间进行无线通信；云中心采用计算机技术分析和处理车辆数据信息，从而计算出不同车辆的最佳路线，及时汇报路况和安排信号灯周期，实现对人、车、路进行智能监控、调度和管理。

1.2 车联网的主要技术

车联网作为物联网在交通领域的应用，涉及的主要技术包括车辆动力装置或传动装置的布置或安装、车辆配件或车辆部件、点数字数据处理、无线通信网络、工程元件或部件、信号传输、交通控制系统、数字信号传输、无线电导航、监视/测试装置等。

1.3 车联网技术的应用现状

车联网技术在城市道路交通中的重要作用引起了各国学术界和产业界的重视，各地纷纷实施和颁布智慧交通的各项举措。美国运输部2015年发布《智能交通系统战略规划2015—2019》，而五个战略主题之一就是“通过发展更优的风险管理、驾驶监控系统，打造更加安全的车辆及道路”。欧盟和日本也相继实施了“InteractIVe”和“eCoMOVE”项目和先进安全汽车项目。2014年，由清华大学牵头的国家863计划主题项目“智能车路协同关键技术研究”通过科技部验收。

第二章 基于车联网的交通安全专利申请整体状况

为了了解车联网在交通安全方面的技术演化和发展脉络，本文从专利技术的角度切人，以专利库的检索结果为分析样本，对车联网与交通安全的技术进行了统计和分析，总结国内外申请趋势和重要申请人，分析主要技术分支和重要专利文献，以期对车联网在交通安全方面的专利技术进行梳理，帮助技术人员和审查员了解该领域的发展情况。

2.1 全球范围的专利申请状况

通过在中文专利库CNABS、CNTXT以及外文专利库DWPI、SIPOABS中进行检索，并剔除噪声，共获得相关技术主题的专利文献352篇（截至2016年6月30日）。本部分内容主要对全球的专利申请状况的趋势以及重要申请人进行分析，从中得到技术发展趋势，以及各阶段专利申请人所属的国家分布和主要申请人。其中以每个同族中最早优先权日期为该申请的申请日，一系列同族申请视为一件申请。

2.1.1 专利申请总体趋势

图1示出了车联网与交通安全技术的全球专利申请趋势。根据已经公开的申请文献量，将其划分为两个阶段：稳步发展期和快速增长期。图1中反映出的2016年申请量出现下降，是由于未申请提前公开的发明专利申请通常在申请日之后18个月才公开，而截至2016年6月，部分专利申请由于未公开而不在本次文献采集之列。

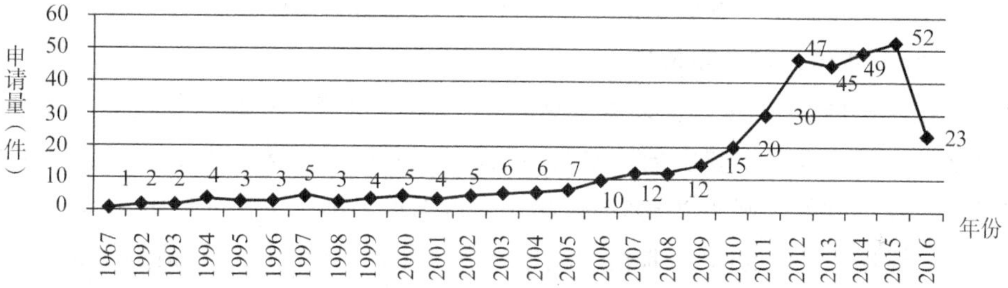

图1 全球申请数量趋势

（1）稳步发展期（2010年以前）。

世界上最早的车联网专利出现在1967年，美国无线电公司（RCA）申请了车载雷达谐波检测和测距系统。但随后专利申请发展较为缓慢，处于探索期。

20世纪90年代后，随着汽车发展社会化带来的诸如交通阻塞、交通事故、能源和环境污染等问题日趋严重，从1992—1997年开始，专利申请数量开始缓慢上升。2000年前后，韩国现代公司（HYUNDAI）将触角伸至汽车辅助驾驶领域，在无人驾驶汽车中设置加速度器，用于检测车辆之间的碰撞，利用电子控制单元、自动巡航控制装置和无人驾驶汽车控制加速度器缆绳实现无人驾驶汽车的主动安全（KR20010059356A，申请日为1999年12月30日）。此后不久，日本株式会社明电舍（MEIDENSHA）也开始涉足无人驾驶汽车领域，其设计的无人驾驶汽车，其中的控制器基于汽车经过的每个节点计算出虚拟的参考指导路线，以控制汽车行驶（JP3991637B2，申请日为2001年9月10日）。

到2005年前后，不少汽车巨头也开始在车联网交通安全专利方面跑马圈地。德国宝马公司的驾驶员辅助系统用于支持驾驶员使用适应性巡航控制，具有两个操作模式，在每个模式下激活不同的子功能；具有一个控制元件用于激活操作模式；在操控控制元件期间，安全操作模式被激活（DE102004054472B3，申请日为2004年11月11日）。德国大众公司（VOLKSWAGEN）则提供了具有用于定义、存储和实现驾驶员辅助包的装置的汽车驾驶员辅助系统，包括多个驾驶员辅助功能（EP2303664B1，申请日为2009年4月15日）。

（2）快速增长期（2011年至今）。

2011年至今，全球专利申请量开始激增，进入快速增长期，尤其是在2014年以后，专利申请量呈现新的高峰，而国内的高校和研究所也不乏对车联网交通安全领域的研究。中科院微电子研究所昆山分所的汽车主动安全控制系统充分利用车联网中车辆对车辆（V2V）技术，为联网终端用户提供防撞预警，包括前方存在车辆时，提供防撞防追尾预警；当旁边车道存在超车时，及时提醒驾驶者是否有撞车危险（CN102490673A，申请日为2011年12月13日）；华南理工大学的车联网轮载式传感系统通过采集车轮、电池容量信息，以紫蜂协议（Zigbee）方式向驾驶室的监控终端传输检测数据，最终基于通用分组无线业务（GPRS）实现车联网总体监控模式（CN102407742A，2012年4月11日）。伴随着万物互联网时代的到来，汽车已经成为手机后的第二个重要移动终端，互联网巨头和实业的介入也进一步推动了车联网的快速发展。

2.1.2 专利申请区域分布情况

从专利技术的国家/地区来源来看（见图2），美国申请的专利数量最多，接近全部专利的三分之一；其次是日本和中国，专利申请的份额分别为28%和23%，位列世界第二位和第三位；德国和韩国则各以5%的份额并列占据世界第四位；其他国家/地区的申请总量和为8%，排名前四位的国家/地区专利申请总量达世界全部专利申请量的90%。

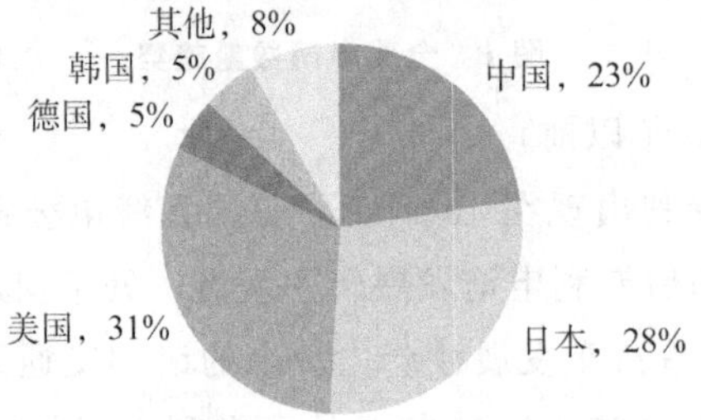

图2 基于车联网的交通安全专利申请区域分布

美国在基于车联网的交通安全方面的研究稳步发展并大幅增加，申请人多为该领域的领军企业。美国的专利被引率与其他国家的专利被引率相比，显示出明显优势，因其更注重底层技术的研发和应用，例如传感器组件（US2005/192727A1，申请日为2005年5月2日）、预测碰撞传感系统（US6085151A，申请日为1998年1月20日）、使用无线装置传输紧急信息（US2004/142678A1，申请日为2003年5月20日）等，以上专利都被多次引用。

与此同时，日本的汽车业巨头也推动着车联网交通安全的技术发展，基于传感器技术、无线通信网络技术，争先以多种视角发展车联网。例如，丰田汽车公司推出了基于雷达的自适应巡航控制系统（JP2003255044A，申请日为2002年3月1日）、日产汽车公司提出的“离开车道”警示系统（US7439853B2，申请日为2005年3月31日）、丰田汽车公司的摄像头-声呐辅助的平行泊车系统（JP2015003615A，申请日为2013年6月20日）。

我国引入和研究车联网技术略晚于美国和日本。2011年之前，关于车联网在交通安全领域的专利申请每年均在3件以内。2013年前后，我国的车联网交通安全领域专利申请量激增，高校研究所和汽车企业均积极将射频识别标签（RFID）、全球定位系统（GPS）、地理信息系统（GIS）、蓝牙（Bluetooth）、红外探测、传感器等技术结合车联网应用到交通安全中。

2.1.3 本领域重要申请人分析

本部分内容从本领域重要申请人方面做进一步分析，主要考虑申请人历年的申请总量。在本领域中，美国和日本的大公司一直是较为活跃的申请人，为基于车联网的交通安全专利技术奠定重要的基础，并在不断挖掘新的前沿技术。

表1为专利申请数量排名前20位的国际申请人，日本和美国的申请人占据绝对领先地位。位列前三位的申请人分别是日本电装、日本丰田汽车公司和美国伊顿公司，前三位的专利申请数量占全球申请总量的38.33%。同时，在20位重要申请人中，日本公司达13家，占前20位总数的65%，美国也有6家公司进入前20位，达到总数的30%。并且，这前20位申请人中，不乏美国的通用汽车公司、福特汽车公司、英特尔和日本的日产汽车公司、三菱电机等国际型大公司。由此可见，美国和日本在车联网交通安全领域方面占据至关重要的地位。

表1 专利申请量排名前20位的国际申请人

排名	申请量占比	国家	专利权人
1	16.58%	JP	日本电装
2	12.54%	JP	丰田汽车公司
3	9.21%	US	美国伊顿公司
4	8.86%	JP	本田株式会社
5	8.25%	JP	日产汽车公司
6	6.40%	US	通用汽车公司
7	5.09%	JP	三菱电机
8	3.86%	US	摩托罗拉
9	3.68%	US	英特尔
10	3.60%	JP	爱信AW株式会社
11	3.25%	JP	丰田汽车集团
12	2.98%	DE	德国博世
13	2.63%	JP	东海理化

续表

排名	申请量占比	国家	专利权人
14	2.11%	JP	日立电机
15	1.93%	JP	康奈可株式会社
16	1.93%	US	福特全球
17	1.84%	JP	富士通微电子
18	1.84%	JP	矢崎总业株式会社
19	1.75%	JP	小糸制造
20	1.67%	US	博通公司

本文将选取美国的通用汽车公司和日本的丰田汽车公司为代表，分析美国和日本两大巨头在车联网交通安全领域的专利分布情况。

（1）美国：以通用汽车公司为代表。

美国的智能交通管理系统（ITS）发展目标非常明确，一是安全方面，减少交通事故；二是经济效益，以良好的道路交通基础设施管理保证出行时间的准确性；三是降低能耗，保护环境。2010年以来，美国的车联网产业进入快速发展阶段，最具代表性的是通用汽车公司。

通用汽车公司的安吉星（OnStar）系统依赖于码分多址（CDMA）网络进行语音、数据通信以及GPS卫星进行定位和导航服务，为车主提供在线服务，车主能够通过无线技术和全球定位系统向客服中心获取帮助。安吉星系统从最初的数字碰撞信号、车载免提呼叫、按需诊断筛选、情境信息认知、无间断数字虚拟现实技术、紧急援助和逐向道路导航等技术，发展到现在的应急反应数据利用、电邮月度诊断、危机时刻路线选择、多种嵌入式语言等多项新技术，其在美国的用户数与日俱增，已经超过500万，占据北美车联网市场的主流地位。

图3为美国通用汽车公司专利技术发展路线。早在20世纪90年代，通用汽车公司就开始进行相关领域的专利技术部署。典型的申请如自适应车辆巡航控制系统，其包括视频检测单元，用于存储被跟汽车（the followed car）的参考图像，获得图像后在预设的范围内，切换图像的水平和垂直位置，在有利的天气条件下，使得汽车可以在安全距离下跟进另一辆汽车（US4987357A，申请日为1989年12月18日），这是通用汽车在主动安全领域的早期申请。

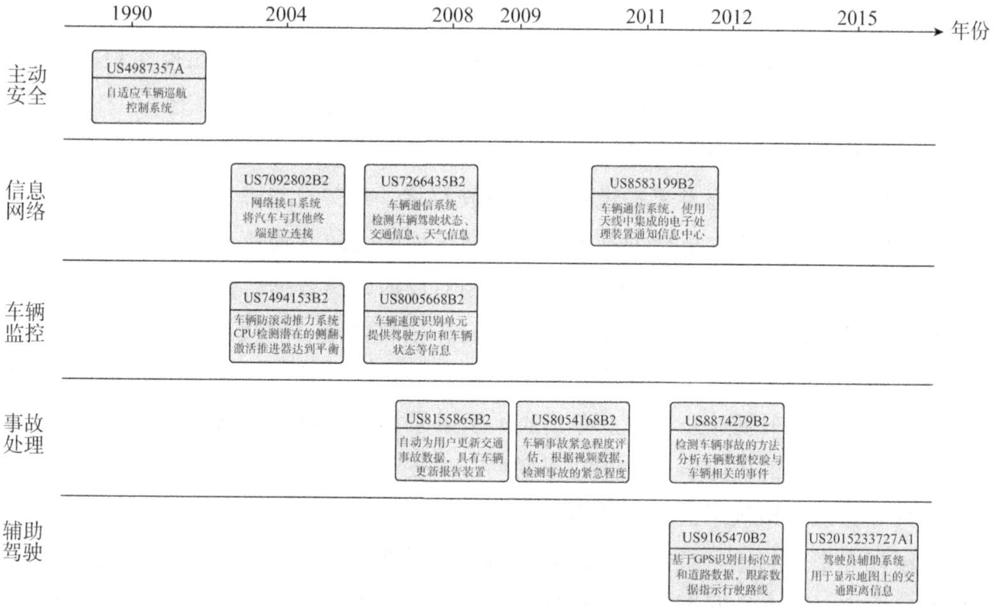

图 3 美国通用汽车公司专利技术发展路线

其后，通用汽车公司在搭建车辆信息网络和车辆监控方面进行了重点布局。例如，其申请的网络接口系统，用于将汽车与个人电脑、移动手机、个人数字助理（PDA）建立连接，以便在车辆事故中，识别车辆的位置和其他个人信息（US7092802B2，申请日为 2004 年 3 月 25 日）；车辆通信系统，检测车辆驾驶状态、交通信息、天气信息、车辆条件信息、故障信息等，以提供用户与装置之间的信息交互（US7266435B2，申请日为 2004 年 5 月 14 日）；车辆通信系统，用于在车辆侧翻事故中，使用天线中集成的电子处理装置通知信息中心（US8583199B2，申请日为 2011 年 4 月 7 日）。通用汽车公司将车辆与各类终端相连，又将各类信息与车内控制装置进行交互，搭建了车与车、车与物的信息网络。与此同时，通用汽车还兼顾了对车辆自身的监控，例如车辆防滚动推力系统，利用中央处理器（CPU）来检测潜在的侧翻，以及激活推进器以生成平衡力，以防止潜在的滚动发生，进而避免车辆发生车祸（US7494153B2，申请日为 2004 年 4 月 14 日）；车辆速度识别单元，根据接收到的用户语音指令中的噪声，减少合适语法集的预设条件阈值，提供驾驶方向和事故等信息（US8005668B2，申请日为 2004 年 9 月 22 日）。

在事故紧急处理方面，通用汽车在 2008 年前后申请了多项专利。例如，自动为用户更新交通事故数据，具有车辆更新报告装置，向交通信息接受者传输交通通知（US8155865B2，申请日为 2008 年 03 月 31 日）；车辆事故紧急程度评估方法，响应于检测事件，根据上传的车内的或车外的视频数据，检测交通事故的紧急程度（US8054168B2，申请日为 2009 年 2 月 27 日）；检测车辆事故的方法，分析车辆数据以及附加的车辆来校验与车辆相关的事件，使第三方能够联系合适的组织来进行车辆和人员的救助（US8874279B2，申请日为 2012 年 9 月 7 日）。紧急事故的快速信息通信将成为争取生命和财产救援的重要途径。

对于近期最为引人注目的车联网应用——辅助驾驶，通用汽车公司也在积极实施相应的技术部署。代表的专利文献如US9165470B2（申请日为2012年7月19日），其基于GPS识别目标位置和道路数据，跟踪数据指示行驶路线，比较道路和跟踪数据来识别数据精度。调整目标位置和轨迹点来提供精确的行驶路线；US2015233727A1（申请日为2015年4月29日），公开了驾驶员辅助系统，用于显示地图上的交通距离信息，控制装置基于事件发生的时间点，在显示装置上生成与事件相对应的距离数据。

由此可见，美国通用汽车公司正从车辆监控、主动安全、事故处理、信息网络、辅助驾驶等多个角度进行车联网交通安全的专利布局，并且在全球寻求多个合作伙伴，其中包括来福车（Lyft）专车服务公司、上海交通大学以及国内互联网巨头百度。总而言之，以通用汽车公司为代表的美国申请人正在车联网交通安全的专利部署中稳扎稳打。

（2）日本：以丰田汽车公司为代表。

与美国汽车工业相比，日本则无疑是该行业的后起之秀。汽车厂商电子化则是其最为有力的竞争法宝，日本车联网的发展初期主要由丰田、本田和日产三大汽车巨头推动，其目的是依托整车来提升汽车用户的体验和增强用户黏性。此后伴随着高速移动通信4G的普及和汽车大数据云服务的兴起，日本电气（NEC）、日立等巨头也相继涌入车联网的阵营。

以丰田汽车为例，2002年，丰田在日本首次推出G-BOOK，用户能够通过这一车载智能通信系统，以无线网络连接数据中心，获得多项智能通信服务。随着G-BOOK的不断升级，目前已经涵盖了包括紧急救援、防盗追踪、道路救援、保养通知、话务员服务、资讯服务、G路径检索、预定服务、网络地图接收、地图更新服务、G-BOOK智能手机应用服务、城际间高速公路交通信息服务、手机发送目的地服务等智能通信服务。

丰田汽车公司早在2000年就着手进行车辆监控的研究。典型的申请例如车辆加速度记录装置，将从变压器转换得到的电压值进行存储，作为加速度信息，以避免发生交通事故（JP2001201511A，申请日为2000年1月19日）；车辆意外着火检测器，当车辆温度比预设温度高时停止内部引擎的燃烧（JP4118001B2，申请日为2000年5月10日）；车辆驾驶辅助系统，当接收到的信号频率差是正的且接收的波的电平大于阈值时，输出预设的信息（JP2004164215A，申请日为2002年11月12日）。由图4可以看出，丰田汽车公司对于车辆监控领域的申请一直在持续，直到2012年，还申请了驾驶记录器，用于记录车辆驾驶状态的驾驶信息，具有近似度确定部，用于确定当前位置是否在预设距离的范围内（JP2014010496A，申请日为2012年6月27日）。

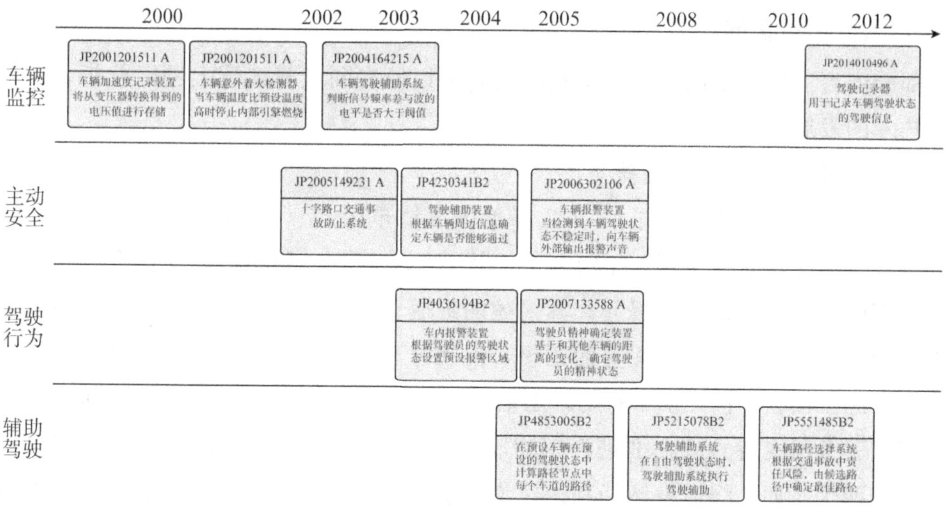

图 4　日本丰田汽车公司专利技术发展路线

从 2002 年开始，丰田汽车公司在主动安全方面进行了集中的专利申请，主要包括十字路口交通事故防止系统，具有无线电通信系统，可识别车以及车辆周围可能存在的危险（JP2005149231A，申请日为 2003 年 11 月 17 日）；驾驶辅助装置，具有能够判断通过和不能通过的单元，用于根据车辆周边的信息确定车辆是否能够通过（JP4230341B2，申请日为 2003 年 12 月 2 日）；用于车辆的报警装置，当检测到车辆驾驶状态不稳定时，向车辆外部输出报警声音（JP2006302106A，申请日为 2005 年 4 月 22 日）。

其后，在 2004 年至 2005 年，丰田汽车公司又重点研究了驾驶行为。例如，车内报警装置，根据驾驶员的驾驶状态和车辆外移动的行人来设置预设的报警区域（JP4036194B2，申请日为 2004 年 1 月 15 日）；驾驶员精神确定装置，具有焦躁程度确定单元，用于基于他和其他车辆在预设驾驶区域内的距离的变化，确定驾驶员的精神状态（JP2007133588A，申请日为 2005 年 11 月 9 日）。由于交通事故多由驾驶员注意力不集中引起，对驾驶行为的研究和控制，能够有效减少交通事故的发生率。

同样对于辅助驾驶，丰田汽车公司从 2005 年开始实施相应的技术部署。代表的专利文献如 JP4853005B2（申请日为 2005 年 12 月 12 日）公开了车辆仿真计算处理程序，计算车辆在预设的驾驶状态中，通过路径节点中每个车道的路径；JP5215078B2（申请日为 2008 年 8 月 8 日）记载了驾驶辅助系统，具有判断部用于判断目标车辆是否处于自由驾驶状态，在自由驾驶状态时，驾驶辅助系统执行驾驶辅助；JP5551485B2（申请日为 2010 年 03 月 26 日）则提供了车辆路径选择系统，具有设置单元，根据交通事故中的责任风险，从候选路径中确定最佳路径。

由此可见，以丰田公司为代表的日本从车辆监控、主动安全、驾驶分析、辅助驾驶等切入点逐步掌握车联网交通安全领域的多项应用技术，以整车终端、内容服务提供商和通信服务提供商合作为商业模式，扮演着车联网交通安全领域的重要角色。

2.2 中国专利申请状况

本部分内容主要对中国专利申请状况的趋势以及专利重要申请人进行分析，从中了解国内该技术的发展趋势。

2.2.1 中国专利申请量趋势

车联网技术在国外出现较早，1967 年美国无线电公司（RCA）便申请了与车联网相关的第一项专利。然而在中国，2010 年在中国国际物联网（传感网）博览会暨中国物联网大会上“车联网”一词被首次提起，其描述的舒适、安全的行车体验，以及为城市交通带来的便捷给当时的人们带来了无穷的遐想，但当时车联网仅停留在概念领域，并没有实际的技术和产品推出。“十二五”期间，工信部从产业规划、技术标准等多方面着手，加大对车载信息服务的支持力度，推进汽车物联网产业全面展开。根据相关专利申请的数量，可大致分为两个时期：缓慢发展期和快速增长期，具体见图 5。图 5 中反映出的 2016 年申请量出现下降，是由于未申请提前公开的发明专利申请通常在申请日之后 18 个月才公开，而截至 2016 年 6 月，部分专利申请由于未公开而不在本次文献采集之列。

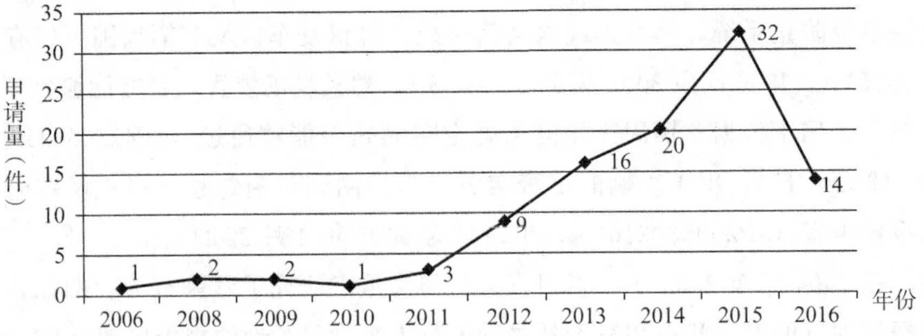

图 5　我国申请量趋势

（1）缓慢发展期（2012 年以前）。

首先，从图 5 可以看出，我国车联网交通安全的申请数量偏少，保持缓慢增加的趋势。这与我国引入车联网概念的时间节点有关，多数国内申请人在 2010 年后意识到车联网的广阔前景和盈利空间，有意识地在车联网交通安全领域开始知识产权部署。

其次，国外申请人来华申请的数量占中国总申请量的 77.78%，该比例远大于国内申请人申请量的占比。由此可见，国内申请人要想在车联网交通安全技术领域有所突破，必须先有针对性地学习和研究国外本领域重要申请人的相关技术，寻找合适的切入点和技术细分，进行技术创新。

（2）快速增长期（2013 年以后）。

2013 年以后，国家已经将车联网产业列入重大专项领域加以重点政策导向和资金扶持，工信部、科技部等在国家重大专项中已将车联网、汽车电子等领域的创新自主技术研发及产业化纳入指南，这将推动我国车联网产业发展形成新机遇，实现新跨越。

与此同时，我国车联网交通安全的专利申请量突飞猛进，持续攀升，国内申请人的申请数量占中国总申请量的比例一跃而至87.73%。值得一提的是，在政府的鼓励和支持下，国内高校和研究所在此阶段进行了大量的研究和专利申请，强调产学研结合是该阶段的突出特征。

2.2.2 中国申请人分析

本部分内容从国内专利申请的申请人角度对该领域的专利申请做进一步分析，主要考虑申请人的地域分布、申请数量和申请人的类型。

（1）国内申请人地域分布

北京、江苏、广东的专利申请量位列全国前三位，上海、浙江和山东紧随其后，其他省市/地区的申请量较少，仍存在较大发展空间。北京和长三角、珠三角以及东部沿海地区的车联网交通安全技术为领域内的重要发展先驱。此外，江苏无锡被誉为我国“物联网之都”，是国家物联网创新示范基地，这也是江苏车联网交通安全领先于其他地区的重要原因。

（2）国内重要申请人排名

在车联网交通安全领域，高校研究所、汽车企业、互联网行业均占有一席之地。表2列出了该领域排名前十位的重要申请人。

表2 国内重要申请人排名

排名	重要申请人
1	中国科学技术大学苏州研究院
2	浙江吉利汽车研究院有限公司
3	中科院微电子研究所昆山分所
4	厦门金龙联合汽车工业有限公司
5	奇瑞汽车股份有限公司
6	华南理工大学
7	北京航空航天大学
8	百度在线网络技术（北京）有限公司
9	北京工业大学
10	南京富士通南大软件技术有限公司

（3）国内申请人类型分布

由图6可以看出，在我国实施智慧交通战略之后，国内的高校研究所、汽车行业和互联网巨头均积极投身车联网事业。此外，我国的通信业巨头，例如中国移动通信集团公司、中兴通讯股份有限公司、华为终端有限公司等也参与到车联网交通安全的研究中，例如根据路况信息（CN103832434A，申请日为2012年11月22日）、根据车辆状态信息（CN103457918A，申请日为2012年6月4日）或者根据用户驾驶行为（CN104429047A，2014年3月5日）对车辆进行控制。

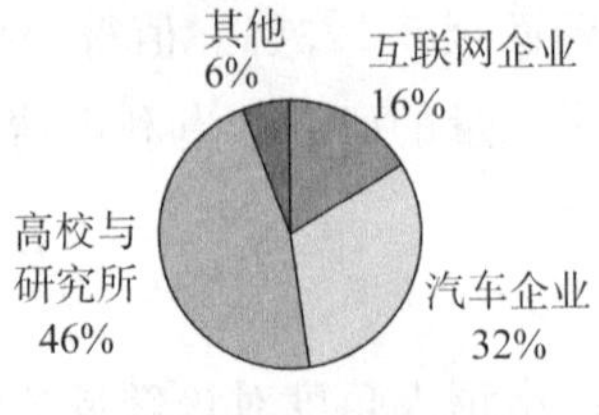

图 6　我国申请人类型分布

第三章　基于车联网的交通安全专利的主要技术分类与分析

3.1　技术分支概述

车联网通过 RFID、摄像头、传感器、GPS 及图像处理等电子设备，实现对车辆、道路、交通环境等信息的采集和信息交换，因此涉及多项基础技术，例如 RFID、红外、蓝牙、LTE。在基于车联网的交通安全领域，申请人将多项基础技术进行结合，从技术应用的角度可将其分为车辆监控、辅助驾驶、主动安全、驾驶分析、事故处理、信息网络、交通控制等主要技术分支（见图 7）。

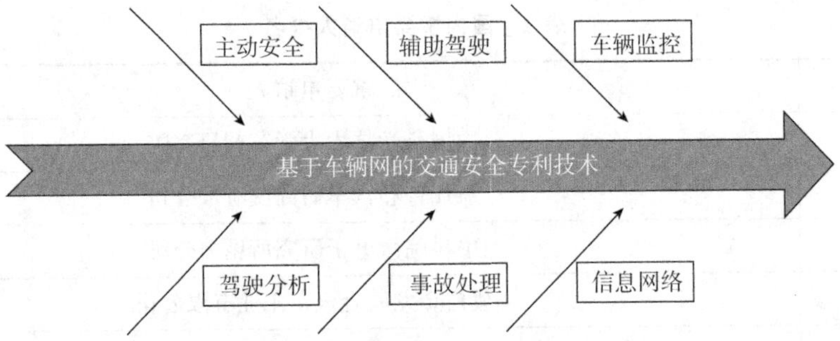

图 7　主要技术分支鱼骨图

（1）车辆监控。利用诊断装置、图像获取装置等车内终端，或者用户手机、移动手环等移动终端，对车辆的行驶状态、位置、油耗进行监控，并将监控数据通过 LTE 等通信方式传输给信息中心。

（2）辅助驾驶。通过传感器或摄像头采集车身周围环境的数据和路况信息，生成最佳自动驾驶的策略，包括驾驶路径等，由控制器控制油门、刹车等操作部件，并在自动驾驶模式下监控车辆自身和道路的情况，以便形成新的行程策略。

（3）主动安全。利用 GPS 或 GIS 数据和历史驾驶数据，对车辆的位置进行预测，并判断车辆与车辆、车辆与物体之间的距离，或者判断车辆的车速与邻车的车速之间的关系，经过与阈值进行比较，根据结果进行报警。

（4）驾驶分析。通过对驾驶员的行为进行监控和分析，对驾驶安全程度进行评估，将驾驶员的行为得分与预设阈值进行判断，根据结果进行提示。

（5）事故处理。利用 GPRS、3G、4G 等多种方式传输事故车辆的位置、音视频、生命体征等，监控中心根据接收到的数据启动紧急救助，并通知事故车辆所在路段的其他车辆进行避让。

（6）信息网络。根据不同的通信协议，将车辆与各类终端相连，或者将各类信息与车内控制装置进行交互，搭建车与车、车与物的信息网络。

3.2 热点技术分支分析

通过在中文专利库 CNABS、CNTXT 以及外文专利库 DWPI、SIPOABS 中进行检索，并剔除噪声，共获得相关技术主题的专利文献 352 篇（截至 2016 年 6 月 30 日）。对获得的文献的摘要进行分词处理，然后剔除停用词，利用可视化软件 VOSviewer 对出现次数 10 次及以上的词对进行处理，得到该领域的研究热点分布图（见图 8）。

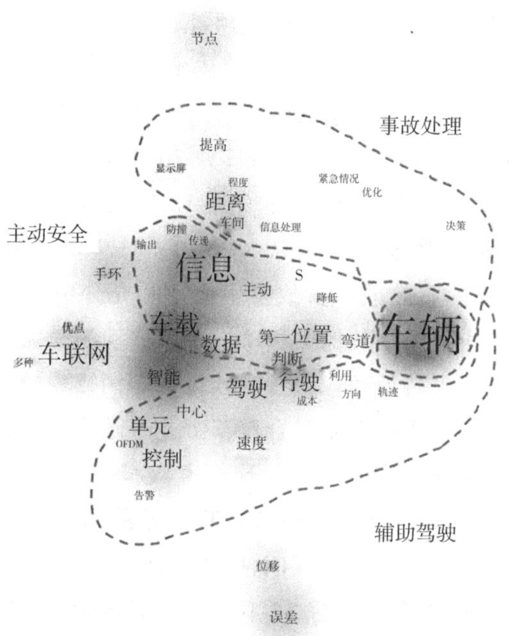

图 8 基于车联网的交通安全专利申请热点分布

根据图 8 可知，截至 2016 年 6 月，基于车联网的交通安全专利申请的热点集中在主动安全、事故处理和辅助驾驶三个分支。本文将重点对申请量较多的主动安全、事故处理以及热点研究领域辅助驾驶进行分析。

3.2.1 主动安全

主动安全技术分支，是利用 GPS 或 GIS 数据和历史驾驶数据，对车辆的位置进行预测，并判断车辆与车辆、车辆与物体之间的距离，或者判断车辆的车速与邻车的车速之间的关系（即采集的信息），经过与阈值进行比较（即预设报警条件），根据结果进行报警。也就是说，主动安全领域专利技术主要依赖采集的信息和预设报警条件，该领域主要从这两个角度提高主动安全的可靠性。

早期，日本东芝集团（TOSHIBA）和德国宝马（BAYERISCHE MOTOREN WERKE）公司就在主动安全领域申请了专利，利用车内控制装置判断车辆与其他车辆的距离（JP2002222485A，申请日为2001年1月26日）或者车辆行驶的速度（DE102007031540A1，申请日为2007年7月06日），以确定是否需要紧急停车。由于发达国家的交通堵塞和严重的车辆安全问题的出现早于中国，因而日本、德国和美国对主动安全领域的涉猎较早，申请人主要为大型汽车企业，他们致力于对车辆本身的改进而提高行驶的主动安全。不过，由于仅涉及车辆之间的距离和行驶速度，并未考虑车辆与其他道路设备、道路行人之间的关系，因此还不能可靠地实现车辆在道路上行驶的安全主动防御。

为了解决上述问题，作为我国重要的高校申请人，中国科学技术大学苏州研究院在主动安全领域申请了多项专利，集中在追尾碰撞预警、十字路口碰撞预警、紧急刹车预警等方面。由于“站在了巨人的肩膀上”，中国科学技术大学苏州研究院丰富了主动安全领域采集的信息，例如汽车之间的位置关系（CN103144633A，申请日为2012年12月27日）、周围环境的车辆密度（CN103544850A，申请日为2013年9月13日）、两车到达交汇点的时间差（CN103514758A，申请日为2019年9月18日）、弯道信息（CN103745607A，申请日为2014年1月9日）和紧急刹车信息（CN104361760A，申请日为2014年11月24日），以主动避免车辆碰撞，有效减小事故发生概率。充分考虑车辆与周边环境之间的关系，不论是车辆，还是行人，还是其他可移动或不可移动的道路交通设施，一旦出现可能碰撞的情况，车辆都将进行报警处理，这将有效提高车辆行驶的安全性。

国内汽车企业中的代表是厦门金龙联合汽车工业有限公司和浙江吉利汽车控股有限公司。与中国科学技术大学苏州研究院相比，这两家汽车企业多从车辆状态本身获取数据，并通过与阈值的比较结果判断是否需要报警，其考虑的因素有车辆配置信息、驾驶员信息、传感器信息以及车辆的实时位置（CN103247185A，申请日为2012年2月14日；CN105059214A，申请日为2015年8月12日）和道路类型（CN103350670A，申请日为2013年7月16日）。对于防撞预警的条件，企业申请人多将接收到的车辆实时数据与阈值相比较，根据比较结果确定是否报警，形式较为单一；而高校研究所的申请常引入概率统计等预测方式，预测结果更加准确。未来有望将多种智能预测手段，例如人工神经网络、蚁群算法、支持向量机等利用到主动安全分支，以获得更精确的预测结果。

3.2.2 事故处理

对已经发生的交通事故进行快速有效的处理，是降低伤亡率、减少道路拥堵的有效手段。图9是基于车联网的事故处理分支的信息传输模型，利用3G、4G、GPRS等多种方式传输事故车辆的位置、音视频、生命体征等，监控中心根据接收到的数据启动紧急救助，并通知事故车辆所在路段的其他车辆进行避让。

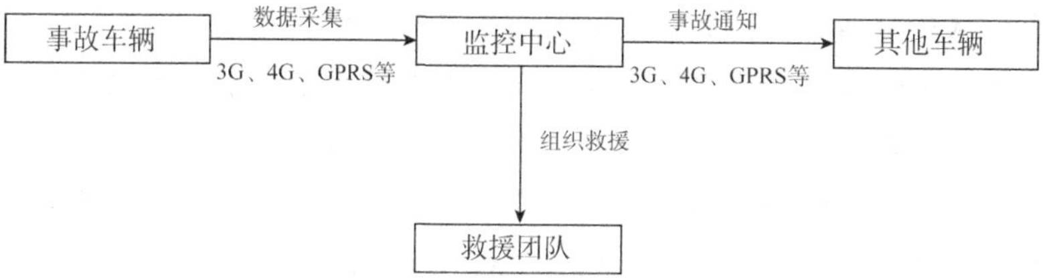

图 9　基于车联网的事故处理信息传输模型

最初，为了将事故信息通知监控中心，美国通用汽车公司在事故处理技术分支申请了一项专利，自动为用户更新交通事故数据，具有车辆更新报告装置，向交通信息接受者传输交通通知（US8155865B2，申请日为 2008 年 3 月 31 日）。然而由于某些时段或者某些恶劣的气候条件下，上报给监控中心的事故数量激增，如果按照上报的先后顺序进行处理的话，可能导致在后发生的重大事故无法得到快速、优先的救援，而导致重大伤亡。对此，美国通用汽车公司又申请了车辆事故紧急程度评估方法，响应于检测事件，根据上传的车内或车外的视频数据，检测交通事故的紧急程度（US8054168B2，申请日为 2009 年 2 月 27 日），这在一定程度上能够快速区分普通交通事故和重要交通事故，以便对重大交通事故进行快速紧急救援。不过，对于简单的碰擦事故和重大的交通事故，是否需要介入医护人员、需要介入的医护人员的类型均是不同的，若简单地对所有交通事故均指派相同的救护人员，显然会浪费资源。因而，美国通用汽车公司基于此又申请了检测车辆事故的方法，分析车辆数据以及附加的车辆数据来校验与车辆相关的事件，使第三方能够联系合适的组织来进行车辆和人员的救助（US8874279B2，申请日为 2012 年 9 月 7 日）。

紧急事故的快速信息通信将成为争取生命和财产救援的重要途径，然而此前的技术均侧重于监控中心侧的数据分析和处理，并未重点涉及事故车辆侧的数据采集。为了加快事故处理的效率，必须将准确的事故位置信息等发送至监控中心。对此，山东理工大学申请的物联网交通事故警示系统，利用 GPS 定位系统、碰撞传感器、压力传感器获取故障车辆的实时数据，当车辆发生交通事故的时候，事故处理中心和周边车辆均能及时接收到警报信号（CN104376736A，申请日为 2014 年 12 月 1 日）。利用 GPS 定位系统、碰撞传感器、压力传感器等多项技术，在事故车辆侧获得多项与事故车辆相关的数据，能够在一定程度上提高救援的效率，但基于事故车辆—监控中心—其他车辆，或者事故车辆—监控中心—救援团队的传输模式，从事故车辆到周边车辆或救援团队的传输流程偏长，导致数据传输效率偏低。对此，苏州路车智能电子有限公司申请的基于车联网的重大交通事故主动救援系统，车载终端在车速大于或等于某个设定阈值时激活报警程序，不断检测车辆加速度和速度趋零时间两个变量，当这两个变量值均符合设计阈值时触发报警；车载终端发出语音和蜂鸣声警报，引起行人和附近居民注意，以获得近距离快速救援；系统通过车联网将报警信息和事故地点信息发送到监控中心上位机系统和紧急报警终端，触发远程报警以获得专业机构的准确及时救援（CN103413411A，申请日为 2013 年 8 月 21 日）。也就是说，在车辆加速度和速度超过预设阈值时，自动开启蜂鸣器向周围车辆和行人报警，能够快速引起注意，从多个维度获得更快救援，避免更多事故发生。

从事故处理的整体构思可以看出，国内申请人多是将采集到的事故车辆信息和周边信息发送至信息中心，再由信息中心根据消息进行紧急救援，技术方案大同小异。而国外申请人的切入点更为新颖，例如日本丰田汽车公司，其申请的车辆紧急信息传输系统，存储事故的特征，当接收到新的数据时，判断事故是否被处理过以避免重复接收（JP2998547B2，申请日为1994年2月4日）。随着车联网技术在国内外的逐步渗透，对采集到的信息的传输、存储、除重以及对历史数据的利用可能成为事故处理分支的研究重点。

3.2.3 辅助驾驶

从20世纪70年代开始，美国、英国、德国等发达国家开始进行辅助驾驶的研究，在可行性和实用化方面都取得了突破性的进展。中国从20世纪80年代开始进行无人驾驶汽车的研究，国防科技大学在1992年成功研制出中国第一辆真正意义上的无人驾驶汽车。2005年，首辆城市无人驾驶汽车在上海交通大学研制成功。辅助驾驶是车联网技术的一项重要、前沿应用，德国宝马（BAYERISCHE MOTOREN WERKE）、美国通用（GEN MOTORS）、美国谷歌（GOOGLE）、日本明电舍（MEIDENSHA）、日本丰田（TOYOTA）、德国大众（VOLKSWAGEN）等国外大公司均在该分支具有多项专利。

早在1972年，得州仪器（TEXAS INSTRUMENTS）就申请了一项关于车辆防抱死制动系统的专利（US3822921A，申请日为1972年7月17日），该系统可以监控轮胎的情况，了解轮胎何时即将锁死，并及时做出反应，而且反应时机比驾驶员把握得更加准确。防抱死制动系统是引领汽车工业朝无人驾驶方向发展的早期技术之一。

汽车除了在行驶过程中容易发生故障或事故外，在泊车时发生的碰擦仍是损坏车辆的重要原因之一。虽然有些汽车制造商给车辆加装了后视摄像头和可以测定周围物体距离远近的传感器，甚至还有可以显示汽车四周情况的车载电脑，但有些驾驶员仍然会一路磕磕碰碰地进入停车位。对此，日本丰田（TOYOTA）提供了高级泊车导航系统，通过该系统，车辆可以像驾驶员那样观察周围环境，及时做出反应，并安全地从A点行驶到B点（JP2008009913A，申请日为2006年06月30日）。虽然这项技术还不能完全实现无人驾驶，由计算机独立操控，但毕竟是朝着这个方向迈出了重要的一步。

此后，为了实现完全由计算机操控汽车，实现无人驾驶，各国纷纷发力，积极投身辅助驾驶领域。2005年，作为谷歌工程师的斯坦福教授，带领团队设计出了斯坦利机器人汽车，在沙漠中行驶了超过212.43千米。此后，谷歌（Google）无人驾驶汽车不断改进，通过摄像机、雷达传感器和激光测距仪来“看到”其他车辆，并使用详细的地图来进行导航（US9008961B2，申请日为2013年3月11日）。由于普通的GPS定位系统的精度只能达到几米，不能精准定位，法国国家信息与自动化研究所（INRIA）结合激光传感器、双镜头摄像头，使用类似于给巡航导弹制导的全球定位技术，通过触摸屏设定路线，其“实时运动GPS”系统，定位精度可高达1厘米（FR2996512B1，申请日为2012年10月5

日）。由国防科学技术大学自主研制的红旗 HQ3 无人车是首个由中国自主研制的无人车（CN105589459A，申请日为 2015 年 5 月 19 日），标志着中国无人车在复杂环境识别、智能行为决策和控制等方面实现了新的进展，其在可靠性和小型化方面取得了重要突破。

国内互联网行业百度、阿里巴巴和腾讯（BAT）也在辅助驾驶分支进行研究和专利部署。以百度为例，其申请了自动泊车系统，对多个泊车位的使用情况进行监控，并根据多个泊车位的使用情况获取目标泊车位，同时生成暂停车位至目标泊车位之间的规划路径，能够在尽可能短的时间内将不同车辆停泊到空闲的车位上（CN104742881A，申请日为 2015 年 4 月 15 日）；状态信息的处理方法，若检测到所述用户的生理状态是异常且所述用户处于驾驶状态，执行与所述用户不适宜驾驶车辆相关的应急操作，启动辅助驾驶模式（CN104875745A，申请日为 2015 年 5 月 18 日）。同时，国内高校的研究所也投入了不少研究精力。例如，山东省计算中心，申请的基于北斗导航的电动汽车自动驾驶系统，通过电动汽车的坐标以及道路画面的识别，可判断出电动汽车当前是否超速、行驶路径是否安全以及是否满足变道条件，为电动汽车的自动运行提供了理论基础（CN104820424A，申请日为 2015 年 5 月 15 日）。

不难看出，国内外各类申请人均看到辅助驾驶的潜在市场价值和利益空间，申请量也在与日俱增。辅助驾驶能够有效减少由于汽车驾驶员误操作造成的事故率，是未来汽车领域、互联网领域、通信领域等产业上下游企业的兵家必争之地，将在不久的将来得到巨大发展。

参考文献

[1] 苏静，王冬，张菲菲．车联网技术应用综述 [J]．物联网技术，2014（6）：69－72.

[2] http://www.itschina.org/article.asp? articleid＝4258．美国运输部发布（2015—2019）智能交通系统战略规划 [N]．中国智能交通协会，2015－08－11.

[3] 刘咏平．车联网应用城市交通建设 [J]．中国公共安全：学术版，2016（Z2）：60－62.

[4] 李志晗，刘廷让，郭志毅．车联网技术与应用文献综述 [J]．科技展望，2015（12）：100.

[5] 刘雅静，李壮，闫亚飞，等．车联网产业技术情报分析 [J]．高科技与产业化，2015，11（12）：86－89.

植入式人工心脏驱动方式专利综述

李晶晶

第一章　绪论

1.1　前言

冠状动脉疾病、高血压及心肌病常常导致心脏功能下降和充血性心力衰竭（Congestive Heart Disease，CHF）。内科治疗对此类疾病的治疗非常有限，大多数方法只能减轻症状，并不能延长患者的寿命。对此，人们在外科领域进行了不懈的探索，心脏移植成为其中较为成功的技术。然而，慢性排异反应、感染、继发性冠脉病变以及供体的严重缺乏等诸多因素限制了这一技术的广泛开展。在美国，每年等待心脏移植的病人超过50 000人，而实际接受心脏移植的仅有2 000人。在中国每年有1 000万心脏衰竭患者，其中200万～300万人因心衰而死亡，每年只有约50个患者有机会接受心脏移植手术，自然心脏的移植远远不能满足病人的需求。1953年，Gibbons将人工心肺机首次用于心内直视手术获得成功，由此拉开了人工心脏研究的序幕。

人工心脏利用机械的方法把血液输送到全身各器官以代替心脏的功能，通常由血泵、驱动控制系统和供能装置三个部分构成。人工心脏研究的最终目的是要制造出一种能够代替自然心脏实现血液循环功能，同时又能完全植入体内，在体外无须设置与体内设备相连接部件的封闭式的机械装置。但是受限于工程技术水平，人工心脏研究从开始到20世纪70年代末，一直都只是将血泵植入体内。80年代初人们才开始逐步对人工心脏的植入化问题进行探索。人工心脏植入化研究已经成为人工心脏发展的主要方向，其植入化过程经历了：①仅植入血泵，能量靠驱动管经皮输入；②血泵和驱动器植入，能量靠导线经皮输入；③血泵和驱动器植入，能量靠经皮变压器无损伤输入；④全植入式人工心脏四个阶段。

人工心脏作为半永久性的代行脏器，是埋植在体内的一种机械装置，不言而喻，这对人工心脏的性能提出了相当严苛的要求。人工心脏必须具备以下条件：①完全能代行天然心脏的功能；②在胸腔内占有和天然心脏同样大小的体积；③同机体连接和安装比较简单，并且合理、安全；④同心室、瓣膜、血管相连接的管道所用材料，对机体无毒性，不致癌，不凝血；⑤对机体的各种信息能做出反应，并准确地进行控制；⑥要求供能装置小型、轻量、效能高，能长期使用并容易补充或替换；⑦能量转换方式效率高，产热少等。

因此，针对人工心脏的相关研究共在六个领域进行，（1）血泵装置的生物相容性材料；(2) 人工心脏瓣膜；(3) 血泵；(4) 血泵的驱动装置；(5) 供能方式；(6) 对泵功能的控制。血泵是人工心脏的核心部件，而人工心脏血泵的驱动形式是人工心脏实现全植入化的关键，它决定了驱动能源的形式和人工心脏的大小、重量、功耗等，是人工心脏其他相关研究的基石。因此，本文主要在植入式人工心脏驱动方式的设计与研究上，对国内外专利文献中的各种形式的驱动方式进行分析。

1.2 技术分解

人工心脏驱动系统用来提供人工心脏血泵工作的动能，迄今为止，大致已形成了以下几大类可植入人工心脏的驱动形式。

(1) 电—气/液驱动方式：

电—气/液驱动方式通常是基于容积泵工作容积的周期性变化来输送液体，利用压缩泵驱动中间流体的往复运动，并通过隔膜将静压能传递给血液，实现泵腔内血液的搏出和吸入。这种驱动方式可驱动单个容积泵实现单心室辅助，也可驱动左、右两个容积泵作为全人工心脏，其中作为全人工心脏驱动的左、右泵的收缩和舒张是交替进行的，为一种仿生式的驱动，与自然心脏的收缩舒张较为相近。但是这种方法通常需要一根导管连通胸腔内外，利用体外的压缩泵实现中间流体的驱动，因而难以实现全植入。此外，采用的隔膜也会随着使用时间的增加而产生老化，这种老化首先会出现在隔膜上的一些压力点处，使得隔膜弹性下降或者是出现褶皱而导致泵扬程发生改变，从而降低人工心脏的可靠性。

(2) 电—机驱动方式：

电—机驱动是靠电动机通过机械传动驱动血泵工作、结构较为简单的驱动方式，常见的机械传动结构有利用电机带动凸轮、连杆和推板左右交替地泵血，这种方式与电—气/液驱动方式相似，利用的是电机驱动的活塞往复运动推压隔膜实现静压能的传输。由于这个过程中，隔膜与血液直接接触，可能会导致凝血、溶血的产生，因而涌现了另一种电机驱动的方式，即设置在心脏外部的压缩结构，通过挤压、释放动作来实现心脏的收缩和扩张，辅助心脏实现血液循环。这个过程中驱动系统与血液不直接接触，不会破坏血液成分。此外，电机驱动过程中不需要借助中间气体或液体来驱动，因此连接无须体外的压缩泵，可实现人工心脏的全植入。

(3) 电—磁驱动方式：

电—磁驱动方式出现得相对较晚一些，与电—气/液驱动、电—机驱动不同的是，这种驱动方式为非仿生式的，通常利用叶轮实现血液的推动，又可分为离心式、轴流式、混流式等，不需要单向阀门控制血流方向，它克服了隔膜泵体积大、结构复杂、工作寿命短、能耗高的缺点，逐渐成为植入式人工心脏驱动方式发展的主流。但是这种驱动方式仍然存在不足，叶轮产生的剪切力可能会破坏血液成分，导致血栓的形成。

(4) 其他驱动方式：

除了电—气/液驱动、电—机驱动、电—磁驱动方式外，还涌现出了形形色色的驱动方式，较为成熟的包括利用骨骼肌驱动以及血管内球囊泵驱动等。其中骨骼肌驱动又可分为直接驱动和间接驱动。直接驱动方式中，通常将自体骨骼肌包络在心脏外或主动脉外，利用电刺激实现骨骼肌的收缩，从而实现心脏、血管的挤压，血流的搏动；间接驱动方式中，通常是将骨骼肌驱动中间流体，再由中间流体驱动血液流动。骨骼肌驱动方式具有低功耗的优势，可以实现包括电池在内的全人工心脏的植入，但是骨骼肌的活性难以保障，其可靠性成为该技术发展的质疑点。血管内球囊泵与电—气/液驱动方式类似，均需要采用压缩泵驱动中间流体，通过中间流体驱动血液流动。不同的是，其植入位置为血管，如主动脉、股动脉等内径较大的血管。其相较于心脏内的流体驱动的容积泵来说，植入过程中的创伤相对较小，有利于患者的术后愈合。其不足在于，球囊泵在使用过程中与血管之间可能存在相对运动，有安全隐患。此外，还有一些其他的驱动方式，这些驱动方式的申请量相对较少，并未形成体系，因此，本文将主要针对电—气/液驱动、电—机驱动、电—磁驱动这三种主要的驱动方式进行技术脉络的梳理。

第二章 植入式人工心脏驱动方式专利分析

2.1 专利申请量年度分析

本章针对全球数据进行分析，具体根据数据库收集的文献量及分布特点对中文专利数据库和外文专利数据库进行选择，其中中文专利数据库选用 CNABS❶ 数据库，外文专利数据库选择 VEN❷ 数据库。

检索主要选择的中文关键词“人工心脏、血泵、植入、驱动”；英文关键词“artificial heart，blood pump，implant，drive”等；IC❸ 分类号涉及血液泵、人工心脏的 A61M1/10，A61M1/12，EC❹ 分类号中涉及叶轮泵、膜泵、使用水压或气压驱动的泵等的 A61M1/10C、A61M1/10E、A61M1/10E4H 等，进行关键词和分类号的组合检索。截至 2016 年 5 月 12 日，在 S 系统❺中检索后一共得出植入式人工心脏驱动方式相关专利文献 905 篇，对其进行进一步的手动筛选和标引，去除以人工心脏的供电设计、接口改进、控制算法等为主要发明点的专利文献后，最终得出分析样本 517 篇，扩展同族后为 1 935 篇。其中，由于专利从申请到公开往往需要十八个月，因此，2015 年及以后的专利申请数量与实际情况存在一定偏差。

从图 1 可以看出，植入式人工心脏驱动相关专利始于 1964 年。20 世纪 60 年代到 80 年代为该方面技术的萌芽阶段，发展较为缓慢。进入 90 年代后，专利申请迅速增长，虽

❶ CNABS：中国专利文摘数据库。

❷ VEN：SIPOABS、DWPI 组成的虚拟数据库，SIPOABS 为世界专利文摘数据库，DWPI 为德温特世界专利索引数据库。

❸ IC：IPC，国际专利分类法。

❹ EC：ECLA，欧洲专利局分类体系。

❺ S 系统：专利检索与服务系统。

然存在波动，但整体呈上升趋势，到2010年达到高峰，专利的年申请量达到了90件。近几年关于植入式人工心脏的驱动方式呈回落状态，但是通过检索可知，植入式人工心脏的相关专利申请并未减少，这可能是由于驱动方式经过五十多年的完善已经成为成熟技术，目前遇到了技术瓶颈，面临下一步全新的技术突破。

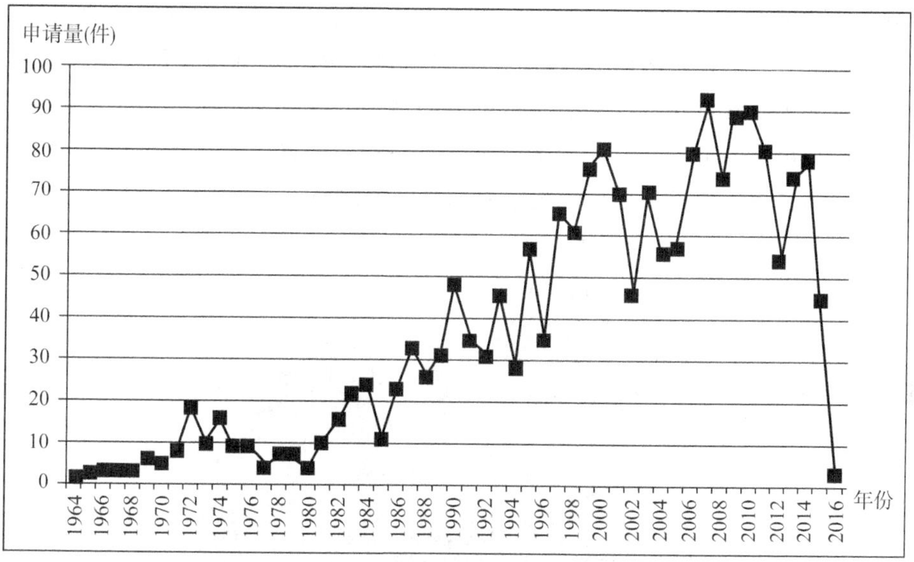

图1 植入式人工心脏驱动方式相关专利申请量历年分布情况

2.2 专利申请国分析

随着植入式人工心脏驱动技术的不断发展，现针对植入式人工心脏的各国专利申请进行分析，各国申请量的分析参见图2。

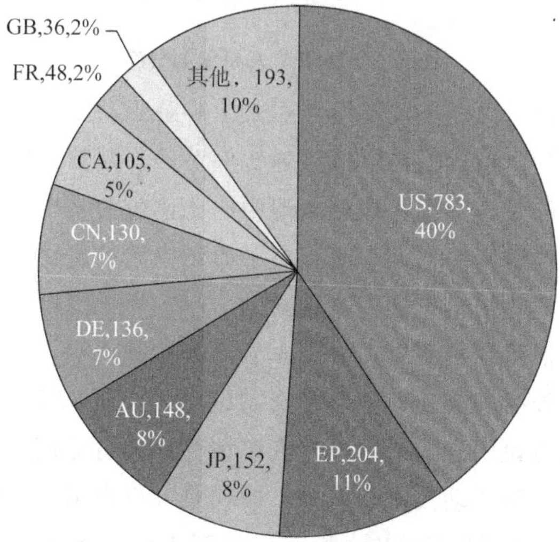

图2 专利申请人国别分布

图2为按照专利权人所属国统计的专利数量分布。由该图可知，植入式人工心脏驱动

方式相关专利主要集中在美国、欧洲、日本、澳大利亚、中国等国家。其中，美国拥有的专利申请量最多，达到了全球总量的40%，欧洲专利局的申请量次之，为11%，日本、澳大利亚、德国以及中国的申请量分别达到总量的8%、8%、7%和7%，加拿大、法国、英国及其他国家则占了其余的19%。美国，毫无疑问在该行业中占据着举足轻重的地位。

仅根据申请量或许并不能直接地、毫无疑义地得到一个国家的创新能力水平，例如，他国的专利申请十分重视某国市场，极可能使得某国专利申请数量大幅增加。为了客观地评判在植入式人工心脏驱动技术领域各国的创新能力，在此对技术原创国进行统计分析。通过统计无同族申请的申请日、同族申请中最早申请日来确定技术原创国，对于PCT则根据专利提交国及优先权信息来确定技术原创国，得到如图3所示的结果。

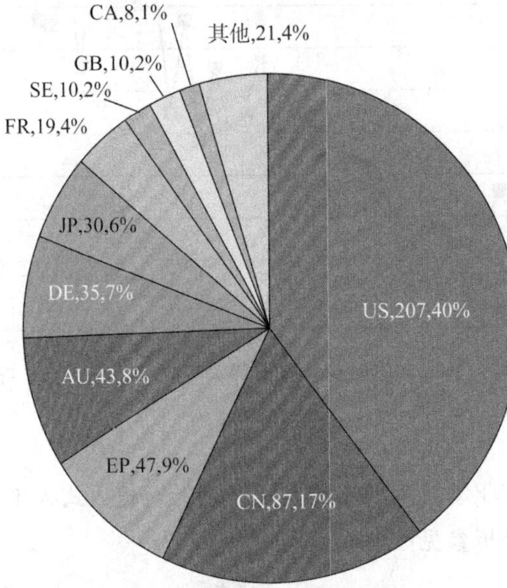

图3　专利申请人原创国分布

从图2和图3中可以看出，美国在植入式人工心脏驱动技术领域的研究确实有着不可撼动的龙头地位，其原创申请比例与申请量的比例对等，其数量突出的申请量中的含金量也不可小觑。值得注意的是，中国在原创申请中的比例较为突出，以17%的比例仅次于美国。虽然可能存在同日申请实用新型小幅提高了原创申请的比例，但是中国在植入式人工心脏驱动技术领域的研究热情也是能窥斑见豹的。

然而另一方面却也值得我们深思，如图4五局分布图所示，以美国、日本、欧洲为专利原创国的申请，或多或少均有向其他局递交同族申请，而87篇中文原创文献中，仅有3篇提交了国际申请，这也说明了目前国内专利申请存在的普遍问题——知识产权战略视野不够广。在植入式人工心脏驱动技术领域中，同样是高校申请，国内的重要高校申请人如上海交通大学，仅提交了中国专利申请和实用新型申请；而美国的一些高校，如犹他大学、德州大学、匹兹堡大学等，在提交专利申请时，均会提交国际申请，并进入如加拿大、德国、日本、中国等国家。说明国人的知识产权意识虽然已经在逐步提升，但是仍然存在格局较小的问题，仅把眼光放在了国内市场，而没有放眼全球。这一方面可能是由于高校的专利申请真正产业化的目标或需求较少，更多的可能是对其原创性的研究进行展示和保护。同样的，很多中小型企业也仅是在国内提交了专利和实用新型的申请，这一方面可能是由于国际申请的费用成本及维护专利权的年费成本相对较高，对中小型企业来说可能会成为负担，但是另一方面也同样说明了国际视野不够开阔的问题，对于中小型企业来说，通常仅把国内的同行企业当成竞争对手，而未曾考虑过国外竞争的存在。在国际贸易往来频繁的今日，特别是中国一直处于贸易顺差的国情下，国人的知识产权意识有必要进行进一步的提升。

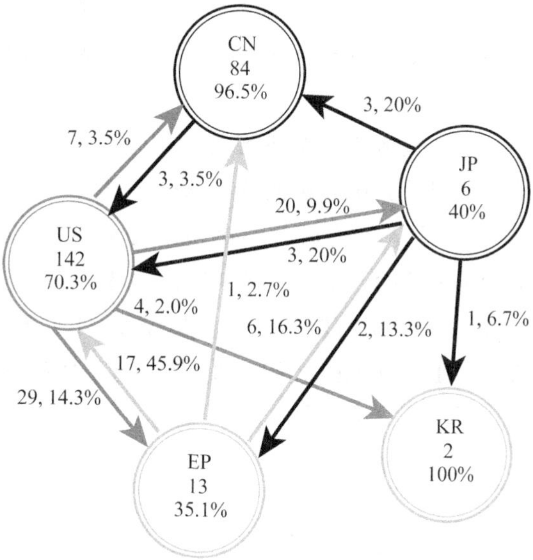

图 4　五局分布图

2.3　主要专利申请人分析

对扩展同族后的 1 935 篇专利文献进行主要申请人类型分布的统计（此处统计了专利申请的第一申请人和第二申请人），得到如图 5 所示的主要申请人类型分布图。

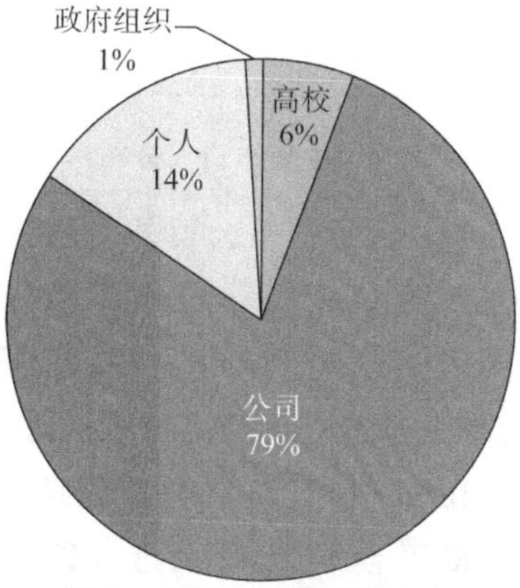

图 5　主要申请人类型分布

如图5所示，在该领域中，公司申请占据了绝对的比例，高达79%，公司申请量大，且提出专利申请的公司数量极多，这在一定程度上也反映了植入式人工心脏驱动技术的重要性，人工心脏市场的需求性和迫切性。个人申请量超过了高校申请，占到了14%，此外还有如NASA航天局、美国政府、加拿大政府等一些政府组织的申请，占到了申请总量的1%。个人申请量出乎意料地超过了高校的申请量，这在一定程度上与大量的外国的个人申请相关。在中国，《专利法》第6条中记载了职务发明，即执行本单位的任务或者主要是利用本单位的物质技术条件所完成的发明创造为职务发明创造。职务发明创造申请的专利属于该单位；申请被批准后，该单位为专利权人。而国外则没有此限制，因此，国外的许多个人申请实际上是在公司及高校的支持下做出的，例如下文中将提到的申请人Jarvik R K，实际上是基于在犹他大学做出的研究成果，后期为其在创立的Jarvik公司中做出的技术研究，而提出的申请。

对上述扩展同族后的1 935篇专利文献进行第一申请人和第二申请人分析，得到如图6所示的主要申请人的分布情况，其中美国的Thoratec公司为人工心脏领域的领导者，自1976年成立以来，一直专注于全人工心脏、心室辅助设备的研发，其中涉及植入式人工心脏的驱动相关技术的申请量达到了137件，位居第一。Kriton医疗公司与Heartware公司存在战略合作，以第一申请人和第二申请人共同申请了41件专利，Kriton医疗公司则共申请了101件，位居第二，Heartware公司以97件申请位居第三。

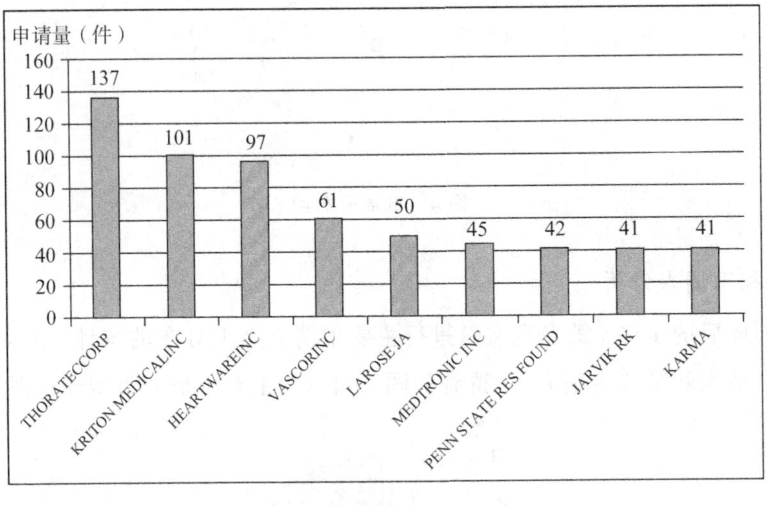

图6 主要申请人分布

图6所示的9个主要申请人中，除了7个公司外，还有2个为个人，分别为Larose J A和Jarvik R K。其中Larose J A为Heartware公司的执行副总裁，其以共同申请人的身份，与Heartware公司一起申请了47件专利申请。特别值得注意的是申请人Jarvik R K，其申请的41件专利申请全部为个人申请，无疑是植入式人工心脏驱动技术领域的技术先锋。对其进行背景检索后发现，Jarvik R K为一位美国科学家，出生于1946年，毕业于锡拉库扎大学，并从纽约大学获得硕士学位，之后进入犹他大学获得药学博士学位，1971

年加入犹他大学的人工心脏组织计划，并由此展开了对植入式人工心脏的研究，其研发的Jarvik－7型植入式人工心脏是首例长期植入式人工心脏，使受试者Barney Clark成功存活了112天，就此开辟了长期植入式人工心脏研究的先河。

利用Jarvik作为申请人、发明人关键词进行检索，并手动进行筛选去除同名噪声后得到37篇专利申请，扩展同族后得到99篇，其中涉及人工心脏的专利申请74篇，约占其总申请量的75%，人工心脏申请中涉及驱动方式的共66件，其中电—气/液驱动方式2件，电—机驱动方式9件，电—磁驱动方式53件，其他驱动方式2件，这些申请进入的国家分布如图7所示（其中WO的申请不计入国家的统计）。

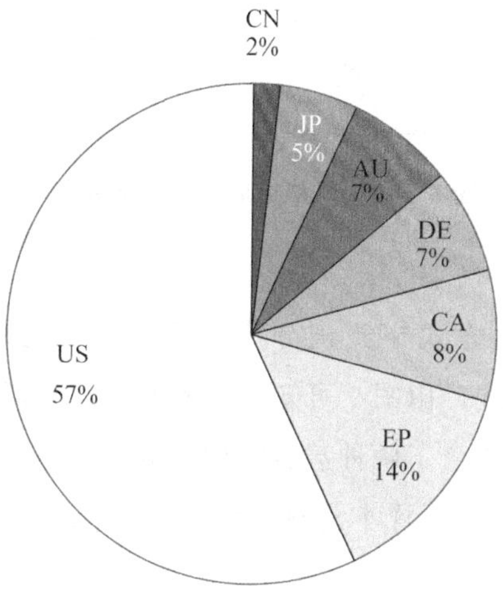

图7 Jarvik相关申请进入国家分布

如图7所示，Jarvik作为申请人/发明人提交或参与了许多专利申请，并且具有较强的知识产权意识，其大部分申请包括个人申请在内，都在其他国家申请了同族专利。对人工心脏驱动方式相关的这66篇专利申请进行法律状态的查询，可查询到已结案的申请有39篇，其中专利权维持状态17件（其中美国申请15件，中国申请1件，欧洲申请1件），专利权未缴费失效18件，相当于累计获得授权35件。此外还有视为撤回3件，驳回1件。从专利申请的授权率不难看到，Jarvik在人工心脏驱动技术领域对推动技术发展贡献之大。同时，从专利申请的法律状态来看，Jarvik有自己独到的战略部署，对专利有取有舍，并将市场重心放在美国本土市场上。

图8为中国原创申请的主要申请人分布，从图中可以发现，在植入式人工心脏驱动技术领域的原创性专利申请中，高校申请占了相当大的比例，其中又以苏州大学申请量最多，为9件。经了解，苏州大学建有人工心脏研究所，并于2011年6月组建了科研团队，主要致力于电磁驱动式人工心脏，特别是完全磁悬浮式人工心脏的研发。遗憾的是，在对主要申请人进行背景追踪的过程中，并未发现如Jarvik一般的技术领袖。

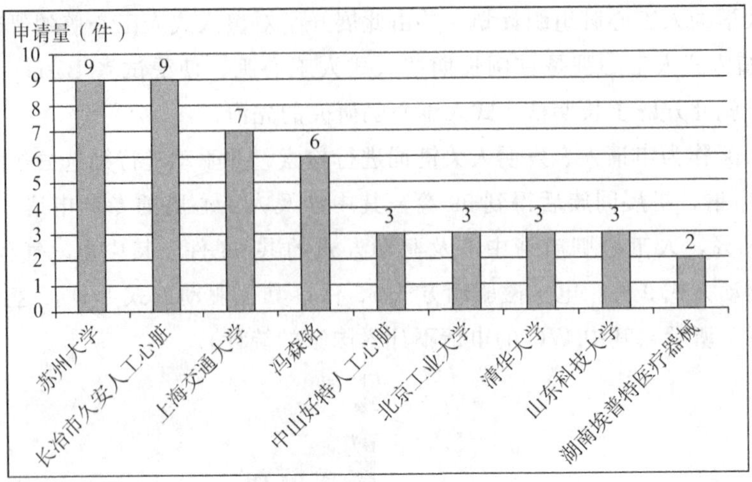

图8　中国原创申请主要申请人分布

2.4　主要技术分支

植入式人工心脏的驱动方式在此统分为四类：电—气/液驱动式、电－机驱动式、电—磁驱动式及其他驱动方式，由图9可知，四者的专利申请比例为19%、24%、40%和17%（由于其中部分申请中结合了两种甚至多种驱动方式，将其作重复统计处理，故图9的统计总量为1 987，超过了分析样本总量1 935）。可见，电—磁驱动技术在该领域具有最大的占有率。

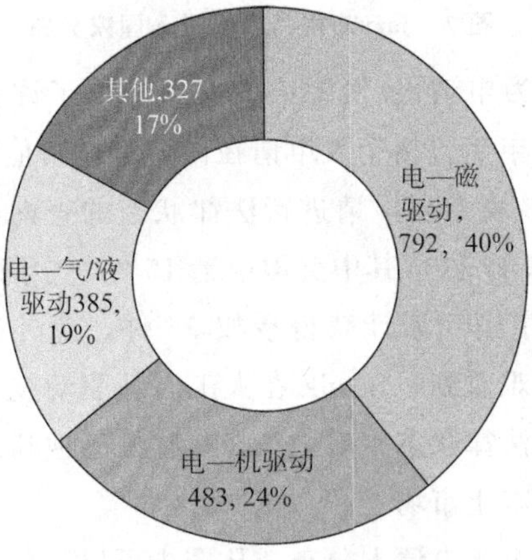

图9　植入式人工心脏驱动技术分支

图10为植入式人工心脏驱动方式发展趋势图。由图可知电—气/液驱动的发源最早，从1964年至今，虽然申请量存在波动，但一直都保持着一定的申请量；电—机驱动方式首次出现在1968年，稍晚于电－气/液驱动方式，并在此后呈现出了稳定的增长，在2001年达到了申请量的最高峰，为37件；电—磁驱动方式出现得相对更晚一些，首次申请出现在1971年，并经过了几年的蛰伏期，从80年代中后期开始呈现出迅猛的发展态势，申

请量逐渐超过电—气/液驱动和电—机驱动申请量；其他类型的驱动方式则穿插在上述三大驱动方式中，保持着一定申请量。

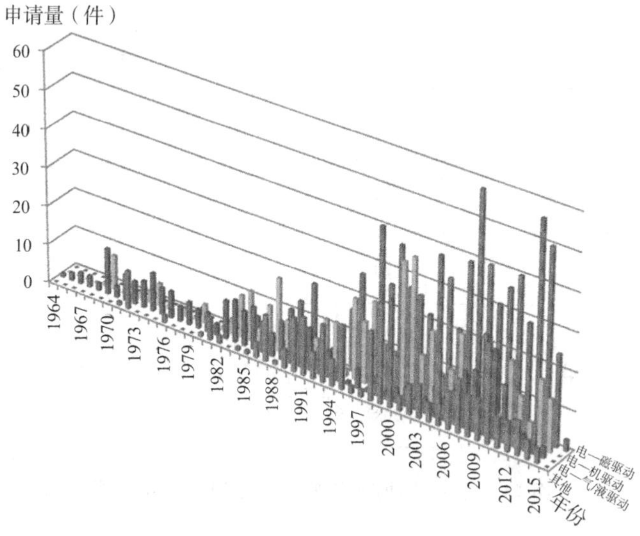

图 10　植入式人工心脏驱动方式发展趋势

第三章　植入式人工心脏驱动技术发展脉络分析

3.1　电—液动/气动式人工心脏技术发展脉络

天然心脏的作用是推动血液流动，通过心脏的收缩和舒张来实现血液的搏出和吸入，而电—液动/气动式人工心脏，则是通过液体或气体驱动隔膜，实现对隔膜对侧的血液腔室挤压和舒张，模拟心脏的收缩与舒张实现对血液的推动。其通常需要连接体外的压缩机来实现液压/气压的输入，因此，其通常仅植入血泵，能量靠驱动管经皮输入。通过对其发明点的标引得到 385 篇专利申请，历年申请量如图 11 所示，去除同族后为 104 篇，该方面的申请经历了驱动结构、驱动供能方式、隔膜性能及安装、工作效率、可靠性等多方面的改进，发明点较为分散。但是从整体的角度来看，电—液动/气动式人工心脏发展脉络可以梳理为如图 12 所示：

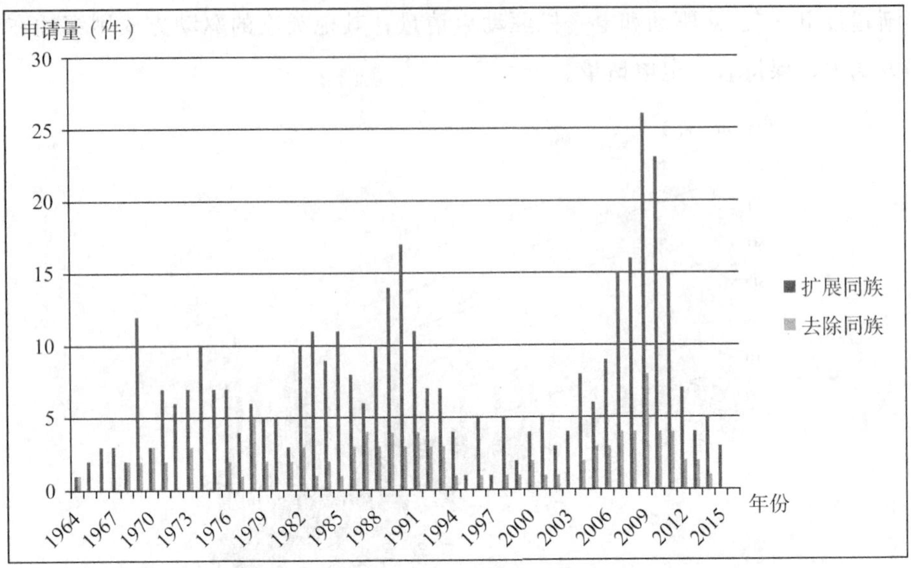

图 11　电—液动/气体式人工心脏历年申请量

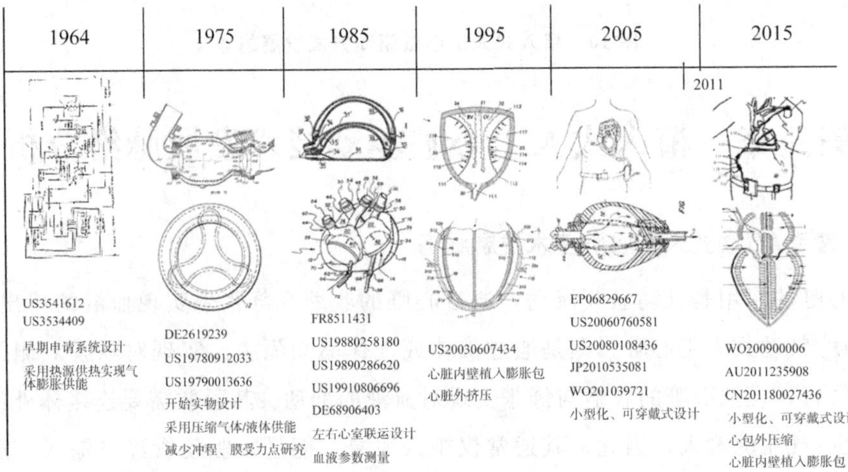

图 12　电—液动/气动式人工心脏技术发展脉络

由图 12 可以看出，电—液动/气动式人工心脏的研究起源较早，但是早期特别是 60 年代提交的专利申请，更多的是系统的整体设计，更偏重于理论实现，并未涉及实物设计。与目前普遍的观点电—液动/气动式人工心脏的能量需要靠驱动管经皮输入相悖的是，在早期的一些专利申请，特别是六七十年代的一些申请中，还出现过全植入式的电—液动/气动式人工心脏。如美国的专利申请 US3534409（申请日 1968 年 6 月 10 日），其通过放射性物质对沸点较低的物质进行加热，使其从液体变成气体，体积实现数倍的膨胀，从而实现搏出力的生成，再利用氟利昂对气体进行降温，使其从气体变成液体，体积又迅速缩小，产生抽吸力，并通过隔膜对血液施加驱动力。然而随着人们对放射性物质的危害的逐渐认知，这种全植入式的电—液动/气动式人工心脏也渐渐淡出眼帘。取而代之的是我们所熟知的体外压缩机供能式。

七八十年代，开始采用体外的压缩机来供能，并开始进入实物设计阶段，在电－液动/气动驱动方式基本原理的基础之上，开始出现一些对细节结构的完善和改进，例如德国的专利申请 DE2619239（申请日 1976 年 1 月 9 日），通过在人工心脏的血泵腔室中利用隔膜设置等分的三个气体驱动室，并将三个气体驱动室围绕血液室设置，通过三维立体的挤压减小单个膜的冲程，降低膜的损耗，同时控制避免膜之间的接触，减少对血液成分的破坏，避免溶血的产生。又如美国的专利申请 US19780912033（申请日 1978 年 6 月 2 日），通过在半椭圆形囊泵的隔膜的不同位置设置不同的厚度、不同的弹性来使得弹性较大部分先收缩，临近出口部分弹性较小而最后收缩，以最小化血液停滞减少血栓的形成；又如美国的专利申请 US19820359524（申请日 1982 年 3 月 18 日），通过对气体驱动室与血液腔室之间的结构设计，减少流体死腔的存在，提高人工心脏的工作效率。

进入 90 年代后，电—液动/气动式人工心脏的相关申请数量达到一个小高峰后开始有所下降，这在一定程度上与电－磁驱动人工心脏技术的崛起相关。在这段时间内，专利申请的关注点开始慢慢向人工心脏参数测量、控制方式、植入方式等方面扩散。其中在控制方式方面，包括有模拟并同步自然心脏的律动、左右心室的联动配合等，如欧洲专利局的申请 EP90917176（申请日 1990 年 11 月 26 日），其利用真空泵的抽吸实现人工左心室的收缩，同时真空泵抽吸产生的加压气流实现人工右心室的舒张，模拟天然心脏的心室收缩与舒张。在植入方式方面，则渐渐地从传统的植入到胸腔，与天然心脏并联实现对天然心脏的短接，代替天然心脏工作，转变为将膨胀囊包植入心脏内部，利用天然心脏的腔室作为血液腔室。这种方式可以复用左、右心房及心脏瓣膜，使得人工心脏更接近天然心脏的功能，且不会导致心肌细胞的衰退。如美国的专利申请 US19910806696（申请日 1991 年 12 月 12 日）、US19910737823（申请日 1991 年 7 月 26 日），就涉及上述技术内容。

进入 21 世纪后，电—液动/气动式人工心脏的相关申请量达到了新的高峰。这一阶段的申请重点主要集中在临床化应用实践，包括低功耗设计、小型化设计、可穿戴式设计等，以提升患者佩戴人工心脏产品的用户体验。如欧洲专利申请 EP06829667（申请日 2006 年 12 月 15 日），通过设计成双侧气体腔室的方式减少气体挤压隔膜的冲程，使得体外压缩机能够降低能耗，缩小为可以佩戴在腰间的大小，方便患者走动。

3.2 电—机驱动式人工心脏技术发展脉络

由于电—气动/液动驱动式人工心脏需要植入热源或需要经皮连接驱动管，存在对患者自身的热平衡以及免疫系统带来不利影响的缺陷，由此诞生了电—机驱动式的人工心脏技术。与电—气动/液动驱动式相仿的是，早期的电—机驱动技术通常是采用机械结构来推动隔膜运动，实现对隔膜对侧的血液腔室的挤压与回拉，实现血液的搏出与吸入。此后，不同的机械驱动方式层出不穷，主要是驱动结构上的完善与改进，故而发明点较为分散，但是可以统分成两类：内部挤压和外部挤压。通过对其发明点标引得到 483 篇专利文献，历年申请量如图 13 所示，去除同族后为 133 篇，其中内部挤压方式的 57 篇，外部挤压方式的 76 篇。电—机驱动式人工心脏发展脉络可以梳理为如图 14 所示：

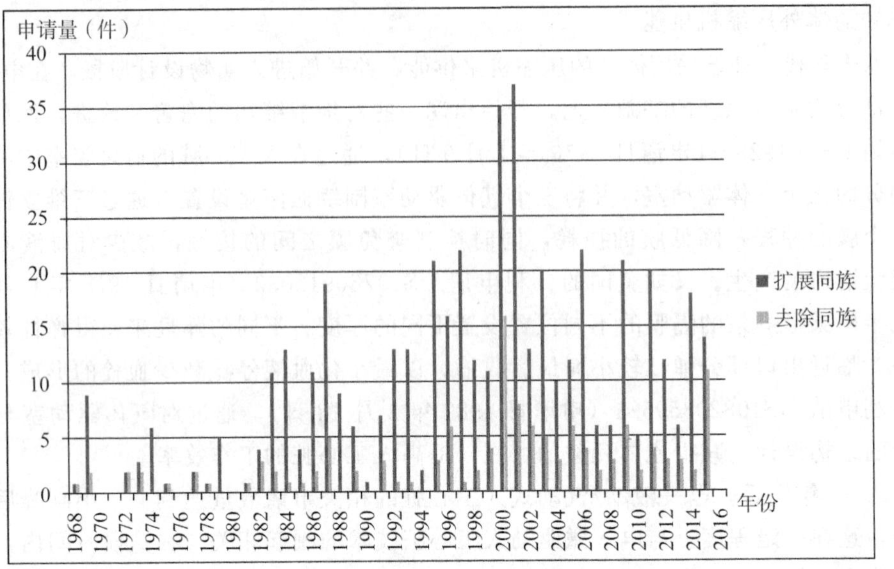

图13　电—机驱动式人工心脏历年申请量

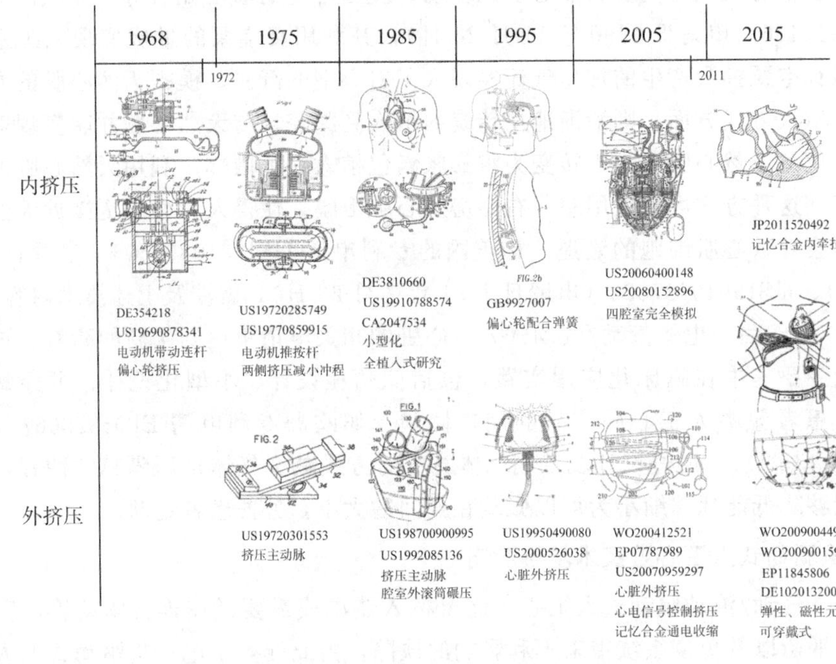

图14　电—机驱动式人工心脏技术发展脉络

内挤压方式的电—机驱动出现相对较早，在1968年就提出了首次申请，为德国的专利申请DE1962743（申请日1968年12月24日），其通过电动机带动连杆运动，连杆拉动推板带动隔膜运动，实现对一个人工心室的挤压及另一人工心室的牵拉，同时实现左右心室血液的输入输出。此后，对电—机内挤压的驱动方式的申请热点主要是对机械力传递方式的改进与完善、小型化、低功耗及全植入研究。

外挤压方式的电—机驱动方式则相对较晚出现，在1972年首次提出申请，为美国专利申请 US19720301553（申请日为 1972 年 10 月 27 日），其实质为血泵，在主动脉外部对主动脉实施周期性的挤压与释放，实现对血液的推动。进入 80 年代后，开始出现对人工心脏外部进行挤压、碾压等方式，实现血液从人工心脏内的搏出，如欧洲申请 EP84402406（申请日 1984 年 11 月 26 日）及法国申请 FR9103386（申请日 1991 年 3 月 20 日）。90 年代开始出现在自然心脏外壁对心脏实施挤压的方式，如美国申请 US19950490080（申请日为 1995 年 6 月 13 日）。进入 21 世纪后，随着记忆合金的大热，逐渐开始出现利用记忆合金通电收缩的属性，在天然心脏外壁增加记忆合金包络，并通过对记忆合金通电断电，以实现记忆合金对天然心脏的挤压，进而实现对心脏的辅助。

3.3 电—磁驱动式人工心脏技术发展脉络

电—气动/液动驱动式人工心脏需要植入热源或需要经皮连接驱动管，存在对患者自身的热平衡以及无法完全植入的缺陷，由此出现了电—机驱动式的人工心脏，然而电—机驱动仍然存在血液流速无法实现精确控制的问题，因而难以实现对人工心脏的心输出量的调控。并且其中，内挤压方式的隔膜泵，还存在体积大、结构复杂、工作寿命短、能耗高等技术问题，因此出现了一种全新的驱动方式——电—磁驱动式。这种驱动方式出现得相对更晚一些，1978 年才首次提出专利申请，并到 80 年代中后期才开始呈现出快速增长的趋势。与电—气/液驱动、电—机驱动不同的是，这种驱动方式为非仿生式的，通常利用叶轮实现血液的推动，又可分为离心式、轴流式、混流式等，不需要单向阀门控制血流方向，逐渐成为植入式人工心脏驱动方式发展的主流。通过对其发明点的标引得到 792 篇专利文献，历年申请量如图 15 所示，去除同族后为 215 篇。对这 215 篇文献进行分析，发现其中涉及轴流式有 115 篇，离心式有 100 篇，其中涉及磁悬浮技术的有 62 篇。电—磁驱动式人工心脏发展脉络可以梳理为如图 16 所示。

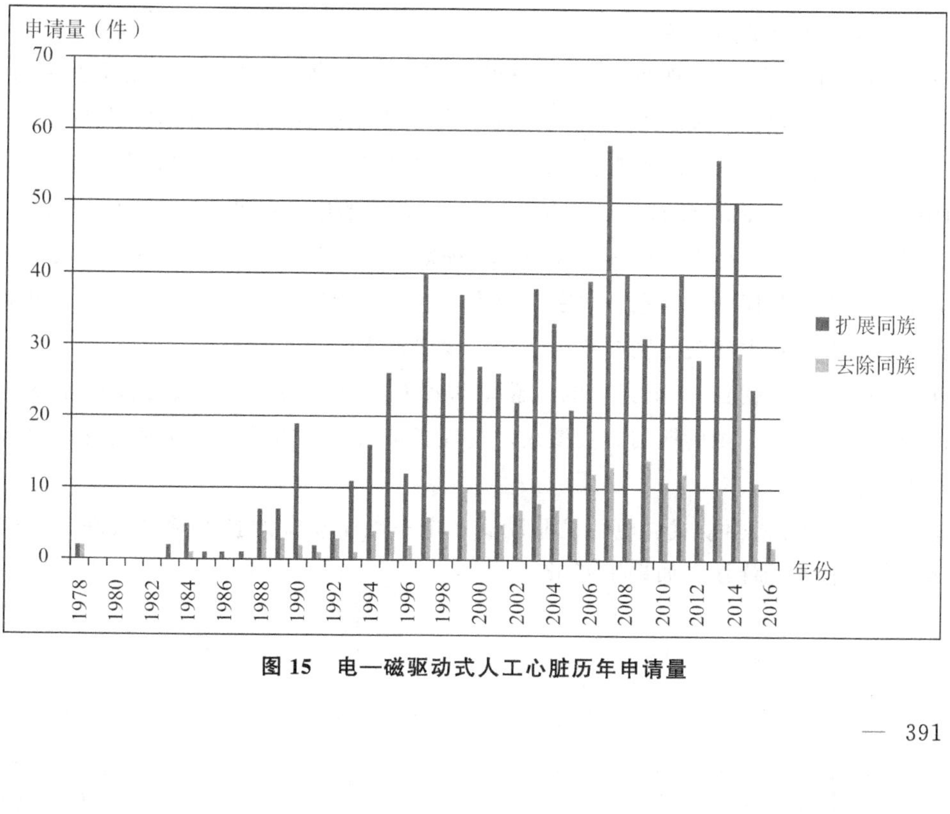

图 15　电—磁驱动式人工心脏历年申请量

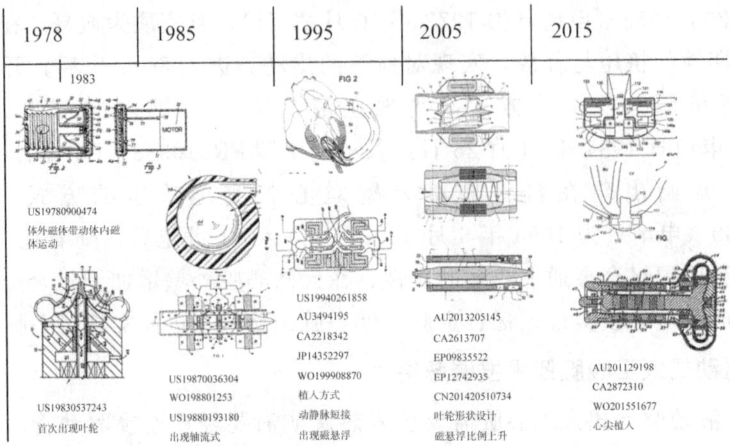

图16　电—磁驱动式人工心脏技术发展脉络

电—磁驱动式人工心脏出现较晚，首次申请出现在1978年，为美国申请US19780900474（申请日为1978年4月27日），其并非常规意义上的驱动叶轮旋转的电磁驱动方式，而是通过体外的电动机驱动体外磁体旋转，利用磁感应作用带动体内的磁体旋转。体内的磁体在旋转过程中通过连杆在螺旋形槽中的运动，实现对波纹管的周期性压缩与释放，从而实现对血液的搏出和吸入。首次的电磁驱动叶轮旋转的申请出现在1983年，为美国申请US19830537243（申请日为1983年9月28日），利用电枢绕组通电后产生的旋转磁场，驱动转子带动叶轮旋转，实现血液的离心式输出。

进入80年代后，首次出现了轴流式的电—磁驱动方式，为美国申请US19870036304（申请日1987年4月9日），相对于离心式叶轮来说，轴流式具有体积小、结构紧凑的优点，便于实现人工心脏的全植入。

进入90年代，开始出现磁悬浮式的离心式叶轮和轴流式叶轮，如澳大利亚申请AU3494195、美国申请US19940261858、加拿大申请CA2218342、日本申请JP14352297。通过磁悬浮的方式可以减小摩擦阻力，降低功耗与发热，最大限度地减弱机械碾压力对血细胞的破坏。因此，在90年代以后，植入式人工心脏的电—磁驱动方式以磁悬浮为主要研究热点，在中国也涌现出了许多高校的科研团队，如苏州大学的人工心脏研究所、上海交通大学的精密心脏仪器实验室、北京工业大学的心血管医学工程中心等，他们也都是植入式人工心脏驱动技术相关专利在华申请的主要申请人。

从20世纪90年代到21世纪，电—磁驱动式人工心脏的植入位点也发生了变化，从早期的短接天然心脏，到后期的心尖植入，实现了植入方式的简化，同时实现了对人工心脏的小型化。

通过对电—气/液驱动式、电—机驱动式、电—磁驱动式的技术脉络梳理，可以总结得到各个驱动技术的优缺点如表1所示。

表 1

分类		优点	缺点
电—气/液驱动式		仿生式； 可实现左右心室联动； 对血液成分破坏较少	需要从体内通导管连接体外的压缩机； 隔膜易老化； 长期精度难以保障
电—机驱动式	内挤压	仿生式； 可实现左右心室联动； 对血液成分破坏较少 可实现全植入	结构复杂； 隔膜易老化； 长期精度难以保障
	外挤压	复用天然心脏、心脏瓣膜，减少心肌细胞衰退； 几乎不破坏血液成分； 可实现全植入	心输出量等参数难以实现精确控制
电—磁驱动式	离心式	无须额外增加单向阀控制血液流动方向； 可精确控制心输出量等参数	体积较大； 叶轮对血细胞剪切力大，容易破坏血液成分； 叶轮转动过程中产生的热量影响机体热平衡
	轴流式	无须额外增加单向阀控制血液流动方向； 可精确控制心输出量等参数； 体积小，结构紧凑，更易于植入	叶轮对血细胞剪切力大，容易破坏血液成分； 叶轮转动过程中产生的热量影响机体热平衡
	磁悬浮式	无须额外增加单向阀控制血液流动方向； 可精确控制心输出量等参数； 阻力小，产热少，对机体热平衡影响小	叶轮对血细胞剪切力大，容易破坏血液成分

第四章　总结

综上所述，植入式人工心脏驱动技术发展已经十分成熟，该领域的专利申请主要集中在美国、中国、德国、日本、澳大利亚等国家，其中美国以其绝对的申请量优势及原创申请量优势处于该领域的领导者地位。电—气动/液动驱动方式为植入式人工心脏最早的驱动方式。但由于其需要植入热源或需要经皮连接驱动管，存在对患者自身的热平衡以及免疫系统带来不利影响的缺陷，从而出现了电—机驱动方式，由于其存在体积大、结构复杂、工作寿命短、能耗高等技术问题，因此出现了电—磁驱动方式。电—磁驱动方式中，又出现了离心式和轴流式，90年代后又出现了磁悬浮式，成为植入式人工心脏驱动方式发展的主流。

虽然近几年关于植入式人工心脏的驱动方式呈回落状态，但是，通过分析可知，植入式人工心脏的相关专利申请并未减少，这可能是由于驱动方式经过五十多年的完善已经成为成熟技术，目前遇到了技术瓶颈，面临下一步全新的技术突破。同时，根据检索的结果可以初步了解到，近些年的研究开始关注如下几个方面：植入式人工心脏的供能研究，在尽可能降低系统功耗的基础上，确保更长时间的电池寿命、更可靠的稳定供电、更便捷的更换电池方式、可靠安全的充电方式等；植入式人工心脏的控制研究，在实现替代天然心脏功能的基础上，如何实现不同状态如睡眠、轻运动、剧烈运动下不同心输出量的控制，如何实现与天然心脏的同步或异步搏动，如何实现心输出量及其他人工心脏参数的精确测量及无线传输等；植入式人工心脏的外科研究，如何设计人工心脏接口实现人工心脏与自然血管之间的快速连接，如何设计人工心脏及电池的植入位点以尽可能减少创伤等。这些相关技术或许将代替驱动方式逐渐成为国内的相关专利的申请重点，将植入式人工心脏技术进一步补充与完善，或者，还有原创型的驱动方式正在蓄势待发，期待打破目前的技术瓶颈，引领全新一代植入式人工心脏驱动技术的发展。

参考文献

[1] 武文芳. 人工心脏的历史及研究进展 [J]. 中国医学装备，2008，5 (1)：55－58.

[2] 王惠荪. 全植入式人工心脏研究进展 [J]. 北京生物医学工程，1989，8 (1)：55－61.

数字频谱分析仪专利技术综述

李露曦

第一章　引言

随着电子技术的发展，世界各国加速了对电子领域的研究，具体体现在竞相提高通信、雷达、遥控、导航等无线电电子设备的威力和效能等方面。在这些方面，频谱分析仪成为必不可少的信号分析手段。频谱分析仪可以对信号的频率、电平、频谱纯度及抗干扰特性进行分析，使其成为电子领域必不可少的测量工具。

频谱分析仪是属于G01R23/16、G01R23/17、G01R23/18、G01R23/20分类号（IPC）下的技术领域，并涉及G01R29/08、H04W24/00、G01R31/28、H04L12/26等副分类号。笔者利用国家知识产权局网站的专利检索与服务系统，以中文专利文摘数据库CNABS、中国专利全文文本代码化数据库CNTXT、世界专利文摘数据库SIPOABS、德温特世界专利索引数据库DWPI中公开的数字频谱分析仪技术相关专利文献为基础，采用上述分类号结合关键词的方式，对数字频谱分析仪技术领域的专利申请进行了全面检索，检索时间截至2016年6月3日，检索到相关专利申请并去除同族重复记录后有227件。在此基础上，笔者从数字频谱分析仪的各个组成部件方向分别进行专利技术发展脉络的梳理。

第二章　频谱分析仪概述

频谱分析仪也称射频领域的示波器，现代频谱仪通过扩展选器件方法，不仅保留了传统的频谱分析功能，并且可以集功率计、标量/矢量网络分析仪、频率计、通信测试仪等众多仪器的功能于一身。大部分的射频测试和信号分析等工作，都需要在频谱分析仪的协助下才能完成。

通常我们从两种角度来分析信号，一种是时域，另一种是频域。所谓时域分析就是观察并分析电信号随时间的变化情况，例如，信号的幅度、周期或频率等。时域分析常用仪器是示波器，但是示波器还不能提供充分的信息，因此就产生了用频域分析的方法来分析信号，这也就是频谱仪被称为射频领域示波器的由来。观察并分析信号的幅度（电压或功率）与频率的关系，它能够获取时域测量中所得不到的独特信息。例如，谐波分量、寄生信号、交调、噪声边带。最典型的频域信号分析是测量调制、失真和噪声。通常进行信号频域分析的仪器就是频谱分析仪。

如图1所示，我们能够很容易地看清楚时域与频域的关系。通过傅立叶变换，我们可以将任何时域信号变换成相应的频域信号，方便我们从不同的角度观察和分析信号。

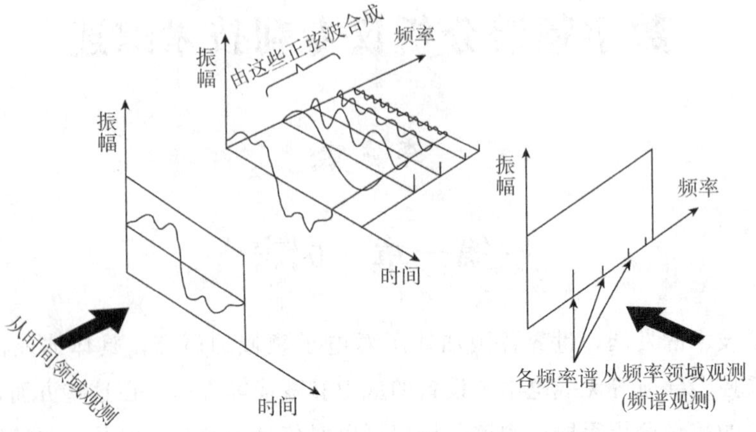

图1　信号时域与频域关系

常见的频谱分析仪，如图2所示，具有外壳、按键、旋钮、接口、显示屏、把手和内部电路等部件。

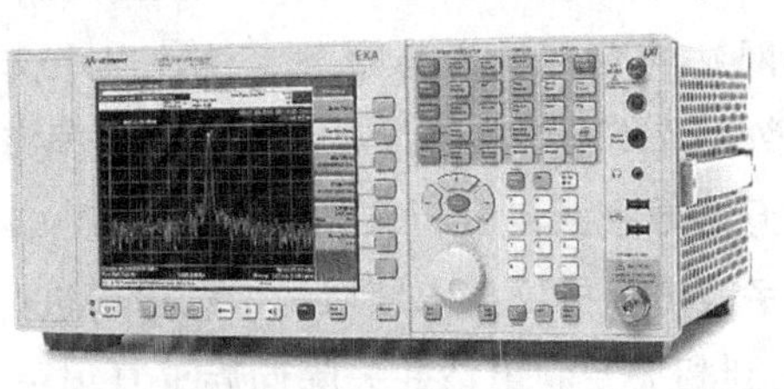

图2　频谱分析仪外观

第三章　频谱分析仪技术发展过程和技术状况分析

频谱分析仪就其工作原理可分为模拟式频谱分析仪和数字式频谱分析仪两大类。

模拟式频谱分析仪是采用扫频超外差接收技术来实现的信号频域分析仪器，它选用模拟滤波器为基础；而数字式频谱分析仪增加模数转换器部件，将输入信号转换为模数转换器（ADC）可以接受的电压范围和频率范围以实现数字化，部分数字式频谱分析仪采用超外差扫频的基本原理，部分数字式频谱分析仪则是采用快速傅立叶变换（FFT）技术来实现的信号频域分析仪器，它选用数字滤波器为基础。

如图3所示为典型超外差式频谱分析仪的简化框图。超外差式频谱分析仪基于外差式接收机的原理，通过混频从而得到我们所要求的频点信息，并且通过更改本征信号的方法，来达到一个频段的测量。“外差”指混频，也就是指对频率进行转换，而“超”的意思则是指超音频频率或者高于音频的频率范围。如图3所示，原始输入信号首先经过一个低通滤波器，随后经过衰减器到达混频器以后，与来自本振的信号相混频。因为混频器本身就是非线性器件，所以输出信号除了包含两个原始的信号之外，还包含谐波，以及原始信号与谐波的差信号与和信号。如果混频信号落在中频滤波器的通带范围内，则信号会被进一步处理。斜坡发生器在屏幕上产生从左到右的水平移动，同时它还调谐本振，最终本振频率的变化与斜坡电压成正比关系。假设频率轴上有一个特定的窗口，那么只有进入到该窗口内的信号才能被检测到，这就是它的基本原理。如果窗口从频率点 f_1 扫描到频率点 f_2，就可以得到不同频率上的信号功率，也就得到了被测信号的频谱分布，这个窗口是靠本振扫频来实现的。扫频外差式频谱仪通过改变下变频混频器的本地振荡器频率，使得输入待测信号的频率与本振频率之差等于我们需要的固定中频，这也是无线电接收机中普遍使用的自动调谐方式；再使用带通滤波器（分辨率滤波器）由中频信号中“取出”所需的差频，最后借助检波的方法得到信号幅度。只要本振频率在一定范围内变化，就可以依次捕获待测信号的不同频率分量。

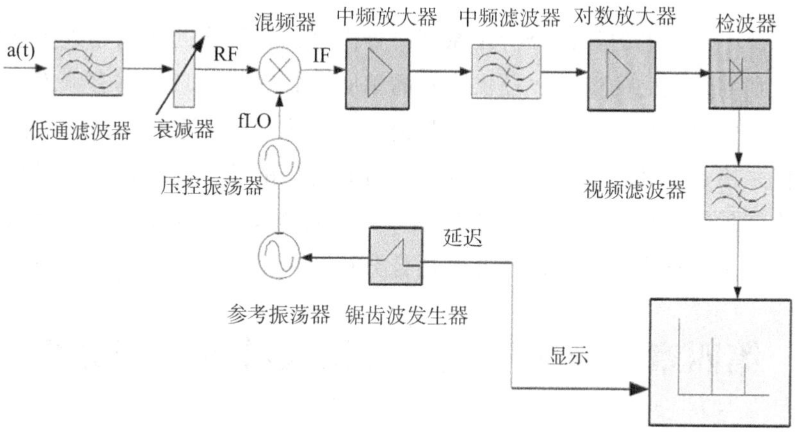

图 3 典型的模拟超外差式频谱分析仪框图

与传统的模拟式频谱分析仪相比，数字式频谱分析仪采用高速 A/D 采集出当前信号，然后送入处理器进行处理，最终将得到的各频率分量幅度值的数据送入显示器实现显示。典型的数字超外差式频谱分析仪如图 4 所示。

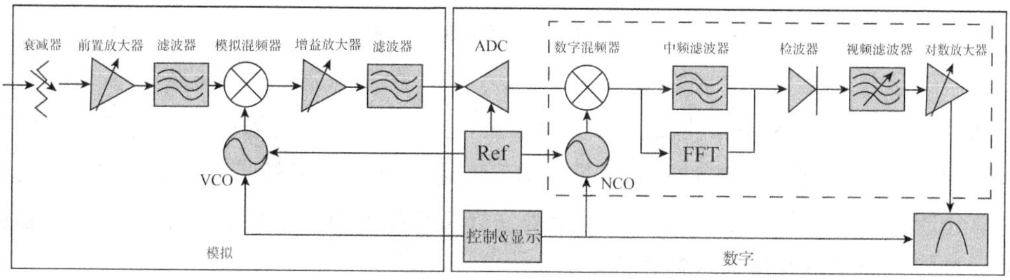

图 4 典型的数字超外差式频谱分析仪框图

而更先进的 FFT 式频谱分析仪采用数字的方法，由模拟/数字转换器（ADC）对输入信号进行取样，经过 FFT 处理后获得频谱分布图。新型 FFT 式频谱分析仪，利用快速傅立叶变换把被测信号分解成为分立的频率分量，与传统的模拟频谱分析仪获得同样的结果。但不同之处在于FFT式频谱分析仪可以进行实时分析，比传统的模拟式频谱分析仪在速度上有了很大的提高。但是由于FFT取的是有限长度，运算点数也有限，为了实现高扫频宽度和高频率分辨率，就需要高速A/D转换器和高速数字器件的配合。实现框图如图5所示。

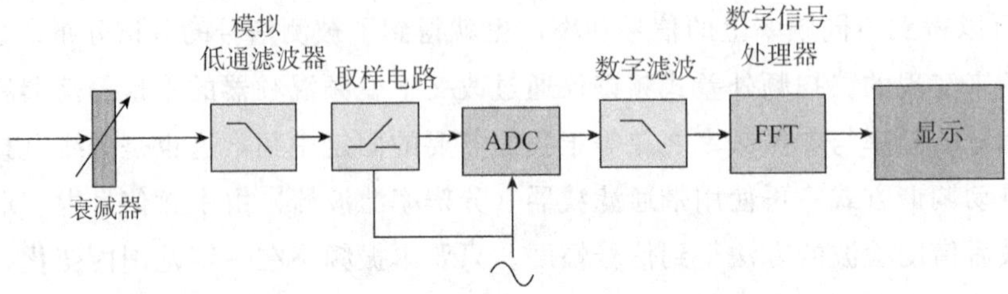

图5　快速傅立叶变换频谱分析仪框图

通过对以上不同类型的频谱分析仪原理的分析可知，传统的模拟超外差式频谱分析仪适合分析稳定和周期变化的信号，提供信号的幅度和频率等信息，具有频率范围宽、动态范围大等优点，但缺点是不能够获得实时频谱。相比之下，数字式频谱分析仪特别是FFT式频谱分析仪采用数值计算的方法来处理一定时间周期的信号，无论信号是周期的或者是非周期的，均能提供频率、幅度和相位信息。数字式频谱分析仪的特点是测量速度更快，形状因子小，频率分辨率高，稳定性好，适合分析窄带信号，实时性也更强。

第四章　数字型频谱分析仪技术状况分析

由于数字式频谱分析仪以其运算速度快、体积小、重量轻、内附可充电电池无须市电，以及可编程、存储等先进性而得到越来越广泛的应用；且近年数字式频谱分析仪已经形成了非常完善的产业化规模，因而有必要专门针对数字式频谱分析仪的专利技术展开详细分析。

4.1　专利申请年度分析

图6所示为数字频谱分析仪专利申请全球年度申请量的变化趋势图。从图上可以看出，数字频谱分析仪专利申请始于1973年，20世纪80年代为该技术的初始阶段，发展缓慢；从1994年起，专利申请出现了第一次增长，到1995年达到第一个小高峰，然后趋于平缓，到2011年开始第二次增长，并在2012年达到第二个高峰，并且在2011年至今都保持有比较大的申请量。结合图7数字频谱分析仪专利申请全球年度申请量的变化趋势图细分，仅对发展趋势及原因做简单介绍。

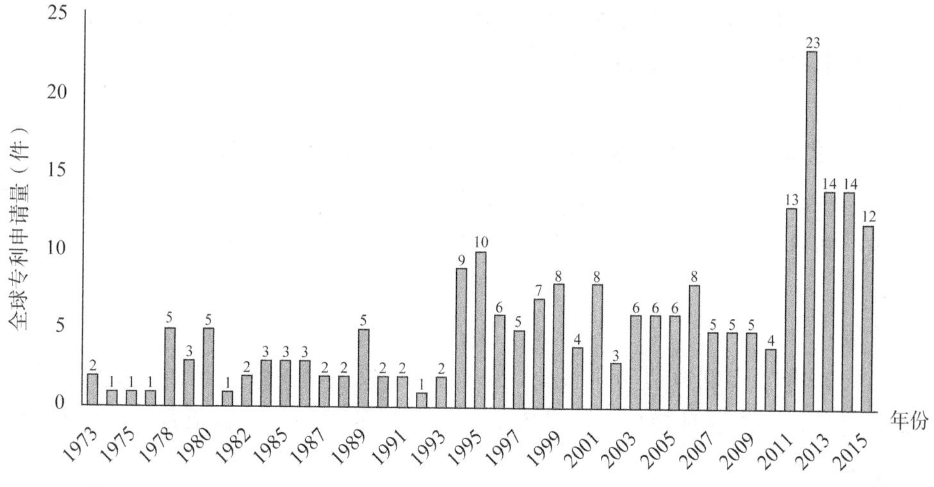

图 6　数字频谱分析仪专利申请全球年度申请量的变化趋势图

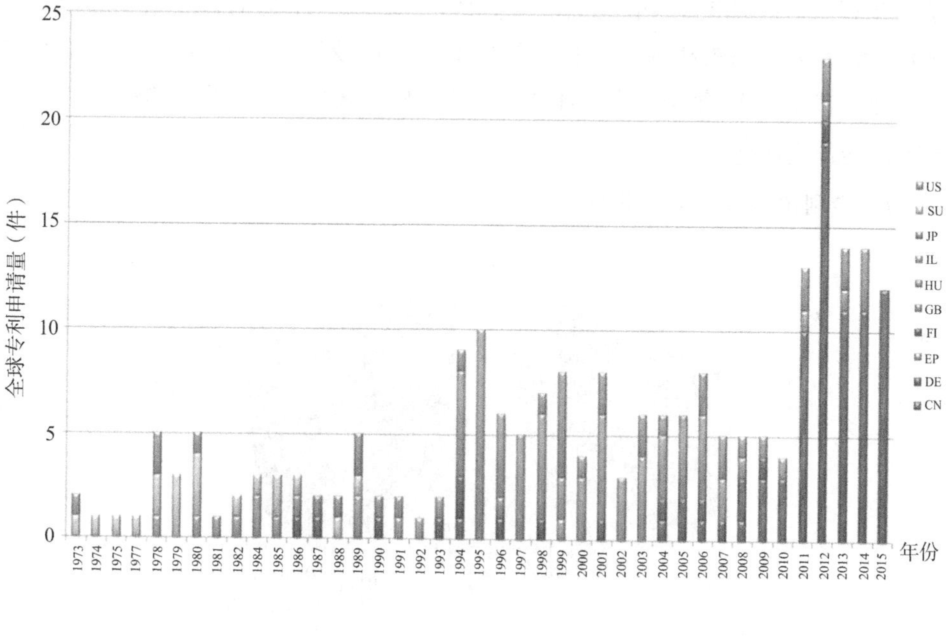

图 7　数字频谱分析仪专利申请全球年度申请量的变化趋势图细分

初始阶段：

1973 年苏联的基辅工学院率先提出双通道数字频谱分析仪的技术方案，美国 GINGER 也在同年提出了带有信号预处理功能的数字频谱分析仪，开启了数字频谱分析仪技术的先河；紧接着日本的胜利公司、安立电气和爱德万测试等诸多日本企业纷纷致力于测试系统的研究，中国也于 1986 年由华北电力学院提出了关于“双三相实时电力谐波分析仪”的专利申请。

增长阶段：

随着 1991 年苏联的解体，苏联的专利申请降低为 0，俄国也没有更多的专利申请。但日本、美国、德国和中国关于数字频谱分析仪的研究日益增多，特别是日本，呈现出明显的增长形态，因此在1995年关于数字频谱分析仪的专利申请量达到了第一个小高峰，并且在接下来的十多年中保持比较稳定的数字。

平稳阶段：

在1995年以后，专利申请逐渐减少，呈平稳趋势，略有下降。出现这种现象主要是因为经过十几年的发展，数字式频谱分析仪技术已经进入成熟阶段，并能基本满足用户和市场的需求，新申请的专利主要在于对现有技术的一些改进或少量的新方法的尝试，创新空间不大。

下降阶段：

2007—2010年，专利申请明显减少，特别是日本企业在数字频谱分析仪上的专利申请下降非常明显，出现这种现象主要是因为金融危机的大环境，造成数字频谱分析仪的研究有了一定的停滞。

第二次增长阶段：

2010年开始，中国和日本首先克服了金融危机的影响，在技术上进一步创新，特别是中国的申请量呈现比较高的增长量，并且申请量比较平均地分散在多个公司和高校。2010年至今，除了2012年是一个高峰外，其他年份呈现稳定申请量的趋势。

4.2 专利申请国别分析

4.2.1 专利申请国申请量分析

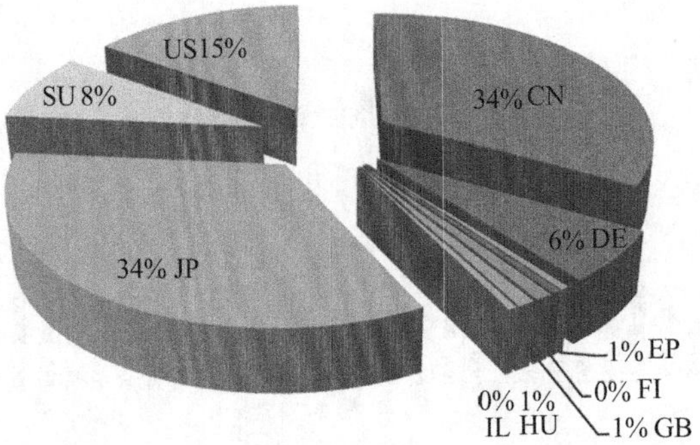

图8 专利权人所属国统计的专利申请数量分布情况

图8为按专利权人所属国统计的专利申请数量分布情况。频谱分析仪技术专利申请主要集中在日本、中国、美国、苏联、德国等国家和地区，其中日本和中国拥有专利申请数量最多，均达到全球总量的34%，紧随其后的是美国，其申请量为总量的15%，苏联和德国的申请量分别占总申请量的8%和6%。

4.2.2 专利申请国申请趋势分析

图9所示为专利权人所属国主要国家的年度申请量变化趋势。苏联和美国申请人在该领域申请专利的时间最早，前期在该领域具有很大优势。于1973年开启了数字频谱分析仪技术专利申请的先河，但由于新技术的出现，之后申请量逐渐减少。

日本申请人在 1978 年有相关专利申请产生，但直到 1993 年专利申请量仅为 10 件，发展较慢，1993—1997 年出现专利申请量的高峰，仅 1995 年年申请量就达到了 10 件。

德国起步较晚，一直到 1993 年才有了第一件数字频谱分析仪的专利申请，且专利申请量一直不多，但总体比较平均。

中国于 1986 年有相关专利申请产生，之后的专利申请也比较少，一直到 2011 年，开始了频谱分析仪专利技术发展的高峰期。

从总体来看，源于技术的成熟、发展契机以及专利布局的稳定，除了中国在第二次高峰后保持稳定态势外，其他各国专利申请量在高峰后都有下降趋势。

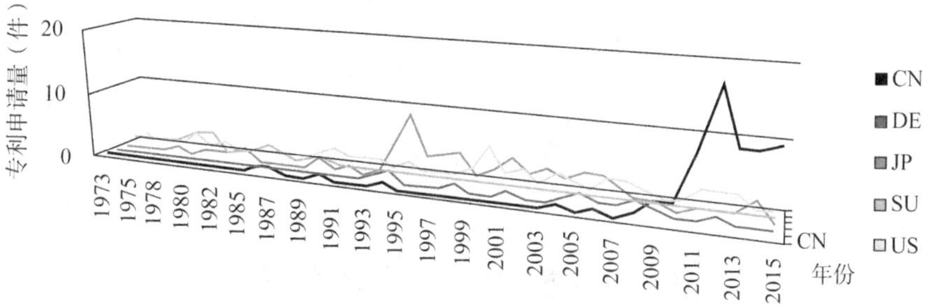

图 9　专利权人所属国主要国家的年度申请量变化趋势

4.3　主要申请人分析

图 10 所示为数字频谱分析仪技术主要申请人的分布情况。日本的株式会社爱德万测试为行业的龙头老大，拥有 17 件专利申请；德国的罗德施瓦兹两合股份有限公司排行第二，拥有 14 件专利申请；中国的南京国睿安泰信科技股份有限公司位列第三，拥有 12 件专利申请。日本安立公司、索尼泰克公司、日本横河电机株式会社也分别拥有 8 件、7 件和 6 件专利申请。美国的专利申请人以特克特朗尼克公司、安捷伦科技有限公司和惠普公司为主。中国的专利申请人主要集中在南京国睿安泰信科技股份有限公司、北京普源精电科技有限公司和中国电子科技集团公司第四十一研究所。从笔者统计的 200 多篇专利申请中可以看出，很多其他的公司和高校的申请量为 1～4 件不等，专利申请量分布比较平均。

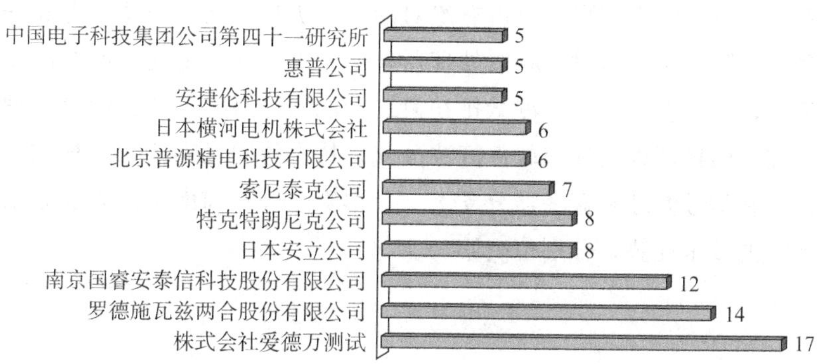

图 10　数字频谱分析仪技术主要申请人的分布图

4.4 专利技术分支分布分析

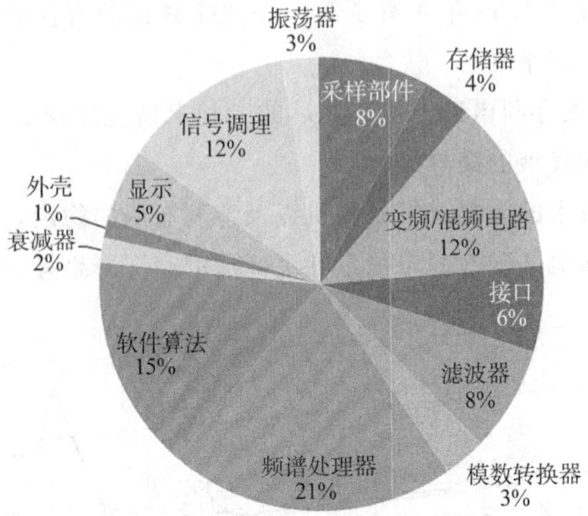

图 11 数字频谱分析仪支撑技术分布情况

图 11 所示为数字频谱分析仪支撑技术分布情况，从图上可以看出，其分为 13 个部分。其中，频谱处理器技术所占比重较大，为 21%，意味着在频谱处理器技术的技术分支上，容易获得技术改进；而软件算法以 15%的比重占据第二位，变频/混频电路和信号调理部件的技术分支均占据 12%，采样部件和滤波器技术分支分别占 8%，剩余的部分则包括接口部件、显示、存储器、振荡器、模数转换器、衰减器和外壳的技术分支。以上多个分支共同构成了数字频谱分析仪技术领域的支撑骨架。

4.5 主要申请人技术分布分析

图 12 所示为数字频谱分析仪主要申请人的专利技术分布情况。从申请人和申请人重点改进的技术分支两方面对相应文献进行标引和统计，得到上述锥形图，锥形图中锥形越高表示相应的专利申请数量越多。

从纵向看，在变频/混频电路技术分支，存在着几个较高的锥形图，通过分析可以发现南京国睿安泰信科技股份有限公司占有绝对的技术优势，北京普源精电和株式会社爱德万测试分列第二、第三位；而对于频谱处理器技术分支，罗德施瓦兹两合股份有限公司的申请量位列第一，株式会社爱德万测试排在第二，说明这两家公司在频谱处理器方向具有更多的专项研究；同样可以发现在软件算法分支，特克特朗尼克公司和株式会社爱德万测试排在第一；而在信号调理和振荡器分支上，日本安立公司和南京国睿安泰信科技股份有限公司占有绝对的技术优势，分别位列第一。

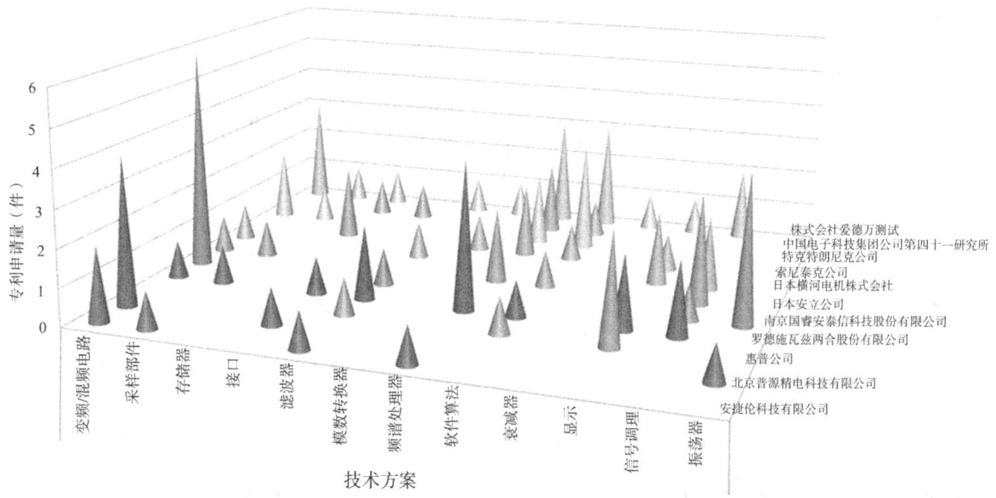

图 12　数字频谱分析仪主要申请人的专利技术分布情况

从横向看，日本安立公司在信号调理和频谱处理器上的改进较多；北京普源精电科技有限公司在混频电路分支上占有优势；惠普公司在显示分支上的专利申请量最多，这也与惠普公司在显示领域的重点发展密不可分；罗德施瓦兹两合股份有限公司在频谱处理器上的专利申请量最多，对于显示、信号调理和滤波器技术的改进紧随其后；南京国睿安泰信科技股份有限公司在混频电路和振荡器电路上的专利申请量最多；特克特朗尼克公司在软件算法上的申请最多，在频谱处理器和混频电路的设计上也有比较多的专利申请；而株式会社爱德万测试更重视在混频电路、频谱处理器和软件算法上的专利申请。

基于上图，各申请人研究重点各不相同，这也从整体上促进了数字频谱分析仪的技术发展。

第五章　数字频谱分析仪专利技术功效矩阵分析

对检索获得的文献进行人工标引，人工标引从技术方案与技术方案所达到的主要技术效果两方面进行。将标引结果统计后，得到专利技术功效气泡图。气泡面积越大表示相应专利申请数量越多。

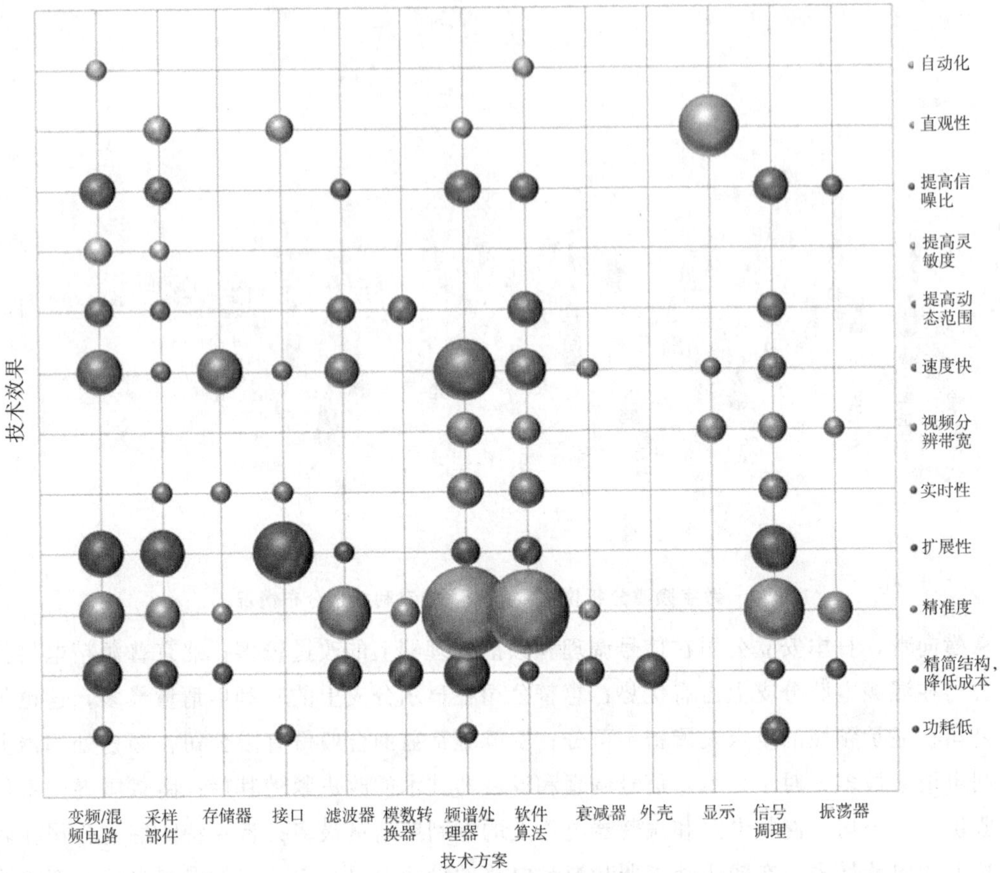

图 13　数字频谱分析仪专利技术功效矩阵图

图 13 为数字频谱分析仪专利技术功效矩阵图。首先从横坐标，即技术方案来看，主要具有 13 个分支，分别为变频/混频电路、采样部件、存储器、接口、滤波器、模数转换器、频谱处理器、软件算法、衰减器、外壳、显示、信号调理和振荡器。仔细观察可发现，几个面积比较大的气泡主要集中在变频/混频电路、接口、频谱处理器、软件算法、显示和信号调理部分。对于变频/混频电路改进产生的技术效果主要集中在精简结构、降低成本、提高精准度、提高扩展性和加快速度这几个方面；对于接口的改进产生的技术效果主要集中在提高扩展性方面；对于频谱处理器的改进产生的技术效果主要集中在精简结构、降低成本、提高精准度和提高速度这几个方面；对于软件算法的改进产生的技术效果主要集中在提高精准度方面；对于显示部件的改进产生的技术效果主要集中在直观性方面；信号调理的改进产生的技术效果主要集中在提高精准度方面。

从纵坐标，即技术效果分析来看，主要具有 12 个技术效果，分别是自动化、直观性、提高信噪比、提高灵敏度、提高动态范围、提高速度、视频分辨带宽、实时性、扩展性、精准度、精简结构和降低成本、功耗低这几个方面。仔细观察可发现，几个面积比较大的气泡主要集中在直观性、提高速度、扩展性、精准性、精简结构和降低成本方面。其中，提高直观性，主要通过对显示的改进来实现；速度的加快，主要通过变频/混频电路、存储器、滤波器、频谱处理器、软件算法的改进来获得；扩展性主要通过变频/混频电路、采样部件、接口和信号调理的改进来完成；精准度的提高，主要通过变频/混频电路、存储器、滤波器、模数转换器、频谱处理器、软件算法、外壳的改进获得；精简结构、降低成本主要集中在变频/混频电路、频谱处理器和外壳的改进上。

上述气泡图有助于专利申请人规避专利侵权风险，着力有利于自身发展的核心技术。

第六章　数字频谱分析仪专利申请的技术发展脉络梳理

对于数字频谱分析仪技术相关专利申请，按照前述的部件技术分支，梳理专利技术发展脉络，并具体细化至主要技术分支。横坐标为主要技术分支，纵坐标为时间轴，申请号所标颜色表示其技术方案所起到的技术效果，多个颜色同时标注，表示具有多个技术效果。选作典型专利申请的依据为专利的申请时间、被引用频次、技术效果等，选择在同一技术分支下对于不同的技术效果而言，申请最早、被引频次最多、技术方案最典型的专利申请依次列出。

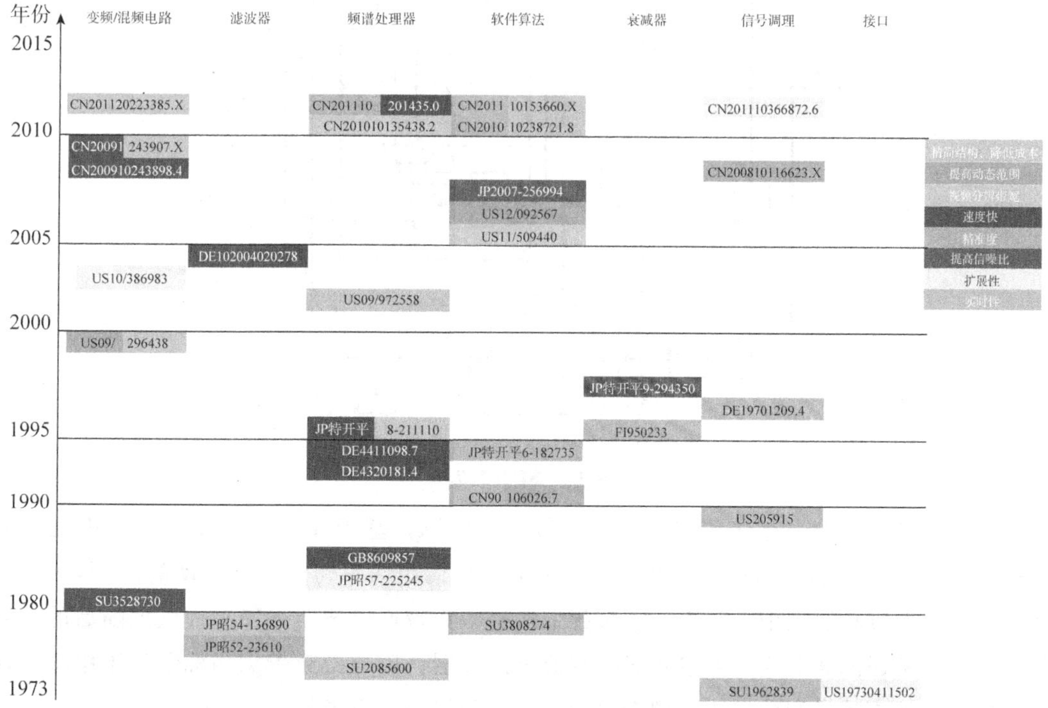

图 14　数字频谱分析仪专利申请的技术演进路线

图 14 所示为数字频谱分析仪专利申请的技术演进路线图。通过在变频/混频电路、滤波器、频谱处理器、软件算法、衰减器、信号调理和接口 7 个技术分支标定得到 30 篇专利申请技术。从图上可以看到，滤波器、衰减器和接口技术分支的专利申请较少，其他 4

个分支中除了变频/混频电路技术分支的典型专利申请集中在2000—2011年外，其他的技术分支的典型专利申请均从数字频谱分析仪起始阶段至今比较平均地分布。

接下来，针对上述7个技术分支中整体比较平稳发展的4个关键分支：变频/混频电路、频谱处理器、软件算法和信号调理分支进行具体的脉络分析。

6.1 变频/混频电路技术的发展

在变频/混频电路的技术分支中，苏联的TAGANROG WIRELESS在1982年申请了专利技术SU3528730，其技术方案是通过在混频器中设置多个乘法器16、17、20、21来加快其运行速度。该方案是对变频/混频电路更新技术改进的首次实验，为后续的变频/混频电路更新技术专利申请做了铺垫。

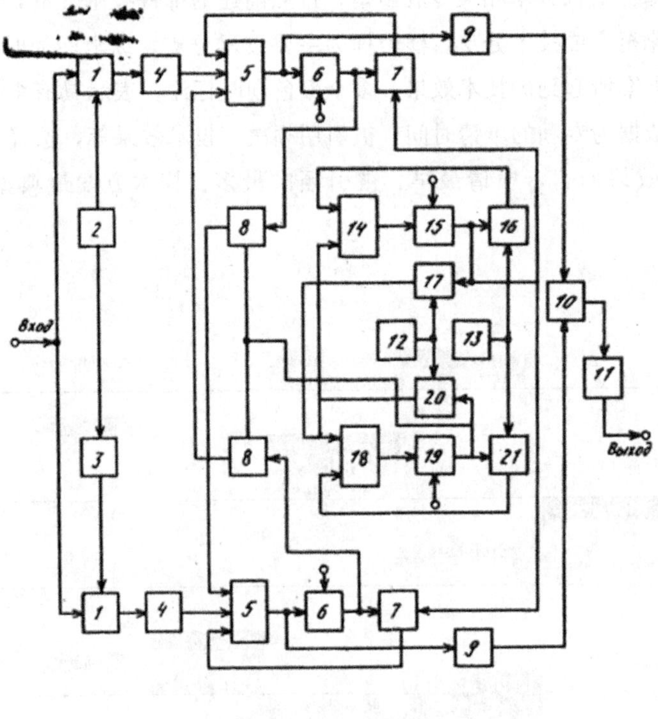

图15　SU3528730

而上述专利技术中存在动态范围过窄等技术问题，基于此，1999年特克特朗尼克公司提出专利技术US09/296438，该技术中提出了采用由频率可调LO驱动的混频器（14）将信号频带升频转换到中频频带；中频频带通过中频带通滤波器（18）提供到随后的数字化级，中频带通滤波器充当数字化级的抗混杂滤波器；以与中频带宽相称但低于中频带通中心频率的速率采样和数字化中频带通信号。从而提高了设备的动态范围。

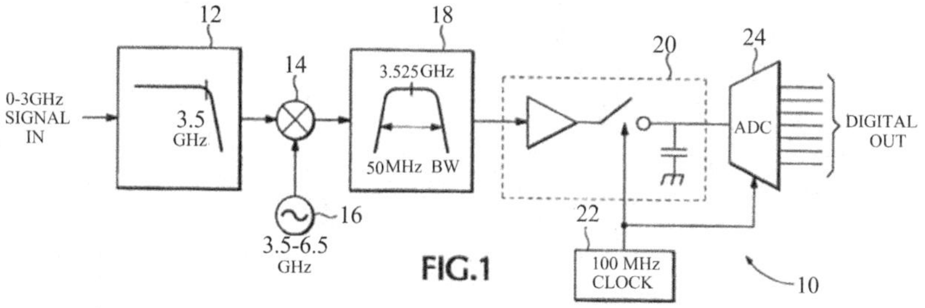

图 16 US09/296438

2003 年，针对设备扩展性和成本高的问题，美国安捷伦科技有限公司申请的 US10/386983 专利中提出了允许频谱分析仪的使用者配置载波频率的每个潜在位置，使得频谱分析仪对存在于输入信号中的每个载波信号能完成与之相关的 MCP 测量，同时，由于其通过电缆连接射频接收和射频分析单元的分布式结构，提高了其扩展性、降低了成本。

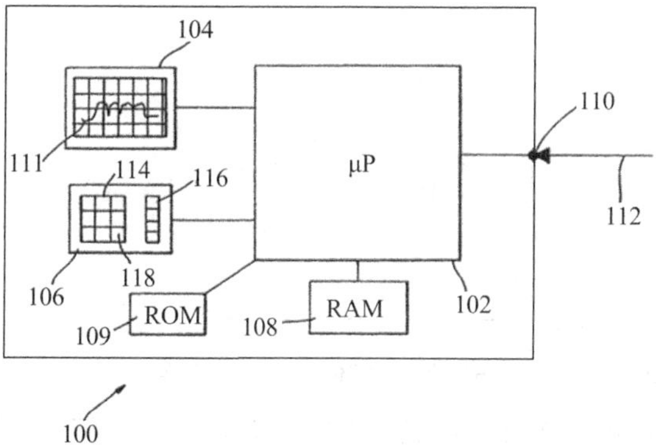

图 17 US10/386983

之后，该技术分支中专利申请的技术内容进一步发展，包括了对于进一步提高运行速度、减少成本、减小产品体积等多方面的技术。其中，2009 年的北京普源精电科技有限公司申请的专利技术 CN200910243898.4 中，采用数字变频器产生相差为 90 度的两路信号，并同模数转换器采样输出的信号进行混频，得到同相信号和正交信号；用两个基带滤波器分别滤除同相和正交两路信号中的高频分量，得到滤波后的同相信号和正交信号；对滤波后的两路信号一方面进行频率计数，另一方面进行幅度检波；对幅度检波的结果再进行视频滤波之后，通过显示检波得到最终的频谱分析结果，其中，通过以下方法进行频率计数：通过测量信号相对于中频频率的偏差，得到待测信号的频率值；根据滤波后的同相信号和正交信号的变化规律判断待测信号频率值大于或者小于中频频率，达到了提高速度的效果。

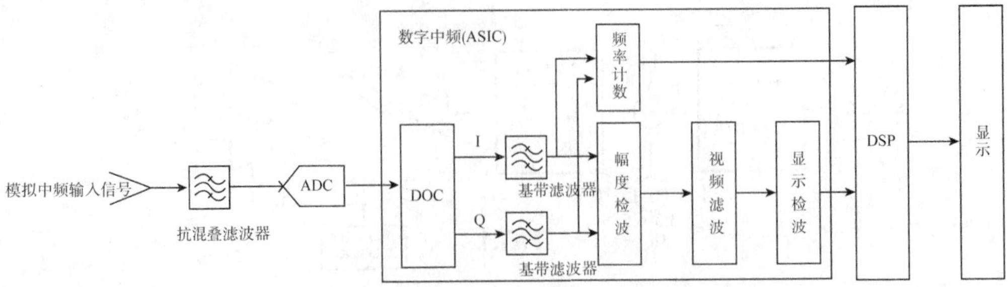

图 18　CN200910243898.4

2009 年，北京普源精电科技有限公司申请的专利技术 CN200910243907.X 公开了一种数字频谱分析仪，该频谱分析仪通过在由射频电路向 CPU 发送信号的线路上加设了 AD 转换器，以将射频电路发出的混频信号先转换为数字信号，再由 CPU 对转换后的数字信号进行频谱分析。这样可以省去大量不必要的模拟辅助性电器元件，降低电路的复杂性和设计成本，同时还可起到提高 CPU 对信号处理的速度。

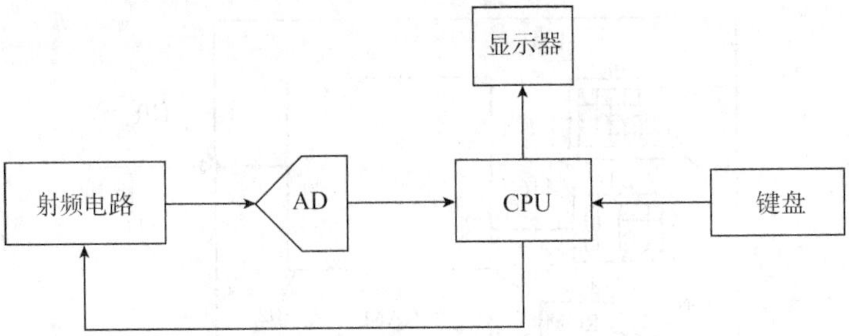

图 19　CN200910243907.X

2011 年，安徽白鹭电子科技有限公司的 CN201120223385.X 公开了一种基于两次变频技术的数字化频谱仪，包括射频模块、控制中频模块、LCD 显示模块、电源模块；射频模块包括接收通道、跟踪源；控制中频模块包括数字中频处理模块、数据处理模块、控制系统。以此达到降低成本、减小产品体积的效果。

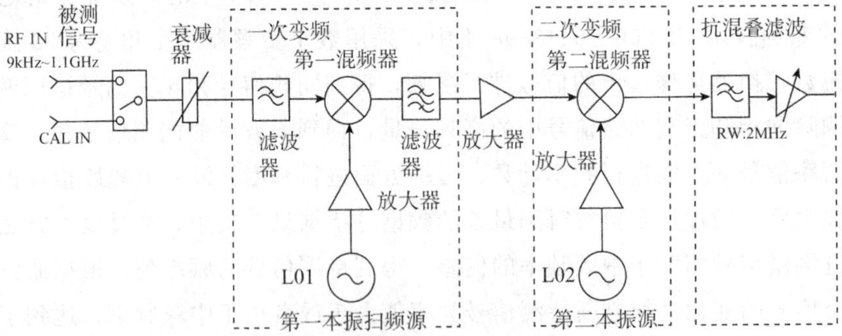

图 20　CN201120223385.X

6.2　频谱处理器技术的发展

在频谱处理器的技术分支中，苏联的 LYUBASHEVSKII G S 在 1974 年申请了专利技术 SU2085600，其技术方案是通过增加二进制、脉冲生成设备和逻辑与或门，来减少频谱处理中存储器的使用量，从而达到降低成本的效果。该方案是对频谱处理器更新技术改进的首次申请。

而接下来，1982 年日本胜利公司申请了专利技术 JP 昭 57－225245，如图 21 所示，其通过 VDP（Video Display Processor）来协助作为频谱处理器的 CPU 进行显示，以增强其扩展性。

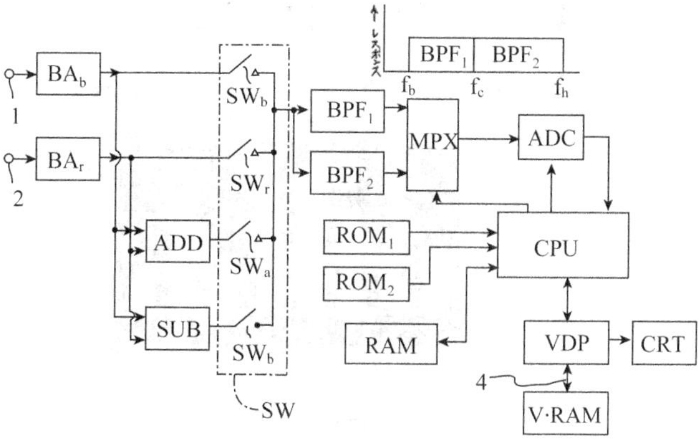

图 21　JP 昭 57－225245

在接下来的多年中，数字频谱分析仪的频谱处理器的发展方向偏重于提高运行速度。如 1986 年，德国的 STC 公司申请了专利技术 GB8609857，其公开了的频谱处理器具有奇偶分开的输入以及 N 个输出通道，以到达提高速度的效果。

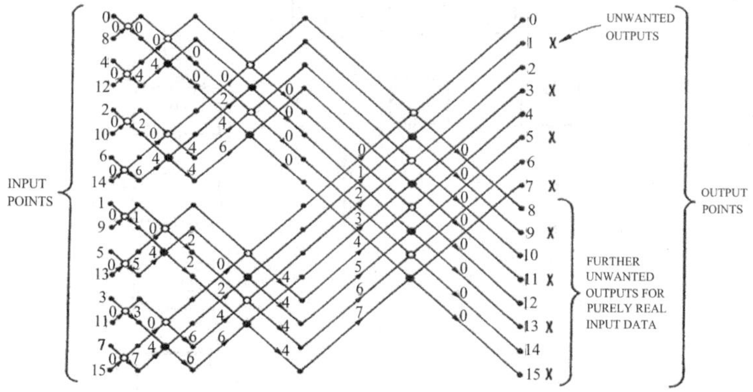

图 22　GB8609857

1993 年，德国的罗德施瓦兹两合股份有限公司申请的专利 DE4320181.4，频谱处理器在存储器的对应位置为预选的频谱堆积瞬时幅值，并将平均值存储，以达到加快速度的效果。

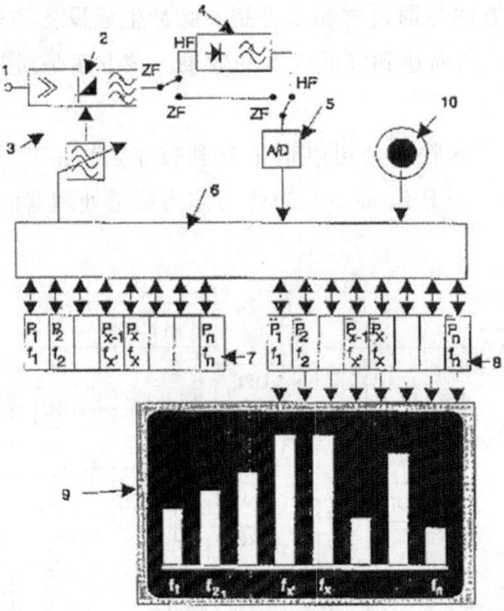

图 23　DE4320181.4

1994年，仍旧是罗德施瓦兹两合股份有限公司，其申请的专利技术 DE4411098.7，数字信号处理器由边界补零模块（ZP）、开窗算法模块（F）和离散傅立叶变换模块（DFT）构成，以达到加快运算速度的效果。

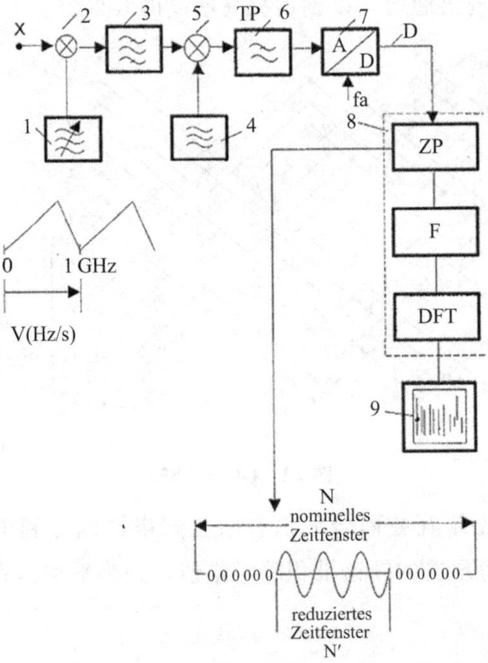

图 24　DE4411098.7

1995年，日本的冲电气工业株式会社提出了专利申请JP特开平8－211110，公开了一种频谱处理器，其采用精确的二阶傅立叶变换模块，来达到提高速度的效果，同时还可以提高分辨带宽。

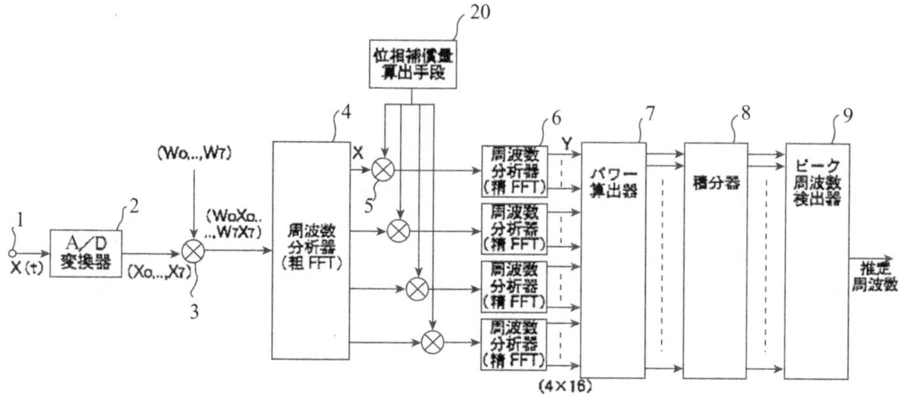

图25　JP特开平8－211110

2001年，美国的微芯科技公司提出了专利申请US09/972558，公开了一种不需要复杂硬件的频谱处理器，其采用四进制的运算方法，以期达到降低成本的技术效果。

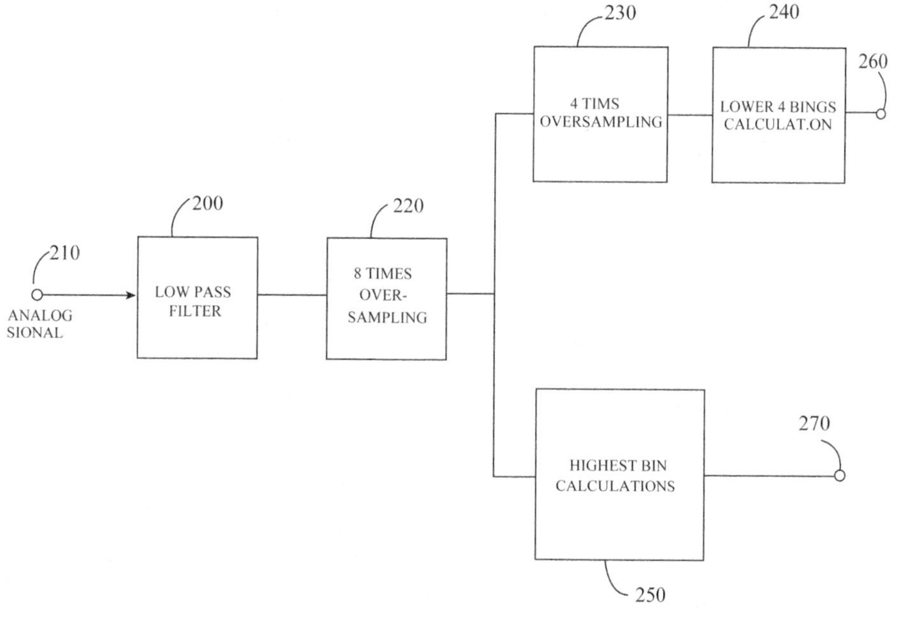

图26　US09/972558

天津大学于2010年提出专利申请CN201010135438.2，是基于卡尔曼滤波器的信号实时频谱仪，处理器包括依次连接的预处理模块、预测模块、修正模块和平滑模块；对信号采样点处的参数进行预测、修正和平滑处理，将处理后的参数代入到时频谱函数后便可得到高视频分辨率的时频谱，最终在显示器上显示该时频谱。

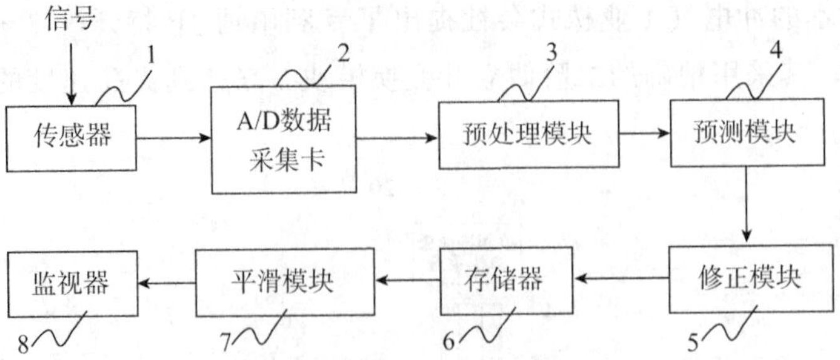

图 27　CN201010135438.2

2011 年，西安交通大学提出专利申请 CN201110021435.0，这是一种在线式非线性频谱分析与故障诊断仪，该频谱处理器为双核微处理器单元，可以达到提高精准度和提高运行速度的效果。

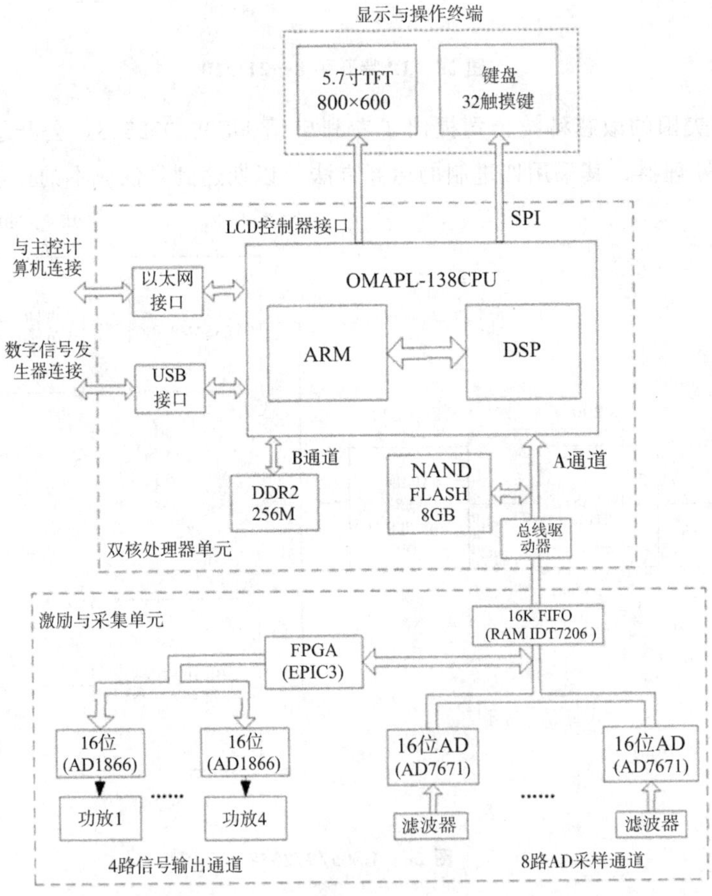

图 28　CN201110021435.0

6.3　软件算法技术的发展

在软件算法的技术分支中，苏联的 AVRAMENKO V 在 1984 年申请了专利技术

SU3808274，其技术方案是通过采用 walsh 函数以达到提高精准度的效果。该方案是对数字频谱分析仪的软件算法更新技术改进的首次申请。

1990 年，中国的能源部电力科学研究院申请了专利技术 CN90106026.7，快速高精度信号频谱分析方法，其通过完成初始数据采集，之后利用现有的 FFT 程序作奇偶排列；按现有 FFT 方法计算 Aeven（k）和 A’ odd（k）；利用事先存储的实常数 Uk、Rk 和 Zk 合成 Ak；将 K 次谐波的系数 Ak 显示或打印。本发明不仅可提高频谱分析精度，扩展频谱分析范围，缩短分析时间，还可降低硬件性能要求与简化硬件结构。

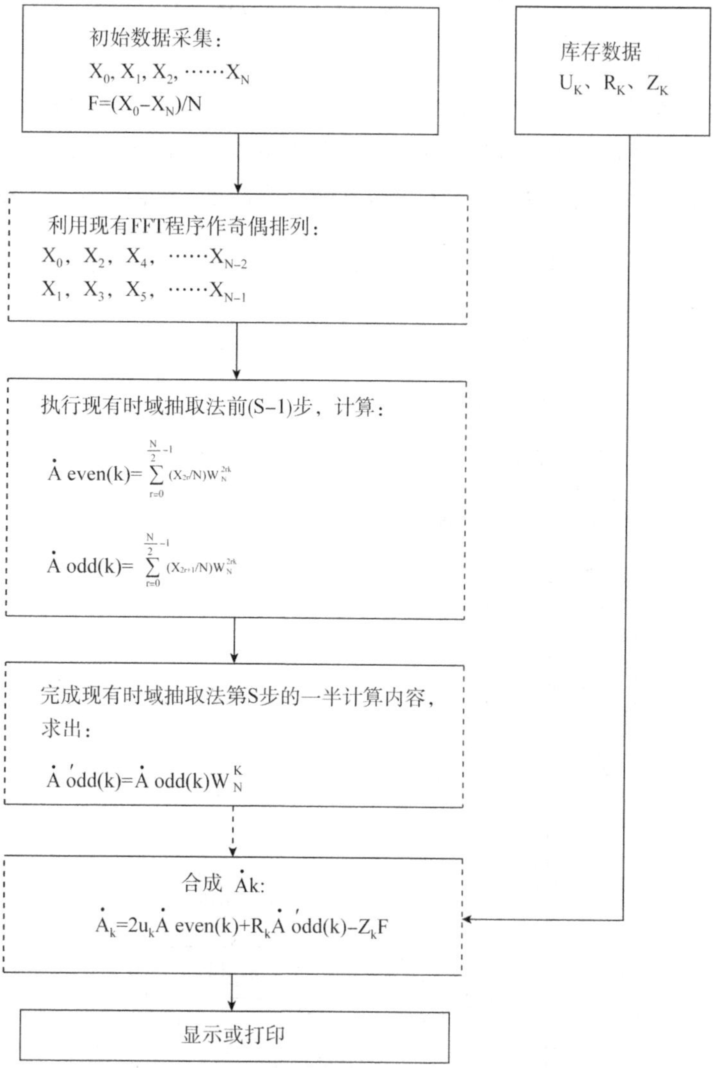

图 29　CN90106026.7

1994 年，日本株式会社爱德万测试申请了专利技术 JP 特开平 6－182735，其曲线误差演算部会形成理想频谱曲线，而有误差的频谱曲线与曲线半值输入与其通过算法拟合，减少误差，提高精确度。

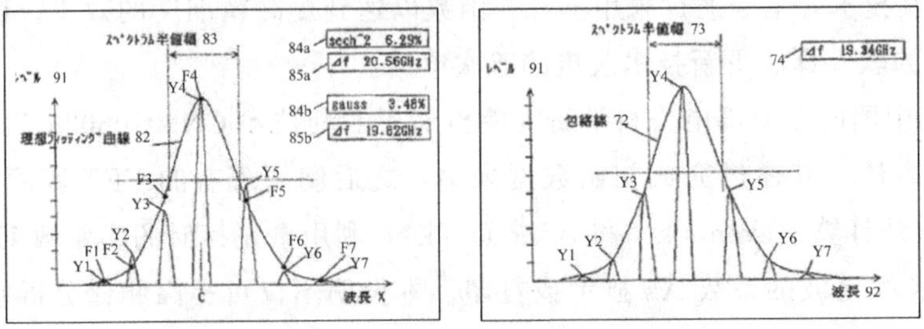

图30 JP特开平6-182735

2005年，美国特克特朗尼克公司申请了专利US11/509440，其提供一种数据处理方法，以实现一种基于计算的信号分析仪来产生与利用视频带宽滤波器的扫频频谱分析仪相对应的结果；一旦产生了频谱，就通过相对应的时间轴取代频率轴，以便应用诸如视频带宽滤波器的时域滤波器。该设计可以有效设置视频滤波器的视频带宽，提高视频分辨率。

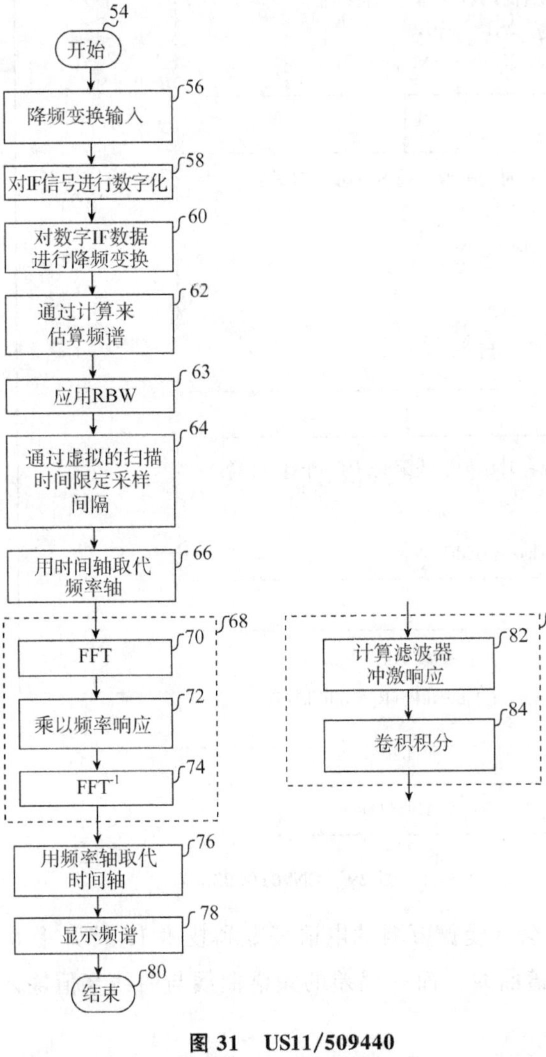

图31 US11/509440

2006年，同样还是美国特克特朗尼克公司申请了专利US12/092567，其是一种利用实时频谱分析仪的瞬时信号的宽带宽频谱分析系统和方法，选择用于实时频谱分析仪获取的频率窗口，该频率窗口的带宽比感兴趣频谱的带宽窄；将实时频谱分析仪连续调谐到在感兴趣的频谱内的多个不同的频率，其中基于该信号的特性来控制该连续调谐；接收RF信号，以及对多个不同频率中的每一个，在该频率为中心的频带内获得该信号的功率数据，并使带宽等于该频率窗口。然后，根据在实时频谱分析仪的连续调谐期间获得的功率数据构造感兴趣频谱的表示。该处改进可以提高频谱仪的动态范围。

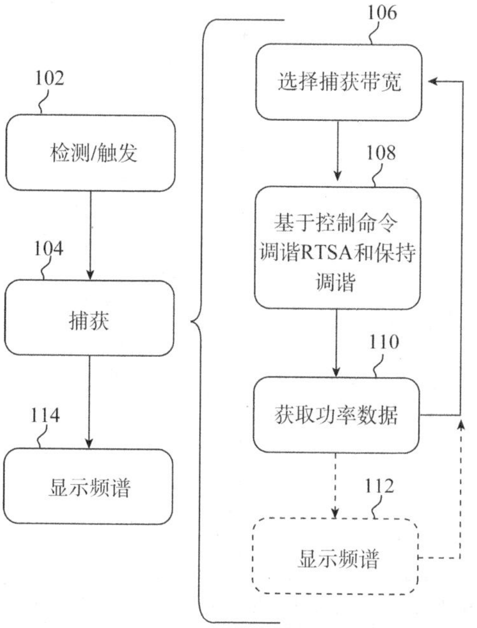

图32　US12/092567

2007年，日本的株式会社爱德万测试申请了专利技术JP特开2007－254994，其中使用一个频谱发生器产生数字频率频谱，并且使用移除部件产生频谱，利用算法来移除上述数字频率频谱的噪声，可以显著提高频谱分析仪的信噪比。

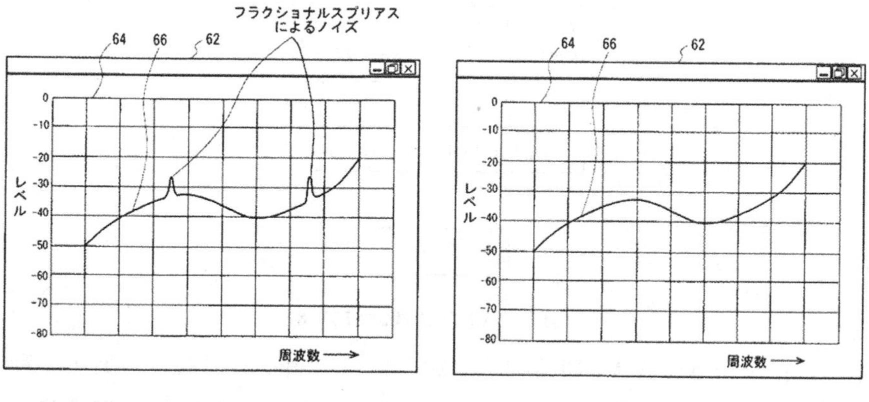

图33　JP特开2007－254994

2010年，北海市深蓝科技发展有限责任公司申请一种基于傅立叶变换的谐波检测方法（CN201010238721.8），其对被测信号进行过采样并进行模数转换，按所测信号估计的最大周期值，保证每组数据能采样到两个信号周期的数据；用数字低通滤波器滤除基波以外的谐波成分；用周期法求取基波周期；一周期内均匀提取2×N（N−1为最高次谐波阶数）个数据点；用同步采样FFT求取各谐波成分的参数。用该方法可得到非常高的谐波检测精度，实时性能提高1倍左右。

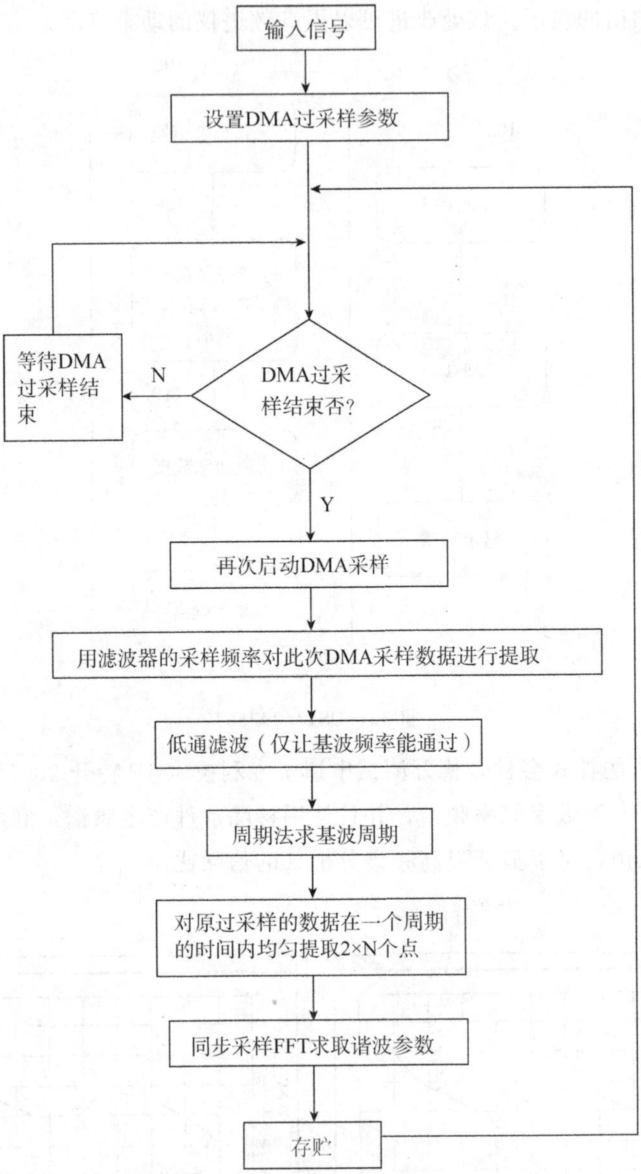

图34　CN201010238721.8

2011年，南京信息工程大学申请了CN201110153660.X，其技术方案为一种电网间谐波测量方法及测量仪，其测量方法包括如下步骤：由PLL实现电网频率跟踪，由过零检测器配合 DSP 精确测频：以恒定采样频率对电网电压（电流）波形采样，由 PLL 跟踪电网频率，PLL 电路的输出作为 ADC 的采样时钟；然后用 HHT 方法提取信号的包络，对包络信号进行 FFT 分析，最后计算出电网的谐波与间谐波信息；用于实际电网时，本发明测量谐波与间谐波精度和实时性都得到了很好的满足。

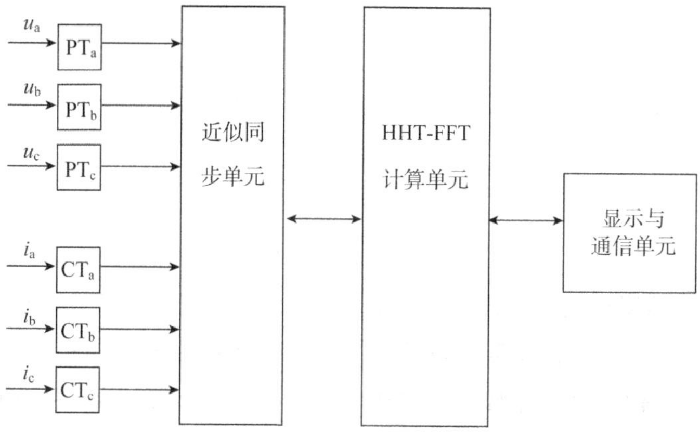

图 35　CN201110153660. X

6.4　信号调理技术的发展

在信号调理的技术分支中，苏联的基辅工学院在 1973 年申请了专利技术 SU1962839，其技术方案是，信号调理电路为零值检测模块和门电路组成，从而达到提高精准度的效果。该方案是对数字频谱分析的信号调理更新技术改进的首次申请。

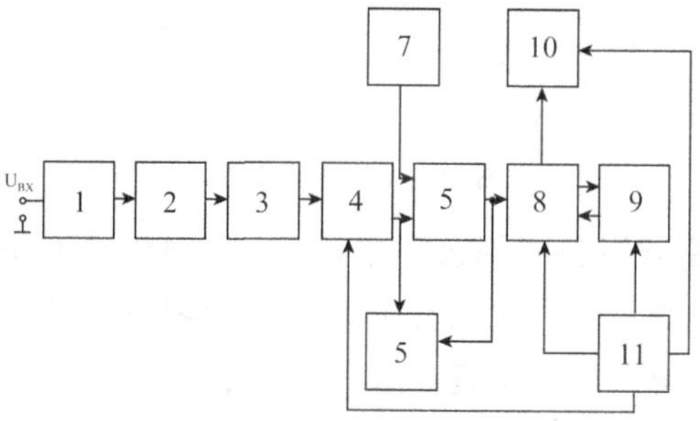

图 36　SU1962839

1988 年，美国亚特兰大科学仪器公司申请了专利 US205915，其技术方案如图 37 所示，在信号调理时，转换器转换块输入光谱相应预先确定的输出频率，从而达到提高精确度的效果。

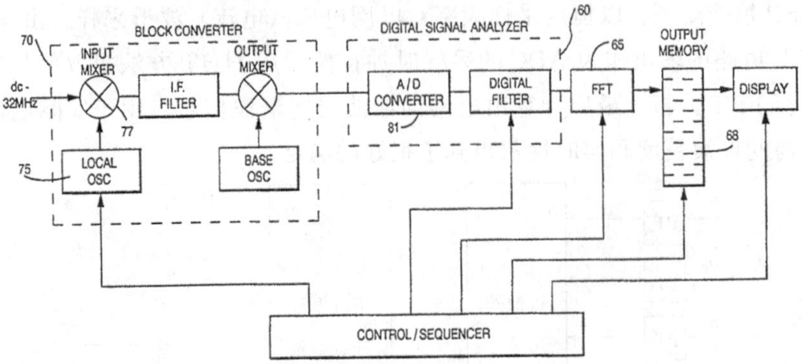

图 37　US205915

1996 年，德国的罗德施瓦兹两合股份有限公司申请了 DE19701209.4，其技术方案是其信号调理部分具有一锁相合成器，将频率信号和同步信号进行同步，将待测信号和上述锁相合成器的输出进行混合，并将信号输送到后续处理。经过上述信号调理，可以有效提高结果的精准度。

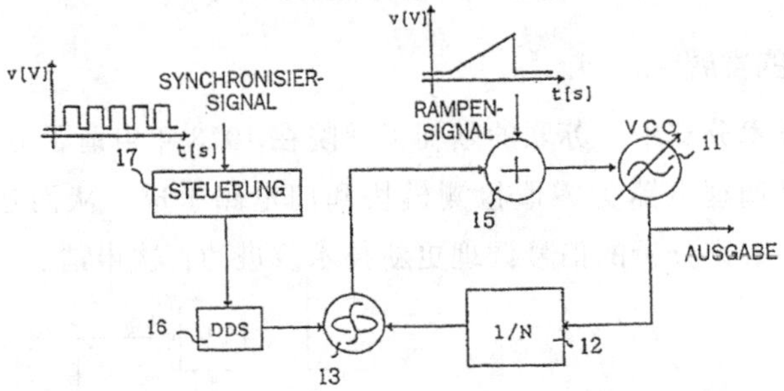

图 38　DE19701209.4

2008 年，北京航大智慧科技有限公司申请专利 CN200810116623.X，提出技术方案：被测信号进入信号调理电路，首先对信号的幅度进行调理，然后由高速 A/D 带通采样之后形成被测信号的数字信号，经数据缓冲后，第一路经数据冗余预处理、FFT 变换最终得到被测信号所有频谱精确的相位数据，输出相位谱。第二路经直接 FFT 变换，输出未校正幅度谱，并与第一路 FFT 变换得到的数据一起经频率、幅度校正处理后提供精确的频率校正谱和校正幅度谱。本发明通过数据冗余预处理得到了被测信号精确的相位谱，并提供对频率、幅度谱精确校正，克服了现有频谱分析仪中相位不精确的缺点。

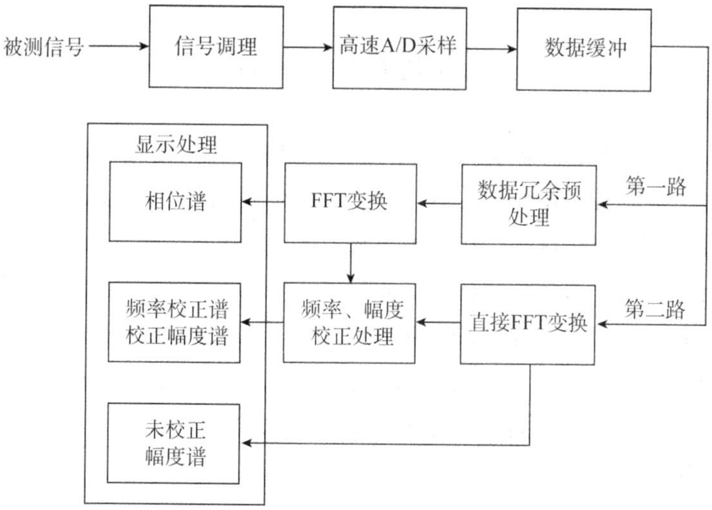

图 39　CN200810116623. X

2011 年，大唐移动通信设备有限公司申请了专利技术 CN201110366872. 6，其通过射频前端分路模块将接收到的信号分为至少两路，并分别对每路信号进行射频/微波处理以及模数变换，再由数字信号处理模块分别对各个信号进行频谱分析或者信号解调分析，从而实现同时进行频谱测量功能和信号解调分析功能，并且各个分析结果的同步性更好，便于操作扩展性。

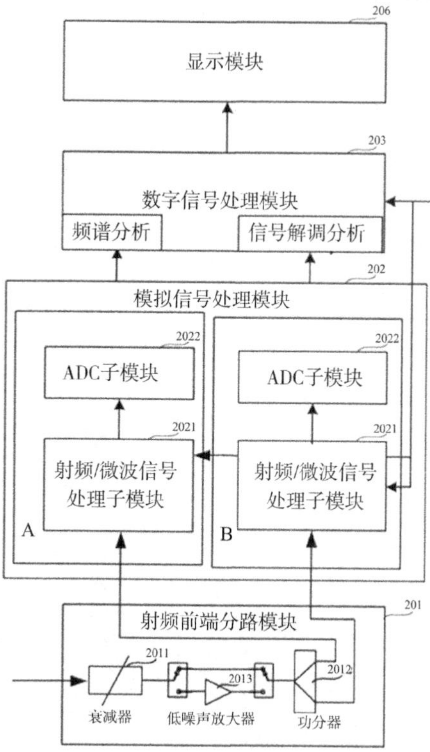

图 40　CN201110366872. 6

第七章　结语

综上所述，国内外数字频谱分析仪专利技术发展迅猛，成果丰硕，基本已经覆盖了通信、雷达、遥控、导航等应用领域，有了相当大的应用市场。该领域的专利申请主要集中在日本的株式会社爱德万测试、德国的罗德施瓦兹两合股份有限公司和中国的南京国睿安泰信科技股份有限公司，引领整个行业的发展。而我国在数字频谱分析仪技术方面虽然起步较晚，但也在积极开展这方面的研究和开发工作，先进技术的专利申请量增长迅速。面对国内外已经布置的专利网，我们应在规避专利侵权风险的同时，着力发展自己的核心技术，以突破已有专利布局，提高我国数字频谱分析仪技术的行业竞争力量，以期带动相关各行业的发展与进步。

参考文献

[1] 王春菊. 数字式频谱分析仪原理分析 [J]. 标准、检测与仪器，2001，(12)：95－96.

[2] 孙英侠，李亚利，宁宇鹏. 频谱分析原理及频谱分析仪使用技巧 [J]. 国外电子测量技术，2014，33 (7)：76－80.

[3] 班万荣. 频谱分析仪的原理和发展 [J]. 现代电子技术，2005，(7)：101－102.

[4] 刘严严，徐世伟，郭海帆，等. 频谱分析仪自动测试技术的研究 [J]. 国外电子测量技术，2006，25 (7)：62－64.

防屈曲支撑结构的技术综述

成晓奕

第一章　概述

1.1　防屈曲支撑的提出与基本工作原理

在结构振动控制领域中，传统的结构抗震方法是通过提高结构本身的强度和刚度来抵御地震作用，同时利用结构的延性，即结构本身的塑性变形来消耗地震输入的能量。这种方法的缺点是在中震或大震中主要依靠结构自身的损伤来消耗能量，而由于地震作用的强度和特性往往是不确定的，因此结构在地震中容易产生严重的破坏甚至出现倒塌，显然这种消极的抗震对策是不可取的。为了改善结构抗震性能，出现了一种积极有效的且容易实施的控制方法，即被动控制的结构振动控制方法。而防屈曲支撑就是被动控制理论的一项抗震性能好、工程应用性强的产物。

防屈曲支撑是一种兼具金属阻尼器和普通支撑功能双重作用的新型支撑。在小震作用下，可为结构提供足够的侧向刚度，在中震或大震作用下，支撑内芯通过拉压屈服耗散地震能量，可以有效地减轻梁、柱等主体结构的损伤。

防屈曲支撑的诞生经历了以日本学者为首的一系列理论研究和工程实践。首先，在抗震结构领域，由于钢骨混凝土结构（SRC）具有良好的抗震性能，其在日本高层建筑中得到了相当广泛的应用。为了给工程应用提供技术支持和理论保障，日本学者早在 20 世纪初便一直致力于研究此类结构构件的基本性能，由 20 世纪 30 年代以前以 SRC 短柱研究为主，到 30 年代以后的 SRC 梁，并发展到 60 年代的 SRC 剪力墙。日本学者 Sukenobu 等人于 1960 年较早提出在钢支撑外包裹钢筋混凝土墙板的 SRC 剪力墙形式，其中支撑外露于混凝土外部并直接与结构相连，混凝土墙板与梁柱之间留有一定的面内间隙，混凝土与支撑之间并没有消除粘结力。研究表明，由于混凝土与钢支撑共同工作，共同承受轴力，因此承载力比纯钢支撑或纯剪力墙相比有所提高，但延性和耗能能力却未能令人满意。

日本学者 Yoshino 等人于 1971 年对这种 SRC 剪力墙进行了改进，在支撑与混凝土墙板之间设置了面内间隙并隔离了粘结力。研究表明，改进后的剪力墙减少了墙板对支撑的轴力分担，使剪力墙的延性和耗能能力都得到明显提高，滞回曲线没有明显的强度和刚度退化特征，最终承载力与改进前相当。1973 年，日本学者 Wakabayashi 等人对支撑与混凝土墙板之间的构造进行了更为详细的研究，包括无粘结材料的选取等。

上述三位日本学者所提出的切断粘结力传递的思想为后期防屈曲支撑阻尼器技术的孕育提供了基础。实质上 Yoshino 和 Wakabayashi 等人研究的这种外包墙板约束的支撑形式已经可以看成是防屈曲支撑的雏形，但鉴于当时研究仍然是把这种墙板约束的支撑看成是剪力墙构件，并没有把注意力聚焦于支撑本身，因此防屈曲支撑的概念在当时还没有引起大家的共鸣。直至 1976 年，Kimura 等人转变了这种剪力墙构件的概念，针对普通支撑受压后承载力和刚度退化以及延性和耗能能力降低的缺点，从支撑的角度提出把钢板支撑置于内填砂浆的钢管内部并隔离两者之间粘结力，以此避免钢板支撑受压发生大幅度屈曲，使其在拉压受力情况下均主要发生轴向变形，从而在拉压两个方向均可获得相近的强度以及近似对称的滞回耗能特性，进一步提高其延性。

这种防屈曲支撑在关键技术上的难点在于如何切断或减少支撑与外约束之间的轴力传递，在理论研究的难点则在于如何对内藏钢支撑的屈曲进行有效约束。基于此，Takahashi 等人针对钢筋混凝土包裹的钢支撑的相关构造及整体稳定设计方法进行了研究，并得到了一些初步成果。在 Kimura 和 Takahashi 等人研究的基础上，日本东京工业大学的和田章教授与日本新日铁公司的技术团队于 1988 年成功开发出在国际上具有代表性意义的防屈曲支撑（也称无粘结支撑或 unbonded brace）。

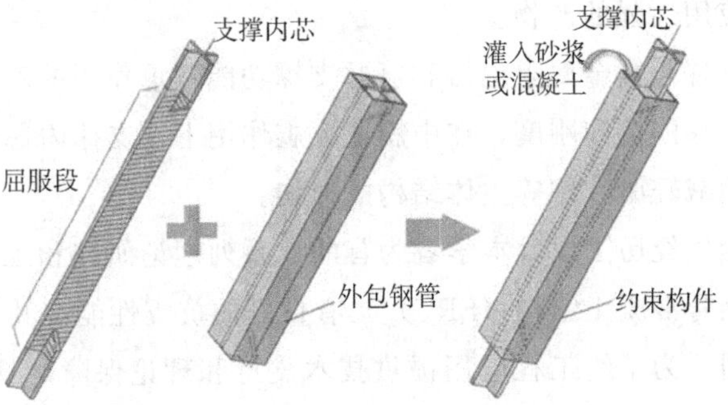

图1　防屈曲支撑的基本组成部分

如图1所示，典型的防屈曲支撑由钢支撑内芯、外包约束构件（如图中内填砂浆或混凝土的钢管）以及两者之间所设置的无粘结层或间隙三部分所构成，其中钢支撑内芯只承受轴力和发生轴向变形，而约束构件则只通过其抗弯刚度和抗弯承载力来防止钢支撑受压侧向屈曲。这种对钢支撑受压屈曲进行约束或限制的方式除了可以提高支撑的轴压承载力外，还可以实现拉压屈服耗散地震能量，因此可以把这种支撑进一步发展为防止主体结构破坏的“保险丝”构件，通过适当的构造和设计让地震传递给结构的能量首先通过防屈曲支撑的拉压塑性变形耗散掉，从而提前保护主体结构免受严重损伤，达到损伤可控的目的。

相对于普通支撑而言，防屈曲支撑具有以下优点：

①抗震性能与震后可修复性

②耗能能力与低周疲劳性能

③可靠性和可维护性

④结构设计的灵活性

⑤经济性

防屈曲支撑种类繁多，构造差异性较大。从其产生至今，发展出众多不同截面形式的防屈曲支撑，在此仅示意一部分常见的防屈曲支撑截面形式（见图 2）。

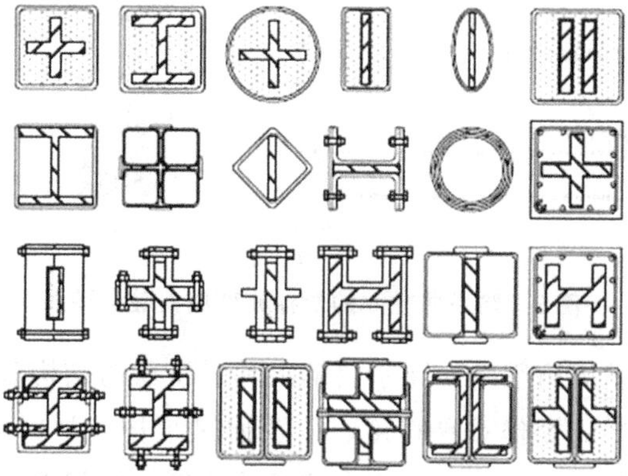

图 2　常见截面形式

1.2　防屈曲支撑的技术问题与技术要点

正由于防屈曲支撑的特殊性，导致其构造、稳定性和低周疲劳性较普通支撑更为复杂。由防屈曲支撑的工作机理可知，实现支撑耗能最关键的，是如何解决支撑受压屈曲的问题，从而实现屈服耗能而不屈曲，因此，防屈曲支撑在技术上有两个关键点，一个是设置能够限制弯曲变形的防屈曲体系，另一个则是切断或减少轴力传递的机制。图 3 给出了以往研究中发现的防屈曲支撑的四种典型屈曲破坏模式。其中，防屈曲支撑的整体和局部屈曲是由于约束构件失效而导致的。此外，由于支撑内芯外伸段以及框架节点板并没有受到外包约束构件的约束，因此这两部分也往往容易发生平面内和平面外屈曲。必须强调的是，防屈曲支撑的稳定问题并不同于一般的普通支撑，其需要考虑支撑细微构造上的变化对稳定性的影响，以及支撑内芯与约束构件之间的相互作用甚至上述两者与框架的相互作用问题。

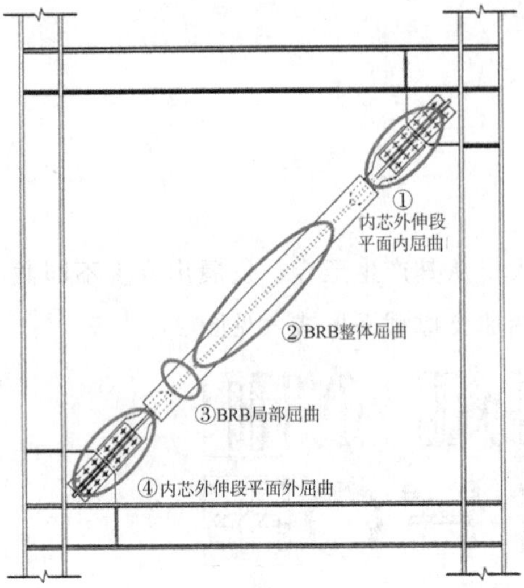

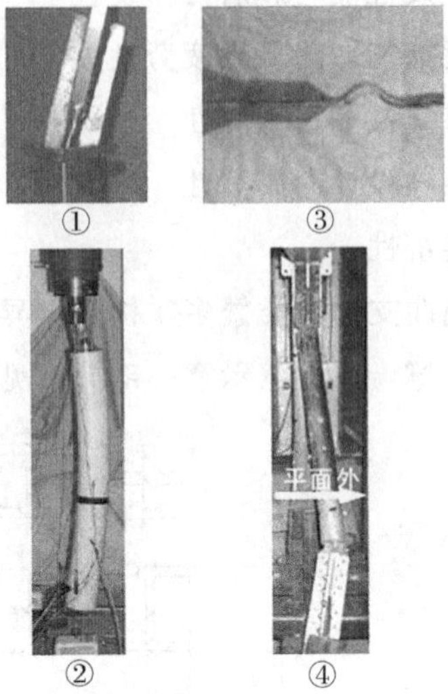

图3　防屈曲支撑的四种典型屈曲破坏模式

在防屈曲支撑技术发展历程中，除了要解决其最重要的结构破坏问题外，还需要改善防屈曲支撑的安装和拆卸的操作难易程度，以及通过结构和材料的改进来减轻结构重量。另外，在全民重视环保的今天，建筑产业也需要关注环保的问题，因此，防屈曲支撑的技术发展就是沿着解决上述一系列问题的路径，稳步向前推进。

第二章　防屈曲支撑专利申请统计分析

2.1　防屈曲支撑的技术发展脉络与发展特点

防屈曲支撑结构的专利技术的发展正是通过不断改进结构和材料，来解决上述技术问题的。专利，除了作为一种技术载体外，也是一种法律文本。在专利法的约束下，专利以其细致的技术内涵与严谨的撰写方式，能够在行业中起一定的代表性的作用。另外，专利便于检索和统计，具有可视化的特点。

对于防屈曲支撑的技术载体而言，非专利的文献主要涉及理论研究和试验分析，而专利文献则更多地展现技术改进方案。进一步地，在专利库中，防屈曲支撑这一技术主题具有较为准确的IPC分类号，在中文库中，从建筑结构的角度进行分类，主要将其分入E04B1/98这一分类号，而在外文库中，从结构抗震减灾的角度进行分类，主要将其分入E04H9/02这一分类号。另外，其还具有较为准确的关键词，即屈曲（buckling）和无粘结（unbonded）。

故而，笔者通过检索，获得了防屈曲支撑结构的专利技术样本库，样本库内专利总量为897件，其中，中国申请362件，日本申请351件，样本库还包括一部分非专利文献，主要是高校的硕士与博士论文。在此基础之上，首先对该样本进行整体分析，发现防屈曲支撑在国内外的概况如图4所示。

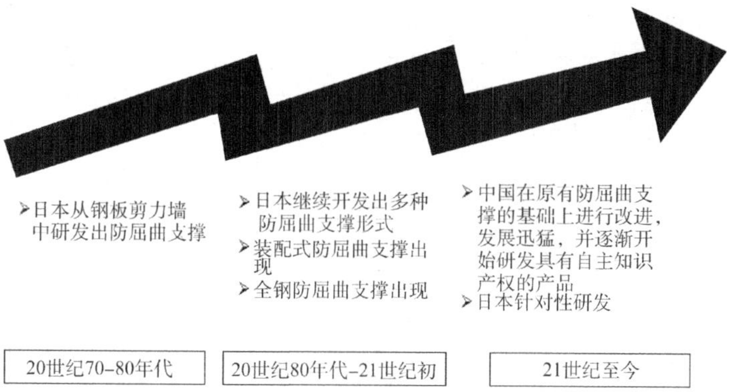

图 4　国内外发展概况

防屈曲支撑发源于日本，早期的研究也主要集中在日本，2000 年以后，中国开始在原有基础上研发具有自主知识产权的防屈曲支撑产品，尤其是近年来，中国的防屈曲支撑专利技术发展迅猛。

接着，进行进一步详细分析和统计，将防屈曲支撑这一技术主题下的专利，按照专利技术要点与解决技术问题的关系绘制成图 5。图中的数字代表专利的数量，从图中不难看出，在技术问题的指引下，在专利技术中防屈曲支撑领域主要针对以下三个技术要点进行改进和完善：

①支撑内芯的构造

②外包约束构件的构造

③减少轴力传递的构造

这与防屈曲支撑的工作原理是契合的，因为改进①和②，是为了保证耗能的同时限制弯曲变形，而改进③是为了切断或减少轴力传递。

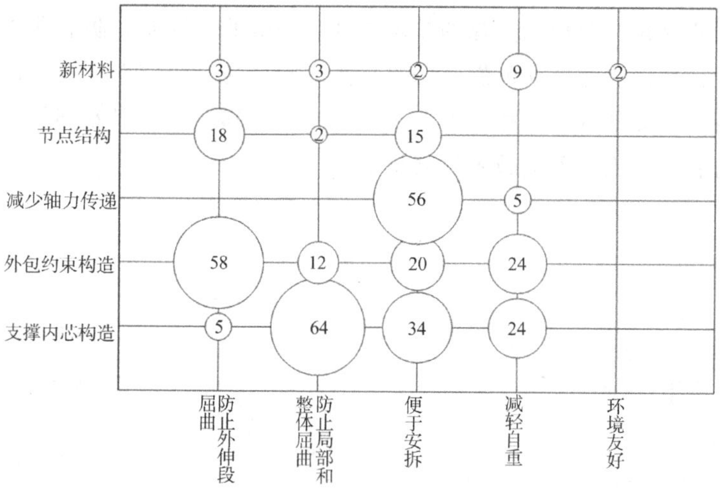

图 5　改进结构与解决问题的关系汇总

根据前述分析，整个防屈曲支撑结构的技术发展路线可以用图 6 来进行归纳：

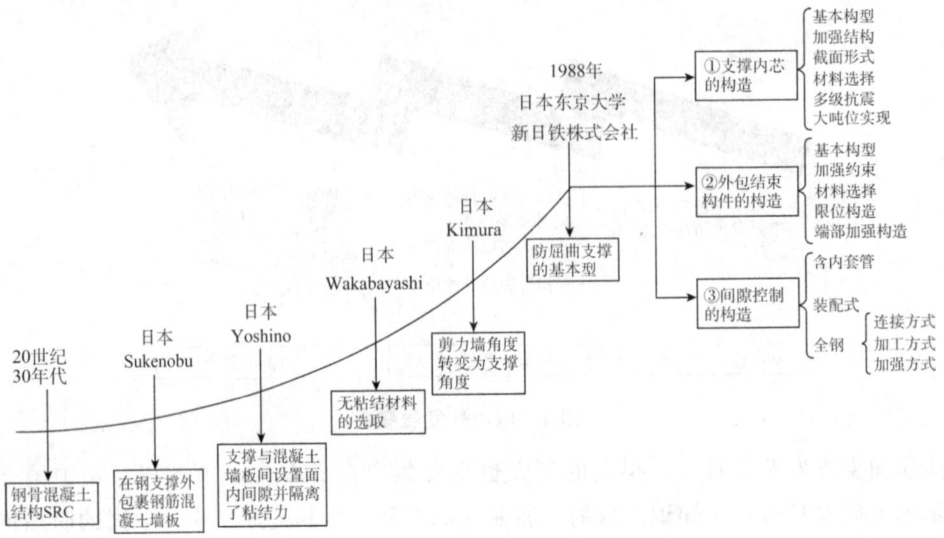

图6　防屈曲支撑结构的技术发展路线

从图中可以看出，防屈曲支撑技术在前期是按照线性的脉络发展的，主要由日本的学者对原有的钢骨混凝土结构SRC进行抗震结构的研究，进而产生了在剪力墙结构中设置无粘结材料的技术方案，此后经过一系列思想上的转变，将原有的剪力墙角度彻底转变为支撑角度，直至日本东京大学和新日铁株式会社共同研发出了防屈曲支撑的基本型。

此后，这种线性的发展开始转变为多元化的放射状发展，主要以日本的防屈曲支撑基本型作为改进起点，以专利技术作为主要载体，在支撑内芯、外包约束构件和间隙控制这三大方面，按照发现问题—研发技术—改进问题的思路，同步推进发展。近年来，由于学科交流和技术的横向交叉，逐渐又出现一些防屈曲支撑的新发展。

在上述三大方面的发展中，专利技术与整个防屈曲支撑行业是同步发展的，而专利技术针对的技术要点又是与防屈曲支撑的技术原理是一致的，因此，防屈曲支撑专利技术的发展脉络与整个防屈曲支撑行业的发展脉络是高度契合的，研究专利技术的发展特点，能够得出防屈曲支撑行业的发展规律。因此，本文第三章到第五章以专利技术为主，辅以非专利技术，来分析这三大方面的技术发展情况。

2.2 专利布局分析

2.2.1 专利申请国与申请人的特点

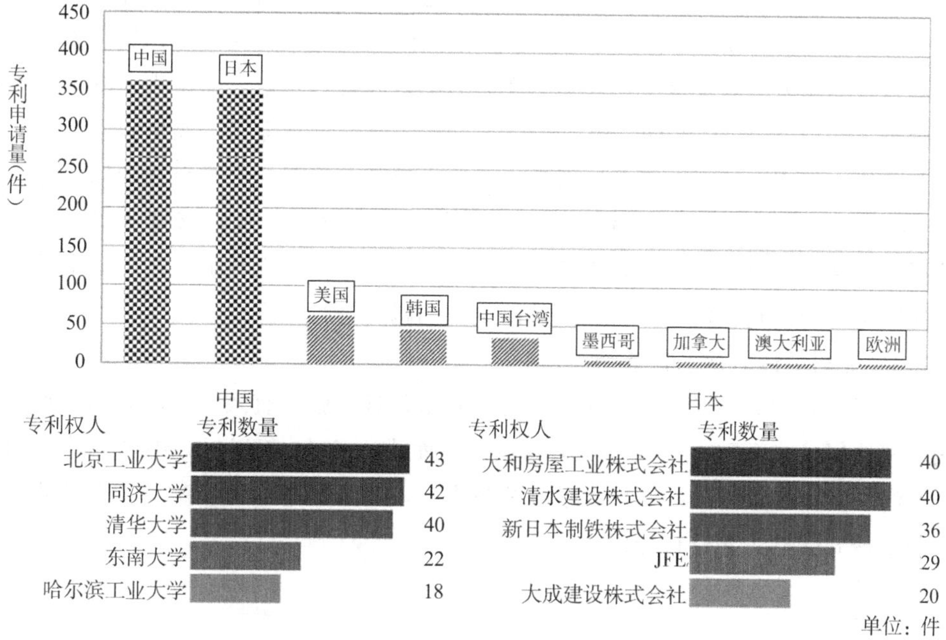

图 7 防屈曲支撑的专利申请量

首先分析专利申请国家的情况：

一个国家的专利申请量往往能代表这个国家在某一领域内的研发和实践的发展状况，图 7 展示了以防屈曲支撑为技术主题的各国专利申请情况。图中明显可以看出，中国和日本是专利申请量最大的两个国家，两者总和占总数的 80%以上。虽然两个国家的申请量都很大，但是其关注点却不尽相同，通过对中国和日本防屈曲支撑发展的技术追踪，可以得出一些结论，从而为我国今后的防屈曲支撑乃至整个抗震结构领域提出一些展望。

其次分析两个申请大国的主要申请人：

中国排在前五位的主要申请人均为高校，且上述五所高校有一个共同的特点，就是土木工程和建筑学方面都有着较为强大的专业背景，因此，中国的防屈曲支撑发展主要依托高校的科研项目和科研成果。经过前面对防屈曲支撑具体结构的技术路线演进分析可知，防屈曲支撑的发展主要是对其结构进行改进以获得力学性能更好的防屈曲支撑，从而在地震中发挥有效的耗能作用，以控制建筑物的结构损伤。那么高校对防屈曲支撑结构的改进，主要建立在理论分析的基础之上，通过数值分析、模拟仿真、对比试验等研究方法，对防屈曲支撑可能出现的屈曲破坏模式进行防止，以提高防屈曲支撑的整体稳定性，进而通过合理构造和加工方法延迟疲劳断裂的发生，以控制防屈曲支撑的低周疲劳性。从而沿着理论指导实践的道路，对防屈曲支撑进行结构和材料方面的改进。

而日本的主要申请人均为大型企业，其中大和房屋工业株式会社（Daiwa House Industry）是日本第二大房地产商，于1955年成立，致力于工业化房屋、民用及商用建筑、城市规划建设的开发、设计、施工、销售等；清水建设株式会社（SHMC）创建于1804年，是一家拥有200多年历史的老牌建筑商，现已成为国际著名的建筑工程承包商；新日本制铁株式会社（Nippon Steel Corporation）是国际市场竞争力最强的钢铁企业之一，无论从企业的研发能力、管理水平，还是从产品的质量和技术含量方面来讲，都堪称钢铁界的一面旗帜，2012年10月1日，新日本制铁株式会社与住友金属工业株式会社合并，成立了新日铁住金株式会社，上表中申请量表示的是原新日本制铁株式会社和原住友金属工业株式会社的申请量之和。无论是建筑房产企业，还是钢铁企业，都是从实践中发现问题，然后通过结构和材料的改进，来解决技术问题，获得性能更优的产品，即沿着实践问题引导解决策略的道路，对企业特色产品的结构和材料进行改进。

2.2.2 专利申请时间的特点

从20世纪80—90年代的防屈曲支撑诞生开始，日本就一直致力于防屈曲支撑的研究和发展，并取得了一系列具有显著意义的成果，而进入2000年以后，中国的防屈曲支撑研究才逐渐展开。现以中国的同济大学、清华大学，以及日本的大和房屋工业株式会社和新日本制铁株式会社为例进行介绍。

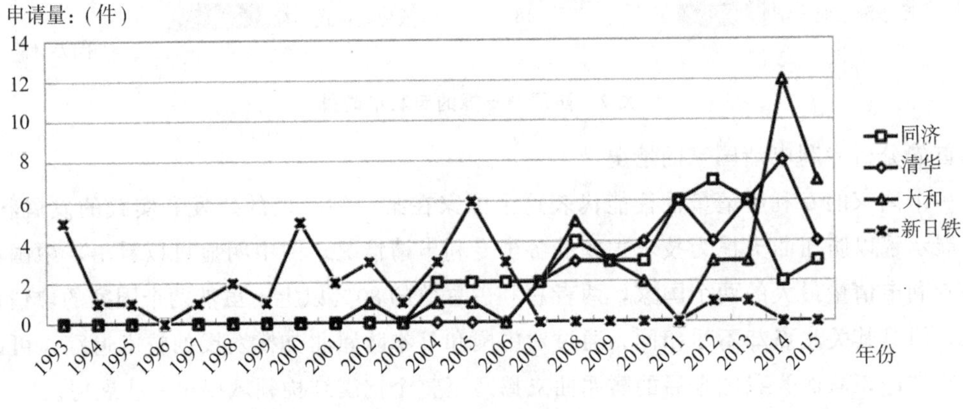

图8 申请时间对比图

由图8可知，日本的新日本制铁株式会社起步最早，从1993年开始研发和生产防屈曲支撑，提出了如支撑内芯跨中切削以提高轴力耗散性能、豁口处采用钢垫板螺栓连接以精确控制间隙、内芯连接段加劲肋的改进和加长等基本思想，为后续研究奠定了基础，并最早提出了全钢防屈曲支撑的雏形，进入2000年后，新日本制铁株式会社主要开始研究防屈曲支撑与建筑结构的连接方式，以及多个防屈曲支撑自身相连的连接方式等，在2012年与住友金属株式会社合并后，又开始开拓新的研究方向。日本的大和房屋工业株式会社的申请主要集中于2008年以后，这是因为该企业在2008年开发了一种双矩管的钢管混凝土防屈曲支撑结构，并在此后的6年内持续研究和改进该结构（详见本文5.2节），在钢管混凝土领域做了长久和深入的研究，最近几年内，该企业开始着手研究和开发全钢防屈曲支撑，其结构与双矩管钢管混凝土防屈曲支撑相似，只是在不填充混凝土或砂浆的基础上，进一步保证和提高防屈曲支撑的整体稳定性。

而中国的同济大学和清华大学，以及北京和上海的相关企业从 2004 年开始逐渐重视防屈曲支撑这一抗震结构，我国对于防屈曲支撑的研究虽然起步较晚，但发展很快，在稳定研究、有限元模拟、滞回模型建立等方面都取得了一定进展，而且在不同类型的防屈曲支撑方面都有相关的研究。近年来，各大高校开始将“预应力自复位体系”的思想应用到防屈曲支撑中，即支撑内芯和外包约束构件之间加入预应力构件，如预应力索，从而支撑在反复屈服耗能以后能够实现自复位，极大减小甚至消除震后支撑的残余变形，进一步控制了建筑结构的损伤，并且降低了震后的修理费用，应用前景十分广阔。

2.2.3 关键专利与专利引证的特点

专利技术往往是建立在前人研究的基础上，为解决现有技术中遇到的问题，而做出具有创造性的改进，或者是从现有专利技术中获得启示，互相结合来取得显著的进步。以哈尔滨工业大学的赵俊贤于 2010 年申请的专利“组合钢管混凝土式防屈曲支撑构件”为例，从其公开至今，被引证次数共 14 次，如图 9 所示。其中，有四项专利采用了这种组合装配式的结构来制作其他类型的防屈曲约束支撑，另外，北京工业大学在这种组装结构的基础上，开发出了采用螺栓连接并具有限位功能的防屈曲支撑。而东南大学做了进一步改进，省去了预制构件中填充的混凝土，改由各种构型的钢构件来对约束构件进行加强，以保证侧向约束强度。此外，还可以将支撑的设计理念运用到梁结构中。在材料方面，可以将轻质高强的 FPR（纤维增强塑料）材料应用到组合装配式防屈曲支撑中。在性能改进方面，通过改进焊接方法，可以提高防屈曲支撑的低周疲劳性能。

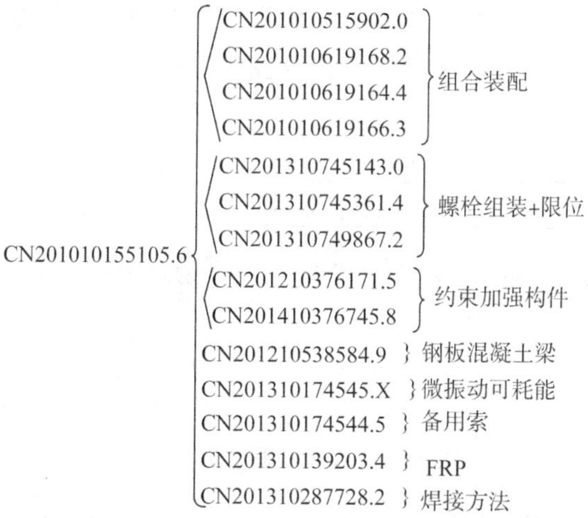

图 9 专利引证关系图

第三章 支撑内芯构造的技术发展情况

防屈曲支撑结构的分支一即为支撑内芯的构造，其发展情况大致如图 10 所示：

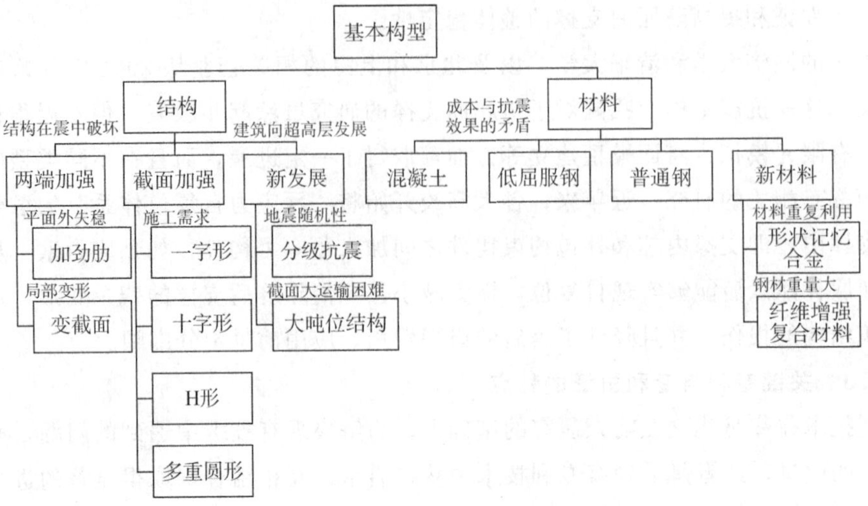

图10　支撑内芯构造的技术发展情况

3.1　内芯的构造

3.1.1　内芯的基本构型

在防屈曲支撑结构中，由于钢支撑内芯需要与框架结构相连以保证传力，因此节点连接部分需要外露而得不到约束构件的约束，当支撑沿全长发生全截面屈服后较容易发生弹塑性屈曲而不能充分发挥支撑的耗能能力。

鉴于此，支撑内芯沿纵向一般通过对耗能段两翼进行切削或对连接段的截面进行扩大而设计成为两端截面大而中间截面小的分阶段渐变式狗骨形状，如图11所示，这种构造可以把塑性变形控制在受约束的中间屈服段范围内并减少因截面突变而引起的应力集中，使其受力更加合理。

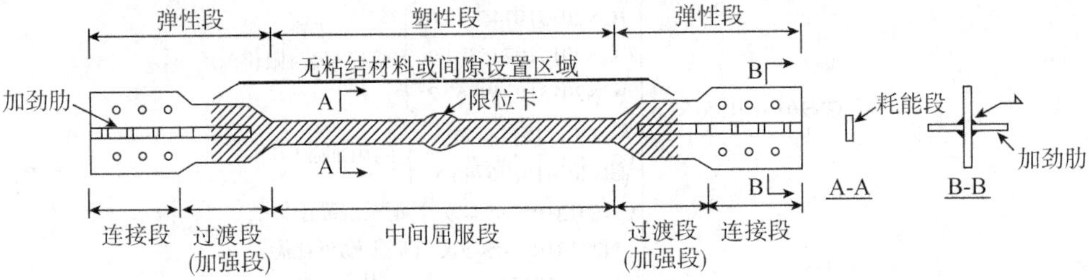

图11　支撑内芯典型纵向构造

3.1.2　内芯两端的加强结构

支撑内芯两端的连接段即过渡段可以通过焊接加劲肋以增加其平面外稳定性，同时更方便与框架节点板进行连接以保证可靠传力。以一字形截面内芯为例，其两端过渡段焊接加劲肋后，端部即为十字形截面，在此基础之上，为了进一步提高平面外稳定性，可以在支撑内芯端部十字的各肢背之间固定安装加劲肋，加劲肋共八个，均沿与两肢背呈45°方向放置（见图12）。

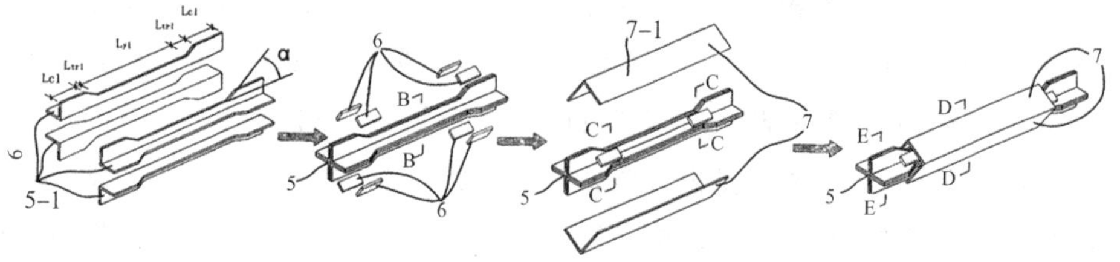

图 12 支撑内芯端部设置八个加劲肋的构造

对内芯过渡段和连接段的加强可以改善平面外变形的问题，而改善局部变形的问题还需要对内芯的耗能段进行改进。北京工业大学开发出的两端变截面防屈曲支撑，其支撑内芯两端工作段截面由小逐渐变大，然后又由大逐渐变小，从而保证在地震作用下钢支撑内芯的两端发生屈服（见图 13）。

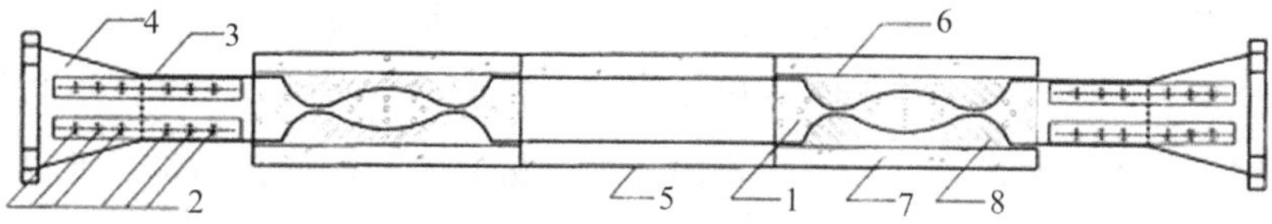

图 13 两端变截面支撑内芯构造

3.1.3 内芯的截面形式

在防屈曲支撑的发展历程中，除了常规的一字形截面、十字形截面内芯外，还出现过许多不同截面形式的钢支撑内芯，如 H 形钢支撑内芯采用热轧的形式以避免焊接残余变形、两角钢组成的 T 形钢支撑内芯、跨中截面面积缩小的圆钢支撑内芯等。其中较为特殊的一类即多重钢管的防屈曲支撑，2005 年日本的萩野谷学基于金属材料在变形过程中的滞回耗能特性设计出了三重钢管防屈曲支撑，该支撑由内外约束钢管和中间的轴力管组成，内外约束钢管共同给轴力管提供约束限制，其中轴力管由低屈服点钢材的轴力管和普通钢材的轴力管对接构成，三个钢管构件共同焊接在低屈服点钢材所在侧的端部封板上。

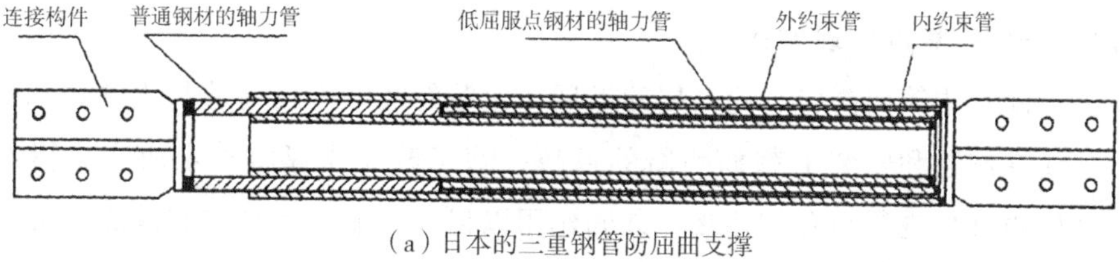

（a）日本的三重钢管防屈曲支撑

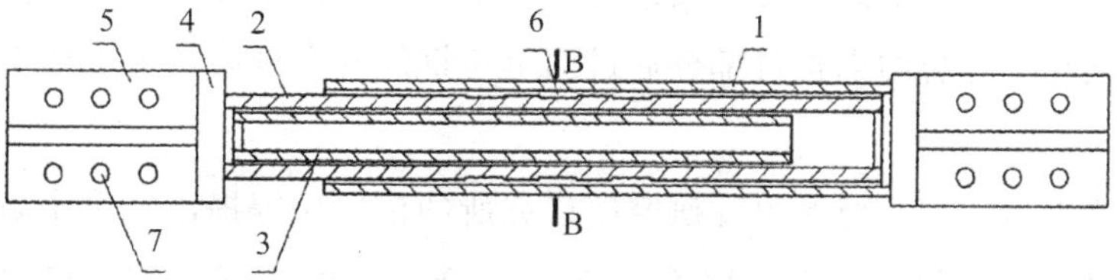

（b）广州大学的三重钢管防屈曲支撑

图 14 三重钢管防屈曲支撑

此后，国内各大高校也相继开始研究此类支撑，广州大学的周云等为了改进日本的三重钢管防屈曲支撑存在焊接难度大、两端刚度不对称等问题，改变了材质和焊接方式，将右端板焊轴力管和外约束管的凸台，而端板焊内约束管和轴力管的凸台，从而避免了一侧端部处的应力集中现象，另外，轴力管全长采用普通钢材，并在轴力管的外壁中部设沟槽或轴孔，因此在中部的横截面削弱结构处屈服后，随着荷载的加大能向两头扩展直至达到全面屈服，材料性能得以充分发挥，而其中的钢管可以为方钢管或圆钢管，以利于结构安装为宜。

3.1.4 内芯的材料

在钢支撑内芯的材料选取方面，内芯曾出现过采用混凝土支撑的形式，但更多的是采用钢支撑内芯，早期均采用低屈服钢制成，这种特殊的钢材的技术要求和成本均较高，为了将常规的Q235及其以上的碳素钢及强度更高的低合金钢同样用作钢支撑内芯，经过一系列计算和比对，同济大学的李国强等研发出了TJI型防屈曲支撑，TJI型防屈曲支撑的特点是在一字形芯板外套设一层内套筒，内套筒壁板每隔一段设套筒加劲肋以加强内套筒壁板的平面外刚度并对芯板起到约束作用，其关键技术在于芯板约束板与芯板顶紧无间隙，套筒端部封板与芯板加劲肋无间隙，前者能够为芯板的平面外屈曲提供良好的约束作用，后者能够防止支撑的无约束非屈服段的变截面处发生平面外失稳。为了保证支撑内芯在地震中的能量耗散，陈云等将形状记忆合金这种新材料引入防屈曲支撑中，采用超弹性形状记忆合金来制作支撑内芯屈服段，而过渡段和连接仍然采用常规钢材，再通过焊接或机械连接将各段进行连接，这样的防屈曲支撑最大的优点在于震后还可以继续使用，无须更换，性能退化小，耐久性高。还可以在内芯外横向环绕设置纤维增强复合片材来加固内芯。

3.2 支撑内芯的新发展

3.2.1 分级抗震的实现方式

近年来，随着建筑向高层、超高层的发展，建筑耗能结构也向着超大吨位和长度的方向发展，从而在制造和安装上都面临新的挑战，除了改变支撑材料和改变支撑结构形式外，需要开始将支撑进行组合和连接，共同作用以提高性能。新日本制铁株式会社在2004年提出了将两个及两个以上的防屈曲支撑进行串联使用的技术方案，其中支撑内芯部分通过连接板螺栓连接，外包约束构件部分通过两个角钢焊缝焊接后与上下两个防屈曲支撑连成一体。

在此基础之上，北京市建筑设计研究院研究所的苗启松等提出将多个防屈曲支撑进行串联或并联，其中串联的技术方案即将三个单元JKL共同串联成钢支撑内芯，其中耗能单元J为一字形截面，耗能单元L在其一字形腹板的两面平行设置附加钢板，传力单元K的十字形腹板带有凸块，与钢管混凝土约束中内陷的凹槽相匹配，通过凸块实现位移分配，这种串联的防屈曲支撑在工作时，在外力作用下，耗能单元J先参与工作进行耗能，传力单元K进行传力，随着地震的加剧，耗能单元J发生“短路”，退出工作超出的外力传导至下一个耗能单元L，如果有多个耗能单元可依次类推，直至全截面参与工作；而并联的技术方案即将内芯屈服段制成三阶并联的形式，其中一阶核心连接两端传力块对应限位槽，二阶核心为一侧钢板对应长槽，三阶核心为另一侧钢板对应短槽，装配螺栓穿过外约与内芯装配为一体，通过采用屈服点确定的钢材和凹凸配合传力机制实现变形完全可控。由于可控变形量取决于所有耗能单元变形量的综合，因此通过串联和并联，可以实现支撑的初始屈服低且整体变形大的需要，在实际应用中能做到多级抗震，具有一定的现实意义。

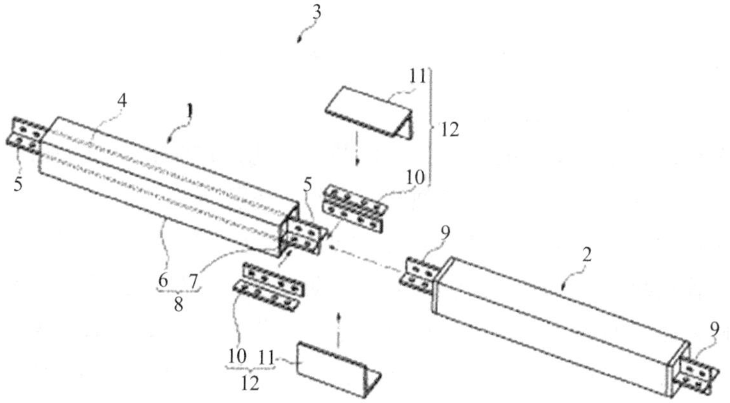

图15 防屈曲支撑串联使用

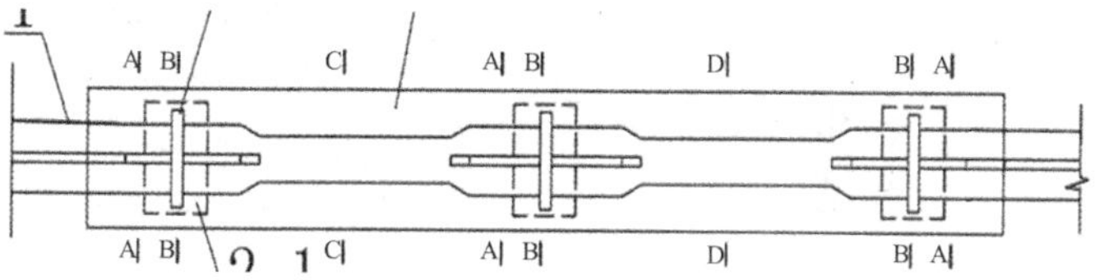

(a)串联使用图

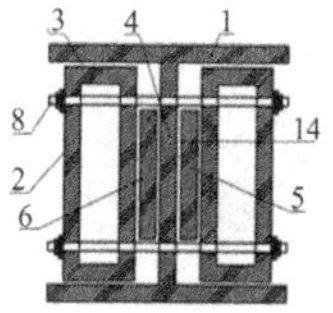

(b)并联使用图

图16 防屈曲支撑的串、并联使用

为了实现多级抗震，还可以将内芯加工成波纹状来营造出分段变截面的防屈曲支撑。

由于地震的发生具有随机性，即其震级具有不确定性，因此建筑物所需抵御地震烈度也不尽相同。但是目前工程上普遍采用的防屈曲支撑只能按地震等级单级设防，这样出于安全方面的考虑往往会提高设防地震等级，从而必然会加强工程结构而提高成本。

基于此，北京工业大学提出了具有多级耗能特性的销钉式组合防屈曲支撑，其中在支撑的两端设置贯穿内外构件的销钉来限位，当结构遇到多遇（中震）地震时，利用销钉使防屈曲支撑作为普通支撑使用，而当结构遇到罕遇（大震）地震时，发生较大层间变形，从而剪断销钉，以激活防屈曲支撑的屈曲耗能作用。

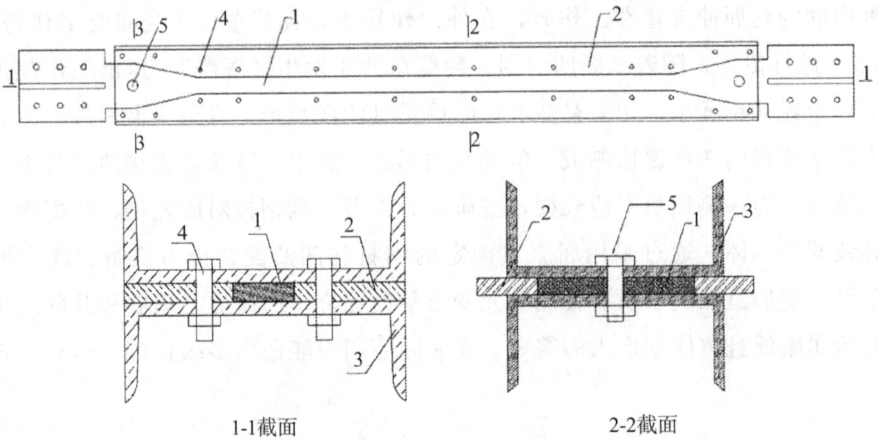

图17　销钉式组合防屈曲支撑

3.2.2　大吨位结构的实现方式

为了解决大吨位防屈曲支撑截面过大的问题，其他高校结合自身的研究特色，开发出了一批能够适应如今建筑环境特色的新型防屈曲约束支撑。

如清华大学的郭彦林等提出将支撑内芯改进为两个或多个，包括双T内核格构式截面、格构式双矩管截面、格构式三圆管截面三种防屈曲支撑构件。格构式截面可以增大防屈曲支撑的构件整体截面的惯性矩及整体抗弯刚度，提高支撑的承载效率，而且在安装过程中，由于安装偏心或节点刚接等原因使防屈曲支撑构件承受附加偏心弯矩，但各分肢仍以受轴压为主，可充分发挥其耗能性能，分体吊装降低了施工难度。

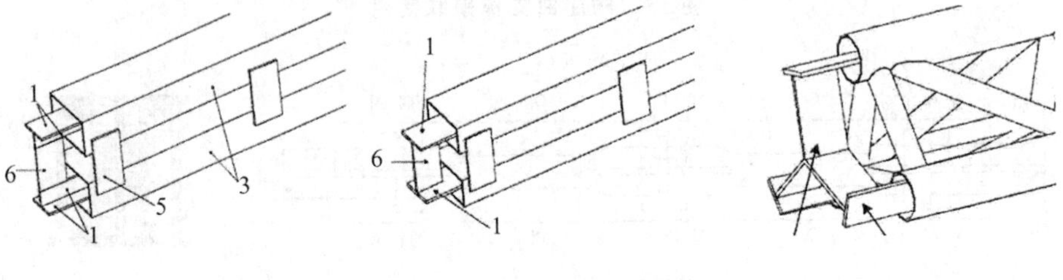

图18　三种格构式防屈曲支撑

另外，同济大学的李国强等提出了多段组合巨型屈曲约束支撑，其中支撑内芯由耗能支撑段和弹性支撑段采用对接焊缝将内部箱型截面进行连接，其中耗能段由低屈服点钢与高强钢通过斜面对接焊缝全熔透焊而成，可分段加工后现场焊接拼装，对于超大吨位和长度的防屈曲支撑，制造工艺和安装施工工艺均得以简化。

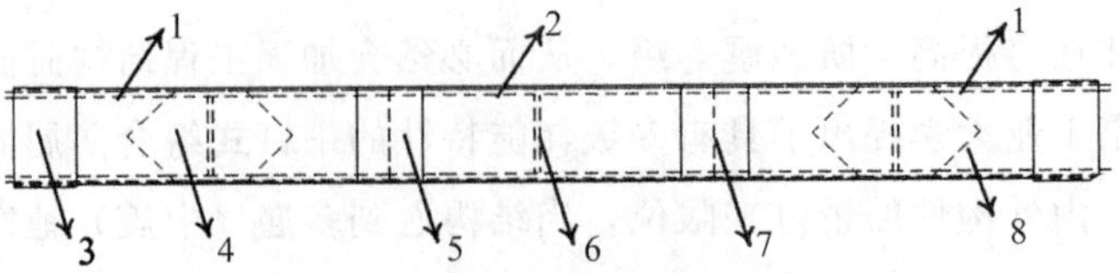

图19　多段组合巨型屈曲约束支撑

第四章　外包约束构件构造的技术发展情况

防屈曲支撑结构的分支二即为外包约束构件的构造，其发展情况大致如图 20 所示：

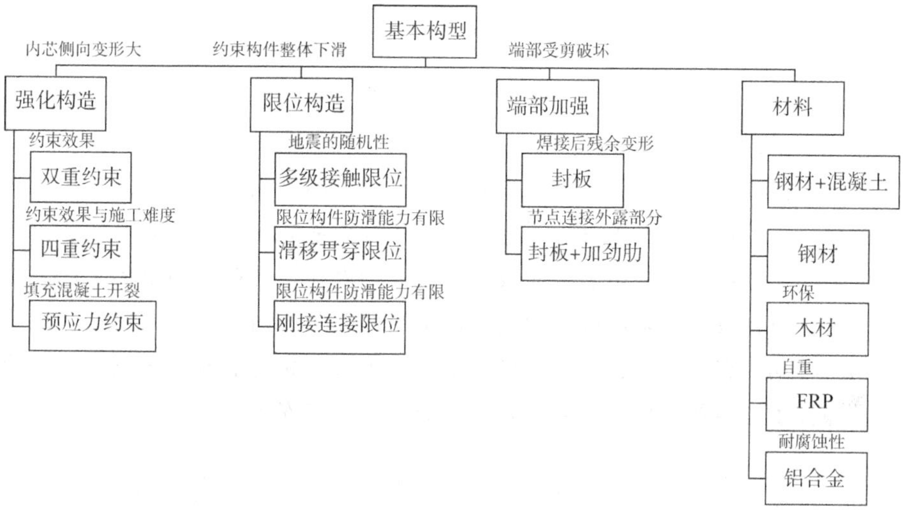

图 20　支撑内芯构造的技术发展情况

4.1　外包约束构件的构造

4.1.1　外包约束构件的基本构型

外包约束构件只通过其抗弯刚度和抗弯承载力来防止钢支撑受压侧向屈曲，不承受轴力和发生轴向变形，因此，外包约束构件的长度要超过屈服段的长度并保证一定的内芯加强段约束长度，以保证中间屈服段在支撑最大轴向拉压变形范围内均能受到约束构件的侧向约束，从而能更好地实现拉压屈服耗能。

常用的外包约束构件通常为圆钢管或方钢管，钢管中可以填充或不填充混凝土或砂浆等填充成分。为了保证施工安装质量，外包约束构件可以采用型钢或钢板进行组合拼装，如四个角钢或两个槽钢槽口相对，通过焊接、缀板连接或螺栓连接为矩形外包约束构件后填充混凝土，或者两个槽钢肢背相对通过螺栓和钢垫板进行连接，无须再浇筑填充物质。

2000 年 Iwata 等对在日本应用的四种不同约束形式的防屈曲支撑进行了试验对比，如图 21 所示。内芯与外包约束构件的间隙或无粘结材料为每侧各 1 mm。类型 1 性能最为优异，加载循环后其破坏模式为砂浆的压碎和两端加劲板的断裂；类型 2 因为缺乏内填砂浆或混凝土的有效约束，在四种产品中表现最差，试验中内核中部发生板件屈曲，耗能能力不强；类型 3 的两根槽钢用高强度螺栓连接组成约束单元，在轴向较大时内核单元出现局部屈曲，其耗能性能仅次于类型 1；类型 4 以宽翼缘型钢作为内核单元，约束单元是矩形钢管，内部无砂浆或混凝土填充，在轴向压应变较大时内核单元出现局部屈曲，同时矩形钢管有裂缝出现，最终因裂缝贯通而断裂。

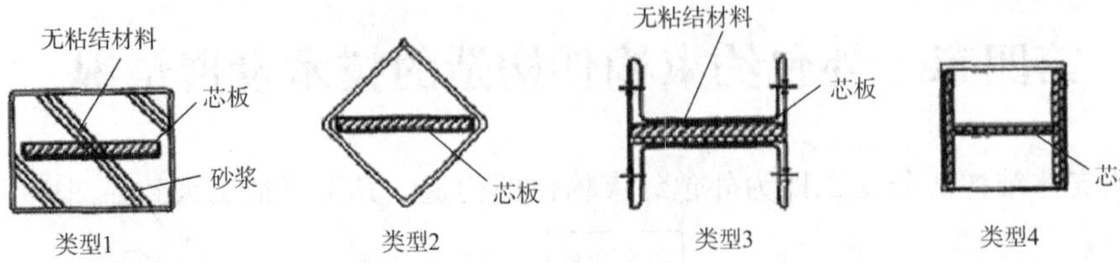

图 21　四种约束形式

4.1.2　强化约束的措施

为了进一步提高约束效果，可以采用双重约束构件的形式，如前述的三重钢管的防屈曲支撑，此外，太原理工大学还提出了薄壁表面连续约束的双重约束防屈曲支撑，该结构除了最外层的套管约束外，在内芯表面设置内连续约束体，内连续约束体对内芯提供连续约束，避免了支撑在轴向动态压应变较大时产生局部高阶屈曲失稳，其中内连续约束体可以为肢背相对槽钢内夹夹衬外连拉结缀板，也可以为肢背相对的两根角钢，在不填充混凝土的前提下保证了外包约束构件的约束效果，简化了施工安装。

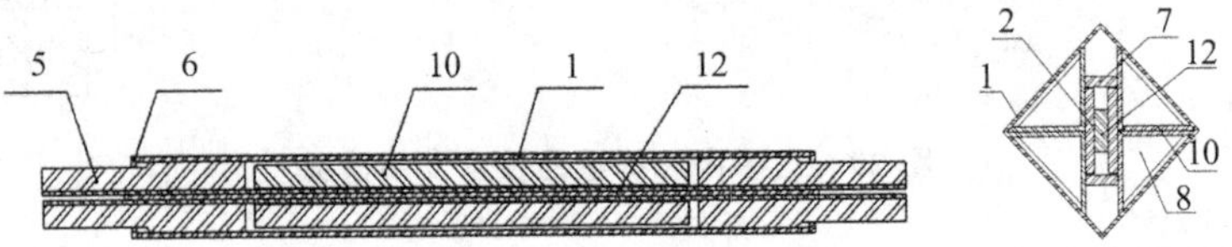

图 22　双重约束的防屈曲支撑

Koetaka 等人提出四钢管作为约束单元的防屈曲支撑，并进行了足尺寸试验研究。该种防屈曲支撑的内核单元与其他的防屈曲支撑一样，但约束单元采用四个并联的钢管；四钢管之间通过缀件连在一起，与内核单元板件之间留 2 ～ 3 mm 的空隙。考虑加载偏心和连接刚性的影响，用压弯构件的相关公式给出了不发生整体弯曲屈曲的条件。

在此基础之上，考虑到混凝土的抗拉性能较差，在屈服耗能过程中可能因混凝土开裂而使约束构件失效。对此，清华大学的郭彦林等提出四根预应力钢管混凝土通过钢缀板焊接成外包约束构件的方案，高强钢和高强混凝土的使用可以延迟或限制混凝土开裂，从而提高了外包约束构件提供的抗弯刚度，相应的钢构件的板件厚度、构件整体截面尺寸可以得以缩减，另外采用长螺栓杆定位件连接内核构件和外包约束构件，使得震后可方便地更换损伤的内核构件。

同样为了减少钢材使用量并减轻结构自重，河海大学提出在外套方钢管或圆钢管上开设孔洞的方案，通过孔洞还可以方便观察支撑钢管的部分变形，及时了解芯材的情况。

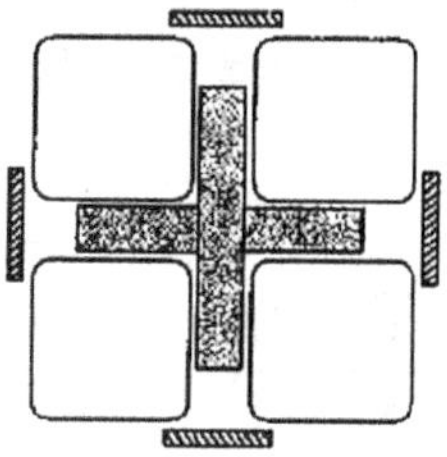

图 23　四钢管防屈曲支撑

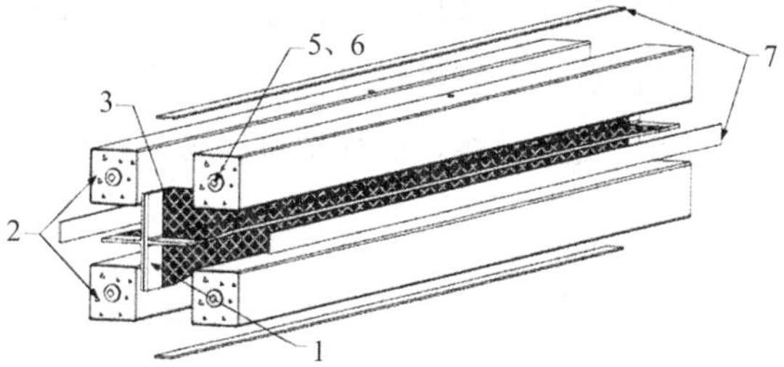

图 24　预应力混凝土的防屈曲支撑

4.1.3　外包约束构件的材料

在外包约束构件的材料选取方面，除了常规的钢材外，还可以采用强度大、自重轻的其他材质，如日本的大和建筑工业株式会社提出的采用叠合木材作为外包约束构件的技术方案，可选用赤松、落叶松、银杉等木材进行胶合后包覆在钢支撑内芯四周作为约束构件。我国的叶列平等基于多年对 FRP（纤维增强塑料）的研究而提出将 FRP 管作为外套管，或者在管外全长或端部缠绕 FRP 布的设计方案，FRP 具有轻质、高强、施工成型方便、耐腐蚀等显著优点，已在建筑结构工程领域中得到广泛应用，现已成为混凝土、钢材等传统结构材料的重要补充，将其作为外包约束构件所制成的防屈曲支撑，运输安装便利，可以根据受力需求设计限位的铺设方向和比例，能充分利用材料提高支撑性能，减小断面面积。另外，西安建筑科技大学提出了采用铝合金套筒作为外包约束构件的方案，利用铝合金的自重轻、耐腐蚀性好的特点，使得制成的防屈曲支撑能够在桥梁、输电线塔、海洋平台等多领域得以推广使用。

外包约束构件中的填充材料可以选用混凝土、砂浆等常规胶凝材料，但是上述材料存在自重较大，浇筑过程耗能较大等问题，因此近年来还出现了填充竹木纤维等环境友好材料。

4.2　约束构件的限位构造

考虑到在支撑与约束构件之间沿支撑轴方向已经切断了轴力传递，因此在支撑安装过程中，由于支撑整体为倾斜状态，因此容易引起约束构件下滑，导致连接段外伸长度过长，从而降低连接节点的稳定性。为此，需要设置一防止约束构件下滑的机制。一般来说，最常见的限位方式是采取中间限位，即在内芯的跨中设置防滑凸起或横板结构，通过把屈服段中间位置的截面宽度进行局部放大的方式，借助放大部位的芯板与约束构件之间的机械咬合力来实现限位。

限位构造的设置不局限于跨中位置，株洲时代新材料科技股份有限公司提出了通过在跨中设置定位凸台，并在两端设置限位凸台的技术方案，将整个内芯分为三段，即中间的小截面耗能段和两边的大截面耗能段，该支撑的外包约束构件由两侧防护板和两个槽口相对的槽钢通过边条螺栓连接组成，其中边条上对应位置开设有定位卡槽和限位卡槽，当防屈曲支撑遭遇多遇（中震）地震时，小截面耗能段率先进入塑性变形耗能，而大截面耗能段依然处于弹性状态不参与工作，此时钢支撑内芯可以自由收缩，当遭遇罕遇（大震）地震时，限位卡槽对小截面耗能段变形量限位，小截面耗能段不再继续变形进而改由大截面耗能段发生塑性变形耗能，这样即可实现多级抗震的效果。

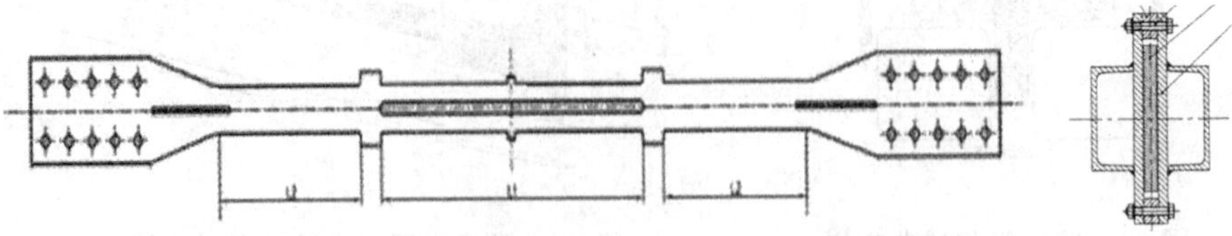

图 25　多级抗震的防屈曲支撑

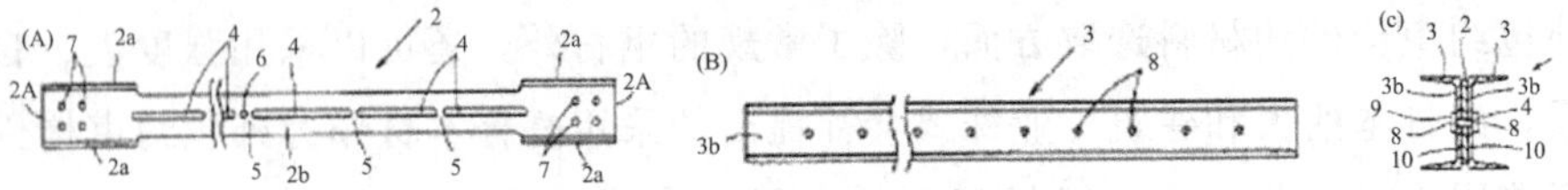

（a）芯板开滑移孔

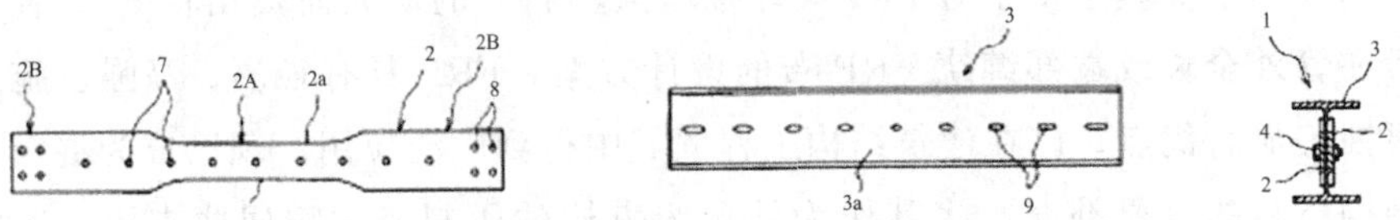

（b）外包槽钢开滑移孔

图 26　可滑移防屈曲支撑

当限位构件的防滑能力有限时，可以考虑在不增加轴力传递的前提下，将外包约束构件与支撑内芯通过某种形式进行连接，如在支撑内芯中轴线上开设长圆形滑移孔并在外包槽钢的对应部分开设圆形小孔，销钉贯通圆形小孔和长圆形滑移孔将内芯和外包槽钢进行滑动连接，使得内芯和外包槽钢可以相对滑动而耗能减震，或者反其道而行之，在内芯上开设圆形小孔而在外包槽钢上开设滑移孔，同样能够实现滑移减震的效果。

又如采用中部刚接或将一端的内外构件进行固定连接的半刚接手段，来防止防屈曲支撑安装后发生内外构件的相对滑移。

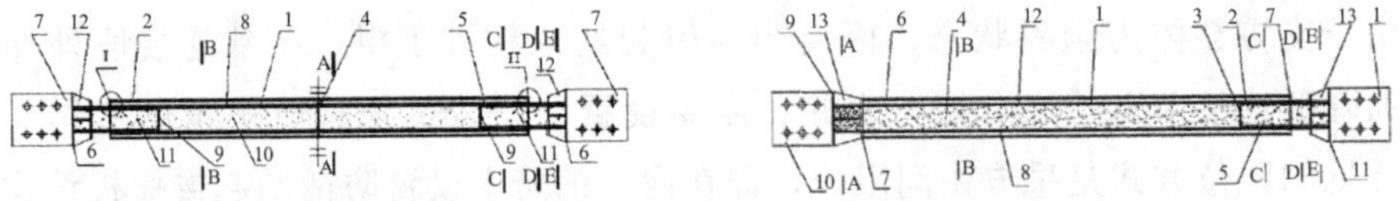

（a）中部刚接的防屈曲支撑　　（b）半刚接的防屈曲支撑

图 27　防屈曲支撑的刚接与半刚接

4.3　端部加强构造

考虑到外包约束构件主要承受内芯的侧向挤压分布力，因此约束构件实质上是受弯构件，为了约束范围内的侧向分布力平衡，在约束构件端部还会产生一定的剪力。为了防止约束构件端部局部破坏而导致侧向约束机制失效，需要设置端部封板的强方式对约束构件的端部进行局部加强。

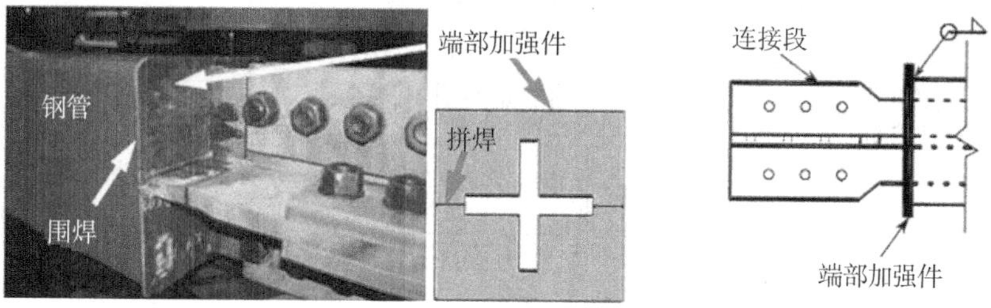

图 28　约束构件的端部加强方式

端部封板一般可采用两块开有支撑端部节点形状豁口的钢板拼焊后再与约束构件端部围焊成为一体的加强方式。进一步，还可以在外包约束构件的端部包绕加强环或加强钢板，一方面，可以加强端部；另一方面，由于端部封板可以焊接到加强环或加强钢板上，从而减少了外包约束构件本体上的焊接残余变形，提高整体性能。

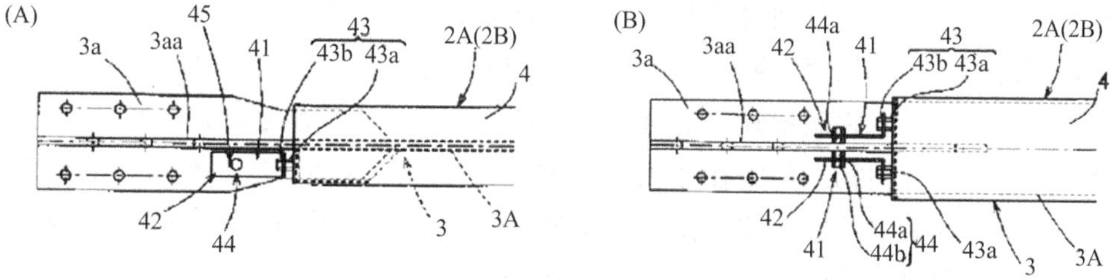

图 29　端部封板和连接板间设置加劲肋的端部加强方式

在此基础之上，还可以通过在端部封板和连接板之间设置加劲肋来进一步加强端部。

此外，为了解决节点连接部分外露而得不到约束构件约束的问题，同济大学的李国强等在十字形截面内芯的防屈曲支撑的两端各包裹焊接一块由高强度钢材制成的变截面端部连接板，即支撑内芯的端部仅存在一次变截面，这样不仅保证了当芯材部分完全进入塑性状态时，支撑端部节点仍保持弹性，而且节省了节点的用钢量，同时外部约束套筒延伸至支撑端部节点处。

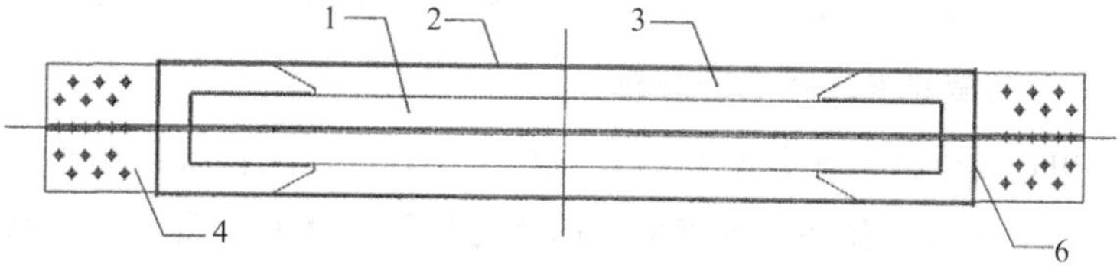

图 30　一次变截面的防屈曲支撑

第五章　减少轴力传递构造的技术发展情况

防屈曲支撑结构的分支三即为减少轴力传递的构造，其发展情况大致如图 31 所示：

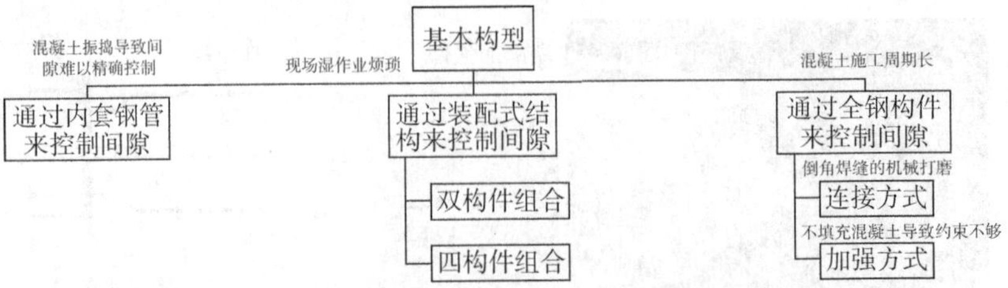

图 31　支撑内芯构造的技术发展情况

在防屈曲约束支撑中，所施加的约束构件与钢支撑内芯之间会由于加工方法等原因而存在咬合力，如钢材与混凝土之间的化学咬合力或机械咬合力，这种咬合力会使约束构件参与分担支撑轴力，从而导致支撑的塑性变形仅仅集中在端部区域，而不能沿全长充分屈服耗能。为此，需要设置切断或减少轴力传递的机制，以使内芯和外包约束构件分工明确。减少轴力传递需要从纵向和横向两方面构造来实现，当采用钢管混凝土或钢筋混凝土作为约束时，在约束构件范围内的支撑内芯表面应涂刷或包裹无粘结材料，以隔离内芯与混凝土之间的粘结力，从而切断两者之间的化学咬合力；当采用钢构件约束时，可不设置无粘结材料，仅在两者之间留置一定的空气层间隙即可切断两者之间的机械咬合力。另一种切断轴力传递的纵向构造是需在加强段的芯板和加劲肋端部沿纵向预留压缩变形空间，以避免扩大截面后的过渡段及节点在发生轴向压缩变形时与约束构件发生轴向碰撞，从而导致约束构件分担过多的轴力。其中，对于钢管混凝土或钢筋混凝土约束，可以在相应位置粘贴泡沫等松软材料，而对于全钢防屈曲支撑则只需留置空气层间隙即可。此外，支撑内芯加强段也要保证一定外伸长度以防止受压时连接段与约束构件发生碰撞。

除了纵向构造外，还需要沿支撑横截面方向设置适当的构造以更好地切断轴力传递。在支撑中间屈服段范围内沿钢板的宽度和厚度方向均需设置合适的间隙以预留支撑受压时产生的横向膨胀变形空间，从而更好地消除由于截面膨胀挤压约束构件所产生的额外机械摩擦力，进而更好地减少轴力传递。对于钢管混凝土或钢筋混凝土约束形式，沿厚度方向的间隙通过无粘结材料厚度一般即可保证，而沿宽度方向则需要在内芯相应位置粘贴额外的松软材料，如橡胶等；对于全钢防屈曲支撑，则在两个方向只需留置空气层间隙即可。

5.1　含内套钢管的钢管混凝土防屈曲支撑

在实际施工中，由于混凝土浇筑后需要振捣密实，因此在保证混凝土性能得以发挥的前提下，容易引起支撑内芯和外包约束构件的相对位移，从而使得间隙的精确控制存在较大的困难。

为此，中国建筑科学研究院提出在外包约束构件和支撑内芯之间再设置一个内套钢管的技术方案，在工厂内完成内套钢管和支撑内芯的组装，从而在工程原位直接安装外包约束构件，并且在原位灌注混凝土，既能切断轴力传递，又能保证混凝土振捣密实。在此基础之上，脱粘结材料可以选用聚四氟乙烯薄膜、聚氯乙烯薄膜等固态材料或油脂脱模剂等液态材料，无须依赖进口材料，成本得以有效控制。

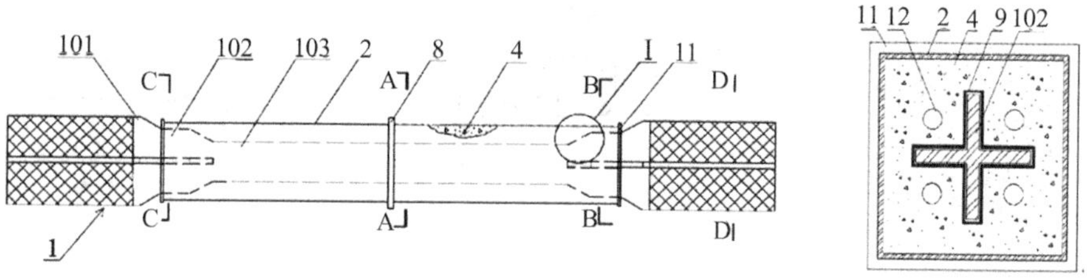

图 32　内套钢管的防屈曲支撑

通过内套钢管的技术方案，可以将间隙精确控制在 5 mm 以内，这是原有的施工方法所难以企及的精度。

5.2　装配式钢管混凝土防屈曲支撑

通过内套钢管虽然可以隔离出填充腔，但仍然需要大量的现场湿作业，与节能环保的建筑理念相悖，因此可以将预制装配的建筑理念运用到防屈曲支撑领域中。

清华大学的郭彦林等提出了一系列装配式钢管混凝土防屈曲支撑，以热轧 H 形钢为支撑内芯，在工厂预制两巨字型扣件内填混凝土或两个矩形管内填混凝土或带肋的两个矩形管内填混凝土，然后运输到施工现场，采用螺栓连接的方式进行组装，从而将混凝土与钢材间的间隙控制变为钢材与钢材间的间隙控制，加工精度容易满足。

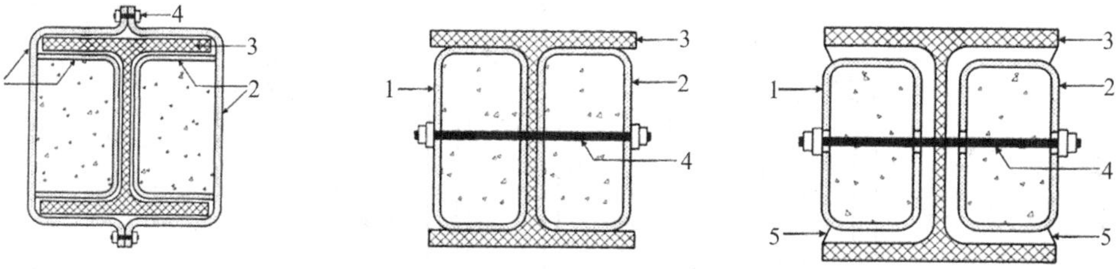

图 33　清华大学的三类装配式钢管混凝土防屈曲支撑

在装配式钢管混凝土领域中，日本的大和建筑工业株式会社提出了一种组合式钢管混凝土防屈曲支撑，并对其做了一系列改进，这种防屈曲支撑以一字形钢板为支撑内芯，在两槽口相对的槽钢内填混凝土，并在槽钢开口处设置盖板作为外包约束构件的主体，在支撑内芯和两侧的外包槽钢混凝土之间设置无粘结层，从而组成整个组合式钢管混凝土防屈曲支撑，在支撑端部为了给连接段的加劲肋提供空间，需要在混凝土、盖板和无粘结层的端部相应位置预留豁口。这种支撑方便安装和拆卸，而且在等待钢管中混凝土初凝的同时即可进行支撑内芯的生产和加工，缩短了成品的生产周期。在此基础之上，为了减轻结构自重，一方面可以在混凝土中插入空心矩形钢管以减少混凝土的填充量，另一方面可以对支撑内芯的工作段进行切削以及在支撑内芯上开设孔洞。在减轻自重的同时，为了提高约束构件的抗侧刚度，该企业又继续改进，在外包槽钢上沿着全长均匀布设格构式加劲肋，而为了提高内芯的强度，可以在内芯开设孔洞的同时，将内芯的跨中部位设置为外凸与槽钢的形式，并在该外凸部位通过螺栓连接加强板。

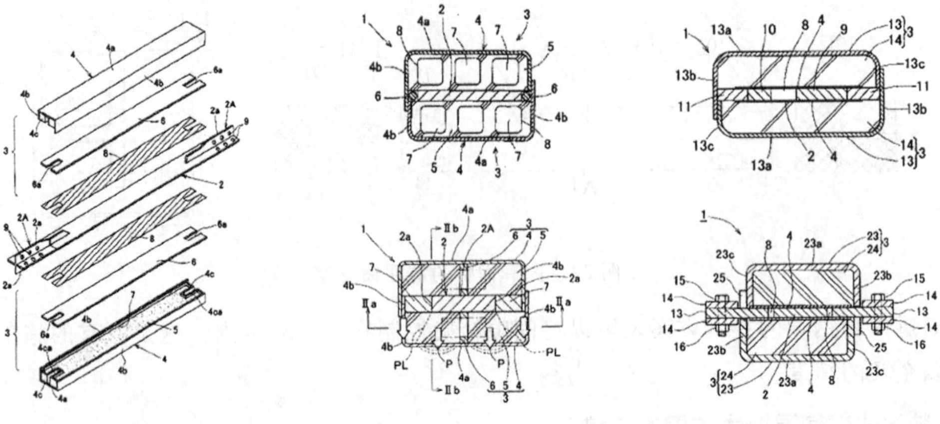

图 34　大和建筑株式会社的双矩管防屈曲支撑系列

此后，哈尔滨工业大学的赵俊贤等又对上述日本的防屈曲支撑做了进一步改进，具体做法是在两矩形钢管端部开豁口嵌入四个斜面槽钢内填混凝土作为外包约束构件的主体，一字形支撑内芯通过两侧的内层垫板来控制间隙，最后再通过外层垫板将外包约束构件的两个预制主体通过焊接进行连接，内芯表面无须进行无粘结处理，也无须粘贴松软材料来预留压缩空间。

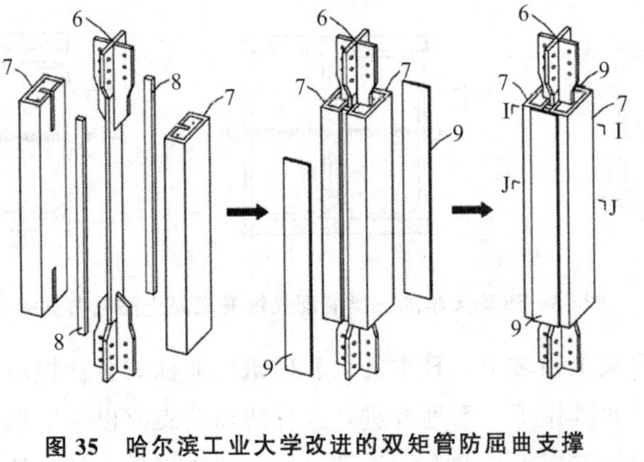

图 35　哈尔滨工业大学改进的双矩管防屈曲支撑

防屈曲支撑的截面具有多样性，也可以将支撑内芯进行对角线放置，从而采用两个内填混凝土的角钢按照支撑内芯对角线的方向布置，并进行焊接或螺栓连接。类似地，针对十字形支撑内芯，可以采用四个内填混凝土的矩形管通过垫板进行焊接连接或螺栓连接。这种设计还有一个优点就是在预制外包约束构件时，端部封板可以作为预制构件的侧模板来使用，节约了材料。

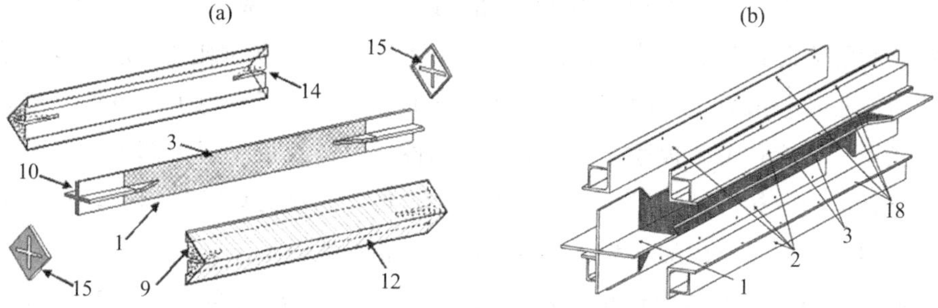

（a）角钢约束的防屈曲支撑　　（b）四矩管约束的防屈曲支撑

图 36　钢构件约束的防屈曲支撑

5.3　全钢防屈曲支撑

随着施工精度要求和质量要求的日益提高，研究人员发现防屈曲支撑的外包约束构件中的混凝土的作用，仅在于保证外包约束构件的强度，并非结构必要组分。因此，受到预制装配式钢管混凝土支撑的启示，全钢防屈曲支撑应运而生，全钢防屈曲支撑具有自重较钢管混凝土型防屈曲支撑轻、经济性好、制造工艺相对简单等优点，能够解决大型甚至巨型支撑的施工难题。另外，钢材强度高的特点，使得支撑的截面得以缩小，因此减少了钢材用量，节约了材料，并进一步减轻了自重。可以说全钢防屈曲支撑自诞生之日起，就备受关注。

5.3.1　钢构件的连接方式

带有混凝土的防屈曲支撑考虑到需要浇筑混凝土，通常将外包约束构件设置成封闭的外凸的钢管形式，相对这种固定的形式，全钢防屈曲支撑的外包约束构件在制作上具有较高的灵活性和多变性，首先，全钢防屈曲支撑仍然可以采用外凸的形式，但不必采用完整的钢管，而是可以采用型钢和钢板的拼接形式，这种形式与装配式钢管混凝土防屈曲支撑相类似，比如两个槽钢槽口相对后通过上下两块钢板进行螺栓连接或通过垫板或缀板进行焊接连接；也可以采用两个角钢进行焊缝焊接；还可以采用两个 E 字形的套筒进行焊缝焊接。但更多的全钢防屈曲支撑做成内凹的形式，即将两个槽钢或四个角钢按照肢背相对的形式布置。

5.3.2　钢构件的加工方法

全钢防屈曲支撑的倒角和焊缝需要进行机械打磨工序，型钢的肢尖位置也需要进行平滑处理，如此增加了施工的复杂程度，为此，东南大学的王春林等提出了错位交叉板屈曲约束支撑和平行斜板屈曲约束支撑的技术方案。

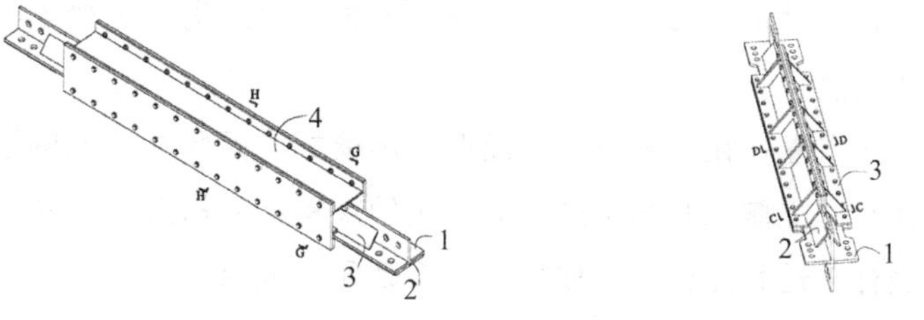

图 37　东南大学的两类全钢防屈曲支撑

该方案的屈曲约束部件通过折板和填充板或折板、钢平板和填充板形成一个约束空间，仅约束耗能内芯构件的翼缘或腹板端部的1/4～1/2，无须对耗能内芯构件和外围约束部件做任何倒角和平滑处理，因此可以简化构件的加工工序，避免了倒角等工艺对屈曲约束支撑性能不利影响；加固板固接于耗能内芯构件翼缘或腹板靠近根部1/2处内，一端相对起点位于耗能内芯构件扩大段内，一端相对终点位于屈曲约束部件内部，其作用相当于增加了耗能内芯构件过渡段的面积，一方面可以防止过渡段过早屈服，另一方面可以简化过渡段的加工，使耗能内芯构件可以做成简单的两段式，从而简化了耗能内芯构件切割加工。

5.3.3 钢构件的加强方法

由于全钢防屈曲支撑的内部没有填充混凝土等填充物质，为了保证支撑的强度和抗震性能，需要设置额外的加强构件。为此，清华大学提出沿着角钢的长度方向在其内侧焊接三角形加劲肋的方式，而同济大学提出在外套钢管内壁的四面上各设置两个轴向延伸的槽钢的方式，而上海蓝科钢结构技术开发有限责任公司直接在芯材以及支撑节点的六个内表面上焊接拼接补强板而组成TJS、TJH或TJB型全钢防屈曲支撑。

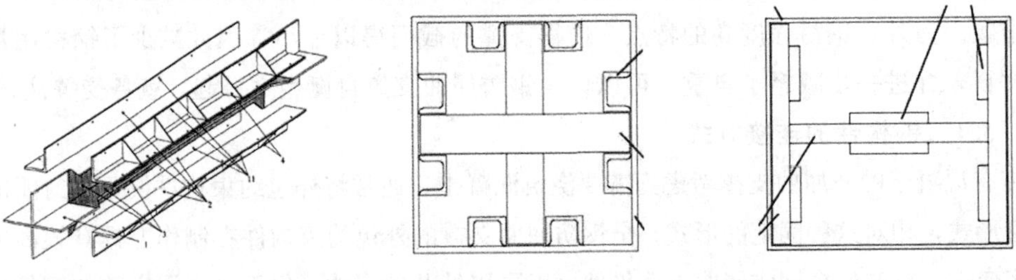

图38 全钢防屈曲支撑的常用加强构件

在全钢防屈曲支撑中，耗能内芯构件可以根据承载力需要灵活选择截面形式和截面大小，而且间隙的控制也相对简便，通常可以在内芯的耗能段通过设置钢板，通过调节钢板的厚度控制支撑内芯与外包约束构件之间的间隙大小，间隙可以精确控制到1 mm。

第六章 总 结

（1）从1988年防屈曲支撑诞生开始，其作为一种兼具金属阻尼器和普通支撑功能双重作用的新型支撑，通过拉压塑性变形耗能提前保护主体结构免受严重损伤，是当前抗震工程结构领域的研究热点。

（2）由于防屈曲支撑存在四种典型的屈曲破坏模式，因此在技术问题的指引下，防屈曲支撑领域主要针对①支撑内芯的构造、②外包约束构件的构造和③减少轴力传递的构造这三个技术要点进行改进和完善，并取得了一系列研究成果。

（3）日本和中国都有大量的相关技术，其中日本起步较早，主要由大型建筑房产商和钢铁企业引导整个行业的发展，在发展初期奠定了坚实基础，近年来开始针对特定的几款防屈曲支撑进行深入研发和生产，而中国起步较晚，但发展较快，主要由建筑和土木学科实力较强的高校引导研究方向，从多角度对防屈曲支撑的机理、结构和材料进行定量和定性的研究，具有多元化的特点。

（4）防屈曲支撑发展至今，需要新的理念和方向，将“预应力自复位体系”引入防屈曲支撑之中，是目前较为前沿的发展方向，依照强国智造的理念，我国需要根据前人的研究成果进行创造和创新，研究开发具有自主知识产权的防屈曲支撑，并不断开发适用于我国抗震要求的防屈曲支撑，以适应当前快速发展的建筑行业的需求。

参考文献

[1] Sukenobu T, Katsuhiro K. Experimental Study on Aseismic Walls of Steel Framed Reinforced Concrete Structures [C]. Transactions of the Architectural Institute of Japan, 1960, 66: 497—500. (in Japanese).

[2] Yoshino T, Kano Y, et al. Experimental Study on Shear Wall with Braces (Part2) [C]. Summaries of Technical Papers of Annual Meeting, Architectural Institute of Japan, 1971, 11: 403—404. (in Japanese).

[3] Wakabayashi M, Nakamura T, et al. Experimental Study on the Elasto-Plastic Behavior of Braces Enclosed by Precast Concrete Panels under Horizontal Cyclic Loading (Part 1 and Part 2) [C]. Summaries of Technical Papers of Annual Meeting, Architectural Institute of Japan, 1973, 10: 1041—1044. (in Japanese).

[4] Kimura K, Yoshizaki K, Takeda T. Tests on Braces Encased by Mortar In-Filled Steel Tubes [C]. Summaries of Technical Papers of Annual Meeting, Architectural Institute of Japan, 1976: 1041—1042. (in Japanese).

[5] Takahashi S, Mochizuki N. Experimental Study on Buckling of Unbonded Braces under Axial Compressive Force (Part 1 and Part 2) [C]. Summaries of Technical Papers of Annual Meeting, Architectural Institute of Japan, 1979, 9: 1623—1626. (in Japanese).

[6] Takahashi S, Mochizuki N. Experimental Study on Buckling of Unbonded Braces under Axial Compressive Force (Part 3) [C]. Summaries of Technical Papers of Annual Meeting, Architectural Institute of Japan, 1980, 9: 1913—1914. (in Japanese).

[7] Fujimoto M, Wada A, Saeki E, et al. A Study on the Unbonded Brace Encased in Buckling—Restraining Concrete and Steel Tube [J]. Journal of Structural and Construction Engineering, Architectural Institute of Japan, 1988, 34B: 249—258. (in Japanese).

[8] Fujimoto M, Wada A, Saeki E, et al. A Study on Brace Enclosed in Buckling—Restraining Mortar and Steel Tube (Part 2) [C]. Summaries of Technical Papers of Annual Meeting, Architectural Institute of Japan, 1988, 10: 1341—1342. (in Japanese).

[9] 赵健. 防屈曲支撑加固既有钢筋混凝土框架抗震性能试验研究 [D]. 北京：北京建筑工程学院

硕士学位论文，2012.

［10］赵俊贤．全钢防屈曲支撑的抗震性能及稳定性设计方法［D］．哈尔滨：哈尔滨工业大学博士学位论文，2012.

［11］新日本制铁株式会社．耐震铁骨构造物［P］．日本专利：特开平4－231505，1994－3－1.

［12］新日本制铁株式会社．制振用筋部材［P］．日本专利：特开平4－3820，1993－7－30.

［13］哈尔滨工业大学．全角钢式防屈曲支撑构件及其加工方法［P］．中国专利：200810064500.6，2008－5－14.

［14］北京工业大学．端部带耗能铅盒的约束屈曲支撑及其制作方法［P］．中国专利：200810239237.X，2009－6－24.

［15］大和房屋工业株式会社．座屈拘束支撑［P］．日本专利：特愿2007－315741，2009－6－25.

［16］广州大学．一种三重方钢管防屈曲抗震支撑［P］．中国专利：200920237724.2，2010－7－7.

［17］清华大学．钢管防屈曲耗能支撑［P］．中国专利：200710062637.3，2007－7－18.

［18］同济大学．加劲钢套筒屈曲约束支撑构件［P］．中国专利：200810033069.9，2008－7－16.

［19］陈云．超弹性防屈曲耗能支撑［P］．中国专利：201020148954.4，2011－4－27.

［20］东南大学．一种防屈曲耗能支撑［P］．中国专利：201310302358.5，2013－10－2.

［21］新日本制铁株式会社．长尺座屈拘束支撑［P］．日本专利：特愿2002－173862，2004－1－22.

［22］苗启松．多级串联防屈曲支撑及其制作方法［P］．中国专利：201110426734.2，2012－6－13.

［23］苗启松．多级并联防屈曲支撑［P］．中国专利：201110426745.0，2012－6－13.

［24］大和房屋工业株式会社．座屈拘束支撑［P］．日本专利：特愿2006－339350，2008－7－3.

［25］北京工业大学．销钉式防屈曲组合支撑［P］．中国专利：201310045442.3，2016－5－15.

［26］清华大学．一种双T字形内核格构式防屈曲支撑构件［P］．中国专利：201310317677.3，2013－11－27.

［27］清华大学．一种格构式双矩管截面的防屈曲支撑构件［P］．中国专利：201310317744.1，2013－11－27.

［28］清华大学．一种格构式三圆管截面的防屈曲支撑构件［P］．中国专利：201310319325.1，2013－11－27.

［29］同济大学．多段式组合巨型屈曲约束构件［P］．中国专利：201310382512.4，2014－1－1.

［30］M. Iwata，T. Kato，A. Wada. Bucklking-Restrained Braces as Hysteretic Dampers：proceedings STESSA，Quebec，Canada，2000［C］．［S. l.］：［S. n.］，2000.

［31］太原理工大学．屈曲薄壁表面连续约束的双重防压钢支撑［P］．中国专利：201010505711.6，2011－1－19.

［32］Y. Koetaka，H. Narihara，O. Tsujita. Exprimental Study on Buckling Restrained Braces，proceedings of Sixth Pacific Structural Steel Conference，Beijing，China，200［C］．［S. l.］：［S. n.］，2001.

［33］清华大学．一种预应力混凝土约束的防屈曲支撑［P］．中国专利：201210320708.6，2012－12－12.

［34］河海大学．孔洞式钢管外约束防屈曲支撑构件［P］．中国专利：201210234201.9，2012－11－7.

［35］大和房屋工业株式会社．座屈拘束支撑［P］．日本专利：特愿 2007－7792，008－7－31．

［36］清华大学．纤维增强复合材料约束防屈曲耗能钢支撑［P］．中国专利：200910085915.6，2009－11－11．

［37］西安建筑科技大学．铝合金套筒约束防屈曲钢管支撑结构［P］．中国专利：201050644629.7，2011－6－29．

［38］东南大学．竹木填充屈曲约束支撑［P］．中国专利：201410199273.3，2014－8－13．

［39］清华大学．钢管防屈曲耗能支撑［P］．中国专利：200720200637.3，2007－7－18．

［40］中国建筑科学研究院．一种带横隔板双层套管一字形屈曲约束支撑［P］．中国专利：200710201034.7，2008－1－16．

［41］株洲时代新材料科技股份有限公司．一种分段耗能防屈曲支撑方法及装置［P］．中国专利：201110133231.6，2011－11－30．

［42］大和房屋工业株式会社．座屈拘束支撑［P］．日本专利：特愿 2007－183803，2009－1－29．

［43］大和房屋工业株式会社．座屈拘束支撑［P］．日本专利：特愿 2013－246956，2015－6－8．

［44］天津市建筑设计院．中部刚接双钢管防屈曲耗能支撑［P］．中国专利：201020178177.8，2010－11－24．

［45］天津市建筑设计院．半刚接双钢管防屈曲耗能支撑［P］．中国专利：201020178178.2，2010－12－15．

［46］大和房屋工业株式会社．压缩支撑的耐振补强构造的补强方法［P］．日本专利：特愿 2011－279381，2013－7－4．

［47］同济大学．一次变截面十字型屈曲约束支撑构件［P］．中国专利：200810042977.4，2009－6－24．

［48］清华大学．钢管防屈曲耗能支撑［P］．中国专利：200710062637.3，2007－7－18．

［49］清华大学．“巨”字形扣件约束型装配式防屈曲耗能支撑［P］．中国专利：200910259641.8，2010－6－2．

［50］清华大学．双矩形管约束型 H 形截面装配式防屈曲耗能支撑［P］．中国专利：200910259642.2，2010－6－2．

［51］清华大学．带肋的双矩形管约束型 H 形截面装配式防屈曲耗能支撑［P］．中国专利：200910259643.7，2010－6－2．

［52］大和房屋工业株式会社．座屈拘束支撑的装配式制造方法［P］．日本专利：特愿 2008－95708，2009－10－29．

［53］大和房屋工业株式会社．座屈拘束支撑［P］．日本专利：特愿 2009－117380，2010－11－25．

［54］大和房屋工业株式会社．座屈拘束支撑［P］．日本专利：特愿 2011－99046，2012－2－3．

［55］大和房屋工业株式会社．座屈拘束支撑［P］．日本专利：特愿 2012－162568，2014－2－3．

［56］大和房屋工业株式会社．座屈拘束支撑［P］．日本专利：特愿 2012－135586，2014－1－9．

［57］哈尔滨工业大学．组合钢管混凝土式防屈曲支撑构件［P］．中国专利：201010155105.6，2010－8－11．

［58］同济大学．双角钢拼接型屈曲约束支撑［P］．中国专利：201010571492.1，2011－5－4．

［59］清华大学．一种由四根方矩管捆绑组成的防屈曲支撑构件［P］．中国专利：201010515902.0，

2011－3－2.

［60］东南大学．错位交叉板屈曲约束支撑［P］．中国专利：201410016264.6，2014－4－23.

［61］东南大学．平行斜板屈曲约束支撑［P］．中国专利：201410016987.6，2014－4－30.

［62］清华大学．一种由四根角钢捆绑组成的防屈曲支撑构件［P］．中国专利：201010515919.6，2011－2－16.

［63］同济大学．两边约束一字形纯钢屈曲约束支撑及其制作方法［P］．中国专利：201210376842.8，2013－1－30.

［64］上海蓝科钢结构技术开发有限责任公司．一种 TJH 纯钢屈曲约束支撑构件［P］．中国专利：201210328162.9，2013－3－6.

汽车
制造业

机械式换挡器专利技术发展综述

黄　星

第一章　引言

变速器为汽车传动系统中的三大重要部件之一，其性能的好坏将直接影响车辆的动力性、燃油经济性、操作可靠性及换挡平顺性。其主要功能有：改变汽车传动比，实现汽车的倒退行驶，方便汽车换挡过程。其中，改变汽车传动比由设置在驾驶室内的换挡器实现，起到连接驾驶员和车辆变速器的中间桥梁的作用。

1.1　换挡器的作用及原理

由于发动机的输出特性是固定的，如果把发动机的转速固定不变地输出到轮子，那么轮子的转速和转矩也是一成不变的，很难适应不同的工况。例如，上坡时不需要高速却需要很大的转矩，需要大的传动比来行驶；在平地高速行驶时，转矩的要求低，需要小的传动比来行驶，传动比的切换就需借助换挡器来实现，即换挡器的作用在于把固定的转矩输出转换成适应各种路况的不同转矩，使汽车行驶灵活多变，从而适应不同的工况。

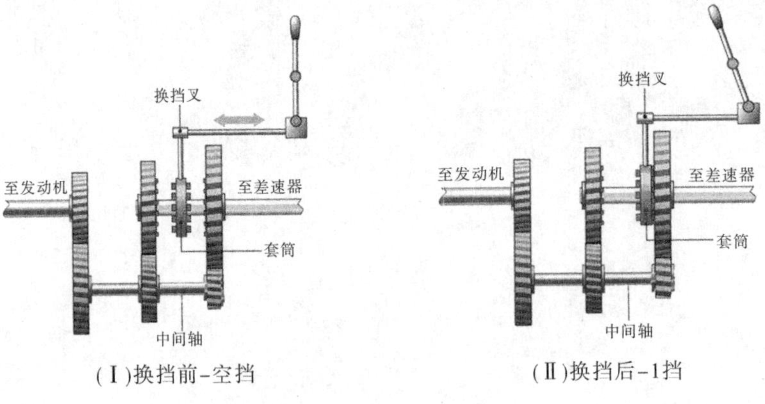

图1　换挡器的工作原理

图1示出了换挡器的工作原理，离合器传递动力给变速器的输入轴，输入轴带动中间轴一起旋转，输出轴连接差速器和传动轴，传递动力给轮胎，输出轴通过花键与套筒连接，从而带动套筒一起转动，齿轮空套在输出轴上，当空挡滑行时，车轮、输出轴转动，但齿轮不转动。向左拉动变速杆，带动换挡叉右移，与右边的齿轮结合，换为1挡；向右拉动变速杆，带动换挡叉左移，与左边的齿轮结合，换为2挡，其中，1挡变速比大于2

挡变速比，在输入相同的情况下，变速比越小，车轮的转速越快。

1.2 换挡器的分类

变速器根据操作方式可分为手动变速器、全自动变速器、半自动变速器。目前市场上常见的汽车变速器有手动变速器（MT）、机械式自动变速器（AMT）、双离合器变速器（DCT）、无级变速器（CVT）和液力自动变速器（AT），相对应的换挡器可分为手动换挡器（MT Shifter）、自动换挡器（AT Shifter）、电子式换挡器（Electronic Shifter），其中，电子式换挡器通常用在机械式自动变速器、双离合器变速器和无级变速器上。

1.2.1 手动换挡器

一般情况下，为避免误挂R挡，通常手动换挡器又可分为按钮式R挡保护（如英朗GT）、提拉式R挡保护（如科鲁兹）、按压式R挡保护（如捷达）、传统式（直接挂R挡），如图2所示。

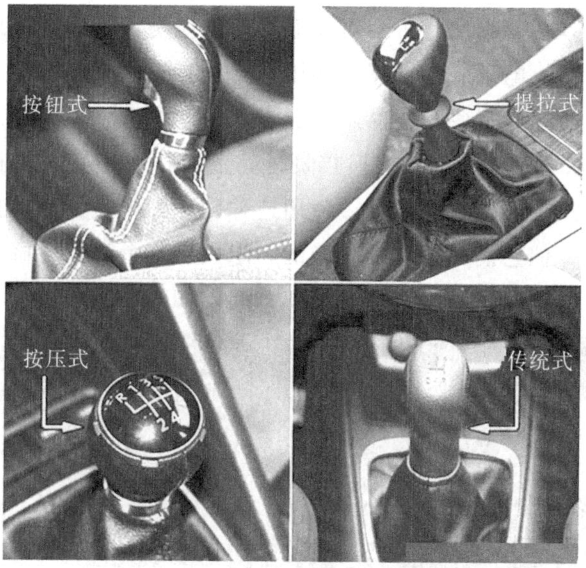

图2 常见的手动换挡器类型

1.2.2 自动换挡器

自动换挡器根据挂挡方式不同可分为直排式（Inline Gate）、阶梯式（S Gate、Tiptronic），如图3所示。其中，直排式挡位设计的应用非常普遍，目前有很多品牌的自动挡车型都采用这种挡位，这种直排式的挡位设计优点是换挡相对比较直接、顺畅，但缺点是在盲操作时容易出现挂错挡的情况。阶梯式挡位又叫蛇形挡位，这种挡位也是非常常见的自动挡挡位设计，尤其是在日系车上见的较多。它的优缺点刚好与直排式相反，优点是挂挡时不容易挂错挡，缺点是操作上不如直排式那样直接、顺畅。

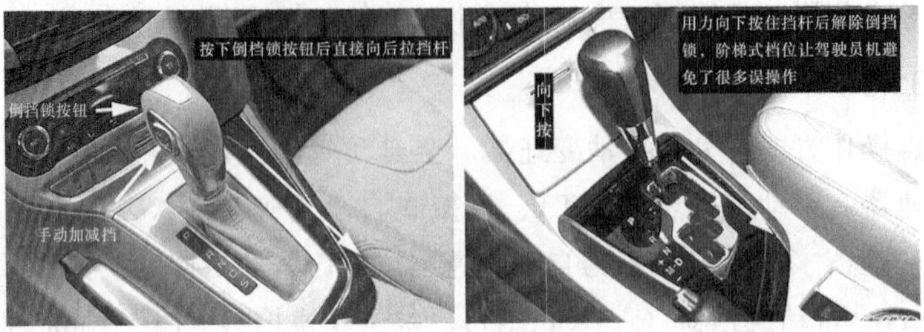

（Ⅰ）直排式　　（Ⅱ）阶梯式

图 3　常见的自动换挡器

1.2.3　电子式换挡器

上述提到的手动换挡器和自动换挡器与变速器的连接为传统的机械方式，而电子式换挡器与变速器的连接则采用了更加安全、快捷的电子控制模式。它的优势就在于驾驶人的换挡错误操作会由计算机判断出是否会对变速器造成损伤，从而更好地保护变速器和纠正驾驶人的不良换挡习惯。电子式换挡器大多用于比较高端、豪华的品牌车型上，比较有代表性的就是宝马，当然还有一些其他品牌的某些车型也使用了电子挡杆，比如奥迪 A8L、克莱斯勒 300C 等。除了常见的电子式换挡器外，还有一种旋钮式换挡器，其实质上属于电子式换挡器，旋钮式换挡器比较少见，使用这种设计的车型品牌有捷豹、路虎等，只是外形和换挡方式不同，但它们的原理是一样的，熄火后这个旋钮会降下去，与中控台形成一个平面，看起来很精致，启动发动机后旋钮升起，如图 4 所示。

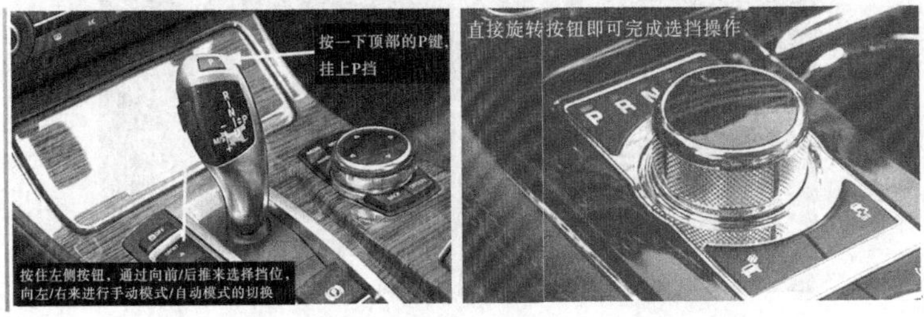

（Ⅰ）电子式　　（Ⅱ）旋钮式

图 4　常见的电子式换挡器

1.2.4　怀挡式换挡器

除上述换挡器以外还有一种怀挡式换挡器，曾在欧美等国家颇为流行，但在我国并不多见，而国内常见的有别克 GL8 以及老款君威，德国奔驰也多有采用怀挡式换挡器的。怀挡的位置在方向盘右侧，优点是节省出中控台的空间，缺点是操作起来比较不顺手，容易挂错挡，如图 5 所示。

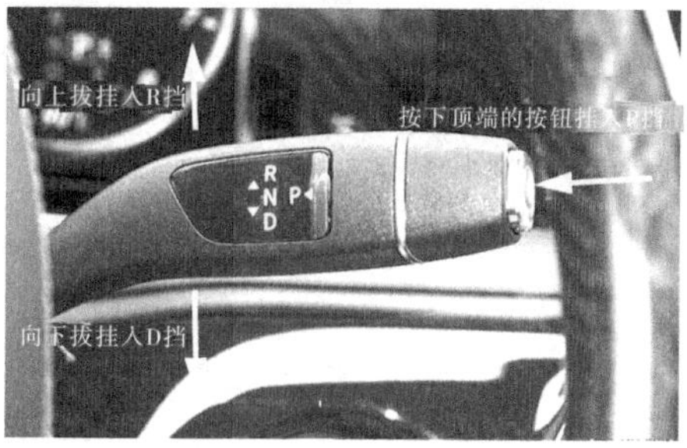

图 5　怀挡式换挡器

1.3　机械式换挡器技术分解

技术分解是对所分析的技术领域做进一步的细化和分类，对行业状况、检索专利信息以及检索结果处理都具有非常重要的意义，有助于了解行业整体情况以及选取研究重点。通常，技术分解的展开可从技术手段（如结构、工艺流程、产品或用途）、技术问题、技术功效等角度进行技术分解。

具体到换挡器领域而言，根据换挡器的工作方式可将其主要划分为机械式、电子式、怀挡式。机械式是指换挡由机械运动实现，包括手动式和自动式；而电子式则是通过电子元件的接触而实现换挡；怀挡式则是区别于机械式和电子式，通常将其安装在方向盘右侧，能够节省中控台的空间，本技术综述主要针对机械式换挡器。

机械式换挡器的一个重要部件为换挡杆，又称为变速杆、操纵杆、操作杆等，围绕换挡杆主要存在以下几个技术问题：

（1）机械式换挡手柄一般是通过螺钉形式、粘贴形式或卡扣形式与操作杆紧固在一起的。换挡手柄与操作杆之间的位置不可调，由于驾驶汽车的人群身高各异，所以目前的换挡手柄高度并不符合所有人的期望，从而影响了部分人群的操作舒适性，因此为了满足不同身形人群对换挡杆使用舒适性的需求，换挡杆应具备从高度、角度、X—Y 等方向进行调节的功能。

（2）汽车操纵系统中，操作者通过换挡手柄进行操作，换挡手柄相对于整车的其他内饰件，其使用极其频繁，受力也较为复杂，因此它与换挡杆连接的强度和可靠性要求都较高，由于换挡手柄也是一个体积较小的外观件，所以不便采用传统的标准紧固件等方式进行紧固，在整车维修的过程中，换挡手柄也会经常拆卸、安装。基于以上要求，换挡手柄与换挡杆的连接结构必须具备结构紧凑，有足够的连接强度及可靠性，同时又方便拆卸、安装，多次拆卸、安装对连接结构影响小，连接结构不影响外观等特点。

（3）排挡装置是通过设置在换挡手柄上的按钮实现操作杆解锁的，向前或向后推动，从而实现换挡。

依据上述技术问题，对本次专利技术综述研究的对象——机械式换挡器技术进行技术分解，具体分解如图 6 所示。

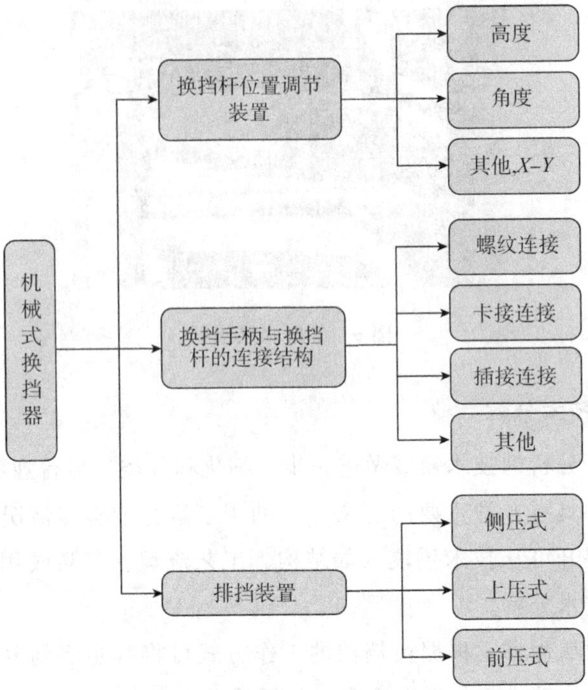

图6　机械式换挡器技术分解

第二章　机械式换挡器专利申请趋势

为了研究机械式换挡器技术领域专利技术的发展情况，在中国专利文摘数据库（CNABS）和中国专利全文文本代码化数据库（CNTXT）中进行中国专利检索以及在德温特世界专利索引数据库（DWPI）、世界专利文摘数据库（SIPOABS）中进行全球专利检索，其中全球专利检索以DWPI为主，SIPOABS为辅，检索截止日期为2016年5月19日。为了避免漏检，除了分类号＋关键词检索外，还进行了关键词＋关键词检索，获取初步结果后，对检索文献中的明显噪声做了清理，并利用S系统的统计命令和Excel对该领域的国内外专利申请数据进行统计分析，包括全球/在华专利的申请趋势分析、申请国家/地区分布、重要申请人及其代表性专利、技术分支申请趋势等。

2.1　全球专利申请状况分析

本部分内容主要对全球专利申请趋势、申请国家/地区分布、重要申请人及其代表性专利、技术分支申请趋势等进行分析，其中以每个同族中最早优先权日期视为该申请的申请日。

2.1.1 全球专利申请趋势

图 7 为机械式换挡器全球专利申请趋势，其大致可以分为以下几个阶段：

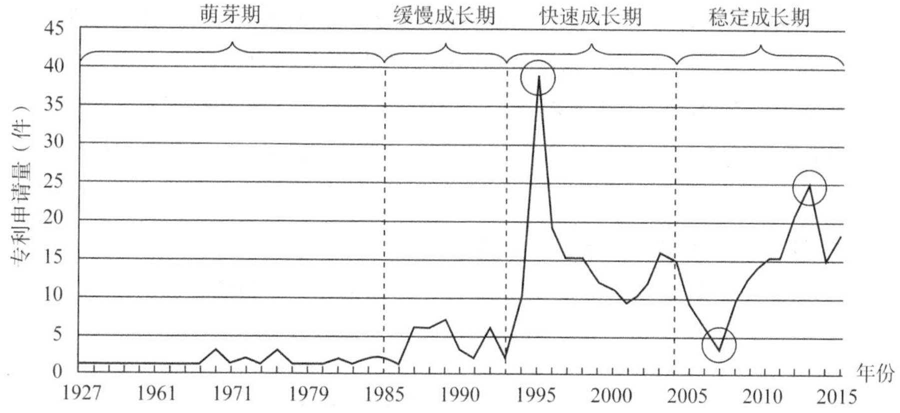

图 7 机械式换挡器全球专利申请趋势

（1）萌芽期：1927—1985 年，这一时期相关申请刚刚出现，申请量少、未持续性显现出规模。

（2）缓慢成长期：1986—1993 年，在这段期间每年均有少量的申请被提出，但申请量还是较少，每年平均申请件数为 5 件左右。

（3）快速成长期：1994—2004 年，在这一期间申请量猛增，尤其是在 1995 年达到峰值，达 39 件，其快速增长的缘由在于韩国的 DAEW－N 公司申请了多件关于换挡杆位置调节装置的专利，之后申请量逐渐下降至稳定。

（4）稳定成长期：2005—2015 年，这一阶段整体处于一个稳定成长期，其中国外专利处于缓慢发展阶段，而中国专利处于快速增长阶段，每年的申请量都在增加，并在 2013 年达到顶峰。2007 年申请量出现低谷，主要缘由在于国内和国外的专利均比较少，国外从 2005 年开始趋于一个逐渐降低的阶段，而在此阶段国内专利还未开始增加。

2.1.2 全球专利申请国家/地区分布

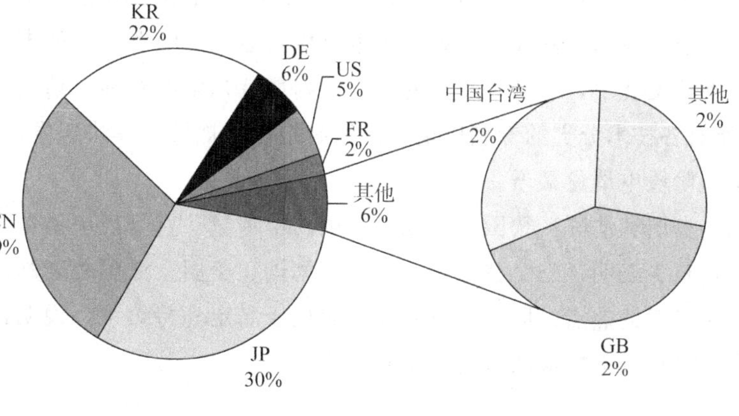

图 8 机械式换挡器全球专利申请国家/地区分布

通过对全球专利申请的申请人所在国家/地区进行统计分析，绘制出如图 8 所示的饼图。其中，日本（JP）专利申请量居于首位，占全球专利申请量的 30%；其次为中国（CN），占全球专利申请量的 29%，与日本的申请量相差无几；韩国（KR）排第三，占全球专利申请量的 22%，其中，前三名中的中国和韩国的专利申请技术含量较低，核心发明专利较少，基本上是对日本的专利申请进行传承和改进。紧随其后的有德国（DE）占 6%、美国（US）占 5%、法国（FR）占 2%、英国（GB）占 2%、中国台湾（TW）占 2%。

2.1.3 全球主要申请国家/地区专利申请趋势

图 9 进一步展示了全球主要申请国家/地区历年专利申请趋势，从图中可以看出：

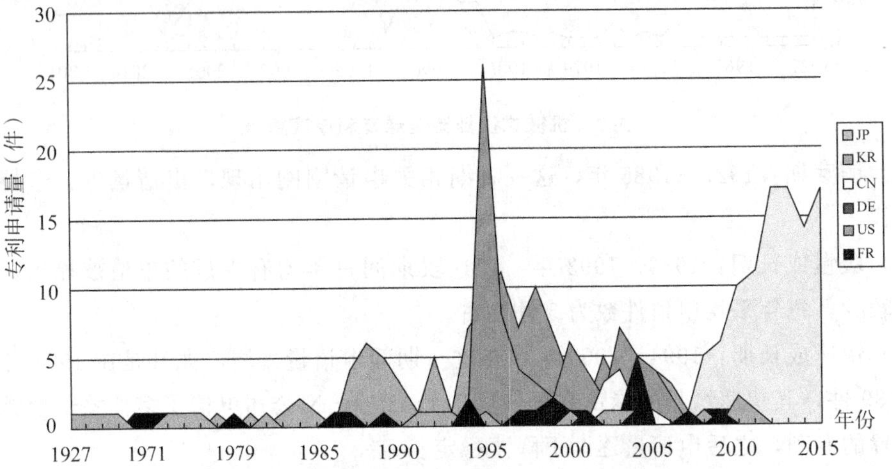

图 9 全球主要申请国家/地区专利申请趋势

（1）日本：专利申请量第一的日本最早的专利申请在 1976 年，之后的申请量一直处于稳步发展中，其发展顶峰是 1994—1999 年，最近几年的申请量较少，说明了各技术分支在日本的发展已经成熟，能够改进的技术点比较少。

（2）韩国和中国：两者专利起步时间均在 1995 年，所不同的是，韩国在 1995—1996 年申请量激增，现代自动车株式会社和大宇电机株式会社是两个主要的申请人，之后的申请量一直处于平稳发展中，与日本相同的是，韩国最近几年的专利申请量较少。中国虽然在 1995 年开始有各技术分支的专利申请，但始终未形成规模，其快速发展则是自 2008 开始至今，在这一阶段申请量猛增。

（3）德国、美国和法国：德国、美国和法国的申请量一直呈现申请量少但发展稳定持续的状态，申请量少表明该三个技术分支并不是德国、美国、法国等老牌汽车强国的研究重点，也并非是最新的热点；同时其发展又一直处于稳定和持续中，说明该技术在传统汽车国家的研究已经成熟，能够改进的技术点较少。

2.1.4 全球主要申请国家/地区专利技术分布

机械式换挡器的三个技术分支分别为换挡杆位置调节装置、换挡手柄与换挡杆的连接结构、排挡装置。图10示出了全球主要申请国家/地区专利技术分布图。

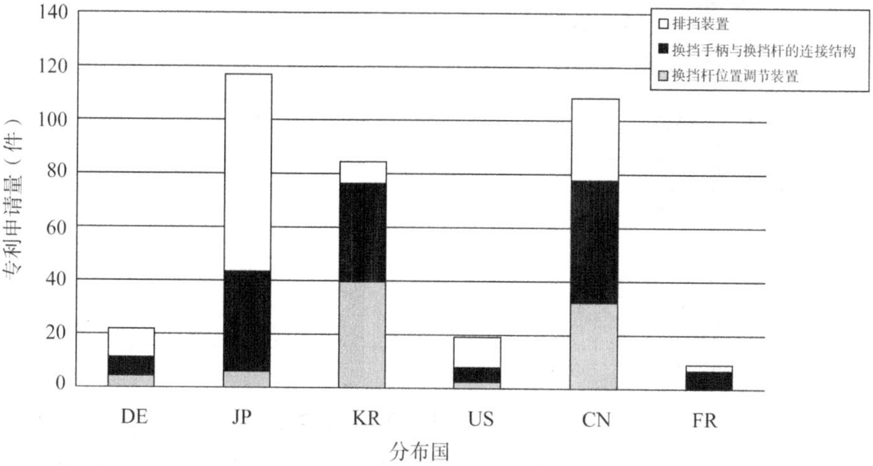

图10 全球主要申请国家/地区专利技术分布

（1）日本：日本是专利申请大国，体现了其对技术研发的重视以及较强的专利保护意识，技术含金量最少的换挡杆位置调节装置的申请较少，而主要集中在含金量较高的排挡装置改进，体现出其技术的优势。

（2）韩国：虽然韩国的申请量居第三，但其申请量主要集中在难度最低的换挡杆位置调节装置，排挡装置的申请量极少。主要原因在于：一方面韩国学习日本，其技术优势明显逊于日本；另一方面，韩国仅有现代、大宇、起亚这三家公司，申请人极少。

（3）中国：三个技术分支的申请量较为均匀，缘由在于中国的汽车发展速度快、需求量大，因此国外来华企业较多，本土企业的发展也较为迅速，使得中国专利呈现“百花齐放”的状态，单从国内企业来看，由于国外来华企业在排挡装置方面的申请使得中国专利申请在各技术分支的分布呈现出较为均匀的状态，但在真正的重点技术方面相比日本、美国、德国还是逊色很多，尤其是排挡装置。

（4）德国、美国和法国：传统的汽车强国德国、美国、法国的申请量相对较少，它们对三个技术分支均有涉及，但申请年份较早，申请量均匀，相对来说涉及排挡装置的申请量要多些。

2.1.5 全球专利重要申请人分析

本部分内容从全球专利申请重要申请人方面对三个技术分支的专利申请做进一步分析，按照申请总量进行排名，如图11所示。

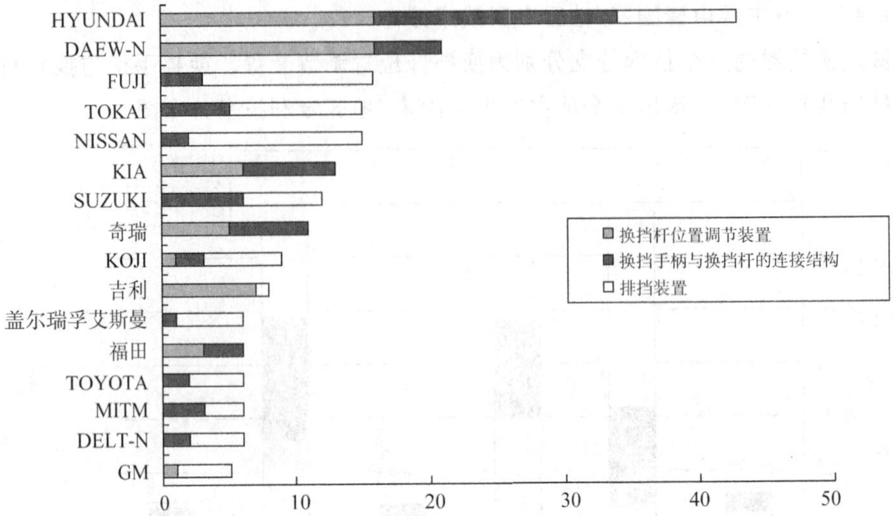

图 11　全球专利重要申请人排名

该图示出了全球专利申请量排名前16位的申请人，排在前五位的依次为韩国的HYUNDAI（现代）、韩国的DAEW－N（大宇）、日本的FUJI（富士）、日本的TOKAI（株式会社东海理化电机制作所）、日本的NISSAN（日产），其中，排名前16位的申请人中，有8位来自日本，3位来自韩国，4位来自中国，1位来自美国，这与前面的全球申请国家/地区分布是一致的。

同时该图还示出了重要申请人在各个技术分支的分布情况，从图中可以看出韩国企业除HYUNDAI在三个技术分支均有涉及外，其他两个DAEW－N和KIA（起亚）均没有涉及排挡装置的申请；日本企业的专利申请主要是换挡手柄与换挡杆的连接结构以及排挡装置，仅KOJI（小岛）公司申请了1件关于换挡杆位置调节装置；中国企业则没有明显分布在哪一个技术分支，而是均有涉及，但整体上都是集中在三个技术分支中的两个。

2.1.6　全球专利重要申请人的代表性专利

表1为重要申请人的代表性专利，从中可以明显看出，日本申请人的代表性专利均为排挡装置；韩国申请人现代的代表性专利为CN201110219306，为排挡装置，其他的韩国申请人代表性专利为换挡杆位置调节装置；中国申请人的代表性专利主要为换挡杆位置调节装置以及换挡手柄与换挡杆的连接结构，其中盖尔瑞孚艾斯曼的代表性专利为排挡装置（CN201220367885），其公司性质为中外合资的汽车零部件公司；美国申请人通用的代表性专利为CN201010239886A，为排挡装置。

表1　重要申请人的代表性专利

排名	申请人	代表性专利			
		申请号	技术分支	技术要点	附图
1	HYUNDAI（现代）	US201113189056A CN201110219306 DE102011051976 KR20100122241A	排挡装置	阻尼单元接合至安装孔，并设置在连杆和支承部分之间，从而吸收并减少通过连杆传输来的动力传动系统的振动以及由于路面引起的振动	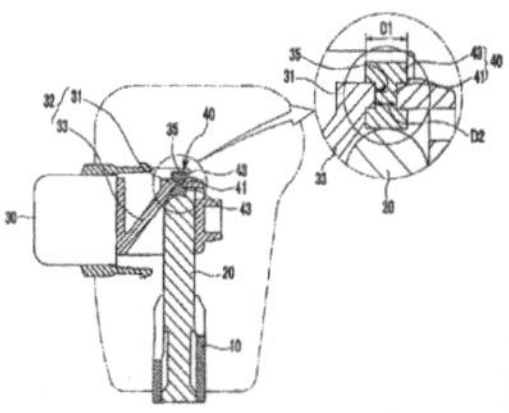
2	DAEW—N（大宇）	KR97026223A	换挡杆位置调节装置	中空换挡杆内部设置锁止销，沿换挡杆方向按压换挡手柄实现换挡杆高度调节以及锁定功能	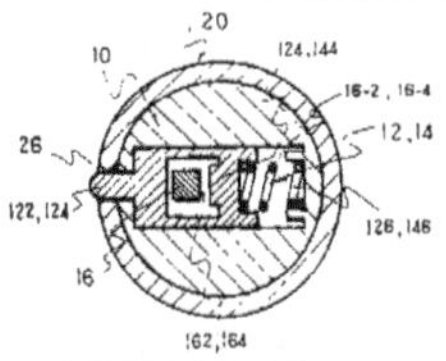
3	FUJI（富士）	JP2000192773A US20010892183A EP01305438A	排挡装置	变速杆通过换挡手柄操作，装置M1通过换挡手柄操作变速元件，连接元件装配在装置M1上，换挡手柄能够容易地被装配	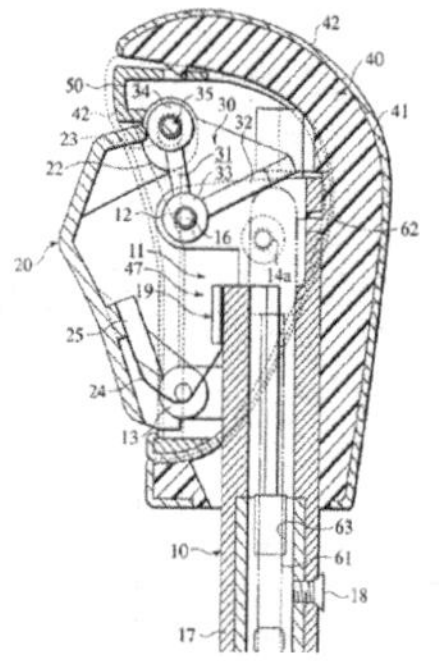
4	TOKAI（株式会社东海理化电机制作所）	US20070780927A JP2006208218A	排挡装置	换挡按钮内设置有连接臂、压缩弹簧，连接臂的移动带动锁杆移动，连接臂上包裹有塑性材料，能够降低换挡噪声	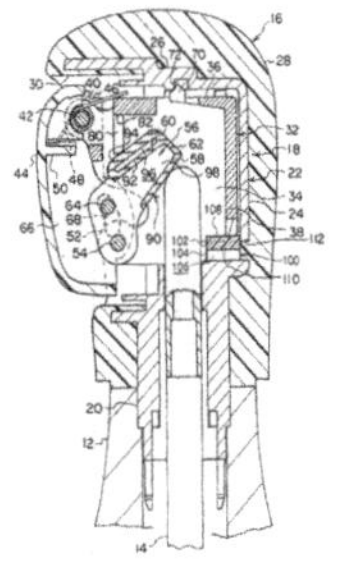
5	NISSAN（日产）	KR20040042947A JP2003165899A CN200410049076A EP04253418A US20040864871A CA2470283A	排挡装置	连杆与按钮相连，具有一个与第一接合部分接合的第二接合部分。当变速杆插入装配孔且其远端到达装配孔内预定位置时，按钮被操作，以便使第二接合部分与第一接合部分接合	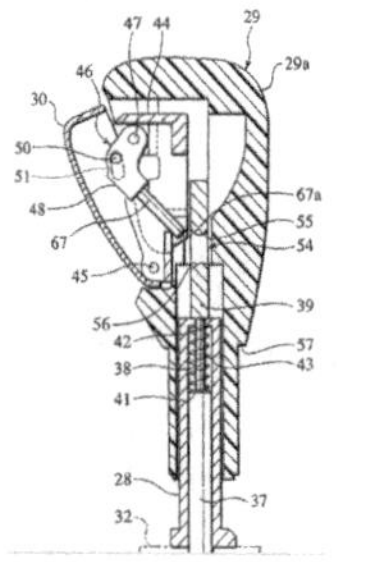

续表

排名	申请人	代表性专利			
		申请号	技术分支	技术要点	附图
6	KIA（起亚）	KR20090011118A	换挡杆位置调节装置	换挡杆包括调节杆和固定杆，调节杆内设置连杆，连杆一端插入到固定杆上的凹槽内，另一端与按钮连接，按钮用于调节换挡杆的高度	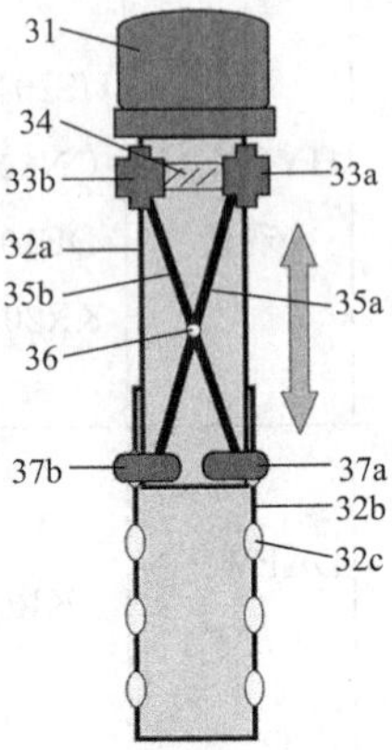
7	SUZUKI（铃木）	JP32991794A	排挡装置	换挡手柄上有选挡按钮和辅助按钮，能够可靠方便地使变速器变速	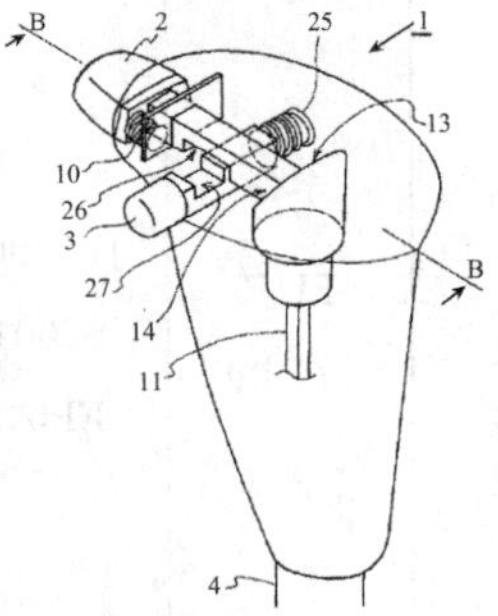
8	奇瑞	CN201310522307	换挡手柄与换挡杆的连接结构	操纵杆连接端设有球形件、滑槽和活动件，在换挡手柄装配和拆卸过程中，活动件可快速调整球形件的位置，活动件在弹性件的作用下快速回位，方便了换挡手柄与操纵杆的装配和拆卸	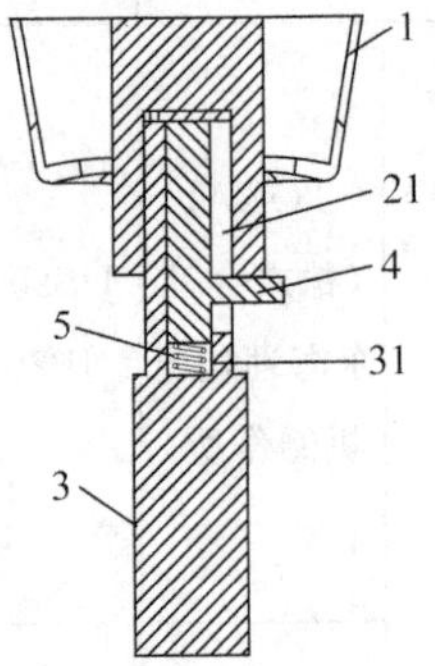
9	KOJI（小岛）	JP2750896A	排挡装置	换挡手柄内包含柔性树脂部分，按下手柄按钮带动换挡杆内的杆移动，柔性树脂部分能够吸收换挡产生的噪声	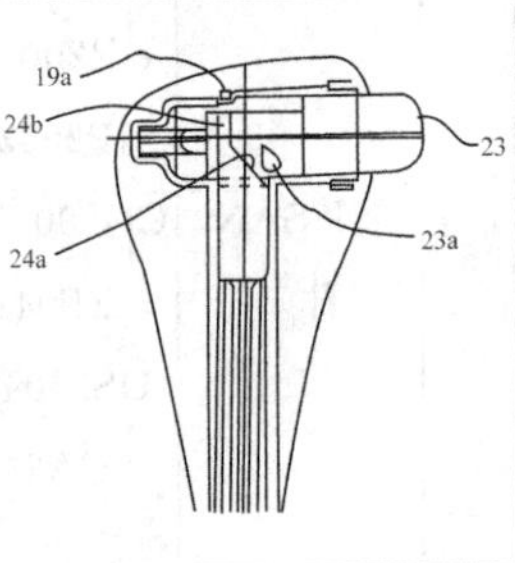

续表

排名	申请人	代表性专利			
		申请号	技术分支	技术要点	附图
10	吉利	CN201310562819	换挡杆位置调节装置	可调节换挡杆，上挡杆下端侧面固定有铰接轴，下挡杆上端设有铰接孔，铰接轴穿过铰接孔插置在锁紧套内孔，锁紧套与铰接轴通过快锁相连	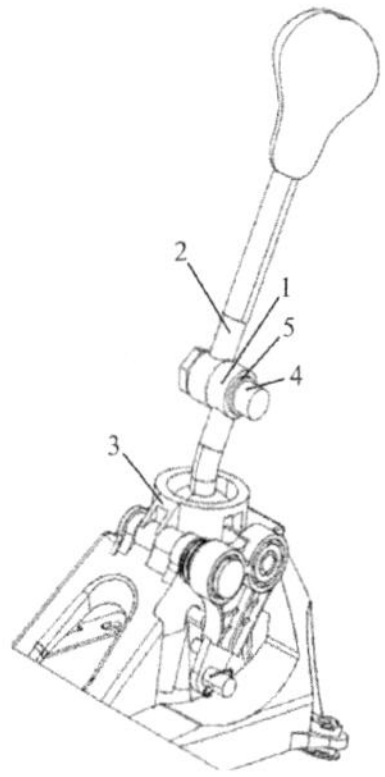
11	盖尔瑞孚艾斯曼	CN201220367885	排挡装置	堵盖与骨架卡接，弹簧与直角杠杆套接，直角杠杆通过销轴与骨架固定连接，锁紧环与装饰环套接后与骨架固定连接，滑块与骨架卡接，滑块与直角杠杆滑动连接，换挡杆与骨架固定连接	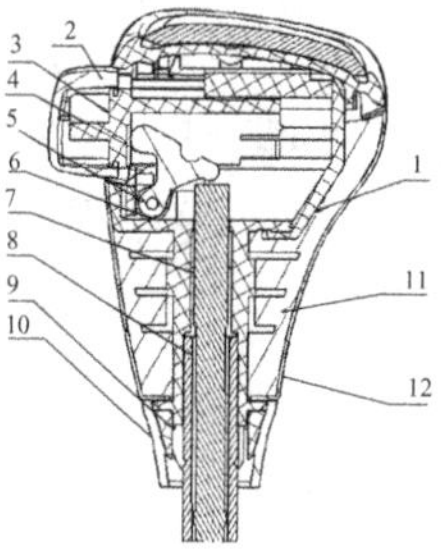
12	福田	CN201320433462	换挡手柄与换挡杆的连接结构	手柄球骨架的下段包括卡合脚部，卡合脚部上有朝向该操纵杆安装空间内凸出的卡凸，通过卡合脚部上的卡凸，操纵杆手柄球能够卡止在操纵杆的相应位置上。	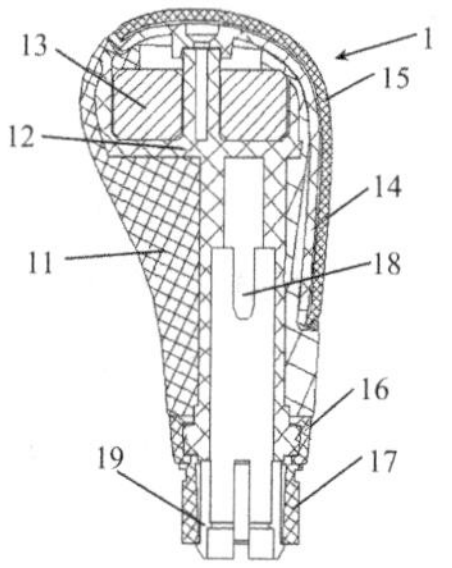
13	TOYOTA（丰田）	JP33775297A	排挡装置	上压式换挡手柄包括排挡按钮、杆 20、杆 26，能够减小对压缩弹簧的偏置力，从而保护弹簧的弹性，提高其寿命	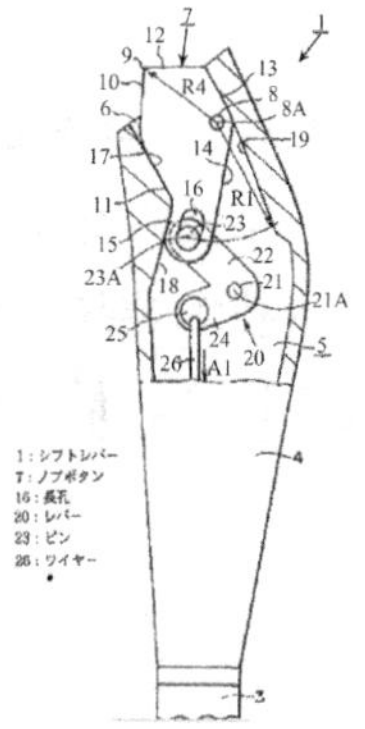

续表

排名	申请人	代表性专利			
		申请号	技术分支	技术要点	附图
14	MITM（三菱）	JP17454496A	排挡装置	换挡杆包括排挡按钮、升挡按钮、降挡按钮，三个按钮集成在手柄球上，方便驾驶员在换挡过程中进行升降挡以及手动与自动模式的切换	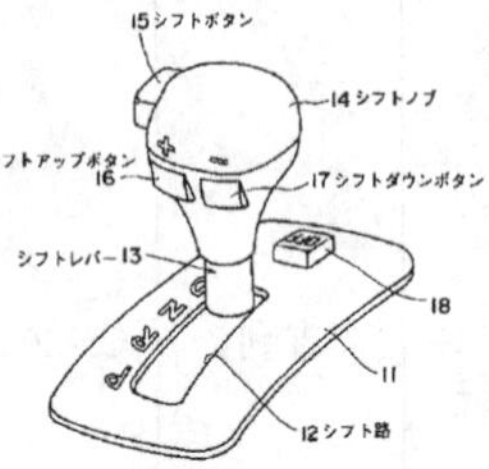
15	DELT－N（德鱼塔）	CN201310552579A US201314069945A JP2012252462A EP13191890A	排挡装置	向正方向转动的小齿轮，齿条向下方移动，为变速锁定解除位置，向反方向转动的小齿轮，齿条向上方移动，为变速锁定位置	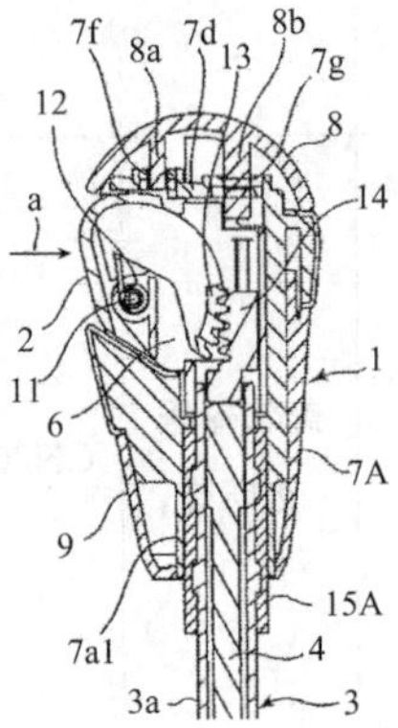
16	GM（通用）	CN201010239886A US20100841963A RU2010130947A DE102009034695A	排挡装置	与滑动斜面耦合的去联锁杆的端部区段采用了与去联锁杆其余区段采用的第一种材料不同的第二种材料，该材料在与手柄形成的摩擦副中具有比第一种材料更小的摩擦因数	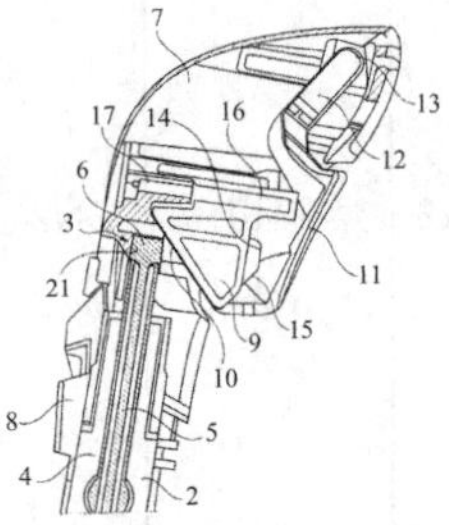

2.1.7 全球专利技术分支申请趋势

三个技术分支分别为换挡杆位置调节装置、换挡手柄与换挡杆的连接结构、排挡装置，从技术难易的角度来说，最简单的为换挡杆位置调节装置，其次为换挡手柄与换挡杆的连接结构，最难的为排挡装置。图12展示了三个技术分支申请趋势。

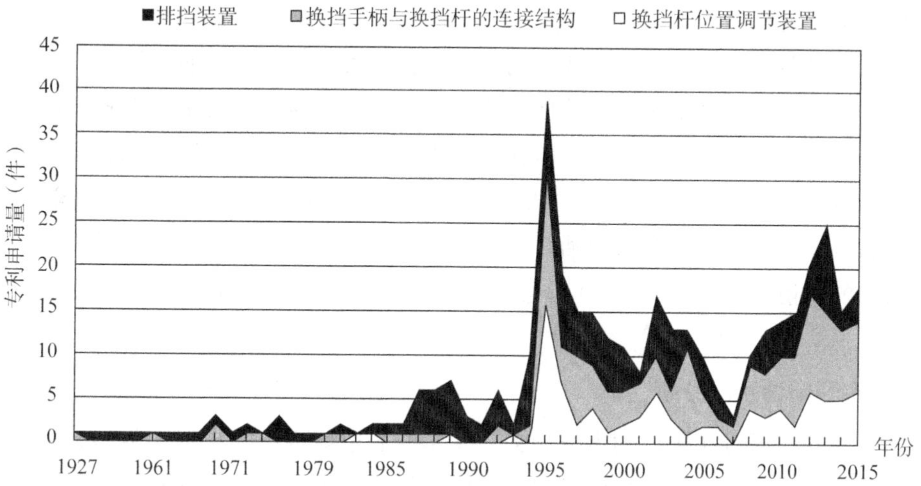

图 12　技术分支申请趋势

（1）换挡杆位置调节装置技术分支。

换挡杆位置调节装置技术起源于 20 世纪 80 年代，KOJIMA 首次提出换挡杆高度调节装置，通过螺纹实现换挡杆高度的无级调节，从此开启了换挡杆位置调节装置技术的发展历程。相较于其他两个技术分支，换挡杆位置调节装置的产生较晚，这主要是由于换挡杆位置调节装置针对的是提高驾驶人的舒适度，通常只有先产生某一项技术，然后再考虑如何更加人性化，这与产品的一般发展规律是相符合的。换挡杆位置调节装置主要针对高度进行调节，经历了螺纹式、锁止式、按钮式，到之后的对换挡杆的角度以及换挡杆的 X—Y方向的位置进行调节。从图 12 中可以看出，换挡杆位置调节装置申请量在 1995 年达到一个高峰，1995 年之前属于低迷的发展期，而 1995 年之后申请量逐渐下降，并处于稳定的发展态势。换挡杆位置调节装置最先发展于日本，韩国在 20 世纪 90 年代向日本学习，申请了大量的专利文献，而到了 21 世纪，中国的专利处于蓬勃发展期，向之前的日本、韩国学习，所以，在 1995 年之前大部分为日本申请，1995—2000 年的申请基本上为韩国申请，而 2000 年之后则基本上为中国申请。

（2）换挡手柄与换挡杆的连接结构技术分支。

最早换挡手柄与换挡杆为一体制造的，然而一体制造导致换挡手柄除了换挡以外无法实现其他功能，另外一体制造也导致了加工复杂、装配和拆卸困难，因此后来将换挡手柄与换挡杆分开制造，就产生了两者如何装配的技术问题。其实在很早人们就意识到一体制造的诸多不便，因此最早在 1927 年 MORRIS 公司提出了螺纹式的装配方式，并通过螺母进行锁定。从图 12 可以看出，在 1990 年之前只有零星的申请量，而 1990 年之后开始快速发展，尤其在 1995 年达到历史峰值，此后申请量又逐渐回落，而在 2004 年有一定幅度的增长，此时除了日本和韩国的申请外，还有包括德国、美国、中国台湾等的申请出现，此后申请量急剧回落，而到了 2008 年以及之后，申请量又开始急剧上升，主要原因是出现了大量的中国专利申请。

（3）排挡装置技术分支。

机械式换挡器设置排挡装置是从车辆安全驾驶的角度出发的，通常机械式换挡器包括手动式和自动式，而一般意义上的排挡装置是针对自动式的，但由于手动式上的换挡手柄还会设置按钮用于汽车的安全保护，因此这里讲的排挡装置是包括手动式和自动式的，并没有对其进行区分。如图12所示，在20世纪60年代以前出现的主要为手动式排挡装置，用于车辆的倒挡、停车或离合器的啮合与分离等，20式纪60年代以后出现自动式的排挡装置，此时的申请量较小，到了20世纪80年代后期开始出现增长，此后一直处于稳定的增长中。

2.2 在华专利申请状况分析

本部分内容主要对在华专利申请趋势、在华专利申请构成、申请人类型、申请地域分布、重要申请人等进行分析，从中得到相关的机械式换挡器技术发展趋势，以及重要申请人的历年专利申请技术分支分布状况。

2.2.1 在华专利申请趋势

图13为机械式换挡器在华专利申请趋势及构成，从图中可以看出，在华专利申请量在2007年之前为萌芽期，2007年之后呈快速增长的态势，因此在华专利申请的发展大致可以分为两个时期，第一时期为1995—2007年，第二时期为2008年至今。

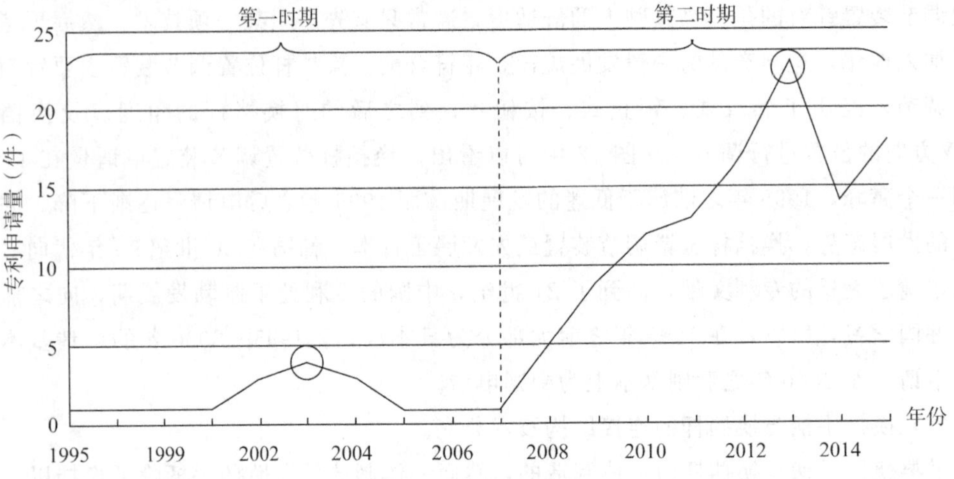

图13 在华专利申请趋势

（1）第一时期（1995—2007年）。

在第一时期内，在华专利申请总体比较平缓，上升趋势不明显，且申请量零零散散，可见机械式换挡器技术在此期间还处于萌芽阶段；在2002—2004年申请量有小幅度的增加，这是由于当时国外的车企大量涌入中国，并在中国开始申请专利保护，而此时国内的汽车行业还处于成长期，另外国内对于专利保护的意识还很薄弱，因此造成了在此期间国外来华专利占比较大。

（2）第二时期（2008年至今）。

在这一时期，在华专利申请趋势总体呈上升趋势，并且在2013年达到历史峰值，在该年申请人的数量也达到最多，随后申请量开始下降，说明在华专利申请开始趋于稳定状态，而国外来华专利所占比重比第一时期要小很多，在此期间国内申请人的申请量较大。

2.2.2 在华专利申请构成

表2为在华专利申请构成，在机械式换挡器领域，我国的专利申请量一共为128件，其中国内申请人109件，国外申请人19件。国内申请人的发明专利申请仅有23件，实用新型专利申请有86件，国内申请人发明专利申请的授权量为12件，授权率为52.2%，国外申请人发明专利申请共15件，实用新型专利4件，国外申请人发明专利申请的授权量为9件，授权率为60%，以上数据表明国外申请人的授权率会略高于国内申请人的授权率。另外，授权量与专利有效量是相同的，表明被授权的专利均处于专利权保护状态。

从数量上看，国内申请人的申请数量远高于国外申请人；从质量上看，国内申请大量集中在实用新型专利，其占比达到78.9%，发明的授权率相差约8%，说明国内申请人的专利质量略低于国外申请人。虽然国内申请人在数量上遥遥领先，但其专利的质量却低于国外申请人。

表2 在华专利申请构成 （单位：件）

	发明				实用新型专利
	申请量	授权量	专利有效量	处于实审阶段	
国内申请人	23	12	12	7	86
国外申请人	15	9	9	4	4
总计	38	21	21	11	90

2.2.3 在华专利申请人类型

图14所示为我国专利申请的申请人类型和相应申请量所占比例，其中，“国外来华”包括国外个人和国外企业的申请，“个人”和“公司”分别为我国个人和我国公司的申请。公司占比最大，为69%，国外来华占比其次，为20%，个人、研究院所、高校总共占比11%，说明在机械式换挡器领域还是以国内公司和国外来华专利为主。

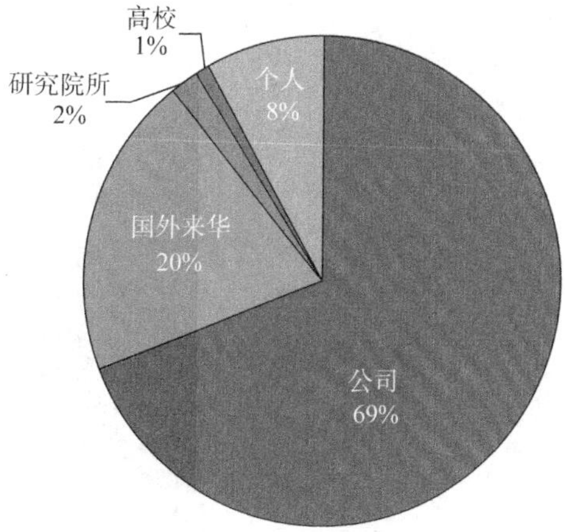

图14 申请人类型和所占比例

2.2.4 在华专利申请地域分布

图15示出了国内申请人地域分布图，其中列出了专利申请量排名前九位的省、市，其中，申请量排名前四位的依次为浙江、安徽、上海和北京，说明这四个地区对车辆技术领域的研发投入较大，具有较高的技术优势，并比较重视专利保护。其中，排名前四位的地区申请量主要是由所在区域的公司进行专利申请，浙江的主要申请人是吉利汽车公司、方科，浙江有很多小型的零配件公司，虽然每个的申请量很小，但申请人的数量较多，种种原因造就了浙江的申请量的第一。安徽主要是有奇瑞和江淮这两大汽车公司，上海主要有汽车零配件公司，如东炬、上海三立汇众，以及上海通用、上海汽车等汽车公司。北京则有北汽福田、北京汽车等汽车公司。其他省份则普遍申请量不高，数量差距也不大，第四名之后依次为重庆、河北、长春、广东、山东，各地区的代表企业分别为重庆的长安、力帆，河北的长城汽车，长春的盖尔瑞孚艾斯曼、中国一汽，广东的比亚迪、东风汽车，山东的中国重汽。

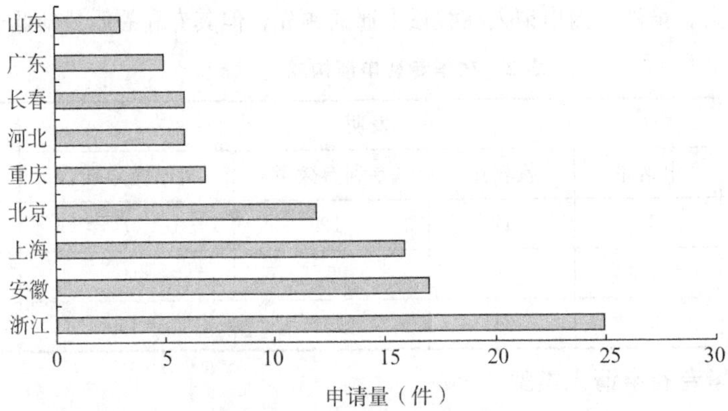

图15 国内申请人地域分布

图16为国外/地区来华申请量地域分布图，申请人主要集中在日本、韩国、德国、瑞士、美国、意大利、中国台湾等，其中日本来华申请量遥遥领先其他国家/地区，体现了日本对中国汽车市场的重视。

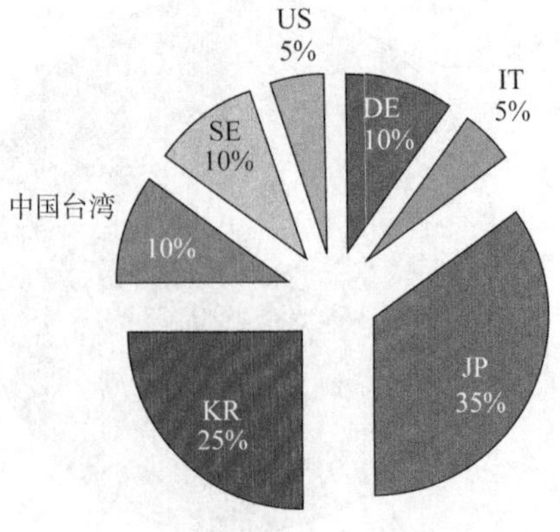

图16 国外/地区来华申请量地域分布

2.2.5 在华专利重要申请人分析

图 17 为在华专利重要申请人排名，从图中可以看出，在排名前 17 位的申请人中，国内申请人占 14 名，国外来华申请人占 3 名，其中国外来华申请人中 1 名来自日本，1 名来自韩国，1 名来自美国。从申请人的数量可以看出，国内申请人在近年来不断加大了研发投入和专利申请量，也说明了国内申请人的专利保护意识开始增强，不断提高自身在竞争中的技术优势。从重要申请人在各技术分支的分布情况来看，国内本土企业在换挡杆位置调节装置和换挡手柄与换挡杆的连接结构的专利申请相对较多，而排挡装置的申请量相对较少；而国外来华企业专利申请主要集中在换挡手柄与换挡杆的连接结构和排挡装置，这也在一定程度上体现了其技术优势。

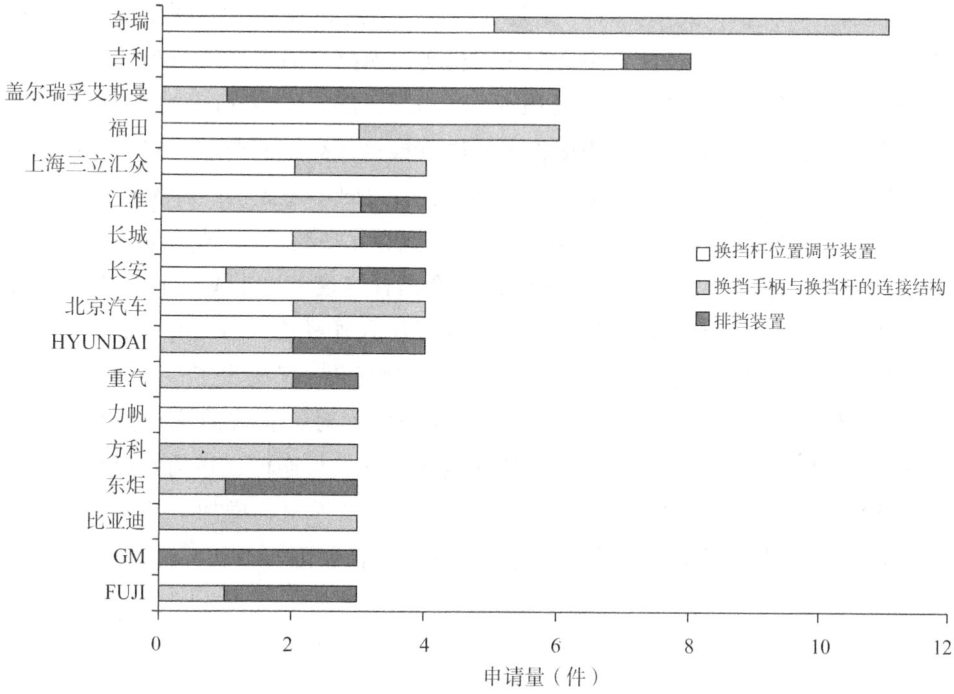

图 17 在华专利重要申请人排名

第三章 机械式换挡器专利技术发展路线

机械式换挡器专利技术从 20 世纪 20 年代开始发展，不同时期其发展侧重的技术有所不同。本部分内容侧重于分析机械式换挡器中关于换挡杆位置调节装置、换挡手柄与换挡杆的连接结构、排挡装置技术的发展路线，并针对每个技术分支的重要专利进行分析。

3.1 换挡杆位置调节装置技术发展路线

变速操纵系统是车辆运动变速过程中，人与车辆思想传递的纽带。变速操纵系统包括操纵器和手柄球，其中操纵器上的操纵杆与手柄球固定装配连接。在现有的车辆中，手柄球的高度都是固定不变的，因此，操纵力和选换挡行程也随之固定。然而，随着近年来人们对车辆操纵性能及功能要求的不断提升，以及考虑男女手臂力度不同的生理特点的情况下，这种高度不可调的手柄球难以使每个使用者都得到最大的舒适度和良好的操纵手感。换挡杆位置调节装置的原理较为简单，即换挡杆在高度、角度、X—Y 等方向上能够发生变化，通常换挡杆位置调节装置主要为高度上的调节，即沿换挡杆的轴向方向。图 18 和图 19 分别为国外和国内关于换挡杆位置调节装置的技术发展路线图。

日本 KOJIMA 公司最早于 1983 年提出了第一件关于换挡杆高度调节装置的专利，通过螺纹实现换挡杆高度的无级调节，但螺纹式调节在使用过程中由于车辆的振动使得换挡杆容易松动。针对螺纹式的缺陷，为了防止换挡杆在使用时发生松动，DAIHATSU 公司于 1984 年提出了一种锁止式换挡杆高度调节装置，通过在换挡杆上设置有限个凹槽，换挡器座上设置滚珠弹簧，通过滚珠弹簧压入凹槽实现换挡杆的高度调节和换挡杆的轴向锁止。由于弹簧与凹槽的配合并不十分的稳固，因此 DAEWOO 公司于 1995 年提出通过 U 形凸块＋弹簧实现锁止，但当弹簧刚度较大时进行换挡杆高度调节较为费力、困难，而弹簧刚度较小时换挡杆的固定又不可靠，DAEWOO 公司同年还提出一种按钮式换挡杆高度调节装置，通过设置在换挡杆端部的按钮上下运动方便地实现锁销插入或移出凹槽。DAEWOO 公司于 1996 年又提出了一种提拉式换挡杆高度调节装置，通过在内杆和外杆上设置有相互配合的凸部和凹部，通过外力将内杆压入外杆或从外杆中拔出，同年 DAEWOO 公司由于 1995 年提出的按钮式装置的结构较为复杂，又提出了一种简单的、侧压式的按钮式换挡杆调节装置。1996 年，HYUNDAI 公司针对锁止式的滚珠弹簧需要借助外力实现滚珠与凹槽的配合，提出一种与滚珠连接的连杆、与连杆连接的按钮来实现滚珠方便地进出凹槽，并在 2000 年将滚珠弹簧结构变更为柱销弹簧，增加了锁止的稳定性，并且该公司在 2001 年提出了第一件关于角度调节的换挡杆装置的专利。

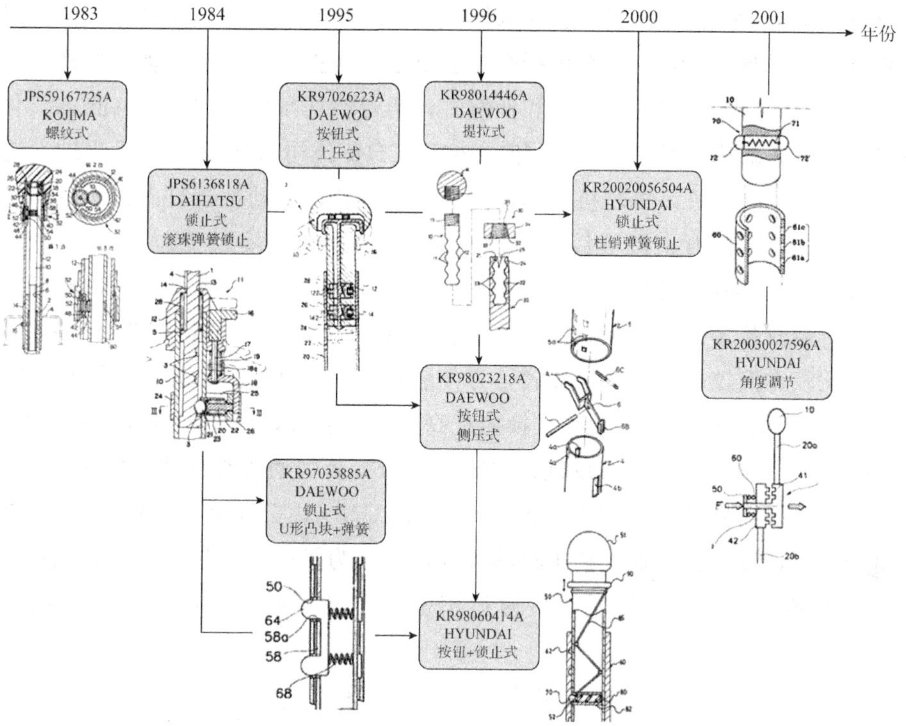

（Ⅰ）

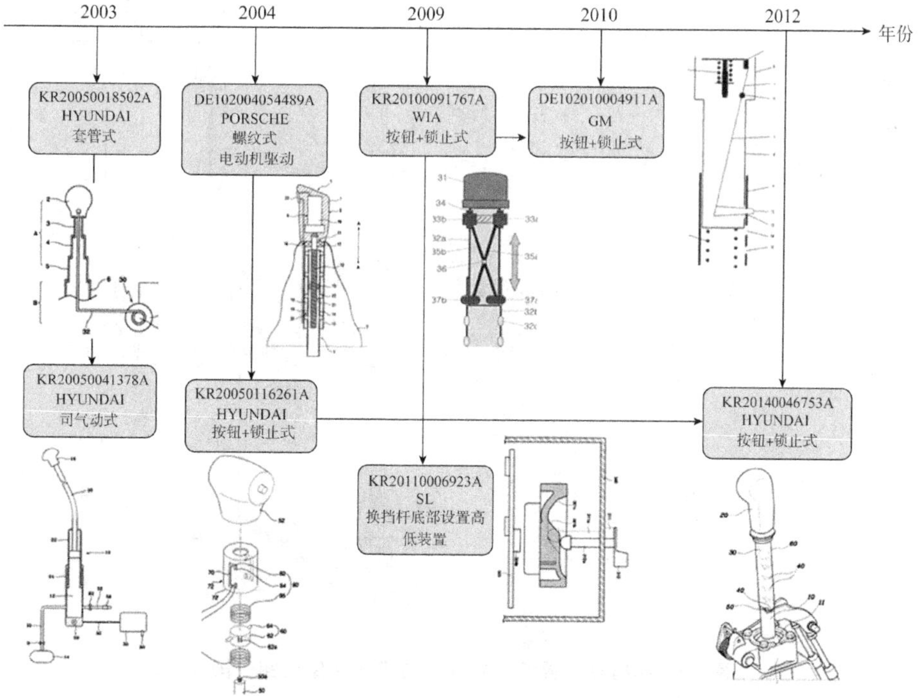

（Ⅱ）

图 18　换挡杆位置调节装置的技术发展路线图（国外）

2003年，HYUNDAI公司提出了一种套管式的换挡杆高度调节装置，包括固定单元和可调节单元，可调节单元由几个可折叠的管组成；还提出了一种气动式的换挡杆高度调节装置，换挡杆分为活塞式的操作杆和活塞缸，通过空气压缩机向活塞内充入气体，从而改变操作杆在活塞缸内的位置。2004年，PORSCHE公司对螺纹式进行改进，通过电动代替手动，设置有电动机，电动机带动换挡杆转动，转动带动换挡杆上设置的螺纹上下运动来实现高度调节，同时在两套筒之间设置滚珠，从而减小调节阻力。HYUNDAI公司在2004年针对之前提出的按钮＋锁止式存在的缺陷，换挡杆需要设置为内外杆，结构较为复杂，而将调节装置设置在换挡手柄内，通过换挡手柄上的按钮调节套筒在U形槽内的运动，相比较在换挡杆上的调节装置，方便装配。WIA公司和GM公司分别在2009年和2010年提出了相似的按钮＋锁止式换挡杆高度调节装置，所不同的仅为锁止装置不同，WIA公司为滚轮，而GM公司为棘爪。2009年，SL公司通过在换挡杆的端部设置高低装置，从而实现了换挡杆的高度调节。2012年，HYUNDAI公司针对2004年的装置进行了改进，由于需要设置按钮实现换挡手柄的高度调节，为了简化结构，在下换挡杆上设置特殊凹槽，上下换挡杆之间设置销轴，通过销轴在下换挡杆的凹槽内运动从而实现高度调节。

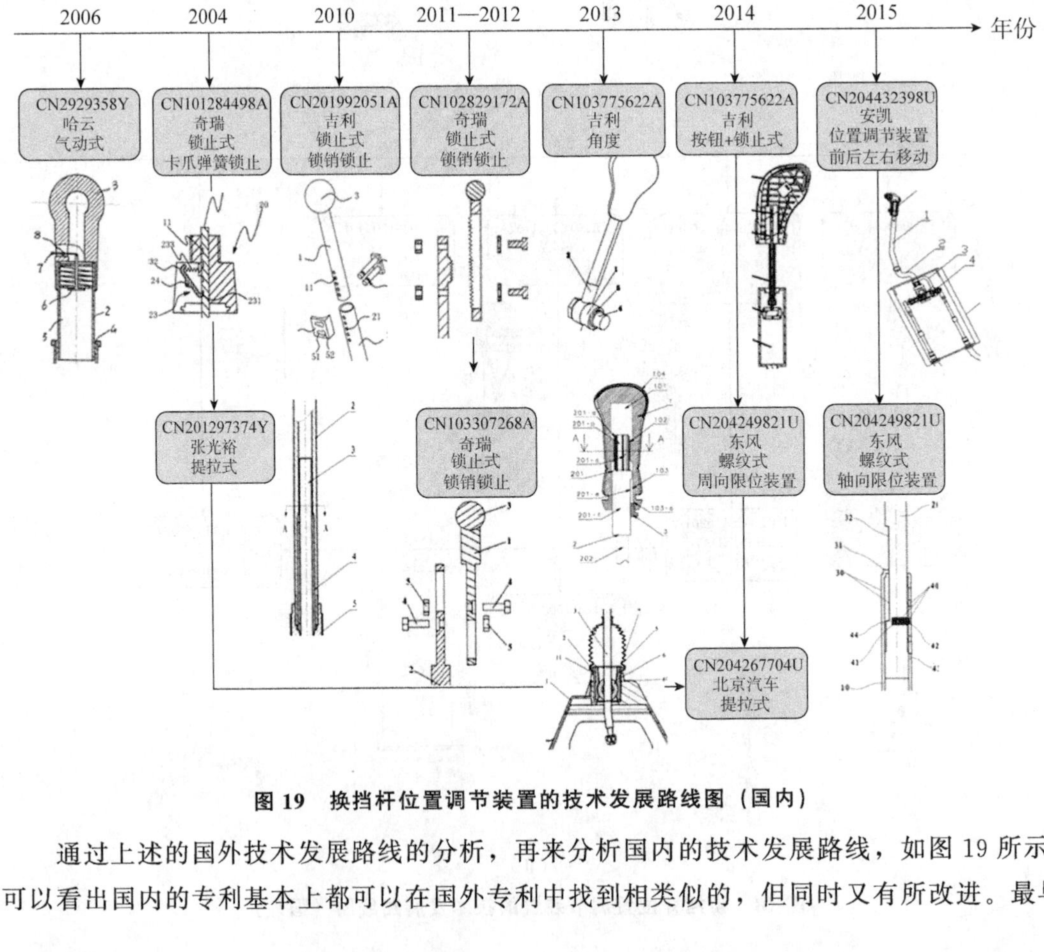

图19　换挡杆位置调节装置的技术发展路线图（国内）

通过上述的国外技术发展路线的分析，再来分析国内的技术发展路线，如图19所示，可以看出国内的专利基本上都可以在国外专利中找到相类似的，但同时又有所改进。最早的关于换挡杆高度调节装置为个人申请，2006 年哈云提出一种气动式调节装置，设置有气动阀，通过气动阀的开启与关闭实现换挡杆调节和锁定。2008 年，奇瑞公司将锁止式换挡杆高度调节装置的滚珠弹簧改进为卡爪弹簧锁止，从而提高了锁止的稳定性。张光裕提出的提拉式通过内外套管结构配合，再通过螺母进行锁止。之后吉利、奇瑞等公司在2010—2012 年提出通过锁销实现上下换挡杆的锁止，但在锁止的细节上有细微的改进，并都已获得发明专利的授权。2013 年，吉利公司提出一种角度调节装置，该装置还设置有锁止装置。2014 年，吉利公司提出了按钮＋锁止式换挡杆高度调节装置，其通过设置在中空换挡杆内的六连杆机构的变形与回复来调节和固定换挡杆机构。同年，北京汽车公司提出通过滑动衬套带动球头及换挡杆沿着换挡杆的高度方向上下运动。东风公司在 2014 年申请了螺纹式换挡杆高度调节装置，其通过螺纹进行高度调节，在周向上还设置限位装置，从而避免松动，其后在 2015 年的装置上还设置轴向限位装置，从而起到轴向限位和导向的作用。2015 年，安凯公司提出一种 $X—Y$ 方向位置的调节装置，在换挡杆上设置相互垂直的导轨，使得换挡杆能够在导轨上前后左右移动。

3.2 换挡手柄与换挡杆的连接机构技术发展路线

汽车操纵系统中，操作者通过换挡手柄进行操作，换挡手柄相对于整车的其他内饰件，其使用极其频繁，受力也较为复杂，因此它与换挡杆连接的强度和可靠性要求都较高，由于换挡手柄是一个体积较小的外观件，所以不便采用传统的标准紧固件等方式进行紧固，在整车维修过程中，换挡手柄也会经常拆卸、安装。基于以上要求，换挡手柄与换挡杆的连接必须具备结构紧凑，有足够的连接强度及可靠性，同时又要方便拆卸、安装，多次拆卸和安装对连接结构影响小，连接结构不影响外观等特点。图 20 和图 21 分别为国外和国内换挡手柄与换挡杆装配的技术发展路线图。

最早的换挡手柄与换挡杆的连接采用螺纹连接，再通过螺母进行紧固，如 1927 年，DROLETTE 公司申请的第一件螺纹式连接结构，至 1970 年，PLASTICS 公司在螺纹式连接结构的基础上，在换挡手柄与换挡杆之间还设置有吸振块，从而减少换挡杆的振动，提高驾驶人的驾驶乐趣。FUJI 公司在 1980 年提出采用螺钉将换挡手柄锁止在换挡杆上，同时为了方便拆卸，还设置有开关，当拆卸时先移除螺钉，按下开关通过端部的弹性力使换挡手柄与换挡杆分离。1986 年，REGIE 公司提出一种卡接式的连接结构，在换挡杆和换挡手柄上分别设置相互配合的凸起和凹槽，从而使两者可进行卡接。1987 年，NISSAN 公司对螺纹式进行改进，提出将螺纹的端部设置为锥形螺纹，从而能够有效防止换挡杆的松动。1992 年 CHRYSLER 公司继续对螺纹式进行改进，在其轴向上设置限位结构，从而防止换挡杆松动。1994 年，CTTR 公司提出一种卡接式连接结构，换挡杆不再是传统的圆筒状，而是方形，换挡杆端部的 U 形夹上设置有凸榫，凸榫卡接到换挡手柄内套筒上的凹槽中，从而能够快速地将换挡手柄紧固至换挡杆。1995 年，KIA 公司提出的卡接式连接结构在换挡手柄上设置有卡爪，卡爪卡接到换挡杆上的凹槽中。

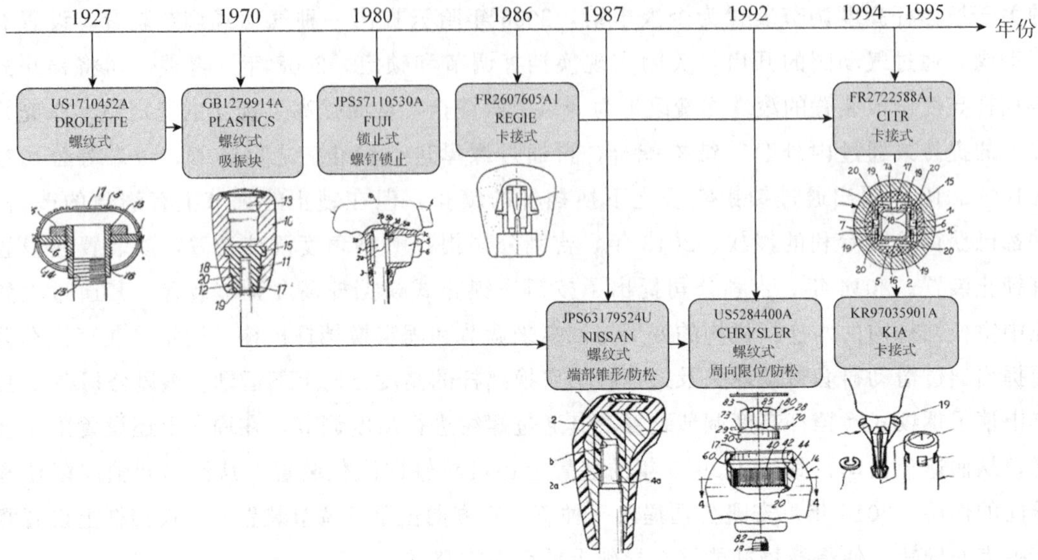

（Ⅰ）

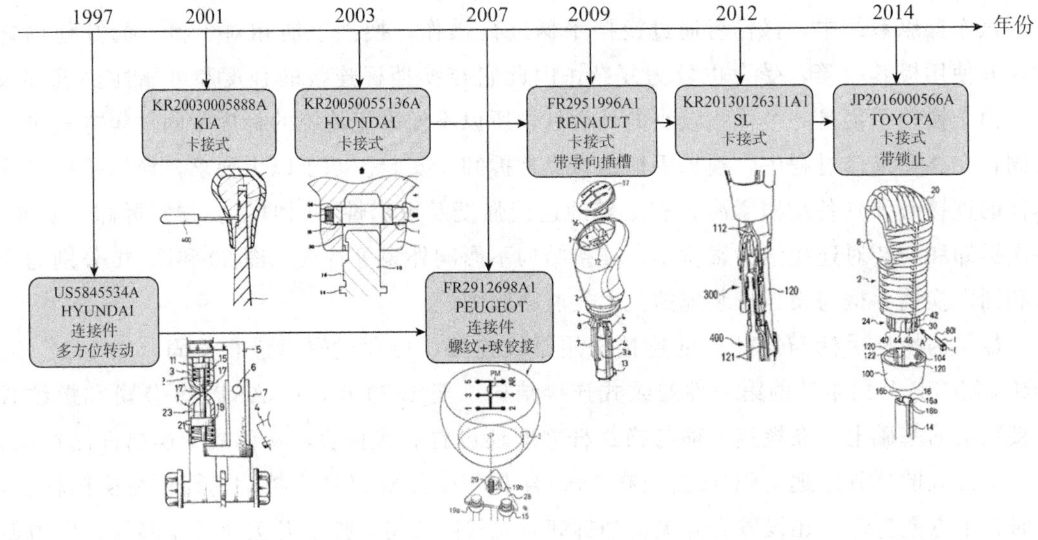

（Ⅱ）

图20　换挡手柄与换挡杆装配的技术发展路线图（国外）

1997年，HYUNDAI公司不再采用传统的连接结构，而是通过中间连接件与换挡杆进行连接，能够实现多方位转动，为驾驶人提供动态的驾驶体验，通过该连接件与转换开关的设置，能够直接将变速器从正常模式变换为运动模式。相比较于该种结构，PEUGEOT公司于2007年提出了另外一种连接件式的连接结构，其将换挡杆的单根结构形式更改为由3根细长的换挡杆组成，3根换挡杆呈三角形，中间连接件的一端通过螺纹与换挡手柄进行连接，另外一端通过球铰接与换挡杆进行连接，呈三角形的换挡杆确保了换挡的稳定性。除了上述的专利申请外，2000年之后的关于换挡手柄与换挡杆连接结构的专利申请基本上都是卡接式，换挡手柄与换挡杆上的凹凸装置进行卡接，并对其进行锁止，如 2001 年 KIA 公司通过锁止销锁止，2003 年 HYUNDAI 公司通过按钮锁止。2009 年，RENAULT 公司在卡接式的基础上做出改进，还设置有导向插槽，方便两者的快速连接。2012 年，SL 公司提出的卡接式连接结构，其在换挡手柄的一侧形成有连接终端，在换挡杆相对换挡手柄的一侧设置有连接终端，两者分别单独进行装配，两个连接终端之间能够电连接，从而提高装配效率。2014 年，TOYOTA 公司提出的卡接式还带有锁止装置，能够使得换挡手柄方便地从换挡杆上拆卸下来。

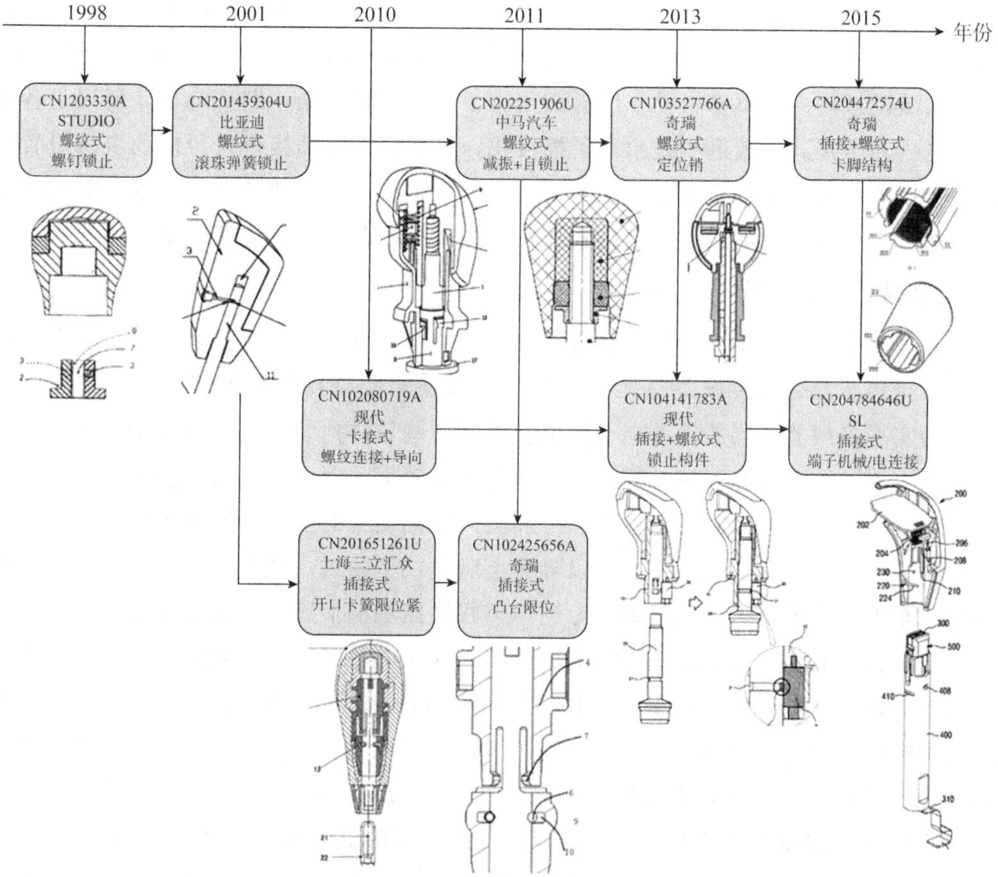

图 21 换挡手柄与换挡杆装配的技术发展路线图（国内）

上述为国外的技术发展路线，国内关于换挡手柄与换挡杆的连接结构主要有螺纹式、卡接式、插接式，其中卡接式为现代公司（韩国）提出的专利申请，因此国内主要还是在螺纹式和插接式上进行优化和改进。螺纹式存在易松动的问题，因此需要对其进行锁止，如 1998 年 STUDIO 公司的螺钉锁止；2001 年比亚迪公司的滚珠弹簧锁止，同时还设置有杆，方便拆卸；2011 年中马汽车的自锁止结构，同时还设置有减振装置；2013 年奇瑞公司设置有方便安装和拆卸的定位销结构；2015 年奇瑞公司提出在螺纹式的基础上增加插接装置，即卡脚结构，从而防止松动；同样现代公司在 2013 年提出的螺纹＋插接式连接结构，设置锁止构件，防止换挡手柄与换挡杆之间松动。国内的插接式是卡接式的一种变形，只不过相比较卡接式而言，插接式的结构相对简单，但同时还能够起到紧固的作用，由于插接式是在轴向上进行插接，因此轴向需要进行限位，如2010年上海三立汇众公司通过开口卡簧进行轴向限位紧固，2011年奇瑞公司采用凸起加U形卡簧进行限位紧固。2015年，SL公司对之前的机械式和电气式连接结构进行结构改进，两者直接通过插接式的方式连接，两者的机械式和电气式连接均集成在换挡手柄和换挡杆上，从而简化了装配过程。

综上所述，相比较而言，换挡手柄与换挡杆的连接结构最先出现的为螺纹式，螺纹式结构简单、制造方便，但使用久了之后容易发生松动，而卡接式是相对于螺纹式提出的，卡接式的装配效率高，不易松动，但拆卸困难，而且结构复杂，制造麻烦，所以是各有千秋。而国内对卡接式的改进则是出现了插接式，虽然国外有插接进行导向的机构设置，但均是在卡接式的基础上进行改进优化的，而国内则是在插接式的基础上再进行其他的如导向、锁止、拆卸等方面的改进，插接式相比卡接式结构要简单、装配方便。

3.3 排挡装置技术发展路线

通常换挡手柄分为手动挡手柄和自动挡手柄，通常意义上的排挡装置是用于自动挡手柄上的，排挡装置是通过设置在换挡手柄上的按钮来实现操作杆的解锁，向前或向后推动，从而实现换挡的。当然手动挡手柄也会设置一些与排挡装置类似的保护装置，如倒挡保护、离合器的结合与分离等，因此并未将其细分为手动挡手柄或自动挡手柄，而将其统称为排挡装置。图22和图23分别为国外和国内排挡装置的技术发展路线图。

排挡装置根据其安装位置主要可以分为上压式或上抬式、侧压式、前压式三种，由于最开始的车型为手动式，因此早期的专利申请在换挡手柄上设置按钮并不是用于换挡，而是用于非换挡的其他安全保护装置。DROLETTE公司在1927年换挡手柄上的按钮用于倒挡保护，而1958年NEWTON公司换挡手柄上的按钮用于离合器的啮合与分离。真正意义上的排挡装置则是由ROOTES公司于1968年首次申请的，其通过杆的摇摆运动带动棘爪运动，从而实现挡位的锁止和解锁。1973年，CATEROILLAR公司提出一种上抬式的用于重型车辆的变速器换挡器。1975年，BAYERISCHE公司提出一种前压式排挡装置，GENERAL和CHRYSLER公司分别提出一种侧压式排挡装置，虽然在换挡手柄上的位置不同，但其实质是相同的。HONDA公司针对侧压式在按钮与换挡杆之间的接触处设置有滚轮，从而减小换挡阻力。1981年，AMERICAN公司提出的侧压式排挡装置驱动的是阀装置，阀装置的开启和关闭实现挡位的锁止和换挡。1987年，PEUGEOT公司提出了首件上压式排挡装置，为法国申请，而且后续法国申请基本都是基于上压式排挡装置进行改进和优化的。

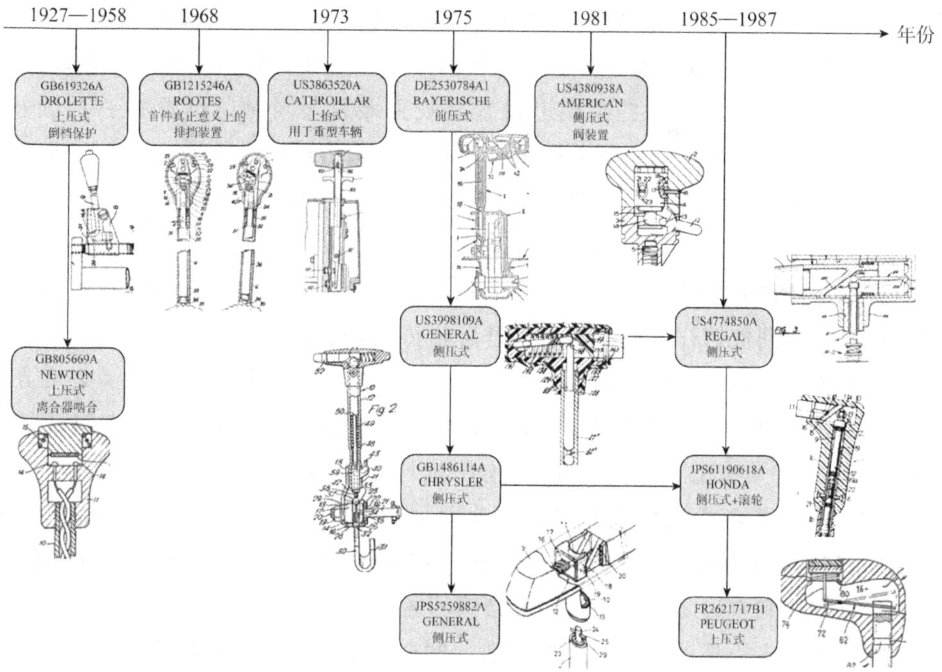

（Ⅰ）

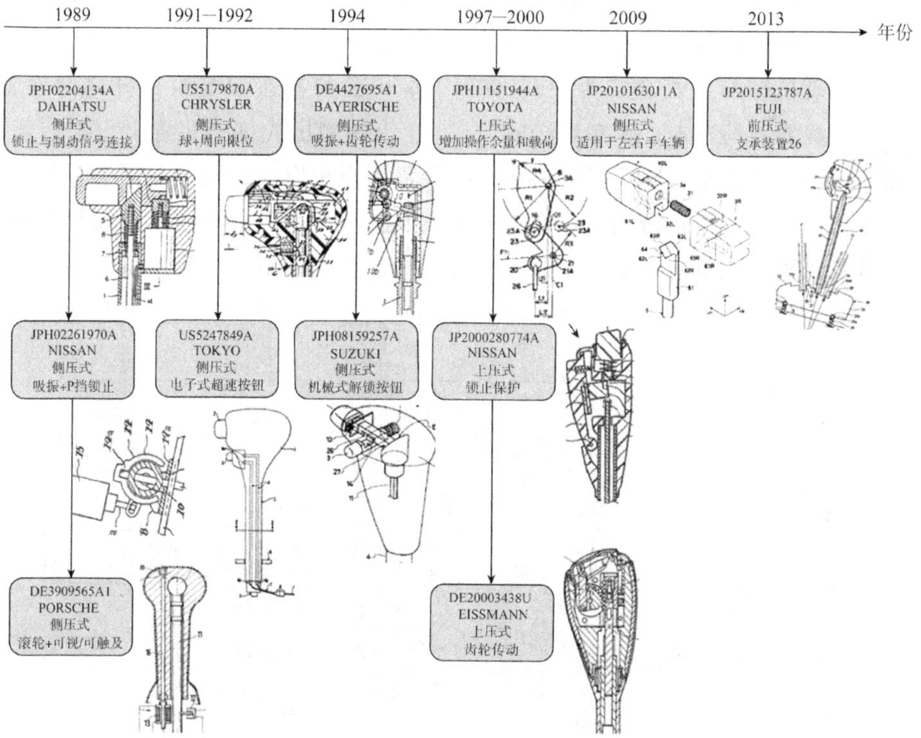

（Ⅱ）

图 22　排挡装置的技术发展路线图（国外）

从 1989—1994 年，基本上以侧压式为主，主要有美国、日本和德国申请人。1989 年，DAIHATSU 公司提出将锁止装置与制动踏板信号进行连接，确保只有踩住制动踏板才能进行换挡；NISSAN 公司在换挡手柄上设置有吸振装置，同时还设置有 P 挡锁止装置；PORSCHE 公司在设置滚轮的基础上还设置有可触及的凸起杆，驾驶人在换挡时能够通过该凸起杆来确认排挡装置是否处于锁止状态。1991 年，CHRYSLER 公司在换挡杆上设置球装置，并由球的凸起在换挡手柄上设置螺钉实现轴向限位，1992 年，TOKYO 公司除了机械式的侧压式排挡装置外，还设置有电子式超速按钮。1994 年，BAYERISCHE 公司设置有吸振块，按钮到换挡杆的动力传递通过齿轮传动，能够降低换挡噪声和换挡力；SUZUKI 公司设置有侧压式的换挡按钮以及机械式解锁按钮，两个按钮呈十字交叉结构。为了减小换挡力，按钮至换挡杆之间的动力传递从最开始的直接接触，到两者间设置有滚轮再到齿轮，到 1997 年 TOYOTA 公司的连杆机构，能够增加操作余量和载荷。1997—2000 年主要是针对上压式的排挡装置进行改进和优化。同样，在上压式的排挡装置上也设置有锁止装置、传动装置，如齿轮、连杆。2009 年，NISSAN 公司考虑到不同国家的驾驶习惯，有左边和右边之分，为了保证结构的通用性，设置一种既能够适用于左边排挡装置，又能适用于右边排挡装置的排挡按钮。2013 年，FUJI 公司为了减小换挡冲击，在前压式的排挡装置的挡位支架下端设置有支承装置，该支承装置能够减小换挡冲击。

从图 23 所示的国内排挡装置的技术发展路线图可以看出，国内公司对排挡装置的改进较少，基本上都是国外公司的在华申请。2004 年 ZF 公司在上压式排挡装置上还集成有开关装置，实现机械与电气合二为一；2009 年本田公司在按钮与换挡杆之间设置有臂，该臂能够实现吸收载荷冲击；德鱼塔公司在 2013 年的侧压式排挡装置上设置有齿轮传动装置。而国内申请人北京长安公司提出在排挡装置不影响换挡通顺的前提下，使驾驶员换挡时手感变化明显，避免换错挡位，换挡手柄内设置有滑块，滑块的下部设置有沿滑块长度方向设置的凹槽，凹槽的顶面至少包括连接在一起且斜率不同的第一斜面和第二斜面。

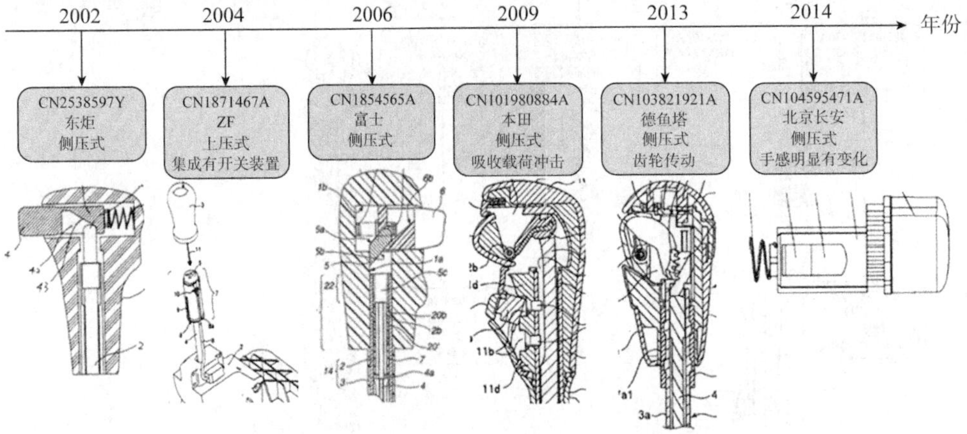

图 23 排挡装置的技术发展路线图（国内）

3.4 重要专利分析

寻找到潜在的机械式换挡器领域的重要专利，无论是对了解该技术领域的重点发展技术专利、了解掌握重点专利技术的申请人，还是对研究该领域中重要申请人之间的技术关联，都具有积极的意义。由于专利的重要性评价并没有绝对的标准，但前人已罗列出构成专利重要性的影响因素包括：被引频次、引用属性、时间属性、国别属性、同族数量等。在这里为简化获取重要专利的过程，在检索数据库中以同族被引证次数作为重要专利的判断依据。

3.4.1 换挡杆位置调节装置重要专利分析

专利 KR10－2008－0013623A 由韩国现代（HYUNDAI）公司于 2006 年 8 月 6 日向韩国专利局提出申请，同族被引证次数为 6 次，其中，中国引证次数为 2 次，韩国引证次数为 3 次，美国引证次数为 1 次。

在该专利中（如图 24 所示），换挡杆高度调节装置包括：衬套 40、操作条 30、按钮 22、小齿轮 50、弹簧 60，向下按压按钮 22，小齿轮 50 顺时针转动，衬套 40 向上移动，换挡杆轴向长度减小，弹簧 60 的回复力向上弹回按钮 22，小齿轮 50 逆时针转动，衬套 40 向下移动，换挡杆轴向长度增大，换挡杆的长度变化引起衬套 40 远离按钮 22 的一端上下移动，衬套 40 向下运动时能够进行后变速器（rear transmission）的换挡。

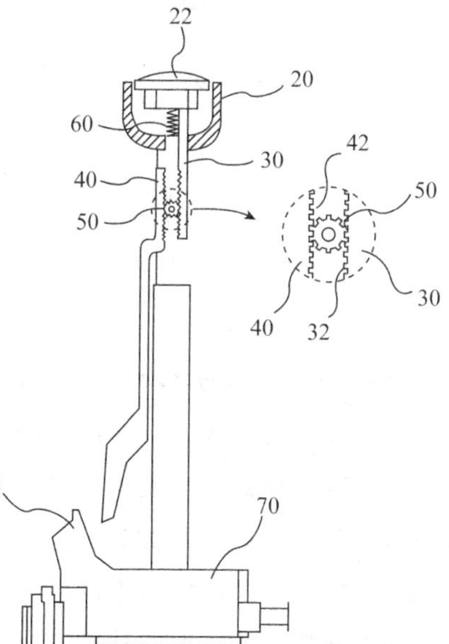

图 24　KR10－2008－0013623A 结构示意图

另外，应当说明的是换挡杆位置调节装置的专利文献在选取时通常是换挡杆在高度、角度或前后左右方向上能够调节的即纳入这一技术分支，因此换挡杆位置发生变化并不完全仅为驾驶员提供舒适的驾驶位置，也包含了位置变化实现其他的功能，如上述的韩国专利则是利用位置变化实现后变速器的换挡。

虽然换挡杆位置调节装置这一技术分支在数据库中存在一定数量的专利申请，但从前文的技术分支申请趋势也可以看出，其并不是机械式换挡器领域的重要技术。早期专利申请被引证文献基本为零，直到2000年前后才开始有被引证文献，这说明专利之间的关联性极少，相互之间没有传承与改进，因此选择被引证数量最多的KR10－2008－0013623A这篇专利文献作为重要专利进行分析。

3.4.2 换挡手柄与换挡杆的连接机构重要专利分析

专利JPS63－179524U是由日本日产自动车株式会社于1987年5月8日向日本专利局提出的实用新型专利申请，同族被引证次数为15次，其中，中国引证次数为3次，美国引证次数为10次，其他引证次数为2次。

在该专利中（如图25所示），由于螺纹存在容易松动的问题，其在螺纹式的基础上加以改进，将操作杆与换挡手柄相配合的螺纹分为上、下两段，下段为直螺纹段，上段为锥螺纹段。

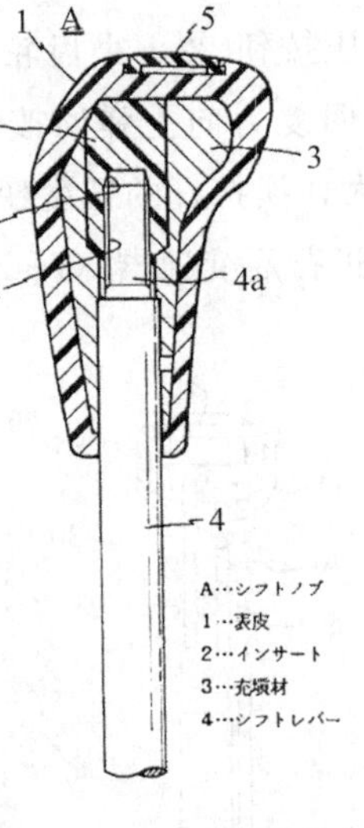

图25 JPS63－179524U结构示意图

通过对JPS63－179524U的引证信息进行分析，可以获得换挡手柄与换挡杆的连接机构的技术演进历程，JPS63－179524U是针对换挡杆松动进行改进的，仅改善了换挡杆轴向上的松动，在其周向上依然存在换挡杆松动的问题，因此在阅读和分析了被引证文献后发现后续专利主要是针对JPS63－179524U的周向上的松动加以改进的，比较典型的代表专利如US5284400A，其在周向上防松动所采取的技术手段是两个相互连接的部件之间用花键连接，如图26所示，这种防松手段是后续改进所采取的主要手段之一，还有将周向上的截面设置为非对称的，如CN100439762C。

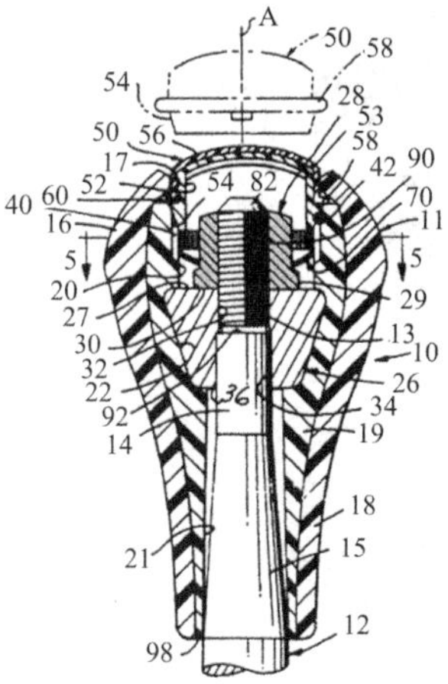

（Ⅰ）

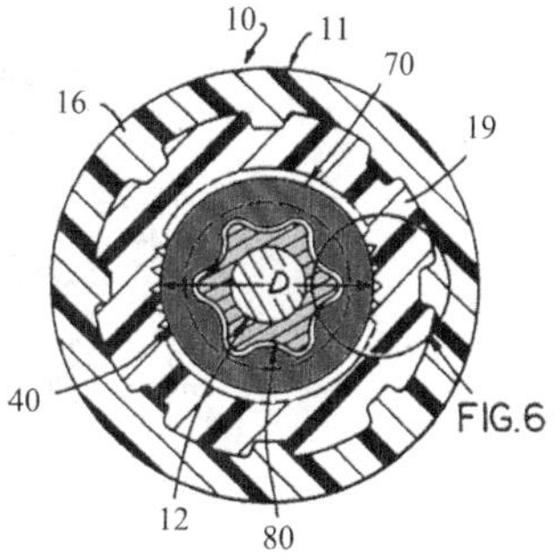

（Ⅱ）

图 26　US5284400A 结构示意图

3.4.3　排挡装置重要专利分析

专利 US3998109A 由美国通用（GM）公司于 1975 年 9 月 15 日向美国专利局提出申请，同族被引证次数为 48 次，其中，中国引证次数为 2 次，欧洲引证次数为 5 次，日本引证次数为 6 次，美国引证次数为 30 次，其他引证次数为 5 次。

在该专利中，排挡装置的排挡按钮给出了两个实例，上压式（如图 27Ⅰ、Ⅱ所示）和侧压式（如图 27Ⅲ所示），按下排挡按钮，推动锁销释放杆向下移动，锁销释放杆终端的锁销会从挡位板上离开而使换挡杆能够变速，其中锁销释放杆可柔性操作，其由球和柔性连接杆组成。

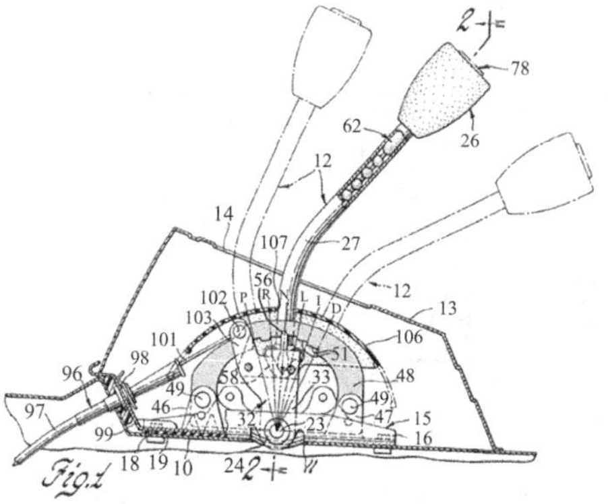

（Ⅰ）

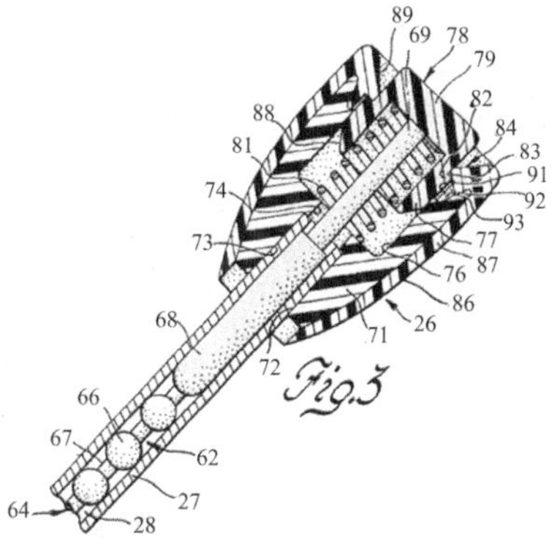

（Ⅱ）

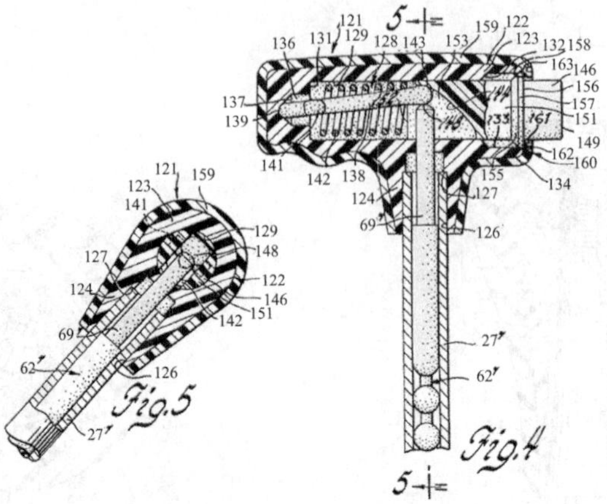

（Ⅲ）

图 27 US3998109A 结构示意图

通过对 US3998109A 的引证信息进行分析，可以获得排挡装置的技术演进历程，具体见图 28 所示的鱼骨图。

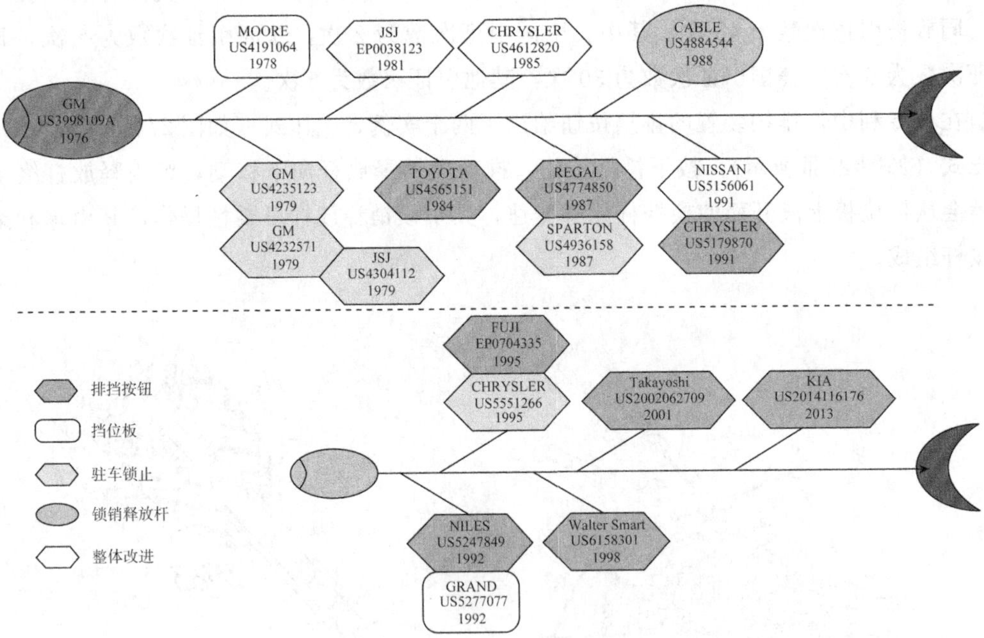

图 28 US3998109A 专利引证情况

US3998109A 提出了一种排挡装置，之后，包括 GM 公司在内的诸多企业在此基础上进行了后续改进，通过对被引证文献进行阅读和分析，概括得出改进具体包括：排挡按钮、挡位板、驻车锁止、锁销释放杆、整体改进等。

（1）排挡按钮。

排挡按钮包括从驾驶员操作的解锁按钮到锁销释放杆之间的力传递路径上的所有部

件，如图27Ⅲ所示。针对该部分的改进有：改善传递路径，如改进按钮与锁销释放杆之间的接触面（如US4565151、US4774850、US5179870）；改变按钮与锁销释放杆的结构（如US5247849、EP0704335）；改变按钮位置（如US6158301）；按钮与锁销释放杆之间增加第三部件（如US2002062709、US2014116176）。

（2）挡位板。

锁销由于挡位板上的凹槽而被锁定，专利US4191064、US5277077均是针对挡位板上的凹槽结构进行改进的。

（3）驻车锁止。

驻车锁止是指设置锁止机构，在锁止机构处于锁止状态时，变速器不能进行换挡。GM公司针对US3998109A做出改进，还设置驻车锁止，方向盘上设置点火制动装置，从而提高车辆的换挡安全性能，如US4235123、US4232571；类似GM公司的点火与换挡互锁的驻车锁止还有US4936158、US5551266；而JSJ公司申请的US4304112将驻车锁止设置为爪（pawl）。

（4）锁销释放杆。

US3998109A中锁销释放杆包括间隔设置的球和柔性杆，使得杆只能单向受力，US4884544将其用于普通换挡杆上，实现杆的单向受力，因此该专利并不能算真正意义上的改进，而是一种技术转用。

（5）整体改进。

整体改进是指完全不同于US3998109A中的排挡装置，一种全新的排挡装置。EP0038123提出一种挡位锁止解除装置，操作按钮设置在换挡杆上，而并非传统的换挡手柄上。US4612820直接将直排式改为阶梯式，导致排挡装置完全改变。为降低换挡杆结构复杂性，改变挡位板、连杆、拉索等的结构，简化从换挡杆到拉索之间的连接，且强度不降低，如US5156061。

第四章　结语

专利技术的申请在一定程度上体现了该国在相关领域的技术实力，通过对专利技术进行分析可以帮助大家了解过去、现在以及未来机械式换挡器技术领域专利发展的情况，此次专利技术综述主要包括以下几部分内容：

（1）简单介绍了换挡器的作用及原理、分类，并对每种换挡器的优缺点进行分析，其中手动式和自动式属于机械式换挡器，围绕机械式换挡器产生的技术问题分解出三个技术分支：换挡杆位置调节装置、换挡手柄与换挡杆的连接结构、排挡装置。

（2）对全球以及在华专利申请趋势、所在国家/地区分布、重要申请人及其代表性专利、技术分支申请趋势进行统计分析，通过分析可知，当前全球专利处于稳定发展期，而我国则处于快速发展期，日本、韩国和中国专利申请量占绝对优势，传统工业强国如德国、美国、法国等国家的技术发展成熟度较高，申请量稳定而少。

（3）围绕分解出的技术分支梳理各分支国内外技术发展路线，从中可以看出国内专利相较于国外来说起步较晚，虽然申请量众多，但技术含量较低，大部分的国内专利都是针对国外专利进行改进，根据每一技术分支文献的被引证文献数量确定重要专利，并对重要专利进行分析，还给出重要专利被引证文献之间的传承关系。

上述分析不仅能够帮助审查员了解国内外该技术领域的发展概况，还有利于在今后的审查工作中提高检索效率，从而提高审查意见的准确性。在最后给出了实际案例来佐证专利综述的撰写能够在实际审查中起到提高检索效率、准确审查的作用。

参考文献

[1] 乐华. 机械变速器换挡操纵机构的仿真与试验 [D]. 上海交通大学，2009.

[2] 陈子昂. 换挡操作机构的设计 [J]. 第六届中国智能交通年会暨第七届国际节能与新能源汽车创新发展论坛优秀论文集（新能源汽车），2015：243—250.

[3] 杨铁军. 产业专利分析报告——汽车碰撞安全 [M]. 北京：知识产权出版社，2013.

增程式电动车发动机专利技术综述

张俊彪

第一章　概述

增程器又称辅助动力单元（APU）、里程增加器等，其应用于增程式电动汽车（Range-Extended Electric Vehicle，R-EEV）中，是能够发电且能给动力电池组充电的辅助能量装置。美国通用汽车公司的 E. D. Tate 等人对增程式电动车定义如下：增程式纯电动车是一种配有可在线充电动力单元和辅助动力单元的纯电驱动的电动汽车，当电能充足时，电池提供车辆行驶所需的所有能量，当电能不足时，辅助动力单元才工作。

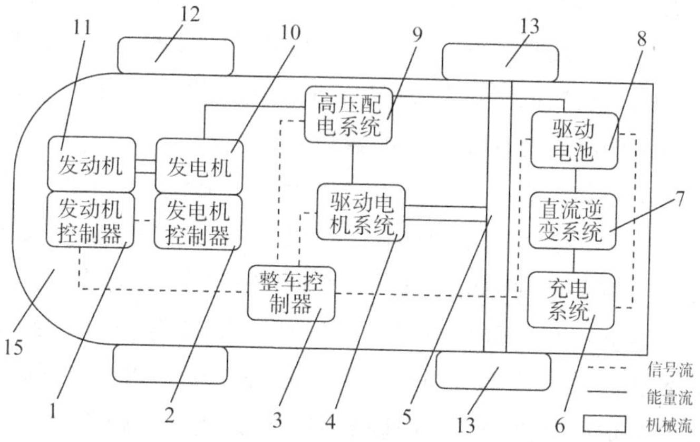

图 1　一般增程式电动车结构示意图（CN201420785081.6）

如图 1 所示，一般增程式电动车结构由电力驱动系统、整车控制系统和增程器（Range Extender，RE）组成，增程式电动车可以视为混合动力汽车的一种升级，增大动力电池和驱动电机的功率，同时采用单级传动比简化动力传动系统；也可以从纯电动车的角度解读，是解决续驶里程不足而增加辅助能源的一种形式。增程式电动车有混合动力和纯电动车的综合特征，在电量充足的情况下，动力电池和驱动电机的功率在设计上都能满足车辆的动力性能要求，不需要发动机—发电机组额外提供功率。随着电池电量的消耗，当电池电量低至某一门限值，为保护电池组不过放，此时开启发动机—发电机组发电驱动车辆，延长续驶里程。增程式电动车纯电动续驶里程大部分情况下可以满足消费者的使用要求，发动机—发电机组只是作为一个备用能源解决电池对里程的限制问题。因此，曾有业内专家指出增程式电动车是由传统内燃机车辆向纯电动汽车平稳过渡的最理想的车型。

在增程器中，发动机作为发电的动力源给发电机提供动力，一般不直接参与汽车的驱动。因此，可以通过一定的控制实现发动机保持在经济区间运行，最大限度地节省油耗。对于传统内燃机车上的发动机来说，并不适合直接用来作为增程器的发动机使用。开发增程器专用发动机是整个增程式电动车设计阶段比较重要的一步，增程器发动机一般要求结构紧凑、体积小、NVH 性能佳、能耗低等。目前出现的增程器发动机一般都是小排量发动机，有单缸、两缸、涡轮增压型小排量发动机，也有微型燃气涡轮机等。

本文从专利分析的角度，对增程式电动车发动机技术进行分析，重点从发动机结构和发动机控制的角度，分析该领域内各申请人对增程式发动机的关注点和解决问题的方案。由于串联式电动车与增程式电动车并不能完全等同，因此，为求准确，本文分析所基于的专利数据均在专利申请中明确提及了发动机应用于增程式电动车中。

第二章　增程式电动车发动机专利申请概况

图 2 所示为增程式电动车发动机技术全球专利申请和中国专利申请的总体趋势。由于专利申请公开的延迟性，本文中 2014—2016 年的数据并不完整，不能反映实际情况，仅作参考。图中纵坐标的含义是指：在进行专利申请数量统计时，对于数据库中以一族（这里的“族”指的是同族专利中的“族”）数据的形式出现的一系列专利文献，计算为一项，一般情况下，专利申请的项数对应于技术的数目。

从图 2 反映的整个趋势来看，该项技术在申请量上明显处于下滑状态，说明该项技术目前已经相对较为成熟。在整个汽车领域，发动机技术也是相对较为成熟的技术，细分到增程式电动车领域，其他车型发动机中部分成熟的技术可以直接借鉴。因此，其申请总体的量相对而言较少。全球专利申请量最多的时候是在 2011 年前后，之后便处于急速下滑状态，说明该项技术已经较为成熟。中国专利申请在 2011—2013 年的申请量较高，并且起步相对于全球专利申请而言也较晚，中国专利申请量相对比较集中，主要是因为近年受国家新能源政策的激励，各公司以及科研院所对新能源汽车领域的研发投入很高，相应的产出专利量也比较高。而增程式电动车作为新能源汽车的一种类型，相对于其他类型的混合动力车而言，具有结构简单、综合效率高、成本低的优点。因此，在纯电动汽车技术不是非常成熟，尤其动力电池性能没有得到突破性进展的阶段，增程式电动车成为了部分公司进入新能源汽车领域的首选研发对象，相关专利申请量在 2009—2011 年也呈现了高速的增长趋势，随后在 2012—2013 年的申请量趋于相对稳定状态。

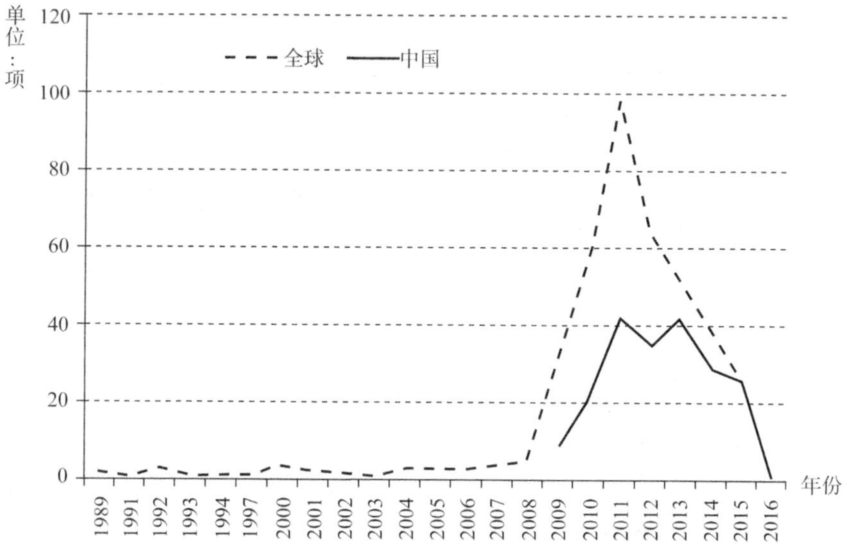

图 2　全球专利申请趋势和中国专利申请趋势

图 3 示出了全球专利申请来源国/地区构成，其中 CN 代表中国，US 代表美国，DE 代表德国，JP 代表日本，AT 代表奥地利，FR 代表法国，GB 代表英国，EP 代表欧专局。可以看出，目前中国、美国、德国、日本和奥地利为该项技术的主要来源国。

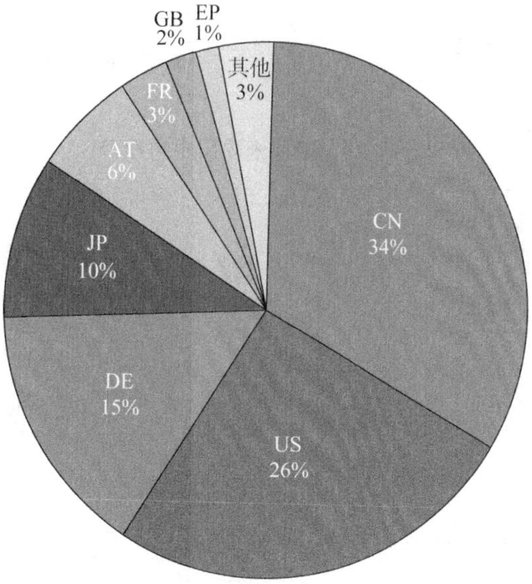

图 3　全球专利申请来源国/地区构成

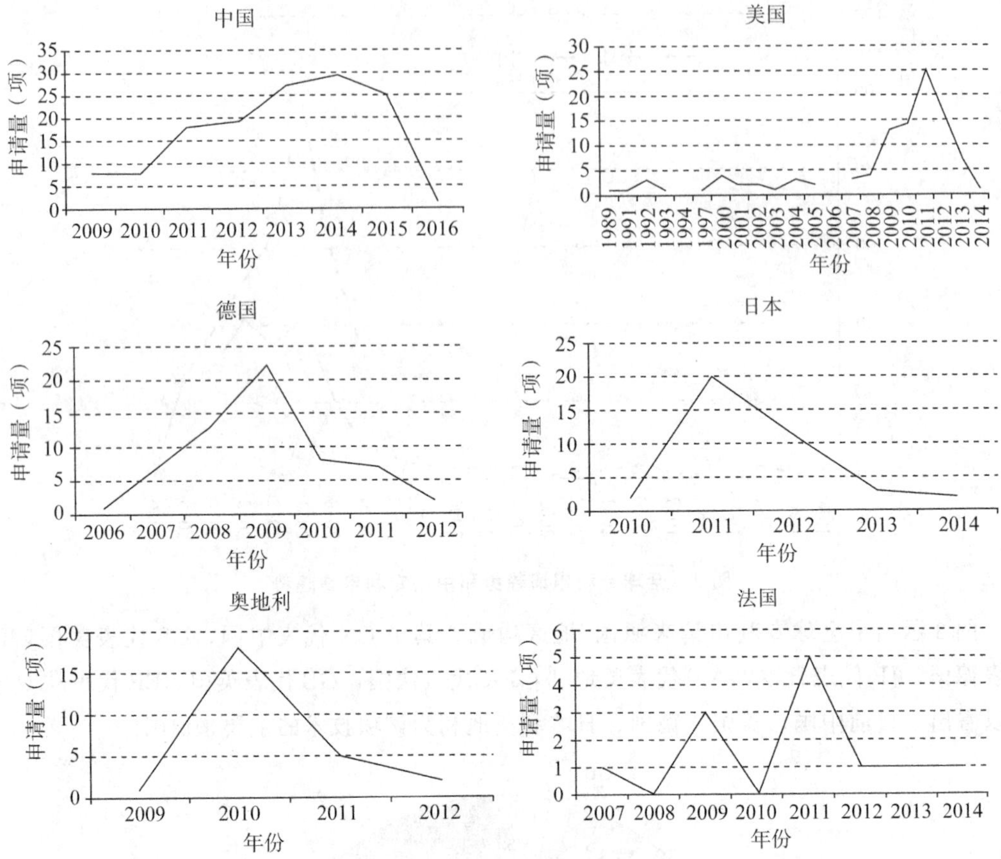

图4　六个主要来源国申请趋势

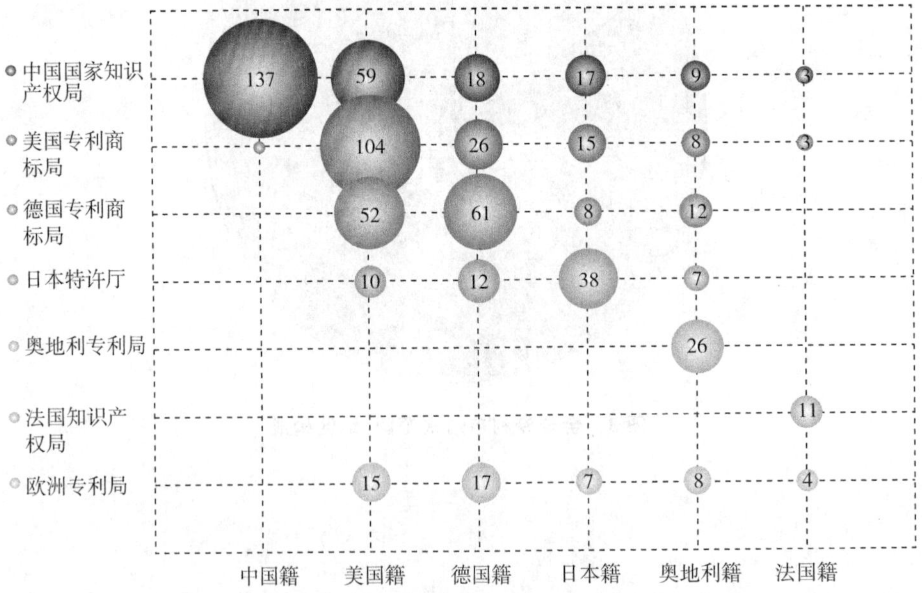

图5　六国专利目的地与流向图

从图 4 可以看出，目前几个主要来源国中，只有中国在这几年还保持较高的申请量，其他国家均处于申请量低谷，反映出近年中国申请人对于增程式电动车的研究热度较高，而国外申请人对增程式电动车的研发热度相对较低。这主要是因为目前在混合动力车领域中，并联式以及混联式的混合动力系统仍是重要的研发对象，而类似增程型的串联式混合动力系统的研发力度相对而言较低。从图 5 专利目的地与流向图可以看出，中国申请人申请的专利，几乎未在国外进行专利布局，虽然申请量比较大，但并不是很重要的技术输出国。而美国、德国和日本以及奥地利均在中国进行了相应的专利布局，中国申请人在国内面临着比较大的侵权风险，尤其应当重视来自美国通用汽车公司方面的侵权风险，通用汽车公司在增程式电动车领域是最具代表性的申请人，其旗下的产品也是行业内的标杆明星产品。

图 6 示出发动机技术申请人排名，目前该领域中，通用汽车公司具有绝对领先优势，旗下产品沃兰达增程式电动车也是业界内标杆式的明星产品。其次是奥地利的李斯特内燃机及测试设备公司。中国申请人奇瑞汽车公司是唯一排名靠前的中国申请人。

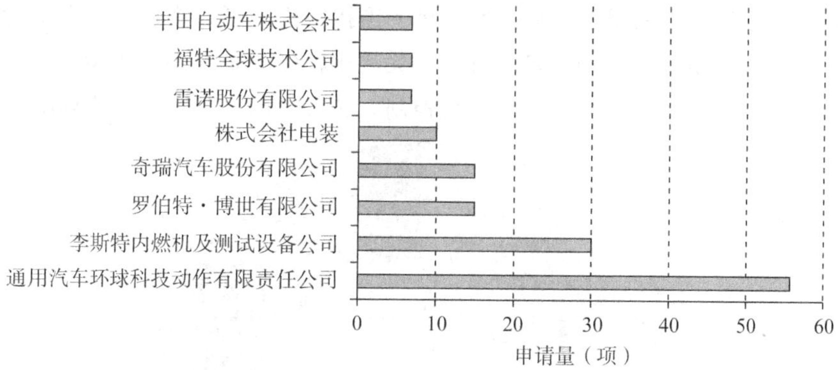

图 6 发动机技术申请人排名

通过对相关专利的技术方案的分析，可以得到如图 7 所示的增程式电动车发动机重点技术分解。一级分支为发动机结构、发动机布置、发动机控制，其中发动机结构又可分为发动机类型，即发动机的选型，发动机的进气、排气、润滑、供油系统以及冷却系统，而发动机布置方面，主要涉及发动机与发电机的连接结构、外挂式增程器发动机、多个发动机构成多个增程器单元以及发动机在整车的布置，即与整车的连接技术。发动机控制方面，主要涉及发动机的启动与停机控制、功率控制以及热量管理控制。

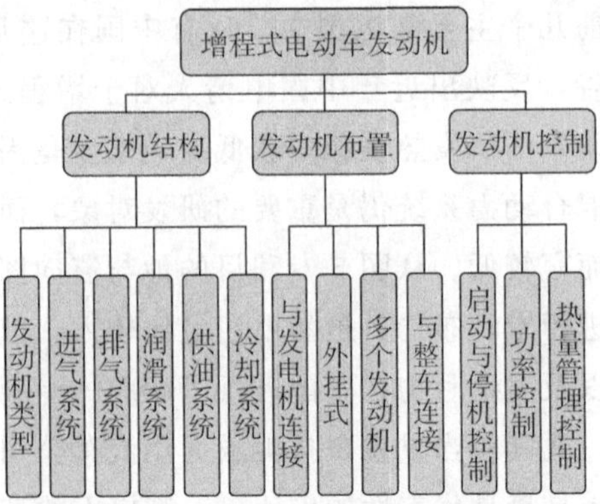

图7　增程式电动车发动机重点技术分解

从图8所示的各个重点技术分支占比情况来看，涉及发动机结构的占50%，其次是发动机控制，占32%，而在发动机结构中，涉及最多的是发动机类型，其次是供油系统和冷却系统，在发动机控制中占比最多的是发动机的启动与停机控制、发动机功率控制，在发动机布置方面，占比最多的是发动机与发电机的连接结构。可以看出，从全球专利申请的角度来看，申请人在增程式电动车发动机方面关注比较多的是发动机类型、供油系统、冷却系统以及发动机的功率控制和启动与停机控制，还有发动机与发电机连接结构方面。

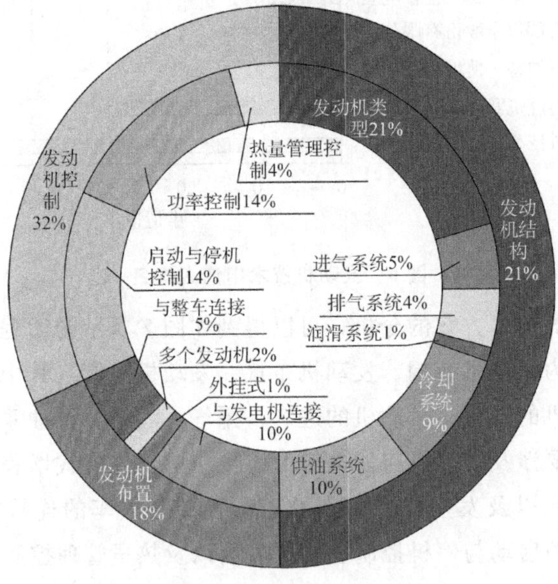

图8　增程式电动车发动机重点技术分布

图9示出了增程式电动车发动机一级技术分支主要申请人申请量对比，从中可以看出，在发动机结构方面以通用汽车和李斯特内燃机及测试设备公司的申请居多，发动机布置方面以李斯特内燃机及测试设备公司的申请居多，发动机控制方面通用汽车的申请量占据绝对优势。从申请人的角度来看，通用汽车公司以发动机控制技术申请为主，其次是发动机结构技术；李斯特内燃机及测试设备公司的申请以发动机结构技术为主，其次是发动

机布置技术；奇瑞汽车公司以发动机结构技术申请为主，发动机布置和控制技术申请相当；博世公司以发动机结构为主，株式会社电装以发动机结构和控制技术为主。

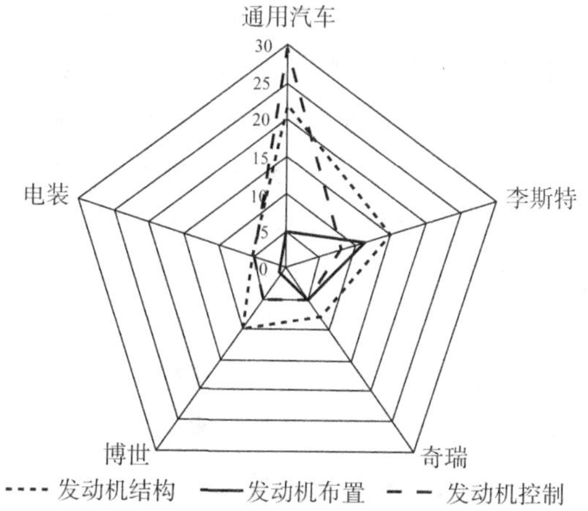

图9　增程式电动车发动机一级技术分支主要申请人申请量对比

第三章　增程器发动机重点技术分析

本章笔者分别选取各主要技术分支在各个年代具有代表性的重要专利构成了专利技术发展路线图，通过对各个年代的专利方案进行分析，找出在上述几个方面申请人所关注的问题点和相应的解决手段，发展路线图中所涉及的专利均以相应专利的最早优先权号示出。

3.1　发动机结构技术

发动机结构技术从发动机类型、进气系统、排气系统、润滑系统、冷却系统、供油系统六个方面进行分析。

3.1.1　发动机类型技术

图10示出了增程式电动车发动机类型技术发展路线图。增程式电动车结构形式属于混合动力车的一种，在混合动力车出现之前，普通车辆的发动机种类已经出现了内燃机式和外燃机式。在增程式电动车发动机选型时，较早出现的是内燃机形式，并且由于增程式电动车发动机不参与车辆的驱动，仅在电池电量较低时运行发电为蓄电池充电，其所需要的输出功率和输出转矩并不需要像普通车辆上的发动机一样追求大功率和大输出转矩，因此，在较早出现的内燃机上采用的是低马力的内燃机，例如1976年申请的专利US19760752539中采用10马力的内燃机形式。在内燃机所采用的燃料选择上，常见的是汽油、柴油等，而增程式电动车的设计目标之一就是提高发动机的燃烧效率，即提高将燃料的化学能转化为机械能的效率，并且实现污染低排放。

解决上述问题一方面可以通过选择燃烧效率、机械转化效率更高的发动机来实现，例如在1991年申请的专利US1991000688117针对普通内燃机效率低、污染排放高的问题，采用了自由活塞式斯特林发动机，斯特林发动机是英国物理学家罗巴特·斯特林于1816年发明的。该专利采用的自由活塞式斯特林发动机配合直线发电机，使得活塞的直线运动直接传递到发电机，不需要像内燃机一样将活塞的往复直线运动转化为旋转运动，提高了能量的转化效率。类似的，在内燃机上也出现了无曲轴自由活塞内燃机（例如2009年申请的专利US2009000362218），其和上述斯特林发动机类似，取消了常规内燃机的曲轴结构，搭配直线发电机提高了能量的转化效率。在2009年申请的DE102009020422则将内燃机和外燃机相结合，其同样是为了解决内燃机效率低下的技术问题，在内燃机与斯特林外燃机的组合中，内燃机具有与之配合的发电机，外燃机具有与之配合的热电发电机，利用内燃机燃烧发出的废气和废热带动斯特林发动机运转，可使得两个发电机发电进而为电池进行充电，提高了内燃机效率。之后在外燃机技术分支上，具有代表性的是燃气涡轮发动机，燃气涡轮发动机一般用在大型的交通工具上，例如飞机、轮船、坦克以及大型工程车辆上。在普通增程式电动车上采用的燃气涡轮发动机都是微型燃气涡轮发动机，例如2009年申请的DE2009100046076，其采用了多级压缩单元，包括至少两个串联的压缩器，并且下游连接至少一个涡轮，在涡轮和压缩器之间具有燃烧室，带动发电机进行发电。另外2010年申请的DE2010100009274和2011年申请的DE2011100116425也采用了燃气涡轮发动机，在2012年中国申请人申请了一种液流相循环发动机，包括气缸活塞做功机构、外燃汽化器和冷却器，所述外燃汽化器与所述气缸活塞做功机构的气缸连通，液体工质在所述外燃汽化器内发生化、过热化、临界化和/或超临界化，使系统内的压力增大，产生的高温高压气体工质推动所述气缸活塞做功机构内的活塞下行（由上止点到下止点）对外做功，并且中国申请人在2015年也申请了采用斯特林发动机作为增程器发动机的专利CN2015010189073。

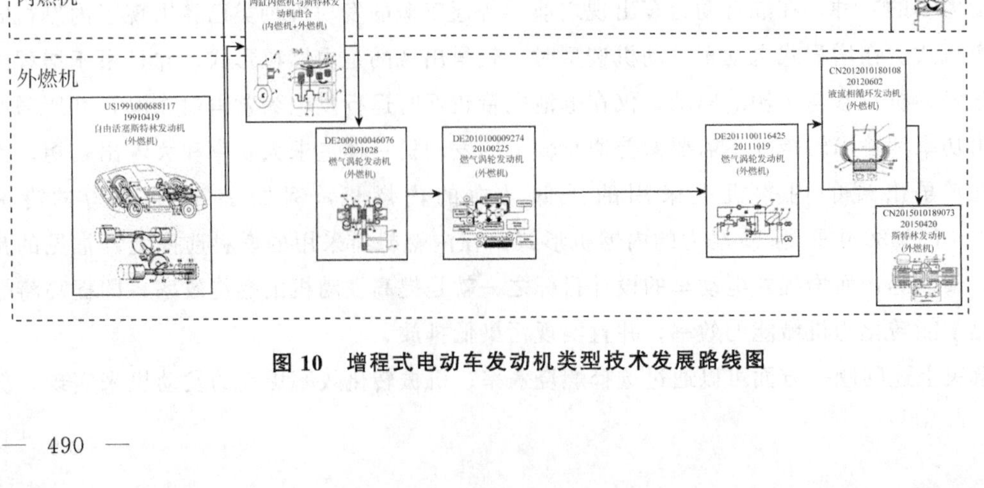

图10　增程式电动车发动机类型技术发展路线图

解决上述问题的另一种手段是，可以通过选择内燃机燃烧介质，即采用比普通汽油、柴油更加清洁的燃料介质。例如 2001 年申请的 US2001000963864 专利采用的氢动力内燃机，实现了零碳排放。另外，采用 LNG/LPG 液化天然气/液化石油气等相对较为清洁的能源的发动机种类也被用作增程器发动机的燃烧介质，例如 2015 年申请的 CN2015010113709 专利采用了 LPG 直喷发动机作为增程器发动机。在燃烧介质方面，业内增程式电动车标杆产品美国通用雪佛兰沃蓝达的概念车提出沃蓝达是“唯一一款能兼容众多为通用汽车带来竞争优势的新能源技术解决方案的车型”。雪佛兰 Volt 配备了通用汽车最新一代动力推进系统——E-Flex 系统。其中“E”表示“电”，电力是 E—Flex 车型的唯一驱动方式。而“Flex”代表的是“灵活”，表示用以驱动汽车的电力可以从各种途径获得。雪佛兰 Volt 概念车可以从汽油、乙醇、生物柴油或氢气中获得电能，这使得我们可以定制推进系统，以满足特殊的要求和特定市场的基础设施。可以使用 100% 的乙醇作为发动机电动机组和电池的动力，可以利用太阳获取氢，然后从燃料电池中得到电能，还可以从木材中获取生物柴油。这些可替代能源在 E-Flex 系统架构上都可以得到应用。即在概念设计阶段就提出了发动机燃烧介质可以是多种多样的，从专利的技术发展也可以看出该点。

有关增程器发动机的其他设计要求就是其需要具备体积小、重量轻、NVH 性能优越的特点。体积小、重量轻能够保证整车质量，使得纯电行驶距离更长，而由于发动机在某些工况下需要启动和停机，良好的 NVH 性能也是整车行驶舒适性的保证。从发动机类型角度来看，2009 年申请的专利 CN2009201808547 中明确采用三角转子发动机作为增程器发动机，与传统的往复式发动机相比，转子发动机取消了活塞和曲柄连杆机构，同样功率的转子发动机尺寸较小，零部件较少，重量较轻，而且振动和噪声也相对较低，整车噪声、振动与声振粗糙度 NVH 性能更优。转子发动机又称为汪克尔发动机（Wankel Engine)，事实上，在车辆领域或者在混合动力车中，采用转子发动机作为发电机的动力源的技术方案早已属于现有技术，而在增程器发动机中，AVL 李斯特内燃机及测试设备公司申请了较多的专利，例如 2010 年申请的转子发动机，该公司针对转子发动机在增程器中的使用，申请了多项专利，包括整个转子发动机发电单元的设计，冷却壳体设计以及转子发动机点火控制等。

与转子发动机类似，出现了一种 STaR 内燃机结构，例如在 2010 年申请的专利 NL2010002005011，采用了 STaR（Spherical Translation and Rotation）机构，即球形、平移和旋转机构，该机构可以用作现有活塞/曲轴和汪克尔结构（转子发动机）的有效替换，其相对于转子发动机具有旋转活塞和缸筒壁之间没有可能导致泄漏的点连接，并且燃烧室的形状使得可以快速膨胀，并因此防止高温和相关的热量及能量损失。该 STaR 内燃机中增加了定子元件和转子元件。这使得可以启动所述 STaR 内燃机，随后可以获取电力，这对于紧凑的增程式发动机的结构是理想的。

在减小发动机振动方面，还有其他类型的发动机形式，例如在 2010 年申请的一种齿轮传动（OPOC）内燃机（专利 CN2010010500514），2010 年申请的专利 CN2010020181123，公开了一种曲柄圆滑块内燃机，包括第一活塞、第二活塞和动平衡滑块，所述第一活塞所在的第一气缸的轴线与所述第二活塞所在的第二气缸的轴线相互平行，并位于动平衡滑块所在的跑道的两侧，由于取消了连杆，其复杂的往复摆动也就被取消了，使上述曲柄圆滑块机构能够方便地实现惯性力的完全平衡；同样，由于连杆的摆动而形成的对活塞往复运动的导轨侧壁的侧压力也会消失，使活塞往复运动时的摩擦力显著降低；另外，取消连杆后，可以显著缩小往复运动方向的尺寸，整个机构的尺寸得以显著缩小。其他类型还有水平对置类型发动机，例如2010年申请的齿轮传动（OPOC）内燃机，采用水平对置活塞，将往复直线运动转变为朝同一方向旋转；2010年申请的两缸星形发动机，其采用水平对置两缸结构；2012年申请的CN2012010574907中采用了水平对置二冲程发动机。水平对置发动机能够做到发动机整体高度低、长度短，并且由于两侧活塞产生的力矩相互抵消，大大降低了发动机的振动，噪声也较小，也是一种理想的增程器发动机结构。

总之，从整个增程器发动机类型技术发展路线来看，总体遵循使发动机更小、更安静、效率更高的原则，采用的发动机种类也都是在车辆领域中比较常见、技术较为成熟的种类。

3.1.2 发动机进气系统、排气系统、润滑系统、冷却系统技术

图11示出了增程式电动车发动机进气系统、排气系统、润滑系统、冷却系统、供油系统技术发展路线。下面针对进气系统、排气系统、润滑系统、冷却系统四项技术分别进行简要说明。

(1) 进气系统。

2010年申请的专利US2010000729697，公开了一种确定空气过滤器剩余使用寿命的方法，其针对增程式车辆内燃发动机可能出现长时间不被使用，车辆中的空气过滤器将会被颗粒物堵塞的问题。因此，这些车辆的行驶里程可能并非预测其空气过滤器状态的可接受手段，导致空滤寿命确定不准的技术问题，通过一系列算法确定较为准确的使用寿命。在2010年申请的US2010000845806，对进气系统中的电气节气门进行了改进，采用偏压件使得节气门在节气门马达未通电时处于默认位置，以使得给节气门马达的电能被最小化。另外，在2010年申请的AT2010000001973对于增程器发动机设计了进气和排气系统的声音衰减装置，减小进气和排气系统的噪声。

(2) 排气系统。

申请人主要关注点在于催化剂技术方面，包括催化剂的管理方法（2009年申请的FR2009000056693）、三元催化转化器的建模方法和计算方法（2010年申请的US2010000962876）以及催化转化器的加热方法，利用再生制动能量进行加热的方式（2011年申请的US2011000153534）。另外，还有对于废气再利用方面，通过废气蓄热器/分配系统用于冷却车辆（2010年申请的US2010000715494）；以及和排气系统传感器相关的技术，例如通过传感器检测废气，基于废气调整空气燃料比（2010年申请的JP2010000277813）；以及氧传感器输出校正系统和方法（2012年申请的US2012000457905）。

(3) 润滑系统。

2011年申请的专利US2011000024437关注到机油寿命的问题，现有常规车辆对于机

油寿命的监测是根据车辆运行里程来制定的相关机油更换极限，例如基于车辆中发动机转数的监视，然而在增程式车辆上，由于可能存在发动机不运行的纯电工况，因此，发动机的运行转数与总的车辆里程不再相关，这就会导致对于机油寿命的监测在增程式车辆上不准确，该专利针对以上问题，通过在发动机的机油更换极限的确定中并入运行环境的标识，机油更换极限可在预计到受发动机运行环境（包括温度和湿度等）影响的腐蚀因素和在特定运行环境中的服役时间的情况下而被调整。2011 年申请的专利 DE2011100108171 提出了一种转子发动机的润滑系统，2011 年申请的专利 DE2011100088112 针对转子发动机的机油盘进行了改进。

（4）冷却系统。

2010 年申请的专利 JP2010000046588 公开了发动机的冷却控制，针对增程式电动车发动机一般在发动机关闭后对于发动机的冷却停止问题，设计成在发动机温度高时，即使关闭发动机也驱动电气泵进行发动机冷却，保证了增程式发动机的冷却效果。在冷却结构设计上，2010 年申请的专利 AT2010000001910 公开了一种增程器单元，发动机和发电机共用壳体，并且采用共同的冷却系统。在对于转子发动机冷却结构上，2010 年 AVL 公司申请了三篇相关专利，分别关于转子发动机的风冷结构设计和转子发动机的轴流风扇结构设计。后续相关申请分别是关于车辆中部件冷却的布置（2011 年申请的 US201113000017994）以及三冷却回路设置（2011 年申请的 CN2011010256496）和双散热器芯结构设置（2012 年申请的 CN2012020178874）。

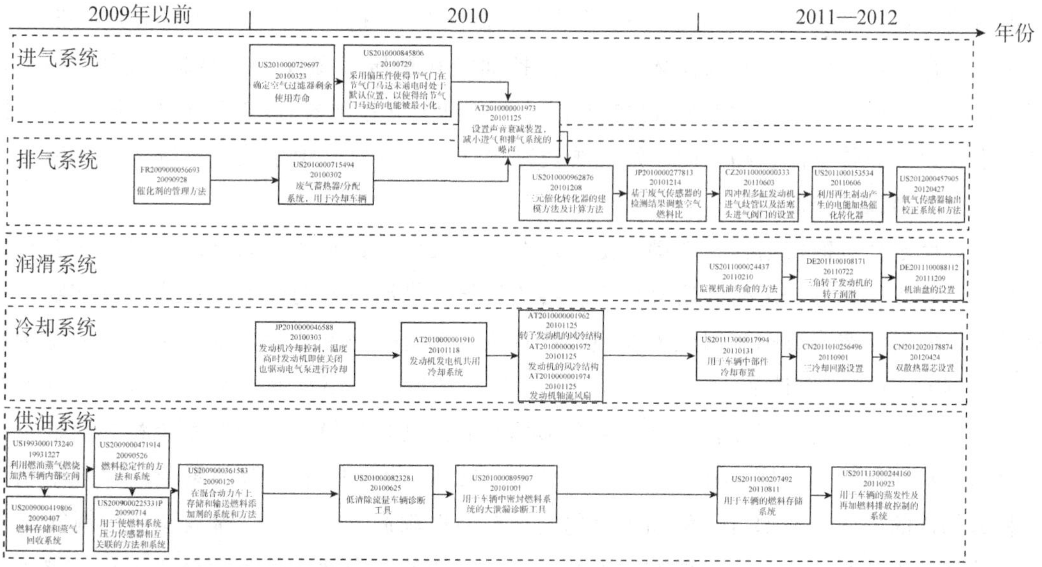

图 11　增程式电动车发动机进气系统、排气系统、润滑系统、冷却系统、供油系统技术发展路线图

3.1.3　发动机供油系统技术

有关供油系统方面的技术发展路线，同样参见图 10。申请人主要关注点在于燃油蒸气的处理和燃油稳定性方面。

燃料蒸气处理方面，常规内燃机车辆中将产生的燃料蒸气进行隔离和存储并且最终将所存储的蒸气泄放到发动机进气口，这样在发动机起动时，该部分蒸气可以被利用燃烧。而对于增程式电动车辆，由于其存在纯电行驶部分，对于某些短途工况，可能发动机会长时间不启动，这对于燃料蒸气的清除是不利的。在极端情况下，会出现燃料蒸气饱和并散逸至大气中的情况。针对这种问题，以下重要专利给出了解决方案，例如，1993年申请的US1993000173240中，其针对增程式车辆发动机经常不启动而导致采用常规的发动机冷却循环系统的供暖方式不稳定的问题，采用了燃油箱中蒸发的燃油蒸气采集储存并燃烧之后产生热量对车辆进行供暖，这对于混合动力车辆的供暖方式是一种解决办法，现在电动车辆上大部分采用热泵空调进行供暖，可以抛开发动机而提供稳定可靠的供暖，其实质上也解决了燃料蒸气的利用问题。2009年申请的US2009000419806也提供了解决办法，其通过设置第一和第二蒸气存储装置，并且在第二蒸气存储装置设置可电加热的沉底，与燃料蒸气吸附剂材料热耦合，达到蒸气在发动机不启动的情况下，也能及时通过电致动的方式进行清除。相关的针对清除性能，2010年申请的US2010000823281提供了一种评估燃料清除性能的方案，通过控制器使用绝对压力传感器的真空测量值评估或者诊断密封式燃料系统的蒸气清除功能，只在发动机运转、启用了清除并且泵停机的时候执行上述诊断或者评估。与其相关的，针对燃油系统的密封性能的检测，2010年申请的US2010000895907提供了解决方案，其通过控制器检测车辆之前的加燃料事件完成，将来自压力传感器的测量值与在控制孔口上的参考真空比较以确定临界大泄漏的存在。2011年申请的专利US2011000207492采用了昼夜控制模块，在油箱没有加燃料时，昼夜控制模块关闭在油箱和容器之间的流体连通以保持油箱在加压状态及保持容器在未加压状态。同年申请的US201113000244160也提供了一种燃料蒸气排放控制和诊断的系统，通过控制器耦合到压力传感器、隔离阀、清洗阀及罐排气阀，以根据用于检查系统中的功能失常的预设诊断测试来控制阀。

燃料稳定性方面，增程式电动车由于存在发动机可能长时间不启动的工况，这会导致燃料长期储存而超过一定时间后会由于燃料的氧化在供油系统内产生沉淀物，沉淀物则会对发动机的运行造成影响。因此，有必要针对该工况提出一定的手段来解决燃料的稳定性问题，例如2009年申请的US2009000471914提出了增设一燃料稳定液供给系统，其通过控制模块估算出燃料的寿命，并基于寿命选择性的控制燃料稳定液控制系统将燃料稳定液提供给燃料存储单元。同年申请的US2009000361583也提供了类似的系统，并且给出了燃料添加剂的一些组成部分，例如抗氧化剂、腐蚀抑制剂、润滑剂、金属减活化剂等。

从发动机各系统的专利申请方案来看，基本遵循的一个理念就是要解决增程式电动车发动机可能长时间不启动使用的工况下，对于各个系统造成的不利影响，通过一定的方式解决上述不利影响。另外，还能看出，申请人在针对技术问题设计解决方案时，也基本遵循着“好钢用在刀刃”上的理念，也就是凡是可能会增大动力电池电量消耗的设计都尽量避免，哪怕是用于调节电子节气门的电量或者催化转化器的加热所需的电量，能省就省，尽量不消耗动力电池中的电量，转而通过采取再生制动等手段产生的电量来替代。

3.2 发动机布置技术

针对发动机布置技术，本部分内容主要从发动机与发电机连接结构、外挂式、多个发动机形式、发动机单元与整车连接结构等几个方面进行分析。其中，图 12 示出了增程式电动车发动机布置技术发展路线图。

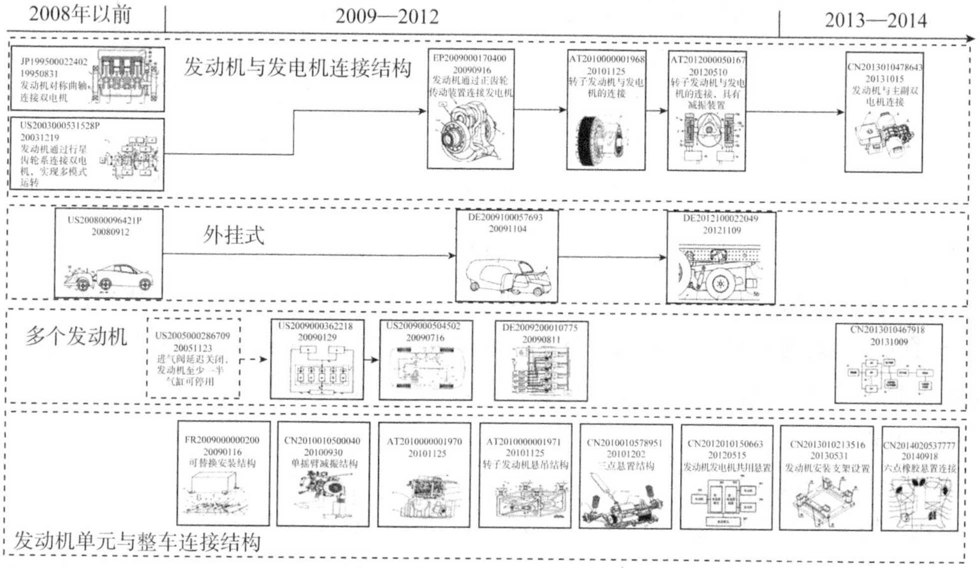

图 12 增程式电动车发动机布置技术发展路线图

3.2.1 发动机与发电机连接结构技术

增程式电动车中，发电机的动力来源于发动机，必然需要发动机与发电机之间存在机械连接，将发动机转矩传递至发电机。发动机与发电机的连接方式存在多种形式，根据发电机的数量不同，可分为多电机连接结构形式和单电机连接结构形式，参见图 12。

(1) 多电机连接形式。

出现过通过改变普通发动机结构形式进行连接的多电机连接形式，例如通过将发动机曲轴设计成具有对称的两个输出端，在两个输出端分别连接双电机，这种结构形式的优点是对称结构平衡了发动机的振动，NVH 性能较好，但是对发动机的改动较大。例如 1995 年申请的专利 JP199500022402，发动机对称曲轴连接双电机，其通过发动机曲轴两端对称连接两个相同的发电机，并且通过一个传动比为 2∶1 的齿轮组再连接一个发电机，三个发电机根据车辆用电量的大小而选择性地进行发电。而其为了实现力矩平衡，将第三个发电机的轴进行了不平衡设计，即将其转轴设计了一段不平衡空间 39（图 13 所示），以此来实现平衡。另外，这种设计还具有一个优点，就是发动机两端的发电机的转子（图 13 中 32、33）设计得比较大，这样就可以用转子代替传统发动机的飞轮，实现了发动机结构的简化，即发动机不再需要设计飞轮装置，这种设计思路也是很多增程式发动机和发电机耦合时所采用的。除了这种连接双电机的结构形式，还存在通过齿轮传动连接双电机的结构，例如2013年申请的CN2013010478643通过锥齿轮副连接主副发电机。类似的连接结构在实现上比较简单，但是大多数都需要设计专门的发动机结构来与之进行匹配。

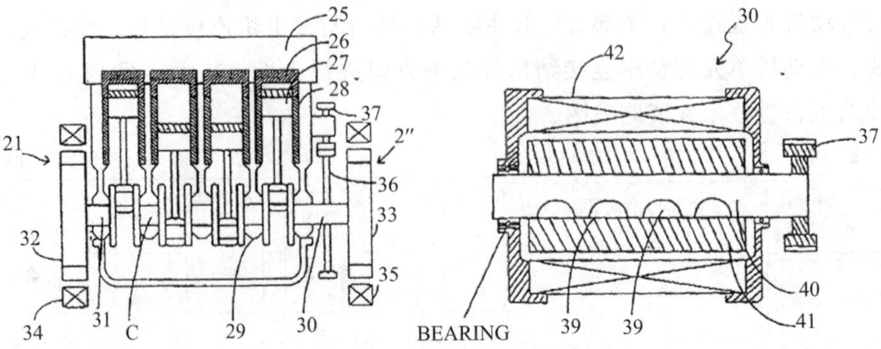

图13　JP199500022402专利附图

另外，还存在通过行星齿轮系进行多电机耦合的技术方案，其中具有代表性的是通用汽车公司申请的系列专利。通用汽车公司围绕机电变速器申请了大量的专利，通过行星齿轮系配合离合器将发动机和发电机进行耦合，以实现车辆的多模式控制。以下介绍几种比较典型的模式。

1）纯电动模式。

纯电动模式又分为行驶单一电动机行驶模式和高速双电动机行驶模式。

在行驶单一电动机行驶模式下，主电动机在较低车速和急加速的工况下，凭借电池中储存的能量提供所有的推动力。这时，行星齿圈被锁住，发电机/电动机与内燃发动机和行星齿轮组相分离。主电动机在低速时能平顺提供最大转矩，为车辆提供稳定且强劲的加速性。

当在高速双电动机行驶模式下车速增加时，单一主驱动电机的效率降低，行星齿圈与发电机/电动机相耦合，这时发电机/电动机在系统中作为一个小型电动机运转，与主电动机同时工作并以较高的效率提供动力输出，提高了整体效率。发电机/电动机作为小型电动机使用，与主电动机一起协同工作，从而降低了高速状态下主电动机的转速，使其在高速公路上以纯电动模式行驶时跑得更远。

2）增程模式。

增程模式又分为低速单一电动机行驶模式和高速双电动机行驶模式。

在增程模式下，当电池能量快耗尽时，沃蓝达的内燃发动机通过第三个离合器与发电机/电动机相连（此时发电机/电动机作为发电机使用）。在车速较低和急加速的情况下，沃蓝达完全由主电动机驱动。此时，行星齿圈与发电机/电动机的连接被切断。由内燃发动机驱动的发电机/电动机（此时作为发电机使用）和电池一起为主电动机提供电能。通常情况下，内燃发动机驱动的发电机/电动机（此时作为发电机）会使电池保持在最小荷电状态，以进行增程行驶。

在高速双电动机行驶模式下，纯电力驱动模式下的高速双电动机驱动方式也被用于增程行驶。离合器使发电机/电动机和内燃发动机以及行星齿圈相连，使内燃发动机和两个电动机共同运作，通过行星齿轮组驱动沃蓝达电动车。所有的驱动能量都通过行星齿轮聚集在一起，传送到最终的驱动系统。

这些典型结构和模式在其标杆产品沃蓝达电动车上也得到了应用，图 14 是其行星齿轮系的实物图示。

图 14　通用汽车公司增程式电力驱动模块

在专利申请上比较基础和核心的一篇代表性专利是 2003 年申请的 US2003000531528P，其中涉及具有四个固定传动比的双模式符合分配模式的混合型机电变速器，如图 15 所示，该篇专利提出将这种机电变速器应用于具有相对较低功率的辅助动力装置（APU）中，采用操作式地连接在发动机和两个电动机/发电机上的三个相互作用的行星齿轮装置，提供两种模式或齿轮系，可通过利用四个转矩传递装置（离合器）选择性地获得这两种模式，从而将功率从发动机和/或电动机/发电机传递至变速器的输出部件上，变速器包括至少一个在其第一操作模式下的机械点和至少两个在其第二操作模式下的机械点，并提供四个可用的固定传动比。

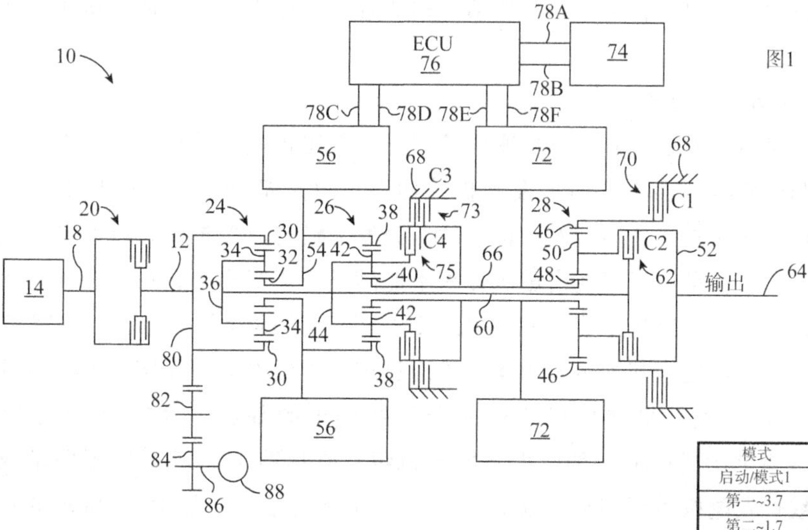

模式	离合器/电动机
启动/模式1	C1 GA MB (70)
第一~3.7	C1 C4 (70,75)
第二~1.7	C1 C2 (70,62)
模式2	C2 MA MB (62)
第三~1.0	C2 C4 (62,75)
第四~.74	C2 C3 (62,73)

图2

图 15　US2003000531528P 专利附图

（2）单电机连接方式。

单电机连接方式与多电机连接方式类似，可通过与发动机曲轴直接连接，也可通过一定的齿轮副或者其他传动形式进行连接耦合，例如2009年申请的EP2009000170400通过正齿轮传动装置连接发电机。由于发动机结构形式不同，发电机与发动机的连接结构需要与其匹配进行不同的设计，例如对于比较特殊的转子发动机形式，2010年申请的AT2010000001968中提及了一种连接形式，其将发电机的转子直接连接至转子发动机的转子输出轴上，并配以配重块实现平衡。另一篇类似的2012年申请的AT2012000050167则是通过减振器连接至发电机，减振器具体实现为双质量飞轮，通过双质量飞轮来抵消转子发动机的扭转振动，并且其中一飞轮集成到发电机转子中以节省空间，另一飞轮则优选设计为转子发动机的输出轴。

3.2.2 外挂式增程器技术

增程器在整车上的布置一般都是车载形式的，也具有少数外挂式结构，例如图12中所示的三种结构形式，这种结构形式的设计初衷是基于普通车载的增程式电动车，由于增加了发电系统，带来了整车质量的改变，进而会影响到整车的空间布置、动力总成的悬挂设计、整车悬架系统的调节等，即因为增设了增程器，需要专门另外重新设计车型以与之匹配。而外挂式结构则省去了上述不便，并且其针对使用工况多数为纯电行驶的用户群而设计，由于这类用户平时使用工况以纯电行驶为主，因此，上述车载增程式电动车中的发电单元对于他们来说则是一种累赘和耗电负担。而这种外挂式的则可以实现在纯电使用工况时，整车就是一个普通纯电动车，没有车载发电机组的负担，一旦用户需要长距离的增程式行驶，则可以在车辆后面拖挂增程器发电机组，实现更远距离的使用。具体的结构形式依据车辆使用目的的不同也有所不同，如第一种的直接拖挂式，第二种的房车形式以及第三种的商用车形式。

3.2.3 多个发动机结构技术

增程式车辆在使用过程中，其发电功率的控制是一个比较重要的环节。发电功率调节的常规方式是控制内燃机的功率。而多发动机结构形式也是基于控制发电机的功率设计的，也即以发电机组的形式实现多个发动机中的部分发动机的启停控制，以发动机工作的数量来调节输出功率，但是由于普通内燃机体积不能满足一个车辆上存在多个发动机的要求，因此，这种结构形式多以单缸发动机实现。2005年申请的专利US2005000286709虽然采用的是一个发动机，但是其基本发明构思是通过进气阀延迟关闭而实现发动机的部分气缸停用，这其实是多发动机结构形式的一个发明构思的基础。后来2009年申请的US2009000362218专利中提供了一种增程式发电机组，参见图16，其采用无曲轴或者自由活塞内燃机和线性发电机单元组合，实现了多发电机组的结构，如图16所示的自由活塞式内燃机发电机单元，并且根据控制器检测电动马达和能量存储装置中的功率需求，基于该需求控制多个APU以提供功率给马达和能量存储装置。

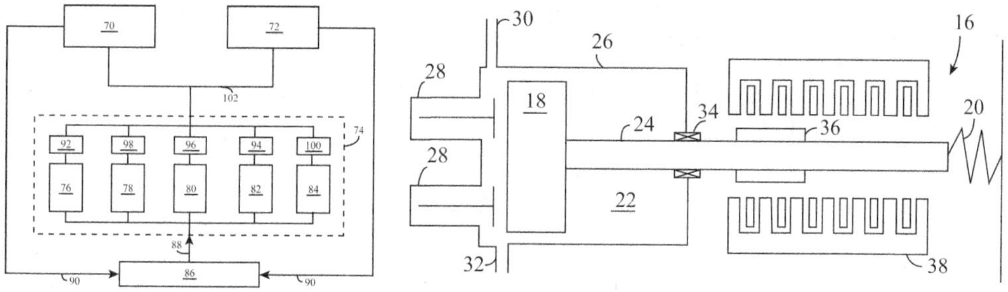

图 16　US2009000362218 专利附图

类似的自由活塞发动机和线性发电机的组合还有 2009 年申请的专利 US2009000504502。中国申请人吉利汽车公司于 2013 年也申请了一项关于多发动机形式的专利 CN2013010467918。

3.2.4　发动机单元与整车连接结构技术

增程器发动机单元与整车连接结构方面主要涉及发动机单元在整车的悬置结构，由于大部分发动机单元是与发电机模块化的一个单元，其与普通发动机和整车的连接结构不同，需要重新进行设计匹配。例如 2009 年申请的 FR2009000000200 通过设置电、液连接结构以及模块连接结构实现了增程器单元的可快速更换，2010 年奇瑞汽车公司申请的 CN2010010500040 中提及了采用单摇臂式的减振机构将发动机单元与整车连接，其在 2010 年还申请了通过三点悬置结构将发动机单元与整车连接的专利 CN2010010578951，2012 年申请的 CN2012010150663 中将发动机和发电机共用一套悬置结构与整车连接，2013 年申请了一种矩形的发动机安装支架（CN2013010213516）。李斯特内燃机公司在 2010 年申请的专利 AT2010000001970 中将发动机与发电机共同设置在一个壳体中，壳体起到了静音的作用。并且还申请了专利 AT2010000001971，通过将发动机单元悬吊式地与整车连接，其申请的结构均是涉及转子发动机与整车的连接结构。2014 年广汽汽车公司申请了一种六点橡胶悬置结构使得发动机与整车连接（CN2014020537777）。从以上申请可以看出，发动机与整车的连接结构基本都是优化发动机舱的空间布局，优化发电单元的 NVH 性能。

3.3　发动机控制技术

发动机控制技术可分为发动机启动与停机控制、发动机热量管理控制以及发动机功率控制三个方面，下面针对这三个方面进行具体分析。图 17 示出了增程式电动车发动机控制技术发展路线图。

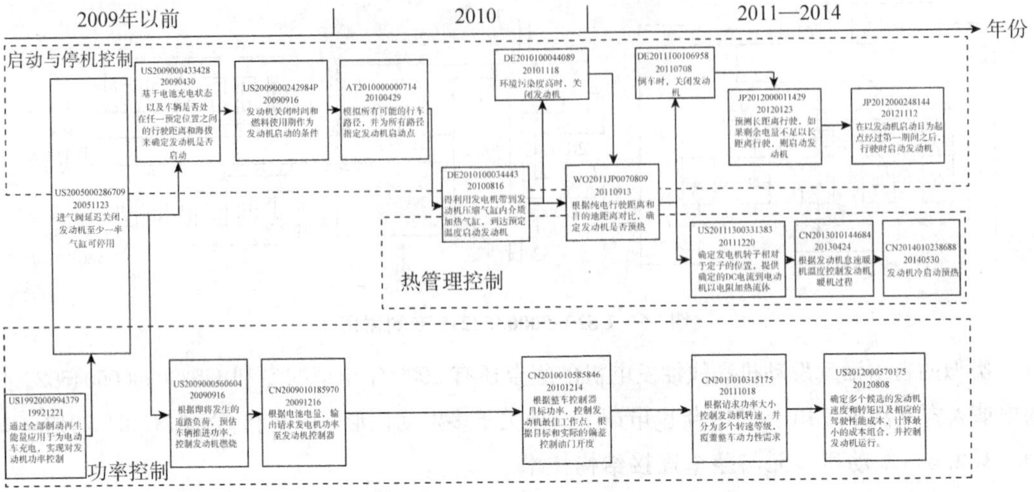

图 17　增程式电动车发动机控制技术发展路线图

3.3.1　发动机启动与停机控制

增程式车辆发动机的启动与停机的基本控制思路是整车有充电需求时进行启动发电，在电池电量充足时则停机，而车辆实际运行工况较为复杂，仍需要对这种基本思路进行有针对性的启停控制。而不管控制策略如何，发动机启停控制的目的是提高发动机或者动力系统的效率。

在发动机启停控制中，有对发动机自身气缸的启动和停用控制的方案，参见图 17，例如：2005 年申请的 US2005000286709，通过进气阀延迟关闭，发动机至少一半气缸可停用，通过这种可变排量的内燃机，可额外地提高动力系统的操作效率。该篇专利中的可变排量实际也是一种发动机功率的控制策略。

对于根据电池电量控制启停的基本思路的补充，还有一种根据车辆与目的地的距离之间的关系进行启停控制的方案。这种控制思路基本都是基于插电式增程车辆而设计的，这种车辆一般使用者在家中或者办公室插入电网进行充电，在路途较近的工况中，可以完全使用纯电动模式。在某些情况下，电池的电量可能刚好能够达到目的地，在目的地又可以通过联入电网而充电，在这种工况下，完全不需要发动机启动进行充电，与一般的电池电量低于某个阈值时就启动发动机充电的控制策略相比，这种控制策略可以避免不必要的发动机启动，并且在这种工况下启动发动机，会导致发动机启动充电的时间很短车辆就已到达目的地，这也会造成发动机的效率比较低下。

例如在 2009 年申请的 US2009000433428 中，基于电池充电状态以及车辆是否处在任一预定位置之间的行驶距离和海拔来确定发动机是否启动，如果电池的充电状态低于第一预定充电状态且车辆不处在任一位置的预定距离内（这个位置是车辆很可能停车且能够通过使用相对较少量的附加电池电量而到达的位置），或者电池的充电状态比第一预定充电状态低的第二充电状态，则启动发动机。这种控制策略就很好地避免了上述常规控制策略的缺陷。类似的，2010 年申请的专利 AT2010000000714（模拟所有可能的行车路径，并为所有路径指定发动机启动点，更为细化）、2011 年申请的 WO2011JP0070809（根据纯电行驶距离和目的地距离对比，确定发动机是否预热，同样属于热管理控制策略）、2012 年申请的专利 JP2012000011429（预测长距离行驶，如果剩余电量不足以长距离行驶，则启动发动机）。

另外，还存在依据发动机关闭和启动时间点而采取的控制策略，这种控制策略也是针对插电式增程车辆而设计的，因为这种车辆存在发动机长时间不启动工作的工况，这种工况对于发动机的润滑会减少，且燃料会被风化，燃料管线内的燃料会变黏稠、凝固。这些因素在极端情况下会导致燃料阻塞而启动失败或者发动机润滑减少而导致温度过高等。因此，这种控制策略通过监测发动机上次关闭的时间和燃料使用期以确定发动机是否要启动，发动机启动就不会使润滑和燃油出现上述情况。

例如 2009 年申请的专利 US2009000242984P，其以发动机关闭时间和燃料使用期作为发动机启动的条件，当发动机关闭时间大于预定时间（即发动机长时间处于关闭状态）和燃料使用期大于预定使用期阈值的一个发生时，则启动发动机，这种启动实际上起到了对发动机的维护作用，而与实际车辆的电量无关。类似的申请还有 2012 年申请的 JP2012000248144（在以发动机启动日为起点经过第一期间之后，行驶时启动发动机）。

其他的启停控制策略还有例如通过检测发动机的气缸温度，温度合适时才启动发动机（2010 年申请的专利 DE2010100034443，其也属于发动机热管理控制策略）以及依据环境污染度高低来控制发动机启停，当污染度高时关闭发动机（2010 年申请的 DE2010100044089）以及车辆倒车时关闭发动机，因为倒车时发动机产生的尾气有可能进入驾驶室，这种倒车关闭发动机，而通过电动机驱动倒车的控制策略就避免了尾气污染和发动机噪声污染（2011 年申请的 DE2011100106958）。

3.3.2 发动机热管理控制

发动机热量关系到发动机的工作效率，在低温情况下启动工作会导致效率低下，而这与增程式电动车要求发动机高效率工作相违背。因此，发动机的热管理控制也是提高发动机效率的重要手段。

2010 年申请的专利 DE2010100034443 提供了一种控制思路，其利用发电机带动发动机压缩气缸内介质加热气缸，到达预定温度后启动发动机，使得发动机在合适的温度下启动。2011 年申请的专利 WO2011JP0070809 则根据纯电行驶距离和目的地距离对比，确定发动机是否预热，这种预热是在确定纯电行驶距离不够的情况下，需要开启发动机时才进行的，其不仅对发动机进行预热，还对空燃比传感器、氧传感器、催化剂加热器和电池进行预热，并且预热条件也不一样，与发动机启动相关的结构都是在 EV 行驶范围之后进行加热的，而电池则是提前进行加热的，如图 18 所示。

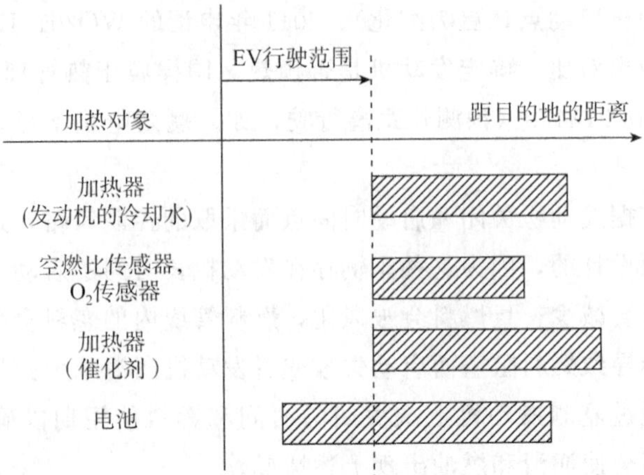

图18　WO2011JP0070809专利附图

对于预热的方式有2011年申请的专利US20111300331383，其确定发电机转子相对于定子的位置，提供确定的DC电流到电动机以电阻加热流体。对于预热暖机的过程控制，2013年申请的专利CN2013010144684提出依据发动机怠速暖机的温度而控制发动机暖机过程；2014年申请的CN2014010238688提出了一种发动机冷启动预热方式，其通过将驱动电机水循环装置、ISG电机水循环装置、发动机水循环装置的自身冷却回路进行耦合，构成预热回路，不需要外接其他的加热装置。

3.3.3　发动机功率控制

增程式电动车发动机功率控制一般分为恒功率控制和功率跟随控制，恒功率控制一般是整车驱动需求功率比发动机最佳工作点时的功率小时采用，通过计算得出车辆具体行驶工况下的平均功率需求，依据该功率需求使得发动机工作在最佳优化的工作点保持恒定的功率，这种控制策略保证了发动机在优化的经济区间工作，效率较高。功率跟随控制则是根据整车驱动需求功率的改变而改变。发动机功率控制一般关系到发动机转速、转矩控制等。

1992年申请的US1992000994379专利提出了通过将再生制动产生的电力全部用于给电池充电以控制发动机的输出功率，通过这种方式降低了发动机输出需求，节省了燃料消耗；而2005年申请的US2005000286709则通过对发动机气缸进行部分停用和开启而实现发动机输出功率的控制；2009年申请的US2009000560604根据即将发生的道路负荷，预估车辆推进功率，控制发动机燃烧进而控制发动机功率输出；2009年申请的CN2009010185970则是根据电池电量，输出请求发电功率至发动机控制器，控制发动机的输出功率；2010年申请的CN2010010585846根据整车控制器目标功率，控制发动机最佳工作点，根据目标和实际的偏差控制油门开度，进而实现发动机功率的控制；2011年申请的CN2011010315175则是根据请求功率大小控制发动机转速，并分为多个转速等级，覆盖整车动力性需求；2012年申请的US2012000570175通过确定多个候选的发动机速度和转矩以及相应的驾驶性能成本，计算最小的成本组合，并控制发动机运行。

由以上控制策略可以看出，发动机功率控制策略均以满足整车驱动需求为前提，主要目标还是集中在将发动机控制于最优的工作区间，提高发动机工作效率，使得运行成本最低。

第四章 结语

本文以DWPI和CNABS检索得到的数据为样本，对增程式电动车发动机相关专利进行了分析。主要分析了发动机相关专利技术的发展趋势、布局、主要申请人、重点技术、重点技术分支发展脉络等。

通过以上分析，可以得出如下结论：

（1）从整个趋势来看，该项技术在申请量上处于下滑状态，说明该项技术目前已经相对较为成熟。在整个汽车领域，发动机技术也是相对较为成熟的技术，细分到增程式电动车领域中，其他车型发动机中部分成熟的技术可以直接借鉴。因此，其申请总体的量相对而言较少。全球专利申请量最多的时候是在2011年前后，之后便处于急速下滑状态，中国专利申请在2011—2013年的申请量较高，并且起步相对于全球专利申请而言也较晚，相对比较集中。

（2）从专利申请地区分布来看，目前中国、美国、德国、日本和奥地利为该项技术的主要来源国，这几个主要来源国中，只有中国在这几年还保持较高的申请量，其他国家均处于申请量低谷，说明该项技术的核心目前仍掌握在国外的申请人手中，并且从专利目的地与流向可以看出，中国申请人申请的专利，几乎未在国外进行专利布局，而美国、德国、日本以及奥地利均在中国进行了相应的专利布局，中国申请人面临着比较大的侵权风险，且所掌握的技术核心并不多。

（3）从申请人分布来看，目前该领域中，通用汽车处于绝对领先优势，其次是奥地利的李斯特内燃机及测试设备公司。中国申请人奇瑞汽车公司是唯一的排名靠前的中国申请人。

（4）从重点技术分布来看，涉及发动机结构的占50%，其次是发动机控制，占32%；而在发动机结构中，涉及最多的是发动机类型，其次是供油系统和冷却系统，在发动机控制中占比最多的是发动机的启动与停机控制、发动机功率控制；在发动机布置方面，占比最多的是发动机与发电机的连接结构。可以看出，从全球申请的角度来看，申请人在增程器发动机方面关注比较多的是发动机类型、供油系统、冷却系统以及发动机的功率控制和启动与停机控制，还有发动机与发电机连接结构方面。由于发动机技术的成熟度较高，因此，结构和布置方面所能够进行创新的点较少，且已有大量申请布局，因此，发动机控制类的技术应当是中国申请人以后关注的重点，需要在发动机控制方面进行相关布局，尤其是发动机启停控制和功率控制策略方面。

参考文献

［1］杨铁军，专利分析实务手册［M］. 北京：知识产权出版社，2012.

［2］百度百科：http://baike. baidu. com/link? url = NQmt2 _ 6emR7O6O2gyPuMTjz _ Aq8dynPi8SmyJZmkdCauDVud5gY6Zh — IAEL _ zMJhaveQDZbRNMuDaadCc8Ihxb7SaEFz0vj45 _ Dr2PkXZNnG7KaPIQuAjSCaFz3JZtq8Lde5W5VMXC7Zw3l0sost—vy0hWjvz10suZoGZxZtgD7.

［3］汽车之家：http://www. autohome. com. cn/tech/201401/695418. html.

［4］王神宝. 增程式电动汽车［J］. 汽车工程师，2012.

［5］刘雨娇. 基于遗传算法增程式电动车控制策略仿真研究［D］. 哈尔滨：哈尔滨理工大学，2015.

电动汽车用轮毂电机冷却专利技术综述

王敏希

第一章　概述

1.1　轮毂电机简介

轮毂电机技术又称车轮内装电机技术，电动汽车的轮毂电机独立驱动结构如图 1 所示，与单电机中央驱动型的电动汽车相比，轮毂电机独立驱动的电动汽车在底盘结构、传动效率和控制性能等方面更具优势。

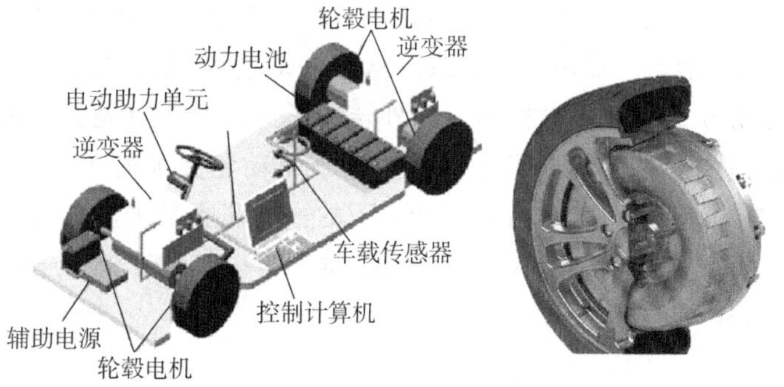

图 1　轮毂电机独立驱动结构

轮毂电机直接驱动车轮，省去离合器、变速器、传动轴等机械环节，减轻了整车质量，提高了传动效率及能源利用率。利用各驱动轮转矩响应快速、精确可控的特点，对车辆的状态量如质心侧偏角、路面附着系数、轮胎力等较容易实施观测与辨识，从而实现高性能的主动安全控制目的，如牵引力控制系统、防抱死系统、直接横摆力矩控制等。各驱动轮均可实现制动能量的回收，与单电动机驱动的电动汽车相比能量回收效率更高。同时，整车控制器可根据当前车辆行驶状态协调各驱动电机输出，实现车载能源的最优分配，显著提高电动汽车续驶里程。分布式驱动结构不仅降低了对车辆机械传动零部件的要求，也降低了电机驱动系统的母线电压，从而提高了整车的电气安全性。此外，电机分布式布置使得车辆底盘空间布置更灵活，有利于提高车辆的被动安全性。控制分配方式灵活，根据汽车行驶状态可实时协调各轮的驱动力，更易实现汽车的“电子主动底盘”。

轮毂电机按照驱动方式可分为减速驱动和直接驱动两种方式。图 2 所示为一种减速驱动方式的轮毂电机（参见 JP2008033677），图 3 所示为一种直接驱动方式的轮毂电机（参见 CN201220744383）。

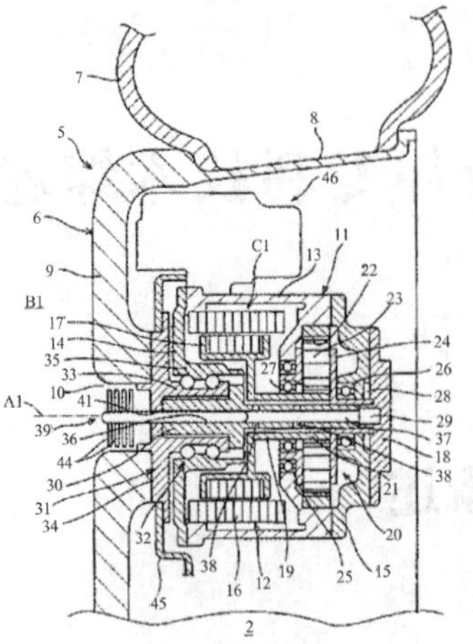

图 2　减速驱动方式

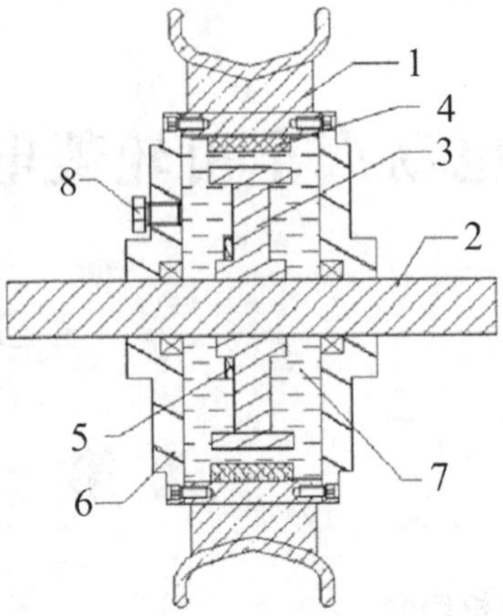

图 3　直接驱动方式

图 2 中减速驱动方式的轮毂电机采用高速内转子形式，紧凑的行星齿轮减速器放在电机和车轮之间，起到减速和提升转矩的作用。其优点是：在高速运行状态下具有较高的功率密度，在低速运行状态下可以提供较大的平稳转矩，爬坡性能好；其缺点是：故障率高，齿轮磨损快，寿命短，不易散热，噪声较大。减速驱动方式适用于过载能力较大的场合。

图 3 中直接驱动方式的轮毂电机多采用外转子形式，其优点是：不需要减速机构，动态响应快，效率进一步提高，轴向尺寸减小，整个驱动轮更加简单、紧凑，维护费用低；其缺点是：体积和质量较大，成本高；高转矩下的大电流容易损坏电池和永磁体；电机效率峰值区域减小，负载电流超过一定值后效率急剧下降。直接驱动方式适用于负载较轻，一般不会出现过载情况的场合下。

1.2　冷却技术简介

对于轮毂电机而言，常用的冷却技术为气体冷却技术和液体冷却技术，气体冷却技术主要采用空气，而液体冷却技术主要采用水和油。空气、水和油三种冷却介质的导热能力、熔沸点不同，决定了不同的应用场合，三种冷却介质在常温差压下的性能如表 1 所示，其中，空气的导热能力最差，适用于小功率电机的散热，附加成本小，是比较经济实惠的冷却方法，但随着电机功率的增大，空气冷却已不能满足电机的散热需求，采用水、油等冷却介质的液体冷却技术逐步被应用到轮毂电机的冷却中。

表 1　三种冷却介质在常温差压下的性能比较

介质	密度/（kg/m³）	导热系数/［W/（K·m）］	比热容/［kJ/（kg·K）］	熔点/℃	沸点/℃
空气	1.205	0.025 9	1.005	−200 左右	−195.8 左右
水	998.2	0.599	4.183	0	100
油	866	0.124	1.892	−48 左右	200 以上

图 4 所示的是轮毂电机中常见的冷却方式，图 4（a）的轮毂电机采用空气冷却（参见 JP2004280907），该电机的壳体上安装有泵 8，泵 8 不停地将壳体内的热空气抽出，从而达到冷却轮毂电机的效果。图 4（b）的轮毂电机采用油冷却（参见 JP2007309429），该电机

的旋转轴中沿轴线布置有若干条油道 61、62，冷却油从油道 61 流入电机内部，从油道 62 流出电机，从而达到冷却轮毂电机的效果。图 4（c）的轮毂电机采用水冷却（参见 AT15879），该电机采用外转子、内定子的结构，冷却水通过内定子内部安装的螺旋布置的水冷通道，从而达到冷却轮毂电机的效果。

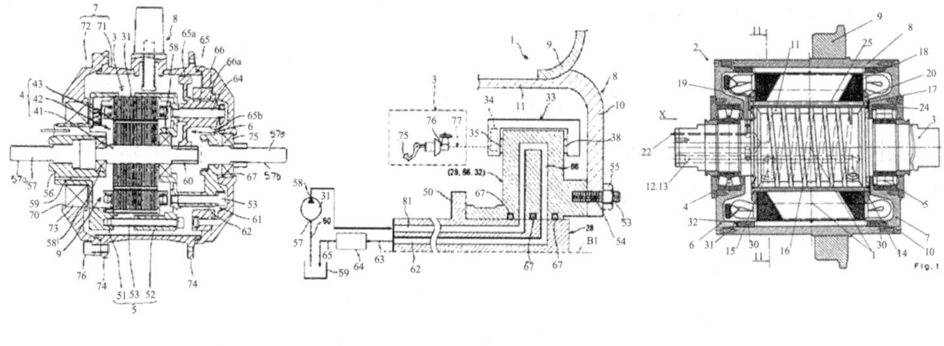

(a)　　　　(b)　　　　(c)

图 4　常见冷却方式

为了进一步提高冷却效果，空冷、水冷、油冷等冷却方式之间还可以配合使用。例如，图 5（a）中所示的轮毂电机（参见 US20030494249）采用空冷结合液冷的方式提高冷却效果，该电机转子支承架上设置通风孔 75，壳体外部设置散热片，定子外周设置液体冷却腔 90。图 5（b）中所示的轮毂电机（JP2008061215）采用油冷结合水冷的方式提高冷却效果，该电机壳体 22 上开设有环形的油道 45，来自齿轮箱的油通过油道 45 冷却轮毂电机，在壳体 22 内部与油道 45 相接的位置设置有冷却水路 22，冷却水路 22 与油道 45 之间通过分隔部件 49 隔开，冷却水路 22 用于冷却流过油道 45 的油，从而提高冷却效率。

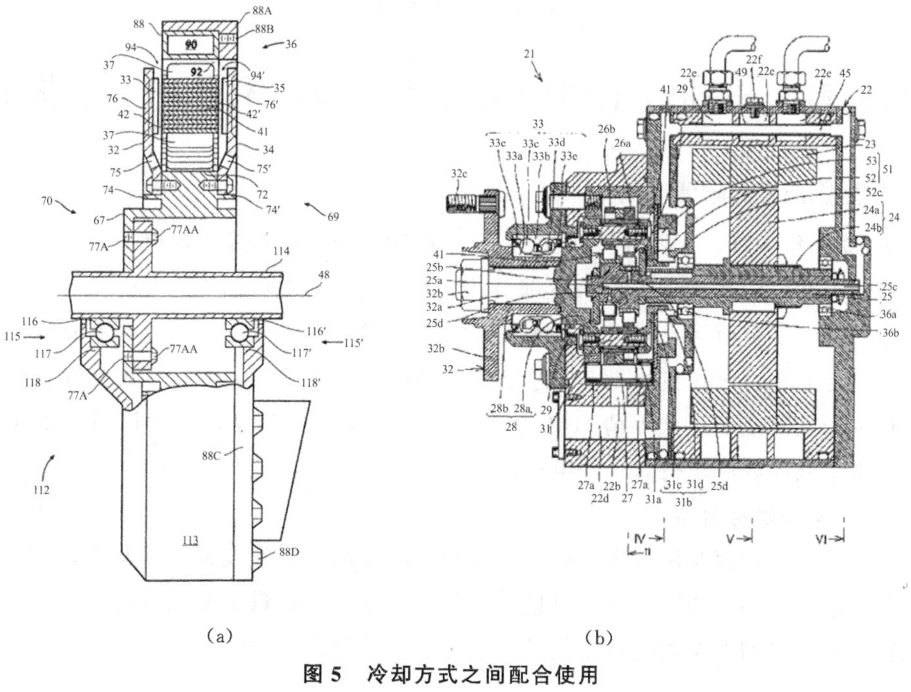

(a)　　　　(b)

图 5　冷却方式之间配合使用

此外，制冷剂、热管等其他冷却技术在轮毂电机的冷却中也有一定的应用。比如图6（a）所示的轮毂电机（参见JP2006032155）采用制冷剂冷却，轮毂电机定子3的冷却装置具有冷却流路12a～12f，冷却流路与定子热连接，冷凝器与冷却流路的下游侧连接，并将由冷却流路汽化了的制冷剂液化，然后液化了的制冷剂返回冷却流路的上游侧，制冷剂返回流路和冷却流路之间设置有第一止回阀，阻止制冷剂从冷却流路向制冷剂返回流路逆向流动，冷凝器和制冷剂返回流路之间设置第二止回阀，阻止制冷剂从制冷剂返回流路向冷凝器逆向流动。图6（b）所示的轮毂电机（参见JP2008125896）采用热管冷却，采用高导热材料制成热管32，轮毂电机的绕组等产生的热量通过热管的突出部32a传递到外界，突出部32a采用耐腐蚀材料制成的盖34包裹。

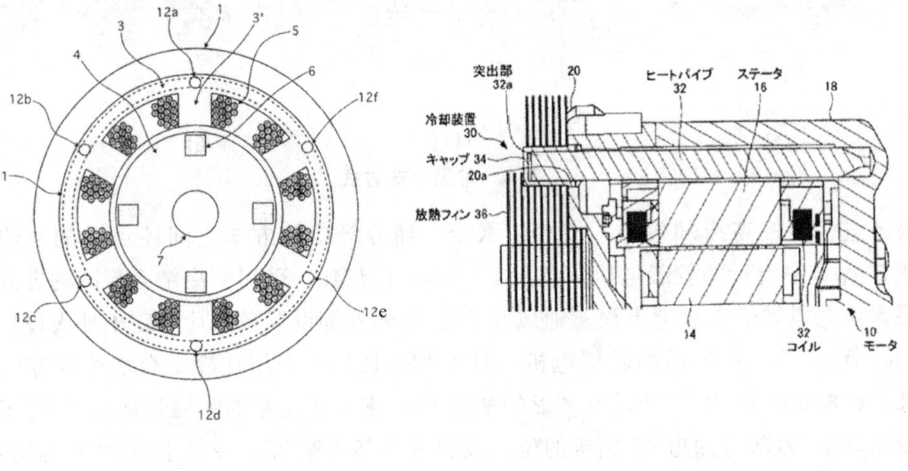

(a)　　　　(b)

图6　其他冷却方式

第二章　电动汽车用轮毂电机冷却技术专利申请状况

2.1　全球范围的专利申请状况

截至2016年4月，在德温特（DWPI）数据库中检索到涉及电动汽车用轮毂电机冷却技术的全球专利申请共计191项。本部分内容将在这一数据基础上从专利申请的发展趋势、分布区域、主要申请人分析、技术主题等方面对电动汽车用轮毂电机冷却技术的全球专利状况进行分析。考虑到发明专利公开的滞后性，2014—2015年的数据存在偏差，统计的数量少于实际申请量，申请的申请日以同族中最早优先权日作为该申请的申请日统计，具有多个同族的申请视为一件申请。

2.1.1　发展趋势分析

图7示出了电动汽车用轮毂电机冷却技术全球专利申请发展趋势，其中，年代以专利申请的优先权日为准，所有数据均以目前已公开的专利文献量为基础统计得到，不区分申请与授权。关于电动汽车用轮毂电机冷却技术，在全球范围内1971年首次出现了专利申

请，2004 年开始相关专利申请在全球范围内迅速增加。

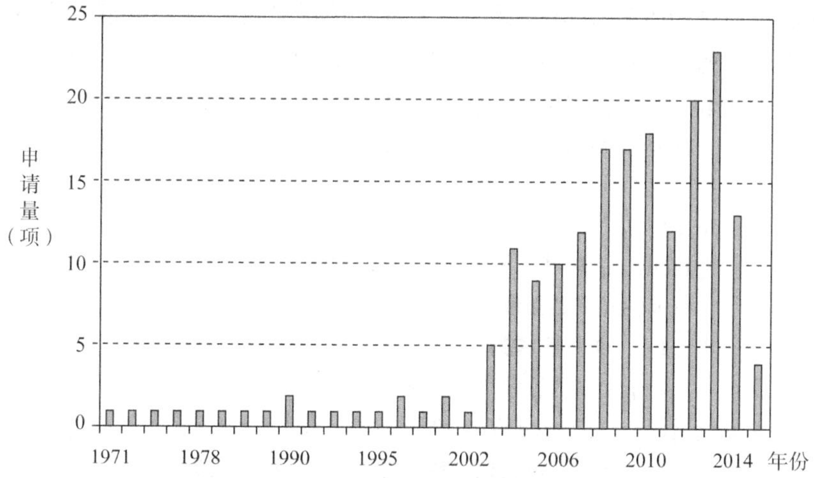

图 7　全球专利申请趋势

由图 7 可以看出，全球电动汽车用轮毂电机冷却技术的发展大致经历了以下三个主要发展阶段：

第一阶段（1971—1988 年）为萌芽期。该阶段属于电动汽车用轮毂电机冷却技术的引入阶段，年申请量不超过 1 项，且各年申请量呈现波动状态，发展速度持续维持在较低水平，未形成规模效应。

第二阶段（1989—2003 年）为平稳发展期。电动汽车用轮毂电机冷却技术被具有前瞻性的研究机构与企业所逐步重视，其专利申请量也随之呈现略微递增和波动的趋势，基本进入一个良性稳定发展阶段，但年申请量总体未有明显突破。

第三阶段（2004 年至今）为快速增长期。随着轮毂电机在电动汽车中的应用越来越广泛，电动汽车用轮毂电机冷却技术越来越受到业界关注，2004 年以后，该领域的专利申请量也出现明显快速增长，这表明在世界各国政策大力扶持和各大企业的高资金投入研发下，电动汽车用轮毂电机冷却技术得到了高速发展。

2.1.2　分布区域分析

在全球范围内，日本的专利申请量遥遥领先于其他各个国家和地区，占总申请量的 60%。屈居第二位的是中国，但中国在电动汽车用轮毂电机冷却技术方面的申请量仅为日本总申请量的 1/4 左右。其后依次为韩国、德国、前苏联、英国和美国，分别占总申请量的 7.8%、5.7%、2.6%、2%和 2%左右，相对于日本和中国的份额大为减少。

日本长期重视对电动汽车行业的研究与专利申请，因此在电动汽车用轮毂电机冷却技术方面能持续占领专利申请量首位，而中国近年来大力发展电动汽车行业，同时人们也意识到新能源汽车广阔的发展前景以及专利保护的重要性，因此，在专利申请量中也占有了部分份额。从全球专利申请区域分布情况看，全球关于电动汽车用轮毂电机冷却技术方面的专利申请区域分布主要集中在部分国家和地区，其他地区的申请份额仅占到 3.1%。

2.1.3 主要申请人分析

从图 8 所示的全球专利申请主要申请人排名情况来看，主要申请人为 NTN、日产、爱信精机、本田、韩国自动车、舍弗勒、普利司通、日本精工，其中，NTN 和日产分别以 20 项和 17 项的绝对数量优势位于申请量第一位和第二位，爱信精机、本田分别以 10 项和 8 项位于第三、四位，而剩余申请人的申请量均在 5 项以下。

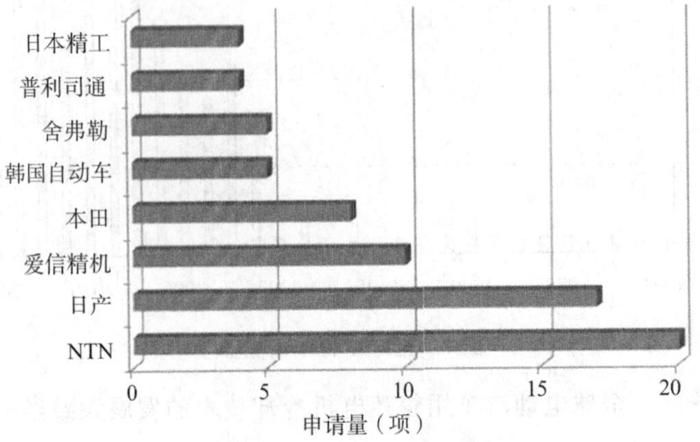

图 8 全球专利申请主要申请人分布

从图 8 示出的主要申请人的排名情况来看，主要申请人均为规模较大的公司，且大部分为日本企业，仅一家韩国企业（韩国自动车）和一家德国企业（舍弗勒），这与日本作为电动汽车行业申请量大国相符，在日本的这些企业中，部分为传统的汽车制造企业，说明传统的燃油汽车制造商正向电动汽车制造商转变。

前八个全球专利申请的主要申请人中未出现中国申请人，原因可能是国内的传统汽车产业不发达，且电动汽车行业起步较晚，与国外的跨国大型企业相比，国内缺少大型的汽车制造企业，同时，也可能由于国内申请人对于电动汽车行业的发展处于观望状态，并不打算投入大量人力物力进行专利申请与布局。从统计的整体申请人的情况来看，中国国内申请人的数量较多，但人均申请量很少，因而并未能出现申请量较多的国内申请人。

2.1.4 技术主题分析

电动汽车用轮毂电机冷却技术如图 9 所示，可以分为气体冷却技术、液体冷却技术以及其他冷却技术。经统计分析，气体冷却技术采用的冷却介质主要为空气，气体冷却技术的改进点主要在于对通风孔、气体通道、散热片的布置位置以及形状的改进；液体冷却技术采用的冷却介质主要为油和水，液体技术的改进点主要在于液体通道的布置位置和形状；其他冷却技术主要采用制冷剂、热管等实现轮毂电机的冷却。为进一步提高冷却效果，上述冷却技术之间还可以配合使用。

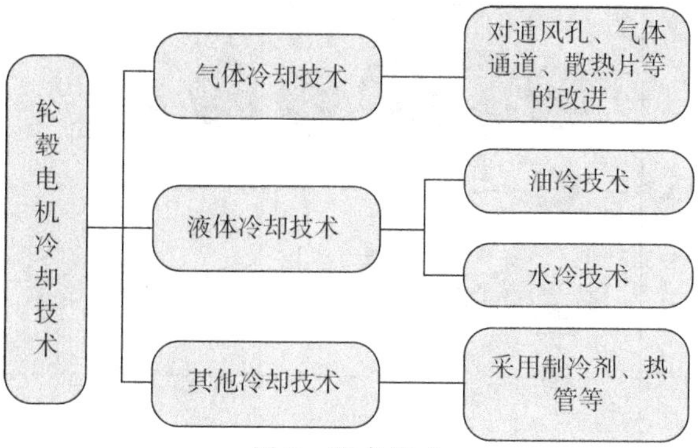

图 9　重点技术

（1）申请量分布。

从图 10 所示的重点技术申请量分布情况来看，电动汽车用轮毂电机冷却技术中气体冷却技术和液体冷却技术占据了大量的申请份额，分别占据 40.3%和 52.8%，其中同时采用气体冷却和液体冷却技术的申请占 2%，其他冷却技术仅占 4.7%。

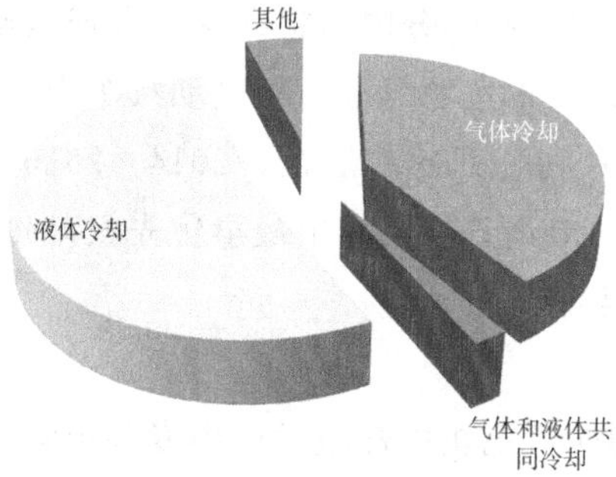

图 10　重点技术申请量分布

（2）申请人分布。

从图 11 所示的重点技术申请人分布情况来看，主要申请人对电动汽车用轮毂电机冷却技术研究的侧重点不同，NTN 和日产对气体冷却技术、液体冷却技术和其他冷却技术均有涉及，但是 NTN 在液体冷却技术方面占据主导地位，日产在气体冷却技术方面占主导地位。爱信精机、本田和舍弗勒在气体冷却技术和液体冷却技术方面投入的精力差不多。韩国自动车专注于气体冷却技术，普利司通和日本精工专注于液体冷却技术。

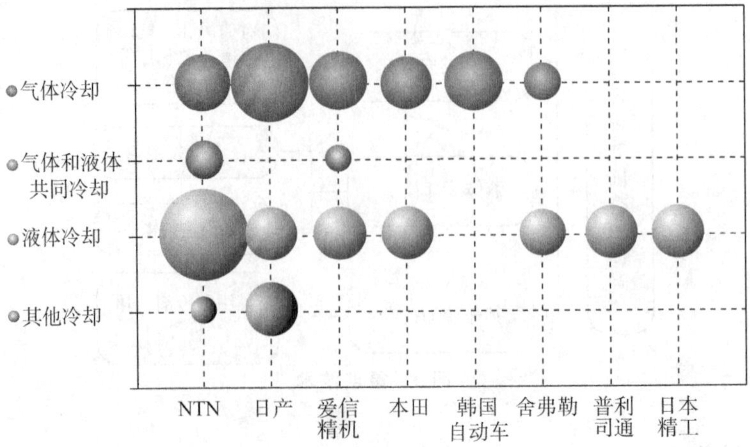

图11　重点技术申请人分布

2.2　国内的专利申请状况

截至2016年4月，在中文摘要数据库CNABS中检索到涉及电动汽车用轮毂电机冷却技术的全球专利申请共计74项。本部分内容将在这一数据基础上从专利申请的发展趋势、分布区域、主要申请人分析、技术主题等方面对电动汽车用轮毂电机冷却技术的国内专利状况进行分析。考虑到发明专利公开的滞后性，2014—2015年的数据存在偏差，统计的数量少于实际申请量，申请的申请日以同族中最早优先权日作为该申请的申请日统计，具有多个同族的申请视为一件申请。

2.2.1　发展趋势分析

图12示出了电动汽车用轮毂电机冷却技术国内专利申请发展趋势，从图中可以看出，关于电动汽车用轮毂电机冷却技术，1990年国内首次出现了专利申请，2008年开始相关专利申请在全球范围内迅速增加。

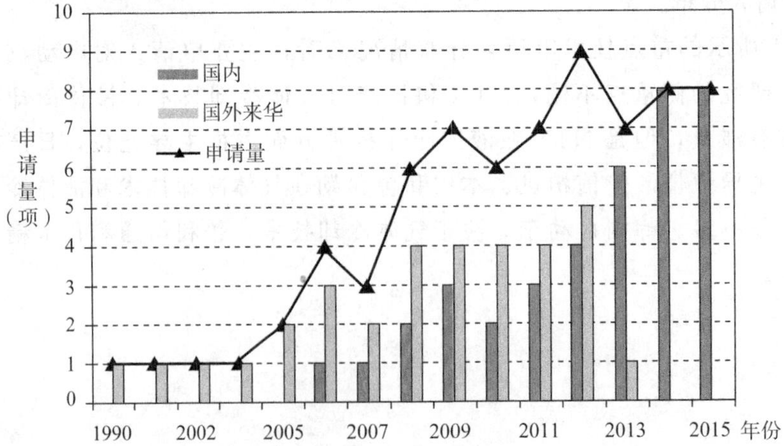

图12　国内专利申请趋势

由图12可以看出，国内电动汽车用轮毂电机冷却技术的发展大致经历了以下三个主要发展阶段：

第一阶段（1990—2004 年）为萌芽期。该阶段属于电动汽车用轮毂电机冷却技术的引入阶段，年申请量不超过 1 项，国内专利申请总量较少，且全部来源于国外来华申请，各年申请量呈现波动状态，发展速度持续维持在较低水平，未形成规模效应。

第二阶段（2005—2007 年）为平稳发展期。电动汽车用轮毂电机冷却技术被具有前瞻性的研究机构与企业所逐步重视，其国内专利申请总量也随之呈现略微递增和波动的趋势，国内专利申请开始起步，基本进入一个良性稳定发展阶段，但年申请量总体未有明显突破。

第三阶段（2008 年至今）为快速增长期。随着轮毂电机在电动汽车中的应用越来越广泛，电动汽车用轮毂电机冷却技术越来越受到业界关注，2008 年以后，该领域的国内专利申请总量也出现明显快速增长，其中国内专利申请量增长迅速，而国外来华申请量维持在一个较为稳定的状态，这与我国不断出台扶持发展新能源汽车的政策密切相关，在这一阶段我国电动汽车用轮毂电机冷却技术得到了高速发展。

2.2.2 分布区域分析

国内关于电动汽车用轮毂电机冷却技术方面的专利申请主要集中在江苏和河北，湖北、吉林、上海和天津在电动汽车用轮毂电机冷却技术方面的专利申请量也较多，安徽、山东、浙江和重庆较少，仅为江苏和河北申请量的 1/3，此外，北京、广东、河南、辽宁、四川等地对电动汽车用轮毂电机冷却技术方面的专利申请也占有一定的份额。

2.2.3 主要申请人分析

从图 13 所示的国内专利申请主要申请人分布排名情况来看，国内专利申请的主要申请人为丰田、NTN、现代、安徽工程大学和天津清源。

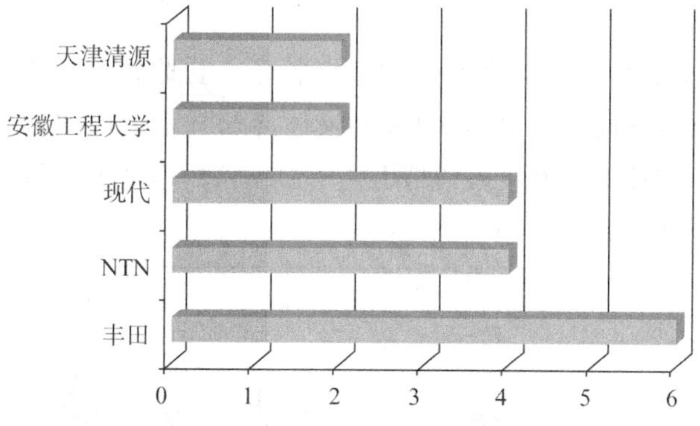

图 13 国内专利申请主要申请人分布

其中，丰田、NTN 为日本企业，现代为韩国企业，国内申请人安徽工程大学和天津清源仅排在第四、五位，且与丰田、NTN、现代等国外规模较大的公司存在很大的差距。丰田、NTN、现代均为电动汽车行业中申请量较大的公司，是传统的汽车制造企业，关于电动汽车用轮毂电机冷却技术专利申请量的增加，说明了传统的燃油汽车制造商正向电动汽车制造商转变。排名前五位的主要申请人中，国内申请人里有一所高校和一家汽车公司，由此可以看出，国内产业化程度尚未表现出明显优势，国内的传统汽车产业不发达，且电动汽车行业起步较晚，急需加快技术转化，加强科研机构、个人与公司的联合，实现共赢。从统计的整体申请人的情况来看，中国国内申请人的数量较多，但人均申请量很少，这也是并未能出现申请量较多的国内申请人的原因之一。

2.2.4 技术主题分析

电动汽车用轮毂电机冷却技术可以分为气体冷却技术、液体冷却技术以及其他冷却技术。经统计分析，国内使用的冷却技术比较单一，未出现多类冷却技术配合使用提高冷却效果的专利申请。

(1) 申请量分布。

从图 14 所示的重点技术申请量分布的情况来看，电动汽车用轮毂电机冷却技术中气体冷却技术和液体冷却技术占据了大量的申请份额，分别为 33.7% 和 62.1%，其他冷却技术仅占 4%，未出现同时采用气体冷却和液体冷却的专利申请。

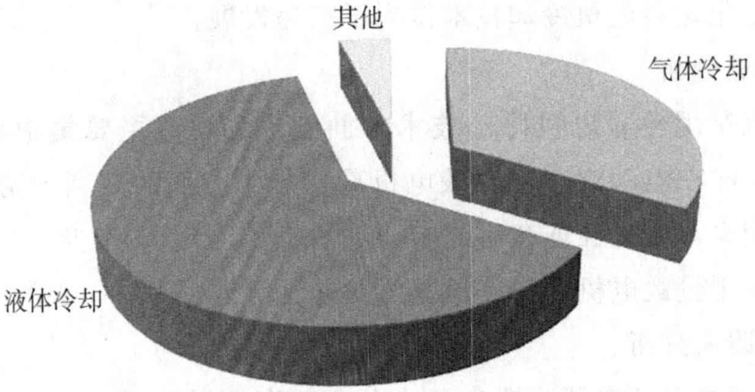

图 14 重点技术申请量分布

(2) 申请人分布。

从图 15 所示的重点技术的申请人分布情况来看，主要申请人对电动汽车用轮毂电机冷却技术研究的侧重点不同，丰田和 NTN 在液体冷却技术方面占据主导地位，现代在气体冷却技术和液体冷却技术方面投入的精力差不多。国内申请人安徽工程大学和天津清源主要专注于气体冷却技术的研究。

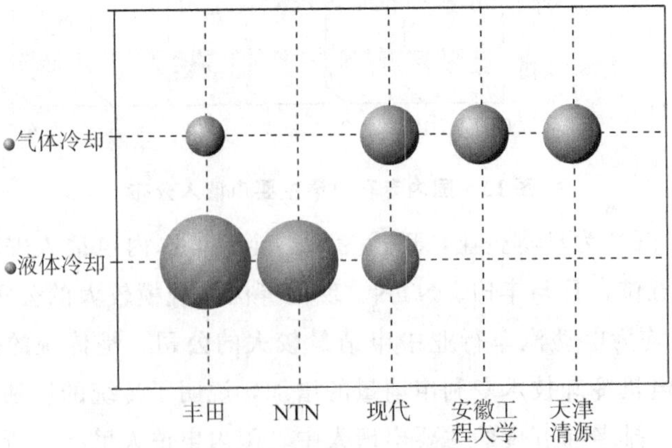

图 15 重点技术申请人分布

第三章　电动汽车用轮毂电机冷却技术发展分析

3.1　轮毂电机气体冷却技术发展路线

关于轮毂电机气体冷却技术，最早的专利申请始于 1971 年的苏联，轮毂电机气体冷却技术最早的专利申请 SU1703381 公开了一种在轮毂电机外壳上开设通风孔的冷却技术。从图 16 可以看出，轮毂电机的气体冷却技术的改进主要在于车体的改进、轮毂电机本体的改进、气体引入引出方式的改进以及设置额外的冷却装置。

（1）对车体的改进。

1976 年的专利申请 US19760661290，公开了一种安装在车底的冷却装置，该冷却装置设置出风口对准轮毂电机，冷却空气从出风口吹向轮毂电机使轮毂电机冷却。1997 年的专利申请 JP28077197 公开了一种在轮毂和轮毂电机之间保证有足够的空间的冷却技术。2011 年的专利申请 JP2011205574 公开了一种在车底设置冷却通道，改善车辆运行时车底风向，从而加强轮毂电机冷却效果。2012 年的专利申请 JP2012014328 通过在车底安装风导向装置加强轮毂电机的冷却。2013 年的专利申请 JP2013105813 通过对车体前保险杠结构改进从而加强轮毂电机的冷却。2013 年的专利申请 JP2013258379 和 JP2013258386 通过对轮毂通风结构的改进改善轮毂电机的通风效果。

（2）对轮毂电机本体的改进。

1971 年的专利申请 SU1703381 公开了一种在轮毂电机外壳上开设通风孔的冷却技术。1980 年的专利申请 RO10024380 公开了一种在铁心上开设通风道以加强轮毂电机冷却的冷却技术。2004 年的专利申请 JP2004159651 通过在壳体外围设置散热片实现轮毂电机的散热。2005 年的专利申请 JP2005011828 通过改变通风孔的形状改善轮毂电机的冷却效果。2008 年的专利申请 KR2008000036163 公开了一种在轮毂电机的内周面和外周开设凹部以提高冷却性能。2012 年的专利申请 KR20120014957 公开了一种通过改善轮毂电机壳体通风结构以改善冷却效果的冷却技术。2015 年的专利申请 CN201510656108 公开了一种在轮毂电机壳内加设冷却风扇的冷却技术。

（3）对气体引入引出方式的改进。

2001 年的专利申请 JP2001050464 公开了一种能将外界冷却空气引入轮毂电机内部以冷却轮毂电机的技术。2004 年的专利申请 JP2004280907 公开了一种在电机壳体上安装泵，将轮毂电机壳体中的热空气抽出以冷却电机的技术。

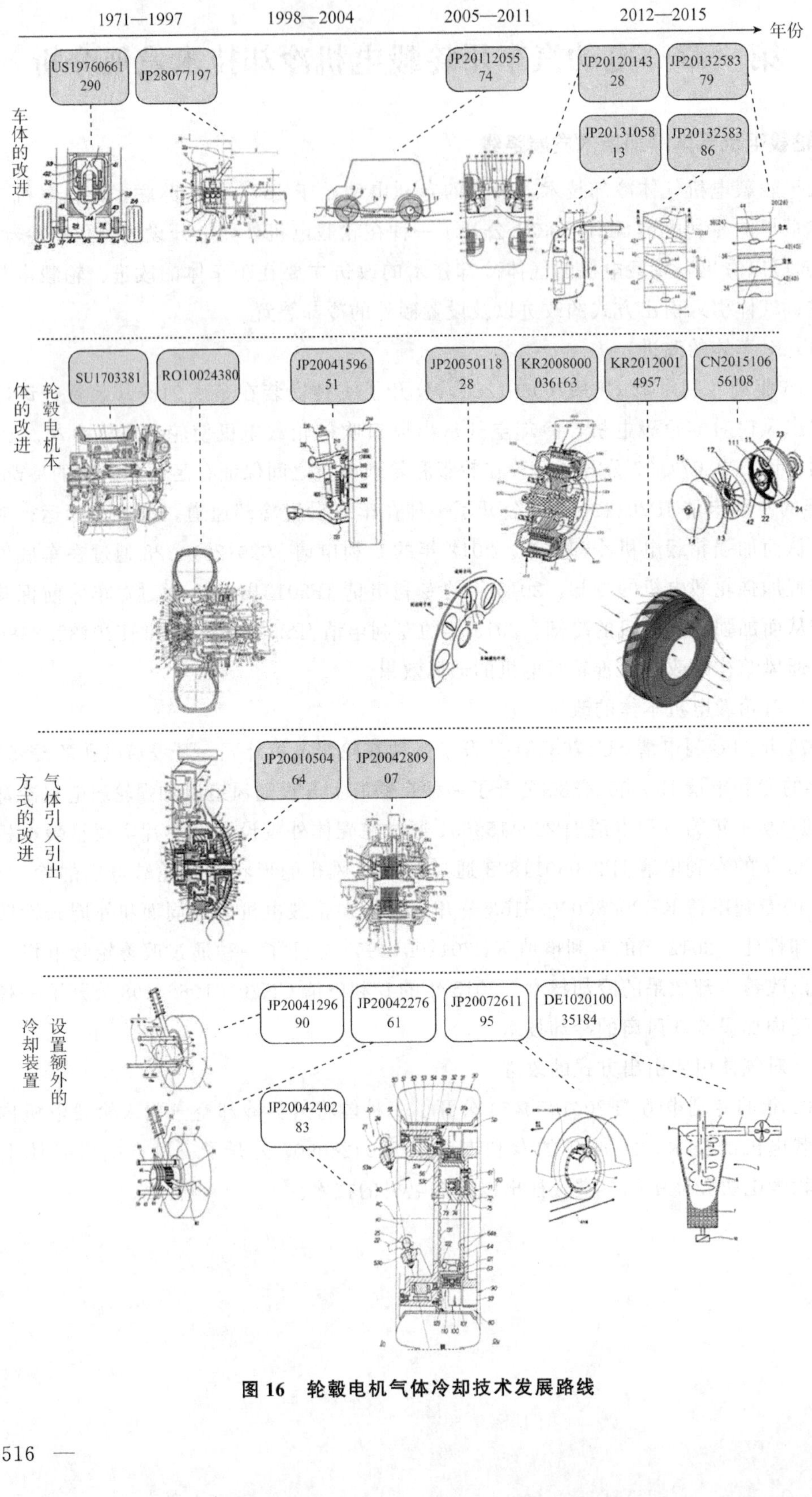

图16　轮毂电机气体冷却技术发展路线

(4) 对设置额外的冷却装置。

2004 年的专利申请 JP2004129690 和 JP2004227661 通过改变冷却体的外形加强轮毂电机的散热。2004 年的专利申请 JP2004240283 通过在轮毂电机的端侧安装风扇实现轮毂电机的散热。2007 年的专利申请 JP2007261195 通过风扇和散热片改善轮毂电机的散热。2010 年的专利申请 DE102010035184 公开了一种冷却轮毂电机的冷却装置。

3.2 轮毂电机液体冷却技术发展路线

轮毂电机的液体冷却技术中采用的冷却介质主要是油和水，关于轮毂电机的液体冷却技术，从图 17 可以看出，最早的专利申请始于 1990 年的日本，该申请（JP31490790）选用冷却介质为油，冷却油被通入轮毂电机内。2004 年的专利申请 JP2004104917 介绍了用于轮毂电机的油可以来自刹车油。2015 年的专利申请 CN201520855294 采用了将定转子浸泡在冷却油中的冷却方式。

轮毂电机液冷技术中最早选用水作为冷却介质的专利申请始于 1992 年，该申请（AT158792）采用定子，冷却水通入内定子内部进行冷却，冷却通道采用螺旋形布置。2008 年的专利申请 CN200810069915 公开了通过在定子和转子背部设置水箱的方式冷却轮毂电机。

在轮毂电机液冷技术中，选用不同的冷却介质组合可以有效提高轮毂电机的冷却效果，2008 年的专利申请 JP2008061215 采用了油和水组合的方式冷却轮毂电机，具体为轮毂电机壳体上开设有环形的油道，来自齿轮箱的油通过油道冷却轮毂电机，在壳体内部与油道相接的位置设置有冷却水路，冷却水路与油道之间通过分隔部件隔开，冷却水路用于冷却流过油道的油，从而提高冷却效率。2011 年的专利申请 JP2011033703 也采用了油和水组合的方式冷却，电机壳体外周沿周向布置油冷却水管，电机壳体上紧邻冷却水管内周轴向布置有冷却油道。

关于冷却管道的布置，2004 年的专利申请 JP2004046705 公开了冷却管道的布置位置，冷却液通过冷却管道从轮毂电机轴向端部流向定子外周，最后从电机轴中间流出，带出电机热量，有效冷却电机。2005 年的专利申请 JP2005345129 公开了冷却管道可以布置在定子外周、转子体以及端盖上。2010 年公开的专利申请 JP2010030509 公开了一种设置在定子中的冷却结构，冷却通道设置在定子的外周以及槽内。2014 年的专利申请 DE102014209176 公开了一种冷却通道的弯曲方式。2014 年的专利申请 CN201410697450 在端盖上布置螺旋的冷却通道以冷却电机。

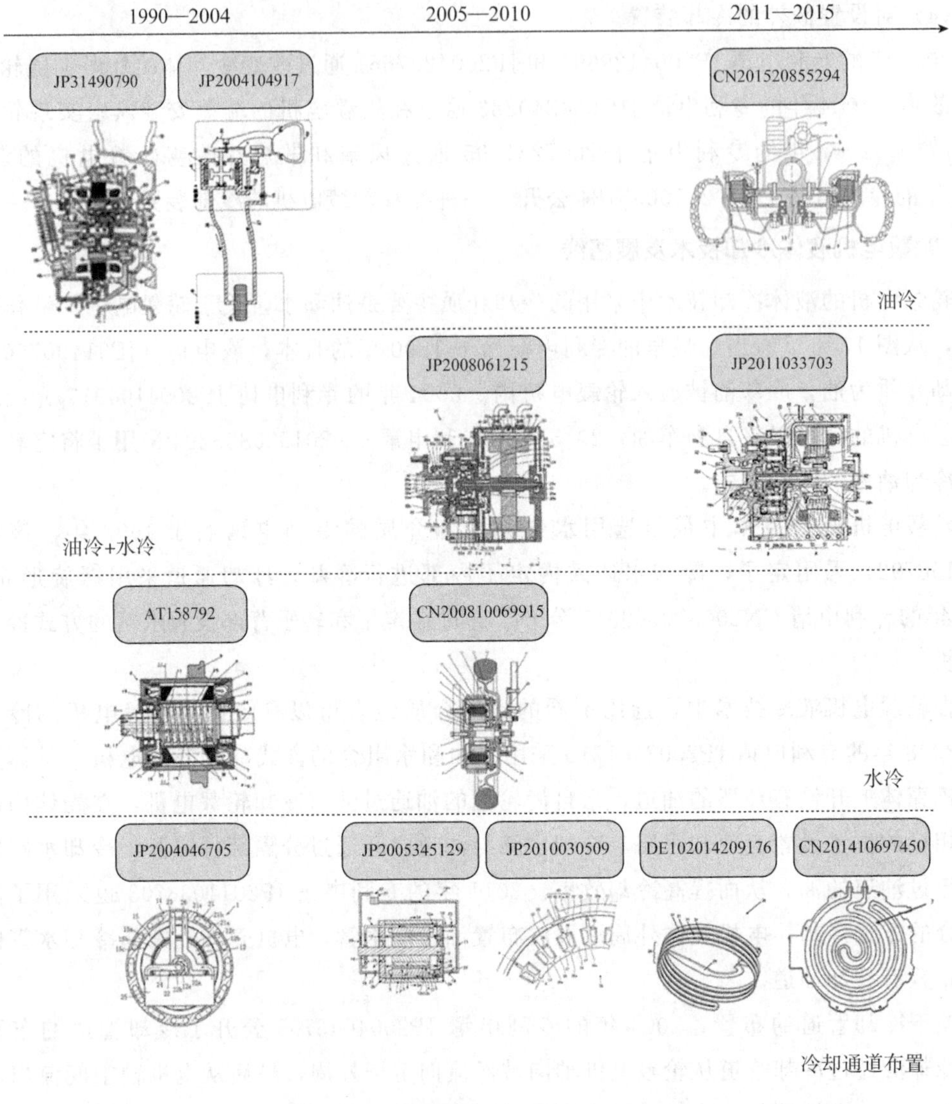

图 17　轮毂电机液体冷却技术发展路线

3.3　轮毂电机其他冷却技术代表性专利分析

从表 2 中可以看出，其他冷却技术主要采用制冷剂（如专利申请 JP2007199355）、热管（如专利申请 JP2005306089、KR20090085267）以及高导热材料（如专利申请 JP2013000044986）等实现轮毂电机的冷却。

表 2　轮毂电机其他冷却技术代表性专利

申请号	冷却技术	附图
JP2005306089	通过热管 82 将绕组的热量传递给散热结构 80A、80B，提高绕组的冷却效果	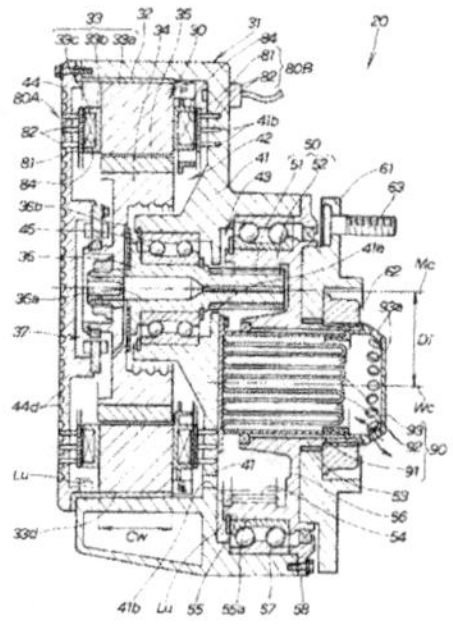
KR20090085267	热管上 A 加散热器 B 加强散热	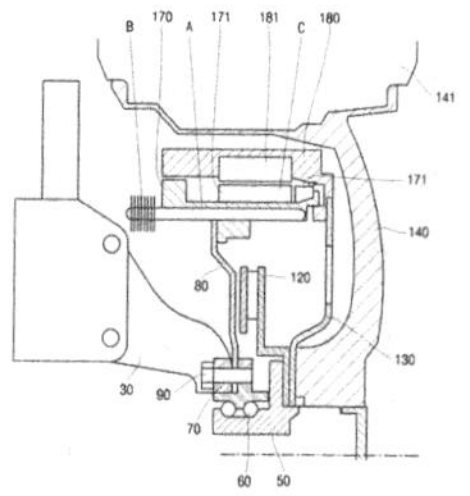
JP2007199355	电机冷却装置（10）有一个制冷剂通道（13）	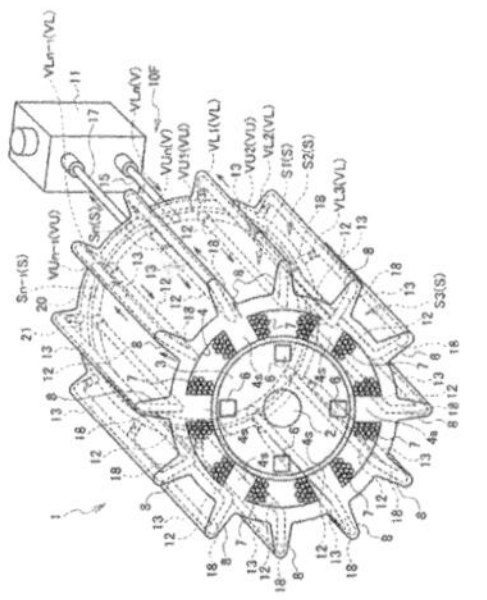
JP2013000044986	壳体 4 和定子外表面之间加入热传导部件 5 提高冷却效果	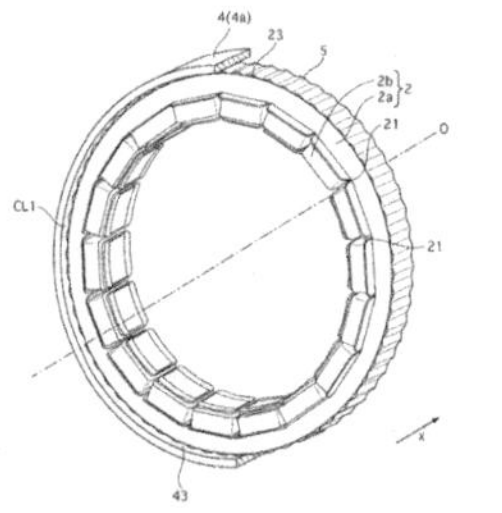

第四章　总结

本文以 CNABS 和 DWPI 收录的专利文献为样本，分析了电动汽车用轮毂电机冷却技术相关的国内外专利申请及其发展趋势，并对电动汽车用轮毂电机冷却技术中的主要冷却技术——气体冷却技术和液体冷却技术做了深入分析。

从电动汽车用轮毂电机冷却技术发展来看，对电动汽车用轮毂电机冷却技术的研究主要集中在日本，日本对双转子永磁电机的研究已逐渐步入成熟期，而国内对电动汽车用轮毂电机冷却技术的研究还处在发展阶段，近年来国内对电动汽车用轮毂电机冷却技术的专利申请量呈上升的趋势，显示出我国高校、科研院所以及企业在该领域具有巨大发展潜力。

参考文献

[1] 张多，刘国海，赵文祥，等. 电动汽车多电机独立驱动技术研究综述 [J]. 汽车技术，2015 (10)：1－6.

[2] 余卓平，冯源，熊璐. 分布式驱动电动汽车动力学控制发展现状综述 [J]. 机械工程学报，2013，49 (8)：105－114.

[3] 梁培鑫. 永磁同步轮毂电机发热及散热问题的研究 [D]. 哈尔滨：哈尔滨工业大学，2013.

[4] 顾云青，张立军. 电动汽车电动轮驱动系统开发现状与趋势 [J]. 汽车研究与开发，2014 (12)：27－30.

[5] 崔淑梅，尚俊云，关红星. 国外电动车用轮式电机驱动系统的研究动向 [J]. 微电机，2006，39 (2)：68－70.

车灯防眩目专利技术综述

褚金雷

第一章 引言

自1886年卡尔·本茨获得第一个汽车专利以来，汽车工业经历了一个多世纪的蓬勃发展。与此同时，用于照明的车灯也随之不断地更新换代，为追求更大的照明视野而诞生了远光灯，其光束特点是大量平行光以较高的角度（光线与地面平行或者更高）射出，以获得更远的照射范围。如图1所示为近光和远光照明时的视野对照图。

图1 近光和远光的视野对照图

从图1可以看到，采用近光照明时，照亮区域主要集中在车身前方大约十几米的范围内，前方反射率较高的路牌只需少量光线就可以辨认出颜色为绿色，而更前方的墙壁此时则一片漆黑；当采用远光照明时，照明范围显著增大，前方反射率较高的路牌反而亮度过高而无法分辨颜色，更前方的墙壁则一览无余。

诚然，对于司机来说，远光照明时自己可以获得尽可能大的视野范围，从而提早发现前方障碍或行人，有利于尽快做出反应，提升了驾驶的安全性。然而，正是由于远光照明光线角度过高，会有大量平行光进入前方行人的眼睛，刺眼的光线会造成对向车辆的司机和行人眩目，带来极大的危害和风险。

如图2所示为不同距离时对向车辆分别采用远/近光照明的图像。其中，实验人员站在车前方预定距离处，照相机（模拟司机的眼睛）分别在距离对向汽车5米、10米、20米、30米的距离处各拍一组，上图为对向车辆使用远光照明，下图为对向车辆采用近光照明。可以看到，当采用近光照明时，实验人员离相机25米时就可以捕获到影像（被发现），而采用远光照明时，当安全员离对向车辆30米时，镜头内眩光一片，直到相机距离实验人员5米左右时才能辨认出影像（被发现）。若此时司机采取制动措施，一般紧急刹车的反应时间（从发现险情到做出踩刹车的动作时间）是0.2～0.4秒，按照一般城市道路速度60 km/h计算，反应距离大约3.3～6.6 m，这还没有将汽车的制动距离计算在内。

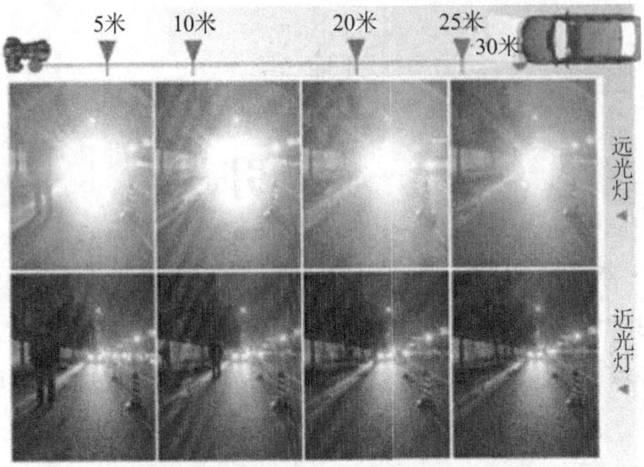

图2　不同距离时对向车辆分别采用远/近光照明的图像

由此可知，远光灯对对向车辆的司机和行人带来的眩目危害。因此需要解决车内司机获得更广的照明视野，而又使得对向车辆司机和行人不至眩目的问题，这对于车灯的发展看似矛盾的两个要求早在汽车诞生之初，便已经进入了汽车的研究领域。

自19世纪初，美国人SALT LLOYD B提出了第一个防眩目车灯专利以来，各种各样车灯防眩目的专利层出不穷，经过了将近一个世纪的发展，形成了从反射镜、光导、偏振、光阑、阵列式五个方面的改进以兼顾车灯的两种看似背道而驰的需求。

笔者利用专利检索与服务系统对国内外车灯技术领域的防眩目专利申请进行了检索，检索时间截至2016年5月28日，得到499件相关专利申请，其中中国申请人的申请量为76件。在此基础上，笔者对防眩目车灯专利技术进行统计分析，并根据不同的防眩目技术，从五种类型的改进对车灯防眩目进行专利技术发展脉络的梳理。希望能通过对这些专利的分析，给我国的汽车或者车灯领域的相关企业一些建设性的意见。

第二章　车灯防眩目专利技术统计分析

2.1　专利申请年度分析

图3所示为车灯防眩目技术专利年度申请量的变化趋势图，其中横轴为年份，由于车灯防眩目技术发展时期长，前后跨越近一个世纪，因此，采用每五年统计一次，纵轴表示申请量。从图上可以看出，防眩目技术专利申请始于1918年，上世纪初汽车的使用量并不大，该技术也仅在起步阶段，发展缓慢；到1930年左右，申请量有了一定的增加，而

紧接着进入第二次世界大战，专利申请量又逐渐走低，甚至在一段时期内申请量降为 0，可见世界和平、经济发展是专利制度的保障。之后该技术又陷入了将近半个世纪的休眠期，全世界的申请量仅为个位数，直到上世纪末，专利申请出现了迅猛增长，近十年以来，每五年的申请总量都在 140 件左右。需要注意的是，2015 年的部分申请可能由于不满 18 个月的期限而尚未公开，因此近五年的申请总量可能会比目前统计的要高。

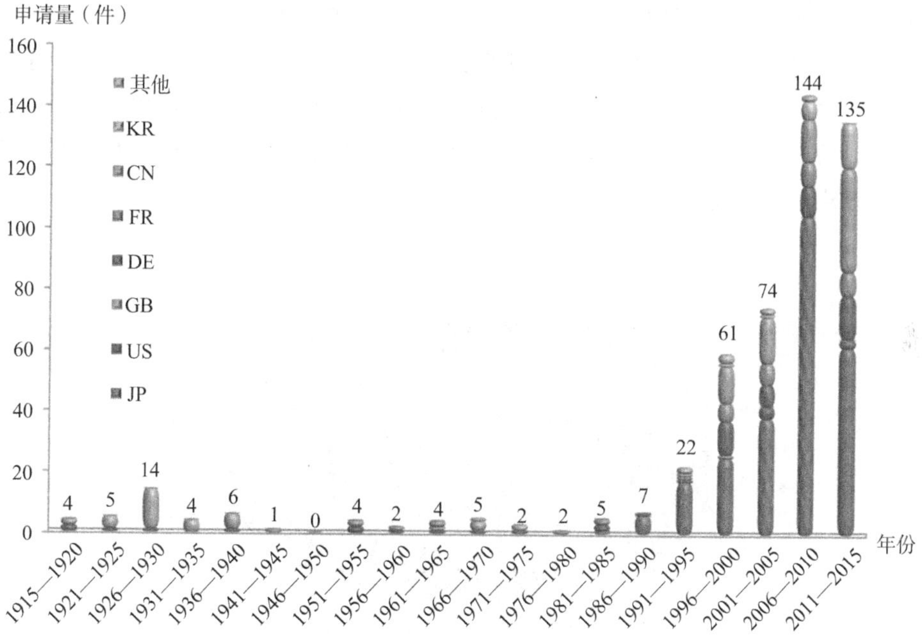

图 3　车灯防眩目专利年度申请趋势图

以下仅对发展趋势及原因作简单介绍：

萌芽阶段（二十世纪初）：1918 年美国人 SALT LLOYD B 提出了第一个防眩目车灯，通过改变反射镜的形状和材料的方案，拉开了车灯防眩目技术的帷幕，这一时期以个人申请为主，技术革新较为缓慢。

初增阶段（从上世纪二十年代末到三十年代）：随着汽车的普及，英美两国的汽车企业也进入了车灯防眩目的研究工作中，专利总量出现了短暂的上升，采用的技术也更加广泛，专利申请也都集中在英国和美国。

沉寂阶段（从上世纪四十年代到七十年代）：在享受了短暂的发展期后，爆发了第二次世界大战，专利申请量迅速走低，在一段时期内甚至出现了申请量为 0。由于战争对经济毁灭性的打击，即便在战争结束的二三十年内，申请量都没能恢复。可见世界和平、经济发展是专利制度的保障。

疯长阶段（从上世纪八十年代至今）：经过一段漫长时期的蛰伏之后，随着世界经济迎来了一波又一波的大发展，汽车普及率越来越高，投入到车灯防眩目研究的国家也越来越多。其中以日本的企业尤甚，出现了像小糸这样在车灯领域独当一面的辉煌企业。改革开放以后，中国在这一领域的申请量也出现了爆发式的增长，从早期的名不见经传到近几年申请量跃居第二，仅排在日本之后，且申请量的差距不大。

2.2 专利申请国别分析

2.2.1 专利申请国申请量分析

图4为按专利权人所属国统计的专利数量分布情况。车灯防眩目专利申请主要集中在日本、中国、德国、英国、法国、韩国、美国等国家，其中日本拥有专利申请数量最多，超过了全球总量的半数，具备左右该领域的实力。接着是中国，申请量的份额也在两位数，德、英、法则分别以9%、8%和7%占据第三到第五的席位，韩国以5%的申请量位居第六，美国的申请量则占总申请量的3%。从申请量上看，出现了日本独占“五斗”，天下人公分“五斗”的局面。

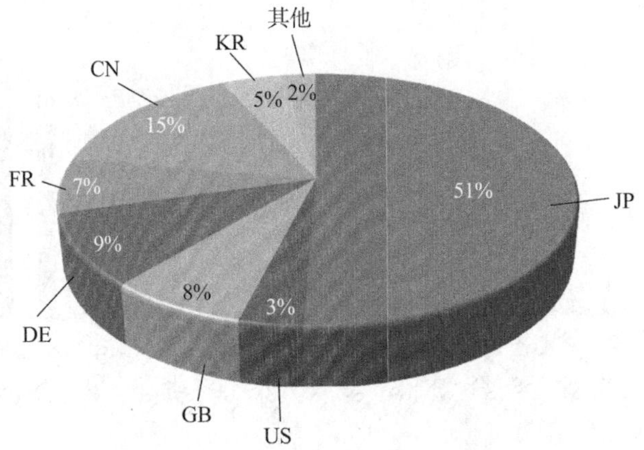

图4 车灯防眩目专利申请国申请量分布

2.2.2 专利申请国申请趋势分析

图5所示为专利权人所属国主要国家的年度申请量变化趋势，横轴为年份，同样每五年统计一次，纵轴为申请量。英美在该领域申请专利的时间最早，并提出了该领域几大改进点的主要框架，然而囿于制作工艺，技术方案不够成熟完备。二战结束后，法国和德国也相继加入了研发大军，但在主要的技术构思上并没有太多的创新。到上世纪九十年代，日本开始进入这一领域，并且后来居上，不仅申请量上成倍增长，在技术革新上也走在了世界前列。其近十年的申请总量比其他国家的申请量之和还要多出许多，并且还提出了采用反射镜阵列、光源阵列等新的技术改善车灯眩目的问题。

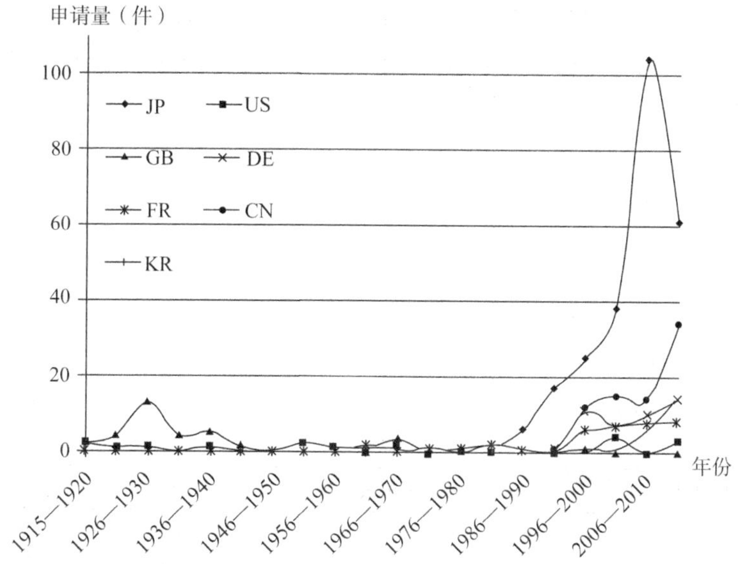

图 5 主要申请国专利申请量年度趋势

图 6 所示为近十年来各主要申请国专利申请量变化趋势，左边为 2006—2010 年各主要申请国专利申请量占比，右图为 2010—2015 年各主要申请国专利申请量占比。虽然中国和韩国的申请出现最晚，大约在上世纪末的五年内才陆续出现少量申请，但从申请量上看，中国的申请量增速呈现成倍增长，这与我国的经济快速增长息息相关。韩国的申请量也从 4%增长到了 11%，日本则从 73%的巅峰下降到了 46%，法国维持 6%的申请量占比不变，德国从 7%增长到 11%。

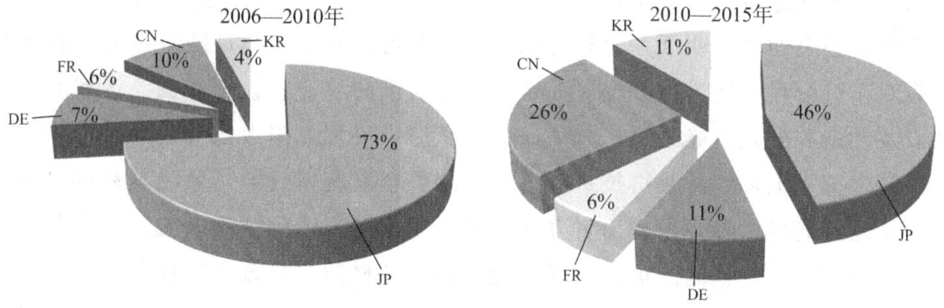

图 6 近十年来各主要申请国专利申请量变化趋势

2.3 主要申请人分析

图 7 所示为车灯防眩目专利技术主要申请人的分布情况，横轴为申请量，纵轴为主要申请人。前七名中日本的企业独占四席，其中日本株式会社小糸制作所以 145 件申请独占鳌头，剩下的六家企业的专利申请量总和才能与之相等。排行第二的是日本的斯坦利，拥有 50 件专利申请。日本作为汽车第一销售大国，无论是企业的数量还是国家申请总量在业内都占据绝对的专利技术优势。排名第三的是法国的法雷奥，其申请人在其国内独当一

面。德国的奥拓公司和哈雷公司分别以23件和11件申请量排在第四和第六位，日本的市光工业株式会社和丰田汽车公司分别以21件和11件申请列第五和第七。

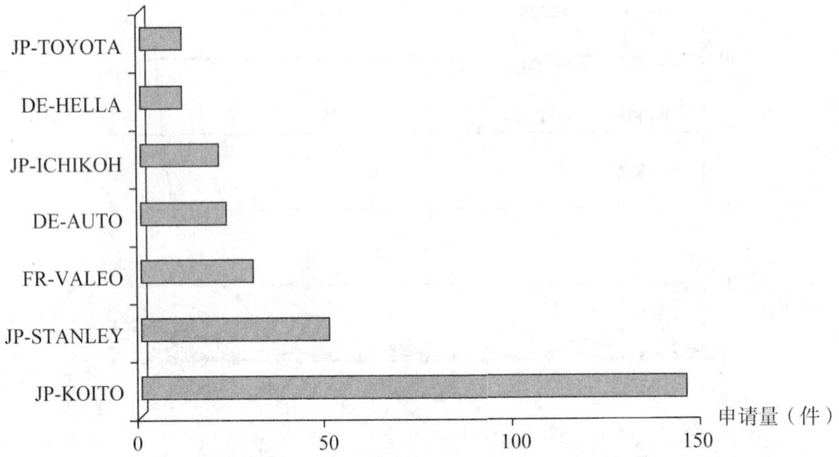

图7　主要申请人分布

从图7可以看到，前两个企业申请量之和占比超过了67%，是专门的车灯制造企业，而并非丰田、奥拓等世界知名的汽车公司，由此我们也可以看到更加细化的分工更有利于促进技术的进步，在竞争中也更具优势。

2.4　专利技术分支分布分析

2.4.1　车灯防眩目技术分支分布

车灯眩目是因为大量平行光线角度过高，直射眼球，因此所采取的防眩目的手段归根结底是从两个方面进行，其一是控制车灯的光线出射角度，其二是控制出射光线的强度。各国的申请也正是朝着这两个方面努力的。从图8可以看出，车灯防眩目专利技术从五个大的方面对车灯眩目问题进行改善，分别为对反射镜的改进、设置光阑、设置光导、设置偏振片以及制造阵列式发光系统。其中，以在车灯中设置光阑占比重最大，为57%。意味着在这一技术分支上，容易获得技术改进或者改进容易获得效益。紧随其后的是在车灯中设置光导，通过光导引导光线的出射方向或是控制出射光线的强度，效果也比较直观。最早提出的申请是对反射镜的改进，对反射镜的形状和材质进行改进以控制出射光线的角度或强度。阵列式发光系统是近十年内才提出的技术，但是其发展迅速，很快就占据了8%的申请量。排在最后的是偏振技术，偏振技术由于存在使用不便、光能损失过多等缺点，实际应用中受阻，因此申请量最少。

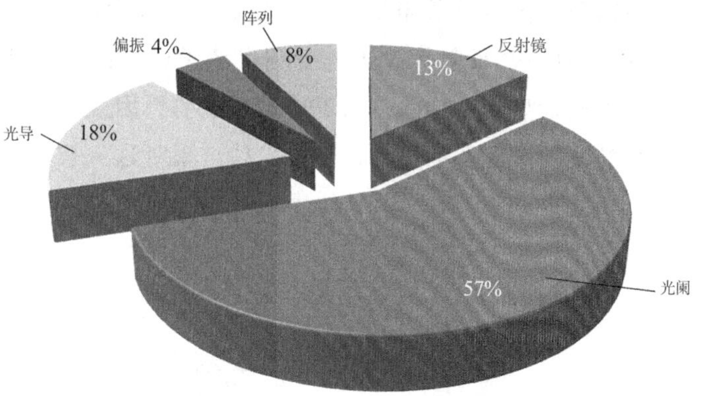

图 8　专利支撑技术分类分布

图 9 所示为车灯防眩目专利五个技术分支的专利申请趋势，对反射镜、光阑和光导的改进早在上世纪初便已有，并且可以看出光导改进的申请量要略微高于对反射镜和光阑改进的申请量，到 19 世纪 40 年代出现了采用偏振技术的防眩目车灯。这四种技术发展一直较为缓慢，直到上世纪末申请量才有较大的增长，其中对光阑的改进取得了惊人的成就，申请量突飞猛进，远远高于其他类型的改进。新世纪初，阵列式发光系统开始出现，申请量出现了极大的增长。通过对光导的改进申请的专利量增长率也很高，而反观其他三种技术的改进，申请量出现了比较大的下滑。

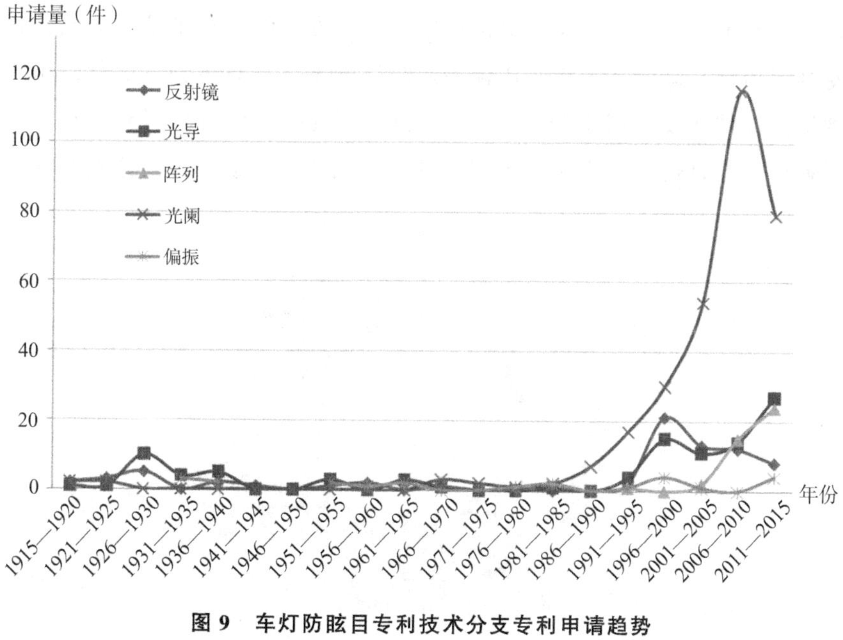

图 9　车灯防眩目专利技术分支专利申请趋势

2.4.2　车灯防眩目技术申请国分布

2.4.2.1　车灯反射镜改进防眩目技术申请国分布

图 10 为车灯反射镜改进防眩目专利申请国分布（单位：件），从图上可以看到专利申

请量前三位的日本、中国和英国占据总申请量约四分之三，日本以22件申请把持着该领域的第一位。但是2000年时，对反射镜改进的专利申请量已经到达顶峰，近十年来，这方面的专利申请量持续走低，呈衰退趋势。出现这一现象的原因是，单纯基于反射镜的改进已经不足以满足车灯领域的多元化的要求，新技术的出现对这一技术已经产生了巨大的冲击。

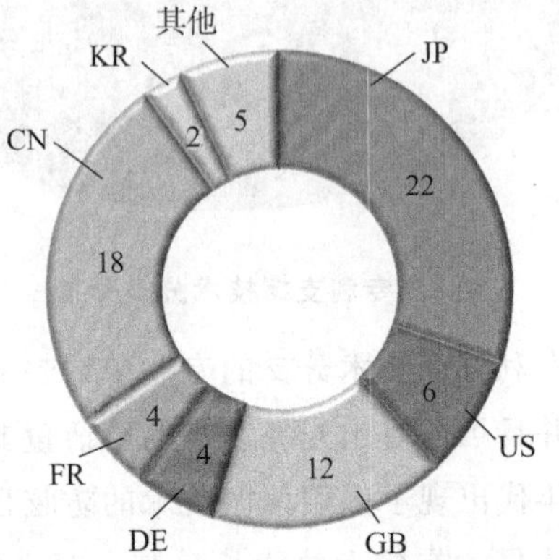

图10 车灯反射镜改进防眩目专利申请国分布

2.4.2.2 车灯偏振技术防眩目申请国分布

图11为车灯偏振技术防眩目专利申请国分布（单位：件），从图上可以看到采用偏振技术防眩目的专利申请总数比较少，英国和中国在这方面的专利申请量齐头并进，占据榜首，而总专利申请量最高的日本在采用偏振防眩目的申请量只占到了2件。由于采用偏振技术要用到偏光器件而使得用于照明的出射光的一个偏振分量被遮挡（损失），大幅度降低了照明光强度，并且也不利于照明光型切换，因此各个国家在这一分支上投入都很少。

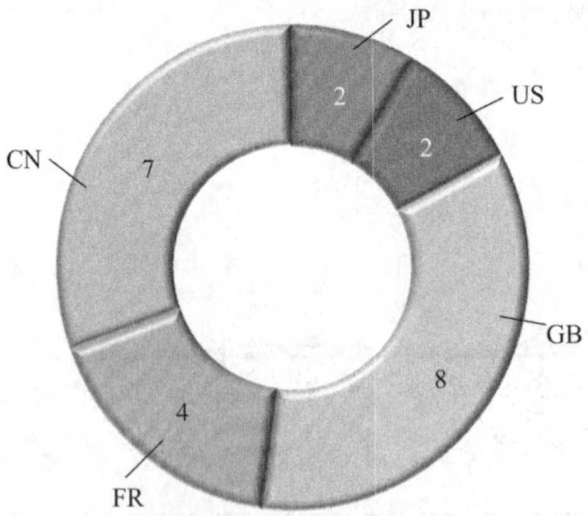

图11 车灯偏振技术防眩目专利申请国分布

2.4.2.3 车灯光阑改进防眩目技术申请国分布

图12为车灯光阑改进防眩目技术专利申请国分布，从图上可以看到采用该技术防眩

目的专利申请总数很多，并且呈现了日本一家独大的局面，以 191 件独居榜首，占比 60%，德国以 34 件居于第二，占比仅为 11%，第一和第二位的差距为 157 件，中国和法国的申请量相当。进一步结合图 9 来看，经过近百年的发展，尤其是近三十年来汽车行业的突飞猛进后，采用光阑改进防眩目的这一技术分支的总申请量已经趋近饱和，其申请量从 2005—2010 年的 115 件下降到 2010—2015 年的 79 件，下降了 31%。

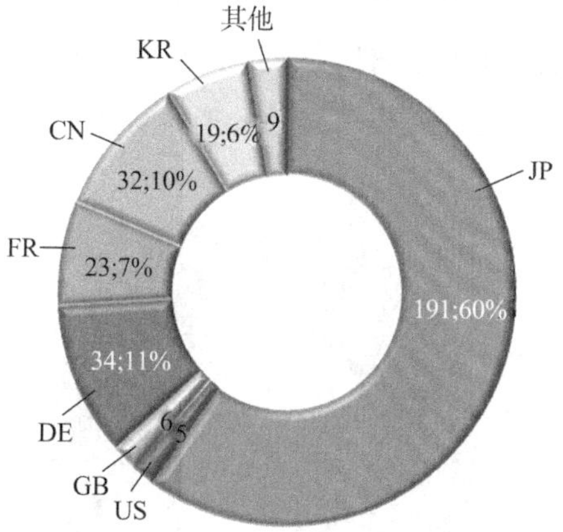

图 12　车灯光阑改进防眩目专利申请国分布

2.4.2.4　车灯光导改进防眩目技术申请国分布

图 13 为车灯光导改进防眩目技术专利申请国分布（单位：件），从图上可以看到采用该技术防眩目的专利申请总数比较多，虽然日本在这一技术的申请量还是占据第一位，但是排名第二的英国申请量 20 件，14 件的差距也较为接近，中国的申请量为 18 件。进一步结合图 9 来看，采用光导防眩目这一技术分支的申请量持续增长，虽然远不及采用光阑的技术分支，但是其申请量从 2005—2010 年的 14 件增长到 2010—2015 年的 27 件，增长率为 93%，在光阑技术分支出现颓势的情况下，仍表现出了强劲的增长势头。

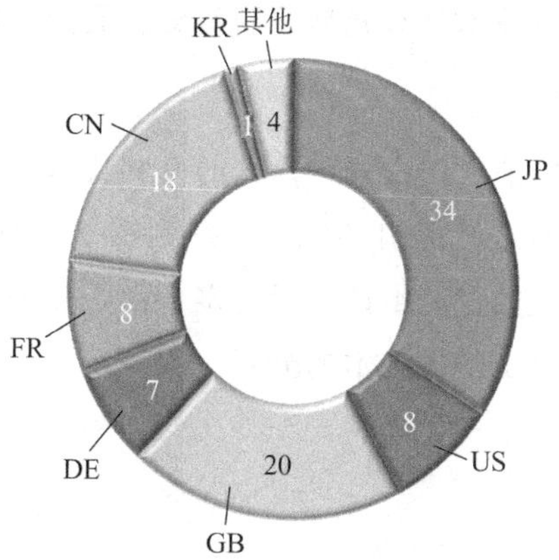

图 13　车灯光导改进防眩目专利申请国分布

2.4.2.5　车灯阵列式发光系统防眩目技术申请国分布

图 14 为车灯阵列式发光系统防眩目技术专利申请国分布，从图上可以看到采用该技术防眩目的技术专利申请总数较少，但是仅日本一国在这一技术的申请多达 31 件，占比 74%，第二位的德国仅以 5 件占比 12%。其他国家的研究较少。进一步结合图 9 来看，采用阵列式发光系统防眩目这一技术分支的申请量从 2005 年以后增长迅速，虽然目前申请量远不及采用光阑的技术分支，但是其申请量从 2000—2005 年的 2 件增长到 2005—2010 年的 15 件，再到 2010—2015 年的 24 件，从图上可以看到几乎成线性增长，同样在光阑技术分支出现颓势的情况下，仍表现出了强劲的增长势头。

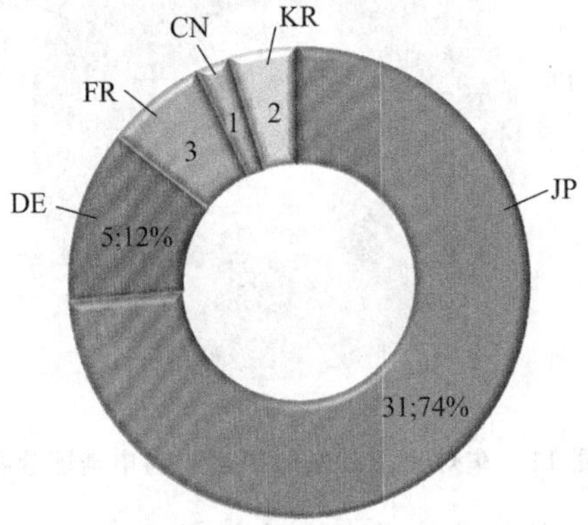

图 14　车灯阵列式发光系统防眩目专利申请国分布

通过第 2.4.2 节对车灯防眩目技术申请国分布分析，从图 9 到 14 的对比可以看出各主要申请国在五个方面各自的专利布局情况，在光阑和阵列方面，日本的申请量占据了绝对的优势，在光导这一方面专利布局也较多，相反在偏振和反光镜部分专利布局的比例要小很多。而我国在光阑分支布局最多，在反光镜和光导分支上布局其次，在偏振分支和阵列分支上均很少。我们看到汽车强国日本和德国等在技术难度较高的阵列分支上的专利布局比重都较大，正是看中了该技术具有光型控制精细、灵活，功能多样的优势。

2.5　主要申请人技术分布分析

对车灯防眩目专利技术的前七位主要申请人的专利技术进行统计分析，从申请人和技术分支两方面对相应专利文献进行标引和统计，得到图 15 的柱状矩阵图。柱体越高表示该申请人在该技术分支上相应的专利申请数量越多。由于在采用偏振技术防眩目的专利申请很少，因此统计的时候排除了偏振技术的分析。

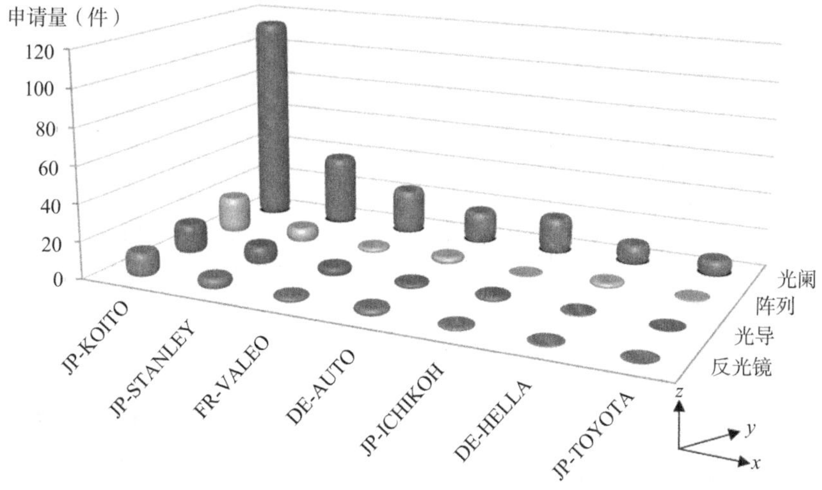

图 15　主要申请人技术分布

从申请人的专利数量，即 x 轴向看，申请量的分布与图 7 的分布情况吻合，日本株式会社小糸制作所依然独居榜首，其中最醒目的是小糸公司在光阑方向的申请量遥遥领先。从技术方案，即 y 轴向看，对光阑改进的申请量要显著大于其他方面的改进，反映了光阑的改进对减少眩目有显著的作用，容易获得突破，相关技术也比较成熟。

进一步，从这个图也可以看出几大公司在这四个方面的专利部署，除了整体上各大公司都注重光阑的改进外，各个公司自己也各有侧重。小糸在注重改进光阑的基础上，加大对阵列式发光系统的研究和专利部署，斯坦利、哈雷和奥拓在这方面也有较大的专利部署，而其他公司在这方面占比就要少很多。法雷奥和市光两家除了在光阑的改进上使劲外，在光导的改进上也投入较多。而专注汽车生产的丰田公司除了在比较成熟的光阑改进上部署专利较多外，其他技术方面并未投入很多的专利，这也许就是丰田自己的选择，将更多的资金投入到其他更需要投入的地方，而在车灯这里直接购买、合并等以节约整体成本，提高综合竞争力。

2.6　国内防眩目专利统计分析

2.6.1　国内专利申请年度分析

图 16 为国内车灯防眩目技术专利申请年度分析，国内申请始于 1996 年，最早出现的技术为对反射镜的改进。从图中可以看出，申请量呈现波动起伏，近五年申请量增长较为明显。与图 3 的全球车灯防眩目专利年度申请总趋势图相比，其整体趋势不够明显，但申请量以及采用的技术类型都在不断地增加。

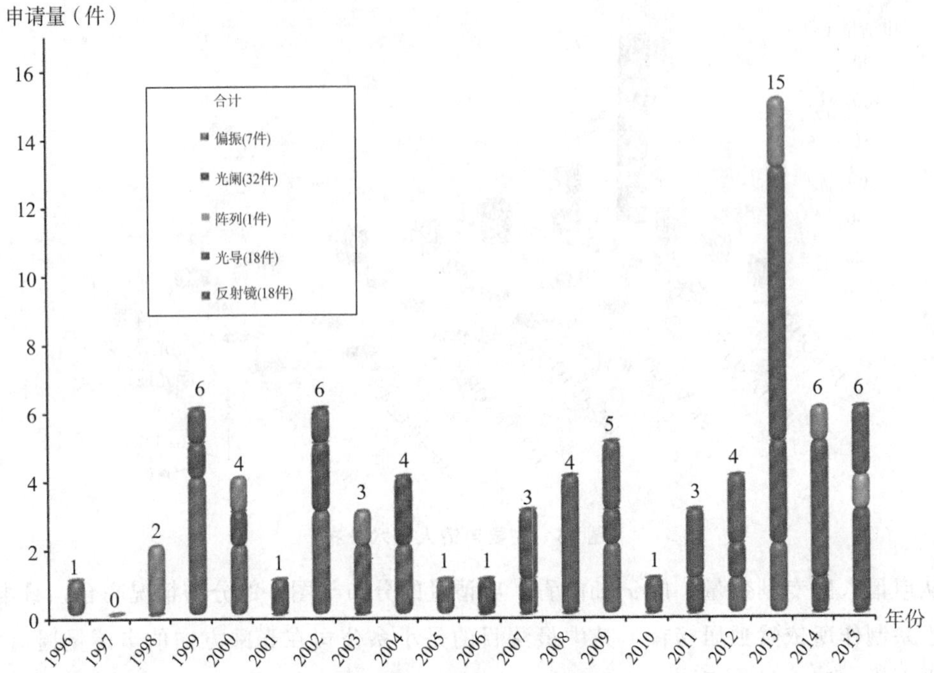

图16　国内专利申请年度分析

2.6.2　国内申请技术分支分布

图17为国内车灯防眩目技术分支分布图，与图8全球专利技术分支分布相比，依然是光阑占比最大，反射镜和光导其次，不同的是国内阵列分支的申请量占比仅为1%，要远低于全球8%的水平，可见国内对于高新技术还缺乏投入。

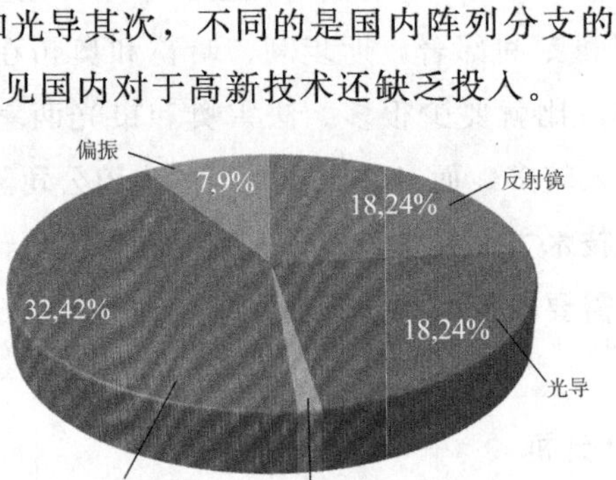

图17　国内专利申请技术分支分布

2.6.3　国内申请人分布

图18为国内申请人归属地分布图，其中以长三角地区、珠三角地区和安徽省申请量居多，江苏省以12件申请位居榜首，广东以个人申请和高校申请为主，居第二，作为奇瑞公司的研发所在地安徽则以9件申请列第三位，其他省份也均有部分申请。

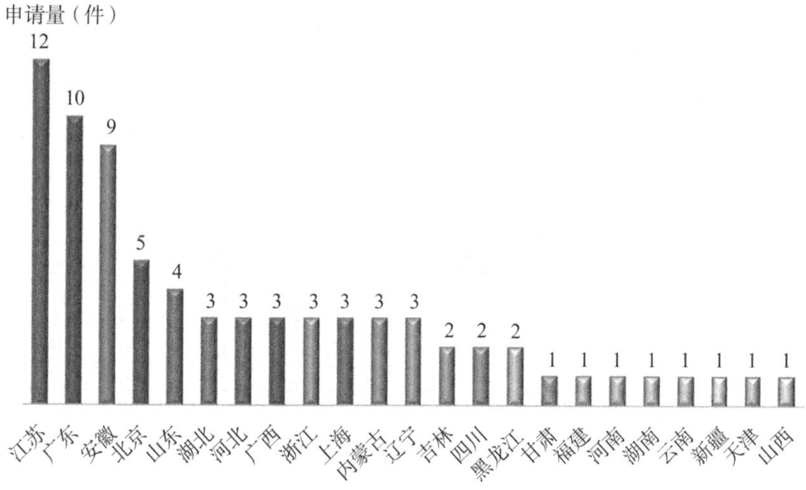

图 18　国内申请人归属地分布

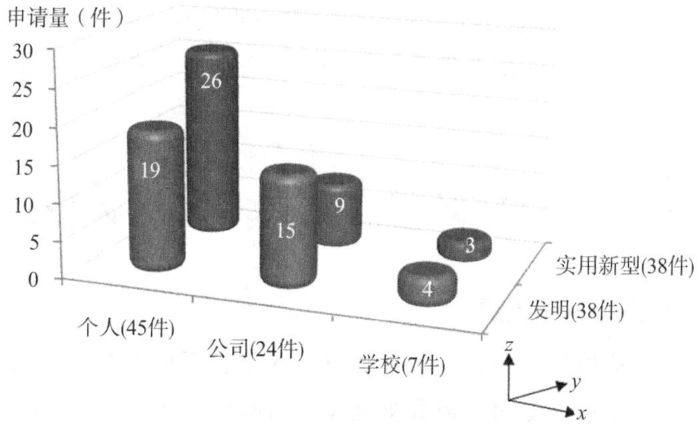

图 19　国内申请的类型以及申请人类型分析

图 19 为国内申请的类型以及申请人类型的分析，从 y 轴即申请类型来看，国内发明专利申请与实用新型专利申请的数量各占一半，从 x 轴即申请人的类型来看，个人申请占一大半，公司申请和高校申请只占一小半。并且，个人申请中，实用新型申请量明显高于发明专利申请量，而公司申请中发明专利申请量则显著高于实用新型申请量，这也间接反映了公司对专利申请质量的要求更高。

2.6.4　国内主要申请人及其技术分支分析

图 20 为国内主要申请人及其采用的防眩目技术分支图，七个主要的申请人中公司只占三个席位，分别是：奇瑞汽车股份有限公司、江苏洪昌科技股份有限公司和安徽湛蓝光电科技有限公司。剩下四个席位均为个人申请。从技术分支看，三个公司申请人均采用了光阑技术分支，个人申请则分别采用了反射镜、光阑和光导三种技术，由于光阑分支发展突出，技术成熟，这也反映了公司更加注重实际应用的特点。

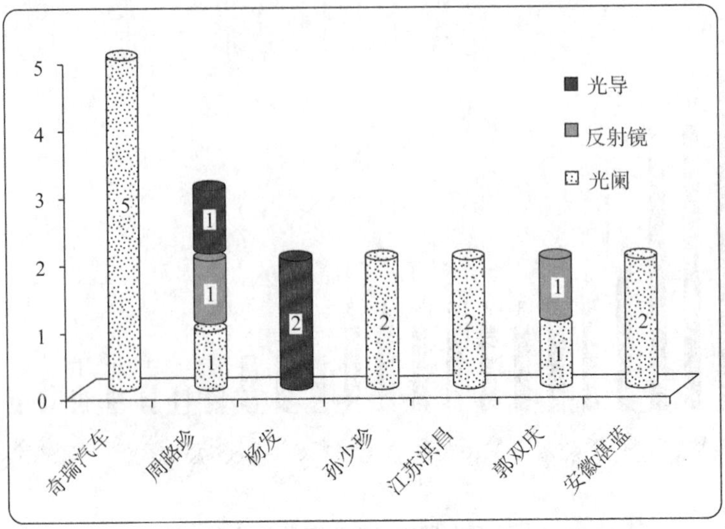

图20 国内主要申请人及其采用的技术分支

再结合图19的申请人归属地分布，我们可以进一步发现，江苏省的申请量虽然最多，但个人申请远多于公司申请，广东则几乎都是个人申请，而安徽虽然申请总量列第三，但都是公司申请。

第三章 车灯防眩目专利技术发展脉络梳理

3.1 防眩目各技术分支总体的发展

对于车灯防眩目技术相关专利，按照五个方面的改进形成的技术分支，梳理专利技术发展脉络。通过对五个技术分支的二级分支细化进行标定，得到50篇典型专利申请技术。选作典型专利的依据为专利的申请时间、技术方案、技术效果、法律状态、同族数量以及被引证次数等，着重选择在同一技术分支下技术方案最典型的专利申请。

以横坐标为技术分支，纵坐标为时间轴，对典型专利按照时间出现顺序进行排序，得到图21车灯防眩目技术发展演进图。图中横跨相邻两个分支的申请号表示同时采用了所属两个技术分支的方案，需要注意的是图中纵坐标（时间）并不是线性的（非等间距）。

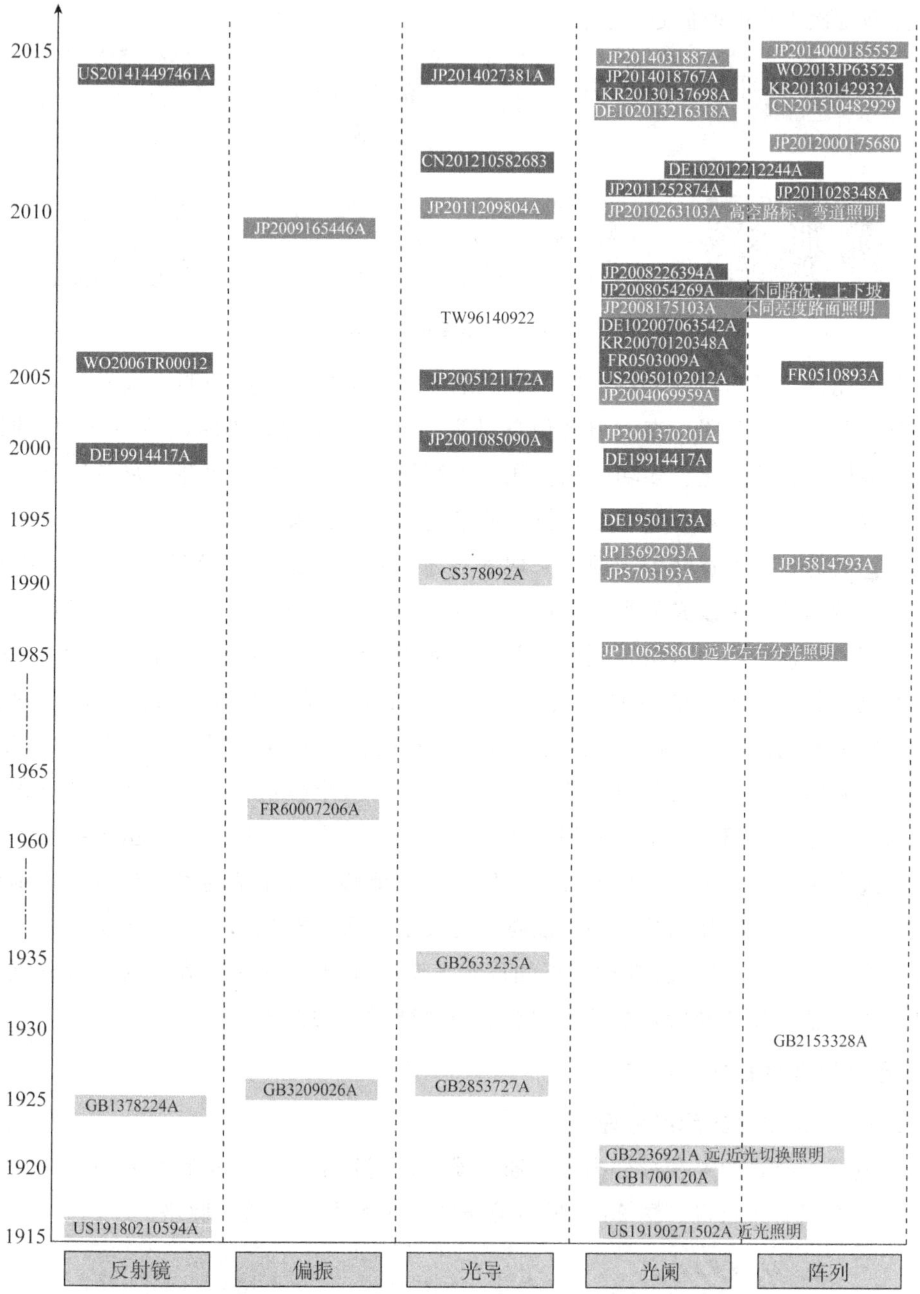

图 21　车灯防眩目技术总体发展演进图

3.1.1　车灯光型发展趋势

首先，对车灯需要解决的技术问题以及能够达到的技术效果进行演进分析，即从车灯的照明需求以及照明光型随时间的发展趋势进行分析，在图 21 中相同底色的申请表示相同或相近类型的照明光型，以时间的推进顺序（也是技术效果发展的顺序）将典型的光型变化发展趋势（各底色中选取一篇代表性专利申请）表示为图 22 的光型发展趋势，其中以各个光型首次出现的时间进行排序。

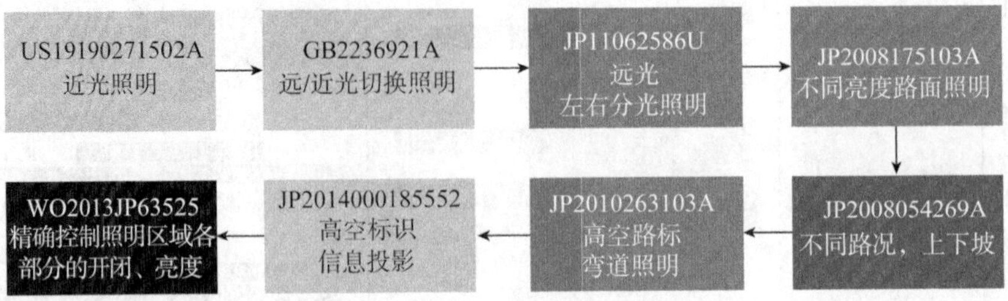

图 22　光型发展趋势图

从上述光型发展趋势图来看，近一个世纪以来，车灯从近光照明、远光照明、分光照明、路况照明、标识照明一直发展到信息投影、交通指示等，不断满足不同的照明需求，光型呈现多样化、精细化、多功能化发展。车灯能够解决的技术问题以及能达到的技术效果更加优越，这也正是对后续车灯在技术效果上的发展要求。

然后，对为解决上述技术问题所采取的技术方案的演进进行分析，从图 21 中可以看出，在五个技术分支中以光阑和反射镜的改进最先出现，偏振、光导和阵列式也逐渐进入人们的视野，早期专利数量增长缓慢，偏振方面的专利申请量很少，进入上世纪 90 年代后光阑的改进技术是最大的研究重点，2010 年之后，对光导和阵列式的改进专利申请量也呈现逐年上升的趋势。从图 21 的这些典型专利的密集程度也可以看到在 2000 年以后，光导、光阑和阵列三个分支的重要性。因此，以下对五个技术分支的发展演进过程以典型专利技术为例进行介绍，其中以光阑、光导和阵列式为主要分析对象。由于技术效果越好的分支发展潜力越大，因此各技术分支的发展是否能够满足光型的发展趋势（达到更好的技术效果）将作为判断技术分支是否能够大力发展的重要标准之一。期望从这些分析中找到更加符合图 22 的光型发展规律（更加满足车灯技术效果发展趋势）的技术分支，并总结这些分支的技术发展经验，给予相关企业一些建设性的意见。

3.2　反射镜防眩目技术的发展

3.2.1　反射镜分支脉络梳理

反射镜型防眩目的专利最早出现，通过设置反射镜的形状和材料分别改变出射光的角度并降低强度以防止眩目。图 23 为反射镜防眩目技术发展的递进脉络。

图 23　反射镜防眩目技术发展的递进脉络

在反射镜防眩目的技术分支中，美国人 SHANAHAN THOMAS B 最早提出了一种改变车灯反射镜形状和材质的技术方案（US19180210594A，申请日 1918 年 1 月 7 日），使得光线的出射角度有所降低，并且高角度的出射光线强度也有所下降。这种通过改变反射镜形状和材料的方案为后续的反射镜改进的技术专利申请提供了最基础的框架。

而 SHANAHAN THOMAS B 的专利（GB1378224A，申请日 1924 年 6 月 5 日）由于反射镜的形状是固定的，因此出射光型无法改变，也就无法适应多变的交通环境。因此，英国人 BESNARD MARIS & ANTOINE ETS 进一步提出了一种可以改变反射镜方向的车灯，可以改变光线的出射方向，对不同的环境有了一定的可变适应性。

法雷奥公司提出了一种可以控制两个半球形反光镜开合的车灯（US201414497461A，申请日 2014 年 9 月 26 日），通过对反光镜的控制，可以调节出光口的大小。

3.2.2 反射镜分支的优缺点

反射镜分支技术简便、效果直接，但正因如此其光型呆板，单纯反射镜的改进不足以满足光型多变的要求，此后，对于反光镜的改进的申请很少，基本都出现在其他分支中作为辅助调节光型的作用。

3.3 偏振技术防眩目的发展

3.3.1 偏振分支脉络梳理

采用偏振技术防眩目是通过在车灯内设置偏振片（起偏器）改变光线的偏振态，再利用另一方向的偏振器（如戴偏振眼镜、车窗前挡风玻璃为偏振片）除去偏振光防止眩目，图 24 为偏振技术防眩目技术发展的递进脉络。

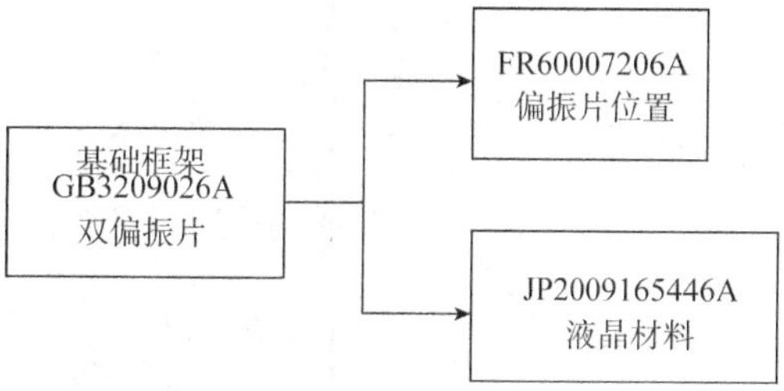

图 24 偏振技术防眩目技术发展的递进脉络

英国人 FRANK ADCOCK 提出了采用两块成一定角度的偏振片减弱车灯强度防眩目的技术（GB3209026A，申请日 1926 年 12 月 18 日），虽然可以通过偏振滤光在一定程度上减少眩目的影响，但是光线的强度大大降低，影响了车辆的照明效果。接着，LEVY FELIX 提出了采用两个偏振片防眩目的车灯（FR60007206A，申请日 1963 年 4 月 22 日），图 25 为 FR60007206A 的技术原理，偏振片 P_1 和 P_2 互相垂直，并且 P_1 仅仅覆盖下半部分，这样本来反射角度较高的 R_1、R_2 由于偏振片 P_1 和 P_2 的衰减作用而不会引起眩目，而用于路面照明的光线并没有经过偏振片，近光照明的亮度不会降低，但仍然有一半的光被偏振片吸收，并且光型也无法变化。

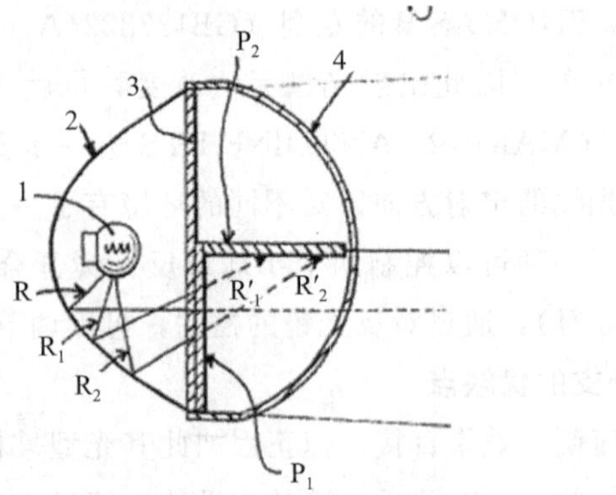

图 25　FR60007206A 的技术原理

小糸公司在偏振片的基础上结合了液晶材料（JP2009165446A，申请日 2009 年 7 月 14 日），36 为两片偏振片，中间夹着液晶层 34，通过控制液晶层 34 来改变通过前后两个偏振片的光的相位，达到控制出光强度的目的。图 26 为 JP2009165446A 的技术原理图。

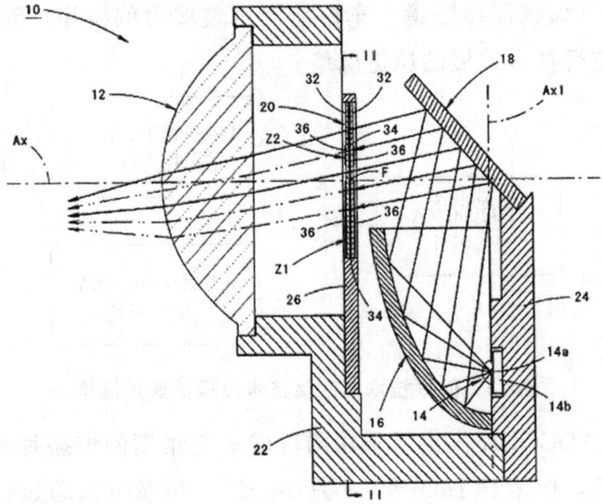

图 26　JP2009165446A 的技术原理

3.3.2　偏振分支的优缺点

偏振分支技术也相对简单，效果更加明显。但偏振器件的使用会较大程度降低出光强度，并且在光型切换时使用不便，因此采用这种技术的专利申请量最少。

3.4 采用光导防眩目技术的发展

3.4.1 光导分支脉络梳理

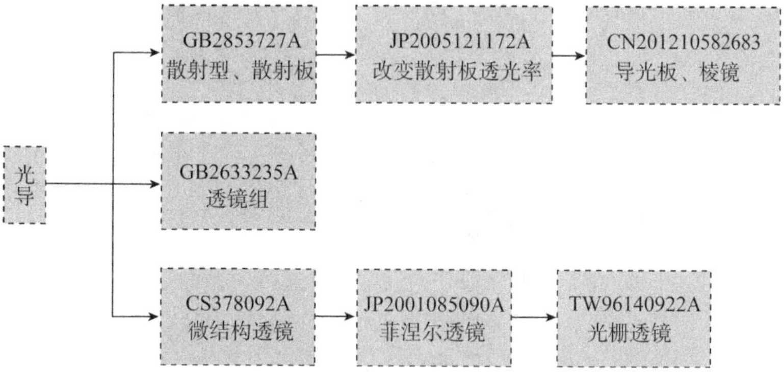

图 27 光导防眩目技术发展的递进脉络

光导防眩目技术主要分为三类，分别是散射型、透镜组和微结构透镜。散射型是通过散射元件改变光线的角度、降低光线的强度；透镜组型是通过透镜组进行二次配光，改变出光光型，微结构透镜是采用透镜的微结构对光线经行折射改变光型。图 27 为光导防眩目技术发展的递进脉络。

最早由 CYRIL TYRER 提出的光导防眩目车灯便是散射型的（GB2853727A，申请日 1927 年 10 月 27 日），其在车灯出光口处设置两片透明玻璃构成密闭空间，通过导管控制有色液体进入或排出该空间而控制车灯亮度，当液体充满空间时形成有色散射层，当液体排出空间时变成全透的结构，以此减少眩目。这种方案结构复杂，难以控制，响应时间较长。进而，小糸公司提出了在车灯投射树脂透镜上布设电线，通过电线加热改变树脂透射率从而减少眩目的方案（JP2005121172A，申请日 2005 年 4 月 19 日），图 28 是 JP2005121172A 的技术原理，其中 6 为电线，3 为树脂透镜。

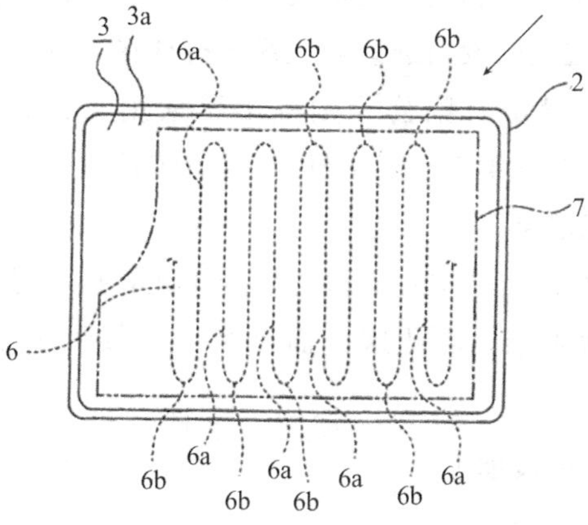

图 28 JP2005121172A 的技术原理

鸿富锦公司提出了一种采用导光板加棱镜匀化出光效果减小眩目的方案

(CN201210582683，申请日 2012 年 12 月 28 日)，图 29 为 CN201210582683 的技术原理图，其中 20 为导光板，30 为棱镜片，40 为投射透镜。

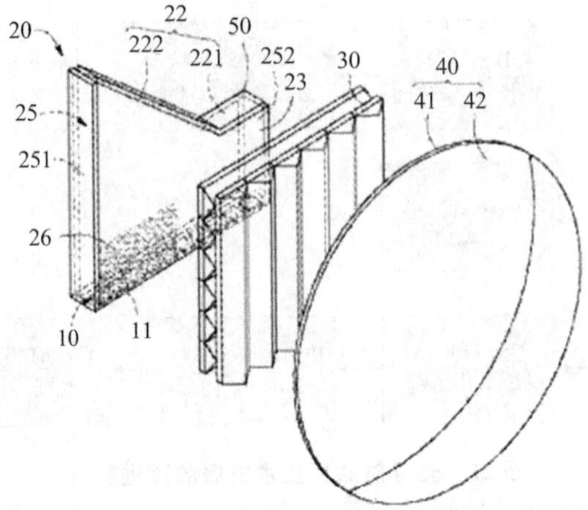

图 29　CN201210582683 的技术原理

透镜组的方案最早由 MEAF MACH EN APPARATEN FAB NV 提出（GB2633235A，申请日 1935 年 9 月 23 日），图 30 为 GB2633235A 的技术原理图，通过三个透镜 2、3、4 构成的透镜组改变光型，使得大角度的光线数量减少，强度降低。

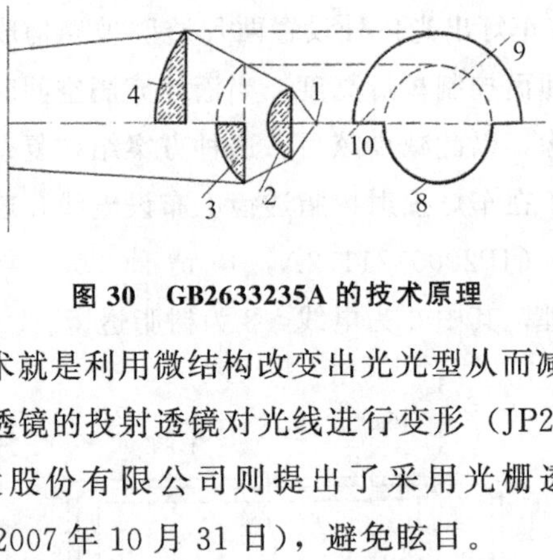

图 30　GB2633235A 的技术原理

采用微结构透镜的技术就是利用微结构改变出光光型从而减少眩目，在这方面，斯坦利提出了采用类似菲涅尔透镜的投射透镜对光线进行变形（JP2001085090A，申请日 2001 年 3 月 23 日），和欣开发股份有限公司则提出了采用光栅透镜对光照能量进行分布（TW96140922A，申请日 2007 年 10 月 31 日），避免眩目。

3.4.2　光导分支的优缺点

光导技术分支结构多样，改进方向较多，但采用光导技术对光线的强度分布的即时控制（如远/近光切换）较为困难，因此这方面专利申请数量不多，但总体还处于增长的趋势。

3.5　采用光阑防眩目技术的发展

3.5.1　光阑分支脉络梳理

光阑防眩目的技术本质就是采用一定形状、一定材质的光阑改变光型，阻挡容易造成眩目的光线。图 31 为光阑防眩目技术发展的递进脉络。

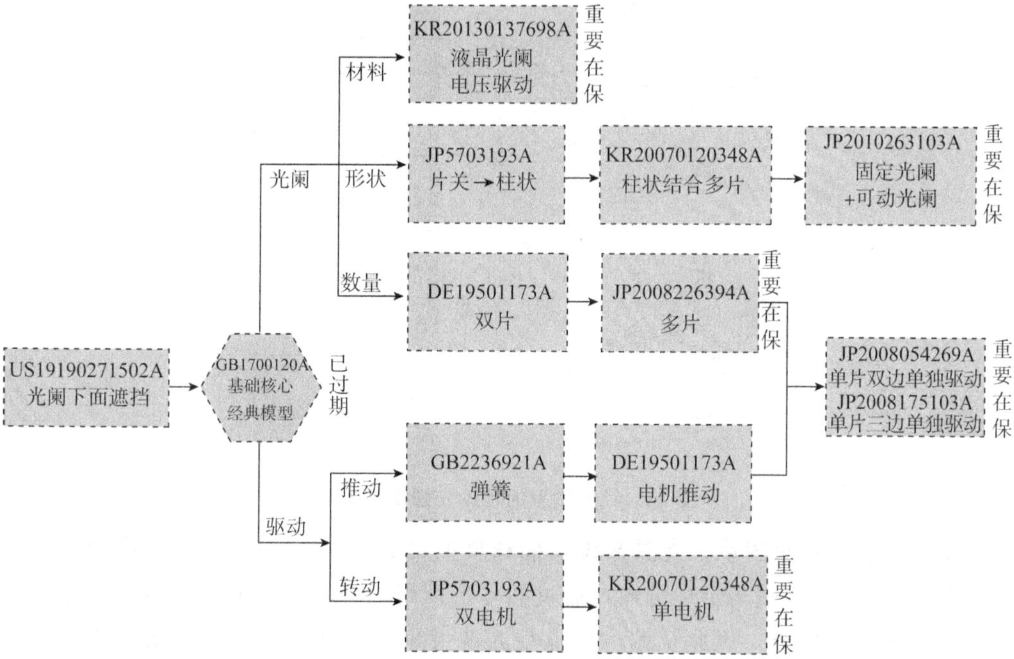

图 31　光阑防眩目技术发展的递进脉络

美国 SALT LLOYD B 率先提出采用光阑遮挡光源的正面，减少高角度直射光造成的眩目（US19190271502A，申请日 1919 年 1 月 16 日）。由于这个方法最为直接，也最为简便，因此早期对光阑形状的改进的申请占大多数。但是这种方法对光强的损失较大，而且不能方便控制光型切换。

3.5.1.1　光阑分支基础专利——防眩目经典模型

为了解决远近光切换不便的缺点，DUNCAN JAMES RITCHIE 提出了一种经典的车灯防眩目模型（GB1700120A，申请日 1920 年 6 月 23 日），图 32 为 GB1700120A 的技术原理图。

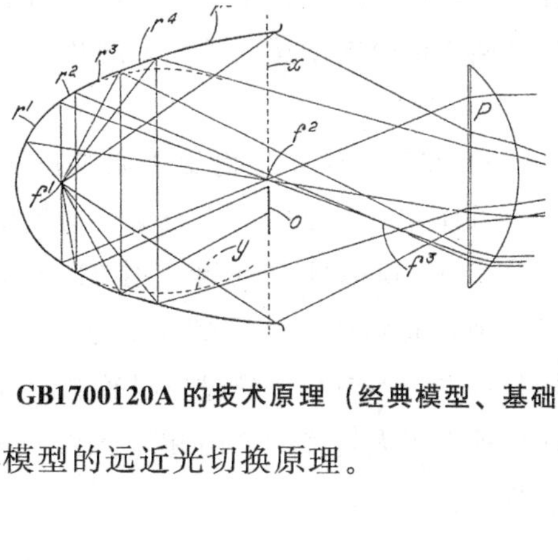

图 32　GB1700120A 的技术原理（经典模型、基础专利）

采用图 33 来说明经典模型的远近光切换原理。

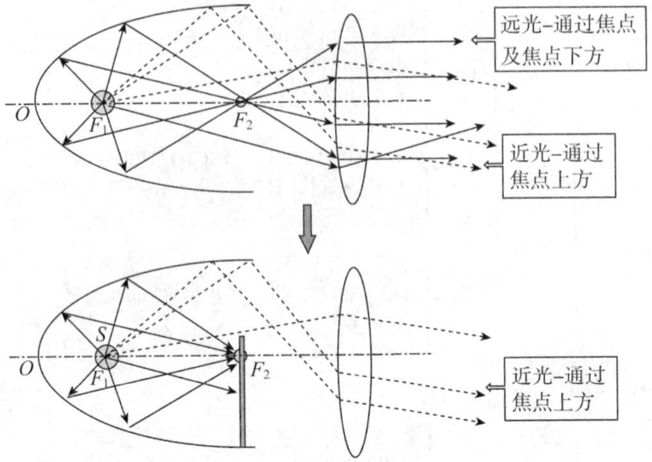

图33 经典模型的远近光切换原理图

车灯采用椭球形反射镜，光源 S 位于椭球反射镜的一个焦点 F_1，光阑位于反射镜的另一个焦点 F_2 处，由费马定理可知，通过椭球形反射面一个焦点的光线经过椭球面反射后必然经过另一个焦点，因此从第一焦点处光源发出的光线必然都经过第二焦点，并且 F_2 也是投影透镜的后焦点，当光阑被驱动离开焦点 F_2 附近时，通过焦点 F_2 的光线（实线）将被投影透镜以平行光射出形成如图 33 的远光照明；当光阑被驱动阻挡焦点 F_2 附近时，实线光线被阻挡，仅有通过焦点 F_2 上方的光线（虚线）被投影透镜射出形成近光照明。

通过改变光阑自身的形状、材料、数量以及改变光阑驱动的方式可以灵活有效地改变远近光光型。参照图 31 光阑防眩目技术发展的递进脉络可以发现，该分支之后的改进均是在该基础专利上对光阑及其驱动方式做出的改进，幸运的是该专利为早期申请，已经过期。

由于采用经典模型的车灯光型多样、利于控制和切换，特别利于实际应用，在其问世后，其相关的专利如雨后春笋一般迅速攻占了车灯防眩目专利申请量的半壁江山，达到了 55.3%，在整个光阑防眩目专利申请分支中达到了惊人的 87.9%，下面就相关改进做进一步梳理。

在经典模型基础上，EVAN PAUL BONE 提出了通过弹簧控制光阑运动改变光型的方案（GB2236921A，申请日 1921 年 8 月 23 日），尼桑公司提出了通过在玻璃上镀膜的方式形成光阑的方案（JP11062586U，申请日 1986 年 7 月 21 日）。

很快，丰田公司提出了一种具有圆柱形光阑的车灯（JP5703193A，申请日 1993 年 3 月 17 日），光阑为偏心结构并且左右不对称，通过电机控制，柱形光阑可以旋转而改变光型，并且由于左右不对称而使得靠近人行道的方向和靠近会车一侧眩目被限制得更多，图 34 为 JP5703193A 的技术原理图。

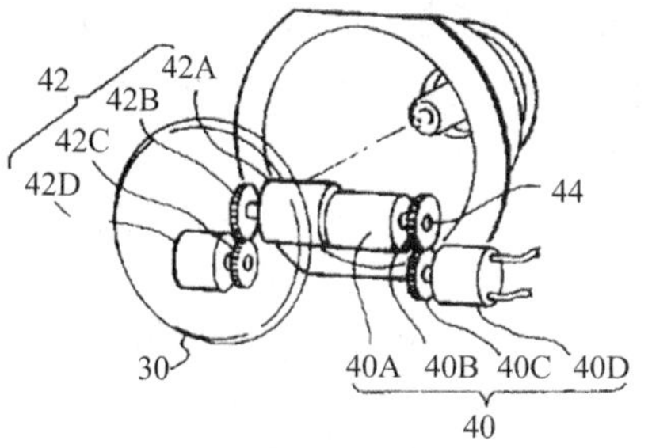

图 34　JP5703193A 的技术原理

罗伯特·博世有限公司提出了一种板形光阑的车灯（DE19501173A，申请日 1995 年 1 月 17 日），可以通过电机进行上下推动而改变光型。图 35 为 DE19501173A 的技术原理图。在此基础上，小糸公司将单片板形光阑扩展为多片板形光阑，并且通过电机和弹簧对各板形光阑分别控制，可以实现更多光型的切换（JP2008226394A，申请日 2008 年 9 月 3 日），图 36 为 JP2008226394A 的技术原理图。

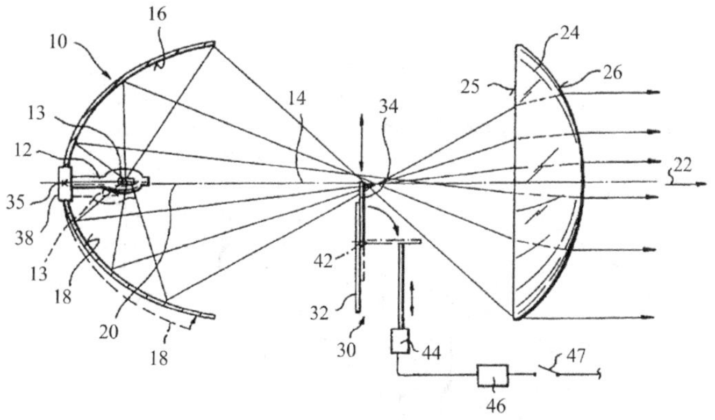

图 35　DE19501173A 的技术原理

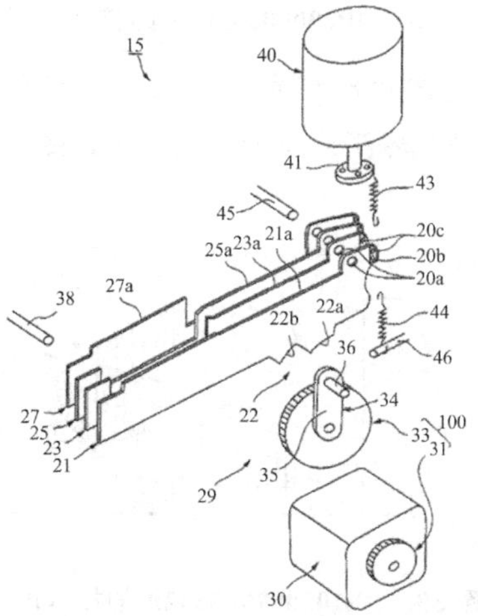

图 36　JP2008226394A 的技术原理

韩国SL SEOBONG公司提出了板形光阑和柱形光阑结合形成复合光阑的结构（KR20070120348A，申请日2007年11月23日），形成更多可控的光型。图37为KR20070120348A的技术原理图。

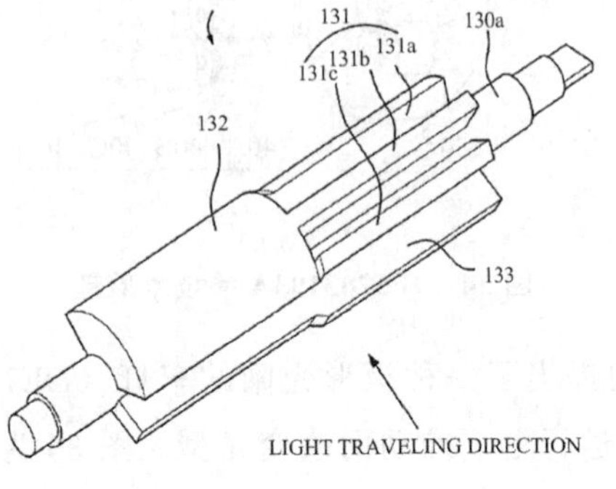

图37　KR20070120348A的技术原理

小糸公司提出了采用左右分别独立控制的板形光阑（JP2008054269A，申请日2008年3月5日），制作简便且光型多变，图38为JP2008054269A的技术原理图。

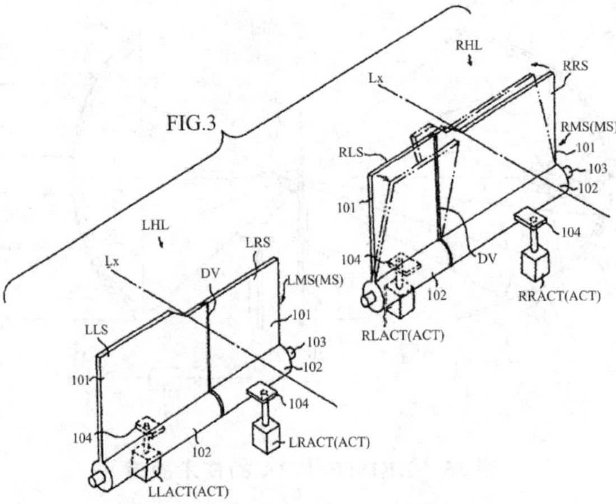

图38　JP2008054269A的技术原理

德国保时捷公司提出一种将散热器与光阑合二为一的方案（DE102007063542A，申请日2007年12月21日），将片状的散热器鳍片兼做光阑使用，图39为DE102007063542A的技术原理图。

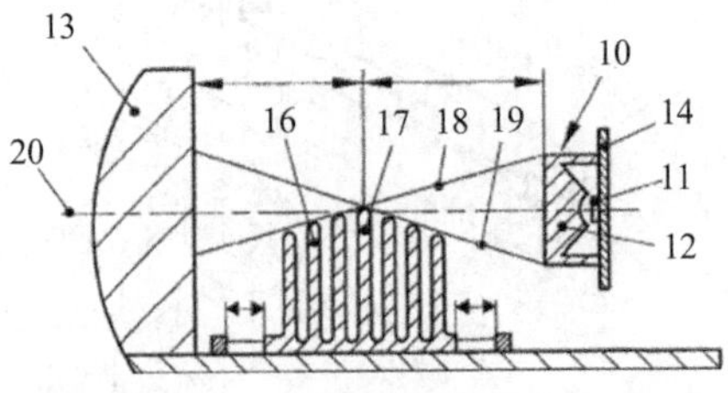

图39　DE102007063542A的技术原理

小糸公司提出了三瓣式板形光阑（JP2008175103A，申请日 2008 年 7 月 3 日），通过三个电机分别控制，使得光型更加灵活，图 40 为 JP2008175103A 的技术原理图。

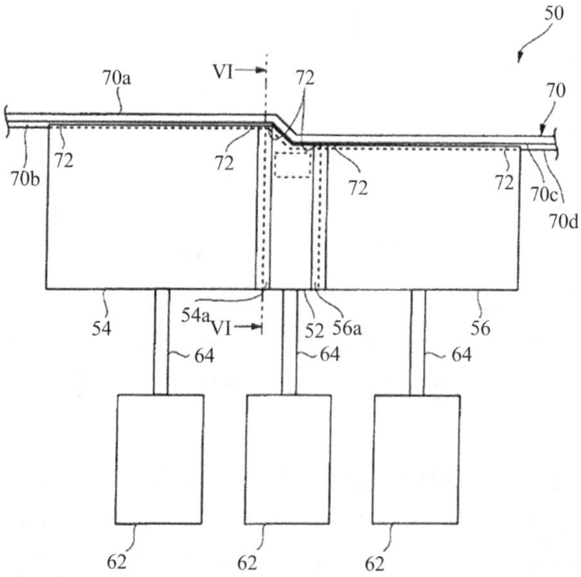

图 40　JP2008175103A 的技术原理

斯坦利公司提出了一种复合板形光阑（JP2010263103A，2010 年 11 月 26 日），由固定光阑 15 和可动光阑 16 组成，固定光阑可以有效减小眩目的产生，可动光阑根据环境需要切换不同光型。图 41 为 JP2010263103A 的技术原理图。

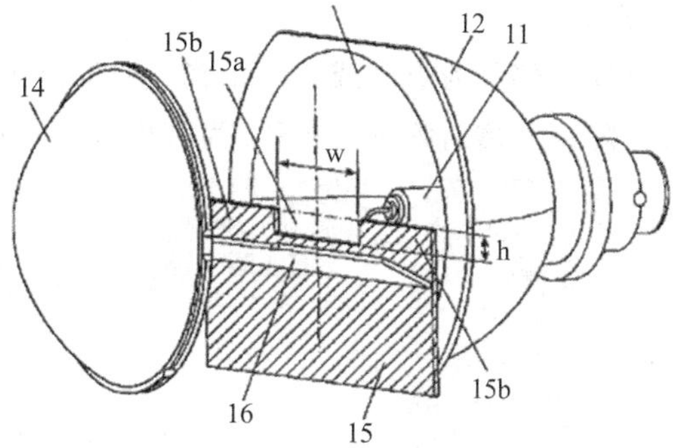

图 41　JP2010263103A 的技术原理

韩国现代公司提出采用液晶制作光阑 300，通过电压控制液晶呈现不同透过状态而改变光阑的形状（KR20130137698A，申请日 2013 年 11 月 13 日）。图 42 为 KR20130137698A 的技术原理图。

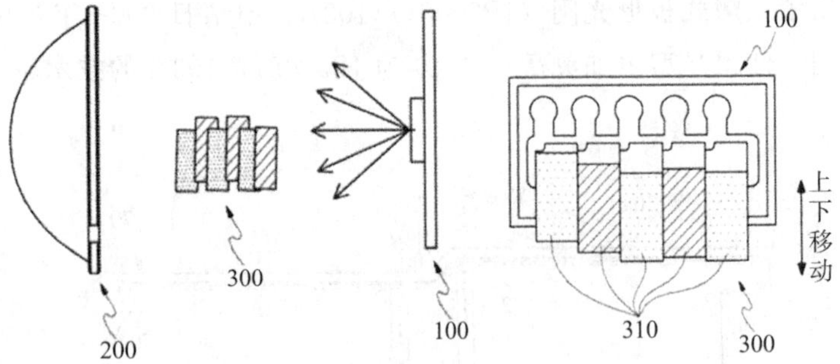

图 42　KR20130137698A 的技术原理

3.5.2　光阑分支的优缺点

采用光阑防眩目的技术出光光型相对多样、方便控制，已经占领了大部分市场。然而随着对车灯光型和功能的要求越来越高，仅从光阑上的改进已经不能满足对光型新的需求。

并且，从这一分支的技术脉络推进可以看到，采用上述经典模型的车灯专利申请共 276 件，对光阑进行改进以防眩目的专利总共 314 件，占比达到 87.9%，占全部统计的 499 件防眩目专利申请的 55.3%，并且所有重要的专利都掌握在国外申请人手中。国内申请中采用上述经典模型的发明和实用新型专利申请共 20 件，授权的屈指可数。该领域主要的公司已经完成了该分支的专利布局，在车灯防眩目技术专利申请中这种技术是目前最成熟，应用最为广泛的技术，已经形成了较大的专利壁垒。

3.6　采用阵列发光系统防眩目技术的发展

3.6.1　阵列分支脉络梳理

阵列发光系统就是车灯发光部分为点阵或线阵结构，可对阵列元分别进行控制。主要分为三类：阵列光源，反射阵列和透射阵列。图 43 为阵列防眩目技术发展的递进脉络。

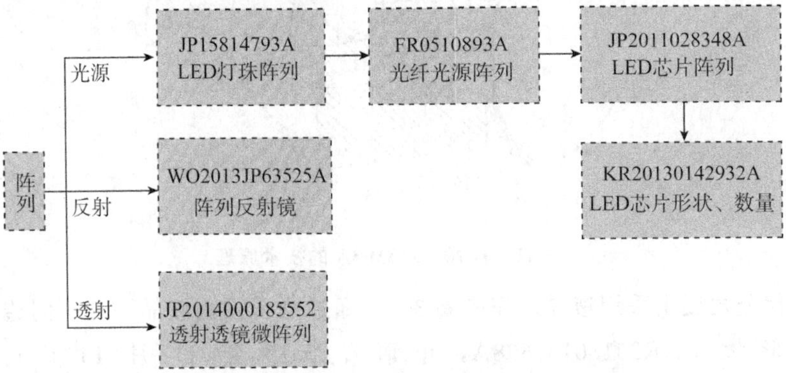

图 43　光阑防眩目技术发展的递进脉络

斯坦利公司最早提出阵列光源式防眩目车灯（JP15814793A，申请日 1993 年 6 月 4 日），光源基板 3 上阵列排布发光二极管 2，各发光二极管照度不同，通过电路分别进行控制以达到控制光型防止眩目的目的，图 44 为 JP15814793A 的技术原理图。

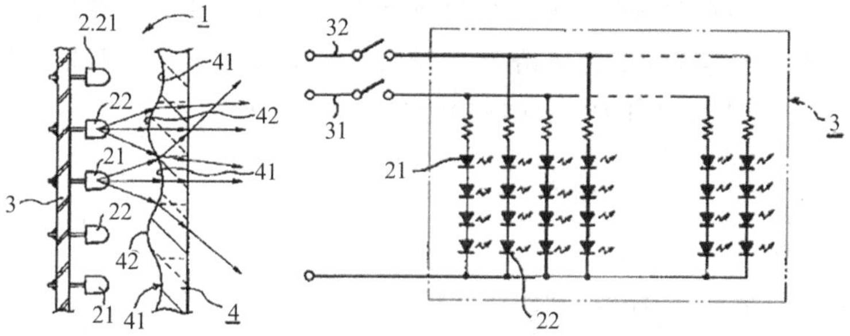

图 44　JP15814793A 的技术原理

法国法雷奥公司提出了利用阵列光源和光纤配合形成阵列发光系统（FR0510893A，申请日 2005 年 10 月 25 日），通过精确控制光纤对应的出光角度/方向减小眩目效应。图 45 为 FR0510893A 的技术原理。

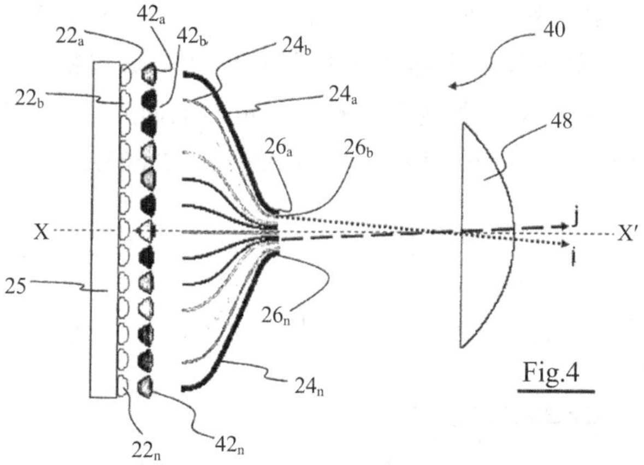

图 45　FR0510893A 的技术原理

斯坦利公司提出了采用白光 LED 和红外 LED 组成的 LED 光源阵列（JP2011028348A，申请日 2011 年 2 月 14 日），通过控制阵列 LED 的开闭，对道路采用白光 LED 照明，对行人和对向车辆采用红外 LED 照明，由车辆感应系统感应红外光线，这样行人和对向车辆司机由于接收不到红外光线，不容易感到眩目，图 46 为 JP2011028348A 的技术原理图。

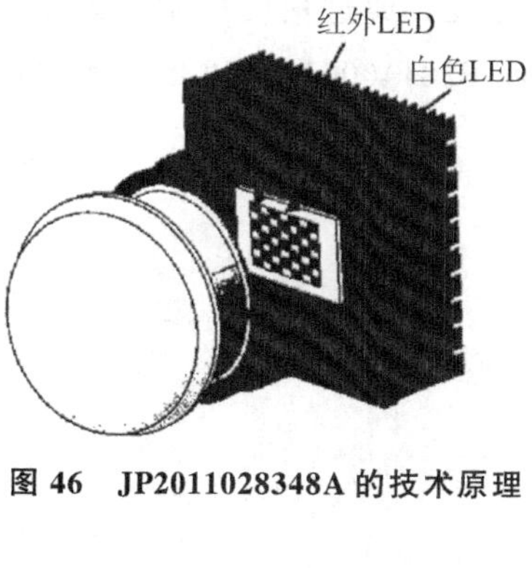

图 46　JP2011028348A 的技术原理

韩国现代汽车公司在此基础上提出的阵列光源采用不同长度、宽度和形状的LED芯片组合而成（KR20130142932A，申请日2013年11月22日），不仅减小眩目的产生，也使得光型更加灵活，图47为KR20130142932A的技术原理图。

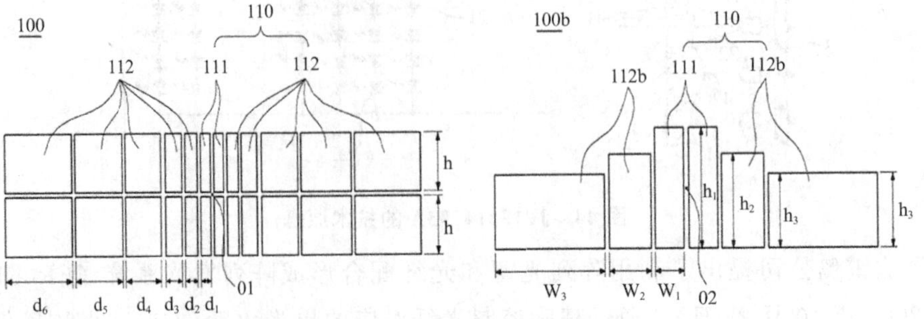

图47　KR20130142932A的技术原理

小糸公司提出了反射阵列式阵列发光系统（WO2013JP63525A，申请日2013年5月15日），光源4经过反射镜5反射至阵列反射单元10上，通过精确控制阵列反射单元10上的反射镜阵列12的角度，以此控制射入投射透镜6上的光线以及角度，达到控制眩目的目的，并且还可以精确控制光型。图48为WO2013JP63525A的技术原理图。

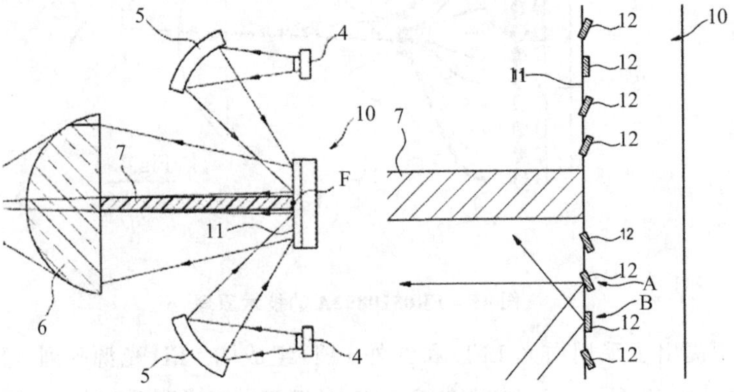

图48　WO2013JP63525A的技术原理

日本松下公司提出了透射阵列式发光系统（JP2014000185552，申请日2014年9月11日），1为液晶透镜，包括阵列单元，通过精确控制阵列中各液晶单元的开闭达到控制光型、减小眩目的目的，图49为JP2014000185552的技术原理。

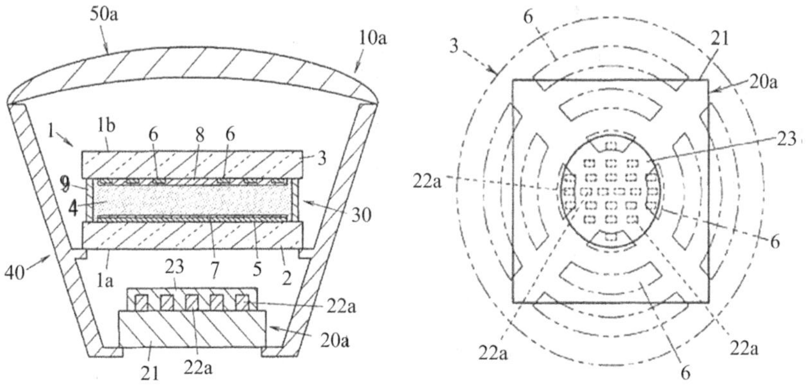

图 49　JP2014000185552 的技术原理

3.6.2　阵列分支的优缺点

通过这一分支的技术脉络分析，我们可以发现，阵列发光技术在防眩目中的最大优点在于阵列中的每一个阵列元可以单独控制，从而使得光型的控制更加精细、灵活，车灯除了解决照明中的眩目问题外，还兼具交通指示、投影、美观等多种功能，应用前景广阔。但是其技术要求高，结构复杂的缺点也是显而易见的。

3.7　五个技术分支的对比

通过上述五个分支的技术脉络梳理，总结其技术上的优势和劣势，并进一步结合第二章五个技术分支的申请量分析，可以将五个分支作如下表 1 的对比，由于准确量化几无可能，因此只作为参考。

表 1　五个技术分支的量化参考对比

	反射镜	偏振	光阑	光导	阵列
申请量	★★	★	★★★★★	★★	★
技术难度	★	★★	★★★	★★★	★★★★★
光型种类	★	★	★★★	★★★★	★★★★★
切换灵活性	★★	★	★★★	★★	★★★★★
技术成熟度	★	★	★★★★★	★★★	★★
改进空间	★	★	★★	★★★★	★★★★★

对于重要的光阑分支和阵列分支，通过对其专利申请量和技术发展脉络的分析，再结合统计分析学中常用的 S 型曲线来描述，大体上可以表示成图 50 的新旧技术的 S 型曲线模型。

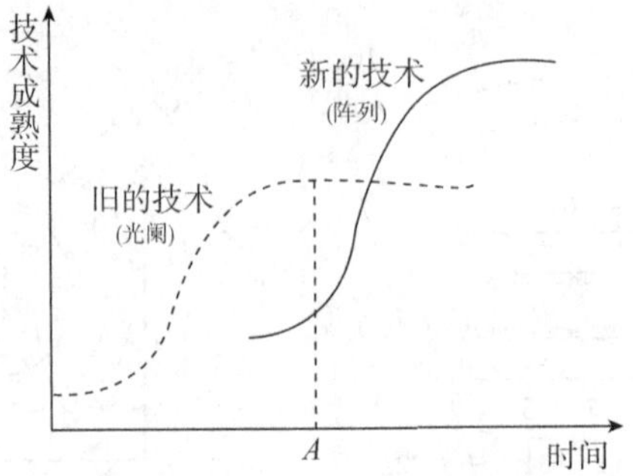

图50　新旧技术的S型曲线

再对照图9车灯防眩目专利技术分支专利申请趋势可以看到，目前的阶段大约处于图50中A点的时间，旧的技术（虚线）相当于光阑分支，其技术已经相当成熟，申请量开始走下坡路；新的技术（实线）相当于阵列分支，其技术较新，尚处于成长初期，申请量增量显著。我们可以预见新旧技术的更迭，阵列技术分支逐渐取代光阑分支即将到来。

第四章　结语

综上所述，车灯防眩目专利技术经过一个世纪的发展，成果丰硕，技术成熟。该领域的专利主要集中在日本株式会社小糸制作所、日本的斯坦利、法国的法雷奥、德国的奥拓公司和哈雷等几个大的企业，而我国在这方面起步晚，但增势明显。通过对整个车灯防眩目的五个技术分支的分析，可以得到以下两点结论，也作为对我国车灯企业的意见和建议：

（1）任何一种技术都不是呈直线式的上升，而是满足S型曲线的发展过程，经过一个发展以后进入平台期，然后伴随着另外一个改朝换代的新技术的快速发展。因此，企业应当对目前尚未完全成型的防眩目技术抱有信心。

（2）五种技术分支中，采用偏振技术的专利光能损耗大，光型切换时使用不便，采用反射镜的技术功能单一，都有其难以克服的缺陷。采用经典光阑模型的防眩目车灯专利申请数量大，但重要的专利全部由国外大企业占有，他们已经完成了这一分支的专利布局，形成了较大的专利壁垒，并且，在车灯防眩目技术专利申请中这一技术已经发展成熟，应用最为广泛，因此我们的企业在这一技术分支下可以不必投入太大的研发成本。由于车灯的趋势是向着光型多功能化、精细化的方向发展，反观光导和阵列式防眩目的技术分支，尤其是近些年才崭露头角的阵列发光式防眩目车灯正可以顺应上述两个趋势的要求，因此建议企业将研究的重点放在光导和阵列这两个技术分支，尤其阵列式发光领域，不仅技术优势突出，而且目前专利布局较少，能够进行改进的空间很大，另外，还可以在该分支下尝试探索更多新功能。

参考文献

［1］远光灯的危害，全球汽车用品网.［2014－10－08］. http://www.chepin88.com/.

［2］遭遇远光灯5米以外看不清 如何正确使用远光灯，浙江新闻.［2012－01－11］. http://zjnews.zjol.com.cn/05zjnews/system/2012/01/11/018138582.shtml.

［3］李克强屡提“S型曲线”理论有何奥妙?，中华人民共和国中央人民政府网.［2016－05－21］. http://www.gov.cn/premier/2016－05/21/content_5075377.htm.

［4］傅瑶，孙玉涛，刘凤朝. 美国主要技术领域发展轨迹及生命周期研究——基于S曲线的分析［J］. 科学学研究，2013，31（2）：209－216.

［5］饶会林，陈福军，董藩. 双S曲线模型：对倒U型理论的发展与完善［J］. 北京师范大学学报（社会科学版），2005，（3）：123－129.

［6］郭健忠，龚长超，李鲜卓等. 基于夜间会车防眩目系统的控制方法研究［J］. 汽车工程学报，2016，6（1）：056－060.

［7］于鑫. 前照灯自由曲面配光技术研究［D］. 长春：吉林大学汽车工程学院，2012.

［8］SUSHIL KUMAR CHOUDHARY，RAJIV SUMAN，SONALI，et al. Electronic Head Lamp Glare Management System for Automobile Applications［J］. International Journal of Research in Advent Technology，2014，2（5）：402－416.

电气机械和器材制造业

家用自动面包机专利技术综述

曹俊静

第一章　家用自动面包机一般结构及其技术分解

1.1　家用自动面包机一般结构

随着生活理念的转变，外国人餐桌上的面包逐渐成为中国人日常营养早餐的一个选择，面包机与咖啡机的出现加速了中国人与西方人饮食文化的接轨，一杯咖啡、两片面包外加一个煎蛋，很多人开始用这种快捷时尚的生活方式开始一天的忙碌生活，家用自动面包机（图 1）因其快捷方便、多功能等优势受到越来越多家庭的青睐。

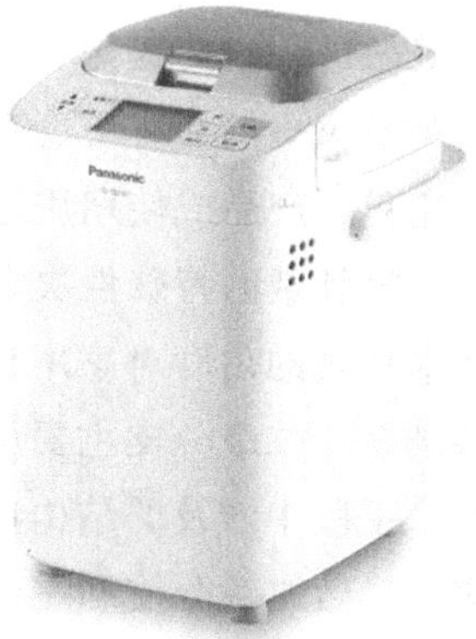

图 1　家用自动面包机外观图

目前，以面食为主的国家和地区，自动面包机已普遍进入家庭，这种自动面包机可以实现烤制面包的全过程：搅面、发酵、烘烤和保温。图 2 所示为日本松下公司早期（1995 年）的面包机结构示意图，该面包机具有烘烤室 43、电动机 42 及控制装置。烘烤室包括：具有沿一个方向回转、混揉面包料的搅揉叶片 50，供面包料投放的面包容器 51，保持固定面包容器 51 的容器安装座 44，以及加热器。电动机驱动搅揉叶片；控制装置控制上述加热器 52 和电动机 42 通电，此外，烘烤室内一般设置对面包容器 51 加热的加热器 52 和检测烘烤室内温度的温度检测器 53，65 为基于由温度检测器 53 检测的温度信息控制电动机 42 以及加热器 52 的通电，对混揉、放置、发酵、烘烤等各工序进行控制的控制装置，66 为进行控制装置 65 操作的操作部件，进行食谱、烘烤时间设定以及调理开始等，实现面包的自动化烘烤。

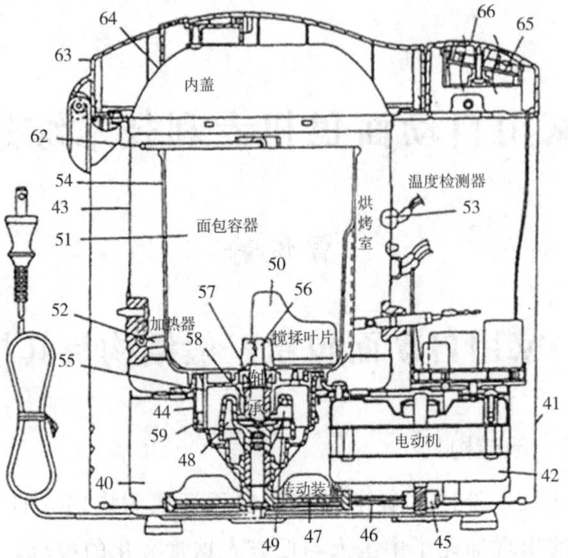

图2 家用自动面包机纵剖视图

1.2 家用自动面包机技术分解

技术分解是对所分析的技术领域做进一步的细化和分类，对行业状况、检索专利信息以及检索结果处理都具有非常重要的意义，有助于了解行业整体情况以及选取研究重点。一般情况下，可按技术特征、工艺流程、产品或使用用途等进行技术分解。具体到家用自动面包机领域，其属于小家电领域，该领域的特殊性决定了面包机生产企业更注重消费者的产品体验，因此，本文优先从技术功效的角度对家用自动面包机进行技术分解。

在技术功效作为一级分支的基础上，二级分支主要从实现技术效果所采用的技术手段角度进行分类，三级分支主要从技术手段中涉及的结构特征角度进行分类，但因家用自动面包机领域涉及的申请人数量较多，导致二级分支和三级分支的数量较多，本部分内容只分析从技术功效角度进行分类的一级分支，下一部分内容将对重要申请人的二级、三级分支的相关内容进行详细分析。

技术功效分析是一种对专利技术内容进行深入分析的方法，表达的是技术手段和技术效果之间的关系。通过技术功效的分析，可以发现某一技术领域的专利雷区和专利空白区，帮助生产企业找到研发的风险和机会。就家用自动面包机而言，因申请人较多，其一级分支从技术功效角度大致可分为九大类：操作便利性，功能多样化，改善面包品质，加热均匀性，自动化控制，搅拌均匀性，降噪减振，安全性和节能、延长使用寿命，其中，改善面包品质主要是从面包外形或口感角度进行改进，加热均匀性主要是从加热装置或加热方式的角度进行改进。此外，自动化控制中涉及程序控制方面的内容本文不涉及，分类时不考虑该部分的分类，具体分类见图3。

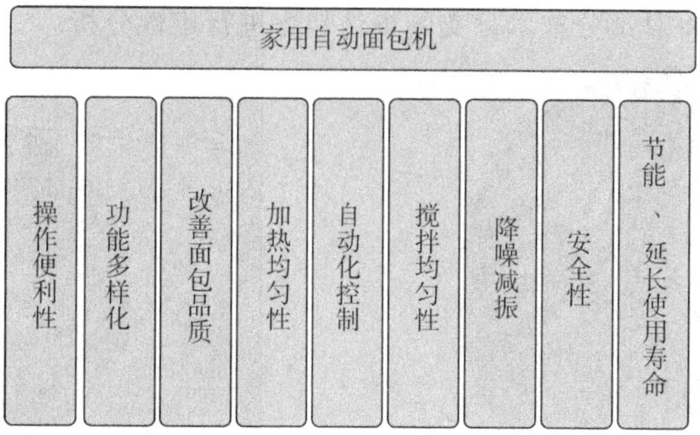

图 3　家用自动面包机的功效分类

1.3　各技术分支总体申请趋势

前文已经列举了家用自动面包机的功效技术分支，本部分内容将对各技术分支的总体申请趋势进行统计分析，以分析家用自动面包机的技术发展趋势。

图 4 为各技术分支总体申请趋势的面积图，面积图强调的是数量随时间变化的程度，能够引起人们对总值趋势的注意。从图中可以看出，1980—1994 年，各技术分支总体申请量较少，只有部分技术分支有相关申请；1995—2004 年，各技术分支申请量有所增加，但增幅不明显，其中，自动化控制和改善面包品质的申请量相对增多；2005 年以后，各技术分支申请量明显增多，其中，操作便利性和功能多样化的增幅趋势较明显，特别是 2008—2015 年间，功能多样化的申请量出现了两个峰值，明显多于其他的技术分支，这也反映出现代社会消费者对面包机功能性的需求日益增加，各生产企业研发的重点是自动化面包机功能性的改进。

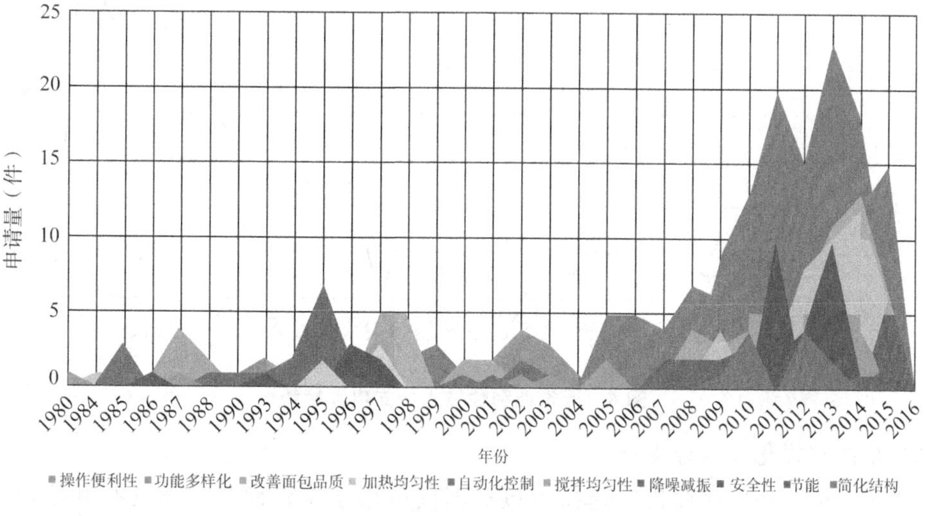

图 4　各技术分支总体申请趋势

图 5 示出了各技术分支总体申请的百分比，从图中可以看出，申请量排名前三位的技术分支分别为操作便利性、功能多样化和改善面包品质，其次是加热均匀性、自动化控制

和降噪减振等。下面将对部分技术分支的申请趋势进行定性分析。

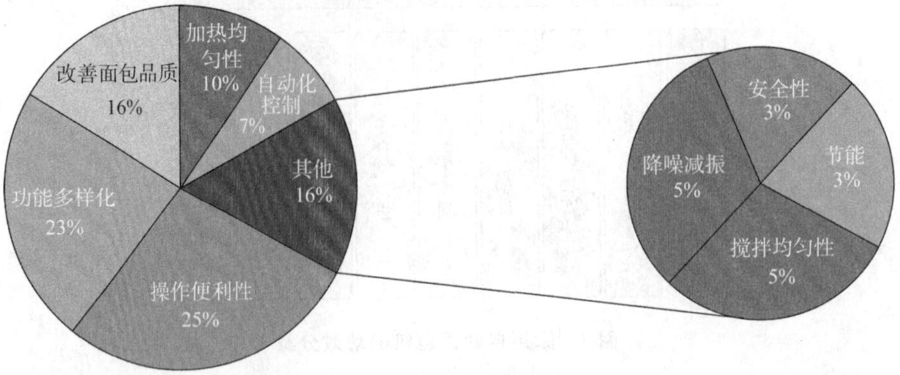

图5　各技术分支总体申请百分比

(1) 操作便利性技术分支。

本文定义的“操作便利性”是指方便使用者的操作，例如，自动加原料或辅料以避免手工操作，上视窗改进方便观察，输出音频指南引导操作等。松下公司早期的申请涉及家用自动面包机的自动加水、方便清洗和方便面包取出等专利，大都是零部件类的结构改进，后期自主研发的重要技术之一是原辅料的定时自动投放，这也是后来诸多面包机生产企业在操作便利性上的研发重点。从图6可以看出，操作便利性的专利申请起步较早，1985年就有相关申请了，1994年之后出现了一定波动，但增幅较小，从2004年开始申请量呈逐步上升的趋势，且增幅明显，在2015年达到峰值。

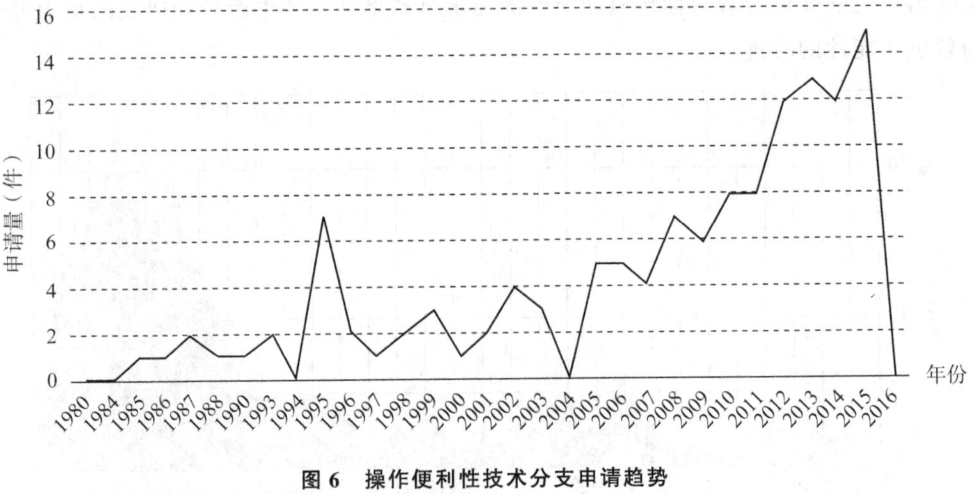

图6　操作便利性技术分支申请趋势

(2) 功能多样化技术分支。

本文定义的“功能多样化”是指面包机不仅可用于制作面包，还具有其他功能，例如，可粉碎谷粒、可蒸制、可输出不同搅拌速度、可制作冰淇淋等。松下公司最早从1987年开始申请相关专利，2009年申请可制作米粉面包的专利，该面包机直接粉碎生米，日本三洋电机公司也有相关的类似申请，这也是自动面包机的典型技术之一。米粉面包因其润滑的良好口感和自然的甜味受到消费者的欢迎；另外，对于有小麦过敏症的消费者而言，没有混入面粉的米粉面包已经成为期望食材。从图 7 可以看出，2007 年之前，申请量极少，2007 年以后，功能多样化的专利申请显著增多，这也与 2007 年以后国内对于家用自动面包机的申请量增多有关，这里面不乏大量的关于功能多样化的国内申请。

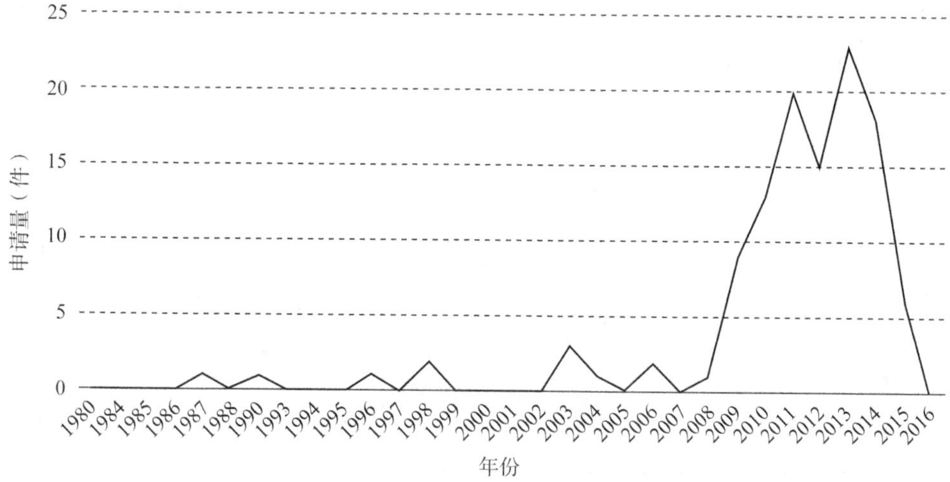

图 7　功能多样化技术分支申请趋势

（3）改善面包品质技术分支。

本文中定义的“改善面包品质”主要是指从面包的外形或口感上去改善，就改善面包口感而言，松下公司就有从有效发酵、增加烘烤室湿度或控制揉面速度等角度申请的相关专利，而三洋电机公司则从预约时材料保鲜的角度申请过专利，国内的广东新宝电器后期也有类似申请，原理和三洋电机公司的申请基本相同，大都是在食材盒处设置制冷组件。从图 8 可以看出，从 2004 年开始，改善面包品质的申请量显著增多。

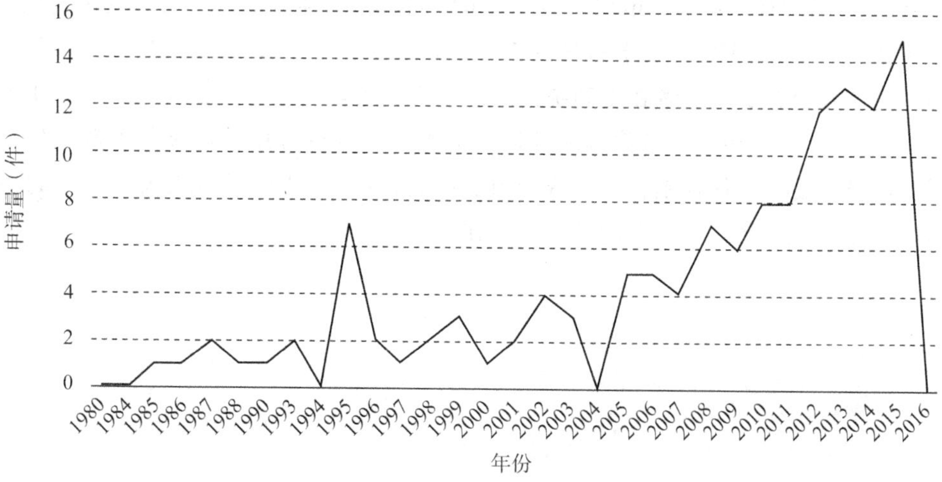

图 8　改善面包品质技术分支申请趋势

（4）加热均匀性技术分支。

本文定义的“加热均匀性”主要是指从加热装置和加热方式角度进行改进所带来的加热均匀效果。家用自动面包机里面的加热装置一般是环状的发热管，相关申请大都涉及发热管的形状、位置分布和数量等改进，对于加热方式，有涉及混合加热、空气能循环加热、电磁加热等申请，国内申请人还申请过“旋转烤制”（即边旋转边烘烤）的专利，这也是从加热方式的角度进行的改进。从图9可以看出，从2004年开始，加热均匀性技术分支的相关专利申请显著增多。

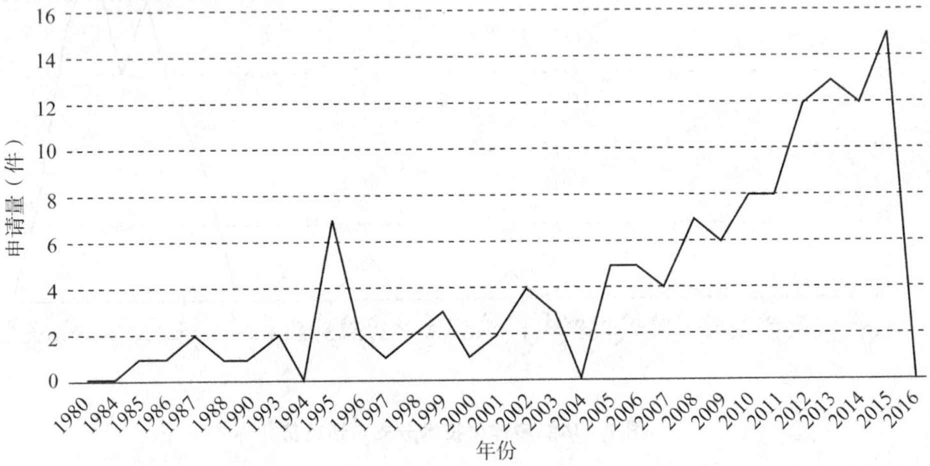

图9　加热均匀性技术分支申请趋势

（5）自动化控制技术分支。

本文定义的“自动化控制”指的是自动检测、自动调节以及智能化（这里不包括自动投放原料和辅料等方面的内容），例如，松下公司申请的“自动检测室温并修正烘烤温度”专利。从图10可以看出，自动化控制技术分支的专利申请没有明显的增长趋势，早在1987—1997年间就有一定量的申请，但在2004年或2007年开始并没有出现申请量大增的情形，貌似进入2000年之后，申请量反而降低，但事实上，日本公司对于自动化控制方面的申请量并没有减少，笔者在专利统计的过程中发现，一些日本公司，例如松下和三洋电机，在2000年后申请了大量偏程序控制类的专利，这些程序控制类的专利，例如图形处理及其电子设备、烹饪控制指令、智能识别系统、智能家居、网络传输信息、过程控制装置等，由于领域限制，相关专利没有统计在内。

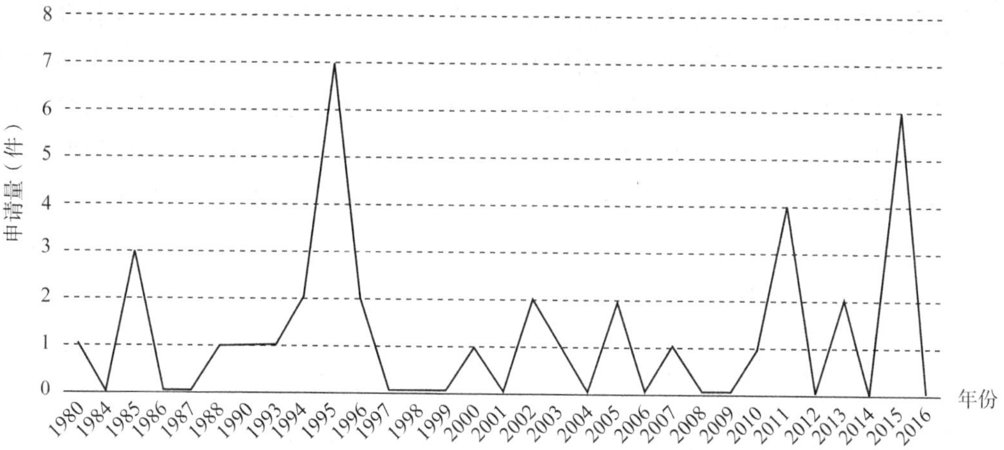

图 10　自动化控制技术分支申请趋势

（6）降噪减振技术分支。

本文定义的“降噪减振”是指降低面包机的噪声，减小工作振动。面包生产企业主要通过传动装置改进以及设置吸振或隔离部件的方法进行改进。此外，松下公司和三洋电机公司申请的用米糊制作米粉面包的专利，避免了粉碎谷粒，也能够降低面包机的噪声，但上述专利技术实质还是对米粉面包的改进，因此，本文将其归类到改善面包品质技术分支中。从图 11 可以看出，相关申请量整体不多，从 2010 年到 2014 年间有一定程度的增多。

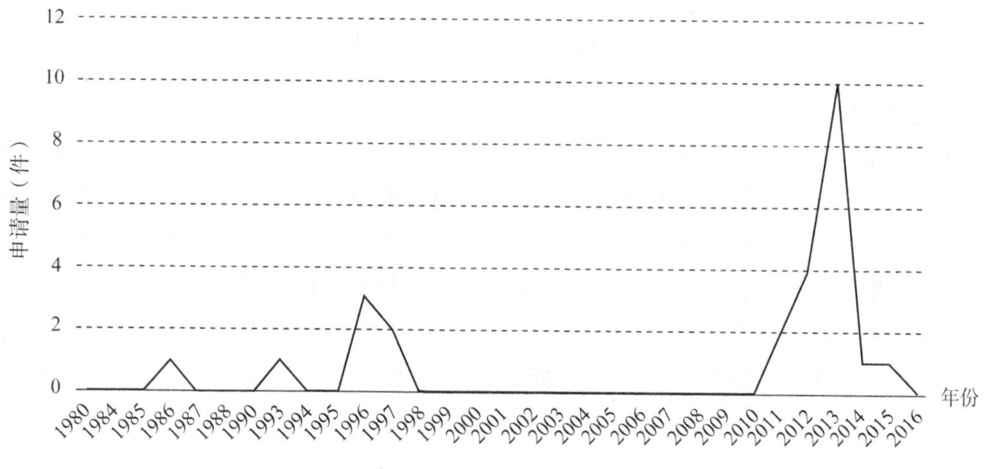

图 11　降噪减振技术分支申请趋势

1.4　各重要技术分支申请量对比图

前文分析了各技术分支的申请趋势，根据前期统计数据，本部分内容将对比分析申请量排名前三位的重要技术分支：操作便利性，功能多样化，改善面包品质。通过对重要技术分支申请趋势的对比，可以发现不同时期自动面包机申请人的研发重点。

图 12 展示了三个技术分支不同时间段的申请量趋势，不难发现，在 2009 年之前，三个技术分支的申请趋势相对平缓，并且功能多样化的专利申请相对偏少，但 2009 年之后，

功能多样化的专利申请显著增多，申请量开始明显多于其他两个技术分支，操作便利性的专利申请次之，这也反映了近几年来消费者关注的重点，同时也是诸多生产企业研发的重点。饼状图展示了三个技术分支相对的百分比（并非占总体技术分支的百分比），虽然2009年之后功能多样化的专利申请增幅比较明显，但就申请总量来说，操作便利性的申请量略多于功能多样化，改善面包品质次于两者。第三章将对重要申请人的重要技术分支进行详细分析。

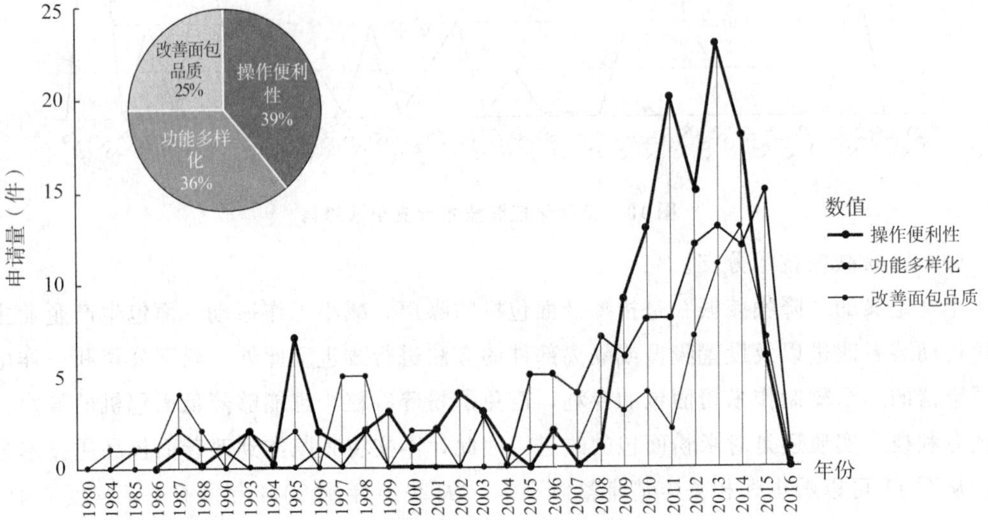

图12　各重要技术分支申请量对比图

1.5　本章小结

本章首先对家用自动面包机的一般结构进行介绍，随后从技术功效角度对家用自动面包机进行技术分解，并分析各个技术分支的总体申请趋势，而且在分析技术分支总体申请趋势的基础上，单独对各个技术（大部分）的定义以及发展趋势进行了细致分析，最后对比了三个重要技术分支的申请趋势。对技术分支的专利性分析表明：家用自动面包机各技术分支的专利申请整体从2004年开始有增多趋势，2007年以后申请量增幅明显，其中排名前三位的技术分支为操作便利性、功能多样化和改善面包品质，并且从2009年开始，功能多样化的增幅较突出，也说明该专利技术近年来成为研发重点。

第二章　家用自动面包机专利申请整体状况

为了研究家用自动面包机专利技术的发展情况，笔者将IPC分类号和比较准确的关键词、转库检索、以重要申请人为入口等检索策略相结合，以CNABS和DWPI收录的专利为样本，获取初步检索结果后将检索文献中的明显噪声清理，采用不同的检索方式以及各种算符命令有效确保“检准”和“检全”，并通过S系统的统计命令和Excel对该领域的中国专利申请和全球专利申请数据进行统计分析，本次专利分析的检索数据截至2016年6

月底。以下是基于上述统计数据进行的全球专利分析和中国专利分析。

2.1 全球专利分析

本部分内容主要对全球历年专利申请分布以及全球重要申请人进行分析，从中得到相关的家用自动面包机技术发展趋势，以及各阶段专利申请国家分布和各重要技术分支的申请趋势。其中以每个同族中最早优先权日期视为该申请的申请日，一系列同族申请视为一件申请。

2.1.1 家用自动面包机全球专利年代分布

图13示出了家用自动面包机全球专利申请趋势，大致可分为四个时期，各时期划分以申请量增长率的变化为标准，统计数据包括全球专利申请、国外专利申请和中国专利申请。此外，为更清晰地对比各个时期的申请趋势，本章将各个技术分支的纵坐标刻度设置成一致。

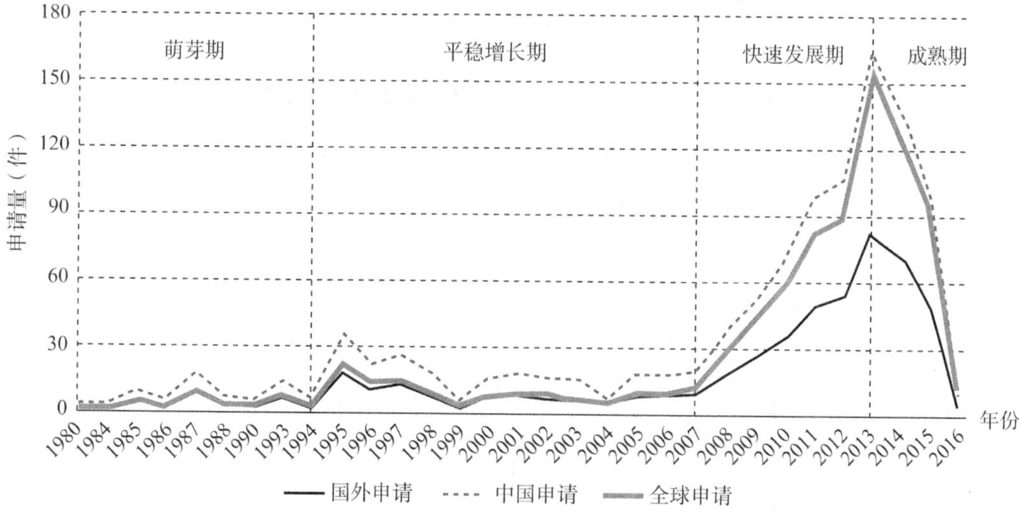

图13 家用自动面包机全球专利申请趋势

1. 萌芽期（1994年以前）

19世纪下半叶，非裔美国人李·约瑟（JOSEPH LEE，生于1848年）发明了世界上第一个商用面包机雏形，但这个面包机只能和面和揉捏面团。19世纪末20世纪初，各个面包机制造商在李·约瑟的面包机基础上，不断完善发展，终于使得面包机能自动做出完整的面包，现代真正意义上的面包机也由此诞生。但由于体形巨大，需占用巨大的空间，面包机并未能普及到家庭。随着大规模集成电路的广泛应用以及成本降低，1980年，日本松下公司开发出第一台家用自动面包机，并于1987年运到美国参加贸易展销会。随后，日本三洋电机公司开始向美国出口面包机。出乎所有人的预料，由于其体型小巧，外观变化多样，功能实用，很快面包机就在家庭中普及开来，特别是得到了美国和英国消费者的认可。

日本松下公司于1980年最先申请了家用自动面包机专利——JPS56102751A，如图14

所示，该面包机结构简单，发明点在于搅拌部件的改进，能自动搅拌、和面、发酵和烘烤，但原料和辅料需要手动加入，属于松下第一代面包机。

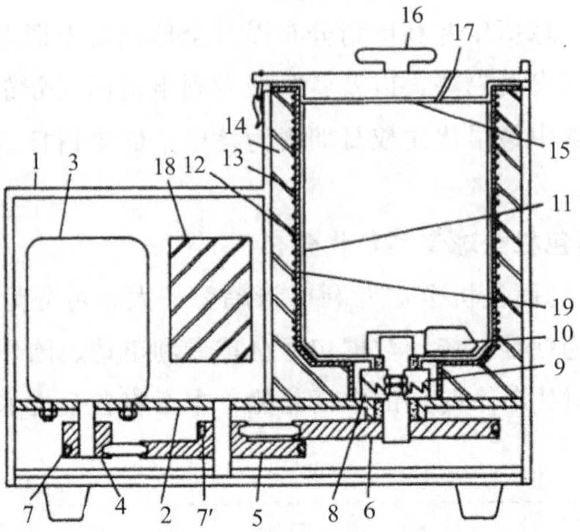

图14　松下公司申请的第一台家用自动面包机专利

从图15可以看出，1980—1994年，申请量偏少，且以日本申请为主，这也是因为家用自动面包机专利技术最先起源于日本。欧美地区虽然以面包为主食，但其并非家用自动面包机的原产国。

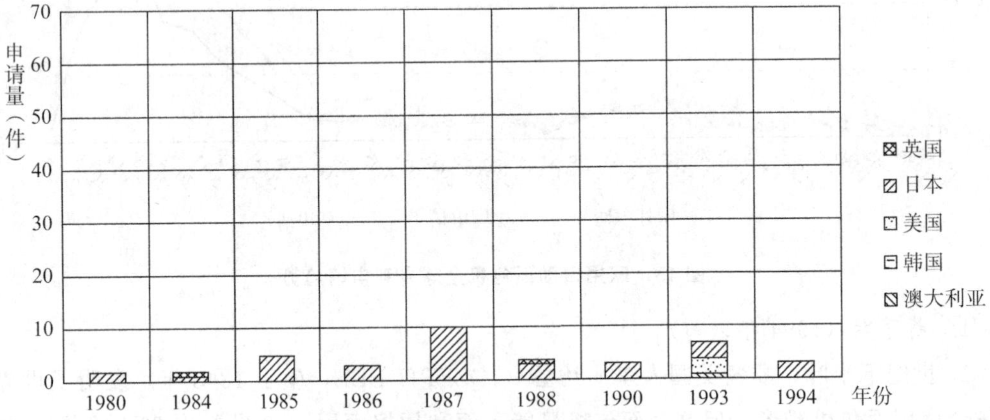

图15　萌芽期各国专利申请趋势

从图16可以看出，这一时期因总体申请量偏少，家用自动面包机各个技术分支的申请量仅为个位数，家用自动面包机的技术发展还处于初级阶段，人们的关注点主要在于如何改善面包的品质以及如何实现自动化控制。

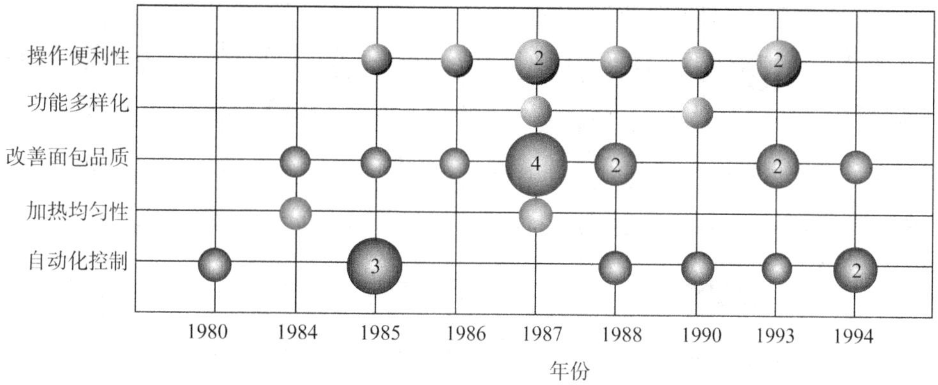

图 16　萌芽期重要技术分支申请趋势

2. 平稳增长期（1995—2007 年）

20 世纪 90 年代中期，面包机进入中国，一些中国工厂开始研究开发面包机，得益于价格便宜，产品更新换代快，国产面包机很快就占领了国际市场 70%以上的份额。

从图 17 可以看出，这一时期自动面包机的专利申请量比 1994 年之前有所增多，但 1999 年和 2004 年出现了平台期，申请量不足 4 件，申请量总体仍以日本申请为主。

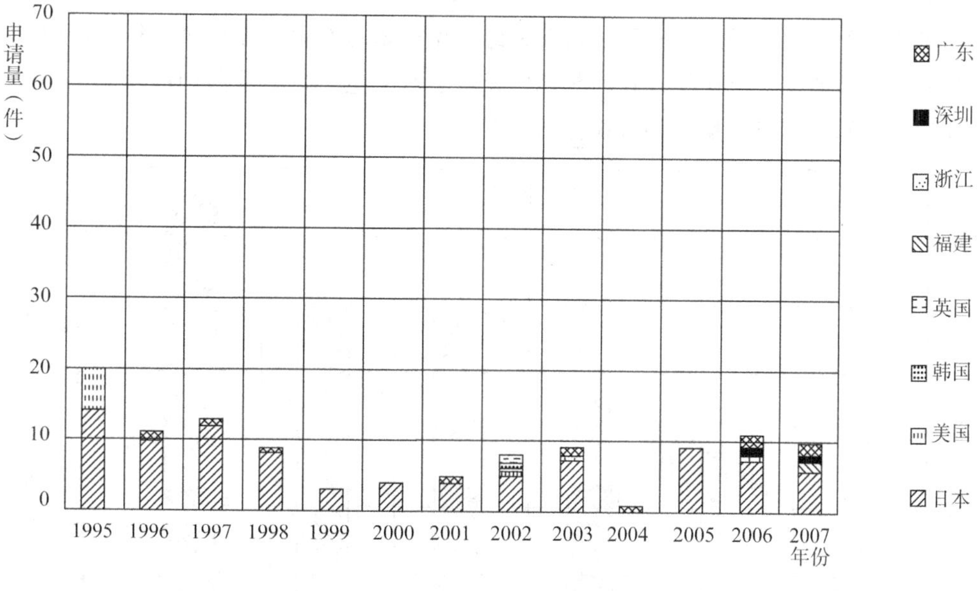

图 17　平稳增长期各国及我国各地区专利申请趋势

从图 18 可以看出，这一时期在专利技术方面，人们更关注操作方面的专利技术。

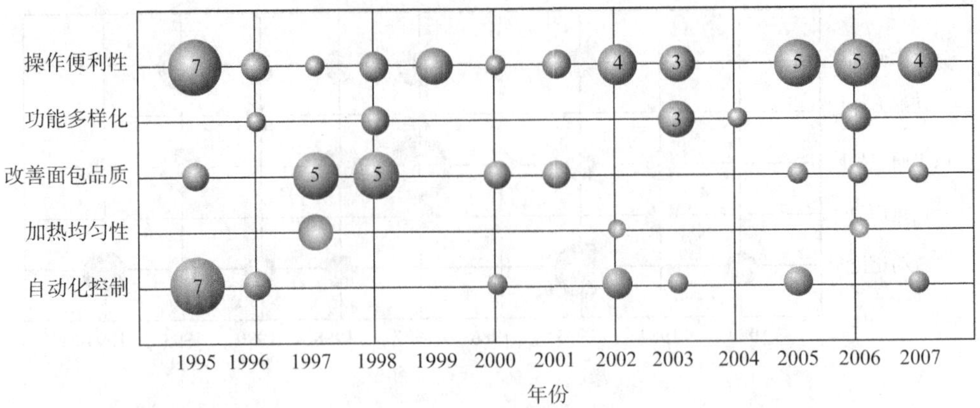

图18　平稳增长期重要技术分支申请趋势

3. 快速发展时期（2007—2013年）

2007年以后，国内面包生产企业开始自主研发并生产面包机，例如广东新宝电器、美的、苏泊尔等。从图19可以看出，这一时期专利申请量显著提升，广东和浙江后来者居上，日本、广东和浙江申请量列居前三位。从图20可以看出，这一时期涉及功能多样化技术分支申请量较多，2009年，松下公司开发出米粉面包，可直接将生米研磨成米粉，再利用米粉制作面包，随后，松下公司又相继对生产米粉面包的面包机进行多次改进。此外，这一时期功能多样化还体现在面包机内设置蒸汽发生器，实现蒸制的功能，以及搅拌叶片速度的控制，具有慢搅拌和快搅拌的功能。

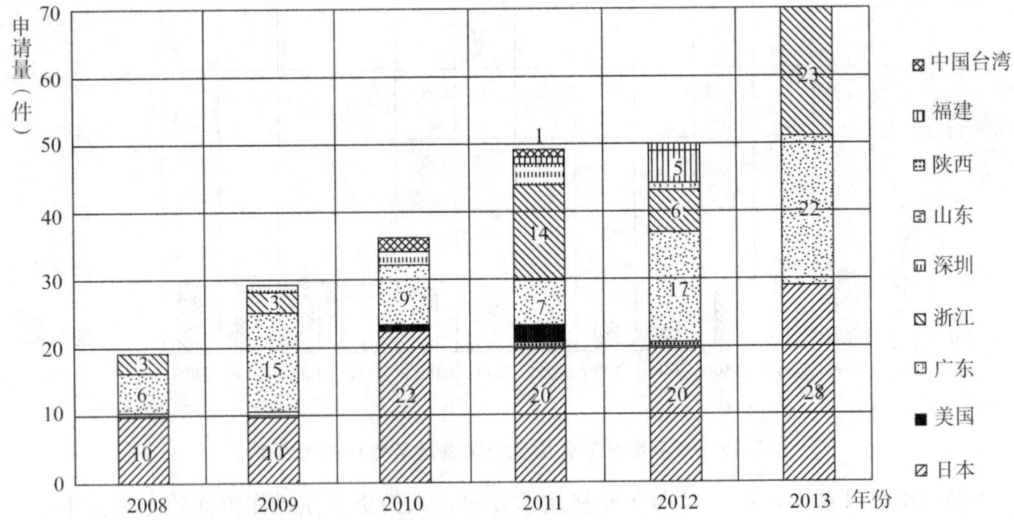

图19　快速增长期各国及我国各地区专利申请趋势

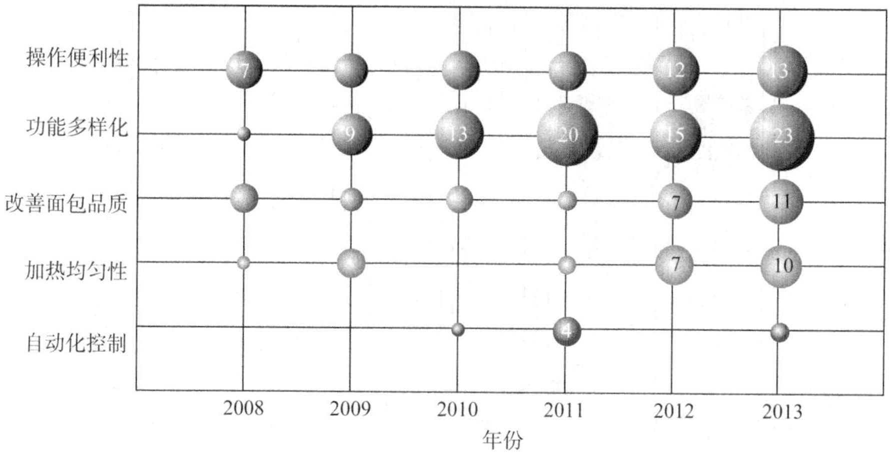

图 20　快速增长期重要技术分支申请趋势

4. 成熟期（2014—2016 年）

本次统计数据截至 2016 年 6 月，从图 21 左图可以看出，近两年家用自动面包机专利申请量有降低趋势，2015 年的申请总量将近为 2014 年的一半，申请的省份以广东为主体，广东地区的申请人又以广东新宝电器为主体，这也反映了该地区在面包机的研发和生产上的发达程度；从图 21 右图可以看出，近两年涉及操作便利性的专利申请较多，其次是功能多样化。

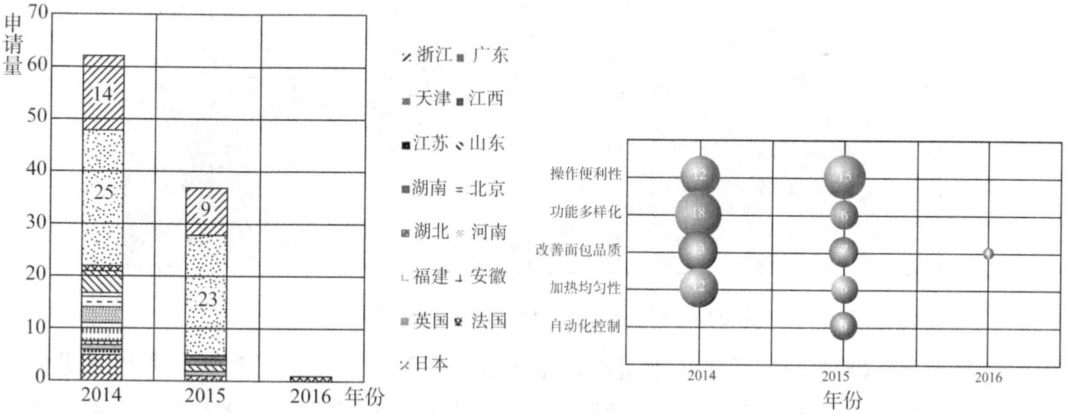

图 21　成熟期各国及我国各地区专利申请趋势及重要技术分支

2.1.2　家用自动面包机申请人排名分析

本部分内容将对家用自动面包机领域的申请人进行统计分析，并对重要申请人进行统计分析。

从图 22 可以看出，家用自动面包机专利申请人的变化趋势基本与申请量的变化趋势一致，1980—1994 年申请人数量较少，1994—2007 年申请人数量平稳小幅增长，2007 年之后申请量显著增多，2013 年达到峰值，随后进入平台期。

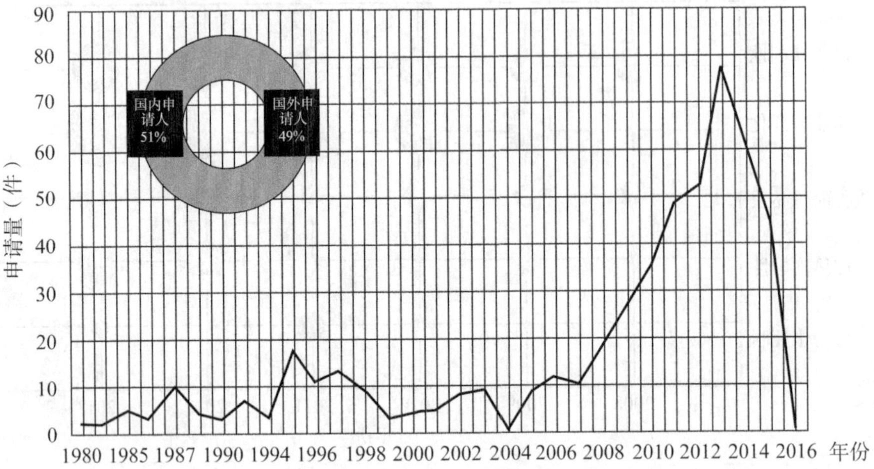

图 22　家用自动面包机全球专利申请人趋势

从图 23 可以看出，家用自动面包机全球专利排名前九位的重要申请人分别为：松下、三洋电机、新宝电器、苏泊尔、美斯特、慈溪知识产权、威斯达、精工和客浦电器，其中，松下和三洋电机均为日本知名家电企业，新宝电器和苏泊尔为我国知名家电生产商。

图 23　家用自动面包机全球专利重要申请人

从图 24 可以看出，国外来华申请中，松下公司在我国的申请不到其国外申请量的三分之一，显然其目标国市场目前不在我国，这也与我国的传统饮食文化有关，导致其进入我国市场相对较晚；从图 24 中不难发现，松下公司在国内申请中，涉及的发明专利数量最多。相对而言，国内申请在发明专利的申请上较匮乏，申请量排名第三位的新宝电器，实用新型专利申请仍占到其申请总量的 67%，而排名第四位的苏泊尔，实用新型专利申请则占到其申请总量的 70%，可见，国内生产企业在面包机核心专利技术上的研发任重而道远。

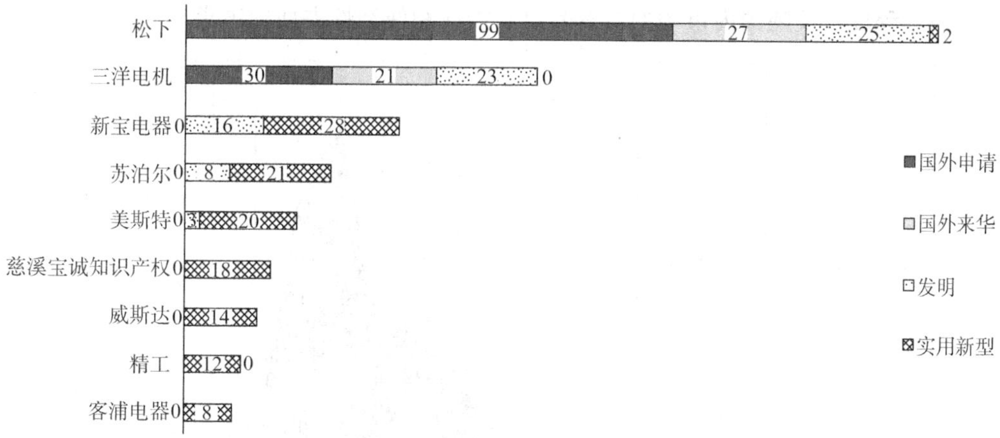

图 24　家用自动面包机全球专利重要申请人 2

2.2　家用自动面包机中国专利分析

本部分内容将对中国专利申请进行统计分析，包括国外来华申请和国内申请，发明专利和实用新型专利，以及各技术分支的申请趋势。

2.2.1　家用自动面包机中国专利申请量及各技术分支总体申请趋势

从图 25 可以看出，1993—2007 年，中国专利申请极少，而且这期间的大量申请均为国外申请人，从 2007 年开始，随着国内申请人的增多，相关专利申请量持续增多，2013 年申请量达到峰值，2014 年之后呈下降趋势，有进入平台期的趋势。

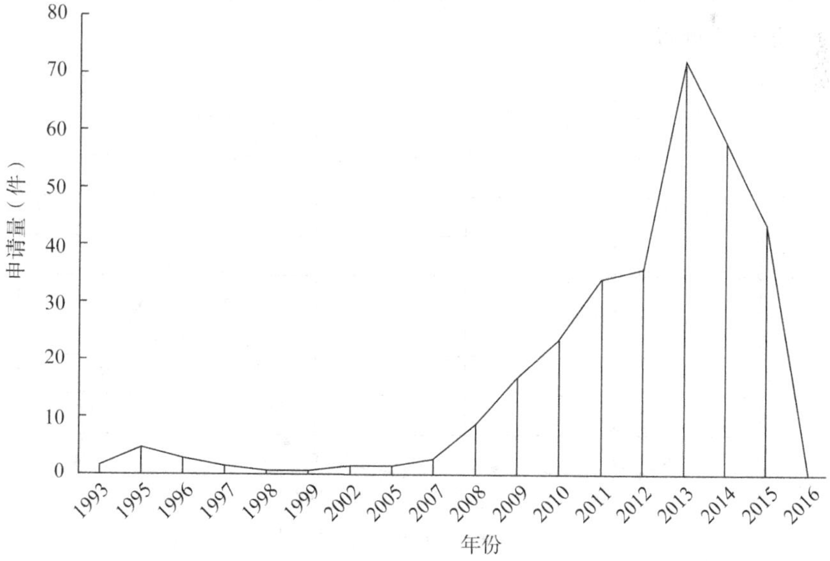

图 25　家用自动面包机中国专利申请量趋势

从图 26 可以看出，1993—2006 年，专利申请量极少，而且基本为国外申请人，这一阶段，申请相对较多的是自动化控制；2009 年之后，各技术分支的申请量显著增多，这其中又以功能多样化和操作便利性的增幅最为明显，这和全球的技术分支发展趋势基本一致，在一定程度上反映国内市场的消费者对功能性和便利性方面的需求。

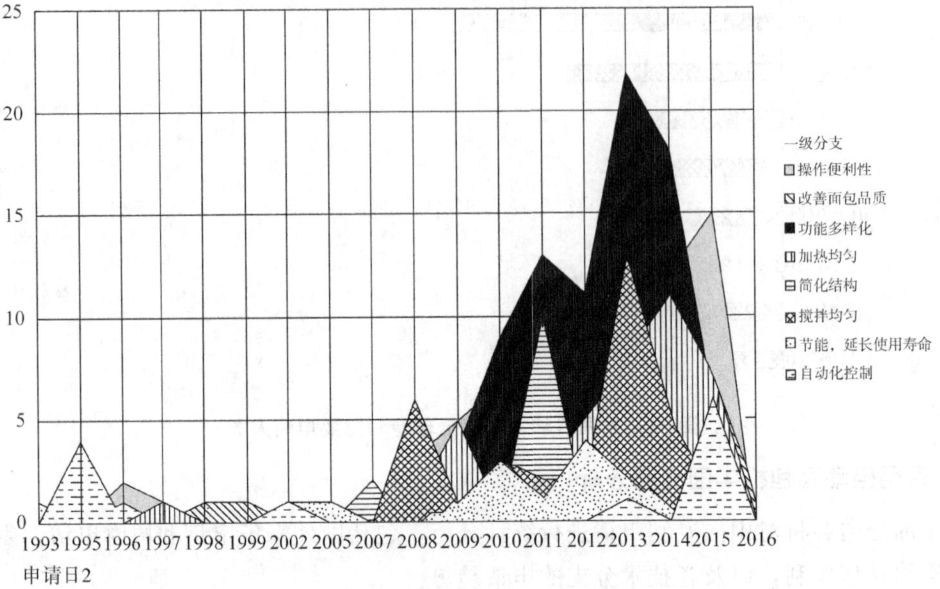

图 26　家用自动面包机中国专利各技术分支申请趋势

2.2.2　发明和实用新型专利申请量及各技术分支申请量对比

相对于国外来华申请人，国内申请人涉及较多的是实用新型专利，前面已经介绍了国内重要申请人中实用新型专利在其专利申请中所占的比例，笔者认为有必要对发明和实用新型专利的申请趋势进行对比。

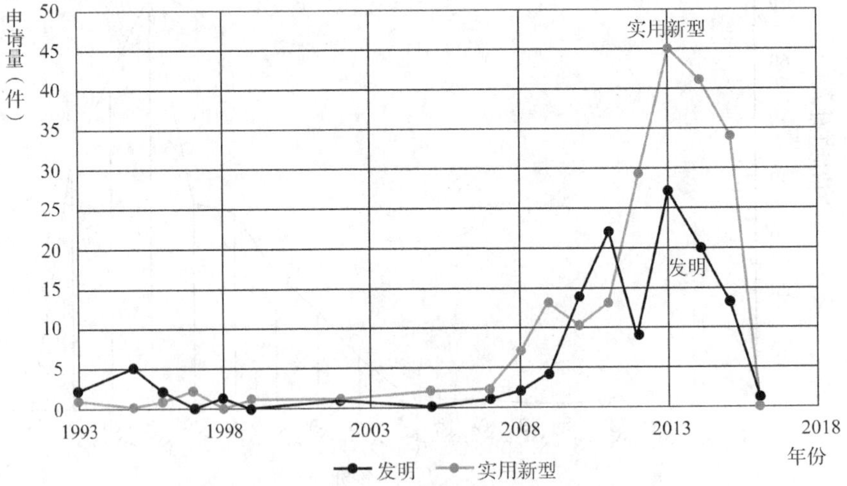

图 27　发明和实用新型专利申请量对比

从图 27 可以看出，从 2007 年开始，实用新型专利基本呈稳步增长趋势，并在 2013 年达到峰值，随后申请量降低进入平台期，发明专利同样从 2007 年开始增长，期间在 2011 年和 2013 年均达到峰值，波动性较大，随后申请量也减少并进入平台期。而实用新型专利申请中99%是国内申请人，其申请量的增多也反映了国内申请人的增长趋势。

从图28可以看出，发明专利各技术分支从2008年开始呈增多趋势，增幅最明显的是功能多样化，其次是加热均匀性和简化结构方面的专利申请。

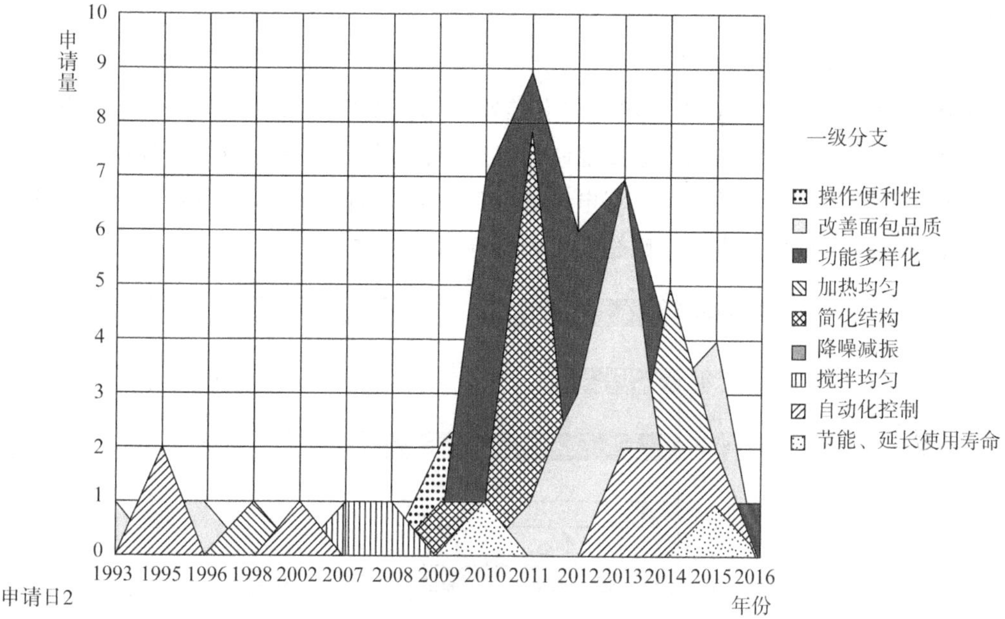

图28 发明专利各技术分支申请趋势

从图29可以看出，对于实用新型专利申请，从2007年开始，各技术分支申请量增多，其中增幅最明显的是功能多样化，其次是操作便利性以及加热均匀性。和发明专利相比，两者增幅最明显的技术分支相同，均为功能多样化，而发明专利在加热均匀性和简化结构方面增幅较为明显，实用新型专利则在操作便利性和加热均匀性上增幅较为明显。

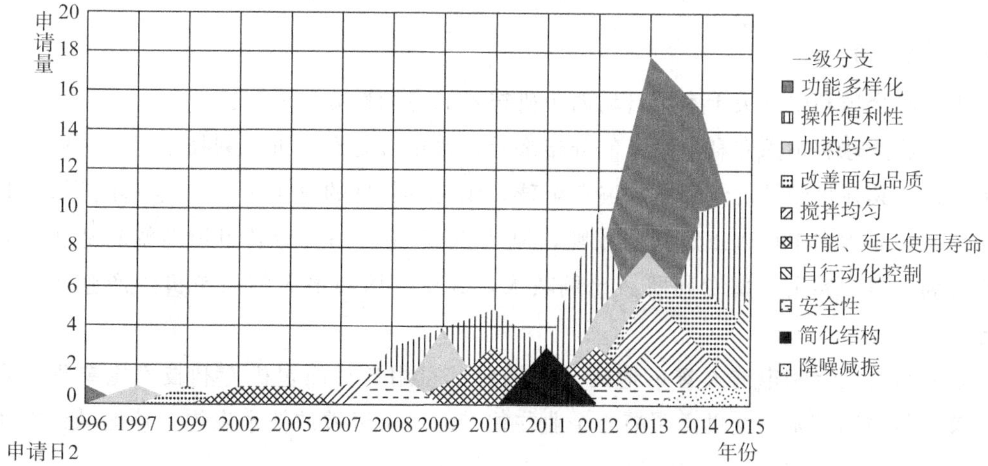

图29 实用新型专利各技术分支申请趋势

2.2.3 中国重要申请人分析

2.2.3.1 申请人国家省市分布

广东和浙江在省市分布中占到主体，这也在一定程度上显示了当地小家电行业的发达程度。

2.2.3.2 重要申请人排名

从图30可以看出，中国专利申请排名前八位的重要申请人分别为：新宝电器、苏泊尔、松下、美斯特、三洋电机、慈溪宝诚知识产权、威斯达和客浦电器。其中，新宝电器虽然总体申请量最多，但其实用新型申请量占到总申请量的63.5%，而松下和三洋电机以发明专利为主，其他国内申请人则是实用新型专利占主体。

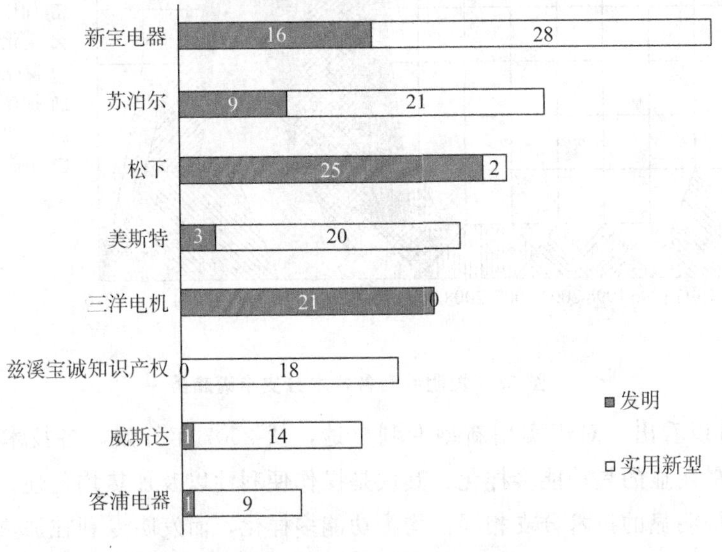

图30 中国专利重要申请人排名

2.3 本章小结

本章对全球和中国关于家用自动面包机技术的专利性分析表明：

（1）从全球和中国专利申请人的分布来看，家用自动面包机专利技术主要集中在日本松下公司，其在该领域的专利布局遍布全球，作为本领域的龙头企业，其在本领域的技术相对成熟。而国内申请人虽然起步较晚，但从2007年开始，专利申请增幅趋势明显，并且其专利申请中实用新型专利所占比例较大，其中，国内最大的面包机生产企业为新宝电器。

（2）从国内专利申请人省市地区分布来看，家用自动面包机专利技术主要集中在日本，其次是中国广东，这也说明核心企业往往带动一个区域的技术发展，该区域的技术比较先进。

（3）从国内发明专利和实用新型专利申请分布来看，近几年来，两者专利技术研发重点基本一致，增幅最明显的是功能多样化技术，其次是加热均匀性技术，这反映了国内申请人的研究方向。

第三章　重要申请人专利技术分析

在前面的章节中已经介绍了家用自动面包机的重要申请人，其中，申请量排名前三位的申请人分别为日本松下、日本三洋电机和广东新宝电器，本章将详细分析松下公司和新宝电器的专利技术，并梳理各自的专利技术发展路线。

3.1　日本松下电器专利技术分析

日本松下公司成立于1918年。20世纪80年代，日本的经济飞速发展，明治维新给日本带来的深远影响使得百姓对西式生活很憧憬，松下在当时做过市场调查，早餐中面包和米饭大概各占一半的比例，就像米饭大家都会随吃随做一样，面包如果能随吃随做，相信也能够受到消费者的欢迎。在确定了这个需求之后，松下开始通过融合现有的电饭锅、旋转机构、发热机构等技术，经过长时间的潜心研究，终于在1987年2月推出了可预约、全自动的面包机产品，至今已有30年。在这30年中，松下的面包机产品也有持续的改进，例如体积逐渐变小，增加了酵母自动投入技术，果仁自动投入技术，简化操作，增加多种自动程序的菜单等。

图31示出了松下自动面包机从1987年到2011年间所生产产品的发展历史，其每一代产品的背后所支撑的都是一次自动面包机的技术革新。

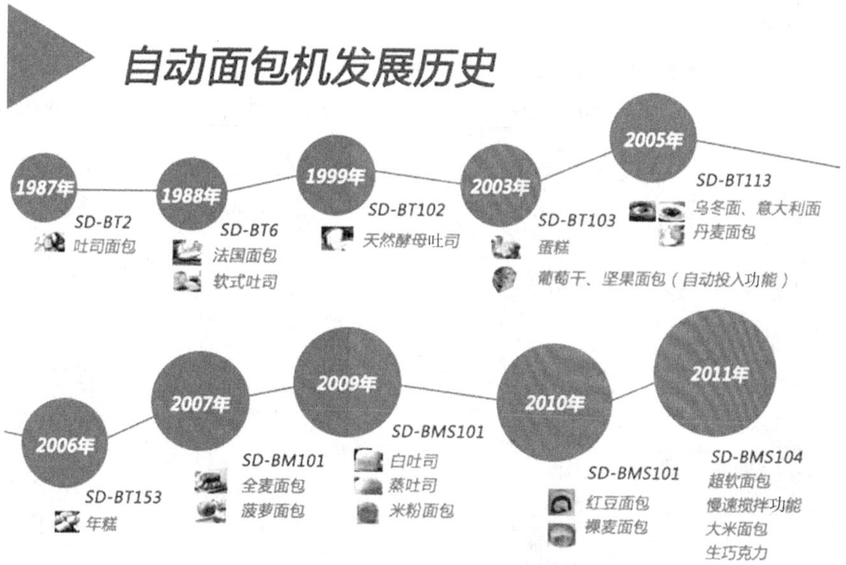

图31　松下自动面包机产品的发展历史

从图32中可以看出松下公司在世界市场的专利布局，其研发的重点主要集中在操作便利性、改善面包品质、自动化控制以及功能多样化和降噪减振这五类技术分支上。由于篇幅有限，本文仅针对排名前三位的技术分支进行梳理。

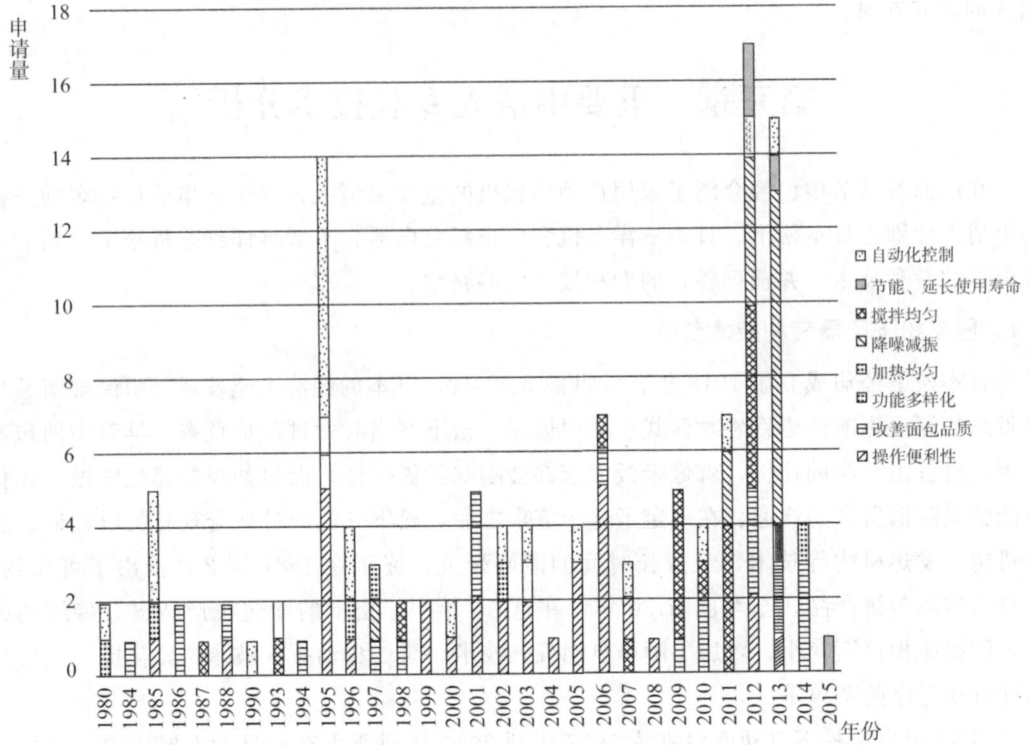

图 32　各技术分支的申请趋势

3.1.1　操作便利性

操作便利性技术分支的发展脉络如图 33 所示。

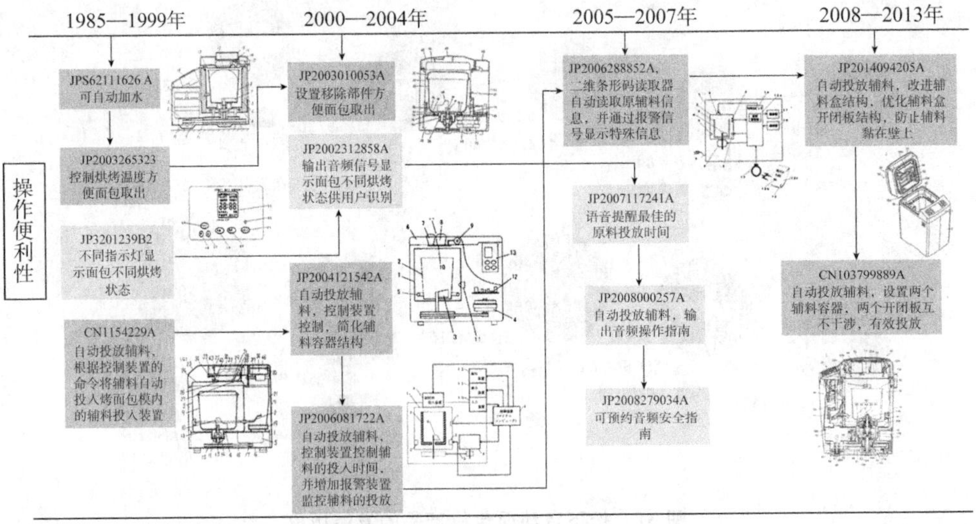

图 33　操作便利性技术分支的发展脉络

继 1980 年首次申请能自动搅拌、和面、发酵和烘烤的自动面包机专利之后，松下公司开始研发方便消费者操作的面包机。1985 年，松下公司设计出可自动加水的自动面包机（JPS62111626A），水通过隔膜泵自动加入面包桶内，并可实现边加水边搅拌。随后，松下公司研发了方便面包取出的面包机（JP2003265323），通过在加热腔室内设置控制器，控制烘烤后加热腔室内的温度，使其温度适宜消费者手动取出面包。1995 年，松下公司开始改进面包机的显示面板（JP3201239B2），在显示面板上设置不同指示灯显示面包不同烘烤状态，以便消费者随时观察（图 34）。

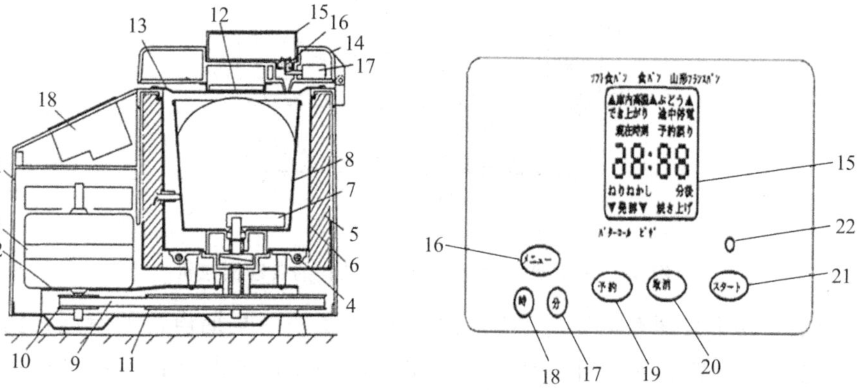

图 34　松下早期可自动加水面包机以及可显示不同烘烤状态的显示屏

随着饮食文化的多样化和高级化，使用家用自动面包机制作加有葡萄干、果仁、奶酪等面包辅料的面包的机会在增多，若在制作面包工序一开始就将制面包主料与辅料一起加入烤面包模内，辅料在混揉工序中容易被破碎，影响后续面包的发酵，进而影响成品面包的外观和口感。松下公司后来申请了通过蜂鸣声提示添加辅料的面包机，即在混揉工序进行过程中，通过蜂鸣声来通知使用者投放辅料，但这种面包机需要使用者在面包机旁边，非常不方便，于是松下公司开始思考如何在规定时间内自动投放辅料。1997 年，该公司研发了一种能方便地制造混有葡萄干、果仁及奶酪等辅料且这些辅料不会破碎的自动面包机（CN1154229A），申请人就该技术在中国和美国均申请了相关专利。如图 35 所示，辅料的投入是利用电磁铁 36 通过操作杆 35 推动门轴操作杆 28，打开门 26，从而使原料容器 30 与门 26 一样地以原料容器轴 31 为中心倾斜来进行的。因此，原料容器 30 内的制面包辅料 32 呈滑台状地在原料容器 30 上滑动并被投入烤面包模 9 内。因为当原料容器 30 倾斜时靠近烤面包模 9，且辅料呈滑台状地滑入，故制面包辅料 32 不会飞散到烤面包模之外，能可靠地投入。

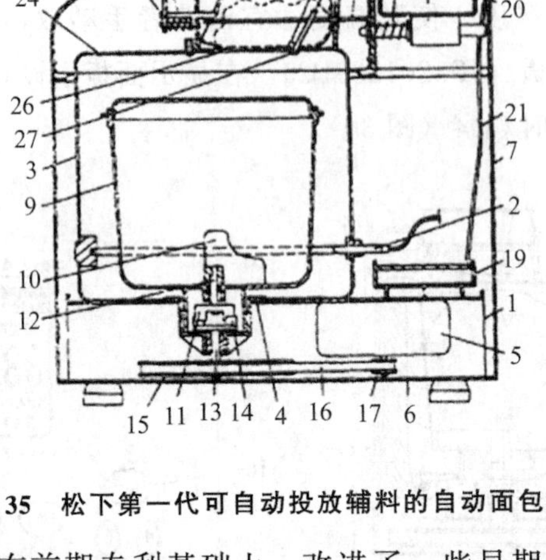

图 35　松下第一代可自动投放辅料的自动面包机

2000 年后，松下公司在前期专利基础上，改进了一些早期申请的专利，例如，不再拘泥于温度控制，设置移除部件方便面包取出（JP2003010053A）；不局限于视觉上的提醒，面包机能够输出音频信号显示面包不同烘烤状态供用户识别。

自动投放辅料技术一直是诸多面包生产企业研发的重点，2002 年，松下公司改进了早期申请的可自动投放辅料的面包机（JP2004121542A），仍然采用控制装置控制辅料的投放，但简化了辅料容器的结构（如图 36 左图所示）。2004 年，松下公司增加了报警装置监控辅料的投放（JP2006081722A）（如图 36 右图所示）。

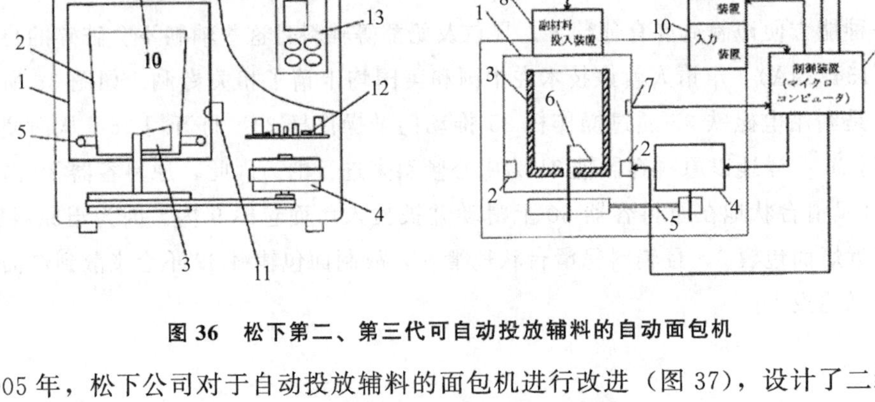

图 36　松下第二、第三代可自动投放辅料的自动面包机

2005 年，松下公司对于自动投放辅料的面包机进行改进（图 37），设计了二维条形码读取器自动读取原辅料信息，并通过报警信号显示特殊信息（JP2006288852A），这里特殊信息指的是原辅料的错误搭配。

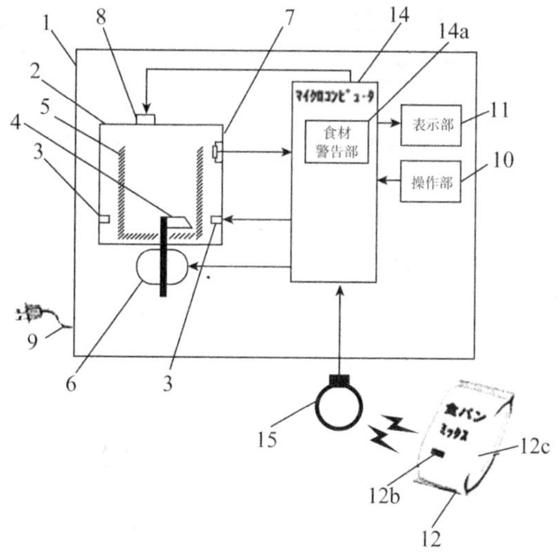

图 37　松下第四代可自动投放辅料的自动面包机

2006—2007 年，松下公司在输出音频信号的自动面包机技术上继续改进，申请了一些专利，例如，语音提醒最佳的原料投放时间（JP2007117241A）；自动投放辅料，输出音频操作指南（JP2008000257A）；可预约音频安全指南（JP2008279034A）等。

2008 年以后，松下面包机开始进军中国市场，其继续对自动投放辅料的面包机进行改进。2012 年，优化辅料盒开闭板结构，防止辅料粘在辅料盒壁上（JP2014094205A）；随后，在 2012 年的基础上，2013 年，设置了两个辅料容器，两个辅料容器的两个开闭板互不干涉，实现多种辅料的有效投放（CN103799889A，图 38）。

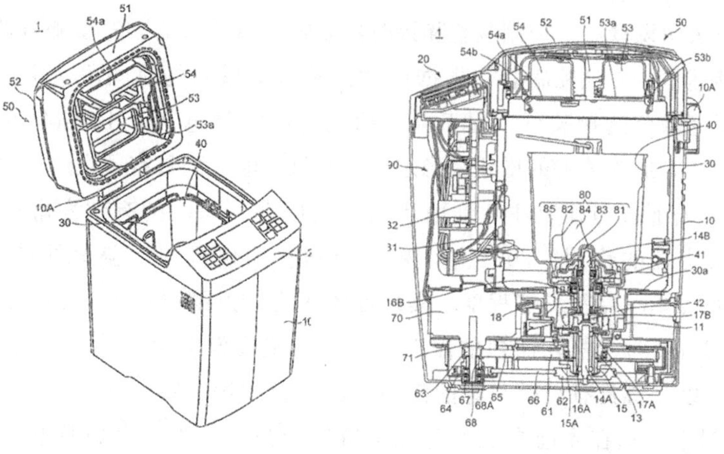

图 38　松下第五代可自动投放辅料的自动面包机

3.1.2　改善面包品质

改善面包品质技术分支的发展脉络如图 39 所示。

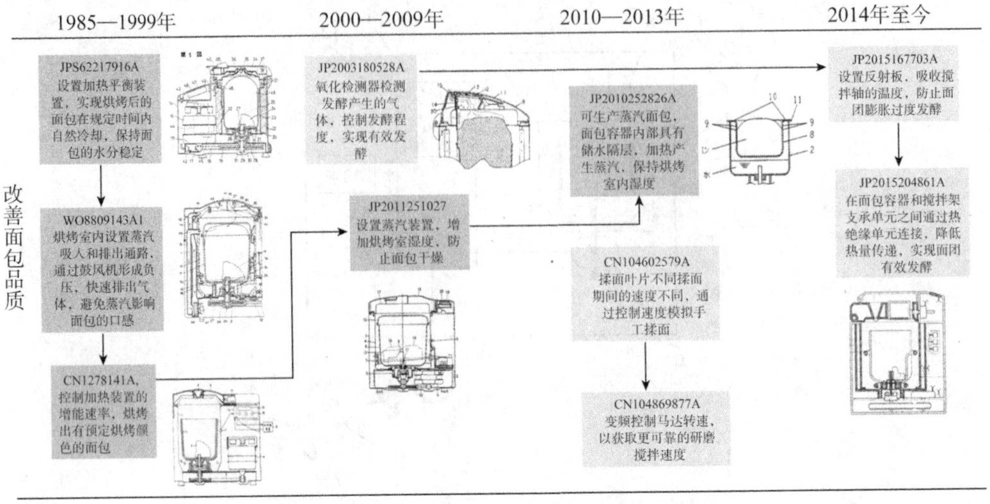

图 39　改善面包品质技术分支的发展脉络

早在 1986 年，松下公司就有改善面包品质方面的专利申请，松下公司发现面包在烘烤之后骤然降温，面包表面水分会增多，影响面包口感，于是，松下公司在早期面包机的基础上，设置了加热平衡装置（JPS62217916A），实现烘烤后的面包在规定时间内自然冷却，保持面包的水分稳定。1988 年，松下公司发现烘烤室内的蒸汽过多同样会影响面包口感，便在烘烤室内设置了蒸汽吸入和排出通路，通过鼓风机形成负压，快速排出气体，避免大量蒸汽影响面包的口感（WO8809143A1）。1998 年，松下公司开始注意到面包烤色的问题，在传统的自动面包机中，因为温度检测装置紧靠烘烤室的外表面，而不与面包烘烤容器接触，所以这种温度检测装置不能准确地检测出面包烘烤容器的温度，最终将影响面包的烘烤颜色，松下公司设置温度控制装置和计时器装置，由计时器装置所测量的时间段来决定加热装置的增能速率，并且控制装置根据计时器装置测量到的时间段来决定预定温度，此外，还提供了烘烤颜色选择装置，用于选择面包的烘烤颜色（CN1278141A），通过这种结构，在烘烤步骤中，加热装置的增能是稳定的，并且能够得到具有预定烘烤颜色的面包。

2000 年后，松下公司开始注意到面团发酵的问题，面团的有效发酵在整个面包的生产过程中起到决定性的作用。2001 年，松下公司在面包机的上盖附件设置气体检测器，检测发酵产生的气体，控制发酵程度，实现面团的有效发酵（JP2003180528A）。2010 年，松下公司考虑到市场对于松软面包的需求，在烘烤室内设置蒸汽装置，增加烘烤室湿度，防止面包干燥，以获得具有松软口感的面包（JP2011251027）。

2013 年，松下公司在先前专利的基础上继续改进，开发了蒸汽面包，在面包容器内设置储水隔层，储水隔层在加热过程中产生蒸汽，保持烘烤室内的湿度（JP2010252826A）。除了之前提到的发酵工序对面包品质的影响之外，松下公司也注意到揉面工艺对面包品质的影响，发现将揉面工序分割为多个揉面期间，使揉面叶片的旋转速度在最初的揉面期间以及与该最初的揉面期间不同的期间之间不同，即揉面叶片在不同揉面期间的速度不同能够模拟手工揉面，改善面包的口感（CN104602579A）。

2014 年，松下公司继续改进面团的有效发酵，在烘烤容器内设置反射板，吸收搅拌轴的温度，防止面团膨胀过度发酵（JP2015167703A）。除了设置反射板，松下公司还在面包容器和搅拌架支承单元之间专门设置热绝缘单元连接，降低热量传递，实现面团有效发酵（JP2015204861A）。

3.1.3 功能多样化

功能多样化技术分支的发展脉络如图 40 所示。

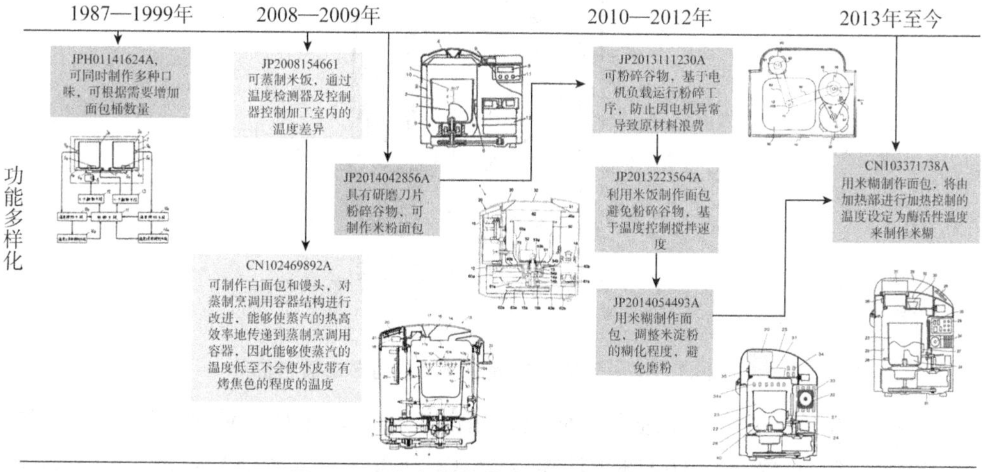

图 40 功能多样化技术分支的发展脉络

早在 1988 年，松下公司就申请了可同时制作多种口味面包的面包机（JPH01141624A），该面包机具有多个面包桶，可根据需要增加面包桶数量。

2006 年，松下公司开始开发同时具有蒸制功能的面包机（JP2008154661），该面包机可蒸制米饭，通过温度检测器及控制器控制加工室内的温度差异。2009 年，松下公司开发了米粉面包机，面包机具有研磨刀片，可直接粉碎谷粒（JP2014042856A）。随后，松下公司继续对具有蒸制功能的面包机进行改进，在蒸制烹调用容器的侧壁与搅拌容器的侧壁之间，在整周范围内空出了蒸汽通过用的间隙，在搅拌容器内产生的蒸汽通过该间隙，由此，能够利用该蒸汽对整个蒸制烹调用容器均匀且均一地进行加热。通过该结构，能够使蒸汽的热高效率地传递到蒸制烹调用容器，因此能够使蒸汽的温度低至不会使外皮带有烤焦色的程度的温度。另外，利用放出到所述加热室内的蒸汽，能够从上表面侧对所述蒸制烹调用容器内的面包面团进行加热（CN102469892A）。

2010 年以后，松下公司继续对米粉面包进行改进，例如，既可粉碎谷物又能自动投放辅料（JP2012183148A）；基于电机负载运行粉碎工序，防止因电机异常导致原材料浪费（JP2013111230A）。随后，申请人又开发了大米面包，可直接由米饭制作面包，同时自动检测和控制焙烘参数（JP2012231861A）。2012 年，松下公司继续改进大米面包，例如，基于温度控制搅拌速度，避免粉碎谷物（JP2013223564A），以及用米饭制作面包，自动投放辅料（JP2013223559A）。除了用米饭制作面包外，松下公司为了能够更简单地制作米粉面包，考虑了这样的装置：即使手边没有米粉也能够用制面包机将家里的米不经过制粉工序用谷物粒（具体地说是米粒）制造加热烹调食品生面团，即用米糊制作面包，并调整米淀粉的糊化程度（JP2014054493A，图41）。

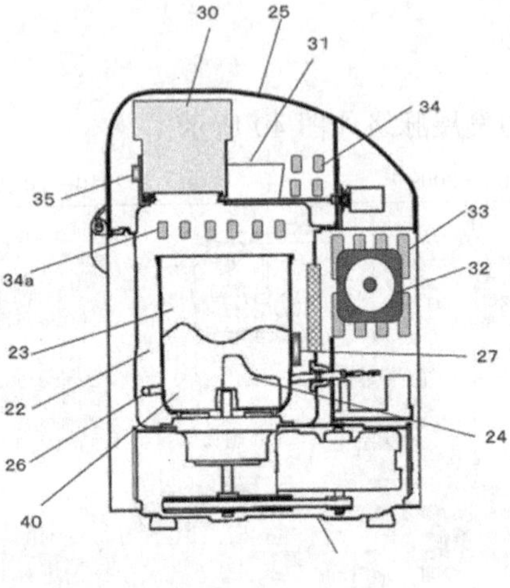

图41　第一代能用米糊制作面包的自动面包机

2013年，松下公司继续改进米粉面包，用面包机制作米糊，使用该米糊来制作米粉面包，所述米糊是以吸水后的全部米淀粉分子都不会由于包括酶活性温度在内的温度的加热变化成凝胶状态的方式，调整了米淀粉的糊化度而得到的（CN103371738A，图42）。因此能够根据米的品种得到期望的糊化度，并且即使是相同种类的米，使用者也可以通过选择糊化度而得到喜欢的味道。

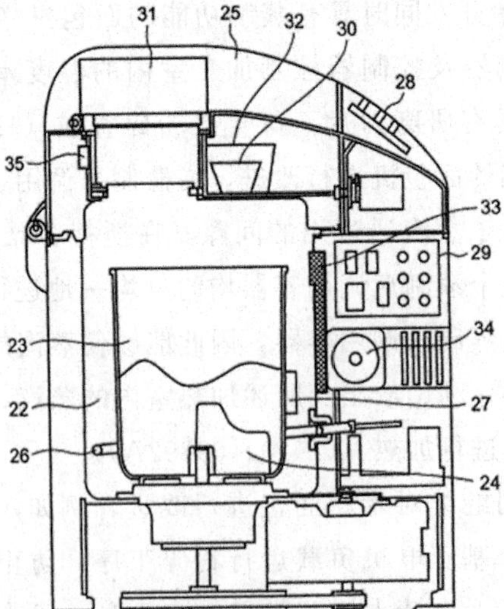

图42　第二代能用米糊制作面包的面包机

3.2 广东新宝电器专利技术分析

广东新宝电器股份有限公司（简称新宝电器）是广东东陵凯琴集团的控投企业，创建于 1988 年，是目前全球小家电重要制造基地，新宝电器自 2002 年开始研发和生产面包机，2005 年开始申请专利。

从图 43 可以看出，新宝电器在操作便利性、功能多样化、加热均匀性和改善面包品质方面的投入力度较大。下面将对部分重要技术分支进行详细分析。

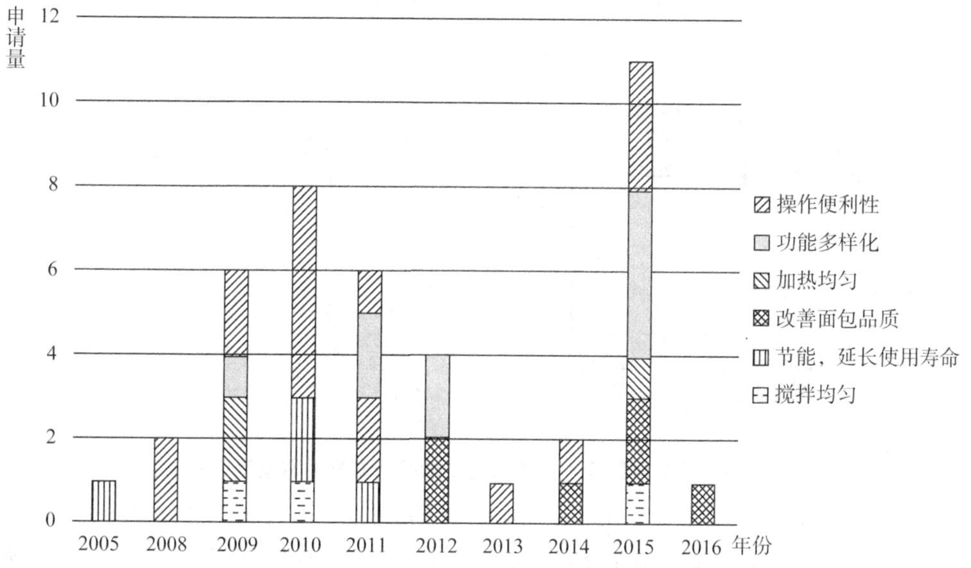

图 43 各技术分支总体申请趋势

3.2.1 操作便利性

操作便利性技术分支的发展脉络如图 44 所示。

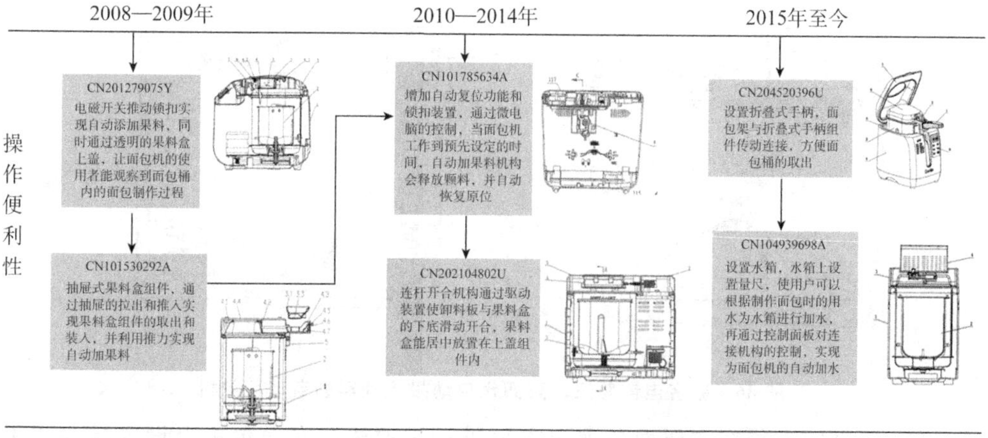

图 44 操作便利性技术分支的发展脉络

前文分析了日本松下公司从 1997 年开始就在自动投放辅料技术上申请了一系列专利，而新宝电器虽然作为目前国内最大的自动面包机生产企业，但其从 2005 年才开始申请自动面包机相关的专利，并且2008年才开始申请与自动投放辅料技术相关的专利，可以说相对于日本松下公司整整晚了12年，起步虽晚，但厚薄积发。

2008年，新宝电器开始研发自动投放辅料技术，其利用电磁开关推动锁扣实现自动添加果料，同时通过透明的果料盒上盖，让面包机的使用者能观察到面包桶内的面包制作过程和效果（CN201279075Y，见图45左图）。随后，新宝电器又对果料盒的结构进行改进，设计了抽屉式果料盒组件，通过抽屉的拉出和推入实现果料盒组件的取出和装入，并利用推力实现自动加果料（CN101530292A，见图45右图）。

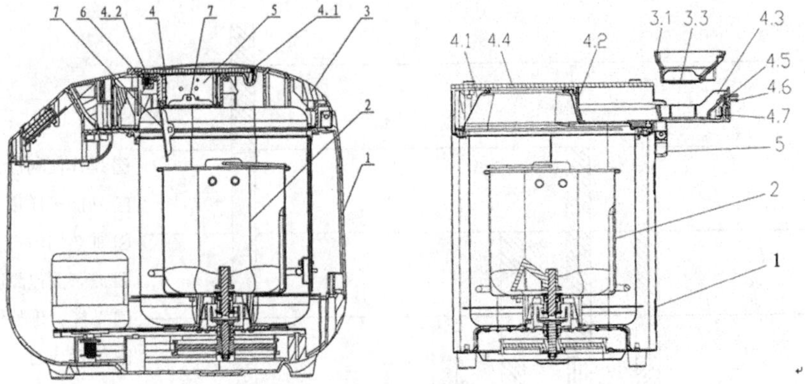

图45　新宝电器第一、第二代自动投放辅料的自动面包机

2010年，新宝电器在现有面包机的基础上，增加自动复位功能和锁扣装置，通过微电脑的控制，当面包机工作到预先设定的时间，自动加果料机构会释放果料，并自动恢复原位（CN101785634A，见图46左图）。2012年，新宝电器继续对自动投放辅料的果料盒进行改进，设置连杆开合机构，通过驱动装置使卸料板与果料盒的下底滑动开合，进而使得果料盒能居中放置在上盖组件内（CN202104802U，见图46右图）。

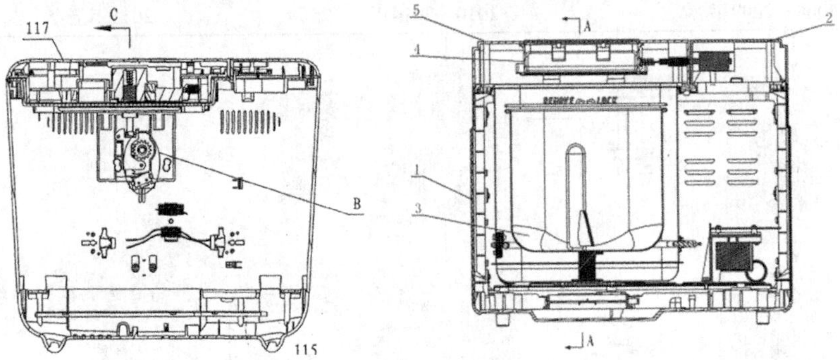

图46　新宝电器第三、第四代自动投放辅料的自动面包机

2015年，新宝电器在方便面包取出方面进行了改进，在面包机上设置折叠式手柄，面包架与折叠式手柄组件传动连接，通过转动折叠式手柄组件，带动面包架移动一段距离，使面包同时移动且脱离面包桶组件，以实现从面包桶组件内提取面包，以方便面包的取出（CN204520396U）。此外，新宝电器也开始设计面包机的自动加水，设置水箱，水箱上设置量尺，水箱通过连接机构与内腔相通，使用户可以根据制作面包时的用水为水箱进行加水，再通过控制面板对连接机构的控制，实现为面包机的自动加水（CN104939698A）。

3.2.2 改善面包品质

改善面包品质技术分支的发展脉络如图 47 所示。

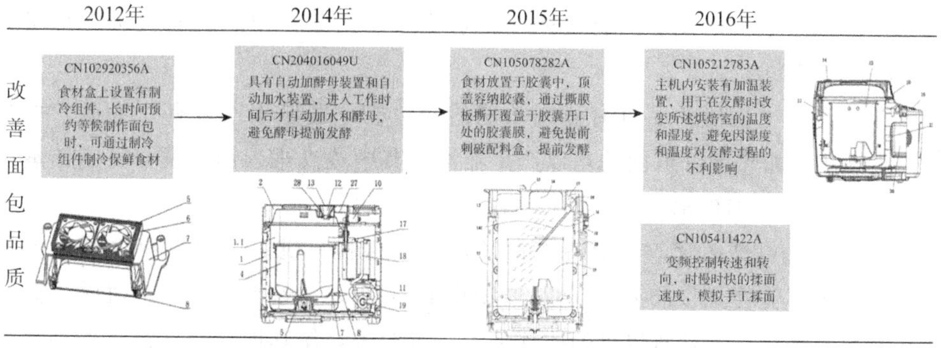

图 47 改善面包品质技术分支的发展脉络

新宝电器从 2012 年开始申请与改善面包品质相关的专利，其在食材盒上设置有制冷组件，长时间预约等候制作面包时，可通过制冷组件制冷，保鲜食材（CN102920356A）。

2014 年，新宝继续对长时间预约等候制作面包进行改进，其设置自动加酵母装置和自动加水装置，进入工作时间后才自动加水和酵母，避免酵母提前发酵，影响面包的口感（CN204016049U）。

2015 年，新宝电器开始研究胶囊面包，即食材放置于胶囊中，顶盖容纳胶囊，通过撕膜板撕开覆盖于胶囊开口处的胶囊膜，避免提前刺破配料盒，提前发酵，影响面包的口感（CN105078282A）。

2016 年，新宝电器关注到发酵和混揉在整个面包制作过程中的作用，开始申请相关专利。例如，在主机内安装加湿装置，用于在发酵时改变所述烘焙室的温度和湿度，避免因湿度和温度对发酵过程的不利影响（CN105212783A）；变频控制转速和转向，时慢时快的揉面速度，模拟手工揉面（CN105411422A）

3.2.3 功能多样化

功能多样化技术分支的发展脉络如图 48 所示。

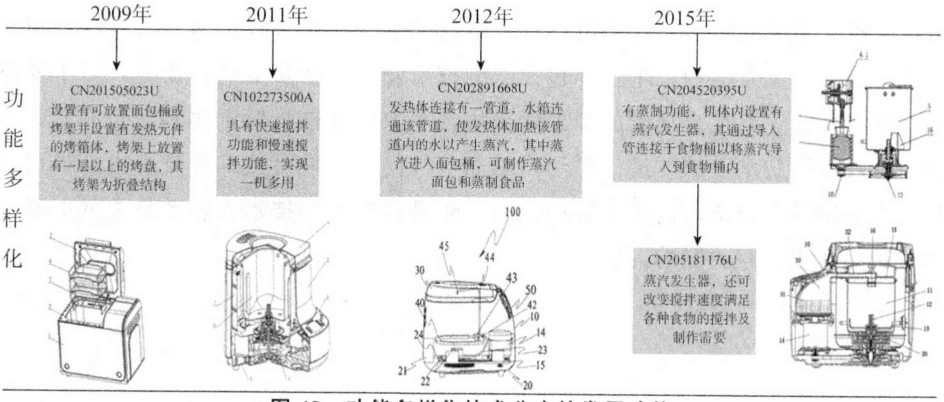

图 48 功能多样化技术分支的发展脉络

新宝电器在功能多样化方面申请的专利不多，其涉及的功能主要集中在面包机的蒸制和搅拌速度上。

2009年，新宝电器申请的专利设置有可放置面包桶或烤架并设置有发热元件的烤箱体，烤架上放置有一层以上的烤盘，其烤架为折叠结构（CN201505023U）。

2011年，新宝电器研发了具有快速搅拌功能和慢速搅拌功能的面包机，实现了一机多用（CN102273500A）。

2012年，新宝电器研发了具有蒸制功能的面包机，发热体连接有一管道，水箱连通该管道，使发热体加热该管道内的水以产生蒸汽，其中蒸汽进入面包桶，可制作蒸汽面包和蒸制食品（CN202891668U）。

2015年，新宝电器继续改进具有蒸制功能的面包机，机体内设置有蒸汽发生器，其通过导入管连接于食物桶以将蒸汽导入到食物桶内（CN204520395U）。随后，新宝电器在蒸汽发生器的基础上，对面包机的搅拌装置进行改进，使其搅拌速度满足各种食物的搅拌及制作需要（CN205181176U，见图49）。

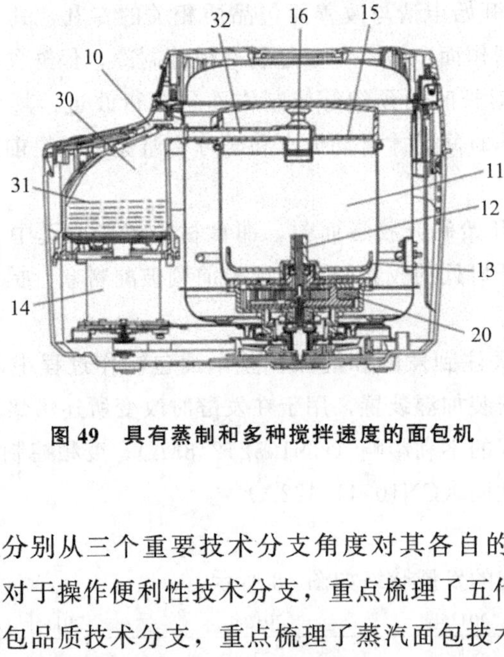

图49 具有蒸制和多种搅拌速度的面包机

3.3 本章小结

本章对重要申请人分别从三个重要技术分支角度对其各自的技术发展脉络进行了梳理。就松下公司而言，对于操作便利性技术分支，重点梳理了五代自动投放辅料面包机的技术发展；对于改善面包品质技术分支，重点梳理了蒸汽面包技术的发展历程；对于功能多样化技术分支，重点梳理了米粉面包技术的技术发展。就新宝电器而言，对于操作便利性分支，重点梳理了其在自动投放辅料面包机技术上的改进；对于改善面包品质，重点梳理了其在有效发酵技术上的改进。对于自动面包机的三个重要技术分支，本文虽然对每个重要申请人分别单独分析，但在实际中，应该还是存在一些技术或者效果上的关联，由于篇幅的关系，省去了相关联的内容。

第四章　审查实践中的应用

对于家用自动面包机专利技术的了解，可以帮助审查员快速掌握现有技术，提高检索效率和检索结果的准确度。下面通过一个技术案例进行说明。

案例：

申请号：201310136775.7

发明名称：自动制面包机

申请人：松下电器产业株式会社

分类号：A47J37/08

技术方案：

一种自动制面包机，该自动制面包机具有：

容器，其收纳被烹调材料；

加热部，其配设在所述容器的周围，对所述容器进行加热；

搅拌部，其对所述容器内的被烹调材料进行搅拌；

温度检测部，其直接或间接地检测所述被烹调材料的温度；

操作部，其设定操作条件；

控制部，其根据通过所述操作部设定的条件、通过所述温度检测部检测到的所述被烹调材料的温度，对所述加热部和所述搅拌部进行驱动控制，自动地进行从所述被烹调材料的混合到烘焙的工序。所述控制部构成为：对所述加热部进行加热控制，对所述搅拌部进行驱动控制，由此制作米糊，并使用所制作的所述米糊来制作米粉面包，其中，所述米糊是以至少所述被烹调材料的一部分中的吸水后的全部米淀粉分子都不会变化成凝胶状态的方式，调整了米淀粉的糊化度而得到的。

自动制面包机的剖视图如图 50 所示。

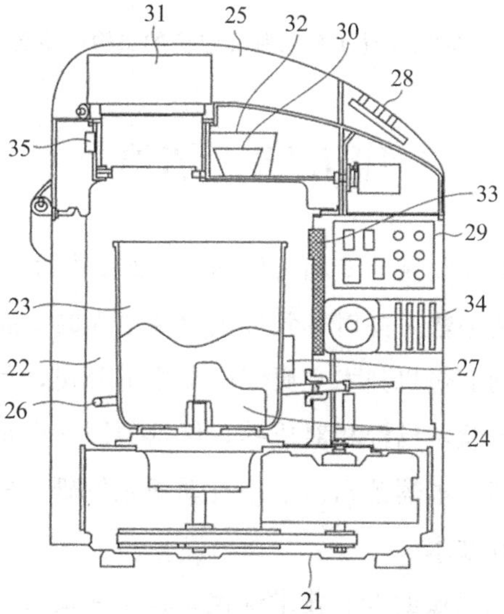

图 50　自动制面包机的剖视图

案例分析：

本发明的自动制面包机，制作了米糊，并使用该米糊来进行面包制作动作，能够实现面包制作动作时的静音化和低振动化，通过在该自动制面包机中连贯地进行从面包材料的揉捏到烘焙为止的各种工序，能够用米简单地制作出做工稳定的面包。家用自动面包机领域涉及的分类有 A21B7/00、A47J37/08、A47J37/06、A47J37/00，相关的分类号较多，而且部分分类号的文献量较大，因此，可优先从重要申请人入口进行检索，基于对家用自动面包机专利技术领域背景技术的了解，全球专利重要申请人有松下、三洋电机、新宝电器、苏泊尔、美斯特等，其中，国内申请人例如新宝电器、苏泊尔较少涉及米粉面包，优先以松下和三洋电机为重要申请人进行检索，并用 A21B7 和 A47J37 进行限定，获取对比文件 1（CN101990920A，见图 51），可以评述权利要求的创造性。

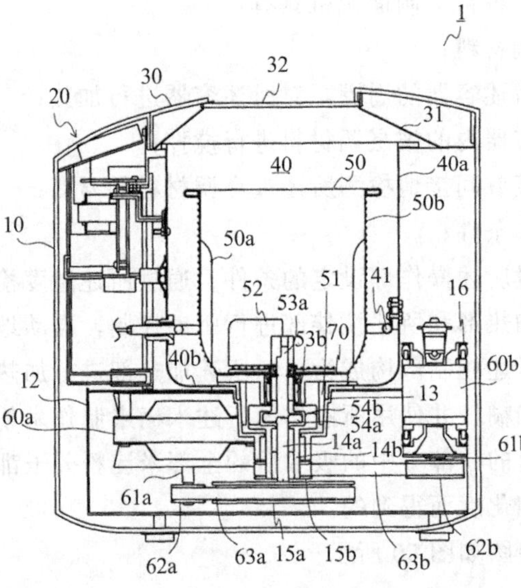

图 51　对比文件 1 自动制面包机的结构概要剖视图

第五章　结语

本文以 CNABS 和 DWPI 收录的专利为样本，详细分析了家用自动面包机的专利申请状况以及各技术分支的申请趋势，并对本领域重要申请人的主要技术进行了梳理。通过以上分析可以看出，家用自动面包机技术主要集中在松下公司，目前其申请量趋于稳定，该公司在家用自动面包机技术领域已经相对成熟，但其他国家申请量较少。目前中国在这发面研发力度投入最大的是新宝电器公司。家用自动面包机研发的重点为操作便利性、改善面包品质和功能多样化专利技术。

通过对家用自动面包机领域的专利技术综述，技术人员可以了解到家用自动面包机技术的发展路线，从而更好地把握该领域的技术实质，为做出更好的创新发明打下基础。

参考文献

[1] 尚海龙. 国内面包机市场：期待爆发 [J]. 电器，2012，(02)：42—43.

[2] 赵秋玥. 面包机：西式主食走进更多中国家庭 [J]. 电器，2014，(07)：26—27.

[3] 赵秋玥. 让更多的中国家庭享受轻厨房乐趣生活——访厦门建松电器有限公司董事总经理黄文贤、AP科技事业副执行长林瑞龙 [J]. 电器 2016，(05)：42—43.

开关电源电路中缓冲器专利技术综述

王 伟

第一章 缓冲器的简介与分类

1.1 缓冲器的起源

开关电源领域中，都是通过开关组合，或者开关变压器之间的组合实现电压变换的。稳压直流电源一般满足大多数模拟和数字电子系统的需要。两大类稳压直流电源是线性电源和切换电源。通常，在线性电源中，为了在输入与输出之间提供电气隔离和为了提供在希望电压范围内的输出，一个晶体管（在其有效区域工作）与一个变压器，例如60 Hz变压器串联连接。在切换电源中，从一个电平到另一个电平的直流电压变换一般用直流/直流转换器电路实现，如降压（消压）或升压（增压）电路。借助于可接通且可关断的功率半导体来产生脉冲逆变器的脉冲式输出电压。这些功率半导体作为电子开关运行。功率半导体是被设计用于控制和切换高电流和高电压（大于1 A并且大于24 V）的半导体组件。用于脉冲逆变器的功率半导体的示例是晶体管，例如MOSFET（金属—氧化物半导体场效应晶体管）、JFET（结型场效应晶体管）或IGBT（绝缘栅双极型晶体管），或者可通过控制脉冲接通和关断的晶闸管，如GTO（可关断晶闸管）或IGCT（集成门极换流晶闸管）。

在所谓的“硬”切换（Hard Switching）的情况下，在接通过程和关断过程期间同时出现高电压值和高电流值和（因此）损耗功率的瞬时值的非常高的值。如果与每秒的接通过程或者关断过程的数量（所谓的开关频率）相乘，则得到开关损耗功率的平均值。在开关频率的值较低（至约1 kHz）的情况下，开关损耗功率常常是可忽略的。但在开关频率值较高（在10 kHz以上）的情况下，开关损耗占主导，整体损耗增大，效率降低并且在开关频率的值非常高的情况下会限制脉冲逆变器的功率。在通过该开关元件使输入电压变成脉冲波形时，根据FET（场效应晶体管）的导通速度（动作速度，导通动作时的上升时间等），会产生振铃（ringing），并伴随非常大的过冲。振铃是周期比方形波的脉冲宽度短的变动成分。

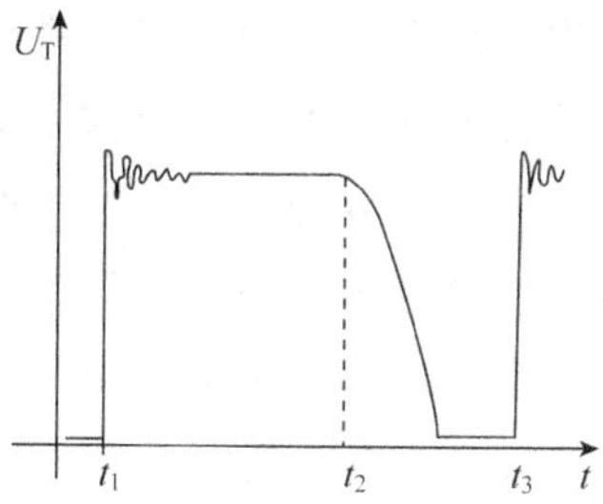

图 1　硬切换电压调节电路的电压波形

从图 1 可以看出，检测到电压比输入电压 V_{in} 高且周期比开关频率快的变动成分。该变动成分大多是周期比方形波短的尖刺状，被称为振铃噪声。振铃噪声与开关管的开关速度、端子的寄生电容、电感元件的电感等相应地按照取决于各自电路特性的周期和振幅而发生。振铃噪声叠加在方形波上，形成含有比方形波本来的振幅值 V_{in} 高的峰值的电压波形。

为了能够使开关管“轻柔”地切换状态，以避免上述问题，提出了一种软开关技术（见图 2）。软开关是用于实现 ZVS（零电压开关）或 ZCS（零电流开关）的开关方式，功率半导体设备的开关损失和给予其的应力较低。软开关的工作原理为：在主功率开关管进行开关之前，通过操纵辅助开关管，引起 LC 二阶谐振电路谐振，将主功率开关管中流动的负载电流沿正弦变化规律逐步转移到 LC 二阶谐振电路中，使负载电流仅反向流经主功率开关管的反并联二极管，从而实现零电流开关主功率开关管。缓冲器就是软开关实现的一种方式。

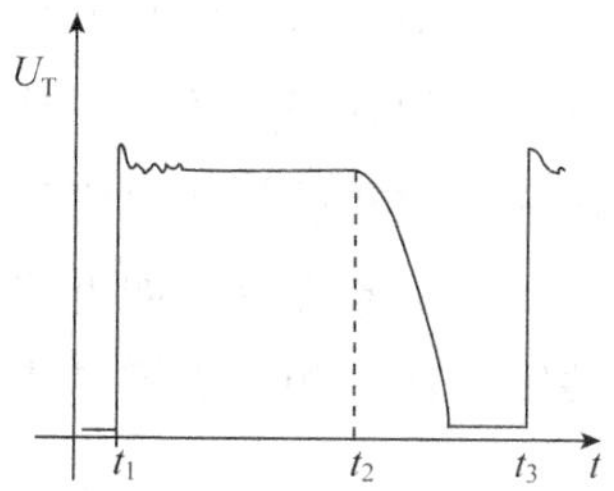

图 2　软切换电压调节电路的电压波形

对于缓冲器专利技术的发展，由于其是解决开关电源电路过电流、过电压或浪涌等问题的重要技术，且开关电源是行业发展的研究热点，因此，为了能够提高开关电源电路的效率以及得到质量更好的输出电压和输出电流，在 1970 年 4 月 6 日，由 TRW 公司向美国专利局提交了专利申请，该专利是世界上第一个关于开关电源电路中缓冲器的专利申请，而直到 1990 年，日本申请人株式会社东芝向中国专利局递交了一份主题为“改进效率的桥式电力变换器”，在该变换器中通过在逆变器的桥臂上设置缓冲电容实现开关管的软开关技术，这应该是关于缓冲器在中国最早的专利申请。

1.2　缓冲器的分类

缓冲电路也叫吸收电路，其基本作用是减小开关过程应力和吸收功率器件的开关损耗，即减轻器件在开关过程中的功率负担。一个经过合理设计的缓冲电路能够很好地抑制功率管的工作浪涌电压和器件的平均损耗。缓冲电路常见的三种分类如下：

按照开关管的切换状态，缓冲电路可分为开通缓冲电路和关断缓冲电路。开通缓冲电路利用电感与器件串联来抑制器件的电流上升率，利用的是电感电流不能突变的原理。但是开通缓冲电感会在器件有关断动作时产生关断尖峰电压，造成器件过压，所以开通缓冲电路相对用得较少。关断缓冲电路最基本的思想是利用电容电压不能突变的原理减小器件瞬时电压变化和抑制尖峰电压，同时也可以减小器件的开关损耗。

按照缓冲器的构成器件，缓冲器又可以分为有源缓冲器类、有源钳位器类、混合型软开关类和无源缓冲器类。在无源缓冲电路中，只使用无源元件，如电阻、电容器、电感器和整流器。在有源缓冲电路（snubber circuit）中，除了无源元件，还使用一个或多个有源开关。

1. 有源缓冲器类

通过加入一些有源缓冲器来达到零电压转换或零电流转换的目的。它们的共同特点是变换器基本保持一般的PWM（脉冲宽度调制）方式工作，额外引入的辅助有源开关和辅助谐振网络，只是在主开关器件开通或关断之前工作一小段时间，使得主开关器件工作于软开关状态。这类变换器的另外一个好处是器件的电压应力较小。

一般情况下，此类变换器通过添加若干个如开关管之类的有源器件来达到零电压开关（如图3（a））或零电流开关（如图3（b））的效果。其特点比较明显，一是能够维持开关管的PWM工作方式而不改变；二是辅助的有源器件工作时间较短，一般在主开关管开关前运行即可实现主开关管的软开关；三是电路中各开关管的开关应力较小。缺点就是开关管较多，控制也会复杂一些，并且实际的软开关效果不是很理想。零电压转换技术主要用于多子器件（例如MOSFET），在主开关开通前提前使其两端电压降低到零，重点降低开通损耗。零电流转换技术则主要用于少子器件（例如IGBT），迫使主开关的电流在关断前被降低到零或负值，重点降低其关断损耗。相对于零电压转换技术，零电流转换变换器中存在较大的振荡电流峰值。

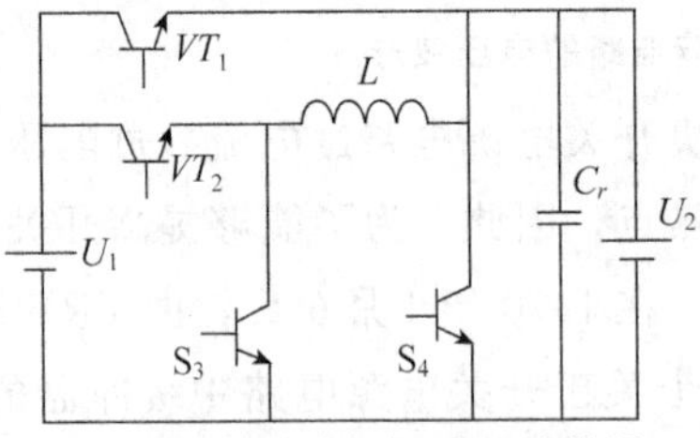

(a)零电压开关双向DC/DC变换器

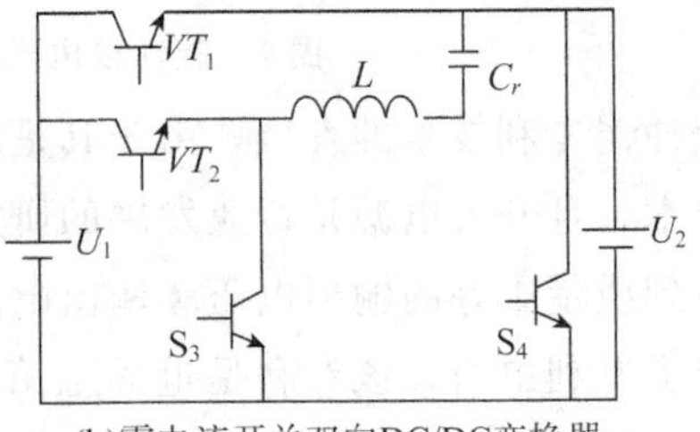

(b)零电流开关双向DC/DC变换器

图3 零电压/零电流开关双向DC/DC变换器

在隔离式的双向DC/DC变换器中也有采用有源缓冲器来达到软开关的实例，如图4所示即为一种ZCS反激式双向DC/DC变换器。通过给原反激式双向DC/DC变换器的变压器加一个额外的绕组，连接辅助开关 S_3、S_4 和辅助谐振电感 L_{K3} 及谐振电容 C_a。变换器所有的开关均可实现零电流开关工作，相对于原硬开关反激式变换器，降低了器件的开关损耗，不过开关器件关断时仍有电压过冲，并且导通时有超过正常值较多的谐振电流纹波。

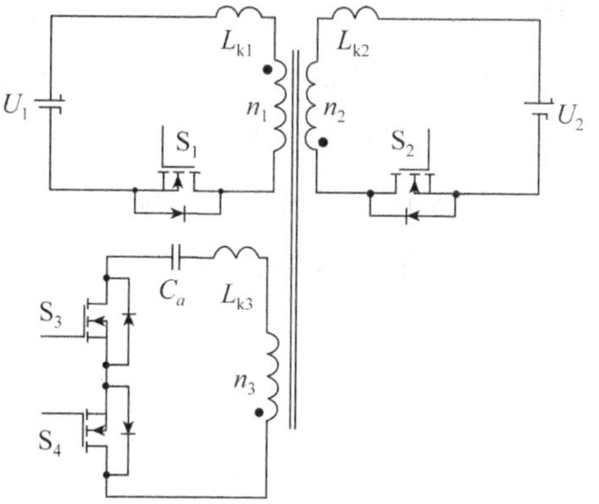

图 4　ZCS 反激式双向 DC/DC 变换器

2. 有源钳位器类

有源钳位技术在单向 DC/DC 变换器中得到了广泛的应用，通过加入有源钳位支路有效地将主开关器件关断后的电压钳位，去除了电压过冲和振荡，减小了器件的电压应力，而且在一定条件下还可实现软开关。有源钳位技术也可用于双向 DC/DC 变换器，提出了一种有源钳位的双向 DC/DC 变换器。该变换器在图 5 所示的电流馈全桥式双向 DC/DC 变换器的基础上，引入有源钳位辅助电路 S_a 和 C_c。有源钳位电路消除了改良前拓扑中电流馈全桥端存在电压应力大的缺陷。在正向工作中，变换器以有源钳位隔离式 Boost 电路方式工作，右端全桥起到二极管整流的作用，变换器左端全桥及辅助钳位管均工作于零电压开关状态。在反向工作中，变换器右端的全桥以相移方式工作，并通过左端的全桥和辅助钳位管的配合工作，削减了相移工作中变换器中的循环能量，同时维持左端全桥的零电压零电流软开关工作条件。

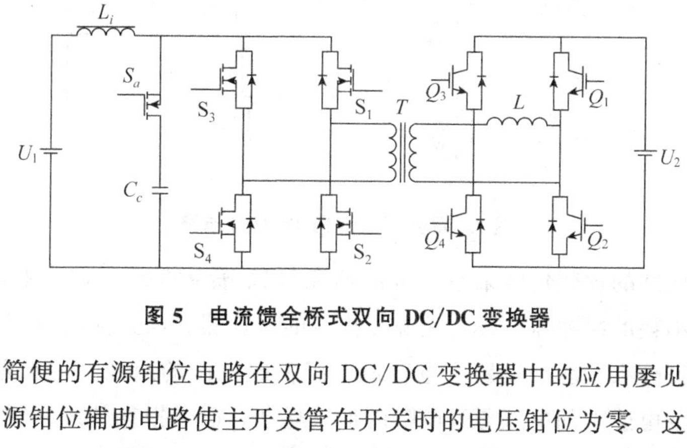

图 5　电流馈全桥式双向 DC/DC 变换器

近年，灵活简便的有源钳位电路在双向 DC/DC 变换器中的应用屡见不鲜。通常做法是利用若干个有源钳位辅助电路使主开关管在开关时的电压钳位为零。这不仅能有效消除电压尖峰和振荡，还能大幅度减小开关管的电压应力和开关损耗。但是此类变换器也存在缺点，即在正向工作时，辅助电路会释放较大的反灌电流，造成钳位开关的电流应力较大，通态损耗较高；反向工作时，辅助电路往往不工作，迫使钳位开关处于硬开关状态。

3. 混合型软开关类

由于许多单向 DC/DC 变换器中的软开关技术往往只能在一个能量传输方向上实现，而当能量反向传输时，软开关条件将不再满足。所以一些双向 DC/DC 变换器采取了混合型软开关技术，即在变换器两个不同的变换模式中各自采用一种软开关工作方式。如图 6 所示的电路，在充电模式中，辅助电路 S_r 和 L_r 不参与工作，变换器以类似准方波零电压开关 PWM 方式工作；而在放电模式中，辅助电路参与工作，与 ZVT（零电压变换）工作方式类似。

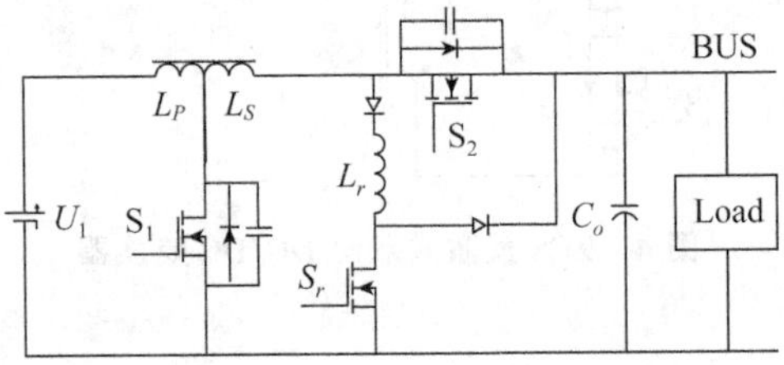

图 6　混合型软开关双向 DC/DC 变换器

4. 无源缓冲器类

无源缓冲器的核心思想是通过电感、电容等构成的无源网络来吸收电路中的开关管开关过程中的电压电流过冲。这种软化方式不会加大变换器的控制复杂程度，也无须依靠辅助开关。如图 7 所示，通过在双全桥式双向 DC/DC 变换器中添加由 C_r、L_r、D_r 与 D_p 构成的无源缓冲电路，即可减少变换器输出端反馈电路中的大部分电压过冲，作用类似于基本的 RCD（尖峰吸收电路）辅助电路。但此类变换器做不到完全消除电压尖峰，仅仅是有缓冲作用而已，这是不足之处。

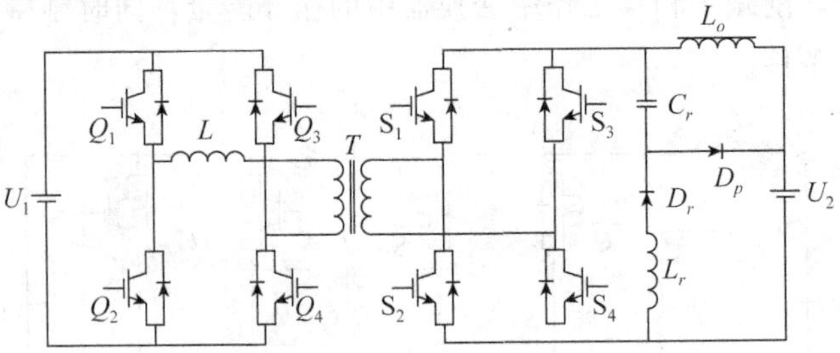

图 7　双全桥式双向 DC/DC 电路

从开关电源电路的损耗角度来看，缓冲器又可以分为四类：（1）有源无损耗的缓冲器；（2）有源有损耗的缓冲器；（3）无源无损耗的缓冲器；（4）无源有损耗的缓冲器。有损耗和无损耗的区分在于缓冲电路中电容或电感上的电压的用处。对于有损耗的缓冲器，其一般是将电容或电感上的电压通过电阻的形式耗散，而无损耗的缓冲器一般是通过将电感或电容上的电压通过电路转换的形式提供给输入电源、输出电源、驱动器的工作电压或供给其他附加电路。例如，RCD 缓冲器、RLD 缓冲器、RLCD 缓冲器就是常见的无源有损缓冲软开关（如图 8 所示）。这些缓冲器能够降低开关开通和关断的损耗，但是这些缓冲电路都包含耗能元件 R，所以损耗只是从开关上转移到了电阻上，并不能降低总损耗、提高变换效率。

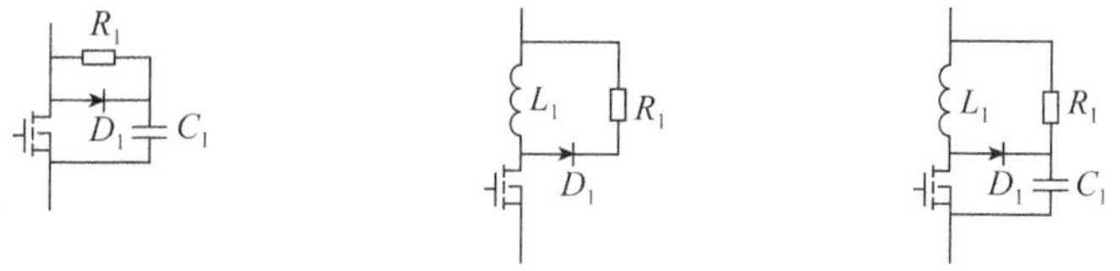

图 8　无源有损缓冲器

为了真正降低变流器的损耗，于是无损缓冲电路就出现了。图 9 所示是一种典型的无源无损缓冲型软开关电路，由三个二极管、两个电容、一个电感构成一个辅助的无源无损缓冲网络，降低了主开关的开关损耗。但是附加网络拓扑复杂，工作原理分析烦琐，负载及频率适应性相对较差，对二极管的要求非常高，在实际电路中二极管往往有很大损耗。主功率器件承受必然的附加应力。

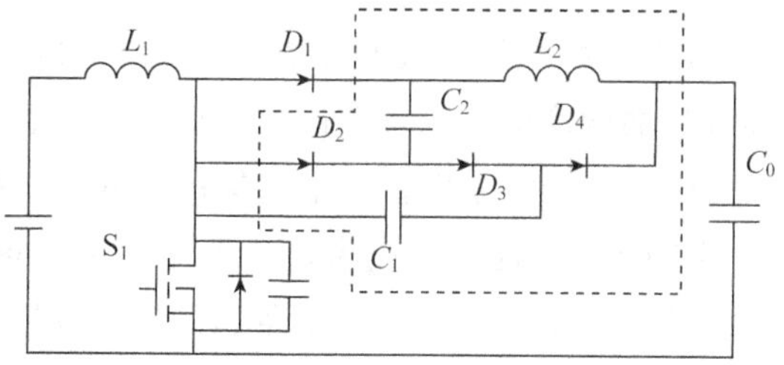

图 9　无源无损缓冲型软开关电路

从以上可以看出，缓冲器通常是独立于主电路之外的。只有在主电路产生开关状态更迭时，缓冲器才与主电路相连接；相反在非换流期，缓冲电路将脱离主电路。

第二章　缓冲器的专利申请整体状况

为了研究缓冲器专利技术的发展情况以及专利申请趋势，本文以检索系统中 DWPI 和 CNTXT 数据库中已经收录的公开专利数据为基础。从专利文献的视角对开关电源电路中缓冲器技术的发展进行了全面统计，本章主要对国内外专利申请状况的趋势和全球专利重要申请人进行分析，以期从中得到相关的缓冲器技术发展趋势，以及各阶段专利申请国家分布和主要申请人。其中，以每个同族中最早优先权日期为该申请的申请日，一系列同族申请视为一件申请，数据统计日期截至 2016 年 6 月 16 日。

2.1　专利申请总体趋势

图 10 示出了缓冲器在国内、外专利申请趋势，与世界专利申请趋势相比，缓冲器在中国的专利申请与在世界各国专利申请的发展趋势大致相同，都可以分为三个阶段：第一

阶段为1987—1995年，第二阶段为1996—2007年，第三阶段为2008—2015年（由于未申请提前公开的发明专利申请通过在申请日之后18个月才公开，而截至2016年6月，部分2015年的专利申请由于未公开而不在本次文献采集之列）。

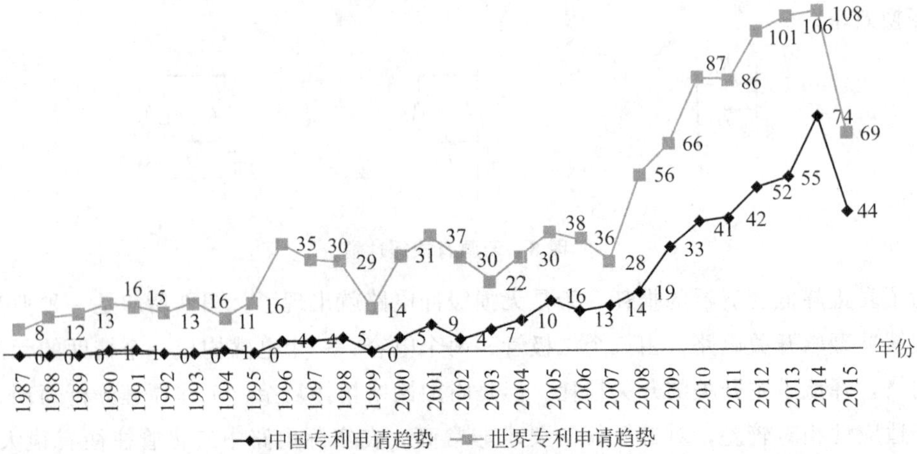

图10 缓冲器国内、外专利申请趋势（单位：件）

图11示出了截至统计日期，所有缓冲器技术在各国的专利申请量比例分布。从该图可以看出，申请量排名前五位的国家分别为：美国、中国、日本、德国以及韩国。结合图10，虽然中国在1995年之前，关于该技术基本没有专利申请，但是之后通过对该技术的逐渐重视，在第二阶段和第三阶段超越日本成为缓冲器专利申请量第二多的国家。另外，也可以从一个侧面说明，缓冲器技术的发展带动了各国的工业发展。

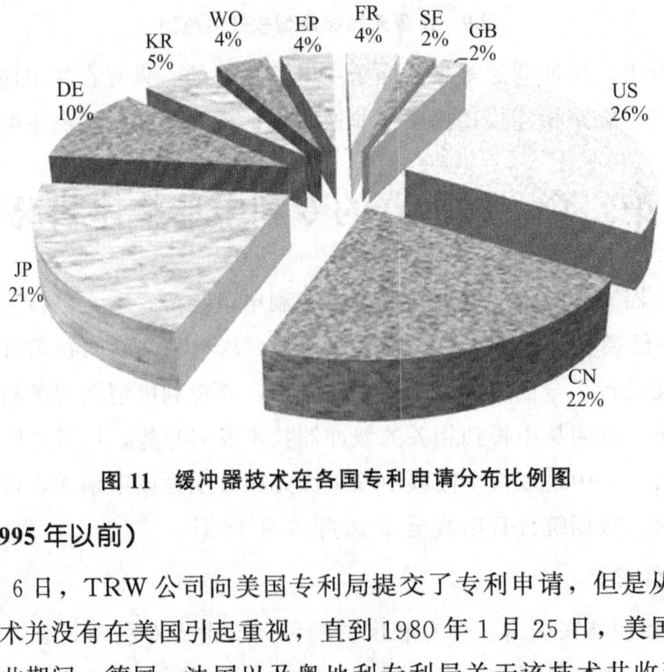

图11 缓冲器技术在各国专利申请分布比例图

2.2 萌芽期（1995年以前）

1970年4月6日，TRW公司向美国专利局提交了专利申请，但是从随后的几年可以看出，该专利技术并没有在美国引起重视，直到1980年1月25日，美国才有该技术的第二件申请。而在此期间，德国、法国以及奥地利专利局关于该技术共收到23件申请（全世界共25件)，特别是德国，共收到14件专利申请，说明德国申请人发现了该技术在行业发展的重要性，也给该技术的快速发展做了很好的铺垫。

从图12可以看出，这个时期缓冲器的专利申请量在各国都有了明显的上升，特别是美国，尽管在1980年之前只有1件专利申请，但是在1980—1995年成功超越德国成为世界关于缓冲器专利技术申请量最多的国家，这可能是由于该技术的第一件专利申请就是在美国，其给后续公司递交该类技术的专利申请提供了有效的指导。另外，在1980年之前对该类技术有专利申请的国家，在1980—1995年依然占据世界前10的位置，从图12中还可以看出，日本在1980年之前对该类技术没有专利申请，而在1980—1995年却成了该类申请量世界第三多的国家，一方面说明日本申请人对热门技术的发现和发展，另一侧面也可以说明，日本的工业发展带动了该技术的飞快发展，该时期日本正处于国民经济飞速发展的时期。

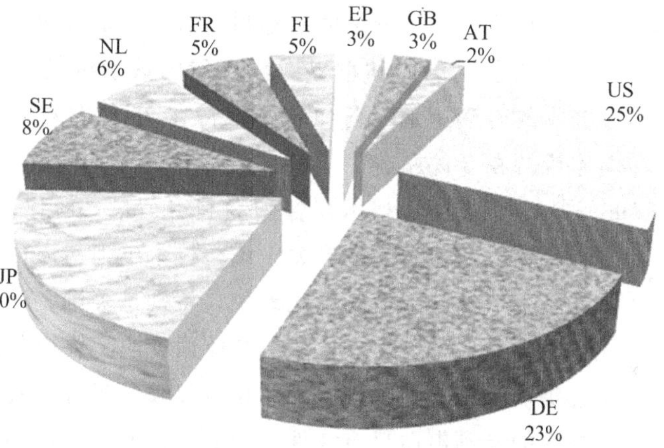

图12　1980—1995年缓冲器技术在各国专利申请量

图13示出了1995年之前萌芽期申请量公司分布，其主要以瑞典爱立信、西门子、施耐德、飞利浦以及株式会社等公司的申请量居多，说明这些企业对该项技术的发展的自信。但由于该阶段是缓冲器技术发展的萌芽阶段，大部分申请人都只有1～2件专利申请，可以看出各个申请人都处于对该技术的摸索阶段，对该技术的发展还不是非常有把握。另外，瑞典爱立信公司共申请了12件专利申请，但从图12可以看出，瑞典在该时期的专利申请量总共为12件，说明虽然瑞典在该时期该技术的专利申请量处于世界前列，但是其申请人单一，并没有带动国内其他企业在该技术有所发展。总体而言，该时期的专利申请意义重大，为缓冲器技术的发展提供了一定的理论基础。

通过统计发现，中国专利局在1995年之前总共收到对该项技术的专利申请3件，分别是株式会社东芝、株式会社日立以及整流器技术太平洋PTY公司向中国专利局提交的申请。可以看出，该技术在该时期国内还没有引起关注，而提交申请的企业却急于打开中国的市场，不过也正是有了这些申请，对中国该类技术的发展也起到了促进作用。相对而言，在这个阶段的中国对于缓冲器技术的发展远远落后于其他国家。

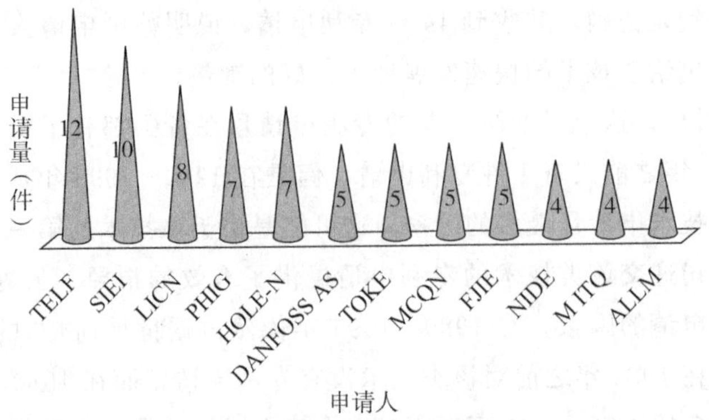

图13　1995年之前萌芽期申请人分布（单位：件）

2.3　平稳增长期（1996—2007年）

由图10可见，从1996年开始，无论是世界专利申请量还是国内专利申请量比前一个阶段有了明显的提升。在该阶段，国内和世界专利申请的数量都处于一个平稳数值范围内，例如世界关于该类技术的专利申请量每年基本维持在30件左右，而中国关于该类技术的专利申请量每年基本维持在5件左右。

图14示出了1996—2007年缓冲器技术在各国专利申请量；对比图12可以看出，在萌芽阶段，美国、德国、日本以及瑞士是世界关于该类技术申请最多的国家，而这四个国家在平稳增长期关于该类技术依然处于世界领先地位，特别是美国，该类技术在这个时期快速发展，其遥遥领先于世界其他各国，这也从一个侧面证明了在萌芽阶段有关缓冲器的研究和发展给后续的研究提供了足够的理论基础和技术保障。另外，在萌芽阶段，中国专利局收到的关于缓冲器技术的专利申请只有3件，而到了该时期，在中国该类技术的专利申请总量处于世界第四位，说明该类技术在我国改革开放后迎来了发展的好时期。同时，从图14还可以看出，其他各国也都稳步增长，说明各个国家越来越重视该类技术的研究和发展，也充分证实了缓冲器技术的发展是历史的必然，在工业发展过程中占据重要地位。

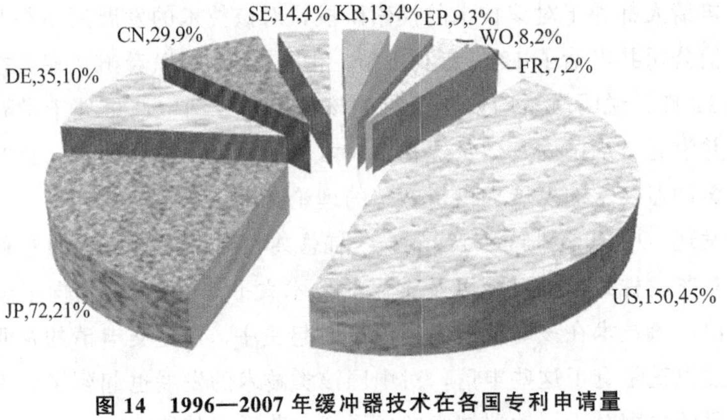

图14　1996—2007年缓冲器技术在各国专利申请量

图 15 示出了 1996—2007 年平稳增长期申请人分布，从中可以看出，在该阶段，申请量排名前五位的公司为 ABB 技术有限公司、台达电子、瑞典爱立信、朗讯科技以及三垦电气株式会社。对比于前一时期，在前一时期排名第一的瑞典爱立信公司该阶段在该技术的发展依然处于前列，但是由于该时期美国该技术的迅猛发展，带动了美国本土企业对该技术的重视，并且 ABB 技术有限公司在前一阶段对该技术的研究已经有了初步的发展，在美国该技术迅猛发展的大环境下，有基础的 ABB 公司在该阶段申请量排名第一也是可以预见的。从统计结果对比可以看出，在萌芽阶段共有 93 个不同申请人提交了关于该技术的专利申请，而在平稳增长期，申请人的数量达到了 197 个，这一数据也可反映出，随着工业的不断发展，该类技术已被更多的公司认可。

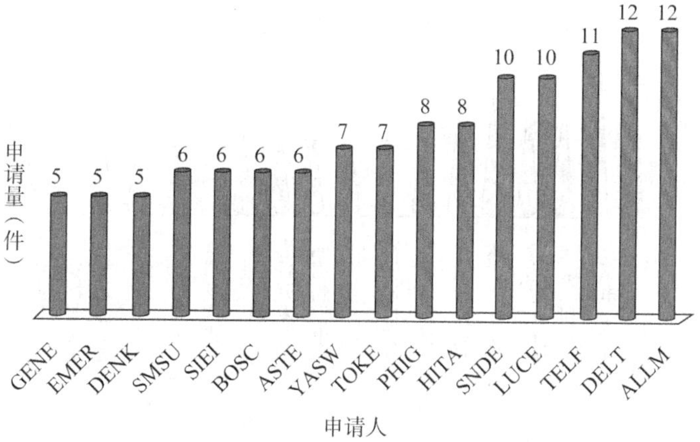

图 15　1996—2007 年平稳增长期申请人分布

根据检索结果的统计，在平稳增长时期，在中国的专利申请共有 91 件，本国专利申请量为 29 件，其中，个人申请 8 件、高校申请 6 件，公司申请 15 件。且该时期，共有 69 个申请人向中国专利局递交专利申请，其中中国国内申请人为 29 人。

从图 16 和图 17 可以看出，中国专利排名前 10 位的专利申请公司，大多数都是国外申请人，这反映了国外申请人已经认识到强大的中国国内市场，急需通过专利申请来稳固自己在该技术的领先地位，通过全方位的专利布局开拓中国的市场，实现利益的最大化。另外，正是由于国外申请人在中国的专利申请，使得国内申请人在这一时期开始认识到该技术对工业发展的重要性，从而相比于前一时期，国内申请人在该技术方面也有了显著的提高。

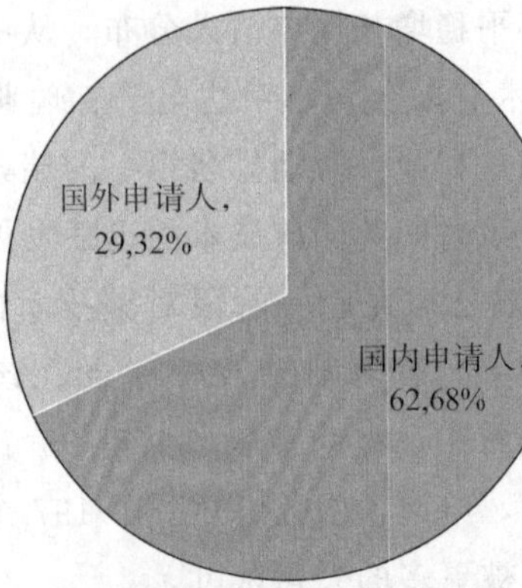

图16　1996—2007年平稳增长期中国专利国内外申请人分布

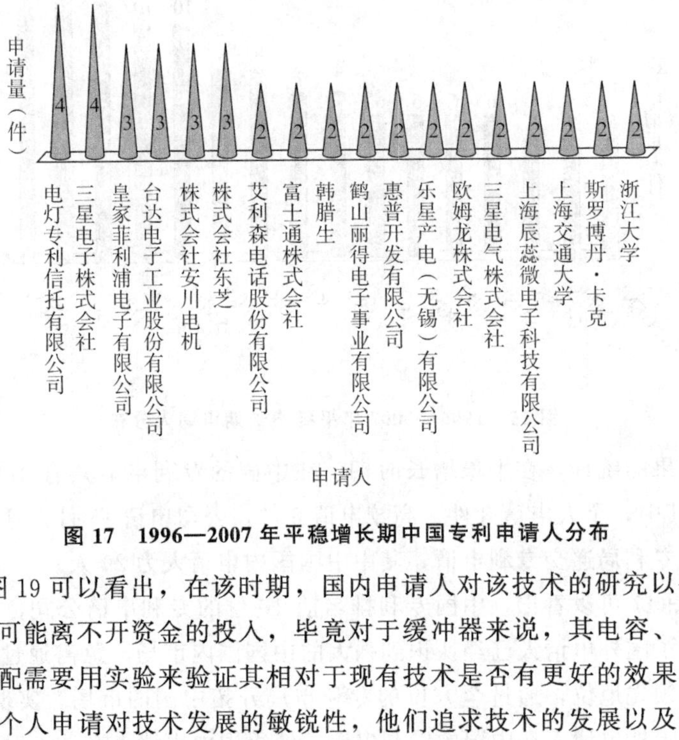

图17　1996—2007年平稳增长期中国专利申请人分布

从图18和图19可以看出，在该时期，国内申请人对该技术的研究以公司为主，说明该类技术的发展可能离不开资金的投入，毕竟对于缓冲器来说，其电容、电感、二极管以及开关的组合搭配需要用实验来验证其相对于现有技术是否有更好的效果。不过，这两张图也反映了国内个人申请对技术发展的敏锐性，他们追求技术的发展以及高校对该技术的初步研究给国内后续研究该类技术提供了可靠的技术保障。

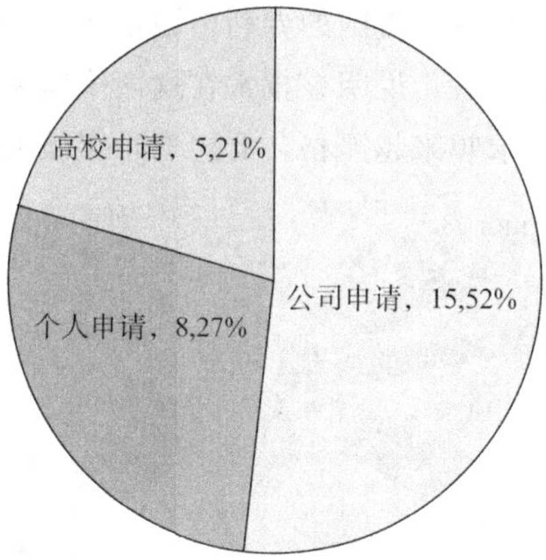

图 18　1996—2007 年平稳增长期中国专利国内申请人分布

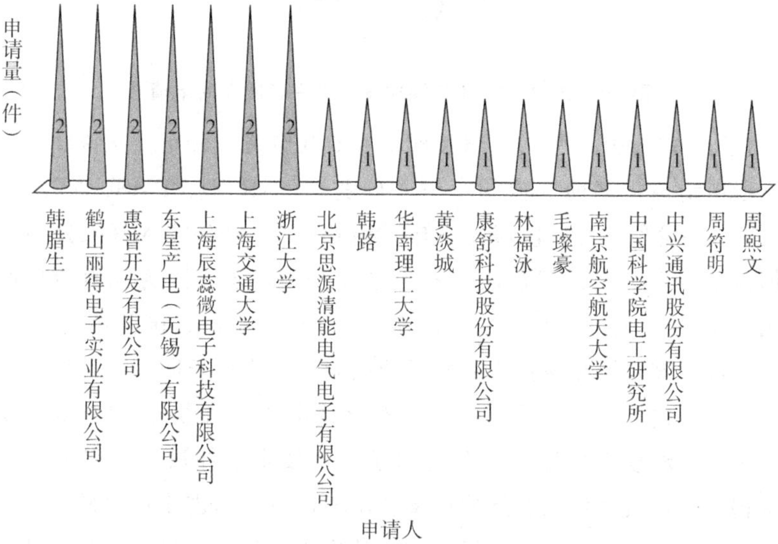

图 19　1996—2007 年平稳增长期中国专利国内申请人分布

2.4 快速增长期（2008—2014 年）

从图 10 可见，从 2008 年开始，与前两个阶段相比，该技术出现了量的飞跃，这也充分证明了，随着时代和工业的发展，缓冲器在开关电源中的应用变得不可或缺，其应用前景与发展优势能够给企业带来巨大的利益，对其在该行业的地位巩固起到了一定的作用。而且，在该阶段，由于能源的需求量日益增长，能源问题一直也是一个世界性的热点问题，世界各国开始重视能源的利用率和能源的节省。正是由于该类技术的种种优点，使得缓冲器技术在这一阶段迅猛发展。

图 20 示出了 2008—2014 年快速增长期申请量国别分布，从该图可以看出，申请量排名前三位的国家分别是中国、日本、美国。相比于前一阶段，中国取代美国成为该项专利申请量世界最多的国家。然而，这并不完全意味着中国在该项技术的科研实力强于其他国家，有可能受跨国公司以及中国消费市场的影响，国外的公司对中国这个市场越来越看

重；从该图还可以看出，虽然日本、美国的专利申请量相比于前一阶段的增长速度并不明显，甚至美国显示出了倒退的状态，说明该技术在这两个国家的发展已经达到了一个顶峰的状态，由于对技术发展的要求越来越严格，要想取得突破需要比以往付出更多的努力。

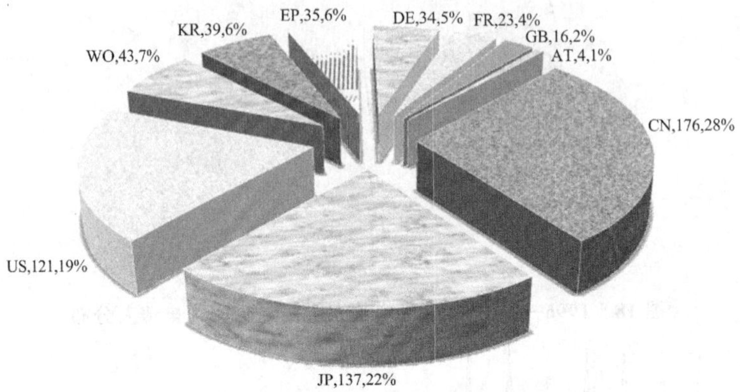

图 20　2008—2014 年缓冲器技术在各国专利申请量

图 21 示出了 2008—2014 年快速增长期世界专利申请人分布，从该图可以看出，缓冲器技术在该阶段申请量排名前 5 位的申请人分别是：MITQ、SMSU、SIEI、FUIT 以及 ALSM，相比于上一阶段，前一阶段排名申请量第一的 ABB 技术有限公司在该阶段排名在第 8 位，但这不能说明该公司在该技术上已经开始退步，因为就申请量而言，前一阶段，该公司用了 12 年申请了 12 件专利申请，而在这一阶段，该公司用了 6 年申请了 11 件专利申请，可以说该公司在该技术的发展依然处于稳步增长阶段。而对于上一阶段排名前 5 位的其他 4 个申请人在这一阶段已经不在该技术的申请量排名前 10 位中，有可能这些公司面临转型，或者也有可能该类公司由于在该技术上并没有取得突出的进步而被淘汰，这也充分说明了在技术蓬勃发展快速增长阶段，技术的进步和突破是很难的，即证明了技术对公司在这个行业的发展起到了决定性的作用。另外，虽然在该阶段，MITQ 申请量排名第一，但是并不能说明该公司在该技术处于领先地位，只能说明该公司在这一阶段对这一技术的重视程度。从专利统计数据可以看出，该阶段申请人的数量达到了 342 个，相比于前一阶段的 197 个，可以说也是取得了突出的进步，这再次证明了该技术被越来越多的公司肯定，也说明了发展该类技术对公司有深远的意义。

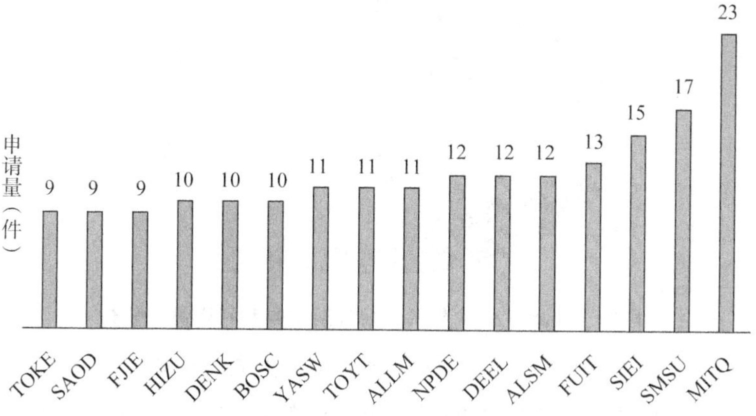

图 21　2008—2014 年快速增长期世界专利申请人分布

从图 22 和图 23 可以看出，在该阶段，国外申请人在中国对该技术的专利申请依然多于国内申请人，不过对比萌芽期和快速增长期这两个阶段，国内申请人在该技术方面的占比越来越大；另外，在前一阶段的申请人申请量分布表中，排名前三位的申请人中没有国内申请人，而在该阶段，国内公司中国电建集团中南勘测设计研究院有限公司凭借该阶段的 10 件申请成为该阶段在中国专利申请量第二多的申请人，这说明国内申请人对该技术的研发已经有了一定的进步。另外，从图 21 可以看出，该类技术在中国的申请量在该阶段成为世界第一，这说明国内申请人对该技术的研发比重越来越大，不仅是国外申请人看重中国市场，国内申请人也对该类技术的研发有了显著的进步。

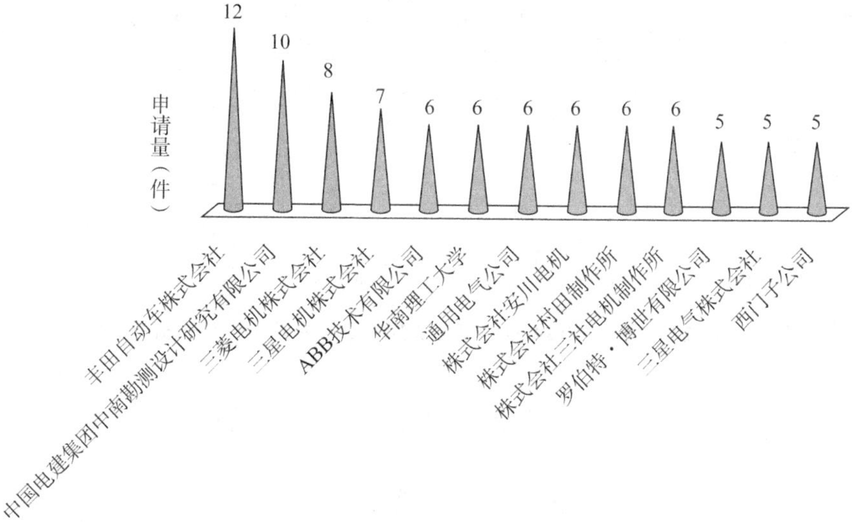

图 22　2008—2014 年快速增长期中国专利申请人分布

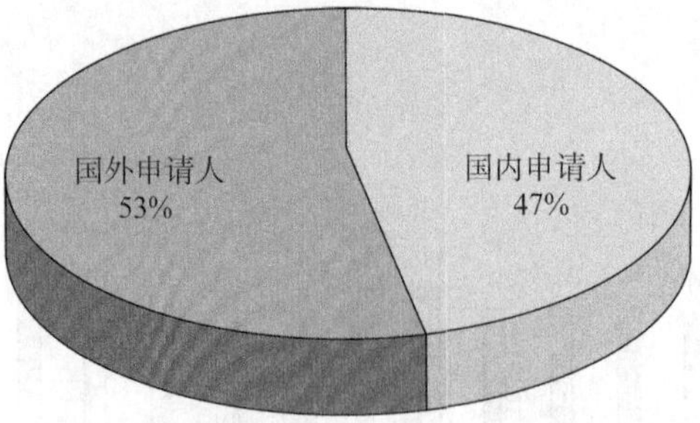

图23　2008—2014年快速增长期中国专利申请人分布

从图24和图25可以看出，缓冲器专利技术在国内的发展依然以国内公司的研发占据主要地位，这也充分证明了该类技术的发展离不开资金的投入。另外，相比于上一阶段，国内高校对该类技术的研究有了小小的提高，这可能得益于国家对高校技术研究的政策支持，希望高校在掌握技术理论的同时，能够将研发贴合实际，从而将研发的技术快速投入市场，提高生产力。

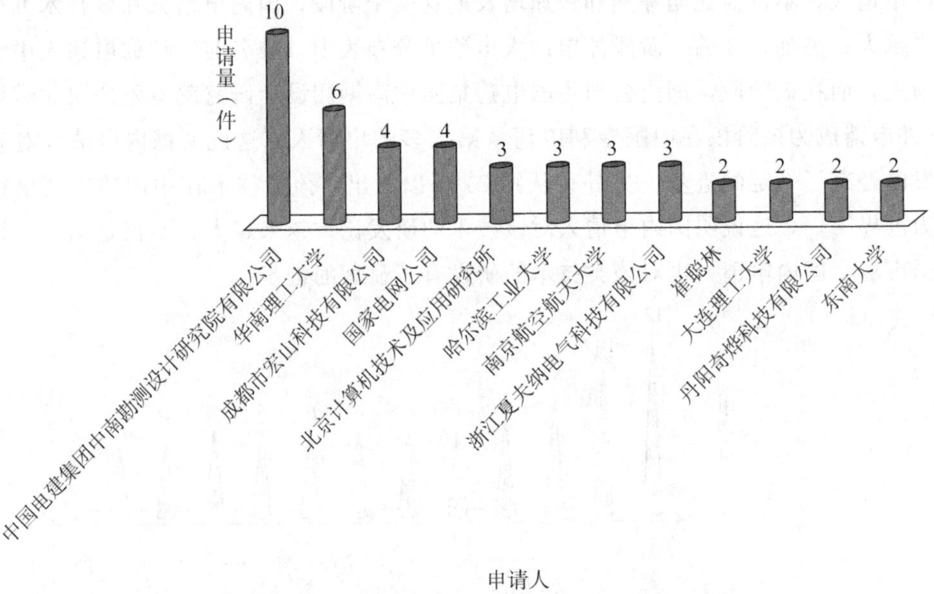

图24　2008—2014年快速增长期中国专利国内申请人分布

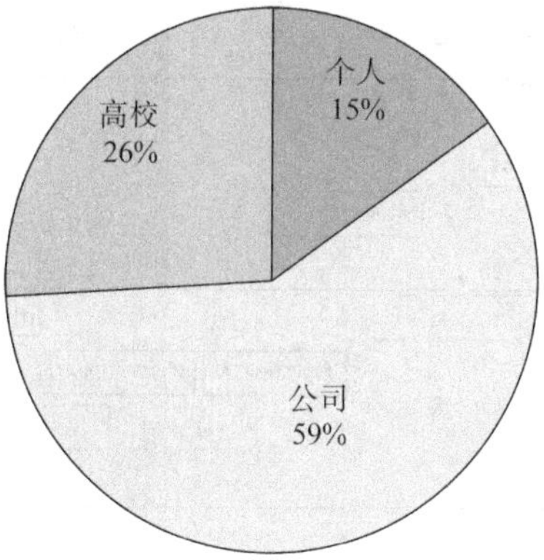

图 25　2008—2014 年快速增长期中国专利国内申请人分布

第三章　开关电源中缓冲电路的专利技术发展分析

在开关电源变换领域，实现电压转换存在两个问题：一是在开关接通的过程中，开关式功率变换器中的二极管反向恢复会在开关装置中造成比较高的峰值电流和功率应力，从而在该开关装置中引起比较高的平均功率损耗，在接通过程中还会产生显著的电磁干扰，这被认为造成了较低的总体效率；二是在断开开关装置时存在的感应负载会在该开关装置中引起相对高的峰值功率应力以及一个在该开关装置中相应而生的高的平均功率损失，这会导致较低的总体效率。如何去解决这两个问题，得到一种基本无损耗电流缓冲器或一个基本无损耗电流和电压缓冲器，从而能够适应不同的开关电源在电源变换中的需求促进了缓冲器的不断创新和发展。本章将结合缓冲器在不同的电源变换装置的专利发展做详细的分析，从而确定缓冲电路的技术发展路线。由于电源变换装置的种类复杂，着重介绍本领域常见的几种开关电源电路，例如升压型 DC/DC 变换器、正反激变换器以及非隔离 DC/AC/DC 变换器。

3.1　升压型 DC/DC 变换器

缓冲电路在 Boost 变换器中的专利技术发展路线如图 26 所示。

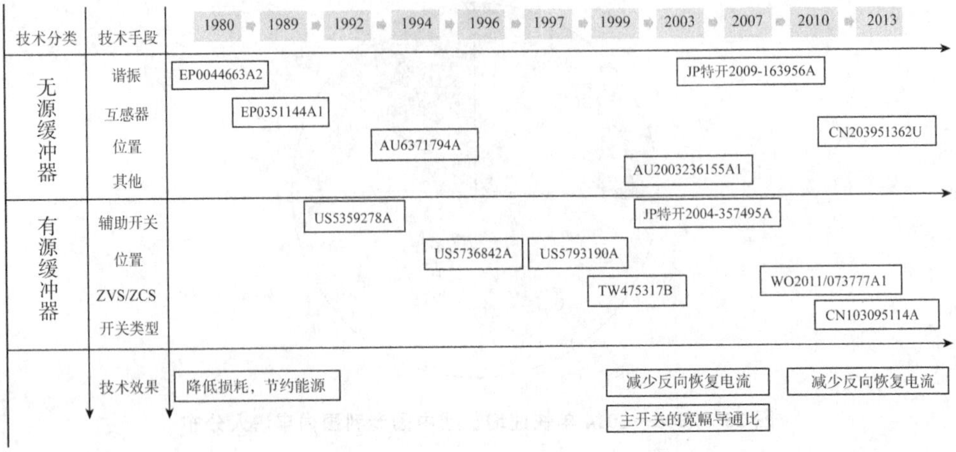

图26　缓冲电路在Boost变换器中的专利技术发展路线

为了解决电压变换存在的上述两个问题，最初在开关管的两端并联一个RCD缓冲电路，该缓冲电路是一个增压电路中的耗散电流缓冲器；但是该技术存在的不足是会将存储在该缓冲器电感中的能量传送到一个缓冲器电阻，这会引起功率损失，从而总体效率仍然较低。

为了能够在Boost变换器中通过增加缓冲电路解决开关电源领域的固有问题的同时，还能够降低功率损失，节约能源，提高能源的利用率，各国申请人通过在缓冲电路中引入其他技术手段促进缓冲电路在Boost变换器中的不断发展。

1. 针对无源缓冲器类电路

主要通过在缓冲电路中设置谐振、互感器以及改变缓冲电路在开关电源电路中的位置等技术手段实现降低功耗，节约能源。

（1）谐振技术。

文献EP0044663A2（1980年）利用LC谐振辅助电路，通过将加载于开关元件的电压或者流经开关元件的电流，暂时替换成由L成分（线圈）感生的电压或流到C成分（电容）的电流，使得实际降低为零，在此期间多是将开关元件迁移到接通或者断开的状态。然而，该技术必须将该导通比与谐振频率相整合，完全没有考虑用于与负载的变化相对应的准则或条件。针对该文献存在的技术缺陷，文献JP特开2009-163956A（2007年）提出了采用直线LR2的技术，直线LR2是指FC升压转换器12的升压比为2附近的值的直线。利用了基于辅助电路12b的线圈L_2和缓冲电容器C_2的半波谐振中缓冲电容器C_2的放电，从而实现抑制基于该升压装置的开关损耗。

（2）互感器技术。

文献EP0351144A1（1989年）公开了通过在Boost变换器开关和三个器件的节点之间增加一个互感器，并通过二极管整流将吸收的电压反馈给输出端。该缓冲器确实解决了上述问题的各个方面，但却又产生了另一个问题，即由于该缓冲器在其开关和钳位电压之间附加的漏电感的存在，会在其开关装置中产生一个相对高的峰值电压应力。

(3) 改变缓冲器在电路中的位置。

文献AU6371794A（1994年）公开了将缓冲器插入功率变换器的常规元件中，从而在开关控制过程中一起实现控制，不仅降低了电压/电流上升速率，并且通过直接连接实现的能量回收，减轻了在开关的高峰值电压应力。另外，文献CN203951362U（2013年）通过设置能够进行换流动作的换流装置，能够使在电压可变装置中流过的电流换流到其他路径。因此，在例如电压可变装置的动作中，能够降低从负载侧（平滑装置侧）流到电压可变装置侧（电源侧）的恢复电流。此时，将多个整流器串联连接而构成换流用整流部，所以能够减小换流用整流部中的合成电容分量。因此，即使使用廉价的整流器来构成换流用整流部，也能够减小电容分量，能够低成本地实现逆恢复时间降低、复原电流抑制。

2. 针对有源缓冲器类电路

主要通过在缓冲电路中设置辅助开关、零电压/零电流、改变开关类型以及改变缓冲电路在开关电源电路中的位置等技术手段实现降低功耗，节约能源。

(1) 辅助开关。

文献US5359278A（1992年）增加了辅助开关元件，由于该追加的辅助开关元件不能进行零电压开关，进而必须追加线圈来进行零电流开关。与零电压开关不同，被充电到主开关元件的寄生静电电容的电荷，在向接通状态迁移时会被强制短路放电，但是该方法并不能解决由此产生的能量损耗问题。但是考虑到Boost变换电路的应用，在负载为高压放电灯的情况下，由于输出电压变化较大，变换电路必须适应该负载的需求。文献JP特开2004-357495A（2004年）解决了在主开关元件的宽幅导通比的可变范围内，很难实现以低成本降低开关损耗的问题。

(2) 改变缓冲器在电路中的位置。

文献US5736842A（1996年）提出了通过钳位电感器与升压开关以及整流器连接至同一节点以控制整流器电流的变化器，由于钳位电感器的位置使得该电路中的主开关及整流器具有最小的电压与电流；此外，升压开关在零电压的条件下闭合且整流器在此条件下关断。而辅助开关操作在软切换条件下，即其在电压等于输出电压时闭合且接着再承载大于输入电流时断开；另外，文献US5793190A（1997年）通过第一主晶体三极管M1在第二晶体三极管M11导通后一个恒定延时上导通。第二晶体管M11的导通时间间隔是恒定的，而第一晶体管M1的时间间隔是可调节的。流过第二晶体管M11的电流上升受到第二辅助电感器L11的限制，因此第二晶体管M11的导通损耗将得以限制。

(3) 零电压/零电流。

针对现有技术中主开关以及辅助开关门级驱动的偶发暂态重叠将会产生同时导通，从而产生较大的暂态电流以及噪声严重的电路损坏。文献TW475317B（1999年）提出了零电流、零电压切换单元，从而减少升压整流器的反向恢复相关损失，并且提供主要及辅助开关无损失的切换。

(4) 改变开关类型。

针对当时采用IGBT作为功率开关管的变换器在现有技术中还是一个空白，为了充分利用IGBT开关的优点，CN103095114A（2013年）提供了一种可以有效降低Boost变换器功率开关管关断损耗，且具有结构简单、不改变原变换器性能、成本低和无能量损耗等优点的辅助电路。

正是由于这些技术的不断改进，从而推动了缓冲电路在Boost变换器中的不断发展，但是，由于在应用这些技术时，会衍生出Boost变换器和缓冲电路配合时产生的其他问题许多研究者专门针对所产生的问题，提出了一些文献，从而保障这些技术在缓冲电路的不断完善，例如，文献AU2003236155A1（2003年）针对反向恢复电流所产生的损耗，提供了一种高效的低损耗的升压装置，其技术手段为：1）在功率开关S1导通后，储能电容储存反向恢复能量的同时，储能电容还通过电感Lm的副边绕组Lmf获得一份附加的能量；2）在功率开关S1关断后的续流过程中，将储存的反向恢复能量和附加的能量转移到输出电容 C_o；另外，为了抑制有源缓冲电路中的开关峰值反向电压故障，文献WO2011/073777A1（2010年）通过在电容器中存储的电量来调节主开关的两级之间的电势差，并且所述副升压部通过在切换操作期间调节电容器的电量来减少主开关的切换损耗，提供二极管D6以便在软开关转换器60出现故障的情况下保护开关元件S2。

3.2 正反激变换器

反激式变换器拓扑结构因其包括一个开关Q、一个二极管Do和互感器T的简单结构而成为一种用于低功率应用的流行拓扑结构。然而，作为简单结构的代价，反激式变换器可能在开关Q和二极管Do上遭受大的电压/电流应力。此外，开关Q关断时主互感器T的漏电感会导致相当大的电压尖峰。

缓冲电路在正反激变换器中的专利技术发展路线如图27所示。

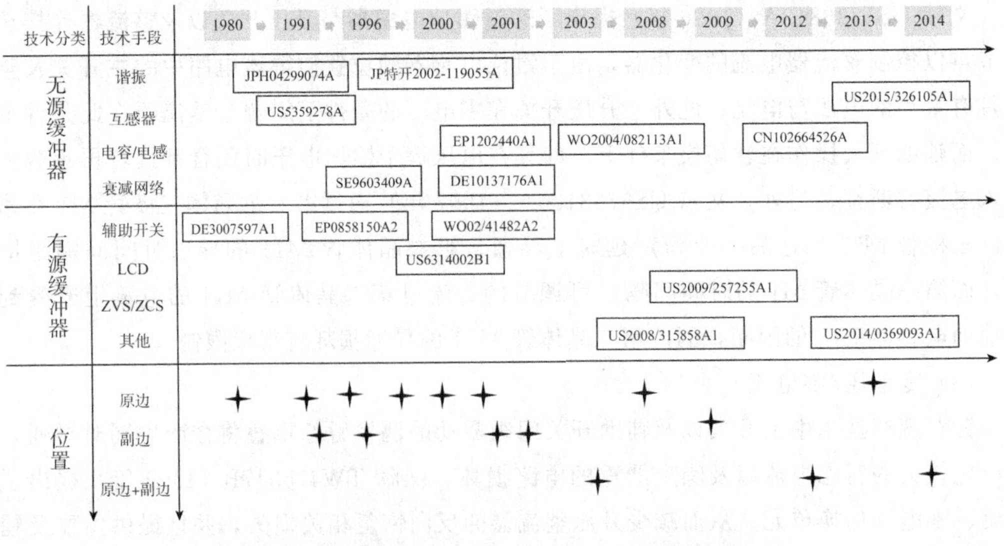

图27　缓冲电路在正反激变换器中的专利技术发展路线

为了解决电压变换存在的上述两个问题，和Boost变换器类似，该领域的研究人员也是通过在正反激变换器的开关元件的两端并联一个 RCD 缓冲电路，其同样也存在将存储在该缓冲器电感中的能量传送到一个缓冲器电阻引起功率损失，从而总体效率仍然较低的缺点。

随着正反激变换器的发展，通过在正反激变换器的缓冲电路中增加本领域一些常见的技术克服其缓冲电路带来的种种不利影响，优化缓冲电路，从而解决了具有缓冲电路的开关电源所面临的固有问题的同时，还能够降低功率损失，节约能源，提高能源的利用率。

1. 针对无源缓冲器类电路

主要通过在缓冲电路中设置谐振、互感器、电容/电感以及衰减网络等技术手段实现降低功耗，节约能源。

（1）谐振技术。

针对 RCD 缓冲器会导致相当大的功率损耗，JPH04－299074A（1994 年）公开了一种 LC 缓冲器，该 LC 缓冲器可以提供用于减小在效率敏感应用中的功率损耗的可选解决方案；但是该电路对主开关的额定电压要求很高，另外，由于变压器的初级线圈具有漏电感 L 和寄生电容（即杂散电容 C_1），且开关元件也有杂散电容 C_2（将 C_1+C_2 称作杂散电容 C），形成 LC 谐振电路（即振荡电路），而由于二极管的导通时间较短，在该导通期间之后会产生激励振荡；为了克服这一缺陷，文献 JP 特开 2002－119055A（1999 年）提供了一种能够防止或抑制开关元件截止时的激励振荡的 DC/DC 变换器，其中整流二极管呈反向偏置状态，但因其具有较长的反向恢复时间，故尽管是反向偏置也能够维持导通状态。

（2）互感器技术。

针对现有技术中有源缓冲器的开关需要外加驱动电路以输出控制信号，且该类方法亦不适用于单组转换器的电流浪涌消除。此外，该类消除浪涌的效果因受限于开关的工作周期变化的情形，当工作周期离开设计工作点时无法完全消除转换器所产生的电流浪涌。基于此，文献 US2015/326105A1（2014 年）提供了一种被动式电流浪涌消除技术，该电路不需要外接任何主动式功率开关，因此不会增加主动开关及其驱动电路成本。此外，该被动式电流浪涌消除技术的效果不受限于原转换器所设定的输入电压或输出电压规格以及开关工作周期的大小，且可用于消除具有脉冲电流浪涌的切换式开关电源的输入端或输出端的高频电流浪涌，使其达到零输入或零输出电流浪涌。

（3）设置电容/电感。

文献 EP1202440A1（2001 年）公开了位于变压器的次级侧的缓冲器电路，该缓冲器电路的电感器由于从缓冲器电路的电容器供应的电流而允许初级侧开关的电流平稳且逐渐地下降，使得初级侧开关的电压随着电压振铃被抑制的梯度而增加；但是该文献公开的电路为了使具有初级侧开关的电压的上升时间的斜率降低，缓冲器电容器需要高电容，高电容值意味着缓冲器电路的电感器也需要高电感以便在导通时间内给缓冲器电容器充电；基于此，针对具有 RCD 缓冲电路的反激变换器的变压器存在寄生漏感 L 不仅带来自身存储的能量的损耗，同时会损耗掉理想变压器 T_1 中存储的磁能，从而使得更多的能量转移至

钳位电容 C 中，降低了反激式电路的转换效率。同时，导致钳位电容 C 上的电压升高，从而使得开关管关断后承受的电压更高，进而导致开关管失效。文献 CN102664526A（2012 年）提供了一种反激式电路及减小反激式电路变压器漏感损耗的方法，以实现提高反激式电路的转换效率，同时，减小开关管关断的电压应力，避免开关管失效。

（4）衰减网络。

文献 DE10137176A1（2001 年）公开了衰减网络具有与第二次级绕组的连接，经由这个连接能量被从例如这个衰减网络向与这个次级绕组连接的储能电容器传送。经由诸如二极管的一个整流元件而有益地产生所述连接，所述整流元件被连接在第二次级绕组的整流二极管之后，于是防止这个次级绕组对衰减网络具有任何反作用。

2. 针对有源缓冲器类电路

主要通过在缓冲电路中设置辅助开关、LCD（电感、电容、二极管）以及零电压/零电流等技术手段实现降低功耗，节约能源。

（1）辅助开关。

文献 DE3007597A1（1980 年）和文献 EP0858150A2（1997 年）都是通过设置辅助开关实现缓冲电路中的损耗传递给负载或后续电路，从而提高能源利用率的。例如，文献 EP0858150A2（1997 年）公开了当主开关 401 导通时，电流从输入电压源 420 流经绕组 407 及开关 201，由此将电感能量存储在回程变压器 428 中。当开关 401 断开时，预先存储在变压器 428 中的能量经绕组 415 及二极管 409 释放给负载 424。然后，开关 401 导通并再将能量存储在变压器 428 中；另外，WO02/41482A2（2001 年）公开了通过晶体管取代 RCD 中的二极管，并取消了电阻 R_1。初级线圈 W_1 内的反向电流可以在 T_2 的存储时间内通过。该电路的优点在于降低第二电子开关内的损耗功率。

（2）LCD 技术。

文献 US6314002B1（2000 年）将变压器的泄漏能量有效地回收到输出端，并且通过利用与变压器感应耦合的绕组-电容-二极管缓冲器固定开关两端的电压来减小开关两端的电压尖峰，并且收复为电压尖峰所固有的能量，从而提高整个电路的效率。

（3）零电压/零电流。

针对现有技术中通过开关和电容钳位的电路，通过分压电路驱动该开关管的导通和关断，但是该分压电路受到该开关栅极输入电容公差的影响，电容器的电压也可能随着输出负载以及输入线电压显著变化。基于此，US2009/257255A1 提供了一种有源吸收器电路，有源吸收器将把吸收的能量变换到转换器的次级侧，并且还使用该能量的一部分来帮助主开关实现 ZVS，并且消除导通开关损耗。

另外，针对现有技术中待机模式使用有源缓冲器时，由于变压器的负载损耗或者铜耗，功率损耗增加，以及由于有源钳位电路的钳位操作，开关式电源装置仅仅在连续的导通模式（CCM）中起作用，其很难进入切换损耗可以被降低的脉冲模式或者跳跃循环模式。基于此，文献 US2008/315858A1（2008 年）提供了一种具有有源钳位电路的开关式电源装置，其可以将处于待机模式中的功率消耗减到最小以提高效率。以及文献 US2014/0369093A1（2013 年）为了减小功率损耗并且有效地限制电压应力，ARCD（自适应尖峰电压吸收电路）缓冲器包括可以基于操作点被调节的缓冲电阻，提出了用于开关转换器的自适应 RCD（ARCD）缓冲器拓扑结构，其可以通过上述控制来有效地限制最大开关电压应力，因此可以使用开关转换器增大了的占空比，其可以导致传导损耗的进一步减小。

虽然正反激变换器通过上述技术在缓冲电路中的应用得到了良好的发展，但是，由于正反激变换器的原边和副边都有类似开关管（副边二极管）的元件存在，且众所周知，开关管导通和关断时会有过电压或过电流的影响，而二极管作为特殊的开关管，其与开关管类似，都会有 di/dt 或 du/dt 上升过快的影响，而对于正反激变换器，其变压器次级绕组的输出端一般会连接二极管，从而输出直流电压。因此，为了提高电源效率，即同样也需要在变压器的次级端设置缓冲电路以抑制二极管带来的不利影响。

文献 US5278748A（1992 年）和 SE9603409A（1996 年）中公开了在变压器的次级绕组增加缓冲电路，通过研究发现，次级绕组的缓冲器既可以抑制该整流二极管两端升高的瞬变电压，还可以抑制与变压器的初级线圈相连的主开关两端升高的瞬变电压，这样就可以节省一个缓冲器电路，从而提高电压变换电路的高效性。该电路中的电容器基本上吸收了该变压器的第一和次级线圈间的漏电电感中所存储的全部能量，该能量是由于在断开时整流二极管 DF 的延时和在该整流二极管 DF 中的反向电流而引起的。随即电容器的放电反过来减缓了变压器 TR1 初级的两端电压的升高，从而显著防止了该第二耦合器件两端的相当大的瞬变电压。文献 WO2010/0067629A1（2009 年）提出了一种再生缓冲电路，其并联连接在次级二极管电路中，在次级二极管断开时，存储到漏电感的能量会通过次级线圈中流动的直通电流成分而充电到缓冲电容器，能够防止浪涌电压施加到次级二极管。而且充电到缓冲电容器的充电电荷，在再生用开关元件导通时，再生于负载，而且不会被电阻热消耗。

另外，针对现有技术中所公开的方案不足以将电涌能量有效地反馈至负载，因此在减小施加至开关元件的电涌电压方面并不令人满意。WO2004/082113A1（2003 年）提供了一种改进的直流-直流转换器，其包括在变压器的原边和副边分别设置缓冲电路，通过将电涌能量可被回收于缓冲电容器中，然后累积于存储电容器中，以被传递至负载，从而能够极大地减小电涌电压并将输入直流电能有效地传递至负载。

3.3 非隔离桥式 DC/AC 变换器

在非隔离 DC/AC 变换器中，直流电压总线上的电压被开关元件切换以提供交流输出，这样，电压会急速地改变。为了减小开关损耗、电流纹波和噪声，元件的速度特性已加以改进，电压变化速率也已提高。这引起了以下问题：（1）对地电压的突然改变产生电磁波，它干扰其他电子设备；（2）泄漏电流通过寄生电容进到电缆和电动机绕组；（3）如果电缆很长，就会有分布参数的电路，形成驻波且把电压浪涌加到电动机；（4）高的电压变化速率使电动机绕组中的电压分布不平衡，会把高电压加到部分绕组，造成绝缘恶化。作为一种对策，可以向主半导体元件的栅极或基极的驱动信号提供一个梯度以减小开关速度。然而，这种方法增加了开关损耗。作为另一种措施，在直流总线上提供一个 $L-C$ 谐振电路以阻断直流电压，使逆变器桥路工作在零电压期间以避免急剧的电压变化。然而，用这种方法不可能持续地控制输出电压的时间长度。作为另外一种措施，在逆变器和电动机之间加上一个滤波器。然而，如果使用 $L-C$ 滤波器，那么用于衰减连续振荡的电阻会造成损耗。另外，必须为不同的电动机确定各自的滤波常数。对于非隔离桥式 DC/AC 变换器，缓冲器可以增加在直流母线端、桥臂之间以及逆变器的输出端。

缓冲电路在非隔离桥式 DC/AC 变换器中解决的技术问题如图 28 所示。

分类	位置	技术问题 公开号	抑制 dv/dt	降低损耗	抑制 di/dt	抑制反向恢复电流	降低噪声	提高效率	过冲/振铃	提高器件可靠性
无源缓冲器	开关两端	JP 特开平 H09－9641A	√							
		WO98/01939A1	√		√					
		JP 特开 2000－217369A1		√	√					
		US2014/0252494A1								√
	直流母线之间	WO2008/120408A1	√				√			
		JP 特开 2010－206905A	√							
		WO2013/132528A1				√	√			
		JP 特开 2016－067151A			√					
有源缓冲器	开关两端	EP2747270A1				√				
		WO2006/052032A1				√				
		FR2933545A1						√		
		JP 特开 2009－273230A				√				
		US2011/198704A1							√	
		JP 特开 2012－170268A				√				
		JP 特开 2012－186915A		√		√				

图 28　缓冲电路在非隔离桥式 DC/AC 变换器中解决的技术问题

1. 针对非隔离桥式 DC/AC 变换器

缓冲电路在该变换器的应用主要突出表现在两个方面，一方面是根据其设置的位置不同，大致可以分为开关两端或者直流母线之间，另一方面是根据缓冲电路在该变换器的设置解决的技术问题，主要有抑制 dv/dt、降低损耗、抑制 di/dt、抑制反向恢复电流、降低噪声、提高效率，过冲/振铃以及提高器件的可靠性。

（1）抑制 dv/dt。

文献 JP 特开平 H09－9641A（1996 年）提供了一种桥式电源变流器，当输出端电压由于桥式电源变流器的切换而突然变化时，电动机的电压由于谐振而沿余弦曲线改变，当电动机电压达到某个电平时，二极管和稳压二极管提供钳位功能以便吸收过大的能量，这就控制了加到电动机上的电压的变化率以及过大的振荡的产生；文献 JP 特开 2010－206905A（2010 年）中设置了与桥式电路 3 的输入 3a、3b 并联的缓冲电路 7，缓冲电路 7 具有与缓冲二极管 Ds 并联的缓冲电阻 Rs，由于该缓冲电阻 Rs 作为放电电阻工作，因而能够防止缓冲二极管 Ds 的电压变得过高。

（2）抑制 di/dt。

文献 WO98/01939A1（1996 年）公开了该缓冲电路是为抑制施加在半导体开关上的

电压的 dv/dt 而设置的，从而保护半导体开关免受过电压。其设有一个与缓冲器并联连接的对于具有带隙比硅宽的半导体衬底的二极管，能使其尺寸比具有硅制成的半导体衬底的二极管小，因此该二极管在与缓冲电路连接时，不增加布线电感，因此不使缓冲电路中存储的电磁能量增加，另外，该能量由这个二极管消耗，因此能抑制缓冲电路中发生的电压和电流振荡。文献 JP 特开 2016－067151A（2014 年）提出的缓冲器电路包括：连接在半导体桥式电路和 DC 电源之间的电流变化抑制器，电流变化抑制器用于减小在控制半导体桥式电路中的半导体开关时的电流变化；与半导体开关并联的电压变化抑制器，电压变化抑制器用于减小在控制半导体开关时的电压变化；取回电路，用于将在控制半导体开关时存储在电流变化抑制器中的能量，在控制半导体开关时的预定时间传送到电压变化抑制器；放电电路，用于将在控制半导体开关时存储在电压变化抑制器中的能量，在控制半导体开关时放电到半导体桥式电路的 AC 侧。

（3）降低损耗。

文献 JP 特开 2000－217369A（1999 年）为了能实现大容量、低损耗、高可靠性和小型化的变换器装置，提供了一种使用大容量自消弧型半导体器件。借助于电能再生电路 12，在直流电压电路中再生存储于多个二级变换器装置的所有电流变化率抑制器件群 9a～9c 的电能，并进行再利用，因而可以使变换器装置降低损耗；文献 JP 特开 2012－186915A（2011 年）公开了一种辅助电路，该辅助电路由彼此串联连接的开关元件和电容器构成。通过将从电容器流动到二极管的放电电流增大到大于二极管中正向流动的续流电流并且将续流电流减小至零，来使反向恢复电荷消失。因此，即使当开关元件在基准时刻导通时，也不会由反向恢复电荷造成电流浪涌和电压浪涌，并且能够消除由反向恢复电流造成的功率损耗。

（4）抑制反向恢复电流。

文献 WO2006/052032A1（2005 年）提供了一种电力转换装置，无须设置用于检测在回流二极管中流动的电流方向的检测器，就可适当地进行回流二极管的反向恢复，并且可以抑制在回流二极管的反向恢复时流向反向电压施加电路的辅助电源的主电路电流；文献 JP 特开 2009－273230A（2008 年）公开了在死区时间段期间尽可能最早的时刻形成充电电容器的放电电流流向负载的路线，以使得不允许负载电流在寄生二极管中流动。通过防止充电载流子在同步整流元件保持关断时保持在寄生二极管中，防止反向恢复电流在主振荡元件导通时流动。因此，能够抑制单相逆变器的大反向恢复电流造成的电流浪涌和电压浪涌。

针对文献 JP 特开 2009－273230A 公开的电路，由于需要提供略微延迟，以避免辅助开关元件 Q1 发生短路，该短路由同步整流元件 SR1 的关断时刻和辅助开关元件 Q1 的导通时刻的颠倒而造成。然而，这样的略微延迟的最优值取决于寄生电感和寄生电容的值。如在开关电源装置 20 中所执行的响应于同步整流元件 SR1 的关断时刻来最优地控制辅助开关元件 Q1 的导通是困难的。基于此，同年，EP2747270A1 通过脉冲宽度调制法

(PWM) 控制桥臂，与本领域中桥臂相比，为了避免主开关的二极管反向恢复，电流转换暂时地经由至少一个电感通过附加辅助开关接管，存储在至少一个电感中的能量反馈至直流总线。

文献 JP 特开 2012－170268A（2011 年）通过在死区时间（dead time）的期间中辅助元件导通，基于来自被辅助电源充电后的电容器的能量的供给，主电流从反向并联二极管向高速回流二极管流转。在高速回流二极管发生回流的状态下，由于相反臂的主元件的控制端子被输入导通信号，所以高速回流二极管取代反向并联二极管发生反向恢复。因此，与以往的方法相比能够大幅降低因反向恢复引起的浪涌电流。

(5) 降低噪声。

文献 WO2008/120408A1（2007 年）提供了一种为了降低无线电噪声而设置于电源和开关元件之间且由电阻和电容器构成的缓冲电路，其能够抑制电压的脉动，还可以抑制在电动机 19 和外壳 11 之间产生的漏电流，可以降低无线电噪声。文献 WO2013/132528A1（2012 年）针对现有技术中与直流电源线并联连接的电容器中也存在有寄生电感，该电感值有可能会大于通常并联连接有电容器的直流电源线的电感值。此时，在比期待直流电源线与电容器产生并联谐振的频率要低的频率下，由电容器与电容器的寄生电感产生串联谐振。因此，电容器在上述并联谐振频率下作为寄生电感进行动作，从而无法产生所设想的电容器与直流电源线的并联谐振。从而难以降低上述高电平的传导噪声、辐射噪声，因此提供了一种能够同时实现抑制开关浪涌和降噪措施这两方面的功率转换装置。由于增加了缓冲电容器、线间电容器，因此直流电源线的阻抗与现有功率转换装置相比变小，从而开关浪涌不会恶化。

(6) 提高效率。

文献 FR2933545A1（2008 年）提供了斩波电路用缓冲电路，所述斩波电路具有至少一个斩波晶体管，所述斩波晶体管的端子连接于第一线路和第二线路，所述第一线路处于电源电位，而所述第二线路处于接地电位，缓冲电路包括电容元件和用于对电容元件充电的充电二极管，充电二极管和电容元件彼此串联并一同与斩波晶体管并联。缓冲电路包括电感元件，该电感元件具有连接于处在充电二极管和电容元件之间的连接点的第一端以及连接于线路之一的第二端，用来提高配有缓冲电路的斩波电路效率。

(7) 过冲/振铃。

US2011/198704A1（2010 年）针对使用具有较高电压额定值的部件作为低压侧 MOSFET 开关 110 的替换品，具有更高电压额定值的 MOSFET 具有更大的内电阻和更大的开关损耗，这导致了较低的开关效率。该电子电路包括第一功率半导体器件和被耦接到第一功率半导体器件的第二功率半导体器件。该第二功率半导体器件被配置成对抗第一功率半导体器件的过冲和/或振铃。

(8) 提高器件的可靠性。

当主开关器件断开时，由于位移漏极电流穿过屏蔽电阻器，因此缓冲电阻器的存在会使屏蔽电压超过源极电压。屏蔽电极和源极之间的电势差会使 VBD 降低。切换时可能会造成器件击穿，从而降低了器件的可靠性。基于此，文献 US2014/0252494A1（2013 年）提供了一种与缓冲电路并联的晶体管器件，其中缓冲电路包括一个或多个电阻器，所述电阻器的电阻由晶体管器件的控制信号的变化动态可控。

综上所述，通过对 Boost 变换器、正反激变换器以及非隔离桥式 DC/AC 变换器中缓冲电路的技术梳理，从技术问题和技术手段等方面研究缓冲电路在开关电源中的技术发展脉络，可得到缓冲电路在开关电源领域的技术分解，如图 29 所示。

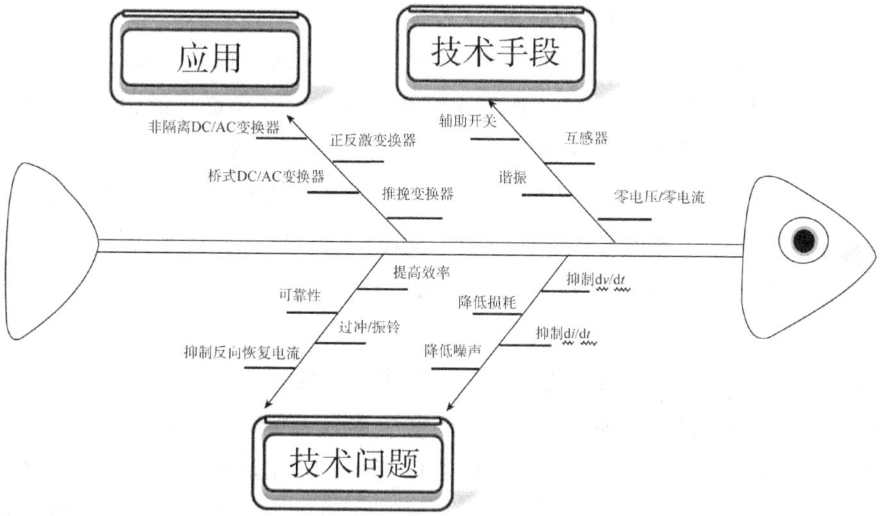

图 29　缓冲电路在开关电源领域的技术分解

第四章　前景分析

从以上分析内容中可以了解到，一般而言，设置缓冲器的组成最常见的有两种方式：(1) 通过使用准谐振开关来实现软开关，即通过用准谐振开关单元替换常规 PWM 开关单元。准谐振开关能够在零电流接通和零电压关断条件下进行切换。然而，附加的谐振部件和二极管与主开关串联连接，这会增加导通状态损耗。此外，主开关会经受过电压应力或过电流应力。一般而言，应力随着变换器的额定功率增加。与硬开关变换器相比，会需要具有更高定额的半导体开关，更高的定额进而会增加开关的成本。(2) 另一种方式是使用辅助电路、缓冲器来辅助主开关进行零电压切换或零电流切换。缓冲器可以被定义为下述电路：其能够修改半导体开关的接通和/或关断切换轨迹，以及能够通过处理小量无效功率来减少或者甚至消除开关损耗。可以通过缓冲器的谐振动作来降低切换事件中的 di/dt 变化率和 dv/dt 变化率，还可以减小由切换动作和寄生电容器以及电感器引起的振荡，结果能够减少 EMI 问题。

另外，通过对缓冲器的专利技术研究发现，无论是通过使用准谐振开关来实现软开关还是通过使用辅助电路、缓冲器来辅助主开关进行零电压切换或零电流切换，在开关电源中为了更好地提高变换器的转换效率，通常会使用谐振电路或者辅助电路感应主电路的电压/电流，该感应电路又可以分为三类：感应流过电感的电压/电流、感应流过开关的电压/电流以及感应输出端的电压/电流。而无论是谐振电路或者辅助电路，其可以连接于变压器的两端、开关管两端或者输出端与地线之间。而对于感应的电压/电流的去向，从技术发展而言，从最初的电阻消耗逐渐发展为将该感应的电压提供给输入电压、输出电压、驱动电路的工作电压以及输出给第二负载等。为了应对输出去向的不同需求，在该电路中常见的增加 buck、boost、反激变换器等。

然而，由于缓冲器构成器件之间的不同组合已被大量的申请人研发，如果后续仅仅针对该技术在这个方向上发展，面临的困难可能更大一点，效率也可能会有所降低，因此，应摆脱构成缓冲器的两种方式，从其他角度研发类似于缓冲器的电路结构。例如，2012年，US2014/085937A1 提出了一种借由主动钳位电路配合柔性切换驱动方法的 DC/DC 转换器，相较于现有技术，降低开关元件的切换损耗，使转换器在高频切换模式下有效提升其功率密度并缩小磁性元件的体积，且有效地回收漏感能量，因此，能有效地提高转换效率。

另外，从国内外缓冲器在开关电源中的发展来看，缓冲电路的构成相对来说已经比较固定，即通过二极管（或开关管）、电感（或变压器）、电容、电阻这些器件的组合来实现，大量的申请都是通过这些器件的不同组合以及缓冲器在具体应用电路中的各个位置实现的功能不同提出相应的申请。对于国内的申请人来说，如果还是单纯地利用这些器件的不同组合对开关电源中的缓冲器进行改造，想要绕开国外公司的专利壁垒，开辟新的途径是比较困难的。或者基于现有的缓冲器都是消耗吸收的电能，国内申请人通过设置附加电路将吸收的电能二次利用，然而，对能源的二次利用已是本领域技术人员的公知常识，且将吸收的电能转化为其他能源提供给负载或者作为控制器的工作电压，甚至转化为辅助电路的电源都已存在于在先申请，即使申请人将该二次能源应用到了一个新的领域，但是基于现有技术公开的内容，该技术也不具备突出的实质性特点和显著的进步。随着市场国际化的发展，势必会有大量的国外申请进入中国市场，对于国内申请人来说，应跳出通过器件的组合构成缓冲器的思维，针对一些技术问题目前研究的申请量比较少，但是对开关电源应用领域有良好效果的方向，譬如针对有源缓冲器中存在的开关单元在导通和关断瞬间所带来的不利影响，通过软件的控制方法控制开关的时序消除不利影响已渐渐成为缓冲器在开关电源中的一种新的申请趋势，其也能达到降低损耗、抑制反向电流等技术效果，或者由于现有缓冲器的相关专利都是针对开关单元在导通和关断瞬间所带来的不利影响提出的，国内申请人可以研究开关电源电路中存在的其他缺陷，再或者研究对该领域具有重大推进作用的现有成熟技术中的不足，从中找到解决的办法，发现别人没有发现的成熟技术的缺陷，或许可以作为国内申请人研究的重点。

参考文献

[1] 马尼克塔拉. 精通开关电源设计 [M]. 北京：人民邮电出版社，2008.

[2] Keith Billings，Taylor Morey. 开关电源手册 [M]. 2 版. 北京：人民邮电出版社，2012.

[3] 薛高飞，胡安，马伟明，等. 基于载波控制三电平逆变器中点电压平衡的调制策略研究 [J]. 船电技术，2014，34 (17)：1—5.

[4] 林继亮，何英杰，杜思行，等. 基波开断下的单相 NPC 中点不平衡精确控制研究 [J]. 电力电子技术，2013，47 (5)：67—70.

[5] 沈书林，陈劲操. 新型混合级联逆变器在无功补偿中的应用 [J]. 电测与仪表，2013，50 (1)：62—65.

[6] 王广柱，洪春梅. 多电平逆变器直流侧电容电压的平衡与控制 [J]. 电力系统自动化，2002，7 (11)：202—206.

计算机、通信和其他电子设备制造业

超结功率半导体器件专利技术综述

卢振宇

第一章　超结结构简介

1.1　超结结构的起源

功率半导体器件对于功率电子系统的发展具有至关重要的作用，其应用范围十分广泛，例如移动电子终端、灯具镇流器和高压直流变换器等。在这些应用中，功率半导体器件主要用作开关器件，其由三个主要参数来决定功率半导体器件的性能：导通电阻、开关时间和击穿电压。

对于功率半导体器件，其需要具有较高的击穿电压，同时保证较低的导通电阻。然而，传统的硅功率半导体器件却存在“硅限”的问题。对于理想 N 沟道功率 MOS，其导通电阻与击穿电压之间的关系为：$R_{on}=5.93\times10^{-9}U_{B}^{2.5}$。即在保证一定击穿电压的基础上，传统硅功率半导体器件无法通过增加漂移层掺杂浓度或降低漂移层厚度来无限地降低导通电阻。导通电阻的降低受击穿电压的限制而存在一个极限。为了突破这个极限，许多新的器件结构不断涌现，例如 IGBT 器件和超结器件。

“超结”（superjunction）这一新概念是日本 Fujihira 等人于 1997 年提出的，但是超结结构在专利申请中的首次出现则要早近 10 年时间。1988 年，飞利浦美国公司的 D. J. Coe 在申请美国专利时，第一次给出了在横向高压 MOSFET（LDMOSFET，即横向双扩散金属-氧化物-半导体场效应晶体管）中采用交替的 PN 结构代替传统功率器件中低掺杂漂移层作电压支持层的方法，这种交替的 PN 结构即为最初的超结结构。1993 年，电子科技大学的陈星弼教授在申请美国专利时，提出了在纵向功率器件（尤其是纵向 MOSFET）中用多个 PN 结构作为漂移层的思想，并把这种结构称为“复合缓冲层”（composite buffer layer）。1995 年，西门子公司的 J. Tihanyi 在申请美国专利时，提出了类似的思路和应用。

这三个专利的提出为高压功率器件的发展开拓了思路，人们纷纷对此进行了深入的研究。1997 年，Fujihira 等人提出了“超结结构”的概念，其对超结思想做了系统的总结。继而“超结”这一概念广为流传，被众多研究者所引用，并得到进一步的验证。应用超结结构的典型产品是 1998 年德国西门子的英飞凌公司推出的 COOLMOS™ 器件，其革命性的突破在于：在其工作范围内（耐压 600～800V），相对于传统技术，在相同的芯片面积上导通电阻降低了 80%～90%，打破了硅限，并且具有高开关速度。

1.2 超结结构的工作原理

下面以图1所示的超结纵向功率MOSFET为例，简单介绍超结结构能够突破硅限的原理。在传统的纵向功率MOSFET中，从器件底部往顶部，越来越多的带正电的电离施主电荷产生向上的电场，因此从外延层的底部开始，耐压层中的电场逐渐增加。然而，在超结器件中，因为几乎每个电离施主的正电荷产生的电通量，都被其近旁的电离受主的负电荷所吸收，也即其电力线横向流走。基于此，我们可以大量增加n区的施主剂量，与此同时增加与其几乎相等的p区的受主剂量。由于这种横向电荷互相补偿的关系（即达到电荷平衡），对于纵向来说，耐压层可以粗略地认为是一个本征型，此时耐压层中的电场从底部到顶部几乎保持不变；而从微观角度来看，每个区的掺杂剂量非常高，因此导通时n区的电导率很大，这就使得R_{on}与U_B的矛盾大大减缓。

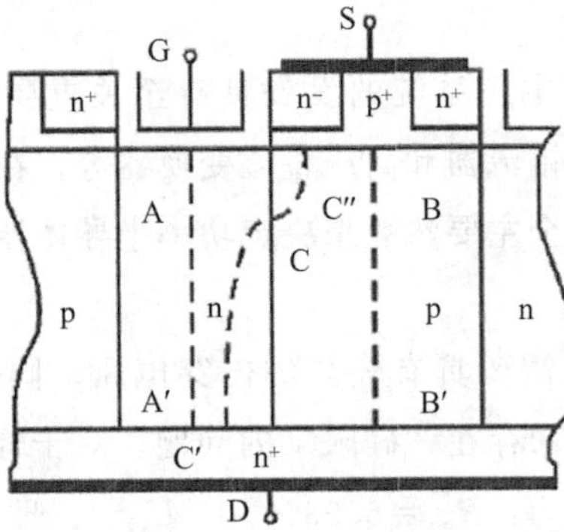

图1 超结结构工作原理

在日本研究者Fujihira等人提出超结这一概念之初，对超结结构的导通电阻与击穿电压的关系进行了计算，并在一些假设的条件下，得到了二者的线性关系式：$R_{on}\propto U_B^{1.23}$。2000年和2001年，陈星弼教授又先后发表论文，进一步分析了导通电阻与击穿电压的关系，得出：$R_{on}\propto U_B^{1.32}$。该结果与实验数据非常接近，可以用于对超结结构的三维计算。这一公式导出的意义在于：在理论上定量地证明，在相同击穿电压下，超结MOSFET比传统MOSFET的导通电阻显著降低，可以突破硅限。

1.3 超结结构的应用挑战

超结结构作为功率半导体器件的耐压层能够打破硅极限，其在MOS场效应管（MOSFET）、结型场效应管（JFET）、双极结型晶体管（BJT）、静电感应晶体管（SIT）、二极管以及肖特基二极管中都有广泛应用，如图2所示，但是应用超结结构的功率半导体器件仍然存在四方面的挑战：体二极管反向恢复硬度高、电荷平衡的控制、终端区耐压的提高以及制造工艺的精度控制要求高。

（1）在超结结构内存在一个体二极管，其由P^+区、N^-外延层和N^+衬底构成PIN管，在其工作时将起到反并联续流二极管的作用。在这个体二极管处于导通状态时，大量过剩载流子储存在耐压层中，使超结MOSFET具有很高的反向恢复电荷；而且，横向PN结的存在会使得这些载流子迅速排出。这就造成了很差的反向恢复特性，即在反向恢复时具有较高的电流峰值、较大的电磁干扰（EMI）噪声和很高的功耗。这一点在应用于倒相器和全桥倒相系统中必须改善。

(2) 超结结构是一种电荷补偿结构，在原理上，通过对 N 区、P 区尺寸和掺杂浓度的控制来保证超结结构的电荷平衡，即使得 N 区和 P 区各自的杂质量相等，从而等价于杂质浓度为零，进而获得高的击穿电压。然而，在制造的过程中，因为工艺上的偏差，难以使得 N 区和 P 区各自的杂质量完全相等，此时超结器件的击穿电压会显著下降。因此，无论是在结构上还是在工艺上的改进，保证超结结构中电荷平衡也是一大挑战。

(3) 对于超结器件，超结结构作为耐压层通常应用于元件的元胞区。但是，为了实现功率半导体器件的高耐压，还需要元件终端构造。如果没有元件终端构造，耐压层终端的耐压降低，器件整体也难以实现高耐压。因此，需要对元件终端结构进行改进，以使得终端区与元胞区具有相同的耐压能力，进而整体上保证超结器件的高耐压。

(4) 超结结构通常是通过外延层生长和离子注入交替进行来实现的。因此，形成超结结构的生长次数与成本的高低直接成正比。而使用其他方法，例如埋沟加外延生长，工艺中的难度也随着注入 P 区的深宽比的增加而提高。这表明，在具有较高的深宽比时，为得到较低的导通电阻，需要增加外延生长的次数，即提高生长成本。因此，从生产工艺成本的角度看，必须减小深宽比。

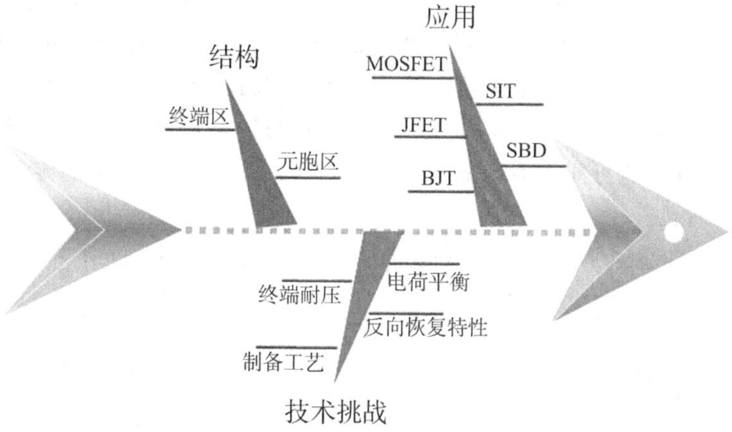

图 2　超结功率半导体器件的结构、应用及技术挑战

第二章　专利申请现状

为了研究超结功率半导体器件专利技术的发展情况以及专利申请数量，本文以检索系统中 CNABS、DWPI 和 SIPOABS 这三个数据库中截至 2016 年 5 月 11 日已经收录的公开专利数据为基础。经检索并去除明显重复的文献以及明显的噪声，统计得出超结功率半导体器件全球总申请量为 967 件，其中在华申请量为 529 件。本章内容从申请量变化趋势、申请人区域分布以及超结功率半导体器件技术分布情况等角度对超结功率半导体器件的专利申请情况进行分析。

2.1 申请量趋势

本部分内容主要是针对“超结”这一概念首次提出之后的专利文献进行专利申请量趋势的分析，其中对于有多个同族的专利文献，在分析、统计时，以其同族中最早的申请时间作为统计所采用的申请时间，同样地也以同族中最早的申请国作为统计所采用的申请国。

2.1.1 全球申请量趋势

通过去重、去噪之后的统计分析，我们得到 967 件与超结功率半导体器件相关的专利申请，其中总申请量排名前三位的分别是中国（328 件，占总申请量 34%）、日本（297 件，占 31%）和美国（256 件，占 26%）。图 3 示出了这三个国家以及全球专利总申请量的逐年变化趋势，可以看到，整体上全球申请量呈现逐年上升的趋势，并于 2012 年达到申请量的顶峰（145 件），之后申请量开始逐年下降。通过对比中国、日本和美国的申请量可以发现，日本、美国的申请量总体上呈现一个较平缓的变化过程，其中日本的申请量略多于美国的申请量，但在 2011 年之后，美国的申请量超过了日本的申请量。相比之下，中国的申请量在 2008 年之后才开始出现上升趋势，其中 2009 年是一个转折点：在 2009 年之前，全球关于超结功率半导体器件的专利申请大部分集中在日本和美国，可见相比于中国，早期日本和美国更加看重超结结构在功率半导体器件中的应用，并且已经形成一定的应用规模；而在 2009 年之后，中国关于超结功率半导体器件的专利申请数量直线上升，迅速超过美国和日本并于 2012 年达到申请量的顶峰（75 件），超过当年全球申请量的一半。正是由于 2009 年之后中国申请量的激增，使得 2012 年全球总申请量相对于 2009 年增长了 202%。另外，需要说明的是，2015 年美国和日本关于超结功率半导体器件的专利申请量均不满 10 件，这可能是因为截至 2016 年 5 月 11 日，2015 年的专利申请中仍然有部分申请未公开所致。

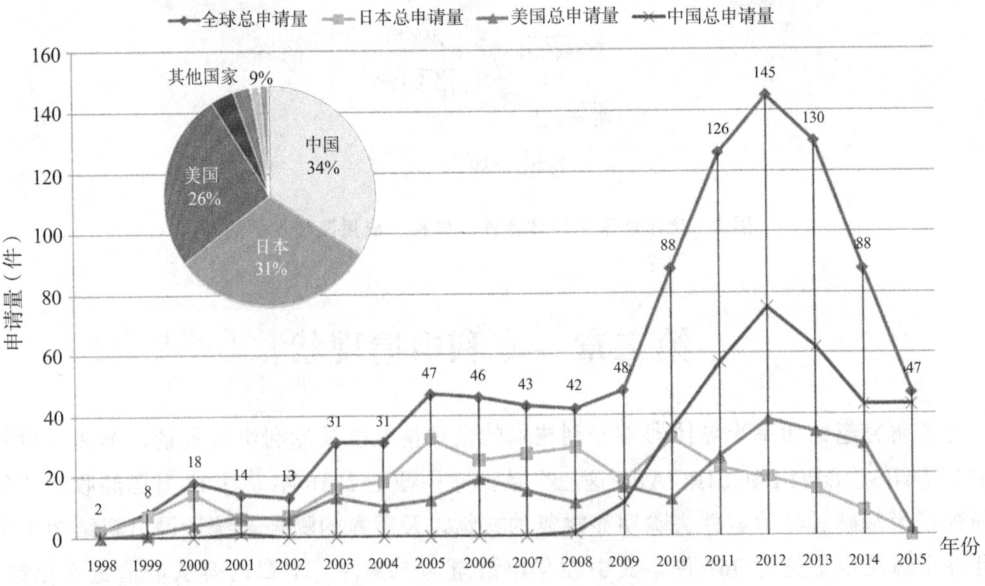

图 3 全球总申请量的国家分布及逐年变化趋势

由此可见，尽管我国申请人进入超结功率半导体器件技术领域较晚，但是后来者居上，2010 年之后相较于日本和美国申请人，国内申请人在该技术领域中更加活跃。虽然 2012 年之后三个国家的申请量均开始下降，但是中国申请量一直处于领先地位，这也表明近年来国内申请人一直都比国外申请人更加重视超结在功率半导体器件中的应用。

2.1.2 在华申请量趋势

笔者从全球专利申请中筛选出所有在华申请，其中对于具有多个在华申请的同族申请，笔者仅选取在华的最早申请来进行相关统计，并且通过阅读浏览，删除了国内申请人关于同样的发明创造的同日实用新型申请，最终得到与超结功率半导体器件相关的在华申请总量为 529 件，其中大陆地区申请人在华申请（下称大陆申请）为 306 件，国外申请人在华申请（下称国外在华申请）为 197 件，港澳台地区申请人在华申请（下称港澳台在华申请）为 26 件。

图 4 示出了三个地区的在华专利年申请量的变化趋势，其中柱状图顶部的数字是当年三个地区的在华专利申请量的总和，即在华总申请量。从图中可以看到，在华申请总量从 2001 年到 2012 年逐年增加，2012 年申请量达到峰值，为 107 件；之后，在华总申请量呈现回落趋势。因此，总体上来看，在华总申请量的变化趋势与全球总申请量的变化趋势一致。我们也可以看到，在 2001 年至 2008 年期间，关于超结功率半导体器件的在华申请主要是国外在华申请。2009 年之后，大陆地区的申请量大幅上升，并于 2010 年超过国外在华申请总量。尽管 2012 年之后总体申请量呈下降趋势，但是大陆申请在超结功率半导体器件技术领域中一直处于领先地位。

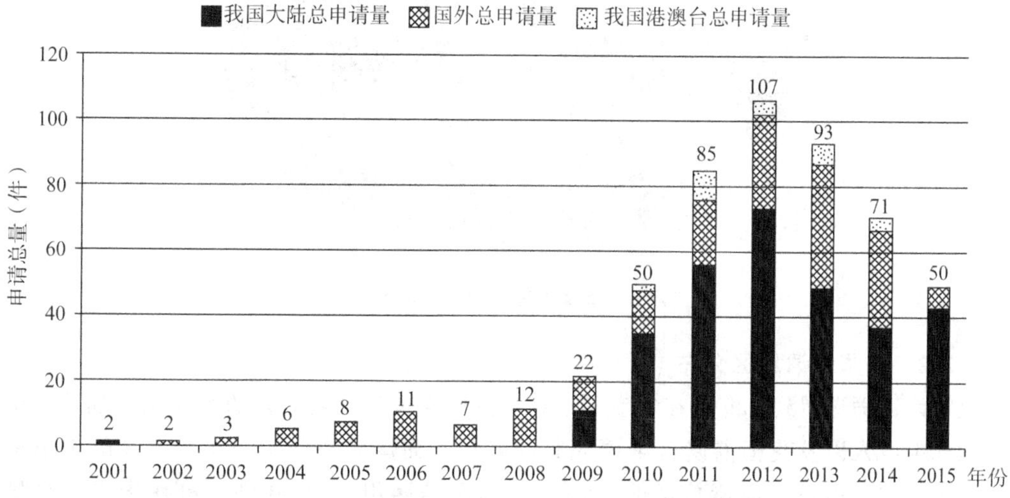

图 4　三个地区的在华专利年申请量的变化趋势图

通过上述对全球以及在华申请量趋势的分析可以看到，国外申请人，尤其是美国和日本申请人，从超结结构出现之初就持续地对超结功率半导体器件进行技术开发和研究。相比之下，国内申请人在早期对超结功率半导体器件的相关技术研发非常少，出现这种现象可能是受限于当时国内较低的半导体工艺水平，无法满足超结功率半导体器件对工艺的苛刻要求。另外，我们也可以看到，从 2009 年开始，全球申请量趋势基本上与中国申请量趋势一致，中国申请量的增减直接影响全球申请量的增减，可见，随着中国半导体工艺水平的提升，中国对超结功率半导体器件领域的技术发展起到了越来越重要的作用。

2.2 申请地区分布

本部分内容首先对超结功率半导体器件领域中全球专利申请的地区分布做了进一步的分析，然后着重分析在华申请的地区分布，通过对比我们可以了解不同地区在华的专利申请情况以及大陆地区各个省市在超结器件领域的科技创新能力。

2.2.1 全球地区分布

图 5 示出了超结功率半导体器件领域中全球申请人地区分布情况。由图可见，中国大陆、日本和美国在该技术领域中几乎“三分天下”，其申请总量分别占全球总申请量的 34%、31%和 26%。这种分布情况也是意料之中的，因为中国、日本和美国都是全球半导体领域的大国。此外，韩国、中国台湾作为半导体技术发达的地区，其申请量尽管所占比例小，但也紧随三大半导体申请区域之后。相比欧美国家和地区，包括中国大陆、日本、韩国和中国台湾在内的亚洲地区的总申请量占 72%，其超过了欧美国家和地区总申请量的两倍。由此反映出，尽管超结结构起源于欧美国家（1988 年飞利浦美国公司首次就超结结构做出专利申请），但是亚洲国家更加重视超结结构在功率半导体器件中的应用。

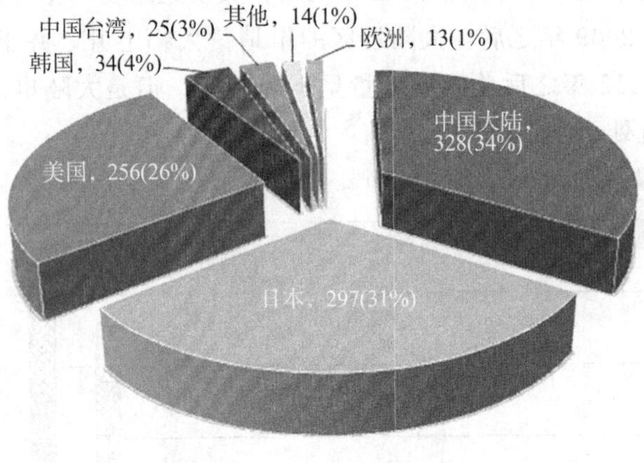

图 5 全球申请人地区分布情况

2.2.2 在华申请地区分布

经统计、筛选得到 529 件在华专利申请，其中申请量排名居首的为我国大陆地区申请人，国外申请人以及我国港澳台申请人紧随其后。而国内在华申请中，上海的申请量最大，为 100 件，占在华申请总量的 18.9%；其次是四川，为 60 件，占在华申请总量的 11.4%；再次是江苏，为 48 件，占在华申请总量的 9.1%；之后是西安，为 30 件，占在华申请总量的 5.7%；排名第五位的是中国台湾地区，为 24 件，占在华申请总量的 4.6%。由上述申请量的分布情况可知，国内上海、四川以及江苏是超结功率半导体器件研发以及产业应用的发达地区，其申请量均为 10%左右，甚至超过 10%，因为这三个地区的高校、科研院所以及与半导体相关的企业数量均很多。西安排名第四位则是与其高校、科研院所数量较多而半导体相关企业较少的情况相符的；中国台湾作为半导体技术发达的地区，其申请量排进前五位也是意料之中的。

此外，由图 6 可知，在国外申请人当中，日本在中国的申请量是最大的，为 91 件，占在华申请总量的 17.3%；其次是美国，为 42 件，占在华申请总量的 8.0%；紧随之后的分别是奥地利、德国和韩国，其申请量分别占在华申请总量的 6.6%、2.5%和 1.7%。从上述前五位国外申请人的数据分析可知，日本作为半导体技术的强国，其在超结器件领域在中国做了相当可观的专利布局，由此可见日本对于中国半导体市场的重视。而作为超结器件领域中“三分天下”的美国，其在华申请量排名第二位也是与其在全球的申请量相适应的。此外，奥地利、德国和韩国这三个地区也是半导体技术发达的区域。

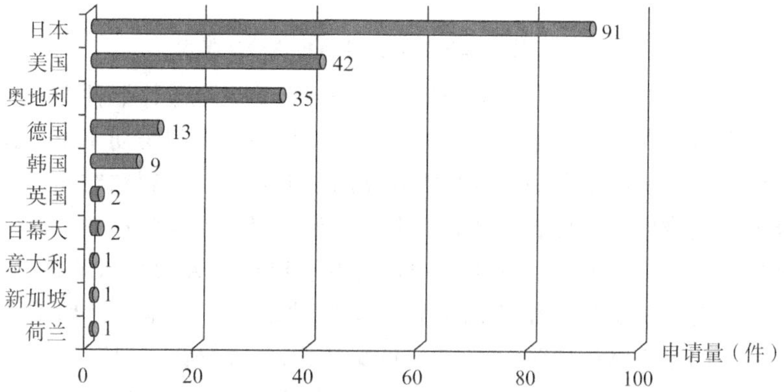

图 6　国外在华申请地区分布

通过上述分析可以看到，无论是从全球地区分布还是从在华申请地区分布来看，超结功率半导体器件的技术研发都是集中在半导体产业发达的地区，这也是因为超结功率半导体器件对半导体工艺的要求苛刻所致。此外，从国内在华申请的地区分布来看，超结功率半导体器件申请量大的地区除了半导体企业众多的地区外，还包括一些高校及科研院所集中的地区，例如四川、西安以及江苏。因此，加强这些地区的高校专利申请在产业上的转化，对于中国在超结功率半导体器件领域的技术发展具有至关重要的作用。

2.3　技术分支

对于超结功率半导体器件，其通常包括元胞区、终端区，其中元胞区的耐压层由超结结构组成。此外，根据超结结构在不同器件中的应用，超结器件还包括源区、漏区、体区、电极或者阴极、阳极等结构。笔者通过对 529 件在华专利申请进行浏览、阅读后发现，很多关于超结器件的专利申请中往往包括多方面的改进，既有对超结结构本身的改进，也有相应的器件级应用或者终端结构的改进。

图 7 示出了超结功率半导体器件各技术分支情况，其中关于超结器件的技术细分为：超结结构本身（包括形状、杂质分布、布局及相应制备方法等）、终端结构（包括拐角、保护环等）、器件级应用（例如在绝缘栅双极型晶体管 IGBT、垂直双扩散金属-氧化物-半导体器件 VDMOS 及横向双扩散金属-氧化物-半导体器件 LDMOS 等中的应用及器件整体结构）和其他（包括电极接触、衬底等方面的工艺及结构），其中，超结结构本身是超结功率半导体器件的基础。

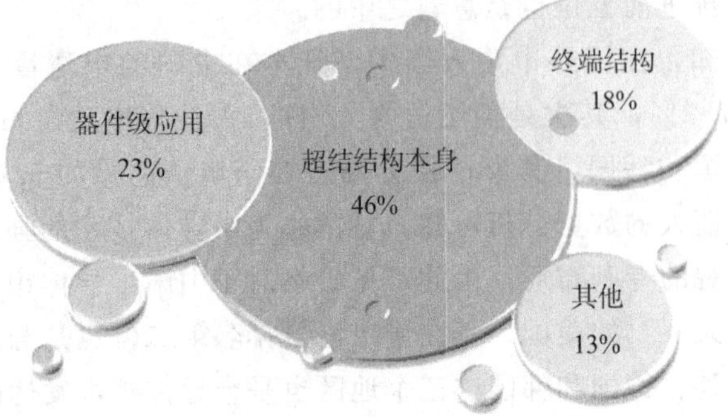

图7 超结功率半导体器件各技术分支情况

从图7可以看到，关于超结结构本身的申请是超结功率半导体器件专利申请中最主要的部分，其几乎占所有在华专利申请中的一半，这也反映出在超结功率半导体器件中，超结结构的改进以及相应的制备方法一直是本领域的研究热点。对超结结构以及相应的工艺进行改进，降低工艺难度，实现趋于理想的电荷平衡，以达到高耐压的同时实现低的导通电阻。紧随其后的是超结结构的器件级应用，其专利申请量大约为超结结构本身的一半，由此也可以看出，对于基于超结结构的某种特定器件结构的整体改进也是研究较多的领域。实际上，超结的基本结构即为P区和N区交替排列的结构，这种周期性PN结结构从1988年首次出现以来，尽管结构上有所改进，但是其核心结构仍然没有改变，因此超结的应用以及应用超结的特定器件的整体改进也是本领域仅次于超结结构本身的另一研究热点。排名第三位是终端结构的改进，占在华专利申请的18%。由于超结器件中终端的耐压特性也影响超结器件整体的耐压性能，因此仍然有不少的专利申请是针对终端结构所做的改进。至于涉及电极、衬底等方面的其他改进，其申请量最少，主要是因为上述这些方面的内容是超结器件的枝节技术或外围技术，对于超结器件的耐压性能以及导通电阻的影响有限，但从另一个侧面也反映出这些方面的技术内容对于器件整体性能的提升仍然具有一定的开发空间。

第三章 重点技术及发展脉络

通过前文的分析可知，在529件在华专利申请中，有近一半的申请（241件）是关于超结结构本身的改进，由此可见，在超结功率半导体器件中，超结结构本身的改进是本领域重点发展的技术。笔者通过对该241件相关专利进行详细阅读，并进行技术上的再次细分，以此分析超结器件中超结在结构和工艺上的发展现状。实际上，超结的结构改进也会带来工艺上的改进，或者降低工艺的难度，或者提高工艺的可靠性。在进行该重点技术细分时，仅将核心发明构思只涉及工艺方法的专利申请归入与制备工艺相关的子集中，而由于结构上的改进而导致工艺上也有所改进的专利申请，则归入与结构改进相关的子集中。

3.1 重点技术细分

如图8所示，对于涉及超结结构本身的中国专利进行分析可以发现，超结结构本身所涉及的改进主要分为两大类：一类是超结在制备工艺上的改进，其占申请量的37%；另一类是超结在结构上的改进，以申请量由高到低排列，依次包括超结布局（占18%）、超结与介质层组合（占14%）、横向超结（占11%）、超结中杂质分布（占10%）、P柱改进（占5%）以及半超结结构（占3%）。由此我们可以看到，超结的制备工艺是超结功率半导体器件领域中的一项关键技术。如何对制备工艺进行改进，以此降低超结制备过程的难度，以及提高超结器件的可靠性，是超结结构走向应用所需克服的第一道难题。而在结构上的各种改进中，其专利申请分布较平均，未出现明显占优势的技术细节。

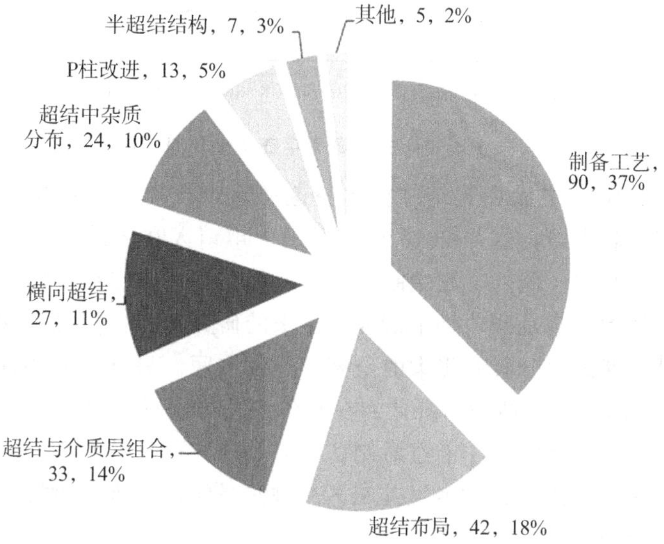

图8　超结结构本身重点技术细分

3.2　重点技术发展脉络

笔者对超结结构本身这一重点技术领域进行了发展脉络路线上的梳理和分析，以此来了解超结结构本身这一重点技术的发展历程和现状，并且预测未来的发展方向。

3.2.1　历年申请分布

图9示出了在华专利申请在超结结构本身的改进这一重点技术领域中历年的申请情况。由图可以看到，对于超结在结构上的改进，最早出现的改进是超结与介质层组合，其次是半超结结构，紧随其后出现的改进是优化超结中的杂质分布以及对P柱结构的改进。尽管最早出现的超结结构（即1988年D. J. Coe所申请的美国专利）是横向超结结构，但是针对横向超结结构的改进出现得较晚，这主要是因为在超结结构出现之后，其被广泛应用于纵向功率半导体器件中，而对于超结在横向功率半导体器件（例如LDMOS等）中的应用的研究较少。2009年之后出现大量针对横向超结结构的改进，主要是因为国内申请人，尤其是大陆地区的高校申请人对横向超结结构的改进做了大量研究。

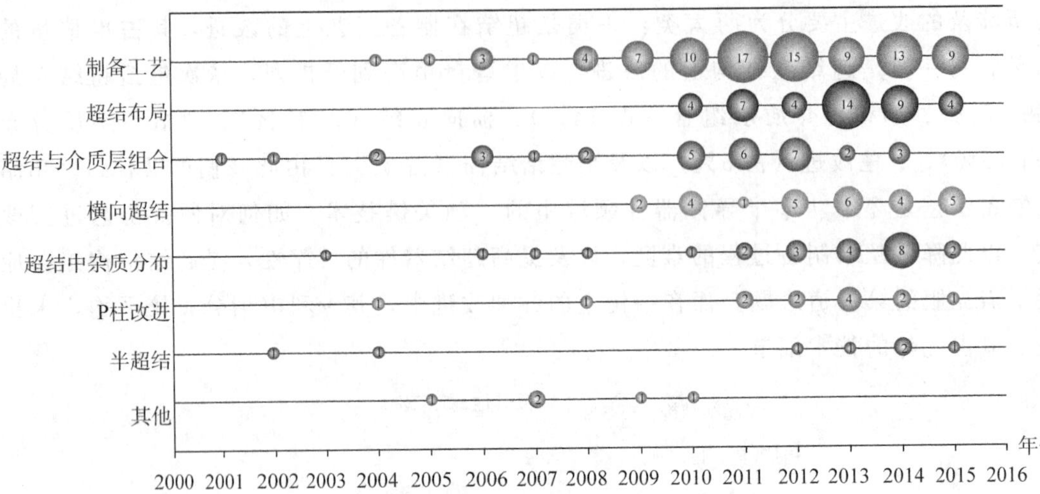

图9　关于超结结构本身历年在华专利申请情况

从整体上讲，2010 年之后在超结结构本身这一重点技术中，基本上每年在各个细分的技术分支上都有专利申请，这与 2010 年之后国内申请人在超结功率半导体器件领域的研究活动越来越活跃有关。此外，超结制备工艺、超结与介质层组合以及优化超结中的杂质分布这三个细分技术一直是国内外申请人历年来的研究对象，可见，这三种改进对于超结功率半导体器件性能的提升具有很大的研究和开发空间。另外，需要说明的是，尽管在 2001 年至 2003 年间的在华申请中未统计到在制备工艺方面的专利申请，但是无论是国内申请人还是国外申请人，都没有中断过对制备工艺的研究，只是早期主要是通过对超结结构的改进来达到工艺上的改进，或者说其工艺改进只是结构改进的附加改进。

3.2.2　关键技术介绍

本部分内容通过对各专利文献在 CNABS 中的“同族被引证次数”的统计，得到 25 篇关键技术专利申请（引证次数大于或等于 10），如图 10 所示。我们可以看到，这 25 篇关键技术专利主要分布在制备工艺、超结与介质层组合、超结中的杂质分布、P 柱改进以及半超结结构这五个细分的技术分支，可见，这五个技术分支在提高超结器件耐压、降低导通电阻以及降低工艺难度等方面具有重要的研究和开发空间。

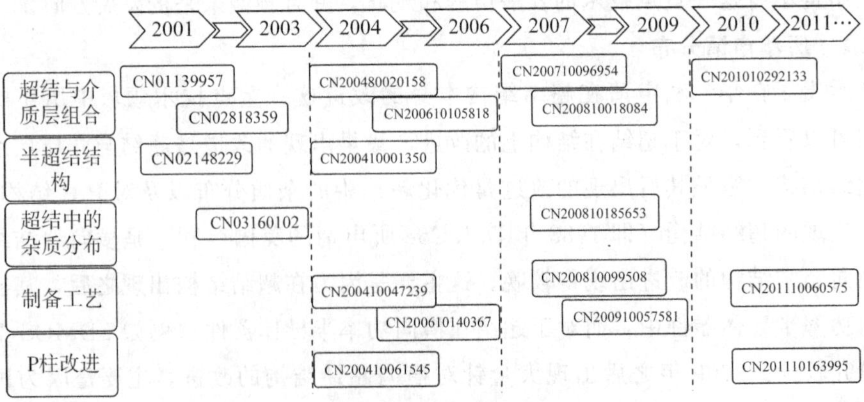

图10　关于超结结构本身的关键技术的技术发展脉络

表 1 所示的技术问题矩阵进一步示出了在这 25 篇关键技术专利申请中，各专利申请中的关键技术所要解决的技术问题。我们可以看到，在这五个细分的技术分支中，某一种改进有可能解决传统超结器件中存在的多个问题，例如半超结结构除了能够降低工艺难度、提高工艺可靠性外，还能够解决体二极管反向恢复硬度大的技术问题；再例如超结与介质层的组合除了能够优化耐压与导通电阻的关系外，还能够实现对电荷平衡的控制，并且也能够降低工艺上的难度。从技术问题的角度来看，降低工艺难度、提高工艺可靠性一直是超结器件在应用中首要解决的技术问题；此外，优化耐压与导通电阻的关系、以及电荷平衡的控制也是本领域所关注的重点。由于超结结构在功率半导体器件中的应用主要是用来缓和耐压与导通电阻之间的矛盾关系，因此只要是与该矛盾关系相关的技术问题，均成为本领域的研究重点。下面分别针对上述三个重点技术问题，简单介绍与其相关的关键技术。

表 1　关键技术解决的技术问题矩阵

技术细分	技术问题 申请号	电荷平衡控制	优化耐压与导通电阻的关系	体二极管反向恢复硬度大	工艺可靠性低难度高	元件面积控制	栅氧特性退化
P 柱结构	CN200410061545						•
	CN201110163995		•				
半超结	CN02148229			•	•		
	CN200410001350				•		
超结与介质层组合	CN01139957	•	•		•		
	CN02818359				•	•	
	CN200480020158		•				
	CN200610105818				•		
	CN200610105819				•		
	CN200680013510		•				
	CN200710096954	•			•		
	CN200810018084	•			•		
	CN200810165776				•		
	CN201010292133				•		
超结中的杂质分布	CN03160102	•			•		
	CN200810185653	•					
制备工艺	CN200410047239				•		
	CN200610140367				•		
	CN200610168911	•					
	CN200810099508		•		•		
	CN200810188936				•		
	CN200910054260				•		
	CN200910057581				•		
	CN200910161180				•		
	CN201110060575				•		

3.2.2.1 降低工艺难度、提高工艺可靠性

目前，超结器件耐压层的制备方法可以分为三大类：第一类是利用多次光刻、外延生长和离子注入来获得交替的P型和N型掺杂区；第二类是在P型外延层上形成沟槽，然后向沟槽侧壁中倾斜注入N型杂质；第三类是在N型外延层中形成沟槽，然后在沟槽中外延生长P型半导体材料。这三种制备方法是本领域形成超结结构的传统方法，但是第一种方法涉及多次外延生长工序、更多次数的掩膜形成工序和离子注入工序，其工艺复杂，实现难度大，而且成本很高；第二种方法中倾斜注入由于稳定性和重复性差，其工艺可靠性低，无法用于批量生产；相比之下，第三种方法的稳定性以及重复性都较好，在外延中实现原位掺杂，杂质的分布较均匀，但是在沟槽的深宽比较大的情况下，在沟槽中外延生长P型半导体材料时容易出现空洞，从而降低器件的耐压特性，并且外延生长时间长，成本相对也较高。针对传统制备工艺中出现的上述不足，笔者整理了解决上述技术问题的核心专利，介绍如下：

(1) 半超结结构降低沟槽的深宽比，从而降低外延填充沟槽的难度。上述第三种制备方法在沟槽的深宽比较大的情况下，外延实现无缝填充沟槽的难度较大。为了实现无缝填充沟槽，则需要降低沟槽的深宽比，但是降低沟槽的深宽比则降低了超结器件的击穿电压。为了解决该技术上的矛盾，申请号为CN200419991350.6（株式会社东芝，2004年申请）的专利公开了一种半超结结构，其耐压结构包括第一耐压层和位于第一耐压层之上的第二耐压层，其中超结结构形成于第二耐压层中。由于其存在第一耐压层，因此与传统超结器件相比，欲获得相同的耐压，半超结结构的器件中沟槽的深宽比可以更小，因此沟槽的外延填充容易实现无缝填充，能够提高器件的可靠性。如果超结结构采用第一种方法形成，那么该半超结结构也能够减少外延生长和离子注入的工序，降低工艺难度和成本。

(2) 使用特定工艺气体以避免沟槽开口过早封闭，实现沟槽的无缝填充。在外延填充沟槽的过程中出现空洞的主要原因是在外延生长时沟槽开口部分的生长速度比底部要大，因此在外延生长时开口处容易出现提前封闭的情况，从而导致出现空洞。申请号为CN200610140367.9（株式会社电装，2006年申请）的专利公开了一种超结制备方法，其使用硅源气体和卤化物气体的混合气体在沟槽中形成外延膜以填充该沟槽，由于将卤化物气体用于形成外延膜，其卤素原子（例如氯原子）粘附到沟槽开口部分的硅表面上，从而抑制了沟槽开口部分的生长速度，实现沟槽的无缝填充，能够提高器件的可靠性。

(3) 改进外延填充工艺。如上所述，传统的三种制备方法均存在一定的缺陷，但是相比之下，采用外延填充沟槽的第三种方法仍然具有一定的优势。申请号为CN200810165776.3（三洋电机株式会社，2008年申请）的专利公开了一种改进的外延生长形成超结结构的方法，其在半导体衬底上至少交替进行三次以上N型外延层的形成和蚀刻以及P型外延层的形成和蚀刻，从而形成相应的超结结构，最后在残留的空间中埋入绝缘层，避免在外延层的接合面产生的缺陷。这种制备方法具有上述传统工艺中第三种制备

方法的优点，同时由于开始阶段刻蚀形成的沟槽宽度大，并且N型外延层和P型外延层是交替地通过共形外延生长而形成，因此不存在外延填充沟槽形成空洞的情况；最终通过多次共形外延生长后残留的空间（实际上是一个高深宽比的沟槽）中采用绝缘层填充，即使在该填充的绝缘层中出现空洞，但由于绝缘层的临界电场强度高，产生的该空洞并不会影响半导体晶片的特性，从而进一步避免填充空洞对器件造成的不利影响。

（4）多晶硅填入沟槽扩散，避免倾斜注入杂质的不稳定性。如上所述，在第二种方法中，由于倾斜注入杂质的方法的稳定性和重复性差，因此不能用于批量生产。为此，申请号为CN200910057581.1（上海华虹NEC电子有限公司，2009年申请）的专利公开了一种超结结构的制备方法，其为对上述第二种传统制备方法的改进。该方法在P型半导体外延层中刻蚀形成沟槽之后，在沟槽中填充N型多晶硅膜或无定型硅膜，然后通过高温扩散工艺使得多晶硅膜或无定型硅膜中的N型杂质扩散至P型外延层中，最后将沟槽中的多晶硅膜或无定型硅膜全部氧化形成氧化膜以填充沟槽，最终形成超结与介质层组合的结构。该工艺方法一方面避免了倾斜注入杂质的不稳定性，另一方面通过适当优化组合多晶硅中的杂质浓度，利用高浓度掺杂的成熟工艺得到功率器件中相对低的掺杂浓度的N型或P型薄层，能够降低器件的开发难度和生产成本。

3.2.2.2 控制电荷平衡

超结功率半导体器件是一种电荷补偿型器件，其通过P型和N型掺杂区相互完全耗尽来克服击穿电压和导通电阻的折衷关系，因此需要保证P型和N型掺杂区内的杂质量完全相同才能实现理想的耐压特性。然而，在实际的制备过程中，总是存在各种影响电荷平衡的因素，包括以下三类：①制备工艺存在偏差，无法精确控制P型和N型掺杂区的杂质量；②来自N^+衬底的杂质的混合，浓度设计中无法预判混合情况；③外加电压在柱区表面产生的附加电荷，破坏N型和P型掺杂区之间的电荷平衡。针对上述三方面影响电荷平衡的因素，笔者简单介绍下列核心专利：

（1）优化超结中的杂质分布，提高工艺余量。在传统超结结构中，P型和N型掺杂区中的杂质通常在各个沿着掺杂区的纵向上具有固定的分布。但是在提高N型掺杂区的杂质浓度以降低导通电阻的情况下，这样的杂质分布将使得工艺余量（即N型和P型掺杂区的杂质量之差与N型掺杂区的杂质量的比值）变小，从而扩大了工艺偏差对耐压特性的不利影响。申请号为CN03160102.2（株式会社东芝，2003年申请）的专利公开了一种超结结构，其中P型掺杂区的纵方向的杂质量的分布和N型掺杂区的纵方向的杂质量的分布不同，例如N型掺杂区的杂质浓度具有在纵方向上的固定分布，而P型掺杂区的杂质浓度具有从源电极向漏电极的纵方向上逐渐减小的分布。这种优化之后的杂质分布与传统的杂质分布相比，其相应超结器件的耐压下降量与杂质量的不平衡量之间的依赖关系变缓和，也即在获得相同耐压的情况下，具有优化后的杂质分布的超结结构能够获得更大的工艺余量，从而降低了对电荷平衡控制的精度。申请号为CN200810185653.6（株式会社电装，2008年申请）的专利也公开了一种超结结构，其对P型和N型掺杂区的形状进行了优化，使得N型掺杂区与P型掺杂区下半部分中的杂质量差值恒为正值，而N型掺杂区与P型掺杂区上半部分中的杂质量差值恒为负值。该优化也能提高工艺余量，降低工艺偏差对耐压特性的不利影响。

（2）降低N^+衬底中的杂质浓度，抑制衬底杂质向外扩散。在N^+硅衬底上的N外延膜中形成沟槽之后，在执行外延生长时衬底杂质从其背面和外周表面扩散至P/N柱区。为了抑制衬底杂质的向外扩散，申请号为CN200610168911.0（株式会社电装，2006年申请）的专利公开了一种超结制备方法，在其制备过程中，在具有沟槽的第一外延膜上形成第二外延膜，且第二外延膜与衬底具有特定的杂质浓度关系，该关系满足$\alpha \leqslant 3 \times 10^{19} \times \ln(\beta) - 1 \times 10^{21}$，其中$\alpha$为衬底中的杂质浓度，$\beta$为第二外延膜的杂质浓度。通过该设置，能够使得衬底杂质混合的影响抑制到通过填充外延步骤形成的P/N柱中的载流子浓度的最多10%。

（3）优化结构，避免外加电压在柱区产生附加电荷。在传统的超结器件中，截止状态下漏极电压的增加会在多晶硅栅极下的N柱区表面产生附加的正电荷，其破坏N柱区和P柱区之间的电荷平衡。申请号为CN200810018084.6（西安理工大学，2008年申请）的专利公开了一种超结结构，其为超结与介质层的组合，其中介质层取代多晶硅栅极下方的N柱区。由于该优化后的结构中多晶硅栅极下方不存在N柱区，因此漏极外加电压的增加不会影响N柱区和P柱区之间的电荷平衡，从而避免了外加电压对电荷平衡的影响。

3.2.2.3 优化耐压与导通电阻的关系

在理想情况下，超结结构极大地缓和了耐压与导通电阻之间的矛盾关系。然而，在实际应用中超结结构很难达到理想的工作状态，尤其是超结应用于具体的功率半导体器件中时，存在多种影响超结工作状态的因素，例如导通电流、高浓度衬底等。为了消除或抑制影响超结理想工作状态的因素，需要对超结结构进行改进，以优化耐压与导通电阻的关系。在此，笔者梳理了下列相关的核心专利：

（1）高K介质层与半导体相间排列，改变电力线分布。传统超结结构在导通电流很大时，载流子本身的电荷会影响电荷平衡，造成击穿电压随电流增加而下降的二次击穿现象；此外，P型掺杂区和N型掺杂区之间存在内建电压和电流通过时的附加电压，这两个电压使P型和N型掺杂区之间存在耗尽区，从而使得导通区的有效截面的面积减小，也即导通电阻随电流的增加而增加。因此，传统超结结构偏离理想工作状态较远。申请号为CN01139957.0（同济大学，2001年申请）的专利公开了一种超结与介质层组合的超结结构，其为半导体层与高K介质材料相间排列构成的高介半耐压层（HKS-Layer）。由于存在高K介质层，多余的电力线可进入高K介质层内部，然后流到顶部P^+区，终止于P^+区的感应负电荷上，因此不存在大电流下击穿电压下降的问题，并且也没有P区和N区的内建电压或电流通过时的附加电压引起的N区的耗尽问题，导通电阻也不会随漏源电压增大而增大，因而优化了耐压与导通电阻的关系。

（2）消除衬底耗尽效应，实现理想均匀电场。对于纵向功率半导体器件，其衬底通常是重掺杂的，例如 N^+ 衬底。但是这种重掺杂的衬底存在衬底耗尽效应，会在 P 型掺杂区底部与 N 型外延交界处产生一个电场峰值，从而使得击穿电压比理想情况有所下降。为了消除衬底耗尽效应，申请号为 CN201110163995. X（浙江大学，2011 年申请）的专利公开了一种超结结构，其对 P 型掺杂区进行改进，在柱状 P 型掺杂区的底部设有绝缘介质材料。由于存在该绝缘材料区域，N^+ 衬底的耗尽效应被消除，避免在 P 型柱状区域底部与 N 型外延交界处出现电场峰值，从而使得电场分布接近理想情况的均匀分布，提高实际超结器件的击穿电压。

第四章　重要申请人

本章主要分析在超结功率半导体器件领域中重要申请人的申请情况。在 529 件在华专利申请中，公司企业的申请量为 386 件，占总在华申请量的 73%；其次是高校及科研院所的申请，其申请量为 114 件，占 22%；剩下的 29 件专利申请均为个人申请，占 5%。由于个人申请仅占少数，因此在下文对申请人的申请情况进行分析时，仅分析公司企业以及高校和科研院所的申请情况。

4.1　申请量排名

表 2 显示了超结功率半导体器件领域的在华主要申请人排名列表。从申请人的数量上看，在申请量排名前十位的申请人中，中国大陆地区有四位，日本有三位，德国、美国和中国台湾分别有一位，其中在中国大陆地区的四位申请人中，有三位是高校及科研院所。可见，在超结器件领域中，中国的主要申请人是高校及科研院所。此外，上海华虹宏力作为中国进入前十位的唯一企业申请人，其申请量不容小觑，位列在华申请的第一位，足见上海华虹宏力对超结器件研发的重视。日本和德国申请人的申请量也占据了相当大的比重，其中德国的英飞凌科技占据在华申请的第二位，足见英飞凌科技的技术力量以及对在华专利布局的重视。相比之下，进入前十位的三位日本申请人都是企业申请人，可见日本企业更加重视在超结功率半导体器件领域的研究和技术开发。此外，半导体技术发达的美国和中国台湾地区也在超结器件领域有在华的专利布局。

表 2　超结功率半导体器件领域的在华主要申请人排名

序号	申请人	所属国家/地区	申请量/件	占总申请量的比例
1	上海华虹宏力	中国大陆	72	13.6%
2	英飞凌科技	德国	47	8.9%
3	电子科技大学	中国大陆	43	8.1%

续表

序号	申请人	所属国家/地区	申请量/件	占总申请量的比例
4	富士电机	日本	25	4.7%
5	东芝	日本	19	3.6%
6	电装	日本	18	3.4%
7	东南大学	中国大陆	17	3.2%
8	西安电子科技大学	中国大陆	13	2.5%
9	茂达电子	中国台湾	13	2.5%
10	万国半导体	美国	13	2.5%

4.2 重要申请人申请趋势

笔者对申请量排名前五位的申请人上海华虹宏力、英飞凌科技、电子科技大学、富士电机和东芝的超结器件中国专利申请进行了申请趋势分析，如图11所示。我们可以看到，日本申请人在华专利布局较早，足见日本对中国市场的重视。2009年之后，国内申请人上海华虹宏力开始在超结功率半导体器件领域展开大量的研究和技术开发工作，申请量急剧上升，仅随其后的电子科技大学也投入了大量研究工作，其申请量于2010年之后也迅速增加。此外，我们也可以看到，随着上海华虹宏力以及电子科技大学在超结器件领域的申请量越来越大，德国的英飞凌科技以及日本的富士电机和东芝也加大了在超结功率半导体器件领域的在华专利布局，相比于往年，富士电机和东芝于2009年之后的申请量均有所上升，尤其是英飞凌科技，其申请量急剧增加，并于2013年位列当年申请量的第一位。

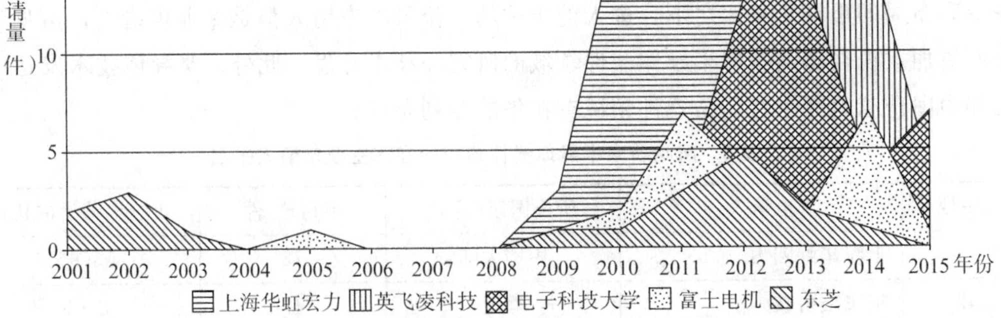

图11 排名前五位的申请人历年专利申请量的变化情况

通过上述分析可知，尽管超结功率半导体器件在中国出现得较早（1993 年陈星弼教授的专利申请），但是国内申请人在早期并没有特别重视超结器件的技术研究和开发，直到近五六年，国内申请人，尤其是上海华虹宏力以及电子科技大学，才开始在超结器件领域进行大量研究，进而带动了国内对超结器件研究的活跃度，使得国内申请人在该领域的申请量位居全球第一。相比之下，富士电机和东芝这两家半导体公司更加重视超结功率半导体器件的技术研发，这与它们的业务和主要产品是相关的。富士电机以大型电气机器为主产品，东芝也是日本第二大综合电机制造商，因为业务需求，这两家半导体公司对功率半导体器件均存在大量需求，因此他们对于超结功率半导体器件的研发更加重视。此外，尽管英飞凌科技早期在中国的专利布局较少，但是英飞凌作为以汽车和工业电子芯片为主要产品的半导体公司，其在超结功率半导体器件领域的研发和技术实力从其 2012 年之后在华申请量的急剧上升即可见一斑。

4.3 重要申请人专利布局

本部分内容主要分析上海华虹宏力、英飞凌科技、电子科技大学、富士电机和东芝这五位申请人的在华申请所涉及的具体技术分支，以此来分析这五位申请人的在华专利布局情况。图 12 示出了该五位申请人在华专利申请的技术分支，可以看到，他们在这四个技术分支上均有专利布局，其中上海华虹宏力作为国内主要申请人，其专利申请主要分布在超结结构本身和终端结构这两个技术分支上，并且在这两个技术分支上的申请量均超过了英飞凌科技和电子科技大学的两倍。此外，英飞凌科技和电子科技大学在器件级应用这一技术分支上申请量相当，且均比上海华虹宏力的申请量要大。另外，从图 12 还可以看到，超结结构本身作为超结功率半导体器件中的重点技术分支，无论是国内还是国外申请人，他们在这一技术分支上布局的专利均是最多的。

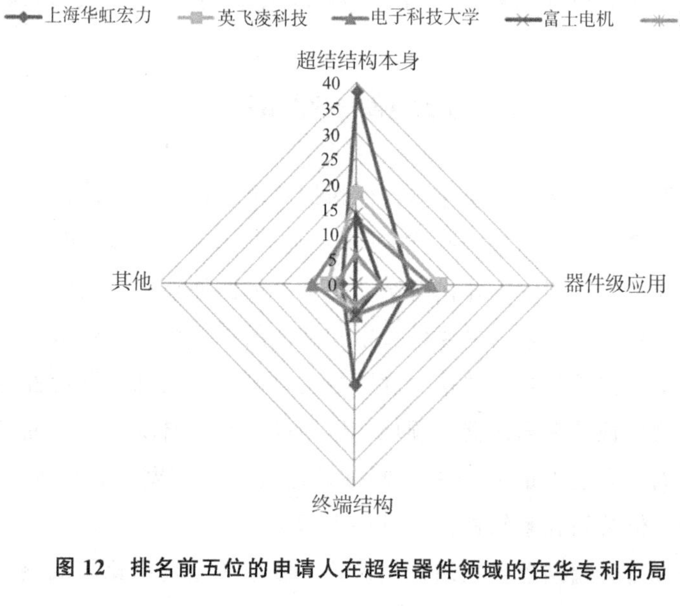

图 12　排名前五位的申请人在超结器件领域的在华专利布局

图13进一步展示了上述五位申请人在超结结构本身这一重点技术分支上的专利布局。由图可以看到，上海华虹宏力的专利申请主要涉及制备工艺以及超结布局这两个细分的技术分支，而电子科技大学的专利申请主要布局在横向超结以及超结与介质层组合这两个细分的技术分支上。相比之下，英飞凌科技在制备工艺、超结布局以及超结与介质层组合这三个细分的技术分支上均有较多的专利布局。富士电机的主要专利布局在于制备工艺，而东芝在这八个细分的技术分支上布局的专利均很少。此外，超结中杂质分布这一技术分支上，除了上海华虹宏力和英飞凌科技在该分支上的专利布局较多外，其他三个申请人在该分支上布局的专利均较少。

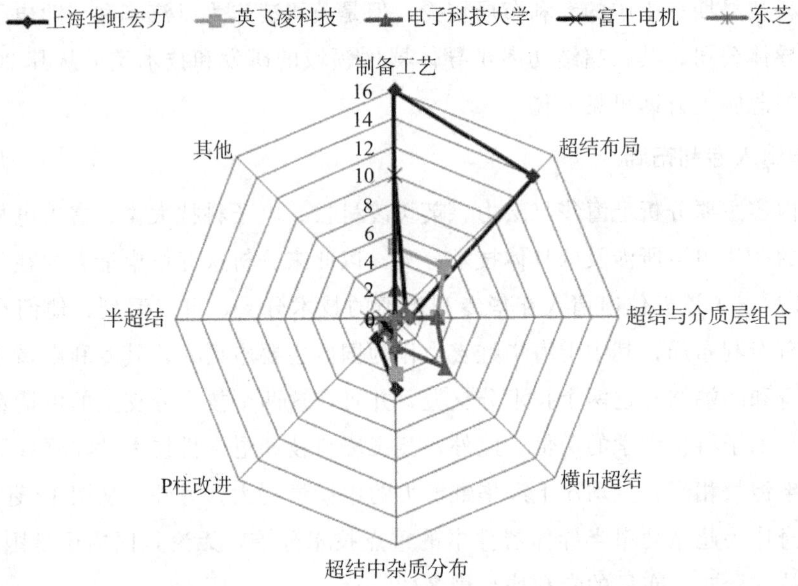

图13 排名前五位的申请人在超结结构本身技术分支上的在华专利布局

第五章 结语

通过上述分析可知，超结功率半导体器件的技术出现较早，从结构的角度来讲，目前技术发展已经比较成熟，相应的核心技术在2005年之前基本上都已出现。申请国家主要集中在中国、日本和美国，其中国外在超结功率半导体器件领域投入的研究和技术开发时间较早，在早期全球专利申请中，主要以日本和美国的申请为主。中国于近五六年才在超结器件领域展开大量研究，并且申请量一度跃居全球第一，足见中国近五六年来对超结功率半导体器件研发的重视。在超结器件领域，国内高校及科研院所的研究和技术开发投入较多，申请量大；而在企业申请人当中，上海华虹宏力独占鳌头，位列在华申请量第一位，而国内其他半导体公司在超结器件领域的申请量均较少。

从技术发展上来看，超结器件在结构以及器件级应用上均已比较成熟，相比之下，其制备工艺具有很大的改进和开发空间。目前国内外申请人在制备工艺方面的专利布局最多，其中上海华虹宏力在超结制备工艺方面的专利申请量位居第一。从目前申请人方面的数据整理分析可知，在超结器件领域，其申请人相对较集中，国内申请人主要是上海华虹宏力和电子科技大学，而国外申请人主要是英飞凌科技和富士电机，并且随着中国对超结器件投入的研发以及专利申请量越来越大，英飞凌科技以及富士电机也加大了在华的专利布局。此外，国外申请人，尤其是英飞凌科技，其在超结结构的各个方面都有专利布局，相比之下，国内申请人在制备工艺方面布局较多，在以后的发展中，国内申请人也应当多研究和借鉴先前技术并不断进行新的科研攻关，加大在超结结构的其他方面（例如半超结、优化超结中的杂质分布等）的专利布局，以增强我国超结器件领域的综合竞争力。

参考文献

[1] 田波，程序，亢宝位. 超结理论的产生与发展 [J]. 微电子学，2006，36 (1)：75—79.

[2] 陈星弼. 超结器件 [J]. 电力电子技术，2008，42 (12)：2—7.

[3] 段宝兴，曹震，袁嵩等. 新型缓冲层分区电场调制横向双扩散超结功率器件 [J]. 物理学报，2014，63 (24)：295—300.

[4] 马万里，赵圣哲. 超结 VDMOS 漂移区的几种制作工艺 [J]. 半导体技术，2014，39 (9)：689—693.

[5] 胡涛，李泽宏，张波. 900V 超结 VDMOS 的设计 [J]. 微电子学，2011，41 (2)：289—292.

[6] 高勇，马丽，张如亮. n，p 柱宽度对超结 SiGe 功率二极管电学特性的影响 [J]. 物理学报，2011，60 (4)：633—639.

[7] 陈文高，荆吉利，孙伟锋. 半超结 VDMOS 的研究 [J]. 微电子学，2009，39 (4)：584—587.

自动邻区配置技术研究

易 涛

第一章 自动邻区配置概述

1.1 LTE系统中SON及ANR技术

在无线通信系统中，为了便于用户终端UE进行切换、各个基站交互信息以及系统管理等，系统需要给每个小区配置相邻小区关系。然而，随着无线技术的不断发展，在4G LTE系统中，LTE系统的复杂性已对LTE网络的操作与维护提出了新的要求，同时还需要考虑不同网络之间的互操作性，4G站点的邻区配置上还需要添加2G、3G小区的邻区关系，因此采用手动配置LTE邻区关系已经变得异常复杂和耗时。

针对上述情况，在LTE系统中提出了网络自组织自优化SON的概念，网络自组织自优化SON是一种自动进行网络配置和优化的技术，该技术在LTE中的应用使得LTE基站eNB可以根据一定的测量自动配置网络参数，并根据网络变化进行自动优化，从而保证网络性能最优，同时节约大量的人力物力。网络自组织自优化SON的一项重要的功能和用途就是能够实现自动邻区关系ANR建立。

自动邻区关系ANR功能就是通过用户终端UE辅助测量新小区并上报给基站，基站完成添加相邻小区列表的功能，不需要手动添加相邻小区，由系统自动完成。因此自动邻区关系ANR功能开启可以自动发现漏配邻区，使UE顺利切换至原本系统中漏配邻区的目标邻区，并自动在邻区列表中添加漏配邻区，同时在自动邻区关系ANR中还可以设置切换黑名单、切换白名单、X2黑名单、X2白名单、无线资源控制RRC黑名单和非正常邻区覆盖。

1.2 ANR的功能框架

自动邻区关系ANR功能驻存于基站eNB并负责管理邻区关系列表NRT，其邻区监测功能负责发现新邻区并添加到NRT中，邻区删除功能负责清理无用邻区。邻区关系列表NRT由一条一条的邻区关系组成，每条邻区关系代表这一个源小区和目标小区之间的邻区关系。如图1所示，每个邻区关系，即邻区列表中的每个条目，包含有目标小区标识符TCI，用于识别目标小区，在E-UTRAN中，目标小区标识符TCI对应于全球小区标识ECGI和物理小区标识PCI。此外，每个邻区关系NR还具有三个属性：不能删除NoRemove、不能切换NOHO和无X2接口NOX2属性，这些属性可以是设置的默认属性，也可以是操作维护系统 O&M 定义的属性。

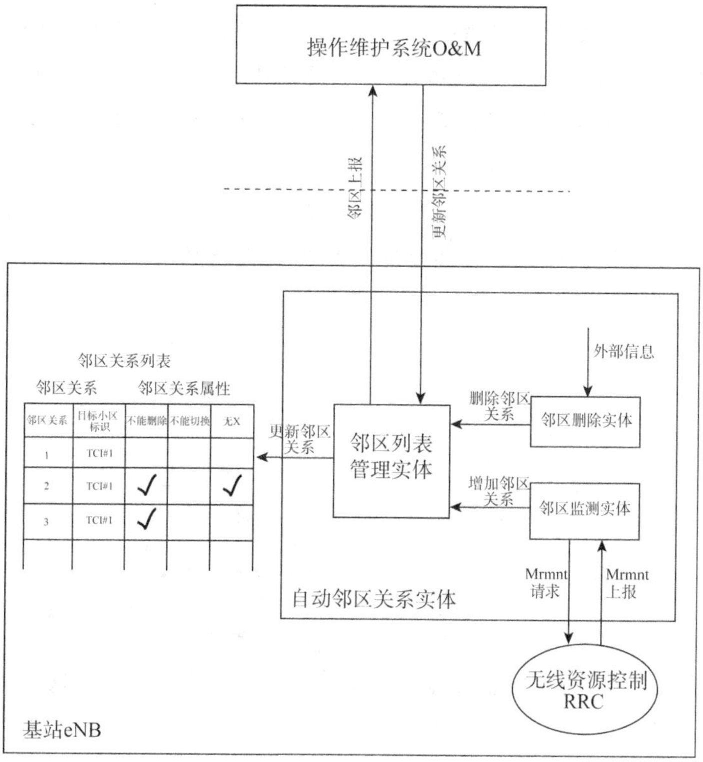

图 1　ANR 功能框架

自动邻区关系 ANR 功能使得操作维护系统 O&M 可以管理邻区关系列表。操作维护系统 O&M 不仅可以添加和删除邻区关系，还能改变邻区关系的属性。在邻区关系列表发生改变时，基站也需要通知操作维护系统 O&M。因此，在 LTE 系统中，基站 eNB 和操作维护系统 O&M 均能维护邻区关系列表。基站 eNB 侧可以对邻区关系列表 NRT 进行的操作有对相邻小区的增加/删除操作，但不能对邻区关系属性进行修改操作，这个操作只能由操作维护系统 O&M 侧来实现，这是为了和操作维护系统 O&M 侧的邻区关系列表 NRT 保持一致。同时，基站 eNB 侧发生邻区关系的增加/删除必须通知操作维护系统 O&M 侧进行更新。

第二章　自动邻区配置专利现状分析

本节主要基于专利平台分析了自动邻区关系 ANR 的研究现状。通过分类号（H04W24/02）＋关键词（自动 s 邻区；ANR），在 CNABS 和 SIPOABS 数据库中检索 ANR 的相关专利。截至目前，共检索到关于自动邻区关系 ANR 关键技术的申请 197 件，其中在国内申请量为 106 件，国外申请量为 91 件。下面将对这 197 件专利从不同的方面进行分析。

2.1 历年专利申请量趋势分析

自动邻区关系 ANR 专利申请趋势如图 2 所示，在 2006 年以后，ANR 专利申请呈现一个稳步增长的趋势，在 2011 年达到峰值，主要原因是在 2011 年 3G 网络已经呈现一定规模，网络优化的工作量骤增，急需合适的方法来简化网络优化的工作，这加速了各大运营商和设备商对网络自组织自优化 SON 以及自动邻区关系 ANR 技术的研究。在 2011 年之后，自动邻区关系 ANR 专利申请呈现下降的趋势，这主要是经过前期的快速发展，自动邻区关系 ANR 技术比较成熟，其涉及的网元和流程已经确定并写入 3GPP 标准中，对其改进均有一定的难度。

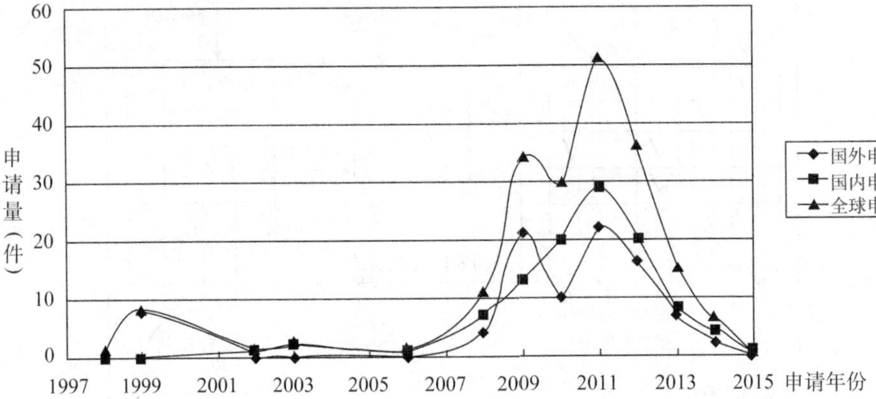

图 2　ANR 技术历年专利申请趋势

2.2 主要申请人申请量分析

自动邻区关系 ANR 专利申请人分布如图 3 所示，从图中可以看出，排名前 5 的申请人分别是中兴通讯股份有限公司、高通股份有限公司、华为技术有限公司、阿尔卡特－朗讯、朗讯科技公司。申请量分别是 60 件、28 件、26 件、10 件、9 件，申请量占比分别为 31%、14%、13%、5%、5%，占整个申请量的 68%。在申请量排名前 5 的申请人中，有两位是国内申请人（中兴和华为），共占全球申请量的 44%。位居第一名的中兴的申请量远远高于第二名高通的申请量，这在一定程度上说明了国内申请人在自动邻区关系 ANR 领域具有举足轻重的地位。

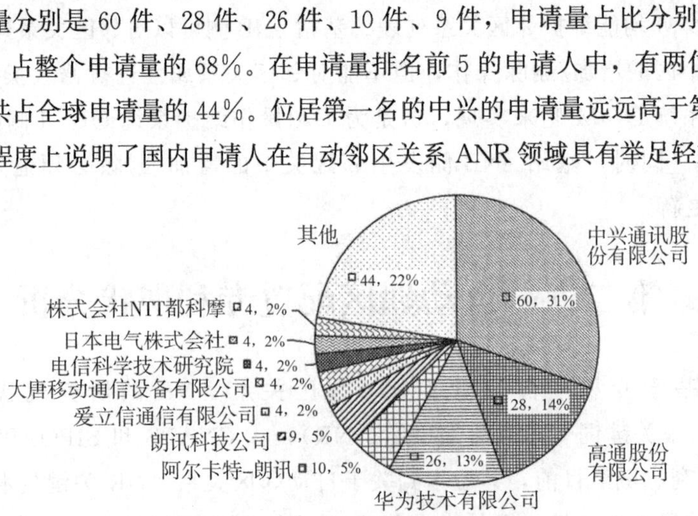

图 3　ANR 专利申请人申请量分布

自动邻区关系 ANR 技术是针对邻区优化提出来的概念，主要解决了自动配置邻区的问题，其主要应用于移动通信的网络侧设备，例如基站，因此，移动通信设备商对自动邻区关系 ANR 更感兴趣，投入也相对更多，而前 4 位的中兴、高通、华为、朗讯正是全球著名的移动设备供应商，这与他们在自动邻区关系 ANR 专利申请上占据较高的比重是相吻合的。下面将主要针对前三位主要申请人的专利申请进行分析。

图 4 反映了中兴、高通和华为申请量对比，从图中可以看出，华为历年的申请量比较均衡，中兴和高通历年申请差异比较大，高通申请量主要集中在 2009 年和 2011 年，而中兴的申请主要集中在 2010—2012 年。具体分析高通 2009 年的申请可知，这些申请都是围绕着“基站利用终端测量的邻区数据和操作维护系统 O&M 产生的邻区管理数据进行 ANR 数据的维护”这个发明点。虽然针对相同的发明点，但改进的方向各不相同，如 EP12164407A、EP09728650A、CN200980113876、CA2718112 对终端测量邻区数据的过程进行改进，EP12164407A、CN200980110434、KR20107024529A 是在操作维护系统 O&M 邻区管理数据上的改进，而 US20090414395、WO2009US39016 则是对基站进行 ANR 数据的维护过程中改进。另外，通过对中兴 2010—2012 年的申请分析可知，同一年申请的发明点大致相同，不同年之间随着时间的推移发明点有所不同。例如，2010 年申请主要围绕着“网络侧根据用户终端 UE 的能力下发自动邻区关系 ANR 测量指示”这一发明点，2011 年申请主要围绕着“UE 对自动邻区关系列表之外的小区进行测量上报”这一发明点，2012 年申请主要围绕着“基站利用 ANR 测量获得的信息向其他节点请求获取邻区信息以进行自动邻区关系列表的更新”这一发明点。

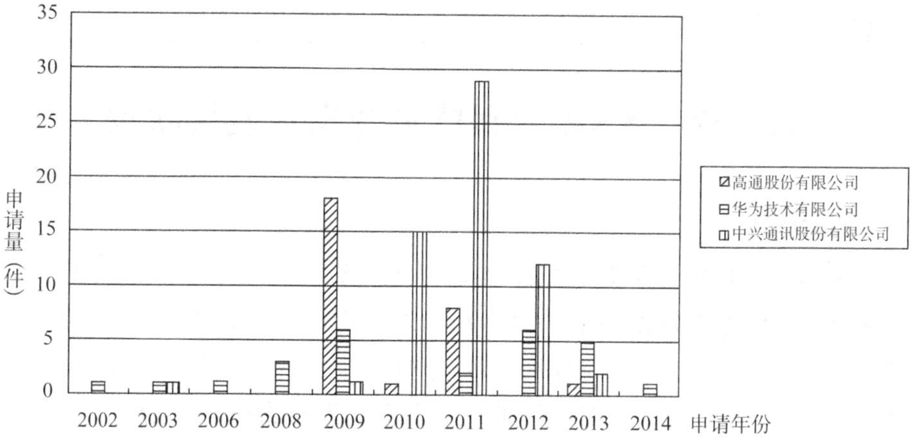

图 4　ANR 主要申请人申请量对比

2.3　国内 ANR 专利授权分析

表 1 列出了国内自动邻区关系 ANR 专利各个申请人授权情况。从表 1 可以看出，在涉及自动邻区关系 ANR 技术的国内的 106 件申请中，已经取得授权的仅有 17 件，授权率为 16%。其中一个主要原因是大部分申请仍处于公开或审查阶段，尚未结案。随着时间的推移，相信授权量会越来越多，授权率也会大大提高。在授权的 17 件申请中，国内申请

有15件，国外申请有2件，国内申请授权量远远超过国外申请的授权量，这为中国在自动邻区关系ANR领域形成知识产权保护起到了重要的作用。

表1　ANR专利授权情况

申请人	申请量	授权量	申请人	申请量	授权量
中兴通讯股份有限公司	46	2	北京邮电大学	1	0
华为技术有限公司	22	6	华南理工大学	1	0
大唐移动通信设备有限公司	4	1	联想创新有限公司（香港）	1	1
电信科学技术研究院	4	3	诺基亚通信公司	1	0
高通股份有限公司	4	1	普天信息技术研究院有限公司	1	0
日本电气株式会社	4	0	三星电子株式会社	1	0
阿尔卡特—朗讯	2	1	陕西浩瀚新宇科技发展有限公司	1	0
北京北方烽火科技有限公司	2	0	上海无线通信研究中心	1	0
上海贝尔股份有限公司	2	0	厦门大学	1	0
北京北交信控科技有限公司	1	0	新邮通信设备有限公司	1	1
北京鼎合远传技术有限公司	1	0	重庆重邮信科通信技术有限公司	1	0
北京三星通信技术研究有限公司	1	0	株式会社NTT都科摩	1	0
北京亿阳信通科技有限公司	1	1	总计	106	17

第三章　ANR专利技术分支及发展状况

3.1　ANR技术划分

如表2所示，根据维护的邻区类型，自动邻区关系ANR技术可以分为两大类：同系统邻区关系和异系统邻区关系。例如，TDD-LTE小区需要添加TDD-LTE、FDD-LTE小区作为邻区时，邻区关系为同系统邻区关系；TDD-LTE小区需要添加GSM、WCDMA、CDMA2000、TD-SCDMA小区作为邻区时，邻区关系为异系统邻区关系。

表2　ANR技术分支

一级分支	二级分支
同系统邻区关系	同系统同频邻区关系
	同系统异频邻区关系
异系统邻区关系	异系统宏基站—宏基站关系
	异系统宏基站—家庭基站关系

在同系统邻区关系中，可以分为同系统同频邻区关系和同系统异频邻区关系两种，这和 LTE 的频段是相关的。以中国移动为例，工信部规划给中国移动用于 LTE 的频段如下：1880－1920M（F 频段）、2320－2370M（E 频段）和 2570－2620M（D 频段），其中 F 频段和 D 频段主要用于室外的宏站，E 频段主要用于室分站点。LTE 的 F 频段小区需要添加 F 频段小区作为邻区时，邻区关系为同系统同频邻区关系；LTE 的 F 频段小区需要添加 D 频段小区作为邻区时，邻区关系为同系统异频邻区关系。

在异系统邻区关系中，可以分为异系统宏基站—宏基站关系和异系统宏基站—家庭基站关系两种。随着移动通信技术的发展，为了应用于家庭室内环境、办公环境或其他小覆盖环境，家庭基站的概念被提出，在 LTE 中，家庭基站被称为 Home eNodeB，在产业界又称为 Femto Cell。在用户从室外进入到部署有家庭基站的办公场所或家里时，则需要从宏基站切换到家庭基站中，因此在室外宏基站小区中添加家庭基站为邻区；类似地，在用户从部署有家庭基站的办公场所或家里离开进入室外时，则需要从家庭基站切换到室外宏基站中，因此需要在家庭基站中添加宏基站小区为邻区。

自动邻区关系功能依赖于小区广播它的全球小区标识 ECGI。在 LTE 系统同频下，自动邻区关系 ANR 功能执行流程如图 5 所示，具体执行过程如下：用户终端 UE 上报一个关于小区 B 的测量报告，测量报告中包括小区 B 的物理小区标识 PCI，不包括全球小区标识 ECGI；基站 eNB 指导用户终端 UE 根据最新上报的物理小区标识 PCI，读取相应邻区全球小区标识 ECGI，跟踪区域码 TAC 和所有可用的公共陆地移动网络标识 PLMN ID，因此基站 eNB 需要调度合适空闲 idle 周期使用户终端 UE 读取检测邻区的广播信道，以获取全球小区标识 ECGI；如果用户终端 UE 发现新小区的全球小区标识 ECGI，则用户终端 UE 将该值上报给服务小区的基站 eNB，另外用户终端 UE 根据基站 eNB 的需要决定是否上报跟踪区域码 TAC 和所有的公共陆地移动网络标识 PLMN ID；基站 eNB 根据物理小区标识 PCI 和全球小区标识 ECGI 判决是否将该小区加入邻区关系，如果需要加入邻区，则更新邻区关系列表、查找新基站 eNB 的传输层地址、根据需要判断是否需要与新 eNB 建立 X2 接口。

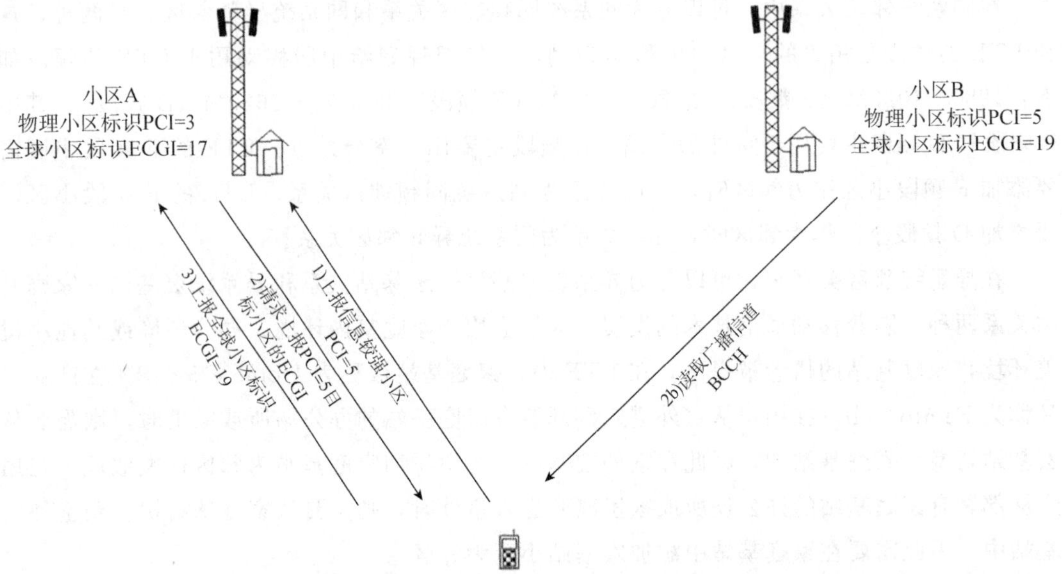

图5 LTE同频ANR流程

异系统/异频情况下的自动邻区关系ANR，每个小区包含一份异频搜索列表，其包含的所有频点都为搜索对象。异系统/异频情况ANR执行流程如图6所示。当基站eNB服务小区A启用ANR功能时，在连接模式下，基站eNB通知每个用户终端UE进行其他系统/频率的邻小区测量。基站eNB在如何通知用户终端UE进行测量、用户终端UE何时上报测量信息方面可以采取不同策略。具体执行过程如下：基站eNB通知用户终端UE在目标系统/频率上搜寻邻小区，基站eNB需要预设定适当的空闲周期，以便用户终端UE能够扫描目标系统/频率的所有小区；用户终端UE报告在目标系统/频率上搜索到的小区的物理小区标识PCI，对于不同系统，物理小区标识PCI的定义有所不同，对于UTRAN FDD小区，物理小区标识PCI定义为载波频率＋主扰码PSC，对于UTRAN TDD小区，物理小区标识PCI定义为载波频率＋服务小区参数CPI，对于GERAN小区，物理小区标识PCI定义为频段指示Band Indicator＋基站识别码BSCI＋绝对无线频道编号BCCH ARFCN，对于CDMA2000小区，物理小区标识PCI定义为PN偏置PN offset；基站eNB将用户终端UE上报的新物理小区标识PCI作为参数，通知用户终端UE读取相应异系统/异频率邻小区相关的标识ID信息，对于GERAN邻区，通知用户终端UE读取邻区的全球小区标识CGI和路由区域码RAC，对于UTRAN邻区，通知用户终端UE读取邻区的全球小区标识CGI、位置区域码LAC和全球小区标识RAC，对于CDMA2000邻区，通知用户终端UE读取邻区的全球小区标识CGI，对于异频邻区，通知用户终端UE读取邻区的全球小区标识ECGI、跟踪区域码TAC和所有的公共陆地移动网络标识PLMN IDs；当用户终端UE接收到广播信道发送的检测异系统/异频小区请求时，用户终端UE将忽略小区发送的其他消息，为此，基站eNB需要预设定适当的空闲周期，以便用户终端UE能够从被检测邻小区的广播信道读取相应信息；当用户终端UE发现新小区时，用户终端 UE 将检测到的全球小区标识 CGI 和路由区域码 RAC（GERAN 邻区）或全球小区标识 CGI、位置区域码 LAC 和路由区域码 RAC（UTRAN 邻区）或全球小区标识 CGI（CDMA2000 邻区）或全球小区标识 ECGI、跟踪区域码 TAC 和公共陆地移动网络标识 PLMN IDs（异频邻区）上报给服务小区所在的基站 eNB；基站 eNB 更新其异系统/异频邻区关系列表 NRT，对于异频情况基站 eNB 可使用物理小区标识 PCI 和全球小区标识 ECGI 建立新的 X2 接口。

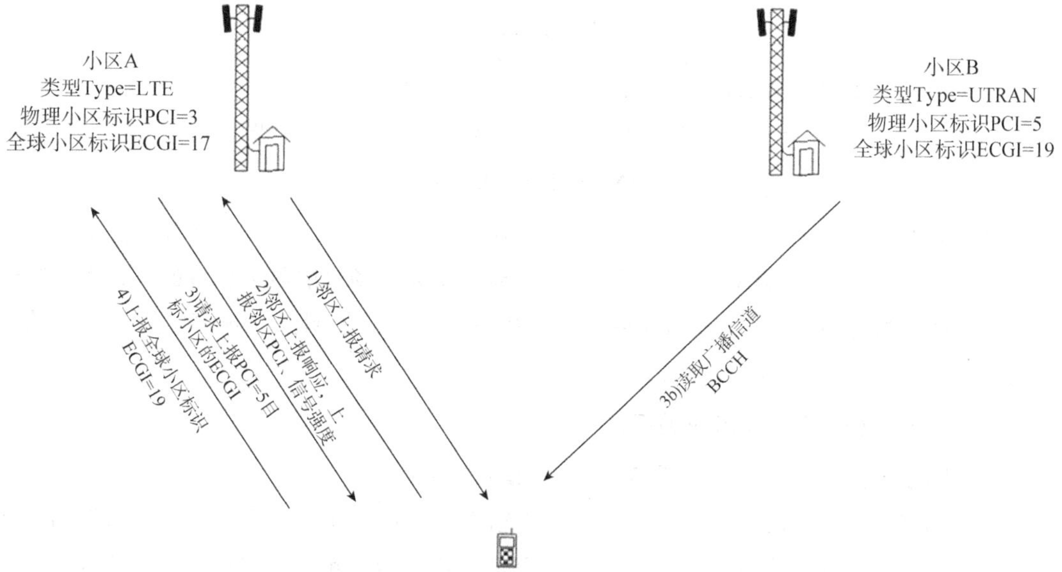

图 6　LTE 异系统/异频 ANR 流程

3.2　历年 ANR 技术分支专利申请趋势分析

图 7 显示了自动邻区关系 ANR 各技术分支历年的申请量趋势，从图中可以看出自动邻区关系 ANR 技术在同系统邻区场景应用比较多，主要有两个方面的原因：（1）在现网中，同系统邻区场景的 ANR 运用更加广泛，在任何一个新建站，在邻区添加过程中，首先需要把所有的同系统的邻区都添加到邻区列表中，而对于异系统的邻区，是否需要添加，和运营商的策略有一定的关系；（2）自动邻区关系 ANR 技术在异系统邻区场景中，需要异系统设备厂商沟通磋商。以中国 TD-LTE 为例，TD-LTE 主要应用于中国移动的业务，厂家主要有华为、爱立信、大唐移动等，而中国移动的 3G 制式是 TD-SCDMA，主要厂家是华为，爱立信的 4G 小区需要添加华为的 3G 小区为邻区，需要爱立信和华为进行沟通协商；如果两个厂商之前没有协议，则无法实现自动邻区关系 ANR 技术在异系统邻区场景中的应用。

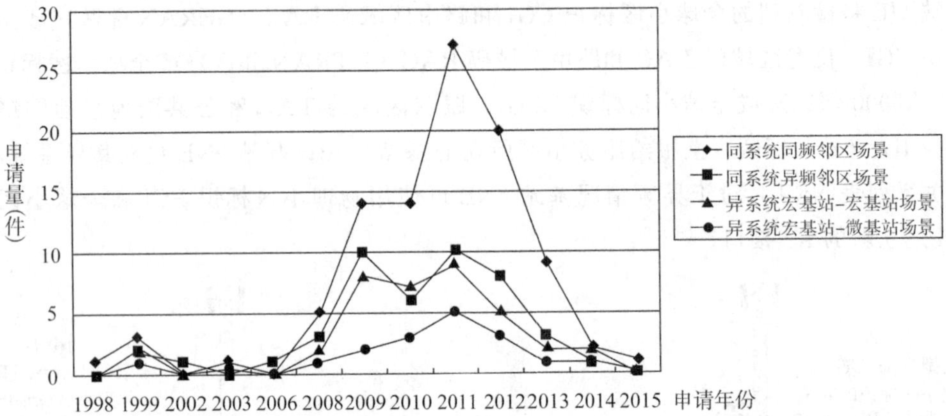

图 7　ANR 技术分支专利申请趋势

通过上面的分析，虽然目前自动邻区关系 ANR 在同系统邻区场景应用比较多，但是随着 LTE 技术的发展，自动邻区关系 ANR 在异系统邻区场景的需求也将越来越大。同时异系统邻区场景的 ANR 技术相对滞后，这也从另一个方面说明异系统邻区场景下自动邻区关系 ANR 技术具有一定的研究空间和价值。

3.3　ANR 各技术分支的技术演进路线

（1）同系统同频自动邻区关系 ANR 技术演进路线

同频邻区场景下自动邻区关系 ANR 的演进路线如图 8 所示。从图 8 中可以看出，在 2008—2013 年，主要涉及重要专利 17 件，其中 11 件是国内申请人申请，另外 6 件属于国外申请人申请。在 2008 年，CN200810057739 对常规 ANR 流程进行了修改，基站直接通过筛选相邻小区的邻区列表，将相邻小区列表中未建立邻区关系的邻区作为候选邻区，大大简化了自动邻区配置的流程；为了避免 UE 频繁进行 ANR 测量上报而浪费资源，CN200810067611 通过在 ANR 过程中设置 ANR 门限，在测量信号强度高于该门限值时才触发 ANR 测量报告。在 2009 年，CN200910178084 首次在自动邻区配置中考虑用户服务质量 QoS，即在自动邻区配置过程中不影响用户服务质量 QoS；为了简化对 ANR 过程的管理，CN200910157948 和 US20090414395A 将以往由基站侧完成自动邻区配置的过程转移到操作与维护中心 OAM 处，实现对 ANR 的集中管理。在 2010 年，CN201010259033 通过将网络管理系统 NMS 和网元管理系统 EMS 介入 ANR 过程中，实现对 ANR 控制参数的预配置；EP10290607A、JP2010180642A 均是为了简化自动邻区配置过程，其中 EP10290607A 直接对基站之前保存的邻区进行测量，对不合适的邻区进行删除，以实现邻区列表的自动更新，而 JP2010180642A 根据一定的准则对测量小区进行优先级标识，对优先级较低的小区不进行上报，缩短了终端测量上报过程。在 2011 年，针对 ANR 测量时间较长的问题，CN201110103984、US201113165526A、CN201180076195、US201113023828A 从不同的方向进行改进，例如，CN201110103984 在 UE 处于可执行 ANR 测量状态下时才向 UE 发送 ANR 测量配置参数，避免了 UE 由非可执行 ANR 测量状态向可执行 ANR 测量状态转变；CN201180076195 并行对多个小区的信号进行判断，在满足一定准则的情况下可以实现多个小区同时进行 ANR。在 2012 年，CN201210122922、CN201210090836 均是为了提高 ANR 准确度，其中 CN201210122922 将以往 ANR 中设置的双向邻区关系修改为单向邻区关系，避免了过覆盖场景下双向邻区关系不合适的问题，而 CN201210090836 将 ANR 过程中用于判断是否添加邻区标准的信号强度替换为无线连接状态变化的事件信息，避免了信号强度测量不准确所造成的邻区配置的不准确；US201213985368A 将邻区信息以日志 log 的形式在 RNC 之间进行传递，RNC 根据相邻 RNC 的邻区信息对覆盖范围内的邻区列表进行优化，将基站层面的自动邻区配置提升到 RNC 层面。在 2013 年，CN201380003020 通过设置集中设备，将以前半自动的邻区优化过程变成全自动过程，直接由集中设备给出邻区优化建议；CN201310150767 为了避免基站和目标基站建立邻区关系中的信令交互，通过管理站直接向基站下发建立邻区所需要的信息。

2008
2009
2010
2011
2012
2013
CN200810057739
大唐移动通信设备有限公司；一种建立邻区关系的方法、装置及系统
CN200810067611
华为技术有限公司；自动邻接关系测量方法、终端设备和基站设备
CN200910178084
华为技术有限公司；自动配置邻接关系ANR测量方法、装置和系统
CN200910157948
中兴通讯股份有限公司；一种反向管理基站参数的方法及系统
US20090414395A
高通股份有限公司；用于促进自动邻区关系功能执行的系统和方法
CN201010259033
中兴通讯股份有限公司；一种移动网络中邻区自动配置的方法及系统
EP10290607A
阿尔卡特朗讯公司；建立自动邻区关系列表
JP2010180642A
株式会社NTT都科摩；移动设备、网络装置、无线通信系统和小区信息上报方法
CN201110103984
中兴通讯股份有限公司；自动邻区关系测量方法及系统
US201113165526A
高通股份有限公司；用于中继节点、家庭基站和相关实体的自动邻区关系功能
CN201180076195
诺基亚通信公司；ANR建立解决方案
US201113023828A
美国博通公司&瑞萨移动公司；用于邻居小区通信的方法和装置
CN201210122922
中兴通讯股份有限公司；一种自动配置单向邻区的方法及系统
CN201210090836
华为技术有限公司；邻区关系配置方法、装置与系统
US201213985368A
诺基亚西门子通信有限责任公司；无线通信网络中的自动邻区关系
CN201380003020
华为技术有限公司；邻区关系优化方法和装置
CN201310150767
大唐移动通信设备有限公司；一种自动邻区关系建立方法、系统和设备

图 8　同频 ANR 技术演进路线

（2）异频/异系统邻区的自动邻区关系 ANR 技术演进路线

异频/异系统邻区场景下 ANR 的演进路线如图 9 所示。从图 9 中可以看出，在 2006—2014 年，主要涉及重要专利 8 件，其中 7 件是国内申请人申请，另外 1 件属于国外申请人申请。在 2006 年，CN200610107140 根据异频频点信息对邻区信息核查，获取漏配的异频邻区并进行添加。在 2008 年，为了提升资源利用效率，EP08871271A 中基站为用户终端设置进行传输间隔，用户终端通过该传输间隔来完成异系统/异频邻区的测量。在 2009 年，CN200910244586 自动采集不同通信模式的邻区相关数据，并基于这些数据进行邻区关系一致性的核查，自动完成邻区列表的更新。在 2010 年，CN201010297839 通过对宏小区和微小区使用的小区标识进行分类，将 ANR 功能扩展到异构网络中。在 2011 年，CN201110083973 和 CN201110190788 两件重要专利，其中 CN201110083973 涉及终端基

于 eNodeB 下发的异频邻区测量任务完成异频邻区的测量和上报，并由 eNodeB 完成异频邻区的添加；CN201110190788 涉及在异构网络环境中，网络侧设备获取邻区小区的类型和 ANR 相关信息，并完成 ANR 功能。在 2013 年，CN201380001518 在待优化小区的 UE 无线接入承载释放之后和无线资源控制连接释放之前的时间段内执行异频邻区的自动测量和添加。在 2014 年，CN201410498474 通过在异系统测量过程中设置定时器，控制用户终端测量的时长，避免 ANR 的时延过程造成用户体验下降。

2006	2008	2009	2010	2011	2013	2014
CN200610107140	EP08871271A	CN200910244586	CN201010297839	CN201110190788	CN201380001518	CN201410498474
华为技术有限公司；漏配邻区的检测方法及其系统	瑞典爱立信有限公司；异系统/异频自动邻区列表管理	北京亿阳信通科技有限公司；不同通信模式互操作相邻小区设置准确性核查方法和装置	新邮通信设备有限公司；一种无线通信系统异构网络的自动邻区关联方法	普天信息技术研究陆军有限公司；异构网中小区类型的获取方法	华为技术有限公司；异频邻区确定方法、装置及系统、测量方法及装置	北京北方烽火科技有限公司；一种异系统邻区关系的测量控制方法及基站
				CN201110083973		
				中兴通讯股份有限公司；未知邻区的信号质量信息的获取方法、装置及系统		

图 9　异频/异系统 ANR 技术演进路线

第四章　小　结

自动邻区关系 ANR 作为网络自组织自优化 SON 功能的关键技术之一，可以实现邻区关系的自配置和自优化，缓解网规网优人员的工作强度，降低建网投入和运营成本。本文主要针对 H04W24/02 分类号下的自动邻区关系 ANR 专利进行了分析，通过专利申请趋势、申请人和授权率三个维度对 ANR 技术进行了剖析，同时对自动邻区关系 ANR 技术进行了技术分解，并基于技术分解梳理出了自动邻区关系 ANR 技术各技术分支的演进路线。

参考文献

［1］3GPP TR 36.902. Self-configuring and self-optimizing network（SON）use cases and solutions，2011.

［2］3GPP TS 36.300. Evolved Universal Terrestrial Radio Access（E-UTRA）and Evolved Universal Terrestrial Radio Access Network（E-UTRAN），2011.

［3］李新，贝斐峰. TD-LTE 无线网络参数规划研究［J］. 电信快报，2013，20（8）：12－15.

［4］李通，程日涛，王潜渊，等. TD-LTE 深度覆盖方案［J］. 电信工程技术与标准化，2012，22（7）：6－10.

［5］赵瑞锋. Femto 的发展与演进［J］. 邮电设计技术，2010，17（12）：14－17.

移动终端背光调节专利技术综述

魏亚南

第一章 概述

显示屏按其显示原理大致可分为 CRT（显像管）、LCD（液晶）及 OLED 三类，从市场应用看，手机中使用的显示屏主流是 LCD。LCD 本身不会发光，要想让其显示所要数据和图像，就必须使用白光背光源，手机中的白光背光源一般由数个侧发光白色 LED 灯组成，LED 灯的个数由屏的大小尺寸决定，一般有 2～6 个不等，在手机 LCD 模组的架构中背光 LED 位于反光膜之上，导光板之下。几乎每部手机都具有背光源，即包括一个向 Panel 提供合适的要求规格光的组件，其在手机产业中所处的地位日益凸显，为了保持在手机市场中的竞争能力，开发背光调节技术就成为一个重要课题。在此背景下，形成了以日本、韩国、美国和中国为核心的专利技术竞争格局。早期，为了调节移动终端屏幕背光亮度，通常需要用户手动调节，但手动调节方式操作起来较为烦琐，而且调节后的背光亮度通常达不到最佳显示效果，随着该项技术的发展，手机公司逐渐将研究热点转为自动调节背光技术。在自动背光调节技术领域中，环境光侦测适应背光控制（Light Adaptive Brightness Control，LABC）和内容适应性亮度控制（Content Adaptive Brightness Control，CABC）方面的应用，有着巨大的市场。本文将针对移动终端背光调节技术领域的专利申请状况进行多方位、多角度的比较分析。

第二章 专利申请基本情况

根据数据库收集的文献量及分布特点对中文和外文数据库进行选择，其中中文数据库主要选用 CNABS 数据库和 CNTXT 数据库，外文数据库主要选用 VEN 数据库。为了全面地统计移动终端背光调节相关专利技术的申请情况，本文通过检索 CNABS 数据库、CNTXT 数据库、VEN 数据库来获得进行统计分析的专利申请样本。检索涉及的关键词主要包括：背景灯、背景照明、背光、亮度、屏幕、显示器、显示屏、触摸屏、触控屏、移动终端、手机、便携电话、backlight、screen、bright、mobile phone、mobile terminal 等，检索涉及的分类号主要包括：H04Q 7/32（终端设备），H04M 1/02（电话机的结构特点），H04M1/725 [无绳电话机（分局的分机装置；无绳电话机，即无须路由选择建立无线链路到基站的设备）]，检索截止日期是 2016 年 8 月 23 日。由于发明专利申请一般在申请日之后18个月公开，因此，部分相关专利申请可能处于未被公开状态而未被统计。

2.1 中国和全球专利申请情况

2.1.1 中国专利申请情况

通过对在中国的历年专利申请分析，得到如图1所示的中国专利申请趋势。

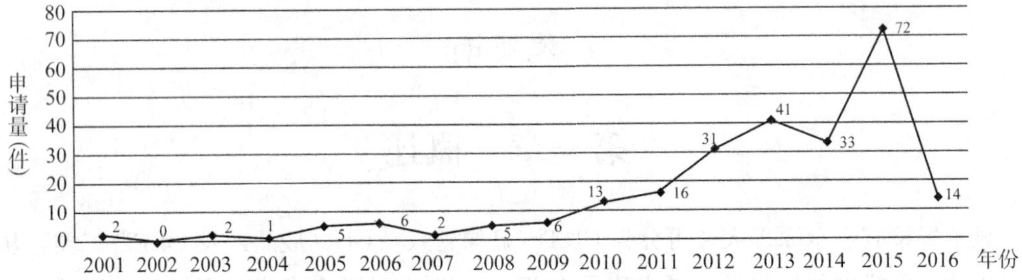

图1 移动终端背光调节技术近年的专利申请量分布

由图1可见，移动终端背光调节技术的专利申请出现在2001年左右，其发展过程可以分为3个阶段：1）2001—2004年，该阶段的专利申请量较少且无明显增长势头，这说明此时移动终端背光调节技术还处于技术萌芽阶段，主要是探索和研究，技术产出比较贫乏；2）2005—2011年，申请量开始平稳增加，但仍然比较低，这说明此时处于技术的开创期，技术投入已经开始产出，产品开始进入市场；3）2012—2016年，该阶段申请量大幅度增长，出现了质的变化，说明该技术处于蓬勃发展的阶段，初期的研究已经逐渐形成，技术成果大量产出。2012—2016年的申请量占中国申请总量的比重为77%，而2015年的申请量达到峰值，为72件，2016年的申请量较少，是因为大部分发明专利申请还处于未公开阶段。

除了针对申请量分布情况进行了统计分析外，还进一步针对国内移动终端背光调节技术近年专利授权量进行了统计分析，如图2所示。

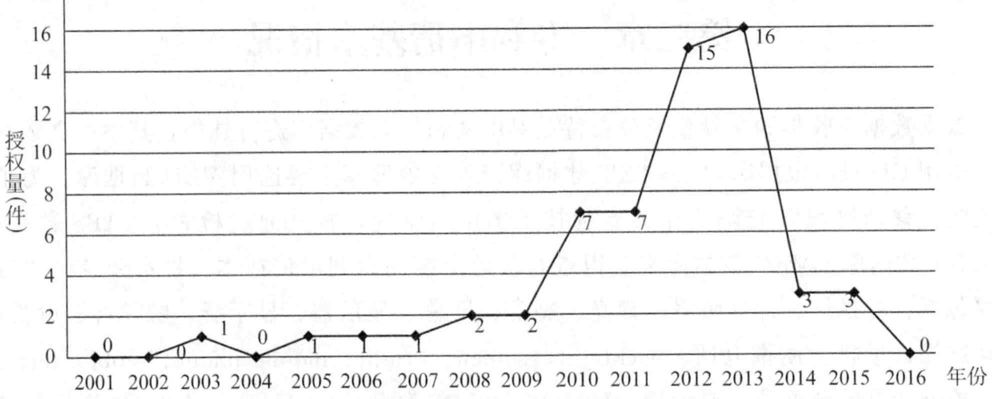

图2 国内移动终端背光调节技术近年专利授权量分布

由图2可以看出，国内移动终端背光调节专利申请的授权量呈现上升趋势，2014—

2016年的专利授权量比较低，主要是由于2014—2016年申请的专利有很大一部分处于未公开或者审查状态。

2.1.2 全球专利申请情况

图3为移动终端背光调节技术全球专利分布情况。移动终端背光调节技术领域国内申请占全球申请量的70%，日韩紧随其后，占比为24%，欧美为6%。由此可见，在该技术领域，中国、日本和韩国占据主要的地位。

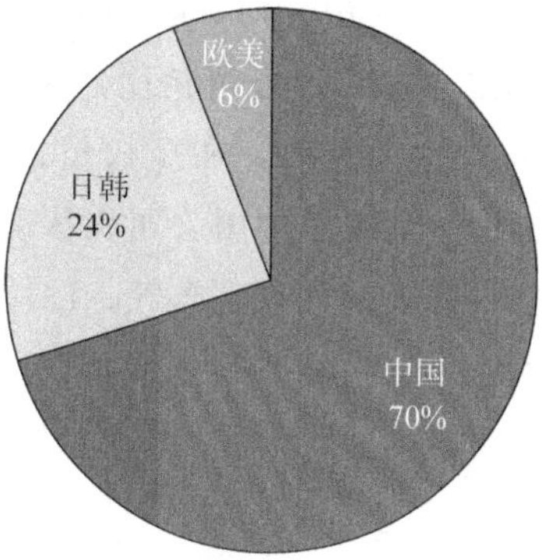

图3 移动终端背光调节技术全球专利分布情况

2.2 中国和全球主要申请人分布情况

2.2.1 中国主要申请人分布情况

为了弄清移动终端背光调节技术领域的国内发展状况，对国内申请人的专利申请状况进行了统计分析，具体如图4和图5所示。

通过对具有国内申请人的专利申请进行统计分析，发现249件申请，共有87个申请人，平均每个申请人约3件，国内在该领域进行研究的单位比较多，而申请人中大部分为公司（占95%），个人和高校申请量较少，其中高校科研院所的申请量最少，导致该结果的原因可能在于高校科研院所的技术成果一般会通过非专利的形式进行公开发表。

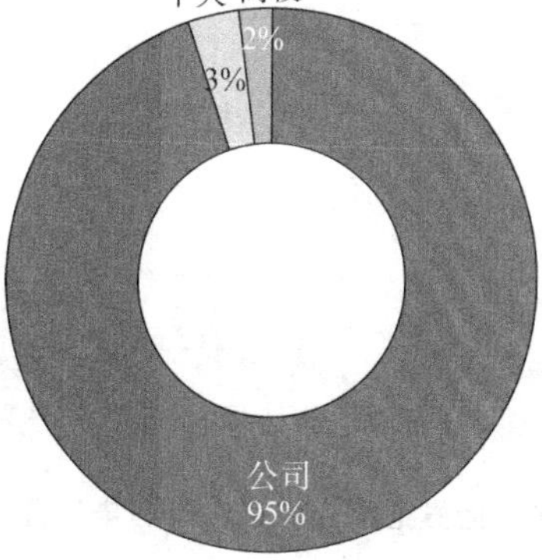

图4 中国专利申请人类型分布图

同时，由图5的申请人专利申请量、授权量分布示意图可以看出，在移动终端背光调节技术领域的主要申请人为欧珀、TCL、乐金、中兴、宇龙、斐讯、金立、华勤、小米、联想等，这些公司都是在国内具有知名品牌的手机公司。值得一提的是，欧珀、TCL、乐金等公司较为注重专利的保护与申请，通过对上述三家申请人的专利追踪可知，其相关的专利申请大部分在世界知识产权组织申请了专利，而乐金是LG公司在中国成立的子公司。LG公司很早就在国内申请移动终端背光调节技术方面的专利申请，主要集中于2003—2008年，而国内值得一提的是欧珀公司，欧珀公司在这一技术领域申请的专利量位居首位，达到56件，与排名第二的TCL公司相比，多出了37件，可见该公司在移动终端背光调节技术方面的研究成果尤为突出。在授权量方面，国内公司欧珀、中兴、宇龙、TCL、乐金授权量排在前五位，反映了中国公司在移动终端背光调节技术领域的知识创新水平较高，并不逊色于一些日韩公司如日本电气、LG；另外，乐金是LG在中国成立的公司，其授权量也不可小觑。

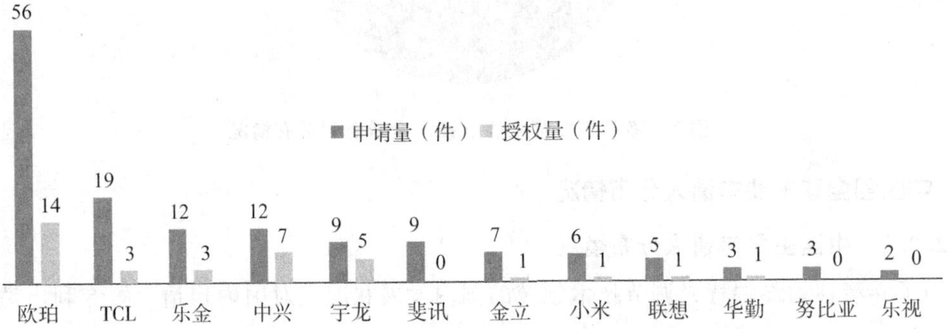

图5　国内主要申请人专利申请量、授权量分布图

2.2.2　全球主要申请人分布情况

对全球主要申请人的专利申请状况进行统计分析，具体如图6所示。

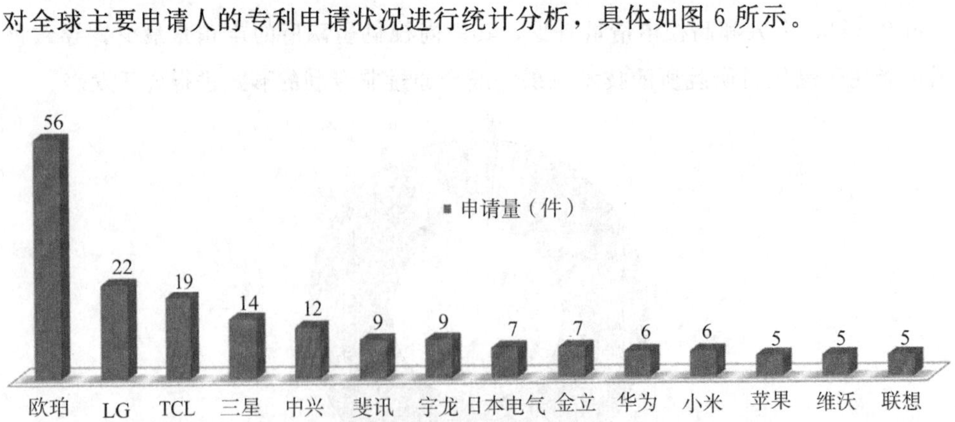

图6　世界范围内申请人专利申请分布图

由世界范围内主要专利申请人专利申请分布图6可见，韩国主要申请人是LG和三星公司，日本是电气株式会社，而美国主要是苹果公司，这些公司基本上为早期申请，说明这些大公司很早就开始研究该技术。中国欧珀公司在这一技术领域的专利申请主要集中在2012年及其之后的这几年，虽然欧珀公司起步相对比较晚，但该公司的授权量并不低，而且还有一部分尚处于未公开或审查中，这说明国内公司的研发和创新能力在不断增强，在世界舞台也占据了一席之地。

第三章　移动终端背光调节技术分解

3.1　基于技术效果角度的技术分解

通过对242篇专利文献进行统计分析，移动终端背光技术达到的技术效果主要包括9个方面：省电（降低屏幕功耗）、提高用户体验、保护视力、改善终端的显示效果、方便用户使用、避免闪屏、节约成本、提高调节准确性以及防止个人信息公开，具体由如下表格示出：

表1　基于技术效果的专利分布

技术效果	省电	提高用户体验	保护视力	改善终端显示效果	方便使用	避免闪屏	节约成本	提高调节准确性	防止个人信息公开
申请量	69	47	39	32	23	11	11	7	3

基于表1示出的数据进行统计分析，得到如图7所示的各个技术效果的专利申请所占的比例。

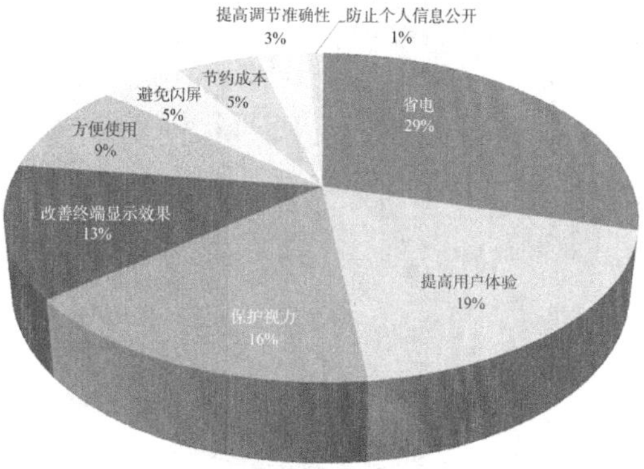

图7　移动终端背光调节技术效果分布图

通过该图可以看出，最主要达到的技术效果是省电（降低屏幕功耗）、提高用户体验、保护视力、改善终端的显示效果，分别占29%、19%、16%以及13%。那么在检索时，有时可以从技术效果入手进行检索，可能更加有效，因此在检索时可以适当地考虑技术效果。

3.2　基于技术手段的技术分解

基于技术手段对移动终端背光调节技术进行技术分解，得到如下几种本领域中重要的技术分支。

3.2.1 屏幕部分区域亮度调整

屏幕部分区域亮度调整即为针对移动终端整块屏幕的部分区域的背光亮度进行调节，具体为保持或者调高该部分区域的背光亮度，而将其他区域的背光亮度调低或者关闭，并不需要将整块屏幕的所有区域的背光亮度调整到同一亮度水平，该技术虽然在该技术领域占比很小，但该技术的出现能够在特定场合下起到节省电量的作用，例如，在用户需要使用或者关注的只是整块屏幕的一部分场合中来避免其他区域背光占用系统大部分功耗。浪潮乐金数字移动通信有限公司（CN102917109A）提出一种带有部分显示功能的移动终端设备及其显示方法，包括确定显示屏中部分显示区域的形状和位置，调低显示屏中非所述部分显示区域的亮度，即用户可以在需要时仅保持部分显示区域的显示功能，而调低非部分显示区域的亮度，在保证移动终端基本工作能力的同时，达到在特定场合节省电量的目的。

3.2.2 屏幕整体亮度调整

屏幕整体亮度调整，即为对移动终端整个屏幕的亮度进行调节。针对屏幕整体亮度调整以及屏幕部分区域调整的专利申请量进行统计分析，得到了图8所示的统计结果。

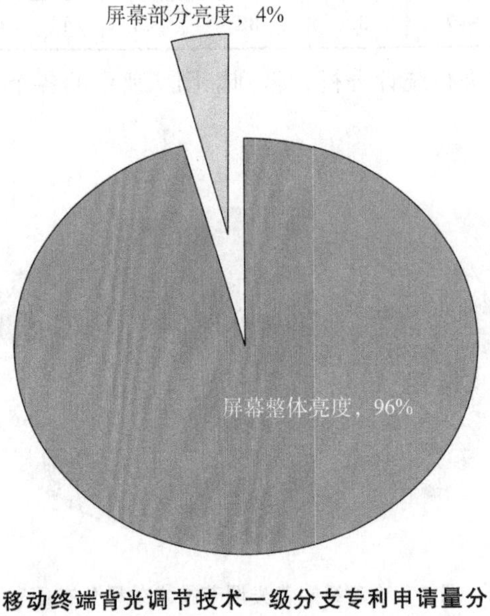

图8 移动终端背光调节技术一级分支专利申请量分布情况

由图8可以看出在该技术领域中大部分的移动终端调节背光技术专利都是针对屏幕整体亮度进行的调节，因此该技术起到了主导性作用，屏幕整体亮度调整主要有两种方式，一种是手动调节，另一种是自动调节，由于手动调节存在诸多弊端，例如，需要用户频繁操作，不能达到最佳的显示效果，因此该技术领域主要以自动调节为主，自动调节主要包括环境、移动终端自身状态、用户参与以及远程控制四种方式，针对这四种方式的专利申请量分别做了统计，得到如图9所示的统计结果。

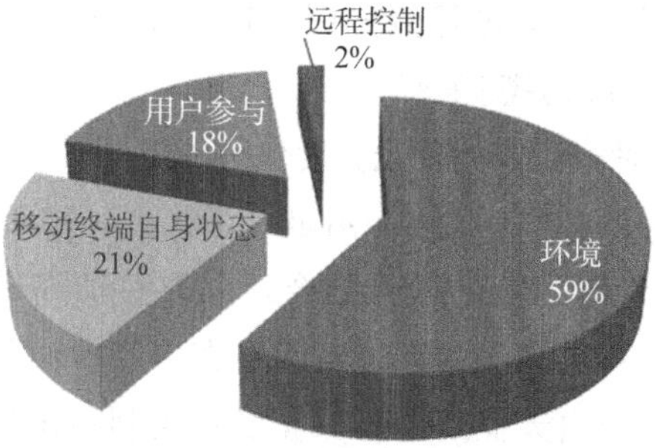

图 9　移动终端整体亮度自动调节技术分支专利申请量情况

可见，通过环境自动调节背光的专利申请量的比重为 59%，其次为移动终端自身状态，占 21%，再次为用户参与，为 18%。依据图 9 的统计结果，依次对环境、移动终端自身状态、用户参与以及远程控制做详细介绍。

1. 环境

依据环境调整环境背光即是通过移动终端所处的环境来调节移动终端背光，移动终端所处的环境包括环境光亮度、摄像头、位置、天气、环境场景、时间段以及环境温度。对除摄像头之外的 6 种环境因素的专利申请量进行统计，如图 10 所示。

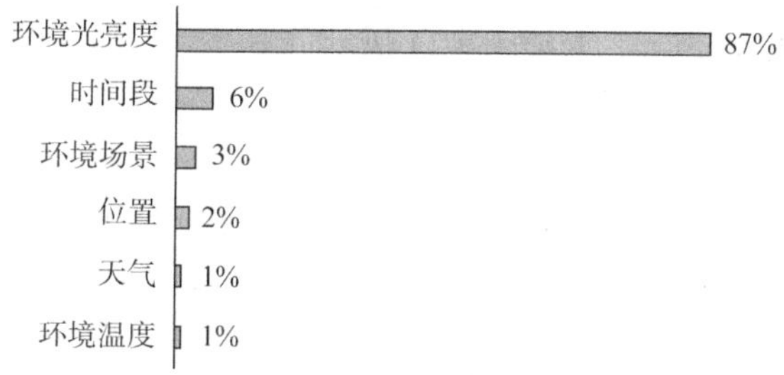

图 10　环境技术分支专利申请量情况

由图 10 可以看出，在上述诸多环境因素中，最主要的是通过环境光亮度来自动调节移动终端背光，其次是时间段因素。下面将重点介绍环境光亮度和时间段两种技术。通过环境光自动调节背光技术在本领域中有专门的技术术语：环境光侦测适应背光控制（Light Adaptive Brightness Control，LABC），LABC 的 L 指的就是光传感器（Light Sensor）。光传感器可以感知周围光线情况，并告知处理器芯片自动调节显示器背光亮度，降低产品的功耗。大多数研究手机技术的公司均申请了该技术专利，例如，深圳市超级云计算机科技有限公司（CN202049713U）提出了一种自动调光的显示屏，该显示屏可根据周围环境的光线亮度，调整背光灯的亮度，使得显示屏通过自行调整一直处在一种适于用户视觉需求的亮度值。除此之外，还有一部分专利申请采用移动终端的摄像头来采集环境光强度，该种方式可以不移动终端安装光传感器，节约成本。例如，英华达股份有限公司（CN1399458A）提出了利用手机的感光元件（如光敏电阻）检测环境光调整手机的背光，乐金电子（中国）研究开发中心有限公司（CN1536555A）提出了通过对移动通信终端安装的相机所拍摄的被摄体图像数据进行直方图（Histogram）分析，掌握亮度的状态，自动调整与其对应的LCD显示屏的亮度。

用户处在不同的时间段时，所需的背光亮度也可能不同，因此还可依据移动终端当前时刻所处时间段，自动调整显示屏幕的亮度。例如，惠州TCL移动通信有限公司（CN102300004A）提出接收用户点亮移动终端屏幕的操作指令，获取移动终端当前的系统时间；对获取的系统时间进行分析，当判断出当前的系统时间是在白天时间段范围内时，自动控制移动终端的背光灯亮度显示为适合白天显示的第一亮度；当判断出当前的系统时间是在晚上时间段范围内时，自动控制移动终端的背光灯亮度显示为适合晚上显示的第二亮度，该技术方案使移动终端增加了根据系统时间自动调节背光灯的亮度的新功能，从而自动调整背光灯的亮度，减少移动终端使用过程中不必要的电量消耗，达到节省电量的作用。当用户处于较高的环境温度下，持续保持与较低温度下相同的背光亮度，将增加终端能耗，使得移动终端发热，将缩短移动终端使用寿命，因此还可以根据移动终端所处环境温度调节移动终端背光，例如，深圳市中兴移动通信有限公司（CN103414832A）提出获取终端当前的环境温度，将所述终端当前的环境温度与预设的温度阈值进行比较，当所述终端当前的环境温度大于所述温度阈值时，调低所述终端的屏幕亮度，从而节约终端能耗，降低发热。

在环境技术分支中，对排名前8位的公司欧珀、TCL、乐金、中兴、宇龙、斐讯、金立和小米公司进行了统计分析，具体如图11所示。

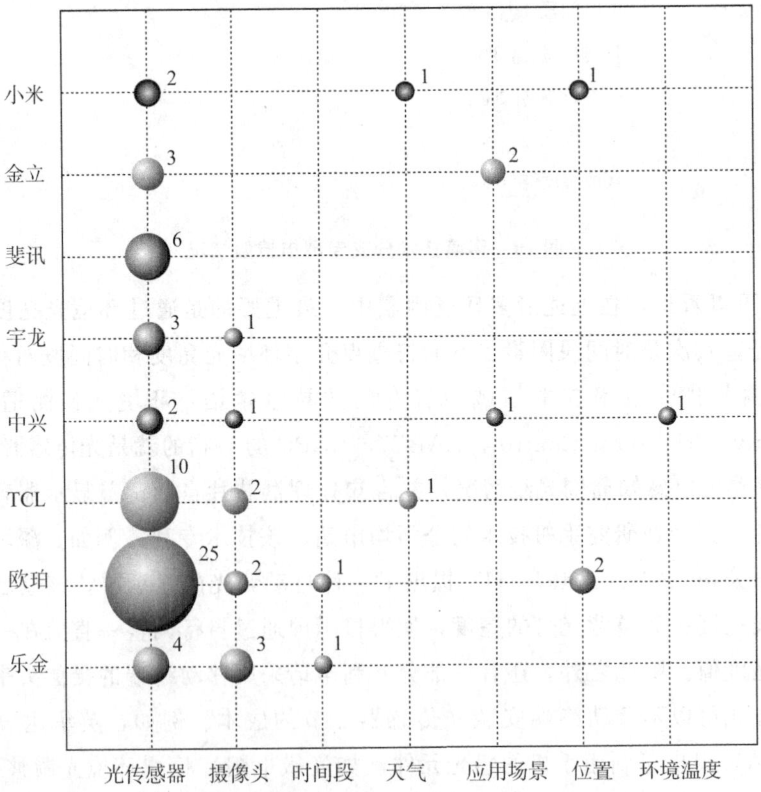

图11　中国手机公司在环境技术分支专利申请情况

由图 11 可以看出各个公司在光传感器的申请量最多，其次是摄像头。在光传感器方面，欧珀、TCL 和斐讯申请量排在前三位。

2. 移动终端自身状态

移动终端自身状态不同，所需要的背光亮度也可能不同，因此本领域中依据移动终端自身状态来调整背光亮度同样是根据移动终端自身状态调节背光，包括屏幕内容、电量、情景模式、屏幕倾斜角度、运动状态以及温度这六种主要技术手段。移动终端自身状态的六种技术手段专利申请量情况如图 12 所示。

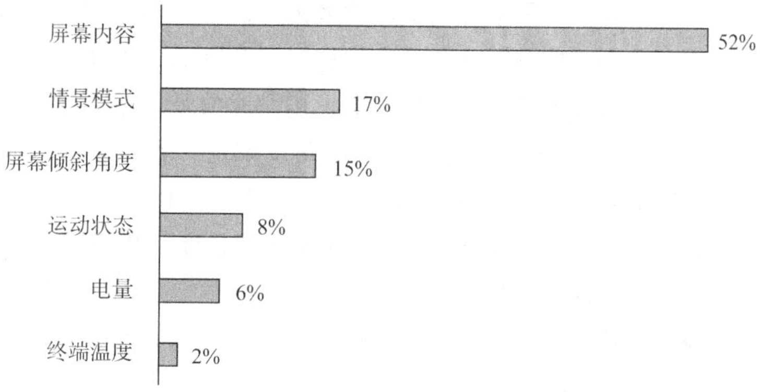

图 12　移动终端自身状态技术分支专利申请量情况

从图 12 中可以看出，屏幕内容占比 52%。根据屏幕内容自动调节移动终端背光可以改善屏幕的显示效果，该技术在本领域有专门的技术术语，即内容适应性亮度控制（Content Adaptive Brightness Control，CABC)，该功能是新兴的屏幕背光控制方式，是一种用于具有液晶显示（Liquid Crystal Display，LCD）屏幕的终端中的背光省电技术。CABC 的 C 指的是内容（Content)，CABC 指根据内容（输入图像）来控制亮度，它的概念是在 LCD 驱动 IC 内新增一个内容分析器电路（Image Content Analyzer)，假设当手机处理器传送了一张图片数据到驱动 IC，内容分析器计算并统计图片的数据后，依据设定与算法，自动地将其灰阶亮度提高 30%（此时图片变亮)，再将背光亮度降低 30%（此时图片变暗)。由于事先已经将图片经过分析器电路补偿亮度，因此使用者可以得到与原先电路相差无几的显示效果，但减少了 30%的背光功耗。现有的 CABC 功能支持 4 种模式，分别为 OFF 模式、UI 模式、STILL 模式以及 MOVING 模式，其中 OFF 模式代表 CABC 功能关闭，UI 模式适应于用户界面的显示，STILL 模式适应于静态图像的显示，MOVING 模式适应于动态图像的显示。例如，日本电气株式会社（CN101647057A）提出在移动电话终端存储有基准亮度值表，其中预先记录了与将要显示在屏幕上的图像数据的浓淡度特性相对应的背光亮度水平作为基准亮度值；以及背光亮度设定值表，其中预先记录了设定背光的基准亮度值的驱动信号作为亮度设定值；背光基准亮度值是根据输入的图像数据的浓淡度查阅基准亮度值表而获取的；通过基于所获取的背光基准亮度值查阅背光亮度设定值表，驱动背光的驱动信号的信号电平（Signal Level)（PWM 驱动信号的脉冲宽度）

被获取，从而开启背光，而背光亮度水平处于与显示图像相对应的适当状态。

图12中屏幕倾斜角度也占据了相当大的比重，为15%。该技术的出现源于在日常生活中，时常会有这样的情况，在某一个固定的环境光条件下，如果改变了移动终端的倾斜角度，影响了进光孔的进光强度，会导致光传感器采集的环境光强发生变化而误调显示屏的背光亮度，从而造成显示屏出现闪烁现象，因此屏幕倾斜角度通常需要结合光传感器来调节移动终端显示屏背光，有效地解决因移动终端倾斜角度的差异而误调显示屏亮度，从而导致显示屏闪烁的问题。例如，广东欧珀移动通信有限公司（CN103458110A）提出了在接收到亮屏请求时，光传感器采集当前的环境光强度并上传到应用层，以调节显示屏相应的背光亮度；加速度传感器检测当前移动终端的倾斜角度A；当光传感器采集到环境光强度发生变化时，首先，通过加速度传感器检测此时移动终端的倾斜角度B，并判断倾斜角度A与倾斜角度B之间的差值是否大于设定的角度阈值；若是则维持显示屏原有的背光亮度，若否则光传感器将新的环境光强度上传到应用层，以重新调节显示屏的背光亮度，解决了因移动终端倾斜角度的差异导致误调显示屏亮度，从而引起显示屏闪烁的问题，为用户提供了更为可靠的功能体验。

在移动终端自身状态技术分支中，对排名前四位的公司欧珀、TCL、乐金、中兴公司进行统计分析，具体如图13所示。

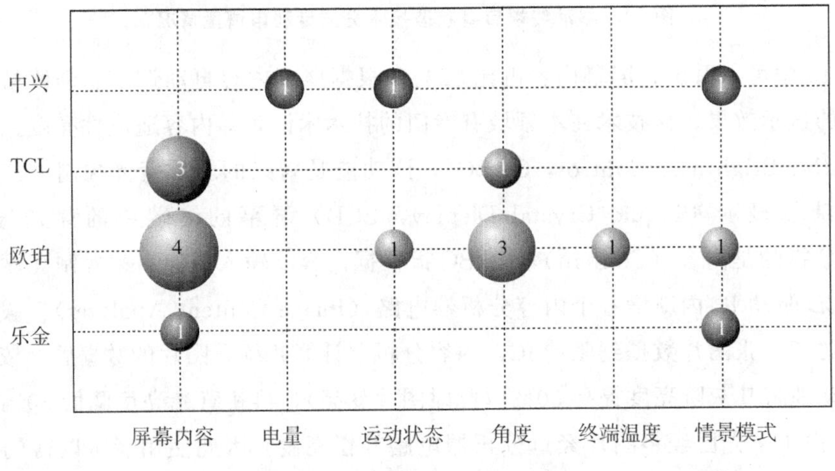

图13　中国手机公司在移动终端自身状态技术分支专利申请量情况

由图13可以看出各个公司在屏幕内容的申请量最多，其次是角度和情景模式，在屏幕内容方面，欧珀、TCL申请量排在前两位，在此需要说明的是涉及角度的专利申请通常是为了避免闪屏，即通常是结合环境光亮度，即避免实际光线并没有变化而移动终端发生了倾斜而导致闪屏的问题。

3. 用户参与

用户参与主要是通过与移动终端距离的远近、用户的动作、身体部位、语音以及按压屏幕的压力来实现对移动终端的自动调节。通过用户参与达到了人机交互的智能化效果，提高了用户体验，也使得调节背光更加便捷。如图14示出了用户参与包括的上述五种方式的申请量占比情况。

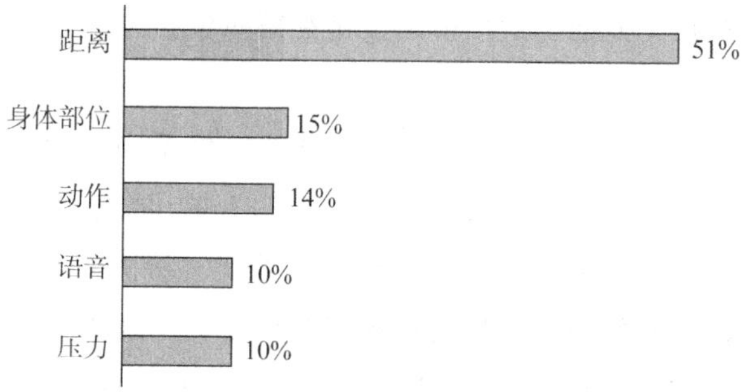

图 14　用户参与技术分支专利申请量情况

由该图可以看出，其中距离和身体部位因素占据了前两位，下面重点介绍通过用户与移动终端距离以及用户身体部位来自动调节移动终端背光的技术。

通过检测用户与移动终端距离来适应性调整背光亮度，在节省电量的同时也达到了保护用户视力的效果。例如，深圳桑菲消费通信有限公司（CN105096912A）提出通过距离感应器获取用户与移动终端的距离，根据距离确定对应的亮度值，将移动终端的屏幕亮度调节为距离对应的亮度值。

通过人的身体部位自动调节背光即为根据用户人脸、瞳孔、手指等身体部位来自动调节移动终端背光，该方式能够有效提高用户体验。例如，上海斐讯数据通信技术有限公司（CN105070272A）提出获取包含用户瞳孔信息的图像文件；处理图像文件并根据瞳孔信息计算出用户瞳孔直径；比较瞳孔直径与预设舒适范围，判断显示屏亮度是否适宜并取得不适宜时的显示亮度调节值，调节显示屏的显示亮度，使用户瞳孔直径进入预设舒适范围，本发明考虑用户的个人眼睛对光敏感的接受度不一样，从而智能地调节显示亮度，有效提高用户体验。

在用户参与技术分支中，对排名前四位的公司欧珀、TCL、中兴和斐讯公司进行统计分析，具体如图 15 所示。

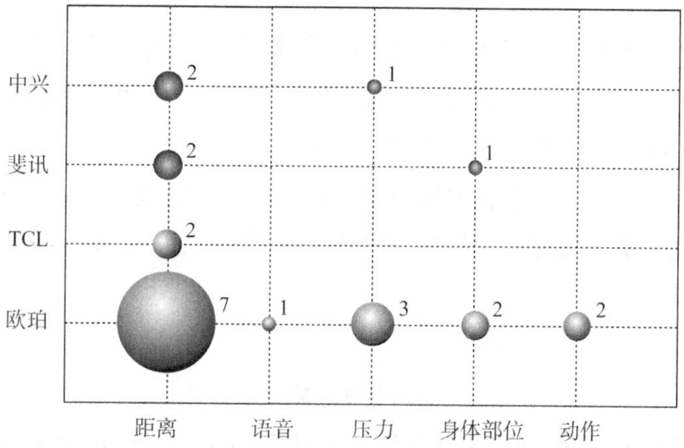

图 15　中国手机公司在用户参与技术分支专利申请量情况

由图15可以看出各个公司在距离方面的申请量最多，其次是压力（用户按压屏幕的力度）和身体部位，在距离方面，欧珀申请量排在第一位。

4. 远程控制

远程控制即为通过远程设备来控制移动终端背光，根据穿戴设备、自拍杆、车载设备等来控制移动终端实现背光调节。例如，广州视源电子科技股份有限公司（CN105162928A）提出了获取穿戴设备上光线传感器实时检测的环境亮度值，根据该环境亮度值调节该移动终端屏幕的亮度，从而提高穿戴设备上光线传感器利用率，节省资源。

5. 移动终端背光调节技术四种主要技术手段近年专利申请量情况

由于光传感器、摄像头、屏幕内容、与移动终端的距离这四种技术手段采用的比较多，因此基于这四种技术手段从近年的发展情况进行梳理，具体如图16所示。

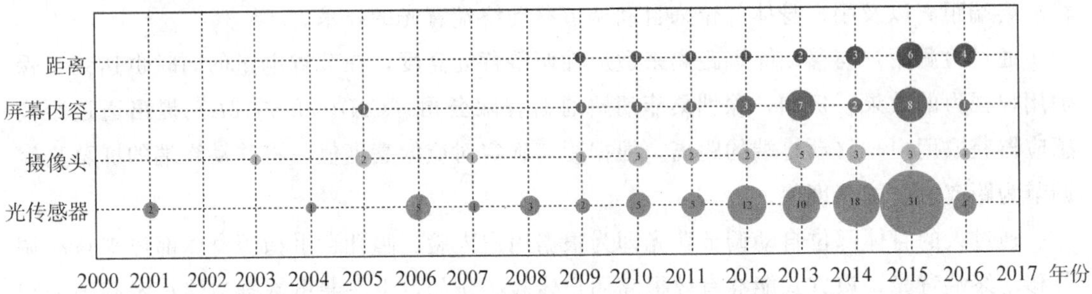

图16 移动终端背光调节技术四种主要技术手段近年专利申请量情况

通过图16可以看出2012—2015年这四种技术的申请量激增，2016年有所下降，主要是因为还有很多专利申请尚未公开。

第四章 小 结

移动终端背光调节技术是移动终端领域的一个重要课题。本文介绍了移动终端背光调节技术的发展历程，并对国内外专利申请情况以及主要申请人进行了整合，还从技术效果、技术手段进行了分解，尤其是针对关键技术进行了详细剖析。通过本文的专利分析可以在宏观层面上透视移动终端背光调节技术产业发展的历史、现状和趋势，观测该产业的集群分布状态；另外，有助于在技术层面上掌握该行业关键技术、寻找技术空白点；更重要的是，通过专利分析，能够了解该领域申请人的研发动态、技术特征，探测其发展意图及市场布局等。

参考文献

[1] 卢春鹏. 背光调节在降低液晶显示器功耗中的作用［J］. 电子设计应用，2009（4）：55－59.

[2] 中华人民共和国国家知识产权局. 专利审查指南［M］. 北京：知识产权出版社，2010.

[3] 刘景桑，李京华，狄辉辉，等. 基于嵌入式 Linux 的 LCD 背光调节及驱动的实现 [J]. 现代电子技术，2012，35 (6)：5－10.

[4] 李飞，凌云，孔玲爽，等. 基于 LCD 便携式设备低功耗的研究 [J]. 新型工业化，2015，5 (1)：38－44.

[5] 何彪. 在手机中结合图像处理实现动态屏幕背光控制 [J]. 中国科技博览，2009 (19)：221－221.

[6] 刘军，邱选兵，魏计林，等. 液晶显示屏背光自动调节控制系统设计 [J]. 机械工程与自动化，2010 (1)：145－147.

应用材料公司用于半导体处理的等离子体处理装置

郁亚红

摘要：美国应用材料公司（Applied Materials）是目前全球最大的半导体生产设备和高科技技术服务企业，该公司自1967年成立至今一直都是领导信息时代的先驱，该公司半导体生产设备销售额连续16年占据领域第一。

本文从美国应用材料公司的半导体处理等离子体装置申请出发，分析其重点研究方向，对其改进进行梳理。

希望本报告对同领域内相关企业制定产业发展政策，重点攻关技术时有所助益，帮助国内企业提高利用专利信息利用率，帮助企业合理安排研发方向与课题。

关键词：等离子，半导体，芯片，集成电路，处理

第一章 引言

中国是全球最大芯片消费国，芯片生产设备厂家格局的改变将严重影响中国作为最大芯片消费者的利益。同时随着智能手机的普及以及计算机技术的发展，市场对半导体的性能要求越来越高，对处理半导体晶片的等离子体装置的加工要求也越来越高。等离子体处理装置广泛地应用于制造IC（集成电路）或MEMS（微电子机械系统）器件的制造工艺中，用以完成集成电路晶片/晶圆的涂膜、刻蚀等工艺。在低压下，反应气体在射频功率的激发下，电离形成等离子体，等离子体中含有大量的电子、离子、激发态的原子、分子和自由基等活性粒子，这些活性反应基团和被处理物体表面发生各种物理和化学反应并形成生成物，从而使材料性能发生变化。该类装置的具体结构以及工作原理将在下节中给出具体介绍。

而2008年前，全球能够提供这种高端等离子刻蚀和化学薄膜沉积设备的企业只有四家，分别为应用材料公司、兰姆公司、东京毅力科创以及诺法公司（国内企业直到2008年才开始涉足高端等离子体处理装置，由中微半导体公司主导研发，与国外一线企业还存在一定差距）。

美国应用材料公司（Applied Materials）是目前全球最大的半导体生产设备和高科技技术服务企业，该公司自1967年成立至今一直都是领导信息时代的先驱，该公司半导体生产设备销售额连续16年占据领域第一，为全球信息产业的迅猛发展和高速增长提供了技术支持和保障。应用材料公司作为芯片/半导体制造设备的龙头行业，其芯片加工设备制造技术在行业内遥遥领先，通过其设备在芯片制造行业的高占有率，影响芯片行业的方

方面面。我国目前是全球最大的芯片消费国，且我国在高端芯片生产领域不占据有利地位，芯片生产设备厂家的格局变化/调整将严重影响中国芯片消费者的利益。

应用材料公司在 VEN 数据库内总申请量超 15 000 篇，覆盖纳米技术，太阳能电池，平板显示器，半导体芯片生产等多方面。本文主要针对分类号为 H05H1/00－H05H1/54 且涉及半导体处理/生产的等离子体装置的专利申请进行统计分析，具体涉及 VEN 数据库中，申请人为 Applied Materials，分类号在大组 H05h1 下的 351 项申请（其中同族或国际申请的统计时间以系列申请的最早申请日/优先权日为准），统计时间截至 2016 年 12 月 31 日（申请日/优先权日）。

本文基于此对应用材料公司涉及半导体生产的等离子体装置的专利申请进行了梳理，初步分析其专利申请的分布情况，了解其重点改进方向。

第二章　等离子体装置结构及其技术分解

上一章对应用材料公司做了简单介绍，本章主要介绍应用材料公司生产的用于半导体处理的等离子体装置的结构及其激发机制。

2.1　半导体处理等离子体装置的结构介绍

在低压下，反应气体在射频功率的激发下，电离形成等离子体，等离子体中含有大量的电子、离子、激发态的原子、分子和自由基等活性粒子，这些活性反应基团和被刻蚀/涂覆的物质表面发生各种物理和化学反应并形成挥发性的生成物，从而使材料表面性能发生变化。下面以专利申请 US19910774127A（申请号）为例，介绍应用于半导体处理的等离子体装置的简要结构。

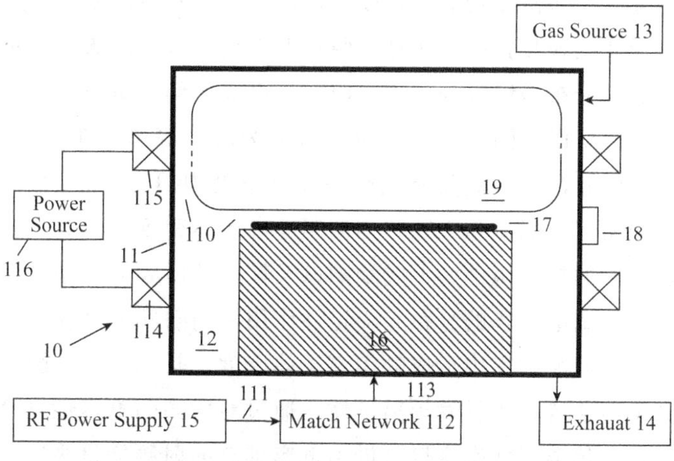

图 1　等离子体装置结构示意图（US19910774127A）

图 1 为一种用于处理半导体工件的等离子体反应装置，等离子体装置 10 具有真空处理腔室，在腔室上方具有气体入口，连接气体源 13；电源 116 馈入天线 114、115，接通

电源后天线在等离子体腔室内感生出电磁场，从而激发气体电离成等离子体19，该等离子体呈电中性；待处理工件17设置在夹盘16上，夹盘16通过匹配电路连接至RF射频源15，夹盘16上连接的电源性能可到达工件表面的等离子体能量，防止工件被破坏；腔室下方具有排气装置，用于排除处理后的废气为下次处理做准备。根据其内通入的工作气体种类完成对工件（一般为半导体晶圆）的沉积或刻蚀。等离子体反应装置一般由反应室、工作台/夹盘、感应耦合元件（天线、阳极）、驱动电源、供气系统和抽气系统组成（如图1所示）。其中，工作台位于反应室内用于加载被加工晶圆，感应耦合元件和驱动电源负责向反应室内生成激发等离子体的电磁场（如图1所示，等离子体腔室耦合至射频（RF）源，以在基板处理期间提供能量，从而点燃等离子体和/或维持等离子体），供气系统负责向反应室提供反应气体，抽气系统负责向外排气以及控制反应室气压。

2.2 等离子体处理装置工作机制介绍

等离子体处理装置的电源将能量耦合至天线，从而在等离子体真空腔室内感生激发气体电离产生等离子体的电磁场，而将电源能量耦合至等离子体真空腔室的耦合机制多样。在半导体制造工艺中已经使用了各种耦合类型的等离子体装置，例如，电容耦合等离子体（CCP）类型，电感耦合等离子体（ICP）类型以及微波耦合等离子体等类型。

通常，电容耦合型的等离子体处理装置在作为真空腔室而形成的处理容器内平行地配置有上部电极和下部电极，在下部电极（即夹盘）上载置被处理基板（半导体晶片、玻璃基板等），向电极施加高频电压，能量容性的耦合至等离子体真空腔室以激发等离子体。利用由该高频电压在两电极之间形成的电场使电子加速，由电子与处理气体的冲突电离产生等离子体，利用等离子体中的自由基和离子在基板表面上实施需要的加工（如蚀刻加工），具体可参见图2左图。利用电容耦合方式的等离子体装置，其结构简单，造价低，但这种方式产生的等离子体密度较低，难以满足等离子体刻蚀速率和生产率的需求。

电感耦合等离子体处理装置中，在真空腔室上方设置有线圈天线，馈入电源后，线圈下方各位置上的电磁场分布与线圈分布相对应，从而成比例地具有高等离子体密度区域和低等离子体密度区域，所以线圈天线的图案形状成为决定等离子体密度分布的重要因素。同时电感耦合机制较电容耦合机制具有能够在高真空度中得到高密度的等离子体的优点，且可以通过调节射频功率的能量与天线结构调制等离子体密度。从其产生机理可知，电感耦合的等离子体装置中的核心构件为天线线圈以及耦合的射频源功率及其耦合电路；天线线圈的结构对腔室内电离电磁场的分布起决定性作用，而射频源性质（如频率，工作占空比）及耦合效率将大大影响腔室内形成的等离子体密度，具体可参见图2中间的图。

电容耦合等离子体装置易于触发等离子体，通过对射频的电容性耦合可精确地控制生产的等离子体能量，其等离子体密度仅可借由电容耦合的射频能量决定，而射频能量的提高会加大等离子体轰击工件的速度，对工件表面造成损害。因而腔室内等离子体的最高密度受限于工件表面所能承受的最高溅射能力，电容耦合等离子体装置不易实现高密度等离子体的生成。电感耦合等离子体装置可以通过耦合至线圈的射频能量控制生成的等离子体密度，而其电感耦合的射频能量的增加并不附带冲击工件表面的等离子体的能量增加，因此可以通过增加射频能量得到高密度等离子体，但其对等离子体的能量无法进行单独调节，且其不能实现等离子体的快速触发。

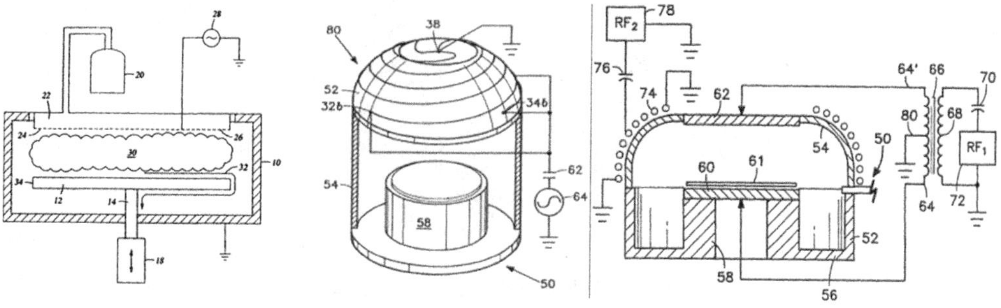

电容耦合 US20070775359A　　电感耦合 US19960720588A　　电容+电感 US19950436513A

图 2　常见耦合机制的装置示意图

基于上述电感耦合与电容耦合的优缺点，图 2 右图采用电感＋电容的触发机制，既具有电感耦合的易生成高等离子体密度优点，又具有电容耦合的易触发优点，实现高密度等离子体的高再现性。这种耦合机制虽然可以实现易触发以及高密度等离子体，但多种耦合机制之间互相干扰，对产生的等离子体密度分布产生不稳定影响，限制其在芯片生产中的精细加工。

利用微波耦合的等离子体装置尽管可以在较低的工作气压下获得密度较高的等离子体，但是需要引入外磁场，需要微波管，造价相对较高，因此基于成本，该种耦合机制在实际装置中的采用较少。

图 3 为各耦合机制在统计样本申请中的占比示意图。从图 3 可知，电容与电感耦合约占据统计样本的 90％。因此本文着重介绍涉及电容、电感耦合的耦合机制。而采用不同耦合机制等离子体装置的主体结构不同，如电感耦合机制中感应线圈（即天线）为产生等离子体的核心部件；天线的形状，位置，内部电流大小，相位，方向均对产生的等离子体密度分布影响深远。电容耦合机制中射频能量通过等离子体腔室上方的阳极电板容性的耦合至等离子体腔室中，因此，电板结构、电源馈入方式的不同将改变生成的等离子体分布。

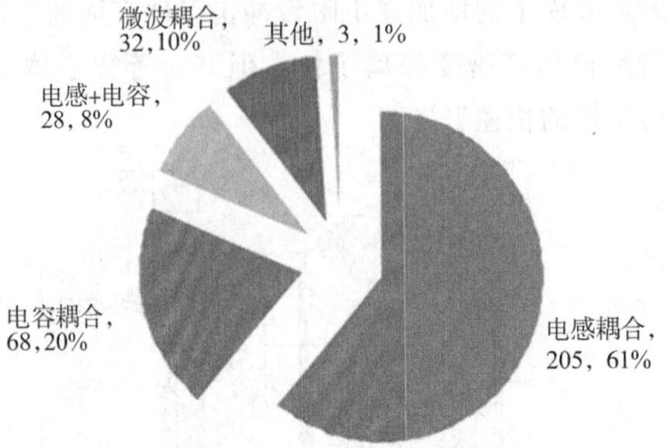

图3　等离子体耦合机制统计分布

2.3　等离子体处理装置技术分解

根据对应用材料公司涉及半导体处理的等离子体装置的专利申请分析以及第2.1节中对等离子体处理装置的结构介绍，对等离子体装置具体部件/整体结构的改进方向给出进一步细分，如图4所示。针对分类号H05H1/00至H05H1/54下应用材料公司涉及可用于半导体处理的等离子体装置的351篇专利申请进行初步的梳理可知，其主要涉及装置的外部电路匹配、等离子体装置具体部件、设备保护装置及工艺、具体沉积蚀刻采用的工序、外部磁场及应用、内部等离子体性能探测装置及其他。而针对申请量分布最为集中的装置具体设备部件改进进一步进行细分，具体分解为阳极（电板）、等离子体分布调节装置、线圈天线结构、气体分配、电源馈入结构、夹盘（阴极）、其他细节部件以及对整体装置性能的改进。其中阳极电板为容性耦合装置的特有结构，相应的天线线圈结构为电感耦合装置的特有结构；而电感电容耦合机制的等离子体装置中包含上述两种部件，具体分析可参见第四章。

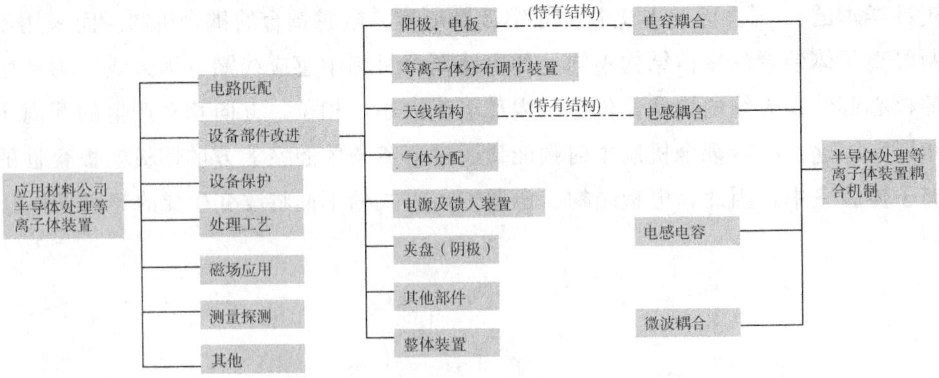

图4　半导体处理等离子体装置技术分解

第三章 专利统计分析

针对 VEN 数据库，截至 2016 年年底，应用材料公司涉及分类号 H05H1/00－H05H1/54 下的用于半导体处理/生产的等离子体装置的 351 项专利申请进行统计分析。

图 5 给出了美国应用材料公司用于半导体加工的等离子体装置的年度申请量变化统计，从图 5 中可以看出，应用材料公司关于用于半导体处理的等离子体装置的申请始于 20 世纪 80 年代末，从 80 年代末至 90 年代初，专利申请量平稳上升，这时期的工作主要集中在等离子体装置的整体结构、基本组件以及工作模式等的基础研发；而 1995—2002 年专利申请量总体维持在较高的水平，主要涉及天线结构、电极、功率源以及其他具体部件的初步改进。2002 年后的年申请量有高有低，分布复杂，申请主要为对各部件的进一步改进以及对更优加工效果的追求。其中 2015 年、2016 年的专利申请有一部分截至统计日前还未公开，因此会造成统计数据与实际申请量之间存在偏差。

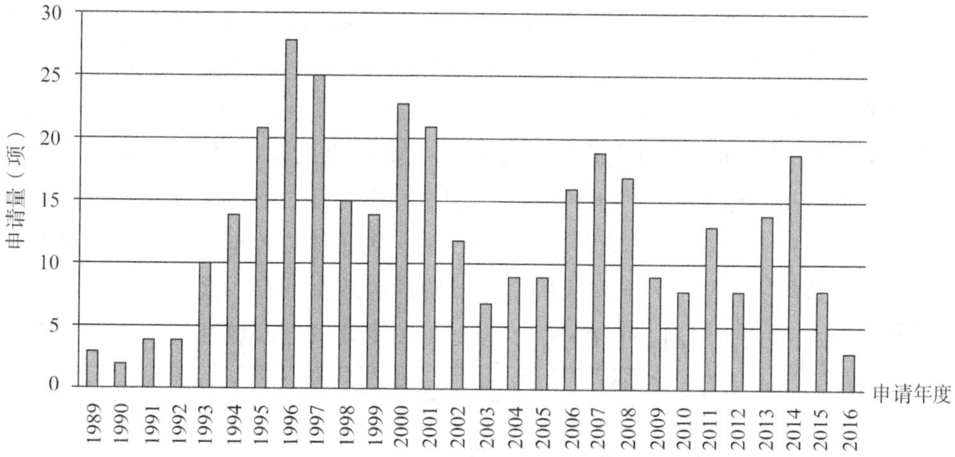

图 5 美国应用材料公司国际年申请量

图 6 为应用材料公司在国内外的年申请量，虽然该公司自 1984 年便进入中国大陆市场，但该公司在等离子体装置领域向中国专利局提出的第一件申请发生在 2000 年。浏览该公司的专利申请文件可以发现，该公司 2000 年涉及的中文申请集中在台湾地区，这与当时台湾高速发展的半导体制造业息息相关，同时也反映出 2000 年之前中国大陆地区专利制度执行力较薄弱。2001 年中国加入 WTO 后国内对专利申请以及其保护制度日趋完善，注重对知识产权的保护；同时随着国内芯片生产，消费量的逐年上升，应用材料公司作为芯片制造装置业内最大的软件和硬件供货商，越来越关注其产品在中国的专利申请以及权利保护。

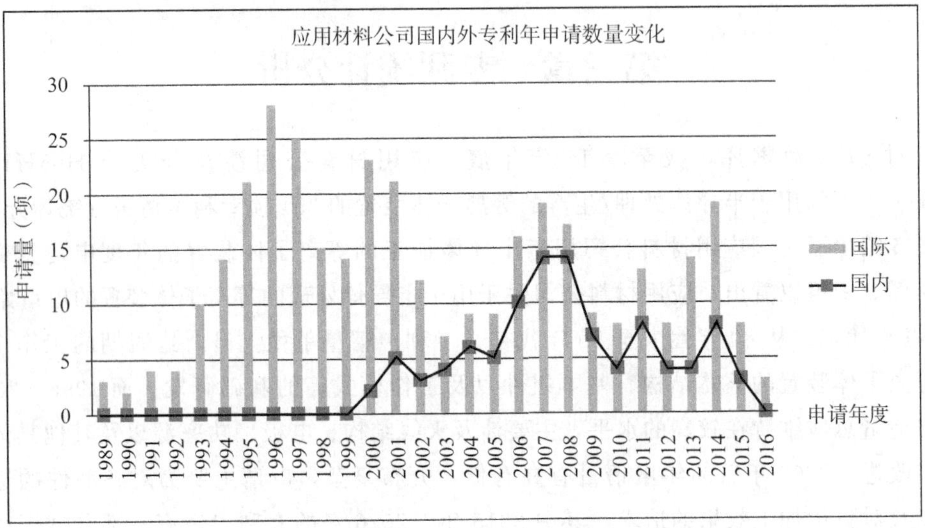

图6　应用材料公司国内外年申请量对比

图7给出了美国应用材料公司在各国（或地区）申请量的详细分布统计，统计的351项专利申请中，涉及美国（包含同族）的专利申请293项，日本206项，中国台湾186项，中国大陆95项，欧洲106项，韩国166项。从应用材料公司的专利申请的国度分布可以知晓，应用材料公司在集成电路技术发展/应用程度高的国家/地区专利申请量分布集中明显，如美国、日本、韩国、中国台湾。这四个国家与地区均为传统芯片生产，消费传统大国。该公司在中国大陆地区涉及半导体生产的等离子体装置申请量尚不足百件（截至2016年年底），这与中国作为目前最大的芯片消费国的地位不符。这是因为中国虽然目前是芯片消费大国，但应用材料公司在中国大陆地区专利申请起步较晚，因此累计量较少。

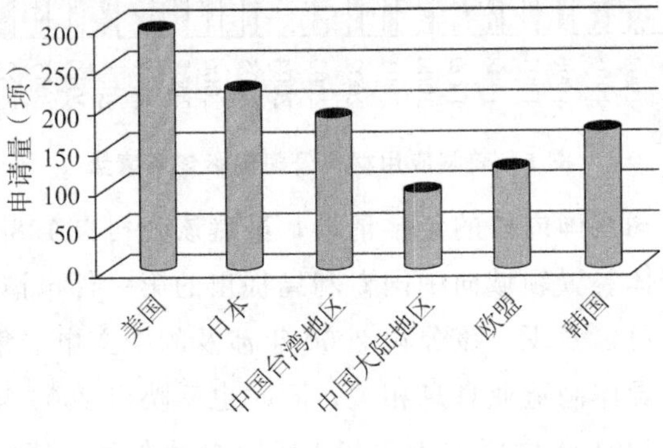

图7　美国应用材料公司各国（或地区）申请量分布

第四章　技术分析

4.1　技术脉络梳理

用于半导体、芯片加工的等离子体处理装置的技术涉及多方面，其中包括软件硬件设备，具体涉及外部电源与装置之间的匹配接入，设备的保护，设备采用的等离子体处理工艺，外加磁场结构的应用，等离子体的探测装置，装置本身各部件的改进等。结合图 4 的技术分解，图 8 给出了应用材料公司半导体处理用等离子体装置的总体专利分布方向统计（对比图 4 构建的一级技术分支）。其中，涉及对等离子体装置具体部件/整体结构的申请量为 222 件，占总申请量的 66%；涉及具体处理工艺的申请 42 件，占比 12%；电路匹配、设备保护以及外加磁场应用分别为 21 件、18 件、21 件，占比均在 6%左右。

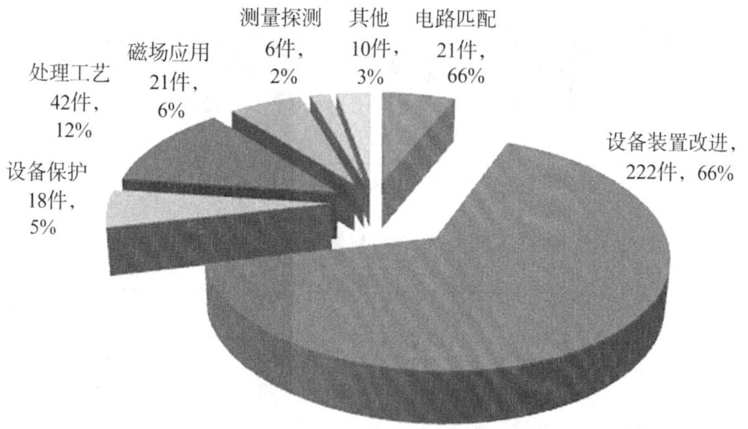

图 8　1989—2016 年应用材料公司半导体处理等离子体装置的专利申请总体分布

图 8 给出了应用材料公司关于等离子体处理装置的申请量分布情况，该类装置申请可追溯至 20 世纪 80 年代末，图 9 至图 11 分别给出了 1989—1994 年、1995—2002 年、2003—2016 年间应用材料公司的年度专利申请分布。1989—1994 年的技术方案主要集中在设备部件的改进，特别是初期多为整体装置结构限定。随着装置结构的日渐完善，该公司涉及匹配电路、处理工艺等方面的申请量逐渐增加（参见 1998—2002 年数据）。纵观 1989—2016 年间应用材料公司的专利技术分布情况可见，该公司涉及设备部件改进的专利申请占据主要地位。无论从图 8 的整体申请量分布，还是从图 9 至图 11 的年分布情况，针对设备部件的具体改进均为应用材料公司专利的重点布点对象。

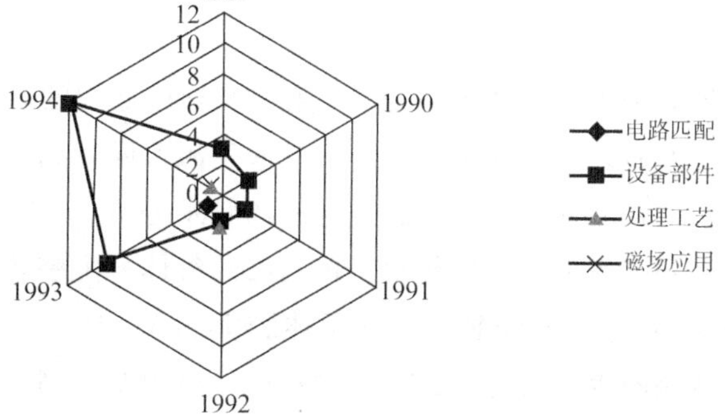

图 9　1989—1994 年应用材料公司专利申请分布统计（单位：项）

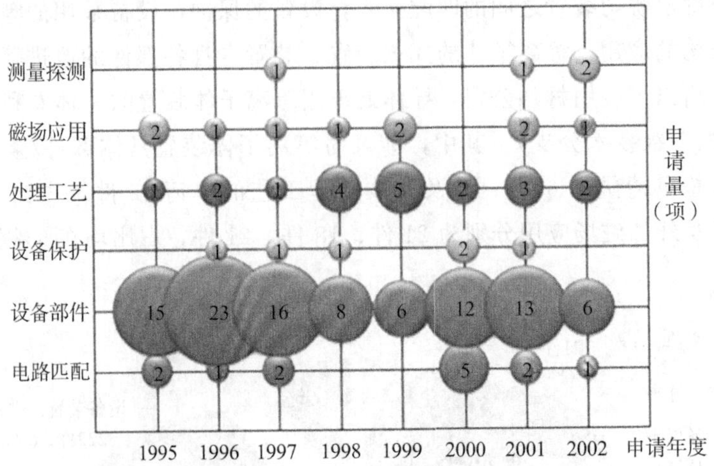

图10　1995—2002年应用材料公司专利申请分布统计

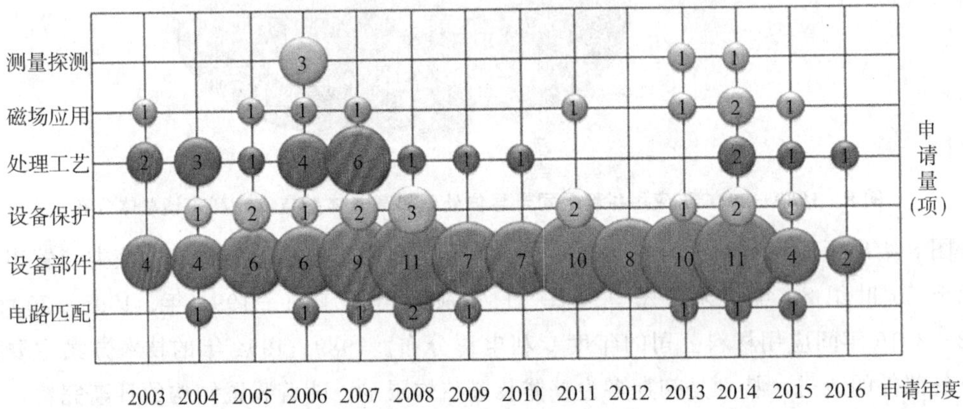

图11　2003—2016年应用材料公司专利申请分布统计

下文针对专利申请重点覆盖的具体部件改进进行分析。其他分支由于申请量过小不利于总结概括（如测量，探测结构）或其涉及的学科过多，涉猎面过宽（如处理工艺）在本文中暂不作展开。

4.2　重点技术分析

第二章中介绍了等离子体处理装置结构，可用于半导体处理的等离子体装置的主要部件有：(1) 等离子体激发源，不同的耦合机制下其激发源不同，如电感耦合机制下等离子体通过电感线圈，即天线在腔室内生成的感应电磁场触发等离子体，电容耦合机制下射频源通过阳极板容性耦合到电板下方激发等离子体；(2) 气体分配装置包括进气结构，气体均分装置等；(3) 阴极/静电夹盘设置于等离子体腔室下方，用于支撑待处理晶圆，其上施加的电源可控制到达晶圆表面的等离子体能量；(4) 电源及其馈入结构，外部电源通过特定的馈入方式施加至天线或阳极板，馈入结构的改进可实现等离子体的可控处理；(5) 等离子体分布调节装置，如等离子体分布调节板，该类部件设置于腔室内部用于在腔室特定位置实现特定等离子体分布，从而完成特殊的处理要求；（6）其他部件，如密封装置，卡合结构等（即图 4 中的二级技术分支）。图 12 给出了针对上述各种等离子体设备部件改进的申请分布统计（即设备部件改进的细分）。

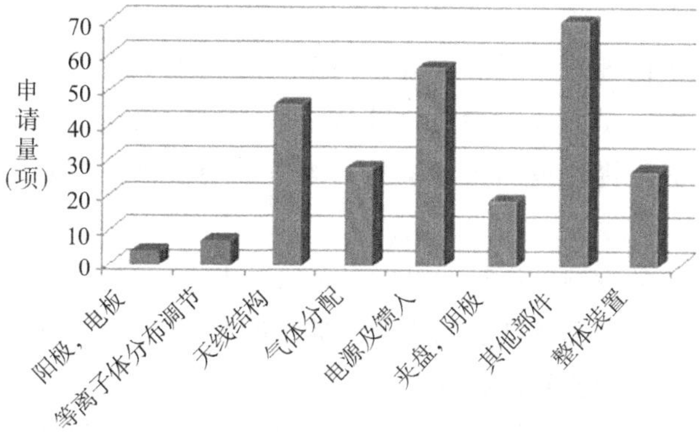

（a）专利申请重要方向申请量分布

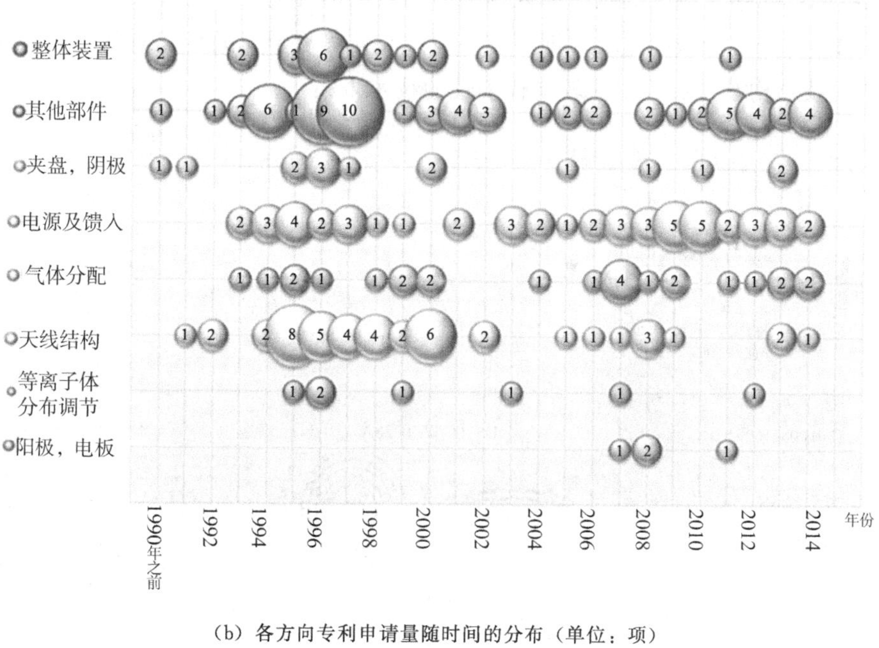

（b）各方向专利申请量随时间的分布（单位：项）

图 12　等离子体处理装置部件专利分布

如图 12（a）中所示，涉及等离子体装置阳极以及物理遮挡物调节等离子体分布的申请量均在 10 项以下，天线结构的专利申请量为 46 项，涉及气体分配或进气部件的申请量为 25 项，电源及其馈入方式的申请量 52 项，夹盘及阴极结构申请量 15 项，整体装置改进申请量 27 项，其他部件改进的申请量汇总为 66 项。其中涉及整体装置改进的专利申请多涉及具体的处理工艺，本节省去对其的具体分析总结。根据图 12（b）可以看出应用材料公司在不同时间段的研发重点。应用材料公司对用于半导体处理的等离子体装置的申请始于 20 世纪 80 年代末，随后在 1994—2000 年间，对装置改进的研究进入热点时间，在各方向均申请了较多专利，在这个时期，应用材料公司完成了其产品基本构架以及初级完善；在随后的设备发展中相较于早期（1994—2000 年）的全面开花，不同的时期有了不同的研发重点。

首先针对天线结构改进的专利申请量在 1995—2000 年间达到高峰，在该时期应用材料公司对天线的各种形状结构以及馈电性能做了较为完整的结构。2000 年之后涉及天线结构的专利申请量大为下降，说明天线结构的改进已经不再是该公司的研发热点［图 12(b)］。

涉及气体分配装置的专利申请量一直以来都较为平稳。

应用材料公司对装置电源及其馈入的申请量在近十年来一直维持在一个较高水平，说明电源及其馈入方式成为近些年的研发热点。

根据图 12 的分析，对申请量较多的几个部件改进技术的专利申请进行详细分析。

4.2.1 天线结构

天线结构作为感性耦合等离子体处理装置的核心部件之一，其发展历程展现了半导体业对大面积晶圆处理能力的追求，即当前高端半导体等离子体处理装置的最重要指标。图 13 选取了天线结构改进历程中比较有代表性的技术方案。

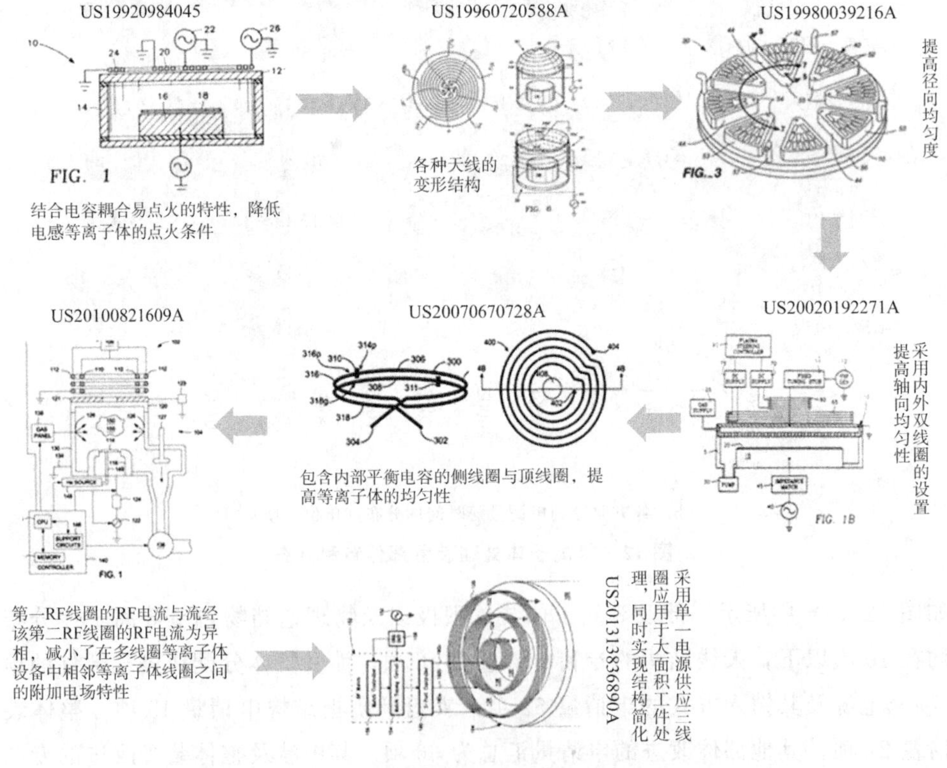

图 13 天线结构随时间的发展改进历程

随着待加工工件尺寸的大规模化，单个平面螺旋线圈产生的等离子体分布不够均匀，在专利申请 US19920984045 中，采用内外线圈，并分别各自连接至单独的射频源 22，26；同时可对电极 12 馈入射频电源，通过内外线圈共同馈入射频电源实现对工件 18 的均匀处理。在其后的申请 US19940332569（申请日 1994 年 10 月 31 日），US19980039216A（申请日 1998 年 3 月 14 日），US20020192271A（申请日 2002 年 7 月 9 日），US20070670728A（申请日 2007 年 8 月 2 日）中均为对顶部天线，侧面天线的几何结构的改进，通过提高天线在径向分布的对称性，提高天线耦合至等离子体反应腔室内部的电磁场的均匀性，进而产生均匀分布的等离子体。除此之外，等离子体密度的均匀性还可通过在线圈回路中加入可变电容来进一步保证其效果。近几年的天线结构改进不仅仅局限在天线的几何结构上，通过对馈入天线的射频源的频率、功率以及相对相位之间的调节，消除或减弱相邻天线之间电磁场的影响，消除天线下方感应电磁场的加强区和减弱区（加强区、减弱区的消除还可通过在线圈间加入屏蔽组件的方法实现）。

结合图 13 中的案例，应用材料公司的等离子体装置的天线结构从初期的平面单螺旋结构（图 13 中未示出）到平面多螺旋，到提高径向均匀性的径向多螺旋，再到立体螺旋结构，前期工作主要集中于天线的几何结构改进以适应大面积半导体处理；后期该公司对天线的改进重点逐渐转至对天线几何＋电性结构的改进，如调节天线形状，同时加入电元件（图 14）。

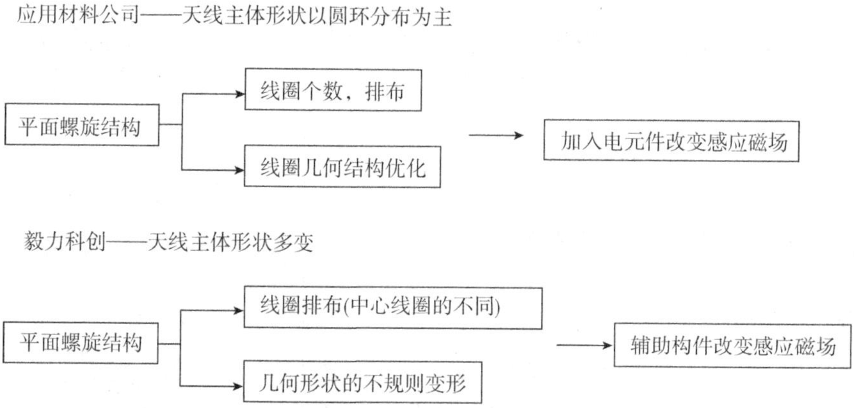

图 14　应用材料与毅力科创天线结构改进方向示意图

电感天线是为核心部件之一，且其形状结构的改进对形成的等离子体密度影响较大，因此，该部件一直是领域内各公司的专利重点覆盖方向。下面结合日本毅力科创株式会社涉及的天线结构的专利申请（37 项），对两公司的技术发展以及专利布局进行简单分析。

20 世纪 90 年代初期，两家公司均采用了圆环螺旋状天线用于感性激发等离子体，相较于应用材料公司在圆环螺旋状天线结构上各种变形，毅力科创株式会社研发的天线在形状与结构上都与应用材料公司的天线结构有较大区别，如专利申请 JP2000608406A 中展示的不规则天线结构（见表 1），申请 JP28420693A 中的多线圈非同心排布，申请 JP2011127896A 中的不同平面矩形螺旋天线。近 10 年来毅力科创公司研发的天线结构整体多为矩形结构，其可用于矩形晶圆的等离子体处理，该类天线的整体形状与应用材料公司的天线的主打结构（整体的圆环形，参见图 14）差异明显。天线主体形状的不同将直接影响最优化处理的晶圆形状，从而导致配置上述天线的等离子体装置应用于不同形状的半导体处理。从而毅力科创很好地规避了应用材料公司天线结构改进方面的专利覆盖点。

20 世纪 90 年代至 21 世纪初，两家公司对天线排的改进虽各有特点，但均集中在对天线整体几何形状（如线圈形状、个数、排布）的改进，以控制生成的等离子体分布的范围，即两公司对天线结构的改进思路相同，但侧重点各异。后期两公司均突破了单纯的天线几何结构改进（如毅力科创的 CN201310047105A，TW2013000120155A；应用材料的 US20070670728A，US20100821609A），通过天线结构附加电元件（如电容、电流相位控制元件）控制线圈内电流。应用材料公司在天线线圈合适位置加入电容（以申请 US20070670728A 为例，在天线线圈的合适位置添加平衡电容），使得下方等离子腔室内激发的等离子体密度更均匀；在线圈电流馈入端设置电流相位调节装置，调节感应电磁场的增强、减弱效应，生成更加均匀的等离子体。而毅力科创公司更偏重于加入外部辅助电元件以影响感应电磁场，如案例 TW2013000120155A（可参见表 1）。

表 1　日本毅力科创株式会社天线结构改进典型技术方案分析

申请日	申请号	结构介绍	示意附图
1993 年 3 月 27 日	JP9251193A	初期提出的感应耦合等离子体装置整体结构	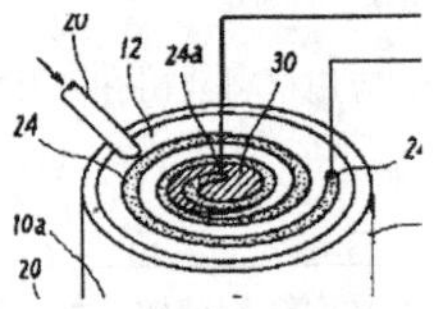
1993 年 10 月 20 日	JP28420693A	多天线结构	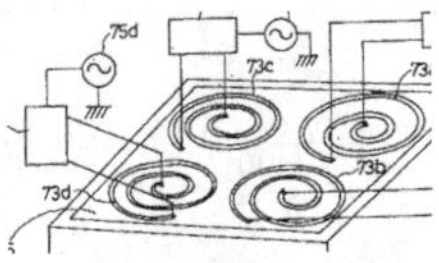
2000 年 3 月 23 日	JP2000608406A	通过特殊结构的天线结构产生大面积均匀密集的等离子体	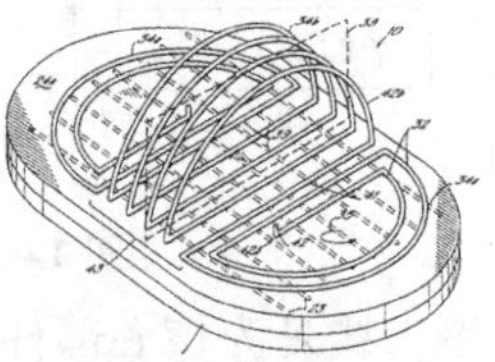
2011 年 6 月 8 日	JP2011127896A	多平面同心配置涡旋状天线加强矩形基板外侧分布控制	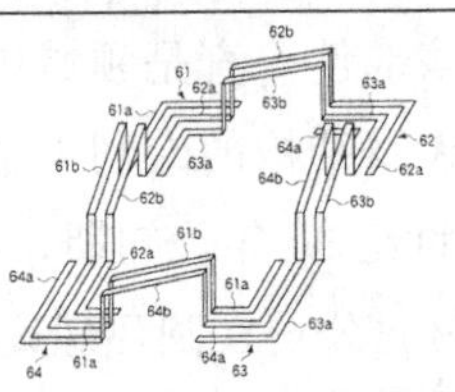

续表

申请日	申请号	结构介绍	示意附图
2012 年 2 月 6 日	CN201310047105A	调节内外线圈之间电流的大小，相位实现均匀等离子体分布	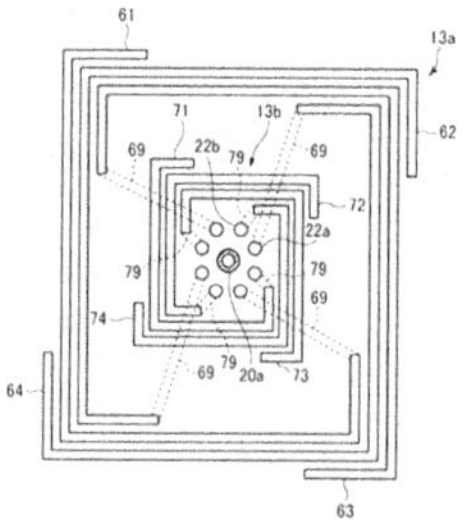
2012 年 6 月 6 日	TW2013000120155A	天线窗构件，同时浮置线圈起到辅助天线的作用，在腔室内产生的感应电场变强，其结果，能够防止等离子体的生成效率下降	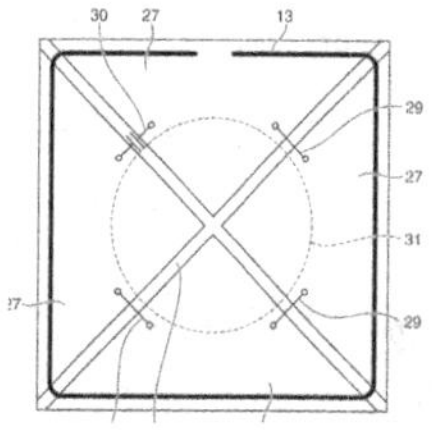

美国应用材料公司与日本毅力科创公司对天线结构改进的技术方向发展可参见图 14。从图 14 可知两公司针对天线结构的改进思路相似，但侧重点略有不同，两者的专利布局重复点较少。

本小节梳理了应用材料公司天线结构优化发展脉络，并以毅力科创公司为例介绍了国外同类公司之间如何以异求同，完成各自的专利布局，规避知识产权风险，提高自主知识产权的运用。

4.2.2　气体分配

等离子体反应器的腔室中的处理气体分配影响腔室内等离子体的密度分布，进而导致蚀刻或沉积的不均匀，造成成品率下降。结合多篇气体分配方面的专利申请（US19930145991A，US19940276750A，US19940307888A，US19950570764，US19960735386A，US19980065384A，US19990360351A，US19990461682A，US20040823347A，US20070677472A，US20070680278A，JP2007008336A，US20070960166A，US20080038499A，US20100779167A，US20090494901A，CN104782234 A，US20140516998，US20140516998）分析可知，气体源内的气体通过气体导入口通入反应腔室内，随后馈入电源，气体电离成等离子体，完成对工件的沉积或蚀刻等工艺处理。通过气体注入口和/或扩散板可实现气体在等离子体腔室内的均匀分布。

气体在腔室内均匀分配将有助于激发均匀等离子体，如图 15 所示，应用材料针对气体分配的技术改进可总结为两个方向。其一为在进气口与腔室之间设置扩散板或 showerhead，通过均匀分布在扩散板上的通气口使得气体均匀进入反应腔室，从而利于激发均匀分布等离子体。虽然扩散板可以较易实现气体的均匀分布，但其制造成本高，增加了装置的复杂性，因此，针对气体注入口本身的优化设置为气体分配结构的另一改进方向。

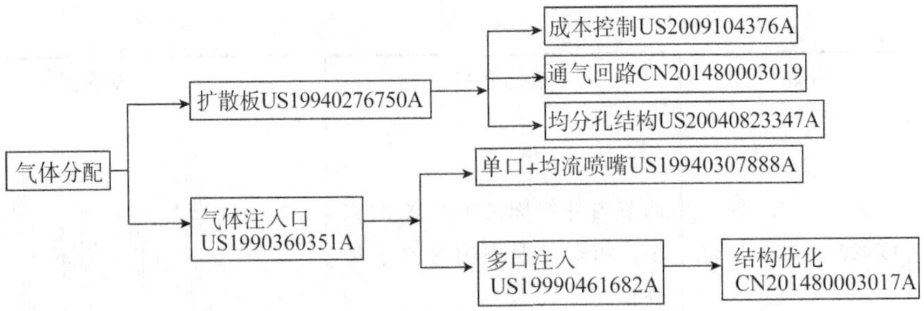

图 15　气体分配结构改进方向示意图

扩散板效果简单、直接，而随着待处理的平板面板（晶圆）尺寸的增大，大气体扩散板具有一些制造问题，致使制造成本偏高，为有效控制设备成本，研发一种能以有效且符合经济效益的方式生产的扩散板为本领域的普遍追求。同时虽然解决大型扩散板设计成本是相当重要的，但也不能忽略性能上的贡献。扩散板的通孔结构以及通气回路是对扩散板结构改进的两个着重点。US20040823347A 中进一步优化扩散板上通气孔的分布以及通孔结构，使得大面积扩散板的制造成为可能以便用于大面积工件的处理。

应用材料公司涉及气体分配装置的专利申请涵盖多种形式的气体分配板，其目的是使得通入腔室内用于产生等离子体的气体在工件上方均匀分布以便生成均匀的等离子体。以申请号为 US20040823347A 的专利申请为例，如图 16 所示，气体分配板组件 218 通常包括从悬挂板 260 悬挂的扩散板 258，扩散板 258 和悬挂板 260 可替代地包括单一相同组件。穿过扩散板 258 形成有多个气体通道 262，以允许预定的气体散布穿过气体分配板组件 218 到处理空间 212 里。选择所述限制区段 302 的直径以允许足够的气体流经扩散板 258，同时提供足够流动阻力以确保均匀的气体能辐射状地横跨多孔中心部分 310 进行散布。图 16 右侧给出了扩散板 258 上气体通道的多种通孔设置。通孔下方具有喇叭状开口 306，该喇叭状开口为空心阴极效应提供较大的表面面积以加强等离子体放电（参见图 16 中）。在上述改进的基础上，喇叭状连接器 803 把较大直径区段 804 连接在限制区段 802 上，从而可以得到较易加工的更大的扩散板。

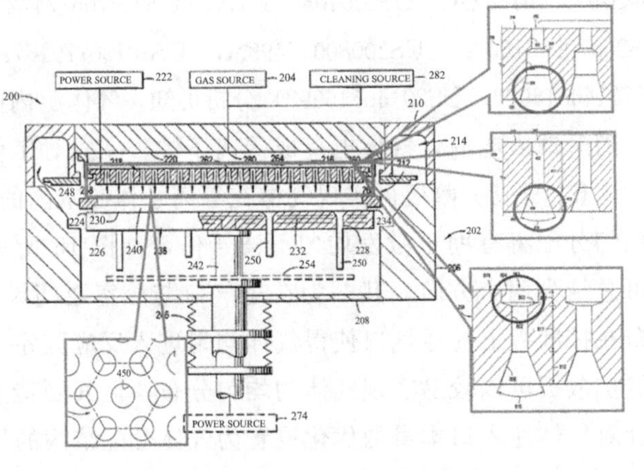

图 16　等离子体装置切面图及扩散板结构示意图

除了采用扩散板（或者类似的 showerhead）外，通过对气体注入口结构以及分布的改进也可实现反应气体的均匀分布。US1990360351A 中工作气体从注入口 75 进入腔室，随后在腔室内扩散至均匀。注入口设置的均流喷嘴使得进入腔室的气体更快达到均匀的状态；同时设置多道注入口多方位注入也可实现相同的技术效果，另一优势在于可将不同气体源通过处于不同位置的进气管引入腔室内，实现部分区域的不同工艺处理。

下面以 CN201480003017A 为例，采用具有高度对称四重式气体注入的注入装置使得气体输入至喷嘴的路径长度相等，从而均匀地分配气体。如图 17 所示，可调谐的气体注入喷嘴 114 经由介电窗 112 的中心面对真空腔室 100 内部，可调谐的气体注入喷嘴 114 具有由气体分配中心 120 供应的内部及外部圆形气体注入通道 116、118。内部气体注入通道 116 垂直引导处理气体至内部气体注入区域中，而外部气体注入通道 118 为向外成角度的引导处理气体至外部气体注入区域。气体分配中心 120 具有耦合外部气体注入通道 118 的第一对相对气体供应端口 120－1、120－2 及耦合内部气体注入通道 116 的第二对相对气体供应端口 120－3 及 120－4。覆盖介电窗 112 的第一对径向气体传输导管 150、152 分别连接于气体供应端口对 120－1、120－2 及环形盖板 110 中的上组气体供应通道 130 之间。通过这种具有高度对称四重式气体注入的注入装置使得气体输入至喷嘴的路径长度相等，从而均匀地分配气体。

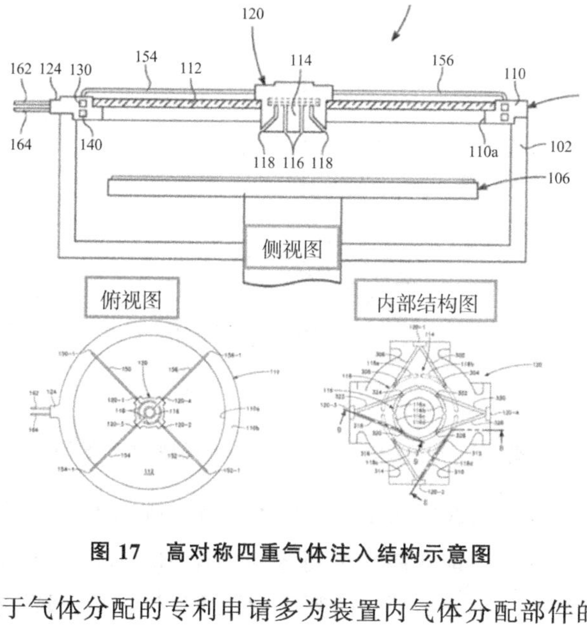

图 17　高对称四重气体注入结构示意图

应用材料公司关于气体分配的专利申请多为装置内气体分配部件的细节结构改进，主要涉及气体扩散板结构优化以及注入口调整，其中扩散板优化主要集中在成本控制、通气回路以及均分孔结构优化三个方面；注入口位置分布、进气回路设置方向专利分布也较集中。

4.2.3　电源及馈入

在集成电路制造中，使用等离子体腔室来处理基板。等离子体腔室一般而言是耦合至射频（RF）源以在基板处理期间提供能量，从而点燃等离子体和/或维持等离子体。为了有效地将 RF 能量耦合至该腔室，通常在该 RF 源与该等离子体腔室之间连接匹配网络。等离子体装置的电源改进的目的在于产生更均匀的等离子体用于工件处理。

首先，结合图 18 中的电源及其馈入的案例对其发展进行初略的介绍。等离子体处理装置发展初期，电源通过匹配电路直接连接至天线/阳极/夹盘；天线线圈，电极板，夹盘通过各自的耦合电路耦合至各自电源，耦合电路保证电源与负载的耦合匹配，降低反射率，提高电源的用电效率。US19920984045 中两种不同频率的电源馈入至电极 3，结合不同的工艺气体，形成不同的处理切面。US19960597577A 中采用了结合电感与电容耦合的多重耦合方式，即两个不同的电源分别连接至天线与阳极（可具体参见第三章的相关描述），在具体的实施例中可采用可变电源连接至耦合电路中以保证电源的有效耦合。

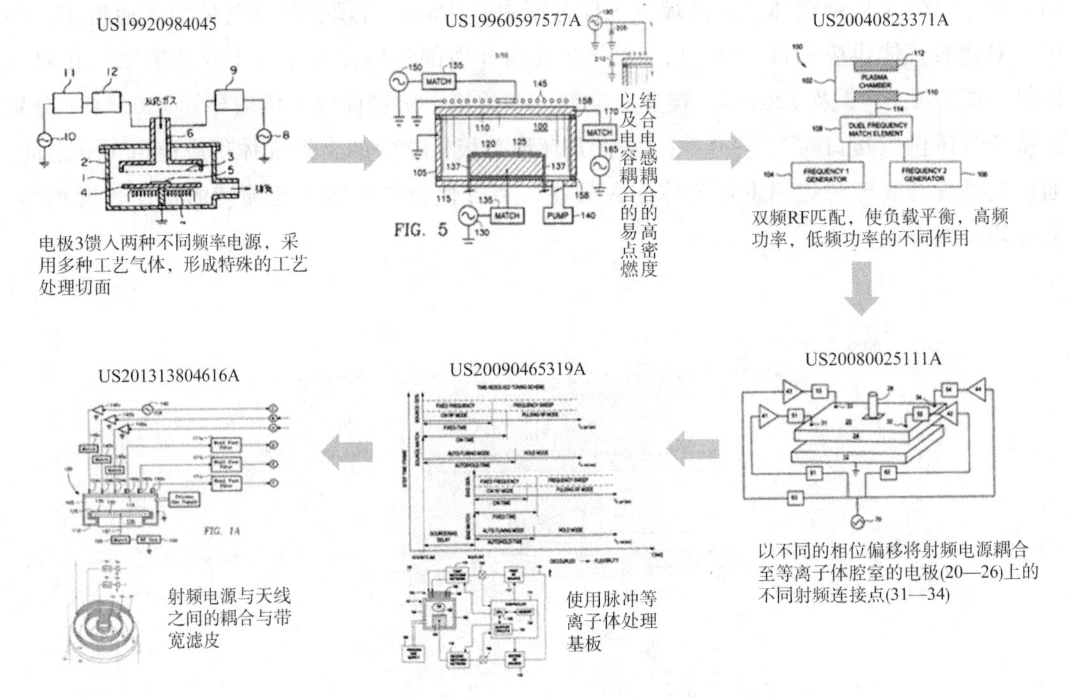

图 18　电源及其馈入结构随时间的发展示意图

专利申请 US20040823371A 提供了一种用于具有双频阴极的等离子增强型半导体处理腔的双频匹配电路；利用单个馈送结构来将来自多个 RF 源的 RF 功率耦合到一个电极，简化装置结构，RF 源 104、106 是独立的频率调谐 RF 生成器。RF 源 104、RF 源 106 可以被配置为以任何所需频率向腔 102 提供 RF 功率，以控制等离子体的特性。两个频率可以被选择为控制相同的等离子体特性，或者控制不同的等离子体特性。例如，在一个实施例中，RF 源 104、106 之一能够提供高频功率以激发等离子体并分离等离子中的离子，而 RF 源 104、106 中的另一个能够提供低频功率以调制等离子壳层（sheath）电压。

在之前的设计中，射频电源被耦合到电极的单一点，如果电极的任何尺寸大于射频电源的约 1/4 波长，则等离子体密度及因此在工件上进行的等离子体制造工序将发生空间不均匀性。专利申请 US20080025111A 中以不同的相位偏移将射频电源耦合至等离子体腔室的电极（20—26）上的不同射频连接点（31—34）。不同的射频连接点的数量和相应的相位偏移的数量是至少四个，而且射频连接点的位置分布在电极的两个正交维度（例如，x 轴和 y 轴）。这种设计提高等离子体处理在两个空间维度中的空间均匀性，尤其在腔室中处理的工件是长方形时特别有效。其由各自的射频电源供应器（41—44）给每一各自的射频连接点提供功率，其中每个电源供应器使其相位与一共同基准射频振荡器（70）同步化。

一方面，将具有不同的相位偏移的射频电源耦合至等离子体腔室的电极上的不同射频连接点；另一方面，本发明将具有可调整的各自相位偏移的射频电源耦合至等离子体腔室的电极上的不同射频连接点；产生相位偏移的各个值以最佳化在腔室中进行的等离子体工序的空间均匀性。

随后的专利申请（US201313804616A，US20090465319A）分别对射频源的频率，带宽以及时间占空比等进行进一步更具体的限定，结合上述专利的发展从最开始的单射频电源耦合至电极/线圈产生等离子体，逐渐发展到馈入多频率双射频电源至同一电极以实现不同的工艺目标，其后还尝试了在装置阴极馈入高频、低频两种功率信号，使用高频功率激发等离子体，低频功率控制到达工件表面的等离子体能量，防止等离子体能量过高破坏工件表面结构。至此，改进主要集中在对采用的电源种类个数以及馈入源等方面，在对上电极，线圈，夹盘上采用的射频频率，射频源个数等进行了详尽的研究后，后期的专利申请主要集中在电源馈入的细节结构改进，如射频电源的时间分解调频方案（US20090465319A）。

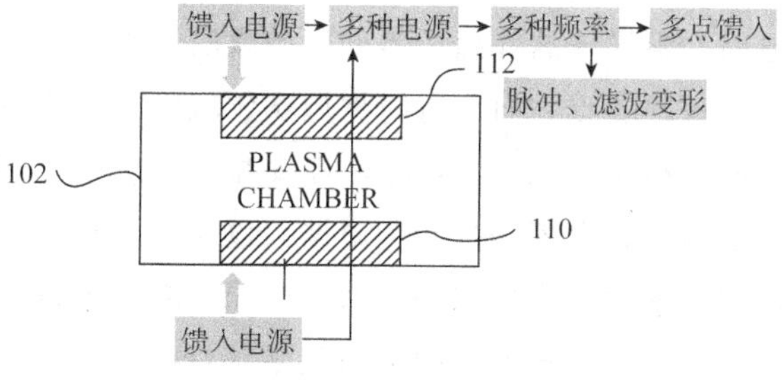

图 19　电源与馈入结构改进方向示意图

应用材料公司设计等离子体装置采用的电源以及馈入部件的申请量较大，且图 8 中的涉及电路匹配的专利申请中有部分亦可归入馈入部件中。应用材料公司在电源种类，频率调节，电源个数，相位调节，乃至馈入后天线内电流方向，电源的时间分解调节等各方面均有较多关注。整体来说，射频电源由早期的简单结构发展至现如今的多重复杂馈入，通过对射频电源的调节，实现反应室内等离子体密度的合理调节。图 15 给出了电源馈入构建改进方向示意图，等离子体腔室内部的上电极（112，天线，阳极）以及下电极（110，阴极，夹盘）上均有电源馈入（还可参见图 13，图 18）。其馈入电源从单个的射频源，扩展至多个射频源，在此基础上进一步改变射频源之间的频率关系，对射频源进行滤波，变形，相位调控等复杂变换，通过对电源及其馈入系统的改进实现不同的工艺目标。

4.2.4 静电夹盘，阴极及其他部件

等离子体处理装置中待处理工件设置于夹盘上，该夹盘多与一射频电源或地电极连接，如图 13 中 US19920984045，US20020192271A，图 18 中 US19960597577A，US20040823371A 所示。夹盘连接至一个或多个射频电源，其中的低频射频源可调节到达工件表面的等离子体能量，防止等离子体能量过大而损坏工件，对耦合至夹盘的射频电源的改进可参见 4.2.3 节，此处不再赘述。

以夹盘为改进重点的专利申请分布较为杂散。如待加工工件需要在合适的温度下进行等离子体处理，静电夹盘中设置有加热丝，冷却机构（US201313863226A）；为使工件上方等离子体分布达到工艺要求，在夹盘附近设置屏蔽装置（US19960666 981A，US 20010927747A）；夹盘本身结构或材料的改进等。

除上述外涉及其他部件的专利改进均归类在该段，虽然该部分涉及的专利申请数量最多，但是由于其涉及的部件众多，如波导组件，RF 电源传输线，聚焦环，腔室材料改进，电力屏蔽装置，设备清洗装置，密封部件，射频窗，顶板顶盖，温度控制元件，溅射护罩等，涉及具体某个部件的专利申请量均不高（4 件以内），且涉及领域广（其牵涉众多学科，如纳米材料，电器元件技术，材料老化研究等），专利分布杂散，技术上难以形成明晰的成代的发展脉络。

第五章　小　结

通过对用于集成电路，半导体的等离子体处理装置的龙头企业美国应用材料的专利申请技术梳理，了解技术改进的热点方向，时时把握本领域的技术热点以及改进方向。对于其他厂家/研发单位，分布分析可以帮助企业合理安排研发方向与课题，减少重复工作，了解竞争单位的专利申请布局，合理安排专利申请。以 4.2.1 小节为例，毅力科创公司与应用材料公司之间如何以异求同，在规避应用材料公司的专利覆盖点的基础上完成自己的专利布局，规避知识产权风险。希望上述归纳与例举可对国内近些年起步的半导体等离子体处理设备制造商（如中微半导体）的技术研发方向，以及专利申请布局规划有所助益。

参考文献

[1] 马世杰，任云星，王大伟．集成电路封装中低压等离子清洗及其应用 [J]．山西电子技术，2016，(3).

[2] 陈丽娜，郭庆功．一种可重构的半导体等离子体串馈天线阵的设计 [J]．材料导报，2009，23 (11A).

［3］于斌斌，袁军堂，汪振华，等. 多层等离子体蚀刻技术的研究［J］. 真空科学与技术学报，2013，33（3）.

［4］应用材料（中国）公司. 高密度等离子体化学气相淀积（HDP CVD）工艺［J］. 中国集成电路，2007，（93）.

［5］RA Gottscho，CW Jurgensen，DJ vitkavage. Microscopic uniformity in Plasma etching，Journal of Vacuum Science & Technology B，1992，10（5）.

互联网和相关服务

个性化搜索引擎中的搜索关键词推荐专利技术综述

李　欢

第一章　个性化关键词推荐技术概述

随着互联网的普及，搜索引擎已经成为人们获取信息的主要手段之一。搜索引擎采用的主要交互方式为用户自主输入关键词，检索系统根据输入的关键词提供检索结果。然而，由于用户输入的关键词通常较短，且可能存在歧义、意图模糊等情况，使其不能精确地表达其搜索意图。为了帮助用户更好地构造关键词，通常搜索引擎会使用个性化关键词推荐技术。其通过分析文档结构、用户浏览行为及用户对文档的评价等信息，建立用户的兴趣模型，推荐出用户实际所需的关键词，提高搜索准确性，改善用户智能、便捷的搜索体验。

早在 20 世纪 90 年代，学者就开展了一些关键词推荐相关研究，如今已成为搜索引擎的必备技术之一。个性化关键词推荐根据所依赖的数据源不同大体可分为三类：基于文档词典、基于搜索日志和其他相关技术，如图 1 所示。

1）基于文档词典的关键词推荐技术是以当前关键词返回的文档内容为对象，对文档进行概括来提取关键词，并将关键词按类别进行聚类，最后将关键词反馈给用户。该技术不考虑用户的历史记录，根据文档内容之间的相似度来提取用户兴趣，并基于各种词库（如分类词库、同义词库、关联词库、外语词库、纠错词库和分词词库等）来推荐关键词。

2）基于用户搜索日志的关键词推荐技术是从用户角度出发，以用户搜索日志中的历史记录作为对象，采用聚类技术计算关键词之间的相似度，并返回相关度较高的关键词。该技术通常会从搜索日志中分析用户操作行为，提取用户标识和群体特征。

3）基于其他相关技术的关键词推荐技术是以一些与用户之间的信息交互来推荐关键词，例如，与用户之间进行语音交互、结合用户当前位置信息等手段来提供关键词。以此使用户更加便捷地使用搜索引擎。

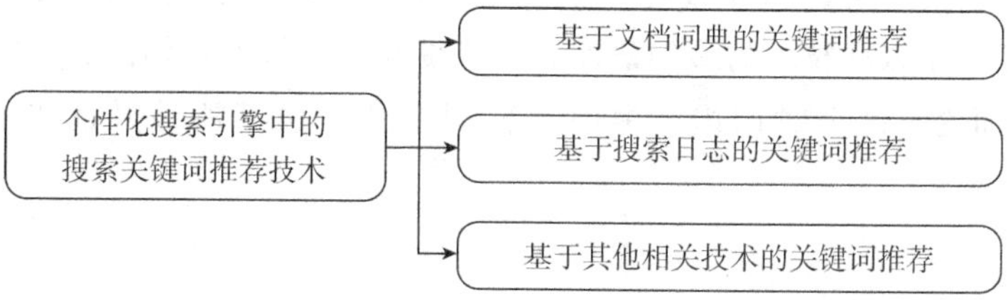

图 1　个性化搜索引擎中的关键词推荐技术分类

第二章　个性化关键词推荐相关专利申请分析

本文在 CNABS 和 DWPI 中，通过“搜索”“关键词”“推荐”及其中英文扩展词汇作为主要关键词，并排除 IPC 分类号为 G06Q 的噪声文献，检索得到的 2016 年 5 月以前公布的 300 余篇专利文献作为样本，对全球的专利申请量的趋势、申请区域分布以及重要申请人分布进行分析，从中得到技术发展趋势，以及各阶段专利申请人所属的国家分布和主要申请人分布。其中，以每个同族中最早优先权日期为该申请的申请日，一系列同族申请视为一件申请。

2.1　国际专利申请量趋势分析

图 2 给出了个性化关键词推荐技术的全球专利申请趋势，大致可以分为四个时期，各时期划分以申请量增长率的变化为标准。

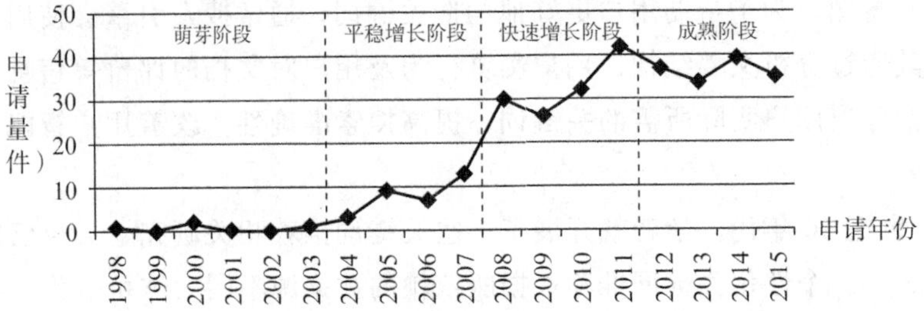

图 2　个性化关键词推荐技术的全球专利申请量趋势

（1）萌芽阶段（2003 年之前）。

搜索引擎起源于 1990 年，经历近 10 年的发展后，开始向个性化趋势迈进。1998—2003 年是个性化搜索引擎中的关键词推荐技术从无到有的萌芽阶段，该阶段申请量极少。具有代表性的申请人是国际商业机器（IBM）公司以及皇家飞利浦（KONINK PHILIPS）电子股份有限公司。

（2）平稳增长阶段（2004—2007 年）。

从 2004 年开始，关于个性化关键词推荐技术的专利每年的申请量明显比 2003 年之前的申请量多，申请量和申请人的发展总体趋势趋于平稳增长。在此阶段，申请量前三位的国别分布如图 3 所示。美国申请的专利量占 67%，其中，前四位的申请人分别是微软公司、谷歌公司、雅虎公司、IBM 公司。可以看出该阶段的申请人大都属于该领域中的领军企业，这些企业属于该项技术的最初研发者以及推动者。另外，韩国和中国分别占 25%和 5%，这也从侧面说明这个时期内，中国和韩国在搜索引擎所涉及的 IT 技术领域发展迅猛。

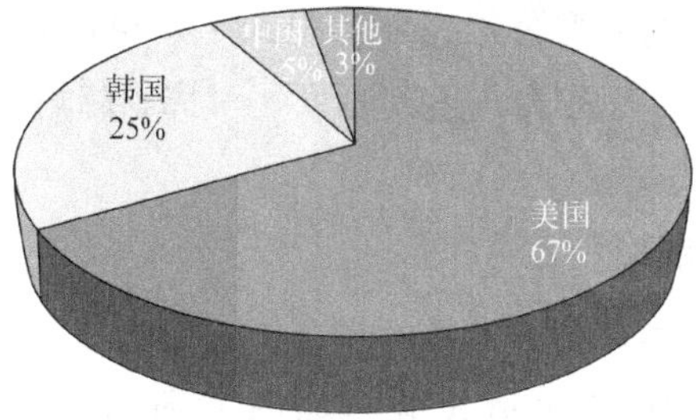

图3　2004—2007年平稳增长阶段申请量国别分布

(3) 快速增长阶段（2008—2011年）。

2008—2011年，除了2009年出现了下滑趋势（经初步分析可能由于经济环境背景的因素而导致）以外，该技术的申请量和申请人数量呈现跨越式增长。这是由于在此期间IT产业的迅猛发展，使得企业对于个性化关键词推荐技术的关注度急剧提升，因此出现了申请量的快速增长。

在此阶段，申请量占前四位的国别分布如图4所示。可以看出，中国在这一时期内的申请保持着较快的发展，并且申请量超过起步较早的韩国和日本，这与中国在2008年之后各种IT类型企业迅猛发展息息相关。而美国的申请量趋于稳定，技术发展成熟度也较高，保持着绝对的领先地位。

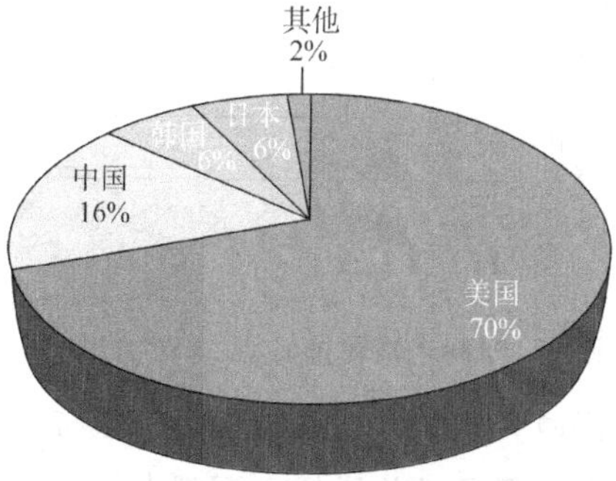

图4　2008—2011年快速增长阶段申请量国别分布

(4) 成熟阶段（2012年至今）。

个性化关键词推荐技术的专利申请量从2012年至今呈现出稳步增长的趋势。在此阶段，国别分布如图5所示。

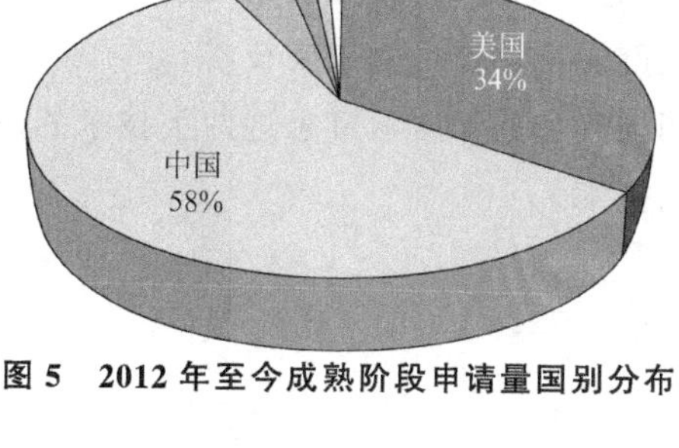

图5　2012年至今成熟阶段申请量国别分布

在这一阶段，中国国内的大型公司充分意识到了知识产权的重要性，开始走向国际，申请量超过了美国成为第一。特别是国内如百度、奇虎、腾讯等公司申请的专利在数量和质量上都有明显提升。

2.2 本领域重要申请人分析

本部分内容对本领域重要申请人做进一步分析，主要考虑申请人历年的申请总量，按照申请总量进行排名。前16位申请人分布如图6所示。其中GOOG：谷歌（美国）；MICT：微软（美国）；BAID：百度（中国）；YAHO：雅虎（美国）；IBMC：国际商业机器公司（美国）；QIHU：奇虎（中国）；ABAB：阿里巴巴（中国）；NHNN：NHN株式会社（韩国）；TNCT：腾讯（中国）；ETRI：韩国电子通信研究院（韩国）；EBAY：电子湾（美国）；FUIT：富士通株式会社（日本）；INCR：INCRUIT公司（韩国）；KING：金山软件（中国）；NITE：日本电信电话株式会社（日本）；SOGO：搜狗（中国）。

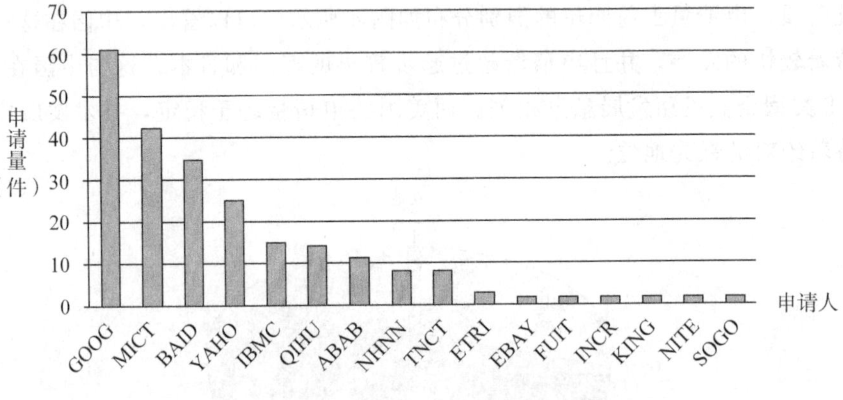

图6　专利申请量排名前16位的申请人

从图6可以看出，在本领域，谷歌、微软、雅虎、IBM等国际化大公司一直是较为活跃的申请人，这些申请人在申请数量以及质量方面都占据领头羊地位；百度、奇虎、阿里巴巴、腾讯等国内知名大公司也占据着较重要的席位。

第三章　个性化关键词推荐相关专利技术发展分析

个性化关键词推荐技术可分为基于文档词典、基于搜索日志和其他相关技术。图7给出了从1998年到2015年，三类技术相关的专利申请量分布。从图7可知，基于文档词典和基于搜索日志的个性化关键词推荐技术为主要技术。

本部分内容对基于文档词典和基于搜索日志这两类技术的发展路线进行分析，给出了每个年度具有代表性的专利技术。

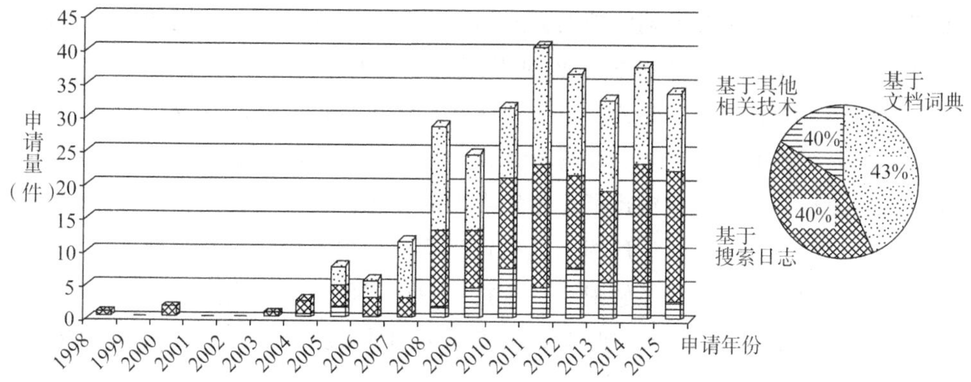

图 7 各类个性化关键词推荐技术的相关专利申请情况

3.1 基于文档词典的个性化关键词推荐技术发展

以申请时间为主线，基于文档词典的个性化关键词推荐技术示例性专利如图 8 所示。

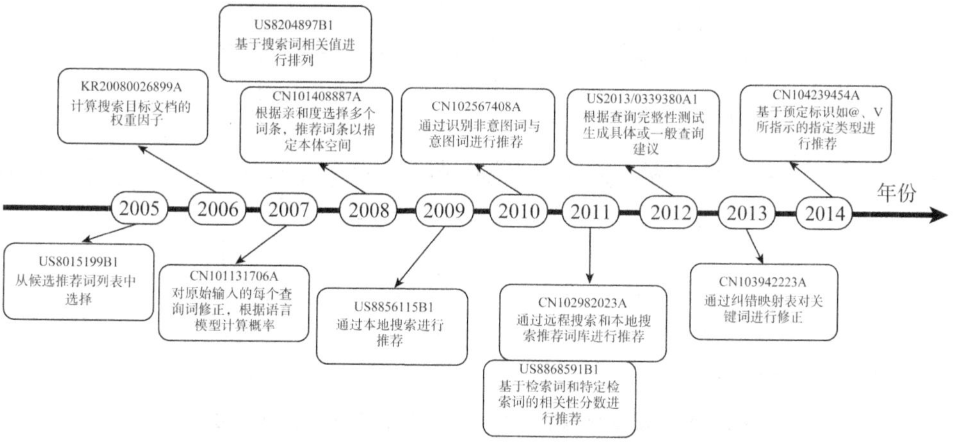

图 8 基于文档词典的个性化关键词推荐技术示例性专利

其中，早期的 US8015199B1 为谷歌公司的专利申请，该文献公开了一种产生替代查询以用于向搜索者建议的方法。该方法包括组合一组包含最高加权项的截断项向量以产生搜索查询质心，搜索质心存储库以搜索与搜索查询中心匹配的先前存储的质心，高排名的质心被转换为候选查询，以排序顺序检查候选查询，如果相应的候选查询包含阈值数量的术语且不包括在原始查询中，则每个候选查询被添加到一组查询建议，提供查询建议以响应原始查询。

此外，示例性文献如 CN102567408A，主要公开了一种推荐搜索关键词的方法和装置，用以解决现有技术中向没有明确搜索意图的用户推荐搜索关键词时推荐效果不佳，造成搜索引擎服务器系统资源浪费的问题。其基本思想是：接收输入的搜索关键词，比较接收的搜索关键词与设定的非意图词集合中的样本词以及设定的意图词集合中的样本词；当比较结果为接收的搜索关键词包含非意图词集合中的样本词而不包含意图词集合中的样本词时，以第一预定推荐方式为确定推荐搜索关键词的主方式，以除第一预定推荐方式外的其他推荐方式为确定搜索关键词的辅助方式的策略，确定推荐搜索关键词，其中，第一预定推荐方式为基于知识库的推荐方式和/或基于会话相关性的推荐方式。

又如CN104239454A，主要公开了一种搜索方法及装置。通过获取预定标识和搜索关键词，进而根据所述搜索关键词，获得所述预定标识所指示的指定类型的搜索结果，使得能够根据所述搜索结果，直接输出所述指定类型的资源。由于不再完全依赖搜索关键词执行搜索操作，而是结合预定标识所指示的指定类型执行搜索操作，使得搜索结果能够基本满足用户的搜索意图。因此，能够避免现有技术中由于用户通过应用反复浏览搜索结果页或者反复进行搜索而导致的增加应用与搜索引擎之间的数据交互的问题，从而降低了搜索引擎的处理负担。

3.2 基于搜索日志的个性化关键词推荐技术发展

以申请时间为主线，基于搜索日志的个性化关键词推荐技术示例性专利如图9所示。

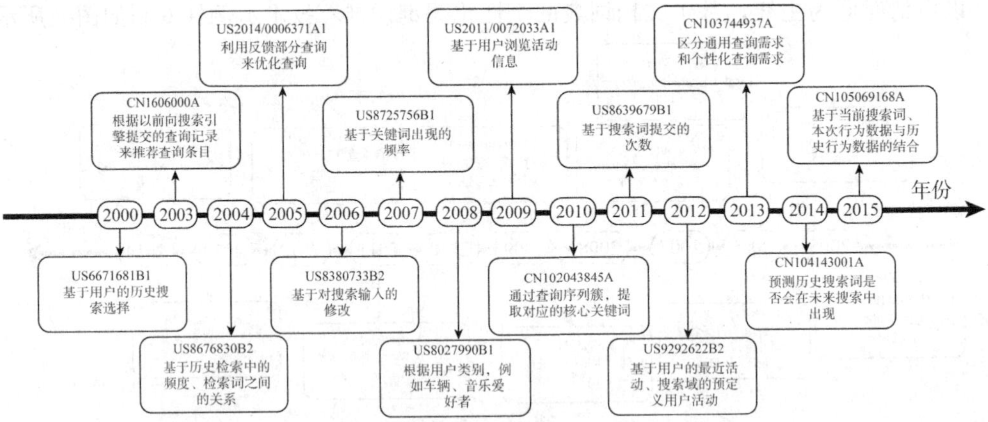

图9　基于搜索日志的个性化关键词推荐技术示例性专利

其中，示例性文献如US6671681B1为IBM公司的专利申请。该文献公开了由用户选择的先前搜索查询和相关联的搜索结果与当前搜索结果相匹配，当前的查询搜索结果与备用搜索查询的结果相匹配，通过标记来指定与替代查询的搜索结果输出项匹配的搜索结果输出项，根据该标记提供先前的搜索查询作为当前用户的当前查询的替代。用户可以使用其他用户构建的任何替代查询字符串，因此搜索引擎用户的搜索精度和以前的用户体验得到增强。

此外，如US8027990B1，该文献公开了一种生成可选搜索关键词的方法，包括在查询图中定位表示查询前缀的根节点，定位节点的后代节点位于后代节点。其中后代节点表示具有用户类别特定频率度量的后代节点的查询和用于定位与用户相关联的后代节点的用户类别特定频率测量类别。由后代节点表示的查询根据用户类别特定的频率测量进行排名，并将排名的后查询发送到用户设备。

又如CN105069168A，其公开了一种搜索词推荐方法和装置。该方法在浏览器端包括：显示根据当前搜索词获取到的搜索结果页；采集用户在搜索结果页进行操作的本次行为数据；将当前搜索词和本次行为数据发送到网络服务器，以请求网络服务器根据当前搜索词和本次行为数据结合历史行为数据提取推荐词；接收网络服务器返回的推荐词，并显示给用户。该方法在网络服务器端包括：接收浏览器发送来的当前搜索词和本次行为数据；根据当前搜索词和本次行为数据，结合历史行为数据利用数据挖掘技术提取出推荐词；将推荐词发送至浏览器，以在搜索结果页进行显示。其提高了推荐词的准确性和实时性，从而可以充分吸引用户的注意，提升推荐词的变现能力。

第四章　结束语

本文结合国内外专利申请的状况，对个性化搜索引擎中关键词推荐专利技术进行了较为全面的分析和研究，并对其发展历程进行了回顾。从以上分析可知，我国关键词推荐技术虽然起步较晚，但近十几年发展很快，也涌现出一批具有竞争力的大企业。另外，目前基于文档词典和搜索日志的关键词推荐技术已经发展成熟，且应用广泛。今后的关键词推荐技术应该会向混合推荐方向发展，充分发挥每种推荐方法的优势，提高推荐的效率。

参考文献

[1] 张博，周瑞瑞，鱼冰．协同过滤推荐算法专利综述［J］．河南科技，2015（19）：3－5．

[2] 王莹，罗坤，姜磊，等．基于内容的图像检索技术的专利技术综述［J］．电视技术，2013，37（2）：62－65．

[3] 李亚楠，王斌，李锦涛．搜索引擎查询推荐技术综述［J］．中文信息学报，2010，24（6）：75－84．

[4] 王芬，王辞，熊晶．基于协同过滤的个性化推荐专利技术研究［J］．科技展望，2016，26（29）：266－267．